"十三五"国家重点出版物出版规划项目

量子科学出版工程(第二辑)

国家出版基金项目

NATIONAL PUBLICATION FOUNDATION

Quantum Field Theory

in a Nutshell

(美)徐一鸿(A．Zee)　著

超理汉化组　译

果壳中的量子场论

中国科学技术大学出版社

安徽省版权局著作权合同登记号：第 12212016 号

Quantum Field Theory in a Nutshell by A. Zee，2nd Edition，first published by Princeton University Press 2010

图书在版编目(CIP)数据

果壳中的量子场论/(美)徐一鸿(A. Zee)著;超理汉化组译. —合肥:中国科学技术大学出版社,2021.3(2024.7 重印)

(量子科学出版工程. 第二辑)

书名原文:Quantum Field Theory in a Nutshell

国家出版基金项目

"十三五"国家重点出版物出版规划项目

ISBN 978-7-312-05189-0

Ⅰ. 果… Ⅱ. ①徐… ②超… Ⅲ. 量子论 Ⅳ. O413.3

中国版本图书馆 CIP 数据核字(2021)第 052873 号

果壳中的量子场论

GUOKE ZHONG DE LIANGZI CHANGLUN

出版	中国科学技术大学出版社
	安徽省合肥市金寨路 96 号,230026
	http：//press. ustc. edu. cn
	https：//zgkxjsdxcbs. tmall. com
印刷	合肥华苑印刷包装有限公司
发行	中国科学技术大学出版社
经销	全国新华书店
开本	787 mm×1092 mm 1/16
印张	38.25
字数	883 千
版次	2021 年 3 月第 1 版
印次	2024 年 7 月第 2 次印刷
定价	208.00 元

第 2 版序言

一个傻瓜能懂的,另一个也能懂.

——理查德·费曼[1]

对点评家的点评

自本书 2003 年 3 月 10 日出版以来已经过去 6 年了.既然作者们常常将著作看成自己的孩子,那我愿意将读者、学生和物理学家们滔滔不绝的赞赏看作一个聪明的孩子带回家的耀眼的成绩单.当知道有人能够欣赏我在教学中倾注的谨慎和清晰时,我感到非常高兴.在撰写本书第 2 版的过程中,只要看看亚马逊网站上买家评论的标题,就能减轻我的负担并令我加快进度.例如:"有趣、健谈、物理,量子场论(QFT)的教学改变了!""易读,并且可以反复阅读的当前 QFT 的经典""如果你想要理解 QFT 中的要点就必须阅读的一本书""有史以来在量子场论方面最艺术和最深刻的

---

① Feynman R P. QED:The Strange Theory of Light and Matter[M]. Princeton:Princeton University Press,1985.

书""对自学场论者来说非常完美""既深刻又有趣""对理论物理感兴趣的人必须拥有的书之一"等等.

在《今日物理学》的一篇评论中,杰出的年轻场论家兹维·伯恩(Zvi Bern)写道:

或许在他的脑海中,最重要的是如何让《果壳中的量子场论》尽可能有趣……自从读了《费曼物理学讲义》之后,我再也没有从其他物理书中获得过这么多的乐趣……(这是一本)学习量子场论的学生必备的书.《果壳中的量子场论》是研究生在完成量子力学课程后的理想读物.但它主要是为那些希望体验量子场论纯粹的美丽和优雅的人准备的.

一位古代中国学者曾哀叹道:"知我者希!"①但在这里,兹维读懂了我的心思.

爱因斯坦宣称:"物理学应该力求简单,但不能过于简单."②我的回答是:"物理应该力求有趣,但不能过于有趣."我说服了不情愿的编辑,写了一些笑话和故事.是啊,我还写了一本科普书《可畏的对称》,介绍现代物理学"纯粹的美丽和优雅",这话至少在那本书里很大程度上指的是量子场论.我想要尽可能多地分享这种乐趣和美感.我听一些人说过"美即是真",但"美即是趣"更贴切.

我以前写过书,但本书是我写的第一本教材.编写不同类型书籍的挑战和回报当然不同,但我作为一个致力于教学的大学教授,把自己所学所悟传授下去的感觉无与伦比.(而且更好的是,我不用发布期末成绩.)这可能听起来有些陈词滥调,但我要对理论物理学界有所回馈,以感谢那些教过我的人们,以及我所学习过的场论教科书的作者们.看到一些学过这本书的学术新星现在对场论的了解已经比我还多了,这感觉真不错.

我如何改进本书:第一本涵盖了21世纪进展的教科书

当编辑英格丽德·格内里奇(Ingrid Gnerlich)问我要第2版时,我费力思考了很久如何使它比第1版更好.在第2版中,我进行了澄清和阐述,增加了解释和习题,并进行了更多"实用"的费曼图计算,以满足那些感觉第1版中的计算量不够的读者.正文中又增加了3节,我增加了一些解释性内容,我原以为学过量子力学的读者

---

① 译注:出自老子《道德经》第七十章:"知我者希,则我者贵.是以圣人被褐而怀玉."意思是:理解我的人很少,能够效仿我的人更是难能可贵.所以圣人就像身穿粗布衣,却内怀宝玉.

② 译注:对这句话来源的考证可以参见:https://en.wikiquote.org/wiki/Albert_Einstein.

都应该知道.这也使这本"最通俗"的量子场论教材变得更容易理解了.例如,在1.2节中简要介绍了狄拉克 δ 函数.但是我要对亚马逊网站上那个要我解释复分析的读者说:对不起,我不会这样做.毕竟做事还是要有限度的.我已经对群论进行了大致独立的介绍.

更令人兴奋,也使我的生活更加艰难的是,我在第 1 版("天龙八部")之外又增加了包含 4 节新内容的新修部(作为第 9 章),涵盖了过去 10 年左右量子场论中发生的事情.因此,可以说这是自 20 世纪 20 年代后期量子场论诞生以来的第一本涵盖了 21 世纪量子场论内容的量子场论教材.

不同于有些学生的想法,量子场论是一门成熟但绝非完善的学科,作为理论物理学和它所涉及的所有领域中非常深刻的构造之一,它肯定还有未经勘探的深渊、潜藏的内在联系和令人愉悦的惊喜.尽管许多理论物理学家已经从量子场论转去研究弦论甚至是弦场论,但他们通常仍会采用将弦描述简化为场描述的极限,因此有时能够揭示出量子场论此前未被发现的性质.我们将在 9.4 节中见到相应的例子.

我的朋友告诫我,最重要的一点是要延续第 1 版中"令人愉快的语气".我希望我已经成功做到了这一点,尽管不同于正文中早已发展成熟的内容,第 9 章中所包含的内容是"刚出炉"的新东西,此外还增加了一些故事和笑话,例如关于恩里科·费米(Enrico Fermi)拒绝求迹(追踪)的故事.①

与第 1 版一样,我将维护一个网站 http://theory.kitp.ucsb.edu/~zee/nuts2.html②,用于列出那些会引起我注意的印刷和其他方面的错误.

鼓励的话

在本序言开头的引言中,费曼(Richard Feynman)指的不仅是他自己,还包括你! 当然,费曼不仅了解电磁场的量子场论,还发明了其中很大一部分.用费曼的话来说,本书是为像你我这样的傻瓜而写的.如果像我这样的傻瓜可以写一本有关量子场论的书,那么你肯定也可以理解.

就像我在第 1 版的序言中说的那样,本书是为那些已经学过量子力学并渴望学习量子场论的人而写的.在哈佛度过的一个休假年中(2006—2007 年),我得以通过

---

① 译注:这个故事参见 2.6 节,"trace"在这里的双关是矩阵的求迹或追踪.

② 译注:该链接已失效.作者表示目前没有进一步的更新计划,因为主要的错误已被读者找出来了,而认真的读者应该不会受到尚存的一些无关紧要的错误的影响.

实验验证我的假设,也就是一个掌握量子力学的人能够很容易地理解本书.一位在高中时自学过量子力学的新生被送到了我这里.我给了他这本书并让他去读,他每隔两三个星期会来问一两个问题.不过即使没有这些简短的讨论,他也能理解本书的大部分内容.实际上,他的问题中至少有一半源于他关于量子力学的知识中的漏洞.我已经把我对于他所提出的场论问题的回答放进了这一版中.

就像第 1 版序言中所说的那样,我已经在普林斯顿大学和加利福尼亚大学圣芭芭拉分校的课程中对书中的一些材料进行了现"场"测试.我很高兴得知本书自 2003 年以来已经被成功地应用于许多机构的课程中.

我能够理解,在不同的读者群体中,那些试图自学量子场论的人会很容易灰心.那么让我为你们写一些鼓励的话吧.首先,你是非常令人钦佩的! 在理论物理所有已确立的学科中,量子场论是迄今为止最微妙且最深刻的.按照人们的共识来说,它比爱因斯坦的引力理论(本书中也将明确指出这个理论实际上应当被视为场论的一部分)要难得多.因此不要指望这个过程能够很轻松地进行,尤其是没有人为你澄清一些事情的时候.这时可以尝试一些线上物理论坛,多少做一些习题.请记住:"没人会指望吉他手通过在中央公园参加音乐会,或花几个小时阅读吉米・亨德里克斯(Jimi Hendrix)独奏的乐谱来学会演奏.吉他手会去练习,会弹吉他弹到指尖长出老茧.同样地,物理学家会做习题."[1]当然,如果你不具有这些先决条件,就无法理解本书或任何其他场论教材.但当你已经掌握量子力学之后,只要继续前进就会达成你的目标.

我保证花时间看一看本书是值得的.我的论文导师西德尼・科尔曼(Sidney Coleman)曾经在他的场论课的开场白上说道:"不仅上帝知道,我也知道,而且到了学期末,你也会知道的."看完本书,你也将会知道上帝是如何从交织在一起的场中编织出这个宇宙的.我想将狄拉克(Paul Dirac)的陈述"上帝是数学家"改为"上帝是量子场论学家".

你们中有些沉着的前行者[2]可能想问:学完之后要做什么? 在大学三年级遇到弗朗茨・曼德尔(Franz Mandl)的书之后,我问亚瑟・怀特曼(Arthur Wightman)接下来要读什么.他告诉我要读西尔万・施韦伯(Silvan Schweber)的教科书,这本近千页的书被学生称为"大怪兽",而且在某些地方会讲得很不清楚.在我挣扎着读完之后,怀特曼告诉我:"再读一遍."对我来说幸运的是,詹姆斯・比约肯(James Bjorken)

---

① Newbury N,et al. Princeton Problems in Physics with Solutions[M]. Princeton:Princeton University Press,1991.

② 译注:这里前行者对应的原文为"trunker",意为卡车司机.而前文中的"keep on trucking"意为继续前进,故此处译为"前行者".

和西德尼·德雷尔(Sidney Drell)的第一卷那时已经出版.但是,再读一遍是很明智的:你第一次阅读时错过的东西可能会在之后突然出现.所以我的建议是"再读一遍".当然,每个物理学专业的学生也都会知道,不同书籍提供的不同解释可能会受到不同学者的欢迎.因此,可以阅读其他场论书.量子场论是如此深刻,以至于大多数人不能一次就学会.

接下来的主题是其他关于场论的教材,詹姆斯善意地在我常用的那本他和德雷尔所著的量子场论书上写上了"这本书已经过时了".嘿,詹姆斯,这本书并没有过时,它的第一卷显然永远无法被超越.在另一个场合,史蒂文·温伯格(Steven Weinberg)在谈到他的场论书时告诉我:"我写了本我想学的书."我也可以这样说:"我写了本我想学的书."毫不狂妄地说,我更喜欢我的书而不是施韦伯的书.这里的寓意是,如果你不喜欢这本书,那就自己写一本去!

尽量不做笨拙的事情

我在第 1 版的序言中解释了我的哲学,但在此请允许我再说几句.我将教你如何计算,但我还有更高的目标,那就是向你传达量子场论的所有精彩之处(这里说的"所有"是指并不仅仅像一些目光短浅的物理学家所认为的那样仅适用于粒子物理的量子场论).我尝试建立一个优雅且逻辑严密的框架,并用轻松的笔触处理沉重的主题.

尽管在兹维·伯恩的一幅画中,某个未来的场论学家正蜷曲在床上读这本书,但我希望你能拿起笔和纸.如果你愿意的话也可以在床上做,但是必须要去做.我故意没有写出所有的步骤,如果我真替你全算一遍,那可算不上是轻松了.但是,我已经做了那些我认为对你会有帮助的代数计算.实际上我很喜欢做代数运算,当它能如此优雅地解决量子场论中遇到的问题时,更是如此.但是我不会做笨拙的事情.我不喜欢笨拙的方程式.我会避免将每件事都替你嚼得太碎,以此希望你能有一定的"感觉".举个小例子,在 1.10 节的结尾,我没有显式写出场 φ_a 和 $\delta\varphi_a$ 的时空依赖性.都 70 多页过去了,如果你还没有意识到场是时空中位置的函数,那么我的朋友,你就已经掉队了.我的计划是"让你保持警惕",所以时不时会故意让你感到困惑.我相信那些将会阅读本书的读者一定有能力在经过一番思考后搞明白那些疑点.我知道本书的读者至少会有截然不同的三类,但是请让我对学生们说:"如果连读教材都得被一口一口喂,那你希望如何去做研究呢?"

无法欣赏简明的疯子

在第1版的序言中,我引用了里基·纳尔逊(Ricky Nelson)所说的关于不可能取悦所有人的话,因此,在亚马逊网站上发现一些被我的某个朋友称为"无法欣赏简明的疯子"的人时,我并不感到惊讶.[①]我的朋友建议我不要理会这些人,但无论指控有多么疯狂,我都很想说几句作为辩护.首先,我认为那些说这本书太"数学"的人会抵消那些说本书不够数学的人.第一群人是基础还不够,而第二群人则是被误导了.

量子场论并不一定非要是很数学的.我知道至少有3位菲尔兹奖获得者喜欢本书.美国数学学会的一篇评论对此书表示了深切的赞扬:"通常知道某件事为什么是真的要比证明它是真的更为深刻."(的确,一位菲尔兹奖获得者曾经告诉我,顶级数学家私下会像物理学家一样思考,在他们确定了证明的大致轮廓之后,再用 ϵ 和 δ 来修饰证明.我不知道对菲尔兹奖获得者来说,这是仅有的一例还是大多如此,亦或是全都这样.我个人怀疑很多菲尔兹奖获得者都是这样做的.)

然后有些人谴责本书缺乏严谨性.因为我与怀特曼写了我们想称之为"相当严格的"关于量子场论的本科论文,所以碰巧知道或至少曾经知道关于数学严谨性的一两件事.就像我们在理论物理学界喜欢说的那样,过分的严谨很快就会僵化你的手脚.[②]确实就像费曼告诉学生的那样,如果这对你来说不够严谨,那么数学系就在隔壁那栋楼里.所以请去读更严谨的书吧.毕竟这是一个自由的国家.

更严重的是,亚马逊网站上一些帖子讲本书给人的印象是太基础了.这一点请恕我不敢苟同.本书给人的印象或许很基础,但实际上它涵盖的内容比许多其他教科书都多.如果精通了本书的所有内容,那么你将比大多数场论教授知道得都多,并且可以开始做研究了.我并不仅仅是无中生有地做一些断言,而是可以提供实际的证明.在第9章中所介绍的有关旋量螺旋度形式的所有内容都可以在第1版中找到.当然,只读一本教科书对做研究来说是不够的,你必须能想出一些好点子.

至于那些说本书看起来不够复杂而不应被严肃对待的人,我想请他们也拿现代的电磁学教材去对比一下麦克斯韦的论文.

---

① 译注:"nuts"意为坚果或疯子,"nutshell"意为简明或果壳.
② 译注:这里的原文直译为"过分的严谨很快就会导致尸僵",而"尸僵"中含有"严谨"(rigor).

感谢

在第 1 版的序言和结束语中,我提到自己从西德尼·科尔曼那里学到了很多量子场论的知识.他清晰的思路和清楚的表达一直激励着我.不幸的是,他于 2007 年去世.在本书出版后,我曾在不同的场合拜访过西德尼,但令人难过的是,那时他已经精神恍惚了.

在第 2 版中,我要感谢尼马·阿卡尼-哈米德(Nima Arkani-Hamed)、尤尼·本-托夫(Yoni Ben-Tov)、内森·贝尔科维奇(Nathan Berkovits)、马蒂·艾因霍恩(Marty Einhorn)、约书亚·范伯格(Joshua Feinberg)、霍华德·格奥尔基(Howard Georgi)、蒂姆·谢(Tim Hsieh)、布伦丹·凯勒(Brendan Keller)、乔·波尔钦斯基(Joe Polchinski)、吴咏时(Yong-Shi Wu)和琼-伯纳德·祖贝尔(Jean-Bernard Zuber),他们的意见很有帮助.他们中的一些人阅读了部分或全部的新增章节(第 9 章).我要特别感谢伯恩和拉斐尔·波尔托(Rafael Porto),他们十分仔细地阅读了新增的章节,并提出了许多有用的建议.我还要感谢克雷格·国本(Graig Kunimoto)、理查德·内尔(Richard Neher)、马特·皮尔斯伯里(Matt Pillsbury)和拉斐尔·波尔托,他们教给我在计算机上写出方程式的"魔法".我一直很高兴与在普林斯顿大学出版社工作的编辑英格丽德·格内里奇交谈并合作.我还要感谢凯瑟琳·乔菲(Kathleen Cioffi)和希德·威斯特摩兰(Cyd Westmoreland)在编写本书时所做的细致工作.最后,感谢我的妻子王家纬(Janice)的鼓励和支持.

序言

　　学生时代,我学完了量子力学的课程,感到自己有所成长,便想要开始学习量子场论,而相关的书籍看起来都似乎令人生畏.幸运的是,我偶然发现了曼德尔撰写的一本关于场论的小册子,它使我初窥这门学科的门径,并领我通过其他材料登堂入室.后来我听说了我这一代的其他物理学家也在曼德尔的书上有过类似的良好体验.

　　在过去30年左右的时间里,量子场论产生了爆炸式的发展,因此现在再去推荐曼德尔的书实为过时之选,毫无悬念.所以我考虑写一本书来介绍现代量子场论的精华,写给那些聪明而踊跃的学生,刚刚完成量子力学课程的学习就可以马上开始学习量子场论.

　　在我的设想中,与其他同样主题的大部头相比,本书至少较薄.我也设想本书风格比较轻松活泼,并且选择的角度比较独特,而不是像一本百科全书.我也设想本书会有许多简短的章节,每章都保持能够被"一口吃掉"的长度.

　　撰写本书的挑战在于要使本书精简易读的同时还要尽可能多地介绍现代的主题.掌握这个平衡非常困难! 最后,我必须毫不后悔自己对想要介绍的内容做出的选择.给未来的书评人留一句话:您随便批评本书没有涉及您喜欢的主题,而我绝不会以任何形式为此道歉.我在这方面(以及生活中)的座右铭就是摘自瑞奇·尼尔森(Ricky Nelson)的歌曲《花园派对》:"你不能取悦所有人,所以你必须取悦自己."

本书与近年来出版的其他量子场论的书在以下几个方面有所不同.

我想阐明一个重要的观点,即量子场论的用途远远不限于高能物理.这是我这一代理论物理学家被灌输的,并且直到现在的一些量子场论教科书(全部由高能物理学家写成)中仍存在的错误印象.例如,对驱动下的表面生长问题,就为量子场论中重正化群的重要性提供了一个特别清晰、透明而且有物理意义的例子.我们没有纠结于像发散之类的各种无关的概念,而是采用了"改变用于测量涨落的表面的尺子"这样明确的物理概念.其他例子包括随机矩阵理论和量子霍尔流体中的陈-西蒙斯规范理论.我希望研究凝聚态理论的学生能够认为本书对于初学量子场论很有帮助.本书分为8个部分①,其中2个部分可以算是关于凝聚态物理的.

我试图让读者至少对当代的发展有一个简短的了解,比如稍微尝试一点弦理论以刺激"食欲".本书从一开始就融合引力这个方面也许做得很出色.某些主题的处理方式与传统教科书大相径庭.比如我介绍了法捷耶夫-波波夫方法来将电磁场量子化,并介绍了用于发展杨-米尔斯理论的微分形式的语言.

这里的侧重点在于强调概念而不是计算.我所做的唯一包含了所有细节的计算就是电子的磁矩.在整本书中,我更倾向于处理具体的例子而不是烦琐的抽象形式.我总是选择最简单的方法,而不是处理最一般的情况.

我必须在清晰和冗长之间不断挣扎.我总在试图预见有哪些会使读者感到困惑的地方并最大程度地减少可能引起的困惑时,发现自己必须在某些方面讨论得更多,从而导致篇幅比预想的要多.

我试图尽可能地避免使用"可以证明……"这种可怕的话.否则,我可以写出比这本薄得多的书!确实有更薄的关于量子场论的书,但我看了几本后发现它们几乎没有解释任何东西.必须承认的是,我几乎有无尽的解释欲.

随着手稿越来越厚,我很不情愿地删掉的主题的列表也在不断增加.这么多漂亮的结果,却只有这么小的空间!每当我想到所有那些我不得不省略的材料(如玻色化、瞬子、共形场论等),都会让我感到不适.正如一位同事所说,坚果壳正在变成椰子壳!②

---

① 默里·盖尔曼(Murray Gell-Mann)过去曾谈论过佛教中获得智慧和救赎的8种方式(盖尔曼和尤瓦尔·内埃曼(Y. Ne'eman),《八正道》(*The Eightfold Way*)).而熟悉中国当代文学的读者会知道天龙有8部.

② 译注:本书名中"in a nutshell"的意思是"简明",同时直译为"果壳中".这里原文"coconut shell"有双关的意思,既是椰子壳,又形容本书并不简明.

雪莱·格拉肖(Shelley Glashow)曾经描述过物理理论的起源:"挂毯是由许多工匠一起完成的.在已经完成的工作中无法辨别出不同工人的贡献,而且松散和错误的线也会被遮盖住."我感到遗憾的是,除了在各种地方介绍一些花絮以外,我无法深入介绍引人入胜的量子场论历史以及其中的胜利和失败.在我引用原始论文的那些情况下,我需要忍受人类心理上那令人不安的怪癖,也就是倾向于引用我自己的论文,而且数量上比礼节所允许的要多.当然我也未曾想要做一份真正的文献索引.

本书的起源可以追溯到我刚开始在普林斯顿大学担任助理教授时所讲授的量子场论课程.我非常幸运地让爱德华·威腾(Ed Witten)成为了我的助教和评分员.爱德华为我布置的家庭作业提供了清晰的解答,以至于第二年我去找系主任问:"我今年的助教怎么了? 他还比不上去年那个家伙的一半!"一些同事请我将自己的笔记写成急需的教材(那是激动人心的时刻,规范理论、渐近自由和许多任何教科书中都找不到的主题都需要学会),但一位更加明智的资深同事却说服了我,他认为这可能会给我的研究事业带来灾难.几十年后,终于轮到兑现的时刻了.我特别感谢默夫·戈德伯格(Murph Goldberger)敦促我将自己所拥有的解释方面的才能用于撰写教科书,而不是再去撰写科普书.我也很希望为已故的山姆·特雷曼(Sam Treiman)说几句,他是我的老师、同事和合作者,作为普林斯顿大学出版社编辑委员会的成员,他说服了我致力于这个工作.遗憾的是,由于我完成本书的速度太慢,他没能看到最终的成品.

多年来,我在与众多同事和合作者的讨论中完善了对量子场论的认识.作为一名学生,我参加了由亚瑟·怀特曼(Arthur Wightman)、朱利安·施温格(Julian Schwinger)和西德尼·科尔曼讲授的量子场论课程.我很幸运,这三位杰出的物理学家都有自己独特的风格和方法.

本书已在我所讲授的课程中现"场"测试过了.我在加利福尼亚大学圣芭芭拉分校的场论课程中使用了本书,并且我对于一些学生,特别是特德·埃勒(Ted Erler)、安德鲁·弗雷(Andrew Frey)、肖恩·罗伊(Sean Roy)和迪安·汤斯利(Dean Townsley)表示感谢.很多阅读了部分或全部手稿的杰出物理学家的评论使我受益匪浅,其中包括史蒂夫·巴尔(Steve Barr)、道格·厄德利(Doug Eardley)、马特·菲舍尔(Matt Fisher)、默夫·戈德伯格、维克托·古拉里(Victor Gurarie)、徐道辉(Steve Hsu)、胡悲乐(Bei-lok Hu)、克利福德·约翰逊(Clifford Johnson)、迈赫兰·卡达尔(Mehran Kardar)、伊恩·洛(Ian Low)、乔·波尔钦斯基(Joe Polchinski)、阿尔卡季·魏因施泰因（Arkady Vainshtein）、弗兰克·维尔泽克（Frank Wilczek）、爱德华·威腾以及约书亚·范伯格（Joshua Feinberg）．特别是约书亚还做了很多习题．

说到习题，如果你没有意识到它在学习一门课程时的重要性，你也不会在物理上走得这么远．做出本书中大部分习题尤为重要，因为要弥补本书相对单薄的体量，我必须在习题中介绍一些要点，而且其中一些知识点在后面的章节中也需要用到．我选了一部分问题给出解答．

我将维护一个网页 http://theory.kitp.ucsb.edu/~zee/nuts.html[①]，用于列出所有印刷和其他方面的错误，以及那些会引起我注意的令人困惑之处．我要感谢我的编辑特雷弗·利普斯科姆（Trevor Lipscombe）、萨拉·格林（Sarah Green）和普林斯顿编辑协会的工作人员（尤其是希德·威斯特摩兰和伊芙琳·格罗斯伯格（Evelyn Grossberg））提出的建议，并感谢他们完成了本书的出版工作．感谢徐端麟（Peter Zee）提出的封面建议．

---

① 译注：该链接已失效．英文原书"勘误"的网址可参考 https://www.kitp.uscb.edu/zee/books/quantum-field-theory-nutshell/errata-and-addenda-quantum-field-theory．内容更新到 2009 年 2 月 2 日．

约定、记号和单位

　　我们已经不再用某位国王的脚来测量距离了，出于同样的理由，本书采用光速 c 和约化普朗克常数 $\hbar$ 都等于 1 的自然单位制．普朗克做了非常深刻的观察，他发现在自然单位制中所有物理量可以用普朗克质量 $M_{\text{Planck}} \equiv 1/\sqrt{G_{\text{Newton}}} \simeq 10^{19}$ GeV 表示．c 和 $\hbar$ 与其说是基本常数，不如说是转换因子．有鉴于此，凝聚态物理学家经常使用玻尔兹曼常数 k 着实令我感到困惑，那个常数与英尺和米之间的转换因子没什么不同．

　　时空坐标 x^μ 用希腊字母指标（$\mu = 0,1,2,3$）来标记，其中时间坐标 x^0 有时用 t 表示．空间坐标 x^i 用拉丁字母指标（$i = 1,2,3$）标记，$\partial_\mu \equiv \partial/\partial x^\mu$．使用号差为 $(+,-,-,-)$ 的闵氏度规 $\eta_{\mu\nu}$，从而 $\eta^{00} = +1$．可以写下 $\eta^{\mu\nu}\partial_\mu\varphi\partial_\nu\varphi = \partial_\mu\varphi\partial^\mu\varphi = (\partial\varphi)^2 = (\partial\varphi/\partial t)^2 - \sum_i (\partial\varphi/\partial x^i)^2$．弯曲时空的度规总是用 $g^{\mu\nu}$ 表示，但是在上下文清楚地表明我们处于平坦时空的情况下，我通常也会用 $g^{\mu\nu}$ 代表闵氏时空的度规．

　　由于在本书中将主要讨论相对论性量子场论，因此我将不加说明地使用相对论的语言．所以，当我谈到动量时，除非另有说明，否则我指的都是相对论的能量和动量．同样由于 $\hbar = 1$，那么将不会区分波矢 k 和动量，也不会区分频率 ω 和能量．

在局域场论中,主要处理的是拉格朗日量密度 $\mathcal{L}$,而不是拉格朗日量 $L = \int d^3x\mathcal{L}$. 作为文献和口头讨论中常见的做法,我会经常"滥用"术语,简单地将 $\mathcal{L}$ 称为拉格朗日量. 我还会犯一些其他小错误,例如将单位矩阵写作 1 而不是 I. 在不会产生混淆时,本书在几乎所有的情况下都会使用相同的符号 φ 来表示函数 $\varphi(x)$ 和它的傅里叶变换 $\varphi(k)$. 我宁可滥用术语,也不愿使用杂乱的符号而产生令人难以忍受的迂腐.

符号 $*$ 表示复共轭,而符号 $\dagger$ 表示厄米共轭:前者适用于数字,而后者适用于算符. 我也会使用 c.c. 和 h.c. 来表示这两种共轭. 在不会产生混淆的情况下,我通常会"滥用"符号,在应该使用 $*$ 时使用 $\dagger$. 例如,在路径积分中,玻色场是取值为数的场,然而我写的是 $\varphi^{\dagger}$ 而不是 φ^{*}. 对于矩阵 M,当然就应该小心地区分 $M^{\dagger}$ 和 M^{*}.

我尽力让因子 2 和 π 正确,但是不可避免会出现一些错误.

目录

第 2 版序言 —— i

序言 —— ix

约定、记号和单位 —— xiii

第 1 章
动机和基础 —— 001

  1.1 谁需要这本书? —— 001

  1.2 量子力学的路径积分形式 —— 004

  1.3 从床垫到场 —— 016

  1.4 从场到粒子再到力 —— 025

  1.5 库仑和牛顿:排斥与吸引 —— 030

  1.6 平方反比律和漂浮的 3 膜 —— 039

  1.7 费曼图 —— 042

  1.8 正则量子化 —— 062

  1.9 扰乱真空 —— 072

1.10 对称性 —— 079

1.11 弯曲时空中的场论 —— 084

1.12 场论归来 —— 092

第2章
狄拉克和旋量 —— 094

2.1 狄拉克方程 —— 094

2.2 量子化狄拉克场 —— 110

2.3 洛伦兹群和外尔旋量 —— 118

2.4 自旋-统计关系 —— 124

2.5 真空能、格拉斯曼积分和费米子的费曼图 —— 127

2.6 电子散射和规范不变性 —— 136

2.7 规范不变性的图解证明 —— 152

2.8 光子-电子散射和交叉 —— 160

第3章
重正化和规范不变性 —— 167

3.1 截断我们的无知 —— 167

3.2 可重整对不可重整 —— 176

3.3 抵消项与物理微扰论 —— 180

3.4 规范不变性：光子永不停歇 —— 189

3.5 非相对论场论 —— 198

3.6 电子磁矩 —— 202

3.7 真空极化与荷重正化 —— 208

3.8 虚化与概率守恒 —— 214

第4章
对称性与对称性破缺 —— 230

4.1 对称性破缺 —— 230

4.2 π介子也是南部-戈德斯通玻色子 —— 238

4.3 有效势 —— 244

4.4 磁单极子 —— 252

量子科学出版工程（第二辑）
Quantum Science Publishing Project（Ⅱ）

果壳中的量子场论
Quantum Field Theory in a Nutshell

4.5 非阿贝尔规范理论 —— 261

4.6 安德森-希格斯机制 —— 271

4.7 手征反常 —— 278

第5章

场论与集体现象 —— 291

5.1 超流体 —— 292

5.2 欧几里得、玻尔兹曼、霍金与有限温度场论 —— 295

5.3 临界现象的朗道-金兹堡理论 —— 300

5.4 超导性 —— 303

5.5 佩尔斯失稳 —— 305

5.6 孤子 —— 308

5.7 涡旋、单极子和瞬子 —— 313

第6章

场论与凝聚态 —— 321

6.1 分数统计、陈-西蒙斯项和拓扑场论 —— 321

6.2 量子霍尔流体 —— 328

6.3 对偶 —— 337

6.4 作为有效场论的 σ 模型 —— 346

6.5 铁磁体与反铁磁体 —— 350

6.6 表面生长与场论 —— 353

6.7 无序:副本与格拉斯曼对称性 —— 356

6.8 高能物理学和凝聚态物理学中的一个自然概念:重正化群流 —— 363

第7章

大统一 —— 377

7.1 杨-米尔斯理论的量子化与格点规范理论 —— 377

7.2 电弱统一 —— 386

7.3 量子色动力学 —— 393

7.4 大 N 展开 —— 401

7.5 大统一 —— 415

7.6 质子不再永恒 —— 422

7.7 $SO(10)$大统一 —— 430

第8章

引力和超越引力 —— 442

8.1 引力场论与卡卢扎-克莱因图像 —— 442

8.2 宇宙学常数疑难与宇宙巧合问题 —— 460

8.3 理解自然的有效场论方法 —— 463

8.4 超对称:极简介绍 —— 472

8.5 弦论一瞥:作为二维场论 —— 481

第9章

量子场论的最新进展 —— 483

9.1 引力波和有效场论 —— 484

9.2 纯杨-米尔斯理论中的胶子散射 —— 487

9.3 规范理论的内在联系 —— 504

9.4 爱因斯坦引力背地里是杨-米尔斯理论的平方吗? —— 521

结束语 —— 530

更多的结束语 —— 534

附录 —— 536

附录A 高斯积分和量子场论中的核心恒等式 —— 536

附录B 群论简要回顾 —— 538

附录C 费曼规则 —— 550

附录D 各种恒等式和费曼积分 —— 554

附录E 带点和无点的指标与马约拉纳旋量 —— 557

习题选解 —— 563

延伸阅读 —— 585

译后记 —— 591

第 1 章

动机和基础

1.1 谁需要这本书?

为什么我们需要量子场论?

因为我们需要用它来描述生命转瞬即逝的本质.

好吧,说正经的,当同时面对狭义相对论和量子力学——上世纪物理学中的两个伟大革新时,我们就需要量子场论了.处理接近光速运动的火箭,只需要考虑狭义相对论,而不需要使用量子力学;研究缓慢运动的电子撞击质子,只需要量子力学,而不用考虑狭义相对论的影响.

然而,当狭义相对论和量子力学交汇在一起时,一组全新的现象出现了:粒子可以诞生,同时也会消逝.正是这关乎诞生、存在和死亡的问题,需要我们去发展一门新的物理学科:量子场论.

让我们从启发式的角度来看这个问题:量子力学的不确定关系告诉我们,能量可以在一小段时间内大幅涨落;而根据狭义相对论,能量和质量可以互相转化;那么当两者结合时,大幅涨落的能量就可以转变为质量,也就是说,变为原本不存在的新粒子.

当你写下与质子发生散射的电子的薛定谔方程时,它的波函数只能描述一个电子.无论你如何折腾这个偏微分方程,一个电子也永远只会是一个电子.但是狭义相对论告诉我们,能量可以转化为物质:如果电子的能量足够高,一对电子和正电子(也叫作"反电子")就会被创造出来.薛定谔方程并不能描述这种现象——非相对论量子力学在此注定会失效.

你还会在另一个学习阶段发现量子场论的必要性.在一门优秀的非相对论量子力学课的末尾,常常会涉及辐射与原子的相互作用.你可能还记得我们把电磁场处理成场——它确实是个场,其傅里叶分量被量子化为一系列简谐振子,并对应着光子的产生和湮灭算符.所以,电磁场是一个量子场.与此同时,电子却像个配角:它的波函数 $\Psi(x)$ 由我们的老朋友薛定谔方程完全决定.光子可以产生和湮灭,电子却不可以.撇开电子和正电子可以成对产生的实验事实不谈,把电子和光子放在相同的基础上处理,在逻辑上也更令人满意,因为它们都是基本粒子.

所以你看,我说的多少有些道理:量子场论反映了生命转瞬即逝的本质.

上面的这些论述相当粗略,而本书的目的之一就是让这些粗略的论述变得精确.现在为了让这些论述显得更有实感,让我们考虑一下在经典物理中有什么现象大致类似于粒子的产生与湮灭.想象有一张床垫,把它抽象成一个由弹簧连接着质点而构成的二维网格(图1.1).为了简便起见,在这里仅考虑垂直网格方向的运动(记为 $q_a(t)$),而忽略水平方向的小位移.指标 a 用来标注我们在讨论哪个质点.于是,系统的拉格朗日量为

$$L = \frac{1}{2}\left(\sum_a m\dot{q}_a^2 - \sum_{a,b} k_{ab}q_a q_b - \sum_{a,b,c} g_{abc}q_a q_b q_c - \cdots \right) \tag{1.1}$$

通过只保留 q 的二次项("谐振子近似"),得到运动方程为 $m\ddot{q}_a = -\sum_b k_{ab}q_b$. 设这些质点均在做角频率为 ω 的谐振动,则有 $\sum_b k_{ab}q_b = m\omega^2 q_a$. 这个系统的本征频率和本征模式由矩阵 k 的本征值和本征矢量决定.我们可以像往常一样,通过本征模式的叠加来构造波包.当把整个系统量子化时,这些波包就会表现得像粒子一样 —— 正如量子化电磁场时波包表现得像名为光子的粒子一样.

由于理论是线性的,因此两个相遇的波包会径直穿过对方而不发生作用.但是当在式(1.1)中加入诸如 q 的三次方、四次方的非线性项时,整个系统就不那么和谐了:本征模式可以互相耦合;一个波包可能衰变为两个;两个波包相遇时会发生散射,还可能创造出更多的波包.一个很自然的推论就是这些概念可以用于描述粒子的行为.

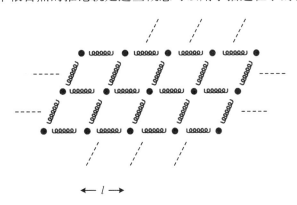

图 1.1

量子场论就是基于这样的理念诞生的.

略带夸张地说,即使过了 75 年,整个量子场论的理论依旧植根于这种谐振子图像上.这一点仍时不时让我感到吃惊.我们始终没有摆脱简谐振动、波包这些如此基础的概念.事实上,量子场论的继承者——弦论,依旧建立在类似的谐振子图像上.当然,可能未来某位杰出的物理学家——也许正是本书的读者之一——能够在这点上做出突破.

凝聚态物理中的应用

本书将主要介绍相对论性场论,但值得一提的是,量子场论在凝聚态物理中也获得了越来越多的应用,这是过去 30 年里理论物理的重大进展之一.第一眼看上去这好像有些奇怪:毕竟一块"凝聚态物质"只是一大堆做非相对论性运动的电子在离子间冲来撞去,并通过电磁力相互作用.假设整个系统有 N 个电子(N 很大但不是无限大),第 j 个电子的位置是 x_j,为什么我们不能直接写下一个庞大的波函数 $\Psi(x_1, x_2, \cdots, x_N)$ 来描述这个系统? 虽然 Ψ 确实有很多很多自变量,但它的演化依旧由非相对论性的薛定谔方程主导.

对于这个问题的回答是:是的,我们确实可以用波函数来研究凝聚态物理,而且事实上在固体物理研究的早期,我们也确实是这么做的,并且这种做法在它的许多分支中延续至今.

那么,为什么凝聚态理论研究者会需要量子场论呢? 像之前一样,让我们启发式地考虑这个问题,把握一下大体概念而忽略细节:在典型的固态物质的晶格中,离子会在它们的平衡位置附近做振动.这种振动可以由一种名为声子的准粒子描述,而声子就类似于我们在床垫模型中遇到的波包.

你可以在任何固体物理的标准教材中看到这个理论.此外,如果你学过固体物理,你可能还会记得固体中电子所能处在的能级会形成能带.当电子从满带被踢到(比如被声子场激发)空带时,在先前的满带上会留下一个空穴.这个空穴可以像粒子一样运动,并且能够自由地存在,直到另一个电子进入这个能带把它填上.而这正是狄拉克首次把"电子海"的空穴考虑成电子的反粒子,也就是正电子时所采用的图像.

本书的第 5 章和第 6 章将对这些启发式的论述做进一步的扩展.

联姻

总而言之,量子场论诞生于使狭义相对论和量子力学联姻的需要.恰如弦论这门新科学注定诞生于广义相对论和量子力学联姻的需要.

1.2　量子力学的路径积分形式

让老师头痛的聪明学生

正如序言里提到的那样,我非常理解你们为什么这么热切地想要开始量子场论的学习,但让我们先回顾一下量子力学中用到的路径积分形式.并不是所有量子力学的入门课程都会讲到这个形式,即使你已经学习过了,阅读本章也能当作一次有价值的复习.之所以选择从路径积分开始,是因为它为我们从量子力学跨越到量子场论提供了一条捷径.我会从一个启发式的讨论开始,随后转向更加正式的数学论述.

想要介绍路径积分,最好的方法可能是先讲一个故事.这个故事就像其他许多物理学故事一样,真实性存疑.在很久很久以前的一堂量子力学课上,老师正在讲台上唠叨着双缝实验的标准处理方法:一个粒子在 $t=0$ 时刻从源 S 发射(图1.2),通过挡板上两个孔 A_1 和 A_2 中的一个,并于 $t=T$ 时刻到达位于 O 的探测器.根据量子力学的基本假设之一——叠加原理,在 O 点探测到这个粒子的概率振幅等于粒子通过 A_1 从 S 传播到 O 的振幅加上粒子通过 A_2 从 S 传播到 O 的振幅.

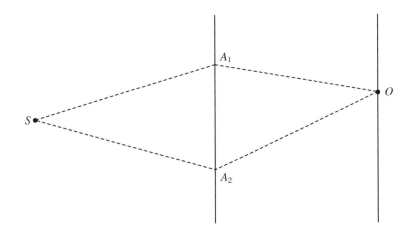

图 1.2

这时候,班上一个聪明的学生——让我们叫他费曼好了——忽然举手提问道:"老师,如果我们在挡板上再钻一个孔会怎么样呢?"老师回答道:"很明显,这时候在 O 点探测到粒子的概率振幅是它分别通过 A_1,A_2,A_3 三个孔从 S 传播到 O 的振幅之和."

正当老师打算继续讲下去的时候,我们的费曼同学又打断了他:"如果再往挡板上钻更多的孔会怎么样?"此时老师有点不耐烦了:"你真聪明,我觉得全班同学都能看出来,我们只需要把所有孔对应路径的振幅加起来就行了."

为了让老师的话更加明确,我们设粒子从 S 通过 A_i 孔传播到 O 的振幅为 $\mathcal{A}(S \to A_i \to O)$,那么粒子在 O 点被探测到的概率振幅为

$$\mathcal{A}(\text{在 } O \text{ 点被探测}) = \sum_i \mathcal{A}(S \to A_i \to O) \tag{1.2}$$

但是费曼又提问道:"如果我们再放上另一块挡板(图1.3),上面也钻了孔呢?"老师已经明显丧失了耐心:"这难道不是显而易见的吗? 你只需要把粒子从 S 通过 A_i 再通过 B_j 孔传播到 O 点的振幅算出来,然后对 i,j 求和就行了."

费曼继续追问:"那如果我们再放上第三块、第四块或者更多的挡板,会发生什么? 如果我放上一块挡板,但是在上面钻无数的洞,让这块挡板事实上相当于不存在,这时候振幅又该怎么计算呢?"老师叹了一口气:"让我们暂时把这个问题放一放吧,这节课后面

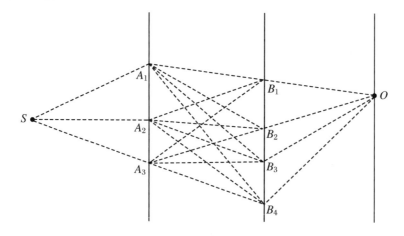

图 1.3

　　不过各位亲爱的读者,你们应该能看出聪明的费曼在考虑什么.他指出,如果挡板上被钻了无数的洞,那么这块挡板就相当于不存在.我非常喜欢这一见解:它真是太妙了.费曼告诉我们,即使发射源和探测器之间空无一物,粒子从发射源传播到探测器的概率振幅依旧是粒子通过每块(不存在的)挡板上的每个"孔"的路径的振幅之和.换句话说,我们需要把从发射源传播到探测器的所有可能路径的振幅加起来(图1.4):

$$\mathcal{A}(\text{粒子在时间 } T \text{ 内从 } S \text{ 到达 } O) = \sum_{\text{所有路径}} \mathcal{A}(\text{粒子沿这条路径在时间 } T \text{ 内从 } S \text{ 到达 } O)$$

$$(1.3)$$

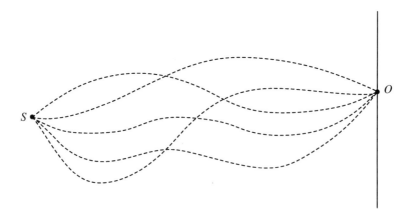

图 1.4

现在一些对数学严谨性很敏感的读者可能会对如何定义 $\sum\limits_{\text{所有路径}}$ 感到不安. 在这一点上, 费曼采用的是和牛顿(Issac Newton)与莱布尼茨(Gottfried Leibniz)一样的处理方法: 选择一条路径(图1.5), 用一系列直线段来做近似并让线段的长度趋于0. 你可以看出这一处理方法就相当于把空间分成了无数间隔无穷小并且有无数个孔的挡板.

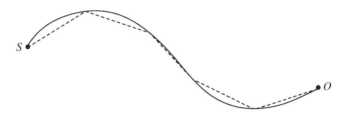

图1.5

很好, 那么我们该如何构造振幅 A(粒子沿这条路径在时间 T 内从 S 到达 O)呢? 这里可以使用量子力学的幺正性: 如果每个无穷小直线段所对应的振幅已知, 那么只需要把它们全部乘起来就能得到整条路径的振幅.

在量子力学中, 在时间 T 内从点 q_1 传播到 q_F 的振幅由幺正算符 e^{-iHT} 决定, 其中 H 是哈密顿量. 更严谨地, 设 $|q\rangle$ 代表粒子处于 q 点的状态, 则所求的振幅可以表达为 $\langle q_F | e^{-iHT} | q_1 \rangle$. 此处我们使用了狄拉克的左右矢记法. 当然你可以挑刺地说 $\langle q_F | e^{-iHT} | q_1 \rangle$ 的形式基于量子力学的假设, 而且还需要对 H 进行定义. 这些事情我们就交给实验学家解决——比如发现 H 具有厄米性, 而且和经典力学中的哈密顿量有相同的形式, 等等.

事实上, 整个路径积分形式都可以以表达式 $\langle q_F | e^{-iHT} | q_1 \rangle$ 为基础用数学推导的方式建立起来, 并不需要用到费曼的"有着无限多孔的挡板"的把戏. 许多物理学家也更喜欢一种更数学的推导方式. 当狄拉克第一次发明(比费曼早得多!)路径积分形式时, 他确实也是这么做的.[1]

这里我必须打断一下, 插入一段关于符号记法的说明. 我们把垂直于发射源和探测器连线的位移坐标记作 q 而不是 x, 理由会在随后的章节中解释. 为了符号上的简洁性, 我们忽略沿着发射源和探测器连线方向的坐标, 并把 q 看作一个一维坐标.

---

[1] 如果想了解路径积分的真实历史, 可以参考序言中我对费曼的著作 *QED: The Strange Theory of Light and Matter* 的介绍.

狄拉克形式

将时间 T 分成每段长度都是 $\delta t = T/N$ 的 N 段,上面的表达式可以写成

$$\langle q_F \mid e^{-iHT} \mid q_1 \rangle = \langle q_F \mid e^{-iH\delta t} e^{-iH\delta t} \cdots e^{-iH\delta t} \mid q_1 \rangle$$

态矢的归一化条件为 $\langle q' \mid q \rangle = \delta(q' - q)$,其中 δ 是狄拉克函数.(注意 δ 的定义为: $\delta(q) = \int_{-\infty}^{\infty} [dp/(2\pi)] e^{ipq}$ 和 $\int dq\delta(q) = 1$,参见本节的附录 1.)另外我们知道 $\mid q \rangle$ 构成态矢的一个完备基,所以有 $\int dq \mid q \rangle\langle q \mid = 1$.因此可以通过在上式左右分别乘以 $\langle q'' \mid$ 和 $\mid q' \rangle$ 来检查归一化条件的正确性,得到的结果为 $\int dq\delta(q'' - q)\delta(q - q') = \delta(q'' - q')$.在上面展开的每一项 $e^{-iH\delta t}$ 之间插入 1,可以得到

$$\langle q_F \mid e^{-iHT} \mid q_1 \rangle$$

$$= \left(\prod_{j=1}^{N-1} \int dq_j \right) \langle q_F \mid e^{-iH\delta t} \mid q_{N-1} \rangle\langle q_{N-1} \mid e^{-iH\delta t} \mid q_{N-2} \rangle \cdots$$

$$\langle q_2 \mid e^{-iH\delta t} \mid q_1 \rangle\langle q_1 \mid e^{-iH\delta t} \mid q_1 \rangle \tag{1.4}$$

将目光集中在其中的一项 $\langle q_{j+1} \mid e^{-iH\delta t} \mid q_j \rangle$ 上.让我们从最简单的自由粒子的情况开始,即 $H = \hat{p}^2/(2m)$.$\hat{p}$ 的尖帽号说明它是一个算符.记 $\mid p \rangle$ 为算符 $\hat{p}$ 的本征态,即 $\hat{p} \mid p \rangle = p \mid p \rangle$.你一定记得量子力学课上讲过,$\langle q \mid p \rangle = e^{ipq}$.这一结果说明动量的本征态是坐标表象下的平面波.(归一化条件为 $\int [dp/(2\pi)] \mid p \rangle\langle p \mid = 1$,同样地,可以通过在上式左右乘以 $\langle q' \mid$ 和 $\mid q \rangle$ 来验证这一点,结果为 $\int [dp/(2\pi)] e^{ip(q'-q)} = \delta(q' - q)$.)再次插入一组完备基,得到

$$\langle q_{j+1} \mid e^{-i\delta t(\hat{p}^2/(2m))} \mid q_j \rangle = \int \frac{dp}{2\pi} \langle q_{j+1} \mid e^{-i\delta t[\hat{p}^2/(2m)]} \mid p \rangle\langle p \mid q_j \rangle$$

$$= \int \frac{dp}{2\pi} e^{-i\delta t[p^2/(2m)]} \langle q_{j+1} \mid p \rangle\langle p \mid q_j \rangle$$

$$= \int \frac{dp}{2\pi} e^{-i\delta t[p^2/(2m)]} e^{ip(q_{j+1}-q_j)}$$

注意上式中 $\hat{p}$ 作用于本征态 $|p\rangle$ 上,所以 $\hat{p}$ 可以替换成对应的本征值 p. 同时很明显,上式为海森伯绘景下的表述.

这个对变量 p 的积分是你(可能)已经很熟悉的高斯积分. 如果不熟悉,可以参见本节的附录 2. 将积分积出后,得到(利用式(1.22))

$$\langle q_{j+1} \mid \mathrm{e}^{-\mathrm{i}\delta t(\hat{p}^2/2m)} \mid q_j \rangle = \left(\frac{-\mathrm{i}m}{2\pi\delta t}\right)^{\frac{1}{2}} \mathrm{e}^{[\mathrm{i}m(q_{j+1}-q_j)^2]/(2\delta t)}$$

$$= \left(\frac{-\mathrm{i}m}{2\pi\delta t}\right)^{\frac{1}{2}} \mathrm{e}^{\mathrm{i}\delta t(m/2)[(q_{j+1}-q_j)/(\delta t)]^2}$$

将此式代入式(1.4),可以得到

$$\langle q_{\mathrm{F}} \mid \mathrm{e}^{-\mathrm{i}HT} \mid q_1 \rangle = \left(\frac{-\mathrm{i}m}{2\pi\delta t}\right)^{\frac{N}{2}} \left(\prod_{k=1}^{N-1}\int \mathrm{d}q_k\right) \mathrm{e}^{\mathrm{i}\delta t(m/2)\sum_{j=0}^{N-1}[(q_{j+1}-q_j)/(\delta t)]^2}$$

其中,$q_0 \equiv q_1, q_N \equiv q_{\mathrm{F}}$.

接下来取连续极限 $\delta t \to 0$. 牛顿和莱布尼茨告诉我们可以用 $\dot{q}^2$ 代替 $[(q_{j+1}-q_j)/(\delta t)]^2$,用 $\int_0^T \mathrm{d}t$ 代替 $\sum_{j=0}^{N-1}\delta t$. 最后我们可以将对路径的积分定义为

$$\int \mathrm{D}q(t) = \lim_{N\to\infty}\left(\frac{-\mathrm{i}m}{2\pi\delta t}\right)^{\frac{N}{2}}\left(\prod_{k=1}^{N-1}\int\mathrm{d}q_k\right)$$

从而得到最后的路径积分表达式

$$\langle q_{\mathrm{F}} \mid \mathrm{e}^{-\mathrm{i}HT} \mid q_1 \rangle = \int \mathrm{D}q(t)\mathrm{e}^{\mathrm{i}\int_0^T \mathrm{d}t\frac{1}{2}m\dot{q}^2} \tag{1.5}$$

这一基本结果告诉我们,想知道 $\langle q_{\mathrm{F}}|\mathrm{e}^{-\mathrm{i}HT}|q_1\rangle$,只需要对所有满足 $q(0)=q_1$ 和 $q(T)=q_{\mathrm{F}}$ 的路径 $q(t)$ 积分即可. 作为练习,请从哈密顿量为 $H=\hat{p}^2/(2m)+V(\hat{q})$(这里还是用 $\hat{q}$ 表示算符)的处于势场中的粒子出发,证明求得的概率幅应有如下形式:

$$\langle q_{\mathrm{F}} \mid \mathrm{e}^{-\mathrm{i}HT} \mid q_1 \rangle = \int \mathrm{D}q(t)\mathrm{e}^{\mathrm{i}\int_0^T \mathrm{d}t\left[\frac{1}{2}m\dot{q}^2 - V(q)\right]} \tag{1.6}$$

注意 $\frac{1}{2}m\dot{q}^2 - V(q)$ 正是拉格朗日量 $L(\dot{q}, q)$. 它从哈密顿量中自然地浮现出来! 一般地,我们有

$$\langle q_{\mathrm{F}} \mid \mathrm{e}^{-\mathrm{i}HT} \mid q_1 \rangle = \int \mathrm{D}q(t)\mathrm{e}^{\mathrm{i}\int_0^T \mathrm{d}tL(\dot{q}, q)} \tag{1.7}$$

为了避免可能产生的混淆,有必要指出上式右边的指数部分的 t 为积分变量,而 $Dq(t)$ 中的 t 只是单纯地提醒 q 是 t 的函数(如果我们需要被提醒的话). 事实上,很多时候它也的确会被缩写为 Dq. 你可能还记得在经典物理中 $\int_0^T dt L(\dot{q}, q)$ 被称为作用量 $S(q)$,它是函数 $q(t)$ 的泛函.

通常情况下,比起确定粒子的初始位置 q_1 和最终位置 q_F,我们更喜欢确定粒子的初态 I 和末态 F. 这时要求的量为 $\langle F | e^{-iHT} | I \rangle$. 通过插入两组完备基,可以将其写为

$$\int dq_F \int dq_1 \langle F | q_F \rangle \langle q_F | e^{-iHT} | q_1 \rangle \langle q_1 | I \rangle$$

混用薛定谔记法和狄拉克记法可以把上式改写为

$$\int dq_F \int dq_1 \Psi_F(q_F)^* \langle q_F | e^{-iHT} | q_1 \rangle \Psi_1(q_1)$$

在很多情况下,我们喜欢把 $|I\rangle$ 和 $|F\rangle$ 定为基态,并用 $|0\rangle$ 表示. 为方便起见,将振幅 $\langle 0 | e^{-iHT} | 0 \rangle$ 记作 Z.

就我们所需的数学上的严谨程度来说,由于不同路径的相因子会振荡相消,因此路径积分 $\int Dq(t) e^{i\int_0^T dt \left[\frac{1}{2} m\dot{q}^2 - V(q) \right]}$ 会收敛. 更严谨一点的方法是通过做一个威克转动把时间坐标变换为欧氏时间. 也就是令 $t \to -it$ 并在 t 的复平面内转动积分回路,从而使积分变为

$$Z = \int Dq(t) e^{-\int_0^T dt \left[\frac{1}{2} m\dot{q}^2 + V(q) \right]} \tag{1.8}$$

这一表达式被称为欧几里得路径积分. 正如后面的附录 2 中对通常积分所做的那样,我们认为总是可以不费任何代价地做这种替换.

经典物理的重现

路径积分形式的一个特别的优势在于可以轻易地导出量子力学的经典极限.

在式(1.7)中加回普朗克常数 $\hbar$,得到

$$\langle q_F | e^{-(i/\hbar)HT} | q_1 \rangle = \int Dq(t) e^{(i/\hbar)\int_0^T dt L(\dot{q}, q)}$$

并取极限 $\hbar \to 0$. 利用稳相法或最速下降法(如果不知道这个,可以参阅本节的附录 3),可以得到 $\mathrm{e}^{(i/\hbar)\int_0^T \mathrm{d}t L(\dot{q}_c, q_c)}$,其中 $q_c(t)$ 是粒子的"经典路径",由欧拉-拉格朗日方程 $(\mathrm{d}/\mathrm{d}t)(\delta L/\delta \dot{q}) - (\delta L/\delta q) = 0$ 和合适的边界条件决定.

附录 1

为了方便起见,我们在此对狄拉克 δ 函数做一个简单的复习. 定义函数 $d_K(x)$,对任意实数 x,其值由下式给出:

$$d_K(x) \equiv \int_{-\frac{K}{2}}^{\frac{K}{2}} \frac{\mathrm{d}k}{2\pi} \mathrm{e}^{ikx} = \frac{1}{\pi x} \sin \frac{Kx}{2} \tag{1.9}$$

可以看出当 K 比较大时,偶函数 $d_K(x)$ 在原点 $x = 0$ 处会有一个尖锐的峰,取值为 $K/(2\pi)$,并在 $x = 2\pi/K$ 时穿过 x 轴,随后以越来越小的振幅继续振荡. 更进一步地得到

$$\int_{-\infty}^{+\infty} \mathrm{d}x d_K(x) = \frac{2}{\pi} \int_0^{+\infty} \frac{\mathrm{d}x}{x} \sin \frac{Kx}{2} = \frac{2}{\pi} \int_0^{+\infty} \frac{\mathrm{d}y}{y} \sin y = 1 \tag{1.10}$$

狄拉克 δ 函数被定义为 $\delta(x) = \lim_{K \to \infty} d_K(x)$. 从启发性的角度来说,它可以被想象成一个在 $x = 0$ 处无限尖锐的高峰,其下方覆盖的面积为 1. 因此,对于一个在 $x = a$ 附近行为良好的函数 $s(x)$,应有

$$\int_{-\infty}^{+\infty} \mathrm{d}x \delta(x - a) s(x) = s(a) \tag{1.11}$$

(顺便说一句,信不信由你,数学家把 δ 函数称为一个"分布",而非一个函数.)

上面的推导也给出了一个 δ 函数的积分表达式,以后会被反复用到:

$$\delta(x) = \int_{-\infty}^{+\infty} \frac{\mathrm{d}k}{2\pi} \mathrm{e}^{ikx} \tag{1.12}$$

我们会经常使用恒等式

$$\int_{-\infty}^{+\infty} \mathrm{d}x \delta(f(x)) s(x) = \sum_i \frac{s(x_i)}{|f'(x_i)|} \tag{1.13}$$

其中 x_i 代表 $f(x)$ 的零点(也就是说,$f(x_i) = 0$ 且 $f'(x_i) = \mathrm{d}f(x_i)/\mathrm{d}x$). 为了证明上式,首先要证明 $\int_{-\infty}^{+\infty} \mathrm{d}x \delta(bx) s(x) = \int_{-\infty}^{+\infty} \mathrm{d}x \frac{\delta(x)}{|b|} s(x) = s(0)/|b|$. 因子 $1/b$ 来自量纲分析

(要知道为什么加绝对值,只需要注意 $\delta(bx)$ 是一个正函数.或者可以将积分变量变为 $y = bx$,如果 b 是负数就交换积分上下限).要证明式(1.13),只需要在 $f(x)$ 的每个零点附近做展开即可.

另一个非常有用的恒等式(在取正值的无穷小量 ϵ 趋于 0 的极限下)是

$$\frac{1}{x + \mathrm{i}\epsilon} = \mathcal{P}\frac{1}{x} - \mathrm{i}\pi\delta(x) \tag{1.14}$$

要看出这一点,只需要写出 $1/(x + \mathrm{i}\epsilon) = x/(x^2 + \epsilon^2) - \mathrm{i}\epsilon/(x^2 + \epsilon^2)$.然后注意到 $\epsilon/(x^2 + \epsilon^2)$ 是一个在 $x = 0$ 处有一个尖锐高峰的函数,并且它从 $-\infty$ 到 ∞ 的积分值为 π.因此得到另一个狄拉克 δ 函数的表达式:

$$\delta(x) = \frac{1}{\pi}\frac{\epsilon}{x^2 + \epsilon^2} \tag{1.15}$$

同时,积分的主值被定义为

$$\int \mathrm{d}x \mathcal{P}\frac{1}{x}f(x) = \lim_{\epsilon \to 0}\int \mathrm{d}x\, \frac{x}{x^2 + \epsilon^2}f(x) \tag{1.16}$$

附录 2

现在来展示一下如何求积分 $G \equiv \int_{-\infty}^{+\infty} \mathrm{d}x\, \mathrm{e}^{-\frac{1}{2}x^2}$.这里的技巧是将这个积分平方,把其中一个积分变量写为 y,然后转换到极坐标计算,得到

$$G^2 = \int_{-\infty}^{+\infty} \mathrm{d}x\, \mathrm{e}^{-\frac{1}{2}x^2} \int_{-\infty}^{+\infty} \mathrm{d}y\, \mathrm{e}^{-\frac{1}{2}y^2} = 2\pi \int_0^{+\infty} \mathrm{d}r\, r\mathrm{e}^{-\frac{1}{2}r^2}$$
$$= 2\pi \int_0^{+\infty} \mathrm{d}w\, \mathrm{e}^{-w} = 2\pi$$

于是我们得到了

$$\int_{-\infty}^{+\infty} \mathrm{d}x\, \mathrm{e}^{-\frac{1}{2}x^2} = \sqrt{2\pi} \tag{1.17}$$

信不信由你,在相当一部分理论物理文献中,都包含了这一基本的高斯积分和它的变形.它最简单的推广非常直观,只需要令 $x \to x/\sqrt{a}$:

$$\int_{-\infty}^{+\infty} \mathrm{d}x\, \mathrm{e}^{-\frac{1}{2}ax^2} = \left(\frac{2\pi}{a}\right)^{\frac{1}{2}} \tag{1.18}$$

将 $-2(\mathrm{d}/\mathrm{d}a)$ 反复作用在这个式子上,我们可以得到

$$\langle x^{2n} \rangle \equiv \frac{\int_{-\infty}^{+\infty} \mathrm{d}x \mathrm{e}^{-\frac{1}{2}ax^2} x^{2n}}{\int_{-\infty}^{+\infty} \mathrm{d}x \mathrm{e}^{-\frac{1}{2}ax^2}} = \frac{1}{a^n}(2n-1)(2n-3)\cdots 5 \cdot 3 \cdot 1 \tag{1.19}$$

其中因子 $1/a^n$ 来自量纲分析. 想要记住 $(2n-1)!! \equiv (2n-1)(2n-3)\cdots 5 \cdot 3 \cdot 1$ 这一项,可以想象 $2n$ 个点,并将它们两两配对:第一个点可以和剩下的 $2n-1$ 个点中的一个配对,第二个(未配对的)点可以和剩下的 $2n-3$ 个点中的一个配对,以此类推直到最后一个点. 这一思路要归功于吉安·卡洛·威克(Gian Carlo Wick),在场论文献中被称为威克定理. 顺便一提,场论学家在计算的时候用下面这种图形函数来辅助记忆(以 $\langle x^6 \rangle$ 为例):把 $\langle x^6 \rangle$ 写为 $\langle xxxxxx \rangle$ 并把 x 们两两相连,如

$$\langle xxxxxx \rangle$$

上面这个两两相连的写法被称为威克收缩. 在这个简单的例子中,6 个 x 都是相同的,故任意一个收缩的结果都是 a^{-3}. 因此 $\langle x^6 \rangle$ 的最后结果就是 a^{-3} 乘上独立收缩的总数量 $5 \cdot 3 \cdot 1 = 15$. 我们在下文会遇到一个不那么平庸的例子,它含有彼此不同的 x. 这时候每个收缩给出的值将会不同.

高斯积分的一个重要变形为

$$\int_{-\infty}^{+\infty} \mathrm{d}x \mathrm{e}^{-\frac{1}{2}ax^2 + Jx} = \left(\frac{2\pi}{a}\right)^{\frac{1}{2}} \mathrm{e}^{J^2/(2a)} \tag{1.20}$$

上式可以通过将指数部分配成“完全平方”进行计算: $-ax^2/2 + Jx = -(a/2)(x^2 - 2Jx/a) = -(a/2)(x - J/a)^2 + J^2/(2a)$. 做积分变量代换 $x \to x + J/a$ 计算积分,得到因子 $(2\pi/a)^{\frac{1}{2}}$. 注意将上式对 J 反复求导并最后令 $J = 0$,同样可以得到式(1.19).

另一个重要变形是将上面的 J 换成 $\mathrm{i}J$,得到

$$\int_{-\infty}^{+\infty} \mathrm{d}x \mathrm{e}^{-\frac{1}{2}ax^2 + \mathrm{i}Jx} = \left(\frac{2\pi}{a}\right)^{\frac{1}{2}} \mathrm{e}^{-J^2/(2a)} \tag{1.21}$$

进一步将 a 替换为 $-\mathrm{i}a$,有

$$\int_{-\infty}^{+\infty} \mathrm{d}x \mathrm{e}^{\frac{1}{2}\mathrm{i}ax^2 + \mathrm{i}Jx} = \left(\frac{2\pi\mathrm{i}}{a}\right)^{\frac{1}{2}} \mathrm{e}^{-\mathrm{i}J^2/(2a)} \tag{1.22}$$

现在把 a 推广为一个 $N \times N$ 的实对称矩阵 A_{ij},并把 x 替换为矢量 x_i($i, j = 1, \cdots, N$). 由此,式(1.20)变为

$$\int_{-\infty}^{+\infty}\int_{-\infty}^{+\infty}\cdots\int_{-\infty}^{+\infty}\mathrm{d}x_1\mathrm{d}x_2\cdots\mathrm{d}x_N\mathrm{e}^{-\frac{1}{2}x\cdot A\cdot x+J\cdot x}=\left[\frac{(2\pi)^N}{\det[A]}\right]^{\frac{1}{2}}\mathrm{e}^{\frac{1}{2}J\cdot A^{-1}\cdot J} \tag{1.23}$$

其中 $x\cdot A\cdot x=x_iA_{ij}x_j$，$J\cdot x=J_ix_i$（重复指标代表求和）.

要证明这个重要的关系,可以对矩阵 A 做正交变换 O 将其对角化,则有 $A=O^{-1}\cdot D\cdot O$,其中 D 为对角矩阵. 设 $y_i=O_{ij}x_j$. 此操作相当于一个 N 维欧氏空间的坐标旋转变换. 指数上的表达式因此变为 $-\dfrac{1}{2}y\cdot D\cdot y+(OJ)\cdot y$. 利用关系$\int_{-\infty}^{+\infty}\cdots\int_{-\infty}^{+\infty}\mathrm{d}x_1\cdots\mathrm{d}x_N=\int_{-\infty}^{+\infty}\cdots\int_{-\infty}^{+\infty}\mathrm{d}y_1\cdots\mathrm{d}y_N$, 我们可以将式 (1.23) 的等号左端分解为 N 个形式为 $\int_{-\infty}^{+\infty}\mathrm{d}y_i\mathrm{e}^{-\frac{1}{2}D_{ii}y_i^2+(OJ)_iy_i}$ 积分的乘积. 将其代回式 (1.20),并利用关系 $(OJ)\cdot D^{-1}\cdot(OJ)=J\cdot O^{-1}D^{-1}O\cdot J=J\cdot A^{-1}\cdot J$（其中用到了 O 的正交性）,就可以得到式 (1.23) 右端的表达式.（可以通过直接计算 $N=2$ 的情况验证这一表达式的正确性.）

接下来加上一些 $\mathrm{i}(A\rightarrow-\mathrm{i}A,J\rightarrow\mathrm{i}J)$,可以将式 (1.23) 推广为

$$\int_{-\infty}^{+\infty}\int_{-\infty}^{+\infty}\cdots\int_{-\infty}^{+\infty}\mathrm{d}x_1\mathrm{d}x_2\cdots\mathrm{d}x_N\mathrm{e}^{(\mathrm{i}/2)x\cdot A\cdot x+\mathrm{i}J\cdot x}=\left[\frac{(2\pi\mathrm{i})^N}{\det[A]}\right]^{\frac{1}{2}}\mathrm{e}^{-(\mathrm{i}/2)J\cdot A^{-1}\cdot J} \tag{1.24}$$

对式 (1.19) 的推广同样可以简单地得到:对式 (1.23) 用 $J_i,J_j,\cdots,J_k$ 和 J_l 求导 p 次,并在最后令 $J=0$. 例如,对于 $p=1$,式 (1.23) 的被积函数变为 $\mathrm{e}^{-\frac{1}{2}x\cdot A\cdot x}x_i$. 由于此式被积函数是 x_i 的奇函数,所以积分值为零. 对于 $p=2$,被积函数变为 $\mathrm{e}^{-\frac{1}{2}x\cdot A\cdot x}(x_ix_j)$,同时会在右手边多出一个 A_{ij}^{-1}. 整理表达式,并通过令式 (1.23) 中的 $J=0$ 来消掉 $\det[A]$,最后结果为

$$\langle x_ix_j\rangle=\frac{\int_{-\infty}^{+\infty}\int_{-\infty}^{+\infty}\cdots\int_{-\infty}^{+\infty}\mathrm{d}x_1\mathrm{d}x_2\cdots\mathrm{d}x_N\mathrm{e}^{-\frac{1}{2}x\cdot A\cdot x}x_ix_j}{\int_{-\infty}^{+\infty}\int_{-\infty}^{+\infty}\cdots\int_{-\infty}^{+\infty}\mathrm{d}x_1\mathrm{d}x_2\cdots\mathrm{d}x_N\mathrm{e}^{-\frac{1}{2}x\cdot A\cdot x}}=A_{ij}^{-1}$$

你可以动手算一算,因为实际计算会比解释怎么计算更容易! 接下来再算算 $p=3$ 和 $p=4$ 的情况,很快你就能发现该如何推广这一系列的表达式. 当指标 $i,j,\cdots,k,l$ 一共有奇数个时,$\langle x_ix_j\cdots x_kx_l\rangle$ 为 0. 当指标 $i,j,\cdots,k,l$ 一共有偶数个时,有

$$\langle x_ix_j\cdots x_kx_l\rangle=\sum_{\mathrm{Wick}}(A^{-1})_{ab}\cdots(A^{-1})_{cd} \tag{1.25}$$

其中定义

$$\langle x_i x_j \cdots x_k x_l \rangle = \frac{\int_{-\infty}^{+\infty}\int_{-\infty}^{+\infty}\cdots\int_{-\infty}^{+\infty} dx_1 dx_2 \cdots dx_N e^{-\frac{1}{2}x \cdot A \cdot x} x_i x_j \cdots x_k x_l}{\int_{-\infty}^{+\infty}\int_{-\infty}^{+\infty}\cdots\int_{-\infty}^{+\infty} dx_1 dx_2 \cdots dx_N e^{-\frac{1}{2}x \cdot A \cdot x}} \tag{1.26}$$

且指标 $\{a, b, \cdots, c, d\}$ 代表了 $\{i, j, \cdots, k, l\}$ 的一种排列方式.式(1.25)中的求和包括了所有的组合方式,或者说包括了所有的威克收缩.

举个例子:

$$\langle x_i x_j x_k x_l \rangle = (A^{-1})_{ij}(A^{-1})_{kl} + (A^{-1})_{il}(A^{-1})_{jk} + (A^{-1})_{ik}(A^{-1})_{jl} \tag{1.27}$$

(注意 A, A^{-1} 是对称矩阵.)正如我们在 x 不带指标的简单情况时所做的那样,把 $\langle x_i x_j x_k x_l \rangle$ 中的 x 们两两配对(威克收缩),每个 x_a 和 x_b 配对的收缩将给出一个 (A_{ab}^{-1}) 因子.

由于 $\langle x_i x_j \rangle = (A^{-1})_{ij}$,我们也可以把式(1.25)右端改写为 $\langle x_i x_j \rangle$ 乘积的形式,也就是 $\langle x_i x_j x_k x_l \rangle = \langle x_i x_j \rangle \langle x_k x_l \rangle + \langle x_i x_l \rangle \langle x_j x_k \rangle + \langle x_i x_k \rangle \langle x_j x_l \rangle$.

现在你可以尝试计算 $\langle x_i x_j x_k x_l x_m x_n \rangle$,这会让你变成威克收缩的专家!当然,在 $N=1$ 的场合式(1.25)会退化为式(1.19).

可能你像我一样不想去背任何东西,但是有些反反复复出现在理论物理(和这本书)中的公式,可能还是值得你去记住的.

附录3

为了求出形如 $I = \int_{-\infty}^{+\infty} dq\, e^{-(1/\hbar)f(q)}$ 的指数积分,常常需要采取最速下降近似法.为了方便起见,这里对这一方法做简单总结:当 $\hbar$ 非常小时,积分值主要由 $f(q)$ 的最小值决定.将其展开为 $f(q) = f(a) + \frac{1}{2}f''(a)(q-a)^2 + O[(q-a)^3]$,并应用式(1.18),可得

$$I = e^{-(1/\hbar)f(a)}\left[\frac{2\pi\hbar}{f''(a)}\right]^{\frac{1}{2}} e^{-O(\hbar^{1/2})} \tag{1.28}$$

如果 $f(q)$ 是多变量 $q_1, \cdots, q_N$ 的函数,且函数在 $q_j = a_j$ 时取最小值,可以将上面的结果推广为

$$I = e^{-(1/\hbar)f(a)}\left[\frac{(2\pi\hbar)^N}{\det f''(a)}\right]^{\frac{1}{2}} e^{-O(\hbar^{1/2})} \tag{1.29}$$

此处 $f''(a)$ 为 $N \times N$ 的矩阵,其元素为 $[f''(a)]_{ij} \equiv \partial^2 f/(\partial q_i \partial q_j)|_{q=a}$. 在很多时候,甚至不需要式(1.29)中包含行列式的项. 如果你能自己推出式(1.29),恭喜你,你已经在成为量子场论学家的路上踏出了坚实的一步!

习题

1.2.1 验证式(1.6).

1.2.2 推导式(1.25).

1.3 从床垫到场

.

床垫的连续极限

通过单粒子量子力学得到的路径积分,可表示为

$$Z \equiv \langle 0 \mid e^{-iHT} \mid 0 \rangle = \int Dq(t) e^{i\int_0^T dt \left[\frac{1}{2}m\dot{q}^2 - V(q)\right]} \tag{1.30}$$

可以很容易地推广到 N 个粒子的情形(这里省去了因子 $\langle 0 | q_F \rangle \langle q_I | 0 \rangle$,本节稍后将讨论这个问题),即使用哈密顿量

$$H = \sum_a \frac{1}{2m_a} \hat{p}_a^2 + V(\hat{q}_1, \hat{q}_2, \cdots, \hat{q}_N) \tag{1.31}$$

编号 $a = 1, 2, \cdots, N$ 的粒子位置记作 q_a. 重复一遍之前做过的步骤,可以得到

$$Z \equiv \langle 0 \mid e^{-iHT} \mid 0 \rangle = \int Dq(t) e^{iS(q)} \tag{1.32}$$

其中,作用量为

$$S(q) = \int_0^T dt \left(\sum_a \frac{1}{2} m_a \dot{q}_a^2 - V[q_1, q_2, \cdots, q_N] \right)$$

此时势能项 $V(q_1, q_2, \cdots, q_N)$ 将包含粒子间的相互作用能,即形如 $v(q_a - q_b)$ 的项,以及来自系统外势场,形如 $w(q_a)$ 的项.特别地,现在我们写出 1.1 节中提到的床垫系统的路径积分表示,其势能为

$$V(q_1, q_2, \cdots, q_N) = \sum_{ab} \frac{1}{2} k_{ab} (q_a - q_b)^2 + \cdots$$

现在离量子场论就差一丁点了!假设我们只对尺度远大于床垫网格间距 l(图 1.1)的现象感兴趣,那么数学上可取连续极限,令 $l \to 0$.在此极限下,粒子的指标 a 可以被替换为二维位置矢量 x,$q_a(t)$ 可写为 $q(t, x)$.随后我们遵循传统,将拉丁字母 q 替换为希腊字母 φ.函数 $\varphi(t, x)$ 被称为一个场.

动能项 $\sum_a \frac{1}{2} m_a \dot{q}_a^2$ 现在变成了 $\int d^2 x \frac{1}{2} \sigma (\partial \varphi / \partial t)^2$,我们用 $\int d^2 x / l^2$ 替换 $\sum_a$,并设单位面积质量 m_a / l^2 为 σ.所有粒子质量 m_a 被设定为相同,否则 σ 会是 x 的函数,整个系统也会不均一,到时会给我们寻找洛伦兹不变量带来麻烦(见下文).

接下来考察势能 V 的第一项.为简洁起见,设弹簧 k_{ab} 仅连接网格上的相邻点,在连续性极限下,$(q_a - q_b)^2 \simeq l^2 (\partial \varphi / \partial x)^2 + \cdots$.显然,此处的求导方向沿相邻点 a 和 b 的连线.

将上面势能和动能的结果放在一起,得到

$$S(q) \to S(\varphi) \equiv \int_0^T dt \int d^2 x \mathcal{L}(\varphi)$$

$$= \int_0^T dt \int d^2 x \frac{1}{2} \left\{ \sigma \left(\frac{\partial \varphi}{\partial t} \right)^2 - \rho \left[\left(\frac{\partial \varphi}{\partial x} \right)^2 + \left(\frac{\partial \varphi}{\partial y} \right)^2 \right] - \tau \varphi^2 - \zeta \varphi^4 + \cdots \right\}$$

$$(1.33)$$

参数 ρ 由 k_{ab} 和 l 构成,这里确切的形式并不太重要.在本书的随后章节,我们将取极限 $T \to \infty$,使得式(1.33)可对全时空积分.

为了让上式变得简洁一些,令 $\rho = \sigma c^2$,并重定义 $\varphi \to \varphi / \sqrt{\sigma}$,这样拉格朗日量中相应的部分会变为 $(\partial \varphi / \partial t)^2 - c^2 [(\partial \varphi / \partial x)^2 + (\partial \varphi / \partial y)^2]$.参数 c 显然具有速度的量纲,并决定了床垫上传播的波的相速度.

从床垫引入这些概念完全是出于教学上的考虑,并不是说有人真的认为自然界观测的场——如介子场或光子场——是由被弹簧捆在一起的质点构成的.如果我们从现代的观点(我将叫它朗道-金兹堡观点)出发,首先需要考虑的是拉格朗日量需要的对称性,比如粒子物理需要的洛伦兹不变性.随后通过指定它们如何变换来确定我们想要的场(这个例子中就是确定了标量场 φ),最后写出不包含超过二阶的时间导数的作用量(因为我

们不知道如何量子化含更高阶时间导数的作用量).

最后得到洛伦兹不变的作用量为(设 $c=1$)

$$S = \int \mathrm{d}^d x \left[\frac{1}{2}(\partial\varphi)^2 - \frac{1}{2}m^2\varphi^2 - \frac{g}{3!}\varphi^3 - \frac{\lambda}{4!}\varphi^4 + \cdots \right] \tag{1.34}$$

为了以后的方便,上式添加了很多常数系数.这里的相对论记号 $(\partial\varphi)^2 \equiv \partial_\mu\varphi\partial^\mu\varphi = (\partial\varphi/\partial t)^2 - (\partial\varphi/\partial x)^2 - (\partial\varphi/\partial y)^2$ 按照之前约定的那样理解.时空的维数 d 显然可以是任意整数,在床垫的例子中,它实际为 3.一般我们会写 $d = D+1$,并称时空为 $(D+1)$ 维.

这里可以看出对称性的巨大作用:只使用洛伦兹不变性和最高只包含时间二阶导数的拉格朗日量两个条件,就能得知拉格朗日量只可能取 $\mathcal{L} = \frac{1}{2}(\partial\varphi)^2 - V(\varphi)$ 形式[①],其中 V 是 φ 的函数.方便起见,我们限定 V 是 φ 的多项式.不过这里讨论的大部分内容没这个限定也是成立的.后面还会讲到许多关于对称性的内容.举个例子来说,如果要求物理现象在 $\varphi \to -\varphi$ 变换下不变,那么 $V(\varphi)$ 就只能包含 φ 的偶数次幂.

现在知道了量子场论是什么样,你就能理解为什么在前面的章节中用 q 来表示粒子的位置,而非更常用的 x.在量子场论中,x 是一个标签,而非动力学变量.在 $\varphi(t, x)$ 中出现的 x 就如同量子力学中 $q_a(t)$ 的标签 a.场论中的动力学变量不是位置,而是场 φ 本身.x 只是单纯地用于指明我们在讨论的场依赖于什么变量.一些同学习惯把 x 看作量子力学中的算符,当他们第一次接触到量子场论的时候,会对 x 的作用感到迷惑不已.因此我在这里特别强调了这一点.

用下面的替换作为一个总结:

$$\begin{cases} q \to \varphi \\ a \to x \\ q_a(t) \to \varphi(t, x) = \varphi(x) \\ \sum_a \to \int \mathrm{d}^D x \end{cases} \tag{1.35}$$

现在终于可以写出在 $d = (D+1)$ 维时空下定义的一个标量场理论的路径积分了:

$$Z = \int \mathrm{D}\varphi\, \mathrm{e}^{i\int \mathrm{d}^d x \left[\frac{1}{2}(\partial\varphi)^2 - V(\varphi) \right]} \tag{1.36}$$

注意,一个 $(0+1)$ 维的量子场论实际上就是量子力学.

---

① 严格来说,$U(\varphi)(\partial\varphi)^2$ 这样的项也是允许的.在量子力学中,形如 $U(q)(\mathrm{d}q/\mathrm{d}t)^2$ 的项描述的是质量会随位置发生变化的粒子.在本书的大部分内容中,我们不会考虑这么"麻烦"的项.

经典极限

正如之前所说,我们非常容易对路径积分形式取经典极限.普朗克常数的量纲是能量乘以时间,它作为常数出现在幺正演化算符 $e^{(-i/\hbar)HT}$ 中.顺着路径积分形式的推导顺序,不难发现 $\hbar$ 出现在因子 i 的除数上:

$$Z = \int D\varphi e^{(i/\hbar)\int d^4 x \mathcal{L}(\varphi)} \tag{1.37}$$

当 $\hbar$ 远远小于问题所考虑的作用量时,我们可以参照上一节处理量子力学时的做法,用稳相法或最速下降法来估算路径积分的值.接下来只需要得到 $\int d^4 x \mathcal{L}(\varphi)$ 的极值即可.而根据通常的欧拉－拉格朗日变分法,其极值在满足下式时得到:

$$\partial_\mu \frac{\delta \mathcal{L}}{\delta(\partial_\mu \varphi)} - \frac{\delta \mathcal{L}}{\delta \varphi} = 0 \tag{1.38}$$

正如我们期待的那样,我们得到了经典场论的方程.在上面的标量场论例子中,方程为

$$(\partial^2 + m^2)\varphi(x) + \frac{g}{2}\varphi(x)^2 + \frac{\lambda}{6}\varphi(x)^3 + \cdots = 0 \tag{1.39}$$

真空

在上一节讨论点粒子的量子力学时,我们曾把路径积分写成 $\langle F | e^{-iHT} | I \rangle$ 的形式.其中始末态怎么选随你喜欢,不过两者都选成基态比较方便自然.那么在量子场论中又该如何选择呢? 一个标准的选择是基态或真空态,记作 $|0\rangle$.通俗地说,就是什么都没有的状态.换言之,我们可以计算从真空到真空发生量子跃迁的振幅,从而使得计算基态能量成为可能.不过这个量并不特别有价值,因为在量子场论中测量的所有能量都是相对真空态的,所以惯例上都会把真空能量定为 0(可能是通过从拉格朗日量中减去一个常数实现的).顺带一提,量子场论的真空实际上是一片翻滚着量子涨落的汹涌大海,不过这里作为与量子场论的初次接触,我们不会深入讲太多.之后的章节会包含更多关于真空的内容.

真空扰动

比起干瞪着量子涨落的"大海",我们有更加激动人心的事情可以做:扰动它!你可以在某个时间点在空间的某处创造一个粒子,看着它传播一会儿,然后让它在空间的另一处湮灭.换句话说,我们可以构造创造粒子和湮灭粒子的源和汇(有时候把两者统称为源).

为了说明这一点是如何实现的,让我们回到床垫的比喻上.在床垫上按几下来给它提供点能量.很显然,你压在质点 a 上的动作,可以等同于势能 $V(q_1, q_2, \cdots, q_N)$ 增加一项 $J_a(t)q_a$,更一般地说是增加一些项 $\sum_a J_a(t)q_a$.根据我们的替换式(1.35),它在场论中升级为 $\int \mathrm{d}^D x J(x)\varphi(x)$,出现在场的拉格朗日量里.

$J(t, \boldsymbol{x})$ 被称为源函数,用来描述这块床垫被扰动的程度.这个函数的形式可以任选,正如我们可以随意地、在任何时间任何位置按压这块床垫.特别地,$J(x)$ 可以被设定为仅在时空的某些区域非零.

被反复挤压之后,床垫的一些位置上就会产生波包(图 1.6).这正对应了粒子的源(和汇),由此我们实际需要研究的是以下形式的路径积分:

$$Z = \int \mathrm{D}\varphi \, \mathrm{e}^{\mathrm{i} \int \mathrm{d}^4 x \left[\frac{1}{2}(\partial\varphi)^2 - V(\varphi) + J(x)\varphi(x) \right]} \tag{1.40}$$

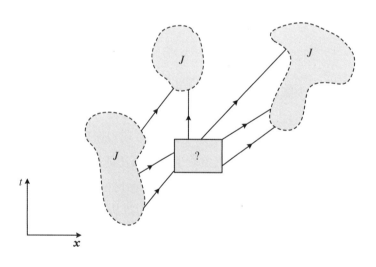

图 1.6

自由场论

式(1.40)中的泛函积分无法被求出,除非它的拉格朗日量有如下形式:

$$\mathcal{L}(\varphi) = \frac{1}{2}\big[(\partial\varphi)^2 - m^2\varphi^2\big] \tag{1.41}$$

此时它对应的理论被称为自由理论或高斯理论.把上式代入式(1.38)的运动方程,可以得到$(\partial^2 + m^2)\varphi = 0$,即克莱因-戈登方程[①].由于这是一个线性方程,它的解可以立刻得出:$\varphi(\boldsymbol{x}, t) = \mathrm{e}^{\mathrm{i}(\omega t - \boldsymbol{k} \cdot \boldsymbol{x})}$,且需满足:

$$\omega^2 = k^2 + m^2 \tag{1.42}$$

这里使用了自然单位制,即$\hbar = 1$.因此频率ω与能量$\hbar\omega$等价,波矢$\boldsymbol{k}$与动量$\hbar\boldsymbol{k}$等价.所以式(1.42)可以看作质量m的粒子的能量-动量关系,也就是$E = mc^2$的升级版本.我们希望上面的这个场论能够用来描述质量m的相对论粒子.

现在把式(1.41)代进式(1.40),将得到

$$Z = \int D\varphi \mathrm{e}^{\mathrm{i}\int \mathrm{d}^4 x \left\{ \frac{1}{2}\left[(\partial\varphi)^2 - m^2\varphi^2\right] + J\varphi \right\}} \tag{1.43}$$

在$\int \mathrm{d}^4 x$里做一次分部积分——不要担心无穷远处边界项的影响(这里做了一个隐藏的假设:所积分的场随距离衰减得足够快)——可以得到下式:

$$Z = \int D\varphi \mathrm{e}^{\mathrm{i}\int \mathrm{d}^4 x \left[-\frac{1}{2}\varphi(\partial^2 + m^2)\varphi + J\varphi \right]} \tag{1.44}$$

在场论学习中,你会反复遇到这样的泛函积分.这里用到的技巧是将被积时空离散化(没必要真的那么做,只需要想象这么做).下面来说明一下具体流程:把函数$\varphi(x)$替换成离散矢量$\varphi_i = \varphi(ia)$,其中i为一整数,a为格点间距(为简洁起见,这里假设时空是一维的.或者更一般地说,假设指标i用某种方法遍历了空间里的所有点).如此微分算符就变成了矩阵.比如,$\partial\varphi(ia) \to (1/a)(\varphi_{i+1} - \varphi_i) \equiv \sum_j M_{ij}\varphi_j$.$M$的元素也可由此得到.

---

① 克莱因-戈登方程实际上是由薛定谔发现的,而且比他发现那个现在以他名字命名的方程要早.随后在 1926 年,克莱因(Klein)、戈登(Gordon)、福克(Fock)、库达尔(Kudar)、德·东德(de Donder)和冯·德根(Van Dungen)分别独立地推出了该方程.

同时离散化能把积分转化为求和,比如 $\int \mathrm{d}^4 x J(x)\varphi(x) \rightarrow a^4 \sum_i J_i\varphi_i$.

看吧,式(1.44)就变成了之前我们求过的积分式(1.24):

$$\int_{-\infty}^{+\infty}\int_{-\infty}^{+\infty}\cdots\int_{-\infty}^{+\infty}\mathrm{d}q_1\mathrm{d}q_2\cdots\mathrm{d}q_N \mathrm{e}^{(\mathrm{i}/2)q\cdot A\cdot q + \mathrm{i}J\cdot q} = \left[\frac{(2\pi\mathrm{i})^N}{\det[A]}\right]^{\frac{1}{2}}\mathrm{e}^{-(\mathrm{i}/2)J\cdot A^{-1}\cdot J} \tag{1.45}$$

式(1.44)中的微分算符 $-(\partial^2 + m^2)$ 现在成为了式(1.45)中的矩阵 A. 逆矩阵的定义式为 $A\cdot A^{-1} = I$ 或 $A_{ij}A_{jk}^{-1} = \delta_{ik}$,取连续极限,可得到

$$-(\partial^2 + m^2)D(x - y) = \delta^{(4)}(x - y) \tag{1.46}$$

我们把 A_{jk}^{-1} 的连续极限称为 $D(x - y)$(它一定是 $x - y$ 的函数而非 x 和 y 的多变量函数,因为时空中没有特殊的点). 注意从离散的格点到连续极限时,克罗内克符号变成了狄拉克函数. 在脑海里想象时空离散状态和连续状态来回变换是一个非常有用的技巧.

最后得到的结果是

$$Z(J) = \mathcal{C}\mathrm{e}^{-(\mathrm{i}/2)\iint \mathrm{d}^4 x \mathrm{d}^4 y J(x)D(x-y)J(y)} \equiv \mathcal{C}\mathrm{e}^{\mathrm{i}W(J)} \tag{1.47}$$

其中 $D(x)$ 需要通过解式(1.46)得到. 全局系数 $\mathcal{C}$ 来自式(1.45)中带行列式的系数,它与 J 无关. 同时从下面的讨论中可以看到,大部分情况我们对它都没有兴趣. 本书很多时候会省略掉这个系数 $\mathcal{C}$. 从上式中很明显可以看出,$\mathcal{C} = Z(J = 0)$. 因此,$W(J)$ 被定义为

$$Z(J) \equiv Z(J = 0)\mathrm{e}^{\mathrm{i}W(J)} \tag{1.48}$$

注意到

$$W(J) = -\frac{1}{2}\iint \mathrm{d}^4 x \mathrm{d}^4 y J(x)D(x - y)J(y) \tag{1.49}$$

是一个简单的关于 J 的二次泛函. 相反地,$Z(J)$ 也可以包含 J 的任意高次幂. 这一事实会在 1.7 节中起到非常重要的作用.

自由传播子

函数 $D(x)$ 被称为传播子,在量子场论中具有举足轻重的作用. 作为一个微分算符的逆,它和你在电磁学上碰到的格林函数显然有很近的联系.

虽然物理学家们对数学严谨性总显得很随意,但这时候他们最好暂时提高一下警

惕,以确保他们的操作确实是让人信服的.为了让式(1.44)对很大的 φ 收敛,令 $m^2 \to m^2 - i\varepsilon$,这样积分会包含一项 $e^{-\varepsilon\int d^4 x \varphi^2}$,其中 ε 为一个趋近于 0 的正无穷小数 [①].

通过变换到动量空间,并且使用狄拉克函数表达式(1.12)的四次方:

$$\delta^{(4)}(x - y) = \int \frac{d^4 k}{(2\pi)^4} e^{ik(x-y)} \tag{1.50}$$

可以容易地解出方程式(1.46),其解为

$$D(x - y) = \int \frac{d^4 k}{(2\pi)^4} \frac{e^{ik(x-y)}}{k^2 - m^2 + i\varepsilon} \tag{1.51}$$

将此解代回式(1.46),可以验证

$$-(\partial^2 + m^2) D(x - y) = \int \frac{d^4 k}{(2\pi)^4} \frac{k^2 - m^2}{k^2 - m^2 + i\varepsilon} e^{ik(x-y)}$$

$$= \int \frac{d^4 k}{(2\pi)^4} e^{ik(x-y)} = \delta^{(4)}(x - y) \sim \varepsilon \to 0$$

注意这里加入的 $i\varepsilon$ 非常重要,否则给出 $D(x)$ 的积分时就会碰上一个极点. ε 具体的值并不重要,但保证它是正的非常重要,我们马上就会看出这一点(更多的内容可见 3.8 节).同时,注意这里指数中 k 的正负号是无须考虑的,因为存在对称性 $k \to -k$.

为了计算 $D(x)$ 的值,首先对 k^0 变量做围道积分.定义 $\omega_k \equiv +\sqrt{k^2 + m^2}$ 为正,积分在 k^0 的复平面上具有两个极点,分别位于 $\pm\sqrt{\omega_k^2 - i\varepsilon}$.当取极限 $\varepsilon \to 0$ 时,近似为 $+\omega_k - i\varepsilon$ 和 $-\omega_k + i\varepsilon$.因此对于一个正的 ε,两个极点分别位于上半平面和下半平面.当在实轴上积分 k^0 时,我们不会遇到极点.现在的问题就是该如何选择路径来完成围道.

若 x^0 为正,因子 $e^{ik^0 x^0}$ 对上半平面的 k^0 为指数衰减,所以我们可以用位于上半平面无穷远处的半圆来使实轴积分闭合,这时包含的极点为 $-\omega_k + i\varepsilon$.由此计算可得 $-i\int \frac{d^3 k}{(2\pi)^3 2\omega_k} e^{-i(\omega_k t - k \cdot x)}$.再次注意我们可以自由地改变矢量 k 的符号.t 和 x^0 按惯例可以互相替换.(这里补充一下:x^0 通常和 k^0 一起使用,而 t 通常和 ω_k 一起使用;k^0 为一可取正值或负值的变量,而 ω_k 是 k 的正值函数.)

对于 x^0 为负值的情况,我们只需要做出相反的选择.此时包含的极点为 $+\omega_k - i\varepsilon$,计算可得结果为 $-i\int \{d^3 k/[(2\pi)^3 2\omega_k]\} e^{+i(\omega_k t - k \cdot x)}$.

[①] 按照惯例,ε 用来泛指无穷小,所以任意正数乘以 ε 依旧可以写为 ε.

你可能记得赫维赛德(我们会在 4.4 节遇到这位伟大而且人如其名的物理学家)阶跃函数 $\theta(t)$ 被定义为对于任意 $t<0$ 取值 0,对于任意 $t>0$ 取值 1.至于 $\theta(0)$ 的值,鉴于我们是骄傲的物理学家而非挑剔的数学家,所以等有需要时再考虑它也不迟.这一阶跃函数使我们能够把上面得到的两个积分结果整合到一起:

$$D(x) = -\mathrm{i}\int \frac{\mathrm{d}^3 k}{(2\pi)^3 2\omega_k}\left[\mathrm{e}^{-\mathrm{i}(\omega_k t - k \cdot x)}\theta(x^0) + \mathrm{e}^{\mathrm{i}(\omega_k t - k \cdot x)}\theta(-x^0)\right] \tag{1.52}$$

物理上说,$D(x)$ 描述了场的扰动从原点传播到位置 x 的振幅.洛伦兹不变性告诉我们它是 x^2 和 x^0 符号的函数(因为这两者均在洛伦兹变换下保持不变).因此可以预见的是,根据 x 是在由 $x^2 = (x^0)^2 - x^2 = 0$ 定义的光锥内部还是外部,传播子的表现也会有巨大的差异.即使不实际计算 $\mathrm{d}^3 k$ 部分的积分,我们也能通过接下来的几个例子看出这一点.

在未来光锥中,假设 $x = (t,0)$ 且 $t>0$,应有 $D(x) = -\mathrm{i}\int\{\mathrm{d}^3 k/[(2\pi)^3 2\omega_k]\}\mathrm{e}^{-\mathrm{i}\omega_k t}$,这是许多平面波的叠加,所以 $D(x)$ 表现出振荡.在过去光锥中,设 $x = (t,0)$ 且 $t<0$,则有 $D(x) = -\mathrm{i}\int\{\mathrm{d}^3 k/[(2\pi)^3 2\omega_k]\}\mathrm{e}^{+\mathrm{i}\omega_k t}$,也为一振荡,但相位相反.

与之相反的是,如果 x 是类空而非类时的,比如当 $x^0 = 0$ 时,可以设定 $\theta(0) = \frac{1}{2}$(如果想要"抚平"阶跃函数,这是最自然的选择),从而得到 $D(x) = -\mathrm{i}\int\{\mathrm{d}^3 k/[(2\pi)^3 \cdot 2\sqrt{k^2 + m^2}]\}\mathrm{e}^{-\mathrm{i}k \cdot x}$.从 $\pm\mathrm{i}m$ 出发的平方根支割线,告诉了我们积分中 $|k|$ 的典型值 d 的量级为 m.由此传播子会存在一指数衰减 $\sim \mathrm{e}^{-m|x|}$,与我们的预期相符.在经典物理中,粒子不可能传播到它的光锥之外;但根据海森伯不确定原理,一个量子场则可以"漏出"光锥大约 m^{-1} 量级的距离.

习题

1.3.1 验证 $D(x)$ 对类空间隔存在指数衰减.

1.3.2 实际计算 $(1+1)$ 维时空下自由场的传播子 $D(x)$,并在 $x^0 = 0$ 的情况下研究它在 x^1 很大时的表现.

1.3.3 证明下式所定义的超前传播子:

$$D_{\mathrm{adv}}(x-y) = \int \frac{\mathrm{d}^4 k}{(2\pi)^4}\frac{\mathrm{e}^{\mathrm{i}k(x-y)}}{k^2 - m^2 - \mathrm{i}\,\mathrm{sgn}(k_0)\varepsilon}$$

只有在 $x^0 > y^0$ 时才非零,即它只向未来传播(符号函数的定义为 $k_0 > 0$ 时 $\mathrm{sgn}(k_0) = +1$,$k_0 < 0$ 时 $\mathrm{sgn}(k_0) = -1$).(提示:此时积分的两个极点均在 k_0 平面的上半平面.)有些作者会用 $(k_0 - \mathrm{i}\epsilon)^2 - \mathbf{k}^2 - m^2$ 代替积分中的 $k^2 - m^2 - \mathrm{i}\,\mathrm{sgn}(k_0)\epsilon$.相似地,请证明下式定义的推迟传播子仅向过去传播:

$$D_{\mathrm{ret}}(x - y) = \int \frac{\mathrm{d}^4 k}{(2\pi)^4} \frac{\mathrm{e}^{\mathrm{i}k(x-y)}}{k^2 - m^2 + \mathrm{i}\,\mathrm{sgn}(k_0)\epsilon}$$

1.4 从场到粒子再到力

从场到粒子

在上一节中我们得到,在自由理论中

$$W(J) = -\frac{1}{2} \iint \mathrm{d}^4 x \mathrm{d}^4 y J(x) D(x - y) J(y) \tag{1.53}$$

现在用傅里叶变换 $J(k) \equiv \int \mathrm{d}^4 x \mathrm{e}^{-\mathrm{i}kx} J(x)$ 将其改写为

$$W(J) = -\frac{1}{2} \int \frac{\mathrm{d}^4 k}{(2\pi)^4} J(k)^* \frac{1}{k^2 - m^2 + \mathrm{i}\epsilon} J(k) \tag{1.54}$$

(注意对实函数 $J(x)$ 应有 $J(k)^* = J(-k)$.)

我们可以在床垫上随意地压来压去,这对应于 $J(x)$ 形式任取的自由.充分利用这一自由可以挖掘出许多物理内容.

考虑 $J(x)$ 取形式 $J_1(x) + J_2(x)$,其中 $J_1(x)$ 和 $J_2(x)$ 分别位于时空中的区域 1 和 2(图 1.7).现在 $W(J)$ 包含四项,分别为 $J_1^* J_1$,$J_2^* J_2$,$J_1^* J_2$ 和 $J_2^* J_1$.现在把目光聚焦于后两项,其中一项为

$$W(J) = -\frac{1}{2} \int \frac{\mathrm{d}^4 k}{(2\pi)^4} J_2(k)^* \frac{1}{k^2 - m^2 + \mathrm{i}\epsilon} J_1(k) \tag{1.55}$$

可以看出只有在 $J_1(x)$ 和 $J_2(x)$ 做傅里叶变换后在动量空间 k 上有较大的重叠,且重叠区域中 $k^2 - m^2$ 的值接近 0,才能使最后的 $W(J)$ 比较大.类似共振,$W(J)$ 在 $k^2 = m^2$ 处取峰值,亦即当质量 m 的能量-动量关系被满足时,取峰值.(我们将使用相对论物理学家的说法,用"动量空间"指代能量-动量空间,只有在内容需要的时候采用非相对论的说法,比如上面的"能量-动量关系".)

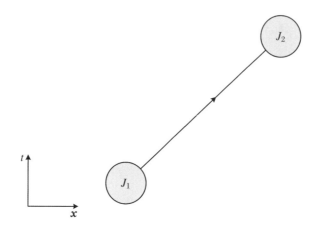

图 1.7

因此,这个简单场论模型的物理意义可以这样来解释:在时空的区域 1 中存在一个源,它发射了一个"场的扰动",随后被位于时空区域 2 的汇吸收.实验学家们则选择把这个场的扰动称为一个质量为 m 的粒子.这一解释基于这一(场)理论包含了质量为 m 的粒子的运动方程.

术语上说,当 $k^2 = m^2$ 时,我们称 k 在质壳上.不过,请注意式(1.55)对所有 k 做了积分,包括那些离质壳很远的 k 值.因此对于任意的 k 来说,一个很方便的讲法是称存在一个动量为 k 的"虚粒子"从源传播到了汇.

从粒子到力

现在考虑 $J(x)$ 其他可取的形式(接下来我们用源泛指所有的 J),比如令 $J(x) = J_1(x) + J_2(x)$ 中的 $J_a(x) = \delta^{(3)}(\boldsymbol{x} - \boldsymbol{x}_a)$,即此时 $J(x)$ 是两个不含时的无限高尖峰之和,这两个尖峰分别位于 $\boldsymbol{x}_1$ 和 $\boldsymbol{x}_2$.(如果你想要显得在数学上更严谨一些,可以将 δ 函数替换成在 $\boldsymbol{x}_a$ 处取极值的块状函数.但除了把公式复杂化一些,这么做并没有什么好处.)描述得更形象一点的话,就是这一源函数描述了两个放在床垫 $\boldsymbol{x}_1$ 和 $\boldsymbol{x}_2$ 处的质量块,它们一直呆在原来的位置上不移动($J(x)$不含时).

现在的问题是,场 φ 的量子涨落——也就是床垫的振动——会对这两个放在床垫上的质量块做什么呢? 如果你猜到它们会互相吸引,那么恭喜你,答对了.

和之前一样,$W(J)$ 包含四项.“自相互作用”的项 $J_1 J_1$ 在这里可以忽略,因为这一项不管 J_2 是否存在都会出现在 W 里,而我们关心的是 J_1 和 J_2 代表的两个“质量块”之间的相互作用.基于同样的考虑,$J_2 J_2$ 同样可以忽略.

将 $J(x)$ 的形式代入式(1.53),并对 $\mathrm{d}^3 x$ 和 $\mathrm{d}^3 y$ 积分,可以立刻得到

$$W(J) = -\iint \mathrm{d}x^0 \mathrm{d}y^0 \int \frac{\mathrm{d}k^0}{2\pi} \mathrm{e}^{\mathrm{i}k^0(x-y)^0} \int \frac{\mathrm{d}^3 k}{(2\pi)^3} \frac{\mathrm{e}^{\mathrm{i}k\cdot(x_1-x_2)}}{k^2 - m^2 + \mathrm{i}\varepsilon} \tag{1.56}$$

($J_2 J_1 + J_1 J_2$ 提供了一个因子2.)上式再对 y^0 积分可以得到一个关于 k^0 的 δ 函数,令其只能取 0(用上节的术语说,此时 k 显然不在质壳上).式子剩下的部分为

$$W(J) = \left(\int \mathrm{d}x^0\right) \int \frac{\mathrm{d}^3 k}{(2\pi)^3} \frac{\mathrm{e}^{\mathrm{i}k\cdot(x_1-x_2)}}{k^2 + m^2} \tag{1.57}$$

因为分母 $k^2 + m^2$ 始终是正的,所以无限小 $\mathrm{i}\varepsilon$ 此时可以被省略.

因子 $\left(\int \mathrm{d}x^0\right)$ 看起来十分恐怖:对全部时间积分,结果似乎是无穷大.但是不要怕! 记住路径积分形式 $Z = \mathcal{C}\mathrm{e}^{\mathrm{i}W(J)}$ 对应于 $\langle 0 | \mathrm{e}^{-\mathrm{i}HT} | 0 \rangle = \mathrm{e}^{-\mathrm{i}ET}$,其中 E 是两个源相互作用产生的能量.因子 $\left(\int \mathrm{d}x^0\right)$ 实际上给出了时间 T.现在没问题了,将 $\mathrm{i}W = -\mathrm{i}ET$ 代入式(1.57)得到

$$E = -\int \frac{\mathrm{d}^3 k}{(2\pi)^3} \frac{\mathrm{e}^{\mathrm{i}k\cdot(x_1-x_2)}}{k^2 + m^2} \tag{1.58}$$

我们得到的能量是负的! 两个位于 x_1 和 x_2 的 δ 函数使系统的能量下降.(注意如果它们相隔无限远,得到的能量 $E = 0$.这一点并不意外,因为无限快速振荡的指数项把积分值压成了 0.)换句话说,这两个相似的物体通过和场 φ 耦合而相互吸引.我们得到了学习量子场论之路上第一个具有物理意义的结果!

我们把 E 视作两个静止源之间的势能.即使不把积分积出来,量纲分析也会告诉我们使积分值趋向 0 的尺度应该等于 k 的主要取值(也就是 m)的倒数.因此,我们可以推测两个源之间的吸引力会在距离超过 $1/m$ 时快速下降.

如果场 φ 所描述的粒子的质量为 m,那么由此场产生的吸引力的作用距离就由其质量倒数 $1/m$ 决定.记住了吗?

附录中实际计算的该积分最后给出:

$$E = -\frac{1}{4\pi r}e^{-mr} \tag{1.59}$$

这一结果和我们的预期相符:超过距离 $1/m$ 后,势能呈指数快速衰减.同时显然有 $dE/dr > 0$,这表明这两个质量块在床垫上靠得越近,系统的能量就越低.

上面导出的这个结果,是 20 世纪物理学最值得庆祝的成就之一.汤川提出,原子核中核子的相互吸引正是来自它们与一个场耦合的结果,这个场就类似于我们上面描述的 φ.由于核力的作用范围已知,所以他不仅可以预言这一耦合场相关的粒子,也就是现在所说的 π 介子[①],同时还可以预言这种粒子的质量.正如你可能已经知道的那样,最后发现的 π 介子确确实实具有汤川所预言的各种性质.

作用力的来源

认识到力是通过相互交换粒子而产生的,是物理学历史上最深刻的概念进步之一.我们现在为每种已知的力分配一种粒子,比如电磁力与光子、引力与引力子.前者已经被实验充分证实,而后者虽然还没有被探测到,但几乎没有人怀疑它的存在.虽然光子和引力子将留到下一章进行讨论,但我们现在已经可以回答一个经常被聪明的高中生提出的问题:为什么牛顿的万有引力和库仑的静电力都遵循平方反比律 $1/r^2$?

从式(1.59)中可以看出,若媒介粒子的质量 m 为 0,产生的力就会遵循平方反比律 $1/r^2$.如果你顺着我们的过程倒推回去,就会注意到这一点来自这个简单场论的拉格朗日密度包含时空导数 ∂ 的二次项(因为任何只包含一次导数的项如 $\varphi\partial\varphi$ 都不是洛伦兹不变的).事实上,最后势能形式对距离 r 次数的依赖性可以由量纲分析直接得出: $\int d^3k\,(e^{ik\cdot x}/k^2) \sim 1/r$.

连通与不连通

作为本节的结尾,我在这里介绍这个在 1.7 节中才会显得重要的概念.首先,注意 $W(J)$ 中被积函数 $J(x)D(x-y)J(y)$ 可以用简图 1.8 表示:一个扰动 y 传播到 x(或者

---

① 介子英文单词(meson)的词源相当有趣(A. Zee 的 *Fearful Symmetry*(中译《可畏的对称》)第 169 页和第 335 页介绍了法国是如何反对它的,以及 π 介子(meson)和幻觉(illusion)之间的关系).

反过来).事实上,这就是费曼图的雏形!其次,我们有

$$Z(J) = Z(J=0) \sum_{n=0}^{\infty} \frac{\left[iW(J)\right]^n}{n!}$$

图 1.8

比如对于展开中 $n=2$ 的项,$Z(J)/Z(J=0)$ 将给出:

$$\frac{1}{2!}\left(-\frac{i}{2}\right)^2 \iiiint d^4 x_1 d^4 x_2 d^4 x_3 d^4 x_4 D(x_1-x_2)\cdot D(x_3-x_4)J(x_1)J(x_2)J(x_3)J(x_4)$$

这一被积函数可以用图 1.9 表示.这个过程被称为不连通的:从 x_1 到 x_2 的传播和从 x_3 到 x_4 的传播事件相互独立.我们会在 1.7 节中讲解更多连通和不连通之间的区别.

图 1.9

附录

令 $\boldsymbol{x} \equiv (\boldsymbol{x}_1 - \boldsymbol{x}_2)$，$u \equiv \cos \theta$. 其中 θ 是 $\boldsymbol{k}$ 和 $\boldsymbol{x}$ 之间的夹角. 在球坐标下计算积分式(1.58)可得(记 $k = |\boldsymbol{k}|$，$r = |\boldsymbol{x}|$)

$$I \equiv \frac{1}{(2\pi)^2} \int_0^\infty dk\, k^2 \int_{-1}^{+1} du\, \frac{e^{ikru}}{k^2 + m^2} = \frac{2i}{(2\pi)^2 ir} \int_0^\infty dk\, k\, \frac{\sin kr}{k^2 + m^2} \tag{1.60}$$

被积函数是偶函数，将其扩展到全实轴，得到

$$\frac{1}{2} \int_{-\infty}^\infty dk\, k\, \frac{\sin kr}{k^2 + m^2} = \frac{1}{2i} \int_{-\infty}^\infty dk\, k\, \frac{1}{k^2 + m^2} e^{ikr}$$

由于 r 为正数，我们用复平面的上半平面完成围道，包含的极点位于 $+im$ 处. 由此有 $(1/2i)(2\pi i)[im/(2im)]e^{-mr} = (\pi/2)e^{-mr}$，原积分为 $I = [1/(4\pi r)]e^{-mr}$.

习题

1.4.1 计算$(2+1)$维宇宙下平方反比律的对应形式. 更一般地，计算$(D+1)$维宇宙下这一定律的对应形式.

1.5 库仑和牛顿：排斥与吸引

为什么同种电荷相互排斥

我们认为，量子场论可以自然地解释牛顿的引力和库仑的电场力. 在同种对象之间，牛顿力是吸引力，而库仑力是排斥力. 这个观测事实是人类对物理宇宙最基本的理解之一，量子场论是否"足够聪明"以给出这个结果？ 当然了！

我们首先来讨论电磁场的量子场理论,也就是量子电动力学(quantum electrodynamics)或简称为 QED.为了避免在这个阶段涉及规范不变性带来的复杂性(会在更后面介绍),这里仅考虑有质量的、自旋为 1 的介子,也就是矢量介子.毕竟从实验上讲,我们唯一能知道的是光子质量的上限,它虽然很小但并不严格等于 0.因此我们可以采用这样一种权且的方法:首先假设光子的质量为非零的 m 进行计算,最后再令 $m = 0$.如果得到的最终结果没有把事情搞得一团糟,我们就认为它是对的[①].

麦克斯韦电磁场理论的拉格朗日量为 $\mathcal{L} = -\dfrac{1}{4} F_{\mu\nu} F^{\mu\nu}$,其中 $F_{\mu\nu} \equiv \partial_\mu A_\nu - \partial_\nu A_\mu$,$A_\mu(x)$ 是磁矢势.这一拉格朗日量携带的负号非常重要,因为它保证了 $(\partial_0 A_i)^2$ 的系数为正,就像标量场拉格朗日量中 $(\partial_0 \varphi)^2$ 的系数为正一样.也就是说,量子场随时间的变化对作用量的贡献应该是正的.

现在我将拉格朗日量修改为 $\mathcal{L} = -\dfrac{1}{4} F_{\mu\nu} F^{\mu\nu} + \dfrac{1}{2} m^2 A_\mu A^\mu + A_\mu J^\mu$,给光子赋上一个很小的质量.(这里的质量项是通过类比标量场拉格朗日量中的质量项 $m^2 \varphi^2$ 给出的;稍后就会看出这一项的符号是正确的,并且确实给光子带来了质量.)拉格朗日量中同时也加入了源项 $J^\mu(x)$,用更熟悉的语言来说,这就是电流.我们假设有流守恒,也即 $\partial_\mu J^\mu = 0$.

你已经知道矢量介子的场论由路径积分 $Z = \displaystyle\int DA \, e^{iS(A)} \equiv e^{iW(J)}$ 通过下式的作用量定义:

$$S(A) = \int d^4 x \mathcal{L} = \int d^4 x \left\{ \dfrac{1}{2} A_\mu \left[(\partial^2 + m^2) g^{\mu\nu} - \partial^\mu \partial^\nu \right] A_\nu + A_\mu J^\mu \right\} \tag{1.61}$$

上面的第二个等号来自分部积分(对比式(1.44)).

如你已经学过,接下来这里只需简单地套用式(1.45).为此我们需要找到上面方括号中微分算符的逆,即求下式方程的解:

$$\left[(\partial^2 + m^2) g^{\mu\nu} - \partial^\mu \partial^\nu \right] D_{\nu\lambda}(x) = \delta^\mu_\lambda \delta^{(4)}(x) \tag{1.62}$$

效仿 1.3 节的做法(对比式(1.46))转到动量空间内进行讨论,定义

$$D_{\nu\lambda}(x) = \int \dfrac{d^4 k}{(2\pi)^4} D_{\nu\lambda}(k) e^{ikx}$$

将其代入上面的等式,可以得到 $\left[-(k^2 - m^2) g^{\mu\nu} + k^\mu k^\nu \right] D_{\nu\lambda}(k) = \delta^\mu_\lambda$,也即

---

① 当我还是个学生的时候,西德尼·科尔曼在场论课上就是这么处理 QED 的,以避免讨论规范不变性.

$$D_{\nu\lambda}(k) = \frac{-g_{\nu\lambda} + k_\nu k_\lambda / m^2}{k^2 - m^2} \tag{1.63}$$

这就是光子,更准确地说是有质量的矢量介子的传播子,那么

$$W(J) = -\frac{1}{2} \int \frac{\mathrm{d}^4 k}{(2\pi)^4} J^\mu(k)^* \frac{-g_{\mu\nu} + k_\mu k_\nu / m^2}{k^2 - m^2 + \mathrm{i}\epsilon} J^\nu(k) \tag{1.64}$$

由于电流守恒关系 $\partial_\mu J^\mu(x) = 0$ 在动量空间里变为 $k_\mu J^\mu(k) = 0$,光子传播子里面的 $k_\mu k_\nu$ 项可以丢弃,因此有效作用量简化为

$$W(J) = \frac{1}{2} \int \frac{\mathrm{d}^4 k}{(2\pi)^4} J^\mu(k)^* \frac{1}{k^2 - m^2 + \mathrm{i}\epsilon} J_\mu(k) \tag{1.65}$$

不需要进一步地计算我们就可以得到一个深刻的结果:将这里得到的与式(1.54)对比,可以发现场论给了我们一个额外的负号.两块电荷密度 $J^0(x)$ 之间的势能是正的,意味着同种电荷之间的电磁相互作用力是排斥的! 得益于电流守恒,此时我们可以十分安全地让光子的质量 m 趋向于 0(注意在式(1.63)中是做不到这一点的).参照式(1.59),可以得到同种电荷之间的势能为

$$E = \frac{1}{4\pi r} \mathrm{e}^{-mr} \to \frac{1}{4\pi r} \tag{1.66}$$

若想在理论中同时纳入正电荷和负电荷,只需要简单地将源项改写为 $J^\mu = J_\mathrm{p}^\mu - J_\mathrm{n}^\mu$.我们可以看出一块电荷密度为 J_p^0 的电荷与一块电荷密度为 J_n^0 的电荷将相互吸引.

绕过麦克斯韦

成功地在两分钟内就处理完电磁相互作用后,现在来看看引力相互作用.接下来我们需要考虑自旋为 2 的有质量介子场.在讨论自旋为 1 的有质量介子场的时候,我抄了一个近路:假设你们已经对麦克斯韦理论的拉格朗日量十分熟悉,我简单地加入一个质量项就开始了推导.但是,我并不敢假设你们对于自旋为 2 的无质量场的拉格朗日量(即所谓的线性爱因斯坦拉格朗日量,在之后的章节中我们会讨论到)也同样熟悉,因此这里我会采用另外一种方法.

现在请你们从物理的角度进行一些思考,并从这些思考出发,最后推导出自旋为 2 的有质量场的传播子.首先,我们介绍自旋为 1 的有质量场的情况.

事实上,我们可以从一些更简单的地方开始:自旋为 0 的有质量场的传播子 $D(k) =$

$1/(k^2 - m^2)$. 这说明, 当扰动几乎是一个真实粒子的时候, 自旋为 0 的扰动传播的振幅会发散, 而极点的留数是粒子的性质. 自旋为 1 的场的传播子带有一对洛伦兹指标, 它实际上来自式(1.63):

$$D_{\nu\lambda}(k) = \frac{-G_{\nu\lambda}}{k^2 - m^2} \tag{1.67}$$

为了之后讨论的方便, 我们定义了

$$G_{\nu\lambda}(k) \equiv g_{\nu\lambda} - \frac{k_\nu k_\lambda}{m^2} \tag{1.68}$$

现在来看看 $G_{\nu\lambda}$ 背后的物理意义. 我希望你还记得在电磁学课堂上学到的偏振概念. 一个有质量自旋为 1 的粒子具有三个偏振自由度, 这相当明显, 因为在它所在的静止参考系中, 自旋矢量可以指向三个不同的方向. 这三个偏振矢量 $\varepsilon_\mu^{(a)}$ ($a = 1, 2, 3$) 分别是沿 x、y、z 轴的三个单位矢量: $\varepsilon_\mu^{(1)} = (0, 1, 0, 0)$, $\varepsilon_\mu^{(2)} = (0, 0, 1, 0)$, $\varepsilon_\mu^{(3)} = (0, 0, 0, 1)$. 在静止参考系中 $k^\mu = (m, 0, 0, 0)$, 所以有

$$k^\mu \varepsilon_\mu^{(a)} = 0 \tag{1.69}$$

由于这是一个洛伦兹不变的方程, 它对于一个运动的自旋为 1 的粒子也成立. 只要采用合适的归一化条件, 上面的式子就确定了一个动量为 k 的粒子的三个偏振矢量 $\varepsilon_\mu^{(a)}(k)$.

从源中产生一个动量为 k、偏振为 a 的粒子的振幅正比于 $\varepsilon_\lambda^{(a)}(k)$, 而这个粒子被汇吸收的振幅正比于 $\varepsilon_\nu^{(a)}(k)$. 我们将这两个振幅相乘, 就可以得到从源传播到汇的振幅, 再将其对三个可能的偏振求和. 现在我们知道自旋为 1 的传播子 $D_{\nu\lambda}(k)$ 在极点的留数是什么了: 它代表着 $\sum_a \varepsilon_\nu^{(a)}(k) \varepsilon_\lambda^{(a)}(k)$. 计算这个量时, 注意一个洛伦兹不变量只能是 $g_{\nu\lambda}$ 和 $k_\nu k_\lambda$ 的线性组合, 并且 $k^\mu \varepsilon_\mu^{(a)} = 0$ 要求它必须正比于 $g_{\nu\lambda} - k_\nu k_\lambda / m^2$. 取静止系计算式子左手边 $\nu = \lambda = 1$ 这一项, 就可以确定式子前面至关重要的符号是 -1. 因此

$$\sum_a \varepsilon_\nu^{(a)}(k) \varepsilon_\lambda^{(a)}(k) = -G_{\nu\lambda}(k) \equiv -\left(g_{\nu\lambda} - \frac{k_\nu k_\lambda}{m^2}\right) \tag{1.70}$$

这样我们就构建出有质量自旋为 1 的粒子的传播子, 绕过了麦克斯韦电磁理论(参见本节的附录 1).

继续向自旋 2 前进! 我们想用类似的方式绕过爱因斯坦.

绕过爱因斯坦

一个自旋为 2 的有质量的粒子有 5($2 \cdot 2 + 1 = 5$, 还记得吗?)个偏振自由度, 通过 5

个关于指标 μ 和 ν 对称的偏振张量 $\varepsilon^{(a)}_{\mu\nu}$（$a=1,2,\cdots,5$）来定义，它们满足：

$$k^{\mu}\varepsilon^{(a)}_{\mu\nu}=0 \tag{1.71}$$

以及迹零条件

$$g^{\mu\nu}\varepsilon^{(a)}_{\mu\nu}=0 \tag{1.72}$$

让我们通过计算自由度来检查一下。一个对称的洛伦兹张量有 $4 \cdot 5/2 = 10$ 个独立分量。式 (1.71) 中的四个条件和式 (1.72) 中的一个条件将分量数减到 $10-4-1=5$ 个，正好是这里所需的数量。（想在这里说点行话，你还记得怎么构建群的不可约表示吗？如果已经记不得了，读一下附录 B）。我们将 $\varepsilon_{\mu\nu}$ 的归一化条件取为令正数 $\sum \varepsilon^{(a)}_{12}(k)\varepsilon^{(a)}_{12}(k)=1$。

类比在讨论自旋 1 的粒子时的处理。下面来确定 $\sum_a \varepsilon^{(a)}_{\mu\nu}(k)\varepsilon^{(a)}_{\lambda\sigma}(k)$。我们需要用 $g_{\mu\nu}$ 和 k_{μ}，或者等价地用 $G_{\mu\nu}$ 和 k_{μ} 来构建这个张量。这个量必须是类似于 $G_{\mu\nu}G_{\lambda\sigma}$、$G_{\mu\nu}k_{\lambda}k_{\sigma}$ 这样的量的线性组合。反复使用式 (1.71) 和式 (1.72)（习题 1.5.1），不难得到

$$\sum_a \varepsilon^{(a)}_{\mu\nu}(k)\varepsilon^{(a)}_{\lambda\sigma}(k)=(G_{\mu\lambda}G_{\nu\sigma}+G_{\mu\sigma}G_{\nu\lambda})-\frac{2}{3}G_{\mu\nu}G_{\lambda\sigma} \tag{1.73}$$

上式中的符号和系数是通过在粒子静止系中对等式两边的项进行对比得到的（比如取 $\mu=\lambda=1, \nu=\sigma=2$）。

由此我们就得到自旋为 2 的有质量粒子的传播子：

$$D_{\mu\nu,\lambda\sigma}(k)=\frac{(G_{\mu\lambda}G_{\nu\sigma}+G_{\mu\sigma}G_{\nu\lambda})-\frac{2}{3}G_{\mu\nu}G_{\lambda\sigma}}{k^2-m^2} \tag{1.74}$$

为什么我们会从天空落向地面

现在，我们准备好理解宇宙中最基本的谜题之一了：为什么质量相互吸引？

回想下你们在电磁学和狭义相对论课程中学到的：能量密度或者质量密度是能量动量张量 $T^{\mu\nu}$ 的一部分。事实上，你在这里只需要知道 $T^{\mu\nu}$ 是一个对称张量，而且 T^{00} 分量是能量密度就足够了。如果你记不得了，我会在本节的附录 2 中给出一个比较物理的解释。

为了和能量动量张量相耦合，我们需要场 $\varphi_{\mu\nu}$ 也是一个关于其指标对称的张量。换句话说，描述这个世界的拉格朗日量应该包括像 $\varphi_{\mu\nu}T^{\mu\nu}$ 这样的项。事实上，这就是我们感

知到的引力子,即一种自旋为 2、产生引力的粒子的方式.这和我们感知到光子,一种自旋为 1、产生电磁力且与电流 J^μ 耦合的粒子是一样的.我们在后面的章节会讨论到,在爱因斯坦引力理论里,$\varphi_{\mu\nu}$ 应是度规张量的一部分.

就像之前假设光子有一个小的质量以避免讨论规范不变性一样,我们假设引力子也有一个小的质量以避免讨论广义坐标不变性[①].啊哈,我们正好求得了自旋 2 有质量粒子的传播子,现在让我们把它用起来.

严格地类比用来描述两个电磁流相互作用的式(1.64):

$$W(J) = -\frac{1}{2}\int \frac{\mathrm{d}^4 k}{(2\pi)^4} J^\mu(k)^* \frac{-g_{\mu\nu} + k_\mu k_\nu/m^2}{k^2 - m^2 + \mathrm{i}\varepsilon} J^\nu(k) \tag{1.75}$$

我们可以将两块应力能量的相互作用写为

$$W(T) = -\frac{1}{2}\int \frac{\mathrm{d}^4 k}{(2\pi)^4} T^{\mu\nu}(k)^* \frac{(G_{\mu\lambda}G_{\nu\sigma} + G_{\mu\sigma}G_{\nu\lambda}) - \frac{2}{3}G_{\mu\nu}G_{\lambda\sigma}}{k^2 - m^2 + \mathrm{i}\varepsilon} T^{\lambda\sigma}(k) \tag{1.76}$$

从能动量守恒 $\partial_\mu T^{\mu\nu}(x) = 0$ 和由此得到的 $k_\mu T^{\mu\nu}(k) = 0$ 出发,我们可以将上式中的 $G_{\mu\nu}$ 替换为 $g_{\mu\nu}$(从上下文可以看出,这里 $g_{\mu\nu}$ 仍然是平直时空中的闵可夫斯基度规,而不是弯曲时空的爱因斯坦度规).

现在重点来了.考察两块能量密度 T^{00} 之间的相互作用,我们有

$$W(T) = -\frac{1}{2}\int \frac{\mathrm{d}^4 k}{(2\pi)^4} T^{00}(k)^* \frac{1 + 1 - \frac{2}{3}}{k^2 - m^2 + \mathrm{i}\varepsilon} T^{00}(k) \tag{1.77}$$

将上面的式子与式(1.65)对比,而且众所周知有 $1 + 1 - \frac{2}{3} > 0$,我们将得到,与电荷相互排斥相对的是,质量相互吸引.此处应有庆祝的音乐!

宇宙

不论我们如何强调上面这些结论的重要性(而不是结论有多漂亮)都不为过:交换自旋为 0 的粒子产生吸引力,交换自旋为 1 的粒子产生排斥力,交换自旋为 2 的粒子又产生

---

① 目前,我要求你忽略所有微妙的地方,假设为了理解引力,让 $m \to 0$ 是顺理成章的.在 8.1 节中,将对爱因斯坦的引力理论做一个精确的讨论.

吸引力.这三种情况分别对应于强相互作用、电磁相互作用和引力相互作用.而正是因为无处不在的引力相互作用导致了不稳定,我们的早期宇宙才得以形成[①],它让稠密的地方变得越来越稠密.而自旋为 0 的粒子传递的核力最终点燃了恒星的核反应.更重要的是,自旋为 0 的粒子在质子和中子之间传递的吸引力平衡了质子间的电磁排斥力,让它们形成了多种多样的原子核,否则我们的宇宙将无法像现在这样丰富多姿.而自旋为 1 的粒子导致的同性相斥、异性相吸又让电中性的原子得以形成.

宇宙正是在自旋为 0、自旋为 1 和自旋为 2 的粒子之间微妙的相互作用中诞生的.

在这场探索宇宙的奇妙之旅中,我们没有提到弱相互作用.事实上,弱相互作用在保持太阳之类的恒星以稳定的速率燃烧之中扮演了重要的角色.

时间和空间差一个负号

将场、粒子和力编织在一起,产生一个充满如此多可能性的宇宙的过程美妙之极,值得我们停下脚步,多花些时间看看它背后的物理.式(1.53)中的表达式给出了用源 J 扰动真空(或者说床垫)所产生的效应计算到二阶的结果.因此有些读者可能已经意识到,式(1.58)中的负号来自一个十分基础的量子力学结论:二阶微扰总会把最低能态的能量推得更低.这是因为对于基态,所有能量修正项的分母都有着相同的符号.

本质上,这个"定理"源于 2×2 矩阵的性质.让我们将基态能量设为 0,并粗略地用一个能量 $w>0$ 的态代表其他所有的态.那么在二阶微扰论下,微扰 v 对应的有效哈密顿量可以写为

$$H = \begin{pmatrix} w & v \\ v & 0 \end{pmatrix}$$

由于哈密顿量 H 的行列式(也即两个本征值的乘积)很明显是负的,因此这就意味着基态能量被推得小于零$\Big($更确切地说,我们用特征方程 $0 = \varepsilon(\varepsilon - w) - v^2 \approx -(w\varepsilon + v^2)$ 计算本征值 ε,可以得到 $\varepsilon \approx -\dfrac{v^2}{w}\Big)$.在物理学的不同领域里,这种现象被称作能级排斥或跷跷板机制(见 7.7 节).

用一个源扰动真空会使其能量降低,那么就很容易理解为什么一般来说交换粒子会

---

① 如果想顺着我们这里给出的路线了解引力带来的不稳定和宇宙结构的形成,一个好的选择是阅读我的另一本书《爱因斯坦的宇宙》(*Einstein's Universe*)(曾命名为《一个老人的玩具》(*An old Man's Toy*)).

导致相互吸引.

可是为什么交换自旋为 1 的粒子会在同种粒子之间产生排斥力？这其中的奥秘来自一个非常深刻的结果：时间和空间相差一个符号.也就是说 $g_{00} = +1$ 而 $g_{ii} = -1$，其中 $i = 1, 2, 3$.式(1.70)的左边对于相同指标 $\nu = \lambda = i$ 显然是正的.我们取粒子静止系，就可以理解式(1.70)中的负号，进而也能理解式(1.64)中的负号.粗略地讲，对于交换自旋为 2 的粒子的情况，负号在式(1.76)中出现了两次.

自由度

现在我得泼点冷水：从逻辑上或数学上讲，质量 $m \neq 0$ 的粒子与质量 $m = 0$ 的粒子可能在物理上有所不同.的确，在经典电动力学中，我们知道电磁波有两种偏振，即两个自由度.对于有质量、自旋为 1 的粒子，我们可以取其所在的静止系，此时旋转群告诉我们体系具有 $2 \cdot 1 + 1 = 3$ 个自由度.可最重要的是，我们永远无法取到无质量光子所在的静止系.从数学上讲，此时旋转群 $SO(3)$ 将退化到 $SO(2)$，即绕着光子动量方向的二维旋转群.

在 2.7 节我们会看到，当将质量取到 0 时，有质量自旋为 1 的介子的纵向自由度会解耦.这就意味着这里处理电荷间相互作用的式(1.66)是正确的.然而，在 8.1 节中我们会看到，在爱因斯坦引力理论中，式(1.77)中的 $\frac{2}{3}$ 会变成 1.幸运的是，式(1.77)中相互作用的符号没有改变.把庆祝的音乐稍微调小点.

附录 1

假装我们从来没有听说过麦克斯韦理论的拉格朗日量，并想为有质量、自旋为 1 的介子场构建一个相对论性的拉格朗日量.接下来，我们会一起重新发现麦克斯韦理论.自旋 1 意味着场像矢量一样按照三维旋转群变换.最简单包含三维矢量的洛伦兹对象就是 4-矢量，所以我们就从矢量场 $A_\mu(x)$ 开始.

矢量场携带着质量 m 意味着它满足场方程：

$$(\partial^2 + m^2) A_\mu = 0 \tag{1.78}$$

一个自旋为 1 的粒子有 3 个自由度(就是旋转群的维度为 $2j + 1$；在这里 $j = 1$).另一方

面,场有 4 个分量.所以,我们必须在场上加上一个约束条件,将自由度从 4 减到 3.关于 A_μ 是线性的洛伦兹不变量只能是

$$\partial_\mu A^\mu = 0 \tag{1.79}$$

在动量空间考察式(1.78)和式(1.79)也十分有帮助.上述两式分别写成 $(k^2 - m^2) \cdot A_\mu(k) = 0$ 和 $k_\mu A^\mu(k) = 0$.第一个方程告诉我们 $k^2 = m^2$,第二个方程告诉我们当取粒子的静止系 $k^\mu = (m, \mathbf{0})$ 时,A_0 会消失,剩下 3 个不为零的分量 A^i,其中 $i = 1, 2, 3$.

注意到式(1.78)和式(1.79)可以被合并到一个式子里,得到

$$(g^{\mu\nu}\partial^2 - \partial^\mu\partial^\nu)A_\nu + m^2 A^\mu = 0 \tag{1.80}$$

下面验证式(1.80)中同时包含了式(1.78)和式(1.79).将 ∂_μ 作用在式(1.80)上,我们可以得到 $m^2 \partial_\mu A^\mu = 0$,即 $\partial_\mu A^\mu = 0$.($m \neq 0$ 对这一步很重要,所以我们讨论的不是严格的零质量光子.)这就是式(1.79).再将式(1.79)代入式(1.80)中,我们就得到式(1.78).

现在我们可以构建拉格朗日量了.在式(1.80)的左侧乘以 $+\frac{1}{2}A_\mu$(这里 $\frac{1}{2}$ 是约定俗成的,但是正号来自物理上动能必须为正的限制),于是

$$\mathcal{L} = \frac{1}{2}A_\mu[(\partial^2 + m^2)g^{\mu\nu} - \partial^\mu\partial^\nu]A_\nu \tag{1.81}$$

通过分部积分,我们得出上式就是麦克斯韦理论拉格朗日量的有质量版本.在 $m \to 0$ 的极限下,我们就得到了麦克斯韦理论的拉格朗日量.

对这里使用的术语说明一下:有人坚持只把 $F_{\mu\nu}$ 叫作场,而把 A_μ 叫作势.遵循常规的用法,我们这里不做这样的区分.对于我们来讲,任意关于时空坐标的动力学函数都是场.

附录 2　为什么引力子的自旋为 2?

首先,我们必须理解为什么光子的自旋为 1.从物理图像上考虑静止在一个小盒子里的一大群电子.一个运动着的观察者发现盒子的长度发生了洛伦兹-斐兹杰拉德收缩,这也就导致了观察者观测到比相对盒子静止时更高的电荷密度,从而电荷密度 $J^0(x)$ 的变换就像一个 4 矢量密度 $J^\mu(x)$ 的时间分量,即 $J'^0 = J^0/\sqrt{1-v^2}$.光子需要与 $J^\mu(x)$ 耦合,所以必须用一个 4 矢量场 $A_\mu(x)$ 描述才能与洛伦兹指标相匹配.

那么能量密度呢?与盒子相对静止的观测者看到每一个电子都给盒子里的总能量

贡献了 m,而相对盒子运动的观测者发现每个电子的能量是 $m/\sqrt{1-v^2}$.盒子的体积减小,而其中的总能量却增加了,从而能量密度会多出两个因子 $1/\sqrt{1-v^2}$.也就是说,能量密度的变换就像一个二阶张量 $T^{\mu\nu}$ 的 T^{00} 分量.引力子需要与 $T^{\mu\nu}$ 相耦合,所以必须用一个二阶张量场 $\varphi_{\mu\nu}(x)$ 描述才能与洛伦兹指标相匹配.

习题

1.5.1 反复使用对称性写出 $\sum_a \varepsilon^{(a)}_{\mu\nu}(k)\varepsilon^{(a)}_{\lambda\sigma}(k)$ 的一般形式.例如,其在指标交换 $\langle\mu\nu\leftrightarrow\lambda\sigma\rangle$ 下应保持不变.你最后可能会得到类似于这样的结果:

$$
\begin{aligned}
&AG_{\mu\nu}G_{\lambda\sigma} + B(G_{\mu\lambda}G_{\nu\sigma} + G_{\mu\sigma}G_{\nu\lambda}) + C(G_{\mu\nu}k_\lambda k_\sigma + k_\mu k_\nu G_{\lambda\sigma}) \\
&+ D(k_\mu k_\lambda G_{\nu\sigma} + k_\mu k_\sigma G_{\nu\lambda} + k_\nu k_\sigma G_{\mu\lambda} + k_\nu k_\lambda G_{\mu\sigma}) + Ek_\mu k_\nu k_\lambda k_\sigma
\end{aligned}
\tag{1.82}
$$

其中,$A,\cdots,E$ 都是待定的系数.使用 $k^\mu \sum_a \varepsilon^{(a)}_{\mu\nu}(k)\varepsilon^{(a)}_{\lambda\sigma}(k) = 0$,找出待定系数满足的关系,并用这种方法推导出式(1.73).

1.6 平方反比律和漂浮的 3 膜

为什么是平方反比?

当你刚开始学习物理的时候,有没有疑惑过为何许多力都遵循平方反比律,而不是别的形式,例如立方反比律? 在 1.4 节中你已经得到一个很深刻的回答.当两个粒子交换一个无质量的粒子时,它们之间的势能为

$$
V(r) \propto \int \mathrm{d}^3k\, \mathrm{e}^{\mathrm{i}k\cdot x}\, \frac{1}{k^2} \propto \frac{1}{r}
\tag{1.83}
$$

所交换粒子的自旋决定了势能的符号,但如之前所说,$1/r$ 可以直接由量纲分析得到.基本上,$V(r)$ 就是传播子的傅里叶变换.传播子中的 k^2 来自作用量中的 $\partial_i\varphi\partial_i\varphi$ 项.

其中 φ 表示与交换的无质量粒子关联的场,而其形式 $(\partial_i \varphi \cdot \partial_i \varphi)$ 是旋转不变性所要求的.因此式(1.83)中不能是 k 或者 k^3;k^2 是剩余所有可能性中最简单的.所以从某种意义上讲,平方反比律最终来自旋转对称性!

从物理上讲,平方反比律又可以回到法拉第的通量图像上.考虑由一个半径为 r 的球面包住的一个电荷,球面单位面积上的电通量为 $1/(4\pi r^2)$.这个几何上的事实反映在式(1.83)中的 d^3k 因子上.

膜世界

值得一提的是,只需要向你介绍这一小部分量子场论,就足以让你接触到本书写作时的研究前沿内容了.在弦论中,我们的(3+1)维世界很可能嵌入更大的宇宙中,就像(2+1)维的纸嵌入(3+1)维世界中一样.按这种观点,我们就生活在一张 3 膜上.

现在假设有 n 个额外维度,其坐标分别为 $x^4, x^5, \cdots, x^{n+3}$,这些额外坐标对应的特征尺度为 R.我无法给出在不同情形下 R 的具体表达.出于某些原因,我也没法去到这些额外维度,我们被困在 3 膜上了.而与此不同的是,本质上引力子与时空的结构有关,因此可以在整个 $(n+3+1)$ 维宇宙中穿行.

好的,那么现在两个粒子之间的引力定律变成了什么样? 显然不再是平方反比律了:做傅里叶变换

$$V(r) \propto \int \mathrm{d}^{3+n}k\, \mathrm{e}^{ik \cdot x} \frac{1}{k^2} \propto \frac{1}{r^{1+n}} \tag{1.84}$$

即可得到现在引力遵循的是 $1/r^{1+n}$ 律.

这不是与我们的观察相矛盾了吗?

事实上,并不是这样,因为牛顿引力定律依旧能在 $r \gg R$ 情况下成立.在这种情况下,额外坐标的尺度与我们感兴趣的尺度 r 相比相当于零,通量不能在 n 个额外坐标的方向上传播太远.你可以设想通量被限制为只能在我们能感知的 3 个空间方向上传播,就像波导中的电磁场被限制为只能沿波导管一个方向传播一样.这样我们相当于回到了(3+1)维时空,而 $V(r)$ 恢复了 $1/r$ 依赖性.

新的引力定律式(1.84)仅在相反的 $r \ll R$ 的情形下成立.启发性地说,当 R 远大于两个粒子之间的间隔时,通量不知道额外的坐标在范围上是有限的,所以就会认为它自己存在于 $(n+3+1)$ 维宇宙中.

由于引力十分微弱,牛顿的引力定律还尚未在实验室的距离尺度上被精确地验证

过,因此理论家有足够的尺度范围提出猜想:R 可以轻松地远大于基本粒子尺度,同时远小于日常物理现象的尺度.多令人吃惊啊,宇宙可以具有如此"大的额外维度"!(这里的"大"指的是在粒子物理学的尺度上的大.)

普朗克质量

为了进行一些定量的讨论,我们将牛顿引力定律改写为 $V(r) = G_N m_1 m_2 (1/r) = (m_1 m_2 / M_{Pl}^2)(1/r)$,从而来定义普朗克质量 M_{Pl}.数值上,$M_{Pl} \simeq 10^{19}$ GeV.如此巨大的数值清楚地体现了引力之微弱.

在将 $\hbar$ 和 c 设置为 1 的自然单位制中,引力定义的这个固有质量或能量尺度,远高于我们至今能通过实验达到的任何尺度.事实上,这是现代粒子物理学的基本谜团之一:为什么这一质量尺度比我们所知道的任何东西都高得多? 我将在适当的时候回到这个所谓的级列问题(hierarchy problem)上来.现在让我们试试看,这种 20 世纪末诞生的新引力图像,是否可以通过降低引力的固有质量尺度来缓解级列问题.

令 M_{TG} 表示 $(n+3+1)$ 维宇宙中引力的质量尺度(引力的"真实尺度"),那么质量为 m_1 和 m_2、相隔 $r \ll R$ 的两个物体之间的引力势能为

$$V(r) = \frac{m_1 m_2}{[M_{TG}]^{2+n}} \frac{1}{r^{1+n}} \tag{1.85}$$

注意,上式对 M_{TG} 的依赖关系来自量纲分析:二次幂用于抵消 $m_1 m_2$,n 次幂用于匹配 n 个多出来的 $1/r$.如前所述,对于 $r \gg R$,引力通量的几何分布在 R 处截断,因此势能变为

$$V(r) = \frac{m_1 m_2}{[M_{TG}]^{2+n}} \frac{1}{R^n} \frac{1}{r}$$

与实际观测到的引力定律 $V(r) = (m_1 m_2 / M_{Pl}^2)(1/r)$ 相比,有

$$M_{TG}^2 = \frac{M_{Pl}^2}{[M_{TG} R]^n} \tag{1.86}$$

如果 $M_{TG} R$ 足够大,我们就能得到一个有趣的可能性:M_{TG} 的基本尺度可能比我们一直所认为的要低得多.

加速器(如大型强子对撞机 LHC)可以为这种有趣的可能性提供令人兴奋的验证.如果引力的真实尺度 M_{TG} 处于加速器可达到的能量范围内,就可能会有大量引力子逃逸到更高维度的宇宙中,那样实验者将会看到极高的能量损失.

习题

1.6.1 代入数值,说明额外维度 $n=1$ 的情况可以被排除.

1.7 费曼图

费曼把量子场论带给了大众.

——朱利安·施温格

场论中的非谐性

前几节研究的自由场理论很容易求解,因为定义的路径积分式(1.43)是高斯型积分,所以可以简单地应用式(1.16).(这对应于解量子力学中的谐振子.)正如在 1.3 节中指出的那样,在简谐近似下,床垫上的振动模式可以线性叠加,因此它们相遇时只会简单地互相穿过.由这些模式构成的波包代表的粒子没有相互作用[①]:这就是为何它被称为自由场理论.为了让这些模式彼此散射,拉格朗日量中必须包含非谐项,使运动方程不再是线性的.为了简单起见,在自由场理论中仅添加一个非谐项 $-\dfrac{\lambda}{4!}\varphi^4$,参照的形式为式(1.40),尝试计算:

$$Z(J) = \int D\varphi e^{i\int d^4x\left\{\frac{1}{2}[(\partial\varphi)^2 - m^2\varphi^2] - \frac{\lambda}{4!}\varphi^4 + J\varphi\right\}} \tag{1.87}$$

上式忽略了 Z 对 λ 的依赖.

你可能会说,处理量子场论轻而易举嘛,只需要做一堆如同式(1.87)一样的泛函积分就可以了.但事实上求这些积分并不容易! 如果你能够把上面的积分求出来,那可是一个大新闻.

---

① 一个可能的混淆之处:如 1.4 节中所述,由于 φ 的传播,与 φ 耦合的源具有了相互作用,然而 φ 对应的粒子本身并不相互作用.这和我们说与光子耦合的带电粒子有相互作用,但是(取主导项近似的)光子不相互作用类似.

变容易的费曼图

当我还是个本科生的时候,就听说有种神秘的小图画叫作费曼图,而且急切地想要学会它们.我相信你们肯定也对这种有趣的图示好奇过.然而,我想告诉你们费曼图其实平平无奇.事实上,我们已经在1.3节和1.4节中绘制了一些时空图,以展示粒子如何出现、传播和消失.

费曼图长期以来一直是量子场论初学者的障碍.为了推导费曼图,传统的教科书通常采用正则形式(将在下一节中介绍),而不是此处使用的路径积分形式.就像你将看到的那样,在正则形式中,场以量子算符的形式出现.为了导出费曼图,我们要求对 λ 微扰展开后的场算子的运动方程.这其中需要大量的数学工具.

在那些喜欢路径积分的人看来,路径积分形式的推导要简单得多(当然了!).但这一形式仍然会涉及相当多的推导,并且学生很容易只见树木不见森林.所以你必须为此付出一些努力,这是逃不掉的.

与此同时,我会尽力为你提供方便.我找到了一种很棒的教学手段,可以让你自己逐步探索费曼图.我的策略是让你解决两个难度越来越大的问题,我称之为小学生问题和中学生问题.当你掌握了这些内容后,再考虑式(1.87)中的问题似乎就容易多了.

小学生问题

"小学生问题"是计算普通积分:

$$Z(J) = \int_{-\infty}^{+\infty} \mathrm{d}q\, e^{-\frac{1}{2}m^2q^2 - \frac{\lambda}{4!}q^4 + Jq} \tag{1.88}$$

这显然是一个比式(1.87)简单得多的公式.

首先有一个很简单的点:总可以做重标度 $q \to q/m$ 使得 $Z = m^{-1}\mathcal{F}\left(\dfrac{\lambda}{m^4}, \dfrac{J}{m}\right)$,但是这里不这样做.

对于 $\lambda = 0$ 的情形,这个积分退化为1.2节附录中完成的高斯积分之一.你也许会说,将 $Z(J)$ 作为 λ 的级数进行计算很容易:展开

$$Z(J) = \int_{-\infty}^{+\infty} \mathrm{d}q\, e^{-\frac{1}{2}m^2q^2 + Jq}\left[1 - \frac{\lambda}{4!}q^4 + \frac{1}{2}\left(\frac{\lambda}{4!}\right)^2 q^8 + \cdots\right]$$

之后逐项进行积分. 你甚至可能还知道计算 $\int_{-\infty}^{+\infty} \mathrm{d}q\, e^{-\frac{1}{2}m^2 q^2 + Jq} q^{4n}$ 的技巧之一:将其改写为

$\left(\dfrac{\mathrm{d}}{\mathrm{d}J}\right)^{4n} \int_{-\infty}^{+\infty} \mathrm{d}q\, e^{-\frac{1}{2}m^2 q^2 + Jq}$,并使用式(1.20),因此有

$$Z(J) = \left[1 - \frac{\lambda}{4!}\left(\frac{\mathrm{d}}{\mathrm{d}J}\right)^4 + \frac{1}{2}\left(\frac{\lambda}{4!}\right)^2\left(\frac{\mathrm{d}}{\mathrm{d}J}\right)^8 + \cdots\right] \int_{-\infty}^{+\infty} \mathrm{d}q\, e^{-\frac{1}{2}m^2 q^2 + Jq} \tag{1.89}$$

$$= e^{-\frac{\lambda}{4!}\left(\frac{\mathrm{d}}{\mathrm{d}J}\right)^4} \int_{-\infty}^{+\infty} \mathrm{d}q\, e^{-\frac{1}{2}m^2 q^2 + Jq} = \left(\frac{2\pi}{m^2}\right)^{\frac{1}{2}} e^{-\frac{\lambda}{4!}\left(\frac{\mathrm{d}}{\mathrm{d}J}\right)^4} e^{\frac{1}{2m^2}J^2} \tag{1.90}$$

$\Big($当然也有其他技巧,例如 $\int_{-\infty}^{+\infty} \mathrm{d}q\, e^{-\frac{1}{2}m^2 q^2 + Jq}$ 对 m^2 反复进行微分,但这里想讨论一个也适用于场论的技巧.$\Big)$ 展开这两个指数函数,就可以得到 $Z(J)$ 对于 λ 和 J 的双重级数展开中的任意一项.$\Big($我们常常忽略系数 $(2\pi/m^2)^{\frac{1}{2}} = Z(J=0,\lambda=0) \equiv Z(0,0)$,因为所有项均含有这个系数.如果想要准确一些的表达式,可以定义 $\tilde{Z} = Z(J)/Z(0,0)$.$\Big)$

例如,如果想求 $\tilde{Z}$ 中含 λ 和 J^4 的项,我们就取出 $e^{J^2/(2m^2)}$ 中的 J^8 项,即 $[1/4!(2m^2)^4]J^8$. 用 $-(\lambda/4!)(\mathrm{d}/\mathrm{d}J)^4$ 替换 $e^{-(\lambda/4!)(\mathrm{d}/\mathrm{d}J)^4}$,进行微分计算可以得到 $[8!(-\lambda)/(4!)^3 \cdot (2m^2)^4]J^4$. 再例如,$\lambda^2$ 和 J^4 组成的项是 $[12!(-\lambda)^2/(4!)^3 6!2(2m^2)^6]J^4$. 又例如,$\lambda^2$ 和 J^6 组成的项是 $\frac{1}{2}(\lambda/4!)^2(\mathrm{d}/\mathrm{d}J)^8[1/7!(2m^2)^7]J^{14} = [14!(-\lambda)^2/(4!)^2 6!7!2(2m^2)^7]J^6$. 最后,$\lambda$ 和 J^0 组成的项是 $[1/2(2m^2)^2](-\lambda)$.

你也可以做得像我一样好! 再计算一些之后很快就能发现其中的规律.事实上,最终你会意识到,我们可以用一些图示对应每一项,并总结出一些规则.上述的 4 个示例与图 1.10~图 1.13 一一对应.你很快就会明白,展开中的每一项可以与多个图相关联.仔细制定规则的工作留给你,使其能够正确计算数字因子(但相信我,"民主的未来"并不取决于它们).规则应该类似于这样:① 每张图都是由线和 4 条线相交处的顶角组成的;② 为每个顶角分配因子 $(-\lambda)$;③ 为每条线分配 $1/m^2$;④ 为每个外部端点分配 J.例如,图 1.12 包含 7 条线、2 个顶角和 6 个外部端点,给出 $\sim[(-\lambda)^2/(m^2)^7]J^6$. (你是否注意到了线数的 2 倍等于顶点数的 4 倍加端点数? 我们将在 3.2 节中遇到类似的关系.)

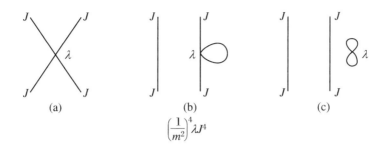

$$\left(\frac{1}{m^2}\right)^4 \lambda J^4$$

图 1.10

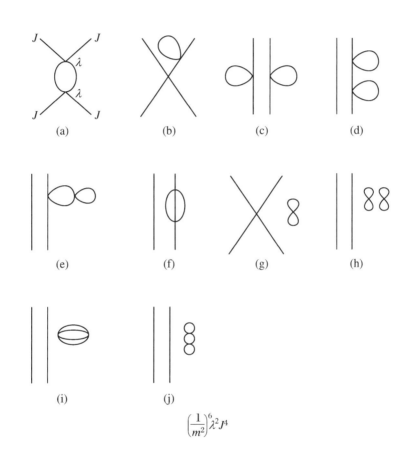

$$\left(\frac{1}{m^2}\right)^6 \lambda^2 J^4$$

图 1.11

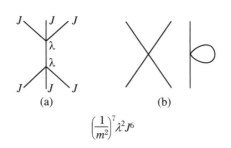

$$\left(\frac{1}{m^2}\right)^7 \lambda^2 J^6$$

图 1.12

图 1.13

除了图 1.12 所示的两个图,还有另外 10 个图可以通过分别在图 1.11 的 10 个图中添加一条不连接的直线得到.(你明白为什么吗?)

出于明显的原因,某些图(图 1.10(a),图 1.12(a))被称为树图[①],而其他图(图 1.10(b),图 1.11(a))则被称为圈图.

图 1.14

请尽可能地多做一些例子,直到你对这些事情完全熟悉为止,因为我们将在量子场

---

① Tree 的汉字(徐一鸿(A. Zee),《吞云》(*Swallowing Clouds*))如图 1.14 所示.请弄清楚为什么这个图没有出现在我们的 $Z(J)$ 中.

论中做完全相同的事情. 在场论里这些东西看起来会更混乱, 但只是表面上的. 在继续阅读下面的章节之前, 请确保你已经了解了如何使用图示表示 $\tilde{Z}(J)$ 双级数展开. 在我的教学经验中, 没有完全掌握 $\tilde{Z}(J)$ 的展开的学生很难理解接下来所要讨论的场论部分的内容.

威克收缩

极其显然的是, 如果我们高兴, 也可以先用 J 的幂级数展开 $Z(J)$, 而不是用 λ 的幂级数展开. 你会发现, 粒子物理学家更喜欢使用 J 的幂次分类. 在我们的 "小学生问题" 中, 可以写出

$$Z(J) = \sum_{s=0}^{\infty} \frac{1}{s!} J^s \int_{-\infty}^{+\infty} dq \, e^{-\frac{1}{2}m^2 q^2 - (\lambda/4!)q^4} q^s = Z(0,0) \sum_{s=0}^{\infty} \frac{1}{s!} J^s G^{(s)} \qquad (1.91)$$

系数 $G^{(s)}$ 类似于场论中的 "格林函数", 可以按 λ 进行级数展开得到, 而每一项均由威克收缩式(1.19)确定. 例如, $G^{(4)}$ 中的 $O(\lambda)$ 阶项为

$$\frac{-\lambda}{4! Z(0,0)} \int_{-\infty}^{+\infty} dq \, e^{-\frac{1}{2}m^2 q^2} q^8 = \frac{-7!!}{4!} \frac{1}{m^8}$$

当然, 更好的是这等于[1]我们在上面展开 $\tilde{Z}$ 得到的 λJ^4 项. 因此, 计算 Z 有两种方法: 你可以选择先按照 λ 展开, 也可以先按照 J 展开.

连通图与非连通图

你可能会注意到有些费曼图是连通的, 而另一些则是不连通的. 比如, 图 1.12(a) 是连通的, 而图 1.12(b) 是非连通的. 在 1.4 节的末尾以及图 1.8 和图 1.9 中已经预示了这一点. 我们有

$$Z(J,\lambda) = Z(J=0,\lambda) e^{W(J,\lambda)} = Z(J=0,\lambda) \sum_{N=0}^{\infty} \frac{1}{N!} [W(J,\lambda)]^N \qquad (1.92)$$

按照定义, $Z(J=0,\lambda)$ 由那些没有外源 J 的图组成, 例如图 1.13. 我们称 W 是所有连通图的总和, 而 Z 中既包含连通图也包含非连通图. 因此, 图 1.12(b) 由两个互不连通的部分

---

[1] 出于对算术定律的检验, 我们可以验证确实有 $7!!/(4!)^2 = 8!/(4!)^3 2^4$.

组成,来自式(1.92)中的项$(1/2!)\left[W(J,\lambda)\right]^2$,而2!来自将这两部分中的哪个——"放在左边还是放在右边"是没区别的.类似地,图1.11(i)来自$(1/3!)\left[W(J,\lambda)\right]^3$.因此,需要计算的是$W$而不是$Z$.如果你学过一门比较好的统计力学课程,就会认识到连通图与非连通图的这种关系恰恰是自由能与配分函数之间的关系.

传播:由此及彼

"小学生问题"的所有这些特征在结构上都与场论的相应特征相同,我们几乎可以立即进行场论的讨论.但是,在进阶到场论之前,考虑一下我所说的"中学生问题",即求多个积分而不是单个积分的问题:

$$Z(J) = \int_{-\infty}^{+\infty}\int_{-\infty}^{+\infty}\cdots\int_{-\infty}^{+\infty} \mathrm{d}q_1\mathrm{d}q_2\cdots\mathrm{d}q_N \mathrm{e}^{-\frac{1}{2}q\cdot A\cdot q-(\lambda/4!)q^4+J\cdot q} \tag{1.93}$$

其中,$q^4 \equiv \sum_i q_i^4$.将式(1.89)中的那些步骤进行推广,则有

$$Z(J) = \left[\frac{(2\pi)^N}{\det[A]}\right]^{\frac{1}{2}} \mathrm{e}^{-(\lambda/4!)\sum_i(\partial/\partial J_i)^4} \mathrm{e}^{\frac{1}{2}J\cdot A^{-1}\cdot J} \tag{1.94}$$

或者,就像式(1.91)一样,按照J进行幂级数展开:

$$Z(J) = \sum_{s=0}^{\infty}\sum_{i_1=1}^{N}\cdots\sum_{i_s=1}^{N}\frac{1}{s!}J_{i_1}\cdots J_{i_s}\int_{-\infty}^{+\infty}\left(\prod_l \mathrm{d}q_l\right)\mathrm{e}^{-\frac{1}{2}q\cdot A\cdot q-(\lambda/4!)q^4}q_{i_1}\cdots q_{i_s}$$

$$= Z(0,0)\sum_{s=0}^{\infty}\sum_{i_1=1}^{N}\cdots\sum_{i_s=1}^{N}\frac{1}{s!}J_{i_1}\cdots J_{i_s}G_{i_1\cdots i_s}^{(s)} \tag{1.95}$$

这样就又可以对λ进行展开,按威克收缩进行计算了."中学生问题"具备而"小学生问题"不具备的一个特点是:它是一个"由此及彼"的传播.回顾1.3节对传播子的讨论.就像式(1.45),我们可以将下标i视为对晶格上格点的标记.实际上,在式(1.45)中,我们已经计算过"两点格林函数"$G_{ij}^{(2)}$关于λ展开的零阶项(式(1.45)对J进行两次微分):

$$G_{ij}^{(2)}(\lambda=0) = \left[\int_{-\infty}^{+\infty}\left(\prod_l \mathrm{d}q_l\right)\mathrm{e}^{-\frac{1}{2}q\cdot A\cdot q}q_i q_j\right]/Z(0,0) = (A^{-1})_{ij}$$

(另请参阅1.2节的附录).矩阵元$(A^{-1})_{ij}$描述了从i到j的传播.在"小学生问题"中,$Z(J)$展开中的每一项都可以与多个图相关联,但这对于传播不再适用.

现在让我们计算"四点格林函数"$G_{ijkl}^{(4)}$,按照λ的幂次展开:

$$G_{ijkl}^{(4)} = \int_{-\infty}^{+\infty} \left(\prod_m \mathrm{d}q_m \right) \mathrm{e}^{-\frac{1}{2}q \cdot A \cdot q} q_i q_j q_k q_l \left[1 - \frac{\lambda}{4!} \sum_n q_n^4 + O(\lambda^2) \right] / Z(0,0)$$

$$= (A^{-1})_{ij}(A^{-1})_{kl} + (A^{-1})_{ik}(A^{-1})_{jl} + (A^{-1})_{il}(A^{-1})_{jk}$$

$$- \lambda \sum_n (A^{-1})_{in}(A^{-1})_{jn}(A^{-1})_{kn}(A^{-1})_{ln} + \cdots + O(\lambda^2) \tag{1.96}$$

前三项描述了一个激发从 i 传播到 j, 另一个从 k 传播到 l, 以及在此"历史"上的两个可能的置换. λ 的一阶项告诉我们, 从 i 传播到 n, 从 j 传播到 n, 从 k 传播到 n 以及从 l 传播到 n 的 4 个激发在 n 处相遇, 并以与 λ 成正比的振幅相互作用, 其中 n 可以是在晶格或者说床垫上的任何位置. 顺便说一下, 这里你可以看出为什么在定义相互作用项 $(\lambda/4!) \varphi^4$ 时加入系数 $1/4!$ 很方便: q_i 可以选择与 4 个 q_n 进行收缩, q_j 可以与 3 个 q_n 进行收缩. 以此类推, 产生的系数为 $4!$, 恰好与 $1/4!$ 相互抵消.

我故意没有在式(1.96)中展示在某些 q_n 之间进行威克收缩所产生的 $O(\lambda)$ 项. 这些项分为两种类型: ① 收缩一对 q_n 产生类似于 $\lambda(A^{-1})_{ij}(A^{-1})_{kn}(A^{-1})_{ln}(A^{-1})_{nn}$ 的项; ② q_n 全部互相之间收缩, 产生式(1.96)中的前三项乘以 $(A^{-1})_{nn}(A^{-1})_{nn}$. 可以看到 ① 和 ② 分别对应于图 1.10(b) 和图 1.10(c). 显然, 这两个激发彼此不相互作用. 我将在本节后面再次讨论 ②.

微扰场论

你现在应该已经为处理场论做好准备了!

我在这里再重复一遍, 式(1.87)中的泛函积分

$$Z(J) = \int \mathrm{D}\varphi\, \mathrm{e}^{\mathrm{i}\int \mathrm{d}^4 x \left\{ \frac{1}{2}[(\partial\varphi)^2 - m^2\varphi^2] - (\lambda/4!)\varphi^4 + J\varphi \right\}} \tag{1.97}$$

确实与式(1.88)中的普通积分以及式(1.93)中的多重积分具有相同的形式. 一个微小的区别是: 在式(1.88)和式(1.93)中没有 i, 但是正如在 1.2 节中指出的那样, 这里可以通过对式(1.97)进行威克旋转来摆脱 i, 不过我们这里不会这样做. 一个显著的区别是: 式(1.97)中的 J 和 φ 是连续变量 x 的函数, 式(1.88)中的 J 和 q 不是函数, 而式(1.93)中的 J 和 q 是离散变量的函数. 除此之外, 一切都在以相同的方式进行.

与式(1.89)式(1.94)一样, 我们有

$$Z(J) = \mathrm{e}^{-(\mathrm{i}/4!)\lambda \int \mathrm{d}^4 w [\delta/(\mathrm{i}\delta J(w))]^4} \int \mathrm{D}\varphi\, \mathrm{e}^{\mathrm{i}\int \mathrm{d}^4 x \{\frac{1}{2}[(\partial\varphi)^2 - m^2\varphi^2] + J\varphi\}}$$

$$= Z(0,0)\mathrm{e}^{-(\mathrm{i}/4!)\lambda\int\mathrm{d}^4w\{\delta/[\mathrm{i}\delta J(w)]\}^4}\mathrm{e}^{-(\mathrm{i}/2)\iint\mathrm{d}^4x\,\mathrm{d}^4y\,J(x)\,D(x-y)\,J(y)} \tag{1.98}$$

二者从结构上讲是完全相似的.

传播子

$$D(x-y) = \int \frac{\mathrm{d}^4 k}{(2\pi)^4} \frac{\mathrm{e}^{\mathrm{i}k\cdot(x-y)}}{k^2 - m^2 + \mathrm{i}\varepsilon}$$

现在就扮演了式(1.89)中 $1/m^2$ 和式(1.94)中 A^{-1} 的角色.顺便说一句,如果回到 1.3 节,你会发现,如果我们处于 d 维时空,$D(x-y)$ 的表达式也是相同的,仅需要将其中的 $\mathrm{d}^4k/(2\pi)^4$ 替换为 $\mathrm{d}^dk/(2\pi)^d$.普通积分式(1.88)类似于 0 维时空中的场论:如果我们取 $d=0$,那么就不会有传播,并且 $D(x-y)$ 会塌缩为 $-1/m^2$.你看,这一切都是说得通的.

我们也知道 $J(x)$ 对应于源和汇.因此,如果将 $Z(J)$ 展开为 J 的级数,J 的幂次就代表了该过程中涉及的粒子数.(注意,在此术语中,散射过程 $\varphi + \varphi \to \varphi + \varphi$ 被视为 4 粒子过程:我们计算入射粒子和出射粒子的总数.)因此,在粒子物理学中,通常有必要确定 J 的幂次.就像在"小学生问题"和"中学生问题"中的一样,我们可以首先对 J 进行展开:

$$Z(J) = Z(0,0)\sum_{s=0}^{\infty} \frac{\mathrm{i}^s}{s!}\int \mathrm{d}x_1\cdots\mathrm{d}x_s\,J(x_1)\cdots J(x_s)\,G^{(s)}(x_1,\cdots,x_s)$$

$$= \sum_{s=0}^{\infty} \frac{\mathrm{i}^s}{s!}\int \mathrm{d}x_1\cdots\mathrm{d}x_s\,J(x_1)\cdots J(x_s)\int D\varphi\,\mathrm{e}^{\mathrm{i}\int\mathrm{d}^4x\left\{\frac{1}{2}[(\partial\varphi)^2 - m^2\varphi^2] - (\lambda/4!)\varphi^4\right\}}\varphi(x_1)\cdots\varphi(x_s)$$

$$\tag{1.99}$$

特别地,有两点格林函数:

$$G(x_1,x_2) \equiv \frac{1}{Z(0,0)}\int D\varphi\,\mathrm{e}^{\mathrm{i}\int\mathrm{d}^4x\left\{\frac{1}{2}[(\partial\varphi)^2 - m^2\varphi^2] - (\lambda/4!)\varphi^4\right\}}\varphi(x_1)\varphi(x_2) \tag{1.100}$$

和四点格林函数

$$G(x_1,x_2,x_3,x_4) \equiv \frac{1}{Z(0,0)}\int D\varphi\,\mathrm{e}^{\mathrm{i}\int\mathrm{d}^4x\left\{\frac{1}{2}[(\partial\varphi)^2 - m^2\varphi^2] - (\lambda/4!)\varphi^4\right\}}\varphi(x_1)\varphi(x_2)\varphi(x_3)\varphi(x_4)$$

$$\tag{1.101}$$

等等.(有时 $Z(J)$ 被称作生成泛函,因为它生成了格林函数.)显然,由于平移不变性,$G(x_1,x_2)$ 并不依赖于 x_1 和 x_2,而仅依赖于 $x_1 - x_2$.类似地,$G(x_1,x_2,x_3,x_4)$ 仅依赖于 $x_1 - x_4$,$x_2 - x_4$ 和 $x_3 - x_4$.对于 $\lambda = 0$ 的情况,$G(x_1,x_2)$ 退化为 $\mathrm{i}D(x_1 - x_2)$,也即 1.3 节引入的传播子.$D(x_1 - x_2)$ 描述了没有相互作用时粒子在 x_1 和 x_2 之间的传播,而 $G(x_1 - x_2)$ 描述了存在相互作用时粒子在 x_1 和 x_2 之间的传播.如果理解了我们对

$G_{ijkl}^{(4)}$ 的讨论,你就会知道 $G(x_1,x_2,x_3,x_4)$ 描述了粒子的散射.

从某种意义上说,我们有两种方法可以处理场论,我将它们称为施温格方法式(1.98)或威克方法式(1.99).

因此,总而言之,费曼图只是一种极其简便的表示 $Z(J)$ 的 λ 和 J 双级数展开的方法.

就像在序言中所说的,我无意让你变成一名计算费曼图的奇才.不管怎样,这只能通过不断地练习来达成.取而代之的是,我试图向你清楚地解释费曼这一奇妙发明背后的概念,正如施温格略带苦涩地指出的那样,它几乎使任何人都可以成为场论学家.在目前这个阶段,不要太担心 4! 和 2! 这些因子.

粒子之间的碰撞

如之前所提到的,我在 1.4 节中描述了建立源和汇以观察与场 φ 相关的粒子(我称其为介子)传播的方法.现在让我们设置两个源和两个汇,以观察两个介子的相互散射.设置如图 1.15 所示.位于区域 1 和 2 的源各产生一个介子,这两个介子最终消失在位于区域 3 和 4 的汇中.显然,在 Z 中找到包含 $J(x_1)J(x_2)J(x_3)J(x_4)$ 的项就足够了.不过这只是 $G(x_1,x_2,x_3,x_4)$.

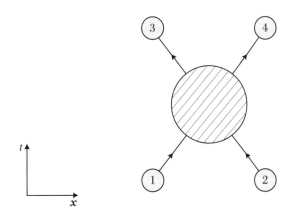

图 1.15

λ 的一阶项应该足以让人满意.按照威克方法,我们需要计算:

$$\frac{1}{Z(0,0)}\left(-\frac{\mathrm{i}\lambda}{4!}\right)\int \mathrm{d}^4 w \int \mathrm{D}\varphi\, \mathrm{e}^{\mathrm{i}\int \mathrm{d}^4 x\left\{\frac{1}{2}\left[(\partial\varphi)^2-m^2\varphi^2\right]\right\}}\varphi(x_1)\varphi(x_2)\varphi(x_3)\varphi(x_4)\varphi(w)^4$$

$$(1.102)$$

就像式(1.96),做威克收缩可得

$$(-\,\mathrm{i}\lambda)\int \mathrm{d}^4 w D(x_1 - w) D(x_2 - w) D(x_3 - w) D(x_4 - w) \qquad (1.103)$$

作为检查,让我们用施温格方法也做一遍.用 $-\,(\mathrm{i}/4!)\lambda\int \mathrm{d}^4 w\,[\delta/\delta J(w)]^4$ 替换 $\mathrm{e}^{-(\mathrm{i}/4!)\lambda\int \mathrm{d}^4 w\,[\delta/\delta J(w)]^4}$,并用

$$\frac{\mathrm{i}^4}{4!2^4}\left[\iint \mathrm{d}^4 x \mathrm{d}^4 y J(x) D(x - y) J(y)\right]^4$$

替换 $\mathrm{e}^{-(\mathrm{i}/2)\iint \mathrm{d}^4 x \mathrm{d}^4 y J(x) D(x-y) J(y)}$.为了书写形式上的简洁性,一个明智的做法是将 $J(x_a)$,$\int \mathrm{d}^4 x_a$ 和 $D(x_a - x_b)$ 分别缩写为 J_a,$\int_a$ 和 D_{ab}.忽略所有的数值因子(我邀请你来补全),得到

$$\sim \mathrm{i}\lambda\int_w\left(\frac{\delta}{\delta J_w}\right)^4 \underbrace{}\,D_{ae}D_{bf}D_{cg}D_{dh}J_a J_b J_c J_d J_e J_f J_g J_h \qquad (1.104)$$

4 个 $(\delta/\delta J_w)$ 以所有可能的组合作用在 8 个 J 上会产生许多项,我再次邀请你把它们写下来.三项之中有两项是不连通的.唯一一项连通的是

$$\sim \mathrm{i}\lambda\int_w \iiint D_{aw}D_{bw}D_{cw}D_{dw}J_a J_b J_c J_d \qquad (1.105)$$

显然,这一项是来自 4 个 $(\delta/\delta J_w)$ 分别作用在 J_e,J_f,J_g 和 J_h 上,因此将 x_e,x_f,x_g 和 x_h 设置为 w.将式(1.105)与"小学生问题"中的 $\{8!(-\lambda)/[(4!)^3(2m^2)^4]\}J^4$ 这一项进行比较.

回想一下,我们进行上述计算是为了让位于区域 1 和 2 的源产生两个介子,使它们相互散射,并最后在位于区域 3 和 4 的汇湮灭.换句话说,我们可以将源函数 $J(x)$ 设定为一组在 x_1,x_2,x_3 和 x_4 处取峰值的 δ 函数.由此我们可以从式(1.105) 中立即看出:散射振幅恰为 $-\mathrm{i}\lambda\int_w D_{1w}D_{2w}D_{3w}D_{4w}$,这与式(1.103) 完全相同.

这个结果非常容易理解(图 1.16(a)).两个介子从其出生地 x_1 和 x_2 传播到时空点 w,振幅为 $D(x_1 - w)D(x_2 - w)$,散射时振幅为 $-\mathrm{i}\lambda$,然后从 w 传播到它们在 x_3 和 x_4 的"坟墓",振幅为 $D(w - x_3)D(w - x_4)$(注意 $D(x) = D(-x)$).对 w 积分只是为了说明相互作用点 w 可能在任何地方.这一切都与"中学生问题"相同.

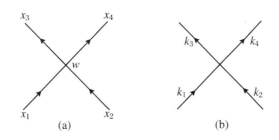

图 1.16

一旦你理解了上面的方法,它就变得非常简单了. 如果还是很困惑,那么将式(1.98)视为某种机器 $\mathrm{e}^{-(\mathrm{i}/4!)\lambda\int\mathrm{d}^4w\{\delta/[\mathrm{i}\delta J(w)]\}^4}$ 作用在

$$Z(J,\lambda=0)=\mathrm{e}^{-(\mathrm{i}/2)\iint\mathrm{d}^4x\mathrm{d}^4yJ(x)D(x-y)J(y)}$$

上可能会对你理解有所帮助. 将其展开后, $Z(J,\lambda=0)$ 就是一堆在时空中到处乱扔的 J,而成对的 J 会被 D 连接起来. 让我们设想有一堆弦,弦的末端对应于这些 J,那么上面提到的"机器"做了什么呢? 这个机器是一系列项的和,比如

$$\sim \lambda^2\int\mathrm{d}^4w_1\int\mathrm{d}^4w_2\left[\frac{\delta}{\delta J(w_1)}\right]^4\left[\frac{\delta}{\delta J(w_2)}\right]^4$$

当这一项对 $Z(J,\lambda=0)$ 中的一项进行运算时,它抓住四条弦线的末端并将它们在点 w_2 处粘在一起;然后它抓住另外 4 条弦线的末端,并将它们在点 w_1 处粘在一起;最后将对位置 w_1 和 w_2 进行积分. 图 1.17 给出了两个例子. 这甚至是你可以和小朋友一起玩的游戏! 这种将 4 个弦末端粘合在一起的朴素游戏会生成标量场理论的所有费曼图.

一劳永逸

现在,费曼登场了. 他说,每次计算都经历这种冗长的讨论是十分荒谬的,让我们一劳永逸地弄清楚所有的规则. 例如,对于图 1.16(a),将因子 $-\mathrm{i}\lambda$ 与散射相关联,将因子 $D(x_1-w)$ 与从 x_1 到 w 的传播相关联,以此类推——从概念上与我们的"小学生问题"完全相同. 瞧,你可能已经发明了费曼图.(嗯,其实不完全是. 也许是,也许不是.)

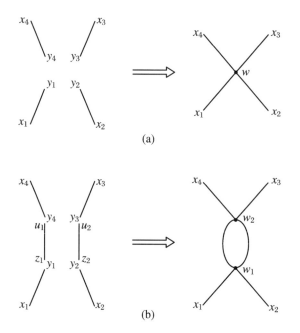

图 1.17

　　和从式(1.53)到式(1.54)一样,将问题换到动量空间更容易解决.的确,这就是实际进行实验的方式.动量为 k_1 的介子和动量为 k_2 的介子发生碰撞和散射,并以动量 k_3 和 k_4 出射(图 1.16(b)).每个时空传播子都有

$$D(x_a - w) = \int \frac{\mathrm{d}^4 k_a}{(2\pi)^4} \frac{\mathrm{e}^{\pm i k_a (x_a - w)}}{k_a^2 - m^2 + i\varepsilon}$$

请注意这里可以自由选择积分哑元在指数上的正负号.将式(1.103)对 w 进行积分,可得

$$\int \mathrm{d}^4 w\, \mathrm{e}^{-i(k_1 + k_2 - k_3 - k_4)w} = (2\pi)^4 \delta^{(4)}(k_1 + k_2 - k_3 - k_4)$$

相互作用可以在时空的任何地方转化为动量守恒 $k_1 + k_2 = k_3 + k_4$.(在 D 中的两个动量上加上恰当的负号,以便我们可以将 k_3 和 k_4 视为出射动量.)

　　所以,在真实时空和动量空间中都有费曼图.时空费曼图是所发生事情的如实写照.(不是那么重要的注明:费曼图的方向取决于个人选择.在画费曼图时,有些人用垂直方向代表时间流逝,有些人用水平方向代表时间流逝.在本文中,我们遵循费曼本人的做法.)

规则

由此我们就为标量场理论导出了著名的动量空间费曼规则：

(1) 画出过程对应的费曼图(我们刚刚讨论的示例对应图 1.16(b)).

(2) 用动量 k 标记每条线,并将其与传播子 $i/(k^2 - m^2 + i\varepsilon)$ 关联.

(3) 将每个相互作用顶点与耦合 $-i\lambda$ 和 $(2\pi)^4 \delta^{(4)}\left(\sum_i k_i - \sum_j k_j\right)$ 相关联,这使得流入顶点的动量之和 $\sum_i k_i$ 等于流出顶点的动量之和 $\sum_j k_j$.

(4) 与内线关联的动量与度量 $\dfrac{\mathrm{d}^4 k}{(2\pi)^4}$ 一起进行积分.顺便提一句,这对应于普通微扰理论中对所有中间状态求和.

(5) 最后是关于那些令人讨厌的对称因子的一条规则.它们是"小学生问题"中那些系数的类似物.从结果上说,一些图要乘以一个对称因子,如 1/2.这源自不同的组合系数,这些组合系数计算了 $(\delta/\delta J)$ 作用在类似于式(1.104)中的 J 上的各种不同方式.你将在习题 1.7.2 中发现一个对称因子.

我们将通过一些例子来说明这些规则(以及内线这一概念)的含义.

第一个例子就是我们刚刚计算过的图(图 1.16(b)).应用我们得到的规则,有

$$-i\lambda (2\pi)^4 \delta^{(4)}(k_1 + k_2 - k_3 - k_4) \prod_{a=1}^{4} \left(\frac{i}{k_a^2 - m^2 + i\varepsilon}\right)$$

你可能也会觉得拖着这个因子 $\prod\limits_{a=1}^{4} \left(\dfrac{i}{k_a^2 - m^2 + i\varepsilon}\right)$ 显得很蠢,因为在所有两个介子散射到两个介子的图中都有这一项.因此,我们在上述费曼规则后加一条附加规则,即不将传播子与外线相关联.(在这一行中,它被称为"截掉外腿".)

在实际的散射实验中,外部粒子当然是真实的且在壳上的.也就是说,它们的动量满足 $k_a^2 - m^2 = 0$.因此,我们最好不要保留外线的传播子.从计算上讲,这相当于给格林函数(并且到目前为止我们计算出的确实是格林函数,参阅式(1.102))乘以系数 $\prod\limits_{a} (-i)(k_a^2 - m^2)$,然后令 $k_a^2 = m^2$(也即所谓的"将粒子放在壳上").到目前为止,上面的过程听起来像是在过分地走形式.在下一节的结尾,我们将回到它背后的原理上来.

同样,由于每项都有一个保证总动量守恒的系数,我们也不应该拖着这个总动量守

恒的 δ 函数,因此还有另外两个规则:

(6) 不要将传播子与外线相关联.

(7) 不必写出总动量守恒的 δ 函数.

应用这些规则,就会得到一个振幅表达式,用 M 表示.例如,对于图 1.16(b) 有 $M = -\mathrm{i}\lambda$.

粒子的诞生

正如在 1.1 节中所述的那样,建立量子场论的动机之一就是描述粒子的生成.现在我们已经做好了描述两个介子如何通过碰撞生成四个介子的准备.图 1.18(请与图 1.12(a) 对比) 中的费曼图可以在微扰论中以 λ^2 阶出现.截断外腿,我们去掉了与六条外线相关联的系数 $\prod_{a=1}^{6} [\mathrm{i}/(k_a^2 - m^2 + \mathrm{i}\varepsilon)]$,仅保留了与一条内线相关联的传播子.对于每个顶点,我们赋予一个系数 $(-\mathrm{i}\lambda)$ 和一个动量守恒的 δ 函数(规则(3)),然后对内部动量 q 进行积分(规则(4)),得到

$$
(-\mathrm{i}\lambda)^2 \int \frac{\mathrm{d}^4 q}{(2\pi)^4} \frac{\mathrm{i}}{q^2 - m^2 + \mathrm{i}\varepsilon} \tag{1.106}
$$
$$
\cdot (2\pi)^4 \delta^{(4)}(k_1 + k_2 - k_3 - q)(2\pi)^4 \delta^{(4)}\left[q - (k_4 + k_5 + k_6) \right]
$$

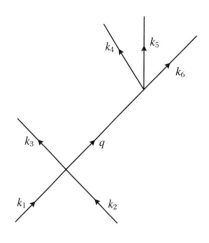

图 1.18

对 q 进行积分,可得

$$(-\mathrm{i}\lambda)^2\frac{\mathrm{i}}{(k_4+k_5+k_6)^2-m^2+\mathrm{i}\varepsilon}(2\pi)^4\delta^{(4)}\big[k_1+k_2-(k_3+k_4+k_5+k_6)\big]$$

$$(1.107)$$

我们之前已经约定(规则(7))不用保留总动量守恒的 δ 函数.这个例子告诉我们,不必先写下 δ 函数再通过积分消去它们(除了一个以外).在图 1.18 中,我们可以简单地从一开始就使用动量守恒将内部线标记为 $k_4+k_5+k_6$ 而不是 q.

经过一些练习后,你就可以直接写下振幅:

$$\mathcal{M}=(-\mathrm{i}\lambda)^2\frac{\mathrm{i}}{(k_4+k_5+k_6)^2-m^2+\mathrm{i}\varepsilon}$$

$$(1.108)$$

只要记住,给每个顶点一个耦合系数 $(-\mathrm{i}\lambda)$,给每条内线一个传播子(而外线不用)不是外线.一旦掌握了方法,这将非常容易.正如施温格所说的,普罗大众都可以做到.

不真实的代价

费曼图所涉及的物理也非常清楚:内线与虚粒子相对应,该虚粒子的相对论 4-动量 $k_4+k_5+k_6$ 平方不一定等于 m^2.但如果粒子是真实的,则必须如此.虚粒子的动量离质壳越远,振幅就越小.这就是因为不真实而受到的惩罚.

根据处理全同粒子的量子规则,要获得完整的振幅,我们对四个最终动量进行对称化.一种表达方式是,注意到图 1.18 中标 k_3 的线本来也可以标为 k_4、k_5 或 k_6,所以这里必须将全部四个贡献相加.

为了确保你理解了费曼规则,我强烈建议你做一遍路径积分计算,从式(1.98)和式(1.99)开始推出式(1.107).

我似乎一直在重复同样的话,但这值得再次强调:费曼图没有什么特别神奇的地方.

圈图及发散初瞥

就像"小学生问题"一样,我们有树图和圈图.到目前为止,我们只讨论了树图.下一个示例就是图 1.19 中的圈图(比较图 1.11(a)).使用费曼规则,我们得到

$$\frac{1}{2}(-\mathrm{i}\lambda)^2\int\frac{\mathrm{d}^4k}{(2\pi)^4}\frac{\mathrm{i}}{k^2-m^2+\mathrm{i}\varepsilon}\frac{\mathrm{i}}{(k_1+k_2-k)^2-m^2+\mathrm{i}\varepsilon}$$

$$(1.109)$$

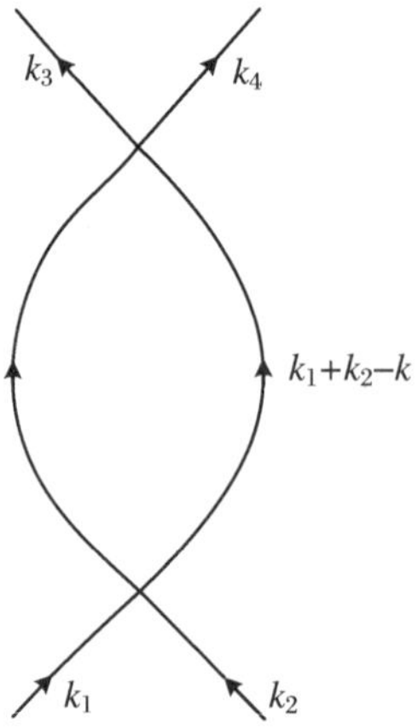

图 1.19

如上所述,式(1.109)中体现的物理意义很清楚:由于 k 覆盖了所有可能的值,因此仅当与两条内线关联的虚粒子中的其中一个或两个均接近于实粒子时,被积函数才大.再一次,不真实受到了惩罚(见习题1.7.4).

对于较大的 k,被积函数趋近于 $1/k^4$.因此积分结果是无限的!它按照 $\int \mathrm{d}^4 k (1/k^4)$ 发散.我们将在 3.1 节中回到这场明显的灾难上来.

经过一些练习,仅通过观察图示就能写下振幅.再举一个例子,考虑图 1.20 中的三圈图,它贡献介子-介子散射的 $O(\lambda^4)$ 项.首先,在我们的例子中,对于每个圈,选择一条内线并标记其携带的动量:在这个例子中是 p、q 和 r.对于这个标记,你有很大的选择自由——你的选择可能与我的选择不一致,但是显然标记不影响实际发生的物理过程.如图 1.20 所示,其他内线所携带的动量则通过动量守恒来确定.我们写下每个顶点的耦合系数,以及每条内线的传播子,并对内部动量 p、q 和 r 进行积分.

于是,在不纠结对称因子的情况下,就可以得到

$$(-\mathrm{i}\lambda)^4 \int \frac{\mathrm{d}^4 p}{(2\pi)^4} \frac{\mathrm{d}^4 q}{(2\pi)^4} \frac{\mathrm{d}^4 r}{(2\pi)^4} \frac{\mathrm{i}}{p^2 - m^2 + \mathrm{i}\varepsilon} \frac{\mathrm{i}}{(k_1 + k_2 - p)^2 - m^2 + \mathrm{i}\varepsilon}$$

$$\cdot \frac{\mathrm{i}}{q^2 - m^2 + \mathrm{i}\varepsilon} \frac{\mathrm{i}}{(p - q - r)^2 - m^2 + \mathrm{i}\varepsilon} \frac{\mathrm{i}}{r^2 - m^2 + \mathrm{i}\varepsilon} \frac{\mathrm{i}}{(k_1 + k_2 - r)^2 - m^2 + \mathrm{i}\varepsilon}$$

$$(1.110)$$

同样,这个三重积分按照 $\int \mathrm{d}^{12}p\,(1/p^{12})$ 发散.

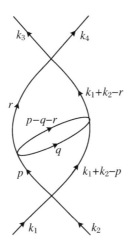

图 1.20

保证书

当我上量子场论课时,每每讲到这个地方,总有些学生对费曼图感到非常焦虑.我想向读者保证,整个事情其实非常简单.费曼图可以简单地看作时空中粒子滑稽动作的图示,它们汇聚在一起,碰撞并产生其他粒子,等等.有个学生困惑于为何粒子没有沿直线运动.请记住,量子粒子像波一样传播.$D(x-y)$ 给出粒子从 x 传播到 y 的振幅.显然,考虑动量空间中的粒子更方便:傅里叶就是这么告诉我们的.我们将会看到更多的费曼图示例,并且你很快就会熟悉它们.另一个学生担心计算式(1.109)和式(1.110)中的积分.我还没有教你怎么做,但是最终会教给你的.好消息是,在如今第一线的研究中,很少有理论物理学家必须在计算费曼图时把所有的系数 2 都计算正确.在大多数情况下,只要了解积分的大体行为就足够了.当然,能够正确处理一切是一件值得感到自豪的事情.在2.6 节、3.6 节和 3.7 节中,我将详细地计算费曼图,让所有的系数都完全正确,以便能够与实验进行比较.

真空涨落

让我们回到在式(1.104)中忽略的那些项,你应该了解这些项都是什么.例如,4 个 $[\delta/\delta J(w)]$ 可能在式(1.104)中作用在了 J_c,J_d,J_g 和 J_h 上,产生类似于

$$-\,\mathrm{i}\lambda\iiiint D_{ae}D_{bf}J_aJ_bJ_eJ_f\left(\int_w D_{ww}D_{ww}\right)$$

这样的项.于是,$J(x_1)J(x_2)J(x_3)J(x_4)$ 这一项的系数就是 $D_{13}D_{24}\left(-\,\mathrm{i}\lambda\displaystyle\int_w D_{ww}D_{ww}\right)$ 加上各种置换.

相应的物理过程很容易用文字和图来描述(图 1.21). x_1 处的源产生一个粒子,该粒子自由传播到 x_3 而不发生任何相互作用,它随即在那里安详地死亡.在 x_2 处产生的粒子传播到 x_4,经历了相似的平稳一生.这两个粒子根本不相互作用.在另外的某个位置 w 点,其可以位于宇宙中的任何位置,存在一个振幅为 $-\,\mathrm{i}\lambda$ 的相互作用.这被称为真空涨落:如 1.1 节所述,量子力学和相对论不可避免地导致粒子从真空中蹦出来,它们甚至可能相互作用,然后再次消失于真空中.比如图 1.21 中的不同时间节点(其中一个由虚线表示).在遥远的过去,宇宙中没有粒子,然后有两个粒子,然后变成四个,之后又是两个,最后在很远的将来又回到什么都没有的状态.关于这些涨落,我们将在 8.2 节中做更多的讨论.注意,真空涨落在"小学生问题"和"中学生问题"中也会发生(参见图 1.10(c)、图 1.11(g)~(j)等).

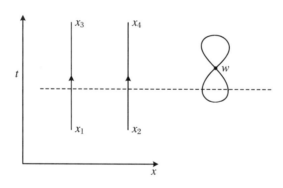

图 1.21

聊两句历史

我坚信,任何自尊自重的物理学家都应该学习物理学史,而量子场论的历史是其中最令人着迷的部分之一.不幸的是,我在这里没有足够的空间深入下去.像我们这里概述的,使用源 $J(x)$ 进行场论的路径积分方法主要与施温格有关[①],在我读研究生的那个年代,施温格将其称为"巫术".(这样我就可以告诉那些问我的人,我在研究生院学习巫术.)物理学界广为流传的"传说"之一,就是费曼灵光一闪得到费曼规则的故事.1949 年,弗里曼·戴森(Freeman Dyson)指出,一年前在波科诺会议上让人们迷惑不解的那些费曼规则,实际上可以从施温格和朝永振一郎(Shin-Itiro Tomonaga)更形式化的工作中得出.

习题

1.7.1 计算式(1.110)中的振幅(对应于图 1.20).

1.7.2 从式(1.97)出发推得式(1.109).这个过程有些无聊,但不需要什么技巧.你最后会发现一个对称因子 $\dfrac{1}{2}$.

1.7.3 画出所有 λ^2 阶及以下用来描述两个介子产生四个介子的图,并写出相应的费曼振幅.

1.7.4 根据洛伦兹不变性,我们总是可以在式(1.109)中取 $k_1 + k_2 = (E, 0)$,因此可以将积分作为 E 的函数进行计算.证明:要使两个内部粒子都变为实的,E 必须大于 $2m$.从物理上解释发生了什么.

[①] 温伯格的《量子场论》(*Quantum Theory of Fields*)第 1 章中给出了有关量子场论历史的绝妙概述,而有关费曼图的迷人历史,请参阅戴维·凯萨(David Kaiser)的 *Drawing Theories Apart*.

1.8 正则量子化

量子电动学被各种复杂的等价表述方法弄得看起来复杂多了.

——理查德·费曼

产生总在湮灭之前,而不是相反.

——匿名

互补的形式

我虽然采用了得到量子场论最快捷的路径积分,但是也必须讨论正则量子化.不仅仅因为在历史上人们就是使用正则量子化发展量子场论的;更因为它本身在现代理论中的重要性.有趣的是,正则量子化和路径积分量子化往往是互补的——用一种量子化方法难以看清楚的结论,用另一种方法就能看得很清楚.

海森伯和狄拉克

先简单地回顾维尔纳·海森伯(Werner Heisenberg)得到量子力学的方法.给定一个经典单粒子拉格朗日量,$L = \frac{1}{2}\dot{q}^2 - V(q)$(设定质量为1),正则动量定义为 $p = \delta L/\delta \dot{q} = \dot{q}$.哈密顿量可以求出:$H = p\dot{q} - L = p^2/2 + V(q)$.海森伯将坐标 $q(t)$ 和动量 $p(t)$ 提升至算符,假定以下的正则对易关系:

$$[p, q] = -\mathrm{i} \tag{1.111}$$

算符的时间演化就是

$$\frac{\mathrm{d}p}{\mathrm{d}t} = \mathrm{i}[H, p] = -V'(q) \tag{1.112}$$

和

$$\frac{\mathrm{d}q}{\mathrm{d}t} = \mathrm{i}[H, q] = p \tag{1.113}$$

此外,由 p 和 q 组合成的算符按照 $O(t) = \mathrm{e}^{\mathrm{i}Ht}O(0)\mathrm{e}^{-\mathrm{i}Ht}$ 演化.在式(1.111)中,p 和 q 被理解为等时的.通过式(1.112)和式(1.113)可以得到算符的运动方程 $\ddot{q} = -V'(q)$.

依据狄拉克的思想,考虑某一时刻下算符 $a \equiv (1/\sqrt{2\omega})(\omega q + \mathrm{i}p)$,其中 ω 是参数.从式(1.111)中,可以得到

$$[a, a^{\dagger}] = 1 \tag{1.114}$$

算符 a 的演化方程是

$$\frac{\mathrm{d}a}{\mathrm{d}t} = \mathrm{i}\left[H, \frac{1}{\sqrt{2\omega}}(\omega q + \mathrm{i}p)\right] = -\mathrm{i}\sqrt{\frac{\omega}{2}}\left[\mathrm{i}p + \frac{1}{\omega}V'(q)\right]$$

右边又可以写成 a 和 $a^{\dagger}$ 的函数.这里,把基态 $|0\rangle$ 定义为满足 $a|0\rangle = 0$ 的态.

在特殊情况 $V' = \omega^2 q$ 下,我们得到一个特别简单的结果 $\dfrac{\mathrm{d}a}{\mathrm{d}t} = -\mathrm{i}\omega a$.这当然就是谐振子 $L = \dfrac{1}{2}\dot{q}^2 - \dfrac{1}{2}\omega^2 q^2$ 以及 $H = \dfrac{1}{2}(p^2 + \omega^2 q^2) = \omega\left(a^{\dagger}a + \dfrac{1}{2}\right)$.

很自然地推广到多粒子的情况.从拉格朗日量开始:

$$L = \sum_a \frac{1}{2}\dot{q}_a^2 - V(q_1, q_2, \cdots, q_N)$$

有 $p_a = \delta L/\delta\dot{q}_a$,且

$$[p_a(t), q_b(t)] = -\mathrm{i}\delta_{ab} \tag{1.115}$$

也可以推广到场论的情况.事实上,仅仅使用试探替换式(1.35),然后观察到在 D 维空间中 L 推广为

$$L = \int \mathrm{d}^D x \left\{\frac{1}{2}[\dot{\varphi}^2 - (\nabla\varphi)^2 - m^2\varphi^2] - u(\varphi)\right\} \tag{1.116}$$

其中我们把非谐项(量子场论中的相互作用项)记作 $u(\varphi)$.对应场 $\varphi(\boldsymbol{x}, t)$ 的正则动量密度为

$$\pi(\boldsymbol{x}, t) = \frac{\delta L}{\delta\dot{\varphi}(\boldsymbol{x}, t)} = \partial_0\varphi(\boldsymbol{x}, t) \tag{1.117}$$

因此,等时正则对易关系现在就是(利用式(1.35))

$$[\pi(\boldsymbol{x},t),\varphi(\boldsymbol{x}',t)] = [\partial_0\varphi(\boldsymbol{x},t),\varphi(\boldsymbol{x}',t)] = -\mathrm{i}\delta^{(D)}(\boldsymbol{x}-\boldsymbol{x}') \qquad (1.118)$$

(显然$[\pi(\boldsymbol{x},t),\pi(\boldsymbol{x}',t)] = 0$以及$[\varphi(\boldsymbol{x},t),\varphi(\boldsymbol{x}',t)] = 0$.)注意到式(1.115)中的$\delta_{ab}$现在提升为式(1.118)的$\delta^{(D)}(\boldsymbol{x}-\boldsymbol{x}')$.你可以检查式(1.118)有正确的量纲.

按上面的步骤,可以找到哈密顿量:

$$H = \int \mathrm{d}^D x [\pi(\boldsymbol{x},t)\partial_0\varphi(\boldsymbol{x},t) - \mathcal{L}]$$

$$= \int \mathrm{d}^D x \left\{ \frac{1}{2}[\pi^2 + (\nabla\varphi)^2 + m^2\varphi^2] + u(\varphi) \right\} \qquad (1.119)$$

当$u=0$时,对应到谐振子理论上,我们有自由标量理论,于是可以向前走一大步.场方程写为

$$(\partial^2 + m^2)\varphi = 0 \qquad (1.120)$$

傅里叶展开后得到

$$\varphi(\boldsymbol{x},t) = \int \frac{\mathrm{d}^D k}{\sqrt{(2\pi)^D 2\omega_k}} [a(\boldsymbol{k})\mathrm{e}^{-\mathrm{i}(\omega_k t - \boldsymbol{k}\cdot\boldsymbol{x})} + a^\dagger(\boldsymbol{k})\mathrm{e}^{\mathrm{i}(\omega_k t - \boldsymbol{k}\cdot\boldsymbol{x})}] \qquad (1.121)$$

其中$\omega_k = +\sqrt{\boldsymbol{k}^2 + m^2}$,这样就满足场方程(1.120).这里我们选一个长得很奇怪的因子$(2\omega_k)^{-\frac{1}{2}}$来使得产生与湮灭算符的正则对易关系:

$$[a(\boldsymbol{k}),a^\dagger(\boldsymbol{k}')] = \delta^{(D)}(\boldsymbol{k}-\boldsymbol{k}') \qquad (1.122)$$

满足正则对应关系式(1.118)中的$[\partial_0\varphi(\boldsymbol{x},t),\varphi(\boldsymbol{x}',t)] = -\mathrm{i}\delta^{(D)}(\boldsymbol{x}-\boldsymbol{x}')$.你可以检查,但是你可以看到为什么需要因子$(2\omega_k)^{-\frac{1}{2}}$,此时$\partial_0\varphi$从指数项上拿下来一个$\omega_k$的因子.

正如在量子力学中做的那样,真空态或基态$|0\rangle$定义为对所有的$\boldsymbol{k}$满足$a(\boldsymbol{k})|0\rangle = 0$的态,且单粒子态$|\boldsymbol{k}\rangle = a^\dagger(\boldsymbol{k})|0\rangle$.因此,例如利用式(1.122)可以得到$\langle 0|\varphi(\boldsymbol{x},t)|\boldsymbol{k}\rangle = [1/\sqrt{(2\pi)^D 2\omega_k}]\mathrm{e}^{-\mathrm{i}(\omega_k t - \boldsymbol{k}\cdot\boldsymbol{x})}$,我们把它当作具有动量$\boldsymbol{k}$的相对论单粒子波函数.为了以后使用方便,我们会把它紧凑地写为$[1/\rho(k)]\mathrm{e}^{-\mathrm{i}k\cdot x}$,其中$\rho(k) = \sqrt{(2\pi)^D 2\omega_k}$作为归一化因子,且$k^0 = \omega_k$.

为了把上面的推导和路径积分方法联系起来,现在计算$\langle 0|\varphi(\boldsymbol{x},t)\varphi(\boldsymbol{0},0)|0\rangle$,其中$t>0$.在两个场的乘积$a^\dagger a^\dagger, a^\dagger a, aa^\dagger, aa$中只有$aa^\dagger$活下来了,因此利用式(1.122)可以得到$\int\{\mathrm{d}^D k/[(2\pi)^D 2\omega_k]\}\mathrm{e}^{-\mathrm{i}(\omega_k t - \boldsymbol{k}\cdot\boldsymbol{x})}$.换句话说,如果定义编时乘积$T[\varphi(x)\varphi(y)] =$

$$\theta(x^0 - y^0)\varphi(x)\varphi(y) + \theta(y^0 - x^0)\varphi(y)\varphi(x),就可以得到$$

$$\langle 0|T[\varphi(\boldsymbol{x},t)\varphi(\boldsymbol{0},0)]|0\rangle = \int \frac{\mathrm{d}^D k}{(2\pi)^D 2\omega_k}[\theta(t)\mathrm{e}^{-\mathrm{i}(\omega_k t - \boldsymbol{k}\cdot\boldsymbol{x})} + \theta(-t)\mathrm{e}^{+\mathrm{i}(\omega_k t - \boldsymbol{k}\cdot\boldsymbol{x})}]$$

$$(1.123)$$

又得到了式(1.52). 我们发现 $\langle 0|T[\varphi(x)\varphi(0)]|0\rangle = \mathrm{i}D(x)$, 也就是用路径积分推导的粒子从 0 到 x 的传播子. 这进一步证实了式(1.51)中 iϵ 的描述. 其中的物理意义是, 产生总是在湮灭之前, 其他的方法都行不通. 这也是在量子场论中表述因果律的一种形式.

注意事项: 积分测度 $\mathrm{d}^D k/(2\omega_k)$ 似乎看起来不是洛伦兹不变的, 但是经过一番验证, 它的确是洛伦兹不变的. 为了得到这点, 我们用式(1.14)来推导(见习题1.8.1)

$$\int \mathrm{d}^{D+1}k\delta(k^2 - m^2)\theta(k^0)f(k^0,\boldsymbol{k}) = \int \frac{\mathrm{d}^D k}{2w_k}f(w_k,\boldsymbol{k}) \tag{1.124}$$

上面的式子对于任意的 $f(k)$ 都成立. 因为洛伦兹变换不能改变 k^0 的符号, 阶梯函数 $\theta(k^0)$ 是洛伦兹不变的, 因此等式左边当然是洛伦兹不变的, 等式右边也一定是洛伦兹不变的. 这就表明式(1.123)是洛伦兹不变的. 这些都是与坐标无关的结论.

散射振幅

既然已经建立了正则量子化, 一个具有启发性的事情是, 使用这个新办法来看待前面的章节定义的不变振幅 $\mathcal{M}$. 让我们来计算介子散射过程 $\boldsymbol{k}_1 + \boldsymbol{k}_2 \to \boldsymbol{k}_3 + \boldsymbol{k}_4$ (其中相互作用为 $u(p) = \frac{\lambda}{4!}\varphi^4$, 用心检查拉格朗日量, 会发现我们之前有些草率地把一个很大的转变时间 T 写为了 $\int \mathrm{d}x^0$.) 的散射振幅 $\langle \boldsymbol{k}_3\boldsymbol{k}_4|\mathrm{e}^{-\mathrm{i}HT}|\boldsymbol{k}_1\boldsymbol{k}_2\rangle = \langle \boldsymbol{k}_3\boldsymbol{k}_4|\mathrm{e}^{\mathrm{i}\int \mathrm{d}^4 x\mathcal{L}(x)}|\boldsymbol{k}_1\boldsymbol{k}_2\rangle$, 展开到 λ 的线性项, 得到 $\left(-\mathrm{i}\frac{\lambda}{4!}\right)\int \mathrm{d}^4 x\langle \boldsymbol{k}_3\boldsymbol{k}_4|\varphi^4(x)|\boldsymbol{k}_1\boldsymbol{k}_2\rangle$.

计算矩阵元和刚刚计算传播子的过程十分相似. 当时我们计算了真空态夹住两个场算符, 这里要用两个双粒子态夹住 4 个等时空点的场算符. 那里我们寻找形如 $a(k)a^\dagger(k)$ 的项, 这里把式(1.121)代入乘积 $\varphi^4(x)$ 后, 要找形如 $a^\dagger(k_4)a^\dagger(k_3)a(k_2)a(k_1)$ 的项, 这样我们就可以湮灭两个入射粒子, 然后产生两个出射粒子. (为了避免不必要的复杂性, 假设 4 个动量都是不同的.) 现在我们就完成了湮灭和产生. 湮灭算符 $a(k_1)$ 可以来自 φ^4 里 4 个场中的任何一个, 给出了一个 4 倍的因子. $a(k_1)$ 来自剩下 3 个场中的一个, 给出了一个 3 倍的因子. $a^{\dagger}(k_3)$ 来自剩下的两个场中的一个,给出了一个 2 倍的因子,因此总共给出了 4! 倍的因子,刚好消掉了定义 λ 时的 $\frac{1}{4!}$ 因子.(这也正是出于简便而这样定义 λ 的原因.回忆一下之前章节中类似的步骤.)

正如你刚刚学习到的和从式(1.121)中看到的那样,对于每个入射态有一个因子 $[1/\rho(k)]\mathrm{e}^{-ik\cdot x}$,对于每个出射态有一个因子 $[1/\rho(k)]\mathrm{e}^{+ik\cdot x}$,总共给出:

$$\left[\prod_{\alpha=1}^{4}\frac{1}{\rho(k_\alpha)}\right]\int \mathrm{d}^4 x\,\mathrm{e}^{i(k_3+k_4-k_1-k_2)\cdot x} = \left[\prod_{\alpha=1}^{4}\frac{1}{\rho(k_\alpha)}\right](2\pi)^4\delta^4(k_3+k_4-k_1-k_2)$$

为方便,记 $S_{\mathrm{F,I}}=\langle \mathrm{F}|\mathrm{e}^{-iHT}|\mathrm{I}\rangle$ 为"S 矩阵"的矩阵元,其中未指明初态和末态.还可以定义"转换矩阵"T 满足 $S=I+\mathrm{i}T$,也就是

$$S_{\mathrm{F,I}}=\delta_{\mathrm{F,I}}+\mathrm{i}T_{\mathrm{F,I}} \tag{1.125}$$

总的来说,对于那些仅仅被它们的动量表征的标量粒子的初态与末态,利用动量守恒写为(这里使用的记号其意义自明,比如 $\sum_{\mathrm{I}}k$ 是所有初态粒子的动量和)

$$\mathrm{i}T_{\mathrm{F,I}}=(2\pi)^4\delta^4\left(\sum_{\mathrm{F}}k-\sum_{\mathrm{I}}k\right)\left[\prod_{\alpha}\frac{1}{\rho(k_\alpha)}\right]\mathcal{M}(\mathrm{F}\leftarrow\mathrm{I}) \tag{1.126}$$

在这个例子里,$\mathrm{i}T(k_3 k_4,k_1 k_2)=\left(-\mathrm{i}\frac{\lambda}{4!}\right)\int \mathrm{d}^4 x\langle k_3 k_4|\varphi^4(x)|k_1 k_2\rangle$,我们的简短计算给出 $\mathcal{M}=-\mathrm{i}\lambda$,正是前面章节给出的结果.但是 T_{fi} 和 $\mathcal{M}$ 之间的关系仅仅是动能相关的,总的来说应该和费曼图规则给出的不变振幅一致.这里不会给出一个又长又无聊的严格证明,但是你可以通过一些涉及的简单例子来验证这个断言,例如 λ^2 相关的二阶过程,又例如重复式(1.109).

因此,令人欣喜的是,扔掉了动量守恒的 δ 函数和归一化因子后,费曼图规则给出的不变振幅 $\mathcal{M}$ 代表了"问题的核心".

我这里的教学目标仅仅是再展示一个(在后面的章节中会遇到更多)正则量子化和路径积分量子化之间的联系,以及用最简单的例子来避免琐碎的细节和复杂化.欢迎那些严谨的读者自行将平面波态 $|k_1 k_2\rangle$ 替换成波包态 $\int \mathrm{d}^3 k_1 \int \mathrm{d}^3 k_2 f_1(k_1)f_2(k_2)|k_1 k_2\rangle$,其中 f_1 和 f_2 为合适的函数,从波包相距很远的久远过去开始,演化到久远的未来,如此等等,然后自己还可以满足地笑笑.总的来说,整个过程和基本的非相对论量子力学处理散射过程[1]一模一样.

---

[1] 比如可以参见 Goldberger M L,Watson K M, Collision Theory[J]. Physics Today,1964,17(1):69.

复标量场

目前为止，我们已经讨论了厄米（常常被叫作"实"的，虽然有点滥用术语的味道）标量场．现在讨论一下非厄米（或者叫作"复"的，再一次滥用术语）标量场，由拉格朗日量 $\mathcal{L} = \partial \varphi^\dagger \partial \varphi - m^2 \varphi^\dagger \varphi$ 刻画．

再一次地跟随海森伯的脚步，找到场 $\varphi(\boldsymbol{x}, t)$ 对应的正则动量，$\pi(\boldsymbol{x}, t) = \delta L / [\delta \dot{\varphi}(\boldsymbol{x}, t)] = \partial_0 \varphi^\dagger(\boldsymbol{x}, t)$，使得对易子 $[\pi(\boldsymbol{x}, t), \varphi(\boldsymbol{x}', t)] = [\partial_0 \varphi^\dagger(\boldsymbol{x}, t), \varphi(\boldsymbol{x}', t)] = -\mathrm{i} \delta^{(D)}(\boldsymbol{x} - \boldsymbol{x}')$．类似地，场 $\varphi^\dagger(\boldsymbol{x}, t)$ 共轭的正则动量密度是 $\partial_0 \varphi(\boldsymbol{x}, t)$．

对 $\varphi^\dagger$ 做变分，得到欧拉-拉格朗日方程 $(\partial^2 + m^2) \varphi = 0$（类似地，对 φ 做变分可以得到 $(\partial^2 + m^2) \varphi^\dagger = 0$）．又一次，我们可以做傅里叶展开，但是现在非厄米性要求把式(1.121)替换为

$$\varphi(\boldsymbol{x}, t) = \int \frac{\mathrm{d}^D k}{\sqrt{(2\pi)^D 2\omega_k}} \left[a(\boldsymbol{k}) \mathrm{e}^{-\mathrm{i}(\omega_k t - \boldsymbol{k} \cdot \boldsymbol{x})} + b^\dagger(\boldsymbol{k}) \mathrm{e}^{\mathrm{i}(\omega_k t - \boldsymbol{k} \cdot \boldsymbol{x})} \right] \tag{1.127}$$

在式(1.121)中，厄米性要求第二项和第一项之间是厄米共轭的．这里正好相反，我们被迫引入两组产生湮灭算符 $(a, a^\dagger)$ 和 $(b, b^\dagger)$．你应该自行验证正则对易关系给出的这两组算符的确满足产生湮灭算符的对易关系．

考虑流算符，

$$J_\mu = \mathrm{i}(\varphi^\dagger \partial_\mu \varphi - \partial_\mu \varphi^\dagger \varphi) \tag{1.128}$$

利用运动方程你可以得到 $\partial_\mu J^\mu = \mathrm{i}(\varphi^\dagger \partial^2 \varphi - \partial^2 \varphi^\dagger \varphi)$．（这可以立即从以下事实得到：$\varphi^\dagger$ 的运动方程正是 φ 的厄米共轭．）流守恒以及对应的时间无关的守恒荷可以写为（验证它！）

$$Q = \int \mathrm{d}^D x J_0(x) = \int \mathrm{d}^D k \left[a^\dagger(\boldsymbol{k}) a(\boldsymbol{k}) - b^\dagger(\boldsymbol{k}) b(\boldsymbol{k}) \right]$$

因此被 $a^\dagger$ 产生的粒子（叫作"粒子"）和被 $b^\dagger$ 产生的粒子（叫作"反粒子"）携带不同的荷．显然，利用对易关系可以得到 $Q a^\dagger |0\rangle = + a^\dagger |0\rangle$ 以及 $Q b^\dagger |0\rangle = - b^\dagger |0\rangle$．

于是我们得到下面的结论：$\varphi^\dagger$ 产生了一个粒子，湮灭了一个反粒子，从而也就是产生了一个单位的荷．场 φ 做相反的事情．你应该彻底地理解这一点，接下来我们处理电子和反电子的狄拉克场时会用到这个结论．

真空能量

一个有益的练习是计算自由标量场的能量期望值 $\langle 0 \mid H \mid 0 \rangle = \int \mathrm{d}^D x \frac{1}{2} \langle 0 \mid (\pi^2 + (\nabla\varphi)^2 + m^2\varphi^2) \mid 0 \rangle$，可以简单地把它叫作"真空的能量". 这仅仅是把式 (1.117)、式 (1.121) 和式 (1.122) 放到一起. 让我们关注 $\langle 0 \mid H \mid 0 \rangle$ 的第三项，事实上已经计算过这项，因为

$$
\begin{aligned}
\langle 0 \mid \varphi(\boldsymbol{x},t)\varphi(\boldsymbol{x},t) \mid 0 \rangle &= \langle 0 \mid \varphi(\boldsymbol{0},0)\varphi(\boldsymbol{0},0) \mid 0 \rangle \\
&= \lim_{\boldsymbol{x},t \to 0,0} \langle 0 \mid \varphi(\boldsymbol{x},t)\varphi(\boldsymbol{0},0) \mid 0 \rangle \\
&= \lim_{\boldsymbol{x},t \to 0,0} \int \frac{\mathrm{d}^D k}{(2\pi)^D 2\omega_k} \mathrm{e}^{-\mathrm{i}(\omega_k t - \boldsymbol{k} \cdot \boldsymbol{x})} = \int \frac{\mathrm{d}^D k}{(2\pi)^D 2\omega_k}
\end{aligned}
$$

第一个等式来自平移不变性，这也告诉我们可以把 $\langle 0 \mid H \mid 0 \rangle$ 中的 $\int \mathrm{d}^D x$ 直接替换成 V，也就是空间的体积. 另外两个其他的项的计算是非常简单的，例如，$(\nabla\varphi)^2$ 中的两个 ∇ 替换一个 $\boldsymbol{k}^2$. 因此

$$
\langle 0 \mid H \mid 0 \rangle = V \int \frac{\mathrm{d}^D k}{(2\pi)^D 2\omega_k} \frac{1}{2}(\omega_k^2 + \boldsymbol{k}^2 + m^2) = V \int \frac{\mathrm{d}^D k}{(2\pi)^D} \frac{1}{2} \hbar\omega_k \quad (1.129)
$$

其中重新代入了 $\hbar$.

得到上述表达式，你应该既高兴又警觉：高兴，因为我们就是把它当作谐振子在整个动量模式与整个空间做了积分；警觉，因为这个积分显然发散. 但是其实不应该警觉：任何物理状态的能量，例如粒子的质量都是相对"真空能"被测量的. 我们应该寻求的是这个世界有这个粒子和没有这个粒子的能量差. 换句话说，可以把哈密顿量简单地定义为 $H - \langle 0 \mid H \mid 0 \rangle$. 我们在 2.5 节、3.1 节和 8.2 节中会重新讨论这个问题.

没有谁是完美的

在正则量子化中，时间的处理和空间不同，因此有人可能担心这样得到的场论的洛伦兹不变性. 按照很多教材的标准处理方法，我们应该由此出发用哈密顿量来得到动力学以及相互作用 $u(\varphi)$ 的微扰理论. 在一系列的标准步骤之后，我们最终能够得到费曼规

则,而费曼规则定义出的理论明显是洛伦兹不变的.

历史上,有一段时间人们曾感到量子场论应该用一系列费曼规则定义.因为费曼规则给出了一个计算诸如散射截面等可观测量的坚实基础.沿此逻辑而产生的一个极端的观点是,场仅仅是用来得到费曼规则的数学上的拐杖,得到费曼规则后就能把拐杖丢掉.

这个观点在20世纪70年代变得不堪一击,人们意识到量子场论远远不止是费曼图.含有非微扰效应的场论在费曼图理论定义下是看不到的.我们在适当的时候将会知道,很多这样的效应能被路径积分理论更好地看到.

正如我说的,正则量子化和路径积分量子化经常是互补的,而且我会避免说哪一个更加好.在本书中,我从实用主义的态度出发,具体问题具体使用两者.

这里还要提及两者的一些麻烦的特征.在正则量子化中,场是具有无穷自由度的量子算符.哲人们曾辩论过一个微妙的问题,场的乘积应该如何被定义.另一方面,在路径积分量子化中,积分测度的"遮羞布"下埋藏了一系列的"丑恶"事物(见4.7节).

附录 1

在正则量子化中,传播子只能用编时定义,但是在路径积分量子化中却不需要,这看起来有点令人迷惑.为了解决这个迷惑,看看量子力学就足够了.

考虑 $t = t_1$ 时刻 q 的函数 $A[q(t_1)]$,路径积分 $\int Dq(t)A[q(t_1)]e^{i\int_0^T dtL(\dot{q},q)}$ 在算符语言下代表什么? 那么,回到式(1.5),我们会把 $A[q(t_1)]$ 插进 $\langle q_{j+1} | e^{-iH\delta t} | q_j \rangle$,其中 t_1 在 $j\delta t$ 和 $(j+1)\delta J$ 之间,于是 j 也就被确定了.这样出现的因子为 $\langle q_{j+1} | e^{-iH\delta t}A[q(t_1)] | q_j \rangle$,可以把 c- 数 $A[q(t_1)]$ 替换为算符 $A[\hat{q}]$,因为在我们需要的精度下,$A[\hat{q}] | q_j \rangle = A[q_j] | q_j \rangle \simeq A[q(t_1)] | q_j \rangle$.注意到 $\hat{q}$ 是一个薛定谔绘景的算符,因此,把 $\langle q_{j+1} | e^{-iH\delta t}A[\hat{q}] | q_j \rangle$ 和其他的因子 $\langle q_{i+1} | e^{-iH\delta t} | q_i \rangle$ 结合起来,我们会发现问题中的积分,或者说 $\int Dq(t)A[q(t_1)]e^{i\int_0^T dtL(\dot{q},q)}$,事实上代表着

$$\langle q_F | e^{-iH(T-t_1)} A[\hat{q}]e^{-iHt_1} | q_1 \rangle = \langle q_F | e^{-iHT}A[\hat{q}(t_1)] | q_1 \rangle$$

这里 $\hat{q}(t_1)$ 就显然是一个海森伯绘景下的算符了.(这里用到了标准的海森伯绘景和薛定谔绘景之间的关系:$\mathcal{O}_H(t) = e^{iHt} \mathcal{O}_S e^{-iHt}$.)我发现在狄拉克、薛定谔和海森伯绘景之间徘徊,会给出十分有指导性的甚至或许还很有趣的解决方案. 现在问自己一个更加具有挑战性的问题,路径积分语言中的 $\int Dq(t)A[q(t_1)]B[q(t_2)]e^{i\int_0^T dtL(\dot{q},q)}$ 在算符语言中代

表什么? 这里, $B[q(t_2)]$ 是 $t = t_2$ 时刻 q 的函数. 也把 $B[q(t_2)]$ 插入式(1.5)中,并把 $B[q(t_2)]$ 换成 $B[\hat{q}]$. 但是现在我们不得不关心 t_1 还是 t_2 之间的时序了,如果 t_2 更早,那么 $A[\hat{q}]$ 会出现在 $B[\hat{q}]$ 的左边;如果 t_1 更早,则出现在 $B[\hat{q}]$ 的右边. 显然, t_2 如果先于 t_1,会得到下面的序列:

$$e^{-iH(T-t_1)} A[\hat{q}] e^{-iH(t_1-t_2)} B[\hat{q}] e^{-iHt_2} = e^{-iHT} A[\hat{q}(t_1)] B[\hat{q}(t_2)] \qquad (1.130)$$

和之前更简单的例子一样,上面的表达式已经从薛定谔表象转到了海森伯表象. 因此,定义编时乘积为

$$T\left[A[\hat{q}(t_1)] B[\hat{q}(t_2)]\right]$$
$$\equiv \theta(t_1 - t_2) A[\hat{q}(t_1)] B[\hat{q}(t_2)] + \theta(t_2 - t_1) B[\hat{q}(t_2)] A[\hat{q}(t_1)] \qquad (1.131)$$

根据刚刚积累的经验,得到

$$\langle q_F | e^{-iHT} T\left[A[\hat{q}(t_1)] B[\hat{q}(t_2)]\right] | q_I \rangle = \int Dq(t) A[q(t_1)] B[q(t_2)] e^{i\int_0^T dt L(\dot{q},q)} \qquad (1.132)$$

在上面的公式中,时序的概念在右边路径积分中没有体现,但是在左边路径积分中确实体现出来了.

上面的讨论很容易推广到式(1.99)~式(1.101)讨论的格林函数中,格林函数 $G^{(n)}(x_1, x_2, \cdots, x_n)$ 在正则量子化中被定义为场算符编时乘积的真空期望值 $\langle 0 | T\{\varphi(x_1) \varphi(x_2)\cdots\varphi(x_n)\} | 0 \rangle$. 式(1.123)中的传播子是上面关系的特殊情况.

我们也可以考虑 $\langle 0 | T\{\mathcal{O}_1(x_1) \mathcal{O}_2(x_2)\cdots\mathcal{O}_n(x_n)\} | 0 \rangle$,也就是不同的由量子场组成的算符 $\mathcal{O}_i(x)$(如流算符 $J_\mu(x)$)的编时乘积的真空期望值. 后面的章节(如式(7.38))会用到这个期望值.

附录2 重定义场

场论新手应该在这里学到:没有一个国际规范组织强迫使用哪一个场定义. 如果你使用了 φ,其他的朋友完全有权利使用 η,其中两个场直接被一些可逆的函数联系起来 $\eta = f(\varphi)$(为了明确问题,考虑 $\eta = \varphi + \alpha\varphi^3$,其中 α 是一个参数). 上面的陈述也被叫作场的重定义,在后文中会反复使用这个有用的技巧.

实验学家测量的 S 矩阵在场重定义下不变. 这个看起来像是废话——散射振幅

果壳中的量子场论
Quantum Field Theory in a Nutshell

$\langle \boldsymbol{k}_3 \boldsymbol{k}_4 | \mathrm{e}^{-\mathrm{i}HT} | \boldsymbol{k}_1 \boldsymbol{k}_2 \rangle$ 压根不知道谁是 φ 谁是 η. 问题在于我们计算 S 矩阵的方法.

在正则量子化中,显而易见可以写下 $Z(J) = \int \mathrm{D}\eta \mathrm{e}^{\mathrm{i}\left[S(\eta) + \int \mathrm{d}^4 x J \eta\right]}$ 以及 $Z(J) = \int \mathrm{D}\varphi \mathrm{e}^{\mathrm{i}\left[S(\varphi) + \int \mathrm{d}^4 x J \varphi\right]}$,上面表达式之间仅仅相差一个积分变量替换——牛顿和莱布尼茨当时对此就已经很熟悉了. 但是如果定义 $\tilde{Z}(J) = \int \mathrm{D}\varphi \mathrm{e}^{\mathrm{i}\left[S(\varphi) + \int \mathrm{d}^4 x J \eta\right]}$,现在谁都知道 $\tilde{Z}(J) \neq Z(J)$,很显然,通过微分 $\tilde{Z}(J)$ 和 $Z(J)$ 得到的格林函数式(1.100)和式(1.101)也不相等.

一个不平凡的物理命题是:从 $\tilde{Z}(J)$ 和 $Z(J)$ 得到的 S 矩阵事实上是一样的. 最好是这样,因为我们宣称路径积分能得到真实的物理. 格林函数完全不一样,但是 S 矩阵却一样,这样的神奇的事情是如何发生的? 让我们从物理角度来思考. 首先设立一个源来产生或消除一个单场扰动,如图 1.7 所示. 一位朋友,也就是使用 $\tilde{Z}(J)$ 的那位,设立了一个源来产生或消除 $\eta = \varphi + \alpha\varphi^3$(我们为了数学上的清晰而写出具体的形式)的扰动. 既然如此,他就一次产生了 3 个场扰动(概率由 α 决定)而不是 1 个,如图 1.22 所示. 因此,他觉得在散射 4 个介子的时候实际上散射了 6 个介子(也许他把加速器调大了).

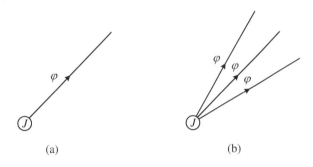

图 1.22

但是为了得到 S 矩阵,对于每个带着动量 k 的外腿都要把格林函数乘上 $k^2 - m^2$,再令 k^2 等于 m^2. 完成这个过程的时候,图 1.22(a)的项保留了下来,因为它有类似 $1/(k^2 - m^2)$ 的极点,但是额外的项如图 1.22(b)则被消掉了. 非常简单! 值得强调的是,这里的 m 是体系的真实物理质量. 精确来说,找一个单粒子态 $|k\rangle$ 并用哈密顿作用,会得到 $H|k\rangle = \sqrt{k^2 + m^2}|k\rangle$. 出现在 H 本征值中的 m 就是这个粒子的真实质量. 在3.3节中将继续谈论这个问题.

在正则量子化中,场是一个算符,刚刚则展示了计算 S 矩阵涉及的物理态之间的算

符乘积. 特别是, 矩阵元 $\langle k|\varphi|0\rangle$ 和 $\langle 0|\varphi|k\rangle$（通过厄米共轭联系起来）有着特别重要的地位. 如果我们用的是其他的场, 有关的仅仅是 $\langle k|\eta|0\rangle$ 不为 0, 在这种情况下, 总可以写下 $\langle k|\eta|0\rangle = Z^{1/2}\langle k|\varphi|0\rangle$, 其中 Z 是一些 c 数. 我们只需简单地将散射振幅除掉 $Z^{1/2}$ 的若干次幂就可以了.

习题

1.8.1 推导式 (1.124). 直接验证 $\mathrm{d}^D k/(2\omega_k)$ 确实是洛伦兹不变的. 有一些作者在联系标量场到产生湮灭算符的时候喜欢把式 (1.121) 中的 $\sqrt{2\omega_k}$ 替换成 $2\omega_k$. 验证这些作者选择的算符也是洛伦兹不变的. 找出它们的对易关系.

1.8.2 计算 $\langle k'|H|k\rangle$, 其中 $|k\rangle = a^\dagger(k)|0\rangle$.

1.8.3 对于正文中讨论的复标量场, 计算 $\langle 0|T[\varphi(x)\varphi^\dagger(0)]|0\rangle$.

1.8.4 证明 $[Q, \varphi(x)] = -\varphi(x)$.

1.9 扰乱真空

卡西米尔效应

回顾前面的章节, 我们通过计算真空的能量 $\langle 0|H|0\rangle$, 得到了一个欣慰的结果——把谐振子的零点能在动量空间和实空间中积分就能得到真空能. 我也解释了: 任何物理量, 如粒子的质量, 都是相对于真空能测量得到的. 其实, 简单地把哈密顿量和真空能相减就能定义正确的哈密顿量: $H - \langle 0|H|0\rangle$.

但是如果真空被扰动了呢?

物理上, 我们可以比较引入扰动之前和之后（例如通过改变体系的扰动）的真空能. 当然, 不仅仅只有我们"教科书般的"标量场才贡献真空能. 举个例子, 电磁场也有量子涨落, 其具有的两个偏振自由度给真空能量密度 ε 贡献了 $2\int \mathrm{d}^3 k/(2\pi)^3 \frac{1}{2}\hbar\omega_k$. 1948 年, 亨德里克·卡西米尔（Hendrik Casimir）提出了一个天才般的想法: 我们可以扰动真空并且使真空能产生一个偏移 $\Delta\varepsilon$. 虽然 ε 不是可观测量,但是由于扰动真空的方式是可控的,所以 $\Delta\varepsilon$ 应该是观测量. 尤其是卡西米尔考虑引入两个平行的"理想"导电平板(准确地说是零厚度且在两个方向无限延展)到真空中. 随着两板之间距离 d 的变化,$\Delta\varepsilon$ 的改变会引入一个两板之间的力,被称作卡西米尔力. 事实上,是电磁场导致的卡西米尔力,并不是我们简单的标量场.

我们定义垂直于板面方向为 x 轴. 由于电磁场必须满足导电平板的边界条件,所以波矢只能取值 $(\pi n/d, k_y, k_z)$. 因此两板之间每单位面积的能量改变为 $\sum_n \int \mathrm{d}k_y \mathrm{d}k_z / [(2\pi)^2 \sqrt{(\pi n/d)^2 + k_y^2 + k_z^2}]$.

我们为了计算受力而改变 d,但是随后我们就会烦恼于两板外能量密度的变化了. 机智的小技巧可以避免上面的问题:引入第三块板! 如图 1.23 所示,保持外部的两个板固定而移动中间的板. 现在就不用担心板外的世界了. 两个外面的板的间隔 L 可以想取多大就取多大.

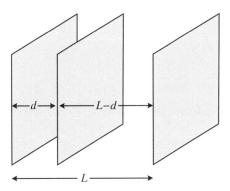

图 1.23

依据本书对繁杂计算能省则省的精神(也是我的哲学),我提出了以下两点简化:① 计算无质量标量场而非电磁场,所以不用考虑偏振之类的事情.② 回到 $(1+1)$ 维时空,这样就不用对 k_y 和 k_z 积分了. 读者在量子场论课本中不用看作者秀他们的积分技巧. 你会看到,这个计算极其有指导性,并且让我们初尝从看起来无限的表达式中得到有限的物理量的滋味,这也叫作正规化方法,我们会在 3.1 节和 3.3 节中学到.

根据上面的模型,能量 $E = f(d) + f(L-d)$,

$$f(d) = \frac{1}{2} \sum_{n=1}^{\infty} \omega_n = \frac{\pi}{2d} \sum_{n=1}^{\infty} n \tag{1.133}$$

其中模式由 $\sin(n\pi x/d)\,(n = 1, \cdots, \infty)$ 给出,对应的能量为 $\omega_n = n\pi/d$.

哎呀！我们怎么处理 $\sum_{n=1}^{\infty} n$？从芝诺开始的任何一位希腊哲学家都无法告诉我们.

他们会告诉我们的是,我们在做物理而不是数学！物理上的板无法阻止任意高频的波泄露出去.[①]

为了囊括这一极为重要的物理,我们引入一个因子 $e^{-a\omega_n/\pi}$,其中参数 a 有着时间量纲(或者在自然单位制中,有着长度量纲),使得 $\omega_n \gg \pi/a$ 的模式不贡献:它们看不见板子！特征频率 π/a 参数化了导电平板的高频响应.因此有

$$f(d) = \frac{\pi}{2d} \sum_{n=1}^{\infty} n e^{-an/d} = -\frac{\pi}{2} \frac{\partial}{\partial a} \sum_{n=1}^{\infty} e^{-an/d} = -\frac{\pi}{2} \frac{\partial}{\partial a} \frac{1}{1-e^{-a/d}} = \frac{\pi}{2d} \frac{e^{a/d}}{(e^{a/d}-1)^2} \quad (1.134)$$

因为我们想要 a^{-1} 足够大,所以我们取 a 很小的极限,得到

$$f(d) = \frac{\pi d}{2a^2} - \frac{\pi}{24d} + \frac{\pi a^2}{480 d^3} + O(a^4/d^5) \quad (1.135)$$

注意到 $f(d)$ 在 $a \to 0$ 时不收敛,因为此时我们回到了式(1.133)中的情况.而两个导电平板之间的力不应该不收敛.否则实验物理学家现在也许就已经注意到了！

于是,可以得到力

$$F = -\frac{\partial E}{\partial d} = -[f'(d) - f'(L-d)] = -\left[\left(\frac{\pi}{2a^2} + \frac{\pi}{24d^2} + \cdots \right) - (d \to L-d) \right]$$

$$\xrightarrow[a \to 0]{} -\frac{\pi}{24} \left[\frac{1}{d^2} - \frac{1}{(L-d)^2} \right]$$

$$\xrightarrow[L \gg d]{} -\frac{\pi \hbar c}{24d^2} \quad (1.136)$$

看啊,为了让式(1.133)中级数不发散而引入的参数 a,在最后可观测的力的表达式中消失了.最后一步我们利用了量纲分析,加入 $\hbar$ 来强调这个力的量子特征.

两个板之间的卡西米尔力是吸引的.注意力的 $1/d^2$ 衰减遵循量纲分析,因为在自然单位制中力有着长度负二次方的量纲.在一个精妙的实验中,实验学家已经测量出了这个很小的力.涨落的量子场是真实的！

为了得到有意义的结果,我们需要在紫外波段(也就是由 a 参数化的高频率或者说短时间的行为)或红外波段(也就是由 L 参数化的长距离截断)正规化.注意在式(1.136)中 a 和 L 是怎么"在一起工作"的.

上面的计算揭开了重正化量子场论的序幕,这个主题在许多旧的教材中被描述得神

---

① 参见 3.1 节的脚注 1(169 页的脚注 1).

秘且几乎不可理喻.事实上,它完全是容易理解的.在 3.1 节和 3.2 节中,我们会仔细地讨论重正化,但是现在让我们回顾上面的内容都做了些什么.

在处理式(1.133)中发散级数的时候,我们临危不乱,想起来了我们引以为傲的物理学家的身份,物理告诉我们这个求和不应该直接去到无穷大.在导电平板中,电子会冲向外加切向电场的反方向.但是当入射波振荡频率足够高时,电子也跟不上了.因此导电平板的理想化就失效了.我们通过引入耗散因子,以数学上非常简单的方式对求和进行了正规化(一个多么"丑陋"的术语,但这确是场论学家正在使用的).一个简单的参数 a 被用来概括所有导致电子追赶不上的未知的高频物理.事实上,a^{-1} 和制作板的金属的等离子频率有关.

先验地说,两个板之间的卡西米尔力最后可能依赖参数 a.在这个情况下,卡西米尔力会蕴含导电平板对高频电场响应的信息,这本可以成为固体物理力很有趣的一章.由于实际上这是在量子场论课本里,你可能怀疑过,卡西米尔力不含有 a 的表达式蕴含了一些关于量子涨落的基本物理.也就是说,卡西米尔力是"普适的",这让它变得异常有趣.然而需要注意到,物理上说得通的是,卡西米尔力的 $O(1/d^4)$ 修正确实依赖于实验学家用的是铝的还是铜的盘子.

我们也许还想知道领头项 $F = -\pi/(24d^2)$ 是否依赖于特定的正规化方法.如果用别的函数丢掉发散项呢?我们会在附录中解决这个问题.

令人惊讶的是,式(1.136)中的 24 和弦论中出现的 24 是同一个 24!(量子玻色弦必须生存在的时空维度被确定为 $24+2=26$.)懂得弦论的读者会知道上述晦涩的话是有关什么的(把弦的零模求和).惊悚的是,为了尝试把上述内容变得更加玄乎,有些方法仅仅通过一些数学上的障眼法使 $\sum_{n=1}^{\infty} n$ 等于 $-1/12$.尽管这样的方法打开了一个从式(1.133)到式(1.136)的"虫洞",但是此断言简直就是胡说八道.不过,我们上面采用的方法在物理上是说得通的.

附录

在附录中,我们将解决一个基本问题:通过截断高频部分得到的物理学量是否依赖于截断方法的选取?首先必须提及的是,近年来对于真实体系中的卡西米尔力的研究已经成长为一个活跃的领域,但是我这里的目标不是给这个领域一个切实的描述,而是用最简单的例子给出(你将会看到)量子场论中的一个核心问题.我希望在你真的正规化一个 $(3+1)$ 维时空下的量子场论之前,能够掌握核心的物理,这样就不会挣扎于正规化的机制里了.

把之前使用到的正规化方法推广一下：

$$f(d) = \frac{\pi}{2d} \sum_{n=1}^{\infty} n g\left(\frac{na}{d}\right) = \frac{\pi}{2} \frac{\partial}{\partial a} \sum_{n=1}^{\infty} h\left(\frac{na}{d}\right) \equiv \frac{\pi}{2} \frac{\partial}{\partial a} H\left(\frac{a}{d}\right) \tag{1.137}$$

这里 $g(v) = h'(v)$ 是一个快速衰减的函数，因此上式的求和是有意义的，并且通过合理的选择来简化 $H(a/d) \equiv \sum_{n=1}^{\infty} h(na/d)$ 的计算.（在式(1.135)中 $g(v) = \mathrm{e}^{-v}$，因此 $h(v) = -\mathrm{e}^{-v}$.）目标是得到卡西米尔力：

$$-F = \frac{\partial f(d)}{\partial d} - (d \to L - d) = \frac{\pi}{2} \frac{\partial^2}{\partial d \partial a} H\left(\frac{a}{d}\right) - (d \to L - d) \tag{1.138}$$

是如何依赖于 $g(v)$ 的.

先试试用一些物理的思考和量纲分析的方法看看能够走多远.把 H 按下面展开：$\pi H(a/d) = \cdots + \gamma_{-2} d^2/a^2 + \gamma_{-1} d/a + \gamma_0 + \gamma_1 a/d + \gamma_2 a^2/d^2 + \cdots$.也许你会认为只需要以 a/d 进行泰勒展开，但是我们不能保证 $H(a/d)$ 在 $a \to 0$ 收敛.事实上，式(1.136)就包含了类似于 d/a 的项，所以最好谨慎一些.

下面我们从物理上证明这个级数实际上会在一边终止.力由如下式子给出

$$F = \left(\cdots + \gamma_{-2} \frac{2d}{a^3} + \gamma_{-1} \frac{1}{2a^2} + \gamma_1 \frac{1}{2d^2} + \gamma_2 \frac{2a}{d^3} + \cdots\right) - (d \to L - d) \tag{1.139}$$

对于 γ_{-2} 项，它给作用力贡献了一个形如 $[d - (L - d)]/a^3$ 的项.但是正如前面提到的，两块外面的平板可以想拿多远就拿多远.力不依赖于 L，因此物理上 γ_{-2} 必须为 0，同样地，γ_{-k} 对于 $k > 2$ 都必须为 0.

接下来注意 γ_{-1}，虽然不为 0，但是也可以移除，因为它不依赖于 d（γ_0 已经消掉）.现在我们进一步注意到，γ_k 中 $k > 2$ 的项在 $a \to 0$ 时也全为 0.你可以检查在文中用的 $g(v)$ 满足上面的所有性质.

十分惊人的是，卡西米尔力只由 γ_1 决定，$F = \gamma_1/(2d^2)$.之前已经提到，这个力必须正比于 $1/d^2$.这就告诉我们在式(1.139)中只需要保留 γ_1 项.在正文中，我们得到了 $\gamma_1 = -\pi/12$.在习题 1.9.1 中，可以尝试用不同的 $g(v)$ 推导出同样的 γ_1 的值的方法.

这已经暗示了卡西米尔力不依赖于正规化方法，它更多地告诉我们真空的信息而不是金属的电导，但是我们可以研究一整类耗散函数或正规化函数，来看看上面的正规化方法不依赖性是怎么出现的，这也是非常有启发性的.把零点能求和正规化到 $f(d) = \frac{1}{2} \sum_{n=1}^{\infty} \omega_n K(\omega_n)$，其中

$$K(\omega) = \sum_\alpha c_\alpha \frac{\Lambda_\alpha}{\omega + \Lambda_\alpha} \tag{1.140}$$

式中 c_α 是一组实数, 并且 Λ_α (也叫作正规子或者正规子频率) 是一组依赖具体条件但是完全被我们的离散化方法选定的高频. 为了让求和 $\sum_{n=1}^{\infty} \omega_n K(\omega_n)$ 收敛, 我们需要 $K(\omega_n)$ 比 $1/\omega_n^2$ 更快地收敛到 0. 事实上, 对于远大于 Λ_α 的 ω, $K(\omega) \to \frac{1}{\omega} \sum_\alpha c_\alpha \Lambda_\alpha - \frac{1}{\omega^2} \sum_\alpha c_\alpha \Lambda_\alpha^2 + \cdots$. 对于 $1/\omega$ 和 $1/\omega^2$ 项为 0 的要求, 给出了条件:

$$\sum_\alpha c_\alpha \Lambda_\alpha = 0 \tag{1.141}$$

以及

$$\sum_\alpha c_\alpha \Lambda_\alpha^2 = 0 \tag{1.142}$$

进一步地, 低频的物理不会受到任何影响, 因此 $\omega \ll \Lambda_\alpha$ 时 $K(\omega) \to 1$, 这就要求

$$\sum_\alpha c_\alpha = 1 \tag{1.143}$$

现在, 甚至都不用指定指标 α 的求和范围, 只需要知道式(1.141)~式(1.143)要求 α 必须至少取三个值. 注意, 有些 c_α 中的元素必须为负. 进一步地, 如果可以使用金属的一些知识如 $K(\omega) = K(-\omega)$, 我们甚至可以使用更少的正规子, 但是这并不是问题关键之所在.

我们现在说明两个导电平板之间的卡西米尔力不依赖于 c_α 和 Λ_α 的选取. 首先, 作为物理学家而不是数学家, 我们可以自由自在地改变 $f(d)$ 中的求和顺序, 并写下:

$$f(d) = \frac{1}{2} \sum_\alpha c_\alpha \Lambda_\alpha \sum_n \frac{\omega_n}{\omega_n + \Lambda_\alpha} = -\frac{1}{2} \sum_\alpha c_\alpha \Lambda_\alpha \sum_n \frac{\Lambda_\alpha}{\omega_n + \Lambda_\alpha} \tag{1.144}$$

其中我们毫不客气地使用了条件式(1.141). 下一步, 请记住求和 $\sum_n \Lambda_\alpha/(\omega_n + \Lambda_\alpha)$ 要被代回式(1.144), 因此 (为简便, 定义 $b_\alpha = \pi/\Lambda_\alpha$)

$$\sum_{n=1}^{\infty} \frac{\Lambda}{\omega_n + \Lambda} = \sum_{n=1}^{\infty} \int_0^{\infty} dt\, e^{-t\left(1 + n\frac{b}{d}\right)} = \int_0^{\infty} dt\, e^{-t} \left(\frac{1}{1 - e^{-\frac{bt}{a}}} - 1 \right)$$

$$= \int_0^{\infty} dt\, e^{-t} \left[\frac{d}{tb} - \frac{1}{2} + \frac{tb}{12d} + O(b^3) \right] \tag{1.145}$$

(为了避免繁复, 这里先临时省略下标 α). 上面的所有的操作都是合理的, 因为整个式子

会在恢复了下标 α 之后再被代入式 (1.144) 中. 看起来结果会依赖 c_α 和 Λ_α. 事实上, 在恢复下标后, 得到式 (1.145) 中的 $1/b$ 项可以被丢掉, 因为

$$\sum_\alpha c_\alpha \Lambda_\alpha / b_\alpha = \pi \sum_\alpha c_\alpha \Lambda_\alpha^2 = 0 \tag{1.146}$$

(这里有点"滥杀无辜"了, 因为这项对应 γ_{-1} 项, 在力里面是不会出现的. 因此上面的条件式 (1.142) 严格地说是不必要的. 我们不仅仅在正规化力, 同样也正规化 $f(d)$, 使得它能定义出一个合理的函数.) 同样地, 式 (1.145) 中的 b^0 项利用式 (1.141) 也可以丢掉. 因此, 只保留式 (1.145) 中的 b 项, 可以得到

$$f(d) = -\frac{1}{24d} \int_0^\infty \mathrm{d}t e^{-t} t \sum_\alpha c_\alpha \Lambda_\alpha b_\alpha + O\left(\frac{1}{d^3}\right) = -\frac{\pi}{24d} + O\left(\frac{1}{d^3}\right) \tag{1.147}$$

的确, $f(d)$ 不依赖于 c_α 和 Λ_α, 更不必说卡西米尔力了. 对物理学家的严谨性 (但显然不到数学家的严谨程度) 而言, 这等于一个正规化方法不依赖性的证明, 因为通过使用足够多的正规子我们总可以近似任何 (合理的) 描述真实导电平板的函数 $K(\omega)$. 你可以去检验, $f(d)$ 中正比于 $O(1/d^3)$ 的那一项是依赖于正规化方法的, 这在物理上也是合理的.

本书仔细地进行上面的计算的原因是我们将会在之后不停地遇到这类正规化, 它们是第 3 章中的泡利-维拉斯正规化, 更是 3.7 节计算的电子反常磁矩, 并且在处理繁复的相对论场论之前看看正规化在一个物理情况下的使用也是非常有指导意义的.

习题

1.9.1 使用 $g(v) = 1/(1+v)^2$ 以代替正文中的耗散函数. 证明这个耗散函数也能导出正确的卡西米尔力. (提示: 为了把得到的级数求和, 转为积分表示 $H(\xi) = -\sum_{n=1}^\infty 1/(1+n\xi) = -\sum_{n=1}^\infty \int_0^\infty \mathrm{d}t e^{-(1+n\xi)t} = \int_0^\infty \mathrm{d}t e^{-t}/(1-e^{\xi t})$. 可以发现上面的积分和预期一样在下界是对数发散的.)

1.9.2 使用本节附录中的正规化方法, 证明两个导电平板之间的卡西米尔力的 $1/d$ 展开只有偶数次幂.

1.9.3 计算 $(3+1)$ 时空维度的卡西米尔力来炫耀你的技术吧! 作为参考, 见 M. Kardar and R. Golestanian, Rev. Mod. Phys., 1999, 72:123. J. Feinberg, A. Mann and M. Revzen, Ann. Phys., 2001, 288:103.

1.10　对称性

对称性、变换和不变性

对称性在现代物理中的重要性是不言而喻的.[1]

当物理定律在一些变换下不改变时,这个定律就被称作满足某些对称性.

我已经使用了洛伦兹不变性来约束作用量的形式.洛伦兹不变性当然是时空的一种对称性,但是场也可以在所谓的内部空间中进行变换.事实上,我们已经看到了一些简单的例子.在 1.3 节中已经提到,可以要求标量场在变换 $\varphi \to -\varphi$ 下不变,因此 φ 的奇数项如 φ^3 是可以被排除的.

如果包含 φ^3 项,两个介子可以散射为 3 个介子,如图 1.24 所示.但是这项排除后,你就可以说服自己这样的过程是不允许的. 你将不能画出有奇数条外腿的费曼图. (想想将 1.7 节中的小学生问题中的积分改为 $\int_{-\infty}^{+\infty} \mathrm{d}q \mathrm{e}^{-\frac{1}{2}m^2 q^2 - gq^3 - \lambda q^4 + Jq}$.) 因此简单的反射对称性 $\varphi \to -\varphi$ 意味着在任何散射过程中介子的数量是模 2 守恒的.

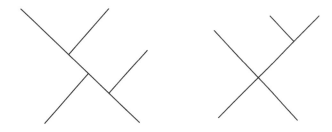

图 1.24

既然我们已经理解了一个标量场,现在来考虑含有两个标量场的理论,其中 φ_1 和 φ_2 满足反射对称性 $\varphi_a \to -\varphi_a (a=1$ 或 $2)$:

---

[1] A. Zee. Fearful Symmetry[M].Princeton:Princeton University Press,1999.

$$\mathcal{L} = \frac{1}{2}(\partial\varphi_1)^2 - \frac{1}{2}m_1^2\varphi_1^2 - \frac{\lambda_1}{4}\varphi_1^4 + \frac{1}{2}(\partial\varphi_2)^2 - \frac{1}{2}m_2^2\varphi_2^2 - \frac{\lambda_2}{4}\varphi_2^4 - \frac{\rho}{2}\varphi_1^2\varphi_2^2$$

$$(1.148)$$

这里我们有两个标量粒子 1 和 2，拥有质量 m_1 和 m_2. 在最低阶的散射过程中，它们在如下过程中散射: $1+1 \to 1+1$, $2+2 \to 2+2$, $1+2 \to 1+2$, $1+1 \to 2+2$ 和 $2+2 \to 1+1$（说服你自己）. 在 5 个参数 $m_1, m_2, \lambda_1, \lambda_2$ 和 ρ 都任意的情况下，两个粒子之间没有任何关系.

理论物理学家有一个信条，而爱因斯坦则尤为有力地阐述了，即基础定律应当是有序的且简单的，而不是任意的且复杂的. 这种有序性就表现在作用量的对称性上.

假设 $m_1 = m_2$ 以及 $\lambda_1 = \lambda_2$，那么两个粒子应该具有相同的质量以及自身和对方的相互作用都是相同的. 拉格朗日量 $\mathcal{L}$ 在交换对称性 $\varphi_1 \leftrightarrow \varphi_2$ 下就是不变的.

接下来，假设我们进一步给出了条件 $\rho = \lambda_1 = \lambda_2$，此时拉格朗日量变为

$$\mathcal{L} = \frac{1}{2}\left[(\partial\varphi_1)^2 + (\partial\varphi_2)^2\right] - \frac{1}{2}m^2(\varphi_1^2 + \varphi_2^2) - \frac{\lambda}{4}(\varphi_1^2 + \varphi_2^2)^2 \qquad (1.149)$$

这个拉格朗日量现在在二维旋转 $\{\varphi_1(x) \to \cos\theta\,\varphi_1(x) + \sin\theta\,\varphi_2(x), \varphi_2(x) \to -\sin\theta\,\varphi_1(x) + \cos\theta\,\varphi_2(x)\}$ 下是不变的，其中 θ 是任意的角度. 我们说这个理论拥有了"内部的"$SO(2)$ 对称性，"内部的"说的是变换和时空是无关的. 和交换对称性 $\varphi_1 \leftrightarrow \varphi_2$ 不一样的是，这个变换依赖连续的参数 θ，因此对应的对称性叫作连续对称性.

在这个简单的例子中我们看到，对称性是层展性的.

连续对称性

如果我们盯着运动方程 $(\partial^2 + m^2)\varphi_a = -\lambda\boldsymbol{\varphi}^2\varphi_a$ 足够久，就可以发现如果定义 $J^\mu \equiv \mathrm{i}(\varphi_1\partial^\mu\varphi_2 - \varphi_2\partial^\mu\varphi_1)$，就有 $\partial_\mu J^\mu = \mathrm{i}(\varphi_1\partial^2\varphi_2 - \varphi_2\partial^2\varphi_1) = 0$，因此 J^μ 是守恒流. 对应的荷 $Q = \int \mathrm{d}^D x J^0$ 就像电荷一样，是守恒的.

历史上，当海森伯注意到新发现的中子的质量几乎和质子一样时，他提出如果电磁力被莫名地关掉，就存在某种内部的对称性把质子转变为中子.

一个内部对称性限制了理论的形式，就像洛伦兹不变性限制了理论的形式一样. 推广刚才的简单例子，可以构造一个包括 N 个标量场 $\varphi_a (a = 1, \cdots, N)$ 的场论，使得这个理论在变换 $\varphi_a \to R_{ab}\varphi_b$（重复指标求和）下是不变的，其中矩阵 R 是旋转群 $SO(N)$ 的元素（附录 B 是一个群论的简单回顾）. 场就像矢量一样变换，$\boldsymbol{\varphi} = (\varphi_1, \cdots, \varphi_N)$. 只能构造一个

基本的不变量，叫作标量积 $\boldsymbol{\varphi} \cdot \boldsymbol{\varphi} = \varphi_a \varphi_a = \boldsymbol{\varphi}^2$（和以前一样，没有特殊说明，就对重复指标求和）。拉格朗日量被约束为以下形式：

$$\mathcal{L} = \frac{1}{2}\big[(\partial \boldsymbol{\varphi})^2 - m^2 \boldsymbol{\varphi}^2\big] - \frac{\lambda}{4}(\boldsymbol{\varphi}^2)^2 \tag{1.150}$$

费曼图在图 1.25 中给出。画费曼图时，每个线除了带着动量还携带内部指标。

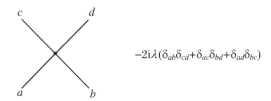

$$-2\mathrm{i}\lambda(\delta_{ab}\delta_{cd} + \delta_{ac}\delta_{bd} + \delta_{ad}\delta_{bc})$$

图 1.25

对称性在振幅中表现出来。例如，想象要去计算传播子：$\mathrm{i}D_{ab}(x) = \int \mathrm{D}\boldsymbol{\varphi}\, \mathrm{e}^{\mathrm{i}S} \varphi_a(x)\varphi_b(0)$。假设测度 $\mathrm{D}\boldsymbol{\varphi}$ 在 $SO(N)$ 下不变，通过思考 $D_{ab}(x)$ 怎么在对称群 $SO(N)$ 下变换，你会清楚地看到（见习题 1.10.2）它必须正比于 δ_{ab}。你可以通过画几个费曼图或考虑通常的积分 $\int \mathrm{d}\boldsymbol{q}\, \mathrm{e}^{-S(q)} q_a q_b$ 来检查上面的结论。无论是多么复杂的费曼图（图 1.26），你总可以得到 δ_{ab} 的因子。相似的是，散射振幅也必须表现出这个对称性。

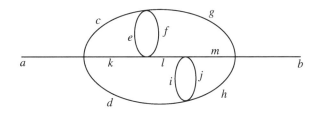

图 1.26

没有 $SO(N)$ 时，很多其他的项都进入计算（例如式（1.150）中的 $\varphi_a \varphi_b \varphi_c \varphi_d$，其中 a，b，c，d 是任意选取的）。

构造 $R = \mathrm{e}^{\theta \cdot T}$，其中 $\theta \cdot T = \sum_A \theta^A T^A$ 是一个实的反对称矩阵。群 $SO(N)$ 有 $N(N-1)/2$ 个生成元，记作 T^A（想想熟悉的例子 $SO(3)$）。在无穷小变换下，$\varphi \to R_{ab}\varphi_b \simeq (1 + \theta^A T^A)_{ab}\varphi_b$，换句话说，就有了无穷小量 $\delta\varphi_a = \theta^A T^A_{ab}\varphi_b$。

诺特定理

我们现在来到了理论物理中最深刻的观察之一——诺特定理. 它指出: 一个守恒流和一个连续对称性的生成元有关! 式(1.149)中的守恒流长这个模样不是一个意外.

和其他物理学中最重要的一些定理类似, 诺特定理的证明是极度简洁的. 把我们理论中的记作 φ_a. 由于对称性是连续的, 故我们可以考虑一个无穷小变换 $\delta\varphi_a$, 因为拉格朗日量不发生变化, 所以有

$$
\begin{aligned}
0 = \delta\mathcal{L} &= \frac{\delta\mathcal{L}}{\delta\varphi_a}\delta\varphi_a + \frac{\delta\mathcal{L}}{\delta\partial_\mu\varphi_a}\delta\partial_\mu\varphi_a \\
&= \frac{\delta\mathcal{L}}{\delta\varphi_a}\delta\varphi_a + \frac{\delta\mathcal{L}}{\delta\partial_\mu\varphi_a}\partial_\mu\delta\varphi_a
\end{aligned}
\tag{1.151}
$$

这里就卡住推不下去了, 但是如果使用运动方程 $\delta\mathcal{L}/\delta\varphi_a = \partial_\mu[\delta\mathcal{L}/(\delta\partial_\mu\varphi_a)]$, 两项就会被合并, 并给出

$$
0 = \partial_\mu\left(\frac{\delta\mathcal{L}}{\delta\partial_\mu\varphi_a}\delta\varphi_a\right)
\tag{1.152}
$$

如果定义:

$$
J^\mu \equiv \frac{\delta\mathcal{L}}{\delta\partial_\mu\varphi_a}\delta\varphi_a
\tag{1.153}
$$

那么, 式(1.152)就给出了 $\partial_\mu J^\mu = 0$. 我们找到了守恒流! (从推导过程可以很清楚地看出, 式(1.153)中对重复的指标 a 使用了求和约定.)

让我们用式(1.150)中简单的标量场理论来说明一下. 将 $\delta\varphi_a = \theta^A(T^A)_{ab}\varphi_b$ 代入式(1.153)中并注意到 θ^A 是任意的, 就可以得到 $N(N-1)/2$ 个守恒流 $J_\mu^A = \partial_\mu\varphi_a(T^A)_{ab}\varphi_b$, 每个都对应一个对称群 $SO(N)$ 的生成元.

特例是 $N=2$, 其中可以定义复场 $\varphi \equiv (\varphi_1 + \mathrm{i}\varphi_2)/\sqrt{2}$. 式(1.150)中的拉格朗日量便可以写为

$$
\mathcal{L} = \partial\varphi^\dagger\partial\varphi - m^2\varphi^\dagger\varphi - \lambda(\varphi^\dagger\varphi)^2
\tag{1.154}
$$

并且在变换 $\varphi \to \mathrm{e}^{\mathrm{i}\theta}\varphi$ 和 $\varphi^\dagger \to \mathrm{e}^{-\mathrm{i}\theta}\varphi^\dagger$ 下上式显然是不变的. 从式(1.153)中可以得到 $J_\mu = \mathrm{i}(\varphi^\dagger\partial_\mu\varphi - \partial_\mu\varphi^\dagger\varphi)$, 也就是在1.8节中出现的流. 在数学上, 这是群 $SO(2)$ 和 $U(1)$ 同构的结果(见附录B).

为了教学上的清晰,本书使用了变量场在群 $SO(N)$ 下像一个矢量一样的变换.显然,上面的讨论对于任意的群 G 适用,其中场 φ 在群 G 的一个任意表示 $\mathcal{R}$ 下变换.守恒流依然为 $J_\mu^A = \partial_\mu \varphi_a (T^A)_{ab} \varphi_b$,其中 T^A 是在 $\mathcal{R}$ 下给定的.例如,如果 φ 在 $SO(3)$ 的 5 维表示下变换,那么 T^A 就是一个 5×5 的矩阵.

对于在群变换下不变的物理,只需要作用量是不变的就可以了.鉴于边界项可以被丢掉,拉格朗日量完全可以加上一个全微分 $\delta\mathcal{L} = \partial_\mu K^\mu$.这样马上可以从式(1.152)中看出,只需要修改式(1.153)为 $J^\mu \equiv [\delta\mathcal{L}/(\delta\partial_\mu\varphi_a)]\delta\varphi_a - K^\mu$,就可以得到守恒流的公式.我们会在 8.4 节中看到,很多超对称场论就是这个类型的.

作为生成元的荷

用 1.8 节中的正则形式理论,可以推导出守恒流对应的守恒荷的完美结果:

$$Q \equiv \int \mathrm{d}^3 x\, J^0 = \int \mathrm{d}^3 x\, \frac{\delta\mathcal{L}}{\delta\partial_0\varphi_a}\delta\varphi_a \tag{1.155}$$

注意,q 不依赖于计算积分的时间:

$$\frac{\mathrm{d}Q}{\mathrm{d}t} = \int \mathrm{d}^3 x\, \partial_0 J^0 = -\int \mathrm{d}^3 x\, \partial_i J^i = 0 \tag{1.156}$$

发现 $\delta\mathcal{L}/(\delta\partial_0\varphi_a)$ 是场 φ_a 共轭的正则动量,于是可以得到

$$\mathrm{i}[Q,\varphi_a] = \delta\varphi_a \tag{1.157}$$

荷算符生成了场对应的变换.一个重要的特例就是 $SO(2) \simeq U(1)$ 时的复场 φ;此时 $[Q,\varphi] = \varphi$ 且 $\mathrm{e}^{\mathrm{i}\theta Q}\varphi\mathrm{e}^{-\mathrm{i}\theta Q} = \mathrm{e}^{\mathrm{i}\theta}\varphi$.

习题

1.10.1 有一些作者倾向于下面的更复杂的方法构造诺特定理.假设作用量在无穷小变换 $\delta\varphi_a(x) = \theta^A V_a^A$ 下不变(其中 θ^A 是一些用 A 标记的参数,而 V_a^A 是关于场 $\varphi_b(x)$ 及其对 x 一阶导数的函数).需要强调的是,当我们说作用量 S 不变时,不能使用运动方程来验证.毕竟欧拉-拉格朗日运动方程已经要求了在任何符合边界条件的小的变化 $\delta\varphi_a$ 下 $\delta S = 0$.我们的标量场理论的例子非常好地诠释了这一点,而这一点在一些书里常常令

人迷惑:$\delta S = 0$ 仅仅是因为 S 是用 $O(N)$ 矢量的标量积构造的.

现在来做一些看起来奇怪的事情:先考虑上面的无穷小变换,但是 θ^A 是坐标 x 的函数.换句话说,现在考虑的是 $\delta \varphi_a(x) = \theta^A(x) V_a^A$.那么当然,$\delta S$ 没有理由为零;但是,另一方面,我们知道因为当 θ^A 为常数时 δS 为零,所以 δS 必须为以下形式:$\delta S = \int \mathrm{d}^4 x J^\mu(x) \partial_\mu \theta^A(x)$.具体而言,这就给了一个快速读出 $J^\mu(x)$ 的方法;它就是 δS 中 $\partial_\mu \theta^A(x)$ 前面的系数.证明上面所说的适用于式(1.150)中的拉格朗日量.

1.10.2 证明 $D_{ab}(x)$ 如正文所说,必须正比于 δ_{ab}.

1.10.3 写出 $SO(3)$ 不变的、包含一个按照 5 维表示变换的洛伦兹标量场 φ 的理论的、到四次项的拉格朗日量.(提示:把 φ 写成一个 3×3 对称无迹的矩阵会简化问题.)

1.10.4 在习题 1.10.3 中添加一个按照 $SO(3)$ 矢量变换的洛伦兹标量场 η,维持 $SO(3)$ 不变性,确定体系的诺特流.使用运动方程,确定上面的流是守恒的.

1.11 弯曲时空中的场论

一般坐标变换

在爱因斯坦的引力理论中,闵可夫斯基不变时空间隔 $\mathrm{d}s^2 = \eta_{\mu\nu} \mathrm{d}x^\mu \mathrm{d}x^\nu = (\mathrm{d}t)^2 - (\mathrm{d}\boldsymbol{x})^2$ 被替换为 $\mathrm{d}s^2 = g_{\mu\nu} \mathrm{d}x^\mu \mathrm{d}x^\nu$,其中度规张量 $g_{\mu\nu}(x)$ 是时空坐标 x 的函数.指导性的原理,又叫作广义协变性原理,指出蕴含在作用量 S 中的物理量必须在任何坐标变换 $x \to x'(x)$ 下不变.更准确地说,上面的协变性原理[①]指出在合适的约束下引力场的效果等价于一个坐标变换.

因为

$$\mathrm{d}s^2 = g'_{\lambda\sigma} \mathrm{d}x'^\lambda \mathrm{d}x'^\sigma = g'_{\lambda\sigma} \frac{\partial x'^\lambda}{\partial x^\mu} \frac{\partial x'^\sigma}{\partial x^\nu} \mathrm{d}x^\mu \mathrm{d}x^\nu = g_{\mu\nu} \mathrm{d}x^\mu \mathrm{d}x^\nu \tag{1.158}$$

---

① 对于广义协变性原理的准确描述,可参见 S. Weinberg, *Gravitation and Cosmology*, p. 92.

所以度规如下变换:

$$g'_{\lambda\sigma}(x')\frac{\partial x'^{\lambda}}{\partial x^{\mu}}\frac{\partial x'^{\sigma}}{\partial x^{\nu}} = g_{\mu\nu}(x) \tag{1.159}$$

度规矩阵 $g^{\mu\nu}$ 的逆定义为 $g^{\mu\nu}g_{\nu\rho} = \delta^{\mu}_{\rho}$.

一个标量场就像它的名字一样,不参与变换: $\varphi(x) = \varphi'(x')$. 而标量场的梯度按照如下变换:

$$\partial_{\mu}\varphi(x) = \frac{\partial x'^{\lambda}}{\partial x^{\mu}}\frac{\partial \varphi'(x')}{\partial x'^{\lambda}} = \frac{\partial x'^{\lambda}}{\partial x^{\mu}}\partial'_{\lambda}\varphi'(x') \tag{1.160}$$

按照定义,一个(协变)矢量场如下变换:

$$A_{\mu}(x) = \frac{\partial x'^{\lambda}}{\partial x^{\mu}}A'_{\lambda}(x') \tag{1.161}$$

因此 $\partial_{\mu}\varphi(x)$ 是一个矢量场. 给定两个矢量场 $A_{\mu}(x)$ 和 $B_{\nu}(x)$, 可以用 $g^{\mu\nu}(x)$ 来缩并得到 $g^{\mu\nu}(x)A_{\mu}(x)B_{\nu}(x)$, 这是一个标量, 你可以马上检查. 特别地, $g^{\mu\nu}(x)\partial_{\mu}\varphi(x)\partial_{\nu}\varphi(x)$ 是一个标量. 因此, 如果我们仅把拉格朗日密度 $\mathcal{L} = \frac{1}{2}\left[(\partial\varphi)^2 - m^2\varphi^2\right] = \frac{1}{2}(\eta^{\mu\nu}\partial_{\mu}\varphi\partial_{\nu}\varphi - m^2\varphi^2)$ 中的闵可夫斯基度规 $\eta^{\mu\nu}$ 换成爱因斯坦度规 $g^{\mu\nu}$, 那么拉格朗日密度在坐标变换下就是不变的.

为了得到作用量, 要在时空中积分拉格朗日密度. 在坐标变换 $d^4x' = d^4x\det(\partial x'/\partial x)$ 下, 取式(1.159)的行列式, 有

$$g \equiv \det g_{\mu\nu} = \det g'_{\lambda\sigma}\frac{\partial x'^{\lambda}}{\partial x^{\mu}}\frac{\partial x'^{\sigma}}{\partial x^{\nu}} = g'\left[\det\left(\frac{\partial x'}{\partial x}\right)\right]^2 \tag{1.162}$$

我们发现组合 $d^4x\sqrt{-g} = d^4x'\sqrt{-g'}$ 在坐标变换下是不变的.

因此, 给定一个量子场论, 我们可以立即写下弯曲时空中的理论. 只需要将闵可夫斯基度规 $\eta^{\mu\nu}$ 推至爱因斯坦度规 $g^{\mu\nu}$, 并在时空积分测度中加入一个因子 $\sqrt{-g}$[①]. 作用量 S 将会在任意坐标变换下不变. 例如, 一个弯曲时空中的标量场可以简单地写为

$$S = \int d^4x\sqrt{-g}\,\frac{1}{2}(g^{\mu\nu}\partial_{\mu}\varphi\partial_{\nu}\varphi - m^2\varphi^2) \tag{1.163}$$

---

① 还需要将一般的偏微分 ∂_{μ} 替换为广义相对论中的协变导数 D_{μ}, 但是作用在一个标量场上时, 协变微分就是通常的微分 $D_{\mu}\varphi = \partial_{\mu}\varphi$.

（一些和自旋 1/2 有关的微妙之处，我们会在第 2 章讨论. 最后我们会在 8.1 节中遇到它.）

在弯曲时空中量子化标量场没有原则上的困难. 可以简单地把 $g_{\mu\nu}$ 当作给定的（例如，球坐标下的史瓦西度规：$g_{00} = (1 - 2GM/r)$，$g_{rr} = -(1 - 2GM/r)^{-1}$，$g_{\theta\theta} = -r^2$，$g_{\varphi\varphi} = -r^2\sin^2\theta$），并研究路径积分 $\int D\varphi\, e^{iS}$，这还是一个高斯积分，因此是可解的. 标量场的传播子 $D(x, y)$ 也是可以得到的，等等.（见习题 1.11.1.）

此时，除了 $g_{\mu\nu}$ 携带洛伦兹指标而 $\varphi(x)$ 不携带外，度规 $g_{\mu\nu}$ 看起来就像一个场，并且事实上就是一个经典场. 如果把世界的作用量写为 $S = S_g + S_M$ 的两项之和，其中 S_g 描述了引力场 $g_{\mu\nu}$ 的动力学（我们会在 8.1 节遇到这点），而 S_M 是世界上所有其他的场的动力学（"物质场"，φ 就是一个简单的例子，其中式（1.163）给出了 S_M）. 我们也需要通过积分 $g_{\mu\nu}$ 量子化引力场，因此需要把路径积分延拓为 $\int DgD\varphi\, e^{iS}$.

说的比做的轻松！你当然听说过，所有试图积分 $g_{\mu\nu}(x)$ 的尝试都会遇到各种困难，最终驱使理论家在弦论中寻找慰藉. 我会在恰当的时候解释为什么爱因斯坦理论被认为是"不可重正化的".

引力子听从什么

爱因斯坦引力理论一个最深远的结果是，能量和动量的基本定义. 究竟什么才是能量和动量？能量和动量是引力子听从的东西.（引力子当然是和 $g_{\mu\nu}$ 有关的粒子.）

能量动量张量 $T^{\mu\nu}$ 定义为作用量 S_M 对度规 $g_{\mu\nu}$ 的变分（保持坐标 x^μ 不变）：

$$T^{\mu\nu}(x) = -\frac{2}{\sqrt{-g}}\frac{\delta S_M}{\delta g_{\mu\nu}(x)} \tag{1.164}$$

能量定义为 $E = P^0 = \int d^3x\sqrt{-g}\,T^{00}(x)$，动量定义为 $P^i = \int d^3x\sqrt{-g}\,T^{0i}(x)$.

即使我们对弯曲时空本身不感兴趣，式（1.164）仍然给出了一个简单（并且基本）的方法来确定在平坦时空中的场论的能量动量张量. 可以简单地在闵可夫斯基度规 $\eta_{\mu\nu}$ 附近变化为 $g_{\mu\nu} = \eta_{\mu\nu} + h_{\mu\nu}$，并把 S_M 展开到 h 的一阶. 按照式（1.164），我们有[1]

---

[1] 这里使用了常规的约定，其中指标不按照任何对称性求和，即 $\frac{1}{2}h_{\mu\nu}T^{\mu\nu} = \frac{1}{2}(h_{01}T^{01} + h_{10}T^{10} + \cdots) = h_{01}T^{01} + \cdots$.

$$S_{\mathrm{M}}(h) = S_{\mathrm{M}}(h=0) - \int \mathrm{d}^4 x \left[\frac{1}{2} h_{\mu\nu} T^{\mu\nu} + O(h^2) \right] \tag{1.165}$$

对称的张量场 $h_{\mu\nu}(x)$ 就是引力子场(见 1.5 节和 8.1 节). 能量动量张量 $T^{\mu\nu}(x)$ 就是引力子场耦合的对象, 就像电磁流 $J^\mu(x)$ 是光子场耦合的对象一样.

考虑一个更加一般的 $S_{\mathrm{M}} = \int \mathrm{d}^4 x \sqrt{-g} \left(A + g^{\mu\nu} B_{\mu\nu} + g^{\mu\nu} g^{\lambda\rho} C_{\mu\nu\lambda\rho} + \cdots \right)$. 由于 $-g = 1 + \eta^{\mu\nu} h_{\mu\nu} + O(h^2)$ 以及 $g^{\mu\nu} = \eta^{\mu\nu} - h^{\mu\nu} + O(h^2)$, 在平面时空中可以得到

$$T_{\mu\nu} = 2 \left(B_{\mu\nu} + 2 C_{\mu\nu\lambda\rho} \eta^{\lambda\rho} + \cdots \right) - \eta_{\mu\nu} \mathcal{L} \tag{1.166}$$

注意到

$$T \equiv \eta^{\mu\nu} T_{\mu\nu} = -\left(4A + 2\eta^{\mu\nu} B_{\mu\nu} + 0 \cdot \eta^{\mu\nu} \eta^{\lambda\rho} C_{\mu\nu\lambda\rho} + \cdots \right) \tag{1.167}$$

我们这里使用的形式强调了 $C_{\mu\nu\lambda\rho}$ 不贡献到能量动量张量的迹中.

我们现在通过推导早就熟悉的电磁场的结论, 来展示上面对于 $T_{\mu\nu}$ 定义方式的能力. 推广有质量自旋为 1 的场到弯曲时空, 得到[1] $\mathcal{L} = \left(-\frac{1}{4} g^{\mu\nu} g^{\lambda\rho} F_{\mu\lambda} F_{\nu\rho} + \frac{1}{2} m^2 g^{\mu\nu} A_\mu A_\nu \right)$, 并且因此得到[2] $T_{\mu\nu} = -F_{\mu\lambda} F_\nu^\lambda + m^2 A_\mu A_\nu - \eta_{\mu\nu} \mathcal{L}$.

对于电磁场, 有 $m = 0$. 首先 $\mathcal{L} = -\frac{1}{4} F_{\mu\nu} F^{\mu\nu} = -\frac{1}{4} (-2F_{0i}^2 + F_{ij}^2) = \frac{1}{2} (\boldsymbol{E}^2 - \boldsymbol{B}^2)$. 因此, $T_{00} = -F_{0\lambda} F_0^\lambda - \frac{1}{2} (\boldsymbol{E}^2 - \boldsymbol{B}^2) = \frac{1}{2} (\boldsymbol{E}^2 + \boldsymbol{B}^2)$. 看到 "儿时" 亲切的结果是一种安慰. 顺带提一句, 这也揭示出我们可以把 $\boldsymbol{E}^2$ 当作动能, 把 $\boldsymbol{B}^2$ 当作势能. 接下来, $T_{0i} = -F_{0\lambda} F_i^\lambda = F_{0j} F_{ij} = \varepsilon_{ijk} E_j B_k = (\boldsymbol{E} \times \boldsymbol{B})_i$. 坡印廷矢量就这么出现了.

因为麦克斯韦-拉格朗日量 $\mathcal{L} = -\frac{1}{4} g^{\mu\nu} g^{\lambda\rho} F_{\mu\lambda} F_{\nu\rho}$ 只和 C 项 $C_{\mu\nu\lambda\rho} = -\frac{1}{4} F_{\mu\nu} F_{\lambda\rho}$ 有关, 所以可以从式 (1.167) 中看到电磁张量是无迹的, 这是一个在 8.1 节要用到的重要结论. 当然也可以直接检查 $T = 0$ (见习题 1.11.4).[3]

---

① 这里我们使用了如下结论: 协变的旋度等价于一般的旋度 $\mathrm{D}_\mu A_\nu - \mathrm{D}_\nu A_\mu = \partial_\mu A_\nu - \partial_\nu A_\mu$, 因此 $F_{\mu\nu}$ 不涉及度规.

② 保持 x^μ 不变, 意味着保持 ∂_μ 不变. 因此 A_μ 不变, 因为 A_μ 通过规范不变性联系到 ∂_μ. 在这里, 我们预设了此点 (见 2.7 节), 但是你肯定在非相对论情况下听说过了规范不变性.

③ 我们发现无迹性与电磁场没有质量能标有关. 单纯的电磁场被称为拥有尺度不变性. 对于更多的尺度不变性见 S. Coleman, *Aspects of Symmetry*, p. 67.

附录 弯曲时空的简单介绍

广义相对论经常被弄得比本身更加困难和神秘.这里我给出一个在后面要用到的弯曲时空的基本原则的简单回顾.

把一个点粒子的时空坐标记作 X^μ.为了构造它的作用量,注意仅有的坐标不变量是粒子走过的世界线的"长度"[①](图 1.27),也就是 $\int ds = \int \sqrt{g_{\mu\nu} dX^\mu dX^\nu}$.其中度规 $g_{\mu\nu}$ 当然是在粒子的位置上计算的.因此,一个点粒子的作用量应当正比于

$$\int ds = \int \sqrt{g_{\mu\nu} dX^\mu dX^\nu} = \int \sqrt{g_{\mu\nu}\big[X(\zeta)\big]\frac{dX^\mu}{d\zeta}\frac{dX^\nu}{d\zeta}}\, d\zeta. \tag{1.168}$$

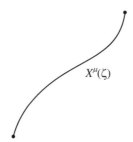

$X^\mu(\zeta)$

图 1.27

其中,ζ 是任何随世界线单调变化的参数.长度由于其几何性,由重参数化不变性保证,也就是只要参数化合理,就不依赖于 ζ 的选取.这是一个十分显然的结论,因为 $\int \sqrt{g_{\mu\nu} dX^\mu dX^\nu}$ 和参数 ζ 无关.如果坚持的话,可以检查一下 $\int ds$ 的重参数化不变性.显然 $d\zeta$ 的次数是吻合的.如果重参数化为 $\zeta = \zeta(\eta)$,那么 $dX^\mu/d\zeta = (d\eta/d\zeta)(dX^\mu/d\eta)$ 以及 $d\zeta = (d\zeta/d\eta)d\eta$.

为了书写简便,定义

$$K \equiv g_{\mu\nu}\big[X(\zeta)\big]\frac{dX^\mu}{d\zeta}\frac{dX^\nu}{d\zeta} \tag{1.169}$$

---

① 我们把长度放在引号里,因为如果 $g_{\mu\nu}$ 是欧式时空的记号,那么 $\int ds$ 就是长度.最小化 $\int ds$ 会给出终止点之间最短的路径方程(测地线),但是这里 $g_{\mu\nu}$ 是一个闵可夫斯基的记号.

把 $\int d\zeta \sqrt{K}$ 的变化看作 0,可以得到

$$\int d\zeta \frac{1}{\sqrt{K}} \left(2g_{\mu\nu} \frac{dX^{\mu}}{d\zeta} \frac{d\delta X^{\nu}}{d\zeta} + \partial_{\lambda} g_{\mu\nu} \frac{dX^{\mu}}{d\zeta} \frac{dX^{\nu}}{d\zeta} \delta X^{\lambda} \right) = 0 \qquad (1.170)$$

分部积分之后(并且像往常一样在端点处 $\delta X^{\lambda} = 0$),给出运动方程:

$$\sqrt{K} \frac{d}{d\zeta} \left(\frac{1}{\sqrt{K}} 2g_{\mu\lambda} \frac{dX^{\mu}}{d\zeta} \right) - \partial_{\lambda} g_{\mu\nu} \frac{dX^{\mu}}{d\zeta} \frac{dX^{\nu}}{d\zeta} = 0 \qquad (1.171)$$

为了简化式(1.171),我们发挥一下选择 ζ 的自由度,并选取 $d\zeta = ds$,因此 $K = 1$,得到

$$2g_{\mu\lambda} \frac{d^2 X^{\mu}}{ds^2} + 2\partial_{\sigma} g_{\mu\lambda} \frac{dX^{\sigma}}{ds} \frac{dX^{\mu}}{ds} - \partial_{\lambda} g_{\mu\nu} \frac{dX^{\mu}}{ds} \frac{dX^{\nu}}{ds} = 0 \qquad (1.172)$$

两边乘以 $g^{\rho\lambda}$,得到

$$\frac{d^2 X^{\rho}}{ds^2} + \frac{1}{2} g^{\rho\lambda} \left(2\partial_{\nu} g_{\mu\lambda} - \partial_{\lambda} g_{\mu\nu} \right) \frac{dX^{\mu}}{ds} \frac{dX^{\nu}}{ds} = 0 \qquad (1.173)$$

整理得到

$$\frac{d^2 X^{\rho}}{ds^2} + \Gamma^{\rho}_{\mu\nu} \left[X(s) \right] \frac{dX^{\mu}}{ds} \frac{dX^{\nu}}{ds} = 0 \qquad (1.174)$$

如果定义黎曼-克里斯托费尔符号为

$$\Gamma^{\rho}_{\mu\nu} \equiv \frac{1}{2} g^{\rho\lambda} \left(\partial_{\mu} g_{\nu\lambda} + \partial_{\nu} g_{\mu\lambda} - \partial_{\lambda} g_{\mu\nu} \right) \qquad (1.175)$$

给定初始位置 $X^{\mu}(s_0)$ 和初始速度 $(dX^{\mu}/ds)(s_0)$,就有 4 个二阶微分方程式(1.174),确定粒子在弯曲时空中所走的测地线.注意,和一些地方给出的相反,和式(1.171)不一样,式(1.174)不是重参数化不变的.

为了得到牛顿引力,必须满足以下 3 个条件:① 粒子低速运动 $dX^i/ds \ll dX^0/ds$;② 引力场很弱,因此度规几乎是闵可夫斯基 $g_{\mu\nu} \simeq \eta_{\mu\nu} + h_{\mu\nu}$;③ 引力场不依赖于时间.条件①意味着 $d^2 X^{\rho}/ds^2 + \Gamma^{\rho}_{00}(dX^0/ds)^2 \simeq 0$,条件②和条件③意味着 $\Gamma^{\rho}_{00} \simeq -\frac{1}{2} \eta^{\rho\lambda} \partial_{\lambda} h_{00}$.因此由式(1.174)得出 $d^2 X^0/ds^2 \simeq 0$(也意味着,dX^0/ds 是一个常数)以及 $d^2 X^i/ds^2 + \frac{1}{2} \partial_i h_{00}(dX^0/ds)^2 \simeq 0$,因为 X^0 正比于 s,得到 $d^2 X^i/dt^2 \simeq -\frac{1}{2} \partial_i h_{00}$.于是,我们得到了牛顿方程: $\frac{d^2 \boldsymbol{X}}{dt^2} \simeq -\nabla \phi$.如果定义引力势能 ϕ 为 $h_{00} = 2\phi$,

$$g_{00} \simeq 1 + 2\phi \tag{1.176}$$

参考史瓦西度规,和设想的一样,可以得到远离带质量物体时$\phi = -GM/r$.(还要注意上面的推导与h_{ij}和h_{0j}无关,只要它们是时间无关的.)

因此,一个点粒子的作用量是

$$S = -m \int \sqrt{g_{\mu\nu} \, dX^\mu \, dX^\nu} = -m \int \sqrt{g_{\mu\nu}[X(\zeta)] \frac{dX^\mu}{d\zeta} \frac{dX^\nu}{d\zeta}} \, d\zeta \tag{1.177}$$

其中,m来自量纲分析.

一个巧妙的推导S(能得到上面的负号)的办法是从引力势能ϕ中的非相对论粒子出发,也就是$S = \int L \, dt = \int \left(\frac{1}{2} m v^2 - m - m\phi \right) dt$.注意静止质量$m$带着一个负号进入了表达式,因为它也是非相对论物理的一个势能.现在强制S变成一个相对论形式,对于小的速度v和ϕ,有

$$S = -m \int \left(1 - \frac{1}{2} v^2 + \phi \right) dt \simeq -m \int \sqrt{1 - v^2 + 2\phi} \, dt$$
$$= -m \int \sqrt{(1 + 2\phi)(dt)^2 - (d\boldsymbol{x})^2} \tag{1.178}$$

得到式(1.176)中的2因子来自洛伦兹-菲茨杰拉德量$\sqrt{1 - v^2}$中的根号[①].

既然有了作用量,就可以利用式(1.164)计算一个粒子的能量动量张量了:

$$T^{\mu\nu}(x) = \frac{m}{\sqrt{-g}} \int d\zeta K^{-\frac{1}{2}} \delta^{(4)}[x - X(\zeta)] \frac{dX^\mu}{d\zeta} \frac{dX^\nu}{d\zeta} \tag{1.179}$$

令ζ为s(我们在这里把它称为固有时τ),则得到

$$T^{\mu\nu}(x) = \frac{m}{\sqrt{-g}} \int d\tau \delta^{(4)}[x - X(\tau)] \frac{dX^\mu}{d\tau} \frac{dX^\nu}{d\tau} \tag{1.180}$$

特别地,正如我们期待的,一个粒子的四动量可以写为

$$P^\nu = \int d^3 x \sqrt{-g} \, T^{0\nu} = m \int d\tau \delta[x^0 - X^0(\tau)] \frac{dX^0}{d\tau} \frac{dX^\nu}{d\tau} = m \frac{dX^\nu}{d\tau} \tag{1.181}$$

---

① 不应该从中推断$g_{ij} = \delta_{ij}$.原因是正如刚刚得到的,对于v/c的领头阶,粒子只对g_{00}敏感,正如刚刚得到的.事实上,在史瓦西度规中恢复c,我们可以得到

$$ds^2 = \left(1 - \frac{2GM}{c^2 r} \right) c^2 dt^2 - \left(1 - \frac{2GM}{c^2 r} \right)^{-1} dr^2 - r^2 d\theta^2 - r^2 \sin^2\theta d\varphi^2$$
$$\rightarrow c^2 dt^2 - dx^2 - \frac{2GM}{r} dt^2 + O(1/c^2) \tag{1.182}$$

上面的作用量式 (1.177) 有两个缺陷: ① 很难处理带平方根的路径积分:
$\int DX e^{-im\int d\zeta \sqrt{(dX^\mu/d\zeta)(dX_\mu/d\zeta)}}$. ② S 对于无质量粒子没有意义.

为了对上面的问题作出补救,注意经典上作用量 S 等价于

$$S_{imp} = -\frac{1}{2}\int d\zeta \left(\frac{1}{\gamma}\frac{dX^\mu}{d\zeta}\frac{dX_\mu}{d\zeta} + \gamma m^2\right) \tag{1.183}$$

其中,$(dX^\mu/d\zeta)(dX_\mu/d\zeta) = g_{\mu\nu}(X)(dX^\mu/d\zeta)(dX^\nu/d\zeta)$. 对 $\gamma(\zeta)$ 做变分,可以得到 $m^2\gamma^2 = (dX^\mu/d\zeta)(dX_\mu/d\zeta)$. 在 S_{imp} 中,消掉 γ 就得到了 S.

路径积分 $\int DX e^{iS_{imp}}$ 具有标准的二次型[①]. 相对论点粒子的量子力学最好由 S_{imp} 描述而不是 S. 进一步地,对于 $m=0$, $S_{imp} = -\frac{1}{2}\int d\zeta [\gamma^{-1}(dX^\mu/d\zeta)(dX_\mu/d\zeta)]$ 完全说得通. 注意现在对 γ 变分会得到著名的对于无质量粒子成立的方程 $g_{\mu\nu}(X)dX^\mu dX^\nu = 0$.

作用量 S_{imp} 会成为 8.5 节中讨论弦论的出发点.

习题

1.11.1 利用分部积分得到下面的标量场作用量:

$$S = -\int d^4 x \sqrt{-g}\ \frac{1}{2}\varphi\left(\frac{1}{\sqrt{-g}}\partial_\mu\sqrt{-g}g^{\mu\nu}\partial_\nu + m^2\right)\varphi$$

写出弯曲时空中 φ 的运动方程. 讨论标量场的传播子 $D(x, y)$(它不再是平移不变的,换句话说不再是 $x - y$ 的函数).

1.11.2 利用式(1.164)找出平直时空中标量场理论的 E. 证明这些结论和你在 1.8 节中用正则量子化得到的一致.

1.11.3 证明在平直时空中,这里用能量动量张量 $T^{\mu\nu}$ 推导的 P^μ 在正则量子化中被理解为一个算符时,满足 $[P^\mu, \varphi(x)] = -i\partial^\mu\varphi(x)$. 因此它的行为和你想象中的能量和动量算符的行为一致,也就是说和时间还有空间共轭,所以被表示为 $-i\partial^\mu$.

1.11.4 证明对于麦克斯韦场,$T_{ij} = -(E_i E_j + B_i B_j) + \frac{1}{2}\delta_{ij}(\boldsymbol{E}^2 + \boldsymbol{B}^2)$,因此 $T = 0$.

---

① 一个会在 3.4 节解决的技术问题是,对于不同的函数 $X(\zeta)$ 积分可能在物理上是相同的,这样的函数由重参数化给出.

1.12 场论归来

目前你学到了什么?

既然我们来到了第一部分的终点,让我们来看看你学到了什么.

量子场论没有那么难,它就是做一个超大积分:

$$Z(J) = \int D\varphi \, e^{i \int d^{D+1} x \left[\frac{1}{2} (\partial \varphi)^2 - \frac{1}{2} m^2 \varphi^2 - \lambda \varphi^4 + J\varphi \right]} \tag{1.184}$$

通过重复的泛函微分 $Z(J)$,然后令 $J = 0$;可以得到

$$\int D\varphi \, \varphi(x_1) \varphi(x_2) \cdots \varphi(x_n) e^{i \int d^{D+1} x \left[\frac{1}{2} (\partial \varphi)^2 - \frac{1}{2} m^2 \varphi^2 - \lambda \varphi^4 \right]} \tag{1.185}$$

上述代表和场 φ 有关的 n 粒子在时空点 $x_1, x_2, \cdots, x_n$ 上产生和湮灭的振幅以及在它们之间的相互作用——由生到死,以及其间的生命旅程.

如果我们能进行式(1.184)中的积分就好了! 可惜我们不能.因此,进行下一步的办法是把上面的积分按照 λ 的级数计算:

$$\sum_{k=0}^{\infty} \frac{(-i\lambda)^k}{k!} \int D\varphi \, \varphi(x_1) \varphi(x_2) \cdots \varphi(x_n) \left[\int d^{D+1} y \varphi(y)^4 \right]^k e^{i \int d^{D+1} x \left[\frac{1}{2} (\partial \varphi)^2 - \frac{1}{2} m^2 \varphi^2 \right]} \tag{1.186}$$

为了写下这些项我们画了一些小图.

量子场论学家梦想着计算式(1.184),然后失败了;他们只能发明一些小技巧和方法来千方百计地获得他们感兴趣的物理,从来不真正地计算式(1.184).

想要看出量子场论是量子力学的一个直接推广,可以观察一下式(1.184)是怎么进行合理简化的.我们把理论写在 $(D+1)$ 维度时空,其中有 D 个空间维度和 1 个时间维度.考虑式(1.184)在 $(0+1)$ 维度空间,也就是没有空间,所以它就变成了:

$$Z(J) = \int D\varphi \, e^{i \int dt \left[\frac{1}{2} \left(\frac{d\varphi}{dt} \right)^2 - \frac{1}{2} m^2 \varphi^2 - \lambda \varphi^4 + J\varphi \right]} \tag{1.187}$$

果壳中的量子场论
Quantum Field Theory in a Nutshell

其中,t 是唯一的时空坐标 x.注意,上面的作用量就是非谐振子的量子力学,质点被弹簧挂住,位置记作 φ,以及还受到一个外力 J 的推动.

在量子场论式(1.184)中,每一个作用量的项都有物理意义:前两个项推广了谐振子来包括空间的变化,第三项是非谐性,最后一项是外加的驱动.你可以把量子场论想象成无数个非谐振子的集合,每一个时空点就有一个.

在这里我们定义了标量场 φ,在前面和后面的章节中,场的概念都会被稍作推广:场可以按照洛伦兹群的非平凡表示变换.我们也已经遇到了场可以像一个矢量和张量一样变换,后面还会见到场像旋量一样变换.洛伦兹不变性和其他的一些对称性会约束作用量的形式.积分看起来会更加复杂,但是处理方法还是这里列出来的这些.

量子场论,仅此而已.

第 2 章

狄拉克和旋量

2.1　狄拉克方程

凝视火焰

　　根据一个物理传说——甚至可能是真的:1928 年的一个夜晚,出于一些不再相关的缘由,正在凝视火焰的狄拉克意识到自己想要的是一个线性依赖于时空导数$\partial^{\mu} \equiv \partial / \partial x^{\mu}$的相对论性波动方程. 当时,描述质量为 m 的自由粒子,含有二阶时空导数的克莱因-戈登方程$(\partial^2 + m^2)\varphi = 0$已广为人所知. 其实就是我们早前学过的标量场的运动方程.

乍一看，狄拉克想要的东西不合逻辑. 这个方程应当有如下形式: ∂^μ 的一些线性组合作用在某个场 ψ 上等于一些常数乘以这个场. 把这个线性组合记为 $c^\mu \partial_\mu$. 如果 c^μ 是 4 个普通的数，那么四维矢量 c^μ 定义了一个特殊方向，则方程不可能是洛伦兹不变的.

尽管如此，让我们用现代的记号，效仿狄拉克写下:

$$(i\gamma^\mu \partial_\mu - m)\psi = 0 \tag{2.1}$$

迄今为止，$i\gamma^\mu$ 这 4 个量还仅仅是 ∂_μ 的系数，而 m 仅仅是一个常数. 我们已经论证过，γ^μ 不能简简单单地理解为几个数字. 那么，让我们看看它们是何方神圣，才能使方程包含正确的物理含义.

将 $i\gamma^\mu \partial_\mu + m$ 作用到式(2.1)上，狄拉克得到 $-(\gamma^\mu \gamma^\nu \partial_\mu \partial_\nu + m^2)\psi = 0$. 一般来说，我们除了定义量子力学中熟悉的对易子 $[A, B] = AB - BA$，还会定义反对易子 $\{A, B\} = AB + BA$. 因为导数可以交换次序，$\gamma^\mu \gamma^\nu \partial_\mu \partial_\nu = \frac{1}{2}\{\gamma^\mu, \gamma^\nu\}\partial_\mu \partial_\nu$，所以有 $\left(\frac{1}{2}\{\gamma^\mu, \gamma^\nu\} \cdot \partial_\mu \partial_\nu + m^2\right)\psi = 0$. 狄拉克灵光乍现地意识到，假如

$$\{\gamma^\mu, \gamma^\nu\} = 2\eta^{\mu\nu} \tag{2.2}$$

令 $\eta^{\mu\nu}$ 是闵可夫斯基度规，则会得到 $(\partial^2 + m^2)\psi = 0$，此方程描述一个质量为 m 的粒子. 因此，式(2.1)也将描述质量为 m 的粒子.

由于 $\eta^{\mu\nu}$ 是一个对角矩阵，其对角元 $\eta^{00} = 1$，$\eta^{jj} = -1$，式(2.2)表明 $(\gamma^0)^2 = 1$，$(\gamma^j)^2 = -1$，并且对于 $\mu \neq \nu$，$\gamma^\mu \gamma^\nu = -\gamma^\nu \gamma^\mu$. 后者，即 γ^μ 彼此反对易，暗示了它们的确不是普通的数. 倘若我们能找到 4 个这样的东西，狄拉克的想法就很有意义了.

克利福德代数

一组满足关系式(2.2)的东西 γ^μ（如果在 d 维时空，显然有 d 个）被称作组成一个克利福德代数. 稍后我将详细阐述克利福德代数的运算. 现在你只需检验下列 4×4 矩阵满足式(2.2)即可:

$$\gamma^0 = \begin{pmatrix} I & 0 \\ 0 & -I \end{pmatrix} = I \otimes \tau_3 \tag{2.3}$$

$$\gamma^i = \begin{pmatrix} 0 & \sigma^i \\ -\sigma^i & 0 \end{pmatrix} = \sigma^i \otimes i\tau_2 \tag{2.4}$$

这里的 σ 和 τ 代表标准的泡利矩阵. 由于历史原因, 这 4 个矩阵 γ^μ 被称作伽马矩阵——实在不是什么很有想象力的名称! (我们的约定是, 泡利矩阵的指标在上或在下无所谓. 另一方面, 我们定义 $\gamma_\mu = \eta_{\mu\nu}\gamma^\nu$, 那么伽马矩阵的指标在上或在下就很重要了; 我们就像对待任何洛伦兹矢量的指标一样对待它. 这个约定是很有用的, 因为这样的话, $\gamma^\mu \partial_\mu = \gamma_\mu \partial^\mu$.)

直积记号对于计算是很方便的: 比如 $\gamma^i \gamma^j = (\sigma^i \otimes \mathrm{i}\tau_2)(\sigma^j \otimes \mathrm{i}\tau_2) = (\sigma^i \sigma^j \otimes \mathrm{i}^2 \tau_2 \tau_2) = -(\sigma^i \sigma^j \otimes I)$, 因此正如我们所料, $\{\gamma^i, \gamma^j\} = -\{\sigma^i, \sigma^j\} \otimes I = -2\delta^{ij}$. 你可以说服自己, γ^μ 至少是一个 4×4 的矩阵. 数学迫使狄拉克旋量 ψ 有 4 个分量! 如果我们转换到动量空间, 狄拉克方程 (2.1) 的物理内容最为明显. 我们把 $\psi(x) = \int [\mathrm{d}^4 p/(2\pi)^4] \mathrm{e}^{-\mathrm{i}px} \psi(p)$ 插入到式 (2.1), 然后得到

$$(\gamma^\mu p_\mu - m)\psi(p) = 0 \qquad (2.5)$$

由于式 (2.5) 是洛伦兹不变的, 如下所示, 我们可以在任何坐标系中考察其物理含义, 特别地, 在静止系中, $p^\mu = (m, \mathbf{0})$, 则上式变成

$$(\gamma^0 - 1)\psi = 0 \qquad (2.6)$$

由于 $(\gamma^0 - 1)^2 = -2(\gamma^0 - 1)$, 我们把 $\gamma^0 - 1$ 当作一个投影算符, 顶多差个无所谓的归一化. 其实, 利用式 (2.3) 中的显式, 我们看到狄拉克方程式并无神秘之处. 写出来的话, 式 (2.6) 应为

$$\begin{pmatrix} 0 & 0 \\ 0 & I \end{pmatrix} \psi = 0$$

从而告诉我们 ψ 的 4 个分量中有 2 个为 0.

这非常合理, 因为我们知道电子具有 2 个物理自由度, 而不是 4 个. 从这个角度来看, 神秘的狄拉克方程不过是一个摆脱不必要自由度的投影操作而已. 与我们之前对自旋为 1 的有质量粒子运动方程的讨论相比 (见 1.5 节). 那么也是这样, A^μ 的 4 个分量中的一个被投影掉了. 事实上, 克莱因-戈登方程 $(\partial^2 + m^2)\varphi(x) = 0$ 恰好把 $\varphi(k)$ 中不满足在壳条件 $k^2 = m^2$ 的傅里叶分量投影掉. 我们的讨论为看待相对论性物理学的运动方程提供了一个统一视角: 它们只是投影掉非物理的分量而已.

费曼引入了一个方便的记号, 对于任意 4-矢量的 a_μ, $\not{a} \equiv \gamma^\mu a_\mu$, 现在已作为标准写法. 这样狄拉克方程可以改写为 $(\mathrm{i}\not{\partial} - m)\psi = 0$.

伽马矩阵一家

在洛伦兹变换 $x'^{\nu} = \Lambda^{\nu}_{\mu} x^{\mu}$ 下，矢量场 A_{μ} 的 4 个分量，呃，像矢量一样变换. 那么 ψ 的 4 个分量如何变换呢？它肯定和 A_{μ} 的变换方式不同，因为即使仅仅在空间转动下，ψ 和 A_{μ} 的变换方式也相当不同：一个按照自旋为 $\frac{1}{2}$ 的方式变换，而另一个按照自旋为 1 的方式变换. 让我们先写成 $\psi(x) \rightarrow \psi'(x') \equiv S(\Lambda) \psi(x)$，然后尝试确定 4×4 的矩阵 $S(\Lambda)$.

我们最好先来整理（并命名）下 16 个线性独立的 4×4 矩阵. 我们已经知道了其中的 5 个：单位矩阵和伽马矩阵. 我们的策略是简单地把伽马矩阵相乘，从而产生更多的 4×4 矩阵，直到得到整整 16 个矩阵. 由于每个伽马矩阵的平方是 ± 1，并且伽马矩阵彼此反对易，所以只需考虑 $\gamma^{\mu} \gamma^{\nu}$、$\gamma^{\mu} \gamma^{\nu} \gamma^{\lambda}$ 和 $\gamma^{\mu} \gamma^{\nu} \gamma^{\lambda} \gamma^{\rho}$，其中 μ, ν, λ 和 ρ 各不相同. 因此，我们需要考虑的唯一一个四重伽马矩阵乘积是

$$\gamma^5 \equiv i \gamma^0 \gamma^1 \gamma^2 \gamma^3 \tag{2.7}$$

这个组合很重要，以至于它有自己的名字！（之所以会使用这个特殊的名称，是因为在某些过时的记法中，时间坐标被记作 x^4，对应 γ^4.）我们有

$$\gamma^5 = i(I \otimes \tau_3)(\sigma^1 \otimes i\tau_2)(\sigma^2 \otimes i\tau_2)(\sigma^3 \otimes i\tau_2) = i^4(I \otimes \tau_3)(\sigma^1 \sigma^2 \sigma^3 \otimes \tau_2)$$

所以，

$$\gamma^5 = I \otimes \tau_1 = \begin{pmatrix} 0 & I \\ I & 0 \end{pmatrix} \tag{2.8}$$

包括因子 i 后，γ^5 显然是厄米的. γ^5 的一个重要性质是它与所有伽马矩阵反对易：

$$\{\gamma^5, \gamma^{\mu}\} = 0 \tag{2.9}$$

接着，我们看出所有不同的三重伽马矩阵乘积都可以写成 $\gamma^{\mu} \gamma^5$ 的形式（比如 $\gamma^1 \gamma^2 \gamma^3 = -i\gamma^0 \gamma^5$）. 最后，利用式(2.2)，把二重伽马矩阵乘积写为 $\gamma^{\mu} \gamma^{\nu} = \eta^{\mu\nu} - i\sigma^{\mu\nu}$，其中，

$$\sigma^{\mu\nu} \equiv \frac{i}{2} [\gamma^{\mu}, \gamma^{\nu}] \tag{2.10}$$

$\sigma^{\mu\nu}$ 矩阵共有 $4 \cdot 3/2 = 6$ 个.

数一下,我们得到了所有的 16 个矩阵.这 16 个矩阵的集合 $\{1, \gamma^{\mu}, \sigma^{\mu\nu}, \gamma^{\mu}\gamma^5, \gamma^5\}$,组成一个 4×4 矩阵空间的完备基,即任意的 4×4 矩阵都可以用这 16 个矩阵的线性组合表示.

把 $\sigma^{\mu\nu}$ 用式(2.3)和式(2.4)显式地写出来是富有教益的:

$$\sigma^{0i} = i \begin{pmatrix} 0 & \sigma^i \\ \sigma^i & 0 \end{pmatrix} \tag{2.11}$$

$$\sigma^{ij} = \varepsilon^{ijk} \begin{pmatrix} \sigma^k & 0 \\ 0 & \sigma^k \end{pmatrix} \tag{2.12}$$

我们看到 σ^{ij} 正好是泡利矩阵的双重叠加,比如,

$$\sigma^{12} = \begin{pmatrix} \sigma^3 & 0 \\ 0 & \sigma^3 \end{pmatrix}$$

洛伦兹变换

回想一下量子力学课程,一般的转动可以写作 $e^{i\boldsymbol{\theta} \cdot \boldsymbol{J}}$,其中,$\boldsymbol{J}$ 是 3 个转动生成元,$\boldsymbol{\theta}$ 是 3 个转动参数.你应该还记得,洛伦兹群除了转动还包含推促(boost),我们以 $\boldsymbol{K}$ 来表示推促的 3 个生成元.回想一下电磁学课程,6 个生成元 $\{\boldsymbol{J}, \boldsymbol{K}\}$ 如同电磁场 $F_{\mu\nu}$ 一样,在洛伦兹群作用下,作为反对称张量的分量变换,因此我们用 $J_{\mu\nu}$ 来标记它们.在 2.3 节中会更详细地讨论这些问题.目前只需注意,使用此符号,我们可以把洛伦兹变换写成 $\Lambda = e^{-\frac{i}{2}\omega_{\mu\nu}J^{\mu\nu}}$.其中,$J^{ij}$ 产生转动,J^{oi} 产生推促,反对称张量 $\omega_{\mu\nu} = -\omega_{\nu\mu}$ 中的 $6 = 4 \cdot 3/2$ 个分量分别对应 3 个转动和 3 个推促参数.

鉴于前面的讨论以及存在 6 个 $\sigma^{\mu\nu}$ 矩阵的事实,我们猜测,如果忽略掉整体的数值因子,这些 $\sigma^{\mu\nu}$ 必定相当于洛伦兹群作用于旋量时的 6 个生成元 $J^{\mu\nu}$.其实,通过考虑转动 $e^{-\frac{i}{2}w_{ij}J^{ij}}$ 的作用效果,就可以验证我们的猜测.参考式(2.12),我们可以看出,如果用 $\frac{1}{2}\sigma^{ij}$ 来表示 $J^{\mu\nu}$,这将刚好对应于自旋 $\frac{1}{2}$ 的粒子在量子力学中的变换方式.更准确地说,把狄拉克旋量的 4 个分量分成了 2 套二分量:

$$\psi = \begin{pmatrix} \phi \\ \chi \end{pmatrix} \tag{2.13}$$

从式(2.12)可知,在一个沿第 3 轴的转动下,$\phi \to e^{-i\omega_{12}\frac{1}{2}\sigma^3}\phi$,而 $\chi \to e^{-i\omega_{12}\frac{1}{2}\sigma^3}\chi$,我们很高兴看到,$\phi$ 和 χ 作为二分量的泡利旋量进行变换.

因此,我们发现作用于 ψ 的洛伦兹变换由 $S(\Lambda) = e^{-(i/4)\omega_{\mu\nu}\sigma^{\mu\nu}}$ 表示,所以当作用于 ψ 时,生成元 $J^{\mu\nu}$ 的确表示成 $\frac{1}{2}\sigma^{\mu\nu}$.因此,我们可以预期,如果 $\psi(x)$ 满足狄拉克方程(2.1),那么 $\psi'(x') \equiv S(\Lambda)\psi(x)$ 在变换后的参考系中将满足狄拉克方程

$$(i\gamma^\mu \partial'_\mu - m)\psi'(x') = 0 \tag{2.14}$$

其中,$\partial'_\mu \equiv \partial/\partial x'^\mu$.为了说明这一点,计算 $[\sigma^{\mu\nu}, \gamma^\lambda] = 2i(\gamma^\mu \eta^{\nu\lambda} - \gamma^\nu \eta^{\mu\lambda})$.因此,对于无穷小 ω,有 $S\gamma^\lambda S^{-1} = \gamma^\lambda - (i/4)\omega_{\mu\nu}[\sigma^{\mu\nu}, \gamma^\lambda] = \gamma^\lambda + \gamma^\mu \omega_\mu{}^\lambda$.通过复合无穷小变换,来建立有限的洛伦兹变换(就像在量子力学里对转动群的标准讨论一样),我们得到 $S\gamma^\lambda S^{-1} = \Lambda^\lambda{}_\mu \gamma^\mu$.

狄拉克双线性型

克利福德代数告诉我们,$(\gamma^0)^2 = +1$ 且 $(\gamma^i)^2 = -1$,因此式(2.4)中的 i 是很有必要的.i 带来的后果之一是 γ^0 是厄米的,而 γ^i 是反厄米的,这个事实可以方便地表示为

$$(\gamma^\mu)^\dagger = \gamma^0 \gamma^\mu \gamma^0 \tag{2.15}$$

因此,与你预料的相反,双线性型 $\varphi^\dagger \gamma^\mu \varphi$ 不是厄米的,反而 $\bar{\psi}\gamma^\mu \psi$ 才是厄米的,其中 $\bar{\psi} \equiv \psi^\dagger \gamma^0$.在相对论物理学中,除了 $\psi^\dagger$ 还引入 $\bar{\psi}$ 的必要性可以追溯到闵可夫斯基度规的$(+,-,-,-)$号差.

由此可以推出,$(\sigma^{\mu\nu})^\dagger = \gamma^0 \sigma^{\mu\nu} \gamma^0$.因此,$S(\Lambda)^\dagger = \gamma^0 e^{(i/4)\omega_{\mu\nu}\sigma^{\mu\nu}}\gamma^0$(顺便一提,这也清楚地说明了 S 不是幺正的,这一事实我们从 σ_{0i} 不是厄米的就知道了),所以

$$\bar{\psi}'(x') = \psi(x)^\dagger S(\Lambda)^\dagger \gamma^0 = \bar{\psi}(x)e^{+(i/4)\omega_{\mu\nu}\sigma^{\mu\nu}} \tag{2.16}$$

我们有

$$\bar{\psi}'(x')\psi'(x') = \bar{\psi}(x)e^{+(i/4)\omega_{\mu\nu}\sigma^{\mu\nu}}e^{-(i/4)\omega_{\mu\nu}\sigma^{\mu\nu}}\psi(x) = \bar{\psi}(x)\psi(x)$$

在非相对论物理学中,你可能习惯写成 $\psi^\dagger \psi$. 在相对论物理学中,你必须习惯写为 $\bar{\psi}\psi$. $\bar{\psi}\psi$ 才是一个洛伦兹标量,而 $\psi^\dagger \psi$ 不是.

显然我们一共可以构造 16 个独立的狄拉克双线性型 $\bar{\psi}\Gamma\psi$,对应于 16 个线性独立的 γ 矩阵. 现在,你可以推导出各种费米子双线性型变换的方式(见习题 2.1.1).这个记法相当不错,各种对象都按照它们看上去应该遵守的方式进行变换,我们只需要简单地关注它们携带的洛伦兹指标就好. 因此,$\bar{\psi}(x)\gamma^\mu \psi(x)$ 作为洛伦兹矢量进行变换.

宇称

物理学中的一个重要的分立对称性就是宇称,或称为镜面反射[①].

$$x^\mu \rightarrow x'^\mu = (x^0, -\boldsymbol{x}) \tag{2.17}$$

将狄拉克方程(2.1)乘以 γ^0:$\gamma^0(\mathrm{i}\gamma^\mu \partial_\mu - m)\psi(x) = 0 = (\mathrm{i}\gamma^\mu \partial'_\mu - m)\gamma^0 \psi(x)$,其中,$\partial'_\mu = \partial/\partial x'^\mu$.因此,

$$\psi'(x') \equiv \eta \gamma^0 \psi(x) \tag{2.18}$$

在空间反射的世界中满足狄拉克方程(其中,η 是一个任意相位,可以设为 1).

注意,比如,$\bar{\psi}'(x')\psi'(x') = \bar{\psi}(x)\psi(x)$,但是 $\bar{\psi}'(x')\gamma^5 \psi'(x') = \bar{\psi}'(x')\gamma^0 \gamma^5 \gamma^0 \cdot \psi'(x') = -\bar{\psi}(x)\gamma^5 \psi(x)$.在洛伦兹变换下,$\bar{\psi}(x)\gamma^5 \psi(x)$ 和 $\bar{\psi}(x)\psi(x)$ 按同样的方式变换,但在空间反演下按相反的方式变换.换句话说,$\bar{\psi}(x)\psi(x)$ 按标量变换,$\bar{\psi}(x)\gamma^5 \psi(x)$ 按赝标量变换.

现在你已经可以准备好做本章中的那些至关重要的练习题了.

狄拉克拉格朗日量

一个有趣的问题是,我们应该给狄拉克方程什么样的拉格朗日量? 答案是

[①] 转动由所有 $\det R = +1$ 的线性变换 $x^i \rightarrow R^{ij}x^j$ 组成.那些 $\det R = -1$ 的变换可以由宇称变换加一个转动组成.在 $(3+1)$ 维时空中,宇称可以定义成翻转空间坐标中的一个或全部的三个.这两种操作可以通过一个转动联系起来.注意在奇数维时空中,宇称和空间反演是不同的,空间反演是把所有的空间坐标反向(见习题 2.1.12).

$$\mathcal{L} = \bar{\psi}(\mathrm{i}\partial\!\!\!/ - m)\psi \tag{2.19}$$

由于 ψ 是复的,我们可以对 ψ 和 $\bar{\psi}$ 独立进行变分,来得到欧拉-拉格朗日运动方程.因此, $\partial_\mu(\delta\mathcal{L}/\delta\partial_\mu\psi) - \delta\mathcal{L}/\delta\psi = 0$ 给出 $\partial_\mu(\mathrm{i}\bar{\psi}\gamma^\mu) + m\bar{\psi} = 0$,通过对其取复共轭并乘以 γ^0 可以给出狄拉克方程式(2.1).另一个变分方程 $\partial_\mu(\delta\mathcal{L}/\delta\partial_\mu\bar{\psi}) - \delta\mathcal{L}/\delta\bar{\psi} = 0$ 更加直接地给出狄拉克方程.(如果你觉得我们对 ψ 和 $\bar{\psi}$ 的不同处理令你困扰,你总可以将作用量进行分部积分,使得拉格朗日量中的 ∂_μ 作用在 $\bar{\psi}$ 上,然后对两种形式的拉格朗日量取平均.作用量 $S = \int \mathrm{d}^4 x \mathcal{L}$ 是平等对待 ψ 和 $\bar{\psi}$ 的.)

慢速和快速电子

给定一组伽马矩阵,求解狄拉克方程是直截了当的.

$$(p\!\!\!/ - m)\psi(p) = 0 \tag{2.20}$$

对 $\psi(p)$ 而言,这是一个简单的矩阵方程(见习题2.1.3).

注意,如果有人使用 γ 矩阵 γ^μ,你尽可以使用 $\gamma'^\mu = W^{-1}\gamma^\mu W$,其中 W 是任意有逆的 4×4 矩阵.显然,γ'^μ 也满足克利福德代数.这个选取上的自由对应于基的简单变化.物理不依赖于基的选择,但是哪个基更方便取决于特定的物理.

例如,假设我们要研究一个缓慢移动的电子.使用由式(2.3)和式(2.4)定义的基,以及式(2.13)中 ψ 的2-分量分解.由于式(2.6)告诉我们,静止电子的 $\chi(p) = 0$,因此我们期望,对于缓慢移动的电子,$\chi(p)$ 比 $\phi(p)$ 小得多.

相反,对于动量远大于质量的情况,我们可以通过 $p\!\!\!/\psi = 0$ 来近似处理式(2.20).在左边乘以 γ^5,可以看到如果 $\psi(p)$ 是一个解,那么 $\gamma^5\psi(p)$ 也是一个解,因为 γ^5 与 γ^μ 反对易.由于 $(\gamma^5)^2 = 1$,我们可以组成两个投影算子 $P_\mathrm{L} \equiv \frac{1}{2}(1 - \gamma^5)$ 和 $P_\mathrm{R} \equiv \frac{1}{2}(1 + \gamma^5)$,它们满足 $P_\mathrm{L}^2 = P_\mathrm{L}$,$P_\mathrm{R}^2 = P_\mathrm{R}$ 和 $P_\mathrm{L}P_\mathrm{R} = 0$.引入下面两个组合非常有用,即 $\psi_\mathrm{L} = \frac{1}{2}(1 - \gamma^5)\psi$ 和 $\psi_\mathrm{R} = \frac{1}{2}(1 + \gamma^5)\psi$.注意,$\gamma^5\psi_\mathrm{L} = -\psi_\mathrm{L}$ 且 $\gamma^5\psi_\mathrm{R} = +\psi_\mathrm{R}$.从物理上讲,相对论性的电子具有两个自由度,称之为螺旋度.它可以围绕运动方向顺时针或逆时针旋转.这里给你留个练

习:说明 ψ_{L} 和 ψ_{R} 恰好对应于这两种可能性.其中下标 L 和 R 表示左手和右手.因此,对于快速移动的电子,有一种基更方便,它被设计成使得 γ^5 而不是 γ^0 为对角化的,也就是所谓的外尔基.代替式(2.3),我们选择:

$$\gamma^0 = \begin{pmatrix} 0 & I \\ I & 0 \end{pmatrix} = I \otimes \tau_1 \tag{2.21}$$

保留式(2.4)中的 γ^i 不变.这就是外尔基的定义.现在计算:

$$\gamma^5 \equiv \mathrm{i}\gamma^0\gamma^1\gamma^2\gamma^3 = \mathrm{i}(I \otimes \tau_1)(\sigma^1\sigma^2\sigma^3 \otimes \mathrm{i}^3\tau_2) = -(I \otimes \tau_3) = \begin{pmatrix} -I & 0 \\ 0 & I \end{pmatrix} \tag{2.22}$$

它的确如预想的是对角化的.当然,无论我们使用哪种基,都能定义分解为左手场和右手场,但是在外尔基下,我们得到一个很好的特性,即 ψ_{L} 具有两个上分量,而 ψ_{R} 具有两个下分量.旋量 ψ_{L} 和 ψ_{R} 被称为外尔旋量.

注意,在从狄拉克基变换到外尔基时,γ^0 和 γ^5 交换了位置(最多差一个符号):

$$\text{狄拉克:}\gamma^0 \text{ 对角化;} \quad \text{外尔:}\gamma^5 \text{ 对角化} \tag{2.23}$$

物理学规定了使用的依据:处理慢速运动的自旋 $\frac{1}{2}$ 粒子时,我们更喜欢使 γ^0 为对角的;而对于快速运动的自旋 $\frac{1}{2}$ 粒子,我们更倾向于使 γ^5 为对角的.

注意,如果定义 $\sigma^\mu \equiv (I, \boldsymbol{\sigma})$ 和 $\bar{\sigma}^\mu \equiv (I, -\boldsymbol{\sigma})$,可以得到

$$\gamma^\mu = \begin{pmatrix} 0 & \sigma^\mu \\ \bar{\sigma}^\mu & 0 \end{pmatrix}$$

在外尔基下更为紧凑.(在附录 E 中将对此进行进一步发展.)

手征或手性

不管狄拉克场 $\psi(x)$ 是有质量的还是无质量的,将 ψ 分解成左手场和右手场都是非常有用的,$\psi(x) = \psi_{\mathrm{L}} + \psi_{\mathrm{R}}(x) \equiv \frac{1}{2}(1-\gamma^5)\psi(x) + \frac{1}{2}(1+\gamma^5)\psi(x)$.作为练习,证明可以将狄拉克拉格朗日量写为

$$\mathcal{L} = \bar{\psi}(i\partial - m)\psi = \bar{\psi}_L i\partial \psi_L + \bar{\psi}_R i\partial \psi_R - m(\bar{\psi}_L \psi_R + \bar{\psi}_R \psi_L) \tag{2.24}$$

动能项中相同手性的 ψ 相连,而质量项中不同手性的 ψ 相连.

变换 $\psi \to e^{i\theta}\psi$ 使拉格朗日量 $\mathcal{L}$ 不变.应用诺特定理,可以得到与该对称性联系的守恒流 $J^\mu = \bar{\psi}\gamma^\mu\psi$.投影到左、右手场中,可以看到它们以相同的方式变换:$\psi_L \to e^{i\theta}\psi_L$ 和 $\psi_R \to e^{i\theta}\psi_R$.

如果 $m = 0$,$\mathcal{L}$ 还享有另一种对称性,称之为手征对称性,其中 $\psi \to e^{i\phi\gamma^5}\psi$.诺特定理告诉我们,轴矢流 $J^{5\mu} \equiv \bar{\psi}\gamma^\mu\gamma^5\psi$ 是守恒的.左手场和右手场以相反的方式变换:$\varphi_L \to e^{-i\phi}\psi_L$ 和 $\psi_R \to e^{i\phi}\psi_R$.当用式(2.24)中的 ψ_L 和 ψ_R 表示 $\mathcal{L}$ 时,这些要点特别明显.

1956 年,李政道和杨振宁提出弱相互作用不保持宇称不变.它最终被实现了(我用这几个字带过了粒子物理学历史上美丽的一章;大力推荐你阅读它!)弱相互作用拉格朗日量的一般形式,为

$$\mathcal{L} = G\bar{\psi}_{1L}\gamma^\mu\psi_{2L}\bar{\psi}_{3L}\gamma_\mu\psi_{4L} \tag{2.25}$$

其中,$\psi_{1,2,3,4}$ 表示 4 个狄拉克场,G 表示费米耦合常数.这个拉格朗日量显然破坏了宇称:在空间反射下,左手场转化为右手场,反之亦然.

注意,此后,当提到拉格朗日量具有某种形式时,本书通常只会指出拉格朗日量中的一个或多个相关的项,如式(2.25).拉格朗日量中的其他项你能够领会,比如 $\bar{\psi}_1(i\partial - m_1)\psi_1$.如果这一项不是厄米的,那么应该理解为我们还加上了它的厄米共轭.

相互作用

正如在式(2.25)中看到的那样,鉴于在练习中你已经得到了旋量场双线性型的分类,我们很容易引入相互作用.作为另一个示例,所以可以通过将项 $g\varphi\bar{\psi}\psi$(g 是某个耦合常数)添加到拉格朗日量 $\mathcal{L} = \bar{\psi}(i\partial - m)\psi$(当然还要加上 φ 的拉格朗日量),来将标量场 φ 耦合到狄拉克场.类似地,可以通过添加项 $eA_\mu\bar{\psi}\gamma^\mu\psi$ 来耦合矢量场 A_μ.注意在这种情况下,可以加入协变导数 $D_\mu = \partial_\mu - ieA_\mu$ 并令 $\mathcal{L} = \bar{\psi}(i\partial - m)\psi + eA_\mu\bar{\psi}\gamma^\mu\psi = \bar{\psi}(i\gamma^\mu D_\mu - m)\psi$,因此,狄拉克场与质量是 μ 的矢量场相互作用的拉格朗日量为

$$\mathcal{L} = \bar{\psi}(i\gamma^\mu D_\mu - m)\psi - \frac{1}{4}F_{\mu\nu}F^{\mu\nu} - \frac{1}{2}\mu^2 A_\mu A^\mu \tag{2.26}$$

如果质量 μ 为零,它就是量子电动力学的拉格朗日量. 对 $\bar{\psi}$ 变分,可以得到有电磁场情况下的狄拉克方程:

$$\left[i\gamma^{\mu}(\partial_{\mu} - ieA_{\mu}) - m\right]\psi = 0 \tag{2.27}$$

电荷共轭与反物质

通过耦合到电磁场,我们有了电荷的概念,因此也就有了电荷共轭的概念. 下面让我们尝试颠倒电荷 e 的符号. 取式(2.27)的复共轭: $\left[-i\gamma^{\mu*}(\partial_{\mu} + ieA_{\mu}) - m\right]\psi^* = 0$. 对式(2.2)取复共轭,可以看到 $-\gamma^{\mu*}$ 也满足克利福德代数,因此它们必定是伽马矩阵在另一组基下的表示,也就是说,存在一个矩阵 $C\gamma^0$(写出显式因子 γ^0 的表示法是标准的,参见下文)使得 $-\gamma^{\mu*} = (C\gamma^0)^{-1}\gamma^{\mu}(C\gamma^0)$. 代入后,可以发现:

$$\left[i\gamma^{\mu}(\partial_{\mu} + ieA_{\mu}) - m\right]\psi_c = 0 \tag{2.28}$$

其中,$\psi_c \equiv C\gamma^0\psi^*$. 因此,如果 ψ 是电子场,则 ψ_c 是与电子电荷相反但质量相同的粒子的场,即正电子.

反物质的发现是 20 世纪物理学中重要的发现之一. 在下一节中,我们将更详细地讨论反物质.

考察电荷共轭矩阵 C 的具体形式也许会带给你启示. 我们可以将 C 的定义方程写为 $C\gamma^0\gamma^{\mu*}\gamma^0 C^{-1} = -\gamma^{\mu}$. 将方程 $(\gamma^{\mu})^{\dagger} = \gamma^0\gamma^{\mu}\gamma^0$ 取复共轭,如果 γ^0 是实的,我们得到 $(\gamma^{\mu})^{\mathrm{T}} = \gamma^0\gamma^{\mu*}\gamma^0$,从而

$$(\gamma^{\mu})^{\mathrm{T}} = -C^{-1}\gamma^{\mu}C \tag{2.29}$$

这解释了为什么我们定义 C 时附带一个 γ^0 因子.

在狄拉克基和外尔基中,γ^2 是唯一的虚数伽马矩阵. 那么 C 的定义方程只是表明 $C\gamma^0$ 与 γ^2 对易,而与其他三个 γ 矩阵反对易. 因此,显然 $C = \gamma^2\gamma^0$(最多差一个不能被式(2.29)确定的任意相位),而事实上 $\gamma^2\gamma^{\mu*}\gamma^2 = \gamma^{\mu}$. 注意,我们具有简单(且令人满意)的关系:

$$\psi_c = \gamma^2\psi^* \tag{2.30}$$

读者可以自己证明(见习题 2.1.9)左手场的电荷共轭是右手的,反之亦然.正如我们将在后面所看到的那样,这一事实对于构建大统一理论至关重要.在实验上,已知中微子是左手的.因此,现在我们可以预测反中微子是右手的.

此外,ψ_c 按旋量变换.让我们检查一下:在洛伦兹变换 $\psi \rightarrow e^{-(i/4)\omega_{\mu\nu}\sigma^{\mu\nu}}\psi$ 下,取复共轭,则有 $\psi^* \rightarrow e^{+(i/4)\omega_{\mu\nu}(\sigma^{\mu\nu})^*}\psi^*$;因此 $\psi_c \rightarrow \gamma^2 e^{+(i/4)\omega_{\mu\nu}(\sigma^{\mu\nu})^*}\psi^* = e^{-(i/4)\omega_{\mu\nu}\sigma^{\mu\nu}}\psi_c$.(回想式(2.10),$\sigma^{\mu\nu}$ 定义时带有一个显式的 i.)

注意,在狄拉克基和外尔基中都有 $C^T = \gamma^0\gamma^2 = -C$.

马约拉纳中微子

由于 ψ_c 按旋量变换,因此埃托雷·马约拉纳(Ettor Majorana)[1]指出,洛伦兹不变性不仅容许狄拉克方程 $i\partial\!\!\!/\psi = m\psi$,还应该容许马约拉纳方程

$$i\partial\!\!\!/\psi = m\psi_c \tag{2.31}$$

对这个方程取复共轭,并乘以 γ^2,可以得到 $-\gamma^2 i\gamma^{\mu *}\partial_\mu\psi^* = \gamma^2 m(-\gamma^2)\psi$,即 $i\partial\!\!\!/\psi_c = m\psi$.因此,$-\partial^2\psi = i\partial\!\!\!/(i\partial\!\!\!/\psi) = i\partial\!\!\!/ m\psi_c = m^2\psi$.正如我们所预期的那样,$m$ 实际上是与 ψ 相关的粒子的质量,它被称为马约拉纳质量.

马约拉纳方程(式(2.31))可以通过对 $\bar{\psi}$ 变分,从下面的拉格朗日量中得到[2]

$$\mathcal{L} = \bar{\psi}i\partial\!\!\!/\psi - \frac{1}{2}m(\psi^T C\psi + \bar{\psi}C\bar{\psi}^T) \tag{2.32}$$

由于 ψ 和 ψ_c 携带相反的电荷,因此与狄拉克方程不同,马约拉纳方程只能应用于电中性场.但是,如果 ψ 是左手的,则 ψ_c 是右手的,所以与狄拉克方程不同的是,马约拉纳方程保持手性.因此,马约拉纳方程几乎是为中微子量身定制的.

中微子原本被假定为无质量的.然而几年前,实验学家们确定中微子的质量虽小但不为 0.在撰写本文时,尚不知道中微子质量是狄拉克的还是马约拉纳的.我们将在 7.7

---

[1] 埃托雷·马约拉纳的事业很辉煌,但不幸的是生命十分短暂.他三十出头时乘船游览西西里岛,消失在那里的海岸上,但他死亡的确切原因仍然是个谜.参见 F. Guerra and N. Robotti, *Ettore Majorana: Aspects of His Scientific and Academic Activity*.

[2] 回忆起 C 是反对称的,你可能会担心 $\bar{\psi}^T C\bar{\psi} = C_{\alpha\beta}\bar{\psi}_\alpha\bar{\psi}_\beta$ 为零.在后面的章节中,我们将学到必须将 ψ 视为反对易的"格拉斯曼数".

节中看到在 $SO(10)$ 大统一理论中,会自然地产生出马约拉纳中微子质量.

最后,有可能是 $\psi = \psi_c$,在这种情况下,ψ 被称为马约拉纳旋量.

时间反演

最后,我们来谈谈时间反演[①].你可能知道,相比于宇称和电荷共轭,时间反演更加令人迷惑.尤金・维格纳(Eugene Wigner)在 1932 年发表的一篇著名论文中指出,时间反演由反幺正算符表示.由于这种特殊的性质已经出现在非相对论量子物理中,因此从某种意义上说,相对性量子场论的书籍没有责任解释时间反演为什么是反幺正算符的.不过,为了尽量保持清楚,这里采用"让物理,即让方程式引领我们"的方法.

考虑薛定谔方程 $i(\partial/\partial t)\Psi(t) = H\Psi(t)$(为明确起见,考虑 $H = -(1/2m)\nabla^2 + V(\boldsymbol{x})$,也就是单粒子的非相对论量子力学),我们省略 Ψ 对 $\boldsymbol{x}$ 的依赖.考虑变换 $t \to t' = -t$,我们想找到一个 $\Psi'(t')$ 使得 $i(\partial/\partial t')\Psi'(t') = H\Psi'(t')$.令 $\Psi'(t') = T\Psi(t)$,其中 T 是待确定的某个算符(可以差一个任意相位因子 η).代入上式,可以得到 $i[\partial/\partial(-t)]T\Psi(t) = HT\Psi(t)$.乘以 T^{-1},可以得到 $T^{-1}(-i)T(\partial/\partial t)\Psi(t) = T^{-1}HT\Psi(t)$.因为 H 完全不涉及时间,我们希望 $T^{-1}H = HT^{-1}$.那么 $T^{-1}(-i)T(\partial/\partial t)\Psi(t) = H\Psi(t)$.正如维格纳一样,我们被迫得出结论:

$$T^{-1}(-i)T = i \tag{2.33}$$

通俗地讲,在量子物理学中,时间与 i 相伴,因此翻转时间也意味着翻转 i.

令 $T = UK$,其中 K 取右边所有元素的复共轭.然后,如果 $U^{-1}iU = i$,即如果 U^{-1} 只是对 i 不起任何作用的普通(幺正)算子,则 $T^{-1} = KU^{-1}$ 且式(2.33)成立.随后我们将确定 U、K 的存在使 T"反幺正".

首先我们来确认对于平面波状态 $\Psi(t) = e^{i(\boldsymbol{k}\cdot\boldsymbol{x}-Et)}$ 的无自旋粒子成立.代入,可以得到 $\Psi'(t') = T\Psi(t) = UK\Psi(t) = U\Psi^*(t) = Ue^{-i(\boldsymbol{k}\cdot\boldsymbol{x}-Et)}$.因为 Ψ 仅具有一个分量,所以 U 只是一个相位因子 η[②],可以选择为 1.重写表达式,可以得到 $\Psi'(t) = e^{-i(\boldsymbol{k}\cdot\boldsymbol{x}+Et)} = e^{i(-\boldsymbol{k}\cdot\boldsymbol{x}-Et)}$.确实,$\Psi'$ 描述了在相反方向运动的平面波.至关重要的是,$\Psi'(t) \propto e^{-iEt}$.因此刚好具有正能量.注意,作用于无自旋粒子时,$T^2 = UKUK = UU^*K^2 = +1$.

---

① 顺便说一句,我不认为我们已经完全理解了时间反演不变性的含义.参见 A. Zee,"Night thoughts on consciousness and time reversal" in: *Art and Symmetry in Experimental Physics*: pp.246 – 249.

② 它是一个相位因子,而不是任意的复数,因为我们要求 $|\Psi'|^2 = |\Psi|^2$.

接下来考虑自旋 $\frac{1}{2}$ 的非相对论电子. 我们想通过对自旋朝上的态 $\begin{pmatrix} 1 \\ 0 \end{pmatrix}$ 应用 T, 得到自旋朝下的态 $\begin{pmatrix} 1 \\ 0 \end{pmatrix}$. 因此, 我们需要一个非平庸的矩阵 $U = \eta\sigma_2$ 来翻转自旋:

$$T\begin{pmatrix} 1 \\ 0 \end{pmatrix} = U\begin{pmatrix} 1 \\ 0 \end{pmatrix} = \mathrm{i}\eta\begin{pmatrix} 0 \\ 1 \end{pmatrix}$$

类似地, T 作用于自旋向下的态产生自旋向上的态. 注意, 当作用于自旋 $\frac{1}{2}$ 的粒子时,

$$T^2 = \eta\sigma_2 K \eta\sigma_2 K = \eta\sigma_2\eta^*\sigma_2^* KK = -1$$

这就是克雷简并的起源: 在电场中, 具有奇数个电子的系统, 无论多么复杂, 每个能级都是二重简并的. 证明很简单: 由于系统是时间反演不变的, 因此 Ψ 和 $T\Psi$ 具有相同的能量. 假设它们实际上代表相同的状态, 那么 $T\Psi = \mathrm{e}^{\mathrm{i}\alpha}\Psi$, 但是 $T^2\Psi = T(T\Psi) = T\mathrm{e}^{\mathrm{i}\alpha}\Psi = \mathrm{e}^{-\mathrm{i}\alpha}\Psi T\Psi = \Psi \neq -\Psi$, 所以 Ψ 和 $T\Psi$ 必须表示两个不同的状态.

正如我之前提到的, 你应该可以在一门优质的量子力学课程中学习到以上这些漂亮东西. 这里主要是向你展示它怎样在狄拉克方程中发挥作用. 在式 (2.1) 左边乘以 γ^0, 可以得到 $\mathrm{i}(\partial/\partial t)\Psi(t) = H\Psi(t)$, 其中 $H = -\mathrm{i}\gamma^0\gamma^i\partial_i + \gamma^0 m$. 再一次, 我们希望得到 $\mathrm{i}(\partial/\partial t')\Psi'(t') = H\Psi'(t')$, 其中 $\Psi'(t') = T\Psi(t)$, T 是待定算子. 如果 $T^{-1}HT = H$, 即 $KU^{-1}HUK = H$, 则上述讨论继续有效. 因此我们需要 $KU^{-1}\gamma^0 UK = \gamma^0$, $KU^{-1}(\mathrm{i}\gamma^0\gamma^i)UK = \mathrm{i}\gamma^0\gamma^i$. 左、右都乘以 K, 可以看出必须解出一个 U, 使得 $U^{-1}\gamma^0 U = \gamma^{0*}$ 和 $U^{-1}\gamma^i U = -\gamma^{i*}$. 现在我们将自己限制在狄拉克和外尔基中, 在两个基下 γ^2 都是唯一的虚数成员. 那么, 谁可以让 γ^1 和 γ^3 反号, 而 γ^0 和 γ^2 保持不变呢? $U = \eta\gamma^1\gamma^3$ (其中 η 是任意相位因子) 就可以:

$$\psi'(t') = \eta\gamma^1\gamma^3 K \psi(t) \tag{2.34}$$

由于狄拉克和外尔基中的 γ^i 都相同, 因此无论是哪种情况, 从式 (2.4) 中可以得到

$$U = \eta(\sigma^1 \otimes \mathrm{i}\tau_2)(\sigma^3 \otimes \mathrm{i}\tau_2) = \eta\mathrm{i}\sigma^2 \otimes 1$$

正如我们所期望的, 作用于 ψ 中的二分量旋量, 时间反演算符 T 涉及乘以 $\mathrm{i}\sigma^2$. 还应注意, 与非相对论情况一样, $T^2\psi = -\psi$.

可能你还注意到, 宇称算符式 (2.18) 中出现了 γ^0, 电荷共轭式 (2.30) 中出现了 γ^2, 时间反演式 (2.34) 中出现了 $\gamma^1\gamma^3$. 如果我们将狄拉克粒子变为它们的反粒子并翻转时空, 则会出现 γ^5.

CPT 定理

有一个深刻的定理指出,任何在局域洛伦兹变换下不变的场论,在 CPT[①]即电荷共轭、宇称和时间反演的联合作用下,都必须是不变的.只需要检查任何你能够写下的洛伦兹不变的局域相互作用(如式(2.25)),就可以完成对它的暴力证明,它可能分别破坏电荷共轭、宇称或时间反演,但遵守 CPT.更基本的证明涉及相当多的正规机制,在此将不进行介绍.感兴趣的读者可以阅读有关电荷共轭、宇称、时间反演和 CPT 的唯象学研究,它无疑是物理学史上最引人入胜的章节之一.[②]

两个故事

以我最喜欢的两个物理故事作为本节的结束,一短一长.

狄拉克是出了名的少言寡语.迪克・费曼[③]讲过一个故事,当他第一次在会议上见到狄拉克时,狄拉克沉默了很长时间后说道:"我有一个方程,你也有一个吗?"

费米通常不做笔记,但是在 1948 年的波科诺会议(见 1.7 节)期间,他在施温格的演讲中做了大量笔记.回到芝加哥后,他组成了一个小组,由两名教授爱德华・泰勒(Edward Teller)和格雷戈里・温策尔(Gregory Wentzel)以及四名研究生杰夫・丘(Geoff Chew)、默夫・戈德伯格、马歇尔・罗森布鲁斯(Marshall Rosenbluth)和杨振宁(后来都成为重要人物)组成.该小组每周在费米的办公室召开几次会议,每次数小时,试图弄清施温格做了什么.六周后,每个人都精疲力尽.然后有人问:"费曼也讲话了吧?"参加会议的三位教授表示没错.但是当众人进一步询问时,费米、泰勒和温策尔却都无法回忆起费曼说了什么.他们的脑海里只剩下费曼的奇怪记号:p 和穿过它的滑稽斜线[④].

---

① 有个比较咬文嚼字的点,但它可能使某些学生困惑.本书仔细区分了电荷共轭的作用 C 和矩阵 C;电荷共轭 C 涉及取 ψ 的复共轭,然后用 $C\gamma^0$ 混合分量.同样,本书区分时间反演的操作 T 和矩阵 T.

② 参见 J.J. Sakurai, *Invariance Principles and Elementary Particles and E. D. Commins*, Weak Interactions.

③ 迪克(Dick)是英文名理查德(Richard)的昵称.

④ Yang C N. Lecture at the Schwinger Memorial Session of the American Physical Society Meeting in Washington D. C. ,1995.

习题

2.1.1 证明在洛伦兹群和宇称变换下,旋量场的双线性型$\bar{\psi}\psi$,$\bar{\psi}\gamma^\mu\psi$,$\bar{\psi}\sigma^{\mu\nu}\psi$,$\bar{\psi}\gamma^\mu\gamma^5\psi$和$\bar{\psi}\gamma^5\psi$分别按照标量、矢量、张量、赝矢量或轴矢量和赝标量变换.(提示:例如,在无穷小洛伦兹变换下,$\bar{\psi}\gamma^\mu\gamma^5\psi \rightarrow \bar{\psi}[1+(i/4)\omega\sigma]\gamma^\mu\gamma^5[1-(i/4)\omega\sigma]\psi$,而在宇称变换下,为$\bar{\psi}\gamma^0\gamma^\mu\gamma^5\gamma^0\psi$.计算这些变换律,并证明它们定义了轴矢量.)

2.1.2 用ψ_L和ψ_R表示习题2.1.1中的所有双线性型.

2.1.3 显式求解$(\not{p}-m)\psi(p)=0$(通过旋转不变性,求解出p沿着第三轴方向的情形即可).验证对于缓慢移动的电子,χ确实比ϕ小得多.对于快速移动的电子,情况会是如何?

2.1.4 利用对一个缓慢移动的电子来说,χ比ϕ小得多的事实,找到ϕ满足的近似方程.

2.1.5 对于沿z轴移动的相对论电子,做一个绕z轴旋转的变换.换句话说,研究$e^{-(i/4)\omega\sigma^{12}}$作用到$\psi(p)$上的效果,并验证文中关于$\psi_L$和$\psi_R$的断言.

2.1.6 求解无质量情形的狄拉克方程.

2.1.7 显示证明式(2.25)违反宇称.

2.1.8 C的定义方程显然只能将C固定到一个整体常数.证明该常数可通过要求$(\psi_c)_c=\psi$固定.

2.1.9 证明左手场的电荷共轭是右手的,反之亦然.

2.1.10 证明$\psi C\psi$是洛伦兹标量.

2.1.11 在$(1+1)$维时空中求解狄拉克方程.

2.1.12 在$(2+1)$维时空中求解狄拉克方程.证明表面无害的质量项破坏了宇称和时间反演.(提示:3个γ只是具有适当i因子的3个泡利矩阵.)

2.2 量子化狄拉克场

反对易

我们将使用1.8节中的正则形式来量子化狄拉克场.

对原子光谱长期而细致的研究表明,两个电子的波函数在交换其量子数时必须是反对称的.因此,我们不能将两个电子置于相同的能级,那将使它们具有相同的量子数.1928年,若尔当(Jordan)和维格纳展示了通过使电子的产生与湮灭算符满足反对易关系,而不是像式(1.122)中那样的对易关系,可以形式化地实现反对称波函数的要求.

让我们从无电子的态$|0\rangle$开始,把产生一个具有α量子数电子的算符记为$b_\alpha^\dagger$.换句话说,态$b_\alpha^\dagger|0\rangle$是具有量子数为$\alpha$的单个电子的态.现在假如想要另一个量子数为$\beta$的电子,则我们构造态$b_\beta^\dagger b_\alpha^\dagger|0\rangle$.若要求此量子态对于交换$\alpha$和$\beta$是反对称的,则必须有

$$\{b_\alpha^\dagger, b_\beta^\dagger\} \equiv b_\alpha^\dagger b_\beta^\dagger + b_\beta^\dagger b_\alpha^\dagger = 0 \tag{2.35}$$

取厄米共轭,可得$\{b_\alpha, b_\beta\} = 0$.特别地,$b_\alpha^\dagger b_\alpha^\dagger = 0$.所以我们不能创造两个具有相同量子数的电子.

在此反对易关系的基础上,我们增加

$$\{b_\alpha, b_\beta^\dagger\} = \delta_{\alpha\beta} \tag{2.36}$$

其中一种论证此式的方法是,我们希望粒子数算符是$N = \sum_\alpha b_\alpha^\dagger b_\alpha$,如同玻色子的情形.用一行算式表示的话,$[AB,C] = A[B,C] + [A,C]B$或$[AB,C] = A\{B,C\} - \{A,C\}B$.(记忆反对易情形中减号的一种启发式的方法是,为使C与A进行反对易运算,我们必须将C移过B.)为了让我们想要的粒子数算符有效,就需要$\left[\sum_\alpha b_\alpha^\dagger b_\alpha, b_\beta^\dagger\right] = +b_\beta^\dagger$(以使得同往常一样,$N|0\rangle = 0$, $Nb_\beta^\dagger|0\rangle = b_\beta^\dagger|0\rangle$),所以我们有式(2.36).

狄拉克场

现在让我们考虑自由狄拉克拉格朗日量:

$$\mathcal{L} = \bar{\psi}(\mathrm{i}\not\partial - m)\psi \tag{2.37}$$

其中,ψ 的共轭动量是 $\pi_\alpha = \delta\mathcal{L}/\delta\partial_t\psi_\alpha = \mathrm{i}\psi_\alpha^\dagger$. 我们预期正确的正则量子化程序需要利用反对易关系:

$$\{\psi_\alpha(\boldsymbol{x},t),\psi_\beta^\dagger(\boldsymbol{0},t)\} = \delta^{(3)}(\boldsymbol{x})\delta_{\alpha\beta} \tag{2.38}$$

我们将在下面证明它.

狄拉克场满足:

$$(\mathrm{i}\not\partial - m)\psi = 0 \tag{2.39}$$

把 ψ 的平面波展开 $u(p,s)\mathrm{e}^{-\mathrm{i}px}$ 和 $v(p,s)\mathrm{e}^{\mathrm{i}px}$ 插入,得到

$$(\not p - m)u(p,s) = 0 \tag{2.40}$$

和

$$(\not p + m)v(p,s) = 0 \tag{2.41}$$

指标 $s = \pm 1$ 提醒我们,这两个方程式都有两个解,即自旋向上和自旋向下. 显然,在洛伦兹变换下,u 和 v 这两个旋量按照和 ψ 相同的方式进行变换. 因此,如果我们定义 $\bar{u} \equiv u^\dagger\gamma^0$ 和 $\bar{v} \equiv v^\dagger\gamma^0$,那么 $\bar{u}u$ 和 $\bar{v}v$ 都是洛伦兹标量.

在这个主题下满是"特殊"的符号,因此我将非常仔细地介绍每个符号的含义.

首先,由于式(2.40)和式(2.41)都是线性的,所以必须固定 u 和 v 的归一化. 由于 $\bar{u}(p,s)u(p,s)$ 和 $\bar{v}(p,s)v(p,s)$ 都是洛伦兹标量,所以在静止系中的归一化条件将在任意参考系中成立.

我们的策略是在静止系中利用一个特殊的基进行运算,然后援引洛伦兹不变性和基无关性. 在静止系中,式(2.40)和式(2.41)简化成 $(\gamma^0 - 1)u = 0$ 和 $(\gamma^0 + 1)v = 0$. 特别地,在狄拉克基下,$\gamma^0 = \begin{pmatrix} I & 0 \\ 0 & -I \end{pmatrix}$,所以两个独立的旋量 u(通过自旋 $s = \pm 1$ 来标记)具有如下形式:

$$\begin{pmatrix} 1 \\ 0 \\ 0 \\ 0 \end{pmatrix} \quad 和 \quad \begin{pmatrix} 0 \\ 1 \\ 0 \\ 0 \end{pmatrix}$$

而两个独立的旋量 v 具有如下形式:

$$\begin{pmatrix} 0 \\ 0 \\ 1 \\ 0 \end{pmatrix} \quad 和 \quad \begin{pmatrix} 0 \\ 0 \\ 0 \\ 1 \end{pmatrix}$$

我们隐式地选择了归一化条件 $\bar{u}(p,s)u(p,s)=1$ 和 $\bar{v}(p,s)v(p,s)=-1$. 注意这里我们不得不面对一个减号. 显然, 我们也有正交条件 $\bar{u}v=0$ 和 $\bar{v}u=0$. 洛伦兹不变性和基无关性告诉我们这 4 个关系在任意参考系成立.

此外, 在静止系中,

$$\sum_s u_\alpha(p,s)\bar{u}_\beta(p,s) = \begin{pmatrix} I & 0 \\ 0 & 0 \end{pmatrix}_{\alpha\beta} = \frac{1}{2}(\gamma^0 + 1)_{\alpha\beta}$$

且

$$\sum_s v_\alpha(p,s)\bar{v}_\beta(p,s) = \begin{pmatrix} 0 & 0 \\ 0 & -I \end{pmatrix}_{\alpha\beta} = \frac{1}{2}(\gamma^0 - 1)_{\alpha\beta}$$

从而, 一般地

$$\sum_s u_\alpha(p,s)\bar{u}_\beta(p,s) = \left(\frac{\not{p}+m}{2m}\right)_{\alpha\beta} \tag{2.42}$$

且

$$\sum_s v_\alpha(p,s)\bar{v}_\beta(p,s) = \left(\frac{\not{p}-m}{2m}\right)_{\alpha\beta} \tag{2.43}$$

另一种推导式 (2.42) 的方法是, 注意到式子左边是 4×4 矩阵(它相当于一个列矢量右边乘以一个行矢量), 所以必定是我们在 2.1 节中所列 16 个 4×4 矩阵的线性组合. 我们可以证明 γ^5 和 $\gamma^\mu\gamma^5$ 被宇称排除, $\sigma^{\mu\nu}$ 被洛伦兹不变性排除, 事实上只剩下一个可以使用的洛伦兹矢量 p^μ. 因此, 式子右边必定是 $\not{p}$ 和 m 的线性组合. 通过在左边作用 $\not{p}-m$ 来确定相对系数. 归一化通过取 $\alpha=\beta$ 并对 α 求和确定. 对式 (2.43) 也一样. 特别地, 取 $\alpha=\beta$

并对 α 求和,可以重新获得 $\overline{v}(p,s)v(p,s)=-1$.

现在可以将 $\psi(x)$ 升格为算符了.类比于式(1.121),将场做平面波展开[①]:

$$\psi_a(x) = \int \frac{\mathrm{d}^3 p}{(2\pi)^{\frac{3}{2}}(E_p/m)^{\frac{1}{2}}} \sum_s [b(p,s)u_a(p,s)\mathrm{e}^{-ipx} + d^{\dagger}(p,s)v_a(p,s)\mathrm{e}^{ipx}]$$

(2.44)

其中,$E_p = p_0 = +\sqrt{\boldsymbol{p}^2 + m^2}$,$px = p_\mu x^\mu$.归一化因子 $(E_p/m)^{\frac{1}{2}}$ 与式(1.121)中的略有不同,原因将在后面阐述.除此之外,式(2.44)的基本原理与式(1.121)的在本质上相同.我们将动量 $\boldsymbol{p}$ 积分,将自旋 s 求和,依平面波展开,并赋予展开系数名称.由于 ψ 是复的,类似于 1.8 节中的复标量场,我们有 b 算符和 $d^{\dagger}$ 算符.

如同在 1.8 节中那样,算符 b 和 $d^{\dagger}$ 必须带有相同的荷.因此,如果 b 湮灭一个带有电荷 $e = -|e|$ 的电子,则 $d^{\dagger}$ 必须清除电荷 e;亦即,它产生一个带有电荷 $-e = |e|$ 的正电子.

关于记号需要注意的是,在式(2.44)中,$b(p,s)$,$d^{\dagger}(p,s)$、$u(p,s)$ 和 $v(p,s)$ 写作是 4-动量 p 的函数,但严格地说,它们只是 $\boldsymbol{p}$ 的函数,因为 p^0 总是可以理解为 $+\sqrt{\boldsymbol{p}^2 + m^2}$.

因此,设 $b^{\dagger}(p,s)$ 和 $b(p,s)$ 为动量 p 和自旋 s 的电子的产生与湮灭算符.介绍性的讨论表明我们应该施加:

$$\{b(p,s),b^{\dagger}(p',s')\} = \delta^{(3)}(\boldsymbol{p} - \boldsymbol{p}')\delta_{ss'}$$

(2.45)

$$\{b(p,s),b(p',s')\} = 0$$

(2.46)

$$\{b^{\dagger}(p,s),b^{\dagger}(p',s')\} = 0$$

(2.47)

对于正电子的产生与湮灭算符 $d^{\dagger}(p,s)$ 和 $d(p,s)$ 有一套类似的关系,比如

$$\{d(p,s),d^{\dagger}(p',s')\} = \delta^{(3)}(\boldsymbol{p} - \boldsymbol{p}')\delta_{ss'}$$

(2.48)

现在我们需要证明的确能够得到式(2.38).由于

$$\overline{\psi}(0) = \int \frac{\mathrm{d}^3 p'}{(2\pi)^{\frac{3}{2}}(E_{p'}/m)^{\frac{1}{2}}} \sum_{s'} [b^{\dagger}(p',s')\overline{u}(p',s') + d(p',s')\overline{v}(p',s')]$$

依葫芦画瓢,可以得到

---

① 这里的记号是标准的.参见 J. A. Bjorken and S. D. Drell,*Relativistic Quantum Mechanics*.

$$\{\psi(\boldsymbol{x},0),\bar{\psi}(0)\} = \int \frac{\mathrm{d}^3 p}{(2\pi)^{\frac{3}{2}}(E_p/m)^{\frac{1}{2}}} \sum_s \left[u(p,s)\bar{u}(p,s)\mathrm{e}^{\mathrm{i}p\cdot x} + v(p,s)\bar{v}(p,s)\mathrm{e}^{-\mathrm{i}p\cdot x} \right]$$

如果我们认为 b 和 $b^\dagger$ 与 d 和 $d^\dagger$ 反对易.利用式(2.42)和式(2.43),可得

$$\{\psi(\boldsymbol{x},0),\bar{\psi}(0)\} = \int \frac{\mathrm{d}^3 p}{(2\pi)^3(2E_p)} \left[(\not{p}+m)\mathrm{e}^{\mathrm{i}p\cdot x} + (\not{p}-m)\mathrm{e}^{-\mathrm{i}p\cdot x} \right]$$

$$= \int \frac{\mathrm{d}^3 p}{(2\pi)^3(2E_p)} 2p^0 \gamma^0 \mathrm{e}^{-\mathrm{i}p\cdot x} = \gamma^0 \delta^{(3)}(\boldsymbol{x})$$

这正是式(2.38)的稍微变形.

类似地,这里简略地说明一下,我们有 $\{\psi,\psi\}=0$ 和 $\{\psi^\dagger,\psi^\dagger\}=0$.

我们当然可以随心所欲地选择 u 和 v 的归一化.另一个归一化定义中的 u 和 v,是这里的 u 和 v 再乘以 $(2m)^{\frac{1}{2}}$,因此式(2.42)和式(2.43)应改为 $\sum_s u\bar{u} = \not{p}+m$ 和 $\sum_s v\bar{v} = \not{p}-m$.将式(2.44)中的分子、分母同时乘以 $(2m)^{\frac{1}{2}}$,可以看到归一化因子 $(E_p/m)^{\frac{1}{2}}$ 变成了 $(2E_p)^{\frac{1}{2}}$(因此它变得和式(1.121)中标量场的归一化因子相同).当处理无质量的自旋 $\frac{1}{2}$ 粒子时,这种可选的归一化(我们称为"任意质量归一化")特别方便:可以在任何地方令 $m=0$,而不会像式(2.42)和式(2.43)那样在分母中遇到 m.

这里使用的归一化(我们称之为"静止归一化")的优势在于,如我们所见,旋量在静止系中的形式较为简单.例如,在3.6节中计算电子的磁矩时,这种形式是有益的.当然,在不同的地方乘以或除以 $(2m)^{\frac{1}{2}}$ 并不麻烦,所以争论一种归一化相对于另一种归一化的优势没有什么意义.

在2.6节中,我们将计算与质量 m 相比,较高能量下的电子散射,所以等效地,可以将 m 设置为0.事实上,即便如此,"静止归一化"在计算上也具有提供检查的轻微优势(比较弱).我们在任何可能的地方取 $m=0$,比如在式(2.42)和式(2.43)的分子里,但在分母里不可以.然后,在诸如微分散射截面之类的物理量中,m 必须抵消掉.

真空能

这里,我们来做一个重要的练习:从哈密顿密度开始计算哈密顿量.

$$\mathcal{H} = \pi \frac{\partial \psi}{\partial t} - \mathcal{L} = \bar{\psi}(i\boldsymbol{\gamma} \cdot \partial + m)\psi \tag{2.49}$$

把式(2.44)代入到表达式中,并进行积分,可以得到

$$H = \int d^3 x \mathcal{H} = \int d^3 x \, \bar{\psi}(i\boldsymbol{\gamma} \cdot \partial + m)\psi = \int d^3 x \, \bar{\psi} i \gamma^0 \frac{\partial \psi}{\partial t} \tag{2.50}$$

计算可得

$$H = \int d^3 p \sum_s E_p \left[b^\dagger(p,s)b(p,s) - d(p,s)d^\dagger(p,s) \right] \tag{2.51}$$

在式(2.51)中可以概略地看到所有重要的负号:在式(2.50)中,$\bar{\psi}$ 给出一个 $\sim(b^\dagger + d)$ 因子,而 $\partial/\partial t$ 作用在 ψ 上带来的一个相对负号给出了 $\sim(b - d^\dagger)$,因此可以得到 $\sim(b^\dagger + d) \cdot (b - d^\dagger) \sim b^\dagger b - dd^\dagger$(旋量之间的正交性 $\bar{v}u = 0$ 排除了交叉项).

为了将式(2.51)中的第二项排成正确的顺序,可以进行反对易 $-d(p,s)d^\dagger(p,s) = d^\dagger(p,s)d(p,s) - \delta^{(3)}(\mathbf{0})$,以得到

$$H = \int d^3 p \sum_s E_p \left[b^\dagger(p,s)b(p,s) + d^\dagger(p,s)d(p,s) \right] - \delta^{(3)}(\mathbf{0}) \int d^3 p \sum_s E_p \tag{2.52}$$

前两项告诉我们,每个具有同样动量 p 和自旋 s 的电子和正电子具有完全相同的能量 E_p,这不出所料. 但最后一项呢? $\delta^{(3)}(\mathbf{0})$ 将使我们充满恐惧和厌恶.

注意到 $\delta^{(3)}(\boldsymbol{p}) = [1/(2\pi)^3]\int d^3 x e^{ip \cdot x}$,由此可知 $\delta^{(3)}(\mathbf{0}) = [1/(2\pi)^3]\int d^3 x$(我们在习题 1.8.2 中遇到过相同的技巧),所以最后一项对 H 的贡献为

$$E_0 = -\frac{1}{h^3}\int d^3 x \int d^3 p \sum_s 2\left(\frac{1}{2}E_p\right) \tag{2.53}$$

(由于在自然单位制中,$\hbar = 1$,所以 $h = 2\pi$). 在统计力学的意义上,对每个自旋取值,正负电子各自(因此有因子 2)在每个单位体积相空间格子 $(1/h^3)d^3 x \, d^3 p$ 上贡献一份能量 $-\frac{1}{2}E_p$. 加上去的这个无穷大的项,恰似你在量子力学课程中遇到的谐振子零点能 $\frac{1}{2}\hbar\omega$,但是它带有一个负号!

这个负号是奇异而特别的! 狄拉克场的每个模式都对真空能贡献 $-\frac{1}{2}\hbar\omega$. 对比之

下，在 1.8 节中，我们看到标量场的每个模式贡献 $\frac{1}{2}\hbar\omega$. 这个事实对于超对称的发展至关重要，我们将在 8.4 节中讨论.

在时空中传播的费米子

相比于式(1.124)，电子的传播子为 $\mathrm{i}S_{\alpha\beta}(x) \equiv \langle 0 | T\psi_\alpha(x)\bar{\psi}_\beta(0) | 0\rangle$. 由于平移不变性，其中 $\bar{\psi}$ 的参量被我们取为 0. 正如我们将看到的，ψ 的反对易性质要求我们定义编时乘积时带一个负号，亦即

$$T\psi(x)\bar{\psi}(0) \equiv \theta(x^0)\psi(x)\bar{\psi}(0) - \theta(-x^0)\bar{\psi}(0)\psi(x) \tag{2.54}$$

参考式(2.44)，可以得到，对于 $x^0 > 0$，

$$\mathrm{i}S(x) = \langle 0 | T\psi(x)\bar{\psi}(0) | 0\rangle = \int \frac{\mathrm{d}^3 p}{(2\pi)^3 (E_p/m)} \sum_s u(p,s)\bar{u}(p,s)\mathrm{e}^{-\mathrm{i}px}$$

$$= \int \frac{\mathrm{d}^3 p}{(2\pi)^3 (E_p/m)} \frac{\not{p} + m}{2m} \mathrm{e}^{-\mathrm{i}px}$$

对于 $x^0 < 0$，我们要稍微谨慎点对待旋量指标：

$$\mathrm{i}S_{\alpha\beta}(x) = \langle 0 | T\bar{\psi}_\beta(0)\psi(x)_\alpha | 0\rangle$$

$$= -\int \frac{\mathrm{d}^3 p}{(2\pi)^3 (E_p/m)} \sum_s \bar{v}_\beta(p,s)v_\alpha(p,s)\mathrm{e}^{-\mathrm{i}px}$$

$$= -\int \frac{\mathrm{d}^3 p}{(2\pi)^3 (E_p/m)} \left(\frac{\not{p} - m}{2m} \right)_{\alpha\beta} \mathrm{e}^{-\mathrm{i}px}$$

其中利用了恒等式(2.43).

将上述综合起来，可以得到

$$\mathrm{i}S(x) = \int \frac{\mathrm{d}^3 p}{(2\pi)^3 (E_p/m)} \left[\theta(x^0) \frac{\not{p} + m}{2m} \mathrm{e}^{-\mathrm{i}px} - \theta(-x^0) \frac{\not{p} - m}{2m} \mathrm{e}^{+\mathrm{i}px} \right] \tag{2.55}$$

我们现在来证明此费米子传播子可以更优雅地写成四维积分：

$$\mathrm{i}S(x) = \mathrm{i}\int \frac{\mathrm{d}^4 p}{(2\pi)^4} \mathrm{e}^{-\mathrm{i}p\cdot x} \frac{\not{p} + m}{p^2 - m^2 + \mathrm{i}\varepsilon} = \int \frac{\mathrm{d}^4 p}{(2\pi)^4} \mathrm{e}^{-\mathrm{i}p\cdot x} \frac{\mathrm{i}}{\not{p} - m + \mathrm{i}\varepsilon} \tag{2.56}$$

为了证明式(2.56)确实等于式(2.55),我们将经历与式(1.124)基本相同的步骤.在 p^0 复平面上,被积式在 $p^0 = \pm\sqrt{\boldsymbol{p}^2 + m^2 - \mathrm{i}\varepsilon} \simeq \pm(E_p - \mathrm{i}\varepsilon)$ 处有奇点.对于 $x^0 > 0$,因子 $\mathrm{e}^{-\mathrm{i}p^0 x^0}$ 告诉我们要从下半平面闭合积分回路,因此顺时针绕过奇点 $+(E_p - \mathrm{i}\varepsilon)$,可以得到

$$\mathrm{i}S(x) = (-\mathrm{i})\mathrm{i}\int \frac{\mathrm{d}^3 p}{(2\pi)^3} \mathrm{e}^{-\mathrm{i}p \cdot x} \frac{\not{p} + m}{2E_p}$$

这给出式(2.55)中的第一项.对于 $x^0 < 0$,我们应当从上半平面闭合积分回路,因此逆时针绕过奇点 $-(E_p - \mathrm{i}\varepsilon)$,可以得到

$$\mathrm{i}S(x) = \mathrm{i}^2 \int \frac{\mathrm{d}^3 p}{(2\pi)^3} \mathrm{e}^{\mathrm{i}E_p x^0 + \mathrm{i}p \cdot x} \frac{1}{-2E_p}(-E_p \gamma^0 - \boldsymbol{p} \cdot \boldsymbol{\gamma} + m)$$

翻转 $\boldsymbol{p}$,可以得到

$$\mathrm{i}S(x) = -\int \frac{\mathrm{d}^3 p}{(2\pi)^3} \mathrm{e}^{\mathrm{i}p \cdot x} \frac{1}{2E_p}(E_p \gamma^0 - \boldsymbol{p} \cdot \boldsymbol{\gamma} - m) = -\int \frac{\mathrm{d}^3 p}{(2\pi)^3} \mathrm{e}^{\mathrm{i}p \cdot x} \frac{1}{2E_p}(\not{p} - m)$$

这正是式(2.55)中的第二项,不管负号还是其他部分都完全相同.因此,我们必须定义带有负号的编时乘积,如式(2.54)所示.

经过所有的这些步骤,我们看到动量空间的费米子传播子具有优雅的形式:

$$\mathrm{i}S(p) = \frac{\mathrm{i}}{\not{p} - m + \mathrm{i}\varepsilon} \tag{2.57}$$

这很合理,我们最终发现 $S(p)$ 是狄拉克算符 $\not{p} - m$ 的逆,就如同标量场玻色子传播子 $D(k) = 1/(k^2 - m^2 + \mathrm{i}\varepsilon)$ 是克莱因-戈登算符 $k^2 - m^2$ 的逆一样.

诗意但令人困惑的隐喻

在本节结束的时候,让我来反问你几个问题.我曾说过电子会沿时间逆行吗? 又或者是否隐约地提到过一种负能电子的海洋? 这些狄拉克、费曼等天才头脑使用的隐喻式话语,发人深思,促人回味,但很不幸,它们也困扰着一代又一代的物理系学生和物理学家.这里的介绍秉承现代精神,力图避免这些可能引起混淆的隐喻式语言.

习题

2.2.1 利用诺特定理推导守恒流 $J^{\mu} = \bar{\psi}\gamma^{\mu}\psi$. 计算 $[Q,\psi]$, 由此证明 b 和 $d^{\dagger}$ 带有相同的荷.

2.2.2 在体积为 V 的箱中量子化狄拉克场,并证明真空能 E_0 的确正比于 V. (提示:对动量的积分 $\int d^3 p$ 被替换成对离散动量值的求和.)

2.3 洛伦兹群和外尔旋量

洛伦兹代数

在 2.1 节中,我们遵循了狄拉克推导方程的独特方法.在这里,我们将介绍一个更有逻辑性和更数学的狄拉克旋量理论.对狄拉克旋量更深入的理解不仅带给我们一定的满足感,而且对我们之后研究超对称有着不可或缺的作用,而超对称正是超弦理论的基本概念之一;当然,大多数基本粒子,如自旋为 $\frac{1}{2}$ 的电子和夸克,用旋量场来描述.

让我们首先回忆一下转动群是如何工作的.3 个转动群的生成元 J_i ($i = 1, 2, 3$, 或 x, y, z)满足下面的对易关系:

$$[J_i, J_j] = i\,\epsilon_{ijk}J_k \tag{2.58}$$

当生成元作用在时空坐标时,(后者可)写成列矢量:

$$\begin{pmatrix} x^0 \\ x^1 \\ x^2 \\ x^3 \end{pmatrix} \tag{2.59}$$

转动群的生成元用厄米矩阵表示,为

$$J_1 = \begin{pmatrix} 0 & 0 & 0 & 0 \\ 0 & 0 & 0 & 0 \\ 0 & 0 & 0 & -i \\ 0 & 0 & i & 0 \end{pmatrix} \qquad (2.60)$$

通过轮换可以得到 J_2 和 J_3.通过将 3 个矩阵烦琐地相乘可以验证式(2.58).注意,J_i 的符号通过对易关系式(2.58)来确定.

现在进行洛伦兹推促变换.在 $x \equiv x^1$ 方向上的推促将对时空坐标进行如下变换:

$$t' = (\cosh \varphi) t + (\sinh \varphi) x, \quad x' = (\sinh \varphi) t + (\cosh \varphi) x \qquad (2.61)$$

或对于无穷小 φ,有

$$t' = t + \varphi x, \quad x' = x + \varphi t \qquad (2.62)$$

换句话说,x 方向上的无穷小洛伦兹推促变换的生成元用厄米矩阵表示,为(照例 $x^0 \equiv t$)

$$iK_1 = \begin{pmatrix} 0 & 1 & 0 & 0 \\ 1 & 0 & 0 & 0 \\ 0 & 0 & 0 & 0 \\ 0 & 0 & 0 & 0 \end{pmatrix} \qquad (2.63)$$

同理,

$$iK_2 = \begin{pmatrix} 0 & 0 & 1 & 0 \\ 0 & 0 & 0 & 0 \\ 1 & 0 & 0 & 0 \\ 0 & 0 & 0 & 0 \end{pmatrix} \qquad (2.64)$$

K_3 留给读者自行书写.注意,K_i 被定义为反厄米的.

检查一下 $[J_i, K_j] = i\epsilon_{ijk}K_k$.绕轴 3 转动一个无穷小角度 θ,可以看到,如你所料,洛伦兹推促变换生成元 K_i 在旋转下就像一个 3-矢量 K 一样变换.然后至指定阶,(可以参照附录 B 中这一部分的内容)$K_1 \to e^{i\theta J_3} K_1 e^{-i\theta J_3} = K_1 + i\theta[J_3, K_1] + O(\theta^2) = K_1 + i\theta(iK_2) + O(\theta^2) = K_1 \cos \theta - K_2 \sin \theta$.

下面要做的是 20 世纪物理学史上最重要的计算之一.直接计算出 $[K_1, K_2]$,它显然是一个反对称矩阵.你会发现它等于 $-iJ_3$.两次洛伦兹平动会产生一次转动!(你可能会回想起在电磁学课程中,这个数学事实解释了托马斯进动的物理原理.)

在数学上,洛伦兹群的生成元满足以下代数(即行家们所称的 $SO(3,1)$ 群):

$$[J_i, J_j] = i\,\epsilon_{ijk} J_k$$
$$[J_i, K_j] = i\,\epsilon_{ijk} K_k \tag{2.65}$$
$$[K_i, K_j] = -i\,\epsilon_{ijk} J_k$$

注意这里至关重要的负号!

我们如何研究这种代数呢?关键在于,我们发现如果构造出 $J_{\pm i} \equiv \frac{1}{2}(J_i \pm iK_i)$,这一代数就会分解成两部分.你应该验算:

$$[J_{+i}, J_{+j}] = i\,\epsilon_{ijk} J_{+k}$$
$$[J_{-i}, J_{-j}] = i\,\epsilon_{ijk} J_{-k} \tag{2.66}$$

以及,最值得注意的:

$$[J_{+i}, J_{-j}] = 0 \tag{2.67}$$

最后一个对易关系告诉我们 J_+ 和 J_- 构成了两个独立的 $SU(2)$ 代数.(详见附录 B.)

从代数到表示

这意味着,你可以简单地用在基础量子力学中已经学过的角动量和 $SU(2)$ 群的表示来得到 $SO(3,1)$ 群的所有表示.如你所知,$SU(2)$ 群的表示可以用 $j = 0, \frac{1}{2}, 1, \frac{3}{2}, \cdots$ 标记.我们可以认为每一种表示都是由 $2j+1$ 个 $m = -j, -j+1, \cdots, j-1, j$ 的成员 ψ_m 组成的,这些 ψ_m 按照 $SU(2)$ 群相互转换.因此,$SO(3,1)$ 群的表示被标记为 (j^+, j^-),其中,j^+ 和 j^- 各取值 $0, \frac{1}{2}, 1, \frac{3}{2}, \cdots$.每种表示都由 $(2j^+ + 1)(2j^- + 1)$ 个成员 $\psi_{m^+ m^-}$ 组成,其中,$m^+ = -j^+, -j^+ + 1, \cdots, j^+ - 1, j^+$ 和 $m^- = -j^-, -j^- + 1, \cdots, j^- - 1, j^-$.

因此,$SO(3,1)$ 群可以按照维数递增的顺序标记为 $(0,0)$, $\left(\frac{1}{2}, 0\right)$, $\left(0, \frac{1}{2}\right)$, $(1,0)$, $(0,1)$, $\left(\frac{1}{2}, \frac{1}{2}\right)$,等等.我们认识到一维表示 $(0,0)$ 是平凡表示,也就是洛伦兹标量.数一数维数,我们有理由期待四维表示 $\left(\frac{1}{2}, \frac{1}{2}\right)$ 是洛伦兹矢量,即洛伦兹群的定义表示(见习题2.3.1).

旋量表示

那么 $\left(\dfrac{1}{2},0\right)$ 表示呢？让我们把这两个成员写成 ψ_α，其中 $\alpha=1,2$．那么，$\left(\dfrac{1}{2},0\right)$ 是什么意思呢？它意味着，$J_{+i}=\dfrac{1}{2}(J_i+\mathrm{i}K_i)$ 作用于 ψ_α 表示为 $\dfrac{1}{2}\sigma_i$，而 $J_{-i}=\dfrac{1}{2}(J_i-\mathrm{i}K_i)$ 作用于 ψ_α 表示为 0．加减一下，可以发现

$$J_i=\frac{1}{2}\sigma_i \tag{2.68}$$

并且

$$\mathrm{i}K_i=\frac{1}{2}\sigma_i \tag{2.69}$$

这里等号的意思是"表示为"．（按照惯例，不区分三维量 J_i，K_i 和 σ_i 的上下标．）再次强调，K_i 是反厄米的．

同样地，在 $\left(0,\dfrac{1}{2}\right)$ 中用奇怪符号 $\bar\chi^{\dot\alpha}$ 代表两个成员．需要强调一下，这里有一个很简单但是可能令人混淆的事情，与 2.1 节中使用的上划线不同，此处 $\bar\chi^{\dot\alpha}$ 的上划线与下面的字母是一个整体：可以把符号 $\bar\chi$ 当作希腊字母表中任何一个你喜欢的字母．同样地，符号 $\dot\alpha$ 也与 α 无关，我们不是对 α 进行任何操作来得到 $\dot\alpha$ 的．这种相当奇怪的符号被非正式地称为"带点和不带点"，更正式的说法是范德瓦尔登符号——目前，对我们相当有限的目的来说有点多余，但是本书引入它是因为它是在超对称物理和超弦理论中使用的符号．（顺便提一下，据说狄拉克希望发明带点和不带点符号的那个人是他自己．）重复上面相同的步骤，可以发现在表示 $\left(0,\dfrac{1}{2}\right)$ 中有 $J_i=\dfrac{1}{2}\sigma_i$ 和 $\mathrm{i}K_i=-\dfrac{1}{2}\sigma_i$．注意，负号很重要．

这种二分量旋量 ψ_α 和 $\bar\chi^{\dot\alpha}$ 被称为外尔旋量，并提供了洛伦兹群一种很好的表示．那么，为什么狄拉克旋量有 4 个分量呢？

原因就是宇称．在宇称变换下，$x\to-x$，$p\to-p$，因此 $J\to J$，$K\to-K$，所以 $J_+\leftrightarrow J_-$．换句话说，在宇称变换下 $\left(\dfrac{1}{2},0\right)\leftrightarrow\left(0,\dfrac{1}{2}\right)$．因此，要描述电子，我们必须同时使用这两种二维表示，或者用数学的语言，一种四维可约表示 $\left(\dfrac{1}{2},0\right)\oplus\left(0,\dfrac{1}{2}\right)$．

因此,将两个外尔旋量叠加在一起,可以得到一个狄拉克旋量:

$$\Psi = \begin{pmatrix} \psi_a \\ \bar{\chi}^{\dot{a}} \end{pmatrix} \tag{2.70}$$

当然,旋量 $\Psi(p)$ 是 4-动量 p 的函数(这暗示 $\psi_a(p)$ 和 $\bar{\chi}^{\dot{a}}(p)$ 也是).但是我们现在暂且省略对 p 的依赖.参考式(2.68)和式(2.69),可以看到作用在 Ψ 上的转动生成元为

$$J = \begin{pmatrix} \dfrac{1}{2}\boldsymbol{\sigma} & 0 \\ 0 & \dfrac{1}{2}\boldsymbol{\sigma} \end{pmatrix} \tag{2.71}$$

这里同样地,等号的意思还是"表示为",以及推促变换的生成元为

$$iK = \begin{pmatrix} \dfrac{1}{2}\boldsymbol{\sigma} & 0 \\ 0 & -\dfrac{1}{2}\boldsymbol{\sigma} \end{pmatrix} \tag{2.72}$$

再次注意最重要的负号.

宇称要求我们使用 4-分量旋量,但另一方面我们知道电子只有两个物理自由度.考虑静止坐标系,我们必须在静止动量为 $p_r \equiv (m, \boldsymbol{0})$ 的条件下投影出包含在 $\Psi(p_r)$ 中的两个分量.得益于后见之明,我们可以把投影算符写成 $\mathcal{P} = \dfrac{1}{2}(1 - \gamma^0)$.你可能从符号上猜测 γ^0 会是其中的一个 γ 矩阵,但是逻辑上 γ^0 现在只是某个 4×4 矩阵而已.条件 $\mathcal{P}^2 = \mathcal{P}$ 意味着 $(\gamma^0)^2 = 1$,因此 γ^0 的特征值是 ± 1.由于在宇称变换下 $\psi_a \leftrightarrow \bar{\chi}^{\dot{a}}$,所以我们自然会猜测 ψ_a 和 $\bar{\chi}^{\dot{a}}$ 对应于2.1节中的左手场和右手场.我们不能简单地使用投影算符,比如,把 $\bar{\chi}^{\dot{a}}$ 设为 0.宇称守恒意味着我们应该平等地对待 ψ_a 和 $\bar{\chi}^{\dot{a}}$.因此选择

$$\gamma^0 = \begin{pmatrix} 0 & 1 \\ 1 & 0 \end{pmatrix} \tag{2.73}$$

或更明确地,

$$\gamma^0 = \begin{pmatrix} 0 & 0 & 1 & 0 \\ 0 & 0 & 0 & 1 \\ 1 & 0 & 0 & 0 \\ 0 & 1 & 0 & 0 \end{pmatrix} \tag{2.74}$$

（γ^0 的不同选择对应 2.1 节中讨论的不同的基.）换句话说,在静止坐标系中,$\psi_\alpha - \bar{\chi}^{\dot{\alpha}} = 0$. 到两个自由度的投影可以写成

$$(\gamma^0 - 1)\Psi(p_r) = 0 \tag{2.75}$$

事实上,我们认出来这正是 2.1 节中所介绍的外尔基.

狄拉克方程

事实上,我们已经推导出了狄拉克方程,只是现在它稍作伪装罢了!

因为我们的推导是基于对洛伦兹群的旋量表示的逐步研究,所以我们知道如何得到对于任意 p 的 $\Psi(p)$ 所满足的方程:我们只需要推促变换. 由 $\Psi(p) = \mathrm{e}^{-\mathrm{i}\varphi \cdot K}\Psi(p_r)$,可以得到 $(\mathrm{e}^{-\mathrm{i}\varphi \cdot K}\gamma^0 \mathrm{e}^{\mathrm{i}\varphi \cdot K} - 1)\Psi(p) = 0$. 引入符号 $\gamma^\mu p_\mu/m \equiv \mathrm{e}^{-\mathrm{i}\varphi \cdot K}\gamma^0 \mathrm{e}^{\mathrm{i}\varphi \cdot K}$,便可得到狄拉克方程:

$$(\gamma^\mu p_\mu - m)\Psi(p) = 0 \tag{2.76}$$

读者可以把这些细节作为练习.

这里的推导代表了看待狄拉克方程的深层群论方法:它是一个被推促到任意坐标系的投影.

对称性遍及现代物理学和本书,这是一个展现它的强大力量的例子. 我们已知电子场在转动群下是如何变换的,也就是说,它的自旋为 $\dfrac{1}{2}$,这使我们知道它在洛伦兹群下是如何变换的. 这就是对称规则!

在附录 E 中,我们将进一步拓展带点和不带点记号,以便以后在超对称那一章中使用.

为了更深入地理解群论,重读 2.1 节并与本节进行对比是一个不错的主意.

习题

2.3.1 通过显式计算表明 $\left(\dfrac{1}{2}, \dfrac{1}{2}\right)$ 确实是洛伦兹矢量.

2.3.2 计算在洛伦兹群下 $(1,0)$ 和 $(0,1)$ 中包含的 6 个成员是如何变换的. 回想一下在

电磁学课程中电场和磁场 E 和 B 是如何变换的. 推断电磁场实际上按照 $(1,0)\oplus(0,1)$ 进行变换. 证明是宇称守恒再次迫使我们使用可约表示.

2.3.3 证明 $e^{-i\varphi\cdot K}\gamma^0 e^{i\varphi\cdot K} = \begin{pmatrix} 0 & e^{-\varphi\cdot\sigma} \\ e^{\varphi\cdot\sigma} & 0 \end{pmatrix}$ 和 $e^{\varphi\cdot\sigma} = \cosh\varphi + \sigma\cdot\hat{\varphi}\sinh\varphi$. 其中 $\hat{\varphi}\equiv$ $\hat{\varphi}/\varphi$ 是单位矢量. 令 $p = m\hat{\varphi}\sinh\varphi$, 推导狄拉克方程, 并证明

$$\gamma^i = \begin{pmatrix} 0 & \sigma_i \\ -\sigma_i & 0 \end{pmatrix} \tag{2.77}$$

2.3.4 说明自旋为 $\frac{3}{2}$ 的粒子可以用矢量旋量 $\Psi_{a\mu}$ 来描述, 即携带洛伦兹指标的狄拉克旋量. 找到相应的运动方程, 即拉里塔-施温格方程. $\left(\text{提示: 对象 } \Psi_{a\mu} \text{ 有 16 个分量,} \right.$ 需要将其缩减为 $2\cdot\frac{3}{2}+1 = 4$ 个分量. $\big)$

2.4 自旋-统计关系

在物理世界中, 泡利不相容原理对事物的形态产生的影响最大.[1]

知识不完备的程度

在非相对论量子力学课堂上, 你应该学习过泡利不相容原理[2]. 它的推广告诉我们, 具有半整数自旋的粒子, 像电子遵循费米-狄拉克统计, 因而想要分开. 与此相反, 具有整数自旋的粒子, 如光子或成对电子, 遵循玻色-爱因斯坦统计, 因而喜欢黏在一块儿. 从原子的微观结构到中子星的宏观结构, 以及林林总总的物理现象如果缺少了自旋-统计规

---

[1] Duck I, Sudarshan E C G, Pauli and the Spin-statistics Theorem[M]. London: World Scientific, Publishing House, 1997.

[2] 还在剑桥作学生时, 斯托纳(E. C. Stoner)几乎就要提出不相容原理了. 泡利在他的著名论文(*Zeit. f. Physik* 31: 765, 1925)中宣称: 自己仅仅是总结并推广了斯托纳的主意. 然而, 在后来的诺贝尔演讲中, 泡利一反常态, 对斯托纳的贡献并没有体现出他的慷慨. 关于自旋-统计联系的精妙历史, 可在之前提到的达克和苏达山的工作中找到.

则,将是无法理解的.凝聚态物理的许多基本方面,例如能带结构、费米液体、超流体、超导体、量子霍尔效应等,都是此规则的结果.

量子统计,物理中最微妙的概念之一,依赖于以下事实:在量子世界中,所有的基本粒子,也因此,所有的原子,是绝对相同的,因此无法分辨彼此[①].这一事实应当被看作是量子场论的伟大胜利,因为它能够简洁而自然地解释绝对相同性和不可分辨性.宇宙中的每一个电子都是同一个场 ψ 的激发态.否则,可以想象,我们现今已知的所有电子,在离开早期宇宙的生产线时,由于制造过程中的一些疏忽,都会轻微不同于其他个体.

虽然自旋-统计规则对量子力学具有如此深远的影响,但它的解释却有待相对论性场论的发展.现在假想一个文明,由于某种原因发展了量子力学,却没有发现狭义相对论.此文明的物理学家最终将意识到,他们不得不发明一些规则去解释以上物理现象,而这些规则不能涉及接近光速的运动.物理学将会是知识上不满足且不完备的.

比较不同物理学领域的一个有趣的标准,就是它们知识的不完备度.

当然,物理学中我们经常预先接受一个必须在下一层次才能解释的规则.比如,在多数物理学领域,我们把质子和电子电量相等、电荷符号相反作为一个给定的事实.量子电动力学自身并不能解释这个显著事实的任何方面.电荷量子化这个事实,只能通过把量子电动力学纳入到一个更大的框架,比如大统一理论中,才能被推导出来,如同我们将在7.6节中看到的那样.(在4.4节中我们将会学到,磁单极子的存在暗示了电荷量子化,但是磁单极子在纯粹的量子电动力学中是不存在的.)

因此,由菲尔兹(Fierz)和泡利(Pauli)在1930年代末,以及由鲁德斯(Lüders)和组米诺(Zumino)以及伯戈因(Burgoyne)在1950年代末给出的对自旋-统计关系的解释,被认为是相对论性量子场论的伟大胜利之一.囿于篇幅,我无法在这里给出一个一般而严格的证明[②].我只能勾勒一下,如果违背自旋-统计关系,将会有哪些物理发生可怕的错误.

任性的代价

一个基本的量子原理是:如果两个可观测量是对易的,那么它们可以被同时对角化,

---

① 早年,我读过乔治·伽莫夫(George Gamow)的一本通俗的物理学著作,其中他无法解释量子统计——他认为费米统计所做的一切只是一个类比,并引用了格瑞塔·伽博(Greta Garbo)的名言"我要孤身一人"——当然这个要去学校才能学到.也许这促使我在之后的生涯里也开始撰写物理科普书.参见 A. Zee,*Einstein's Universe*.

② 参见 I. Duck and E. C. G. Sudarshan,*Pauli and the Spin-Statistics Theorem*,and R. F. Streater and A. S. Wightman,*PCT*,*Spin Statistics*,*and All That*.

因此可以被同时观测到.一个基本的相对论原理是:如果两个时空点彼此间是类空的,那么将没有信号可以在它们之间传播,所以对 a 点上可观测量 A 的测量,不会影响 b 点上可观测量 B 的测量.

考虑带电标量场的电荷密度 $J_0 = \mathrm{i}(\varphi^\dagger \partial_0 \varphi - \partial_0 \varphi^\dagger \varphi)$. 根据刚刚阐明的两条基本原理,对于 $\boldsymbol{x} \neq \boldsymbol{y}$,$J_0(\boldsymbol{x}, t = 0)$ 和 $J_0(\boldsymbol{y}, t = 0)$ 应该是对易的.在计算 $J_0(\boldsymbol{x}, t = 0)$ 和 $J_0(\boldsymbol{y}, t = 0)$ 的对易子时,我们简单地利用以下事实,$\varphi(\boldsymbol{x}, t = 0)$ 和 $\partial_0 \varphi(\boldsymbol{x}, t = 0)$,$\varphi(\boldsymbol{y}, t = 0)$ 和 $\partial_0 \varphi(\boldsymbol{y}, t = 0)$,两组间是相互对易的,所以可以把 $\boldsymbol{x}$ 点的场平稳地移到 $\boldsymbol{y}$ 点的场.这个对易子显然为 0.

现在假设我们很任性,把式(1.121)展开是

$$\varphi(\boldsymbol{x}, t = 0) = \int \frac{\mathrm{d}^D k}{\sqrt{(2\pi)^D 2\omega_k}} \left[a(\boldsymbol{k}) \mathrm{e}^{\mathrm{i}k \cdot x} + a^\dagger(\boldsymbol{k}) \mathrm{e}^{-\mathrm{i}k \cdot x} \right] \tag{2.78}$$

其中的产生与湮灭算符用反对易关系

$$\{a(\boldsymbol{k}), a^\dagger(\boldsymbol{q})\} = \delta^{(D)}(\boldsymbol{k} - \boldsymbol{q})$$

和

$$\{a(\boldsymbol{k}), a(\boldsymbol{q})\} = 0 = \{a^\dagger(\boldsymbol{k}), a^\dagger(\boldsymbol{q})\}$$

来量子化,而不用原本正确的量子化规则.

那么任性的代价是什么呢?

现在试图把 $J_0(\boldsymbol{y}, t = 0)$ 移到 $J_0(\boldsymbol{x}, t = 0)$,我们把 $\boldsymbol{y}$ 点的场移过 $\boldsymbol{x}$ 点的场时,不得不利用反对易子

$$\{\varphi(\boldsymbol{x}, t = 0), \varphi(\boldsymbol{y}, t = 0)\}$$

$$= \iint \frac{\mathrm{d}^D k}{\sqrt{(2\pi)^D 2\omega_k}} \frac{\mathrm{d}^D q}{\sqrt{(2\pi)^D 2\omega_q}} \{ [a(\boldsymbol{k}) \mathrm{e}^{\mathrm{i}k \cdot x} + a^\dagger(\boldsymbol{k}) \mathrm{e}^{-\mathrm{i}k \cdot x}], [a(\boldsymbol{q}) \mathrm{e}^{\mathrm{i}q \cdot y} + a^\dagger(\boldsymbol{q}) \mathrm{e}^{-\mathrm{i}q \cdot y}] \}$$

$$= \int \frac{\mathrm{d}^D k}{(2\pi)^D 2\omega_k} \left[\mathrm{e}^{\mathrm{i}k \cdot (x-y)} + \mathrm{e}^{-\mathrm{i}k \cdot (x-y)} \right] \tag{2.79}$$

你发现问题了吗?在一个遵守自旋-统计关系的正常标量场理论中,我们得计算的是对易子,会在式(2.79)中最后一行得到 $\mathrm{e}^{\mathrm{i}k \cdot (x-y)} - \mathrm{e}^{-\mathrm{i}k \cdot (x-y)}$,而不是 $\mathrm{e}^{\mathrm{i}k \cdot (x-y)} + \mathrm{e}^{-\mathrm{i}k \cdot (x-y)}$. 积分

$$\int \frac{\mathrm{d}^D k}{(2\pi)^D 2\omega_k} \left[\mathrm{e}^{\mathrm{i}k \cdot (x-y)} - \mathrm{e}^{-\mathrm{i}k \cdot (x-y)} \right]$$

显然会等于 0,诸事顺遂.若是加号,就会得到式(2.79)中一堆不为 0 的项.如果用反对易量子化标量场会得到一场灾难! 自旋为 0 的场必须是对易的.因此,相对论和量子物理联手保证了自旋-统计关系.

有时候会说,由于电磁学,你不会沉没到地板里;由于引力,你不会飘向天花板.若不是调控恒星燃烧的弱相互作用,你会沉没到或是飘向完全的黑暗里,如果没有自旋-统计关系,电子不遵守泡利不相容原理.物质将随即坍缩[1].

习题

2.4.1 说明:如果用对易关系,而不是反对易关系量子化狄拉克场,我们照样会陷入麻烦中.计算对易子 $\left[J^0(\boldsymbol{x}, 0), J^0(0)\right]$.

2.5 真空能、格拉斯曼积分和费米子的费曼图

真空是一片沸腾的虚无之海,充满了喧嚣和骚动,象征着巨大的意义.

——佚名

奇怪的费米子

在前文中,我首先用路径积分推演了标量场 $\varphi(x)$ 的量子场理论,然后又展示了正则量子化.与此相反,到现在为止,我只用正则量子化推演了自旋为 $\frac{1}{2}$ 的自由场 $\psi(x)$ 的量子场论.我们已经知道,自旋-统计关系要求场算子 $\psi(x)$ 满足反对易关系.这使我们立即意识到书写旋量场 $\psi(x)$ 的路径积分时会遇到一个难题.在路径积分形式中,$\psi(x)$ 不是一个算符,而只是一个积分变量.那要如何去表达其算符在正则量子化中表现出的反对

---

① 由戴森和莱纳德给出的物质稳定性的证明,依据的正是泡利不相容原理.

易性呢?

可以推测,我们不能像 $\varphi(x)$ 一样把 $\psi(x)$ 表示成一个可对易变量.事实上,我们会发现,在路径积分中,$\psi(x)$ 不能被当作一个普通的复数,而是作为一种新的数学对象,被称为格拉斯曼数.

如果你想过这一点,就会发现我们需要一些新的数学结构.在 1.3 节中,我们把量子力学中点粒子 $q_i(t)$ 的坐标升格为标量场 $\varphi(\boldsymbol{x}, t)$.但从量子力学了解到,自旋 $\frac{1}{2}$ 的粒子有一个特性,即相位旋转为 2π 时,它的波函数变成了自身的相反数.与粒子坐标不同,半整数的自旋并不是一个直观的概念.

真空能

为了取值为格拉斯曼数的场,这里将讨论真空能的概念.很快你就会明白为什么要用这种奇怪的讲法.

量子场论最早是为了描述光子和电子的散射而提出的,后来又发展出粒子散射理论.回想 1.7 节,在研究粒子的散射时,我们遇到了描述真空波动的图,当时我们简单地忽略了这一点(图 1.21).很自然地,粒子物理学家认为这些波动是不重要的.实验中,我们让粒子相互散射.谁会在乎真空中某些地方的波动? 直到 20 世纪 70 年代初,物理学家才充分认识到真空波动的重要性.我们会在后面的章节中介绍真空的重要性[①].

在 1.8 节和 2.2 节中,我们用正则量子化计算了自由标量场和自由旋量场的真空能.为了促进格拉斯曼数的使用,从而构建旋量场的路径积分,这里将采用以下策略.首先,将使用路径积分来得到已经用正则量子化得到的自由标量的结论.然后,我们将看到,为了得到自由旋量场中已有的结论,必须修改路径积分.

根据定义,即使在没有产生粒子的源时,真空波动也会发生.因此,考虑在无源的情况下,自由标量场理论的生成泛函[②]:

$$Z = \int \mathrm{D}\varphi\, \mathrm{e}^{\mathrm{i}\int \mathrm{d}^4 x\, \frac{1}{2}\left[(\partial\varphi)^2 - m^2\varphi^2\right]} = C\left(\frac{1}{\det[\partial^2 + m^2]}\right)^{\frac{1}{2}} = C\mathrm{e}^{-\frac{1}{2}\mathrm{tr}\ln(\partial^2 + m^2)} \tag{2.80}$$

在第一个等式中,使用了式(1.16),并将无关紧要的因子都包含进了常数 C 中.在第二个等式中,使用了重要的恒等式:

---

① 事实上,在 1.9 节中已经讨论过观察真空波动效应的一种方法.

② 严格来说,为了使这里的表达式有意义,应该像前面讨论的那样,用 $m^2 - \mathrm{i}\varepsilon$ 代替 m^2.

$$\det M = \mathrm{e}^{\mathrm{tr}\ln M} \tag{2.81}$$

这是在习题 1.11.2 中出现过的.

回想一下, $Z = \langle 0 | \mathrm{e}^{-\mathrm{i}HT} | 0 \rangle$ (默认 $T \to \infty$, 即对式 (2.80) 中的全时空进行积分) 在这种情形下正是 $\mathrm{e}^{-\mathrm{i}ET}$, 其中 E 是真空能. 计算出式 (2.80) 中的迹为

$$\mathrm{Tr}\, \mathcal{O} = \int \mathrm{d}^4 x \langle x | \mathcal{O} | x \rangle$$

$$= \int \mathrm{d}^4 x \int \frac{\mathrm{d}^4 k}{(2\pi)^4} \int \frac{\mathrm{d}^4 q}{(2\pi)^4} \langle x | k \rangle \langle k | \mathcal{O} | q \rangle \langle q | x \rangle \tag{2.82}$$

由此可以得到 $\mathrm{i}ET = \frac{1}{2} VT \int \frac{\mathrm{d}^4 k}{(2\pi)^4} \ln(k^2 - m^2 + \mathrm{i}\varepsilon) + A$, 其中 A 是一个无限大常数, 对应于式 (2.80) 中的系数 C. 回想一下, 在路径积分的推导过程中, 有很多发散的乘数因子; 这就是它的来源. A 的存在在这里是一件好事, 因为它解决了一个你可能已经注意到的问题: 对数函数的参数不是无量纲的. 通过

$$A = -\frac{1}{2} VT \int \frac{\mathrm{d}^4 k}{(2\pi)^4} \ln(k^2 - m'^2 + \mathrm{i}\varepsilon)$$

来定义 m'. 换句话说, 我们不计算真空能, 只计算粒子的质量是 m' 时与粒子质量是 m 时真空能的差值. 正如所料, 任意长的时间 T 相互消掉, 能量 E 与空间体积 V 成正比. 因此, 真空能量密度 (的差值) 为

$$\frac{E}{V} = -\frac{\mathrm{i}}{2} \int \frac{\mathrm{d}^4 k}{(2\pi)^4} \ln\left(\frac{k^2 - m^2 + \mathrm{i}\varepsilon}{k^2 - m'^2 + \mathrm{i}\varepsilon}\right)$$

$$= -\frac{\mathrm{i}}{2} \int \frac{\mathrm{d}^3 k}{(2\pi)^3} \int \frac{\mathrm{d}\omega}{2\pi} \ln\left(\frac{\omega^2 - \omega_k^2 + \mathrm{i}\varepsilon}{\omega^2 - \omega_k'^2 + \mathrm{i}\varepsilon}\right) \tag{2.83}$$

其中, $\omega_k' \equiv +\sqrt{k^2 + m'^2}$. 通过分部积分来处理 ω 的 (收敛) 积分:

$$\int \frac{\mathrm{d}\omega}{2\pi} \frac{\mathrm{d}\omega}{\mathrm{d}\omega} \ln\left(\frac{\omega^2 - \omega_k^2 + \mathrm{i}\varepsilon}{\omega^2 - \omega_k'^2 + \mathrm{i}\varepsilon}\right) = -2 \int \frac{\mathrm{d}\omega}{2\pi} \omega \left[\frac{\omega}{\omega^2 - \omega_k^2 + \mathrm{i}\varepsilon} - (\omega_k \to \omega_k')\right]$$

$$= -\mathrm{i}2\omega_k^2 \left(\frac{1}{-2\omega_k}\right) - (\omega_k \to \omega_k')$$

$$= +\mathrm{i}(\omega_k - \omega_k') \tag{2.84}$$

事实上, 恢复 $\hbar$ 后, 我们得到了想要的结果:

$$\frac{E}{V} = \int \frac{\mathrm{d}^3 k}{(2\pi)^3} \left(\frac{1}{2} \hbar \omega_k - \frac{1}{2} \hbar \omega_k'\right) \tag{2.85}$$

必须经过一些算术步骤才能得到这个结果.但重要的是,我们成功地利用路径积分得到了一个之前用正则量子化得到的结果.

费米子特有的负号

我们的目标是写出旋量场的路径积分.在 2.2 节我们知道,旋量场的真空能与标量场的真空能有相反的符号,这个负号肯定是理论物理学中的"十大"符号之一.那么如何利用路径积分来得到这个负号?

如 1.3 节所述,式(2.80)起源于简单的高斯积分公式:

$$\int_{-\infty}^{+\infty} \mathrm{d}x \, \mathrm{e}^{-\frac{1}{2}ax^2} = \sqrt{\frac{2\pi}{a}} = \sqrt{2\pi}\,\mathrm{e}^{-\frac{1}{2}\ln a}$$

粗略地说,必须找到一种新的积分形式,通过类比高斯积分就会有 $\mathrm{e}^{+\frac{1}{2}\ln a}$.

格拉斯曼数学

实际上,我们需要的数学在很早以前就被格拉斯曼创造出来了.假设一种新的数,叫作格拉斯曼数或反对易数.这样,如果 η 和 ξ 是格拉斯曼数,那么 $\eta\xi = -\xi\eta$.特别地,$\eta^2 = 0$.启发式地,这反映了旋量场满足的反对易关系.格拉斯曼假设 η 的任何函数都可以进行泰勒展开.既然 $\eta^2 = 0$,那么 η 最一般的函数形式就是 $f(\eta) = a + b\eta$,其中 a 和 b 是两个普通的数.

那么如何定义对 η 的积分呢? 格拉斯曼指出,普通积分的一个基本性质是我们可以平移积分哑元:$\int_{-\infty}^{+\infty} \mathrm{d}x \, f(x + c) = \int_{-\infty}^{+\infty} \mathrm{d}x \, f(x)$.因此,应该保证格拉斯曼积分也满足这一性质:$\int \mathrm{d}\eta \, f(\eta + \xi) = \int \mathrm{d}\eta \, f(\eta)$.其中,$\xi$ 是任意的格拉斯曼数.代入到上面给出的最一般的函数中,发现 $\int \mathrm{d}\eta \, b\xi = 0$.由于 ξ 的取值是任意的,因此这个结果只会在 $\int \mathrm{d}\eta \, b = 0$ 时成立,其中 b 是任意普通数.特别地,$\int \mathrm{d}\eta \equiv \int \mathrm{d}\eta 1 = 0$.

给定 3 个格拉斯曼数,可以得到 $\chi(\eta\xi) = (\eta\xi)\chi$.也就是说,乘积 $\eta\xi$ 与任意的格拉斯

曼数 χ 是对易的. 因此, 两个反对易数的乘积应该是对易数, 从而得到积分 $\int \mathrm{d}\eta \eta$ 只是一个普通数. 我们可以简单地把它取为 1, 这样就确定了 $\mathrm{d}\eta$ 的归一化. 因此, 格拉斯曼积分是非常简单的, 有两条规则定义:

$$\int \mathrm{d}\eta = 0 \tag{2.86}$$

与

$$\int \mathrm{d}\eta \eta = 1 \tag{2.87}$$

通过这两条规则, 可以对任何 η 的函数积分, 如果 b 是普通数, 那么 $f(\eta)$ 是格拉斯曼数, 所以

$$\int \mathrm{d}\eta f(\eta) = \int \mathrm{d}\eta (a + b\eta) = b \tag{2.88}$$

如果 b 是格拉斯曼数, 那么 $f(\eta)$ 是普通数, 所以

$$\int \mathrm{d}\eta f(\eta) = \int \mathrm{d}\eta (a + b\eta) = -b \tag{2.89}$$

需要注意的是, 对格拉斯曼积分来说, 并不存在积分区间的概念. 掌握格拉斯曼积分要比普通积分容易得多!

取 η 和 $\bar{\eta}$ 为两个独立的格拉斯曼数, a 为普通数, 格拉斯曼的类高斯积分可以写为

$$\int \mathrm{d}\eta \int \mathrm{d}\bar{\eta} \mathrm{e}^{\bar{\eta} a \eta} = \int \mathrm{d}\eta \int \mathrm{d}\bar{\eta} (1 + \bar{\eta} a \eta) = \int \mathrm{d}\eta a \eta = a = \mathrm{e}^{+\ln a} \tag{2.90}$$

这正是我们想要的结果! 推广这个结果: 如果 $\eta = (\eta_1, \eta_2, \cdots, \eta_N)$ 是 N 个格拉斯曼数, $\bar{\eta}$ 同理, 则

$$\int \mathrm{d}\eta \int \mathrm{d}\bar{\eta} \mathrm{e}^{\bar{\eta} A \eta} = \det A \tag{2.91}$$

其中, $A = \{A_{ij}\}$ 是一个 $N \times N$ 的反对称矩阵. 需要注意的是, 与玻色子的情况相反, A 并不需要可逆. 也可以进一步拓展到泛函积分的情况.

正如很快就会看到的, 我们现在已经掌握了所需的数学知识.

格拉斯曼路径积分

类似于标量场的生成泛函:

$$Z = \int D\varphi e^{iS(\varphi)} = \int D\varphi e^{i\int d^4x \frac{1}{2}\left[(\partial\varphi)^2 - (m^2 - i\varepsilon)\varphi^2\right]}$$

很自然地可以写出旋量场的生成泛函:

$$Z = \int D\psi D\bar{\psi} e^{iS(\psi,\bar{\psi})} = \int D\psi \int D\bar{\psi} e^{i\int d^4x \bar{\psi}(i\partial\!\!\!/ - m + i\varepsilon)\psi}$$

将积分变量 ψ 和 $\bar{\psi}$ 看作格拉斯曼值的狄拉克旋量, 可以立刻得到

$$Z = \int D\psi \int D\bar{\psi} e^{i\int d^4x \bar{\psi}(i\partial\!\!\!/ - m + i\varepsilon)\psi} = C'\det(i\partial\!\!\!/ - m + i\varepsilon)$$

$$= C' e^{\mathrm{tr}\ln(i\partial\!\!\!/ \gamma - m + i\varepsilon)} \tag{2.92}$$

其中, C' 是某些常数因子. 利用求迹的轮换性质, 注意到(这里的 m 被理解为 $m - i\varepsilon$)

$$\mathrm{tr}\ln(i\partial\!\!\!/ - m) = \mathrm{tr}\ln\gamma^5(i\partial\!\!\!/ - m)\gamma^5 = \mathrm{tr}\ln(-i\partial\!\!\!/ - m)$$

$$= \frac{1}{2}\left[\mathrm{tr}\ln(i\partial\!\!\!/ - m) + \mathrm{tr}\ln(-i\partial\!\!\!/ - m)\right]$$

$$= \frac{1}{2}\mathrm{tr}\ln(\partial^2 + m^2) \tag{2.93}$$

因此, $Z = C' e^{\frac{1}{2}\mathrm{tr}\ln(\partial^2 + m^2 - i\varepsilon)}$ (与式(2.80)对比!).

可以看到我们得到的真空能, 与在 2.2 节中通过正则量子化方法得到的相同. 因为 $i\partial\!\!\!/ - m$ 是一个 4×4 的矩阵, 所以要注意这里的求迹比式(2.80)中的求迹多了一个系数 4.

启发性地, 现在可以看到格拉斯曼变量的必要性了. 如果在式(2.92)中把 ψ 和 $\bar{\psi}$ 当作普通的复数处理, 可以得到类似于 $1/\det[i\partial\!\!\!/ - m] = e^{-\mathrm{tr}\ln(i\partial\!\!\!/ - m)}$ 的结果, 因此会把真空能的符号弄错. 我们希望行列式出现在分子中, 而不是在分母中.

狄拉克传播子

现在我们已经知道了狄拉克场是由格拉斯曼路径积分来量子化的, 所以现在可以引入格拉斯曼旋量源 η 和 $\bar{\eta}$:

$$Z(\eta,\bar{\eta}) = \int D\psi D\bar{\psi} e^{i\int d^4x\left[\bar{\psi}(i\partial\!\!\!/ - m)\psi + \bar{\eta}\psi + \bar{\psi}\eta\right]} \tag{2.94}$$

并且按照之前的方法进行计算. 与标量场的情况一样, 配成平方可以得到

$$\bar{\psi} K \psi + \bar{\eta} \psi + \bar{\psi} \eta = (\bar{\psi} + \bar{\eta} K^{-1}) K (\psi + K^{-1} \eta) - \bar{\eta} K^{-1} \eta \tag{2.95}$$

因此

$$Z(\eta, \bar{\eta}) = C'' e^{-i \bar{\eta} (i \slashed{\partial} - m)^{-1} \eta} \tag{2.96}$$

狄拉克场的传播子 $S(x)$ 是 $i \slashed{\partial} - m$ 的逆. 换句话说, $S(x)$ 由下面的式子决定:

$$(i \slashed{\partial} - m) S(x) = \delta^{(4)}(x) \tag{2.97}$$

读者可以自行验证, 这个方程的解为

$$i S(x) = \int \frac{\mathrm{d}^4 p}{(2\pi)^4} \frac{i e^{-i p x}}{\slashed{p} - m + i \varepsilon} \tag{2.98}$$

和式 (2.56) 吻合.

费米子的费曼规则

现在可以推导费米子的费曼法则, 就像推导标量场的费曼法则一样. 例如, 考虑一个标量场与狄拉克场相互作用的理论:

$$\mathcal{L} = \bar{\psi} (i \gamma^\mu \partial_\mu - m) \psi + \frac{1}{2} \left[(\partial \varphi)^2 - \mu^2 \varphi^2 \right] - \lambda \varphi^4 + f \varphi \bar{\psi} \psi \tag{2.99}$$

生成泛函

$$Z(\eta, \bar{\eta}, J) = \int \mathrm{D} \psi \, \mathrm{D} \bar{\psi} \, \mathrm{D} \varphi \, e^{i S(\psi, \bar{\psi}, \varphi) + i \int \mathrm{d}^4 x (J \varphi + \bar{\eta} \psi + \bar{\psi} \eta)} \tag{2.100}$$

可以由耦合常数 λ 和 f 的二重级数展开来估计.

费曼规则 (不赘述只涉及玻色子的规则) 如下:

(1) 用实线表示费米子, 用虚线表示玻色子, 并在每条线上标出动量, 如图 2.1 所示.

(2) 对于每一个费米子传播子, 有

$$\frac{i}{\slashed{p} - m + i \varepsilon} = i \frac{\slashed{p} + m}{p^2 - m^2 + i \varepsilon} \tag{2.101}$$

(3) 对于每一个相互作用顶点, 写下耦合因子 if, 并写下 $(2\pi)^4 \delta^{(4)} \left(\sum_{\text{in}} p - \sum_{\text{out}} p \right)$ 以

保证动量守恒(两个求和分别对入射和出射动量进行).

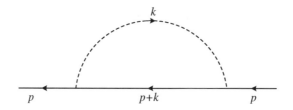

图 2.1

（4）所有的内线动量都是在测度 $\int\left[\mathrm{d}^4 p /(2\pi)^4\right]$ 下积分的.

（5）对外线进行截断,对每个入射的费米子线写下 $u(p,s)$,对每个出射的费米子线写下 $\bar{u}(p',s')$.源和汇必须识别出被产生或吸收的费米子的极化.(对于反费米子,应该是 $\bar{v}(p,s)$ 和 $v(p',s')$,由式(2.44)可以看到和出射的反费米子联系的是 v 而不是 $\bar{v}$.)

（6）每条闭合的费米子线贡献一个 -1.由于每个费米子携带的自旋指标应当被求和,相当于对每条闭合费米子线求迹.(例如式(2.157)~式(2.159).)

注意,规则(6)是费米子独有的,并且是需要解释费米子对真空能的负贡献所必须的.与真空波动对应的费曼图没有外线.将在 4.3 节中详细讨论这几点.

对于 2.1 节中提到的有质量矢量场和狄拉克场相互作用的理论:

$$\mathcal{L}=\bar{\psi}\left[\mathrm{i}\gamma^{\mu}(\partial_{\mu}-\mathrm{i}eA_{\mu})-m\right]\psi-\frac{1}{4}F_{\mu\nu}F^{\mu\nu}+\frac{1}{2}\mu^2 A_{\mu}A^{\mu} \tag{2.102}$$

费曼规则与上述的有以下不同:矢量玻色子的传播子为

$$\frac{\mathrm{i}}{k^2-\mu^2}\left(\frac{k_{\mu}k_{\nu}}{\mu^2}-g_{\mu\nu}\right)$$

因此矢量玻色子线不仅要写出动量,还要写出指标 μ 和 ν.(图 2.2 所示的)顶点与 $\mathrm{i}e\gamma^{\mu}$ 相对应.

如果图 2.2 中的矢量玻色子线是在壳的外线,那么要明确它的极化.正如在 1.5 节中讨论的,一个有质量的矢量玻色子有 3 个极化自由度,且由极化矢量 $\varepsilon_{\mu}^{(a)}$ 描述,其中 $a=1,2,3$.发射或吸收偏振 a 的矢量玻色子的振幅为 $\mathrm{i}e\gamma^{\mu}\varepsilon_{\mu}^{(a)}=\mathrm{i}e\varepsilon_{\mu}^{(a)}$.

在施温格的"魔法"中,与产生标量介子 $J(x)$ 的源相比,产生矢量玻色子 $J_{\mu}(x)$ 的源携带洛伦兹指标.在动量空间中,流守恒 $k^{\mu}J_{\mu}(k)=0$ 意味着可以分解 $J_{\mu}(k)=$

果壳中的量子场论
Quantum Field Theory in a Nutshell

$\sum_{a=1}^{3} J^{(a)}(k)\varepsilon_{\mu}^{(a)}(k)$. 聪明的实验物理学家建立了它的机器,即选择了 $J^{(a)}(k)$,从而产生一个具有所需的动量 k 和极化为 a 的矢量玻色子.流守恒要求 $k^{\mu}\varepsilon_{\mu}^{(a)}(k)=0$. 对于 $k^{\mu}=(\omega(k),0,0,k)$,可以选择

$$\varepsilon_{\mu}^{(1)}(k)=(0,1,0,0),\quad \varepsilon_{\mu}^{(2)}(k)=(0,0,1,0),\quad \varepsilon_{\mu}^{(3)}(k)=(-k,0,0,\omega(k))/m$$

$$(2.103)$$

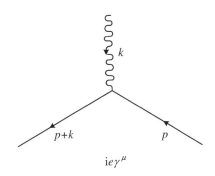

图 2.2

在正则量子化形式中,可以类比于标量场 φ 在式(1.121)中的展开:

$$A_{\mu}(\boldsymbol{x},t)=\int \frac{\mathrm{d}^{D}k}{\sqrt{(2\pi)^{D}2\omega_{k}}}\sum_{a=1}^{3}\{a^{(a)}(k)\varepsilon_{\mu}^{(a)}(k)\mathrm{e}^{-\mathrm{i}(\omega_{k}t-k\cdot x)}+a^{(a)\dagger}(k)\varepsilon_{\mu}^{(a)*}(k)\mathrm{e}^{\mathrm{i}(\omega_{k}t-k\cdot x)}\}$$

$$(2.104)$$

(相信你不会把用来表示湮灭的 a 和用来标示极化的字母 a 混淆.)重点是,相对于标量场 φ,矢量场 A_{μ} 携带洛伦兹指标,产生和湮灭算符必须"知道"这个指标(通过极化标记).与式(2.44)中的费米子场 ψ 的展开式对比是很有启发意义的:ψ 上的旋量指标 α 在展开式中由旋量 $u(p,s)$ 和 $v(p,s)$ 携带.在每种情况下,洛伦兹群使用的指标(矢量场的 μ 和旋量场的 α)被用来"交易"为指定自旋极化的标签(分别为 a 和 s).

一个小小的技术问题:注意,在式(2.104)中对与产生算符 $a^{(a)\dagger}(k)$ 相关的极化矢量取了复共轭,尽管式(2.103)中的极化矢量是实数.这是因为实验物理学家们有时喜欢使用带有极化矢量的圆偏振光子 $\varepsilon_{\mu}^{(1)}(k)=(0,1,i,0)/\sqrt{2},\varepsilon_{\mu}^{(2)}(k)=(0,1,-i,0)/\sqrt{2}$.

习题

2.5.1 写出标量理论式(2.99)对应的费曼图(图 2.1)的振幅,答案见 3.3 节.

2.5.2 用矢量场理论的费曼规则式(2.102)证明图 2.3 的振幅为

$$(ie)^2 i^2 \int \frac{d^4 k}{(2\pi)^4} \frac{1}{k^2-\mu^2} \left(\frac{k_\mu k_\nu}{\mu^2} - g_{\mu\nu} \right) \bar{u}(p) \gamma^\nu \frac{\not{p}+\not{k}+m}{(p+k)^2-m^2} \gamma^\mu u(p) \quad (2.105)$$

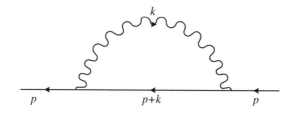

图 2.3

2.6 电子散射和规范不变性

电子-质子散射

现在,终于要开始计算一个实验学家能够实际测量的物理过程了.考虑电子在质子上的散射.(目前暂时忽略了质子同时参与的强相互作用,我们将在 3.6 节中学习如何将这一事实纳入考虑.这里,我们假设质子像电子一样,是一个遵从狄拉克方程自旋为 $-\frac{1}{2}$ 的无结构费米子.)展开至 e^2 阶,相关的费曼图在图 2.4 中给出,其中电子和质子交换了一个光子.

但是,稍等一下,从 1.5 节中我们只学会了如何计算假想中的有质量光子的传播子

$$iD_{\mu\nu} = i\left(\frac{k_\mu k_\nu}{\mu^2} - \eta_{\mu\nu}\right)/(k^2 - \mu^2).$$ （平凡的记号变化：由于 m 被保留作电子的质量，M 被保留为质子的质量，光子的质量现在称作 μ.）在第 1 章中，我概述了我们的哲学：我们将继续往前，以非零的 μ 进行计算，并希望最后可以令 μ 为 0.确实，当计算出两个外部电荷之间的势能时，我们发现可以高枕无忧地将 $\mu \to 0$.在本节和下一节中，我们想看看能否一直如此.

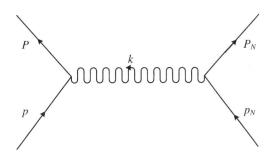

图 2.4

应用费曼规则，可以得到图 2.4 中的振幅（其中，$k = P - p$ 是散射过程中的动量转移）：

$$\mathcal{M}(P, P_N) = (-ie)(ie)\frac{i}{(P-p)^2 - \mu^2}\left(\frac{k_\mu k_\nu}{\mu^2} - \eta_{\mu\nu}\right)\bar{u}(P)\gamma^\mu u(p)\bar{u}(P_N)\gamma^\nu u(p_N)$$

(2.106)

上式省略了自旋指标，并使用下标 N（代表核子）来指代质子.

注意到，幸好有 $\bar{u}(P)$ 和 $u(p)$ 满足的运动方程：

$$k_\mu \bar{u}(P)\gamma^\mu u(p) = (P-p)_\mu \bar{u}(P)\gamma^\mu u(p)$$
$$= \bar{u}(P)(\not{P} - \not{p})u(p) = \bar{u}(P)(m - m)u(p) = 0 \quad (2.107)$$

类似地，$k^\mu \bar{u}(P_N)\gamma_\mu u(p_N) = 0$.

这个重要的洞察暗示了 $k_\mu k_\nu / \mu^2$ 项并不会进入结果中.因此，

$$\mathcal{M}(P, P_N) = -ie^2 \frac{1}{(P-p)^2 - \mu^2}\bar{u}(P)\gamma^\mu u(p)\bar{u}(P_N)\gamma_\mu u(p_N) \quad (2.108)$$

现在可以将光子质量 μ 设为 0，并把分母中的 $(P-p)^2 - \mu^2$ 替换成 $(P-p)^2$.

注意到允许我们将 μ 设置为 0 的恒等式正是电磁流守恒方程 $\partial_\mu J^\mu = \partial_\mu(\bar{\psi}\gamma^\mu\psi) = 0$ 在动量空间下的版本.你也许注意到，此计算与我们从式(1.64)推导式(1.65)时的方法密切相关，其中，$\bar{u}(P)\gamma^\mu u(p)$ 扮演 $J^\mu(k)$ 的角色.

势散射

由于质子质量 M 比电子质量 m 大得多,这使得我们能够使用一个在基本物理中熟知的有用的近似. 在 M/m 趋于无穷大的极限中,质子几乎不动,所以对于质子,我们能够使用在2.2节中给出的静止系中粒子的旋量表示,如此 $\bar{u}(P_N)\gamma_0 u(p_N)\approx 1$ 且 $\bar{u}(P_N)\gamma_i u(p_N)\approx 0$. 因此

$$\mathcal{M} = \frac{-\mathrm{i}e^2}{k^2}\bar{u}(P)\gamma^0 u(p) \tag{2.109}$$

我们认识到,我们正在质子产生的库仑势中散射电子. 计算(我们熟悉的)运动学 $p=(E,0,0,|\boldsymbol{p}|)$ 和 $P=(E,0,|\boldsymbol{p}|\sin\theta,|\boldsymbol{p}|\cos\theta)$,可以看到 $k=P-p$ 是完全类空的,且 $k^2=-\boldsymbol{k}^2=-4|\boldsymbol{p}|^2\sin^2\left(\dfrac{\theta}{2}\right)$. 由式(1.59)回忆起

$$\int \mathrm{d}^3 x\,\mathrm{e}^{\mathrm{i}k\cdot x}\left(-\frac{e}{4\pi r}\right) = -\frac{e}{k^2} \tag{2.110}$$

用图2.5中的费曼图表示势散射,其中质子消失用"×"取代,"×"提供了与电子相互作用的虚拟光子. 从这个意义上讲,可以将库仑势图像化地想象成一大群虚拟光子.

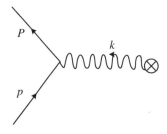

图2.5

再次地,使用正则形式推导势散射的表达式 $\mathcal{M}$ 是有启发性的. 我们想得到单电子态 $|p,s\rangle\equiv b^\dagger(p,s)|0\rangle$ 的跃迁振幅 $\langle P,S|\mathrm{e}^{-\mathrm{i}HT}|p,s\rangle$. 拉格朗日量中描述电子与外部c-数势 A_μ 相互作用的项在式(2.102)中给出,因此至领头阶,跃迁振幅是 $\mathrm{i}e\int\mathrm{d}^4 x\langle P,S|\bar{\psi}(x)\gamma^\mu\psi(x)|p,s\rangle A_\mu(x)$. 利用式(2.44)和式(2.45),我们的计算如下:

$$ie\int d^4x[1/\rho(P)][1/\rho(p)][\bar{u}(P,S)\gamma^\mu u(p,s)]e^{i(P-p)x}A_\mu(x)$$

这里，$\rho(p)$ 表示式(2.44)中的费米子归一化因子 $\sqrt{(2\pi)^3 E_p/m}$. 鉴于库仑势仅具有一个时间分量，且与时间无关，我们看到它关于时间的积分给出一个能量守恒的 δ 函数，关于空间的积分给出了势的傅里叶变换，如同式(2.10). 因此，上式变成 $[1/\rho(P)][1/\rho(p)]\cdot$
$(2\pi)\delta(E_P-E_p)\left(\dfrac{-ie^2}{k^2}\right)\bar{u}(P,S)\gamma^0 u(p,s)$. 令人满意的是，最多相差一个归一化因子和能量守恒的 δ 函数，我们重新得到了费曼振幅，如式(1.126)所给出的一样，除了需要把玻色子的归一化因子替换成费米子的. 注意，这里只有能量守恒而没有 3-动量守恒，我们已经非常了解这一事实，例如当我们带动一个篮球时.

电子-电子散射

接下来，我们试着处理两个相互散射的电子：$e^-(p_1)+e^-(p_2)\to e^-(P_1)+e^-(P_2)$. 在这里，我们遇到了新的物理知识：这两个电子是全同的. 量子物理的深刻原理之一是，我们无法区别两个出射的电子. 现在，至 e^2 阶有两个费曼图(图2.6)，它们可由交换两个出射电子得到. 荷载动量为 p_1 的电子可能"来自"荷载动量 P_1 的电子，也可能来自动量为 P_2 的电子.

对于图2.6(a)，类似之前，有振幅

$$A(P_1,P_2)=[ie^2/(P_1-p_1)^2]\bar{u}(P_1)\gamma^\mu u(p_1)\bar{u}(P_2)\gamma_\mu u(p_2)$$

上式仅标出了 A 对末态动量的依赖，而省略了其他依赖. 考虑到费米统计，图2.6的振幅就是 $-A(P_2,P_1)$. 因此，动量分别为 p_1 和 p_2 的两个电子散射到动量分别为 P_1 和 P_2 的电子，其不变振幅为

$$\mathcal{M}=A(P_1,P_2)-A(P_2,P_1) \tag{2.111}$$

为了得到散射截面，必须将振幅求模方：

$$|\mathcal{M}|^2=[|A(P_1,P_2)|^2+(P_1\leftrightarrow P_2)]-2\mathrm{Re}\,A(P_2,P_1)^*A(P_1,P_2) \tag{2.112}$$

现在必须做相当多的算术运算，但接下来的内容在概念上并没有什么错综复杂的. 首先，必须学习求旋量振幅的复共轭. 利用式(2.15)，注意一般有 $[\bar{u}(p')\gamma_\mu\cdots\gamma_\nu u(p)]^*=$
$u(p)^\dagger\gamma_\nu^\dagger\cdots\gamma_\mu^\dagger\gamma^0 u(p')=\bar{u}(p)\gamma_\nu\cdots\gamma_\mu u(p')$. 这里，$\gamma_\mu\cdots\gamma_\nu$ 代表任意数

目的 γ 矩阵乘积. 复共轭会颠倒乘积的顺序并交换两个旋量, 因此有

$$|A(P_1,P_2)|^2 = \frac{e^4}{k^4}[\bar{u}(P_1)\gamma^\mu u(p_1)\bar{u}(p_1)\gamma^\nu u(P_1)][\bar{u}(P_2)\gamma_\mu u(p_2)\bar{u}(p_2)\gamma_\nu u(P_2)]$$

$$(2.113)$$

可以因式化为一个因式包含带动量下标 1 的旋量, 另一个包含带动量下标 2 的旋量. 相反, 干涉项 $A(P_2,P_1)^*A(P_1,P_2)$ 不能因式化.

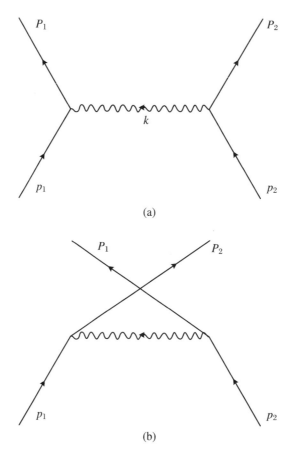

图 2.6

在最简单的实验中, 初态电子是未极化的, 且不测量末态出射电子的极化方向. 对初态自旋做平均, 对末态自旋求和, 并利用式(2.42):

$$\sum_s u(p,s)\bar{u}(p,s) = \frac{\slashed{p}+m}{2m}$$

$$(2.114)$$

通过对 $|A(P_1, P_2)|^2$ 求平均与求和,可以得到如下对象(显式地写出自旋指标):

$$\tau^{\mu\nu}(P_1, p_1) \equiv \frac{1}{2} \sum \sum \bar{u}(P_1, S) \gamma^\mu u(p_1, s) \bar{u}(p_1, s) \gamma^\nu u(P_1, S) \quad (2.115)$$

$$= \frac{1}{2(2m)^2} \text{tr}(\not{p}_1 + m) \gamma^\mu (\not{p}_1 + m) \gamma^\nu \quad (2.116)$$

它还需乘以 $\tau_{\mu\nu}(P_2, p_2)$.

更确切地说,还必须开发一些技术,用来计算伽马矩阵乘积的迹.一个关键的结果是伽马矩阵的平方等于 $+1$ 或 -1,且不同的伽马矩阵反对易.显然,奇数个伽马矩阵乘积的迹为 0.此外,由于仅存在 4 个不同的伽马矩阵,因此在 6 个伽马矩阵乘积求迹时,总是存在成对的伽马矩阵,它们可以通过反对易结合在一起,从而减少为 4 个伽马矩阵乘积的迹.对于更多数目伽马矩阵的乘积求迹也是如此.

因此,$\tau^{\mu\nu}(P_1, p_1) = \frac{1}{2(2m)^2}[\text{tr}(\not{P}_1 \gamma^\mu \not{p}_1 \gamma_\nu)] + m^2 \text{tr}(\gamma^\mu \gamma^\nu)$.稍微变形 $\text{tr}(\not{P}_1 \gamma^\mu \not{p}_1 \gamma^\nu) = P_{1\rho} p_{1\lambda} \text{tr}(\gamma^\rho \gamma^\mu \gamma^\lambda \gamma^\nu)$,并利用附录 D 中列出的偶数个伽马矩阵乘积求迹的表达式,可得 $\tau^{\mu\nu}(P_1, p_1) = \frac{1}{2(2m)^2} 4(P_1^\mu p_1^\nu - \eta^{\mu\nu} P_1 \cdot p_1 + P_1^\nu p_1^\mu + m^2 \eta^{\mu\nu})$.

在对 $A(P_2, P_1)^* A(P_1, P_2)$ 求平均并求和时,会遇到更复杂的对象:

$$\kappa \equiv \frac{1}{2^2} \sum \sum \sum \sum \bar{u}(P_1) \gamma^\mu u(p_1) \bar{u}(P_2) \gamma_\mu u(p_2) \bar{u}(p_1) \gamma^\nu u(P_2) \bar{u}(p_2) \gamma_\nu u(P_1)$$

$$(2.117)$$

其中,为了简化,省略了自旋指标.应用式(2.114),可以把 κ 作为单项求迹.对 κ 的求值非常烦琐,因为它涉及多达 8 个伽马矩阵乘积的求迹.

我们很乐意在相对论极限下研究电子–电子散射,那样相对于动量,m 可以忽略.如同在 2.2 节中解释的那样,当我们将"静止归一化"用于旋量时,可以尽可能地将 m 设置为 0,然后

$$\kappa = \frac{1}{4(2m)^4} \text{tr}(\not{P}_1 \gamma^\mu \not{p}_1 \gamma^\nu \not{P}_2 \gamma_\mu \not{p}_2 \gamma_\nu) \quad (2.118)$$

把附录 D 中的恒等式应用到上式,我们可以得到 $\text{tr}(\not{P}_1 \gamma^\mu \not{p}_1 \gamma^\nu \not{P}_2 \gamma_\mu \not{p}_2 \gamma_\nu) = -2\text{tr}(\not{P}_1 \gamma^\mu \cdot \not{p}_1 \not{p}_2 \gamma_\mu \not{P}_2) = -32 p_1 \cdot p_2 P_1 \cdot P_2$

在相同的极限下,$\tau^{\mu\nu}(P_1, p_1) = \frac{2}{(2m)^2}(P_1^\mu p_1^\nu + P_1^\nu p_1^\mu - \eta^{\mu\nu} P_1 \cdot p_1)$,因此

$$\tau^{\mu\nu}(P_1, p_1)\tau_{\mu\nu}(P_2, p_2)$$

$$= \frac{4}{(2m)^4}(P_1^\mu p_1^\nu + P_1^\nu p_1^\mu - \eta^{\mu\nu}P_1 \cdot p_1)(2P_{2\mu}p_{2\nu} - \eta^{\mu\nu}P_2 \cdot p_2) \quad (2.119)$$

$$= \frac{4 \cdot 2}{(2m)^4}(p_1 \cdot p_2 P_1 \cdot P_2 + p_1 \cdot P_2 p_2 \cdot P_1) \quad (2.120)$$

计算非常乏味,让我们来听一个有趣的故事休息一下:戈德伯格在战争期间从事曼哈顿计划相关工作,之后在芝加哥大学研究生毕业,我在本书2.1节中提到过他.戈德伯格告诉我,费米对于年轻人那时使用的把对自旋 $\frac{1}{2}$ 极化的求和转为求迹的方法惊叹不已.费米和老一辈的其他人只是简单地在狄拉克基下记住了旋量的特定形式(你已从习题2.1.3中了解到)和由此得到的 $\bar{u}(P,S)\gamma^\mu u(p,s)$ 的表达式.他们简单地把这些式子乘到一起,然后把所有不同的可能性加起来.费米对小年轻们[①]惯于使用的花哨方法心存疑惑,并向默夫发起了在黑板上的比赛.当然,费米凭借他闪电般的速度获胜.曾有一代人将求迹视作一种神奇的数学技巧,作为生活弦论时代的人,我对此实在是很吃惊.我坦白我甚至曾对这个故事有些怀疑,直到我看到费曼的《量子电动力学》一书.你猜猜怎么着,在我拥有的版本的第100页上,费曼的确构建了一张表格,展示了各种自旋极化的振幅平方的结果.几页之后,他提到极化也可以通过"spur"(德语中用来表示"求迹"的词)来求和.另一个有趣的题外话是:"spur"与英语单词"spoor"紧密相关,"spoor"的意思是动物粪便,因此也意味"track""trail"和"trace".好的,回来吧!

本书的目的不是教你计算散射截面好混口饭吃,它只是被精心地设计成把一些计算推迟到最后.这里很适合用来介绍一些有用的相对论运动学.在计算散射过程 $p_1 + p_2 \to P_1 + P_2$ 的散射截面时(通常4个粒子的质量都不同),通常会遇到洛伦兹不变量,例如 $p_1 \cdot P_2$.开始,你可能以为会有6个这样的不变量,但事实上,只有物理参数、入射能量 E 和散射角 θ.组织这些不变量的最简洁的方法是引入所谓的曼德尔施塔姆(Mandelstam)变量:

$$s \equiv (p_1 + p_2)^2 = (P_1 + P_2)^2 \quad (2.121)$$

$$t \equiv (P_1 - p_1)^2 = (P_2 - p_2)^2 \quad (2.122)$$

$$u \equiv (P_2 - p_1)^2 = (P_1 - p_2)^2 \quad (2.123)$$

---

① 译注:小年轻们,原文为"the young Turks",即青年土耳其党人,是20世纪初奥斯曼土耳其帝国的一批激进立宪派,尤以奥斯曼军队中的少壮派军官恩维尔、凯末尔(后来的土耳其共和国国父)等人为代表.这个词后来引申为少壮派、激进派.

一定存在一个恒等式,可以将 3 个变量 s, t 和 u 约化到两个. 写出来就是(其中的符号不言自明)

$$s + t + u = m_1^2 + m_2^2 + M_1^2 + M_2^2 \tag{2.124}$$

对于此处的计算,首先考虑相对论极限下质心系的特殊情形,$p_1 = E(1,0,0,1)$, $p_2 = E(1,0,0,-1)$, $P_1 = E(1,\sin\theta,0,\cos\theta)$, $P_2 = E(1,-\sin\theta,0,-\cos\theta)$. 因此,

$$p_1 \cdot p_2 = P_1 \cdot P_2 = 2E^2 = \frac{1}{2}s \tag{2.125}$$

$$p_1 \cdot P_1 = p_2 \cdot P_2 = 2E^2 \sin^2\frac{\theta}{2} = -\frac{1}{2}t \tag{2.126}$$

且

$$p_1 \cdot P_2 = p_2 \cdot P_1 = 2E^2 \cos^2\frac{\theta}{2} = -\frac{1}{2}u \tag{2.127}$$

另外,在此极限下,$(P_1 - p_1)^4 = (-2p_1 \cdot P_1)^2 = 16E^4 \sin^4(\theta/2) = t^4$. 把它们放在一起,可以得到 $\frac{1}{4}\sum\sum\sum\sum |\mathcal{M}|^2 = [e^4/(4m^4)]f(\theta)$,其中

$$
\begin{aligned}
f(\theta) &= \frac{s^2 + u^2}{t^2} + \frac{2s^2}{tu} + \frac{s^2 + t^2}{u^2} \\
&= \frac{s^4 + t^4 + u^4}{t^2 u^2} \\
&= \frac{1 + \cos^4(\theta/2)}{\sin^4(\theta/2)} + \frac{2}{\sin^2(\theta/2)\cos^2(\theta/2)} + \frac{1 + \sin^4(\theta/2)}{\cos^4(\theta/2)} \tag{2.128} \\
&= 2\left[\frac{1}{\sin^4(\theta/2)} + 1 + \frac{1}{\cos^4(\theta/2)}\right] \tag{2.129}
\end{aligned}
$$

式(2.128)中每一项的物理起源(在用三角恒等式化简到式(2.129)之前)都是十分清楚的. 由于光子传播子 $\sim 1/k^2$ 在 $k \sim 0$ 处发散,第一项极大地增强了向前散射. 第三项是由两个出射电子的不可分辨性决定的:散射在 $\theta \to \pi - \theta$ 的变换下必须是对称的,因为实验者无法分辨特定的入射电子是向前还是向后散射. 第二项最为有趣,它来自量子干涉. 如果我们错误地认为电子是玻色子,并在式(2.111)中取加号,则 $f(\theta)$ 的第二项将会带有一个负号. 这会带来很大不同;例如,$f(\pi/2)$ 将是 $5 - 8 + 5 = 2$,而不是 $5 + 8 + 5 = 18$.

由于从概率振幅的平方到散射截面的转换,在概念上与非相对论量子力学相同(需

要除以入射通量等），所以本书将把它归入附录．作为练习完成最后的几步，并获得微分横截面：

$$\frac{\mathrm{d}\sigma}{\mathrm{d}\Omega} = \frac{\alpha^2}{8E^2}f(\theta) \tag{2.130}$$

其中，精细结构常数 $\alpha \equiv e^2/(4\pi) \approx 1/137$．

一个了不起的学科

当你思考理论物理学时，会发现它的确是一件了不起的事．当适当的设备组装好，高能电子彼此散射之后，实验人员的确会发现式(2.130)中给出的微分截面．这几乎已经是某种魔法了．

附录 衰变率和散射截面

为了与实验联系，必须将跃迁振幅转换为实验人员能够实际测量的散射截面和衰变率．假设你已经从非相对论量子力学课程中熟悉了这些测量背后的物理概念，因此在这里将重点放在量子场论特有的方面．

为了能够计算状态数，我们采用了一种你可能在量子统计力学已经熟悉的方法．即将系统封闭在一个盒子中，比如一个边长为 L 的立方体，而 L 比系统的特征长度大得多．在周期性边界条件下，允许的平面波态 $e^{ip \cdot x}$ 携带的动量为

$$p = \frac{2\pi}{L}(n_x, n_y, n_z) \tag{2.131}$$

其中，n_i 为 3 个整数．动量的允许值形成动量空间中格距为 $2\pi/L$ 的点阵．实验人员以有限的分辨率测量动量，很小但远大于 $2\pi/L$．因此，动量空间中的无穷小体积 d^3p 中包含的状态数为 $\mathrm{d}^3p/(2\pi/L)^3 = V\mathrm{d}^3p/(2\pi)^3$，其中 $V = L^3$ 为盒子的体积．因此，可以得到

$$\int \frac{\mathrm{d}^3p}{(2\pi)^3}f(p) \leftrightarrow \frac{1}{V}\sum_p f(p) \tag{2.132}$$

在求和中，p 遍历式(2.131)中的离散值．式(2.132)中连续归一化和离散箱归一化的对应暗示了

$$\delta^{(3)}(\boldsymbol{p}-\boldsymbol{p}') \leftrightarrow \frac{V}{(2\pi)^3}\delta_{pp'} \tag{2.133}$$

其中,克罗内克符号 $\delta_{pp'}$ 等于 1,若 $\boldsymbol{p}=\boldsymbol{p}'$,否则等于 0.记住这些对应关系的一种简单方法是通过量纲匹配.

现在来观察一个复标量场用产生与湮灭算符进行的展开式(1.127):

$$\varphi(\boldsymbol{x},t) = \int \frac{\mathrm{d}^3k}{\sqrt{(2\pi)^3 2\omega_k}}\left[a(k)\mathrm{e}^{-\mathrm{i}(\omega_k t - k\cdot x)} + b^\dagger(k)\mathrm{e}^{\mathrm{i}(\omega_k t - k\cdot x)}\right] \tag{2.134}$$

为了公式的简洁,后面将稍微滥用符号.例如,在不存在混淆的情况下,我将会省略矢量上的箭头①.转到箱归一化,将对易关系 $[a(k),a^\dagger(k')]=\delta^{(3)}(\boldsymbol{k}-\boldsymbol{k}')$ 替换为

$$[a(k),a^\dagger(k')] = \frac{V}{(2\pi)^3}\delta_{kk'} \tag{2.135}$$

现在我们把产生和湮灭算符归一化为

$$a(k) = \left[\frac{V}{(2\pi)^3}\right]^{\frac{1}{2}}\tilde{a}(k) \tag{2.136}$$

以使得

$$[\tilde{a}(k),\tilde{a}^\dagger(k')] = \delta_{k,k'} \tag{2.137}$$

这样态 $|\boldsymbol{k}\rangle \equiv \tilde{a}^\dagger(\boldsymbol{k})|0\rangle$ 被适当地归一化 $\langle\boldsymbol{k}|\boldsymbol{k}\rangle = 1$.利用式(2.132)和式(2.136),最终得到

$$\varphi(x) = \frac{1}{V^{\frac{1}{2}}}\sum_k \frac{1}{\sqrt{2\omega_k}}(\tilde{a}\mathrm{e}^{-\mathrm{i}kx} + \tilde{b}^\dagger\mathrm{e}^{\mathrm{i}kx}) \tag{2.138}$$

我们指定了一个复的,而不是一个实的标量场,因为这样,就如你在习题 1.8.4 中所证明的,可以用对应的荷 $Q = \int \mathrm{d}^3x J^0 = \int \mathrm{d}^3k[a^\dagger(k)a(k) - b^\dagger(k)b(k)] \to \sum_k [\tilde{a}^\dagger(k)\tilde{a}(k) - \tilde{b}^\dagger(k)\tilde{b}(k)]$ 定义一个守恒流.紧接着,$\langle\boldsymbol{k}|Q|\boldsymbol{k}\rangle = 1$,因此对于状态 $|\boldsymbol{k}\rangle$,箱子中只有一个粒子.

为了得出衰变率的公式,且为了教学上的清晰起见,我们将注意力集中在一个玩具拉格朗日模型上.$\mathcal{L} = g(\eta^\dagger \xi^\dagger \psi + \mathrm{h.c.})$ 描述一个介子到两个其他种类介子,$\varphi \to \eta + \xi$ 的

---

① 译注:本书原版采用箭头表示矢量,与中文版采用粗体表示矢量有所不同.

衰变过程.(像往常一样,仅显示拉格朗日中我们当下感兴趣的部分.换句话说,我们省略了你早已掌握的东西:$\mathcal{L} = \partial \varphi^\dagger \partial \varphi - m_\varphi \varphi^\dagger \varphi + \cdots$以及其余的.)

跃迁振幅$\langle \boldsymbol{p}, \boldsymbol{q} \mid e^{-iHT} \mid \boldsymbol{k} \rangle$的最低阶由 $\mathcal{A} = i\langle \boldsymbol{p}, \boldsymbol{q} \mid \int d^4x \left[g\eta^\dagger(x) \xi^\dagger(x) \varphi(x) \right] \mid \boldsymbol{k} \rangle$

给出.在这里,使用上面"仔细"归一化过的态,即由各种"类似于"$a^\dagger$的算符创造的态.(就像在量子力学中一样,严格来说,这是应该使用波包而不是平面波态.我假设你已经完成了至少一次这个过程.)代入式(2.138)的各种类似式子,可以得到

$$\mathcal{A} = ig\left(\frac{1}{V^{\frac{1}{2}}}\right)^3 \sum_{p'} \sum_{q'} \sum_{k'} \frac{1}{\sqrt{2\omega_{p'} 2\omega_{q'} 2\omega_{k'}}} \int d^4x e^{i(p'+q'-k')} \langle \boldsymbol{p}, \boldsymbol{q} \mid \tilde{a}^\dagger(p') \tilde{a}^\dagger(q') \tilde{a}(k') \mid \boldsymbol{k} \rangle$$

$$= ig \frac{1}{V^{\frac{3}{2}}} \frac{1}{\sqrt{2\omega_p 2\omega_q 2\omega_k}} (2\pi)^4 \delta^{(4)}(p + q - k) \tag{2.139}$$

在这里,我们已经犯了很多违背符号一致性的小错误.例如,由于3种粒子φ,η和ξ具有不同的质量,根据上下文,取决于不同的下标,符号ω将代表不同的函数.(所以$\omega_p = \sqrt{p^2 + m_\eta^2}$,等等.)类似地,$\tilde{a}(k')$确实应该写成$\tilde{a}_\varphi(k')$,等等.另外,我们混淆了3-动量和4-动量.我认为所有这些都属于天主教教会过去所说的轻罪的范畴.无论如何,你应该完全理解我在说什么.

接着,可以把跃迁振幅$\mathcal{A}$平方以得到跃迁几率.你可能会担心,因为将不得不对狄拉克δ函数进行平方.但是不要担心,我们已经将自己封闭在盒子里了.此外,实际上我们是在计算$\langle \boldsymbol{p}, \boldsymbol{q} \mid e^{-iHT} \mid \boldsymbol{k} \rangle$,状态$\mid \boldsymbol{k} \rangle$经过漫长但有限的时间$T$转变成状态$\mid \boldsymbol{p}, \boldsymbol{q} \rangle$的振幅.因此,可以安心地写出

$$\begin{aligned}\left[(2\pi)^4 \delta^{(4)}(p + q - k)\right]^2 &= (2\pi)^4 \delta^{(4)}(p + q - k) \int d^4x e^{i(p+q-k)x} \\ &= (2\pi)^4 \delta^{(4)}(p + q - k) \int d^4x \\ &= (2\pi)^4 \delta^{(4)}(p + q - k) VT \end{aligned} \tag{2.140}$$

所以单位时间的跃迁几率,亦称作跃迁率,就等于

$$\frac{\mid \mathcal{A} \mid^2}{T} = \frac{V}{V^3} \left(\frac{1}{2\omega_p 2\omega_q 2\omega_k}\right) (2\pi)^4 \delta^{(4)}(p + q - k) g^2 \tag{2.141}$$

回想一下,动量空间中d^3p体积内存在$Vd^3p/(2\pi)^3$种状态.因此,将末态的数目$[Vd^3p/(2\pi)^3][Vd^3q/(2\pi)^3]$乘以跃迁率$\mid \mathcal{A} \mid^2/T$,就可以得到一个介子衰变到两个特定动量范围$d^3p$和$d^3q$内的介子的微分衰变率:

$$\mathrm{d}\Gamma = \frac{1}{2\omega_k}\frac{V}{V^3}\left[V\frac{\mathrm{d}^3 p}{(2\pi)^3 2\omega_p}\right]\left[V\frac{\mathrm{d}^3 q}{(2\pi)^3 2\omega_q}\right](2\pi)^4\delta^{(4)}(p+q-k)g^2 \quad (2.142)$$

与你看到的一样, V 因子理所当然地抵消掉了.

为了得到总衰变率 Γ, 对 $\mathrm{d}^3 p$ 和 $\mathrm{d}^3 q$ 进行积分. 注意 $1/(2\omega_k)$ 因子: 运动粒子的衰变率要比静止粒子小一个 m/ω_k 因子. 我们已经推导过时间膨胀效应, 可以说非常有先见之明了.

现在准备推广到以下过程: 一个携带动量 P 的粒子衰变到 n 个分别携带动量 $k_1, \cdots, k_n$ 的粒子. 为了明确起见, 我们假设它们都是玻色粒子. 第一步, 画出所有相关的费曼图, 并计算不变振幅 $\mathcal{M}$. (在我们的玩具模型里, $\mathcal{M} = ig$.) 第二步, 跃迁几率包含一个 $1/V^{n+1}$ 因子, 对每个粒子有一个 $1/V$ 因子, 但是当我们对代表动量守恒的 δ 函数做平方时, 也能得到一个 VT 因子, 该因子将跃迁几率转换成跃迁率, 并去掉 V 的一次幂, 从而留下 $1/V^n$ 因子. 接下来, 当对末态求和时, 对于末态的每一个粒子, 将得到一个 $V\mathrm{d}^3 k_i/[(2\pi)^3 2\omega_{k_i}]$ 因子. 因此, 所有的 V 因子确实相互抵消了.

因此, 一个质量为 M 的玻色子在静止系中的微分衰变率为

$$\mathrm{d}\Gamma = \frac{1}{2M}\frac{\mathrm{d}^3 k_1}{(2\pi)^3 2\omega(k_1)}\cdots\frac{\mathrm{d}^3 k_n}{(2\pi)^3 2\omega(k_n)}(2\pi)^4\delta^{(4)}\left(P-\sum_{i=1}^{n}k_i\right)|\mathcal{M}|^2 \quad (2.143)$$

此刻, 我们回想起如 2.2 节所述, 在将费米子场展开为产生与湮灭算符时 (见式(2.44)), 可以选择两个常用的归一化, 它们平凡地由一个 $(2m)^{\frac{1}{2}}$ 因子联系起来. 如果选择使用"静止系归一化", 以使旋量在静止系中有较优美的形式, 那么场的展开中包含的归一化因子将是 $(E_p/m)^{\frac{1}{2}}$, 而不是玻色子那样的 $(2\omega_k)^{\frac{1}{2}}$ (见式(1.121)). 这使得烦琐的替换不可避免, 对于每一费米子, 都需把因子 $2\omega(k)=2\sqrt{k^2+m^2}$ 替换成 $E(p)/m = \sqrt{p^2+m^2}/m$. 特别地, 对于费米子的衰变率, 因子 $1/(2M)$ 应当被移除. 如果你选择"任意质量归一化", 只需要记住将 $\mathcal{M}$ 出现的旋量正确地归一化, 但无须改动这里推导出的相空间因子.

下面转向散射截面的部分. 就像已经说过的, 你应该已经从非相对论量子力学中熟悉了所涉及的基本概念. 尽管如此, 复习所涉及的基本概念还是有帮助的. 为了明确起见, 考虑某些快乐的实验家发送了一束不快乐的电子去撞击静止的质子. 束流的通量定义为单位时间内穿过假设的单位面积的电子数, 因此由 $F = nv$ 给出, 其中 n 和 v 标记束流中电子的密度和速度. 测得的事件率除以束流通量, 其结果被定义为散射截面 σ, 散射截面具有面积的量纲, 可以理解为质子被电子看到的有效尺寸.

转到电子的静止系中可能会更有所帮助. 在电子静止系中, 质子像推土机一样在电

子云中穿行. 在时间 Δt 内质子移动了 $v\Delta t$ 的距离, 因此扫过了 $\sigma v \Delta t$ 的体积, 其中包括 $n\sigma v \Delta t$ 数目的电子. 将前式除以 Δt, 可以得到事例速率 $nv\sigma$.

为了测量微分横截面, 实验人员通常会在目标粒子处于静止状态的实验室参考系内, 建立一个立体角跨度为 $d\Omega = \sin\theta d\theta d\phi$ 的探测器, 并计算单位时间内的事例数.

以上都是熟悉的东西. 现在基本上可以完全套用计算微分衰变率的方法来计算 $p_1 + p_2 \rightarrow k_1 + k_2 + \cdots + k_n$ 过程中的微分散射截面. 由于初态现在有两个粒子, 因此在跃迁概率中会出现一个 $(1/V)^{n+2}$. 但是如同之前, 动量守恒的 δ 函数产生 V 的一次幂, 末态动量计数给出一个 V^n 因子, 所以最终得到一个 $1/V$ 因子. 也许你会对这个剩下的 $1/V$ 担忧, 但是回想一下, 我们还需要除以束流, 它由 $|v_1 - v_2|n$ 给出. 由于归一到箱中只有单个粒子, 所以数密度 n 等于 $1/V$. 再一次, 所有 V 因子都抵消了. 它们也必须如此.

因此, 步骤到了画出所有相关的费曼图至欲求阶, 并对于过程 $p_1 + p_2 \rightarrow k_1 + k_2 + \cdots + k_n$ 计算 $\mathcal{M}$. 然后, 微分截面由下式给出(同样假设所有粒子均为玻色子):

$$d\sigma = \frac{1}{|v_1 - v_2|2\omega(p_1)2\omega(p_2)} \frac{d^3 k_1}{(2\pi)^3 2\omega(k_1)} \cdot \cdots \cdot \frac{d^3 k_n}{(2\pi)^3 2\omega(k_n)}$$

$$\cdot (2\pi)^4 \delta^{(4)}\left(p_1 + p_2 - \sum_{i=1}^{n} k_i\right) |\mathcal{M}|^2 \tag{2.144}$$

我们默认在共线坐标系中工作, 其中入射粒子的速度 v_1 和 v_2 的指向相反. 这一类的参考系包括熟知的质心系和实验室系(其中 $v_2 = 0$). 在共线坐标系中, $p_1 = E_1(1,0,0,v_1)$, $p_2 = E_2(1,0,0,v_2)$, 通过简单地计算表明 $(p_1 p_2)^2 - m_1^2 m_2^2 = [E_1 E_2 (v_1 - v_2)]^2$. 我们可以把 $d\sigma$ 中的 $|v_1 - v_2|E_1 E_2$ 因子写成更加凸显不变性的形式 $[(p_1 p_2)^2 - m_1^2 m_2^2]^{\frac{1}{2}}$, 因此可以清晰地表明, 微分散射截面在沿束流方向的洛伦兹推促变换下是不变的, 显然在物理上也必须如此.

一个经常遇到的情况是, 两个粒子在质心系散射到两个粒子. 让我们首先计算相空间积分 $\int (d^3 k_1/\omega_1)(d^3 k_2/\omega_2)\delta^{(4)}(P - k_1 - k_2)$, 以作为一个简单的示范. 我们将以两种不同的方式来完成启发.

我们可以立即对 $d^3 k_2$ 进行积分, 因此去掉三维动量守恒的 $\delta^3(k_1 - k_2)$ 函数. 写为 $d^3 k_1 = k_1^2 dk_1 d\Omega$, 对剩下的能量守恒的 δ 函数 $\delta(\sqrt{k_1^2 + m_1^2} + \sqrt{k_1^2 + m_2^2} - E_{\text{total}})$ 进行积分. 利用式(1.14), 可以发现对于 k_1 的积分给出 $k_1 \omega_1 \omega_2 / E_{\text{total}}$, 其中 $\omega_1 \equiv \sqrt{k_1^2 + m_1^2}$ 且 $\omega_2 \equiv \sqrt{k_1^2 + m_2^2}$, k_1 由 $\sqrt{k_1^2 + m_1^2} + \sqrt{k_1^2 + m_2^2} = E_{\text{total}}$ 决定. 因此可以得到

$$\int \frac{\mathrm{d}^3 k_1}{2\omega_1} \frac{\mathrm{d}^3 k_2}{2\omega_2} \delta^{(4)}(P - k_1 - k_2) = \frac{k_1}{4E_{\text{total}}} \int \mathrm{d}\Omega \tag{2.145}$$

同样地,如果对费米子使用"静止系归一化",记得像在衰变率那里解释过的一样做替换. 对于一个费米子加上一个玻色子,$\frac{1}{4}$ 因子应当被替换成 $m_f/2$;对于两个费米子,应当替换成 $m_1 m_2$.

或者,我们利用式(1.124)并倒退一步,改成 $\mathrm{d}^3 k_2 = \int \mathrm{d}^4 k_2 \theta(k_2^0) \delta(k_2^2 - m_2^2) 2\omega_2$. 对 $\mathrm{d}^4 k_2$ 进行积分,并且移除一个四维动量守恒的 δ 函数,则还剩下 $\int [2\omega_2 \mathrm{d}k_1 k_1^2 \mathrm{d}\Omega / (2\omega_1 2\omega_2)] \delta((P - k_1)^2 - m_2^2)$. δ 函数的参数是 $E_{\text{total}}^2 - 2E_{\text{total}} k_1 + m_1^2 - m_2^2$,因此对 k_1 进行积分,将在分母上得到一个 $2E_{\text{total}}$ 因子,最终结果与式(2.145)一致.

为了准确起见,你可以求解运动学并得到

$$k_1 = \sqrt{[E_{\text{total}}^2 - (m_1 + m_2)^2][E_{\text{total}}^2 - (m_1 - m_2)^2]} / (2E_{\text{total}})$$

显然,这个相空间积分也适用于描述父粒子在其静止系衰变到两个粒子的过程,这时把 E_{total} 替换成 M. 特别地,对于我们的玩具模型,有

$$\Gamma = \frac{g^2}{16\pi M^3} \sqrt{[M^2 - (m + \mu)^2][M^2 - (m - \mu)^2]} \tag{2.146}$$

质心系中 2 到 2 散射过程的微分散射截面由下式给出:

$$\frac{\mathrm{d}\sigma}{\mathrm{d}\Omega} = \frac{1}{(2\pi)^2} \frac{1}{|v_1 - v_2| 2\omega(p_1) 2\omega(p_2)} \frac{k_1}{E_{\text{total}}} F |\mathcal{M}|^2 \tag{2.147}$$

特别地,正文中在相对论极限下计算了电子-电子散射. 如前文所述,我们可以用约化不变振幅 $\hat{\mathcal{M}}$ 写成 $|\mathcal{M}|^2 = |\hat{\mathcal{M}}|^2 / (2m)^4$. 因子 $1/(2m)^4$ 把因子 $2\omega(p)$ 转换成 $2E$. 由于 $|v_1 - v_2| = 2$ 且 $k_1 = \frac{1}{2} E_{\text{total}}$,结果大大简化了,所以最终有

$$\frac{\mathrm{d}\sigma}{\mathrm{d}\Omega} = \frac{1}{2^4 (4\pi)^2 E^2} |\hat{\mathcal{M}}|^2 \tag{2.148}$$

最后,考虑统计因子 S. 该因子必须包含在总衰变率和总散射截面的计算中,以避免在末态存在全同粒子时重复计算. 因子 S 本身与量子场论无关,在学习非相对论量子力学时你应当已熟悉. 规则是若末态有 n_i 个 i 类型的全同粒子,总衰变率或总散射截面必须乘以 $S = \prod_i 1/(n_i!)$,以反映不可区分性.

要了解此因子的必要性,只需考虑两个全同玻色子的最简单情况.具体来说,考虑电子-正电子湮灭成两个光子(将在 2.8 节中进行研究).为简单起见,对所有自旋极化取平均并求和.依照式(2.148)计算 $\mathrm{d}\sigma/\mathrm{d}\Omega$.它是光子进入相对于束流方向成角度 θ 和 ϕ 的检测器的概率.如果探测器发出咔嗒声,那么我们知道另一个光子相对于束流方向以 $\pi - \theta$ 的角度出现.因此,总散射截面为

$$\sigma = \frac{1}{2}\int \mathrm{d}\Omega\,\frac{\mathrm{d}\sigma}{\mathrm{d}\Omega} = \frac{1}{2}\int_0^\pi \mathrm{d}\theta\,\frac{\mathrm{d}\sigma}{\mathrm{d}\theta} \tag{2.149}$$

(第二个等式对于我们遇到的所有基本过程都成立,其中 $\mathrm{d}\sigma$ 不依赖于方位角 ϕ.)换句话说,为避免重复计算,如果在 θ 的整个角度范围内积分,则应除以 2.

更正式地,我们进行如下论证.在量子力学中,一组态 $|\alpha\rangle$ 是完备的,若 $1 = \sum_\alpha |\alpha\rangle\langle\alpha|$ ("1"的分解).将它们作用到 $|\beta\rangle$ 上,可以看到这些态必须根据 $\langle\alpha|\beta\rangle = \delta_{\alpha\beta}$ 来归一化.

现在考虑态

$$|k_1, k_2\rangle \equiv \frac{1}{\sqrt{2}}\tilde{a}^\dagger(k_1)\tilde{a}^\dagger(k_2)|0\rangle = |k_2, k_1\rangle \tag{2.150}$$

包含两个全同的玻色子.通过反复使用对易关系式(2.150),可以计算出

$$\langle q_1, q_2 | k_1, k_2\rangle = \langle 0|\tilde{a}(q_1)\tilde{a}(q_2)\tilde{a}^\dagger(k_1)\tilde{a}^\dagger(k_2)|0\rangle$$
$$= \frac{1}{2}(\delta_{q_1 k_1}\delta_{q_2 k_2} + \delta_{q_2 k_1}\delta_{q_1 k_2})$$

因此

$$\sum_{q_1}\sum_{q_2} |q_1, q_2\rangle\langle q_1, q_2 | k_1, k_2\rangle = \sum_{q_1}\sum_{q_2} |q_1, q_2\rangle\frac{1}{2}(\delta_{q_1 k_1}\delta_{q_2 k_2} + \delta_{q_2 k_1}\delta_{q_1 k_2})$$
$$= \frac{1}{2}(|k_1, k_2\rangle + |k_2, k_1\rangle) = |k_1, k_2\rangle$$

则态 $|k_1, k_2\rangle$ 是正确归一化的.在对态的求和中,有

$$1 = \cdots + \sum_{q_1}\sum_{q_2} |q_1, q_2\rangle\langle q_1, q_2| + \cdots$$

也就是说,如果对 q_1 和 q_2 独立求和,那么必须像式(2.150)中那样用 $1/\sqrt{2}$ 因子归一化态.但是接着这个因子会在乘以 $\mathcal{M}$ 时出现.在计算总衰变率或总散射截面时,我们等效地对一组完备的末态进行了求和.总而言之,我们有两个选项:或者将对于

$d^3 k_1 d^3 k_2$ 的积分视为独立的,在这种情况下,必须将积分乘以 $\frac{1}{2}$;或者仅在一半的相空间上积分.

我们很容易将这个 $\frac{1}{2}$ 因子推广为统计因子 S.

最后,让我提及两个有趣的物理.

要计算散射截面 σ,必须除以通量,因此 σ 正比于 $1/|\boldsymbol{v}_1 - \boldsymbol{v}_2|$. 对于放热过程,例如电子-正电子湮灭到光子或慢中子捕获,当相对速度 $v_{\text{rel}} \to 0$ 时,σ 可以变得非常大. 费米利用这一事实在研究核裂变方面取得巨大优势. 注意,尽管具有面积量纲的截面形式上成为无穷大,但反应率(单位时间的反应数)仍然保持有限.

电子偶素衰变成光子是束缚态在有限时间内衰变的一个例子. 不像我们在散射截面计算过程中所假设的那样,在电子偶素中,正电子和电子不是以平面波状态互相接近的. 相反,正电子发现自己在电子附近的概率(单位体积内)由 $|\psi(0)|^2$ 给出,其依据是基本的量子力学,其中 $\psi(x)$ 可以是我们感兴趣的任何电子偶素态的束缚态波函数. 换句话说,$|\psi(0)|^2$ 给出正电子接近电子的体积密度. 由于 $v\sigma$ 的量纲是体积除以时间,所以衰变率由 $\Gamma = v\sigma |\psi(0)|^2$ 给出.

习题

2.6.1 试说明一个相对论情形下的电子在库仑势中散射的微分截面由下式给出:

$$\frac{\mathrm{d}\sigma}{\mathrm{d}\Omega} = \frac{\alpha^2}{4p^2 v^2 \sin^4\left(\dfrac{\theta}{2}\right)} \left[1 - v^2 \sin^2\left(\dfrac{\theta}{2}\right) \right]$$

它被称为莫特散射截面,在电子速度 $v \to 0$ 的极限下,它可以简化为你在量子力学课程中推导过的卢瑟福散射截面.

2.6.2 至 e^2 阶,正电子在质子上散射的振幅与式 (2.108) 中电子在质子上散射的振幅仅仅差了一个负号. 因此,在某种程度上与直觉相反,到这一阶,正电子在质子上散射和电子在质子上散射的微分截面相等. 试说明到下一阶,这不再成立.

2.6.3 说明奇数个伽马矩阵乘积的迹为 0.

2.6.4 证明恒等式 $s + t + u = \sum\limits_a m_a^2$.

2.6.5 验证式 (2.130) 中给出的相对论情形电子-电子散射的微分散射截面.

2.6.6 若你享受冗长计算,请在不考虑相对论极限的情况下确定电子-电子散射的微分截面.

2.6.7 试说明一个质量为 M 的玻色子到两个质量分别为 m 和 μ 的衰变率为

$$\Gamma = \frac{|\mathcal{M}|^2}{16\pi M^3}\sqrt{\left[M^2-(m+\mu)^2\right]\left[M^2-(m-\mu)^2\right]}$$

2.7 规范不变性的图解证明

规范不变性

从概念上讲,我们有比计算散射截面更重要的任务,即证明确实可以设光子质量 μ 等于 0,而在计算任何物理过程时不受影响.当 $\mu=0$ 时,2.1 节给出的拉格朗日量就变成了量子电动力学的拉格朗日量:

$$\mathcal{L} = \bar{\psi}\left[i\gamma^\mu(\partial_\mu - ieA_\mu) - m\right]\psi - \frac{1}{4}F_{\mu\nu}F^{\mu\nu} \tag{2.151}$$

现在我们已经准备好进行计算理论物理学史上最重要的洞察之一. 看,在规范变换

$$\psi(x) \to e^{i\Lambda(x)}\psi(x) \tag{2.152}$$

和

$$A_\mu(x) \to A_\mu(x) + \frac{1}{ie}e^{-i\Lambda(x)}\partial_\mu e^{i\Lambda(x)} = A_\mu(x) + \frac{1}{e}\partial_\mu\Lambda(x) \tag{2.153}$$

下,拉格朗日量保持不变.从后者可以得出

$$F_{\mu\nu}(x) \to F_{\mu\nu}(x) \tag{2.154}$$

你当然已经从经典电磁学中熟悉了式(2.153)和 $F_{\mu\nu}$ 的不变性.

在当代的理论物理学中,规范不变性①被认为是基本的和最重要的,这一点将会在后面看到.现代的观念把式(2.151)看成是式(2.152)和式(2.153)的结论.如果想要构造一个包含自旋为 $\frac{1}{2}$ 和自旋为 1 的规范不变相对论场论,那么我们就必然得到量子电动力学.

你会注意到在式(2.153)中我特意给出了两个等价的形式.虽然第二种形式更简单,在大多数教科书中也很常见,但我们也应该记住第一种形式.注意 $\Lambda(x)$ 和 $\Lambda(x)+2\pi$ 给出了完全相同的变换.从数学上讲,$\mathrm{e}^{\mathrm{i}\Lambda(x)}$ 和 $\partial_\mu\Lambda(x)$ 是良好定义的,但 $\Lambda(x)$ 没有.在这些看起来冠冕堂皇但实际上在物理学中真的很重要的话之后,就可以开始证明了.本书会让你给出一般性证明,但也会通过一些有代表性的例子来展示.

回想一下,假设有质量光子的传播子为 $\mathrm{i}D_{\mu\nu}=\mathrm{i}(k_\mu k_\nu/\mu^2-g_{\mu\nu})/(k^2-\mu^2)$,则我们可以毫不费力地使分母中的 μ^2 等于 0,并将光子传播子写成 $\mathrm{i}D_{\mu\nu}=\mathrm{i}(k_\mu k_\nu/\mu^2-g_{\mu\nu})/k^2$.有危险的一项是 $k_\mu k_\nu/\mu^2$.我们想证明实际上它已经消失了.

一个具体的例子

首先考虑 e^4 阶的电子-电子散射.在许多费曼图中,关注图 2.7 中的两幅画.费曼振幅为

$$\bar{u}(p')\left(\gamma^\lambda\frac{1}{\not{p}+\not{k}-m}\gamma^\mu+\gamma^\mu\frac{1}{\not{p}'-\not{k}-m}\gamma^\lambda\right)u(p)\,\frac{\mathrm{i}}{k^2}\left(\frac{k_\mu k^\nu}{\mu^2}-\delta_\mu^\nu\right)\Gamma_{\lambda\nu} \quad (2.155)$$

其中,$\Gamma_{\lambda\nu}$ 是一些我们不关心具体结构的因子.对于图 2.7 所示的特殊情况,如果我们愿意,当然可以明确地写出 $\Gamma_{\lambda\nu}$.注意,这里的加号来自将两个光子交换,因为光子服从玻色统计.

考虑危险的这一项.将式(2.155)中的 $\bar{u}(p')(\cdots)u(p)$ 因子与 k_μ 缩并,可以得到

$$\bar{u}(p')\left(\gamma^\lambda\frac{1}{\not{p}+\not{k}-m}\not{k}+\not{k}\frac{1}{\not{p}'-\not{k}-m}\gamma^\lambda\right)u(p) \quad (2.156)$$

这里的技巧是把第一项分子中的 $\not{k}$ 写成 $(\not{p}+\not{k}-m)-(\not{p}-m)$,把第二项的分子写成 $(\not{p}'-m)-(\not{p}'-\not{k}-m)$.使用 $(\not{p}-m)u(p)=0$ 和 $\bar{u}(p')(\not{p}'-m)=0$,可以看到式

---

① 规范不变性的发现是物理学史上最艰巨的任务之一.阅读杰克逊(J. D. Jackson)和奥肯(L. B. Okun)所著的《规范不变性的历史根源》(*Historical Roots of Gauge Invariance*,Rev. Mod. phys. 2001),可以了解到一位伟大的物理学家的悲伤故事,他一生中最大的不幸是他的名字与另一个物理学家只有一个字母不同.

(2.156)中的表达式结果为0.以上论证在这个简单的例子中证明了定理.但是由于 $\Gamma_{\lambda\nu}$ 的显式形式没有输入,所以即使图2.7被更普遍的图2.8代替,证明也成立,在图2.8中,阴影部分里任意复杂的过程都可以发生.

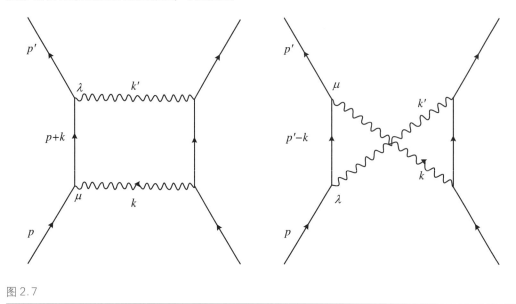

图2.7

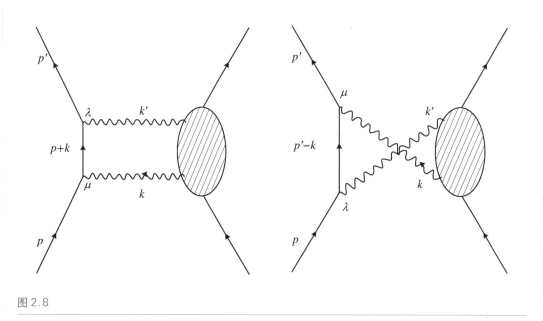

图2.8

实际上,我们可以推广到图2.9.除了我们所关注的携带动量 k 的光子,在电子线上已经存在 n 个光子.这 n 个光子只是证明中的"旁观者",就像图2.7中携带动量 k' 的光子从未出现在式(2.156)等于 0 的证明中一样.我们所关注的光子可以在 $n+1$ 个不同的位置连接到电子线上.读者现在可以将该证明的推广作为一个练习.

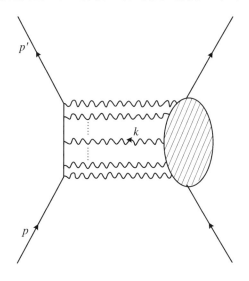

图 2.9

光子落在一条内线上

在我们刚刚考虑的例子中,所讨论的光子线都落在外电子线上.这条线的两端是 $\bar{u}(p')$ 和 $u(p)$.这一事实在证明中很重要.那么如果所讨论的光子线落在一条内线上将会怎么样呢?

图 2.10 中展示了一个例子,它对 e^8 阶的电子-电子散射有贡献.该图包含了 3 个不同的图."左边的"电子发出了 3 个光子,它们附着在内电子圈上."右边的"电子发出带有动量 k 的光子,它可以以 3 种不同的方式附着在电子圈上.

因为我们关心的是光子传播子 $\mathrm{i}(k_\mu k_\rho/\mu^2 - g_{\mu\rho})/k^2$ 中的 $k_\mu k_\rho/\mu^2$ 项是否会消失,所以可以用 k_μ 来代替光子传播子.为了节省书写时间,定义 $p_1 = p + q_1$ 和 $p_2 = p_1 + q_2$(参见图 2.10 中的动量标号);关注这 3 个图的相关部分,将它们称为 A、B 和 C,则

$$A = \int \frac{\mathrm{d}^4 p}{(2\pi)^4} \mathrm{tr} \left(\gamma^\nu \frac{1}{\not{p}_2 + \not{k} - m} \gamma^\sigma \frac{1}{\not{p}_1 + \not{k} - m} \gamma^\lambda \frac{1}{\not{p} + \not{k} - m} \not{k} \frac{1}{\not{p} - m} \right) \quad (2.157)$$

$$B = \int \frac{\mathrm{d}^4 p}{(2\pi)^4} \mathrm{tr} \left(\gamma^\nu \frac{1}{\not{p}_2 + \not{k} - m} \gamma^\sigma \frac{1}{\not{p}_1 + \not{k} - m} \not{k} \frac{1}{\not{p}_1 - m} \gamma^\lambda \frac{1}{\not{p} - m} \right) \quad (2.158)$$

以及

$$C = \int \frac{\mathrm{d}^4 p}{(2\pi)^4} \mathrm{tr} \left(\gamma^\nu \frac{1}{\not{p}_2 + \not{k} - m} \not{k} \frac{1}{\not{p}_2 - m} \gamma^\sigma \frac{1}{\not{p}_1 - m} \gamma^\lambda \frac{1}{\not{p} - m} \right) \quad (2.159)$$

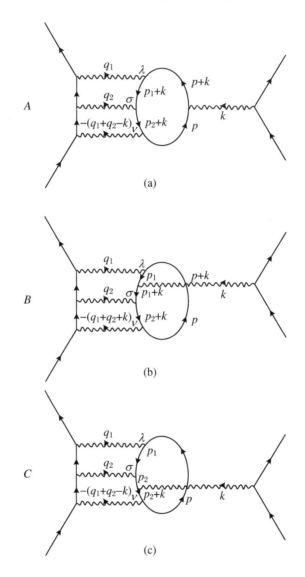

图 2.10

这看起来实在是一个烂摊子,但它们真的不是.我们采用之前用过的技巧.在 C 中 $\not k = (\not p_2 + \not k - m) - (\not p_2 - m)$,因此

$$C = \int \frac{\mathrm{d}^4 p}{(2\pi)^4} \left[\mathrm{tr} \left(\gamma^\nu \frac{1}{\not p_2 - m} \gamma^\sigma \frac{1}{\not p_1 - m} \gamma^\lambda \frac{1}{\not p - m} \right) \right.$$
$$\left. - \mathrm{tr} \left(\gamma^\nu \frac{1}{\not p_2 + \not k - m} \gamma^\sigma \frac{1}{\not p_1 - m} \gamma^\lambda \frac{1}{\not p - m} \right) \right] \qquad (2.160)$$

在 B 中,$\not k = (\not p_1 + \not k - m) - (\not p_1 - m)$,因此

$$B = \int \frac{\mathrm{d}^4 p}{(2\pi)^4} \left[\mathrm{tr} \left(\gamma^\nu \frac{1}{\not p_2 + \not k - m} \gamma^\sigma \frac{1}{\not p_1 - m} \gamma^\lambda \frac{1}{\not p - m} \right) \right.$$
$$\left. - \mathrm{tr} \left(\gamma^\nu \frac{1}{\not p_2 + \not k - m} \gamma^\sigma \frac{1}{\not p_1 + \not k - m} \gamma^\lambda \frac{1}{\not p - m} \right) \right] \qquad (2.161)$$

最后,在 A 中,$\not k = (\not p + \not k - m) - (\not p - m)$,因此

$$A = \int \frac{\mathrm{d}^4 p}{(2\pi)^4} \left[\mathrm{tr} \left(\gamma^\nu \frac{1}{\not p_2 + \not k - m} \gamma^\sigma \frac{1}{\not p_1 + \not k - m} \gamma^\lambda \frac{1}{\not p - m} \right) \right.$$
$$\left. - \mathrm{tr} \left(\gamma^\nu \frac{1}{\not p_2 + \not k - m} \gamma^\sigma \frac{1}{\not p_1 + \not k - m} \gamma^\lambda \frac{1}{\not p + \not k - m} \right) \right] \qquad (2.162)$$

现在就可以看到发生了什么.当把这 3 个图加在一起时,项成对相消,只剩下:

$$A + B + C = \int \frac{\mathrm{d}^4 p}{(2\pi)^4} \left[\mathrm{tr} \left(\gamma^\nu \frac{1}{\not p_2 - m} \gamma^\sigma \frac{1}{\not p_1 - m} \gamma^\lambda \frac{1}{\not p - m} \right) \right.$$
$$\left. - \mathrm{tr} \left(\gamma^\nu \frac{1}{\not p_2 + \not k - m} \gamma^\sigma \frac{1}{\not p_1 + \not k - m} \gamma^\lambda \frac{1}{\not p + \not k - m} \right) \right] \qquad (2.163)$$

如果在第二项中平移(见习题 2.7.2)积分哑元 $p \to p - k$,就可以看到这两项抵消了.的确,光子传播子的 $k_\mu k_\rho / \mu^2$ 部分消失,我们就可以设 $\mu = 0$.这里把一般性证明留给读者.我们已经对一个特定的过程证明了该定理,再在其他过程中尝试一下,你将会看到它究竟是如何运作的.

沃德-高桥恒等式

让我们来总结一下.给定任意一个这样的振幅 $T^{\mu\nu}(k, \cdots)$,外线电子在壳(这是一个表示所有必要的因子 $u(p)$ 和 $\bar{u}(p)$ 都包含在 $T^{\mu\nu}(k, \cdots)$ 中的术语),并能描述携带动量

k 的光子从内穿出或从外进入一个用洛伦兹指标 μ 标记的顶点的过程,则有

$$k_\mu T^{\mu\cdots}(k,\cdots) = 0 \qquad (2.164)$$

上式有时被称为沃德-高桥(Ward-Takahashi)恒等式.

底线是我们可以把光子传播子写成 $iD_{\mu\nu} = -ig^{\mu\nu}/k^2$.因为我们可以抛弃光子传播子 $i(k_\mu k_\nu/\mu^2 - g_{\mu\nu})/k^2$ 中的 $k_\mu k_\nu/\mu^2$ 项,也可以加入一个任意系数的 $k_\mu k_\nu/k^2$ 项.因此,对于光子传播子,可以写为

$$iD_{\mu\nu} = \frac{i}{k^2}\left[(1-\xi)\frac{k_\mu k_\nu}{k^2} - g_{\mu\nu}\right] \qquad (2.165)$$

此处,可以指定数 ξ 来尽可能简化我们的计算.显然,ξ 的选择相当于对电磁场规范的选择.特别是,$\xi=1$ 的选择被称为费曼规范,而 $\xi=0$ 的选择被称为朗道规范.如果你也能找到一个特别好的选择,那么也可以拥有一个以你名字命名的规范! 对于相当简单的计算,通常建议用任意 ξ 进行计算.最终结果绝不依赖 ξ 的这一事实提供了一种检查计算过程的有用手段.

这就完成了量子电动力学费曼规则的推导:除了式(2.165)中给出的光子传播子外,它们与 2.5 节中给出的有质量的矢量玻色子理论的规则相同.

这里我们给出了量子电动力学规范不变性的图解证明.稍后(在 4.7 节中)我们也许会烦恼,在某些情况下,证明中所使用的积分动量的平移可能是不被允许的.

纵模

现在回顾一下在 1.5 节中的担忧.想象一个沿 z 方向移动的有质量的自旋为 1 的介子.

这 3 个极化矢量由条件 $k^\lambda \varepsilon_\lambda = 0$ 固定,其中 $k^\lambda = (\omega, 0, 0, k)$(回忆 1.5 节),并且归一化 $\varepsilon^\lambda \varepsilon_\lambda = -1$,因此 $\varepsilon_\lambda^{(1)} = (0,1,0,0)$,$\varepsilon_\lambda^{(2)} = (0,0,1,0)$,$\varepsilon_\lambda^{(3)} = (-k,0,0,\omega)/\mu$.注意,当 $\mu \to 0$ 时,纵向极化矢量 $\varepsilon_\lambda^{(3)}$ 与 $k_\lambda = (\omega, 0, 0, -k)$ 成正比.在式(2.164)所描述的过程中,发射一个纵向极化的介子的振幅由 $\varepsilon_\lambda^{(3)} T^{\lambda\cdots} = (-kT^{0\cdots} + \omega T^{3\cdots})/\mu = (-kT^{0\cdots} + \sqrt{k^2+\mu^2}\,T^{3\cdots})/\mu \simeq \left[-kT^{0\cdots} + \left(k + \frac{\mu^2}{2k}\right)T^{3\cdots}\right]/\mu$ $(\mu \ll k)$ 给出,即 $-(k_\lambda T^{\lambda\cdots}/\mu) + \frac{\mu}{2k}T^{3\cdots}$,其中 $k_\lambda = (k,0,0,-k)$.根据式(2.164),可以发现当 $\mu \to 0$ 时,振幅 $\varepsilon_\lambda^{(3)} T^{\lambda\cdots} \to \frac{\mu}{2k}T^{3\cdots} \to 0$.

因为与所有的物理过程解耦,所以光子的纵模不存在.

这里有一个明显的悖论.路德维希·玻尔兹曼(Ludwing Boltzmann)先生告诉我们,热平衡中每个自由度都对应 $\frac{1}{2}T$ 的能量.因此,通过测量一盒光子气体的某些热性质(如比热容),使其精确度达到 2/3,实验物理学家就能知道光子是否真的是无质量的,而不是仅拥有千万亿分之一电子伏特的质量.

解决之道是,当纵模态耦合随着 $\mu \to 0$ 消失时,纵模达到热平衡的时间趋于无穷.因而灵巧的实验物理学家们必须要非常有耐心.

光子的发射和吸收

根据 2.5 节,发射或吸收外部的带有动量 k 的在壳光子的振幅是由 $\varepsilon_\mu^{(a)}(k) \cdot T^{\mu\cdots}(k, \cdots)$ 给出的.利用式(2.164),可以自由地改变极化矢量:

$$\varepsilon_\mu^{(a)}(k) \to \varepsilon_\mu^{(a)}(k) + \lambda k_\mu \tag{2.166}$$

其中,λ 取任意值.你应该能认识到式(2.166)是式(2.153)的动量空间表示.在下一节中我们将看到,通过 $\varepsilon_\mu^{(a)}(k)$ 的恰当选择,我们可以大大简化给定的计算.在一种被称为"横向规范"的选择下,4-矢量 $\varepsilon_\mu^{(a)}(k) = (0, \boldsymbol{\varepsilon}(k))$,其中 $a = 1,2$,没有时间分量.(对于一个在 z 方向上运动的光子,这正是在前一节中指定的选择.)

习题

2.7.1 将证明拓展至图 2.9.(提示:要找到方向,注意图 2.8 对应于 $n = 1$.)

2.7.2 你可能会担心是否允许对积分变量进行平移.有理化式(2.163)中第一个积分的分母:

$$\int \frac{\mathrm{d}^4 p}{(2\pi)^4} \operatorname{tr}\left(\gamma^\nu \frac{1}{\not{p}_2 - m} \gamma^\sigma \frac{1}{\not{p}_1 - m} \gamma^\lambda \frac{1}{\not{p} - m}\right) \tag{2.167}$$

并想象一下完成求迹,你可以说服自己这个积分只是对数发散的,因此平移是被允许的.这个问题将会在 4.7 节中再次出现,这里先做一点期待吧.

2.8 光子-电子散射和交叉

光子在电子上的散射

现在,我们将刚刚学到的内容用于计算光子在电子上的康普顿散射的振幅,即过程 $\gamma(k) + e(p) \to \gamma(k') + e(p')$. 第一步,绘制费曼图,注意到有两个,如图 2.11 所示. 电子可以先吸收荷载动量 k 的光子,也可以先发射荷载动量 k' 的光子. 回想在 1.7 节中讨论的关于时空的故事. 在这里,这部传记的情节简单得有些无聊:电子出现,吸收然后发射光子;或者先发射再吸收一个光子,然后继续它愉快的旅程. 因为这是一部"量子电影",所以两种可能的情节重叠显示.

因此,应用费曼规则(见 2.5 节)以得到(只是为了使书写更加容易,我们将极化矢量 ε 和 ε' 设为实数)

$$\mathcal{M} = A(\varepsilon', k'; \varepsilon, k) + (\varepsilon' \leftrightarrow \varepsilon, k' \leftrightarrow -k) \tag{2.168}$$

其中,

$$
\begin{aligned}
A(\varepsilon', k'; \varepsilon, k) &= (-\mathrm{i}e)^2 \bar{u}(p') \not{\varepsilon}' \frac{\mathrm{i}}{\not{p} + \not{k} - m} \not{\varepsilon} u(p) \\
&= \frac{\mathrm{i}(-\mathrm{i}e)^2}{2pk} \bar{u}(p') \not{\varepsilon}' (\not{p} + \not{k} + m) \not{\varepsilon} u(p)
\end{aligned}
\tag{2.169}
$$

无论哪种情况,先吸收亦或先发射,电子因不真实而受到惩罚,前者中的系数为 $1/[(p+k)^2 - m^2] = 1/(2pk)$,后者中的系数为 $1/[(p-k')^2 - m^2] = -1/(2pk')$.

此时,要获得微分截面,你只需深吸一口气并计算下去. 但是,本书将向你展示,我们可以通过明智地选择极化矢量和参考系来极大地简化计算.(尽管如此,计算仍然是一团乱麻!)为表新意,让我们像个"真的猛士"[①],不去对光子极化求平均或者求和.

无论在哪种情况下,我们都有 $\varepsilon k = 0$ 和 $\varepsilon' k' = 0$. 现在选择前述章节里介绍过的横向

---

① 译注:真的猛士,原文为 macho,双关暗物质模型 MACHO(晕族大质量致密天体). 后文有"催眉折腰"相对应,原文为"wimp",双关另一个暗物质模型 WIMP(弱相互作用大量粒子).

规范,则 ε 和 ε' 的时间分量为 0. 然后,在实验室系中进行计算. 由于 $p = (m, 0, 0, 0)$,我们有额外的关系式:

$$\varepsilon p = 0 \tag{2.170}$$

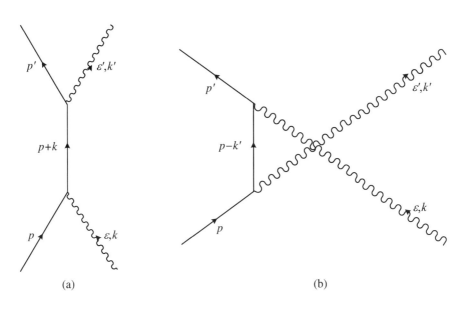

图 2.11

和

$$\varepsilon' p = 0 \tag{2.171}$$

为什么这是一个精明的选择呢? 回想一下,$\not{a}\not{b} = 2ab - \not{b}\not{a}$. 因此,我们可以把 $\not{p}$ 移过 $\not{\varepsilon}$ 或 $\not{\varepsilon}'$,代价只不过是翻转符号. 注意,到式(2.168)中 $(\not{p} + \not{k} + m)\not{\varepsilon}u(p) = \not{\varepsilon}(-\not{p} - \not{k} + m) \cdot u(p) = -\not{\varepsilon}\not{k}u(p)$(其中使用了 $\varepsilon k = 0$),因此

$$A(\varepsilon', k'; \varepsilon, k) = \mathrm{i}e^2 \bar{u}(p') \frac{\not{\varepsilon}'\not{\varepsilon}\not{k}}{2pk} u(p) \tag{2.172}$$

为了得到微分散射截面,需要 $|\mathcal{M}|^2$. 像 2.6 节中一样,猛士只得"摧眉折腰",退一步假设初态电子未极化,而末态电子的极化未被测量,然后对初态极化求平均,对末态极化求和,则可以得到(应用式(2.42))

$$\frac{1}{2}\sum\sum |A(\varepsilon', k'; \varepsilon, k)|^2 = \frac{e^4}{2(2m)^2(2pk)^2} \mathrm{tr}(\not{p}' + m)\not{\varepsilon}'\not{\varepsilon}\not{k}(\not{p} + m)\not{k}\not{\varepsilon}\not{\varepsilon}'$$

$$\tag{2.173}$$

在求迹时,记住奇数个伽马矩阵的迹为 0.与 m^2 成比例的项包含 $k\!\!\!/\,k\!\!\!/ = k^2 = 0$,因此为 0.现在只剩下 tr$(p\!\!\!/'\varepsilon\!\!\!/'\varepsilon\!\!\!/k\!\!\!/p\!\!\!/k\!\!\!/\varepsilon\!\!\!/\varepsilon\!\!\!/') = 2kp\,\mathrm{tr}(p\!\!\!/'\varepsilon\!\!\!/'\varepsilon\!\!\!/\varepsilon\!\!\!/\varepsilon\!\!\!/') = -2kp\,\mathrm{tr}(p\!\!\!/'\varepsilon\!\!\!/'\varepsilon\!\!\!/k\!\!\!/\varepsilon\!\!\!/') = 2kp\,\mathrm{tr}(p\!\!\!/'\varepsilon\!\!\!/'k\!\!\!/\varepsilon\!\!\!/') = 8kp[2(k\varepsilon')^2 + k'p]$.

按照提示的步骤进行运算,方法应该很清晰了.我们明智地进行反对易,以便于尽可能地利用"归零关系" $\varepsilon p = 0$, $\varepsilon' p = 0$, $\varepsilon k = 0$ 和 $\varepsilon' k' = 0$,以及归一化关系 $\varepsilon\varepsilon = \varepsilon^2 = -1$ 和 $\varepsilon'\varepsilon' = \varepsilon'^2 = -1$.由此可得

$$\frac{1}{2}\sum\sum |A(\varepsilon',k';\varepsilon,k)|^2 = \frac{e^4}{2(2m)^2(2pk)^2}8kp[2(k\varepsilon')^2 + k'p] \quad (2.174)$$

通过检查图 2.11,并进行交换 $\varepsilon' \leftrightarrow \varepsilon, k' \leftrightarrow -k$,可以立即得出另一项:

$$\frac{1}{2}\sum\sum |A(\varepsilon,-k;\varepsilon',k')|^2 = \frac{e^4}{2(2m)^2(2pk)^2}8(-k'p)[2(k'\varepsilon)^2 - kp]$$

就像在 2.6 节中,干涉项

$$\frac{1}{2}\sum\sum A(\varepsilon,-k;\varepsilon',k')^* A(\varepsilon',k';\varepsilon,k)$$

$$= \frac{e^4}{2(2m)^2(2pk)(-2pk')}\mathrm{tr}(p\!\!\!/' + m)\varepsilon\!\!\!/'\varepsilon\!\!\!/k\!\!\!/(p\!\!\!/ + m)k\!\!\!/'\varepsilon\!\!\!/'\varepsilon\!\!\!/ \quad (2.175)$$

是计算起来最冗长的.把这个求迹简记为 T.显然,最好代入 $p' = p + k - k'$,因为比起 $p\!\!\!/'$,我们用 $p\!\!\!/$ 可以"做得更多".各个击破:简写为 $T = P + Q_1 + Q_2$.首先,计算 $P \equiv \mathrm{tr}(p\!\!\!/ + m)\varepsilon\!\!\!/'\varepsilon\!\!\!/k\!\!\!/(p\!\!\!/ + m)k\!\!\!/'\varepsilon\!\!\!/'\varepsilon\!\!\!/ = m^2\,\mathrm{tr}\,\varepsilon\!\!\!/'\varepsilon\!\!\!/k\!\!\!/k\!\!\!/'\varepsilon\!\!\!/'\varepsilon\!\!\!/ + \mathrm{tr}\,p\!\!\!/\varepsilon\!\!\!/'\varepsilon\!\!\!/k\!\!\!/p\!\!\!/k\!\!\!/'\varepsilon\!\!\!/'\varepsilon\!\!\!/$.在第二项中,可以把第一个 $p\!\!\!/$ 挪过 ε 和 ε'(啊,在静止系处理这个问题就是爽!)以达成组合 $p\!\!\!/k\!\!\!/p\!\!\!/ = 2kp\,p\!\!\!/ - m^2 k\!\!\!/$. m^2 项给出的贡献抵消了 P 中的第一项,剩下 $P = 2kp\,\mathrm{tr}\,\varepsilon\!\!\!/'\varepsilon\!\!\!/p\!\!\!/k\!\!\!/'\varepsilon\!\!\!/'\varepsilon\!\!\!/ = 2kp\,\mathrm{tr}\,p\!\!\!/k\!\!\!/'\varepsilon\!\!\!/'(2\varepsilon'\varepsilon - \varepsilon\!\!\!/'\varepsilon\!\!\!/)\varepsilon\!\!\!/ = 8(kp)(k'p)[2(\varepsilon\varepsilon')^2 - 1]$.类似地, $Q_1 = \mathrm{tr}\,k\!\!\!/\varepsilon\!\!\!/'\varepsilon\!\!\!/k\!\!\!/p\!\!\!/k\!\!\!/'\varepsilon\!\!\!/'\varepsilon\!\!\!/ = -2\varepsilon k\,\mathrm{tr}\,k\!\!\!/p\!\!\!/k\!\!\!/'\varepsilon\!\!\!/' = -8(\varepsilon'k)^2 k'p$, $Q_2 = -\mathrm{tr}\,k\!\!\!/'\varepsilon\!\!\!/'\varepsilon\!\!\!/k\!\!\!/p\!\!\!/k\!\!\!/'\varepsilon\!\!\!/'\varepsilon\!\!\!/ = 8(\varepsilon k')^2 kp'$.

把它们放在一起,鉴于 $kp' = k'p = m\omega'$ 和 $k'p' = kp = m\omega$,可以发现:

$$\frac{1}{2}\sum\sum |\mathcal{M}|^2 = \frac{e^4}{(2m)^2}\left[\frac{\omega'}{\omega} + \frac{\omega}{\omega'} + 4(\varepsilon\varepsilon')^2 - 2\right] \quad (2.176)$$

由于我们处于实验室系中,因此稍稍会有些区别,但依照 2.6 节的过程,计算微分散射截面,可以得到

$$d\sigma = \frac{m}{(2\pi)^2 2\omega}\left[\int \frac{d^3k'}{2\omega'}\frac{d^3p'}{E_{p'}}\delta^{(4)}(k' + p' - k - p)\right]\frac{1}{2}\sum\sum |\mathcal{M}|^2 \quad (2.177)$$

如同 2.6 节附录描述的那样,可以使用式(1.124),并令 $\int \dfrac{\mathrm{d}^3 p'}{E_{p'}}(\cdots) = \int \mathrm{d}^4 p' \theta(p'^0) \delta(p'^2 - m^2)(\cdots)$. 完成对 $\mathrm{d}^4 p'$ 的积分可以去掉四维 δ 函数,则还剩下一个 δ 函数施加质壳条件 $0 = p'^2 - m^2 = (p + k - k')^2 - m^2 = 2p(k - k') - 2kk' = 2m(\omega - \omega') - 2\omega\omega'(1 - \cos\theta)$,其中 θ 是光子的散射角度. 因此,出射光子和入射光子的频率通过下式联系:

$$\omega' = \frac{\omega}{1 + \dfrac{2\omega}{m}\sin^2\dfrac{\theta}{2}} \tag{2.178}$$

这个频移为阿瑟·康普顿(Arthur Compton)赢得诺贝尔奖. 当然你会意识到,尽管那时候看起来很深奥,但这个公式现在"仅仅"是相对论运动学,与量子场论本身没什么关系.

量子场论带给我们的是克莱因-仁科公式(1929 年):

$$\frac{\mathrm{d}\sigma}{\mathrm{d}\Omega} = \frac{1}{(2m)^2}\left(\frac{e^2}{4\pi}\right)^2\left(\frac{\omega'}{\omega}\right)^2\left[\frac{\omega'}{\omega} + \frac{\omega}{\omega'} + 4(\varepsilon\varepsilon')^2 - 2\right] \tag{2.179}$$

我估计你会对这个年份印象深刻.

电子–正电子湮灭

在这儿和 2.6 节中,我们计算了几个有趣的散射过程的截面. 在 2.6 节结尾,我们曾为理论物理的魔法感到惊叹. 而物质和反物质的湮灭更加神奇,这种过程只存在于相对论性的量子场论中. 特别地,一个电子和一个正电子相遇,然后互相湮灭,生成两个光子:$e^-(p_1) + e^+(p_2) \to \gamma(\varepsilon_1, k_1) + \gamma(\varepsilon_2, k_2)$. (湮灭到单个物理的,即单个在壳的光子在运动学上是不允许的.)这个过程经常在科幻小说中出现,在非相对论量子力学中却无法处理. 没有量子场论,你将无从计算这一过程的观测量,例如出射光子的角分布.

但是到了今天,你只需将费曼规则应用于图 2.12 中的费曼图,它描述到 e^2 阶的过程. 可以发现振幅是 $\mathcal{M} = A(k_1, \varepsilon_1; k_2, \varepsilon_2) + A(k_2, \varepsilon_2; k_1, \varepsilon_1)$(两光子的玻色统计),其中

$$A(k_1, \varepsilon_1; k_2, \varepsilon_2) = (ie)(-ie)\bar{v}(p_2)\not{\varepsilon}_2\frac{i}{\not{p}_1 - \not{k}_1 - m}\not{\varepsilon}_1 u(p_1) \tag{2.180}$$

量子场论的学生有时也许会感到困惑:入射电子与旋量 u 匹配,而入射正电子与 $\bar{v}$ 匹配,而不是 v,可以通过检查式(2.44)的厄米共轭来确认这件事. 更简单地,注意到 $\bar{v}(\cdots)u$

（其中(⋯)是一堆与各种动量收缩的伽马矩阵）可以在洛伦兹群下正确地进行变换,而 $v(\cdots)u$ 不行.(也没有意义,因为它们都是列旋量.)或者注意到正电子的湮灭算符 d 是与 $\bar{v}$ 联系的,而不是 v.

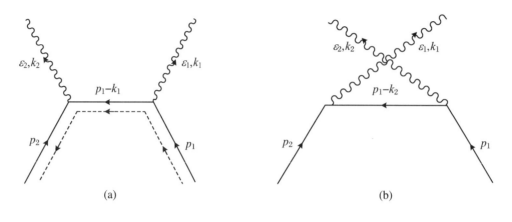

图 2.12

我要强调的是,正电子在去往和电子致命约会的路程中,携带的动量为 $p_2 = (+\sqrt{p_2^2+m^2},\boldsymbol{p}_2)$.它的能量 $p_2^0 = +\sqrt{\boldsymbol{p}_2^2+m^2}$ 显而易见是正的.物理的粒子不会逆着时间轴运动,不然实验物理学家们只有靠弄虚作假才能得到正电子.还记得在 2.2 节的抱怨吗?

在图 2.12(a)中,我用箭头标记各条线的动量流向.外线粒子是物理的,如果它们的能量不为正,将存在严重的合法性问题.然而,对于被交换的虚粒子没有这种限制.虚拟粒子上箭头的绘制方向完全取决于我们自己.我们可以翻转箭头,然后动量标签将变为 $p_2 - k_2 = k_1 - p_1$,该"合成"4-矢量的时间分量可以为正也可以为负.

为了使这一点完全清楚,还可以用虚线箭头标记这些线,以显示(电子)电荷的流动.的确,在正电子线上,动量和(电子)电荷沿相反的方向流动.

交叉

现在请盯着式(2.180)中的表达式,直至发现一些有趣的东西.

有了吗? 它是否使你想起其他振幅?

没有吗? 看看式(2.169)中康普顿散射的振幅,如何? 注意,两个振幅可以通过下列交换而彼此转换(至多相差一个不相干的符号):

$$p \leftrightarrow p_1, \quad k \leftrightarrow -k_1, \quad p' \leftrightarrow -p_2, \quad k' \leftrightarrow k_2, \quad \varepsilon \leftrightarrow \varepsilon_1,$$
$$\varepsilon' \leftrightarrow \varepsilon_2, \quad u(p) \leftrightarrow u(p_1), \quad u(p') \leftrightarrow v(p_2) \tag{2.181}$$

这就是所谓的交叉.从图像上来说,相当于通过一个 $90°$ 的旋转,可以把图 2.11 和图 2.12 变成彼此.交叉用精确的术语表达了那些喜欢成天嘟囔着"负能量""时光倒流"等概念的人心里所想的东西.

再次地,在电子静止系和横向规范下工作是有好处的,如此有 $\varepsilon_1 p_1 = 0$ 和 $\varepsilon_2 p_1 = 0$,以及 $\varepsilon_1 k_1 = 0$ 和 $\varepsilon_2 k_1 = 0$.对电子和正电子的极化求平均,可以得到

$$\frac{\mathrm{d}\sigma}{\mathrm{d}\Omega} = \frac{\alpha^2}{8m} \left(\frac{\omega_1}{|\boldsymbol{p}|} \right) \left[\frac{\omega'}{\omega} + \frac{\omega}{\omega'} - 4(\varepsilon\varepsilon')^2 + 2 \right] \tag{2.182}$$

其中,$\omega_1 = m(m+E)/(m+E-p\cos\theta)$,$\omega_2 = (E-m-p\cos\theta)\omega_1/m$,以及 $p = |\boldsymbol{p}|$ 和 E 分别是正电子的动量和能量.

狭义相对论和量子力学需要反物质

2.2 节中的形式理论完全清楚地表明,反物质是必需的.倘若想在式(2.44)中加上算符 b 和 $d^\dagger$,它们必须携带相同的电荷,因此 b 和 d 携带相反的电荷.那里没有争论的余地.但是如果能从物理上论证狭义相对论和量子力学要求必须存在反物质,还是可以让人感到欣慰的.

康普顿散射为构造一个好的启发式论证提供了背景.考虑一下时空中的散射过程.在图 2.13 中重画了图 2.11:电子在 x 点被光子撞到,传播到 y 点,然后释放了一个光子.我们隐式地假设了 $(y^0 - x^0) > 0$,因为我们不知道溯时传播是什么意思.(如果读者知道如何建造时光机,也请让我知道.)但是狭义相对论告诉我们另一个掠过的观察者(比如沿着 1-轴)看到的时间差是 $y'^0 - x'^0 = \cosh\varphi(y^0 - x^0) - \sinh\varphi(y^1 - x^1)$,假如 $y^1 - x^1 > y^0 - x^0$,也就是说,如果两个时空点 x 和 y 的间隔是类空的,此时间差对于足够大的推促参数 φ 将是负的.那么这个观察者将看到场的扰动从 y 传播到 x.既然我们看到负电荷从 x 传播到 y,那么另一个观察者必然看到正电荷从 y 传播到 x.若没有狭义相对论,就像在非相对论量子力学中一样,只需写下电子的薛定谔方程,也就可以了.狭义相对论允许不同的观察者看到不同的时间顺序,因此朝向未来的电荷流是相反的.

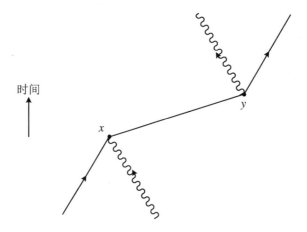

图 2.13

习题

2.8.1 说明对光子极化求平均并求和相当于把式(2.176)中的方括号内容换成 $2\left(\dfrac{\omega'}{\omega}+\dfrac{\omega}{\omega'}-\sin^2\theta\right)$. (提示:在横向规范下进行.)

2.8.2 对于圆偏振的光子,重复康普顿散射的计算过程.

第 3 章

重正化和规范不变性

3.1　截断我们的无知

> 谁怕无穷? 我可不怕,我把它们都截断了.
>
> ——佚名

表面把戏

量子场论先驱曾因他们计算中经常出现发散积分而困惑不已. 从 1930 年代到 1940

年代,他们耗费了大量时间试图收拾这些无穷.当时的许多领军人物都对此丧失了希望,转而倡议彻底放弃量子场论.但是,最终一种所谓"重正化"的手段发展起来,它能够说明如何去掉无穷,得到有限的物理结果.然而,直到 1960 年代末甚至 1970 年代的很多年间里,许多物理学家都觉得重正化理论是一种可疑的方式.诸如"量子场论中无穷等于 0"或"场论学家往办公室地毯下面扫了一堆无穷"之类的笑话也四处流传.

最终,从 1970 年代起,得益于肯·威尔森(Ken Wilson)以及其他许多人的努力,我们对量子场论有了更好的理解方式.场论学家逐渐意识到,量子场论其实根本没有什么发散问题.现在,我们把量子场论视为一种低能下有效的理论.接下来,本节会简单地说明这种理解,而在 8.3 节还会做更多细节的说明.

场论爆炸

讨论如何处理无穷,要先认识一下无穷.当然,我们在 1.7 节已经见识过了.回顾一下,介子-介子散射振幅的 λ^2 阶修正式(1.109)发散.记 $K \equiv k_1 + k_2$,有

$$\mathcal{M} = \frac{1}{2}(-\mathrm{i}\lambda)^2 \mathrm{i}^2 \int \frac{\mathrm{d}^4 k}{(2\pi)^2} \frac{1}{k^2 - m^2 + \mathrm{i}\epsilon} \frac{1}{(K-k)^2 - m^2 + \mathrm{i}\epsilon} \tag{3.1}$$

正如在 1.7 节所说,不用具体计算,也能看出量子场论先驱碰到了讨厌的问题:k 很大时,被积函数趋于 $1/k^4$,所以积分和 $\int \mathrm{d}^4 k / k^4$ 一样对数发散.(常规积分 $\int^{\infty} \mathrm{d}r\, r^n$ 在 $n = 0$ 时线性发散,$n = 1$ 时平方发散,以此类推;而 $\int^{\infty} \mathrm{d}r/r$ 则对数发散.)因为这个发散在 k 趋于无穷大时出现,所以也称之为一个紫外发散.

了解如何处理这种表面无穷,需要分清两个不同概念.不过因为历史原因,这两个概念的名字起得都很烂:它们分别叫"正规化"和"重正化".

无知的参数化

如果不是考虑人造的 φ^4 理论,而是考虑量子电动力学,那么完全没有道理说,单电子和单光子相互作用的理论对任意高能量都正确.因为随着能量增大,其他粒子会参与进来,最后,电动力学将是一个更大的电弱理论的一部分而已.没错,现在我们认为,在更高的能量尺度上,整个量子场论都只是另一个理论的一个近似而已,只是那个理论的真

身尚不为我们所知——某些物理学家认为可能是弦论.

现代观点认为量子场论应该被视作是一种低能有效理论,只适用低于某个能量尺度 Λ(如果理论洛伦兹不变,也可以说是某个动量尺度)的范围.想象一个由我们的玩具模型 φ^4 理论描述的宇宙,想象生活在其中的物理学家逐渐探索越来越高的动量尺度,最终他们会发现,他们的宇宙是一个由带质量粒子和弦编织的床垫.其能量尺度 Λ 基本上就是空间格长的倒数.

我在讲授这部分内容时,喜欢在黑板上写一句"无知并不可耻"以作强调.每个物理理论都应该有个适用范围,我们对范围之外的物理并不知晓.事实上,如果不是这样,物理学就没法进步了.比如,费曼、施温格、朝永振一郎和其他人发展量子电动力学的时候并不需要知道粲夸克,这实在是一件好事.

强调一下,我们应该把 Λ 看作具有实际物理意义的参数,不只是将其看成一个数学构造,而是将其看作无知阈限的参数化.[①]实际上,物理上合理的量子场论都应该有个隐含的 Λ.要是有人说他有个场论适用于任意高能量,那你应该打听一下这人是不是靠倒卖二手车为生.(我有个在《物理评论快报》当编辑的同事,我写这段的时候,他和我开玩笑说,他高中假期时当过垃圾清洁员,这段经历对他现在的职位帮助可不小.)

因此,计算式(3.1)的积分时,向上只积分到 Λ,这就是所谓的截断.字面意义上就是把动量积分截断了(图 3.1),现在我们就说这个积分"正规化"了.

图 3.1[②]

① 在 1.9 节有一个生动的案例.我们把导体板定义为相切电场在其上消失的表面,这时我们并不清楚那些违反这个场限定的电子如何游走的物理知识.在非常高的频率上,电子游走速度不够快,这时新的物理现象就出现了,那就是高频模会无视导体板.在计算卡西米尔力时,我们用 $a \sim \Lambda^{-1}$ 去参数化我们的无知.

② 参见 A. Zee, *Einstein's Universe*, p.204.那些漫画老师似乎觉得任何物理学家全都穿着实验室大褂,量子场论学家自然不能例外.

既然本书的写作哲学是强调概念而非计算，这里就不再计算这个积分了，直接给出最后的结果，为 $2iC\ln(\Lambda^2/K^2)$，式中 C 是个常数。若读者真想知道，可以自己计算出来（参见本节的附录 1）。简洁起见，这里还取了 $m^2 \ll K^2$，这样可以忽略被积函数里的 m^2。出于方便起见，再次引入我在 2.6 节介绍过的几个动力学变量，$s \equiv K^2 = (k_1+k_2)^2$，$t \equiv (k_1-k_3)^2, u \equiv (k_1-k_4)^2$。（在质心系里明确写出 k_j，就能看出 s, t, u 和一些常规量（如质心能量、散射角）有关。）最终，可以把介子-介子散射振幅写为

$$\mathcal{M} = -i\lambda + iC\lambda^2 \left[\ln\left(\frac{\Lambda^2}{s}\right) + \ln\left(\frac{\Lambda^2}{t}\right) + \ln\left(\frac{\Lambda^2}{u}\right) \right] + O(\lambda^3) \tag{3.2}$$

这样就容易理解多了。正规化之后，所讨论的不是发散量，而是依赖于截断的量。$\mathcal{M}$ 则对数依赖于截断。

何为实际所测

现在我们理解了正规化，下面来看看重正化（renormalization）。这个名字实在不怎么样，因为这似乎暗示我们又要再进行一次归一化（normalization），但是我们根本一次都没做过！

这里的要点在于，设想一下和实验家讨论介子-介子散射要说些什么。我们会告诉她（或者他，随你喜欢）我们需要一个截断 Λ，这她完全能接受，在实验家看来，任何理论都应该有适用范围。

我们的计算结果应该告诉她散射如何依赖于质心能量和散射角，所以把式（3.2）给她看。她指着 λ 问："这到底是什么东西？"

于是，我们告诉她："那是耦合常数。"可是她又问：耦合常数又是什么意思？这就是个希腊字母啊？"

这时，一个被搞糊涂的学生——胡涂，插了进来，他之前一直在旁听："有什么大惊小怪的，我学习好多年物理了，老师也给我们看过好多有希腊和拉丁字母的方程。比如胡克定律是 $F = -kx$，也没见过谁觉得 k 是个拉丁字母有什么不好啊。"

聪明的实验家说道："那是因为拿一个弹簧，我们总知道怎么测出 k，这是关键！理论家先生必须要告诉我怎么测这个 λ 才行。"

哇，这还真是个聪明的实验家。现在，我们需要好好思考一下耦合常数到底有什么含义。想想量子电动力学耦合常数 α。它就是库仑定律里 $1/r$ 的系数，库仑先生用金属球之类的东西测量了它。而现在的实验家可以用另一种方法测量 α，即让一个电子从特定位置

以一个特定能量和一个特定散射角与一个特定位置的质子散射. 我们把这些都和实验家解释了一通.

聪明的实验家点了点头, 表示同意:"哦, 对, 我有个同事最近就是这样测量了介子-介子相互作用耦合的——让一个介子从特定位置以一个特定能量和一个特定散射角同一个特定位置的另一个介子散射. 实验中对应变量 s, t, u 的是 s_0, t_0, u_0. 但是我同事测量的那个耦合常数, 就叫 λ_P 好了, 下标 P 表示"物理 (physical)", 和你理论的 λ 又有什么关系? 据我所知, 这只是你所谓的拉格朗日量里出现的一个字母!"

胡涂:"嘿, 如果她担心的是小 λ, 我就要担心担心大 Λ 了. 我怎么知道这个适用范围到底有多大?"

聪明的实验家:"胡涂啊, 你也没有看起来那么笨嘛! 理论家先生, 你解释一下, 如果用式(3.2), 那应该代入什么样的 Λ 值? 是不是取决于你心情如何? 要是你早晨起来神清气爽, 是不是就会用 2Λ 替代 Λ? 要是你女朋友把你甩了, 是不是就改用 $\frac{1}{2}\Lambda$ 了?"

我们如是回应:"哈, 这个可以回答. 看一下式(3.2), $\mathcal{M}$ 应该是实际散射振幅, 与 Λ 无关. 如果有人想改变 Λ 的值, 就调整 λ 让 $\mathcal{M}$ 保持不变就可以了. 实际上, 算上几行就能准确告诉你 $\mathrm{d}\lambda/\mathrm{d}\Lambda$ 应该是什么样子的(见习题 3.1.3)."

聪明的实验家:好吧, 所以实际上 λ 还是一个 Λ 的函数, 你这记号可真不咋地."

这点我们承认:"没错, 这个记号让好几代物理学家犯糊涂了."

聪明的实验家:"我等着听解释呢, 同事测出的 λ_P 和你的 λ 到底有什么关系啊?"

我们说:"啊, 这个好说, 就先看看式(3.2), 我在这再重新书写一遍方便你阅读:

$$\mathcal{M} = -\,\mathrm{i}\lambda + \mathrm{i}C\lambda^2\left[\ln\left(\frac{\Lambda^2}{s}\right) + \ln\left(\frac{\Lambda^2}{t}\right) + \ln\left(\frac{\Lambda^2}{u}\right)\right] + O(\lambda^3) \tag{3.3}$$

根据我们的理论, λ_P 由下式给出:

$$-\,\mathrm{i}\lambda_P = -\,\mathrm{i}\lambda + \mathrm{i}C\lambda^2\left[\ln\left(\frac{\Lambda^2}{s_0}\right) + \ln\left(\frac{\Lambda^2}{t_0}\right) + \ln\left(\frac{\Lambda^2}{u_0}\right)\right] + O(\lambda^3) \tag{3.4}$$

为了让你更好理解这是什么情况, 可以把式(3.3)和式(3.4)中方括号内的对数和分别记作 L 和 L_0, 这样就能用更紧凑的形式把式(3.3)和式(3.4)写为

$$\mathcal{M} = -\,\mathrm{i}\lambda + \mathrm{i}C\lambda^2 L + O(\lambda^3) \tag{3.5}$$

以及

$$-\,\mathrm{i}\lambda_P = -\,\mathrm{i}\lambda + \mathrm{i}C\lambda^2 L_0 + O(\lambda^3) \tag{3.6}$$

这就是 λ_P 和 λ 的关系."

聪明的实验家:"你要是把散射辐射振幅 $\mathcal{M}$ 表达式全写成物理耦合常数 λ_P 的项,那对我肯定很有帮助,不过 λ 的项不行.我理解 λ_P 是什么,但是又不理解 λ 是什么."

我们说:"行吧,把 λ 都换成 λ_P 也就是两行式子.从式(3.6)中解出 λ,可以得到

$$- i\lambda = - i\lambda_P - iC\lambda^2 L_0 + O(\lambda^3) = - i\lambda_P - iC\lambda_P^2 L_0 + O(\lambda_P^3) \tag{3.7}$$

第二个等号成立是因为我们只精确到二阶.现在把这个代入式(3.5),可以得到

$$\mathcal{M} = - i\lambda + iC\lambda^2 L + O(\lambda^3) = - i\lambda_P - iC\lambda_P^2 L_0 + iC\lambda_P^2 L + O(\lambda_P^3) \tag{3.8}$$

确认一下,只精确到二阶时这些操作都合法."

"奇迹"

注意,见证重正化奇迹的时刻!

现在散射振幅 $\mathcal{M}$ 表达式有一个 $L - L_0 = \ln(s_0/s) + \ln(t_0/t) + \ln(u_0/u)$ 的组合.换句话说,散射振幅的形式是

$$\mathcal{M} = - i\lambda_P + iC\lambda_P^2 \left[\ln\left(\frac{s_0}{s}\right) + \ln\left(\frac{t_0}{t}\right) + \ln\left(\frac{u_0}{u}\right) \right] + O(\lambda_P^3) \tag{3.9}$$

我们现在可以怀着胜利的姿态向实验家朋友宣告:如她所愿,我们用物理耦合常数 λ_P 给出了散射振幅的表达式,同时,还让截断 Λ 完全消失了!

答案总应表达为可测量物理量

从这里我们可以学到,不应该用一些像 λ 那样的"虚幻"理论量去表达物理量,而应该用诸如 λ_P 这样真实的可测量物理量来表达物理量.

顺便说一句,文献里常常把 λ_P 写成 λ_R,因为历史上这个东西叫"重正耦合常数(renormalized coupling constant)".我觉得把名字换成"物理耦合常数(physical coupling constant)"更有助于理解重正化的物理含义,所以就用了下标 P. 毕竟我们可没有"归一化耦合常数(normalized coupling constant)".

突然胡涂又冒出来说话了! 我们都快把这个人忘记了!

胡涂:"你一开始式(3.2)里的 $\mathcal{M}$ 有两个非物理量 λ 和 Λ. 然后它们的'非物理'程度基本互相抵消了!"

聪明的实验家:"没错,这让我想起好理论家和坏理论家的区分何在了.好理论家总是犯偶数个正负号错误;坏理论家则是犯奇数次正负号错误."

只对缓变模式积分

在路径积分框架下,讨论的散射振幅 $\mathcal{M}$ 可通过下面这个积分给出:

$$\int \mathrm{D}\varphi\, \varphi(x_1)\varphi(x_2)\varphi(x_3)\varphi(x_4) e^{i\int d^d x\left\{\frac{1}{2}\left[(\partial\varphi)^2 - m^2\varphi^2\right] - \frac{1}{4!}\varphi^4\right\}}$$

大致来说,此处的重正化对应着将 $\int \mathrm{D}\varphi$ 的积分范围限定在一类特定的位形空间场量 $\varphi(x)$ 上,这些 $\varphi(x)$ 的傅里叶变换 $\varphi(k)$ 在 $k \gtrsim \Lambda$ 时为 0. 换个角度来看,限定积这些场相当于要求图(1.19)费曼图中内线的涨落不能太剧烈.稍后讨论重正化群的时候,还会回到路径积分框架上.

不同的生活方式

前文可能说过,有好多种不同方法可以正规化费曼图,每种方法各有优缺点,可能适用于一些计算而不适用于另一些.这里给出的是泡利-维拉斯正规化,其优点是物理图像特别清晰.另一种常用的正规化方法是维数正规化:首先假装在一个 d 维时空进行计算,然后把费曼图转换成一个合适的形式,再对 d 做解析延拓,最终取 $d=4$. 各种依赖截断的积分,在取 $d \to 4$ 极限的时候表现为极点.用物理耦合常数 λ_P 表达散射振幅时,正如截断 Λ 会消失一样,维数正规化的极点也会消失.尽管在一些特定场景中维数正规化更好用,但是这个方法要比泡利-维拉斯正规化抽象和形式化太多.那些特定场景会在后面的章节介绍.需要正规化的时候,读者可以按照自己的喜好选择方法.

既然本书强调概念而非计算,那么这里就不再介绍更多正规化方法了.只是在后面的两个附录里概述一下泡利-维拉斯正规化和维数正规化要如何进行.

附录 1 泡利–维拉斯正规化

本节的要点在概念上:如果物理振幅用物理耦合常数表达,那么就不再依赖于截断. 至于怎么计算费曼积分就不重要了.不过,也许会有些读者想着依靠计算费曼积分谋生, 那么以防万一,这里给大家演示一下怎么具体计算一个费曼积分.

首先,从一个收敛积分开始:

$$\int \frac{\mathrm{d}^4 k}{(2\pi)^4} \frac{1}{(k^2 - c^2 + \mathrm{i}\varepsilon)^3} = \frac{-\mathrm{i}}{32\pi^2 c^2} \tag{3.10}$$

可由量纲分析看出结果中的 c^2 位置.此外的因子部分计算可见附录 D.

对式(3.1)应用恒等式(D.15)

$$\frac{1}{xy} = \int_0^1 \mathrm{d}\alpha \frac{1}{[\alpha x + (1 - \alpha)y]^2} \tag{3.11}$$

可以得到

$$\mathcal{M} = \frac{1}{2}(-\mathrm{i}\lambda)^2 \mathrm{i}^2 \int \frac{\mathrm{d}^4 k}{(2\pi)^4} \int_0^1 \mathrm{d}\alpha \frac{1}{D}$$

式中

$$D = [\alpha(K - k)^2 + (1 - \alpha)k^2 - m^2 + \mathrm{i}\varepsilon]^2 = [(k - \alpha K)^2 + \alpha(1 - \alpha)K^2 - m^2 + \mathrm{i}\varepsilon]^2$$

做积分变量变换 $k \to k + \alpha K$,会出现积分 $\int [\mathrm{d}^4 k/(2\pi)^4][1/(k^2 - c^2 + \mathrm{i}\varepsilon)^2]$,式中, $c^2 = m^2 - \alpha(1 - \alpha)K^2$.泡利–维拉斯建议用下式替代此积分:

$$\int \frac{\mathrm{d}^4 k}{(2\pi)^4} \left[\frac{1}{(k^2 - c^2 + \mathrm{i}\varepsilon)^2} - \frac{1}{(k^2 - \Lambda^2 + \mathrm{i}\varepsilon)^2} \right] \tag{3.12}$$

式中, $\Lambda^2 \gg c^2$.当 k 远比 Λ 小时,被积函数额外加进去的第二项阶为 Λ^{-4},因 Λ 远比 c 大,这一项相比第一项可以忽略;当 k 远比 Λ 大时,这两项基本互相抵消,随着 k 增大被积函数迅速趋于 0,从而有效截断了这个积分.

将式(3.12)对 c^2 求导,再应用式(3.10),可得式(3.12)一定等于 $[\mathrm{i}/(16\pi^2)]\ln(\Lambda^2/c^2)$. 因此,积分

$$\int^\Lambda \frac{\mathrm{d}^4 k}{(2\pi)^4} \frac{1}{(k^2 - c^2 + \mathrm{i}\varepsilon)^2} = \frac{\mathrm{i}}{16\pi^2} \ln\left(\frac{\Lambda^2}{c^2}\right) \tag{3.13}$$

的确如正文所说,对数依赖于截断.

无论如何,我们得到

$$\mathcal{M} = \frac{\mathrm{i}\lambda^2}{32\pi^2}\int_0^1 \mathrm{d}\alpha \ln\left[\frac{\Lambda^2}{m^2 - \alpha(1-\alpha)K^2 - \mathrm{i}\epsilon}\right] \tag{3.14}$$

附录 2　维数正规化

维数正规化的基本想法很简单.在求得 $I = \int \left[\mathrm{d}^4 k/(2\pi)^4\right]\left[1/(k^2 - c^2 + \mathrm{i}\epsilon)^2\right]$ 之后,把积分转到欧几里得空间,再推广到 d 维(参见附录 D):

$$I(d) = \mathrm{i}\int \frac{\mathrm{d}_E^d k}{(2\pi)^d} \frac{1}{(k^2 + c^2)^2} = \mathrm{i}\left[\frac{2\pi^{d/2}}{\Gamma(d/2)}\right]\frac{1}{(2\pi)^d}\int_0^\infty \mathrm{d}k\, k^{d-1}\frac{1}{(k^2 + c^2)^2}$$

虽然不希望在本书里和计算纠缠太多,不过该计算的时候还是要计算.

令 $k^2 + c^2 = c^2/x$,代换变量得到

$$\int_0^\infty \mathrm{d}k\, k^{d-1}\frac{1}{(k^2 + c^2)^2} = \frac{1}{2}c^{d-4}\int_0^1 \mathrm{d}x(1-x)^{d/2-1}x^{1-d/2}$$

应该看得出上式其实是贝塔函数的积分表示.尘埃落定之后,我们可以给出

$$\mathrm{i}\int \frac{\mathrm{d}_E^d k}{(2\pi)^d}\frac{1}{(k^2 + c^2)^2} = \mathrm{i}\frac{1}{(4\pi)^{d/2}}\Gamma\left(\frac{4-d}{2}\right)c^{d-4} \tag{3.15}$$

当 $d \to 4$ 时,上式右侧是

$$\mathrm{i}\frac{1}{(4\pi)^2}\left[\frac{2}{4-d} - \ln c^2 + \ln(4\pi) - \gamma + O(d-4)\right]$$

式中,$\gamma = 0.577\cdots$,为欧拉-马歇罗尼常数.

与式(3.13)对比可以发现,极点 $2/(4-d)$ 有效替代了泡利-维拉斯正规化的 $\ln \Lambda^2$ 项.如正文所说,用物理耦合常数表示物理量时,这样的极点都会消失.

习题

3.1.1　不看书,把式(3.9)的散射振幅推导出来.

3.1.2 把式(3.1)看成 K^2 的解析函数.证明该函数有一条从 $4m^2$ 处延伸到无穷的割线.(提示:如果无法直接从式(3.1)推出这个结果,可以考虑式(3.14)看看.3.8 节会对这个习题进行一些扩展讨论.)

3.1.3 证明:把 Λ 变到 $e^\epsilon \Lambda$,并让 M 不变,精确到给定阶,λ 变动必须为 $\delta\lambda = 6\epsilon C\lambda^2 + O(\lambda^3)$.也就是说

$$\Lambda \frac{\mathrm{d}\lambda}{\mathrm{d}\Lambda} = 6C\lambda^2 + O(\lambda^3)$$

3.2 可重整对不可重整

旧观点对新观点

现在我们知道,如果用物理测出的耦合常数 λ_P 表达,介子-介子散射振幅就不依赖于截断 Λ(至少精确到 λ_P^2 阶是如此).这只是巧合吗?

事实上,有很多种量子场论,其中一些会这样,而另一些不会.由此可将量子场论分为两类.还是因为历史原因,我们称第一类为"可重整理论";而第二类则称作"不可重整理论".理论物理学家对其深恶痛绝.

其实,和上一代相比,现在物理学家看不可重整理论已经顺眼多了.这是由于选择了一个新视角:不可重整理论被视为某种有待发展理论的有效低能近似.希望通过本节和下一节能够把这些事讲清楚.

中学生水平的量纲分析

首先进行一些中学生水平的量纲分析.取 $\hbar = 1$ 和 $c = 1$ 的自然单位制,那么长度和时间量纲相同,都是质量(以及能量和动量)量纲的倒数.粒子物理学家习惯于从能量尺度考虑问题,所以他们倾向于把质量作为标准计数量纲.凝聚态物理学家则恰恰相反,更乐于讨论长度尺度.因此,在粒子物理和凝聚态物理中,同一个给定算符有(大小相同)符

号相反的量纲次数.本书选择用粒子物理学家的约定.

既然在路径积分里,作用量 $S = \int \mathrm{d}^4 x \mathcal{L}$ 出现在 $\mathrm{e}^{\mathrm{i}S}$ 中,那么明显应该无量纲.这意味着拉格朗日量 $\mathcal{L}$(严格来说,这是拉格朗日密度)量纲等同于质量的四次方.用 $[\mathcal{L}] = 4$ 来表示 $\mathcal{L}$ 量纲为 4.在这种记法下,$[x] = -1$,$[\partial] = 1$.考虑一下标量场论 $\mathcal{L} = \frac{1}{2}[(\partial \varphi)^2 - m^2 \varphi^2] - \lambda \varphi^4$.既然 $(\partial \varphi)^2$ 量纲为 4,那么 $[\varphi] = 1$(因为 $2(1 + [\varphi]) = 4$).因此 $[\lambda] = 0$.也就是说,耦合常数 λ 无量纲.这里的规则很简单,对 $\mathcal{L}$ 的每一项来说,包括耦合常数和质量在内的所有部分量纲之和应该为 4(比如,$[\lambda] + 4[\varphi] = 4$).

那么费米子场 ψ 情况又如何呢?把前面的规则应用于 $\mathcal{L} = \bar{\psi} \mathrm{i} \gamma^\mu \partial_\mu \psi + \cdots$,可以得到 $[\psi] = \frac{3}{2}$.(下面省略"$\cdots$"记号,默认只有拉格朗日量的一部分.此外,既然是在分析量纲,一些无关的常数也可以省略,比如数值因子,以及将要处理的费米相互作用中的伽马矩阵.)对于耦合项 $f \varphi \bar{\psi} \psi$,可以看出,汤川耦合 f 无量纲.另一方面,在 $\mathcal{L} = G \bar{\psi} \psi \bar{\psi} \psi$ 的弱相互作用理论中,费米耦合 G 量纲为 -2.(这是因为 $-2 + 4\left(\frac{3}{2}\right) = 4$,明白了吗?)

由麦克斯韦拉格朗日量 $-\frac{1}{4} F_{\mu\nu} F^{\mu\nu}$ 可以得到 $[A_\mu] = 1$,因此 A_μ 和 ∂_μ 量纲相同.矢量场与标量场量纲一致.电磁耦合项 $e A_\mu \bar{\psi} \gamma^\mu \psi$ 说明 e 无量纲.这一点也可由自然单位制下的库仑定律 $V(r) = \alpha/r$ 给出,式中,精细结构常数 $\alpha = e^2/(4\pi)$.

散射振幅爆炸

现在,用一个启发性论证衡量理论不可重整的程度.考虑弱相互作用费米理论.我们打算计算一个四费米子相互作用的振幅 $\mathcal{M}$,以在远小于 Λ 的能量上进行的中微子-中微子散射为例.在最低阶,$\mathcal{M} \sim G$.试着写出精确到下一阶的振幅:$\mathcal{M} \sim G + G^2(?)$,试着猜猜 (?) 是什么.既然根据预设,所有质量和能量相比截断 Λ 都很小,那么可以直接让它们取 0.因为 $[G] = -2$,中学水平的量纲分析就说明未知项 (?) 量纲一定为 $+2$.(?) 唯一可能的选择是 Λ^2.因此,精确到下一阶的振幅形式一定是 $\mathcal{M} \sim G + G^2 \Lambda^2$.也可以看一下图 3.2 的费曼图以验证此结论:此图结果确实表现为 $G^2 \int^\Lambda \mathrm{D}^4 p (1/p)(1/p) \sim G^2 \Lambda^2$.

在不考虑理论的截断的情况下,或者等价来说,取 $\Lambda = \infty$ 时,理论家会意识到这个理论有问题:现在一个物理结果预测值是无穷.我们称费米弱相互作用理论不可重整.不仅如此,如果试图计算更高阶,那么 G 每个幂次都会伴随一个 Λ^2.

当时一些理论家对此深感绝望,倡议完全放弃量子场论.另一些则花费了相当多的工夫试图"修复"弱相互作用理论.比如,其中一条路线是推测级数(忽略系数)$\mathcal{M} \sim G[1 + G\Lambda^2 + (G\Lambda^2)^2 + (G\Lambda^2)^4 + \cdots]$ 之和为 $Gf(G\Lambda^2)$,其中,未知函数 f 可能在 $f(\infty)$ 处有限.身为事后诸葛,我们现在知道这条路线并没有得到太多成果.

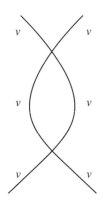

图 3.2

相反,这个问题实际上是在 1960 年代后期解决的.格拉肖、萨拉姆(Abdus Salam)以及温伯格在其他许多人的基础之上,成功创建了一个统一电磁和弱相互作用的电弱理论,将在 7.2 节讨论这个理论.费米弱相互作用理论现在是弱电理论在低能下浮现出的有效理论.

费米理论的呐喊

用现代的说法,我们认为截断 Λ 真实存在,我们"听到"的四费米子散射振幅 $\mathcal{M} \sim G + G^2\Lambda^2$ 对截断的依赖,其实是这个理论在呐喊,在能量尺度 $\Lambda \sim (1/G)^{\frac{1}{2}}$ 处一定发生了某些特别的事情.微扰级数的第二项这时与第一项可以相提并论,因此至少微扰理论会失效.

还有一种说明这一点的方式:假设我们对截断的事一无所知,因为 G 质量量纲为 -2,只由中学生水平的量纲分析就能看出质心能量 E 的中微子-中微子散射振幅一定形如 $\mathcal{M} \sim G + G^2E^2 + \cdots$.当 E 到达 $\sim (1/G)^{\frac{1}{2}}$ 尺度时,振幅达到单位阶,这时一定有某些事情主导散射过程,因为若非如此,散射截面就会违反基础量子力学中的幺正限制.(还记得相移那些事情吗?)

实际上,"某些事情"是什么的猜测可以追溯到汤川秀树(Yukawa),在提出核力的介子理论的同时,他也提出,用一个中间玻色子可以解释弱相互作用的费米理论.(在 1930 年代,强和弱相互作用的差别还远未明晰.)作为说明,考虑如下理论:一个质量为 M 的矢量玻色子通过一个无量纲耦合常数 g 与一个费米子场耦合:

$$\mathcal{L} = \bar{\psi}(i\gamma^{\mu}\partial_{\mu} - m)\psi - \frac{1}{4}F_{\mu\nu}F^{\mu\nu} + M^2 A_{\mu}A^{\mu} + gA_{\mu}\bar{\psi}\gamma^{\mu}\psi \tag{3.16}$$

下面计算费米子-费米子散射.图 3.3 的费曼图给出振幅 $(-ig)^2(\bar{u}\gamma^{\mu}u)[i/(k^2 - M^2 + i\varepsilon)](\bar{u}\gamma_{\mu}u)$.式中,动量转移 k 远比 M 小时,此式变为 $i(g^2/M^2)(\bar{u}\gamma^{\mu}u)(\bar{u}\gamma_{\mu}u)$.这相当于费米子通过一个 $G(\bar{\psi}\gamma^{\mu}\psi)(\bar{\psi}\gamma_{\mu}\psi)$ 式的费米理论相互作用,式中 $G = g^2/M^2$.

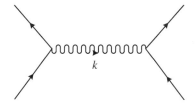

图 3.3

如果只用低能有效理论 $G(\bar{\psi}\gamma^{\mu}\psi)(\bar{\psi}\gamma_{\mu}\psi)$ 计算,这个理论自己就会呐喊自己要失效了.是的,没错,能量标度 $(1/G)^{\frac{1}{2}} = M/g$ 足以产出矢量玻色子.新物理现象出现了.

我觉得有一点非常有趣也令人警醒,那就是物理理论有能力宣称它们自己最终会失效,从而划定自身的适用范围,这一点和人类思想的其他领域很不相同.

爱因斯坦理论正在呐喊

引力理论同样因不可重整而声名在外.把牛顿定律 $V(r) = G_N M_1 M_2 / r$ 和库仑定律 $V(r) = \alpha/r$ 比较一下,就能看出牛顿引力常数 G_N 质量量纲为 -2.没必要多说了,我们就此可以得出一个让人郁闷的结论:和费米弱相互作用理论一样,引力理论不可重整.重复一下论证,如果我们计算能量为 E 的引力子-引力子散射,可以得到级数 $\sim[1 + G_N E^2 + (G_N E^2)^2 + \cdots]$.

正如我们讨论费米理论的情况一样,量子引力不可重整说明新物理理论一定会出现

179

在普朗克能标$(1/G_N)^{\frac{1}{2}} \equiv M_{\text{Planck}} \sim 10^{19} m_{\text{Proton}}$中. 费米理论呐喊了, 我们最终发现新物理理论是电弱理论. 爱因斯坦理论正在呐喊, 最终我们会发现什么样的新物理理论? 会是弦论吗?[①]

习题

3.2.1 考虑一个d维标量场论$S = \int d^d x \left[\frac{1}{2}(\partial\psi)^2 + \frac{1}{2}m^2\varphi^2 + \lambda\varphi^4 + \cdots + \lambda_n\varphi^n + \cdots \right]$. 证明$[\varphi] = (d-2)/2$以及$[\lambda_n] = n(2-d)/2 + d$. 注意, $d = 2$时. φ无量纲.

3.3 抵消项与物理微扰论

可重整性

上节的启发式论证表明, 耦合的质量量纲为负的理论不可重整, 那么耦合无量纲的理论, 如电动力学或φ^4理论又如何呢? 事实上, 可以证明这两个理论都可重整. 但是证明一个理论可重整其实比证明不可重整要困难得多, 证明非阿贝尔规范理论 (我们以后会讨论的) 可重整就让许多卓越的物理学家花费了大力气, 最终凭借杰拉德·特·霍夫特 (Gerard't Hooft)、马丁纽斯·韦尔特曼 (Martinus Veltman)、李辉昭 (Benjamin W. Lee)、齐恩-朱斯坦 (Zinn-Justin) 和其他许多人的努力才成功.

再考虑一下简单的φ^4理论. 首先注意: 物理耦合常数λ_P显然是s_0, t_0, u_0的函数 (参见式(3.4)). 从理论分析上考虑, 使s_0, t_0, u_0都等于μ^2会简洁很多, 因此不用式(3.4), 而用更简单的定义:

$$-i\lambda_P = -i\lambda + 3iC\lambda^2\ln\left(\frac{\Lambda^2}{\mu^2}\right) + O(\lambda^3) \tag{3.17}$$

---

① Polchinski J. String Theory[M]. Gambridge: Cambridge University Press, 1998.

这纯粹是为了理论分析起来方便.[①]

我们已经看到,精确到 λ^2 阶、用物理耦合常数 λ_P 表达的介子-介子散射振幅不依赖于截断,那么如何证明 λ 的所有阶都会如此? 量纲分析只能说明,精确到 λ 任意阶,介子散射振幅对截断依赖的形式都必然是一些形如 $[\ln(\Lambda/\mu)]^p$ 的项之和,其中 p 表示某个幂次.

无疑,介子-介子散射振幅不是唯一一个依赖于截断的量.考虑一下精确到 λ^2 阶的 φ 传播子倒数,如图 3.4 所示.

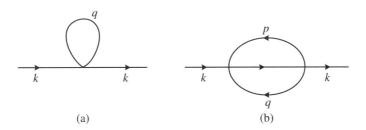

图 3.4

图 3.4(a)的费曼图结果形如

$$-\,\mathrm{i}\lambda \int^{\Lambda} \left[\frac{\mathrm{d}^4 q}{(2\pi)^4}\right]\left[\frac{\mathrm{i}}{q^2 - m^2 + \mathrm{i}\varepsilon}\right]$$

无须关心精确值是多少,只要注意其平方依赖于截断 Λ 而不依赖于 k^2 就可以了.图 3.4(b) 的费曼图则包含一个二重积分:

$$
\begin{aligned}
&I(k,m,\Lambda;\lambda) \\
&\equiv (-\,\mathrm{i}\lambda)^2 \int^{\Lambda}\!\!\int^{\Lambda} \frac{\mathrm{d}^4 p}{(2\pi)^4}\frac{\mathrm{d}^4 q}{(2\pi)^4}\frac{\mathrm{i}}{p^2 - m^2 + \mathrm{i}\varepsilon}\frac{\mathrm{i}}{q^2 - m^2 + \mathrm{i}\varepsilon}\frac{\mathrm{i}}{(p+q+k)^2 - m^2 + \mathrm{i}\varepsilon}
\end{aligned}
$$

$$(3.18)$$

数一下 p 和 q 的幂次,可以发现这个积分 $\sim \int \mathrm{d}^8 P/P^6$,因此 I 平方依赖于截断 Λ.

由于 I 洛伦兹不变,所以其是 k^2 的函数,可以将之展开成级数 $D + Ek^2 + Fk^4 + \cdots$. D 就是外动量取 0 的 I,因此平方依赖于截断 Λ.然后,将 I 对 k 微分两次,再将 k 取 0,即可得到 E.显然被积函数中 p 和 q 的幂次降了 2,因此 E 只是对数依赖于截断 Λ.同理,将

[①] 实际上,实验上根本到达不了 $s_0 = t_0 = u_0 = \mu^2$ 的动力学点,不过理论家又不关心这个.

I 对 k 微分四次,再将 k 取 0 即可得到 F,被积函数中 p 和 q 的幂次降了 4,因此 P 很大时 F 为一个 $\sim \int d^8 P / P^{10}$ 的积分. 此积分收敛,因此不依赖于截断. 显然这一论证可以无限重复下去,所以 F 和 $(\cdots)$ 中的项在截断趋于无穷时并不依赖于截断,因此就没必要再担心它们了.

总结一下,我们得到精确到 $O(k^2)$ 的传播子倒数 $k^2 - m^2 + a + bk^2$,其中,a,b 分别平方和对数依赖于截断. 传播子现在变为

$$\frac{1}{k^2 - m^2} \to \frac{1}{(1+b)k^2 - (m^2 - a)} \tag{3.19}$$

k^2 的极点现在变为 $m_P^2 \equiv m^2 + \delta m^2 \equiv (m^2 - a)(1+b)^{-1}$,我们认为这个极点才是物理质量. 这个变动被称为质量重正化. 物理上说,量子涨落会让质量变动也很合理.

传播子极点留数现在不是 1 而是 $(1+b)^{-1}$ 了,这又说明什么呢?

想要理解留数的变化,要先做一下回顾,将场 φ 归一化以便 $\mathcal{L} = \frac{1}{2}(\partial\varphi)^2 + \cdots$. 在最低阶传播子倒数近似 $k^2 - m^2$ 中 k^2 的系数为 1,这只是说明 $\mathcal{L}$ 中 $\frac{1}{2}(\partial\varphi)^2$ 系数为 1. 显然,没有理由保证在考虑包含高阶修正的有效 $\mathcal{L}$ 中 $\frac{1}{2}(\partial\varphi)^2$ 系数仍然为 1. 事实上,这个系数变成了 $1 + b$. 因为历史原因,这一点被称为"波函数重正化",尽管根本没有看到什么波函数. 更现代的说法应该是场重正化.("重正化"这个词在这里看起来更合理一些,毕竟我们确实之前就对场归一化一次了,虽然那次没太留意.)

顺带一提,说"对数发散"比"对数依赖于截断 Λ"省事多了. 因此我们会经常用"发散"这个词,它是一个历史上更常用但是不太精确的行话. 这样,在 φ^4 理论里,波函数重正化和耦合重正化都对数发散,而质量重正化则是平方发散.

裸微扰论对物理微扰论

到目前为止,我们处理的是所谓裸微扰论. 应该给之前的 φ,m,λ 加上一个下标 0 才妥当. 其中,φ_0 是所谓裸场,而 m_0,λ_0 分别是裸质量和裸耦合. 在第 1 章里没加下标 0,这是因为本书不想在一个学生还没搞清楚什么是场的时候,就把符号搞得特别复杂.

从这个角度看,用裸微扰论计算看起来特别傻,实际上也确实特别傻. 难道不应该在

从第 0 阶理论起就全用实验家实测的物理质量 m_P 和物理耦合 λ_P 来表达吗？没错，理当如此，这种计算方式就是所谓重正化微扰论，也叫修饰微扰论，或者按我喜欢的叫法，称之为物理微扰论．

我们写出

$$\mathcal{L} = \frac{1}{2}\big[(\partial\varphi)^2 - m_P^2\varphi^2\big] - \frac{\lambda_P}{4!}\varphi^4 + A(\partial\varphi)^2 + B\varphi^2 + C\varphi^4 \tag{3.20}$$

（一个记号说明：较真的老学究可能觉得应该给场 φ 也放一个下标 P，不过能让记号简洁点就简洁点吧！）下面说明物理微扰论如何作用．费曼规则和以前基本一样，就是有一个关键的区别，耦合用的是 λ_P，传播子用 $\mathrm{i}/(k^2 - m_P^2 + \mathrm{i}\varepsilon)$，物理质量直接出现在里面．式 (3.20) 最后三项是所谓的抵消项，在逐阶提高微扰论阶数时，可以迭代解出系数 A,B,C（详后）．在费曼图中它们用"×"代表，图 3.5 给出了示范和对应的费曼规则．所有动量积分都带截断．

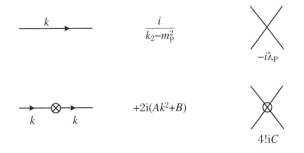

图 3.5

现在来解释一下如何迭代确定 A,B,C．假设在 λ_P^N 阶精度上，我们已经确定了它们的值，精确到这一阶的值记作 A_N,B_N,C_N．画出所有会在 λ_P^{N+1} 阶出现的图，要求计算到 λ_P^{N+1} 阶精度上，传播子极点在 m_P，且留数为 1，且对特定动力学变量值计算出的介子-介子散射振幅值为 $-\mathrm{i}\lambda_P$，就确定了 A_{N+1},B_{N+1},C_{N+1}．换句话说，固定抵消项的条件是：m_P 和 λ_P 就是符合其含义的量．当然，A,B,C 会依赖于截断．注意，这里正好有三个条件来确定三个未知量 A_{N+1},B_{N+1},C_{N+1}．

这样解释，应该能看出来物理微扰论显然行得通．这是说，在所有计算出的物理量都不依赖截断的意义上行得通．例如，想象一下你累个半死把介子-介子散射算到 λ_P^{17} 阶，结果应该有一些截断依赖项和一些截断不依赖项，然后只要加上 C_{17} 的贡献，并调整 C_{17} 来消掉依赖截断项就可以了．

但是，你又开始担心了，问："要是我计算出的是 2 个介子到 4 个介子的振幅呢？也就是说,算有6条外腿的图? 如果得到一个依赖截断的答案,那可就麻烦了.式(3.20)里可没有 $D\varphi^6$ 这种项能吸收截断依赖啊."你的感觉很敏锐啊.不过,接下来介绍的幂次计数定理能打消你的担心.

发散度

考虑一个有 B_E 条 φ 外线的图.首先定义:如果一个图按照 Λ^D 发散(对数发散 $\ln\Lambda$ 算 $D=0$.),那么我们就说这个图的表观发散度为 D.这个定理是说,D 由下式给出:

$$D = 4 - B_E \tag{3.21}$$

稍后会给出证明.不过,现在还是先讲述一下式(3.21)到底是什么意思.对于传播子倒数,有 $B_E=2$,这样定理告诉我们 $D=2$,确实我们会遇到一个平方发散.对于介子-介子散射振幅,有 $B_E=4$,所以 $D=0$,没错,它对数发散.

根据这个定理,如果计算一个有6条外腿的图(有时候叫六点函数),$B_E=6$,所以 $D=-2$.这个定理表明这个图收敛或者说不依赖截断(比如,对截断的依赖像 Λ^{-2} 那样趋于0).根本没必要担心.可以画几个图去验证这点,外腿更多的图甚至更加收敛.

证明这个定理的思路就是简单计数一下幂次.在 B_E 和 D 之外,再定义 B_I 为内线数目,V 为顶点数,L 为圈数.(取定一个图来看可以帮助理解,比如图3.6满足 $B_E=6$,$D=-2$,$B_I=5$,$V=4$,$L=2$.)

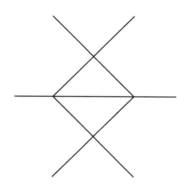

图3.6

圈数就是必须要处理的 $\int[\mathrm{d}^4 k/(2\pi)^4]$ 数量.每个内线携带一个要被积分的动量,所以看起来要算 B_I 个积分.但是实际积分数量当然不是这么多,因为顶点的动量守恒 δ 函

果壳中的量子场论
Quantum Field Theory in a Nutshell

数可以降低积分数量,每个顶点都有一个 δ 函数,因此一共有 V 个 δ 函数,但是其中一个与整个图的总体动量守恒相关.因此,圈数为

$$L = B_I - (V - 1) \tag{3.22}$$

(如果不能理解这个论证,可以试试对着图 3.6 推出结果,对于图 3.6,这个等式是 $2 = 5 - (4 - 1)$.)

每个顶点有 4 条线出来(或者进去,这取决于你怎么看).每条外线从一个顶点出来(或者进去).每条内线连接 2 个顶点.因此

$$4V = B_E + 2B_I \tag{3.23}$$

(对于图 3.6,此式为 $4 \cdot 4 = 6 + 2 \cdot 5$.)

最后,每有一个圈就有一个 $\int \mathrm{d}^4 k$,而每有一条内线就有一个 $i/(k^2 - m^2 + i\varepsilon)$ 让动量幂次降低 2,所以

$$D = 4L - 2B_I \tag{3.24}$$

(对于图 3.6,此式为 $-2 = 4 \cdot 2 - 2 \cdot 5$.)

联立式(3.22)~式(3.24),可以得到定理式(3.21)[①].如你所见,这就是把我们一直做的幂次计数给形式化了.

有关费米子的表观发散度

检验一下你是不是理解式(3.21)的成因了.考虑之前见过的汤川理论.(出于排版简明考虑,我们省略了抵消项.)

$$\mathcal{L} = \bar{\psi}(i\gamma^\mu \partial_\mu - m_P)\psi + \frac{1}{2}\left[(\partial\varphi)^2 - \mu_P^2\varphi^2\right] - \lambda_P\varphi^4 + f_P\varphi\bar{\psi}\psi \tag{3.25}$$

现在数一下费米子内线和费米子外线的数量 F_I 和 F_E,以及对应于耦合 f 和耦合 λ 的顶点数目 V_f 和 V_λ.这样一共会有 5 个方程.比如式(3.23)可以分成 2 个方程,因为既要数玻色子线也要数费米子线.例如,现在有

$$V_f + 4V_\lambda = B_E + 2B_I \tag{3.26}$$

---

① 表观发散度衡量了所有内动量统一作标度变换 $k \to ak$,a 趋于无穷时费曼图的发散.在更严格的处理中,需要考虑某些子图(完整图的一部分)的动量趋于无穷,而其他动量固定的情况.

我们(准确来说,是你)最终可以得到

$$D = 4 - B_E - \frac{3}{2} F_E \qquad (3.27)$$

因此,现在发散振幅,也就是说,$D \geqslant 0$ 的图的种类只能是 $(B_E, F_E) = (0, 2), (2, 0),$
$(1, 2), (4, 0)$. 可以看出这正好对应于式(3.25)拉格朗日量的 6 项,因此需要 6 个抵消项.

注意,这个数表观发散幂次的过程还说明所有满足质量量纲≤4 的项都会出现.举例来说,假设书写式(3.25)拉格朗日量时忘记了 $\lambda_P \varphi^4$ 项,那么这个理论会要求计入这一项:我们必须将其作为一个抵消项引入(对应上面列表的 $(B_E, F_E) = (4, 0)$ 项).

式(3.21)和式(3.27)有一个共同点,就是它们的值依赖于外线数目而与顶点数 V 无关.从而对给定数量的外线,无论考虑到微扰论哪一阶,表观发散度都不变.再想一下就会发现,这不过是将上节的量纲计数论证给形式化而已.(回忆一下,玻色场 $[\varphi]$ 的质量量纲为 1,而费米场 $[\psi]$ 为 $\frac{3}{2}$. 所以式(3.27)对应的系数是 1 和 $\frac{3}{2}$.)

很难说此处的讨论严格地证明了诸如汤川理论之类的理论可重整.如果一定要严格,那么应该去阅读那些讨论重正化理论的场论巨著,它们会详细再详细地讨论诸如重叠发散和齐默尔曼森林公式之类的问题,且不会放过每一个细节.

不可重整场论

在这个讨论的背景下,看看不可重整理论如何体现它们那恼人的特性,这将会很有教益.考虑写成简单形式的费米弱相互作用理论:

$$\mathcal{L} = \bar{\psi}(i\gamma^\mu \partial_\mu - m_P)\psi + G(\bar{\psi}\psi)^2$$

现在相当于式(3.22)~式(3.24)的等式分别是 $L = F_I - (V - 1), 4V = F_E + 2F_I,$
$F = 4L - F_I$. 解出用费米子外线数表达的表观发散度,得到

$$D = 4 - \frac{3}{2} F_E + 2V \qquad (3.28)$$

和可重整场论的等式(3.21)和(3.27)对比,发现 D 依赖于 V. 因此,如果要计算一个费米子-费米子散射($F_E = 4$),随着微扰级数阶数越来越高,发散也越来越严重.这验证了前一

节的讨论结果.然而,更糟的消息是,对于任一 F_E,随着 V 变得足够大,我们都会遇到发散图,因此必须添加无穷多抵消项 $(\bar{\psi}\psi)^3$,$(\bar{\psi}\psi)^4$,$(\bar{\psi}\psi)^5$,$\cdots$,每一项都带有一个需要实验确定的耦合参数,而这样的理论很难有什么预测能力.

一度大家认为不可重整场论已经毫无希望.但是,在基于有效场论路线的现代观点上,这些理论又得到了接纳.本书会在8.3节中讨论这种观点.

维度依赖

显然,表观发散度依赖于时空维度 d,毕竟每个圈都带有一个 $\int d^d k$.作为例子,来看一下 $(1+1)$ 维时空中的费米相互作用 $G(\bar{\psi}\psi)^2$.在给出式(3.28)的3个等式中,有一个变为 $D = 2L - F_I$,这给出式(3.28)在二维时空中的对应:

$$D = 2 - \frac{1}{2}F_E \tag{3.29}$$

和式(3.28)不同,此式不再出现 V.仅有的表观发散图满足 $F_E = 2$ 或 4.引入恰当的抵消项即可将之抵消.费米相互作用在 $(1+1)$ 维时空中可重整.本书在7.4节中会再度讨论这个话题.

魏斯科普夫现象

这里说明一点以作总结:玻色场和费米场的质量修正发散程度不同.因为这个现象最早是由魏斯科普夫发现的,本书称之为魏斯科普夫现象.要理解这一点,可以看看式(3.27),注意,B_E 和 F_E 对表观发散度 D 的贡献不同.对于 $B_E = 2$,$F_E = 0$ 的情况,有 $D = 2$,因此玻色场的质量修正平方发散,这已经明确看到了(式(3.19)中的 a).但是对于 $F_E = 2$,$B_E = 0$ 的情况,有 $D = 1$.看起来费米子质量线性发散,但是实际上在四维场论中不可能得到一个对截断的线性依赖.要说明这一点,最简单的方式就是看看在习题2.5.1中得出的图2.1的积分:

$$(\mathrm{i}f)^2 \mathrm{i}^2 \int \frac{\mathrm{d}^4 k}{(2\pi)^4} \frac{1}{k^2 - \mu^2} \frac{\not{p} + \not{k} + m}{(p+k)^2 - m^2} \equiv A(p^2)\not{p} + B(p^2) \tag{3.30}$$

方便起见,这里定义了两个未知函数 $A(p^2)$ 和 $B(p^2)$.(就这里的讨论来说,用的是裸微扰论还是物理微扰论无关紧要.如果是后者,读者可以认为本书为了符号简洁省略了下标 P.)

看一下 k 很大时的被积函数,可以看出积分趋于 $\int d^4k (k/k^4)$,似乎线性发散.但是由于 $k \rightarrow -k$ 反射对称的缘故,一阶积分为 0.式(3.30) 不过是对数发散而已.表观发散度 D 常常高估发散的严重程度(因此才是"表观"),实际上,由式(3.30)出发还可以证明更多事情.比如说 Bp^2 一定正比于 m.由 2.5 节的费曼规则,可以说明同样的结论对量子电动力学也成立.读者可以当作一个练习证明这点.

对一个玻色子来说,量子涨落给出 $\delta\mu \propto \Lambda^2/\mu$,而像电子那样的费米子,相比之下质量量子修正 $\delta m \propto m\ln(\Lambda/m)$ 就温和多了.有个趣事值得一提,在 20 世纪早期,物理学家把电子看成一个半径为 a 的带电球.这样一个球的静电能在 e^2/a 阶,物理学家将之与电子质量等同.如果将 $1/a$ 看作 Λ,那么可以说,经典物理中电子质量正比于 Λ 且线性发散.这样,就可以将魏斯科普夫现象描述为"玻色子的表现比经典电荷要坏,但费米子的表现好过经典电荷".

正如 1939 年魏斯科普夫的解释所说,这种发散度的差异可以用量子统计视角启发式的理解.玻色子的"坏"表现与它们的合群特性有关.一个费米子会将真空涨落出现的虚费米子对推开,从而在自身周围的真空荷分布中形成一个空腔.因此,其自能的奇性相比未考虑量子统计的情况要小,而玻色子则正好相反.

后面,玻色子这个"坏"表现还会回来缠着我们不放的.

$\hbar$ 的幂次计数了圈数

有一个很有用的观察,虽然与发散和截断依赖都没什么关系,但是适合在这里提一下.如果恢复作用量的普朗克单位 $\hbar$,路径积分中的被积函数会变为 $e^{iS/\hbar}$(回忆一下 1.2 节).因此这相当于 $\mathcal{L} \rightarrow \mathcal{L}/\hbar$.明确起见我们就考虑 $\mathcal{L} = -\frac{1}{2}\varphi(\partial^2 + m^2)\varphi - \frac{\lambda}{4!}\varphi^4$.耦合 $\lambda \rightarrow \lambda/\hbar$,因此每个顶点现在与一个 $1/\hbar$ 因子关联.回忆一下,传播子本质上就是算符 $\partial^2 + m^2$ 的逆,所以动量空间中 $1/(k^2 - m^2) \rightarrow \hbar/(k^2 - m^2)$.所以内线数目减去顶点数目就可以得到 $\hbar$ 的幂次 $P = B_I - V = L - 1$,这里用到了式(3.22).读者可以验证,这不止对 φ^4 理论正确,对于一般情况也正确.

果壳中的量子场论
Quantum Field Theory in a Nutshell

这一观察说明,按照圈数来组织费曼图相当于按照普朗克常数展开(有时候称之为半经典展开),树图给出了第一项.本书将在 4.3 节再度讨论这个问题.

习题

3.3.1 说明,在 $(1+1)$ 维时空中,狄拉克场 ψ 质量量纲为 $\frac{1}{2}$,因此费米耦合无量纲.

3.3.2 导出式(3.27)和式(3.29).

3.3.3 说明,$m=0$ 时,式(3.30)的 $B(p^2)$ 项为 0.证明量子电动力学也有同样的表现.

3.3.4 我们说明了对 δm 的一个特定贡献式(3.30)对数发散.试着说服自己,这其实对微扰论的任意有限阶都成立.

3.4 规范不变性:光子永不停歇

中心恒等式爆破之时

在 1.7 节中,我们说过一般场论路径积分可以由一个堪称量子场论中心恒等式的公式形式给出:

$$\int \mathrm{D}\varphi\, \mathrm{e}^{-\frac{1}{2}\varphi \cdot K \cdot \varphi - V(\varphi) + J \cdot \varphi} = \mathrm{e}^{-V(\delta/\delta J)}\, \mathrm{e}^{\frac{1}{2}J \cdot K^{-1} \cdot J} \tag{3.31}$$

无论什么场论,都可以把所有场放进一个巨大的列矢量里,称这个矢量为 φ.然后把 φ 的二次项单独拿出来,记作 $\frac{1}{2}\varphi \cdot K \cdot \varphi$,剩下的记作 $V(\varphi)$.这里压缩了一下记号,场的时空坐标和其他指标,包括洛伦兹指标在内,都放进形式矩阵 K 的指标里了.一般用 $V=0$ 时的式(3.31):

$$\int \mathrm{D}\varphi\, \mathrm{e}^{-\frac{1}{2}\varphi \cdot K \cdot \varphi + J \cdot \varphi} = \mathrm{e}^{\frac{1}{2}J \cdot K^{-1} \cdot J} \tag{3.32}$$

但是如果 K 没有逆呢?

这可不是一个只在某些病态理论里才出现的奇诡现象,物理学最基本的作用量之一,麦克斯韦作用量

$$S(A) = \int \mathrm{d}^4 x \mathcal{L} = \int \mathrm{d}^4 x \left[\frac{1}{2} A_\mu (\partial^2 g^{\mu\nu} - \partial^\mu \partial^\nu) A_\nu + A_\mu J^\mu \right] \tag{3.33}$$

就会出现这个问题.这里式(3.32)的矩阵 K 正比于微分算符 $\partial^2 g^{\mu\nu} - \partial^\mu \partial^\nu \equiv Q^{\mu\nu}$.如果矩阵某些本征值为 0,那么这个矩阵不可逆.可以发现,$Q^{\mu\nu}$ 会湮灭形如 $\partial_\nu \Lambda(x)$ 的矢量:$Q^{\mu\nu} \partial_\nu \Lambda(x) = 0$.所以,$Q^{\mu\nu}$ 不可逆.

这种现象绝非神秘,我们在经典物理中就见过了.事实上,最早学习电的概念时,我们就得知,只有两点间的"电压差"才有物理意义.用更专业的说法,就是可以给静电势(这当然就是"电压")加上一个任意常数(实际上,任意对时间的函数都行),毕竟由其定义,经典势的梯度才是电场.再专业一点,我们会看到,解麦克斯韦方程(这当然就是来自作用量求极值)相当于寻找逆 Q^{-1}.(这里把麦克斯韦方程组 $\partial_\mu F^{\mu\nu} = J^\nu$ 记作 $Q_{\mu\nu} A^\nu = J_\mu$,所以解是 $A^\nu = (Q^{-1})^{\nu\mu} J_\mu$.)

你看,Q^{-1} 根本不存在!这可如何是好?办法我们已经知道了,必须要给规范势 A^μ 加一个额外的约束,称之为"固定一个规范".

一个平凡的非秘密

为了凸显出规范固定问题本质上很平凡(某些老文献中倾向于把这个问题弄得特别神秘而且几乎无法理解),首先考虑一个很普通的积分 $\int_{-\infty}^{+\infty} \mathrm{d}A\, e^{-A \cdot K \cdot A}$,其中 $A = (a, b)$ 是一个二分量矢量;$K = \begin{pmatrix} 1 & 0 \\ 0 & 0 \end{pmatrix}$ 是一个不可逆矩阵.当然你会意识到哪有问题:我们得到了 $\int_{-\infty}^{+\infty} \int_{-\infty}^{+\infty} \mathrm{d}a\, \mathrm{d}b\, e^{-a^2}$,对 b 积分的结果根本不存在.为了定义这个积分,插入一个 δ 函数 $\delta(b - \zeta)$.现在积分有定义,而且其实不依赖于选的这个任意数 ζ.更一般来说,可以插入一个 $\delta[f(b)]$,这里 f 是我们选的某个函数.对于这个普通积分,这么做显得小题大做,不过接下来会用到这个办法的.在这个简单的问题里,可以把变量 b 以及对 b 的积分看成一种"冗余".我们会看到,规范不变性其实也是无质量自旋为1的粒子描述中的一种冗余.

一个无质量自旋为 1 的场本质上就和一个有质量自旋为 1 的场不同,这是问题的关键.光子只有两个极化自由度.(你在经典电动力学里已经学过了,一束电磁波有两个横向自由度.)这是规范不变性真正的物理来源.

在这种意义上,严格来说,规范不变性并不是一个"真实"自由度,只是反映出我们的描述方式有冗余:用了一个洛伦兹矢量场来描述两个物理自由度.

限定泛函积分

现在来介绍一种处理冗余的办法,由法捷耶夫(L. D. Faddeev)和波波夫(V. N. Popov)发明.马上你就能知道,这个办法其实和处理那个小儿科问题的办法是一样的.即使用来处理电磁场,这个办法也有点大材小用,不过如果用来处理非阿贝尔规范场(见7.1 节)和引力,这个方法就不可或缺了.这里给出这个方法的一种比较抽象且非常一般的描述.下节再把这个描述应用于一个特定例子.如果读者对本节内容的理解存在一些困难,可以试试来回阅读这两节的内容,应该会有所帮助.

假设需要积分 $I \equiv \int DA e^{iS(A)}$;这个积分可以是普通积分,也可以是路径积分.再假设变换 $A \to A_g$ 不改变被积函数和测度,也就是说,$S(A) = S(A_g)$ 且 $DA = DA_g$.这样的变换显然组成了一个群,毕竟,若再做一个同性质变换 g',那么在 g 和 g' 的联合作用下被积函数和测度还是不变,且有 $A_g \to (A_g)_{g'} = A_{gg'}$.本书希望把积分写成 $I = \left(\int Dg\right)J$,其中 J 与 g 无关的形式.换句话说,本书打算把对 g 的积分作为冗余因子提出来.注意,Dg 是变换群的不变测度,而 $\int Dg$ 就是这个群的体积.对于路径积分情况,这个记号写得很简略:A 和 g 都是时空坐标 x 的函数.

强调一下,这里没什么玄奥神秘之处.如果需要积分 $I = \int dx dy e^{iS(x,y)}$,其中 $S(x,y)$ 是某个 $x^2 + y^2$ 的函数,这个读者应该很清楚,变换到极坐标,给出 $I = \left(\int d\theta\right)J = (2\pi)J$,其中 $J = \int dr r e^{iS(r)}$ 是一个只对径向坐标 r 的积分.因子 2π 正是二维旋转群的体积.

法捷耶夫和波波夫说明了如何用一种统一且优雅的方式进行"变换到极坐标",按照他们的做法,首先把数字"一"写成 $1 = \Delta(A) \int Dg \delta[f(A_g)]$,这个等式其实只是定义 $\Delta(A)$ 而已.这里 f 是某个我们选的函数,而 $\Delta(A)$ 称作法捷耶夫-波波夫行列式,当然这

也是依赖于 f 的. 接下来, 注意到 $[\Delta(A_{g'})]^{-1} = \int Dg \delta[f(A_{g'g})] = \int Dg'' \delta[f(A_{g''})] = [\Delta(A)]^{-1}$, 上式中第二个等式是定义了 $g'' = g'g$, 并考虑到 $Dg'' = Dg$ 得出. 换句话说, 我们给出了 $\Delta(A) = \Delta(A_g)$: 法捷耶夫-波波夫行列式规范不变. 现在把1代入需要计算的积分 I 中:

$$I = \int DA e^{iS(A)}$$
$$= \int DA e^{iS(A)} \Delta(A) \int Dg \delta[f(A_g)]$$
$$= \int Dg \int DA e^{iS(A)} \Delta(A) \delta[f(A_g)] \tag{3.34}$$

既然我们是物理学家而非数学家, 就不必顾虑上面交换的积分顺序会出问题.

以物理学家的严格标准来说, 只要没有发现错误, 就总可以改变积分变量. 所以把 A 变为 $A_{g^{-1}}$, 并考虑到 DA, $S(A)$ 和 $\Delta(A)$ 在变换 $A \to A_{g^{-1}}$ 下不变, 可以得到

$$I = \left(\int Dg \right) \int DA e^{iS(A)} \Delta(A) \delta[f(A)] \tag{3.35}$$

现在群积分 $\int Dg$ 已经被当作因子提出来了.

一个紧致群体积有限, 不过在规范理论中, 时空中每点都分别有一个群, 因此 $\int Dg$ 是一个无穷因子.(这也解释了为什么1.10节介绍的那些有全局对称性的理论不存在规范固定问题.) 不过, 本书已在1.3节介绍这里不需要考虑场论路径积分 Z 的全局因子, 因此可直接把 $\int Dg$ 因子忽略.

固定电磁规范

现在把法捷耶夫-波波夫方法应用于电磁学. 保持作用量不变的变换是 $A_\mu \to A_\mu - \partial_\mu \Lambda$, 所以 g 在这里其实记作 Λ, 且 $A_g \equiv A_\mu - \partial_\mu \Lambda$. 注意, 既然开始积分 I 不依赖于 f, 那么即使 f 在式(3.35)已经出现, 积分仍不依赖于 f. 选 $f(A) = \partial A - \sigma$, 其中 σ 是一个 x 的函数. 作为特例, I 与 σ 无关, 因此可以任意选一个 σ 的泛函来积分 I, 这里选取 $e^{-(i/\xi) \int d^4 x \sigma(x)^2}$.

首先, 计算

$$[\Delta(A)]^{-1} \equiv \int \mathrm{D}g\,\delta[f(A_g)] = \int \mathrm{D}\Lambda\,\delta(\partial A - \partial^2 \Lambda - \sigma) \tag{3.36}$$

接下来,注意在式(3.35)出现的 $\Delta(A)$ 乘以了 $\delta[f(A)]$,因此,计算$[\Delta(A)]^{-1}$ 时可以直接把 $f(A) = \partial A - \sigma$ 等效为 0. 于是,式(3.36)给出 $\Delta(A)\text{“=”}\left[\int\mathrm{D}\Lambda\,\delta(\partial^2\Lambda)\right]$. 但是这个结果与 A 无关,因此可以不考虑. 这样,除去一些可以扔掉的整体因子,I 就是 $\int \mathrm{D}Ae^{\mathrm{i}S(A)}\delta(\partial A - \sigma)$.

如前所述,积遍 $\sigma(x)$,最终得到

$$Z = \int \mathrm{D}\sigma e^{-(\mathrm{i}/2\xi)\int \mathrm{d}^4x\sigma(x)^2} \int \mathrm{D}Ae^{\mathrm{i}S(A)}\delta(\partial A - \sigma)$$

$$= \int \mathrm{D}Ae^{\mathrm{i}S(A)-(\mathrm{i}/2\xi)\int \mathrm{d}^4x(\partial A)^2} \tag{3.37}$$

法捷耶夫和波波夫这个技巧挺好,是吧?

这样,式(3.35)的 $S(A)$ 可以等效替换为

$$S_{\mathrm{eff}} = S(A) - \frac{1}{2\xi}\int \mathrm{d}^4x(\partial A)^2$$

$$= \int \mathrm{d}^4x \left\{ \frac{1}{2}A_\mu\left[\partial^2 g^{\mu\nu} - \left(1-\frac{1}{\xi}\right)\partial^\mu\partial^\nu\right]A_\nu + A_\mu J^\mu \right\} \tag{3.38}$$

其中,$Q^{\mu\nu}$ 替换为 $Q_{\mathrm{eff}}^{\mu\nu} = \partial^2 g^{\mu\nu} - (1-1/\xi)\partial^\mu\partial^\nu$,动量空间中写为 $Q_{\mathrm{eff}}^{\mu\nu} = -k^2 g^{\mu\nu} - (1-1/\xi)k^\mu k^\nu$,这确实可逆. 实际上,可以验证:

$$Q_{\mathrm{eff}}^{\mu\nu}\left[-g_{\nu\lambda} - (1-\xi)\frac{k_\nu k_\lambda}{k^2}\right]\frac{1}{k^2} = \delta_\lambda^\mu$$

因此,可将光子传播子选为

$$\frac{(-\mathrm{i})}{k^2}\left[g_{\nu\lambda} + (1-\zeta)\frac{k_\nu k_\lambda}{k^2}\right] \tag{3.39}$$

这与在 2.7 节中得到的结论一致.

虽然法捷耶夫-波波夫论证很流畅,但是很多物理学家还是喜欢 2.7 节给出的精确的费曼论证,比如我自己. 不过,之前说过,在处理杨-米尔斯理论和爱因斯坦理论的时候,法捷耶夫-波波夫方法就不可或缺了.

光子永不静止

现在来理解一下,是什么样的物理现象使得在规范理论必须手动加一个(规范固定)约束.在1.5节中,我们把光子替换成有质量的矢量介子,以完全规避规范固定问题.这相当于把 $Q^{\mu\nu}$ 替换为 $(\partial^2 + m^2)g^{\mu\nu} - \partial^\mu\partial^\nu$,这确实可逆(实际上我们还精确地给出了逆),然后说明了物理计算中可以把质量 m 取为 0.

然而,有质量和无质量粒子之间有一个巨大的本质差异.考虑一个正在运动的有质量粒子,总是能将其变换到一个静止的参考系,或者用更数学的说法,总可以将一个有质量粒子的动量洛伦兹变换为参考动量 $q^\mu = m(1,0,0,0)$.(和本书其他地方一样,在不引起歧义的情况下,出于排版方便,列矢量写成行矢量.)在研究自旋自由度时,自然应该在粒子静止系里研究旋转对其状态的影响,或者说,应该研究在洛伦兹群中所有保持 q^μ 不变的变换,即 $\Lambda^\mu_{\ \nu}q^\nu = q^\mu$ 的变换构成的特定子群(称之为小群)作用下,粒子态如何变化.对 $q^\mu = m(1,0,0,0)$ 来说,小群显然就是旋转群 $SO(3)$.然后应用在非相对论量子力学中所学得出结论,j 自旋粒子有 $2j+1$ 个自旋态(或者在经典物理上称为极化),这在1.5节已经介绍.

但是,如果粒子无质量,那么我们不可能找到一个洛伦兹推动使其变到静止系,光子永不静止!

对无质量粒子来说,最好的结果也只能是把粒子的动量变换为参考动量 $q^\mu = \omega(1,0,0,1)$,式中 ω 是某个任选值.和前面一样,这不过是把"总可以将运动方向取为第三坐标轴"用另一种方式表述出来而已.满足 q^μ 不变的小群是什么? 显然,不改变 q^μ 的是绕第三坐标轴的旋转,这构成了 $O(2)$ 群.一个无质量粒子绕其运动方向自旋的自旋态称为螺度态,这在2.1节已经介绍了.对一个自旋 j 粒子来说,螺度 $\pm j$ 可由宇称和时间反演变换互相转换,因此,如果粒子参与的相互作用与这些离散对称性有关,那么两个螺度一定都会出现,光子和引力子就是这样的例子[①].本书已经多次介绍这个例子:光子只有两个极化自由度而非三个,因为现在没有完整的 $SO(3)$ 旋转群了.(在经典电动力学里,一束电磁波只有两个横向自由度.)更多信息参见附录 B.

在这个意义上严格来讲,规范不变性不是一个"真"对称性,只不过是说明我们用了一个冗余描述而已:用一个有4个自由度的矢量场 A_μ 来描述两个物理自由度.这才是规范不变的真正物理来源.

---

① 不过中微子并非如此.

$\Lambda^{\mu}_{\ \nu}q^{\nu} = q^{\mu}$ 这个条件应该给出一个 3 参数子群. 为了找出其他变换, 看一下恒等变换的邻域, 也即形如 $\Lambda(\alpha, \beta) = I + \alpha A + \beta B + \cdots$ 的洛伦兹变换就可以了. 观察可知

$$A = \begin{pmatrix} 0 & 1 & 0 & 0 \\ 1 & 0 & 0 & -1 \\ 0 & 0 & 0 & 0 \\ 0 & 1 & 0 & 0 \end{pmatrix} = \mathrm{i}(K_1 + J_2)$$

$$B = \begin{pmatrix} 0 & 1 & 0 & 0 \\ 0 & 0 & 0 & 0 \\ 1 & 0 & 0 & -1 \\ 0 & 0 & 1 & 0 \end{pmatrix} = \mathrm{i}(K_2 - J_1) \tag{3.40}$$

上式用了 2.3 节的洛伦兹群生成元记号. 在很大程度上, J 和 K 分别对称、反对称这点决定了 A 和 B.

直接计算, 或者回顾式(2.65)那个重要的负号, 都可以得到 $[A, B] = 0$. 此外 $[J_3, A] = B$, 且 $[J_3, B] = -A$. 因此如我们所料, (A, B) 构成绕第三轴的 $O(2)$ 变换的二分量矢量. (你要是一定要知道的话, 可以告诉你, 生成元 A, B, J_3 生成了 $ISO(2)$ 群, 即欧几里得二维平面的不变群, 包含两个平移和一个旋转.)

接下来说明如何给出无质量粒子的小群, 方法适用于包括 0 自旋在内的任意自旋情形. 现在用两个极化矢量 $\epsilon^{\pm}(q) = (1/\sqrt{2})(0, 1, \pm i, 0)$ 来刻画一个自旋 1 无质量粒子. 极化矢量由其在旋转 $e^{\mathrm{i}\phi J_3}$ 下如何变换而定义. 那么, $\epsilon^{\pm}(q)$ 在 $\Lambda(\alpha, \beta)$ 作用下如何变换呢? 从式(3.40)给出:

$$\epsilon^{\pm}(q) \to \epsilon^{\pm}(q) + \frac{1}{\sqrt{2}}(\alpha \pm \mathrm{i}\beta)q \tag{3.41}$$

可以看出来上式是一个(在 2.7 节已经解释过)规范变换. 对一个无质量、自旋为 1 的粒子而言, 这个规范变换属于洛伦兹变换!

如果按照 2.5 节那样构造对应的自旋 1 场(且类似于式(1.121)和式(2.44)):

$$A_{\mu}(x) = \int \frac{\mathrm{d}^3 k}{\sqrt{(2\pi)^3 2\omega_k}} \sum_{\alpha=1,2} \left[a^{(\alpha)}(k)\epsilon_{\mu}^{(\alpha)}(k)e^{-\mathrm{i}(\omega_k t - k \cdot x)} + a^{\dagger(\alpha)}(k)\epsilon_{\mu}^{*(\alpha)}(k)e^{\mathrm{i}(\omega_k t - k \cdot x)} \right] \tag{3.42}$$

式中, $\omega_k = |k|$. 极化矢量 $\epsilon_{\mu}^{(\alpha)}(k)$ 当然是由 $k^{\mu}\epsilon_{\mu}^{(\alpha)}(k) = 0$ 这个条件确定的. 定义 $\epsilon_{\mu}^{(\alpha)}(k) = \Lambda(q \to k)\epsilon_{\mu}^{(\alpha)}(q)$ 即可满足条件. 式中, $\Lambda(q \to k)$ 表示一个把参考动量 q 变为 k 的洛伦

兹变换.

注意,这样构造出来的 $\varepsilon_\mu^{(a)}(k)$ 时间分量为 0.(比如,首先把 $\varepsilon_\mu^{(a)}(q)$ 沿着第三轴作推动变换再旋转,这样就能看出了.)因此,$k^\mu \varepsilon_\mu^{(a)}(k) = -\boldsymbol{k} \cdot \boldsymbol{\varepsilon}^{(a)}(k) = 0. \varepsilon_\mu^{(a)}(k)$ 的性质换个说法就是 $A_0(x) = 0$ 和 $\nabla \cdot \boldsymbol{A}(x) = 0$.有了这两个约束,$A_\mu(x)$ 自由度从 4 个下降为 2 个,固定为所谓库仑规范或称为辐射规范.[①]

出于教学目的,本书提过一种(参见 1.5 节,我从科尔曼那里学来的)"穷人方法",鉴于规范不变如此重要,回顾这种方法,从而引出规范不变的底层逻辑可能会有些教益.伪装一下费曼的腔调应该会很有趣:"哎呀! 这可真是的,你看看这些关于小群的花哨描述! 谁需要这玩意? 说到底,那些实验家都没法证明光子质量就是数学意义上的零啊."

所以和 1.5 节一样,从两个描述自旋 1 有质量粒子所需的方程开始:

$$(\partial^2 + m^2) A_\mu = 0 \tag{3.43}$$

还有

$$\partial_\mu A^\mu = 0 \tag{3.44}$$

需要用式(3.44)将 A^μ 的自由度从 4 降到 3.

注意,式(3.43)和式(3.44)等价于下面这个式子:

$$\partial^\mu (\partial_\mu A_\nu - \partial_\nu A_\mu) + m^2 A_\nu = 0 \tag{3.45}$$

显然,式(3.43)和式(3.44)可以给出式(3.45).若要确认式(3.45)可以导出式(3.43)和式(3.44)的话,可以把 ∂^ν 作用到式(3.45)上,得到

$$m^2 \partial A = 0 \tag{3.46}$$

$m \neq 0$ 时要求 $\partial A = 0$,也就是式(3.44).再代回式(3.45)就可以得到式(3.43).

这样就把这两个方程打包成一个,注意,这时可以用一个特定拉格朗日量的变分来得到单个方程式(3.45):

$$\mathcal{L} = -\frac{1}{4} F_{\mu\nu} F^{\mu\nu} + \frac{1}{2} m^2 A^2 \tag{3.47}$$

式中,$F_{\mu\nu} \equiv \partial_\mu A_\nu - \partial_\nu A_\mu$.

然后,如果需要包括该粒子的源 J^μ,就应该把拉格朗日量改为

$$\mathcal{L} = -\frac{1}{4} F_{\mu\nu} F^{\mu\nu} + \frac{1}{2} m^2 A^2 + A_\mu J^\mu \tag{3.48}$$

---

① 温伯格的《量子场论》第 69-74 页以及第 246-255 页有更为详细的讨论.

给出的运动方程为

$$\partial^\mu (\partial_\mu A_\nu - \partial_\nu A_\mu) + m^2 A_\nu = -J_\nu \tag{3.49}$$

现在,把 ∂^ν 作用到式(3.49)上,得到

$$m^2 \partial A = -\partial J \tag{3.50}$$

只有在 $\partial_\mu J^\mu = 0$ 的情况,也就是说,在产生粒子的源——通常称为流——守恒的情况下,才能回到式(3.44).

说得更形象一点,假设实验家修建加速器(或者其他东西)产生自旋 1 粒子时出了差错,无法保证 $\partial_\mu J^\mu = 0$,那么 $\partial A \neq 0$ 且会出现自旋为 0 的激发. 为了确保自旋 1 的粒子束没有混入 0 自旋粒子,加速器建造者必须保证拉格朗日量式(3.48)里的源 J^μ 的确守恒.

现在,如果我们打算研究无质量 1 自旋粒子,只需要在式(3.48)里使 $m = 0$ 即可. "穷人"最终(就像"富人"那样)用拉格朗日量

$$\mathcal{L} = -\frac{1}{4} F_{\mu\nu} F^{\mu\nu} + A_\mu J^\mu \tag{3.51}$$

来描述光子. 现在(如 2.7 节所说),对任意一个 $\Lambda(x)$ 来说,规范变换 $A_\mu \to A_\mu - \partial_\mu \Lambda$ 不改变 $\mathcal{L}$.(2.7 节解释过,在 $m \to 0$ 极限下,第三类极化会脱耦.)"穷人"就此发现了规范不变!

不过,在 1.5 节已经提到,有些生性谨慎的穷人可能会半夜惊醒,担忧物理学在 $m \to 0$ 极限下并不连续. 因此有必要用小群讨论来摆脱这种梦魇. 不过一个费曼式的"真实"物理学家总是可以反驳说,既然实验时间远比特征时间 $1/m$ 短,那么任何物理的测量都不会出现错误. 这个问题的更多讨论见 8.1 节.

一个有关规范对称的反思

我们稍后会看到——你可能也听说了——电磁之外的大部分世界同样由规范理论描述. 不过在这里已经看到,某种意义上规范理论非常让人烦躁和不满:它们建立在冗余的描述之上. 电磁规范变换 $A_\mu \to A_\mu - \partial_\mu \Lambda$ 不是一个真正的对称性,并不是在讲述两个物理态有同样的性质. 实际上,它表示两个规范势 A_μ 和 $A_\mu - \partial_\mu \Lambda$ 描述了同一个物理态. 按照一般学习物理的顺序,直到薛定谔方程, A_μ 才变得不可或缺——这点会在 4.4 节解释. 在经典物理中,只用 E 和 B 就完全足够了. 一些物理学家期望得到一种不使用 A_μ 的

量子电动力学形式,不过至今为止,都没有一个现有框架之外能吸引人的新形式.可以想象,如果能写出一个不使用 A_μ 的量子电动力学形式,就算得上一个理论物理的深刻进展了.

3.5　非相对论场论

成熟的慢速情景

诞生之初,量子场论是相对论性的;而成熟之后,它能够应用于凝聚态物理.关于量子场论在凝聚态的地位,有相当多要说的东西,不过这里只是处理一个更轻松的目标,就是学会如何取量子场论的非相对论极限.

洛伦兹不变标量理论

$$\mathcal{L} = (\partial \Phi^{\dagger})(\partial \Phi) - m^2 \Phi^{\dagger} \Phi - \lambda (\Phi^{\dagger} \Phi)^2 \tag{3.52}$$

(始终取 $\lambda > 0$)描述了一群相互作用的玻色子.这当然也应该包含那些运动很缓慢的玻色子.明确起见,首先考虑一个自由标量场的相对论性克莱因-戈登方程:

$$(\partial^2 + m^2) \Phi = 0 \tag{3.53}$$

一个能量为 $E = m + \varepsilon$ 的模在时域的振动为 $\Phi \propto e^{-iEt}$.在非相对论极限下,动能 ε 远比静止质量 m 小,因此可写成 $\Phi(\boldsymbol{x}, t) = e^{-imt} \varphi(\boldsymbol{x}, t)$,其中,场 φ 在时域的振荡频率远低于 e^{-imt}.代入式(3.53),并两次应用恒等式 $(\partial/\partial t) e^{-imt} (\cdots) = e^{-imt} (-im + \partial/\partial t)(\cdots)$,可得 $(-im + \partial/\partial t)^2 \varphi - \nabla^2 \varphi + m^2 \varphi = 0$,由于 $(\partial^2/\partial t^2) \varphi$ 项相对于 $-2im(\partial/\partial t) \varphi$ 项很小,可以忽略,因此就得到了薛定谔方程,理当如此:

$$i \frac{\partial}{\partial t} \varphi = -\frac{\nabla^2}{2m} \varphi \tag{3.54}$$

顺便一提,其实历史上克莱因-戈登方程比薛定谔方程发现得更早.

理解上述内容后,就能轻松对一个量子场论取非相对论极限了.只要把

$$\Phi(\boldsymbol{x}, t) = \frac{1}{\sqrt{2m}} e^{-imt} \varphi(\boldsymbol{x}, t) \tag{3.55}$$

代入式(3.52)即可.(因子 $1/\sqrt{2m}$ 是为了稍后方便而引入的.)例如

$$\frac{\partial \Phi^\dagger}{\partial t}\frac{\partial \Phi}{\partial t} - m^2 \Phi^\dagger \Phi \rightarrow \frac{1}{2m}\left\{\left[\left(im + \frac{\partial}{\partial t}\right)\varphi^\dagger\right]\left[\left(-im + \frac{\partial}{\partial t}\right)\varphi\right] - m^2 \varphi^\dagger \varphi\right\}$$

$$\simeq \frac{1}{2}\left(\varphi^\dagger \frac{\partial \varphi}{\partial t} - \frac{\partial \varphi^\dagger}{\partial t}\varphi\right) \tag{3.56}$$

进行一次分部积分可得

$$\mathcal{L} = i\varphi^\dagger \partial_0 \varphi - \frac{1}{2m}\partial_i \varphi^\dagger \partial_i \varphi - g^2(\varphi^\dagger \varphi)^2 \tag{3.57}$$

式中,$g^2 = \lambda/(4m^2)$.

正如在 1.10 节所见,理论上式(3.52)有一个守恒诺特流 $J_\mu = i(\Phi^\dagger \partial_\mu \Phi - \partial_\mu \Phi^\dagger \Phi)$. 如你所想,现在密度 J_0 退化为 $\psi^\dagger \psi$,J_i 退化为 $[i/(2m)](\varphi^\dagger \partial_i \varphi - \partial_i \varphi^\dagger \varphi)$. 第一次学习量子力学的时候,是不是很好奇为什么密度 $\rho \equiv \varphi^\dagger \varphi$ 和流 $J_i = [i/(2m)](\varphi^\dagger \partial_i \varphi - \partial_i \varphi^\dagger \varphi)$ 一点不像? 这并不出乎意料,从一个高对称的理论退化到一个低对称理论的时候,很多表达式肯定会变得"更丑".

数与相角的对偶

接下来指出相对论和非相对论场景的一些差异.

最显著的一点是,相对论理论有时间二次导数,而非相对论理论只有一次导数.因此,在非相对论理论中,与场 φ 共轭的动量密度也就是 $\delta\mathcal{L}/\delta\partial_0\varphi$,即是 $i\varphi^\dagger$,所以 $[\varphi^\dagger(\boldsymbol{x},t),\varphi(\boldsymbol{x}',t)] = -\delta^{(D)}(\boldsymbol{x}-\boldsymbol{x}')$. 在凝聚态物理中,常常记 $\psi = \sqrt{\rho}\,e^{i\theta}$ 以便于说明问题,这样则有

$$\mathcal{L} = \frac{i}{2}\partial_0\rho - \rho\partial_0\theta - \frac{1}{2m}\left[\rho(\partial_i\theta)^2 + \frac{1}{4\rho}(\partial_i\rho)^2\right] - g^2\rho^2 \tag{3.58}$$

第一项是全散度项,第二项则说明了一件在凝聚态物理中意义重大[①]的事:在正则形式下(见 1.8 节),与相位场 $\theta(x)$ 共轭的动量密度是 $\delta\mathcal{L}/\delta\partial_0\theta = -\rho$,因此按照海森伯所说,有

$$[\rho(\boldsymbol{x},t),\theta(\boldsymbol{x}',t)] = i\delta^{(D)}(\boldsymbol{x}-\boldsymbol{x}') \tag{3.59}$$

---

① 参见 P. Anderson,*Basic Notions of Condensed Matter Physics*,p.235.

199

积分并定义 $N \equiv \int d^D x \rho(\boldsymbol{x}, t) =$ 玻色子总数,可以得到凝聚态物理中最重要的关系之一:

$$[N, \theta] = i \qquad (3.60)$$

粒子数与相角共轭,正如动量与位置共轭一样. 赞美这个精妙的结果吧! 在凝聚态课程里会知道,这就是约瑟夫森结背后物理机制的基本关系.

你可能还知道,有一个"硬核"排斥作用的玻色子系统在零温下是一种超流体. 作为特例,博戈留波夫说明了包含一种元激发的系统满足线性色散关系[①]. 我会在 5.1 节讨论超流.

在路径积分形式中,从复场 $\varphi = \varphi_1 + i\varphi_2$ 变到 ρ 和 θ 相当于做积分变量变换,和 1.8 节的注记一致. 在正则形式中,因为要和算符打交道,处理起来就需要更有技巧一些.

排斥的符号

在非相对论理论式(3.58)中,玻色子显然互相排斥:把玻色子推到一个高密度区域需要耗费能量密度 $g^2 \rho^2$. 但是在相对论性理论中,$\lambda(\Phi^\dagger \Phi)^2$ 项在 λ 为正时对应排斥这一点就不那么显然了. 在习题 3.5.3 会概述一种说明方法,不过在这里又做一些比较跳跃的启发性猜测. 哈密顿量(密度)包含负的拉格朗日量,因此对于较大的 Φ 趋于 $\lambda(\Phi^\dagger \Phi)^2$,而且在 $\lambda < 0$ 时没有下界. 我们知道物理上自由玻色气体倾向于凝聚结群,如果有一个吸引相互作用,那么想必会趋于塌缩. 自然会猜测 $\lambda > 0$ 对应排斥.

接下来介绍一个更稳妥可靠的方法. 利用量子场论中心恒等式,可以将式(3.52)重写为

$$Z = \int D\Phi D\sigma \, e^{i \int d^4 x [(\partial \Phi^\dagger)(\partial \Phi) - m^2 \Phi^\dagger \Phi + 2\sigma(\Phi^\dagger \Phi) + (1/\lambda)\sigma^2]} \qquad (3.61)$$

凝聚态物理学家将从式(3.52)到拉格朗日量 $\mathcal{L} = (\partial \Phi^\dagger)(\partial \Phi) - m^2 \Phi^\dagger \Phi + 2\sigma(\Phi^\dagger \Phi) + (1/\lambda)\sigma^2$ 的变换称为哈伯德-斯特拉托诺维奇(Hubbard-Stratonovich)变换. 在场论中,像 σ 那样不含动能项的场称为辅助场,可以在路径积分中积出来. 在 8.4 节处理超场形式的时候,辅助场会有很大用处.

---

① 参见 L. D. Landau, E. M. Lifschitz, *Statistical Physics*, p.238.

实际上,可以回顾一下 3.2 节,一个有中间矢量玻色子的理论如何给出了费米弱相互作用理论.这里也有同样的物理理论:Φ 场和一个"中间 σ 玻色子"耦合的理论式(3.61)能够给出式(3.52).

如果 σ 属于我们研究的"正常的标量场",也就是说,拉格朗日量里 σ 的二次项形式为 $\frac{1}{2}(\partial\sigma)^2 - \frac{1}{2}M^2\sigma^2$,那么其传播子应该为 $i/(k^2 - M^2 + i\varepsilon)$.两个 Φ 玻色子之间的散射振幅应该正比于这个传播子.在 1.4 节已经知道标量场交换会给出吸引力.

但是 σ 并不是一个正常的场,因为实际上拉格朗日量里只包含一个平方项 $+(1/\lambda)\sigma^2$.因此其传播子就是 $i/(1/\lambda) = i\lambda$.和低动量转移下的正常传播子 $i/(k^2 - M^2 + i\varepsilon) \simeq -i/M$ 相比(在 $\lambda > 0$ 情况下),相差一个负号.于是得出了结论:交换 σ 会给出排斥力.

顺便一说,这个论证还说明排斥作用范围无限小,和 δ 函数相互作用一样.一般来说,如 1.4 节所述,作用范围由 k^2 项和 M^2 项之间的相互影响决定.这里的情况就相当于 M^2 项无限大.我们还能论证,相互作用 $\lambda(\Phi^\dagger\Phi)^2$ 项包含在同一时空点创造两个玻色子并湮灭的过程.

有限密度

最后还有一点,接受粒子物理学训练的人有时候会忘记:凝聚态物理学家对真空不感兴趣,而想要有一个有限玻色子密度 $\bar{\rho}$ 的背景.在统计力学中已经知道,这要向拉格朗日量式(3.57)中添加一化学势项 $\mu\varphi^\dagger\varphi$.除去一个无关(仅限此处无关!)的常数项,可以将得到的拉格朗日量重写为

$$\mathcal{L} = i\varphi^\dagger\partial_0\varphi - \frac{1}{2m}\partial_i\varphi^\dagger\partial_i\varphi - g^2(\varphi^\dagger\varphi - \bar{\rho})^2 \tag{3.62}$$

很有意思,在相对论和非相对论场论中质量项出现在不同的地方.要更进一步,我就必须要引出对称破缺的概念了.因此,就此别过吧.到了合适的时候,本书会再次讨论超流体的问题.

习题

3.5.1 将式(3.53)中的 $(\partial/\partial t)$ 替换为 $\partial/\partial t - ieA_0$,给出单粒子在静电势中(比如原

子核)的克莱因-戈登方程. 证明在非相对论极限下, 方程退化为粒子在外势场中的薛定谔方程.

3.5.2 对狄拉克拉格朗日量取非相对论极限.

3.5.3 给定一个场论, 能够计算非相对论极限下两个粒子间的散射振幅. 接下来假设两个粒子间存在一个相互作用势 $U(x)$, 并用非相对论量子力学计算散射振幅, 如玻恩近似. 比较两个散射振幅, 可以得到 $U(x)$. 请对汤川势和库仑势这样推导. 把这个方法用在 $\lambda(\Phi^{\dagger}\Phi)^2$ 相互作用上有点麻烦, 因为 δ 函数相互作用有一定奇性, 不过用来确定这是排斥力还是吸引力应该没有什么问题.

3.6 电子磁矩

狄拉克的成就

如前言所述, 本书不打算过于强调计算. 但是怎么能因此不介绍量子场论最伟大的成就呢?

狄拉克写下他的方程之后, 下一步就是研究电子和电磁场如何相互作用了. 根据电磁场中薛定谔方程用过的规范原则, 要给出一个电子在外电磁场运动的狄拉克方程, 只需把原来的 ∂_μ 替换成协变导数 $D_\mu = \partial_\mu - ieA_\mu$ 即可:

$$(i\gamma^\mu D_\mu - m)\psi = 0 \tag{3.63}$$

也就是式(2.27).

把 $i\gamma^\mu D_\mu + m$ 作用到上述方程, 可以得到 $-(\gamma^\mu\gamma^\nu D_\mu D_\nu - m^2)\psi = 0$, 则有 $\gamma^\mu\gamma^\nu D_\mu D_\nu = \frac{1}{2}(\{\gamma^\mu, \gamma^\nu\} + [\gamma^\mu, \gamma^\nu])D_\mu D_\nu = D_\mu D^\mu - i\sigma^{\mu\nu}D_\mu D_\nu$, 且 $i\sigma^{\mu\nu}D_\mu D_\nu = (i/2) \cdot \sigma^{\mu\nu}[D_\mu, D_\nu] = (e/2)\sigma^{\mu\nu}F_{\mu\nu}$. 因此有

$$\left(D_\mu D^\mu - \frac{e}{2}\sigma^{\mu\nu}F_{\mu\nu} + m^2\right)\psi = 0 \tag{3.64}$$

现在考虑一个弱磁场, 其方向定义为第三方向. 弱场使得我们可以忽略 $(D_i)^2$ 中的

$(A_i)^2$ 项.由于规范不变性,可取 $A_0 = 0$,$A_1 = -\frac{1}{2}Bx^2$,$A_2 = \frac{1}{2}Bx^1$(从而 $F_{12} = \partial_1 A_2 - \partial_2 A_1 = B$).我们会看到,接下来这个计算需要注意因子 2.于是有

$$(D_i)^2 = (\partial_i)^2 - ie(\partial_i A_i + A_i \partial_i) + O(A_i^2)$$

$$= (\partial_i)^2 - 2\frac{ie}{2}B(x^1\partial_2 - x^2\partial_1) + O(A_i^2)$$

$$= \nabla^2 - e\boldsymbol{B} \cdot \boldsymbol{x} \times \boldsymbol{p} + O(A_i^2) \tag{3.65}$$

注意,推导中应用了 $\partial_i A_i + A_i \partial_i = (\partial_i A_i) + 2A_i \partial_i = 2A_i \partial_i$.式中,$\partial_i A_i$ 表示偏导数只作用于 A_i.读者可能发现了轨道角动量 $\boldsymbol{L} \equiv \boldsymbol{x} \times \boldsymbol{p}$.所以,轨道角动量生成了一个与磁场相互作用的轨道磁矩.

这个计算有很明确的物理含义.如果研究一个外电磁场中的带荷标量场 Φ,将会从

$$(D_\mu D^\mu + m^2)\Phi = 0 \tag{3.66}$$

出发,这是将克莱因-戈登方程的常规导数替换为协变导数得出的.然后就可以进行和式(3.65)一样的推导.对比式(3.66)和式(3.64)会发现,电子自旋贡献了额外的 $(e/2)\sigma^{\mu\nu}F_{\mu\nu}$ 项.

和 2.1 节一样,在狄拉克基中记 $\psi = \begin{pmatrix} \phi \\ \chi \end{pmatrix}$,并集中于分析 ϕ,毕竟非相对论极限下这项远比 χ 重要.回忆一下,在这组基下,$\sigma^{ij} = \varepsilon^{ijk}\begin{pmatrix} \sigma^k & 0 \\ 0 & \sigma^k \end{pmatrix}$.因此 $(e/2)\sigma^{\mu\nu}F_{\mu\nu}$ 作用于 ϕ,相当于得到 $(e/2)\sigma^3(F_{12} - F_{21}) = (e/2)2\sigma^3 B = 2e\boldsymbol{B} \cdot \boldsymbol{S}$,其中 $\boldsymbol{S} = \boldsymbol{\sigma}/2$.确定理解了所有的因子 2 的含义!同时,根据 2.1 节的内容,这里应该记 $\varphi = e^{-imt}\Psi$,其中 Ψ 的振荡远比 e^{-imt} 缓慢,所以使得 $(\partial_0^2 + m^2)e^{imt}\Psi \simeq e^{-imt}[-2im(\partial/\partial t)\Psi]$.把上述内容相结合,可以得出

$$\left[-2im\frac{\partial}{\partial t} - \nabla^2 - e\boldsymbol{B} \cdot (\boldsymbol{L} + 2\boldsymbol{S})\right]\Psi = 0 \tag{3.67}$$

你看!狄拉克方程以很魔法的方式说明,自旋角动量与磁场的相互作用是同样大小的轨道角动量的两倍,这个观测事实曾让物理学家大为费解.对式(3.67)的推导属于物理学史中最精彩的推导之一.

有个故事说,狄拉克直到发现他的方程一天之后才开始做这个计算,他非常确信自己的方程必须是对的.另一个版本则说,他太害怕那种计算磁矩结果并不正确的可能,那样大自然就不会利用他这个美妙的方程了.

还有另一种方式能够看出狄拉克方程包含磁矩,就是戈登分解,其证明会在练习中

给出：

$$\bar{u}(p')\gamma^\mu u(p) = \bar{u}(p')\left[\frac{(p'+p)^\mu}{2m} + \frac{\mathrm{i}\sigma^{\mu\nu}(p'-p)_\nu}{2m}\right]u(p) \tag{3.68}$$

考虑和电磁场的相互作用 $\bar{u}(p')\gamma^\mu u(p)A_\mu(p'-p)$，可以看到式(3.68)第一项只依赖于动量 $(p'+p)^\mu$，因此即使分析带荷标量粒子与电磁场精确到一阶的相互作用，这项也存在，而第二项包含自旋并给出磁矩. 对此的一种描述是 $\bar{u}(p')\gamma^\mu u(p)$ 包含一个磁矩分量.

反常磁矩

随着实验技术的提升，1940 年代后期已经确定，电子磁矩的值实际上是狄拉克的计算值的 1.00118 ± 0.00003 倍. 任何一种量子电动力学理论都需要说明要如何计算这个所谓的反常磁矩. 众所周知，正是施温格相当成功地应对了这一挑战，这说明相对论性量子场论至少在处理电磁现象时非常正确.

在进行计算之前，注意洛伦兹不变性和流守恒可以说明（见习题 3.6.3）电磁流的矩阵元一定有如下形式（此处 $|p, s\rangle$ 表示有一个动量 p 和极化 s 的电子的态）：

$$\langle p', s' | J^\mu(0) | p, s\rangle = \bar{u}(p', s')\left[\gamma^\mu F_1(q^2) + \frac{\mathrm{i}\sigma^{\mu\nu}q_\nu}{2m}F_2(q^2)\right]u(p, s) \tag{3.69}$$

式中，$q \equiv (p'-p)$. 将 $F_1(q^2)$ 和 $F_2(q^2)$ 称为形状因子，洛伦兹不变性不能给出它们的任何信息. 精确到动量转移 q 的一阶项，由戈登分解，可将式(3.69)变为

$$\bar{u}(p', s')\left\{\frac{(p'+p)^\mu}{2m}F_1(0) + \frac{\mathrm{i}\sigma^{\mu\nu}q_\nu}{2m}[F_1(0) + F_2(0)]\right\}u(p, s)$$

第一项的系数就是实验家观测到的电荷，根据定义等于 1.（可以回顾 2.6 节的势散射问题来理解这点.）因此 $F_1(0) = 1$. 电子磁矩比狄拉克值多了一个 $1 + F_2(0)$ 因子.

施温格的成就

现在，在 $\alpha = e^2/(4\pi)$ 阶精度上计算 $F_2(0)$. 首先画出所有到这一阶的相关费曼图（图 3.7），除了图（b），其他几个费曼图都显然正比于 $\bar{u}(p', s')\gamma^\mu u(p, s)$，从而是对

$F_1(q^2)$的贡献,这并不是我们关心的.真让人开心!只需要计算一个费曼图就可以了.

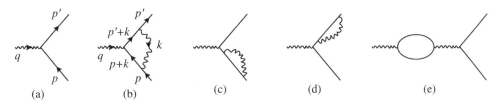

图 3.7

比较方便归一化图 3.7(b)贡献的方法是和图 3.7(a)的最低阶贡献相比,并把两项之和写成 $\bar{u}(\gamma^\mu + \Gamma^\mu)u$. 应用费曼规则,可以得到

$$\Gamma^\mu = \int \frac{\mathrm{d}^4 k}{(2\pi)^4} \frac{-\mathrm{i}}{k^2}\left(\mathrm{i}e\gamma^\nu \frac{\mathrm{i}}{p\!\!\!/' + k\!\!\!/ - m}\gamma^\mu \frac{\mathrm{i}}{p\!\!\!/ + k\!\!\!/ - m}\mathrm{i}e\gamma_\nu\right) \tag{3.70}$$

现在打算写一下这个计算的细节,这不只是因为它很重要,还因为会用到很多来自施温格和费曼杰出思想的优雅技巧.当然,你应该验证这里的每一步.

简化一下,得到 $\Gamma^\mu = -\mathrm{i}e^2\int[\mathrm{d}^4 k/(2\pi)^4](N^\mu/D)$,其中

$$N^\mu = \gamma^\nu(p\!\!\!/' + k\!\!\!/ + m)\gamma^\mu(p\!\!\!/ + k\!\!\!/ + m)\gamma_\nu \tag{3.71}$$

且

$$\frac{1}{D} = \frac{1}{(p' + k)^2 - m^2}\frac{1}{(p + k)^2 - m^2}\frac{1}{k^2} = 2\int\mathrm{d}\alpha\mathrm{d}\beta\frac{1}{\mathcal{D}} \tag{3.72}$$

这里使用了附录 D 中的恒等式(D.16).这积分在 α-β 平面上由 $\alpha = 0, \beta = 0, \alpha + \beta = 1$ 限定的区域内进行,且

$$\mathcal{D} = [k^2 + 2k(\alpha p' + \beta p)]^3 = [l^2 - (\alpha + \beta)^2 m^2]^3 + O(q^2) \tag{3.73}$$

其中,使用 $k = l - (\alpha p' + \beta p)$ 凑成平方.现在以 $\mathrm{d}^4 l$ 进行动量积分.

我们的思路是把 N^μ 写成一个包含 $\gamma^\mu, p^\mu, p'^\mu$ 线性组合的形式.引入戈登分解式(3.68),则可以把式(3.69)写为

$$\bar{u}\left\{\gamma^\mu[F_1(q^2) + F_2(q^2)] - \frac{1}{2m}(p' + p)^\mu F_2(q^2)\right\}u$$

进而,在调整 N^μ 时,我们可以直接把所有正比于 γ^μ 的项省略,从而摘出 $F_2(0)$.

把式(3.71)中的 k 用 l 表达出来,可以得到

$$N^\mu = \gamma^\nu [\slashed{l} + \slashed{P}' + m] \gamma^\mu [\slashed{l} + \slashed{P} + m] \gamma_\nu \qquad (3.74)$$

式中, $P'^\mu \equiv (1-\alpha) p'^\mu - \beta p^\mu$, 而 $P^\mu \equiv (1-\beta) p^\mu - \alpha p'^\mu$. 在附录 D 里, 我们会多次使用这些恒等式, 不过不会每次都提醒. 用 m 的幂次来整理 N^μ 的项比较方便(这里就不用特别标准的文法了):

(1) m^2 项: 一个 γ^μ 项, 省略.

(2) m 项: 按 l 的幂次整理. 由对称性, 可知 l 线性项积分为 0, 因此, 只剩下无关 l 的项:

$$m(\gamma^\nu \slashed{P}' \gamma^\mu \gamma_\nu + \gamma^\nu \gamma^\mu \slashed{P} \gamma_\nu) = 4m[(1-2\alpha) p'^\mu + (1-2\beta) p^\mu]$$
$$\to 4m(1-\alpha-\beta)(p'+p)^\mu \qquad (3.75)$$

最后一步使用了一个简单的技巧: 既然 $\mathcal{D}$ 在变换 $\alpha \leftrightarrow \beta$ 下对称, 那么可以对称化从 N^μ 中得到的项.

(3) 最后是最复杂的 m^0 项. 这一项是 l 的二次项: 注意, 由洛伦兹不变性, 我们可以把 $\int \mathrm{d}^4 l/(2\pi)^2$ 内的 $l^\sigma l^\tau$ 等效替换为 $\frac{1}{4} \eta^{\sigma\tau} l^2$ (这一步之所以可行, 在于我们调整了积分变量, 使得 $\mathcal{D}$ 成为了 l^2 的洛伦兹不变函数). 因此, l 的二次项给出一个 γ^μ 项, 扔掉. 我们再扔掉 l 的线性项, 则剩下(在这里用了式(D.6)):

$$\gamma^\nu \slashed{P}' \gamma^\mu \slashed{P} \gamma_\nu = -2 \slashed{P} \gamma^\mu \slashed{P}'$$
$$\to -2[(1-\beta) \slashed{p} - \alpha m] \gamma^\mu [(1-\alpha) \slashed{p}' - \beta m] \qquad (3.76)$$

最后一步是考虑到 Γ^μ 是要夹在 $\bar{u}(p')$ 和 $u(p)$ 之间的. 对于式(3.76), 也按照 m 的幂次整理比较方便. 用上前面使用的各种技巧, 我们可以发现 m^2 项可以扔掉, m 项给出 $2m(p'+p)^\mu [\alpha(1-\alpha) + \beta(1-\beta)]$, 而 m^0 项给出 $2m(p'+p)^\mu [-2(1-\alpha)(1-\beta)]$, 合在一起, 则有 $N^\mu \to 2m(p'+p)^\mu (\alpha+\beta)(1-\alpha-\beta)$.

现在可以用式(D.11)计算积分 $\int [\mathrm{d}^4 l/(2\pi)^4](1/\mathcal{D})$ 了. 最终得到

$$\Gamma^\mu = -2\mathrm{i}e^2 \int \mathrm{d}\alpha \mathrm{d}\beta \left(\frac{-\mathrm{i}}{32\pi^2} \right) \frac{1}{(\alpha+\beta)^2 m^2} N^\mu$$
$$= -\frac{e^2}{8\pi^2} \frac{1}{2m} (p'+p)^\mu \qquad (3.77)$$

然后, 可以得到

$$F_2(0) = \frac{e^2}{8\pi^2} = \frac{\alpha}{2\pi} \tag{3.78}$$

施温格在 1948 年宣布了这一结果,让理论物理学界大为振奋.

在本节中,介绍了两个 20 世纪物理学的伟大成就.但实际上,第一个成就本质上并不是一个场论的成果.

习题

3.6.1 用两种不同方式计算 $\bar{u}(p')(p'\gamma^\mu + \gamma^\mu p)u(p)$,进而证明戈登分解.

3.6.2 确认式(3.69)与流守恒不矛盾.[提示:由平移不变性,有忽略自旋变量)

$$\langle p' \mid J^\mu(x) \mid p \rangle = \langle p' \mid J^\mu(0) \mid p \rangle \mathrm{e}^{\mathrm{i}(p'-p)x}$$

因此

$$\langle p' \mid \partial_\mu J^\mu(x) \mid p \rangle = \mathrm{i}(p'-p)_\mu \langle p' \mid J^\mu(0) \mid p \rangle \mathrm{e}^{\mathrm{i}(p'-p)x}$$

进而流守恒给出 $q^\mu \langle p' \mid J^\mu(0) \mid p \rangle = 0$.

3.6.3 由洛伦兹不变性,式(3.69)右侧一定是一个矢量.仅有的可能是 $\bar{u}\gamma^\mu u$,$(p+p')^\mu \bar{u}u$,$(p-p')^\mu \bar{u}\mu$.最后一项可以排除,因为它破坏流守恒.证明式(3.69)的形式实际上是允许的最一般形式.

3.6.4 在 2.6 节讨论电子-质子散射时,忽略了牵涉到质子的强相互作用.试论证,在式(2.106)中将顶点 $\bar{u}(P,S)\gamma^\mu u(p,s)$ 替换为

$$\langle P,S \mid J^\mu(0) \mid p,s \rangle = \bar{u}(P,S)\left[\gamma^\mu F_1(q^2) + \frac{\mathrm{i}\sigma^{\mu\nu}q_\nu}{2m}F_2(q^2)\right]u(p,s) \tag{3.79}$$

可以唯象意义上包含强相互作用的效果.

详细测量电子-质子散射,进而确定两个质子形状因子 $F_1(q^2)$ 和 $F_2(q^2)$,这是霍夫施塔特(R. Hofstadter)1961 年获诺贝尔奖的原因.虽然我们能够解释这两个形状因子的一般表现,但是还不能从第一原理将之计算出来.(这不同于电子对应的两个形状因子的情形.)参见 4.2 节和 4.3 节.

3.7 真空极化与荷重正化

光子涨落为正负电子对

量子电动力学早期的一个成就是理解了量子涨落如何影响光子传播. 一个光子总可以变为一个电子和一个正电子, 然后在不确定原理容许的短暂时间后, 互相湮灭变回光子. 可以用图 3.8 来描绘这个过程.

量子涨落并不只有这样. 电子和正电子间可以通过交换一个光子来相互作用, 这个光子本身又可以变成一个电子和一个正电子, 如此等等. 完整过程如图 3.9 所示, 图中阴影部分记作 $i\Pi_{\mu\nu}(q)$, 它是所谓真空极化张量, 由图 3.10 所示的无穷多费曼图给出. 用 $i\Pi_{\mu\nu}(q)$ 取图 3.9 最低阶图的近似, 就可以得到图 3.8.

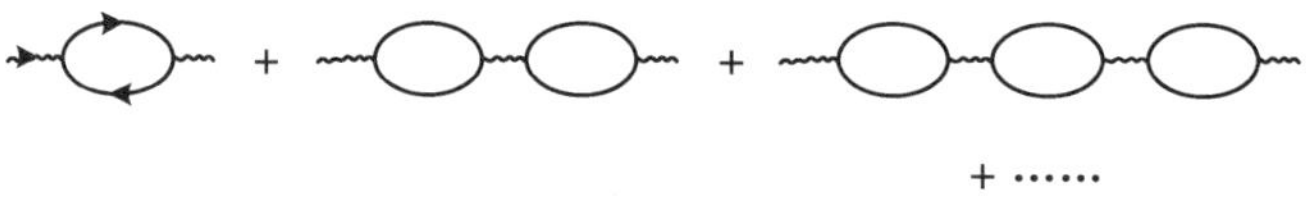

图 3.8

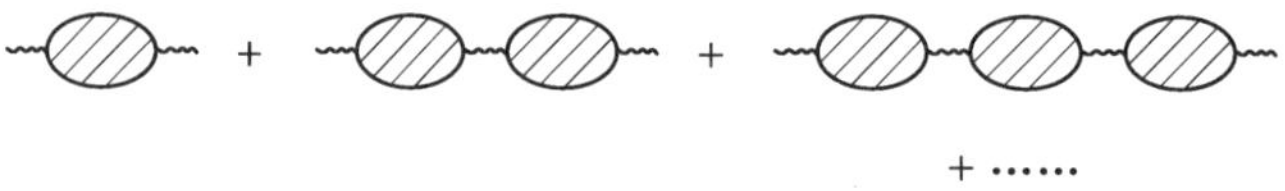

图 3.9

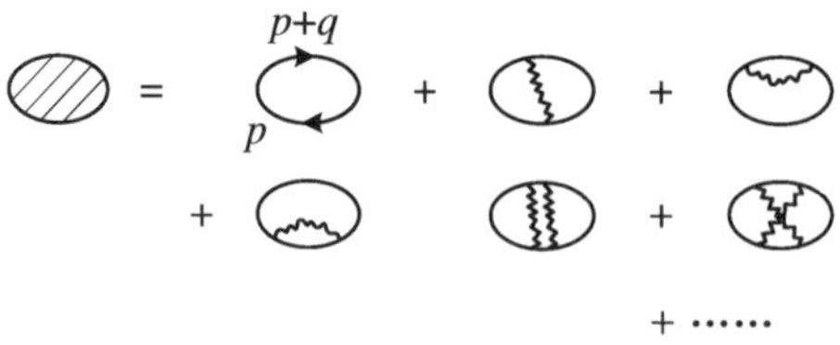

图 3.10

方便起见,可以作变换 $A \to (1/e)A$ 来重写拉格朗日量 $\mathcal{L} = \bar{\psi}[i\gamma^{\mu}(\partial_{\mu} - ieA_{\mu}) - m]\psi - \frac{1}{4}F_{\mu\nu}F^{\mu\nu}$,这总是可以的,这样就有

$$\mathcal{L} = \bar{\psi}[i\gamma^{\mu}(\partial_{\mu} - iA_{\mu}) - m]\psi - \frac{1}{4e^2}F_{\mu\nu}F^{\mu\nu} \tag{3.80}$$

注意现在让 $\mathcal{L}$ 不变的规范变换由 $\psi \to e^{i\alpha}\psi$ 和 $A_{\mu} \to A_{\mu} + \partial_{\mu}\alpha$ 给出.光子传播子(见3.4 节)粗略来讲就是对 $[1/(4e^2)]F_{\mu\nu}F^{\mu\nu}$ 取逆而得出的,其值现在正比于 e^2:

$$iD_{\mu\nu}(q) = \frac{-ie^2}{q^2}\left[g_{\mu\nu} - (1-\xi)\frac{q_{\mu}q_{\nu}}{q^2}\right] \tag{3.81}$$

每交换一次光子,振幅就多一个 e^2 因子.这个变换的特别之处,仅仅是为了论述方便而已,但基本不影响物理意义.举例来说,在2.6节我们计算的电子-电子散射费曼图中,可以认为 e^2 因子是与光子传播子关联的而不是来自相互作用顶点.在这种阐释下,e^2 衡量了光子在时空中传播的难易度.e^2 越小,使光子传播需要的作用越大,因此光子越难传播,电磁效应越小.

根据2.7节给出的规范不变图解证明,有 $q^{\mu}\Pi_{\mu\nu}(q) = 0$.这和洛伦兹不变性合起来,要求

$$\Pi_{\mu\nu}(q) = (q_{\mu}q_{\nu} - g_{\mu\nu}q^2)\Pi(q^2) \tag{3.82}$$

图3.9所示的物理光子传播子或称为重整光子传播子由如下几何级数给出:

$$
\begin{aligned}
iD_{\mu\nu}^{P}(q) &= iD_{\mu\nu}(q) + iD_{\mu\lambda}(q)i\Pi^{\lambda\rho}(q)iD_{\rho\nu}(q) \\
&\quad + iD_{\mu\lambda}(q)i\Pi^{\lambda\rho}(q)iD_{\rho\sigma}(q)i\Pi^{\sigma\kappa}(q)iD_{\kappa\nu}(q) + \cdots \\
&= \frac{-ie^2}{q^2}g_{\mu\nu}\frac{1}{1 + e^2\Pi(q^2)} + q_{\mu}q_{\nu}
\end{aligned} \tag{3.83}
$$

由式(3.82),$D_{\mu\lambda}(q)$ 中的 $(1-\xi)(q_{\mu}q_{\lambda}/q^2)$ 部分遇到 $\Pi_{\lambda\rho}(q)$ 等于0,因此在 $iD_{\mu\nu}^{P}(q)$ 中,规范参数 ξ 只出现在 $q_{\mu}q_{\nu}$ 项中,因此根据2.7节的解释,它将不出现在物理振幅中.

$iD_{\mu\nu}^{P}(q)$ 极点的留数就是物理或称为重正荷平方:

$$e_{R}^2 = e^2 \frac{1}{1 + e^2\Pi(0)} \tag{3.84}$$

保持规范不变性

为了确定用带 e 的项给出的 e_{R} 表达式,计算到最低阶:

$$i\Pi^{\mu\nu}(q) = (-)\int \frac{\mathrm{d}^4 p}{(2\pi)^4} \mathrm{tr}\left(i\gamma^\nu \frac{i}{\not p + \not q - m} i\gamma^\mu \frac{i}{\not p - m}\right) \tag{3.85}$$

对大 p 来说,被积函数趋于 $1/p^2$,次阶项趋于 m^2/p^4,使得积分有一个平方发散和一个对数发散部分(你看,我们很随口就开始用起不规范措辞了).如 3.1 节所述,这没有什么概念问题,只要做正规化就可以了.但是现在有一个很微妙的问题:既然这里规范不变性至关重要,就应当确保正规化能保持规范不变性.

由泡利-维拉斯正规化,把式(3.85)替换为

$$i\Pi^{\mu\nu}(q) = (-)\int \frac{\mathrm{d}^4 p}{(2\pi)^4}\left[\left(i\gamma^\nu \frac{i}{\not p + \not q - m} i\gamma^\mu \frac{i}{\not p - m}\right) - \sum_a c_a \mathrm{tr}\left(i\gamma^\nu \frac{i}{\not p + \not q - m_a} i\gamma^\mu \frac{i}{\not p - m_a}\right)\right] \tag{3.86}$$

现在被积函数趋于 $\left(1 - \sum_a c_a\right)(1/p^2)$,次阶项趋于 $\left(m^2 - \sum_a c_a m_a^2\right)(1/p^4)$,因此,如果选取恰当的 c_a 和 m_a 的值以满足

$$\sum_a c_a = 1 \tag{3.87}$$

和

$$\sum_a c_a m_a^2 = m^2 \tag{3.88}$$

就可以让积分不发散.

显然,我们至少需要引入两个质量正规子.这是在承认我们对质量标度 m_a 之上的物理一无所知.如此就有效截断了式(3.86)动量 p 超过 m_a 的部分.

想到什么没有? 你理应想到的,因为这个讨论和 1.9 节附录的讨论在概念上很相似.

我们期望规范不变量形如式(3.82),这实际上说明,所需的正规子项比设想的要少.设想一下把式(3.85)按照 q 的幂次展开.因为

$$\Pi_{\mu\nu}(q) = (q_\mu q_\nu - g_{\mu\nu}q^2)\left[\Pi(0) + \cdots\right]$$

所以只关心费曼积分中 $O(q^2)$ 项和更高次项即可.展开式(3.85)的被积函数,可以看到,在 p 很大时,$O(q^2)$ 项趋于 $1/p^4$,给出了一个对数发散(又在用不规范措辞了!)贡献.(顺带一提,你可能记得 3.3 节有过同类论证.)看起来现在只需要一个正规子.这里的论证并不严密,因为没有证明 $\Pi(q^2)$ 确实可以展开成 q^2 的幂级数.不过现在就不要操心这

个了,继续计算吧.

只要积分收敛,就可以继续进行 2.7 节给出的规范不变性证明.现在大致回忆一下这个证明如何进行.在计算 $q^{\mu}\Pi_{\mu\nu}(q)$ 时,使用恒等式

$$\frac{1}{\not p + \not q - m}\not q\frac{1}{\not p - m} = \frac{1}{\not p - m} - \frac{1}{\not p + \not q - m}$$

来把被积函数分成两部分,做积分变量平移 $p \to p + q$ 可以将之互相抵消.回顾一下习题 2.7.2,注意这种平移是否合法,不过积分足够收敛就没有问题,做了正规化之后正是如此.实践出真知,将会看到,精确计算表明 $\Pi_{\mu\nu}(q)$ 确是式(3.82)形式.

在上一节学习了一些计算技巧,现在足以处理好这个计算了.我会带你过一遍.为了不让页面太乱,在中间过程忽略式(3.86)的正规子项,直到结尾再写出来.几步计算之后,应该得到

$$\mathrm{i}\Pi^{\mu\nu}(q) = -\int\frac{\mathrm{d}^4 p}{(2\pi)^4}\frac{N_{\mu\nu}}{D}$$

式中,$N_{\mu\nu} = \mathrm{tr}\left[\gamma_{\nu}(\not p + \not q + m)\gamma_{\mu}(\not p + m)\right]$,而

$$\frac{1}{D} = \int_0^1\mathrm{d}\alpha\frac{1}{\mathcal{D}}$$

其中,$\mathcal{D} = \left[l^2 + \alpha(1 - \alpha)q^2 - m^2 + \mathrm{i}\varepsilon\right]^2$,且 $l = p + \alpha q$.把 p 用 l 表达出来,并代入 $N_{\mu\nu}$,可以发现 $N_{\mu\nu}$ 相当于

$$-4\left[\frac{1}{2}g_{\mu\nu}l^2 + \alpha(1 - \alpha)(2q_{\mu}q_{\nu} - g_{\mu\nu}q^2) - m^2 g_{\mu\nu}\right]$$

利用式(D.12)和式(D.13)积掉 l,再明确写出正规子的贡献,可以得到

$$\Pi_{\mu\nu}(q) = -\frac{1}{4\pi^2}\int_0^1\mathrm{d}\alpha\left[F_{\mu\nu}(m) - \sum_a c_a F_{\mu\nu}(m_a)\right] \tag{3.89}$$

式中

$$
\begin{aligned}
&F_{\mu\nu}(m)\\
&= \frac{1}{2}g_{\mu\nu}\left\{\Lambda^2 - 2\left[m^2 - \alpha(1 - \alpha)q^2\right]\ln\frac{\Lambda^2}{m^2 - \alpha(1 - \alpha)q^2} + m^2 - \alpha(1 - \alpha)q^2\right\}\\
&\quad - \left[\alpha(1 - \alpha)(2q_{\mu}q_{\nu} - g_{\mu\nu}q^2) - m^2 g_{\mu\nu}\right]\left[\ln\frac{\Lambda^2}{m^2 - \alpha(1 - \alpha)q^2} - 1\right]
\end{aligned}
\tag{3.90}
$$

记住,是你在进行计算,我只是带个路!在附录 D 里,引入 Λ 是为了让若干发散积分有意义.既然现在的积分是收敛的,其实并不需要 Λ,而且确实可以看到,从式(3.87)和式(3.88)来看,式(3.89)中含 Λ 的项会消失.此外,有一些项也会消失,最终可以得到

$$\Pi_{\mu\nu}(q) = -\frac{1}{2\pi^2}(q_\mu q_\nu - g_{\mu\nu}q^2)\int_0^1 d\alpha\,\alpha(1-\alpha)$$

$$\cdot\left\{\ln\left[m^2 - \alpha(1-\alpha)q^2\right] - \sum_a c_a \ln\left[m_a^2 - \alpha(1-\alpha)q^2\right]\right\} \quad (3.91)$$

真空极化张量的确满足形式 $\Pi_{\mu\nu}(q) = (q_\mu q_\nu - g_{\mu\nu}q^2)\Pi(q^2)$.正规化方案确实保持了规范不变性.

对于 $q^2 \ll m_a^2$ 情形(这是我们感兴趣的动力学区域,它远低于我们的无知界限)只要在式(3.91)中定义 $\ln M^2 \equiv \sum_a c_a \ln m_a^2$,就可以得到

$$\Pi(q^2) = \frac{1}{2\pi^2}\int_0^1 d\alpha\,\alpha(1-\alpha)\ln\frac{M^2}{m^2 - \alpha(1-\alpha)q^2} \quad (3.92)$$

注意,启发式论证确实是正确的.在最终阶段,相当于只需要一个正规子,只是在中间过程需要两个.实际上,关于正规子数目的争论根本无关紧要.

在 3.1 节中,提及了泡利-维拉斯正规化的一种替代手段维数正规化.从历史上说,发明维数正规化是为了在非阿贝尔规范理论中保持规范不变性(这会在后面的章节介绍).用维数正规化来计算 Π 的值也很有教益(见习题 3.7.1).

电荷

物理上看,我们最终得到了一个 $\Pi(q^2)$ 的结果,它包含了一个用于表示无知界限的参数 M^2.因此可以总结得到

$$e_R^2 = e^2 \frac{1}{1 + [e^2/(12\pi^2)]\ln(M^2/m^2)} \simeq e^2\left(1 - \frac{e^2}{12\pi^2}\ln\frac{M^2}{m^2}\right) \quad (3.93)$$

量子涨落的效果是缩减了荷大小.在后面介绍重正化流时会解释这个效应的物理起源.

你可能会说,测量物理电荷的办法是两个电子相互散射程度有多强.如果精确到 e^4 阶,除了 2.7 节给出的图,还有图 3.11 所示的费曼图.图 3.11(a)已经计算,但是图 3.11(b)和图 3.11(c)情况如何呢?许多文献都表明,图 3.11(b)和图 3.11(c)对荷重正的贡献抵消.使用式(3.80)拉格朗日量的优势在于这个事实不言自明:荷

的作用是衡量光子如何传播的.

为了介绍一个算得上是不言自明的观点,我们来设想一下进行 3.3 节解释的那种物理或曰重正化微扰论.拉格朗日量各项用物理或曰重正化场表示(和前面一样,省略场的下标 P):

$$\mathcal{L} = \psi \left[i\gamma^\mu (\partial_\mu - iA_\mu) - m_P \right] \psi - \frac{1}{4e_P^2} F_{\mu\nu} F^{\mu\nu}$$

$$+ A\, \bar{\psi} i\gamma^\mu (\partial_\mu - iA_\mu) \psi + B\, \bar{\psi}\psi - C F_{\mu\nu} F^{\mu\nu} \tag{3.94}$$

式中,抵消项系数 A, B, C 的值可以递归确定.要点在于,规范不变性保证 $\bar{\psi} i\gamma^\mu \partial_\mu \psi$ 和 $\bar{\psi}\gamma^\mu A_\mu \psi$ 总是以组合 $\bar{\psi} i\gamma^\mu (\partial_\mu - iA_\mu)\psi$ 的形式出现:A_μ 和 $\bar{\psi}\gamma^\mu \psi$ 的耦合强度不可能变.能够变动的是光子在时空中传播的难易度.

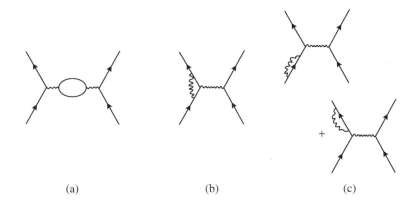

图 3.11

这个说法有着深远的物理含义.从实验上可以知道,在很高的精度上,电子和质子的电荷大小正好相等而符号相反.如果两者电荷不精确相等,在宏观物体间就会存在一个残余静电力.假设我们发现一条原理能够表明电子和质子的裸电荷精确相等(实际上我们会看到,在各种大统一理论中,这是基于群论的推论),怎么确定量子涨落不会让两者电荷大小稍微有差异呢? 毕竟,质子参与强相互作用,而电子不参与,因此在两个质子间的长程电磁作用散射中,会多出很多对此有贡献的图.此处的讨论清晰地表明,基于一个显然的原因,相等关系依然成立:荷重正化是对光子进行的.说到底,这都要感谢规范不变性.

修正库仑势

这里重点关注了荷重正化,这完全由 $\Pi(0)$ 决定,但是式(3.92)给出了完整的 $\Pi(q^2)$ 函数,这告诉我们光子传播子对 q 的依赖如何修正.根据在 1.5 节的讨论,库仑势只是光子传播子的傅里叶变换而已(也可参见习题3.5.3).因此,库仑相互作用在 $1/r$ 律上产生了阶为 $(2m)^{-1}$ 的距离标度修正,也即 $\Pi(q^2)$ 中 q 的特征值的倒数.这个修正在实验中作为原子光谱兰姆位移的一部分而得以确认,这是量子电动力学的又一个伟大成就.

习题

3.7.1　用维数正规化方法计算 $\Pi_{\mu\nu}(q)$.过程是从式(3.85)开始,计算 $N_{\mu\nu}$ 的迹,把积分动量 p 迁移到 l,如此等等,精确按照正文的过程来,直到必须积分圈动量 l 为止.到那时,你要"假装"自己生活在一个 d 维时空中,因此诸如 $N_{\mu\nu}$ 中如 $l_\mu l_\nu$ 的项可以等效替换为 $(1/d)g_{\mu\nu}l^2$.使用以及由此得来的若干推广来计算这个积分.证明当连续过渡到 $d=4$ 时,式(3.82)会自动得出.

3.7.2　研究由傅里叶积分 $\int d^3q\{1/q^2[1+e^2\Pi_{\mu\nu}(q^2)]\}e^{iq\cdot x}$ 确定的修正库仑定律.

3.8　虚化与概率守恒

费曼振幅虚化之时

赞叹一下真空极化式(3.92)!

$$\Pi(q^2)=\frac{1}{2\pi^2}\int_0^1 d\alpha\,\alpha(1-\alpha)\ln\frac{M^2}{m^2-\alpha(1-\alpha)q^2-i\epsilon} \tag{3.95}$$

经过这么长的量子场论之旅后,你已经可以计算出一个如此惊人的效应了.量子涨落改变了光子的传播方式!

对一个类空光子来说,q^2 为负,对那些相比无知界限 Λ 很小的动量来说,Π 是正实数.而对一个类时光子来说,$q^2 > 0$,如果 q^2 足够大,对数的自变量可能为负,于是 Π 成为复数.函数 $\ln z$ 可以在去掉以负实轴为割线的 z 平面上定义,因此对于正实数 w(因为 $\ln(\rho e^{i\theta}) = \ln(\rho) \pm i\theta$),有 $\ln(-w \pm i\varepsilon) = \ln(w) \pm i\pi$.

现在在复平面上定义一个函数:$\Pi(z) \equiv 1/(2\pi^2) \int_0^1 d\alpha\,\alpha(1-\alpha)\ln\Lambda^2/[m^2 - \alpha(1-\alpha)z]$.被积式沿着正实轴方向自 $z = m^2/[\alpha(1-\alpha)]$ 起至无穷远有一条割线(图 3.12).因为 $\alpha(1-\alpha)$ 在积分限内的最大值是 $\frac{1}{4}$,所以在自 $z_c = 4m^2$ 起的正实轴的复平面上,$\Pi(z)$ 是一个解析函数.对 α 的积分后,所有这些被积函数的割线就变成了一条.

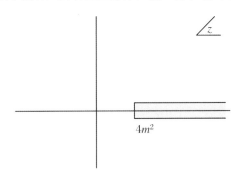

图 3.12

对 q^2 足够大的类时光子来说,数学家可能会卡在要走割线哪边的问题上,不过我们这样的物理学家都知道,根据 1.3 节给出的方法,应该总从上方接近割线.也就是说,应该把物理值取成 $\Pi(q^2 + i\varepsilon)$(这里 ε 和往常一样,是个正无穷小).最终,因果律说明了应该取割线哪一边.

Π 的虚部自 $\sqrt{q^2} > 2m$ 起开始出现,这提示了振幅成为复数有何物理含义.上节开篇介绍了一个自顾自传播的光子总能变成一虚电子-正电子对,再经过不确定原理允许的短暂时间后互相湮灭恢复成光子.而当 $\sqrt{q^2} > 2m$ 时,出现的就不是会迅速涨落消失的虚对了,这对粒子有足够的能量成为实粒子对.(如果非常认真地做了练习,应该能认出来,在习题 1.7.4 和习题 3.1.2 中,就已经推出这点了.)

物理上说,下面这种论证更有说服力.想象一个质量为 M 的规范玻色子就像光子那样和电子耦合.(实际上,在本书中我们一开始就假设了光子有质量.)这样真空极化图提供一个矢量玻色子传播子的单圈修正.对于 $M>2m$ 的情况,矢量玻色子不再稳定,能够衰变成一个电子-正电子对.与此同时,Π 多了一个虚部.你可能会猜测 $\mathrm{Im}\Pi$ 和衰变率是不是有什么关系.稍后会验证这个猜测,这个物理直觉确实不赖啊!

在上节的结尾,讨论对库仑势的修正时,考虑了一个类空虚光子在两个荷之间交换,像是电子-电子散射或电子-正电子散射的情况(见2.6节).利用交错变换(见2.8节),可以把电子-电子散射映射为电子-正电子散射.于是,真空极化图作为电子-正电子散射的修正而出现(图3.13).同一个函数 Π 包含了两种不同的物理状态.

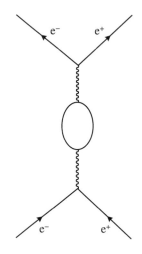

图 3.13

严格来说,本节标题中应该选用"复"字才对,不过,只是出于模仿某些电影标题的戏剧性效果考虑,用了"费曼振幅虚化之时".

色散关系与高频行为

基本粒子物理学最杰出的发现之一就是存在复平面.

——朱利安·施温格

量子场论中要计算的振幅可以视为对传播子乘积的积分,而且很容易看出,振幅也是外动力学变量的解析函数.另一个例子是3.1节的散射振幅 $\mathcal{M}$,它明显是 s,t,u 的解析函数(不计一些割线).自1950年代后期到1960年代早期,人们花了大量精力研究量子场论中的解析性,产出了大量的文献.

果壳中的量子场论
Quantum Field Theory in a Nutshell

本书就只限于最基本的方面.首先是一个过于简单的小例子:$f(z) = \int_0^1 d\alpha \, 1/(z - \alpha) =$ $\ln[(z-1)/z]$.被积函数在 $z = \alpha$ 处有极点,这些极点在对 α 积分后就形成了一条从 0 到 1 的割线.以物理学家的严格标准来说,我们可以直接把一条割线看成是一大堆极点搅在一起,把一个极点看成一条无穷短的割线.我们要处理的基本都是实解析函数,也就是满足 $f^*(z) = f(z^*)$ 的函数(比如 $\ln z$).我们主要关注的是在实轴上有割线的函数,如 $\Pi(z)$.对这类解析函数而言,函数在割线两侧的不连续度(discontinuity)为 $\mathrm{disc}\, f(x) \equiv$ $f(x + i\varepsilon) - f(x - i\varepsilon) = f(x + i\varepsilon) - f(x + i\varepsilon)^* = 2i \,\mathrm{Im}\, f(x + i\varepsilon)$,对实数 σ 定义 $\rho(\sigma) = \mathrm{Im}\, f(\sigma + i\varepsilon)$.对图 3.14 所示的围绕割线的积分环路 C 应用柯西定理,可以得到

$$f(z) = \oint_C \frac{dz'}{2\pi i} \frac{f(z')}{z' - z} \tag{3.96}$$

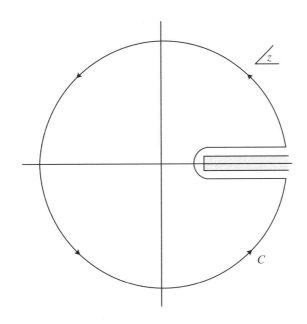

图 3.14

假设 $z \to \infty$ 时,$f(z)$ 以比 $1/z$ 更快的速度趋于 0,那么就能忽略来自无穷远的贡献,并写为

$$f(z) = \frac{1}{\pi} \int d\sigma \, \frac{\rho(\sigma)}{\sigma - z} \tag{3.97}$$

积分区间在割线上.注意可以用恒等式来验证此式:

$$\mathrm{Im}\, f(x + \mathrm{i}\epsilon) = \frac{1}{\pi} \int \mathrm{d}\sigma \rho(\sigma) \mathrm{Im}\, \frac{1}{\sigma - x - \mathrm{i}\epsilon} = \frac{1}{\pi} \int \mathrm{d}\sigma \rho(\sigma) \pi \delta(\sigma - x)$$

这个关系式说明,知道 f 在割线上值的虚部,就能够给出整个 f,自然也包括割线上和割线外的实部.这类关系式统称色散关系,至少可以回溯到克拉默斯(Kramers)与克勒尼希(Kronig)的光学工作,而且在各种物理学领域中有相当多的应用.例如在 7.4 节就要应用这个.

这里我们默认了关于 σ 的积分收敛.若不收敛,总可以(形式上)从上面给出的 $f(z)$ 中把 $f(0) = \frac{1}{\pi} \int \mathrm{d}\sigma \rho(\sigma)/\sigma$ 提出来,并写为

$$f(z) = f(0) + \frac{z}{\pi} \int \mathrm{d}\sigma \frac{\rho(\sigma)}{\sigma(\sigma - z)} \tag{3.98}$$

关于 σ 的积分现在多了一个 $1/\sigma$ 因子,因此更收敛了.在这个情况下,要重建 $f(z)$,不止需要 f 在割线上值的虚部,还需要一个未知常数 $f(0)$.显然,可以不断重复这个过程直至积分收敛.

聪明的读者,你应该想起什么来了吧.可以看到,这与引入抵消项的重正化程序有关联.对色散世界观来说,费曼积分发散就对应于关于 σ 的积分不收敛.再说一次,真正的物理学家才不会因发散积分而气恼:他们只是承认对 σ 较高的区域并无所知.

由于色散纲领地位很高,因此有一个笑话,说粒子物理学家要么聚群要么分散,属于哪类则取决于你更喜欢群论还是复分析.

费曼积分的虚部

现在回到上节真空极化的计算部分,可以看到,由光子和电子自旋给出的分子 $N_{\mu\nu}$ 对费曼图的解析结构并无影响,分母 D 才会产生影响.因此,要在概念上理解量子场论中的解析性,可以扔掉自旋.对于标量场,引入 2.6 节附录介绍的相互作用项 $\mathcal{L} = g(\eta^\dagger \xi^\dagger + \mathrm{h.c.})$,来研究真空极化的类似情形.$\varphi$ 传播子(相对于式(3.98))的修正由类似于图 3.8 的费曼图给出:

$$\mathrm{i}D^p(q) = \frac{\mathrm{i}}{q^2 - M^2 + \mathrm{i}\epsilon} + \frac{\mathrm{i}}{q^2 - M^2 + \mathrm{i}\epsilon} \mathrm{i}\Pi(q^2) \frac{\mathrm{i}}{q^2 - M^2 + \mathrm{i}\epsilon} + \cdots$$
$$= \frac{\mathrm{i}}{q^2 - M^2 + \Pi(q^2) + \mathrm{i}\epsilon} \tag{3.99}$$

精确到 g^2 阶,则有

$$i\Pi(q^2) = i^4 g^2 \int \frac{d^4 k}{(2\pi)^4} \frac{1}{k^2 - \mu^2 + i\varepsilon} \frac{1}{(q-k)^2 - m^2 + i\varepsilon} \tag{3.100}$$

和上节一样,这里需要正规化积分,不过这里就不再写出来了.

在上节中,练习过带自旋的计算了,现在应该能很快进行一次无自旋的计算,从而得到

$$\Pi(z) = \frac{g^2}{16\pi^2} \int_0^1 d\alpha \ln \frac{\Lambda^2}{\alpha m^2 + (1-\alpha)\mu^2 - \alpha(1-\alpha)z} \tag{3.101}$$

式中 Λ 表示某个截断.(一定要真的很快进行一次计算,而不是想象你可以很快.)这里用了同一个希腊字母 Π,但是和量子电动力学情形不同,这里允许圈上的两个粒子质量不同.

一如既往,对于负实数 z,ln 的自变量是正实数,Π 是实数.对于足够大的正实数 z,ln 的自变量在 α 取某些值时为负数,$\Pi(z)$ 成为复数.实际上,有

$$\begin{aligned}
\operatorname{Im}\Pi(\sigma + i\varepsilon) &= -\frac{g^2}{16\pi^2} \int_0^1 d\alpha(-\pi)\theta\big[\alpha(1-\alpha)\sigma - \alpha m^2 - (1-\alpha)\mu^2\big] \\
&= \frac{g^2}{16\pi^2} \int_{\alpha_-}^{\alpha_+} d\alpha \\
&= \frac{g^2}{16\pi\sigma} \sqrt{\big[\sigma - (m+\mu)^2\big]\big[\sigma - (m-\mu)^2\big]}
\end{aligned} \tag{3.102}$$

令阶跃函数的自变量等于 0,则给出了一个二次方程,其根即式中的 $\alpha_\pm$.

衰变和蜕变

这时候你可能已经翻回 2.6 节,看看那里给出的粒子衰变率表达式了.之前对 $\Pi(z)$ 虚部对应于衰变的猜想有所疑虑.为了验证这个猜想,先回到初等量子力学.举例来说,一个氢原子的较高能级严格上说并非哈密顿的本征值:一个在较高能级的电子会在有限时间内释放一个光子并跃迁到较低能级.而从唯象角度来看,可以认为这个能级有复能量 $E - i\frac{1}{2}\Gamma$.随着时间的流逝,停留在这个态的概率为 $|\psi(t)|^2 \propto |e^{-i(E - i\frac{1}{2}\Gamma)t}|^2 = e^{-\Gamma t}$.

（注意，在初等量子力学中，电磁场的经典和辐射部分是分开处理的：薛定谔方程只包含前者而不包括后者.量子场论的目标之一就是修复这一人为的分离.）

现在回到了式(3.99)和场论框架.注意，$\Pi(q^2)$相当于做迁移 $M^2 \to M^2 - \Pi(q^2)$.回想一下式(3.19)，抵消项能抵消 $\Pi(q^2)$ 的两个截断依赖部分.但是没有东西来抵消 $\Pi(q^2)$ 的虚部，所以这部分最好与截断无关——实情正是如此！这个截断只在式(3.101)的实部出现.

总结一下，Π 虚化的效应是将 φ 介子的质量从 M 迁移为无关截断的 $\sqrt{M^2 - \mathrm{i}\,\mathrm{Im}\,\Pi(M^2)} \approx M - \mathrm{i}\,\mathrm{Im}\,\Pi(M^2)/(2M)$.注意，若精确到 g^2 阶，用未迁移质量平方 M^2 计算 Π 即可，因为质量迁移本身也是 g^2 阶的.因此，$\Gamma = \mathrm{Im}\,\Pi(M^2)/M$ 给出了衰变率和我们猜测的一样.因此有(g 是质量量纲因此量纲没问题)

$$\Gamma = \frac{g^2}{16\pi M^3}\sqrt{[M^2 - (m+\mu)^2][M^2 - (m-\mu)^2]} \tag{3.103}$$

正是式(2.112).因为算出的因子都完全准确，可以鞠躬致意一下了！

注意，无论是由基本量子力学还是这里给出的处理，其理念都是把衰变作为一个小扰动来处理.如果宽度增大到一定程度，再谈论和 φ 粒子关联的场就没什么意义了.

直接讨论虚部

其实，应该能直接在式(3.100)的费曼积分中取虚部，而没必要先计算一个对费曼参数 α 的积分.现在本书会告诉你，如何利用一个技巧做到这一点.简明起见，修改一下式(3.100)的符号，把图3.15(a)两条内线携带的动量分别标记，再用 δ 函数恢复动量守恒，从而可得

$$\mathrm{i}\Pi(q^2)$$
$$= (\mathrm{i}g)^2 \mathrm{i}^2 \int \frac{\mathrm{d}^4 k_\eta}{(2\pi)^4} \frac{\mathrm{d}^4 k_\xi}{(2\pi)^4} (2\pi)^4 \delta^4(k_\eta + k_\xi - q)\left(\frac{1}{k_\eta^2 - m_\eta^2 + \mathrm{i}\varepsilon}\frac{1}{k_\xi^2 - m_\xi^2 + \mathrm{i}\varepsilon}\right) \tag{3.104}$$

把传播子写成 $1/(k^2 - m^2 + \mathrm{i}\varepsilon) = \mathcal{P}[1/(k^2 - m^2)] - \mathrm{i}\pi\delta(k^2 - m^2)$，并且注意到全局的 i 因子，于是取上面大括号的实部可以得到

$$\mathrm{Im}\,\Pi(q) = -g^2 \int \mathrm{d}\Phi(\mathcal{P}_\eta \mathcal{P}_\xi - \Delta_\eta \Delta_\xi) \tag{3.105}$$

出于紧凑考虑，上式引入了一些记号：

$$\mathrm{d}\Phi = \frac{\mathrm{d}^4 k_\eta}{(2\pi)^4}\frac{\mathrm{d}^4 k_\xi}{(2\pi)^4}(2\pi)^4\delta^4(k_\eta + k_\xi - q), \quad \mathcal{P}_\eta = \mathcal{P}\frac{1}{k_\eta^2 - m_\eta^2}, \quad \Delta_\eta = \pi\delta(k_\eta^2 - m_\eta^2)$$

以此类推.

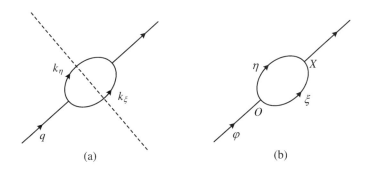

图 3.15

那两个 δ 函数的乘积很讨喜，这就是我们想要的，它们限制 η 和 ξ 两个粒子在壳. 不过这两个主值的乘积是什么？它们和我们知道的任何够物理的东西都对应不上.

为了去掉这两个主值，在这里用一个技巧[①]. 首先，回顾一下，开始时把费曼图视作所研究过程的时空示意图（图 1.15）. 在图 3.15(b) 中，一个 φ 激发在某个时空点变成一个 η 和 ξ，振幅为 $\mathrm{i}g$. 由平移不变性，可以设这一时空点为原点. η 和 ξ 传播到某点 x，振幅分别是 $\mathrm{i}D_\eta(x)$ 和 $\mathrm{i}D_\xi(x)$，随后它们又合并为 φ，振幅为 $\mathrm{i}g$（注意不是 $-\mathrm{i}g$）. 时空振幅乘积的傅里叶变换给出：

$$\mathrm{i}\Pi(q) = (\mathrm{i}g)^2\mathrm{i}^2\int\mathrm{d}x\,\mathrm{e}^{-\mathrm{i}qx}D_\eta(x)D_\xi(x) \tag{3.106}$$

只要用式(1.51)求出 $D_\eta(x)$ 和 $D_\xi(x)$，就能发现上式其实和式(3.104)是一样的.

顺便说一句，尽管很多"费曼图专家"基本上只讨论动量空间，但是费曼 1949 年发表的论文标题叫《量子电动力学的时空方法》，而且有时候讨论一个给定费曼图的时空起源很有用，比如现在就是这种时候.

接下来，回到习题 1.3.3，回忆一下，超前传播子 $D_{\mathrm{adv}}(x)$ 和延迟传播子 $D_{\mathrm{ret}}(x)$ 分别在 $x^0 < 0$ 和 $x^0 > 0$ 时为 0. 因此对于任意 x，乘积 $D_{\mathrm{adv}}(k)D_{\mathrm{ret}}(k)$ 都为 0. 再回忆一下，超前和延迟传播子 $D_{\mathrm{adv}}(k)$ 和 $D_{\mathrm{ret}}(k)$ 相比费曼传播子 $D(k)$ 只有一个简单但关键的差异：

---

① Itzkyson C，Zuber J B. Quantum Field Theory[M]. New York：McGraw-Hill International Book Co.，1980.

在 k^0 复平面上, 极点在不同的半平面. 因此有

$$0 = -\mathrm{i}g^2 \int \mathrm{d}x\, \mathrm{e}^{-\mathrm{i}qx} D_{\eta,\mathrm{adv}}(x) D_{\xi,\mathrm{ret}}(x)$$

$$= \int \frac{\mathrm{d}^4 k_\eta}{(2\pi)^4} \frac{\mathrm{d}^4 k_\xi}{(2\pi)^4} (2\pi)^4 \delta^4(k_\eta + k_\xi - q) \frac{1}{k_\eta^2 - m_\eta^2 - \mathrm{i}\sigma_\eta\varepsilon} \frac{1}{k_\xi^2 - m_\xi^2 + \mathrm{i}\sigma_\xi\varepsilon} \quad (3.107)$$

这里使用了简写 $\sigma_\eta = \mathrm{sgn}(k_\eta^0)$ 和 $\sigma_\xi = \mathrm{sgn}(k_\xi^0)$. (这个符号函数定义为 $\mathrm{sgn}(x) = \pm 1$, 正负取决于 $x > 0$ 还是 $x < 0$.) 取 0 的虚部, 则有 (对比式(3.105))

$$0 = -g^2 \int \mathrm{d}\Phi (\mathcal{P}_\eta \mathcal{P}_\xi - \sigma_\eta \sigma_\xi \Delta_\eta \Delta_\xi) \quad (3.108)$$

式(3.105)减去式(3.108), 就去掉了 $\mathcal{P}_\eta \mathcal{P}_\xi$ 项, 最终得到

$$\mathrm{Im}\,\Pi(q) = +g^2 \int \mathrm{d}\Phi (1 + \sigma_\eta \sigma_\xi)(\Delta\eta\Delta_\xi)$$

$$= g^2 \pi^2 \int \frac{\mathrm{d}^4 k_\eta}{(2\pi)^4} \frac{\mathrm{d}^4 k_\xi}{(2\pi)^4} (2\pi)^4 \delta^4(k_\eta + k_\xi - q)$$

$$\cdot \theta(k_\eta^0)\delta(k_\eta^2 - m_\eta^2)\theta(k_\xi^0)\delta(k_\xi^2 - m_\xi^2)(1 + \sigma_\eta\sigma_\xi) \quad (3.109)$$

因此, 只有式中 3 个 δ 函数得到满足时, $\Pi(q)$ 才会出现虚部.

因为 $\Pi(q)$ 是 q^2 的函数, 为了弄清这三个条件的含义, 不失一般性可以选择一个满足 $q = (Q, \mathbf{0})$ 且 $Q > 0$ 的参考系. 因为 $k_\eta^0 + k_\xi^0 = Q > 0$, 又因为 $(1 + \sigma_\eta\sigma_\xi)$ 只在 k_η^0 和 k_ξ^0 同号的时候不为 0, 所以要使 $\mathrm{Im}\,\Pi(q)$ 不为 0, k_η^0 和 k_ξ^0 必须均为正数. 但是这一点已经包括在两个阶跃函数里了. 此外, 需要从能量守恒条件 $Q = \sqrt{\mathbf{k}^2 + m_\eta^2} + \sqrt{\mathbf{k}^2 + m_\xi^2}$ 中解出三维矢量 $\mathbf{k}$. 这只在 $Q > m_\eta + m_\xi$ 时才可行, 在这时应用恒等式:

$$\theta(k^0)\delta(k^2 - \mu^2) = \theta(k^0)\frac{\delta(k^0 - \varepsilon_k)}{2\varepsilon_k} \quad (3.110)$$

可以得到

$$\mathrm{Im}\,\Pi(q) = \frac{1}{2}g^2 \int \frac{\mathrm{d}^3 k_\eta}{(2\pi)^3 2\omega_\eta} \frac{\mathrm{d}^3 k_\xi}{(2\pi)^3 2\omega_\xi} (2\pi)^4 \delta^4(k_\eta + k_\xi - q) \quad (3.111)$$

由此看到(还会在更一般的情形看到) $\mathrm{Im}\,\Pi(q)$ 成了一个对 δ 函数的有限积分. 确实, 并不需要抵消项.

有些读者可能觉得引入超前和推迟传播子的技巧有点 "机巧过头". 那么在附录 1 中, 准备了一种更直接的方法.

幺正性与库特科斯基切割规则

刚刚详细计算了的简单例子演示了所谓的库特科斯基切割规则(Cutkosky cutting rule),这个规则是说,要计算一个费曼振幅的虚部,首先"切割"一个图,如图 3.15(a)的虚线所示.对每条被切割的内线来说,用 $\delta(k^2 - m^2)$ 替换传播子 $1/(k^2 - m^2 + i\epsilon)$;也就是说,把穿过割线传播的虚激发放到质壳上.这样,对我们的例子来说,就可以直接从式(3.104)跳到式(3.105)了.这证实了我们的直觉:在虚粒子可以"实化"时,费曼振幅会虚化.

想知道这个切割规则的精确陈述,可以参见下文.(当然,不要混淆库特科斯基割线和复平面上的柯西割线.)

总的来说,库特科斯基切割规则其实来源于幺正性.量子力学的一条基本假设是说,时间演化算符 e^{-iHT} 是幺正的,因此保持概率不变.回顾 1.8 节,那里说过,方便起见,可以把 S 矩阵 $S_{fi} = \langle f \mid e^{-iHT} \mid i \rangle$ 中对应于"什么也没发生"的部分拆出来:$S = I + iT$.幺正性 $S^\dagger S = I$ 就给出了 $2\mathrm{Im}\, T = i(T^\dagger - T) = T^\dagger T$.把此式放在初末态之间,并插入一个中间态完全集 $(1 = \sum_n \mid n\rangle\langle n \mid)$,则有

$$2\mathrm{Im}\, T_{fi} = \sum_n T_{fn}^\dagger T_{ni} \tag{3.112}$$

有些读者可能看出来了,这就是初等量子力学中光学定理的推广.

方便起见,记 $\mathcal{F} = -i\mathcal{M}.$ (只是从 $\mathcal{M}$ 中去掉一个 i 因子:在这个简单例子中,$\mathcal{M}$ 对应 $i\Pi$,$\mathcal{F}$ 对应 Π) 这样 T 和 $\mathcal{M}$ 的关系式就变成 $T_{fi} = (2\pi)^4 \delta^{(4)}(P_{fi})\left(\Pi_{fi} \dfrac{1}{\rho}\right)\mathcal{F}(f \leftarrow i)$,这里为了公式紧凑引入了一些易懂的记号.(其中 $\left(\Pi_{fi} \dfrac{1}{\rho}\right)$ 表示诸归一化因子 $1/\rho$(见 1.8 节) 的乘积,在 i 态和 f 态的每个粒子提供一个因子,而 P_{fi} 是 f 态动量之和减去 i 态动量之和.)

用这种记号推广的光学定理,左侧是

$$2\mathrm{Im}\, T_{fi} = 2(2\pi)^4 \delta^{(4)}(P_{fi})\left(\Pi_{fi} \frac{1}{\rho}\right)\mathrm{Im}\mathcal{F}(f \leftarrow i)$$

右侧则是

$$\sum_n T^\dagger_{fn} T_{ni} = \sum_n (2\pi)^4 \delta^{(4)}(P_{fn}) \delta^{(4)}(P_{ni}) \left(\Pi_{fn} \frac{1}{\rho}\right) \left(\Pi_{ni} \frac{1}{\rho}\right) (\mathcal{F}(n \leftarrow f))^* \, \mathcal{F}(n \leftarrow i)$$

两个 δ 函数的乘积为 $\delta^{(4)}(P_{fn}) \delta^{(4)}(P_{ni}) = \delta^{(4)}(P_{fi}) \delta^{(4)}(P_{ni})$,因此我们可以消掉 $\delta^{(4)}(P_{fi})$.此外还有 $(\Pi_{fn} 1/\rho)(\Pi_{ni} 1/\rho) = (\Pi_n 1/\rho^2)$,这样就会看到更眼熟的 ρ^2 因子(对于玻色子也就是 $(2\pi)^3 2\omega$)出现了.因此,推广的光学定理最终告诉我们

$$2\mathrm{Im}\,\mathcal{F}(f \leftarrow i) = \sum_n (2\pi)^4 \delta^{(4)}(P_{ni}) \left(\Pi_n \frac{1}{\rho^2}\right) (\mathcal{T}(n \leftarrow f))^* \, \mathcal{F}(n \leftarrow i) \quad (3.113)$$

也就是说,费曼振幅 $\mathcal{F}(f \leftarrow i)$ 的虚部由 $(\mathcal{F}(n \leftarrow f))^* \mathcal{F}(n \leftarrow i)$ 对所有中间态 $|n\rangle$ 求和给出.中间态的粒子当然是物理在壳的.我们要对所有量子数和动力学允许的可能态 $|n\rangle$ 求和.

根据库特科斯基规则,给定一个费曼图,要求出虚部,只需要用几种不同方式切割这个图,这对应于不同的可能中间态 $|n\rangle$.处于态 $|n\rangle$ 的粒子显然是实的而非虚的.

注意,幺正性及由此而来的光学定理对跃迁振幅非线性.事实证明,这一点在实际计算中有非常多的用处.假设对某个耦合 g 进行微扰,并且知道了精确到 g^N 阶的 $\mathcal{F}(n \leftarrow i)$ 和 $\mathcal{F}(n \leftarrow f)$,那么光学定理给出了精确到 g^{N+1} 阶的 $\mathrm{Im}\,\mathcal{F}(f \leftarrow i)$,然后我们就可以用色散关系给出精确到 g^{N+1} 阶的 $\mathcal{F}(f \leftarrow i)$ 了.

本节讨论的真空极化函数上应用的库特科斯基规则相当容易:只有一种切割代表 Π 的费曼图的方式.这里初态和末态 $|i\rangle$ 和 $|f\rangle$ 都包含一个 φ 介子,而中间态 $|n\rangle$ 包含一个 η 和一个 ξ 介子.

回顾 1.6 节的附录,$\sum_n$ 对应于 $\int \dfrac{\mathrm{d}^3 k_\eta}{(2\pi)^3} \dfrac{\mathrm{d}^3 k_\xi}{(2\pi)^3}$,因此光学定理式(3.113)说明:

$$\mathrm{Im}\,\Pi(q) = \frac{1}{2} g^2 \int \frac{\mathrm{d}^3 k_\eta}{(2\pi)^3 2\omega_\eta} \frac{\mathrm{d}^3 k_\xi}{(2\pi)^3 2\omega_\xi} (2\pi)^4 \delta^4(k_\eta + k_\xi - q) \quad (3.114)$$

正是式(3.111).你我现在可以再鞠躬一次了,因为我们这次甚至得到了正确的 2 因子(这是必须的!).

作为本节的总结,还有一句话要说:"柯西万岁!"

附录1 "暴力"计算虚部

对那些喜欢"暴力"的读者来说,这里会遵照正文的承诺,在这用一种更直接的方法给出:

$$\Pi = -ig^2 \int \frac{d^4 k}{(2\pi)^4} \frac{1}{k^2 - \mu^2 + i\varepsilon} \frac{1}{(q-k)^2 - m^2 + i\varepsilon} \tag{3.115}$$

的虚部. 既然 Π 只是 q^2 的函数, 不妨设 $q = (M, \mathbf{0})$. 在复 M^2 平面上, Π 已经有一条坐标轴上从 $M^2 = (m + \mu)^2$ 起的割线. 现在来验证一下这点.

可以限于讨论 $M > 0$ 的情况. 因式分解一下, 可以发现被积式的分母是 4 个因子的乘积: $k^0 - (\varepsilon_k - i\varepsilon)$, $k^0 + (\varepsilon_k - i\varepsilon)$, $k^0 - (M + E_k - i\varepsilon)$, $k^0 - (M - E_k - i\varepsilon)$. 因此在复 k^0 平面上被积式有 4 个极点. (当然, $\varepsilon_k = \sqrt{k^2 + \mu^2}$, $E_k = \sqrt{k^2 + m^2}$. 应该不至于搞混 ε_k 和 ε, 不然可真糊涂到没救了.) 现在对 k^0 积分, 选择在下半平面闭合的环路并环绕选中的极点. 选择在 $\varepsilon_k - i\varepsilon$ 的极点, 我们得到 $\Pi_1 = -g^2 \int [d^3 k/(2\pi)^3] \{1/[2\varepsilon_k \cdot (\varepsilon_k - M - E_k)(\varepsilon_k - M + E_k)]\}$. 选择在 $M + E_k - i\varepsilon$ 的极点, 可以得到 $\Pi_2 = -g^2 \int [d^3 k/(2\pi)^3] \{1/[(M + E_k - \varepsilon_k)(M + E_k + \varepsilon_k)(2E_k)]\}$. 现在把 $\Pi = \Pi_1 + \Pi_2$ 视为 M 的函数:

$$\Pi = -g^2 \int \frac{d^3 k}{(2\pi)^3} \frac{1}{(M + E_k - \varepsilon_k)} \left[\frac{1}{2\varepsilon_k (M - \varepsilon_k - E_k + i\varepsilon)} + \frac{1}{2E_k (M + E_k + \varepsilon_k - i\varepsilon)} \right] \tag{3.116}$$

不要被外观误导, 此式在 $M \approx \varepsilon_k - E_k$ 处并没有极点. (如果这里有个有极点, 就会有自 $\mu - m$ 起的割线, 所以没有最好!) 对于 $M > 0$ 情况, 只需要关心 $M \approx \varepsilon_k + E_k = \sqrt{k^2 + \mu^2} + \sqrt{k^2 + m^2}$ 处的极点. 当对 k 积分时, 这个极点就会变成一条自 $m + \mu$ 起的割线. 目前一切顺利.

要计算穿越割线的不连续性, 就再用一次式(3.110), 恢复 $i\varepsilon$, 忽略不关心的项, 这样有

$$\Pi = -g^2 \int \frac{d^3 k}{(2\pi)^3} \frac{1}{2\varepsilon_k (\varepsilon_k - M - E_k + i\varepsilon)(\varepsilon_k - M + E_k - i\varepsilon)}$$

$$= -2\pi g^2 \int \frac{\mathrm{d}^4 k}{(2\pi)^4} \theta(k^0) \delta(k^2 - \mu^2) \frac{1}{(M - \varepsilon_k + E_k - \mathrm{i}\varepsilon)[M - (\varepsilon_k + E_k) + \mathrm{i}\varepsilon]}$$

对因子 $1/[M - (\varepsilon_k + E_k) + \mathrm{i}\varepsilon]$ 应用就确定了 Π 跨刚才确定的这条割线的不连续度,给出 $\mathrm{Im}\,\Pi = 2\pi^2 g^2 \int [(\mathrm{d}^4 k/(2\pi)^4)]\theta(k^0)\delta(k^2 - \mu^2)\delta[M - (\varepsilon_k + E_k)]/E_k$. 把式(3.110)写为

$$\theta(q^0 - k^0)\theta[(q-k)^2 - m^2] = \theta(q^0 - k^0)\frac{\theta(q^0 - k^0 - E_k)}{2E_k} \tag{3.117}$$

再用一次式(3.110),得到

$$\mathrm{Im}\,\Pi = 2\pi^2 g^2 \int \frac{\mathrm{d}^4 k}{(2\pi)^4}\theta(k^0)\delta(k^2 - \mu^2)\theta(q^0 - k^0)\delta[(q - k)^2 - m^2] \tag{3.118}$$

很神奇,和库特科斯基说的一样,要得到虚部,只要把式(3.115)的传播子替换成 δ 函数就可以了.

附录2 两点振幅的一个色散表示

本书想在这多让读者感觉一下色散纲领,这些研究一度很活跃,而且现在正在复兴(见第9章). 现在考虑两点振幅 $\mathrm{i}\mathcal{D}(x) \equiv \langle 0| T(\mathcal{O}(x)\mathcal{O}(0))|0\rangle$,其中 $\mathcal{O}(x)$ 是某个正则形式的算符. 举例来说,在 $\mathcal{O}(x)$ 等于场 $\varphi(x)$ 的情况下,$\mathcal{D}(x)$ 就是传播子. 在 1.8 节,可以计算出一个自由场论的 $\mathcal{D}(x)$,因为在那里能够解出场运动方程,并用产生与湮灭算子展开 $\varphi(x)$. 但是对于一个完整的相互作用场论能做到什么呢? 根本无法解出算符场运动方程.

1950 年代到 1960 年代的色散纲领,目标就是基于一些一般考虑来尽可能说出有关 $\mathcal{D}(x)$ 的信息,比如解析性.

好,我们首先写出 $\mathrm{i}\mathcal{D}(x) = \theta(x^0)\langle 0| \mathrm{e}^{\mathrm{i}Px}\mathcal{O}(0)\mathrm{e}^{-\mathrm{i}Px}\mathcal{O}(0)|0\rangle + \theta(-x^0) \cdot \langle 0| \mathcal{O}(0)\mathrm{e}^{\mathrm{i}Px}\mathcal{O}(0)\mathrm{e}^{-\mathrm{i}Px}|0\rangle$,这里应用了时空平移 $\mathcal{O}(x) = \mathrm{e}^{\mathrm{i}P \cdot x}\mathcal{O}(0)\mathrm{e}^{-\mathrm{i}P \cdot x}$. 顺便提一下,如果不太确定上述关系式是否正确,就进行一次微分,可以得到 $\partial_\mu \mathcal{O}(x) = \mathrm{i}[\mathcal{P}_\mu, \mathcal{O}(x)]$,这样应该能认出来,它就是通常的海森伯方程的相对论表示. 现在插入 $1 = \sum_n |n\rangle\langle n|$,式中 $|n\rangle$ 是一组中间态完备集. 由此可得 $\langle 0| \mathrm{e}^{\mathrm{i}Px}\mathcal{O}(0)\mathrm{e}^{-\mathrm{i}Px}\mathcal{O}(0)|0\rangle = \langle 0| \mathcal{O}(0)\mathrm{e}^{-\mathrm{i}Px}\mathcal{O}(0)|0\rangle = \sum_n \langle 0| \mathcal{O}(0)|n\rangle\langle n| \mathrm{e}^{-\mathrm{i}Px}\mathcal{O}(0)|0\rangle = \sum_n \mathrm{e}^{-\mathrm{i}P_n x}|\mathcal{O}_{0n}|^2$,上式中用到了 $P^\mu|0\rangle = 0$,$P^\mu|n\rangle = P_n^\mu|n\rangle$,并定义了 $\mathcal{O}_{0n} \equiv \langle 0| \mathcal{O}(0)|n\rangle$.

接下来,要用到阶跃函数的积分表达式 $\theta(t) = -\mathrm{i}\int[\mathrm{d}\omega/(2\pi)]\mathrm{e}^{\mathrm{i}\omega t}/(\omega - \mathrm{i}\varepsilon)$ 以及 $\theta(-t) = \mathrm{i}\int[\mathrm{d}\omega/(2\pi)]\mathrm{e}^{\mathrm{i}\omega t}/(\omega + \mathrm{i}\varepsilon)$. 还是那句话,不确定对不对你就微分一下,从而可以得到 $\dfrac{\mathrm{d}}{\mathrm{d}t}\theta(t) = -\mathrm{i}\dfrac{\mathrm{d}}{\mathrm{d}t}\int[\mathrm{d}\omega/(2\pi)]\mathrm{e}^{\mathrm{i}\omega t}/(\omega - \mathrm{i}\varepsilon) = \int[\mathrm{d}\omega/(2\pi)]\mathrm{e}^{\mathrm{i}\omega t}$,这你应该认出来了,就是 δ 函数 $\delta(t) = \dfrac{\mathrm{d}}{\mathrm{d}t}\theta(t)$ 的积分表达式. 或者说,这用到的是表达式的积分.

把这些放在一起,则有

$$\mathrm{i}\mathcal{D}(q) = \int\mathrm{d}^4x\,\mathrm{e}^{\mathrm{i}qx}\mathrm{i}\mathcal{D}(x) = -\mathrm{i}(2\pi)^3\sum_n|\mathcal{O}_{0n}|^2\left\{\frac{\delta^{(3)}(\boldsymbol{q}-\boldsymbol{P}_n)}{P_n^0 - q^0 - \mathrm{i}\varepsilon} + \frac{\delta^{(3)}(\boldsymbol{q}+\boldsymbol{P}_n)}{P_n^0 + q^0 - \mathrm{i}\varepsilon}\right\}$$

$$(3.119)$$

对 d^3x 的积分给出了三维 δ 函数,而对于 $\mathrm{d}x^0 = \mathrm{d}t$ 的积分在阶跃函数积分表示中提取了分母.

现在用 $\mathrm{Im}\,1/(P_n^0 - q^0 - \mathrm{i}\varepsilon) = \pi\delta(q^0 - P_n^0)$ 来取虚部,由此得到

$$\mathrm{Im}\left(\mathrm{i}\int\mathrm{d}^4x\,\mathrm{e}^{\mathrm{i}qx}\langle 0\mid T(\mathcal{O}(x)\mathcal{O}(0))\mid 0\rangle\right)$$
$$= \pi(2\pi)^3\sum_n|\mathcal{O}_{0n}|^2\left[\delta^{(4)}(q - P_n) + \delta^{(4)}(q + P_n)\right] \quad (3.120)$$

现在式中出现的是看着更舒服的四维 δ 函数了. 注意,若 $q^0 > 0$,因为物理态的能量必为正,所以含 $\delta^{(4)}(q + P_n)$ 的项消失了.

现在成果如何? 尽管完全无法计算 $\mathcal{D}(q)$,但还是设法用一些原则上可测的物理量将其虚部表出,这的物理量是指 $\mathcal{O}(0)$ 在真空态和态 $\mid n\rangle$ 之间的矩阵元绝对值平方 $|\mathcal{O}_{0n}|^2$. 举例来说,如果 $\mathcal{O}(x)$ 是 φ^4 理论中的介子场 $\varphi(x)$,那么态 $\mid n\rangle$ 会包含单介子态、三介子态,等等. 色散时代有一个普遍愿望:只要关注几个态,就能给出一个很好的 $\mathcal{D}(q)$ 近似. 注意,这个结果并不依赖于对某些耦合常数的微扰.

单介子态 $\mid k\rangle$ 的贡献有非常简单的形式,和期望的一样,考虑对单粒子态归一化(和 1.8 节一样),洛伦兹不变性给出 $\langle k\mid\mathcal{O}(0)\mid 0\rangle = Z^{\frac{1}{2}}\sqrt{(2\pi)^3 2\omega_k}$,式中 $\omega_k = \sqrt{\boldsymbol{k}^2 + m^2}$,而 $Z^{\frac{1}{2}}$ 是一未知常数,代表 $\mathcal{O}$ 能从真空中产生单个介子的"强度". 将此结果代入式(3.119),并注意到现在对单介子态的求和由 $\int\mathrm{d}^3k\mid k\rangle\langle k\mid$ 给出(归一化为 $\langle k'\mid k\rangle = \delta^3(\boldsymbol{k}' - \boldsymbol{k})$). 由此得到单介子对 $\mathrm{i}\mathcal{D}(q)$ 的贡献为

$$-\mathrm{i}(2\pi)^3\int\mathrm{d}^3k\,\frac{Z}{(2\pi)^3 2\omega_k}\left\{\frac{\delta^{(3)}(\boldsymbol{q}-\boldsymbol{k})}{\omega_k - q^0 - \mathrm{i}\varepsilon} + (q\to -q)\right\}$$

$$= -\mathrm{i}\,\frac{Z}{2\omega_q}\left\{\frac{1}{\omega_q - q^0 - \mathrm{i}\varepsilon} + (q \to -q)\right\}$$

$$= \frac{\mathrm{i}Z}{q^2 - m^2 + \mathrm{i}\varepsilon} \tag{3.121}$$

这个结果很让人满意:虽然不能计算出 $\mathrm{i}\mathcal{D}(q)$,但是知道它有一个极点,位置由介子质量决定,而留数取决于如何归一化 $\mathcal{O}$.

另外,我们还可以轻松计算出单粒子态对 $-\,\mathrm{Im}\mathcal{D}(q)$ 的贡献,以作验证.代入式(3.120),我们发现,对于 $q^0 > 0$ 的情形,有 $\pi Z \int [\mathrm{d}^3 k/(2\omega_k)]\delta^4(q-k) = [\pi Z/(2\omega_q)]\delta(q^0 - \omega_q) = \pi Z\delta(q^2 - m^2)$,这里的最后一步用了式(1.124)和式(1.126).

基于对真空极化函数的了解,期望 $\mathcal{D}(q)$(由洛伦兹不变性,这是一个 q^2 的函数)自 $q^2 = (3m)^2$ 起有一条割线.要验证这点,只要看一下式(3.120),让 $\boldsymbol{q} = 0$ 即可.三介子态的贡献起自 $\sqrt{q^2} = q^0 = P^0_{\text{3介子}} = \sqrt{\boldsymbol{k}_1^2 + m^2} + \sqrt{\boldsymbol{k}_2^2 + m^2} + \sqrt{\boldsymbol{k}_3^2 + m^2} \geqslant 3m$ 处.对各态的求和现在是一个对 $\boldsymbol{k}_1,\boldsymbol{k}_2$ 和 $\boldsymbol{k}_3$ 的积分,还要服从约束条件 $\boldsymbol{k}_1 + \boldsymbol{k}_2 + \boldsymbol{k}_3 = \boldsymbol{0}$.

知道 $\mathcal{D}(q)$ 的虚部,就能给出一个类似于式(3.97)的色散关系.

最终,如果盯着看式(3.120)足够长时间(见习题3.8.3),就会发现关系式:

$$\mathrm{Im}\left(\mathrm{i}\int \mathrm{d}^4 x\, \mathrm{e}^{\mathrm{i}qx}\langle 0 \mid T(\mathcal{O}(x)\mathcal{O}(0)) \mid 0\rangle\right) = \frac{1}{2}\int \mathrm{d}^4 x\, \mathrm{e}^{\mathrm{i}qx}\langle 0 \mid [\mathcal{O}(x)\mathcal{O}(0)] \mid 0\rangle$$

$$\tag{3.122}$$

此处的讨论也和1.8节关于场重定义的讨论有关.如果我们的朋友用 $\eta = Z^{\frac{1}{2}}\varphi + \alpha\varphi^3$ 而不是 φ,那么此处讨论说明他的传播子 $\int \mathrm{d}^4 x\, \mathrm{e}^{\mathrm{i}qx}\langle 0 \mid T(\eta(x)\eta(0)) \mid 0\rangle$ 也同样在 $q^2 - m^2$ 处有极点.重点在于,物理要求极点固定在同一位置.

这里取 $\mathcal{O}$ 为洛伦兹标量.在应用中(见7.3节),常常是电磁流 $J^\mu(x)$(视作算符)扮演 $\mathcal{O}$ 的角色.同样的讨论依然成立,就是额外需要跟踪一些洛伦兹指标而已.其实,能够看出,那里的真空极化函数 $\Pi_{\mu\nu}$ 就对应着这里讨论中的 $\mathcal{D}$.

习题

3.8.1 求出真空极化函数的虚部,并用精确计算表明,一个矢量粒子衰变为一个正电子和一个负电子的衰变率与之有关.

3.8.2 设想在 φ^4 理论中加一个 $g\varphi^3$ 项. 证明: 精确到 g^4 阶, 有一个"盒子图"对介子散射 $p_1 + p_2 \rightarrow p_3 + p_4$ 的振幅贡献为

$$\mathcal{I} = g^4 \int \frac{\mathrm{d}^4 k}{(2\pi)^4} \cdot \frac{1}{(k^2 - m^2 - \mathrm{i}\varepsilon)\left[(k + p_2)^2 - m^2 - \mathrm{i}\varepsilon\right]}$$

$$\cdot \frac{1}{\left[(k - p_1)^2 - m^2 - \mathrm{i}\varepsilon\right]\left[(k + p_2 - p_3)^2 - m^2 - \mathrm{i}\varepsilon\right]}$$

将这个积分视为 $s = (p_1 + p_2)^2$ 和 $t = (p_3 - p_2)^2$ 的函数精确计算出来. 固定 t, 研究作为 s 的函数的 $\mathcal{I}$ 的解析性. 算出 $\mathcal{I}$ 穿越割线的不连续度并验证库特科斯基切割规则. 验证光学定理是否有效. 固定 s, $\mathcal{I}$ 作为 t 的函数, 解析性如何? 作为 $u = (p_3 - p_2)^2$ 的函数呢?

3.8.3 证明式 (3.122). $\Big($提示: 对 $\int \mathrm{d}^4 x \mathrm{e}^{\mathrm{i}qx} \langle 0 | T(\mathcal{O}(x)\mathcal{O}(0)) | 0 \rangle$ 做了什么, 就对 $\int \mathrm{d}^4 x \mathrm{e}^{\mathrm{i}qx} \langle 0 | [\mathcal{O}(x)\mathcal{O}(0)] | 0 \rangle$ 做一样的事. 也就是说, 在对易子的 $\mathcal{O}(x)$ 和 $\mathcal{O}(0)$ 间插入 $1 = \sum_n |n\rangle\langle n|$ ($|n\rangle$ 是一组中间态完备集). 现在我们不需要关心如何表示阶跃函数了.$\Big)$

第 4 章

对称性与对称性破缺

4.1 对称性破缺

无聊的对称世界

我们通常愿意相信自然界的基本规律是有对称性的,然而完全对称的世界是很无聊的,况且我们所处的世界也不是严格对称的.更准确地说,我们希望描述这个世界的拉格朗日量对称,但不需要世界本身也对称.其实,现代物理的一大核心就是研究拉格朗日量的对称性可以如何破缺.我们在随后的章节中可以看到,现在对基本定律的理解是如何建立在对称性破缺之上的.

考虑 1.10 节中研究过的拉格朗日量：

$$\mathcal{L} = \frac{1}{2}\left[(\partial\boldsymbol{\varphi})^2 - \mu^2\boldsymbol{\varphi}^2\right] - \frac{\lambda}{4}(\boldsymbol{\varphi}^2)^2 \tag{4.1}$$

其中，$\boldsymbol{\varphi} = (\varphi_1, \varphi_2, \cdots, \varphi_N)$. 此拉格朗日量作为一个 N 维矢量，有一个 $O(N)$ 的对称性.

当然，可以随便给拉格朗日量添加破坏这个对称性的项. 比如 φ_1^2、φ_1^4 或 $\varphi_1^2\boldsymbol{\varphi}^2$，从而把 $O(N)$ 降成为 $O(N-1)$，即 $\varphi_2, \cdots, \varphi_N$ 可以作为一个 $N-1$ 维的矢量旋转. 这种人为破坏对称性的办法也叫显式破缺.

用这样的办法，可以逐步来破缺对称性. 当然，对于任何的 $M < N$，我们都可以把 $O(N)$ 手动降级到 $O(N-M)$.

注意在上面这样的添加项中，对于任意的 a，反射对称性 $\varphi_a \rightarrow -\varphi_a$ 仍然成立. 破缺它也很简单，构造诸如 φ_a^3 的项就可以了.

手动破缺对称性并没有什么意思，它和从一个根本就不对称的拉格朗日量来求解问题没什么区别.

对称性自发破缺

一个更微妙也更有趣的做法是让系统"自己破缺对称性"，也叫对称性自发破缺. 用下面这个例子来解释一下. 把式 (4.1) 里的 $\boldsymbol{\varphi}^2$ 符号换一下，则有

$$\mathcal{L} = \frac{1}{2}\left[(\partial\boldsymbol{\varphi})^2 + \mu^2\boldsymbol{\varphi}^2\right] - \frac{\lambda}{4}(\boldsymbol{\varphi}^2)^2 \tag{4.2}$$

直观来看，对于小的 λ，场 φ 实际上创造了一个质量为 $\sqrt{-\mu^2} = \mathrm{i}\mu$ 的粒子，肯定有哪里搞错了.

本质上，这个情况类似于把非谐振子的弹簧系数搞反了一样，写成了 $L = \frac{1}{2}(\dot{q}^2 + kq^2) - \frac{\lambda}{4}q^4$. 而这个问题大家在经典力学里都会处理. 势能 $V(q) = -\frac{1}{2}kq^2 + \frac{\lambda}{4}q^4$（也叫作双阱势，图 4.1）有 $q = \pm v$ 两个极小值，其中 $v \equiv (k/\lambda)^{\frac{1}{2}}$. 在低能情况下，可以选择两个极小值中的一个，研究其附近的小振动. 两者之间的选取实际上破坏了系统的 $q \rightarrow -q$ 的反射对称性.

在量子力学中，粒子当然是可以在两个极小值间跃迁的，跃迁势垒为 $V(0) - $

$V(\pm v)$. 从哈密顿量的反射对称性 $q \to -q$ 来看,在两个极小点的概率必然是相等的. 不仅如此,基态的波函数还要是个偶函数,$\psi(q) = \psi(-q)$.

我们把量子力学里面的这种想法拓展到量子场论试试. 对于一般标量场的拉格朗日量 $\mathcal{L} = \frac{1}{2}(\partial_0\varphi)^2 - \frac{1}{2}(\partial_i\varphi)^2 - V(\varphi)$,也就需要找到势能 $\int d^D x \left[\frac{1}{2}(\partial_i\varphi)^2 + V(\varphi)\right]$ 的极小值,其中,D 是空间的维数. 显然,任何 φ 空间上的变化只会增加能量,所以让 $\varphi(x)$ 是时空均匀分布的常数 φ,并求 $V(\varphi)$ 的极小值. 具体到式(4.2)的形式中,可以得到

$$V(\varphi) = -\frac{1}{2}\mu^2\boldsymbol{\varphi}^2 + \frac{\lambda}{4}(\boldsymbol{\varphi}^2)^2 \tag{4.3}$$

后面会看到,对于维数 $N = 1$ 和 $N \geqslant 2$ 的结果会截然不同.

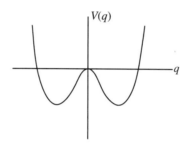

图 4.1

量子力学和量子场论的不同

首先研究 $N = 1$ 的情况. 此时,场的势能与图 4.1 所示的完全一样,只不过横轴是 φ. 两个极小点处于 $\varphi = \pm v = \pm(\mu^2/\lambda)^{\frac{1}{2}}$.

但是多想一下,就会发现量子场论和量子力学有一个重要的差异. 现在隧穿势垒是 $[V(0) - V(\pm v)]\int d^D x$(其中 D 表示空间维度),因此为无穷大!(或者再精确一点地说,随着系统体积一起扩大.)隧穿的通道被关闭了,从而基态波函数要么在 $+v$ 附近,要么在 $-v$ 附近,别无他选. 我们必须要选这两者之一作为基态,然后在附近作微扰论. 而对于任何一种选择,其物理结果都是一样的;然而这样一来就破坏了拉格朗日量里 $\varphi \to -\varphi$ 的对称性.

也就是说,反射对称性自发的破缺了!我们没有在拉格朗日量里人为地加入对称性

破缺项,然而它还是破缺了.① 我们不妨选取基态在 $+v$ 处,并令 $\varphi = v + \varphi'$.对 φ' 做展开,稍加计算便有

$$\mathcal{L} = \frac{\mu^4}{4\lambda} + \frac{1}{2}(\partial\varphi')^2 - \mu^2\varphi'^2 - O(\varphi'^3) \tag{4.4}$$

而这里平移后的场 φ' 产生的物理粒子的质量为 $\sqrt{2}\,\mu$,其物理质量的平方终于是正的了,其计算结果为 $-V''(\varphi)|_{\varphi=v}$.

类似地,容易发现式(4.4)中的第一项就是 $-V(\varphi)|_{\varphi=v}$.如果只对于 φ' 相关的介子散射感兴趣,这一项根本不会参与进来.事实上,我们总是可以在拉格朗日量上加上任意常数.可以很自然地令 $V(\varphi=0)$ 为 0.在量子力学中也有类似的讨论,即谐振子的零点能 $\frac{1}{2}\hbar\omega$ 无法观测;只有能级间的跃迁频率才是物理量.我们在 8.2 节中会重新讨论这点.

从另一个角度来看式(4.2),量子场论也可以理解为是在处理欧几里得泛函积分:

$$Z = \int D\varphi e^{-\int d^d x \left\{ \frac{1}{2}[(\partial\varphi)^2 - \mu^2\varphi^2] + \frac{\lambda}{4}(\varphi^2)^2 \right\}}$$

而微扰论则对应于在欧几里得作用量的极小值附近做的小振动问题.一般来说,对于正的 μ^2,在极小值 $\varphi=0$ 处展开.对于负的 μ^2,$\varphi=0$ 是局域极大值而不是极小值.

在量子场论中,基态也被称为是真空.它字面的意义就是当所有场都不被激发时,没有粒子存在.在上面的例子中,我们要从两个物理等价的真空中选出一个,而像这样选出的 φ 的基态值,无论是 v 或 $-v$,都被称为 φ 的真空期望值.场 φ 则亦被称为得到了一份真空期望值.

连续对称性

现在回到式(4.2)中 $N \geqslant 2$ 的情况.这时式(4.3)的势则由图 4.2 表示.这个势的形状常常用墨西哥帽沿或酒桶底形容.势能极小值取于 $\varphi^2 = \mu^2/\lambda$.这就有意思了:根据 $\boldsymbol{\varphi}$ 方向的不同,有无穷个可能的真空.而由于拉格朗日量的 $O(2)$ 对称性,这些真空都是物理等价的,跟我们想怎么选没关系.所以方便起见,我们让 $\boldsymbol{\varphi}$ 指向第一个轴的方向,即 $\varphi_1 = v \equiv +\sqrt{\mu^2/\lambda}$ 且 $\varphi_2 = 0$.

---

① 为了防止一些读者吹毛求疵,这里提一个无关紧要的技术细节:严格地说,场论中的基态波函数应该被称为波泛函数,因为 $\Psi[\varphi(x)]$ 实际上是函数 $\varphi(x)$ 的泛函.

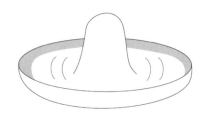

图 4.2

考虑在这个场结构附近的涨落,换句话说,令 $\varphi_1 = v + \varphi_1'$,$\varphi_2 = \varphi_2'$,在式(4.2)中取 $N = 2$ 并对 $\mathcal{L}$ 做展开.这里建议读者亲自计算一次,可以发现(这里把场算符上的撇去掉了,毕竟没必要把记号搞得太乱,对吧?)

$$\mathcal{L} = \frac{\mu^4}{4\lambda} + \frac{1}{2}\left[(\partial\varphi_1)^2 + (\partial\varphi_2)^2\right] - \mu^2\varphi_1^2 + O(\varphi^3) \tag{4.5}$$

而其中的常数项就是式(4.4)中的常数项,而且就像式(4.4)中的 φ' 一样,这里的 φ_1 有了 $\sqrt{2}\mu$ 大的质量.但是对于式(4.5)来说,更重要的是,这里没有 φ_2^2 项,换句话说,φ_2 场没有质量!

无质量玻色子的涌现

φ_2 无质量并非偶然.接下来会解释这种无质量性是普遍且严格的现象.

回到图 4.2,我们可以很直观地理解粒子谱.在 φ_1 上的激发相当于在径向的涨落,形象地说就是"爬墙",而 φ_2 的激发则是角向,或者说是"顺着沟滚".让一块圆石沿着势能极小值们滚是不需要能量的.换句话说,就是考虑一个长波激发,$\varphi_2 = a\sin(\omega t - \mathbf{k} \cdot \mathbf{x})$,其中 a 非常小.在尺度小于 $|\mathbf{k}|^{-1}$ 的区域,场 φ_2 本质上是一个常数,从而场 $\boldsymbol{\varphi}$ 仅仅就是从朝着 1 方向在 $O(2)$ 对称操作下转开了少许,并从一个真空转到了另一个等价的真空.只有在观察相当于 $|\mathbf{k}|^{-1}$ 大的尺度时,才会看到这种激发是消耗能量的.因此,当 $|\mathbf{k}| \to 0$ 时自然得出这个激发的能量趋于 0.

这样一来就明白了对于 $N = 1$ 和 $N = 2$ 的情况截然不同的地方了:前者中有反射这种离散的对称性,而后者则是连续的 $O(2)$ 对称性.

我们比较详细地处理了 $N = 2$ 的情况.把本书中讨论拓展一下就可以处理任意 $N \geqslant 2$ 的情况了(见习题 4.1.1).

也可以从另一个角度来看待 $N = 2$.许多场论都可以用不同的形式表示出来,而看破它们表面上的不同是很重要的. 考虑一个复数场 $\varphi = 1/\sqrt{2}\,(\varphi_1 + i\varphi_2)$,则有 $\varphi^\dagger \varphi = \frac{1}{2}(\varphi_1^2 + \varphi_2^2)$,从而式(4.2)可以写为

$$\mathcal{L} = \partial\varphi^\dagger \partial\varphi + \mu^2 \varphi^\dagger \varphi - \lambda(\varphi^\dagger \varphi)^2 \tag{4.6}$$

其在 $U(1)$ 变换 $\varphi \to e^{i\alpha}\varphi$ 下保持不变(详见 1.10 节). 你可能已经看出了,$O(2)$ 和 $U(1)$ 是局域同构的,就像可以把一个矢量写在笛卡儿坐标或极坐标里一样,也可以把场写成 $\varphi(x) = \rho(x)e^{i\theta(x)}$(详见 3.5 节),从而 $\partial_\mu \varphi = (\partial_\mu \rho + i\rho\partial_\mu \theta)e^{i\theta}$. 这样得到了 $\mathcal{L} = \rho^2(\partial\theta)^2 + (\partial\rho)^2 + \mu^2\rho^2 - \lambda\rho^4$. 而对称性自发破缺意味着可以令 $\rho = v + \chi$ 且 $v = +\sqrt{\mu^2/(2\lambda)}$,从而有

$$\mathcal{L} = v^2(\partial\theta)^2 + \left[(\partial\chi)^2 - 2\mu^2\chi^2 - 4\sqrt{\frac{\mu^2\lambda}{2}}\chi^3 - \lambda\chi^4\right] + \left(\sqrt{\frac{2\mu^2}{\lambda}}\chi + \chi^2\right)(\partial\theta)^2 \tag{4.7}$$

其中,显然相位 $\theta(x)$ 对应于无质量场. 本书把各项分成了三组:无质量场 θ 的动能、有质量场 χ 的动能和势能以及 θ 和 χ 之间的相互作用.(其中为了避免歧义,类似于式(4.5)中常数的项已经被忽略了.)

戈德斯通定理

现在来证明:当一个连续对称性自发地破缺后,会涌现出无质量的场,亦即南部[①]-戈德斯通玻色子. 这也被称为戈德斯通定理.

对于每个连续对称性都需要给出对应的守恒荷 Q. 守恒荷产生对称性也可以写为

$$[H, Q] = 0 \tag{4.8}$$

把真空(或者量子力学里的基态)记为 $|0\rangle$. 通过对哈密顿量添加一些常数,总可以写出 $H|0\rangle = 0$. 一般来说,真空场在对称操作下是不变的,即 $e^{i\theta Q}|0\rangle = |0\rangle$,或者是 $Q|0\rangle = 0$.

但是在对称性自发破缺时,真空场对称操作下并非不变;换句话说,$Q|0\rangle \neq 0$. 考虑 $Q|0\rangle$ 这个态. 它的能量是多少?很显然

$$HQ|0\rangle = [H, Q]|0\rangle = 0 \tag{4.9}$$

---

① 在 2008 年,南部阳一郎(Yoichiro Nambu)由于对人们理解对称性自发破缺做出了巨大贡献而获得了诺贝尔物理学奖.

（第一个等式来自 $H|0\rangle = 0$，而第二个等式就是式（4.8）.）因此发现另一个和 $|0\rangle$ 有同样能量的态 $Q|0\rangle$.

注意，这个证明和场或者相对论性并没有什么关系.即使是在石头沿着沟滚的景象形式化一下，基本也能看出这点.

在量子场论中，有局域的流，从而有

$$Q = \int \mathrm{d}^D x J^0(\boldsymbol{x}, t)$$

其中，D 是空间维度，而荷 Q 所谓守恒就体现在任何时间计算这个积分，结果都是一样的.考虑下面的态：

$$|s\rangle = \int \mathrm{d}^D x \, \mathrm{e}^{-\mathrm{i}k \cdot x} J^0(\boldsymbol{x}, t) |0\rangle$$

其有空间动量 k[①].当 k 趋于 0 时，这个态趋于 $Q|0\rangle$，利用式（4.9）得到这个态的能量也是 0.在相对论性理论中，这明确地意味着 $|s\rangle$ 描述了一个无质量粒子.

这个证明清楚地告诉我们这条定理的普适性：它适用于任意的连续对称性自发破缺.

数清南部-戈德斯通玻色子

从上述的证明中可以看出南部-戈德斯通玻色子的数量明显等于没有离开真空对称的守恒荷数.换句话说，也就是其对应的操作并不湮灭 $|0\rangle$.对于每一个这样的荷 Q^α，都可以构造一个对应的零能态 $Q^\alpha|0\rangle$.

在上面的例子中，只有一个流，$J_\mu = \mathrm{i}(\varphi_1 \partial_\mu \varphi_2 - \varphi_2 \partial_\mu \varphi_1)$，从而只有一个南部-戈德斯通玻色子.一般来说，如果拉格朗日量在对称群 G 下不变，则有 $n(G)$ 个生成元，但是真空场只在 G 的子群 H 下不变，有 $n(H)$ 个生成元，剩下的 $n(G) - n(H)$ 个则为南部-戈德斯通玻色子.为了体现自己是一个数学名词专家，也可以说南部-戈德斯通玻色子在陪集空间 G/H 中.

---

① 将 P^i 作用上去（详见习题 1.11.3）并用 $P^i|0\rangle = 0$，可以从分部积分得到

$$P^i |s\rangle = \int \mathrm{d}^D x \, \mathrm{e}^{-\mathrm{i}k \cdot x} [P^i, J^0(\boldsymbol{x}, t)] |0\rangle = -\mathrm{i} \int \mathrm{d}^D e^{-\mathrm{i}k \cdot x} \partial^i J^0(\boldsymbol{x}, t) |0\rangle = k^i |s\rangle$$

铁磁体和自旋波

这个证明的一般性提示我们戈德斯通定理不只对粒子物理有用.实际上,这一定理来自凝聚态物理,经典的例子是铁磁性.其哈密顿量只由固体中离子的非相对论性电子相互作用组成,当然在旋转群 $SO(3)$ 下不变,然而总磁化 M 则有一个确定的方向,而铁磁体只在绕着 M 方向旋转组成的这一退化了的 $SO(2)$ 群下保持不变.在这个语境下,南部-戈德斯通定理则非常容易从物理的角度看清楚.考虑一个"自旋波"激发,即局域的磁化率 $M(x)$ 随离散空间缓慢变化.设想一个物理学家住在相比于磁化率的尺度变化,也就是对应的自旋波的波长小得多的地方,小到以至于他/她都不知道自己已经不在"真空"里了.因此,在波长趋于无穷时,能量必须趋于 0.这和之前给的启发性解释如出一辙.注意,这里用到量子力学只是为了把波矢 k 解释为动量,频率 ω 解释为能量而已.我们会在 5.3 节和 6.5 节中再次回到磁体和自旋波上.

量子涨落和时空维度

我们上面对于对称性自发破缺的讨论,本质上是一个经典的处理方法.那么,量子涨落在这个过程中到底起到了什么作用呢? 在 4.3 节会具体解释这个问题,但是在这里先回到式(4.5).在基态里,$\varphi_1 = v$,$\varphi_2 = 0$.回忆一下在标量场的床垫模型里,质量项来自存在着弹簧把床垫拉向它的平衡点式(4.5)中的 $-\mu^2 \varphi_1'^2$(注意一撇),则说明让 φ_1' 离开基态值 $\varphi_1' = 0$ 要消耗额外的作用量.然而再考虑到 φ_2 是无质量的.它能偏离其基值吗? 为了回答这个问题,我们计算一下方均涨落:

$$
\begin{aligned}
\langle (\varphi_2(0))^2 \rangle &= \frac{1}{Z} \int D\varphi e^{iS(\varphi)} [\varphi_2(0)]^2 \\
&= \lim_{x \to 0} \frac{1}{Z} \int D\varphi e^{iS(\varphi)} \varphi_2(x) \varphi_2(0) \\
&= \lim_{x \to 0} \int \frac{d^d k}{(2\pi)^d} \frac{e^{ikx}}{k^2}
\end{aligned}
\tag{4.10}
$$

(这里的泛函积分实际上对应于传播子,详见 1.7 节.)其积分上限被截断于 Λ(在铁磁问题中其对应于格点间距的倒数),就像在 3.1 节中解释的那样(在后面的 8.3 节里也会看到),我们对于大 k 的紫外发散并不关心.但是对小 k 的红外发散有一丝隐隐的担忧.(注意对于有质量场,式(4.10)中的 $1/k^2$ 则是 $1/(k^2+\mu^2)$,从而不再发散.)

可以看到,$d>2$ 时没有红外发散.对称性自发破缺的理念在$(3+1)$维的世界中是合理的.

然而对于 $d\leq 2$ 的情况,方均涨落趋向于无穷,这说明我们简单的图像完全不对.在这里我们必须要用到 Coleman-Mermin-Wagner 定理了(由一位粒子物理学家和两位凝聚态理论学家各自独自证明了),其表明对于 $d=2$ 的连续对称性是不可能自发破缺的.注意,这里的讨论针对的是 $O(2)$ 对称性,但是鉴于其论据只依赖于存在南部-戈德斯通场,其结论对于任何连续对称性都成立.

在本节的例子中,对称性自发在标量场 φ 上破缺,但是没人说过 φ 必须是一个基本粒子.在许多凝聚态系统中,比如超导系统,对称性是自发破缺的,但系统则是由电子和原子核组成的.场 φ 可以像超导里面的两电子束缚态一样动态地生成.在 5.4 节中会更详细地讨论这一点.由动力学生成的场体现的对称性的自发破缺有时也被称为动力学对称性破缺.[①]

习题

4.1.1 写出在式(4.2)的例子中 $G=O(N)$ 时的 $N-1$ 个南部-戈德斯通玻色子.

4.1.2 类比式(4.2),写出在 N 个复标量场与 $SU(N)$ 对称性下对应的式子.当其中一个标量场获得真空期望值后,数一数有多少个南部-戈德斯通玻色子.

4.2 π 介子也是南部-戈德斯通玻色子

场论大危机

由于量子场论已经在电磁相互作用中取得了巨大的成功,在 20 世纪五六十年代,物理学家自然想把量子场论应用在强和弱相互作用中应用量子场论.正如前述,应用于弱

---

① 谨以本节纪念已逝的豪尔赫·斯维卡(Jorge Swieca).

相互作用的场论看起来有无法重整的问题,而应用于强相互作用的场论则也因另一些原因看起来也完全行不通.其中一个原因就是,随着实验观察到的强子(即强相互作用粒子)的数量的激增,如果我们为每个强子都建立一个场,那么得到的场论很显然将是一团有各种各样的待定的耦合常数的乱麻.哪怕我们把目光锁定在核子和 π 介子上,光是 π 介子与核子之间相互作用的耦合常数就很大了.(因此才得名"强相互作用"!)在量子电动力学中大放异彩的微扰论在这种情况下注定要失败.

当时许多著名的物理学家都主张完全放弃量子场论,而某些研究生院甚至把量子场论从课程中删除.直到 1970 年代初,量子场论才王者归来.在那个年代提出了一种处理强相互作用系统的场论,不用强子来描述,而是用夸克和胶子来处理.本书将在 7.3 节中讨论这个问题.

π 介子的弱衰变

为了理解场论面临的危机,我们先回溯到 1950 年代末,作为一个场论学家会试图做些什么.本书不是一本有关粒子物理学的书,因此我在这儿仅概述相关事实.如果读者感兴趣,强烈建议你们去看一篇关于这个话题的文献[①].那段时间里人们测量了很多半轻子型的衰变,比如 $n \rightarrow p + e^- + \bar{\nu}$, $\pi^- \rightarrow e^- + \bar{\nu}$ 和 $\pi^- \rightarrow \pi^0 + e^- + \bar{\nu}$. 其中,费米在中子的 β 衰变 $n \rightarrow p + e^- + \bar{\nu}$ 中引入了他大名鼎鼎的理论,即假定了拉格朗日量为 $\mathcal{L} = G[\bar{e}\gamma^\mu(1 - \gamma_5)\nu] \cdot [\bar{p}\gamma_\mu(1 - \gamma_5)n]$,其中,$n$ 是中子场的湮灭算符,p 是质子场的湮灭算符,ν 是中微子场的湮灭算符(或者说是反中微子的产生算符,就如同 β 衰变过程里的那样),e 是电子场的湮灭算符.

显然,有一阵子,理论学家试图对每一个强子写一个场,对每一个衰变过程写一个拉格朗日量,事实证明这样明显是徒劳的.相反,我们应该写

$$\mathcal{L} = G[\bar{e}\gamma^\mu(1 - \gamma_5)\nu](J_\mu - J_{5\mu}) \tag{4.11}$$

其中,J_μ 和 $J_{5\mu}$ 是洛伦兹协变的矢量流和轴矢量流.我们把 J_μ 和 $J_{5\mu}$ 想作是场论里的正则形式的算符.我们的目的就是计算强子态在它们上的矩阵元,诸如上面列举的三个过程中的 $\langle p|(J_\mu - J_{5\mu})|n\rangle$、$\langle 0|(J_\mu - J_{5\mu})|\pi^-\rangle$ 和 $\langle \pi^0|(J_\mu - J_{5\mu})|\pi^-\rangle$.(这里强调一点,尽管考虑的是弱衰变问题,计算这些矩阵元却是强相互作用要处理的问题.换句话说,我们必须处理强相互作用系统到任意高阶的强耦合才能理解这些衰变问题;而对于弱相互作

---

① 参见 E. Commins and P. H. Bucksbaum, *Weak Interactions of Leptons and Quarks*.

用只需要处理到弱耦合 G 的最低阶.)事实上,我们用的这种处理方式是有先例的.费米为了解释核子的 β 衰变 $(Z,A) \rightarrow (Z+1,A) + e^- + \bar{\nu}$ 的时候并没有给每个原子核都写一个独立的拉格朗日量.核物理学家只需要计算 $\langle Z+1, A \mid [\bar{p}\gamma_\mu(1-\gamma_5)n] \mid Z,A \rangle$ 这样一个矩阵元.而类似的是,强相互作用理论学家也只需要计算 $\langle p \mid (J_\mu - J_{5\mu}) \mid n \rangle$ 这样的矩阵元.

为了讲明白整个故事,我们首先侧重于中子和质子之间的轴矢流 J_5^μ 矩阵元.这里先换一下符号:我们不再用中子标记初态,用质子标记末态,而是用中子动量 p 和质子动量 p' 标记.在式(4.11)中,场和流当然都是时空的函数,因此需要计算的 $\langle p' \mid J_5^\mu(x) \mid p \rangle$ 可以利用平移对称性写为 $\langle p' \mid J_5^\mu(0) \mid p \rangle e^{-i(p'-p)\cdot x}$,从而只需要计算 $\langle p' \mid J_5^\mu(0) \mid p \rangle$ 就可以了.注意,这里已经略去自旋指标.

可以利用洛伦兹不变性和宇称来进行一些计算:它们意味着[①]

$$\langle p' \mid J_5^\mu \mid p \rangle = \bar{u}(p')[\gamma^\mu \gamma^5 F(q^2) + q^\mu \gamma^5 G(q^2)]u(p) \tag{4.12}$$

其中,$q \equiv p' - p$(对比式(3.69)).但是洛伦兹不变性和宇称也就到此为止了.我们还是不知道"结构因子"$F(q^2)$ 和 $G(q^2)$ 的值.

类似地,对于矩阵元 $\langle 0 \mid J_5^\mu \mid \pi^- \rangle$,洛伦兹不变性给出:

$$\langle 0 \mid J_5^\mu \mid k \rangle = f k^\mu \tag{4.13}$$

这里仍然把初态标记为动量为 k 的 π 介子.式(4.13)右侧显然是一个矢量,而 k 是唯一的存在的矢量,所以结果必须正比于 k.这个常数 f 就像 $F(q^2)$ 和 $G(q^2)$,是一个强相互作用量,而我们也没有办法去计算.换句话说,$F(q^2)$ 和 $G(q^2)$ 以及 f 都可以通过试验去测量.比如,$\pi^- \rightarrow e^- + \bar{\nu}$ 的衰变速率就显然取决于 f^2.

图太多了

我们来看看在 20 世纪 50 年代末期的场论学家通常是怎么计算式(4.12)中的 $\langle p' \mid J_5^\mu \mid p \rangle$ 和 $\langle 0 \mid J_5^\mu \mid k \rangle$ 的.首先他会作出如图 4.3 和图 4.4 所示的费曼图,再发现这条路行不通.因为强耦合的缘故,他必须要计算无穷多张图,所以哪怕强相互作用确实需要用场论来描述,当时很多有名的场论学家也不喜欢这个想法.

为了说清楚如何突破这一困难,本书并不会严格按照历史顺序来讲——尽管这段历

---

① 另一个可能的项是 $(p' + p)^\mu \gamma^5$,但是在荷共轭及同位旋对称性下可以证明其必须为 0.

史非常有趣,充满了困惑与迷茫. 相反,有赖后见之明,本书会用笔者认为最适合教学的顺序来讲述有关进展.

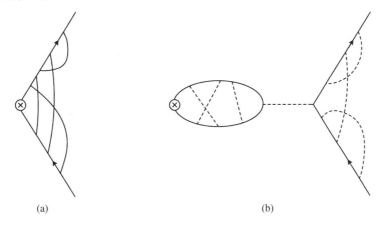

图 4.3

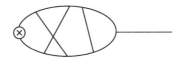

图 4.4

π 介子太轻了

突破口来源于测到 π⁻ 介子的质量 139 MeV,远比质子质量 938 MeV 要小,然而在很长一段时间内,这巨大的差异仅仅是作为一个实验现象而已,人们不觉得有必要去解释它. 不过后来,一些理论学家逐渐开始好奇为什么一个强子会比另一个强子要轻上这么多.

终于,一些理论学家迈出了大胆的一步,设想了一个 π⁻ 介子没有质量的"理想的世界". 在设想中,这种理想世界应该是我们现实世界的一个很好的近似,误差大概仅有15%(～139/938).

还记得我们讨论过什么情况下无质量、无自旋的粒子可以自发涌现出来吗? 没错,在对称性自发破缺时就可以! 在粒子物理史上,常有情况不明时依靠直觉洞见的案例,在这个例子中,有些理论学家就提议说 π 介子其实是某些自发对称性破缺的南部-戈德斯通玻色子.

事实上,把式(4.13)乘以 k_μ,就会得到

$$k_\mu \langle 0 | J_5^\mu | k \rangle = f k^2 = f m_\pi^2 \tag{4.14}$$

而在理想世界中它等于 0. 记得早先我们讨论平移对称性的时候,有

$$\langle 0 | J_5^\mu(x) | k \rangle = \langle 0 | J_5^\mu(0) | k \rangle e^{-ik \cdot x}$$

从而

$$\langle 0 | \partial_\mu J_5^\mu(x) | k \rangle = -i k_\mu \langle 0 | J_5^\mu(0) | k \rangle e^{-ik \cdot x}$$

因此,如果轴矢流守恒,也就是说 $\partial_\mu J_5^\mu(x) = 0$,那么在理想世界中 $k_\mu \langle 0 | J_5^\mu | k \rangle = 0$,式(4.14)就给出 $m_\pi^2 = 0$.

这个理想世界中有强相互作用的手征对称性. 其基态自发地破缺了这一对称性,而 π 介子则是这一破缺所对应的南部-戈德斯通玻色子. 其对应的诺特流则是守恒的 J_5^μ.

实际上,应该能看出来,这种方法和我们在 4.1 节中对南部-戈德斯通定理的证明有很大关系.

戈德伯格-特赖曼关系

现在关键的地方到了. 把式(4.12)乘以 $(p' - p)_\mu$,利用类似的平移不变性的方法,则有

$$(p' - p)_\mu \langle p' | J_5^\mu(0) | p \rangle = i \langle p' | \partial_\mu J_5^\mu(x) | p \rangle e^{i(p' - p)x}$$

从而在 $\partial_\mu J_5^\mu = 0$ 时为 0. 另一方面,式(4.12)右侧也乘以 $(p' - p)_\mu$,就可以得到 $\bar{u}(p')[(p' - p)\gamma^5 F(q^2) + q^2 \gamma^5 G(q^2)] u(p)$. 利用狄拉克方程(你得自己试试!),则有

$$0 = 2m_N F(q^2) + q^2 G(q^2) \tag{4.15}$$

其中,m_N 是核子的质量.

结构因子 $F(q^2)$ 和 $G(q^2)$ 原则上当然可以通过计算无穷多个费曼图来得到,然而这显然是行不通的. 不过,通过我们这一系列的努力,竟然找到了把这两个因子联系起来的方法! 这其实是在物理学诸多领域的共通的研究策略:有的时候,尽管有好几个我们不

知道如何计算的量,但我们通常还是可以建立起它们之间的关系.

在式(4.15)中,进一步令 $q \to 0$.对应到式(4.12),我们发现 $F(0)$ 可以通过 $\mathrm{n} \to \mathrm{p} + \mathrm{e}^- + \bar{\nu}$ 实验来确定(在强相互作用的尺度下动量的转移可以忽略).然而这里就有问题了:我们竟推出了核子质量 $m_\mathrm{N} = 0$!

重新审视图 4.3(b)帮了我们:有无穷多个图都是由无质量 π 介子导致了相应的极点,其对应于

$$fq^\mu \frac{1}{q^2} g_{\pi\mathrm{NN}} \bar{u}(p') \gamma^5 u(p) \tag{4.16}$$

当 π 传播子进入核子线时,无穷多的图加在一起给出了实验上测得的 π 介子-核子耦合常数 $g_{\pi\mathrm{NN}}$.因此,通过式(4.12),可以看到在 $q \sim 0$ 时,结构因子 $G(q^2) \sim f(1/q^2) g_{\pi\mathrm{NN}}$.代入式(4.15),我们就得到了戈德伯格-特赖曼关系

$$2m_\mathrm{N} F(0) + f g_{\pi\mathrm{NN}} = 0 \tag{4.17}$$

从而把四个实验测量的结果联系了起来.正如所料,这个结果与我们所在的 π 介子有质量的真实世界大概有 15% 的误差.

迈向强相互作用理论

不通过具体计算就能把无穷多的费曼图联系起来是一门智慧的艺术,这套技术随后发展为我们在 3.8 节中简单提到的色散关系与 S-矩阵理论.我们目前对强相互作用的理解都是建立在其基础之上的.上面的那个例子实际上已经说明,色散关系其实研究的就是 3.8 节中说过的费曼图的解析性质.而戈德伯格-特赖曼论点的核心就是把无穷多张图按照在复 q^2 平面上有极点还是没有极点(但是有割线)分开来处理的.

而强相互作用存在对称性破缺的发现则又为理解强相互作用提供了一个重要的线索,并最终导致了夸克和胶子的概念的诞生.

科学史学家的注释:理论物理学家将一个量看作是大还是小(显然)取决于他们成长中接收的文化和思维方式.有一次特雷曼跟我说,考虑到核裂变中每个核子释放能量只有 10 MeV 量级,对伴随原子弹成长的那代人(特雷曼自己就是——他在太平洋军队服过役)来说,把 138 MeV 看成 0 这种设想冲击力太大了,无论怎么看都很荒谬.而现在,新一代的年轻弦理论家对于把比普朗克能量 10^{19} GeV 更低的东西视为 0 已经没有任何心理压力了.

4.3 有效势

量子涨落与对称性破缺

从最小化量子场论对应的经典势能 $V(\varphi)$ 出发可以导出对称性自发破缺这一重要现象. 人们自然会好奇, 量子的场论会如何影响这一物理图像. 我们重新回到式(3.19)来作为讨论的出发点:

$$\mathcal{L} = \frac{1}{2}(\partial\varphi)^2 - \frac{1}{2}\mu^2\varphi^2 - \frac{1}{4!}\lambda\varphi^4 + A(\partial\varphi)^2 + B\varphi^2 + C\varphi^4 \tag{4.18}$$

(对于量子涨落, 我们前面提到需要引入对应的抵消项.) 从这个理论中, 你能了解到什么呢? 对于 $\mu^2 > 0$ 的情况, 作用量在 $\varphi = 0$ 取极小值, 而对 $\varphi = 0$ 附近的小涨落做正则量子化就可以得到相互散射的标量粒子. 对于 $\mu^2 < 0$ 的情况, 作用量在 $\varphi_{\min}$ 取极小值, 从而和 4.1 节学过的那样, 离散对称性 $\varphi \rightarrow -\varphi$ 自发破缺了. 而对于 $\mu = 0$ 呢? 破缺还是不破缺, 这是个问题.

瞎猜的话, 应该会觉得量子涨落会导致破缺. $\mu = 0$ 的理论实际上是在对称性破缺的边缘试探, 而量子涨落理应把它推向破缺一端. 就像是一根经典的铅笔, 笔尖着地且保持着完美平衡对应的情况. 然后我们再"开启"量子力学.

女婿[①]的智慧

我们按照施温格和约纳-莱森奥(Jona-Lasinio)的方法来解决这个问题. 考虑一个标量场理论:

$$Z = \mathrm{e}^{\mathrm{i}W(J)} = \int \mathrm{D}\varphi\, \mathrm{e}^{\mathrm{i}[S(\varphi)+J\varphi]} \tag{4.19}$$

---

① 译注: 本节内容为勒让德变换, 而勒让德(Legendre)这个姓在法语中的意思是"女婿"(son-in-law). 所以这里的标题是一个冷笑话, 利用了语言上的双关. 因此标题也可以理解为"勒让德的智慧"!

其中, $J\varphi = \int d^4 x J(x)\varphi(x)$ 为常用简写. 假设我们可以求出泛函积分, 就可以算出生成泛函 $W(J)$. 在 1.7 节中我们已经解释过, 通过把 W 对 $J(x)$ 反复求导可以得到任意的格林函数, 从而计算出散射振幅. 特别来说,

$$\varphi_c(x) \equiv \frac{\delta W}{\delta J(x)} = \frac{1}{Z}\int D\varphi e^{i[S(\varphi) + J\varphi]}\varphi(x) \tag{4.20}$$

下标 c 在这里是为了提醒我们在正则形式下 $\varphi_c(x)$ 是期望值 $\langle 0|\hat{\varphi}|0\rangle$ (详见 1.8 节的附录 2). 注意不要和式 (4.20) 积分中的哑指标 φ 搞混了. 式 (4.20) 给出了关于 J 的泛函 φ_c 的形式.

对于 J 的泛函 W, 可以进行勒让德变换从而得到关于 φ_c 的泛函 Γ. 勒让德变换在这里其实只是下面这个变换的另一种称呼而已:

$$\Gamma(\varphi_c) = W(J) - \int d^4 x J(x)\varphi_c(x) \tag{4.21}$$

这一关系非常简单, 但要注意: 它实际通过 J 是 φ_c 的函数这件事构造了一个关于 $\varphi_c(x)$ 的泛函. 式 (4.21) 右侧的 J 要把式 (4.20) 解出来并把得到的 φ_c 代入才行. 把泛函 $\Gamma(\varphi_c)$ 展开成如下形式:

$$\Gamma(\varphi_c) = \int d^4 x [-V_{\text{eff}}(\varphi_c) + Z(\varphi_c)(\partial\varphi_c)^2 + \cdots] \tag{4.22}$$

其中, (⋯) 指的是有更高阶 ∂ 的项. 我们很快就会发现 $V_{\text{eff}}(\varphi_c)$ 这一符号的妙用.

进行了这么一通勒让德变换, 目的就是使对 Γ 做泛函导数的结果漂亮而简洁:

$$\frac{\delta\Gamma(\varphi_c)}{\delta\varphi_c(y)} = \int d^4 x \frac{\delta J(x)}{\delta\varphi_c(y)}\frac{\delta W(J)}{\delta J(x)} - \int d^4 x \frac{\delta J(x)}{\delta\varphi_c(y)}\varphi_c(x) - J(y) = -J(y) \tag{4.23}$$

其结果在某种意义上可以视为 $\delta W(J)/\delta J(x) = \varphi_c(x)$ 的"对偶".

如果你依稀记得在之前的物理课上见过这类操作, 说明你记得挺对! 这和热力学里把自由能与内能联系起来的 $F = E - TS$ 一样, 在那会儿 F 是温度 T 的函数, 而 E 是熵 S 的函数. 因此, J 和 φ 就像 T 和 S 一样是"共轭"的一对 (或者更明显的是磁场 H 和磁化率 M). 你可以仔细确认一下这确实不仅是个巧合而已.

对于与 x 无关的 J 和 φ_c, 利用式 (4.22) 可以将式 (4.23) 简化为

$$V'_{\text{eff}}(\varphi_c) = J \tag{4.24}$$

而这一关系明确了有效势 $V_{\text{eff}}(\varphi_c)$ 能解决什么问题. 首先先考察一下如果没有外源 J 会发生什么. 结论很显然: 式(4.24)直接告诉我们

$$V'_{\text{eff}}(\varphi_c) = 0 \tag{4.25}$$

换句话说, 在没有外源的时候, 场 $\hat{\varphi}$ 的真空期望值可以通过最小化 $V_{\text{eff}}(\varphi_c)$ 来得到.

第一阶量子涨落

如果我们无法计算 $W(J)$, 那么进行这些形式上的变换其实没有什么意义. 事实上, 我们大多数时候只能在最速降近似(见 1.2 节)下计算 $\mathrm{e}^{\mathrm{i}W(J)} = \int \mathrm{D}\varphi \mathrm{e}^{\mathrm{i}[S(\varphi)+J\varphi]}$. 我们来开动一下脑筋, 找到最速降"点" $\varphi_s(x)$, 也叫下式的解(这里省略了下标 c 以免混淆):

$$\left. \frac{\delta\left[S(\varphi) + \int \mathrm{d}^4 y J(y)\varphi(y)\right]}{\delta\varphi(x)} \right|_{\varphi_s} = 0 \tag{4.26}$$

或者进一步写成

$$\partial^2 \varphi_s(x) + V'\left[\varphi_s(x)\right] = J(x) \tag{4.27}$$

把式(4.19)中的积分哑指标写成 $\varphi = \varphi_s + \tilde{\varphi}$, 并将其展开到 $\tilde{\varphi}$ 的二阶, 从而有

$$
\begin{aligned}
Z = \mathrm{e}^{(\mathrm{i}/\hbar)W(J)} &= \int \mathrm{D}\varphi \mathrm{e}^{(\mathrm{i}/\hbar)[S(\varphi)+J\varphi]} \\
&\simeq \mathrm{e}^{(\mathrm{i}/\hbar)[S(\varphi_s)+J\varphi_s]} \int \mathrm{D}\tilde{\varphi}\, \mathrm{e}^{(\mathrm{i}/\hbar)\int \mathrm{d}^4 x \frac{1}{2}\left[(\partial\tilde{\varphi})^2 - V''(\varphi_s)\tilde{\varphi}^2\right]} \\
&= \mathrm{e}^{(\mathrm{i}/\hbar)[S(\varphi_s)+J\varphi_s] - \frac{1}{2}\mathrm{tr}\ln[\partial^2 + V''(\varphi_s)]}
\end{aligned} \tag{4.28}
$$

我们这里用了式(2.81)从而把对 $\tilde{\varphi}$ 的积分用行列式来表达. 注意, 这里把普朗克常数 $\hbar$ 搁回去了. 这里的 φ_s 是式(4.27)的解, 应该理解为 J 的函数.

从而我们算出

$$W(J) = \left[S(\varphi_s) + J\varphi_s\right] + \frac{\mathrm{i}\hbar}{2}\mathrm{tr}\ln\left[\partial^2 + V''(\varphi_s)\right] + O(\hbar^2)$$

接下来作勒让德变换就很直观了. 然而在这里我就勉为其难地讲慢点儿:

$$\varphi = \frac{\delta W}{\delta J} = \frac{\delta [S(\varphi_s) + J\varphi_s]}{\delta \varphi_s} \frac{\delta \varphi_s}{\delta J} + \varphi_s + O(\hbar) = \varphi_s + O(\hbar)$$

对于 $\hbar$ 的领头阶，φ（即原来我们说的 φ_c）等于 φ_s，从而利用式(4.21)可以得到

$$\Gamma(\varphi) = S(\varphi) + \frac{\mathrm{i}\hbar}{2} \operatorname{tr} \ln [\partial^2 + V''(\varphi)] + O(\hbar^2) \tag{4.29}$$

这个式子看起来不错，然而对任意的 $\varphi(x)$ 来说，这个迹是不可能计算出来的：我们需要找到算符 $\partial^2 + V''(\varphi)$ 所有的本征值，取对数再求和．而如果我们只是想要研究与 x 无关的 φ 下的 $\Gamma(\varphi)$，即 $V''(\varphi)$ 是常数且算符 $\partial^2 + V''(\varphi)$ 平移不变，那么在动量空间中它的形式就非常简单了：

$$
\begin{aligned}
\operatorname{tr} \ln [\partial^2 + V''(\varphi)] &= \int \mathrm{d}^4 x \langle x | \ln [\partial^2 + V''(\varphi)] | x \rangle \\
&= \int \mathrm{d}^4 x \int \frac{\mathrm{d}^4 k}{(2\pi)^4} \langle x | k \rangle \langle k | \ln [\partial^2 + V''(\varphi)] | k \rangle \langle k | x \rangle \\
&= \int \mathrm{d}^4 x \int \frac{\mathrm{d}^4 k}{(2\pi)^4} \ln [-k^2 + V''(\varphi)]
\end{aligned}
\tag{4.30}
$$

利用式(4.22)，我们得到

$$V_{\mathrm{eff}}(\varphi) = V(\varphi) - \frac{\mathrm{i}\hbar}{2} \int \frac{\mathrm{d}^4 k}{(2\pi)^4} \ln \left[\frac{k^2 - V''(\varphi)}{k^2} \right] + O(\hbar^2) \tag{4.31}$$

即 Coleman-Weinberg 有效势．这里计算出来的是对经典势 $V(\varphi)$ 在 $\hbar$ 量级的修正．注意我们加了一个与 φ 无关的常数，从而使得对数里的项不含有量纲．

对于式(4.31)我们有一个很漂亮的物理解释．首先让宇宙充斥着取值为 φ 的标量场 $\varphi(x)$，也就是说是一个背景场．对于 $V(\varphi) = \frac{1}{2} \mu^2 \varphi^2 + \frac{1}{4!} \lambda \varphi^4$，有 $V''(\varphi) = \mu^2 + \frac{1}{2} \lambda \varphi^2 \equiv \mu(\varphi)^2$，从 $\mu(\varphi)^2$ 也可以看出，这是一个 φ 相关的标量粒子在背景场 φ 中传播时有效质量的平方．由于粒子与背景场 φ 相互作用，所以拉格朗日量中的质量平方项 μ^2 要额外修正 $\frac{1}{2} \lambda \varphi^2$．从而式(4.31)的含义就很显然了：其第一项 $V(\varphi)$ 是背景场 φ 的经典能量密度，第二项则是质量为 $V''(\varphi)$ 的标量场的真空能量密度（详见式(2.83)和习题4.3.4）．

你工作所需的重正化理论

式(4.31)中的积分是平方发散的，或者更准确地说，其结果按照平方关系依赖于截

断动量.然而我们随手就加入了 3 个抵消项(这里只有两个,因为 φ 和 x 无关),从而有

$$V_{eff}(\varphi) = V(\varphi) + \frac{\hbar}{2}\int\frac{\mathrm{d}^4 k_E}{(2\pi)^4}\ln\left[\frac{k_E^2 + V''(\varphi)}{k_E^2}\right] + B\varphi^2 + C\varphi^4 + O(\hbar^2) \quad (4.32)$$

其中,积分已经从威克转动到欧几里得空间(详见附录 D).由式(D.9),并令积分在 $k_E^2 = \Lambda^2$ 处截止,在忽略 $\hbar$ 后有

$$V_{eff}(\varphi) = V(\varphi) + \frac{\Lambda^2}{32\pi^2}V''(\varphi) - \frac{[V''(\varphi)]^2}{64\pi^2}\ln\frac{\mathrm{e}^{\frac{1}{2}\Lambda^2}}{V''(\varphi)} + B\varphi^2 + C\varphi^4 \quad (4.33)$$

可以预见,由于式(4.32)中被积函数在大 k_E^2 处形如 $1/k_E^2$,所以这个积分最后会有对截断 Λ 的平方和对数的依赖关系.

看看重正化理论的效果!由于 V 是 φ 的四次多项式,$V''(\varphi)$ 是二次多项式,从而 $[V''(\varphi)]^2$ 是四次多项式.因此,通过抵消项 $B\varphi^2 + C\varphi^4$ 就足够吸收掉这些对截断有依赖的项.这种处理非常清晰地示范了抵消项是如何进行抵消的.

对于不可重整的理论则会发生不妙的事情,比如假如 V 是 φ 六次的,那么我们就需要有三个抵消项 $B\varphi^2 + C\varphi^4 + D\varphi^6$,然而这还不够,因为这时 $[V''(\varphi)]^2$ 是 8 次的了.这就意味着我们要把 V 本身也弄到 8 次,但是这样一来 $[V''(\varphi)]^2$ 就是 12 次的了.显然这样下去最后会出来无限次的多项式.这是不可重整理论的一个标志性现象:发散永远不能通过抵消项的方式来得到解决.

强加重正化条件

从无穷多穷追不舍的抵消项的噩梦中醒来,我们还是回到美妙的可重整的 φ^4 理论.在 3.3 节中,我们通过对不同散射振幅增设条件从而固定了抵消项.而在这里,则是要对恰当的 φ 下的 $V_{eff}(\varphi)$ 增设条件从而固定系数 B 和 C.我们这次从场的角度而不是动量的角度出发,但是概念上来说处理的框架是一样的.

我们当然可以从一般的四次型 $V(\varphi)$ 开始讨论,但是这里我们打算试试回答一下本节开始的问题:当 $\mu = 0$,也就是 $V(\varphi) = \frac{1}{4!}\lambda\varphi^4$ 时,会发生什么?这对应的数学也更简单.

通过式(4.33),有

$$V_{eff}(\varphi) = \left(\frac{\Lambda^2}{64\pi^2}\lambda + B\right)\varphi^2 + \left[\frac{1}{4!}\lambda + \frac{\lambda^2}{(16\pi)^2}\ln\frac{\varphi^2}{\Lambda^2} + C\right]\varphi^4 + O(\lambda^3)$$

(其中与 φ 无关的项吸收到了 C 里).很显然,这里 Λ 相关的成分可以用 B 和 C 吸收.

我们一开始的 $V(\varphi)$ 仅含四次项.量子涨落导致了一个平方发散的 φ^2 项,它可以用 B 这一抵消项来解决.而 $\mu=0$ 在这一过程中意味什么呢?它其实对应于 $(\mathrm{d}^2 V/\mathrm{d}\varphi^2)|_{\varphi=0}$ 为 0,也就是说在 $\mu=0$ 的理论里我们要保持重正化的质量平方为 0,即 φ^2 系数为 0.所以第一个附加上的条件为

$$\frac{\mathrm{d}^2 V_{\mathrm{eff}}}{\mathrm{d}\varphi^2}\bigg|_{\varphi=0} = 0 \tag{4.34}$$

这也就意味着,在这一阶取 $B = -\left[\Lambda^2/(64\pi^2)\right]\lambda$.

类似地,另一个条件则是 $(\mathrm{d}^4 V_{\mathrm{eff}}/\mathrm{d}\varphi^4)|_{\varphi=0}$ 应该等于某种耦合,但是把 V_{eff} 中的 $\varphi^4\ln\varphi$ 项做四次微分可以得到含有 $\ln\varphi$ 的项,其在 $\varphi=0$ 没有定义.从而这使得我们必须考虑把条件 $\mathrm{d}^4 V_{\mathrm{eff}}/\mathrm{d}\varphi^4$ 取 φ 在其他任意质量 M 的地方而不是 $\varphi=0$.(回想一下 φ 有质量量纲.)因此,第二个条件为

$$\frac{\mathrm{d}^4 V_{\mathrm{eff}}}{\mathrm{d}\varphi^4}\bigg|_{\varphi=M} = \lambda(M) \tag{4.35}$$

而这里的 $\lambda(M)$ 则是一个依赖于 M 的耦合强度.

把

$$V_{\mathrm{eff}}(\varphi) = \left[\frac{1}{4!}\lambda + \frac{\lambda^2}{(16\pi)^2}\ln\frac{\varphi^2}{\Lambda^2} + C\right]\varphi^4 + O(\lambda^3)$$

代入到式(4.35)中,可以看到 $\lambda(M)$ 就是 λ 再加上如 $\lambda^2\ln M$ 的 $O(\lambda^2)$ 阶修正.对 $\lambda(M)$ 求导,显然可以看到

$$M\frac{\mathrm{d}\lambda(M)}{\mathrm{d}M} = \frac{3}{16\pi^2}\lambda^2 + O(\lambda^3)$$

$$= \frac{3}{16\pi^2}\lambda(M)^2 + O\left[\lambda(M)^3\right] \tag{4.36}$$

其中,第二个等号仅取到对应的阶.这一现象表明耦合 $\lambda(M)$ 与它所定义的质量尺度 M 是怎样的一个关系.回想一下习题 3.1.3.我们将在 4.7 节的重正化群中再次用到这一关系.

那么继续往下看.利用式(4.35)确定的 C 并代入到 V_{eff},则有

$$V_{\mathrm{eff}}(\varphi) = \frac{1}{4!}\lambda(M)\varphi^4 + \frac{\lambda(M)^2}{(16\pi)^2}\varphi^4\left(\ln\frac{\varphi^2}{M^2} - \frac{25}{6}\right) + O\left[\lambda(M)^3\right] \tag{4.37}$$

看到这儿,你应该理所应当地发现 C 和截断 Λ 消失了.你看,这就是可重正化的理论.

事实上,V_{eff} 不依赖于任意选取的 M,也就是说,$M(\mathrm{d}V_{\text{eff}}/\mathrm{d}M)=0$,在对应的阶上其实也可以导出式(4.36).

量子涨落带来的破缺

现在终于可以回答开始的问题了:破缺还是不破缺呢?

量子涨落产生了 $+\varphi^4\ln\varphi^2$ 这样的势能修正,但其中 $\ln\varphi^2$ 在 φ 很小的情况下是量级很大的一个负数! $O(\hbar)$ 水平的修正在 $\varphi=0$ 附近超过了 $O(\hbar^0)$ 的势 $+\varphi^4$.量子涨落破缺了离散对称性 $\varphi\to-\varphi$.

很容易就可以定下来 $V_{\text{eff}}(\varphi)$ 的极小点 $\pm\varphi_{\min}$(你可以画一个 φ 的函数来寻找感觉).然而仔细想一想,可以发现无法非常严格地定下 $\varphi_{\min}$ 的值;V_{eff} 的形式为 $\lambda\varphi^4(1+\lambda\ln\varphi+\cdots)$,也就是说展开系数是 $\lambda\ln\varphi$ 而不是 λ.(说服你自己($\cdots$)的第一项是 $(\lambda\ln\varphi)^2$.)显然在展开系数为 1 时,可以取到 V_{eff} 的极小值点 $\varphi_{\min}$.在4.7节的练习中将会看到如何巧妙地绕过这个问题.

费米子

在式(4.28)中,φ_s 参与到外场中,而 $\tilde{\varphi}$ 则是需要积分掉的量子场.而 $\tilde{\varphi}$ 也可以被费米场 ψ 替代.考虑在拉格朗日量里添加上 $\bar{\psi}(\mathrm{i}\partial-m-f\varphi)\psi$.在路径积分中,

$$Z=\int\mathrm{D}\varphi\mathrm{D}\bar{\psi}\mathrm{D}\psi\mathrm{e}^{\mathrm{i}\int\mathrm{d}^4x\left[\frac{1}{2}(\partial\varphi)^2-V(\varphi)+\bar{\psi}(\mathrm{i}\partial-m-f\varphi)\psi\right]} \tag{4.38}$$

首先积分掉 ψ,得到

$$Z=\int\mathrm{D}\varphi\mathrm{e}^{\mathrm{i}\int\mathrm{d}^4x\left[\frac{1}{2}(\partial\varphi)^2-V(\varphi)\right]+\mathrm{tr}\ln(\mathrm{i}\partial-m-f\varphi)} \tag{4.39}$$

重复式(4.30)中的步骤,可以发现费米场对 V_{eff} 的贡献为

$$V_{\text{F}}(\varphi)=+\mathrm{i}\int\frac{\mathrm{d}^4p}{(2\pi)^4}\mathrm{tr}\ln\frac{\not{p}-m-f\varphi}{\not{p}} \tag{4.40}$$

（在式(4.40)中的迹取在伽马矩阵上.）再次利用2.5节的原理,可以知道物理上 $V_F(\varphi)$ 表示费米子在有效质量 $m(\varphi) = m + f\varphi$ 下的真空能量.

下面进行一些计算.对数的迹我们可以用 $\operatorname{tr} \ln M = \ln \det M$（式(2.92)）并不停地交换行列式里面的顺序给揉出来:

$$\operatorname{tr} \ln (\not{p} - a) = \operatorname{tr} \ln \gamma^5 (\not{p} - a) \gamma^5 = \operatorname{tr} \ln (-p - a)$$

$$= \frac{1}{2} \operatorname{tr} [\ln (\not{p} - a) + \ln (\not{p} + a)] + \frac{1}{2} \operatorname{tr} \ln (-1)$$

$$= \frac{1}{2} \operatorname{tr} \ln (-1)(p^2 - a^2) \tag{4.41}$$

因此,

$$\operatorname{tr} \ln \frac{(\not{p} - a)}{\not{p}} = \frac{1}{2} \operatorname{tr} \ln \frac{p^2 - a^2}{p^2} = 2\ln \frac{p^2 - a^2}{p^2} \tag{4.42}$$

从而得到

$$V_F(\varphi) = 2\mathrm{i} \int \frac{\mathrm{d}^4 p}{(2\pi)^4} \ln \frac{p^2 - m(\varphi)^2}{p^2} \tag{4.43}$$

而与式(4.31)中的符号有所不同.费米和玻色圈图相反的符号在2.5节中已经解释过.

因此,在最后我们终于对量子涨落导致的有效势有了一个比较好的解释了:它就是涨落能量的能量密度,有点像在背景场 φ 中谐振子的零点能(见习题4.3.5).

习题

4.3.1 考虑在$(0+1)$维时空下的有效势:

$$V_{\text{eff}}(\varphi) = V(\varphi) + \frac{\hbar}{2} \int \frac{\mathrm{d}k_E}{2\pi} \ln \frac{k_E^2 + V''(\varphi)}{k_E^2} + O(\hbar^2)$$

由于积分已经收敛,这里不需要任何抵消项.然而$(0+1)$维的量子场论其实只是量子力学而已.计算这个积分,证明 V_{eff} 与量子力学知识给出的结果完全一致.

4.3.2 研究$(1+1)$维时空的 V_{eff}.

4.3.3 在$(1+1)$维时空中,将无质量费米子 ψ 与标量场 φ 按照 $f\varphi\bar{\psi}\psi$ 的形式耦合.推导

$$V_F = \frac{1}{2\pi}(f\varphi)^2 \ln\frac{\varphi^2}{M^2} \tag{4.44}$$

4.3.4 用费曼图理解式(4.31).证明 V_{eff} 是由无穷多的图产生的.(提示:可以把式(4.31)中的对数项按照 $V''(\varphi)/k^2$ 作级数展开,并试着把展开的每一项对应一张费曼图.)

4.3.5 考虑复标量场的电动力学

$$\mathcal{L} = -\frac{1}{4}F_{\mu\nu}F^{\mu\nu} + \left[(\partial^\mu + ieA^\mu)\varphi^\dagger\right]\left[(\partial_\mu - ieA_\mu)\varphi\right]$$
$$+ \mu^2\varphi^\dagger\varphi - \lambda(\varphi^\dagger\varphi)^2 \tag{4.45}$$

在一个标量场 $\varphi(x)$ 到处都可以取与 x 无关的值 φ 的宇宙,拉格朗日量会有一项 $(e^2\varphi^\dagger\varphi)A_\mu A^\mu$,从而光子场有效质量的平方为 $M(\varphi)^2 \equiv e^2\varphi^\dagger\varphi$.证明它对有效势 V_{eff} 的贡献可以写为

$$\int\frac{\mathrm{d}^4 k}{(2\pi)^4}\ln\frac{k^2 - M(\varphi)^2}{k^2} \tag{4.46}$$

并把此结果与式(4.31)和式(4.43)比较.(提示:利用朗道规范来简化计算.)如果需要额外的帮助,强烈建议阅读 S. Coleman 和 E. Weinberg 发表的论文(Phys. Rev. D,1973,7:1883).这篇论文可谓简明之典范.

4.4　磁单极子

量子力学与磁单极子

有件事很有趣,虽然电荷已经司空见惯了,但是没人见过哪怕一个磁荷或磁单极子.在经典物理中,我们总可以将麦克斯韦方程组的一个方程修改为 $\nabla \cdot \boldsymbol{B} = \rho_M$,其中,$\rho_M$ 代表磁单极子密度.这里只要额外注意磁场 $\boldsymbol{B}$ 不再由 $\boldsymbol{B} = \nabla \times \boldsymbol{A}$ 决定,不然就会有 $\nabla \cdot \boldsymbol{B} = \nabla \cdot \nabla \times \boldsymbol{A} = \varepsilon_{ijk}\partial_i\partial_j A_k = 0$.最后一个等式来自微分之间彼此对易,牛顿和莱布尼茨早就告诉过我们.

你可能会说那又怎么样呢？确实，谁会在乎 B 不能写成 $\nabla \times A$ 的形式呢？矢势 A 只是作为一种数学工具引入物理学的——实际上，现在的经典电磁学课可能还经常这样教学生。正如 19 世纪的伟大物理学家海维赛德所说，"物理学应该把诸如标势和矢势的垃圾概念净化出去；只有场 E 和 B 才是物理的。"

然而，量子力学的出现证明海维赛德是错的。比如带电粒子在电磁场中运动的非相对论性薛定谔方程：

$$\left[-\frac{1}{2m}(\nabla - ieA)^2 + e\phi \right] \psi = E\psi \tag{4.47}$$

其中，带电粒子直接和矢势与标势 A 和 ϕ 耦合，从而如在 3.4 节所说，其在这个层面上比电磁场 E 和 B 更加基本。量子物理要求矢势的存在。

狄拉克率先指出这其实暗示着量子力学与磁单极子概念之间的内在冲突。一番细致的讨论之后，他发现量子力学并没有禁止磁单极子的可能性，但对其携带的磁荷量有限制。

微分形式

对本节接下来的讨论以及下一节关于杨-米尔斯理论的内容来说，使用微分形式会非常方便。别慌，这里只需要弄清几个基本概念。设 x^μ 是 D 个实变量（即 μ 有 D 个取值），而 A_μ（这里只是一个数学记号，不一定是电磁规范势）是 D 个关于那些 x 的函数。在这里，x^μ 表示坐标。后面我们会看到，微分形式有其对应的非常直观的几何解释。

我们称 $A \equiv A_\mu dx^\mu$ 为 1-形式。微分 dx^μ 按照牛顿-莱布尼茨的方法处理。如果变换坐标 $x \to x'$，那么 $dx^\mu = (\partial x^\mu / \partial x'^\nu) dx'^\nu$，从而 $A \equiv A_\mu dx^\mu = A_\mu (\partial x^\mu / \partial x'^\nu) dx'^\nu \equiv A'_\nu dx'^\nu$。这与坐标变换中的适量变换规律一样，$A'_\nu = A_\mu (\partial x^\mu / \partial x'^\nu)$。比如，考虑 $A = \cos\theta d\varphi$。其中，θ, φ 是二维球面（即三维球的表面）的角坐标，则有 $A_\theta = 0$，且 $A_\varphi = \cos\theta$。类似地我们可以定义 p-形式为 $H = (1/p!)H_{\mu_1\mu_2\cdots\mu_n} dx^{\mu_1} dx^{\mu_2} \cdots dX^{\mu_p}$。（这里按照惯例对重复指标进行求和。）这里有一个"退化"的情况，即 0-形式，其实就是关于坐标 X^μ 的一个标量函数。2-形式则有一个我们常见的例子，$F = (1/2!)F_{\mu\nu} dx^\mu dx^\nu$。

现在我们要解决的问题是如何理解微分的乘积。最基本的微积分课程都会让我们用 $dxdy$ 表示一块无限小的矩阵，长 dx，宽 dy，而顺序并不重要。然而，考虑坐标变换，$x = x(x', y')$，$y = y(x', y')$，则有

$$\mathrm{d}x\mathrm{d}y = \left(\frac{\partial x}{\partial x'}\mathrm{d}x' + \frac{\partial x}{\partial y'}\mathrm{d}y'\right)\left(\frac{\partial y}{\partial x'}\mathrm{d}x' + \frac{\partial y}{\partial y'}\mathrm{d}y'\right) \tag{4.48}$$

注意,这里 $\mathrm{d}x'\mathrm{d}y'$ 前面的系数是 $(\partial x/\partial x')(\partial y/\partial y')$,而 $\mathrm{d}y'\mathrm{d}x'$ 前面的系数则是 $(\partial x/\partial y') \cdot (\partial y/\partial x')$.我们发现如果把微分形式 $\mathrm{d}x^{\mu}$ 理解为反对易的东西(在数学语言里叫格拉斯曼变量,详见 2.5 节),则有 $\mathrm{d}y'\mathrm{d}x' = -\mathrm{d}x'\mathrm{d}y'$,且 $\mathrm{d}x'\mathrm{d}x' = 0 = \mathrm{d}y'\mathrm{d}y'$.这么一来,式 (4.48)就可以简化为

$$\mathrm{d}x\mathrm{d}y = \left(\frac{\partial x}{\partial x'}\frac{\partial y}{\partial y'} - \frac{\partial x}{\partial y'}\frac{\partial y}{\partial x'}\right)\mathrm{d}x'\mathrm{d}y' \equiv J(x,y;x',y')\mathrm{d}x'\mathrm{d}y' \tag{4.49}$$

因此可以得到正确地把 $\mathrm{d}x\mathrm{d}y$ 面元变为 $\mathrm{d}x'\mathrm{d}y'$ 的雅可比行列式 $J(x,y;x',y')$ 了.

在很多地方,$\mathrm{d}x\mathrm{d}y$ 会写成 $\mathrm{d}x \wedge \mathrm{d}y$.我们省略了这个楔积符号($\wedge$),因为没必要让这种符号充满整个页面.

这套简单的计算告诉我们必须定义有向的面元 $\mathrm{d}x^{\mu}\mathrm{d}x^{\nu} = -\mathrm{d}x^{\nu}\mathrm{d}x^{\mu}$.面元 $\mathrm{d}x^{\mu}\mathrm{d}x^{\nu}$ 和 $\mathrm{d}x^{\nu}\mathrm{d}x^{\mu}$ 有相同的大小和相反的方向.

现在定义微分算符作用在任意形式上的结果.作用在 p-形式 H 上,结果为

$$\mathrm{d}H = \frac{1}{p!}\partial_{\nu}H_{\mu_1\mu_2\cdots\mu_p}\mathrm{d}x^{\nu}\mathrm{d}x^{\mu_1}\mathrm{d}x^{\mu_2}\cdots\mathrm{d}x^{\mu_p}$$

因此,$\mathrm{d}\Lambda = \partial_{\nu}\Lambda\mathrm{d}x^{\nu}$,且

$$\mathrm{d}A = \partial_{\nu}A_{\mu}\mathrm{d}x^{\nu}\mathrm{d}x^{\mu} = \frac{1}{2}(\partial_{\nu}A_{\mu} - \partial_{\mu}A_{\nu})\mathrm{d}x^{\nu}\mathrm{d}x^{\mu}$$

其中,最后一步我们用到了 $\mathrm{d}x^{\mu}\mathrm{d}x^{\nu} = -\mathrm{d}x^{\nu}\mathrm{d}x^{\mu}$.

我们会发现这套数学形式几乎就是为电磁场量身定做的.令 $A \equiv A_{\mu}\mathrm{d}x^{\mu}$ 为 1-形式的势,并把 A_{μ} 看作电磁场的矢势,那么 $F = \mathrm{d}A$ 就是场的 2-形式.如果把 F 按照分量展开为 $F = (1/2!)F_{\mu\nu}\mathrm{d}x^{\mu}\mathrm{d}x^{\nu}$,那么 $F_{\mu\nu}$ 就是电磁场的分量 $\partial_{\mu}A_{\nu} - \partial_{\nu}A_{\mu}$.

注意,这里的 x^{μ} 不是任何形式,$\mathrm{d}x^{\mu}$ 不是 d 作用在某个形式上.

如果你乐意,可以认为微分形式"只不过"是一种比较紧凑的记号而已.关键是要考虑像 A 和 F 这样物理上的东西,其存在的本身是不需要依赖任何特定的坐标系统的.这一点在处理类似于弦论这类涉及比 A 和 F 更复杂的对象时是极为方便的.用微分形式这套符号,就避免了淹没在指标的汪洋大海中的悲剧.

有个重要的恒等式要注意

$$dd = 0 \tag{4.50}$$

其表明把 d 作用在任何形式上两次会得到 0.作为练习请验证这个等式,特别是 $dF = ddA = 0$.把它展开为分量,你会发现这是电磁学中的经典结论(比安基恒等式).

闭形式不一定在全局恰当

这里我们不妨介绍一些领域内的"黑话".一个 p-形式 α 如果满足 $d\alpha = 0$,就叫它为闭形式.如果存在 $(p-1)$-形式 β 满足 $\alpha = d\beta$,就称它为恰当形式.

用这套术语来说,式(4.50)告诉我们,恰当形式是闭形式.

如果把式(4.50)反过来,还正确吗?某种程度上是对的.庞加莱引理表明,一个闭形式局部恰当.换句话说,如果一个 p-形式 H 满足 $dH = 0$,那么局域上有一个 $(p-1)$-形式 K 满足:

$$H = dK \tag{4.51}$$

然而 $H = dK$ 不一定在哪儿都成立.说出来你可能不信,你们实际上已经很熟悉庞加莱引理了.比如,如果矢量场的旋度为 0,那么这个矢量场在局部可以写成某个标量场的梯度.

现在可以对形式进行积分了.比如,考虑一个 2-形式 $F = (1/2!)F_{\mu\nu}dx^\mu dx^\nu$,它可以对任意 2- 流形 M 写出 $\int_M F$.注意,这里的积分元已经被包含在内了,而且这个积分也不需要指定一个坐标.这里再次强调一下,无论信不信,你肯定对这个重要的定理非常熟悉了:

$$\int_M dH = \int_{\partial M} H \tag{4.52}$$

其中,H 是一个 p-形式,而 ∂M 则是一个 $(p+1)$-流形 M 的边界.

磁荷的狄拉克量子化

学习了这些数学知识后,就可以来研究物理了.考虑一个磁荷为 g 的磁单极子周围的一个球面.电磁场的 2-形式可以写为 $F = [g/(4\pi)]d\cos\theta d\varphi$.这基本上可以说是对磁单极子的定义了(见习题 4.4.3).特别来说,可以计算对球面 S^2 求 F 的积分来得到磁通量:

$$\int_{S^2} F = g \tag{4.53}$$

正如前面所说,积分元在这里已经自动包含了.你可能已经发现,$d\cos\theta d\varphi = -\sin\theta d\theta d\varphi$ 就是单位球面上的面元.注意,在"一般的记号"式(4.53)中可以直接推出磁场 $\boldsymbol{B} = [g/(4\pi r^2)]\hat{r}$,其中,$\hat{r}$ 是沿着轴向的单位矢量.

接下来用吴大峻和杨振宁发展的更偏向于数学严格的角度来推导磁荷 g 的狄拉克量子化条件.

首先回忆一下规范不变性,比如式(2.153).对电子场做变换 $\psi(x) \to e^{i\Lambda(x)}\psi(x)$,从而电磁场规范势变换为

$$A_\mu(x) \to A_\mu(x) + \frac{1}{ie}e^{-i\Lambda(x)}\partial_\mu e^{i\Lambda(x)}$$

或者用微分形式表示就是

$$A \to A + \frac{1}{ie}e^{-i\Lambda}de^{i\Lambda} \tag{4.54}$$

利用微分原理通常也可以写为

$$A_\mu(x) \to A_\mu(x) + \frac{1}{e}\partial_\mu\Lambda(x)$$

式(4.54)中的形式提醒我们,规范变换的定义就是乘以一个相位因子 $e^{i\Lambda(x)}$,实际上 $\Lambda(x)$ 和 $\Lambda(x)+2\pi$ 是等价的.

在量子力学里,和海维赛德想的不同,A 是有物理意义的,这使我们想了解什么样的 A 能给出 $F = [g/(4\pi)] \cdot d\cos\theta d\varphi$.没准儿你会说这很简单啊,直接让 $A = [g/(4\pi)]\cos\theta d\varphi$ 不就可以了吗?(通过计算 dA 可以检查这一式子是否正确,记住有 $dd = 0$.)

但这可没完呢.你的数学系的朋友指出,$d\varphi$ 在北极可没有定义,你的经度是什么呢?所以严格来说是无法把它写成 $A = [g/(4\pi)]\cos\theta d\varphi$ 的.

不过你又心生一妙计,把 $A_N = [g/(4\pi)](\cos\theta - 1)d\varphi$ 怎么样?把 d 作用在 A_N 上时可以得到 F,而 $[g/(4\pi)](-1)d\varphi$ 则会因为式(4.50)的恒等式不做贡献.而在北极的时候,$\cos\theta = 1$,从而 A_N 为 0,一切都有合理的定义.

那么你的数学系朋友就会说你的 A_N 在南极又不可以了,那里的值为 $[g/(4\pi)] \cdot (-2)d\varphi$.

幸亏你早有防备,加了下标 N. 接下来,强行定义 $A_S = [g/(4\pi)](\cos\theta + 1)\mathrm{d}\varphi$. 注意,把 d 作用在 A_S 上同样可以得到 F. 这里,我们定义了除北极的所有地方的 A_S.

用数学的话来说,这是局部定义的规范势 A,它不是全局定义的. 规范势 A_N 定义在"坐标补丁"上,其包含整个北半球,并且可以任意向南延伸只要它不触及南极点. 类似的 A_S 是另一个"坐标补丁",包含整个南半球及其向北但不到北极点.

然而,在像赤道这些两个"坐标补丁"交叠的地方呢? 这里,规范势 A_N 和 A_S 取值不同,

$$A_S - A_N = 2\frac{g}{4\pi}\mathrm{d}\varphi \tag{4.55}$$

这下好像没辙了. 但是,我们是在讨论规范理论啊! 只要 A_S 和 A_N 通过规范变换能够联系起来就可以了. 也就是说,利用式(4.54),我们需要构造一个相位函数 $\mathrm{e}^{\mathrm{i}\Lambda}$ 从而得到 $2[g/(4\pi)]\mathrm{d}\varphi = [1/(\mathrm{i}e)]\mathrm{e}^{-\mathrm{i}\Lambda}\mathrm{d}\mathrm{e}^{\mathrm{i}\Lambda}$. 观察得知我们有 $\mathrm{e}^{\mathrm{i}\Lambda} = \mathrm{e}^{\mathrm{i}2[eg/(4\pi)]\varphi}$.

然而 $\varphi = 0$ 和 $\varphi = 2\pi$ 是同一个点的信息. 这样一来,为了使相位 $\mathrm{e}^{\mathrm{i}\Lambda}$ 有意义,需要额外要求 $\mathrm{e}^{\mathrm{i}2[eg/(4\pi)](2\pi)} = \mathrm{e}^{\mathrm{i}2[eg/(4\pi)](0)} = 1$;换句话说,$\mathrm{e}^{\mathrm{i}eg} = 1$,即

$$g = \frac{2\pi}{e}n \tag{4.56}$$

其中,n 是个整数. 这就是狄拉克的著名发现:磁单极子的磁荷以 $2\pi/e$ 为单位而量子化. 从"对偶"的角度来看,如果磁单极子存在于世,那么电荷携带电量要以 $2\pi/g$ 为单位量子化.

注意,这里最重要的点是 F 是局部而不是全局恰当的;否则式(4.52)告诉我们磁荷 $g = \int_{S^2} F$ 必然是 0.

本小节讲述了数学上比较严格的推导过程,一方面是为了避免在其他教材的推导中比较令人费解的地方,另一方面主要也是考虑到这类论据其实在其他前沿领域比如弦论中也是被大量使用的.

电磁对偶性

其实,近一个半世纪以来,理论学家们都沉醉于电和磁之间的可能存在的对偶性. 如果你去看麦克斯韦的话,你会发现他天天把磁荷挂在嘴边. 你也可以检查一下,如果存在磁荷,麦克斯韦方程在美妙的变换 $(\boldsymbol{E} + \mathrm{i}\boldsymbol{B}) \rightarrow \mathrm{e}^{\mathrm{i}\theta}(\boldsymbol{E} + \mathrm{i}\boldsymbol{B})$ 下是不变的.

式(4.56)告诉我们,如果 e 很小,那么 g 就很大,反之亦然.那么,如果磁荷存在会怎么样呢? 其实与电荷没有什么不同,它们都彼此间以 $1/r$ 的势相互作用,而且同性相斥异性相吸.原则上来说,把磁荷加进来后的电磁学是非常完备的,只不过磁场和电场要交换它们的职责,而且电磁理论会变成一个强耦合的理论,其耦合系数是 g.

理论物理学家对对偶这种现象感兴趣主要是因为它打开了研究强耦合区理论的一扇大门.在对偶下,弱耦合场论可以映射为强耦合场论.这也是几年前发现一些特定弦论互为对偶让整个弦论领域都颇为激动的原因,我们终于可以去了解强耦合区域下的弦论中的行为.关于对偶的更多内容可以参见 6.3 节.

形式与几何

为了更清楚地了解微分形式的几何特性,我们考虑带电粒子沿着 D-维时空的世界线 $X^\mu(\tau)$ 所带来的电磁流(图 4.5(a)):

$$J^\mu(x) = \int d\tau \frac{dX^\mu}{d\tau} \delta^{(D)}\big[x - X(\tau)\big] \tag{4.57}$$

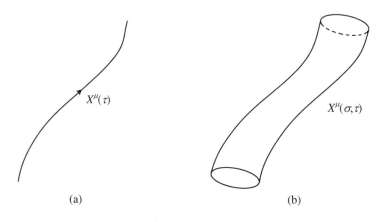

图 4.5

这个基本方程可以从电磁学角度很清楚地解释.$dX^\mu/d\tau$ 是在参数 τ(这里是"正规时间")取特定值时的 4-速度,而 δ 函数保证了这个流只在粒子穿过 x 的时候不为 0.注意,如果进行重参数化 $\tau \to \tau'(\tau)$,流 $J^\mu(x)$ 不变.

把它拓展到其他情况,一般来说比较显然.考虑一根弦.它沿着世界面 $X^\mu(\tau, \sigma)$ 在时空中行走(图 4.5(b)),其中,σ 是一个标记我们在弦上位置的参数.(比如,对闭弦来说,

σ 一般取为 $0 \sim 2\pi$，且 $X^\mu(\tau, 0) = X^\mu(\tau, 2\pi)$.）对应的弦的流则显然为

$$J^{\mu\nu}(x) = \int d\tau d\sigma \det \begin{pmatrix} \partial_\tau X^\mu & \partial_\tau X^\nu \\ \partial_\sigma X^\mu & \partial_\sigma X^\nu \end{pmatrix} \delta^{(D)}[x - X(\tau, \sigma)] \tag{4.58}$$

其中，$\partial_\tau \equiv \partial/\partial\tau$，其他记号类似.取此行列式的值保证了在重参数化 $\tau \to \tau'(\tau, \sigma)$，$\sigma \to \sigma'(\tau, \sigma)$ 下不变.这也使得 $J^{\mu\nu}$ 是反对称张量.因此，类比于电磁势 A_μ 与流 J^μ 的耦合，这里就需要一个反对称张量场 $B_{\mu\nu}$ 与流 $J^{\mu\nu}$ 耦合，因而弦论里就得有这个 2-形式的势 $B = \frac{1}{2} B_{\mu\nu} dx^\mu dx^\nu$，和它对应的 3-形式的场 $H = dB$.实际上，弦论通常都包含许多的 p-形式.

阿哈罗诺夫-玻姆效应

在 1959 年，亚基尔·阿哈罗诺夫（Yakir Aharonov）和戴维·玻姆（David Bohm）把规范势 A 的实在性揭露了出来.考虑限制在区域 Ω 之内的磁场 B，如图 4.6 所示.电子的量子行为可以通过解薛定谔方程式（4.47）得到.在费曼的路径积分理论里，一条路径 P 对应的量子振幅对应于其前面有一个因子 $e^{ie \int_P A \cdot dx}$，其中积分沿着路径 P.因此，通过路径积分计算电子从 a 到 b 的概率时（图 4.6），其路径 1 和路径 2 的贡献会形成干涉，干涉项为

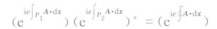

$$(e^{ie \int_{P_1} A \cdot dx})(e^{ie \int_{P_2} A \cdot dx})^* = (e^{ie \oint A \cdot dx})$$

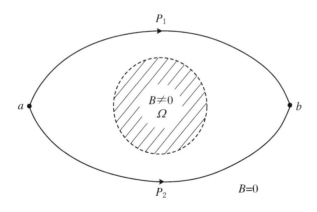

图 4.6

然而，$\oint A \cdot dx = \int B \cdot dS$ 则是一条沿着 P_1 从 a 到 b 然后再反向沿着 $-P_2$ 从 b 到 a 的闭合曲线 $P_1 - P_2$ 包围的磁通量. 也就是说，电子即使没有经过有磁场的区域也会感受到磁场的效果.

阿哈罗诺夫-玻姆的文章一经发表，包括尼尔斯·波尔在内的不少学术权威都感到震惊. 随后，外村彰（Akira Tonomura）及其合作者用一系列漂亮的实验证明了存在这个现象.

科尔曼曾经设计了一个假想恶作剧，将阿哈罗诺夫-玻姆效应和磁荷的狄拉克量子化联系起来. 考虑我们有一个薄到儿乎看不见的螺线管，然后将其送进毫无戒心的实验学家的实验室，就比如 3.1 节在老朋友的实验室中. 我们打开电流，产生一个通过螺线管的磁场，然后在实验学家突然发现不知何处而来的磁通量的刹那，他心里估计就已经做好了去斯德哥尔摩领奖的准备了.

想让实验学家看不出这个恶作剧需要什么条件呢？细心的实验学家可能用电子散射的方式来尝试探测螺线管. 他看不到阿哈罗诺夫-玻姆效应，从而没看出恶作剧的条件是螺线管的磁通恰为 $2\pi/e$ 的整数倍，正好是狄拉克所预言的磁单极子携带磁荷的量！

习题

4.4.1 证明 $dd = 0$.

4.4.2 利用你熟知的公式，通过把分量展开的方式证明 $dF = 0$ 这一简洁的表示.

4.4.3 令 $F = [g/(4\pi)]d\cos\theta d\varphi$. 转换到笛卡儿坐标系中，证明这个场描述了一个沿着轴向向外的磁场.

4.4.4 在狄拉克量子化条件中把 $\hbar$ 和 c 加进去来补充单位.

4.4.5 写出不依赖于重参数化的膜的流 $J^{\mu\nu\lambda}$.

4.4.6 令 $g(x)$ 是群 G 的一个元素，则 1-形式 $v = g dg^{\dagger}$ 被称为是卡丹-马尤尔形式. 在这种情况下，显然 $\mathrm{tr}\, v^N$ 已经是一个 N-形式. 因此在 N-维流形下显然是闭的. 考虑 $Q = \int_{S^N} \mathrm{tr}\, v^N$，其中 S^N 是 N 维球面. 讨论此时 Q 的拓扑含义. 5.7 节讨论场论中的拓扑时，这些思考就很重要了.（提示：先考虑 $N = 3, G = SU(2)$ 的情况.）

4.5 非阿贝尔规范理论

大多数时候,这些想法要么扔掉要么束之高阁.但是,也有些想法让你坚持不懈,并沉迷其中.极个别的情况下,这种痴迷最后有了不错的结果.

——杨振宁谈论他学生时代的想法后来不断被重拾的故事.[①]

局域变换

这就是那个非常漂亮的想法.

为了解释杨振宁的这个想法,我们回忆一下在 1.10 节讨论的对称性问题.考虑一个 N 个组分的复标量场 $\varphi(x) = \{\varphi_1(x), \varphi_2(x), \cdots, \varphi_N(x)\}$,按照一个 $SU(N)$ 的群元 U 变换 $\varphi(x) \to U\varphi(x)$.由于 $\varphi^\dagger = \varphi^\dagger U^\dagger$ 且 $U^\dagger U = 1$,于是我们得到 $\varphi^\dagger \varphi \to \varphi^\dagger \varphi$ 且 $\partial \varphi^\dagger \partial \varphi \to \partial \varphi^\dagger \partial \varphi$.从而拉格朗日量 $\mathcal{L} = \partial \varphi^\dagger \partial \varphi - V(\varphi^\dagger \varphi)$ 对于任意多项式形式的 V 都是在 $SU(N)$ 下不变的.

在理论物理学界中,能回答问题的人比能提出真正重要的问题的人多太多了.后者大部分也能胜任前者做的事,但是反之则不然.

1954 年,杨振宁和米尔斯(Robort Mills)提出了一个问题:如果变换操作随着时空位置不同而不同,也就是说,如果 $U = U(x)$ 是 x 的一个函数,会发生什么?

显然,$\varphi^\dagger \varphi$ 仍然保持不变,但是 $\partial \varphi^\dagger \partial \varphi$ 就不是了.事实上,

$$\partial_\mu \varphi \to \partial_\mu (U\varphi) = U\partial_\mu \varphi + (\partial_\mu U)\varphi = U\left[\partial_\mu \varphi + (U^\dagger \partial_\mu U)\varphi\right]$$

为了消掉多余的 $(U^\dagger \partial_\mu U)\varphi$ 项,我们把标准导数 ∂_μ 推广为协变导数 D_μ,其作用在 φ 上给出:

$$D_\mu \varphi(x) = \partial_\mu \varphi(x) - iA_\mu(x)\varphi(x) \tag{4.59}$$

其中,类比于电磁学中的命名,将场 A_μ 称为规范势.

---

① Yang C N. Selected Papers (1945—1980) with Commentary[M]. New York:World Publishing Co.,2005.

那么问题来了,要怎样变换 A_μ 才能使得 $D_\mu \varphi(x) \to U(x) D_\mu \varphi(x)$?换句话说,我们希望 $D_\mu \varphi(x)$ 能够像 U 与 x 无关时我们变换 $\partial_\mu \varphi(x)$ 的那样,从而可以实现 $[D_\mu \varphi(x)]^T D_\mu \varphi(x) \to [D_\mu \varphi(x)]^T D_\mu \varphi(x)$,来构造场 φ 的规范变换下不变的动能.

回到主题,我们可以看到 $D_\mu \varphi(x) \to U(x) D_\mu \varphi(x)$,当且仅当(这条件是显然的甚至都不需要去验证)

$$A_\mu \to U A_\mu U^\dagger - \mathrm{i}(\partial_\mu U) U^\dagger = U A_\mu U^\dagger + \mathrm{i} U \partial_\mu U^\dagger \tag{4.60}$$

(这里用到了 $UU^\dagger = 1$)我们把 A_μ 称为非阿贝尔的规范势,而式(4.60)则是非阿贝尔规范变换.

接下来介绍几个简单的观察.

(1)显然,A_μ 是 $N \times N$ 的矩阵.从变换式(4.60)导出 $A_\mu^\dagger$ 的变换规则,并且可以发现 $A_\mu - A_\mu^\dagger = 0$ 在规范变换下不变.因此和往常一样应该把 A_μ 取为厄米矩阵.更具体一点,你应该可以发现这一结论对于 $SU(2)$ 群的群元 $U = \mathrm{e}^{\mathrm{i}\theta \cdot \tau/2}$ 意味着什么,这里 $\theta \cdot \tau = \theta^a \tau^a$,而 τ^a 则是泡利矩阵.

(2)考虑 $U = \mathrm{e}^{\mathrm{i}\theta \cdot T}$,其中,$T^a$ 是 $SU(N)$ 的生成元,在无限小的变换时,$U \simeq 1 + \mathrm{i}\theta \cdot T$,从而有

$$A_\mu \to A_\mu + \mathrm{i}\theta^a [T^a, A_\mu] + \partial_\mu \theta^a T^a \tag{4.61}$$

对于大部分的情况,利用式(4.61)就足够了.

(3)对式(4.61)取迹,可以看到 A_μ 的迹是守恒的,所以可以让它的迹是 0 同时保持厄米性.也就是说,总可以把它写成 $A_\mu = A_\mu^a T^a$ 的形式,即把 A_μ 拆成各个分量场 A_μ^a.分量的个数和群的生成元的个数是一样的(对于 $SU(2)$ 有 3 个,对于 $SU(3)$ 有 8 个,以此类推).

(4)在附录 B 中,你会了解到群的李代数定义为 $[T^a, T^b] = \mathrm{i}f^{abc} T^c$,其中,$f^{abc}$ 是一个数,称之为结构常数.比如,对 $SU(2)$ 群来说,$f^{abc} = \varepsilon^{abc}$.因此,式(4.61)可以写为

$$A_\mu^a \to A_\mu^a - f^{abc} \theta^b A_\mu^c + \partial_\mu \theta^a \tag{4.62}$$

注意,如果 θ 不随 x 改变,那么 A_μ^a 则按照群的伴随表示来变换.

(5)如果 $U(x) = \mathrm{e}^{\mathrm{i}\theta(x)}$ 只是阿贝尔群 $U(1)$ 的群元,以上的表达式都会大大简化,从而 A_μ 只是阿贝尔规范势,就像电磁学里那样,而对应的阿贝尔规范变换就如式(4.60)所示.正因如此,一般的 A_μ 才被称为非阿贝尔规范势.

随时空坐标 x 变化的变换 U 被称为规范变换,或者局域变换.拉格朗日量 $\mathcal{L}$ 在规范变换下保持不变,则被称为规范不变性.

场强的构建

我们现在可以随手写一个规范不变的拉格朗日量了,即

$$\mathcal{L} = (D_\mu \varphi)^\dagger (D_\mu \varphi) - V(\varphi^\dagger \varphi) \tag{4.63}$$

但是规范势 A_μ 至此还没有任何自己的动力学结构. 对于大家都熟知的 $U(1)$ 规范不变性, 我们建立了电磁场 A_μ 与物质场 φ 的耦合, 但这里还没在拉格朗日量里加入这一麦克斯韦项 $-\dfrac{1}{4} F_{\mu\nu} F^{\mu\nu}$. 我们的首要目标是从 A_μ 中构建场强 $F_{\mu\nu}$. 怎么办呢? 杨和米尔斯当年显然反复试验过各种做法, 继续阅读下文之前也可以自己试一试.

到这里, 4.4 节中定义的微分形式终于要起作用了. 按照惯例, 把 $-i$ 吸收进去, 即定义 $A_\mu^M \equiv -i A_\mu^P$, 其中, A_μ^P 是我们用到现在的规范势. 在接下来, 除非特别强调, 否则我们写的 A_μ 都指的是 A_μ^M. 利用式 (4.59), 可以看到协变导数能够更清晰地写为 $D_\mu = \partial_\mu + A_\mu$. (顺便提一句, 上标 M 和 P 分别代表的是数学文献中和物理文献中的规范势.) 和前面一样, 我们引入 $A = A_\mu dx^\mu$, 这是一个 1-形式的同时又是某个对称群的李代数的矩阵表示 (比如对于 $SU(N)$, 就是一个 $N \times N$ 阶的无迹厄米矩阵.) 注意,

$$A^2 = A_\mu A_\nu dx^\mu dx^\nu = \frac{1}{2} [A_\mu, A_\nu] dx^\mu dx^\nu$$

对于非阿贝尔规范势是非 0 的. (对于电磁场就显然是 0 了.)

我们的目标是从 1-形式的 A 中构造一个 2-形式 $F = \dfrac{1}{2} F_{\mu\nu} dx^\mu dx^\nu$. 我们这里直观一点, 从 A 中只能构造两种可能的 2-形式: dA 和 A^2. 所以 F 只能是这两者的线性组合.

在我们的记号下, 变换规律式 (4.60) 可以写为

$$A \to U A U^\dagger + U dU^\dagger \tag{4.64}$$

其中, U 是一个 0-形式 (因此 $dU^\dagger = \partial_\mu U^\dagger dx^\mu$). 把 d 作用到式 (4.64) 上, 则有

$$dA \to U dA U^\dagger + dU A U^\dagger - U A dU^\dagger + dU dU^\dagger \tag{4.65}$$

注意, 这里第三项的负号是因为把 1-形式 d 挪到了 1-形式 A 的后边. 除此之外, 把式 (4.64) 平方, 则有

$$A^2 \to U A^2 U^\dagger + U A dU^\dagger + U dU^\dagger U A U^\dagger + U dU^\dagger U dU^\dagger \tag{4.66}$$

并把 d 作用到 $UdU^\dagger = 1$ 上,有 $UdU^\dagger = -dUU^\dagger$. 因此,把式(4.66)重写,为

$$A^2 \to UA^2U^\dagger + UAdU^\dagger - dUAU^\dagger - dUdU^\dagger \tag{4.67}$$

仔细瞧好了!如果我们把式(4.65)加上式(4.67),六项就各自抵消掉,只剩下

$$dA + A^2 \to U(dA + A^2)U^\dagger \tag{4.68}$$

这种数学结构促使杨和米尔斯把场强直接定义为

$$F = dA + A^2 \tag{4.69}$$

与式(4.68)给出的 A 的变换不同的是,2-形式的场强 F 的变换是齐次的:

$$F \to UFU^\dagger \tag{4.70}$$

而在阿贝尔的情况下,A^2 项不存在,F 就回到了常见的电磁形式. 对于非阿贝尔的情况,F 不是规范不变的,但是是规范协变的.

当然,你还是可以不用微分形式来构造一个 $F^a_{\mu\nu}$. 作为练习,可以试着从式(4.62)直接开始推导. 这个小练习会让你爱上微分形式!至少,我们可以把微分形式作为一种省略式(4.62)中的 a 和 μ 这类角标的一种优美而简洁的符号. 而同样地,式(4.69)这么自然地就出现了也意味着背后有一个深刻的数学结构,而且确实存在一个把物理的规范场论的语言一一对应到数学的纤维丛的语言办法.

现在,让我们换个方法推导式(4.69). 类似于 d,定义 $D = d + A$ 作为一个算符作用在它右边的某个形式上. 我们来计算:

$$D^2 = (d + A)(d + A) = d^2 + dA + Ad + A^2$$

第一项消失了,第二项可以写成 $dA = (dA) - Ad$;这里的括号只作用在 A 上的 d. 因此,

$$D^2 = (dA) + A^2 = F \tag{4.71}$$

漂亮吗?这里把证明 D^2 从而 F 是齐次变换这一结论留作练习.

尽管微分形式非常优美,在我们的物理问题里往往把公式更具体明确地写出来才是更重要的. 把式(4.69)展开,得到

$$F = (\partial_\mu A_\nu + A_\mu A_\nu)dx^\mu dx^\nu = \frac{1}{2}(\partial_\mu A_\nu - \partial_\nu A_\mu + [A_\mu, A_\nu])dx^\mu dx^\nu \tag{4.72}$$

利用定义式 $F \equiv \frac{1}{2}F_{\mu\nu}dx^\mu dx^\nu$,有

$$F_{\mu\nu} = \partial_\mu A_\nu - \partial_\nu A_\mu + [A_\mu, A_\nu] \tag{4.73}$$

如果我们想切回物理学家的标记,在式(4.73)中的 A_μ 实际上是 $A_\mu^{\mathrm{M}} \equiv -\mathrm{i}A_\mu^{\mathrm{P}}$,从而对应的 $F_{\mu\nu}^{\mathrm{M}} = -\mathrm{i}F_{\mu\nu}^{\mathrm{P}}$.因此,

$$F_{\mu\nu} = \partial_\mu A_\nu - \partial_\nu A_\mu - \mathrm{i}[A_\mu, A_\nu] \tag{4.74}$$

其中除非特别说明,A_μ 指代 A_μ^{P}.(要理解为什么式(4.74)必须有 i 的原因,可以想想物理学家的偏好,他们想取一个厄米矩阵 A_μ,且两个厄米矩阵对易子反厄米.A_μ 是一个厄米矩阵,从而两个厄米矩阵的对易子是反厄米的.)

只要我们想,我们可以把所有的群指标和洛伦兹指标都写出来.我们已经写了 $A_\mu = A_\mu^a T^a$,所以自然有 $F_{\mu\nu} = F_{\mu\nu}^a T^a$.因此

$$F_{\mu\nu}^a = \partial_\mu A_\nu^a - \partial_\nu A_\mu^a + f^{abc} A_\mu^b A_\nu^c \tag{4.75}$$

而在 $SU(2)$ 里已经提过 A 和 F 按照矢量变换,结构常数 f^{abc} 就是 ε^{abc},所以在这里也经常会用到矢量的记号 $\boldsymbol{F}_{\mu\nu} = \partial_\mu \boldsymbol{A}_\nu - \partial_\nu \boldsymbol{A}_\mu + \boldsymbol{A}_\mu \times \boldsymbol{A}_\nu$.

杨-米尔斯拉格朗日量

考虑到 F 是齐次变换的式(4.70),我们可以仿照着写出类似于麦克斯韦拉格朗日量的部分,也即杨-米尔斯拉格朗日量:

$$\mathcal{L} = -\frac{1}{2g^2} \operatorname{tr} F_{\mu\nu} F^{\mu\nu} \tag{4.76}$$

我们把 T^a 按照 $\operatorname{tr} T^a T^b = \frac{1}{2}\delta^{ab}$ 来进行归一,从而拉格朗日量 $\mathcal{L} = -[1/(4g^2)]F_{\mu\nu}^a F^{a\mu\nu}$ 还包含了一个三次项 $f^{abc}A^{b\mu}A^{c\nu}(\partial_\mu A_\nu^a - \partial_\nu A_\mu^a)$ 和四次项 $(f^{abc}A_\mu^b A_\nu^c)^2$.和电磁学一样,二次项代表了带着一个内部指标 a 的无质量矢量玻色子,我们称之为非阿贝尔规范玻色子或杨-米尔斯玻色子.三次项和四次项描述了非阿贝尔规范玻色子的自相互作用,而且并不在电磁场问题里出现,其对应的费曼规则如图4.7所示.

杨-米尔斯规范玻色子自相互作用背后的物理意义其实不难理解.光子耦合到电荷场,但是它自己是不带电的.正如一个场的电荷可以说明其在 $U(1)$ 规范群下如何变换一样,非阿贝尔场论中的类似荷说明了群所属的表示.杨-米尔斯玻色子能够与所有在规范

群下非平凡变换的场相耦合.但是杨-米尔斯玻色子自己的变换就是非平凡的,因此我们注意到它们按照自伴表示变换,从而与自己耦合.

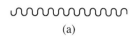

(a)

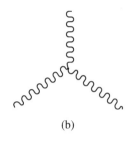

(b)

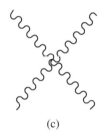

(c)

图 4.7

纯粹的麦克斯韦理论是一个自由理论,所以本质上是平凡的.它包含了无相互作用的光子.而杨-米尔斯理论就不一样了,它包含了自相互作用,因此非常不平凡.注意,结构常数 f^{abc} 由群论完全确定,因此这里的三阶和四阶的规范玻色子自相互作用是由对称性确定下来的,而不像标量场那样.如果某个四维场论能被严格求解,那么纯粹的杨-米尔斯理论或许可以做个候选,但是尽管在这方面有大量的理论工作,时至今日它仍然未被解决(见 7.3 节和 7.4 节).

霍夫特的双线表示

很多时候用场的分量 A_μ^a 来处理问题虽然比较方便,但是矩阵场 $A_\mu = A_\mu^a T^a$ 更优雅地体现了非阿贝尔规范场的数学结构.在 $U(N)$ 规范理论中,矩阵场分量的传播子有如下形式:

$$
\begin{aligned}
&\langle 0 \mid T A_\mu(x)_j^i, A_\nu(0)_l^k \mid 0\rangle \\
&= \langle 0 \mid T A_\mu^a(x) A_\nu^b(0) \mid 0\rangle (T^a)_j^i (T^b)_l^k \\
&\propto \delta^{ab}(T^a)_j^i (T^b)_l^k \propto \delta_l^i \delta_j^k
\end{aligned}
\tag{4.77}
$$

(简单起见,我们把 $SU(N)$ 理论换成了 $U(N)$ 理论. $SU(N)$ 的生成元满足无迹性, $\mathrm{Tr}\, T^a = 0$,

果壳中的量子场论
Quantum Field Theory in a Nutshell

所以我们应该在右侧中去掉 $\frac{1}{N}\delta^i_j\delta^k_l$.）按照霍夫特的说法，矩阵结构 $A^i_{\mu j}$ 自然地让我们想到了一种双线的表示，也就是说规范势由两条线描述，每条都连接着两个节点指标 i 和 j.我们约定如下：上指标流入图，下指标流出图.从而式（4.17）的传播子就可以用图 4.8（a）来表示.双线形式让我们可以自然地表示出 $\delta^i_l\delta^k_j$，而三阶和四阶的耦合可以用图 4.8（b）和图 4.8（c）表示.

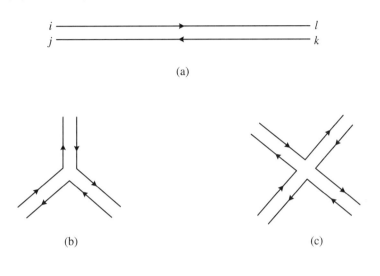

图 4.8

在式（4.76）中的常数 g 则被称为杨-米尔斯耦合常数.我们可以把式（4.76）中的四阶项进行简单的缩放 $A \to gA$，从而得到电磁场中的那种形式.通过这次缩放，三阶和四阶的耦合强度都各自需要乘以一个 g 和 g^2.式（4.59）中的协变导数也就变成了 $D_\mu\varphi = \partial_\mu\varphi - igA_\mu\varphi$，即这个 g 也衡量了杨-米尔斯玻色子与物质的耦合强度.可以看到，这种缩放后的形式其实把数学结构展现得更清楚一些.就像式（4.76）中的那样，g^2 衡量了杨-米尔斯玻色子传播得能有多快.在 3.7 节中，我们同样发现在电磁学中把耦合定义为对传播的测量也是很有意义的.我们会在 8.1 节中看到在爱因斯坦-希尔伯特作用量中，牛顿引力耦合也会以同样的形式出现.

θ 项

除了 $\operatorname{tr}F_{\mu\nu}F^{\mu\nu}$，我们也可以构造四维项 $\varepsilon^{\mu\nu\lambda\rho}\operatorname{tr}F_{\mu\nu}F_{\lambda\rho}$.显然，这一项包含一个时间指标和三个空间指标，从而违反了时间反演对称性 T 和宇称对称性 P.我们随后会看到强

相互作用就是由一个含有形如 $[\theta/(32\pi^2)]\varepsilon^{\mu\nu\lambda\rho}\operatorname{tr}F_{\mu\nu}F_{\lambda\rho}$ 的 θ 项的非阿贝尔规范理论所描述的. 在习题 4.5.3 中, 这一项是一个全散度, 从而对运动方程没有贡献. 不仅如此, 这一项还使得中子有了电偶极矩. 实验上测得的中子电偶极矩换算成 θ 后会给出其上限为 10^{-9} 量级. 至于粒子物理学家如何确定到底是 θ 太小还是根本没有, 我就不在此展开了.

与物质场的耦合

我们把标量场 φ 按照对称群的基本表示进行变换. 通常来说, φ 可以按照规范群 G 的任意表示 R 来变换. 我们只需要把协变导数写成更一般的形式:

$$D_\mu \varphi = (\partial_\mu - iA_\mu^a T_{(R)}^a)\varphi \tag{4.78}$$

其中, $T_{(R)}^a$ 表示在 R 这个表示中的第 a 个生成元 (见习题 4.5.1).

显然, 把全局对称理论变为局域对称理论的配方, 就是将作用在场、玻色子或费米子上的标准导数 ∂_μ 替换为表示 R 里的协变导数 $D_\mu = (\partial_\mu - iA_\mu^a T_{(R)}^a)$. 因此, 非阿贝尔规范理论与费米场耦合就可以写为

$$\mathcal{L} = \bar{\varphi}(i\gamma^\mu D_\mu - m)\psi = \bar{\psi}[i\gamma^\mu \partial_\mu + \gamma^\mu A_\mu^a T_{(R)}^a - m]\psi \tag{4.79}$$

表示 R 下的场算符会和杨-米尔斯规范玻色子耦合, 而平庸表示的场则不与规范玻色子作用. 对于 $U(1)$ 规范场这一特例, 亦即电磁学, R 代表场的电荷. 在 $U(1)$ 下, 不变的场为电中性.

附录

现在我来介绍另外一个东西, 它初看有点让人意外——杨-米尔斯结构就那么蹦出来了.[1] 考虑薛定谔方程

$$i\frac{\partial}{\partial t}\Psi(t) = H(t)\Psi(t) \tag{4.80}$$

其中, 有随时间变化的哈密顿量 $H(t)$. 这是非常一般的情况, 比如我们可以考虑磁场中

---

[1] Wilczek F, Zee A. Appearance of Gauge Structure in Simple Dynamical Systems[J]. Phys. Rev. Lett., 1984 (52): 2111.

的自旋态,或者一个单粒子非相对论性哈密顿量与波函数 $\Psi(\boldsymbol{x},t)$. 我们忽略具体写出 H 和 Ψ 中关于除 t 的参数的关系.

首先来解决 $H(t)$ 中的本征值问题. 假设由于对称性或某些其他原因, $H(t)$ 的谱中包含 n 重简并的成分, 换句话说, 有 n 个不同的解满足 $H(t)\psi_a(t)=E(t)\psi_a(t)$, 其中 $a=1,\cdots,n$. 注意 $E(t)$ 可以随时渐变, 而简并性则始终保持, 即其简并不是"偶然"地发生在某一瞬间. 我们总能用 $H(t)-E(t)$ 来取代 $H(t)$, 从而 $H(t)\psi_a(t)=0$. 把这些态取为彼此正交 $\langle\psi_b(t)\,|\,\psi_a(t)\rangle=\delta_{ba}$. (出于记号上的考虑, 通常会在薛定谔和狄拉克符号中换来换去. 具体的话在讨论单粒子量子力学时, 有

$$\langle\psi_b(t)\,|\,\psi_a(t)\rangle=\int\mathrm{d}x\,\psi_b^*(x,t)\psi_a(x,t)$$

现在在绝热极限下来看看式(4.80), 即假设 $H(t)$ 变化的时间尺度远长于 $1/\Delta E$, 其中 ΔE 是 $\psi_a(t)$ 与周围态的能隙. 在这种情况下, 如果 $\Psi(t)$ 一开始就在 $\{\psi_a(t)\}$ 张成的子空间内, 它就会一直待在这个子空间里, 我们就可以写出 $\Psi(t)=\sum_a c_a(t)\psi_a(t)$. 把这一项代入式(4.80)中, 可以得到 $\sum_a\big[(\mathrm{d}c_a/\mathrm{d}t)\psi_a(t)+c_a(t)(\partial\psi_a/\partial t)\big]=0$. 把它与 $\psi_b(t)$ 作标量积, 则有

$$\frac{\mathrm{d}c_b}{\mathrm{d}t}=-\sum_a A_{ba}c_a \tag{4.81}$$

其中, 有 $n\times n$ 的矩阵:

$$A_{ba}(t)\equiv\mathrm{i}\Big\langle\psi_b(t)\,\Big|\,\frac{\partial\psi_a}{\partial t}\Big\rangle \tag{4.82}$$

现在假设有其他人决定用别的基来展开, $\psi_a'(t)=U_{ac}^*(t)\psi_c(t)$, 而其与我们的基差了一个幺正变换. (这里幺正变换矩阵的复共轭只是因为我们选了一个记号, 从而使后面得到的结论看起来和某种其他形式一致; 详见后文.) 这里忽略对重复指标的求和. 对其作微分, 得到 $(\partial\psi_a'/\partial t)=U_{ac}^*(t)(\partial\psi_c/\partial t)+(\mathrm{d}U_{ac}^*/\mathrm{d}t)\psi_c(t)$. 将它与 $\psi_b^*(t)=U_{bd}(t)\psi_d^*(t)$ 缩并, 可以发现

$$A'=UAU^\dagger+\mathrm{i}U\frac{\partial U^\dagger}{\partial t} \tag{4.83}$$

假设哈密顿量 $H(t)$ 取决于 d 个参数 $\lambda^1,\cdots,\lambda^d$. 改变这些参数, 可以得到一条参数空间中由 $\{\lambda^\mu(t),\mu=1,\cdots,d\}$ 决定的 d 维路径. 比如, 对一个自旋哈密顿量来说, $\{\lambda^\mu\}$ 可以

表示外加磁场.这样一来,式(4.81)就可以写为

$$\frac{\mathrm{d}c_b}{\mathrm{d}t} = -\sum_a (A_\mu)_{ba} c_a \frac{\mathrm{d}\lambda^\mu}{\mathrm{d}t} \tag{4.84}$$

这里定义$(A_\mu)_{ba} \equiv \mathrm{i}\langle \psi_b | \partial_\mu \psi_a \rangle$,其中$\partial_\mu \equiv \partial/\partial\lambda^\mu$,从而式(4.83)就可以推广为

$$A'_\mu = U A_\mu U^\dagger + \mathrm{i} U \partial_\mu U^\dagger \tag{4.85}$$

现在,我们就完全复现了式(4.60),杨-米尔斯规范势 A_μ 就这么突然地出现在了我们的眼前!

式(4.84)这个"输运"方程形式上有解 $c(\lambda) = P\mathrm{e}^{-\int A_\mu \mathrm{d}\lambda^\mu}$,其中积分是沿着在参数空间中连接了起点到终点的一条路径 λ,而 P 则是对路径的排序.我们把路径拆成无限多的小块,把每个小块的彼此不对易的 $\mathrm{e}^{-A_\mu \Delta\lambda^\mu}$ 按照路径的顺序乘起来.特别要注意的是,如果路径是闭合曲线,每次回到原始参数时,波函数都会积累一个矩阵相位,被称为非阿贝尔的贝利相位.这些东西和我们前面章节讨论的阿哈罗诺夫-玻姆相位是非常类似的.

为了研究这个非阿贝尔的相位,我们需要找个相应的频谱简并的量子系统,并改变它的外界参数,比如磁场[①].在杨和米尔斯的文章中,他们谈到了理想情况下,质子和中子可以在同位旋的意义下视作简并的两个态,并设想将质子从宇宙中的一个点传输到另一个点.在这个点是一个质子,输运了之后竟然可以看成中子,因此必须引入非阿贝尔规范势.这种假想中的输运过程可以在实验室中类比实现,这让我觉得很神奇.

你会发现这些讨论与式(4.60)之前的内容是平行的.时空相关的对称性变换对应了参数相关的基底变换.在8.1节讨论引力时会更清晰地看到在参数空间中改变基底$\langle \psi_a \rangle$可以类比成微分几何与广义相对论里坐标上的平移.在8.1节里介绍威尔逊圈时,我们还会再次见到 $P\mathrm{e}^{-\int A_\mu \mathrm{d}\lambda^\mu}$ 的.

习题

4.5.1 写出 $SU(2)$ 规范理论与标量场在 $I=2$ 下的表示.

4.5.2 证明比安基恒等式 $DF \equiv \mathrm{d}F + [A, F] = 0$.把它展开并写出所有指标,并验证在阿贝尔的情况下它会变为半个麦克斯韦方程.

---

① Zee A. On the Non-Abelian Gauge Structure in Nuclear Quadrupole Resonance[J] Phys. Rev. 1988(38):1-6.提出的实验后来由派因斯(A. Pines)完成.

4.5.3 在四维空间中，$\varepsilon^{\mu\nu\lambda\rho}\,\mathrm{tr}\,F_{\mu\nu}F_{\lambda\rho}$ 可以写为 $\mathrm{tr}\,F^2$. 证明任意维都有 $\mathrm{d}\,\mathrm{tr}\,F^2 = 0$.

4.5.4 利用庞加莱定理式(4.51)和习题 4.5.3 证明 $\mathrm{tr}\,F^2 = \mathrm{d}\,\mathrm{tr}\left(A\mathrm{d}A + \dfrac{2}{3}A^3\right)$. 把等式的所有指标展开，并在电磁学中看看这些量代表什么.

4.5.5 这题有些挑战. 在高维的理论如弦论中会出现 $\mathrm{tr}\,F^n$，证明它们都是全散度. 换句话说，存在 $(2n-1)$ 形式 $\omega_{2n-1}(A)$，从而 $\mathrm{tr}\,F^n = \mathrm{d}\omega_{2n-1}(A)$. $\left(\text{提示：存在} \omega_{2n-1}(A) = \int_0^1 \mathrm{d}t f_{2n-1}(t, A) \text{这一表示.}\right)$ 明确地计算一下 $\omega_5(A)$，并在已知 ω_3 和 ω_5 的情况下推广到任意 $(2n-1)$ 形式的 $f_{2n-1}(t, A)$. 可以参考 B. Zumino et al., Nucl. Phys. B, 1984, 239：477.

4.5.6 用基本表示或三重态表示写出 $SU(3)$ 规范理论与费米子场的拉格朗日量.

4.6　安德森-希格斯机制

规范势吃掉了南部-戈德斯通玻色子

正如我之前所说，在物理学中，能问出好问题至关重要. 那么好问题来了：对称性自发破缺在规范理论里是如何表现的呢？

回到 4.1 节，我们用 $\mathrm{D}_\mu\varphi = (\partial_\mu - \mathrm{i}eA_\mu)\varphi$ 换掉式(4.6)中 $U(1)$ 理论的 $\partial_\mu\varphi$，从而得到

$$\mathcal{L} = -\frac{1}{4}F_{\mu\nu}F^{\mu\nu} + (\mathrm{D}\varphi)^\dagger\mathrm{D}\varphi + \mu^2\varphi^\dagger\varphi - \lambda(\varphi^\dagger\varphi)^2 \tag{4.86}$$

现在我们用极坐标 $\varphi = \rho\mathrm{e}^{\mathrm{i}\theta}$，从而有 $\mathrm{D}_\mu\varphi = [\partial_\mu\rho + \mathrm{i}\rho(\partial_\mu\theta - eA_\mu)]\mathrm{e}^{\mathrm{i}\theta}$，也就是说，

$$\mathcal{L} = -\frac{1}{4}F_{\mu\nu}F^{\mu\nu} + \rho^2(\partial_\mu\theta - eA_\mu)^2 + (\partial\rho)^2 + \mu^2\rho^2 - \lambda\rho^4 \tag{4.87}$$

（对比一下，没有规范场时为 $\mathcal{L} = \rho^2(\partial_\mu\theta)^2 + (\partial\rho)^2 + \mu^2\rho^2 - \lambda\rho^4$.）在规范变换 $\varphi \to \mathrm{e}^{\mathrm{i}\alpha}\varphi$（从而 $\theta \to \theta + \alpha$）和 $eA_\mu \to eA_\mu + \partial_\mu\alpha$ 下，它们的线性组合 $B_\mu \equiv A_\mu - (1/e)\partial_\mu\theta$ 是规范不变的. 在 $\mathcal{L}$ 中的前两项随即可以写为 $-\dfrac{1}{4}F_{\mu\nu}F^{\mu\nu} + e^2\rho^2 B_\mu^2$. 注意，用 B_μ 的展开形式

$F_{\mu\nu} = \partial_\mu A_\nu - \partial_\nu A_\mu = \partial_\mu B_\nu - \partial_\nu B_\mu$ 和原来一样.

为了有对称性自发破缺,我们定义 $\rho = \dfrac{1}{\sqrt{2}}(v+\chi)$,其中 $v = \sqrt{\mu^2/\lambda}$.从而有

$$\mathcal{L} = -\frac{1}{4}F_{\mu\nu}F^{\mu\nu} + \frac{1}{2}M^2 B_\mu^2 + e^2 v\chi B_\mu^2 + \frac{1}{2}e^2\chi^2 B_\mu^2$$

$$+ \frac{1}{2}(\partial\chi)^2 - \mu^2\chi^2 - \sqrt{\lambda}\mu\chi^3 - \frac{\lambda}{4}\chi^4 + \frac{\mu^4}{4\lambda} \tag{4.88}$$

现在这套理论包含了一个矢量场 B_μ,其质量为

$$M = ev \tag{4.89}$$

并且与质量为 $\sqrt{2}\,\mu$ 的标量场 χ 相互作用.对应于非规范场的南部-戈德斯通玻色子的相位场 θ 则不再出现.我们把这个称为规范场 A_μ 吃掉了南部-戈德斯通玻色子;它获得了质量并且改名换姓为 B_μ.

前面讲过,一个无质量的规范场只有两个自由度,而有质量的规范场则有三个自由度.因此,无质量的规范场要吃掉一个南部-戈德斯通玻色子,从而获得需要的自由度数量.在有质量规范场中,南部-戈德斯通玻色子则是其纵波自由度.在这个过程中,我们如期没有损失任何的自由度.

好多粒子物理学家都发现[1]无质量规范场可以吃掉一个南部-戈德斯通玻色子,并获得质量,这一现象现在称为希格斯机制.人们一般用 φ 或更具体的 χ 来表示希格斯场.在凝聚态中,朗道(Landu)、金茨堡(Ginzburg)和安德森(Anderson)发现了类似的现象,因此也被称为安德森机制.

现在举一个更深入的例子吧,我们考虑一个 $O(3)$ 规范理论,再加一个按照矢量表示变换的希格斯场 $\varphi^a (a=1,2,3)$.动力学项是 $\dfrac{1}{2}(D_\mu\varphi^a)^2$,其中由式(4.78)给出 $D_\mu\varphi^a = \partial_\mu\varphi^a + g\varepsilon^{abc}A_\mu^b\varphi^c$.对称性自发破缺后,$\boldsymbol{\varphi}$ 则有了真空期望值,我们不妨取其指向第三个坐标轴,则有 $\langle\varphi^a\rangle = v\delta^{a3}$.令 $\varphi^3 = v$,则有

$$\frac{1}{2}(D_\mu\varphi^a)^2 \rightarrow \frac{1}{2}(gv)^2(A_\mu^1 A^{\mu 1} + A_\mu^2 A^{\mu 2}) \tag{4.90}$$

规范势 A_μ^1 和 A_μ^2 从而获得了质量 gv(与式(4.89)相比),而 A_μ^3 仍没有质量.

我们可以考虑一个更复杂的例子:$SU(5)$ 规范理论,添一个按照 24 维自伴表示变换

---

① 包括希格斯(P. Higgs)、英格勒特(F. Englert)、布劳特(R. Brout)、古拉尼克(G. Guralnik)、哈根(C. Hagen)和齐博(F. Kibble).

果壳中的量子场论
Quantum Field Theory in a Nutshell

的 φ.（详见附录 B 中相关群论细节的讨论）场 φ 是个 5×5 的无迹厄米矩阵.由于自伴表示按照 $\varphi \to \varphi + \mathrm{i}\theta^a[T^a,\varphi]$ 变换,所以有 $\mathrm{D}_\mu\varphi = \partial_\mu\varphi - \mathrm{i}gA_\mu^a[T^a,\varphi]$,其中 $a = 1,\cdots,24$ 代表 $SU(5)$ 中的 24 个生成元的指标.用对称变换可以让 φ 的真空期望取为对角的,即 $\langle\varphi_j^i\rangle = v_j\delta_j^i(i,j = 1,\cdots,5)$,其中 $\sum\limits_j v_j = 0$.（这和前面取 $\langle\boldsymbol{\varphi}\rangle$ 指向第三个坐标轴的道理是一样的.）从而有拉格朗日量：

$$\mathrm{tr}\,(\mathrm{D}_\mu\varphi)(\mathrm{D}^\mu\varphi) \to g^2\,\mathrm{tr}\,[T^a,\langle\varphi\rangle][\langle\varphi\rangle,T^b]A_\mu^a A^{\mu b} \tag{4.91}$$

规范玻色子的质量的平方则可以由 24×24 的矩阵 $g^2\,\mathrm{tr}\,[T^a,\langle\varphi\rangle][\langle\varphi\rangle,T^b]$ 的本征值给出,对于任意的 $\langle\varphi\rangle$ 都可以苦算得出.

如果只是想看出哪些规范玻色子仍没有质量则非常简单.考虑一个具体情况（在 7.6 节会有点特殊的含义）,假设

$$\langle\varphi\rangle = v\begin{pmatrix} 2 & 0 & 0 & 0 & 0 \\ 0 & 2 & 0 & 0 & 0 \\ 0 & 0 & 2 & 0 & 0 \\ 0 & 0 & 0 & -3 & 0 \\ 0 & 0 & 0 & 0 & -3 \end{pmatrix} \tag{4.92}$$

究竟哪个生成元 T^a 与 $\langle\varphi\rangle$ 对易呢？显然,长成 $\begin{pmatrix} A & 0 \\ 0 & 0 \end{pmatrix}$ 和 $\begin{pmatrix} 0 & 0 \\ 0 & B \end{pmatrix}$ 的生成元就可以.这里, A 是一个 3×3 的无迹厄米矩阵（共有 $3^2 - 1 = 8$ 个独立的,被称为盖尔曼矩阵）, B 则是一个 2×2 的无迹厄米矩阵（共有 $2^2 - 1 = 3$ 个独立的,被称为泡利矩阵）.不仅如此,生成元

$$\begin{pmatrix} 2 & 0 & 0 & 0 & 0 \\ 0 & 2 & 0 & 0 & 0 \\ 0 & 0 & 2 & 0 & 0 \\ 0 & 0 & 0 & -3 & 0 \\ 0 & 0 & 0 & 0 & -3 \end{pmatrix} \tag{4.93}$$

是正比于 $\langle\varphi\rangle$ 的,显然与 $\langle\varphi\rangle$ 对易.这些生成元则明显被用来分别产生 $SU(3)$、$SU(2)$ 和 $U(1)$ 对称性.因此,在 24×24 的质量平方矩阵 $g^2\,\mathrm{tr}\,[T^a,\langle\varphi\rangle][\langle\varphi\rangle,T^b]$ 中分块的子矩阵为 0,即 8×8 的块、3×3 的块和 1×1 的块,从而得到 $8+3+1 = 12$ 个无质量的规范玻色子.剩下的 $24-12 = 12$ 个规范玻色子则获得了质量.

对无质量规范玻色子的计数

考虑一个理论,其中的全局对称群 G 自发的对称性破缺为子群 H. 在 4.1 节中已经介绍过,这会出现 $n(G) - n(H)$ 个南部-戈德斯通玻色子. 假设对称群 G 是规范对称群,开始有 $n(G)$ 个无质量规范玻色子,每个生成元对应一个. 在自发对称性破缺下,$n(G) - n(H)$ 个南部-戈德斯通玻色子被 $n(G) - n(H)$ 个规范玻色子吃掉,剩下 $n(H)$ 个无质量规范玻色子,对应着剩下的规范对称群 H 应有的无质量规范玻色子的数量.

在所列举的最简单的例子中,$G = U(1)$,而 $H = $ 什么都没有,即 $n(G) = 1$ 而 $n(H) = 0$. 在第二个例子中,$G = O(3)$,$H = O(2) \simeq U(1)$,从而 $n(G) = 3$,$n(H) = 1$,也就是说,剩下一个无质量玻色子. 在第三个例子中,$G = SU(5)$,$H = SU(3) \otimes SU(2) \otimes U(1)$,也就是说,$n(G) = 24$,$n(H) = 12$. 后面的练习中会有更多的例子和相关的推广.

规范玻色子的质量谱

准确地计算出质量谱不是一件难事. 希格斯场的协变导数可以写为 $D_\mu \varphi = \partial_\mu \varphi + g A^a_\mu T^a \varphi$,其中 g 是规范耦合项,T^a 则是群 G 作用在 φ 上时的生成元,A^a_μ 则是第 a 个生成元所对应的规范势. 对称性破缺后,我们用 φ 的真空期待值 $\langle \varphi \rangle = v$ 来取代它本身. 因此,$D_\mu \varphi$ 可以写为 $g A^a_\mu T^a v$. 拉格朗日量里的动能项 $\frac{1}{2}(D^\mu \varphi \cdot D_\mu \varphi)$(这里的 ($\cdot$) 表示群 G 的标量积)可以写为

$$\frac{1}{2} g^2 (T^a v \cdot T^b v) A^{\mu a} A^b_\mu \equiv \frac{1}{2} A^{\mu a} (\mu^2)^{ab} A^b_\mu$$

其中,我们引入了规范玻色子的质量平方矩阵:

$$(\mu^2)^{ab} = g^2 (T^a v \cdot T^b v) \tag{4.94}$$

(这里可以看到,式(4.94)就是式(4.89)的一个推广而已;也可以对比式(4.90)和式(4.91).)我们把 $(\mu^2)^{ab}$ 对角化,就得到了规范玻色子的质量. 对应的本征矢量则对应质量本征态是哪些 A^a_μ 的线性组合.

注意,μ^2 是 $n(G) \times n(G)$ 的矩阵,其中有 $n(H)$ 重零本征值,其存在可以按照如下方法看出. 令 T^c 为 H 的生成元. H 仍未被破缺的意思就是场的真空期望值 v 在 T^c 产生

的对称变换下仍然是不变的;换句话说,$T^c v = 0$,从而 T^c 对应的规范玻色子仍然理所当然地没有质量.刚才 $SU(5)$ 的例子已经把这几点都一一例证了一番.

对称性自发破缺下规范理论的费曼规则

导出对称性自发破缺下规范理论的费曼规则也是一件简单的事情.比如,考虑式(4.88).和前面一样我们先看场的平方项,并做傅里叶变换,从而规范玻色子的传播子即为

$$\frac{-\,\mathrm{i}}{k^2 - M^2 + \mathrm{i}\varepsilon}\left(g_{\mu\nu} - \frac{k_\mu k_\nu}{M^2}\right) \tag{4.95}$$

而 χ 的传播子则为

$$\frac{\mathrm{i}}{k^2 - 2\mu^2 + \mathrm{i}\varepsilon} \tag{4.96}$$

相互作用顶点的费曼规则就留给读者做练习吧.

在其他章节已经介绍过场论通常都有几个不同的形式.考虑式(4.86)中的 $U(1)$ 理论,把极坐标换成笛卡儿坐标 $\varphi = \frac{1}{\sqrt{2}}(\varphi_1 + \mathrm{i}\varphi_2)$,使得

$$\mathrm{D}_\mu\varphi = \partial_\mu\varphi - \mathrm{i}eA_\mu\varphi = \frac{1}{\sqrt{2}}\left[(\partial_\mu\varphi_1 + eA_\mu\varphi_2) + \mathrm{i}(\partial_\mu\varphi_2 - eA_\mu\varphi_1)\right]$$

从而式(4.86)变为

$$\mathcal{L} = -\frac{1}{4}F_{\mu\nu}F^{\mu\nu} + \frac{1}{2}\left[(\partial_\mu\varphi_1 + eA_\mu\varphi_2)^2 + (\partial_\mu\varphi_2 - eA_\mu\varphi_1)^2\right]$$
$$+ \frac{1}{2}\mu^2(\varphi_1^2 + \varphi_2^2) - \frac{1}{4}\lambda(\varphi_1^2 + \varphi_2^2)^2 \tag{4.97}$$

对称性自发破缺意味着 $\varphi_1 \to v + \varphi_1'$,其中 $v = \sqrt{\mu^2/\lambda}$.

式(4.97)和式(4.88)对应的物理是一样的.实际上,把拉格朗日量式(4.97)展开到场的二次项就有

$$\mathcal{L} = \frac{\mu^4}{4\lambda} - \frac{1}{4}F_{\mu\nu}F^{\mu\nu} + \frac{1}{2}M^2 A_\mu^2 - MA_\mu\partial^\mu\varphi_2 + \frac{1}{2}\left[(\partial_\mu\varphi_1')^2 - 2\mu^2\varphi_1'^2\right] + \frac{1}{2}(\partial_\mu\varphi_2)^2 + \cdots \tag{4.98}$$

它对应的谱是一个质量为 $M = ev$ 的规范玻色子和一个质量为 $\sqrt{2}\,\mu$ 的标量玻色子,与式(4.88)对应的谱是一样的.(那里我们把粒子称为 B 和 χ.)

但是问题来了,这里好像有奇怪的东西混了进来: $-MA_\mu\partial^\mu\varphi_2$ 把场 A_μ 和 φ_2 耦合了起来.除此之外,为什么 φ_2 还在? 它应该被吃掉才对嘛? 这怎么办啊?

我们当然可以做对角化,但是通常来说直接去掉这个耦合项更为简单.利用 3.4 节中所讲的规范理论的法捷耶夫-波波夫量子化,我们注意到规范修正生成了 $\mathcal{L}$ 额外的一项.但是可以选取规范方程 $f(A) = \partial A + \xi ev\varphi_2 - \sigma$ 来消除不想要的耦合项.按照流程一步步走下来我们可以发现,有效拉格朗日量可以写为 $\mathcal{L}_{\text{eff}} - \mathcal{L} - \frac{1}{2\xi}(\partial A + \xi M\varphi_2)^2$(与式(3.37)相比).不想要的耦合 $-MA_\mu\partial^\mu\varphi_2$ 被分部积分消掉了.在 $\mathcal{L}_{\text{eff}}$ 中,A 的二次项现在写为 $-\frac{1}{4}F_{\mu\nu}F^{\mu\nu} + \frac{1}{2}M^2A_\mu^2 - \frac{1}{2\xi}(\partial A)^2$,而 φ_2 的二次项则为 $\frac{1}{2}\left[(\partial_\mu\varphi_2)^2 - \xi M^2\varphi_2^2\right]$,这一下就给出了规范玻色子的传播子

$$\frac{-\mathrm{i}}{k^2 - M^2 + \mathrm{i}\varepsilon}\left[g_{\mu\nu} - (1 - \xi)\frac{k_\mu k_\nu}{k^2 - \xi M^2 + \mathrm{i}\varepsilon}\right] \tag{4.99}$$

和 φ_2 的传播子

$$\frac{\mathrm{i}}{k^2 - \xi M^2 + \mathrm{i}\varepsilon} \tag{4.100}$$

这类依赖于一个参数的规范选取叫作 R_ξ 规范.注意,类似于戈德斯通场的 φ_2 虽然仍在拉格朗日量中,但是它的质量取决于规范参数 ξ 就说明了它不是物理的.在任何物理过程中,与 ξ 相关的 φ_2 和 A 的传播子都必须被抵消掉,从而物理的振幅与 ξ 无关.习题 4.6.9 会在一个简单的例子里验证这一点.

不同规范有着不同好处

你可能会问为什么要有 R_ξ 规范? 为什么不用式(4.88)中我们熟知的幺正规范,从而规范玻色子的传播子式(4.95)比式(4.99)中简单得多,而且也不需要处理不物理的 φ_2 场呢? 原因在于 R_ξ 规范和幺正规范在很多地方是互补的.在 R_ξ 规范中,规范玻色子的传播子式(4.99)对大 k 来说按照 $1/k^2$ 收敛,从而其可重整性比较容易证明.而另一方面,幺正规范中的所有场都是物理的(因此得名"幺正"),但是规范玻色子的传播子对大 k 来说按照 $k_\mu k_\nu/k^2$ 变化;为了证明可重整性,我们必须得证明 $k_\mu k_\nu$ 对传播子实际上没

有贡献.两个规范都可以证明可重整性和幺正性.顺便一提,在 $\xi \to \infty$ 下,式(4.99)则变回为式(4.95),而 φ_2 在形式上也会消失.

实际计算的时候通常会要计算很多张图.在 R_ξ 规范下,我们把所有图加起来时计算物理的质量壳的时候都会希望烦人的 ξ 最好消失.R_ξ 规范好用的地方在于这实际上给我们一个很有力的办法来检查计算过程.

我前面已经提到,严格地讲,规范不变性反映了冗余的自由度,不是一种对称性.(光子只有两个自由度,但是我们用了四个自由度的 A_μ 场来描述.)从这个角度想,纯粹主义者可能就会坚持说,不存在规范对称性的自发破缺.这一点可以这么理解:对称性自发破缺依赖于让式(4.87)中的 $\rho \equiv |\varphi|$ 取 v 并让 θ 取 0.$|\varphi| = v$ 这一论述是完全 $U(1)$ 不变的:它对应着 φ 空间中的一个圆.而在全局对称的理论中,从这个圆上挑出 $\theta = 0$ 的点,我们就破坏了这个对称性.相反,我们在规范理论中可以利用规范自由度把时空中各处的 θ 值都固定为 0.因此才有了纯粹主义者.在本书中,即使在处理规范理论时,我也将会继续使用对称性破缺中更加方便的语言,从而避免这类吹毛求疵.

习题

4.6.1 考虑一个 $SU(5)$ 规范理论和按照 5 维表示变换的希格斯场 φ.证明 φ 的真空期望将 $SU(5)$ 对称性破缺为 $SU(4)$.现在再加一个希格斯场 φ',也按照 5 维表示变换.证明对称性可以仍是 $SU(4)$ 或破缺为 $SU(3)$.

4.6.2 一般来说,对于不同的表示可能会存在几个希格斯场,用 α 标记.证明在此时的规范玻色子的质量平方矩阵自然地推广为 $(\mu^2)^{ab} = \sum_\alpha g^2 (T^a_\alpha v_\alpha \cdot T^b_\alpha v_\alpha)$,其中,$v_\alpha$ 是 φ_α 的真空期望,而 T^a_α 是 φ_α 上的第 a 个生成元.把习题 4.6.1 和本题的情况整合起来,研究规范玻色子的质量谱.

4.6.3 规范群 G 不一定是单群;它可能是如下形式:$G_1 \otimes G_2 \otimes \cdots \otimes G_k$.其中,各个耦合常数为 $g_1, g_2, \cdots, g_k$.具体地,考虑 $G = SU(2) \otimes U(1)$ 且希格斯场按照 $SU(2)$ 对称下的双重态和 $U(1)$ 对称下的电荷 1/2 来变换,因此 $\mathrm{D}_\mu \varphi = \partial_\mu \varphi - \mathrm{i} \left[g A^a_\mu (\tau^a/2) + g' B_\mu \dfrac{1}{2} \right] \varphi$.令 $\langle \varphi \rangle = \begin{pmatrix} 0 \\ v \end{pmatrix}$,定出获得质量的规范玻色子是如何按照 A^a_μ 和 B_μ 线性组合的.

4.6.4 在 4.5 节中计算出了一个 $SU(2)$ 规范与 $I = 2$ 表示下的标量场 φ 的理论.写一个一般的四次势 $V(\varphi)$,并研究可能的对称性破缺形式.

4.6.5 完成式(4.88)中的费曼规则,并计算振幅 $\chi + \chi \to B + B$.

4.6.6 推导式(4.99).(提示:这里的过程和之前得出式(3.39)的一样.)这里 $\mathcal{L} = \frac{1}{2} A_\mu Q^{\mu\nu} A_\nu$,其中 $Q^{\mu\nu} = (\partial^2 + M^2)g^{\mu\nu} - [1 - (1/\xi)]\partial^\mu\partial^\nu$,或在动量空间里 $Q^{\mu\nu} = -(k^2 - M^2)g^{\mu\nu} + [1 - (1/\xi)]k^\mu k^\nu$.传播子是 $Q^{\mu\nu}$ 的倒数.

4.6.7 补完式(4.98)中的(⋯)和不同相互作用顶角的费曼规则.

4.6.8 用习题4.6.7得到的费曼规则来计算 $\varphi_1' + \varphi_1' \to A + A$ 过程的振幅,并证明计算得到的振幅与 ξ 无关.把计算得出的结果与习题4.6.5对比.(提示:这里有两张图,一张 A 交换而另一张与 φ_2 交换.)

4.6.9 考虑式(4.97)中定义的理论,其中令 $\mu = 0$.用习题4.3.5的结果证明:

$$V_{\text{eff}}(\varphi) = \frac{1}{4}\lambda\varphi^4 + \frac{1}{64\pi^2}(10\lambda^2 + 3e^4)\varphi^4\left(\ln\frac{\varphi^2}{M^2} - \frac{25}{6}\right) + \cdots \tag{4.101}$$

其中,$\varphi^2 = \varphi_1^2 + \varphi_2^2$.这个势的最小值不取在 $\varphi = 0$ 处,因此量子涨落让规范对称性自发破缺了.在4.3节中我们没有 e^4 项,并在那里论证了我们得到的最小值不可靠.但是这里我们可以用 $\lambda\varphi^4$ 来平衡掉 $e^4\varphi^4\ln(\varphi^2/M^2)$,只要 λ 和 e^4 有同样的量级即可.这样得出的最小值是可信的.证明这个理论的谱有一个标量玻色子和一个矢量玻色子,其均有质量且满足:

$$\frac{m^2(\text{标量})}{m^2(\text{矢量})} = \frac{3}{2\pi}\frac{e^2}{4\pi} \tag{4.102}$$

更多的相关内容参考科尔曼和温伯格发表的论文(Phys. Rev. D, 1997, 7: 1888).

4.7 手征反常

经典对称性之于量子对称性

我曾经强调,能提出好问题非常重要.现在让我们来看一个好问题:一个经典物理中的对称性也必然是量子物理中的对称性吗?

如果变换 $\varphi \to \varphi + \delta\varphi$ 不改变作用量 $S(\varphi)$,我们就能得到一个经典物理的对称性.如果这个变换不改变路径积分 $\int \mathrm{D}\varphi \mathrm{e}^{\mathrm{i}S(\varphi)}$，我们就能得到一个量子物理的对称性.

如果用路径积分的语言来表述我们的问题，答案看起来就很明显了：未必. 也就是说，积分测度 $\mathrm{D}\varphi$ 可能会改变，也可能不会改变.

然而历史上的场论学家们几乎想当然地认为，经典物理中的对称性一定也是量子物理中的对称性. 当然，他们在场论的早期研究中遇到的几乎所有的对称性的确同时在经典和量子物理中成立. 比如，我们当然希望量子力学是旋转不变的. 如果量子涨落会偏爱某个特定的方向，那就太诡异了.

你只有懂了场论学家的心境才明白，他们在 20 世纪 60 年代后期发现量子涨落确实可以破坏经典对称性时有多震惊，就必须要理解他们当时的心境. 实际上，他们甚至给这种现象起了"反常"这样一个非常容易让人误解的名字，说得好像场论出了毛病一样. 事后诸葛亮般地说，所谓的"反常"在概念上是无害的，就像在改变积分变量时，不要忘了雅可比行列式.

随着时间的流逝，场论学家们已经开发出多种不同的方法来研究所有与反常相关的重要问题. 这些方法都颇具启发性，并从许多不同的角度上解释了反常如何产生. 在这本入门教程中，我选择通过直接计算费曼图来展现反常的存在. 相比于其他方法，费曼图法当然更加费力并且没有那么流畅，但其优点在于，将能看到一个经典对称性在你眼前消失！所以，在这里就不做更加流畅的形式化论证了.

两害相权取其轻

现在来考虑一个无质量单费米子理论：$\mathcal{L} = \bar{\psi}\mathrm{i}\gamma^{\mu}\partial_{\mu}\psi$. 这差不多是最简单的场论了！在 2.1 节中提到，$\mathcal{L}$ 在 $\psi \to \mathrm{e}^{\mathrm{i}\theta}\psi$ 和 $\psi \to \mathrm{e}^{\mathrm{i}\theta\gamma^5}\psi$ 这两种变换下，显然都是不变的，它们分别对应着矢量流 $J^{\mu} = \bar{\psi}\gamma^{\mu}\psi$ 守恒和轴矢流 $J_5^{\mu} = \bar{\psi}\gamma^{\mu}\gamma^5\psi$ 守恒. 从经典运动方程 $\mathrm{i}\gamma^{\mu}\partial_{\mu}\psi = 0$ 出发，可以立刻验证 $\partial_{\mu}J^{\mu} = 0$ 和 $\partial_{\mu}J_5^{\mu} = 0$.

现在我们来计算下面这个时空历史的振幅：两对正反费米子分别在 x_1 和 x_2 处由矢量流产生，其中一对中的费米子与另一对中的反费米子湮灭，剩下的一对正反费米子随后被轴矢流湮灭. 这一段非常啰唆的话其实就是在描述 $\langle 0|TJ_5^{\lambda}(0)J^{\mu}(x_1)J^{\nu}(x_2)|0\rangle$ 这个振幅，而这里这么做只是为了确保你明白我在说什么. 费曼告诉我们，这个振幅的傅里叶变换由图 4.9(a) 和图 4.9(b) 中的两个"三角"图给出.

$$\Delta^{\lambda\mu\nu}(k_1,k_2)=(-1)\mathrm{i}^3\int\frac{\mathrm{d}^4p}{(2\pi)^4}$$

$$\cdot\,\mathrm{tr}\left(\gamma^\lambda\gamma^5\frac{1}{\not p-\not q}\gamma^\nu\frac{1}{\not p-\not k_1}\gamma^\mu\frac{1}{\not p}+\gamma^\lambda\gamma^5\frac{1}{\not p-\not q}\gamma^\mu\frac{1}{\not p-\not k_2}\gamma^\nu\frac{1}{\not p}\right)$$

$$(4.103)$$

其中, $q=k_1+k_2$. 注意表达式中的这两项是玻色统计所要求的. 整体的 (-1) 因子则来自费米子闭圈.

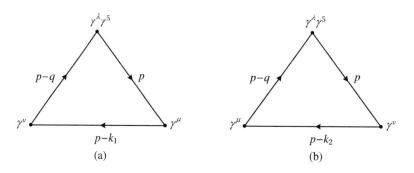

图 4.9

在经典理论中, 我们有两个对称性, 分别可以导出 $\partial_\mu J^\mu=0$ 和 $\partial_\mu J^\mu_5=0$. 在量子理论中, 如果 $\partial_\mu J^\mu=0$ 依然成立, 那么就应该有 $k_{1\mu}\Delta^{\lambda\mu\nu}=0$ 和 $k_{2\mu}\Delta^{\lambda\mu\nu}=0$; 而如果 $\partial_\mu J^\mu_5=0$ 依然成立, 就应该有 $q_\lambda\Delta^{\lambda\mu\nu}=0$. 现在万事俱备, 只欠我们动手计算一下 $\Delta^{\lambda\mu\nu}$, 来看看这两种对称性在量子涨落中是否仍然成立. 这个计算当然是小菜一碟.

不过在埋头苦算之前, 让我们扪心自问, 如果 J^μ 或 J^μ_5 这两个流之中的某一个并不守恒, 那么我们会有多么难过. 好吧, 如果矢量流不守恒, 我们就会感到非常不安. 矢量流对应的荷 $Q=\int\mathrm{d}^3xJ^0$ 代表了费米子的个数, 我们可不想让费米子凭空产生或消失. 此外, 我们非常乐意去考虑光子与费米子场 ψ 的耦合. 回想一下 2.7 节, 在考虑这种情况时需要用 $\partial_\mu J^\mu=0$ 来证明规范不变性, 从而表明光子只有两个极化自由度. 说得更明白一些, 在图 4.9 中, 想象有一条光子线进入用 μ 标记的顶点, 其传播子是 $(\mathrm{i}/k_1^2)[\xi(k_{1\mu}k_{1\rho}/k_1^2)-g_{\mu\rho}]$. 如果矢量流不守恒, 也就是 $k_{1\mu}\Delta^{\lambda\mu\nu}$ 不为 0, 那么规范依赖项 $\xi(k_{1\mu}k_{1\rho}/k_1^2)$ 就不会消除.

另一方面 (一般人我不告诉他), 即使量子涨落破坏了轴矢流守恒, 我们也不用太难过. 就算轴矢荷 $Q^5=\int\mathrm{d}^3xJ^0_5$ 不随时间的变化守恒, 又有谁在乎呢?

平移积分变量

那么,表达式 $k_{1\mu}\Delta^{\lambda\mu\nu}$ 和 $k_{2\nu}\Delta^{\lambda\mu\nu}$ 等于零吗?让我们在胡涂教授计算 $k_{1\mu}\Delta^{\lambda\mu\nu}$ 时从他背后看一看.(目前处于 20 世纪 60 年代,3.1 节介绍的重正化理论已经发展了很久,而胡涂也成功取得了终身制轨道助理教授的职位.)他首先将 $k_{1\mu}$ 乘在式(4.103)中所写的 $\Delta^{\lambda\mu\nu}$ 上,并利用他在 2.7 节中学到的技巧将第一项中的 k_1 改写为 $\not{p}-(\not{p}-k_1)$,第二项中的 k_2 改写为 $(\not{p}-k_2)-(\not{p}-q)$,于是可得到

$$k_{1\mu}\Delta^{\lambda\mu\nu}(k_1,k_2)$$
$$= i\int\frac{\mathrm{d}^4 p}{(2\pi)^4}\mathrm{tr}\left(\gamma^\lambda\gamma^5\frac{1}{\not{p}-\not{q}}\gamma^\nu\frac{1}{\not{p}-k_1}-\gamma^\lambda\gamma^5\frac{1}{\not{p}-k_2}\gamma^\nu\frac{1}{\not{p}}\right) \tag{4.104}$$

胡涂发现正如 2.7 节所述,被积函数的两项正好只相差一个形如 $p\to p-k_1$ 的平移积分变量.于是两项互相抵消,而胡涂教授则发表论文宣称 $k_{1\mu}\Delta^{\lambda\mu\nu}=0$,正可谓众望所归.

然而,在 2.7 节中已经介绍,在之后的讨论中我们将会关心进行积分变量的平移是否合法.而现在就到了需要关心的时候!

可能你很久以前就问过你的微积分老师,什么情况下才能平移积分变量?什么情况下 $\int_{-\infty}^{+\infty}\mathrm{d}pf(p+a)$ 和 $\int_{-\infty}^{+\infty}\mathrm{d}pf(p)$ 才相等?这两个积分之差等于

$$\int_{-\infty}^{+\infty}\mathrm{d}p\left[a\frac{\mathrm{d}}{\mathrm{d}p}f(p)+\cdots\right]=a[f(+\infty)-f(-\infty)]+\cdots$$

显然,如果 $f(+\infty)$ 和 $f(-\infty)$ 是不相等的常数,那么就不能做变量平移.然而只要积分 $\int_{-\infty}^{+\infty}\mathrm{d}pf(p)$ 收敛,甚至在对数发散的情况下,进行积分变量的平移都没有问题.在 2.7 节中这么做没问题,但放到式(4.104)就不对了!

我们照例把费曼积分旋转到欧几里得空间.将上面的结论推广到 d 维欧几里得空间,则有

$$\int\mathrm{d}_E^d p[f(p+a)-f(p)]=\int\mathrm{d}_E^d p[a^\mu\partial_\mu f(p)+\cdots]$$

根据高斯定理,这个式子可以由一个面积分给出,其积分面是包含整个欧几里得空间的无限大球面,因此它等于

$$\lim_{P \to \infty} a^\mu \left(\frac{P_\mu}{P}\right) f(P) S_{d-1}(P)$$

其中, $S_{d-1}(P)$ 是 $d-1$ 维球的表面积(见附录 D), 注意上式应理解为对球面做了平均.(回想我们在计算费曼图时的经验, 由对称性可知 $P^\mu P^\nu / P^2$ 的平均值等于 $\frac{1}{4} \eta^{\mu\nu}$, 其中归一化因子 $\frac{1}{4}$ 可以通过对 $\eta^{\mu\nu}$ 求缩并得出.)旋转回去, 我们会得到一个四维闵可夫斯基积分:

$$\int \mathrm{d}^d p \left[f(p+a) - f(p) \right] = \lim_{P \to \infty} \mathrm{i} a^\mu \left(\frac{P_\mu}{P}\right) f(P)(2\pi^2 P^3) \tag{4.105}$$

其中, i 来自反向的威克转动.

将

$$f(p) = \mathrm{tr}\left(\gamma^\lambda \gamma^5 \frac{1}{\slashed{p} - \slashed{k}_2} \gamma^\nu \frac{1}{\slashed{p}} \right) = \frac{\mathrm{tr}\left[\gamma^5 (\slashed{p} - \slashed{k}_2) \gamma^\nu \slashed{p} \gamma^\lambda \right]}{(p-k_2)^2 p^2} = \frac{4\mathrm{i}\varepsilon^{\tau\nu\sigma\lambda} k_{2\tau} p_\sigma}{(p-k_2)^2 p^2}$$

代入式(4.105), 可以得到

$$k_{1\mu} \Delta^{\lambda\mu\nu} = \frac{\mathrm{i}}{(2\pi)^4} \lim_{P \to \infty} \mathrm{i}(-k_1)^\mu \frac{P_\mu}{P} \frac{4\mathrm{i}\varepsilon^{\tau\nu\sigma\lambda} k_{2\tau} P_\sigma}{P^4} 2\pi^2 P^3 = \frac{\mathrm{i}}{8\pi^2} \varepsilon^{\lambda\nu\tau\sigma} k_{1\tau} k_{2\sigma}$$

与胡涂的结果恰恰相反, $k_{1\mu} \Delta^{\lambda\mu\nu} \neq 0$.

就像我所说的一样, 这会是一场灾难. 费米子数不守恒, 我们周围的物质都将分崩离析! 这可如何是好?

实际上, 我们并没有比胡涂教授聪明多少. 我们没有注意到式(4.103)中定义 $\Delta^{\lambda\mu\nu}$ 的积分线性发散, 因而并没有一个明确的定义.

现在看来在担心如何计算 $k_{1\mu} \Delta^{\lambda\mu\nu}$ 和 $k_{2\nu} \Delta^{\lambda\mu\nu}$ 之前, 恐怕要担心一下 $\Delta^{\lambda\mu\nu}$ 的值是否依赖于物理学家的计算方法. 换句话说, 如果另一个物理学家选择[①]在式(4.103)线性发散的积分中将积分变量 p 平移一个任意的 4-矢量 a, 并定义:

$$\Delta^{\lambda\mu\nu}(a, k_1, k_2)$$
$$= (-1)\mathrm{i}^3 \int \frac{\mathrm{d}^4 p}{(2\pi)^4} \mathrm{tr}\left(\lambda^\gamma \lambda^5 \frac{1}{\slashed{p} + \slashed{a} - \slashed{q}} \gamma^\nu \frac{1}{\slashed{p} + \slashed{a} - \slashed{k}_1} \gamma^\mu \frac{1}{\slashed{p} + \slashed{a}} \right) + \{\mu, k_1 \leftrightarrow \nu, k_2\} \tag{4.106}$$

那么有多少物理学家, 图 4.9 中的费曼图就会有多少种结果. 这将是物理学的末日——至少一定是量子场论的末日.

那么, 我们应该认为谁的结果是对的呢?

---

① 如 1.7 节所述, 内动量的选择是自由的.

唯一合理的答案,是相信那个所选择的 a 恰好使 $k_{1\mu}\Delta^{\lambda\mu\nu}$ 和 $k_{2\nu}\Delta^{\lambda\mu\nu}$ 都为零的人,这样如果在理论中引入光子,其自由度的个数也是正确的.

将式(4.105)代入 $f(p)=\mathrm{tr}\left(\gamma^{\lambda}\gamma^{5}\dfrac{1}{\not p-\not q}\gamma^{\nu}\dfrac{1}{\not p-\not k_{1}}\gamma^{\mu}\dfrac{1}{\not p}\right)$ 来计算 $\Delta^{\lambda\mu\nu}(a,k_{1},k_{2})-\Delta^{\lambda\mu\nu}(k_{1},k_{2})$.注意,

$$f(P)=\lim_{P\to\infty}\frac{\mathrm{tr}(\gamma^{\lambda}\gamma^{5}\not P\gamma^{\nu}\not P\gamma^{\mu}\not P)}{P^{6}}$$

$$=\frac{2P^{\mu}\,\mathrm{tr}(\gamma^{\lambda}\gamma^{5}\not P\gamma^{\nu}\not P)-P^{2}\,\mathrm{tr}(\gamma^{\lambda}\gamma^{5}\not P\gamma^{\nu}\gamma^{\mu})}{P^{6}}=\frac{+4\mathrm{i}P^{2}P_{\sigma}\varepsilon^{\sigma\nu\mu\lambda}}{P^{6}}$$

可以发现:

$$\Delta^{\lambda\mu\nu}(a,k_{1},k_{2})-\Delta^{\lambda\mu\nu}(k_{1},k_{2})=\frac{4\mathrm{i}}{8\pi^{2}}\lim_{P\to\infty}a^{\omega}\frac{P_{\omega}P_{\sigma}}{P^{2}}\varepsilon^{\sigma\nu\mu\lambda}a_{\sigma}+\{\mu,k_{1}\leftrightarrow\nu,k_{2}\}$$

$$=\frac{\mathrm{i}}{8\pi^{2}}\varepsilon^{\sigma\nu\mu\lambda}a_{\sigma}+\{\mu,k_{1}\leftrightarrow\nu,k_{2}\} \tag{4.107}$$

这里有两个独立动量 k_{1} 和 k_{2},所以可取 $a=\alpha(k_{1}+k_{2})+\beta(k_{1}-k_{2})$.代入式(4.107),可得

$$\Delta^{\lambda\mu\nu}(a,k_{1},k_{2})=\Delta^{\lambda\mu\nu}(k_{1},k_{2})+\frac{\mathrm{i}\beta}{4\pi^{2}}\varepsilon^{\sigma\nu\mu\lambda}(k_{1}-k_{2})_{\sigma} \tag{4.108}$$

注意,α 已经被消掉了.

正如我们所料,$\Delta^{\lambda\mu\nu}(a,k_{1},k_{2})$ 依赖于 β,因此也就依赖于 a.现在,对矢量流守恒,即 $k_{1\mu}\Delta^{\lambda\mu\nu}=0$ 可以决定参数 β 的取值,考虑到

$$k_{1\mu}\Delta^{\lambda\mu\nu}(k_{1},k_{2})=\frac{\mathrm{i}}{8\pi^{2}}\varepsilon^{\lambda\nu\tau\sigma}k_{1\tau}k_{2\sigma}$$

因此,我们必须在 $\Delta^{\lambda\mu\nu}(a,k_{1},k_{2})$ 中选择 $\beta=-\dfrac{1}{2}$.

我们可以用这样一种角度来看待上面的问题,即费曼规则不足以确定 $\langle 0|TJ_{5}^{\lambda}(0)\cdot J^{\mu}(x_{1})J^{\nu}(x_{2})|0\rangle$.另外还必须加上矢量流守恒的条件.振幅 $\langle 0|TJ_{5}^{\lambda}(0)J^{\mu}(x_{1})J^{\nu}(x_{2})|0\rangle$ 由 $\beta=-\dfrac{1}{2}$ 时的 $\Delta^{\lambda\mu\nu}(a,k_{1},k_{2})$ 定义.

量子涨落违反轴矢流守恒

现在到了故事的高潮.我们坚信矢量流守恒,那么轴矢流也守恒吗?

要回答这个问题,只需要计算:

$$q_\lambda \Delta^{\lambda\mu\nu}(a,k_1,k_2) = q_\lambda \Delta^{\lambda\mu\nu}(k_1,k_2) + \frac{\mathrm{i}}{4\pi^2}\varepsilon^{\mu\nu\lambda\sigma}k_{1\lambda}k_{2\sigma} \tag{4.109}$$

现在应该知道怎么计算了:

$$
\begin{aligned}
q_\lambda \Delta^{\lambda\mu\nu}(k_1,k_2) &= \mathrm{i}\int \frac{\mathrm{d}^4 p}{(2\pi)^4}\mathrm{tr}\left(\gamma^5 \frac{1}{\not{p}-\not{q}}\gamma^\nu \frac{1}{\not{p}-\not{k}_1}\gamma^\mu\right.\\
&\quad\left. - \gamma^5 \frac{1}{\not{p}-\not{k}_2}\gamma^\nu \frac{1}{\not{p}}\gamma^\mu\right) + \{\mu,k_1 \leftrightarrow \nu,k_2\}\\
&= \frac{\mathrm{i}}{4\pi^2}\varepsilon^{\mu\nu\lambda\sigma}k_{1\lambda}k_{2\sigma}
\end{aligned}
\tag{4.110}
$$

这就是在式(4.104)中已经计算过的积分.最终我们可以得到

$$q_\lambda \Delta^{\lambda\mu\nu}(a,k_1,k_2) = \frac{\mathrm{i}}{2\pi^2}\varepsilon^{\mu\nu\lambda\sigma}k_{1\lambda}k_{2\sigma} \tag{4.111}$$

轴矢流不守恒!

总而言之,在简单的 $\mathcal{L} = \bar{\psi}\mathrm{i}\gamma^\mu \partial_\mu \psi$ 理论中,尽管矢量流和轴矢流在经典情况下都守恒,但量子涨落破坏了轴矢流守恒.这一现象被称为反常,或轴矢反常,或手征反常.

反常的后果

我曾经说过,反常是个非常丰富多彩的问题.在这里只展示一些自己很满意的结论,而其中的细节留给读者作为练习自己补上.

(1)假如在这个简单的理论中添加规范项得到 $\mathcal{L} = \bar{\psi}\mathrm{i}\gamma^\mu(\partial_\mu - \mathrm{i}eA_\mu)\psi$,并把 A_μ 看作光场.那么可以在图 4.9 中标记为 μ,ν 的顶点上添加两条向外的光子线,我们的核心结论式(4.111)可以写成两个简洁的算符方程:

经典物理：

$$\partial_\mu J_5^\mu = 0 \tag{4.112}$$

量子物理：

$$\partial_\mu J_5^\mu = \frac{e^2}{(4\pi)^2} \varepsilon^{\mu\nu\lambda\sigma} F_{\mu\nu} F_{\lambda\sigma} \tag{4.113}$$

轴矢流的散度 $\partial_\mu J_5^\mu$ 并不为 0，而是能产生两个光子的算符.

（2）采用与 4.2 节类似的论证，我们可以计算 $\pi^0 \to \gamma + \gamma$ 的衰变率. 其实在历史上，人们利用式 (4.112) 这个错误的公式得出了这种实验上已经观测到的衰变不能发生的谬论! 详见习题 4.7.2. 正是为了解决这一佯谬，人们最终发现了正确的结果式 (4.113).

（3）把拉格朗日量用左手场 ψ_L 和右手场 ψ_R 写出来，并引入右手流 $J_R^\mu \equiv \bar{\psi}_R \gamma^\mu \psi_R$ 和左手流 $J_L^\mu \equiv \bar{\psi}_L \gamma^\mu \psi_L$，我们可以把反常表示为

$$\partial_\mu J_R^\mu = \frac{1}{2} \frac{e^2}{(4\pi)^2} \varepsilon^{\mu\nu\lambda\sigma} F_{\mu\nu} F_{\lambda\sigma}$$

以及

$$\partial_\mu J_L^\mu = -\frac{1}{2} \frac{e^2}{(4\pi)^2} \varepsilon^{\mu\nu\lambda\sigma} F_{\mu\nu} F_{\lambda\sigma} \tag{4.114}$$

（这就是为什么我们称为"手征"反常!）我们可以想象绕着图 4.9 所示的圈传播的左手和右手费米子，它们对反常的贡献恰好相反.

（4）考虑 $\mathcal{L} = \bar{\psi}(\mathrm{i}\gamma^\mu \partial_\mu - m)\psi$ 这个理论，质量项破坏了 $\psi \to \mathrm{e}^{\mathrm{i}\theta\gamma^5}\psi$ 的对称性. 经典上，我们可以得到 $\partial_\mu J_5^\mu = 2m\bar{\psi}\mathrm{i}\gamma^5\psi$：轴矢流显然不守恒. 而反常则表明量子涨落会贡献一个额外项. 在 $\mathcal{L} = \bar{\psi}[\mathrm{i}\gamma^\mu(\partial_\mu - \mathrm{i}eA_\mu) - m]\psi$ 这个理论中，我们有

$$\partial_\mu J_5^\mu = 2m\bar{\psi}\mathrm{i}\gamma^5\psi + \frac{e^2}{(4\pi)^2} \varepsilon^{\mu\nu\lambda\sigma} F_{\mu\nu} F_{\lambda\sigma} \tag{4.115}$$

（5）回想一下 3.7 节，为了计算真空极化，我们引入了泡利-维拉斯正规算子. 我们这里要先把被积函数中的电子质量替换为正规化质量，再从被积函数中减去这个经过替换的被积函数. 在式 (4.103) 中，我们相当于是把电子质量取为 0，所以要从积分结果中减掉把零质量替换为正规化质量 M 后的替换积分，换句话说我们定义：

$$\Delta^{\lambda\mu\nu}(k_1, k_2) = (-1)\mathrm{i}^3 \int \frac{\mathrm{d}^4 p}{(2\pi)^4} \mathrm{tr}\left(\gamma^\lambda \gamma^5 \frac{1}{\not{p} - \not{q}} \gamma^\nu \frac{1}{\not{p} - \not{k}_1} \gamma^\mu \frac{1}{\not{p}}\right.$$

$$- \gamma^\lambda \gamma^5 \frac{1}{p\!\!\!/ - q\!\!\!/ - M} \gamma^\nu \frac{1}{p\!\!\!/ - k\!\!\!/_1 - M} \gamma^\mu \frac{1}{p\!\!\!/ - M} \Big) + \{\mu, k_1 \leftrightarrow \nu, k_2\} \qquad (4.116)$$

注意在 $p \to \infty$ 时,被积函数比 $1/p^3$ 更快趋于 0,这与 3.1 节和 3.7 节中总结的正规化的哲学是一致的:在 $p \ll M$ 时,这一额外项小到可以忽略,所以可认为被积函数不变.但是 $p \gg M$ 时,被积函数则有截断.式(4.116)中的积分表面上是对数发散的,因此我们可以对积分变量 p 做任意的平移.

那么,手征反常是怎么出现的呢? 由于引入了正规化质量,我们显然破坏了轴矢流守恒.反常就是说,即使让 M 趋于无穷大,对称性依然是破缺的.把这个结论推导出来(见习题 4.7.4)会非常有启发性.

(6) 考虑一个非阿贝尔理论 $\mathcal{L} = \bar{\psi} \mathrm{i} \gamma^\mu (\partial_\mu - \mathrm{i} g A_\mu^a T^a) \psi$.我们只需要在费曼振幅中在用 μ 和 ν 标记的顶点处分别引入因子 T^a 和 T^b.其他过程都和以前一样,只不过在对沿着这个圈传播的所有费米子求和后,我们得到了一个额外的因子 $\operatorname{tr} T^a T^b$,从而我们能够立刻看出在这样一个非阿贝尔规范场论中,

$$\partial_\mu J_5^\mu = \frac{g^2}{(4\pi)^2} \varepsilon^{\mu\nu\lambda\sigma} \operatorname{tr} F_{\mu\nu} F_{\lambda\sigma} \qquad (4.117)$$

其中,$F_{\mu\nu} = F_{\mu\nu}{}^a T^a$ 是在 4.5 节中定义过的场强矩阵.非阿贝尔对称性给我们带来一些重要的结论:$\varepsilon^{\mu\nu\lambda\sigma} \operatorname{tr} F_{\mu\nu} F_{\lambda\sigma}$ 不只包含 A 的二次项,还有三次和四次项,所以也有对应三个和四个规范玻色子参与的手征反常,如图 4.10(a) 和图 4.10(b) 所示.有些人把图 4.9 和图 4.10 产生的反常分别叫三角反常、正方形反常和五边形反常.在历史上,人们在发现了三角反常之后,争论过正方形反常和五边形反常是否存在.在这里用非阿贝尔对称性给出的论证,使得结论非常显然.但是当时的人们都是直接计算费曼图——就像我们刚才所展示的那样,粗心的人往往会在很多微妙的地方犯错.

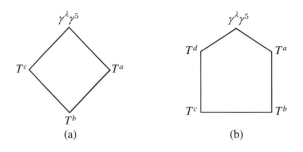

图 4.10

(7) 在 5.7 节中我们会看到反常和拓扑有着很深刻的联系.

(8) 我们在 $\mathcal{L}=\bar{\psi}(\mathrm{i}\gamma^{\mu}\partial_{\mu}-m)\psi$ 这样的自由理论中计算了反常.现在假设我们添加一个形如 $f\varphi\bar{\psi}\psi$ 的项,引入费米子与标量场的耦合或者类似地与电磁场的耦合,那么我们就必须计算更高阶的图了,比如图 4.11 中的三圈图.你可能会预测,式(4.111)右侧现在需要乘以 $1+h(f,e,\cdots)$,其中 h 是某个与所有耦合参数都有关的待定函数.

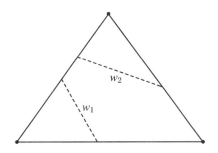

图 4.11

你猜怎么着?阿德勒和巴丁证明了 $h=0$.这个奇迹般的结论被称为反常的无须重整定理;通过下面的例子,我们可以用更具启发性的方式理解这个定理.在图 4.11 中,我们先不对标量传播子的动量(记为 w_1,w_2)进行积分,考虑到这个费曼图被积函数中有 7 个费米子传播子,因此其收敛速度足以让我们放心大胆地平移积分变量.因此在对 w_1 和 w_2 进行积分之前,所有的沃德恒等式就都满足了,比如 $q_{\lambda}\Delta^{\lambda\mu\nu}_{3\mathrm{loops}}(k_1,k_2;w_1,w_2)=0$.你可以在习题 5.7.13 中基于拓扑的观点来简单地证明这一结论.①

(9) 上面这一点在粒子物理的发展历史中非常重要,我们将会在 7.3 节中看到,它直接导致人们提出了"色"的概念.反常的无须重整性让人们在 20 世纪 60 年代末能够计算出 $\pi^0\to\gamma+\gamma$ 这个过程的可信的衰变振幅.在那个年代的夸克模型中,这个振幅由图 4.12 所示的无穷多个费曼图给出(其中夸克沿着费米子圈传播),但是反常的无须重整性说明只有图 4.12(a)才有贡献.换句话说,振幅不依赖于强相互作用的细节.我们在 7.3 节中会看到,最终的计算结果与实际情况相比少了一个 3 倍的因子,也就是说有 3 种夸克.

(10) 自然有人就会去推测夸克和轻子是不是由被称为先子的更基本的费米子构成.手征反常的无须重整性为这类理论研究提供了有力的分析工具.无论相关的相互作用有多复杂,只要可以用我们熟知的场论来描述,先子层面的反常就肯定与在夸克-轻子层面

---

① 在约翰·科林斯《重正化》(*Renormalization*,*J. Collins*)第 352 页中有一个不需要拓扑学的简单证明.

的反常相同.这个所谓的反常匹配条件[①]对可能的先子理论有很强的限制.

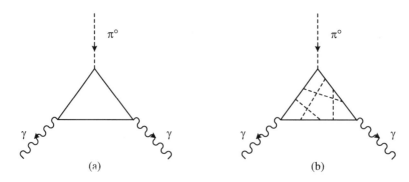

图 4.12

（11）在过去，场论学家们更喜欢正则化的处理方法，并对路径积分方法持强烈的怀疑态度.当人们发现手征反常之后，甚至有人说反常的存在证明了路径积分方法是错误的.这些人说，路径积分

$$\int D\bar{\psi} D\psi e^{i\int d^4x \bar{\psi} i\gamma^\mu (\partial_\mu - iA_\mu)\psi} \tag{4.118}$$

长成这个样子，怎么可能证明理论在手征变换 $\psi \to e^{i\theta\gamma^5}\psi$ 下并非不变.藤川通过说明路径积分确实能够显示出反常而平息了这场纷争：在手征变换下，积分测度 $D\bar{\psi} D\psi$ 会差一个雅可比行列式.回想一下，本节就是因此而起的：作用量不变不代表路径积分也不变.

习题

4.7.1 从式(4.111)得出式(4.113).式(4.111)中的动量因子 $k_{1\lambda}$ 和 $k_{2\lambda}$ 会变成式(4.113)中的两个导数 $F_{\mu\nu}F_{\lambda\sigma}$.

4.7.2 用 4.2 节的推理和有问题的式(4.112)说明在 π^0 无质量的理想世界中 $\pi^0 \to \gamma + \gamma$ 没有衰变振幅.由于 π^0 确实衰变而且我们的世界和理想世界差的不大，历史上来说这第一次说明了式(4.112)不可能是对的.

4.7.3 对 $\mathcal{L} = \bar{\psi}(i\gamma^\mu \partial_\mu - m)\psi$ 重复本节中的计算.

---

① G.'t Hooft, et al. Recent Developments in GaugeTheories[M]. New York：Plenum Press，1980. A. Zee, Phys. Lett. B，1980，95：290.

4.7.4 取泡利-维拉斯正规化的 $\Delta^{\lambda\mu\nu}(k_1,k_2)$ 并与 q_λ 缩并. 类似于 2.7 节的写法 $q\gamma^5$, 第二项可以写为 $[2M+(\not{p}-M)-(\not{p}-\not{q}+M)]\gamma^5$. 现在就可以随意的平移积分变量了. 证明

$$q_\lambda \Delta^{\lambda\mu\nu}(k_1,k_2) = -2M\Delta^{\mu\nu}(k_1,k_2) \tag{4.119}$$

其中

$$\Delta^{\mu\nu}(k_1,k_2) \equiv (-1)\mathrm{i}^3 \int \frac{\mathrm{d}^4 p}{(2\pi)^4}$$

$$\cdot \mathrm{tr}\left(\gamma^5 \frac{1}{\not{p}-\not{q}-M}\gamma^\nu \frac{1}{\not{p}-\not{k_1}-M}\gamma^\mu \frac{1}{\not{p}-M}\right) + \{\mu,k_1 \leftrightarrow \nu,k_2\}$$

计算 $\Delta^{\mu\nu}$ 并说明 $\Delta^{\mu\nu}$ 在 $M\to\infty$ 的时候有 $1/M$ 的行为, 因此式(4.119)的右手边会趋于一个常数. 这项反常是在低能谱上正规子看不见后留下来的效应: 有点类似于爱丽丝梦游仙境[①].(这里我们是计算不用计算就可以论证 $\Delta^{\mu\nu}$ 取于 $1/M$. 考虑洛伦兹不变性, 由于有 γ^5, $\Delta^{\mu\nu}$ 必须正比于 $\varepsilon^{\mu\nu\lambda\rho}k_{1\lambda}k_{2\rho}$, 然后从量纲分析的角度可以得知 $\Delta^{\mu\nu}$ 只能是什么常数乘以 $\varepsilon^{\mu\nu\lambda\rho}k_{1\lambda}k_{2\rho}/M$. 你可能会好奇为什么我们不能用诸如 $1/(k_1^2)^{\frac{1}{2}}$ 的项来替代弥补量纲的 $1/M$. 答案是你算 $(3+1)$ 维时空下的费曼图的时候从来不可能得到像 $1/(k_1^2)^{\frac{1}{2}}$ 这样的因子.)

4.7.5 导出反常的办法有 N 种之多, 这儿再举个例子. 计算

$$\Delta^{\lambda\mu\nu}(k_1,k_2) = (-1)\mathrm{i}^3 \int \frac{\mathrm{d}^4 p}{(2\pi)^4}$$

$$\cdot \mathrm{tr}\left(\gamma^\lambda\gamma^5 \frac{1}{\not{p}-\not{q}-m}\gamma^\nu \frac{1}{\not{p}-\not{k_1}-m}\gamma^\mu \frac{1}{\not{p}-m}\right) + \{\mu,k_1 \leftrightarrow \nu,k_2\}$$

在有质量费米子的情况下, 先考虑洛伦兹不变性而不去暴力计算的话可以写出

$$\Delta^{\lambda\mu\nu}(k_1,k_2) = \varepsilon^{\lambda\mu\nu\sigma}k_{1\sigma}A_1 + \cdots + \varepsilon\mu\nu\sigma\tau k_{1\sigma}k_{2\tau}k_2^\lambda A_8$$

其中, $A_i \equiv A_i(k_1^2,k_2^2,q^2)$ 是 8 个关于这里涉及的 3 个洛伦兹标量的函数, (⋯)中的内容你应该可以轻松写出来. 类似于 3.3 节和 3.7 节中的幂次计数, 可以说明这 8 个函数里面的两个实际上是表观对数发散的积分, 而剩下的 6 个则是非常好的收敛积分. 接下来用玻色统计和矢量流守恒 $k_{1\mu}\Delta^{\lambda\mu\nu}=0=k_{2\mu}\Delta_{\lambda\mu\nu}$ 去说明我们可以不用计算这些表观对数发散的积分. 计算剩下的收敛积分并最后去计算 $q_\lambda \Delta^{\lambda\mu\nu}(k_1,k_2)$.

[①] 原文为微小的柴郡猫, 但是"somehow"等同于爱丽丝梦游仙境.

4.7.6 考虑如下最低阶的在节点带轴矢流的三角图振幅

$$\langle 0 \mid T J_5^\lambda(0) J_5^\mu(x_1) J_5^\nu(x_2) \mid 0 \rangle$$

并讨论它的反常.(提示:把它的动量空间下的振幅叫作 $\Delta_5^{\lambda\mu\nu}(k_1,k_2)$.)说明利用 $(\gamma^5)^2=1$ 和玻色对称性有

$$\Delta_5^{\lambda\mu\nu}(k_1,k_2) = \frac{1}{3}\Big[\Delta^{\lambda\mu\nu}(a,k_1,k_2) + \Delta^{\mu\nu\lambda}(a,k_2,-q) + \Delta^{\nu\lambda\mu}(a,-q,k_1)\Big]$$

并利用式(4.111)来计算 $q_\lambda \Delta_5^{\lambda\mu\nu}(k_1,k_2)$.

4.7.7 在欧式空间里严格定义式(4.118)中的费米子测度.计算手征变换下的雅克比行列式并得出反常项.(提示:参考 K. Fujikawa, PhysRev. Lett, 1979, 42:1195.)

4.7.8 用费曼图计算五角反常来检查正文末尾所说的第六条结论.换句话说,请计算 $\partial_\mu J_5^\mu = \cdots + c\varepsilon^{\mu\nu\lambda\sigma}\operatorname{tr} A_\mu A_\nu A_\lambda A_\sigma$ 中的系数 c.

第5章

场论与集体现象

　　在序言中我提到过,场论方法在凝聚态领域中正发挥着越来越重要的作用,这是近二三十年来极其发人深省的研究进展之一.这一领域丰富而多样;在本章和下一章中,本书也只能满足于探讨少许几个特定主题,而难及真正的冰山一角.

　　历史上,场论在凝聚态物理学中的引入简单而直接.按照 3.5 节中的讨论,凝聚态系统中的非相对论性电子可以用场 ψ 描述.由此出发,可以写出场论拉格朗日量,建立费曼图和费曼规则等.许多专业文献都是这么做的.在这里,我们会主要介绍更加现代的观点:凝聚态物理学的有效场论描述,它在低能和小动量情形下有效.由于极不平凡的多体效应,低能自由度很可能与一开始考虑的电子十分不同,这是凝聚态物理学的魅力之一.量子霍尔效应(见 6.2 节)就是一个特别惊人的例子,此处低能有效自由度携带分数电荷,满足分数统计.

　　在场论书中大段探讨凝聚态物理还有一项好处:无论从历史性还是教学性的角度看,在凝聚态系统中理解重正化群,都比在粒子物理中要更容易.

　　我特意避免了对凝聚态和粒子物理的刻板区分.本章和第 6 章中的一些主题其实属

于粒子物理学.当然,本书不负责解释凝聚态物理学,就像在 4.2 节中也不负责解释粒子物理学.

5.1 超流体

相互排斥的玻色子

考虑密度 $\bar{\rho}$ 非零的非相对论性玻色子,它们之间存在短程排斥相互作用.回到式(3.62):

$$\mathcal{L} = \mathrm{i}\varphi^{\dagger}\partial_0\varphi - \frac{1}{2m}\partial_i\varphi^{\dagger}\partial_i\varphi - g^2(\varphi^{\dagger}\varphi - \bar{\rho})^2 \tag{5.1}$$

最后一项正是 4.1 节中的墨西哥势阱,它迫使 φ 的大小与 $\sqrt{\bar{\rho}}$ 接近,提示我们采用式(3.58)中的角变量 $\varphi = \sqrt{\rho}\,\mathrm{e}^{\mathrm{i}\theta}$ 来表示.代入并舍去全导数 $(\mathrm{i}/2)\partial_0\rho$,可得

$$\mathcal{L} = -\rho\partial_0\theta - \frac{1}{2m}\left[\frac{1}{4\rho}(\partial_i\rho)^2 + \rho(\partial_i\theta)^2\right] - g^2(\rho - \bar{\rho})^2 \tag{5.2}$$

自发对称破缺

与 4.1 节中的一样,记 $\sqrt{\rho} = \sqrt{\bar{\rho}} + h$($\varphi$ 的真空期望值为 $\sqrt{\bar{\rho}}$),假设 $h \ll \sqrt{\bar{\rho}}$,并做展开[1]:

$$\mathcal{L} = -2\sqrt{\bar{\rho}}\,h\partial_0\theta - \frac{\bar{\rho}}{2m}(\partial_i\theta)^2 - \frac{1}{2m}(\partial_i h)^2 - 4g^2\bar{\rho}h^2 + \cdots \tag{5.3}$$

在式(5.3)中选出 h 不超过二次的项,我们使用"量子场论中心等式"(见附录 A)积掉 h,可得

---

[1] 注意此处忽略了(说不定挺有趣的)一项 $-\bar{\rho}\partial_0\theta$,因为它是全导数.

$$\mathcal{L} = \bar{\rho}\partial_0\theta \, \frac{1}{4g^2\bar{\rho} - (1/2m)\partial_i^2}\partial_0\theta - \frac{\bar{\rho}}{2m}(\partial_i\theta)^2 + \cdots \tag{5.4}$$

$$= \frac{1}{4g^2}(\partial_0\theta)^2 - \frac{\bar{\rho}}{2m}(\partial_i\theta)^2 + \cdots \tag{5.5}$$

在第二个等式中,假设只关注波数 k 相比 $\sqrt{8g^2\bar{\rho}m}$ 很小的过程,因而 $[1/(2m)]\partial_i^2$ 相比 $4g^2\bar{\rho}$ 可忽略. 由此可知,这样的玻色流体中存在无能隙模(通常称为声子),其色散为

$$\omega^2 = \frac{2g^2\bar{\rho}}{m}k^2 \tag{5.6}$$

学过相关知识的人会知道,上式正是博戈留波夫的经典结果,而我们连博戈留波夫旋转都没用.[1]

这里大概讲一下朗道关于线性色散模(即 ω 线性依赖 k)导致超流的理想化论证[2]. 考虑质量为 M 的流体以速度 v 流过管道,通过产生动量为 k 的激发,流体可以损失动量并减速到 v': $Mv = Mv' + \hbar k$. 这需要 $\frac{1}{2}Mv^2 \geq \frac{1}{2}Mv'^2 + \hbar\omega(k)$ 保证有足够的能量消耗. 消去 v',可以得到对 M 有宏观 $v \geq \omega/k$. 对于线性色散模,给出了临界速度 $v_c \equiv \omega/k$,低于临界速度时流体无法损失动量因而处于超流态.(由此,从式(5.6)得到理想速度 $v_c = g\sqrt{2\bar{\rho}/m}$.)

通过恰当地设定距离变量的标度,我们可以用紧凑的拉格朗日量总结超流体的低能物理:

$$\mathcal{L} = \frac{1}{4g^2}(\partial_\mu\theta)^2 \tag{5.7}$$

我们知道,这就是第一部分中的无质量版标量场论,加上重要的一点,即 θ 是相位角场,故 $\theta(x)$ 和 $\theta(x) + 2\pi$ 实为同一取值. 这一无能隙模显然就是与全局 $U(1)$ 对称性自发破缺相联系的南部-戈德斯通玻色子.

线性色散的无能隙模

如果我们考虑自由玻色气体,这里的物理就会变得特别清晰. 为了让任意玻色子

---

① Landau L D,Lifshitz E M. Statistical Physics[M]. Oxford:Pergamon Press,1959.

② Ibid.,p. 192.

获得动量 $\hbar k$,我们只需消耗 $(\hbar k)^2/(2m)$ 的能量.可见,自由玻色系统存在许多低能激发.然而,只要玻色子间存在短程相互作用,一个以动量 $\hbar k$ 运动的玻色子就会影响所有其他玻色子.由此产生密度波,其能量正比于 k,如式(5.6)所示.无能隙模于是从二次色散变为了线性色散.这时能量激发的数量会大大减少.具体而言,回忆态密度由 $N(E) \propto k^{D-1}(\mathrm{d}k/\mathrm{d}E)$ 给出.例如 $D=2$ 时,低能下的态密度从 $N(E) \propto$ 常数(存在二次色散模)变为 $N(E) \propto E$(存在线性色散模).

包括费曼[①]在内的许多人都强调过,超流的物理学并非源自无能隙模本身,而是由于无能隙模数量匮乏.(毕竟,费米液体也包含无能隙模的连续谱)能作为超流体损失能量和动量的去处的无能隙模太少了.

相对论性与非相对论性

到这里,我们将适时讨论相对论性理论与非相对论性理论中自发对称破缺的微妙区别.考虑4.1节的相对论性理论:$\mathcal{L} = (\partial \Phi^\dagger)(\partial \Phi) - \lambda(\Phi^\dagger \Phi - v^2)^2$.通常可取极限 $\lambda \to \infty$,并保持 v 固定.用4.1节的话来说,"爬上墙头"比"滚下壕沟"多出无限大的能量.这时的理论定义如下:

$$\mathcal{L} = (\partial \Phi^\dagger)(\partial \Phi) \tag{5.8}$$

并有约束 $\Phi^\dagger \Phi = v^2$.这一理论被称为非线性 σ 模型,在6.4中有详细叙述.

在非线性 σ 模型中很容易看出南部-戈德斯通玻色子的存在性.约束要求 $\Phi = v e^{i\theta}$,代入 $\mathcal{L}$ 给出 $\mathcal{L} = v^2(\partial\theta)^2$.这就得到了南部-戈德斯通玻色子 θ.

现在我们将同一方法用于非相对论性的情形.取 $g^2 \to \infty$ 并保持 $\bar{\rho}$ 不变,式(5.1)变形为

$$\mathcal{L} = i\varphi^\dagger \partial_0 \varphi - \frac{1}{2m} \partial_i \varphi^\dagger \partial_i \varphi \tag{5.9}$$

并有约束 $\varphi^\dagger \varphi = \bar{\rho}$.然而,如果此时将约束的解 $\varphi = \sqrt{\bar{\rho}}\, e^{i\theta}$ 代入 $\mathcal{L}$(并舍去全微分 $-\bar{\rho}\partial_0\theta$),可得 $\mathcal{L} = -[\bar{\rho}/(2m)](\partial_i\theta)^2$ 与运动方程 $\partial_i^2\theta = 0$.呃,这是怎么回事? 它甚至都不是一个随时间传播的自由度? 南部-戈德斯通玻色子去哪里了?

---

① Feynman R P. Statistical Mechanics[M]. Boulder:Westview Press,1998.

只要理解了前面所说的内容,你就不至于被这个佯谬困惑太久[①],但是听我说,我用这事搞晕了不少熟知相对论的聪明人.南部-戈德斯通玻色子还在那,但从式(5.6)可知其传播速度 ω/k 随 g 增大而趋于无穷,因此无论 k 是多少,这一激发都从谱上消失了.

为什么在相对论性的情形下,我们就能取到这个"非线性"极限呢?因为我们有洛伦兹不变性!线性模如果存在,它的速度就一定是1.

习题

5.1.1 验证为求得式(5.3)所使用的近似是自洽的.

5.5.2 为将超流体限制在外势能 $W(x)$ 中,我们在式(5.1)中增加一项 $-W(x)\cdot\phi^\dagger(x,t)\phi(x,t)$.导出此时 ϕ 的运动方程.这一方程被称为格罗斯-皮塔耶夫斯基方程,近些年被用于玻色-爱因斯坦凝聚的相关研究.

5.2 欧几里得、玻尔兹曼、霍金与有限温度场论

统计力学与欧几里得场论

早在1.2节中已经提到,想要更严格地定义路径积分,就要运用威克转动 $t=-\mathrm{i}t_E$.这样一来,原本下面这么定义的标量场论

$$\mathcal{Z}=\int \mathrm{D}\varphi\, \mathrm{e}^{(\mathrm{i}/\hbar)\int \mathrm{d}^4 x\left[\frac{1}{2}(\partial\varphi)^2-V(\varphi)\right]} \tag{5.10}$$

就被变换为欧几里得泛函积分:

$$\mathcal{Z}=\int \mathrm{D}\varphi\, \mathrm{e}^{-(1/\hbar)\int \mathrm{d}_E^4 x\left[\frac{1}{2}(\partial\varphi)^2+V(\varphi)\right]}=\int \mathrm{D}\varphi\, \mathrm{e}^{-(1/\hbar)\ell(\varphi)} \tag{5.11}$$

---

① 这一佯谬在 A. Zee 的如下文献中有讨论:Zee A, et al. From Semionics to Topological Fluids[J]. Particle Physics,1991:415.

其中 $d^d x = -i d_E^d x$，而 $d_E^d x \equiv dt_E d^{(d-1)} x$．在式(5.10)中 $(\partial\varphi/\partial t)^2 - (\nabla\varphi)^2$，而在式(5.11)中 $(\partial\varphi)^2 = (\partial\varphi/\partial t_E)^2 + (\nabla\varphi)^2$：这写法着实有点乱，但我还是尽量避免引入太多记号．不妨这样想：$(\nabla\varphi)^2 + V(\varphi)$ 就像一个不受威克转动影响的单元．上面引入的 $\mathcal{E}(\varphi) \equiv \int d_E^d x \left[\frac{1}{2}(\partial\varphi)^2 + V(\varphi)\right]$，可以被自然地看作场 φ 的静态能量泛函．于是，给出 d 维空间中的位型 $\varphi(x)$，它变化得越多，对欧几里得泛函积分 $\mathcal{Z}$ 的贡献就越小．

欧几里得泛函积分式(5.11)可能让你想起统计力学．来自德国的玻尔兹曼先生教导我们，在温度为 $T = 1/\beta$ 的平衡态下，一个经典系统出现某个位型或一个量子系统处于某个态的概率，是归一化后的玻尔兹曼因子 $e^{-\beta E}$，这里的 E 在经典系统中应被理解为位型对应的能量，而在量子系统中则为量子态的能量本征值．特别地，回忆 N 粒子系统的经典统计力学，则有

$$E(p,q) = \sum_i \frac{1}{2m} p_i^2 + V(q_1, q_2, \cdots, q_N) \tag{5.12}$$

则配分函数由下式给出（省略了一个常数因子）：

$$Z = \prod_i \int dp_i dq_i e^{-\beta E(p,q)} \tag{5.13}$$

对 p 做积分，剩下（约化）配分函数：

$$Z = \prod_i \int dq_i e^{-\beta V(q_1, q_2, \cdots, q_N)} \tag{5.14}$$

像1.3节一样，把它升级成场论，令 $i \to x$ 及 $q_i \to \varphi(x)$，可见能量泛函为 $\mathcal{E}(\varphi)$ 的经典场论，只要将符号 $\hbar$ 与温度 $1/\beta$ 对应起来，其配分函数就有式(5.11)的数学形式．于是有

$$\boxed{\begin{array}{c} d \text{ 维时空中的欧几里得场论} \\ \sim d \text{ 维空间中的经典统计力学} \end{array}} \tag{5.15}$$

量子配分函数的泛函积分表示

下面我们换个更好玩的话题——量子统计力学．相空间 $\{p, q\}$ 上的积分由迹替代，即对量子态求和，于是设哈密顿量为 H，量子系统（比如单个粒子）的配分函数有如下形式：

果壳中的量子场论
Quantum Field Theory in a Nutshell

$$Z = \mathrm{tr}\, e^{-\beta H} = \sum_n \langle n \mid e^{-\beta H} \mid n \rangle \tag{5.16}$$

在 1.2 节中我们计算了 $\langle F | e^{-iHT} | I \rangle$ 的积分表示.(切勿混淆时间 T 与温度 T.)假如我们也想要配分函数的积分表示呢?什么都不用做!只需把时间 T 换为 $-i\beta$,设 $|I\rangle = |F\rangle = |n\rangle$ 并对 $|n\rangle$ 求和,可得

$$Z = \mathrm{tr}\, e^{-\beta H} = \int_{\mathrm{PBC}} \mathrm{D}q\, e^{\int_0^\beta \mathrm{d}\tau L(q)} \tag{5.17}$$

跟随式(1.4)与式(1.6)的步骤,你也会发现 $L(q) = \dfrac{1}{2}(\mathrm{d}q/\mathrm{d}\tau)^2 + V(q)$ 正好是在欧几里得时间 τ 下,对应于 H 的拉格朗日量.对 τ 的积分由 0 积到 β.矩阵迹运算下初态和末态相同,因此泛函积分应取遍所有满足边界条件 $q(0) = q(\beta)$ 的路径 $q(\tau)$.下标 PBC 提醒我们不要忘记这个重要的周期边界条件.

上面这些可以立即推广到场论.设 H 是 D 维空间(即 $d = (D+1)$ 维时空)量子场论的哈密顿量,则配分函数式(5.17)为

$$Z = \mathrm{tr}\, e^{-\beta H} = \int_{\mathrm{PBC}} \mathrm{D}\varphi\, e^{\int_0^\beta \mathrm{d}\tau \int \mathrm{d}^D x \mathcal{L}(\varphi)} \tag{5.18}$$

其中积分遍及全部满足下述条件的路径 $\phi(\boldsymbol{x}, \tau)$,

$$\phi(\boldsymbol{x}, 0) = \varphi(\boldsymbol{x}, \beta) \tag{5.19}$$

(此处 φ 表示理论中的玻色场.)

多么重要的结果!为了研究有限温度下的场论,我们只需将其转到欧几里得空间并设置边界条件式(5.19).于是有

$$\boxed{\begin{array}{l} D+1 \text{ 维时空中的欧几里得场论}, 0 \leqslant \tau < \beta \\ \qquad\qquad \sim D \text{ 维空间中的量子统计力学} \end{array}} \tag{5.20}$$

零温极限 $\beta \to \infty$ 下,我们从式(5.18)恢复到无限时空中的威克转动量子场论,正如所料.

温度等价于循环虚时间,这话你要是说给神秘主义爱好者听,那肯定要炸锅了.在算术层面上,两者的关联不过是量子物理中的 e^{-iHT} 与热力学里的 $e^{-\beta H}$ 由解析延拓在形式上相联系.而包括作者在内的一些物理学家,隐约觉得这背后还有更深刻的道理,只是我们目前还理解不了.

有限温度费曼图

如果真的特别想要,我们可以给式(5.18)发展一套微扰论,导出费曼规则,等等.大部分都与以前一样,除了和式(5.19)$\varphi(\boldsymbol{x},0)=\varphi(\boldsymbol{x},\beta)$相关的内容.显然,如果我们对因子 $e^{i\omega\tau}$ 做傅里叶变换,欧几里得频率 ω 只能取离散值 $\omega_n \equiv (2\pi/\beta)n$,其中 n 是整数.标量场的传播子于是变为 $1/(k_4^2+\boldsymbol{k}^2) \rightarrow 1/(\omega_n^2+\boldsymbol{k}^2)$.由此可知,计算配分函数时,我们应先写出相关的欧几里得费曼图,接着不做频率积分,而是对离散频率 $\omega_n=(2\pi T)n(n=-\infty,\cdots,+\infty)$ 求和.换句话说,当你把费曼积分变成 $\int \mathrm{d}_{\mathrm{E}}^d k F(k_{\mathrm{E}}^2)$ 的形式后,只需将其替换成 $2\pi T \sum_n \int \mathrm{d}^D k F[(2\pi T)^2 n^2 + \boldsymbol{k}^2]$.

考察高温极限 $T \rightarrow \infty$ 颇有教益.对 ω_n 求和,由于表达式 $(2\pi T)^2 + \boldsymbol{k}^2$ 出现在分子里,$n=0$ 项最重要.于是这些图相当于是放到 D 维空间里计算.我们丢掉了一个维度! 这样一来,

$$\boxed{\begin{array}{l} D \text{ 维时空中的欧几里得场论},0 \leqslant \tau < \beta \\ \qquad\qquad \sim D \text{ 维空间中的高温量子统计力学} \end{array}} \qquad (5.21)$$

这就是说,高温下的量子统计力学变得经典了(对比式(5.15)).

宇宙学是有限温度量子场论的一个重要应用:早期宇宙可以看作高温下的基本粒子浓汤.

霍金辐射

来自黑洞的霍金辐射,应该是近几十年来引力物理学中最惊人的预言.黑洞的概念源自米歇尔和拉普拉斯,他们注意到大质量的物体的逃逸速度可能超过光速.在经典理论里,物体一旦落入黑洞就完了,没有然后了.但在量子理论中,黑洞可以像特征温度为 T 的黑体一样辐射.

重点是凭借 1.11 节和这里学到的微少知识,我们就能确定黑洞的温度了.全面探讨非常复杂、烦琐且微妙;事实上,有的书全部都用来讨论这个主题.但要做什么多少还是清楚的,从 1.11 节出发,我们需要发展一套弯曲时空量子场论(比如考虑标量场 φ),具体

来说就是存在黑洞的情况,并发问:很久以前的真空态(不存在 φ 量子的状态)在遥远的将来会演化成什么? 我们会发现,这是一个充满了热分布 φ 量子的状态. 在这里就不做了.

事后,大家已经为霍金辐射给出了许多启发性的推导. 下面就是一例. 让我们考虑史瓦西解(见 1.11 节):

$$ds^2 = \left(1 - \frac{2GM}{r}\right)dt^2 - \left(1 - \frac{2GM}{r}\right)^{-1}dr^2 - r^2d\theta^2 - r^2\sin^2\theta d\varphi^2 \tag{5.22}$$

在视界 $r = 2GM$,dt^2 与 dr^2 的系数变号意味着时间与空间即能量和动量发生对换. 肯定有怪事要发生了. 由于量子涨落的存在,粒子与反粒子对在真空中不断产生和湮灭,但一般来说,如我们前面讨论的,不确定性原理限制了正反粒子对的存在时间 $\sim 1/\Delta E$. 在黑洞视界附近情况发生了改变. 一对正反粒子,可以正好在视界处从真空里涨落出来,其中粒子刚好处在视界外而反粒子处于视界内. 大致上说,由于越过视界时能量的定义变了,因此 Δt 可能逃过海森伯限制. 这种粗略论证当然要用细致的计算来支持.

即便一开始不容易看出,如果黑洞真的在确定温度 T 下辐射,我们其实可以用量纲分析简单估计出 T 的大小. 式(5.22)只有 GM 的组合可以用,而它具有长度量纲. 由于 T 具有质量量纲,亦即长度的倒数,所以只能有 $T \propto 1/(GM)$.

要精确求出 T,我们在这用一个比较滑头的论证方法. 注意,这个方法非常滑头、不可尽信,只是拿来吊吊你对正确处理方法的胃口.

想象在史瓦西度规下量子化一个标量场论,按照 1.11 节的做法. 如果在威克转动后,场"感觉"到的时间以 β 为周期,那么根据本章介绍的知识,标量场的量子们就会认为自己存在于温度为 $T = 1/\beta$ 的热库之中.

设 $t \to -\mathrm{i}\tau$,我们将度规转为

$$ds^2 = -\left[\left(1 - \frac{2GM}{r}\right)d\tau^2 + \left(1 - \frac{2GM}{r}\right)^{-1}dr^2 + r^2d\theta^2 + r^2\sin^2\theta d\phi^2\right] \tag{5.23}$$

在刚好处于视界外的区域 $r \gtrsim 2GM$,我们取广义坐标变换 $(\tau, r) \to (\alpha, R)$ 使 ds^2 的前两项变为 $R^2 d\alpha^2 + dR^2$,即二维欧几里得空间在极坐标下的线元平方.

在最低阶近似下,史瓦西因子 $1 - 2GM/r$ 可写为 $(r - 2GM)/(2GM) \equiv \gamma^2 R^2$,其中 γ 为待定常数. 于是第二项变为 $dr^2/(\gamma^2 R^2) = (4GM)^2\gamma^2 dR^2$,因此设 $\gamma = 1/(4GM)$ 可得想要的 dR^2. 由此,$-ds^2$ 中的前两项由 $R^2[d\tau/(4GM)]^2 + dR^2$ 给出. 故而欧几里得时间与极角相联系 $\tau = 4GM\alpha$,有周期 $8\pi GM = \beta$. 我们这就得到了霍金温度:

$$T = \frac{1}{8\pi GM} = \frac{\hbar c^3}{8\pi GM} \tag{5.24}$$

由量纲分析恢复 $\hbar$,我们看到霍金辐射确实是量子效应.

有趣的是,经过威克转动后,接近世界外侧的几何由一个平面和半径为 $2GM$ 的二维球面的直积描述,尽管这一点在上述计算中没有用到.

习题

5.2.1 研究有限温度自由场论 $\mathcal{L} = \dfrac{1}{2}(\partial\varphi)^2 - \dfrac{1}{2}m^2\varphi^2$,导出玻色-爱因斯坦分布.

5.2.2 你也许有所预料,对费米子场而言,周期边界条件式(5.19)要被替换为反周期边界条件 $\psi(\boldsymbol{x},0) = -\psi(\boldsymbol{x},\beta)$ 才能得到 2.5 节中的结果.通过考察最简单的费米子泛函积分证明这一点.(提示:这一事实的最清晰解释可以在下述文献的附录 A 中找到(R. Dashen, B. Hasslacher, and A. Neveu. Phys. Rev. D, 1985, 12:2443.))

5.2.3 考虑有限密度下的量子场论着实有趣,这包括了致密天体或重离子碰撞等情况.(上一章我们研究了有限温度和零温度的玻色子系统.)在统计力学中我们知道,从配分函数可以过渡到巨配分函数 $Z = \mathrm{tr}\, e^{-\beta(H-\mu N)}$,这里为每一个守恒的粒子数 N 引入了一个化学式 μ.譬如,对非相互作用的相对论性费米子,拉格朗日量变为 $\mathcal{L} = \bar{\psi}(\mathrm{i}\partial - m)\psi + \mu\bar{\psi}\gamma^0\psi$.注意有限密度和有限温度破缺洛伦兹不变性.尽可能发展一套有限密度下的量子场论.

5.3 临界现象的朗道-金兹堡理论

非解析性的出现

历史上,自发对称破缺的概念源自朗道与金兹堡的二级相变理论,而后才从凝聚态引入粒子物理.

考虑处于温度 T 热平衡态的铁磁材料.磁化强度 $M(x)$ 的定义,是原子磁矩在远大于相应微观物理尺度的区域中的平均值.(在本章中,我们讨论非相对论性理论,x 只代

表空间坐标.)我们知道,低温下旋转对称性自发破缺,材料里出现指向某一方向的内部磁化.温度升高到临界温度 T_c 后,内部磁化突然消失.我们也知道,随着热激发的增加,原子磁矩越来越指向随机的方向,并相互抵消.更精确地说,实验上发现略低于 T_c 时,磁化强度 $|\boldsymbol{M}|$ 按照 $\sim (T_c - T)^\beta$ 变为 0,这里 $\beta \simeq 0.37$,也就是所谓的临界指数.

这一突然的变化被称为二阶相变,它是一个临界现象的例子.临界现象对理论物理学家曾是一个挑战.原则上说,我们可以从微观哈密顿量 $\mathcal{H}$ 出发计算配分函数 $Z = \operatorname{tr} e^{-\mathcal{H}/T}$,但除非在 $T = 0$,Z 似乎始终是 T 的光滑函数.一些物理学家就此定论,认为像 $(T - T_c)^\beta$ 这样的非解析行为是不可能存在的,而在实验误差范围内 $|\boldsymbol{M}|$ 其实随 T 光滑地变为 0.昂萨格在 1944 年所发现的著名的二维伊辛模型精确且切实地解决了这个问题,这也是其重要性的一个体现.奥秘在于,无限个对某一变量解析的函数,在求和后不一定对同一变量解析.而 $\operatorname{tr} e^{-\mathcal{H}/T}$ 中的迹包括了对无限项的求和.

对称性论证

在大多数情况下,从微观哈密顿量出发计算 Z 实际上是不可能的.朗道和金兹堡天才认识到,在一个体积为 V 的系统中,自由能 G 关于 $\boldsymbol{M}$ 的函数可以从一般原理出发得到.首先,设 $\boldsymbol{M}$ 是关于 x 的常数函数,由旋转对称性可得

$$G = V\left[a\boldsymbol{M}^2 + b(\boldsymbol{M}^2)^2 + \cdots \right] \tag{5.25}$$

其中,$a, b, \cdots$ 是关于温度 T 的未知(但一般认为光滑)函数.除非有特别原因,一般认为对接近 T_c 的 T 有 $a = a_1(T - T_c) + \cdots$(而非如 $a = a_2(T - T_c)^2 + \cdots +$).然而经过 4.1 节的学习,你已经知道会发生什么了.对 $T > T_c$,G 在 $\boldsymbol{M}$ 处取最小值,而在 T 变得低于 T_c 后,新的最小值突然出现在 $|\boldsymbol{M}| = \sqrt{-a/(2b)} \sim (T_c - T)^{\frac{1}{2}}$.旋转对称性自发破缺了,神秘的非解析行为跳了出来.

为了加入 $\boldsymbol{M}$ 随空间改变的可能性,朗道和金兹堡提出 G 应有以下形式:

$$G = \int d^3x \left\{ \partial_i \boldsymbol{M} \partial_i \boldsymbol{M} + a\boldsymbol{M}^2 + b(\boldsymbol{M}^2)^2 + \cdots \right\} \tag{5.26}$$

其中,$(\partial \boldsymbol{M})^2$ 的系数已经靠改变 $\boldsymbol{M}$ 的标度而设为 1.你应该能认出来,式(5.26)正是我们一直研究的欧几里得版标量场论.由量纲分析指导,$1/\sqrt{a}$ 确定了长度的标度.更确切地讲,对 $T > T_c$,我们外加一个微扰外磁场 $\boldsymbol{H}(x)$,即加入一项 $-\boldsymbol{H} \cdot \boldsymbol{M}$.假设 $\boldsymbol{M}$ 很小,那么

通过最小化 G 就能得到 $(-\partial^2 + a)\boldsymbol{M} \simeq \boldsymbol{H}$,

$$\boldsymbol{M}(x) = \int \mathrm{d}^3 y \int \frac{\mathrm{d}^3 k}{(2\pi)^3} \frac{\mathrm{e}^{ik\cdot(x-y)}}{k^2 + a} \boldsymbol{H}(y) \tag{5.27}$$

$$= \int \mathrm{d}^3 y \frac{1}{4\pi \mid \boldsymbol{x} - \boldsymbol{y} \mid} \mathrm{e}^{-\sqrt{a}\mid x-y\mid} \boldsymbol{H}(y) \tag{5.28}$$

(回忆式(1.59)中的积分——让我们赞美物理学的统一性!)

假设我们用局部的尖峰状磁场在原点产生磁化强度 $\boldsymbol{M}(0)$,通过考察此时磁化强度 $\boldsymbol{M}(x)$ 的大小,可以定义关联函数 $\langle \boldsymbol{M}(x)\boldsymbol{M}(0) \rangle$,这是一种标准做法. 一般认为,关联函数随距离衰减如 $\mathrm{e}^{-\mid x\mid}/\xi$,其中关联长度 ξ 在 T 从上方接近 T_c 时趋于发散. 临界指数 ν 一般由 $\xi \sim 1/(T - T_\mathrm{c})^\nu$ 定义.

朗道-金兹堡理论又称平均场论,其中 $\xi = 1/\sqrt{a}$ 而 $\nu = \dfrac{1}{2}$.

在这里,临界指数 β 和 ν 有多接近实验数据并不重要,重要的是它们从朗道-金兹堡理论中轻轻松松地涌现了出来. 这一理论为临界现象的完备理论提供了出发点,而后者终将由卡达诺夫(Kadanoff)、费舍尔(Fisher)、威尔逊(Wilson)等人用重正化群方法(将在 6.8 节中讨论)发展完成.

故事里说,朗道为理论物理学家做过一个对数标度的排名,其中爱因斯坦为最高,而发明朗道-金兹堡理论,让他自个儿在这个排名里向上提高了半个等级.

习题

5.3.1 还有一个重要的临界指数 γ,由磁化率 $\chi \equiv (\partial M/\partial H)\mid_{H=0}$ 随 T 接近 T_c 发散 $\sim 1/\mid T - T_\mathrm{c} \mid^\gamma$ 来定义. 确定朗道-金兹堡理论中的 γ.(提示:这个问题有两种解法:① 给式(5.25)增加一项 $-\boldsymbol{H} \cdot \boldsymbol{M}$,设 $\boldsymbol{H}$ 与 $\boldsymbol{M}$ 是位置的常数函数,求解 $\boldsymbol{M}(H)$. ② 计算磁化率函数 $\chi_{ij}(x-y) \equiv [\partial M_i(x)/\partial H_j(y)]\mid_{H=0}$,并对空间积分.)

5.4 超导性

成对与凝聚

把一些特定物质冷却到特定的临界温度 T_c 以下,会让它们突然变得超导.历史上,物理学家曾长期怀疑超导和超流一样,都与玻色-爱因斯坦凝聚有关.然而电子是费米子,不是玻色子,它们必须先成对变为玻色子,这才能发生凝聚.我们现在知道,这个一般性图像本质上来说是正确的:电子形成库珀对,库珀对的凝聚导致了超导.

靠着天才的直觉,朗道与金兹堡意识到,即便不知道电子成对的具体机制,通过研究与这些发生凝聚的玻色子相关的场 $\varphi(x)$,便可以在很大程度上理解超导现象.他们假设 $\varphi(x)$ 在温度低于 T_c 时变为非零,正如在铁磁相变中,一旦系统温度低于临界温度,铁磁体的磁化强度 $M(x)$ 突然由 0 变为非零值.(本节中 x 仅表示空间坐标.)在统计物理学中,形如 $M(x)$ 与 $\varphi(x)$ 这类在相变过程中变化的量,被称为序参量.

场 $\varphi(x)$ 携带两单位电荷,因而取复数值.这里我们大体按照 5.3 节展开讨论,只是因为 φ 携带电荷,需要将 $\partial_i\varphi$ 替换为 $\mathrm{D}_i\varphi \equiv (\partial_i - \mathrm{i}2eA_i)\varphi$.按照朗道和金兹堡的办法将磁场能包含进来,自由能可以写为

$$\mathcal{F} = \frac{1}{4}F_{ij}^2 + |\,\mathrm{D}_i\varphi\,|^2 + a\,|\,\varphi\,|^2 + \frac{b}{2}\,|\,\varphi\,|^4 + \cdots \tag{5.29}$$

上式显然在 $U(1)$ 规范变换 $\varphi \to \mathrm{e}^{\mathrm{i}2e\Lambda}\varphi$ 和 $A_i \to A_i + \partial_i\Lambda$ 下不变.如前所述,为了让 $|\,D_i\varphi\,|^2$ 的系数为 1,只需改变 $\varphi(x)$ 的归一化条件.

式(5.29)与式(4.86)的相似性昭然若揭.

迈斯纳效应

迈斯纳效应是超导现象的一大标志.当温度低于 T_c 时,穿透物质的外磁场 B 会被超导体排斥出来.换而言之,在超导材料中施加常磁场会提高系统能量.在临界温度 T_c

303

时,电磁学在材料中的有效定律一定发生了某种变化.通常来说,常磁场对应了$\sim B^2 V$ 量级的能量,其中 V 是材料体积.假设能量密度从标准的 B^2 变为 A^2(有 $\nabla \times A = B$).对常磁场 B,A 随距离变大而增长,因此总能量会增加得比 V 快.材料进入超导态后,要有大得出奇的能量才能维持常磁场的存在,因此排出这些磁场就更加经济实惠了.

注意在有效能量密度中,形如 A^2 的项保持旋转与平移不变性,但违反电磁规范不变性.好在从 4.6 节中,我们已经知道怎么破缺规范不变性了.说真的,那时候的 $U(1)$ 规范理论和这会儿的超导理论本质上是一回事,就差一个威克转动.

按 5.3 节中的老办法,我们假设温度 $T \simeq T_c$,b 恒正而 $a \simeq a_1(T - T_c)$,当温度高于 T_c 时自由能 $\mathcal{F}$ 在 $\varphi = 0$ 处取最小值,反之 $|\varphi| = \sqrt{-a/b} \equiv v$.这都是老黄历了,你已经学过,在规范理论中的对称破缺会导致规范场获得质量.从式(5.29)中容易得出

$$\mathcal{F} = \frac{1}{4} F_{ij}^2 + (2ev)^2 A_i^2 + \cdots \tag{5.30}$$

有上式就能解释迈斯纳效应了.

伦敦穿透深度和相干长度

在物理上看,磁场无法从超导体外的有限值直接跳到超导体内的零值,相反,它会在某个特征尺度上逐渐转变为零,这个尺度就是伦敦穿透深度.磁场泄露进超导体一点点长度 l,磁场能量 $F_{ij}^2 \sim (\partial A)^2 \sim A^2/l^2$ 与式(5.30)中的迈斯纳项 $(2ev)^2 A^2$ 相互竞争,共同决定了这个尺度.由此朗道与金兹堡求得伦敦穿透深度 $l_L \sim 1/(ev) = (1/e)\sqrt{b/(-a)}$.

一个相似的概念是相干长度 l_φ,它是序参量发生变化的长度尺度.通过平衡式(5.29)的第二项和第三项,大致上 $(\partial \varphi)^2 \sim \varphi^2/l_\varphi^2$ 和 $a\varphi^2$ 相差不多,可以估计出相干长度的大小大约是 $l_\varphi \sim 1/\sqrt{-a}$ 的量级.

总而言之,便有

$$\frac{l_L}{l_\varphi} \sim \frac{\sqrt{b}}{e} \tag{5.31}$$

从 4.6 节中你可能已经发现了,这就是标量场质量和矢量场质量的比值.

早先我曾提及,自发对称破缺的概念是从凝聚态物理学引入到粒子物理学中的.想当年,南部阳一郎在芝加哥大学听了一场关于巴丁-库珀-施里弗(BCS)理论的报告,演讲

人正是施里弗. 此后, 南部在将自发对称破缺概念引入粒子物理学的工作中, 发挥了至关重要的作用.

习题

5.4.1 对式(5.29)做变分求得 A 的方程, 更严格地确定伦敦穿透深度.

5.4.2 更严谨地确定相干长度.

5.5 佩尔斯失稳

无相互作用的跳跃的电子

在固体中, 出现狄拉克方程和相对论性场论自然令人震惊, 但确实可能. 考虑这样的哈密顿量:

$$H = -t \sum_j (c_{j+1}^\dagger c_j + c_j^\dagger c_{j+1}) \tag{5.32}$$

它描述了电子在一维格子上的跳跃(图5.1). 此处 c_j 湮灭一个位点 j 处的电子. 这样一来, 上面的第一项描述一个电子从 j 跳跃到 $j+1$ 号位点, 振幅为 t. 这里省去了自旋下标. 这便是描述固体的最简单模型; 费曼的"大学新生讲义"是学习相关内容的好材料.

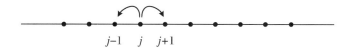

$$j{-}1 \quad j \quad j{+}1$$

图 5.1

傅里叶变换下 $c_j = \sum_k e^{ikaj} c(k)$ (其中 a 是位点间的距离), 我们立即可以得到能量谱 $\varepsilon(k) = -2t\cos(ka)$ (图5.2). 在由 N 个位点组成的格子上设置周期边界条件, 会使得 $k =$

$[2\pi/(Na)]n$,其中 n 是在 $-\frac{1}{2}N$ 到 $\frac{1}{2}N$ 之间取值的整数.当 $N \to \infty$ 时,k 从离散变量过渡为连续变量.入乡随俗,区间 $-\pi/a < k \leqslant \pi/a$ 被称为布里渊区.

这个东西与相对论完全不搭界.平心而论,在能谱底端(相差一个无关紧要的可加性常数)能量 $\varepsilon(k) \simeq 2t\frac{1}{2}(ka)^2 \equiv k^2/(2m_{\text{eff}})$.电子有非相对论性色散关系,其中有效质量为 m_{eff}.

然而,让我们在系统中填充电子,直到触及某个费米能量 ε_F(图 5.2).注意费米面附近的一个电子,以 c_F 作为原点测量其能量,以 $+k_F$ 作为原点测量其动量.假设我们只对能量远小于 ε_F 的电子感兴趣,即 $E \equiv \varepsilon - \varepsilon_F \ll \varepsilon_F$.又假设这个电子的动量也远小于 k_F,即 $p \equiv k - k_F \ll k_F$.这样的电子有线性的能量-动量色散关系 $E = v_F p$,其中费米速度 $v_F = (\partial\varepsilon/\partial k)|_{k=k_F}$.我们把这些电子的场称为 ψ_R,下标 R 表示它们始终"向右移动".这些电子满足运动方程 $(\partial/\partial t + v_F\partial/\partial x)\psi_R = 0$.

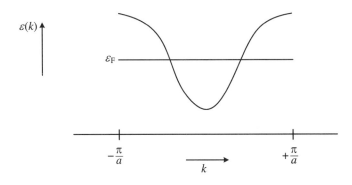

图 5.2

与之相似,动量在 $-k_F$ 附近的电子满足色散关系 $E = -v_F p$.我们将它的场记作 ψ_L,其中 L 表示"向左移动".它满足运动方程 $(\partial/\partial t - v_F\partial/\partial x)\psi_L = 0$.

狄拉克方程登场

把上面的物理用拉格朗日量总结一下,就是下面的形式:

$$\mathcal{L} = i\psi_R^\dagger\left(\frac{\partial}{\partial t} + v_F\frac{\partial}{\partial x}\right)\psi_R + i\psi_L^\dagger\left(\frac{\partial}{\partial t} - v_F\frac{\partial}{\partial x}\right)\psi_L \tag{5.33}$$

引入二分量场 $\psi = \begin{pmatrix} \psi_L \\ \psi_R \end{pmatrix}$，及 $\bar{\psi} \equiv \psi^\dagger \gamma^0 \equiv \psi^\dagger \sigma_2$，并选取单位使 $v_F = 1$，$\mathcal{L}$ 就可以写成更紧凑的形式：

$$\mathcal{L} = i\psi^\dagger \left(\frac{\partial}{\partial t} - \sigma_3 \frac{\partial}{\partial x} \right) \psi = \bar{\psi} i \gamma^\mu \partial_\mu \psi \tag{5.34}$$

其中，$\gamma^0 = \sigma_2$ 和 $\gamma^1 = i\sigma^1$ 满足克利福德代数 $\{\gamma^\mu, \gamma^\nu\} = 2g^{\mu\nu}$.

震惊！$1+1$ 维狄拉克拉格朗日量竟现身于完全非相对论性的情景中！

一种失稳

现在接着讨论一个重要的现象，它的名字叫佩尔斯失稳. 这里只能比较简略地讲一下. 毋需多说，本书不是固体物理教材，但想搞清楚本书跳过的部分总是不难做到的.

鲁道福·佩尔斯（Rudolf Peierls）考虑了晶格中出现的一种扭曲，其中离子 j 从平衡位置偏离 $\cos[q(ja)]$.（1.1 节中床垫的阴影！）波矢 $q = 2k_F$ 的晶格扭曲会连接动量为 k_F 和 $-k_F$ 的电子. 换句话说，这种扭曲联系右移电子和左移电子，在我们的场论语言里就是 ψ_R 和 ψ_L 了. 因为费米海上的右移电子和左移电子能量相同（咳！也就是 ε_F），这个情形就很有趣，需要用简并微扰论来处理：$\begin{pmatrix} \varepsilon_F & 0 \\ 0 & \varepsilon_F \end{pmatrix} + \begin{pmatrix} 0 & \delta \\ \delta & 0 \end{pmatrix}$ 给出本征值 $\varepsilon_F \pm \delta$. 费米海上就这样打开了一个能隙. 这里的 δ 代表了微扰. 由此佩尔斯推断出，在波矢为 $2k_F$ 的微扰作用下系统不稳定，能谱也会出现急剧变化.

系统电子数量半满时会有特别有趣的情形（也就是说，每个位点上平均有一个电子——回忆电子有上、下两种自旋取向）. 换而言之，$k_F = \pi/(2a)$ 即 $2k_F = \pi/a$. 图 5.3 里的晶格扭曲就具有这种波矢. 佩尔斯证明，半满系统倾向于产生让单胞尺寸加倍的晶格扭曲. 从场论角度探讨这一现象的成因是很有益处的.

图 5.3

将位点 j 处离子的位移记为 d_j. 在连续性极限下，d_j 可用一个标量场代替. 试证明

联系 ψ_R 和 ψ_L 的微扰耦合是 $\bar{\psi}\psi$ 与 $\bar{\psi}\gamma^5\psi$,且 $\bar{\psi}\psi$ 与 $\bar{\psi}\gamma^5\psi$ 的线性组合总可以用手性变换旋转为 $\bar{\psi}\psi$(见习题5.5.1),于是式(5.34)被扩充为

$$\mathcal{L} = \bar{\psi}\mathrm{i}\gamma^\mu\partial_\mu\psi + \frac{1}{2}\left[(\partial_t\varphi)^2 - v^2(\partial_x\varphi)^2\right] - \frac{1}{2}\mu^2\varphi^2 + g\varphi\bar{\psi}\psi + \cdots \qquad (5.35)$$

回想一下,你在习题4.3.2中求解过这个$(1+1)$维场论的有效势 $V_{\mathrm{eff}}(\varphi)$:在 φ 为小量时,$V_{\mathrm{eff}}(\varphi)$ 约为 $\varphi^2\ln\varphi^2$,压制了另一项 $\frac{1}{2}\mu^2\varphi^2$.这样一来,对称性 $\varphi \to -\varphi$ 动态地发生了破缺.场 φ 获得真空期望值而 ψ 获得了质量.也就是说,电子能谱出现了一个能隙.

习题

5.5.1 像2.1节里的讨论一样,你很容易地看出 2×2 矩阵空间由 I,γ^μ 和 $\gamma^5 \equiv \gamma^0\gamma^1 = \sigma_3$ 四个矩阵张成.(注意这个看着奇怪但很标准的记号 γ^5.)说服自己,正如在 $(3+1)$ 维时空里一样,$\frac{1}{2}(I \pm \gamma^5)$ 会把右手场和左手场投影掉.证明双线性形式 $\bar{\psi}\gamma^\mu\psi$ 中,左手场和左手场相联系,右手场和右手场联系,而在标量 $\bar{\psi}\psi$ 和赝标量 $\bar{\psi}\gamma^5\psi$ 中左、右手场互相联系,最后,注意在变换 $\psi \to \mathrm{e}^{\mathrm{i}\theta\gamma^5}\psi$ 下,上述标量和赝标量相互旋转到对方.验证这一变换下无质量狄拉克拉格朗日量式(5.34)不变.

5.6 孤子

打破费曼图的枷锁

在教授量子场论时,我喜欢和学生说,场论家们直到1970年代中叶都在努力打破费曼图的枷锁.这话听着有点夸张,但直到那时,由于在量子电动力学中辉煌的成就,费曼图几乎过度地控制了许多场论家的思维方式.我还是学生的时候,人们说费曼图定义了

量子场论,而量子场就像"几片鹿肉"[①],导出费曼规则后便可弃如敝履.那时候,大家都觉得没必要认真对待 $\varphi(x)$.下面我们会看到,在发现拓扑孤子之后,这一观点便永远地崩溃了.

小振动与大块头

再一次考虑一下大家喜爱的玩具模型 $\mathcal{L} = \frac{1}{2}(\partial \varphi)^2 - V(\varphi)$,其中有"著名"的 $(1+1)$ 维空间双势阱 $V(\varphi) = (\lambda/4)(\varphi^2 - v^2)^2$.在4.1节中,我们学会了从两个真空 $\varphi = \pm v$ 中选一个研究它附近的小振动.那就选一个,这时 $\varphi = v + \chi$,将 $\mathcal{L}$ 关于 χ 展开,再研究质量为 $\mu = (\lambda v^2)^{\frac{1}{2}}$ 的 χ 介子的动力学.真空 v 附近的、通过合适手段量子化的振动波构成了这里的物理现象.

然而完整的故事还要更复杂一些.也可以存在一种不含时的场构型 $\varphi(x)$(这里和下一章中 x 只对应空间,除非有特殊说明)在 $x \to -\infty$ 时取 $-v$,在 $x \to +\infty$ 时取 $+v$,而在某一点 x_0 附近,l 尺度的距离上从 $-v$ 变成 $+v$,如图5.4(a)所示.(注意,若是考虑欧几里得场论,将时间坐标对应为 y,并将 $\varphi(x, y)$ 视作磁化强度(如5.3节),那么此处的构型描述了二维磁性系统中的一个"磁畴壁".)

考虑这一位型下单位长度的能量:

$$\varepsilon(x) = \frac{1}{2}\left(\frac{\mathrm{d}\varphi}{\mathrm{d}x}\right)^2 + \frac{\lambda}{4}(\varphi^2 - v^2)^2 \tag{5.36}$$

如图5.4(b)所示.在远离 x_0 的地方,我们处于两个真空之一,并没有能量密度.在靠近 x_0 的地方,$\varepsilon(x)$ 的两项都对能量或质量 $M = \int \mathrm{d}x \varepsilon(x)$ 有贡献:"空间变化"(一种常用但不严谨的叫法是"动能")项 $\int \mathrm{d}x \frac{1}{2}(\mathrm{d}\varphi/\mathrm{d}x)^2 \sim l(v/l)^2 \sim v^2/l$,和"势能"项 $\int \mathrm{d}x \lambda(\varphi^2 - v^2)^2 \sim l\lambda v^4$.最小化总能量时,空间变化项希望 l 尽可能大,而势能项则希望 l 尽可能小.这一竞争给出 $\mathrm{d}M/\mathrm{d}l = 0$ 有 $v^2/l \sim l\lambda v^4$,于是确定了 $l \sim (\lambda v^2)^{-\frac{1}{2}} \sim 1/\mu$.质量于是为 $\sim \mu v^2 \sim \mu(\mu^2/\lambda)$.

这样一来,一大块能量分布在一个长度 l 的区域里,长度大约由 χ 介子的康普顿波

[①] 盖尔曼常说,法国人会用两片鹿肉夹住蓝鹀来烹饪,完毕后便将鹿肉丢弃.他力推过一个研究量子场论代数结构的项目,后来也半途而废了.

长给出. 由于平移不变性, 大块的中心 x_0 在哪都行. 进一步地说, 由于洛伦兹不变性, 我们也可以让这块能量以任意速度运动. 美国政坛有句老话: "既然这玩意走起路来像鸭子, 叫起来也像鸭子, 议员先生, 您为何不称它是鸭子?"这样一来, 这里就有了一个粒子, 称为扭折或孤子, 其质量为 $\sim \mu(\mu^2/\lambda)$, 尺寸为 $\sim l$. 大概是由于孤子被发现的方式, 许多物理学家把它看作一个大块头, 但是从上面的内容也看到了孤子的尺寸 $l \sim 1/\mu$ 可以要多小有多小, 只要增加 μ 就可以了. 因而孤子可以看着像个点粒子. 这点在 6.3 节讨论对偶的时候还会遇到.

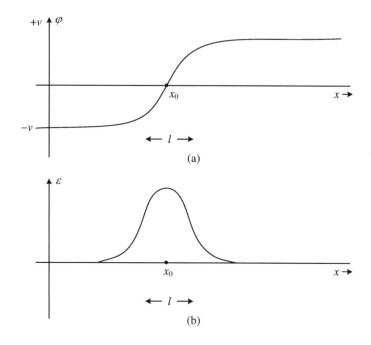

图 5.4

拓扑稳定性

假设扭折和介子尺寸一致, 小 λ 时扭折质量要比介子大得多. 尽管如此, 扭折却不能衰变成介子, 因为要无限大的能量才能复原扭折(譬如, 得把介于某个 $\gtrsim x_0$ 的点到 $+\infty$ 之间的点 x 的 $\varphi(x)$"抬"过势垒, 使其取值从 $+v$ 变为 $-v$). 这时扭折被称为拓扑稳定.

这一稳定性, 在形式上由守恒流保证:

$$J^{\mu} = \frac{1}{2v}\varepsilon^{\mu\nu}\partial_{\nu}\varphi \tag{5.37}$$

其守恒荷为

$$Q = \int_{-\infty}^{+\infty} \mathrm{d}x J^{0}(x) = \frac{1}{2v}\left[\varphi(+\infty) - \varphi(-\infty)\right] \tag{5.38}$$

介子是局域化的小块场振动,显然 $Q = 0$,而扭折有 $Q = 1$. 因此,扭折不能衰变为一系列介子. 巧的是,守恒和密度 $J^{0} = [1/(2v)](\mathrm{d}\varphi/\mathrm{d}x)$ 集中在 x_0 处,如你所料这里 $\varphi(x)$ 变化最快.

注意 $\partial_{\mu}J^{\mu} = 0$ 直接由反对称符号 $\varepsilon^{\mu\nu}$ 导致,而不受运动方程的影响. 这个 J^{μ} 被称为"拓扑流". 它的存在不是由于诺特定理(见 1.10 节)而是由于拓扑.

上述讨论也清楚地说明了反扭折 $Q = -1$ 的存在性,它由构型 $\varphi(-\infty) = +v$ 和 $\varphi(+\infty) = -v$ 定义. 这一定义可用图 5.5 中的构型说明,图中存在相距很远的一对正、反扭折. 当扭折与反扭折相互接近时,两者显然湮灭成介子,因为图 5.5 中的构型与真空构型 $\varphi(x) = +v$ 只相差有限的能量.

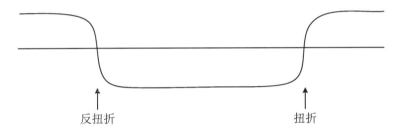

反扭折   扭折

图 5.5

非微扰现象

扭折的质量与耦合强度 λ 成反比,这意味着即便场论家们对 λ 做微扰展开时算得精疲力竭,也无法发现扭折的存在. 靠费曼图无法说明这个现象.

可以通过最小化如下能量来计算扭折的质量:

$$M = \int \mathrm{d}x\left[\frac{1}{2}\left(\frac{\mathrm{d}\varphi}{\mathrm{d}x}\right)^{2} + \frac{\lambda}{4}(\varphi^{2} - v^{2})^{2}\right] \tag{5.39}$$

$$= \left(\frac{\mu^{2}}{\lambda}\right)\mu\int \mathrm{d}y\left[\frac{1}{2}\left(\frac{\mathrm{d}f}{\mathrm{d}y}\right)^{2} + \frac{1}{4}(f^{2} - 1)^{2}\right] \tag{5.40}$$

最后一步明显地用到了标度关系 $\varphi(x) \rightarrow vf(y)$ 及 $y = \mu x$. 这一标度论证立即体现出扭折的质量 $M = a(\mu^2/\lambda)\mu$, 其中 a 为常数. 这一启发性的质量估计其实非常可靠. $\varphi(x)$ 的确切函数形式以及 a 可以用标准变分方法直接算出.

博格莫尔内不等式

还有更聪明的办法. 注意到能量密度式(5.36)是两项平方和. 使用 $a^2 + b^2 \geqslant 2|ab|$ 可得

$$M \geqslant \int dx \left(\frac{\lambda}{2}\right)^{\frac{1}{2}} \left|\left(\frac{d\varphi}{dx}\right)(\varphi^2 - v^2)\right| \geqslant \left(\frac{\lambda}{2}\right)^{\frac{1}{2}} \left|\left[\frac{1}{3}\varphi^3 - v^2\varphi\right]_{-\infty}^{+\infty}\right| = \left|\frac{4}{3\sqrt{2}}\mu\left(\frac{\mu^2}{\lambda}\right)Q\right| \tag{5.41}$$

我们有以下优雅的结果:

$$M \geqslant |Q| \tag{5.42}$$

其中, 质量单位为 $(4/3\sqrt{2})\mu(\mu^2/\lambda)$. 这是在弦论中有重要应用的博格莫尔内不等式的特例.

习题

5.6.1 证明: 如果 $\varphi(x)$ 是运动方程的一个解, 则 $\varphi\left[(x - vt)/\sqrt{1 - v^2}\right]$ 亦然.

5.6.2 讨论正弦戈登理论 $\mathcal{L} = \frac{1}{2}(\partial\varphi)^2 - g\cos(\beta\varphi)$ 中的孤子, 找出拓扑流. $Q = 2$ 时孤子稳定吗?

5.6.3 暴力计算扭折的质量, 验证博格莫尔内不等式的结果.

5.7 涡旋、单极子和瞬子

涡旋

在量子场论里,扭折只是许多拓扑对象中最简单的一个例子.

考虑一个(2+1)维时空中的复标量场理论,其中势能是大家都熟悉的墨西哥帽型 $\mathcal{L} = \partial\varphi^\dagger\partial\varphi - \lambda(\varphi^\dagger\varphi - v^2)^2$. 稍微改变一下记号,这就成为了描述相互作用玻色子和超流的理论.(这里选用了相对论性版本,而不是凝聚态里常用的非相对论性理论,不过这不影响现在要讨论的问题.)

这个理论里有没有孤子? 有没有扭折状的对象呢?

对于不含时位型 $\varphi(x)$,考虑其能量或质量:

$$M = \int d^2 x \left[\partial_i\varphi^\dagger\partial_i\varphi + \lambda(\varphi^\dagger\varphi - v^2)^2 \right] \tag{5.43}$$

被积函数是平方和的形式,每一个平方都会对最终结果贡献一个有限值.特别地,为了让第二项的贡献有限,在无限远处 φ 的大小必须趋于 v.

但能量有限这个要求并不限制 φ 的相位.选取极坐标 (r, θ),并假设 $\varphi \underset{r \to \infty}{\longrightarrow} ve^{i\theta}$. 令 $\varphi = \varphi_1 + i\varphi_2$,可见矢量 $(\varphi_1, \varphi_2) = v(\cos\theta, \sin\theta)$ 在无限远处沿径向指向外侧.回忆 3.5 节中玻色流体中流的定义 $J_i = i(\partial_i\varphi^\dagger\varphi - \varphi^\dagger\partial_i\varphi)$. 这一玻色子流在无穷远处旋转飞舞,这一位型于是被称为涡旋.

通过直接求导或者用量纲分析方法都能得到,在 $r \to \infty$ 时有 $\partial_i\varphi \sim v(1/r)$. 现在看 M 中的第一项.糟糕,能量在对数发散 $v^2 \int d^2 x (1/r^2)$.

这要怎么办? 除了换个理论也没什么办法.

从涡旋到通量管

假设我们给理论加入规范结构,将 $\partial_i\varphi$ 替换为 $D_i\varphi = \partial_i\varphi - ieA_i\varphi$. 这时只要让 $D_i\varphi$ 中

的两项相互抵消,$D_i\varphi\underset{r\to\infty}{\to}0$且衰减速度快于$1/r$,就能保证能量有限了.换句话说,得让$A_i\underset{r\to\infty}{\to}-(i/e)(1/|\varphi|^2)\varphi^\dagger\partial_i\varphi=(1/e)\partial_i\theta$.这就立马有

$$\text{Flux}\equiv\int\mathrm{d}^2xF_{12}=\oint_C\mathrm{d}x_iA_i=\frac{2\pi}{e}\tag{5.44}$$

其中,C是空间无限远处的一个无限大圆圈,上面用到了斯托克斯定理.于是,在$U(1)$规范理论中涡旋携带反比于规范荷的磁通量.这里说到磁性,其实是假设A代表了电磁规范势.这里讨论的涡旋,在所谓第二类超导体中体现为磁通量管.需要说明一下,在凝聚态物理学文献中通量的基本单位式(5.44)一般是用非自然单位写为

$$\Phi_0=\frac{hc}{e}\tag{5.45}$$

十分可喜地统一了自然界的三个常数.

同伦群

由于二维空间的无限远处在拓扑上等价于一个单位圆S^1,又因为$|\varphi|=v$的场构型也构成一个圆S^1,这一边界条件可以写为如下映射$S^1\to S^1$.对应的场构型确实是拓扑稳定的.(想象在一个圆环上绕线圈.)

数学上来说,从S^n到流形M的映射由同伦群$\Pi_n(M)$分类,后者数出了拓扑不等价映射的数量.你可以通过查表[①]来了解不同流形的同伦群.特别来说,对$n\geqslant1,\Pi_n(S^n)=Z$,其中Z是整数集的数学符号.最简单的例子$\Pi_1(S^1)=Z$可通过考察映射$\varphi\underset{r\to\infty}{\to}ve^{im\theta}$来轻松证明,其中$m$是任意整数(可正可负),其他符号和意义都与前面的讨论保持一致.显然这一映射在圆环上缠绕了m次.

同伦群这套语言不光是用来吓人的,同时也是一套描述拓扑孤子的统一语言.实际上,回过头去可以看出扭折正是$\Pi_0(S^0)=Z_2$在物理学上的展现,其中Z_2代表$\{+1,-1\}$组成的乘法群(由于0维球面$S^0=\{+1,-1\}$由两点组成,因此它拓扑等价于一维空间的无穷远).

---

① 参见 Tables 6.Ⅴ and 6.Ⅵ, S. Iyanaga and Y. Kawada, eds., *Encyclopedic Dictionary of Mathematics*, p. 1415.

刺猬和单极子

上面的都学懂了,你就能研究(3+1)维时空了.空间无穷远这时在拓扑上是 S^2.要知道,标量场如果定义在流形 M 上,在空间无穷远处它就是一个 $S^2 \to M$ 的映射.最简单的选择就是假设 M 也是 S^2.于是有标量场 $\varphi^a (a = 1, 2, 3)$,作为矢量按内部对称群 $O(3)$ 变换,拉格朗日量为 $\mathcal{L} = \frac{1}{2} \partial \boldsymbol{\varphi} \cdot \partial \boldsymbol{\varphi} - V(\boldsymbol{\varphi} \cdot \boldsymbol{\varphi})$.(这里用黑斜体来表示内部对称群的矢量应该没什么歧义吧.)

选择 $V = \lambda(\boldsymbol{\varphi}^2 - v^2)^2$.故事与涡旋差不多.下述不含时位型的质量

$$M = \int \mathrm{d}^3 x \left[\frac{1}{2}(\partial \boldsymbol{\varphi})^2 + \lambda(\boldsymbol{\varphi}^2 - v^2)^2 \right] \tag{5.46}$$

应满足有限条件,于是有空间无限远处 $|\boldsymbol{\varphi}| = v$,这也印证了 $\boldsymbol{\varphi}(r = \infty)$ 确实定义在 S^2 上.

从恒等映射 $S^2 \to S^2$ 来看,应该考虑如下位型:

$$\varphi^a \xrightarrow[r \to \infty]{} v \frac{x^a}{r} \tag{5.47}$$

这方程乍一看有点怪,因为它把内部对称群的指标和空间坐标混为一谈了(其实我们在涡旋那里已经遇到过).在空间无限远处,场 $\boldsymbol{\varphi}$ 沿径向朝外,因此这一位型在图像上就像一只刺猬.画画看你就知道了.

与涡旋理论一样,为了保证式(5.46)中第一项的贡献有限,必须引入 $O(3)$ 规范势 A_μ^b 来将普通导数 $\partial_i \varphi^a$ 替换为协变导数 $\mathrm{D}_i \varphi^a = \partial_i \varphi^a + e \varepsilon^{abc} A_i^b \varphi^c$.这样就可以令 $\mathrm{D}_i \varphi^a$ 在无穷远处为零.通过简单算术可知,式(5.47)中的规范势应有如下趋势:

$$A_i^b \xrightarrow[r \to \infty]{} \frac{1}{e} \varepsilon^{bij} \frac{x^j}{r^2} \tag{5.48}$$

假设你在空间无穷远处建了一个实验室.只要实验室修得够小,不同位置处 $\boldsymbol{\varphi}$ 场就会几乎指向同一个方向.规范群 $O(3)$ 破缺为 $O(2) \sim U(1)$.实验室里的实验家于是观测到无质量的 $U(1)$ 规范玻色子,也说不定会称之为电磁场("叫起来像鸭子").说实在的,对应的规范不变张量场

$$\mathcal{F}_{\mu\nu} \equiv \frac{F_{\mu\nu}^a \varphi^a}{|\varphi|} - \frac{\varepsilon^{abc} \varphi^a (\mathrm{D}_\mu \varphi)^b (\mathrm{D}_\nu \varphi)^c}{e |\varphi|^3} \tag{5.49}$$

315

还真像那么回事,就是电磁场(见习题5.7.5).

注意到由于位型不含时,因此这里的场量中没有电场,且 $A_0^b = 0$. 从 A_i^b 出发则容易计算磁场 $\boldsymbol{B}$,而由对称性可知,磁场 $\boldsymbol{B}$ 只能沿径向.

这就是狄拉克所提出的童话般的磁单极子!

磁单极子存在于自发对称破缺的规范理论中,这是霍夫特与波利亚科夫(A. Polyakov)发现的.若是计算流出单极子的磁通量 $\int \mathrm{d}\boldsymbol{S} \cdot \boldsymbol{B}$,其中 $\mathrm{d}\boldsymbol{S}$ 如常为无穷远处沿径向外侧的面积元,你会发现通量是量子化的,和狄拉克所说的完全一样,而且它也必然如此.(回忆4.4节.)

再次对单极子质量使用博格莫尔内不等式:

$$M = \int \mathrm{d}^3 x \left[\frac{1}{4}(\boldsymbol{F}_{ij})^2 + \frac{1}{2}(\mathrm{D}_i \boldsymbol{\varphi})^2 + V(\boldsymbol{\varphi}) \right] \tag{5.50}$$

($\boldsymbol{F}_{ij}$ 作为矢量按 $O(3)$ 变换;回忆式(4.75))观察到:

$$\frac{1}{4}(\boldsymbol{F}_{ij})^2 + \frac{1}{2}(\mathrm{D}_i \boldsymbol{\varphi})^2 = \frac{1}{4}(\boldsymbol{F}_{ij} \pm \varepsilon_{ijk} \mathrm{D}_k \boldsymbol{\varphi})^2 \mp \frac{1}{2} \varepsilon_{ijk} \boldsymbol{F}_{ij} \cdot \mathrm{D}_k \boldsymbol{\varphi}$$

于是有

$$M \geqslant q \int \mathrm{d}^3 x \left[\mp \frac{1}{2} \varepsilon_{ijk} \boldsymbol{F}_{ij} \cdot \mathrm{D}_k \boldsymbol{\varphi} + V(\boldsymbol{\varphi}) \right] \tag{5.51}$$

又注意到

$$\int \mathrm{d}^3 x \frac{1}{2} \varepsilon_{ijk} \boldsymbol{F}_{ij} \cdot \mathrm{D}_k \boldsymbol{\varphi} = \int \mathrm{d}^3 x \frac{1}{2} \varepsilon_{ijk} \partial_k (\boldsymbol{F}_{ij} \cdot \boldsymbol{\varphi}) = v \int \mathrm{d}\boldsymbol{S} \cdot \boldsymbol{B} = 4\pi v g$$

可以被优雅地诠释为磁单极子的磁荷 g. 接下来,如果扔掉 $V(\boldsymbol{\varphi})$ 的同时保持 $|\boldsymbol{\varphi}| \xrightarrow{r \to \infty} v$,那么不等式 $M \geqslant 4\pi v |g|$ 在 $\boldsymbol{F}_{ij} = \pm \varepsilon_{ijk} \mathrm{D}_k \boldsymbol{\varphi}$ 时饱和.满足这个方程的解被称为博格莫尔内-普拉萨德-索末菲态,简称 BPS 态.

不难构造带电磁单极子或称双荷粒子,只要令 $A_0^b = (x^b/r) f(r)$ 并选取合适的函数 $f(r)$.

拓扑单极子的一个优美特性,是其质量 $\sim M_{\mathrm{W}}/\alpha \sim 137 M_{\mathrm{W}}$(见习题5.7.11),其中 M_{W} 代表弱相互作用里中间矢量玻色子的质量.我们将在7.2节中预测到,当规范玻色子依靠4.6节中的安德森-希格斯机制获得质量时,便可以被视为中间矢量玻色子.这很自然地解释了为何磁单极子尚未被发现.

瞬子

考虑非阿贝尔规范场论,并将路径积分旋转进四维欧几里得空间.我们打算用最速下降法计算 $Z = \int \mathrm{D}A\, e^{-S(A)}$,这就需要求得下述有限作用量的极值点:

$$S(A) = \int \mathrm{d}^4 x\, \frac{1}{2g^2} \operatorname{tr} F_{\mu\nu} F_{\mu\nu}$$

这就要求在 $|x| = \infty$ 处,$F_{\mu\nu}$ 必须衰减得比 $1/|x|^2$ 快,于是规范势 A_μ 必须为纯规范: $A = g\mathrm{d}g^\dagger$,其中 g 是规范群的一个元素(见式(4.64)).满足这一点的位型被称为瞬子.可见瞬子正是"存在巨链"上的另一环节:扭折—涡旋—单极子—瞬子.

令规范群为 $SU(2)$.选取参数化 $g = x_4 + i\boldsymbol{x} \cdot \boldsymbol{\sigma}$,根据定义有 $g^\dagger g = 1$ 以及 $\det g = 1$,这意味着 $x_4^2 + x^2 = 1$,也就意味着 $SU(2)$ 的群流形是 S^3.于是,在瞬子之中,无穷远处的规范势 $A \xrightarrow[|x| \to \infty]{} g\mathrm{d}g^\dagger + O(1/|x|^2)$ 定义了映射 $S^3 \to S^3$.老朋友了吧? 如前所见,$S^0 \to S^0$,$S^1 \to S^1$,$S^2 \to S^2$ 在场论中发挥着重要的作用.

回忆 4.5 节,$\operatorname{tr} F^2 = \mathrm{d}\operatorname{tr}\left(A\mathrm{d}A + \frac{2}{3}A^3\right)$,于是

$$\int \operatorname{tr} F^2 = \int_{S^3} \operatorname{tr}\left(A\mathrm{d}A + \frac{2}{3}A^3\right) = \int_{S^3} \operatorname{tr}\left(AF - \frac{1}{3}A^3\right) = -\frac{1}{3}\int_{S^3} \operatorname{tr}(g\mathrm{d}g^\dagger)^3 \quad (5.52)$$

其中,用到了 F 在无穷远处为零.这就直接表示了 $\int \operatorname{tr} F^2$ 仅由映射 $S^3 \to S^3$ 的同伦群决定,因而是一个拓扑量.无巧不成书,$\int_{S^3} \operatorname{tr}(g\mathrm{d}g^\dagger)^3$ 正是数学家发现的庞特利雅金指标(见习题 5.7.12).

在 4.7 节中提到过,手性反常不受高阶量子涨落的影响.时至今日,你已功力小成,可以为之给出一个优雅的拓扑证明了(见习题 5.7.13).

科斯特利茨-索利斯相变

前面我们在 $(2+1)$ 维时空中放弃了非规范理论 $\mathcal{L} = \partial\varphi^\dagger\partial\varphi - \lambda(\varphi^\dagger\varphi - v^2)^2$ 里的涡

旋,现在看其实有点鲁莽了.围绕涡旋有 $\varphi \sim v e^{i\theta}$,所以单个涡旋的能量确实对数发散.但要是我们有一对涡旋-反涡旋对呢?

想象存在一个涡旋和一个反涡旋,两者相距 R 远大于理论的距离标度.在反涡旋周围有 $\varphi \sim v e^{-i\theta}$.场 φ 以相反的方式缠绕涡旋和反涡旋.可以自己画画看,在空间无穷远处是不是 φ 完全不缠绕:变成常数了.两个相反的缠绕相互抵消了.

于是,包含涡旋-反涡旋对的位型不会导致无穷大能量.但它还是需要有限大小的能量:在涡旋和反涡旋之间 φ 绕来绕去,缠绕速度大致加倍(画画图就能看出来).大致估计一下能量为 $v^2 \int d^2 x (1/r^2) \sim v^2 \ln(R/a)$,其中积分定义在大小为 R 的区域上,后者确定了相应的物理尺度.(为了让问题有意义,我们将 R 除以涡旋尺寸 a.)涡旋和反涡旋之间有相互吸引的对数势.换句话说,位型不能是静态的:涡旋和反涡旋趋于接近,并最终在一次激烈的对撞中湮灭对方,释放出能量 $v^2 \ln(R/a)$.(所以我们才叫它反涡旋.)

以上都是零温下的物理,而凝聚态物理学不仅对能量 E,也同样对一定温度 T 下的自由能 $F = E - TS$(S 是熵)感兴趣.由于这一点,科斯特利茨和索利斯发现升温时会发生一个相变.考虑非零温度下涡旋和反涡旋组成的气体.由于热激发的存在,涡旋与反涡旋不断运动,不一定能找到对方来湮灭.多高的温度下才有这样的情况?

我们来做一个启发性的估计.考虑单个涡旋.来自德国的玻尔兹曼先生告诉我们,熵是将涡旋放入尺寸为 L 的盒子的不同方法的"数量"的对数(接着我们会让尺寸趋于无穷大).于是,$S \sim \ln(L/a)$.熵 S 与能量 $E \sim v^2 \ln(L/a)$ 相互抗争.我们可以看到,自由能 $F \sim (v^2 - T) \ln(L/a)$ 在 $T \lesssim v^2$ 时趋于无穷大,这就是临界温度 T_c.

单个涡旋不能在温度 T_c 以下存在.涡旋与反涡旋在温度 T_c 以下紧密绑定,在 T_c 以上则自由运动.

黑洞

在 1970 年代发现的微扰论无法体现的这些拓扑对象,震惊了一整代物理学家,他们可都是在费曼图和正则量子化的哺育下长大的.人们(其实也包括你)被教导到,场算符 $\varphi(x)$ 是一个高度奇异的量子算符,不会有这样的物理意义,而量子场论也是靠费曼图来微扰性地定义.甚至一些很优秀的物理学家也会不解地问道,像 $\varphi \xrightarrow[r \to \infty]{} v e^{i\theta}$ 这样的式子究竟是什么意思.随之而来的往往就是事后看来毫无价值的学术讨论.我在 5.6 节一开始说过,我喜欢把这段历史称为"场论学家打破费曼图的枷锁."

果壳中的量子场论
Quantum Field Theory in a Nutshell

值得一提的,是当时的物理学家用于说服自己孤子确定存在的一个论点.毕竟,由度规 $g_{\mu\nu}$(见1.11节)定义的施瓦兹席尔德黑洞在1916年被发现.度规 $g_{\mu\nu}(x)$ 的分量都是什么呢? 它们正是像标量场 $\varphi(x)$ 和规范势 $A_\mu(x)$ 一样的场,而在量子场论中引力 $g_{\mu\nu}$ 也应由量子算符代替,犹如 φ 和 A_μ.故而1970年代发现的这些对象,和1910年代就熟知的黑洞在概念上并无不同.然而在1970年代早期,大多数粒子物理学家都不太懂量子引力.

习题

5.7.1 解释一下,数学结论 $\Pi_0(S^0) = Z_2$,与 $|Q| \geqslant 2$ 时不存在扭折的物理结论之间有什么关系.

5.7.2 在涡旋中,研究场 φ 与 A 发生变化的长度尺度,并估计涡旋的质量.

5.7.3 考虑涡旋位型 $\varphi \xrightarrow[r\to\infty]{} v\mathrm{e}^{\mathrm{i}v\theta}$,其中 v 为整数.计算磁通量,并证明反涡旋(对其有 $v = -1$)产生的磁通量与涡旋相反.

5.7.4 数学上,由于 $g(\theta) \equiv \mathrm{e}^{\mathrm{i}v\theta}$ 可被视作群 $U(1)$ 的一个元素,所以可以考虑从空间无穷远的一个圆 S^1 到群 $U(1)$ 的映射.计算 $[\mathrm{i}/(2\pi)] \int_{S^1} g \mathrm{d} g^\dagger$,并证明缠绕数由1-形式的积分给出.

5.7.5 证明在 φ^a 取常数值的区域中,正文中定义的 $F_{\mu\nu}$ 正是电磁场的强度.计算远离磁单极子中心的 $\boldsymbol{B}$,并证明狄拉克量子化成立.

5.7.6 显式写出以下映射 $S^2 \to S^2$,它使得一个球在另一个球上包裹两次.验证这一映射对应了磁荷为2的磁单极子.

5.7.7 写下最小化式(5.50)的变分方程.

5.7.8 显式求出BPS解.

5.7.9 讨论双荷粒子解.并在BPS极限下求出其具体形式.

5.7.10 明确验证磁单极子解实际上具有旋转不变性.换句话说,所有物理规范不变量如 $\boldsymbol{B}$ 在旋转下协变.相反,规范变量如 A_i^b 可能在旋转下改变.写下旋转变换的生成元.

5.7.11 证明磁单极子的质量大约为 $137 M_\mathrm{W}$.

5.7.12 对映射 $g = \mathrm{e}^{\mathrm{i}\boldsymbol{\theta}\cdot\boldsymbol{\sigma}}$ 计算 $n = -[1/(24\pi^2)] \int_{S^3} \mathrm{tr}\,(g \mathrm{d} g^\dagger)^3$.(提示:由于对称性,只需在群的恒等元素,亦即 S^3 的南极的一个小邻域中计算积分.接下来,考虑 $g =$

$e^{i(\theta_1\sigma_1+\theta_2\sigma_2+m\theta_3\sigma_3)}$,其中 m 为整数.说服自己 m 代表了 S^3 在 S^3 上的缠绕数.)与习题5.7.4比较,尽情欣赏数学之美.

5.7.13 证明高阶修正不改变手性反常 $\partial_\mu J_5^\mu = [1/(4\pi)^2]\varepsilon^{\mu\nu\lambda\sigma}\mathrm{tr}\,F_{\mu\nu}F_{\lambda\sigma}$(已改变标度 $A\to(1/g)A$).(提示:对于时空积分,证明上式左端等于左手费米子与右手费米子的数量差,因此左右两边都是整数.)

果壳中的量子场论
Quantum Field Theory in a Nutshell

第 6 章

场论与凝聚态

6.1 分数统计、陈-西蒙斯项和拓扑场论

分数统计

玻色子和费米子的存在是量子物理最深刻的特性之一. 如果我们交换两个全同的量子粒子, 波函数会多出 $+1$ 或 -1 因子. 莱纳斯(J. M. Leinaas)和麦汉(J. Myrheim)的洞察力使其意识到在$(2+1)$维时空粒子也可以遵循玻色或费米统计以外的统计, 维尔泽克随后也独立发现了这一点, 而这种统计现在被称为分数或任意子统计. 那些粒子现在

被称作任意子.

为了交换两个粒子,我们可以先将其中一个绕着另一个转半圈,然后将它们移动到合适的位置.当你将一个任意子绕另一个任意子逆时针转半圈的时候,波函数将多出 $e^{i\theta}$ 因子,其中,θ 是表征粒子特征的实数.当 $\theta = 0$ 时此粒子为玻色子,当 $\theta = \pi$ 时为费米子.处在玻色子和费米子正中间的,$\theta = \pi/2$,被称作半子.

在维尔泽克的论文发表后,许多杰出的物理学家被彻底弄糊涂了.从薛定谔波函数出发来考虑,他们就波函数是否必须为单值陷入了无休止的争论.事实上,任意子统计提供了一个明显的例子,即路径积分形式的含义有时候要远比其他形式更为清楚.任意子统计的概念固然可以用波函数来阐述,但那需要先弄清楚定义波函数时所在的位形空间.

考虑在某个初始时刻分别位于 x_1^i 和 x_2^i 的两个不可区分的粒子,它们在一段时间 T 之后停止在 x_1^f 和 x_2^f 处.在 $\langle x_1^f, x_2^f | e^{-iHT} | x_1^i, x_2^i \rangle$ 的路径积分表示下,我们必须对所有路径求和.在时空中,两个粒子的世界线相互缠绕(图 6.1).(我们这里隐含了假设,即粒子不能穿过彼此,当它们之间存在硬核排斥时就是这样的情况.)显然,路径可以按拓扑的异同进行分类,这些类由一个整数 n 来标记,n 即是两个粒子的世界线彼此缠绕编织的次数.由于类与类之间不能通过形变相互转化,因此对应的振幅在量子力学上就不能相互干涉,并且对于每个类中的振幅,我们可以在从通常作用量中出来的因子之外额外指定一个相因子 $e^{i\alpha n}$.

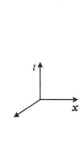

图 6.1

α_n 对 n 的依赖性取决于如何组合量子振幅. 假设一个粒子绕着另一个粒子转了 $\Delta\varphi_1$ 角度, 对于这段历史, 我们指定一个额外的相因子 $e^{if(\Delta\varphi_1)}$, 其中 f 是某暂时未知的函数. 假设这段历史之后紧接着另一段历史, 在其中这个粒子进一步绕另一个粒子转了 $\Delta\varphi_2$ 角度. 对于这段组合的历史, 我们所指定的相因子 $e^{if(\Delta\varphi_1+\Delta\varphi_2)}$ 必须满足合成律 $e^{if(\Delta\varphi_1+\Delta\varphi_2)} = e^{if(\Delta\varphi_1)}e^{if(\Delta\varphi_2)}$. 换句话说, $f(\Delta\varphi)$ 必须是其变量的线性函数.

我们得到的结论是, 在 $(2+1)$ 维时空中, 我们可以考虑一个粒子绕着另一个粒子逆时针旋转 $\Delta\varphi$ 角度这样一条路径, 并计算相应的量子振幅, 为其指定一个相因子 $e^{i(\theta/\pi)\Delta\varphi}$, 其中 θ 是任意实参数. 这里注意当一个粒子绕着另一个粒子顺时针旋转 $\Delta\varphi$ 时量子振幅将获得相因子 $e^{-i(\theta/\pi)\Delta\varphi}$.

当我们交换两个任意子时, 必须小心地确定是"逆时针"还是"顺时针", 它们将分别产生因子 $e^{i\theta}$ 和 $e^{-i\theta}$. 这当然意味着宇称 P 和时间反演不变性 T 被破坏了.

陈-西蒙斯理论

下一个重要的问题是, 是否所有的这些都可以被纳入到一个局域的量子场论中. 答案由维尔泽克和徐一鸿给出, 他们指出分数统计的概念可能源于与规范势相耦合的影响. 一个场论构造的意义在于, 它最终表明了任意子统计的想法与我们所珍视的并构建出量子场论的那些原理是完全相容的.

给定一个守恒流为 j^μ 的拉氏密度 $\mathcal{L}_0$, 构造拉氏密度:

$$\mathcal{L} = \mathcal{L}_0 + \gamma\varepsilon^{\mu\nu\lambda}a_\mu\partial_\nu a_\lambda + a_\mu j^\mu \tag{6.1}$$

此处, $\varepsilon^{\mu\nu\lambda}$ 指 $(2+1)$ 维时空中的全反对称符号, 且 γ 是任意实参数. 在规范变换 $a_\mu \to a_\mu + \partial_\mu\Lambda$ 下, 被称作陈-西蒙斯项的 $\varepsilon^{\mu\nu\lambda}a_\mu\partial_\nu a_\lambda$, 其变化为 $\varepsilon^{\mu\nu\lambda}a_\mu\partial_\nu a_\lambda \to \varepsilon^{\mu\nu\lambda}a_\mu\partial_\nu a_\lambda + \varepsilon^{\mu\nu\lambda}\partial_\mu\Lambda\partial_\nu a_\lambda$. 作用量的变化为 $\delta S = \gamma\int d^3x\varepsilon^{\mu\nu\lambda}\partial_\mu(\Lambda\partial_\nu a_\lambda)$, 因此如果我们可以扔掉边界项, 正如我们这里所假定的, 那么陈-西蒙斯作用量就是规范不变的. 顺带一提, 用我们在 4.5 节和 4.6 节学到的微分形式语言, 可以将陈-西蒙斯项紧凑地写为 ada.

让我们对一个静止粒子(因而 $j_i = 0$)求解从式(6.1)中得到的运动方程:

$$2\gamma\varepsilon^{\mu\nu\lambda}\partial_\nu a_\lambda = -j^\mu \tag{6.2}$$

对式(6.2)的 $\mu = 0$ 分量做积分, 可以得到

$$\int d^2x(\partial_1 a_2 - \partial_2 a_1) = -\frac{1}{2\gamma}\int d^2x j^0 \tag{6.3}$$

因此,陈-西蒙斯项拥有给理论中的带荷粒子赋予通量的作用.(此处的"带荷粒子"一词仅仅指耦合到规范势 a_μ 的粒子. 在这种情况下,当我们提到荷与通量时,显然不是在指普通电磁场中的荷与通量. 我们只是在借用一个有用的术语.)

由阿哈罗诺夫-玻姆效应(见 4.4 节),当我们的一个粒子绕着另一个粒子运动时,波函数会多出一个相位,从而使这些粒子具有角度为 $\theta = 1/(4\gamma)$ 的任意子统计(见习题 6.1.5).

严格来讲,"分数统计"一词有一定的误导性. 首先,显而易见的是:统计参数 θ 不必是分数. 其次,统计与我们能在一个态中放入多少个粒子没有直接关系. 也许将任意子之间的统计认为是它们之间由规范势 a 所传递的相位的长程相互作用更好.

式(6.1)中 $\varepsilon^{\mu\nu\lambda}$ 的出现标志着宇称 P 和时间反演不变性 T 的破坏,这是我们已经知道的.

霍普夫项

另一种做法是将式(6.1)中的 a 积掉. 正如 3.4 节中所介绍的以及在任何规范理论中那样,微分算子 $\varepsilon\partial$ 的逆没有被定义:它有一个零模,由于对任意光滑函数 $F(x)$ 有 $(\varepsilon^{\mu\nu\lambda}\partial_\nu)(\partial_\lambda F(x)) = 0$. 让我们选择洛伦兹规范 $\partial_\mu a^\mu = 0$. 然后,利用场论的基本恒等式(见附录 A),可以得到非局域的拉氏密度:

$$\mathcal{L}_{\text{Hopf}} = \frac{1}{4\gamma}\left(j_\mu \frac{\varepsilon^{\mu\nu\lambda}\partial_\nu}{\partial^2} j_\lambda\right) \tag{6.4}$$

称之为霍普夫项.

为了确定统计参数 θ,考虑一个粒子绕静止的另一个粒子移动半圈的历史. 那么流 j 就等于描述两个粒子的两项之和. 我们将其代入式(6.4)并计算量子相 $e^{iS} = e^{i\int d^3x \mathcal{L}_{\text{Hopf}}}$ 可得 $\theta = 1/(4\gamma)$.

拓扑场论

关于纯粹的陈-西蒙斯理论,有一些概念上的新东西:

$$S = \gamma \int_M d^3x \, \varepsilon^{\mu\nu\lambda} a_\mu \partial_\nu a_\lambda \tag{6.5}$$

它是拓扑的.

回想一下 1.11 节,平直时空中的场论可以通过用爱因斯坦度规 $g^{\mu\nu}$ 代替闵可夫斯基度规 $\eta_{\mu\nu}$,并在时空积分测度中添加因子 $\sqrt{-g}$ 来提升至弯曲时空中的场论.

但是在陈-西蒙斯理论中并不出现 $\eta^{\mu\nu}$!洛伦兹指标同全反对称符号 $\varepsilon^{\mu\nu\lambda}$ 收缩.此外,正如我现在将要展示的,我们不需要因子 $\sqrt{-g}$.还记得在 1.11 节中矢量场的变换为 $a_\mu(x) = (\partial x'^\lambda/\partial x^\mu) a'_\lambda(x')$,因此对于三个矢量场有

$$\varepsilon^{\mu\nu\lambda} a_\mu(x) b_\nu(x) c_\lambda(x) = \varepsilon^{\mu\nu\lambda} \frac{\partial x'^\nu}{\partial x^\mu} \frac{\partial x'^\tau}{\partial x^\nu} \frac{\partial x'^\rho}{\partial x^\lambda} a'_\sigma(x') b'_\tau(x') c'_\rho(x')$$

$$= \det\left(\frac{\partial x'}{\partial x}\right) \varepsilon^{\sigma\tau\rho} a'_\sigma(x') b'_\tau(x') c'_\rho(x')$$

另一方面,$d^3x' = d^3x \det(\partial x'/\partial x)$.观察可以发现

$$d^3x \, \varepsilon^{\mu\nu\lambda} a_\mu(x) b_\nu(x) c_\lambda(x) = d^3x' \, \varepsilon^{\sigma\tau\rho} a'_\sigma(x') b'_\tau(x') c'_\rho(x')$$

即使没有 $\sqrt{-g}$,上式也是不变的.

因此,式 (6.5) 中的陈-西蒙斯作用量在一般的坐标变换下是不变的——这已经是弯曲时空中的写法了.度规 $g_{\mu\nu}$ 并没有进入到那个作用量中.陈-西蒙斯理论并不知道钟表和尺子!它只知道时空的拓扑并因此被恰如其分地称为拓扑场论.换句话说,当在一个闭流形 M 上计算式 (6.5) 中的积分时,场论 $\int Da \, e^{iS(A)}$ 的特性只依赖于流形的拓扑,而不是我们在流形上所加的度规.

基态简并度

回忆 1.11 节中能量与动量的基本定义.能量动量张量被定义为作用量对 $g_{\mu\nu}$ 的变分,但是,这里的作用量并不依赖于 $g_{\mu\nu}$.能量动量张量与哈密顿量都为零!关于这点的一种说法是我们需要钟表和尺子来定义哈密顿量.

一个量子体系有哈密顿量 $H = 0$ 到底意味着什么?当我们上一节量子力学课时,如果教授出了一道考试题让我们寻找哈密顿量为零的谱,我们可以很轻松地做到!所有的态能量都为 $E = 0$.我们已经准备好交卷了.

但是非平庸的问题是究竟有多少个态.这个数字被称作基态简并度且只依赖于流形 M 的拓扑.

有质量的狄拉克费米子与陈-西蒙斯项

考虑与一个 $(2+1)$ 维时空中有质量的狄拉克费米子 $\mathcal{L} = \bar{\psi}(i\partial\!\!\!/ + a\!\!\!/ - m)\psi$ 相耦合的规范势 a_μ.想必你已经做了 2.1 节中的习题,并发现了一个令人惊讶的现象,即在 $(2+1)$ 维时空中狄拉克质量项破坏 P 和 T.(什么?你没做?快回去做完再来.)因此,如果我们按照 4.3 节中所讨论的方法积掉费米子,并在有效作用量中得到 $\mathrm{tr}\ln(i\partial\!\!\!/ + a\!\!\!/ - m)$ 这一项,我们应该期待会生成破坏 P 和 T 的陈-西蒙斯项 $\varepsilon^{\mu\nu\lambda}a_\mu\partial_\lambda a_\nu$.

在一圈阶我们有真空极化图(图与 3.7 节中的完全相同,但时空坐标要低一维),其费曼积分正比于

$$\int \frac{\mathrm{d}^3 p}{(2\pi)^3}\,\mathrm{tr}\left(\gamma^\nu \frac{1}{p\!\!\!/ + q\!\!\!/ - m}\gamma^\mu \frac{1}{p\!\!\!/ - m}\right) \tag{6.6}$$

正如我们将要看到的,从 4 维变成 3 维的改变让一切都变样了.式(6.6)的详细计算留给你(见习题 6.1.7),但请让我在此指出它的重要性.由于陈-西蒙斯项中的 ∂_λ 对应于动量空间中的 q_λ,因此为了找出陈-西蒙斯项的系数,我们只需要将式(6.6)对 q_λ 进行微分并取 $q \to 0$:

$$\int \frac{\mathrm{d}^3 p}{(2\pi)^3}\,\mathrm{tr}\left(\gamma^\nu \frac{1}{p\!\!\!/ - m}\gamma^\lambda \frac{1}{p\!\!\!/ - m}\gamma^\mu \frac{1}{p\!\!\!/ - m}\right)$$
$$= \int \frac{\mathrm{d}^3 p}{(2\pi)^3}\, \frac{\mathrm{tr}\left[\gamma^\nu (p\!\!\!/ + m)\gamma^\lambda (p\!\!\!/ + m)\gamma^\mu (p\!\!\!/ + m)\right]}{(p^2 - m^2)^3} \tag{6.7}$$

现在先简单聚焦于积分的一个部分,该部分来自迹中正比于 m^3 的项:

$$\varepsilon^{\mu\nu\lambda} m^3 \int \frac{\mathrm{d}^3 p}{(p^2 - m^2)^3} \tag{6.8}$$

正如在习题 2.1.12 所述,在 $(2+1)$ 维时空中,γ^μ 是三个泡利矩阵,因而 $\mathrm{tr}(\gamma^\nu\gamma^\lambda\gamma^\mu)$ 正比于 $\varepsilon^{\mu\nu\lambda}$.正如我们由 P 和 T 的破坏所期待的那样,全反对称符号出现了.

通过量纲分析,可以看到式(6.8)中的积分在相差一个数值常数的意义上等于 $1/m^3$,因而消掉了 m.

但是请小心！积分仅取决于 m^2，但并不知道 m 的符号。正确的答案是正比于 $1/|m|^3$，而不是 $1/m^3$。因此，陈-西蒙斯项的系数在相差一个数值常数的意义上等于 $m^3/|m|^3 = m/|m| = m$ 的符号。这是关于符号重要性的一个颇具启发性的例子。这很合理，因为在 P（或 T）变换下质量为 m 的狄拉克场被变为质量为 $-m$ 的狄拉克场。在一个宇称不变的理论中，有狄拉克场的质量为 m 和 $-m$ 的双重态，不应该产生陈-西蒙斯项。

习题

6.1.1 在一个非相对论理论中你也许会认为有两项分开的陈-西蒙斯项，$\varepsilon_{ij}a_i\partial_0a_j$ 和 $\varepsilon_{ij}a_0\partial_ia_j$。请验证规范不变性迫使这两项结合为单独的一项陈-西蒙斯项：$\varepsilon^{\mu\nu\lambda}a_\mu\partial_\nu a_\lambda$。对于陈-西蒙斯项，规范不变性意味着洛伦兹不变性。相对而言，麦克斯韦项一般是非相对论的，包含两项：f_{0i}^2 与 f_{ij}^2，它们之间有一个任意的相对系数（像往常一样，有 $f_{\mu\nu}=\partial_\mu a_\nu - \partial_\nu a_\mu$）。

6.1.2 通过考虑质量量纲，请说服你自己相信陈-西蒙斯项在远距离会主导麦克斯韦项。这是相对论性场理论学家觉得任意子流如此吸引人的原因之一。只要他们只对远距离的物理感兴趣，从而就可以忽略麦克斯韦项并且只处理一个相对论性理论（见习题 6.1.1）。注意，这使得 $(2+1)$ 维时空是特殊的。在 $(3+1)$ 维时空陈-西蒙斯项的推广 $\varepsilon^{\mu\nu\lambda\sigma}f_{\mu\nu}f_{\lambda\sigma}$ 与麦克斯韦项 f^2 有着相同的质量量纲。在 $(4+1)$ 维时空 $\varepsilon^{\rho\mu\nu\lambda\sigma}a_\rho f_{\mu\nu}f_{\lambda\sigma}$ 这一项在远距离没有麦克斯韦项 f^2 重要。

6.1.3 还有另一种将陈-西蒙斯项推广到更高维时空的方式，它和习题 6.1.2 中所给出的方式是不同的。我们可以引入一个 p-形式规范势（见 4.4 节）。写出 $(2p+1)$ 维时空中推广的陈-西蒙斯项并且讨论由此产生的理论。

6.1.4 考虑 $\mathcal{L}=\gamma a\varepsilon\partial a - [1/(4g^2)]f^2$。计算传播子并且验证规范玻色子有质量。一些对分数统计感到疑惑的物理学家认为由于麦克斯韦项的存在，规范玻色子有质量并且因此是短程的，它不可能生成分数统计，因为那显然是无限范围的相互作用。（无论我们所交换的两个粒子相距多远，波函数都会得到一个相位。）答案是，靠着一个与规范自由度有关的 $q=0$ 的极点，信息确实传过了无限远的范围。这种明显的悖论与很多物理学家在第一次听说阿哈罗诺夫-玻姆效应时所感受到的困惑密切相关。一个处于没有丝毫磁场并且任意地远离磁通量的区域中的粒子如何得知磁通量的存在？

6.1.5 验证 $\theta=1/(4\gamma)$。会有一个有些棘手的因子 2[①]。因此如果你少了因子 2，请

---

① Wen X G, Zee A. J. de Physique, 1989, 50: 1623.

不要沮丧,再试一次.

6.1.6 找出非阿贝尔版本的陈-西蒙斯项 ada. (提示:正如在 4.6 节中那样,使用微分形式也许会更简单.)

6.1.7 使用 1.8 节中的正则形式来证明陈-西蒙斯拉格朗日量会导出 $H=0$.

6.1.8 计算式(6.6).

6.2 量子霍尔流体

两部分物理之间的交汇

在过去的近十年间,对拓扑量子流体(霍尔流体就是一个例子)的研究已经涌现为一个有趣的方向.量子霍尔系统由一束在平面中移动的电子和垂直于该平面的外部磁场 B 组成.假定磁场足够强,以至于所有电子都自旋向上,也就是说,它们可以被视为无自旋费米子.众所周知,这种看似无害且简单的物理情景包含了丰富的物理,对它们的阐明已经产生了两个诺贝尔奖.这种异乎寻常的丰富性来自基本的两部分物理之间的交汇.

(1) 即便电子是点状的,它也占用有限的空间.

经典情况下,一个磁场中的带荷粒子在拉莫尔圆中运动,其半径 r 由 $evB = mv^2/r$ 决定.经典地看,半径并不是固定的,能量更加充沛的粒子在更大的圆中移动,但如果我们将角动量 mvr 量子化并取值为 $h=2\pi$(在使得 $\hbar$ 为 1 的单位制下),将得到 $eBr^2 \sim 2\pi$.一个量子的电子占有量级为 $\pi r^2 \sim 2\pi^2/(eB)$ 的面积.

(2) 电子们是费米子,因而想要与彼此保持距离.

每个电子不仅执着于占据有限体积的空间,也要拥有自己的空间.因此,量子霍尔问题也许可以被描述为一种住房危机,也像将理论物理研究所的办公空间分配给不愿意分享办公室的访问学者们.

到这里,我们可以期待当电子数 N_e 正好完全占满空间,即此系统面积的时候,也就是说当 $N_e \pi r^2 \sim N_e [2\pi^2/(eB)] \sim A$ 时,会发生一些特别的事情.

朗道能级与整数霍尔效应

当然,这种启发性的考虑可以进一步精确化.磁场中单个无自旋电子的教科书式问题

$$-\left[(\partial_x - ieA_x)^2 + (\partial_y - ieA_y)^2\right]\psi = 2mE\psi$$

已在数十年前被朗道解决了.出现在能量为 $E_n = \left(n + \dfrac{1}{2}\right)\dfrac{eB}{m}(n = 0, 1, 2, \cdots)$ 的简并集合中的态统称为第 n 朗道能级.每个朗道能级的简并度为 $BA/(2\pi)$,其中 A 为体系面积,反映了拉莫尔圆可以被放在任何地方的事实.注意,一个朗道能级与下一个相隔有限的能量 (eB/m).

想象将无相互作用的电子一个接一个地放入.由泡利不相容原理,我们放入的每一个后续的电子都应该处于朗道能级中一个不同的态上.由于每个朗道能级可以容纳 $BA/(2\pi)$ 个电子,因此定义一个填充因子 $v \equiv N_e/[BA/(2\pi)]$ 是很自然的(见习题 6.2.1).当 v 为整数时,前 v 个朗道能级被填满.如果我们想多放一个电子进去,它只能进入第 $v+1$ 个朗道能级,这比前一个电子要耗费更多能量.

因此,对于整数的 v,霍尔流体是不可压缩的.任何对其进行压缩的尝试都会减少朗道能级的简并度(有效面积 A 减少因而简并度 $BA/(2\pi)$ 减少),并且迫使一些电子跑到下一能级,同时消耗掉不小的能量.

一个施加在霍尔流体上的 y 方向电场 E_y 会产生一个 x 方向的流 $J_x = \sigma_{xy}E_y$,其中 $\sigma_{xy} = v$(以 e^2/h 为单位).根据磁场下的电子所遵循的洛伦兹力定律,这很好理解.令人惊讶的实验发现的是,当对 B 绘制霍尔电导时,霍尔电导会经过一系列的平台,这你也许已经听说过了.为了理解这些平台,我们将不得不讨论杂质的影响.本书将在 6.8 节中探讨关于杂质和无序的令人着迷的主题.

因此,整数量子霍尔效应相对而言更容易理解.

分数霍尔效应

在整数霍尔效应之后,分数霍尔效应的实验发现霍尔流体对于填充因子 v 为分母是简单奇数的分数的情况,如 $\dfrac{1}{3}$ 和 $\dfrac{1}{5}$,也是不可压缩的,这令理论家们震惊不已.对于 $v =$

$\frac{1}{3}$,第一朗道能级中只有三分之一的态被填充了.看起来丢进去更多一点的电子似乎不会对系统有如此大的影响.为什么 $\nu = \frac{1}{3}$ 的霍尔流体是不可压缩的?

电子之间的相互作用被证明是至关重要的.关键在于第一朗道能级被无相互作用的无自旋电子填满了三分之一的说法并不能定义一个唯一的多体态:它有着极大的简并度,因为只要满足泡利不相容原理,每个电子都可以待在 $BA/(2\pi)$ 个量子态中的任意一个.但是一旦我们开启电子之间的相互排斥作用,就可能在简并态的巨大空间中挑选出唯一基态.文小刚将分数霍尔态描述为电子们错综复杂的舞蹈:每个电子不仅在舞池中占据有限的空间,而且还由于相互排斥很小心地不撞到另一个电子.舞蹈必须经过精心编排,而这仅仅对某些特殊的 ν 值可能.

杂质也扮演着至关重要的角色,但我们把对于杂质的讨论推迟到6.6节.

在试图理解分数霍尔效应时,我们有一条重要线索.你将从5.7节中想起来通量的基本单位为 2π,因此穿透平面的通量量子数等于 $N_\phi = BA/(2\pi)$.因此,迷惑之处在于当每个电子的通量量子数 $N_\phi/N_e = \nu^{-1}$ 为奇数时,会发生一些特殊的事情.

本书合理安排了章节以使得在前面章节学过的东西与这个谜题的解决有关.假设 ν^{-1} 通量量子以某种方式束缚到每个电子.当我们交换两个这样的束缚体系时,在来自电子费米统计的 -1 之外,还有一个多余的阿哈罗诺夫-玻姆相位.对于奇数的 ν^{-1},这些束缚体系有效地服从玻色统计,并且可以由一个复标量场 φ 来描述.事实上,量子霍尔流体的物理正是来源于 φ 的凝聚.

霍尔流体的有效场论

我们想得到一个量子霍尔流体的有效场论,该理论首先由史蒂夫·克维尔森(Steve Kivelson)、托尔斯·汉森(Thors Hansson)和张首晟(Shou-Cheng Zhang)得到.这里有两种不同的推导,一个比较冗长的和一个比较简短的.

在比较冗长的方法中,我们从二次量子化形式下描述磁场中无自旋电子的拉格朗日量出发(我们将电荷 e 吸收进 A_μ 中),

$$\mathcal{L} = \psi^\dagger i(\partial_0 - iA_0)\psi + \frac{1}{2m}\psi^\dagger(\partial_i - iA_i)^2\psi + V(\psi^\dagger\psi) \tag{6.9}$$

并将它写成我们想要的形式.在前面的章节中,我们了解到通过引入一个陈-西蒙斯规范场,可以将 ψ 转换为一个标量场.然后我们使用将在下一章中学习的对偶,来将标量场的相位自由度表示为规范场.在一些步骤之后,我们将发现霍尔流体的有效理论事实上是一个陈-西蒙斯理论.

取而代之,本书将采取比较简短的方法.我们将通过"那还能是什么"的方式来论证,或者更优雅地说,通过使用一般性原理的方式来论证.

让我们从列出我们所知道的关于霍尔系统的事实开始:

(1) 我们住在(2+1)维时空中(因为电子们被限制在一个平面上.)

(2) 电磁流 J_μ 守恒:$\partial_\mu J^\mu = 0$.

这两个说法当然是无可争议的;当结合在一起时,它们告诉我们流可以被写为矢势的旋度:

$$J^\mu = \frac{1}{2\pi} \varepsilon^{\mu\nu\lambda} \partial_\nu a_\lambda \tag{6.10}$$

因子 $1/(2\pi)$ 定义了 a_μ 的归一化.我们在学校中学到,在三维时空中,如果某些东西的散度为 0,则它是另一些东西的旋度.这正是式(6.10)想要表达的.在这里唯一的微妙之处在于我们在学校中所学的在闵可夫斯基时空和欧几里得时空中成立——也就是或这或那的几个符号的事.

规范势来找我们了

观察到当我们将 a_μ 以 $a_\mu \rightarrow a_\mu - \partial_\mu \Lambda$ 变换时,流保持不变.换句话说,a_μ 为规范势.

我们并没有去寻找规范势,是规范势来找我们了! 它无处躲藏.规范势的存在完全来自一般性的考虑.

(3) 我们想要通过有效局域拉格朗日量从场论的角度去描述整个系统.

(4) 我们只对远距离和长时间的物理感兴趣,也就是说,小波数和低频率.

实际上,对于一个物理系统的场论性描述,可以视为一种组织不同方面的物理内容的系统方法,组织的根据则包括这些物理内容在长距离下的相对重要性以及对称性.我们根据导数的幂次、场的幂次等对场论拉格朗日量中的项进行分类.就像 3.2 节中所述,通常对项进行分类的方式是根据它们的质量量纲.根据规范原理,规范势 a_μ 的量纲为 1,任何与物质场耦合的规范势都是如此,因而式(6.10)与(2+1)维时空中流的质量量纲为 2 的事实相符.

(5) 宇称和时间反演对称性被外磁场所破坏.

最后这句陈述正如陈述(1)和(2)一样无可辩驳.实验学家通过在线圈中驱动电流

（顺时针或者逆时针）来产生磁场.

根据这五条一般性陈述，我们可以推断出有效拉格朗日量的形式.

由于规范不变性禁止了拉格朗日量中量纲为 2 的项 $a_\mu a^\mu$，因此实际上最简单的项是量纲为 3 的陈-西蒙斯项 $\varepsilon^{\mu\nu\lambda} a_\mu \partial_\nu a_\lambda$. 因此，拉格朗日量就是

$$\mathcal{L} = \frac{k}{4\pi} a\varepsilon\partial a \ + \cdots \tag{6.11}$$

其中，k 为待定的无量纲参数.

我们已经引入并将在今后对两个矢量场 a_μ 和 b_μ 继续使用紧凑的记号 $\varepsilon a\partial b \equiv \varepsilon^{\mu\nu\lambda} a_\mu \partial_\nu b_\lambda = \varepsilon b\partial a$.

式(6.11)中的($\cdots$)所指的项包括量纲为 4 的麦克斯韦项 $(1/g^2)(f_{0i}^2 - \beta f_{ij}^2)$ 和其他量纲更高的项.（这里 β 为常数；见习题 6.1.1.）重要的是，可以观察到这些更高量纲项在远距离是更加不重要的. 远距离物理完全由纯的陈-西蒙斯项所主导. 一般来讲系数 k 也许可以为零，在这种情况下物理由被式(6.11)中的($\cdots$)所代表的短距离项所主导. 换句话说，霍尔流体可以被定义为带有非零陈-西蒙斯项的二维电子体系，也是因此，其在长距离下的物理特征与定义这一系统的微观细节无关. 事实上，我们可以根据 k 是否为零来分类二维电子体系.

将体系耦合到"外部的"或者"附加的"电磁规范势 A_μ，并利用式(6.10)可以得到（在分部积分并扔掉表面项后）

$$\mathcal{L} = \frac{k}{4\pi}\varepsilon^{\mu\nu\lambda} a_\mu \partial_\nu a_\lambda - \frac{1}{2\pi}\varepsilon^{\mu\nu\lambda} A_\mu \partial_\nu a_\lambda = \frac{k}{4\pi}\varepsilon^{\mu\nu\lambda} a_\mu \partial_\nu a_\lambda - \frac{1}{2\pi}\varepsilon^{\mu\nu\lambda} a_\mu \partial_\nu A_\lambda \tag{6.12}$$

注意，引起霍尔效应的磁场的规范势不应该包含在 A_μ 中；它已经隐含在系数 k 中了.

准粒子或者"元"激发的概念对于凝聚态物理而言都是基础的. 多体相互作用的效应可能使得体系中的准粒子不再是电子. 这里，我们将准粒子定义为耦合到规范势的量并写为

$$\mathcal{L} = \frac{k}{4\pi} a\varepsilon\partial a \ + a_\mu j^\mu - \frac{1}{2\pi}\varepsilon^{\mu\nu\lambda} a_\mu \partial_\nu A_\lambda \cdots \tag{6.13}$$

定义 $\bar{j}_\mu \equiv j_\mu - [1/(2\pi)]\varepsilon_{\mu\nu\lambda}\partial^\nu A^\lambda$ 并积掉规范场，可以得到（见式(6.4)）

$$\mathcal{L} = \frac{\pi}{k}\bar{j}_\mu \left(\frac{\varepsilon^{\mu\nu\lambda}\partial_\nu}{\partial^2} \right)\bar{j}_\lambda \tag{6.14}$$

分数荷与统计

现在我们可以从式(6.14)中轻易地读出其含义.拉格朗日量包含三种类型的项：AA,Aj 和 jj. AA 项的大概形式为 $A(\epsilon\partial\epsilon\partial\epsilon\partial/\partial^2)A$.利用 $\epsilon\partial\epsilon\partial\sim\partial^2$ 并抵消分子分母,可以得到

$$\mathcal{L} = \frac{1}{4\pi k} A \epsilon\partial A \tag{6.15}$$

对 A 做变分可以确定电磁流：

$$J_{\text{cm}}^{\mu} = \frac{1}{4\pi k} \epsilon^{\mu\nu\lambda} \partial_{\nu} A_{\lambda} \tag{6.16}$$

从该方程的 $\mu=0$ 分量得知,电子多出来的密度 δn 与磁场的局域涨落之间通过 $\delta n = [1/(2\pi k)]\delta B$ 相联系；因此我们可以将 ν 视为 $1/k$,并且从方程的 $\mu=i$ 分量可以知道电场会产生其垂直方向的流,且满足 $\sigma_{xy}=1/k=\nu$.

Aj 项的大概形式为 $A(\epsilon\partial\epsilon\partial/\partial^2)j$.消去微分算子,可以得到

$$\mathcal{L} = \frac{1}{k} A_{\mu} j^{\mu} \tag{6.17}$$

因此,准粒子带有电荷 $1/k$.

最后,准粒子通过

$$\mathcal{L} = \frac{\pi}{k} j^{\mu} \frac{\epsilon_{\mu\nu\lambda}\partial^{\nu}}{\partial^2} j^{\lambda} \tag{6.18}$$

与彼此发生相互作用.我们简单去掉了式(6.14)中的波浪记号.回忆6.1节可以看到准粒子遵循分数统计,有

$$\frac{\theta}{\pi} = \frac{1}{k} \tag{6.19}$$

到现在为止,你也许想知道,所有这些固然都很不错,那到底是什么告诉我们 ν^{-1} 必须为奇数的？

我们现在论证电子或者空穴应该出现在激发谱的某处.毕竟,该理论应该描述一个电子体系,而我们一般性的拉格朗日量中竟然没有包含任何与电子有关的东西！

让我们寻找空穴(或电子).从式(6.17)中知道,对于由 k 个准粒子组成的束缚物,其荷应该为 1.也许这就是空穴!为了让这种说法成立,可以看到 k 必须为一个整数.到目前为止还不错,但 k 还是不必为奇数.

这个束缚物所满足的统计是什么?让我们将其中一个束缚物绕着另一个移动半圈来交换它们的位置.当一个准粒子绕着另一个转半圈,根据式(6.19)可以得到由 $\theta/\pi = 1/k$ 所给出的相位.但这里我们有 k 个准粒子绕着 k 个准粒子,因此得到的相位为

$$\frac{\theta}{\pi} = \frac{1}{k}k^2 = k \tag{6.20}$$

为了让空穴是费米子,我们必须要求 θ/π 为奇数.这将 k 确定为奇数.

由于 $\nu = 1/k$,所以这里得到经典的填充因子为 $V = \frac{1}{3}, \frac{1}{5}, \frac{1}{7}, \cdots$ 的劳夫林奇数分母霍尔流体.准粒子带有分数荷与分数统计的著名结论就这样出现了(见式(6.17)和(式6.19)).

这实在是相当戏剧性:对于一束在带有磁场的平面中运动且对应于 $\nu = \frac{1}{3}$ 的电子,你瞧,每个电子会碎成三块,每块带有电荷 $\frac{1}{3}$ 和分数统计 $\frac{1}{3}$!

一种新的序

凝聚态物理的目标是理解各种物态.物态的特征在于是否存在序:铁磁体在转变温度以下变得有序.正如我们在 5.3 节中所看到的那样,在朗道-金兹堡理论中,序与自发对称破缺有关,并且被群论自然地描述.格文和麦克唐纳首先指出,霍尔流体的序并不真正符合朗道-金兹堡理论:我们并未破缺任何表现出来的对称性.霍尔流体的拓扑特性为正在发生的事情提供了线索.正如之前的章节所述,霍尔流体的基态简并依赖于它所居住的流形的拓扑结构,并且这种依赖并不能被群论所解释.文小刚特别强调了拓扑序,或者更一般地说,量子序的研究有可能会为可能的物态开辟出新视野.[1]

---

[1] Wen X G. Quantum Field Theory of Many-Body Systems[M]. New York: Oxford University Press, 2004.

评述与推广

让我用几条评论来做个总结,这些评论也许会激励你去探索关于霍尔流体的丰富文献.

(1) 整数的出现暗示着我们的结果是可靠的.我们可以基于上一章中的评论提出一个机智的论点,即陈-西蒙斯项并不知道钟表和尺子,因此不可能依赖于微观的物理,例如电子从杂质中的散射就不能在无钟表和尺子的前提下被定义.相对应的是,由式(6.11)中的(···)所描述的不属于拓扑场论的物理当然要取决于微观物理的细节.

(2) 如果经历了推导霍尔流体有效场论的长长过程,我们将看到准粒子事实上是由代表电子的标量场所构成的涡旋(如同 5.7 节中的那样).考虑到霍尔流体是不可压缩的,你可以想到的唯一激发是一个涡旋,有电子在其周围连贯地旋转.

(3) 在上一章中我们指出,只有在扔掉边界项的前提下,陈-西蒙斯项才是规范不变的.但实验室中真正的霍尔流体住在带边界的样品上.那么为何式(6.11)是对的呢?值得注意的是,理论的这种表面上的"缺陷"事实上代表着其优点之一!假设理论上式(6.11)定义在有界的二维流形上,例如一个圆盘.那么正如文小刚首先提到的那样,边界上必须存在物理自由度,并由一个作用量所表示.此作用量在规范变换下的变化抵消 $\int d^3 x [k/(4\pi)] a\epsilon\partial a$. 从物理上看,很明显不可压缩流体有对应于边界上的波的边缘激发①.

(4) 如果我们拒绝引入规范势会怎么样? 由于流 J_μ 的量纲为 2,用流所构造的最简单的项 $J_\mu J^\mu$ 的量纲已经是 4 了;事实上,这就是麦克斯韦项.并没有用流直接构造量纲为 3 的局域相互作用的办法.为了降低量纲,我们被迫引入导数的逆并示意性地写为 $J(1/\epsilon\partial)J$,这当然就是非局域的霍普夫项.因此,人们经常问的问题"为什么要用规范场?"可以通过说引入规范场让我们可以避免处理非局域相互作用来部分地回答.

(5) 实验学家已经构造出双层量子霍尔系统,其中电子可以通过一个无穷小的隧穿振幅在两层间移动.假设每一层中的流 $J_I^\mu (I = 1, 2)$ 分别守恒,我们可以通过像式(6.10)写为 $J_I^\mu = \frac{1}{2\pi} \epsilon^{\mu\nu\lambda} \partial_\nu a_{I\lambda}$ 来引入两个规范势.我们可以重复一般性的论述并得到如下有效拉格朗日量:

---

① 哈尔珀林首先指出了整数霍尔流体中存在边界电流.

$$\mathcal{L} = \sum_{I,J} \frac{K_{IJ}}{4\pi} a_I \epsilon \partial a_J + \cdots \qquad (6.21)$$

此处整数 k 已经被提升为矩阵 K. 作为一个练习, 你可以推导霍尔电导、分数荷和准粒子的统计. 正如你意料之中的是, 每一个曾经出现 $1/k$ 的地方现在都替换成了矩阵的逆 K^{-1}. 一个有趣的问题是当 K 有一个零特征值时会发生什么. 例如, 我们取 $K = \begin{pmatrix} 1 & 1 \\ 1 & 1 \end{pmatrix}$, 那么规范势 $a_- \equiv a_1 - a_2$ 的低能动力学并不是被陈·西蒙斯项, 而是被式(6.21)中的(…)所控制. 这里我们有线性的色散模式, 因此是超流体! 这个惊人的预言[1]已被实验验证.

(6) 最后说一句有意思的话: 在这个形式下, 电子隧穿对应于流 $J^\mu \equiv J_1^\mu - J_2^\mu = [(/(2\pi)]\epsilon^{\mu\nu\lambda}\partial_\nu a_{-\lambda}$ 的不守恒. 两层中的电子数之差 $N_1 - N_2$ 不守恒. 但是, 尽管 J^μ 是 $a_{-\lambda}$ 的旋度(正如我所明确指出的那样), 怎么会有 $\partial_\mu J^\mu \neq 0$? 回忆 4.4 节, 你这位机敏的读者会说, 啊哈, 磁单极子! 欧几里得时空中双层霍尔系统中的隧穿可以被描述为单极子和反单极子的气体.[2](想想为什么是单极子和反单极子?) 当然, 注意, 它们不是通常电磁规范势中的单极子而是规范势 $a_{-\lambda}$ 中的单极子.

我们在本小节中给出的当然是霍尔流体的长程有效理论的一个非常巧妙的推导. 有人也许会说这也太狡猾了. 让我们回到五个一般性的陈述或者说原理. 在这五条中有四条是绝对无可争议的. 事实上, 最有问题的陈述反而是对于一个不认真的读者而言最无害的陈述, 也就是第三条. 通常, 凝聚态系统的有效拉格朗日量是非局域的. 我们暗中假设了系统并不包含无质量场, 其交换将导致非局域相互作用[3]. 式(6.11)中另一个暗含的假设是拉格朗日量可以完全用规范势 a 来表达. 先验地看, 我们当然不知道可能没有其他相关自由度. 重点是只要这些自由度不是无隙的, 它们就可以被安全地积掉.

习题

6.2.1 为了准确地定义填充因子, 我们不得不讨论球面而不是平面上的量子霍尔系统. 将一个强度为 G(根据狄拉克, 它只能是半整数或整数)的磁单极子放置在单位球

---

① Wen X G, Zee A. Shift and Spin Vector: New Topological Quantum Numbers for the Hall Fluids[J]. Phys. Rew. Lett., 1992, 69(20).

② Wen X G, Zee A. Tunneling in Double-Layered Quantum Hall Systems Phys. Rev. B, 1993, 47(4): 2265-2270.

③ 一个技术细节: 固定在霍尔流体中杂质上的涡旋(也就是准粒子)可以生成时间上非局域的相互作用.

体的中心，通过球面的通量为 $N_\phi = 2G$，证明单电子能量由 $E_l = \left(\frac{1}{2}\hbar\omega_c\right)\left[l(l+1) - G^2\right]/G$ 给出，朗道能级对应于 $l = G, G+1, G+2, \cdots$，且第 l 个能级的简并度为 $2l+1$. 当 L 个朗道能级被无相互作用的电子填满（$\nu = L$）时，证明 $N_\phi = \nu^{-1}N_e - \mathcal{S}$，其中拓扑量 $\mathcal{S}$ 被称为平移.

6.2.2 作为一个挑战，请推导霍尔流体的有效场论，其填充因子为 $\nu = m/k$ 且 k 为奇数，例如 $\nu = \dfrac{2}{5}$. $\Big($提示：必须引入 m 个规范势 $a_{I\lambda}$ 并且将式（6.10）推广为 $J^\mu = [1/(2\pi)]\epsilon^{\mu\nu\lambda}\partial_\nu \sum_{I=1}^{m} a_{I\lambda}$. 则有效理论是

$$\mathcal{L} = \frac{1}{4\pi}\sum_{I,J=1}^{m} a_I K_{IJ}\epsilon\partial a_J + \sum_{I=1}^{m} a_{I\mu}\tilde{j}^{I\mu} + \cdots$$

其中整数 k 被矩阵 K 所代替. 与式（6.21）做比较.$\Big)$

6.2.3 对于式（6.21）中的拉格朗日量，推导类似于式（6.16）、式（6.17）和式（6.19）的结果.

6.3 对偶

一个影响深远的概念

对偶是理论物理中的一个深刻且影响深远的概念[①]，它起源于电磁学和统计力学. 近年来，在从量子霍尔流体到弦论的现代物理学的多个领域中，对偶的出现代表了我们对量子场论的理解的重大进展. 在这里，仅举一个具体的例子来让你体会这个宏大的主题.

我的计划是先处理相对论性的理论，并在你掌握这一主题后，继续讨论非相对论理论. 一些非相对论性理论中的有趣物理现象并不出现在相对论性理论中，其道理在于对称性越大，约束越多. 同理，至少因为符号简单，相对论性理论确实要更好理解一些.

---

① 为了初步了解对偶，强烈推荐 J. M. Figueroa-O'Farrill, *Electromagnetic Duality for Children*, http://www.maths.ed.ac.uk/~jmf/Teaching/Lectures/EDC.html.

涡旋

将$(2+1)$维中的标量场耦合到一个外部的电磁规范势,并为之后方便起见明确写出电荷q:

$$\mathcal{L} = \frac{1}{2} \mid (\partial_\mu - iqA_\mu)\varphi \mid^2 - V(\varphi^\dagger \varphi) \tag{6.22}$$

我们已经研究了这个理论很多次,最近的5.7节就与涡旋相关.像往常一样,取$\varphi = |\varphi|e^{i\theta}$.在$|\varphi| = v$处将势$V$取最小值,这会给出基态的场位形.式(6.22)中取$\varphi = ve^{i\theta}$会得到

$$\mathcal{L} = \frac{1}{2} v^2 (\partial_\mu \theta - qA_\mu)^2 \tag{6.23}$$

通过规范变换将θ吸收进A中,可以将其看作是迈斯纳拉格朗日量.为了今后方便,我们引入另一种形式:

$$\mathcal{L} = -\frac{1}{2v^2} \xi_\mu^2 + \xi^\mu (\partial_\mu \theta - qA_\mu) \tag{6.24}$$

通过消去辅助场ξ^μ可以回到式(6.23)(见附录A与3.5节).

在5.7节中,我们了解到激发谱包含涡旋和反涡旋,它们位于$|\varphi|$为0的地方.如果绕着$|\varphi|$的零点,θ改变2π,我们会得到一个涡旋.对反涡旋而言,$\Delta\theta = -2\pi$.回想一下,我们可以从式(6.23)中看到,在静止的涡旋周围,为了让涡旋的能量在空间无穷远处是有限的,电磁规范势必须作如下变化:

$$qA_i \to \partial_i \theta \tag{6.25}$$

磁通量

$$\int d^2 x \, \varepsilon_{ij} \partial_i A_j = \oint dx \cdot A = \frac{\Delta\theta_{\text{vortex}}}{q} = \frac{2\pi}{q} \tag{6.26}$$

以$2\pi/q$为单位量子化.

让我们停下来思考一下物理含义.在相较于涡旋的大小而言很大的距离尺度上,涡旋和反涡旋作为点状出现.正如5.7节中所讨论的那样,相距为R的涡旋和反涡旋之间的相互作用能量可以通过简单代入式(6.23)给出.我们可以将试探场A_μ取得尽可能的弱,通过忽略它我们可以得到$\sim \int_a^R dr \, r (\nabla\theta)^2 \sim \ln(R/a)$,其中$a$是某短距离的截断.但

是请回想一下，二维空间中的库仑相互作用是对数的，因为由量纲分析可知 $\int d^2 k (e^{ik\cdot x}/k^2) \sim \ln(|\boldsymbol{x}|/a)$（其中 a^{-1} 是某紫外截断）. 因此，涡旋和反涡旋的气体作为相互之间有库仑相互作用的点状"荷"的气体出现.

对偶理论中作为荷的涡旋

对偶通常被一些理论学家认为是高等数学的一个分支，但实际上它是从完全物理的想法中衍生出来的. 鉴于上一段，我们是否可以重写理论，以使得涡旋作为某些未知的规范场中的点状"荷"出现？换句话说，我们想要一个对偶理论，在其中基本场会产生和湮灭涡旋，而不是 φ 量子. 我们将在适当的时候解释"对偶"一词.

值得注意的是，这种重写仅需几个简单的步骤即可完成. 采用启发式的物理推理，我们将相位场 θ 视为是光滑涨落的，尽管在某些位置可能存在 2π 的缠绕. 写下 $\partial_\mu \theta = \partial_\mu \theta_{\text{smooth}} + \partial_\mu \theta_{\text{vortex}}$，将其代入式(6.24)可以得到

$$\mathcal{L} = -\frac{1}{2v^2}\xi_\mu^2 + \xi^\mu(\partial_\mu\theta_{\text{smooth}} + \partial_\mu\theta_{\text{vortex}} - qA_\mu) \tag{6.27}$$

对 θ_{smooth} 积分会得到约束 $\partial_\mu\xi^\mu = 0$，可以通过写下

$$\xi^\mu = \varepsilon^{\mu\nu\lambda}\partial_\nu a_\lambda \tag{6.28}$$

来求解，这是我们在 6.2 节中所用过的技巧. 正如在 6.2 节中，由于变换 $a_\lambda \to a_\lambda + \partial_\lambda\Lambda$ 并不改变 ξ^μ，一个规范势来找我们了. 代入式(6.27)，可以得到

$$\mathcal{L} = -\frac{1}{4v^2}f_{\mu\nu}^2 + \varepsilon^{\mu\nu\lambda}\partial_\nu a_\lambda(\partial_\mu\theta_{\text{vortex}} - qA_\mu) \tag{6.29}$$

其中，$f_{\mu\nu} = \partial_\mu a_\nu - \partial_\nu a_\mu$.

我们的处理是启发式的，因为我们忽略了 $|\varphi|$ 在涡旋处消失的事实. 物理地看，我们将涡旋视为是点状的，因而"几乎"处处有 $|\varphi| = v$. 如 5.6 节中所述，通过选择合适的参数我们可以使得孤子、涡旋等尽可能得小. 换句话说，我们忽略了 θ_{vortex} 和 $|\varphi|$ 之间的耦合. 一个严格的处理需要一种恰当的短距离截断，这种截断可以通过将体系置于格点上实现[①]. 但只要我们抓住物理本质（而我们也的确可以做到这一点），就可以忽略这样的细节.

---

① Fisher M P A. Mott Insulators, Spin Liquids, and Quantum Disordered Superconductivity[J]. Physics, 1998, 69: 575-641.(appendix A.)

为之后方便起见，注意，被定义为式(6.29)中 $-A_\mu$ 系数的电磁流 J^μ 可以由规范势 a_λ 确定为

$$J^\mu = q\varepsilon^{\mu\nu\lambda}\partial_\nu a_\lambda \qquad (6.30)$$

让我们对式(6.29)中的项 $\varepsilon^{\mu\nu\lambda}\partial_\nu a_\lambda \partial_\mu \theta_{\text{vortex}}$ 做分部积分来得到 $a_\lambda \varepsilon^{\lambda\mu\nu}\partial_\mu \partial_\nu \theta_{\text{vortex}}$. 根据牛顿和莱布尼茨的教导，$\partial_\mu$ 与 ∂_ν 对易，因此显然我们会得到 0. 但只有当作用于全局定义的函数时 ∂_μ 和 ∂_ν 才对易，并且 θ_{vortex} 不是全局定义的，因为当我们绕着一个涡旋走一圈时它会改变 2π. 尤其是考虑一个静止涡旋并看式(6.29)中 a_0 所耦合的量，用基础物理的符号可以将其表示为 $\varepsilon^{ij}\partial_i\partial_j\theta_{\text{vortex}} = \nabla\times(\nabla\theta_{\text{vortex}})$. 将其在包含涡旋的区域做积分可得 $\int \mathrm{d}^2 x\, \nabla\times(\nabla\theta_{\text{vortex}}) = \oint \mathrm{d}\boldsymbol{x}\cdot\nabla\theta_{\text{vortex}} = 2\pi$. 因此，我们将 $[1/(2\pi)]\varepsilon^{ij}\partial_i\partial_j\theta_{\text{vortex}}$ 视作涡旋密度，也就是某种涡旋流 $j^\lambda_{\text{vortex}}$ 的时间分量. 根据洛伦兹不变性，$j^\lambda_{\text{vortex}} = [1/(2\pi)]\varepsilon^{\lambda\mu\nu}\partial_\mu\partial_\nu\theta_{\text{vortex}}$.

因此，可以将式(6.29)写为

$$\mathcal{L} = -\frac{1}{4v^2}f^2_{\mu\nu} + (2\pi)a_\mu j^\mu_{\text{vortex}} - A_\mu(q\varepsilon^{\mu\nu\lambda}\partial_\nu a_\lambda) \qquad (6.31)$$

我们这就完成了我们打算做的事情. 我们重写了该理论，以使涡旋作为规范势 a_μ 的电荷出现. 有时它被称作一个对偶理论，但严格来讲，更准确的说法是将其称作原始理论式(6.22)的对偶表示.

让我们引入复标量场 Φ，并将其视作涡旋场来产生和湮灭涡旋与反涡旋. 换句话说，我们将式(6.31)中的描述"细化"为

$$\mathcal{L} = -\frac{1}{4v^2}f^2_{\mu\nu} + \frac{1}{2}\,|\,(\partial_\mu - \mathrm{i}(2\pi)a_\mu)\Phi\,|^2 - W(\Phi) - A_\mu(q\varepsilon^{\mu\nu\lambda}\partial_\nu a_\lambda) \qquad (6.32)$$

势 $W(\Phi)$ 包含形如 $\lambda(\Phi^\dagger\Phi)^2$ 的项来描述两个涡旋（或涡旋与反涡旋）的短距离相互作用. 原则上讲，如果我们掌握了所有包含在原始理论式(6.22)中的短距离物理，那么这些项都可以由原始理论确定下来.

涡旋的涡旋

现在，让我们来谈谈对偶表示最令人着迷的一面，以及一开始使用"对偶"一词的原因. 涡旋场 Φ 是一个复标量场，正如我们一开始用的 φ. 因此我们可以很好地在 Φ 中形成涡旋，也就是令 Φ 为零，且绕其一周时 Φ 的相位会改变 2π 的位置.

有趣的是,我们正在形成涡旋的涡旋.

那么,什么是涡旋的涡旋?

对偶定理指出,涡旋的涡旋不外乎就是原来的荷,由我们一开始用的场 φ 所描述!这就是使用"对偶"一词的原因.

其证明相当简单.理论式(6.32)中的涡旋带着"磁通量".参考式(6.32),可以看到在空间无穷远处有 $2\pi a_i \to \partial_i \theta$.通过与式(6.26)中完全相同的操作,我们有

$$2\pi \int d^2 x \varepsilon_{ij} \partial_i a_j = 2\pi \oint d\boldsymbol{x} \cdot \boldsymbol{A} = 2\pi \tag{6.33}$$

注意,本书在术语"磁通量"上加了引号.因为很明显,本书说的就是规范势 a_μ 所对应的通量,而不是电磁势 A_μ 所对应的通量.但是请回忆一下,由式(6.30)可知电磁流为 $J^\mu = q\varepsilon^{\mu\nu\lambda}\partial_\nu a_\lambda$,特别地,$J^0 = q\varepsilon^{ij}\partial_i a_j$.因此,对于这个涡旋的涡旋,其电荷(注意这里无引号)等于 $\int d^2 x J^0 = q$,恰好是原始复标量场 φ 的荷.这就证明了我们的断言.

这里我们研究了涡旋,但同样地,对偶也适用于单极子.正如本书在4.4节中所述,对偶使得我们得以一窥强耦合参数域的场论.我们在5.7节中了解到,(3+1)维时空中的某些自发破缺的非阿贝尔规范场包含磁单极子.我们可以写下一个单极子场的对偶场论,从中又可以构造单极子.单极子的单极子正是原先规范理论的带荷场.这种对偶性是多年前由奥利夫和蒙托宁首次猜测的,后来塞伯格和威滕在某些超对称规范理论中实现了它.几年前,对于对偶的理解是一个"热门"话题,由于它使得人们对于特定弦理论如何相互对偶有了新的深刻见解.[①]相对而言,根据我的一位杰出的凝聚态同事的说法,凝聚态物理学界对对偶这个重要概念仍然认识不足.

迈斯纳带来麦克斯韦,诸如此类

作为结尾,我们将对(2+1)维时空中的对偶以及它与二维材料的物理之间的关系稍作阐述.考虑一个拉格朗日量 $\mathcal{L}(a)$,它是矢量场 a_μ 的二次多项式.将一个外电磁规范势 A_μ 耦合到守恒流 $\varepsilon^{\mu\nu\lambda}\partial_\nu a_\lambda$:

$$\mathcal{L} = \mathcal{L}(a) + A_\mu (\varepsilon^{\mu\nu\lambda}\partial_\nu a_\lambda) \tag{6.34}$$

---

① Olive D I, West P C. Duality and Supersymmetric Theories[M]. Cambridge: Cambridge University Press, 1999.

问题来了:对于 $\mathcal{L}(a)$ 的不同选择,如果积掉 a,描述 A 的动力学的有效拉格朗日量 $\mathcal{L}(A)$ 会是什么?

如果你已经跟着这本书走了这么远,应该很容易做出这个积分.又是一个量子场论中处于中心地位的恒等式!给定

$$\mathcal{L}(a) \sim aKa \tag{6.35}$$

我们有

$$\mathcal{L}(A) \sim (\varepsilon \partial A) \frac{1}{K} (\varepsilon \partial A) \sim A \left(\varepsilon \partial \frac{1}{K} \varepsilon \partial \right) A \tag{6.36}$$

对于 $\mathcal{L}(a)$,我们有三种选择,并为它们取了合适的名字,见表 6.1.

表 6.1

$\mathcal{L}(a) \sim a^2$	迈斯纳(Meissner)
$\mathcal{L}(a) \sim a\varepsilon \partial a$	陈-西蒙斯(Chern-simons)
$\mathcal{L}(a) \sim f^2 \sim a\partial^2 a$	麦克斯韦(Maxwell)

由于我们已经了解了基本的概念,所以这里将不再费心写出指标和无关的总体常数.(你可以将其作为练习.)例如,给定 $\mathcal{L}(a) = f_{\mu\nu} f^{\mu\nu}$,其中 $f_{\mu\nu} = \partial_\mu a_\nu - \partial_\nu a_\mu$,可以写出 $\mathcal{L}(a) \sim a\partial^2 a$,因而 $K = \partial^2$.因此,外电磁规范势的有效动力学由式(6.36)给出,为 $\mathcal{L}(A) \sim A[\varepsilon \partial (1/\partial^2) \varepsilon \partial] A \sim A^2$,也就是迈斯纳拉格朗日量!在这种"快速又肮脏"的干活模式下,我们仅需令 $\varepsilon \varepsilon \sim 1$ 并将分子和分母中的 ∂ 因子消掉.继续这种操作,我们会构造出表 6.2.

表 6.2

a 的动力学	K	有效拉格朗日量 $\mathcal{L}(A) \sim A[\varepsilon \partial (1/K) \varepsilon \partial] A$	外场 A 的动力学
迈斯纳 a^2	1	$A(\varepsilon \partial \varepsilon \partial) A \sim A\partial^2 A$	麦克斯韦 F^2
陈-西蒙斯 $a\varepsilon \partial a$	$\varepsilon \partial$	$A \left(\varepsilon \partial \dfrac{1}{\varepsilon \partial} \varepsilon \partial \right) A \sim A\varepsilon \partial A$	陈-西蒙斯 $A\varepsilon \partial A$
麦克斯韦 $f^2 \sim a\partial^2 a$	∂^2	$A \left(\varepsilon \partial \dfrac{1}{\partial^2} \varepsilon \partial \right) A \sim AA$	迈斯纳 A^2

迈斯纳带来麦克斯韦,陈-西蒙斯带来陈-西蒙斯,麦克斯韦带来迈斯纳.我发觉这个美丽而基本的结果相当令人惊讶,它代表着对偶的一种形式.陈-西蒙斯是自对偶的:它带来它自己.

走向非相对论

跟对偶性的非相对论处理作比较,颇具启发性.[①]回到5.1节中的超流拉格朗日量:

$$\mathcal{L} = \mathrm{i}\varphi^{\dagger}\partial_0\varphi - \frac{1}{2m}\partial_i\varphi^{\dagger}\partial_i\varphi - g^2(\varphi^{\dagger}\varphi - \bar{\rho})^2 \tag{6.37}$$

和之前一样,做代换 $\varphi \equiv \sqrt{\rho}\,\mathrm{e}^{\mathrm{i}\theta}$ 来得到

$$\mathcal{L} = -\rho\partial_0\theta - \frac{\rho}{2m}(\partial_i\theta)^2 - g^2(\rho - \bar{\rho})^2 + \cdots \tag{6.38}$$

我们将其重新写为

$$\mathcal{L} = -\xi_\mu\partial^\mu\theta + \frac{m}{2\rho}\xi_i^2 - g^2(\rho - \bar{\rho})^2 + \cdots \tag{6.39}$$

在式(6.38)中我们扔掉了项 $\sim(\partial_i\rho^{1/2})^2$.在式(6.39)中我们定义了 $\xi_0 \equiv \rho$.积掉式(6.39)中的 ξ_i 后会回到式(6.38).

所有的过程都和以前一样.写下 $\theta = \theta_{\text{smooth}} + \theta_{\text{vortex}}$ 并将 θ_{smooth} 积掉,可以得到约束 $\partial^\mu\xi_\mu = 0$,其解为 $\xi^\mu = \epsilon^{\mu\nu\lambda}\partial_\nu\hat{a}_\lambda$.在 $\hat{a}_\lambda$ 上写上尖帽号是为了之后方便.注意,密度

$$\xi_0 \equiv \rho = \epsilon_{ij}\partial_i\hat{a}_j \equiv \hat{f} \tag{6.40}$$

为"磁"场强,而

$$\xi_i = \epsilon_{ij}(\partial_0\hat{a}_j - \partial_j\hat{a}_0) \equiv \epsilon_{ij}\hat{f}_{0j} \tag{6.41}$$

为"电"场强.

将所有这些代入式(6.39)后可得

$$\mathcal{L} = \frac{m}{2\rho}\hat{f}_{0i}^2 - g^2(\hat{f} - \bar{\rho})^2 - 2\pi\hat{a}_\mu j^\mu_{\text{vortex}} + \cdots \tag{6.42}$$

为了"减掉"背景"磁"场 $\bar{\rho}$,显而易见的明智之举是写为

$$\hat{a}_\mu = \bar{a}_\mu + a_\mu \tag{6.43}$$

---

① 此处的处理主要来自 M. P. A. Fisher 和 D. H. Lee.

其中,我们定义背景规范势为 $\bar{a}_0 = 0, \partial_0 \bar{a}_j = 0$(无背景"电"场)且

$$\epsilon_{ij} \partial_i \bar{a}_j = \bar{\rho} \tag{6.44}$$

拉格朗日量式(6.42)就有了更清晰的形式:

$$\mathcal{L} = \left(\frac{m}{2\bar{\rho}} f_{0i}^2 - g^2 f^2 \right) - 2\pi a_\mu j_{\text{vortex}}^\mu - 2\pi \bar{a}_i j_{\text{vortex}}^i + \cdots \tag{6.45}$$

在第一项中我们已经做了展开 $\rho \sim \bar{\rho}$. 正如式(6.31),前两项构成麦克斯韦拉格朗日量,其系数之比决定了传播的速度为

$$c = \left(\frac{2g^2 \bar{\rho}}{m} \right)^{1/2} \tag{6.46}$$

在使得 $c = 1$ 的合适的单位下,我们有

$$\mathcal{L} = -\frac{m}{4\bar{\rho}} f_{\mu\nu} f^{\mu\nu} - 2\pi a_\mu j_{\text{vortex}}^\mu - 2\pi \bar{a}_i j_{\text{vortex}}^i + \cdots \tag{6.47}$$

将其与式(6.31)比较.

我们在相对论性的处理中所遗漏的是式(6.47)中的最后一项,原因很简单,就是我们没有加入背景.回忆一下,通常的电磁学中像 $A_i J_i$ 这样的项意味着一个由流 J_i 所对应的移动粒子会看到一个磁场 $\nabla \times \boldsymbol{A}$.因此,一个移动的涡旋将看到一个"磁场"

$$\epsilon_{ij} \partial_i (\bar{a} + a)_j = \bar{\rho} + \epsilon_{ij} \partial_i a_j \tag{6.48}$$

等于原始玻色子密度 $\bar{\rho}$,与一个涨落场之和.

在库仑规范下,$\partial_i a_i = 0$,我们有 $(f_{0i})^2 = (\partial_0 a_i)^2 + (\partial_i a_0)^2$,其中交叉项 $(\partial_0 a_i)(\partial_i a_0)$ 有效地在分部积分的意义上为 0.积掉库仑场 a_0,可以得到

$$\mathcal{L} = -\frac{\bar{\rho}}{2m} (2\pi)^2 \iint \mathrm{d}^2 x \mathrm{d}^2 y \left[j_0(x) \ln \frac{|x-y|}{a} j_0(y) \right]$$
$$+ \frac{m}{2\bar{\rho}} (\partial_0 a_i)^2 - g^2 f^2 + 2\pi (a_i + \bar{a}_i) j_i^{\text{vortex}} \tag{6.49}$$

正如我们所知道的那样,涡旋通过对数型相互作用 $\int \mathrm{d}^2 k (\mathrm{e}^{\mathrm{i}k \cdot x}/k^2) \sim \ln(|x|/a)$ 彼此排斥.

一个自对偶理论

有趣的是,麦克斯韦拉格朗日量的空间部分 f^2 来自原始玻色子之间的短程排斥.

如果我们使玻色子以待定的任何势 $V(x)$ 发生相互作用,取代式(6.39)中最后一项的是

$$\iint d^2x\, d^2y\, [\rho(x) - \bar\rho] V(x - y) [\rho(y) - \bar\rho] \tag{6.50}$$

很容易看到,所有的步骤都和之前差不多,但是现在式(6.45)中的第二项成为

$$\iint d^2x\, d^2y f(x) V(x - y) f(y) \tag{6.51}$$

因此,规范场根据如下色散关系传播:

$$\omega^2 = (2\bar\rho/m) V(k) k^2 \tag{6.52}$$

其中,$V(k)$ 为 $V(x)$ 的傅里叶变换. 在 $V(x) = g^2 \delta^{(2)}(x)$ 的特殊情况下,我们会回到式(6.46)中给出的线性色散. 事实上,只要 $V(x)$ 足够短程以使 $V(k \doteq 0)$ 是有限的,我们就可以得到线性色散 $\omega \propto |k|$.

对数型 $V(x)$ 是一个有趣的情况. $V(k)$ 会趋于 $1/k^2$,并且因此 $\omega \sim$ 常数:规范场 a_i 变得有质量因而被扔掉了. 低能有效理论由一些涡旋组成,它们之间有对数型相互作用. 因此,相互之间有着对数型排斥的玻色子理论在低能极限下自对偶.

涡旋与反涡旋之舞

完成了对偶性的非相对论性讨论,让我们通过推导涡旋在流体中的运动来回报我们自己. 令流体整体上静止. 根据式(6.47),在正比于流体平均密度 $\bar\rho$ 的背景磁场 $\bar b$ 中,涡旋表现得像一个带荷粒子. 因此,作用于涡旋的力即为通常的洛伦兹力 $v \times B$,且力 F 存在时涡旋的运动方程为

$$\bar\rho\, \epsilon_{ij} \dot x_j = F_i \tag{6.53}$$

这是一个著名的结果,即当涡旋被推动时,会沿着与力垂直的方向运动.

考虑两个涡旋.根据式(6.49),它们通过一个对数型相互作用彼此排斥.它们垂直于力移动,因此,最终会环绕彼此.相比之下,考虑彼此吸引的涡旋与反涡旋.由于这种吸引,它们都朝着相同的方向移动:垂直于连接它们的直线(图 6.2).涡旋和反涡旋同步移动,保持着它们之间的距离.这实际上解释了著名的烟圈的运动.如果我们将烟圈沿着穿过其中心并且垂直于其所在平面切开,则每一部分都会有一个涡旋和反涡旋.因此,整个烟圈会沿着垂直于其所在平面的方向移动.

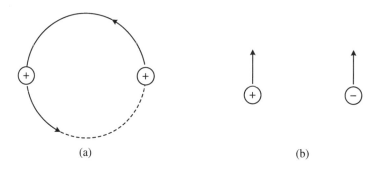

图 6.2

正如所料,所有这些都可以通过基本的物理来解释.关键的地方在于涡旋与反涡旋会在包围着它们的流体中产生环形流,对涡旋而言是顺时针方向,对反涡旋而言是逆时针方向.另一个基本的发现在于,如果流体中存在局域流,那么陷于其中的任何物体,无论是涡旋还是反涡旋,都只会沿着与局域流相同的方向流动.这是伽利略不变性的结果.通过画简单的图你就会发现,它会产生与上面的讨论相同的运动模式.

6.4 作为有效场论的 σ 模型

用拉格朗日量来辅助记忆

我们所钟爱的量子场论曾有两次濒临死亡的经历.第一次是在 1930 年代中期开始的,那时物理量中出现了无穷.但是,幸亏包括费曼、施温格尔、戴森等在内的一代人的工作,它在 1940 年代末和 1950 年代初重新焕发了生命.第二次发生在 1950 年代后期.正如我们已经讨论的那样,量子场论似乎完全无法处理强相互作用:耦合太强以至于微扰论无法起到任何作用.许多物理学家——统称为 S-矩阵学派——感到场论无法研究强相互作用,并提出了一个尝试不利用场论而是从一般原理出发来导出结果的纲领.例如,在推导戈德伯格-特赖曼关系时,我们可以完全不提到场论和费曼图.

最终,在对这种趋势的反思中,人们意识到如果某些结果能从像自发对称破缺这类一般性的考虑中得到,任何具有这些一般性质的拉格朗日量都只能产生相同的结果.至少,拉格朗日量可以帮助我们记住通过非场论方法得出的物理结论.因此长程或低能有效场论的概念诞生了,这在粒子物理和凝聚态物理中都有着很大的作用(这正如我们已经看到的那样,本书将在 8.3 节中对此做进一步讨论).

低能下的强相互作用

最早的例子之一是格尔曼与莱维的 σ 模型,它描述了核子与 π 介子的相互作用.现在我们知道,强相互作用得用夸克和胶子描述.尽管如此,在远距离,自由度是两个核子和三个 π 介子.质子和中子在同位旋的 $SU(2)$ 下按旋量 $\psi \equiv \begin{pmatrix} p \\ n \end{pmatrix}$ 变换.考虑动能项 $\bar{\psi} i\gamma\partial\psi = \bar{\psi}_L i\gamma\partial\psi_L + \bar{\psi}_R i\gamma\partial\psi_R$.我们注意到,此项有更大的对称性 $SU(2)_L \times SU(2)_R$,其中左手场 ψ_L 和右手场 ψ_R 分别在 $SU(2)_L$ 和 $SU(2)_R$ 下按双重态变换.(同位旋的 $SU(2)$ 是 $SU(2)_L \times SU(2)_R$ 的对角子群.)我们可以记为 $\psi_L \sim \left(\frac{1}{2}, 0\right)$ 与 $\psi_R \sim \left(0, \frac{1}{2}\right)$.

现在我们立即看到了一个问题:质量项 $m\bar{\psi}\psi = m(\bar{\psi}_L\psi_R + \text{h.c.})$ 并不被允许,因为 $\bar{\psi}_L\psi_R \sim \left(\frac{1}{2}, \frac{1}{2}\right)$ 处于与群 $SO(4)$ 局域同构的 $SU(2)_L \times SU(2)_R$ 的 4 维表示.

在这一点上,少部分物理学家会说,哪里有什么问题.我们一直都知道强相互作用只在同位旋的 $SU(2)$ 下不变,我们将其记作 $SU(2)_I$.在 $SU(2)_I$ 下由 $\bar{\psi}_L$ 与 ψ_R 所构造的双线性按 $\frac{1}{2} \times \frac{1}{2} = 0 + 1$ 变换,单态为 $\bar{\psi}\psi$ 且三重态为 $\bar{\psi} i\gamma^5\tau^a\psi$.只考虑 $SU(2)_I$ 对称性的话,当然可以包含质量项 $\bar{\psi}\psi$.

换句话说,要完全耦合到我们从 ψ_L 与 ψ_R 中构造出来的四个双线性,也就是 $\bar{\psi}\psi$ 和 $\bar{\psi} i\gamma^5\tau^a\psi$,我们需要 4 个按 $SO(4)$ 的矢量表示变换的介子场.但是只有 3 个 π 介子是已知的.看起来确实我们只有 $SU(2)_I$ 对称性.

尽管如此,格尔曼与莱维大胆地坚持更大的对称性 $SU(2)_L \times SU(2)_R \simeq SO(4)$,并简单假定了一个多余的介子场,他们将其称作 σ,因此 $(\sigma, \boldsymbol{\pi})$ 构成 4 维表示.本书留给读者来证明 $\overline{\psi}_L(\sigma + i\boldsymbol{\tau} \cdot \boldsymbol{\pi})\psi_R + \text{h.c.} = \overline{\psi}(\sigma + i\boldsymbol{\tau} \cdot \boldsymbol{\pi}\gamma_5)\psi$ 是不变的.因此,我们可以写下不变拉格朗日量:

$$\mathcal{L} = \overline{\psi}[i\gamma\partial + g(\sigma + i\boldsymbol{\tau} \cdot \boldsymbol{\pi}\gamma_5)]\psi + \mathcal{L}(\sigma, \boldsymbol{\pi}) \tag{6.54}$$

其中不包含核子的部分是

$$\mathcal{L}(\sigma, \boldsymbol{\pi}) = \frac{1}{2}[(\partial\sigma)^2 + (\partial\boldsymbol{\pi})^2] + \frac{\mu^2}{2}(\sigma^2 + \boldsymbol{\pi}^2) - \frac{\lambda}{4}(\sigma^2 + \boldsymbol{\pi}^2)^2 \tag{6.55}$$

这被称作线性 σ 模型.

在引入 σ 模型时,大多数物理学家都感到很奇怪:核子无质量,并且存在一个额外的介子场.啊哈,但你会发现式(6.55)就是我们研究过的拉格朗日量式(4.2)(对于 $N = 4$),它有自发对称破缺.式(4.2)中的四个标量场 $(\varphi_4, \varphi_1, \varphi_2, \varphi_3)$ 对应于 $(\sigma, \boldsymbol{\pi})$.不失一般性,我们可以选择 φ 的真空期待值使其指向第 4 个方向,也就是使得 $\langle 0|\sigma|0\rangle = \sqrt{\mu^2/\lambda} \equiv v$ 且 $\langle 0|\boldsymbol{\pi}|0\rangle = 0$ 的真空.展开 $\sigma = v + \sigma'$,我们马上看到核子质量为 $M = gv$.你不应该对 π 介子无质量感到惊讶.而我们称为 σ 介子的对应于 σ' 场的介子则不应该没有质量,事实也的确如此.

最重要的参数 v 可以联系到可测量量吗?可以.你可以回忆 1.10 节,轴矢流由诺特定理给出如下:$J^a_{\mu 5} = \overline{\psi}\gamma_\mu\gamma_5(\tau^a/2)\psi + \pi^a\partial_\mu\sigma - \sigma\partial_\mu\pi^a$.在 σ 获得真空期待值后,$J^a_{\mu 5}$ 包含一项 $-v\partial_\mu\pi^a$.这项暗示着矩阵元 $\langle 0|J^a_{\mu 5}|\pi^b\rangle = iv k_\mu$,其中 k 指的是 π 介子的动量,并且因此 v 正比于 4.2 节中所定义的 f.事实上,我们能认出质量关系 $M = gv$ 就是 $F(0) = 1$ 时的戈德伯格-特赖曼关系.(见习题 6.4.4.)

非线性 σ 模型

最终我们会意识到,$\mathcal{L}(\sigma, \boldsymbol{\pi})$ 中势的主要目的是迫使场的真空期待值成为它们所成为的那样,因此势可以用限制条件 $\sigma^2 + \boldsymbol{\pi}^2 = v^2$ 来代替.关于这一点的一种更加物理的思考方式是意识到如果存在 σ 介子的话,它的衰变宽度必须非常宽,因为它可以通过强相互作用衰变为两个 π 介子.我们也可以通过增加其质量来迫使它离开低能谱.到目前为止,已经通过 4.1 节和 5.1 节学到,σ 介子的质量也就是 $\sqrt{2}\mu$,可以在固定 v 的同时被取为无穷,通过在保持比例不变的前提下让 μ^2 和 λ 趋于无穷.

我们现在将关注点放在 $\mathcal{L}(\sigma,\boldsymbol{\pi})$ 上. 我们可以通过简单解限制条件并将解 $\sigma = \sqrt{v^2 - \boldsymbol{\pi}^2}$ 代入拉格朗日量, 而不是考虑带约束 $\sigma^2 + \boldsymbol{\pi}^2 = v^2$ 的 $\mathcal{L}(\sigma,\boldsymbol{\pi}) = \frac{1}{2}\left[(\partial\sigma)^2 + (\partial\boldsymbol{\pi})^2\right]$ 来得到被称作非线性 σ 模型的表达式:

$$\mathcal{L} = \frac{1}{2}\left[(\partial\boldsymbol{\pi})^2 + \frac{(\boldsymbol{\pi}\cdot\partial\boldsymbol{\pi})^2}{f^2 - \boldsymbol{\pi}^2}\right] = \frac{1}{2}(\partial\boldsymbol{\pi})^2 + \frac{1}{2f^2}(\boldsymbol{\pi}\cdot\partial\boldsymbol{\pi})^2 + \cdots \tag{6.56}$$

注意 $\mathcal{L}$ 可以写为 $\mathcal{L} = (\partial\pi^a)\,G^{ab}(\boldsymbol{\pi})\,(\partial\pi^b)$ 的形式; 一些人喜欢将 G^{ab} 认为是场空间的"度规". (顺便说一句, 回想一下我们在 6.3 节中取了最简单的可能的动能项 $\frac{1}{2}(\partial\varphi)^2$ 而拒绝了诸如 $U(\varphi)(\partial\varphi)^2$ 的可能性. 但是也请回忆在 4.3 节中我们提到过, 这样的项会通过量子涨落引发.)

依照本章所介绍的哲学, 任何抓住正确对称性特征的拉格朗日量都应该描述相同的低能物理.[1] 这意味着任何人, 包括你在内, 都可以引入他或她自己对于场的参数化.

非线性 σ 模型实际上是一大类场论的例子, 这些场论的拉格朗日量形式很简单, 但出现在其中的场受到一些非平庸的约束. 一个例子是由下式定义的理论

$$\mathcal{L}(U) = \frac{f^2}{4}\,\mathrm{tr}\,(\partial_\mu U^\dagger \cdot \partial^\mu U) \tag{6.57}$$

其中, $U(x)$ 是矩阵值的场且为 $SU(2)$ 的元素. 事实上, 如果我们写为 $U = \mathrm{e}^{(i/f)\boldsymbol{\pi}\cdot\boldsymbol{\tau}}$, 可以看到 $\mathcal{L}(U) = \frac{1}{2}(\partial\boldsymbol{\pi})^2 + [1/(2f^2)](\boldsymbol{\pi}\cdot\partial\boldsymbol{\pi})^2 + \cdots$, 除了忽略的项外都与式 (6.56) 相同. 这里的 $\boldsymbol{\pi}$ 场与式 (6.56) 中的通过场的重定义相联系.

关于非线性 σ 模型及其在粒子物理和凝聚态物理中的应用, 还有很多内容, 但深入地讨论将使我们远远超出本书的范围. 相对地, 本书将在练习中继续介绍它们的某些特性, 并在下一章中简述它们如何在一类凝聚态系统中出现.

习题

6.4.1 证明 $(\sigma,\boldsymbol{\pi})$ 的真空期待值可以指向任何方向, 与此同时物理不变. 乍一看, 这种说法似乎很奇怪, 由于 π 介子与核子的 γ_5 耦合, 它是赝标量场, 且不能在不破坏宇称

---

[1] Weinberg S. Phenomenological Lagrangians[J]. Physica A, 1979, 96(1-2): 327-340.

的前提下拥有真空期待值.但(σ, $\boldsymbol{\pi}$)只是希腊字母.请验证,通过对核子场进行合适的变换,宇称可以是守恒的,正如强相互作用中所认为的那样.

6.4.2 使用非线性σ模型式(6.56)计算π-π散射振幅至外动量的二阶.(提示:若需要帮助,参见S. Weinberg,Phys. Rev. Lett.,1966,17:616.)

6.4.3 使用线性σ模型式(6.55)计算π-π散射振幅至外动量的二阶.别忘记费曼图包含σ介子的交换.你应该得到与习题6.4.2相同的结果.

6.4.4 请验证质量关系$M = gv$相当于戈德伯格-特赖曼关系.

6.5 铁磁体与反铁磁体

磁矩

4.1节和5.3节介绍了南部-戈德斯通玻色子的概念是怎么从铁磁或反铁磁材料中的自旋波生发出来的.这类材料的一个漫画式的描述为:一个普通的晶格,每一个格点上有一个局域磁矩,我们用单位矢量 $\boldsymbol{n}_j$ 来表示,其中j是格点的编号.在铁磁材料里,相邻格点上的磁矩想要指向相同方向,而在反铁磁材料中相邻磁矩则想要指向相反方向.换句话说,系统能量可以写为 $\mathcal{H} = J\sum_{\langle ij \rangle} \boldsymbol{n}_i \cdot \boldsymbol{n}_j$,其中$i$和$j$代表格点编号.对反铁磁体有$J > 0$,而铁磁体$J < 0$.我大概说一下,完整的量子描述下每个格点$j$带一个自旋 S_j 算符;这个问题已经远超出本书的范围了.

在更微观的处理方法中,我们会从描述电子跳跃和相互作用的哈密顿量出发(比如哈伯德哈密顿量).经过一些近似的平均场处理,经典变量 $\boldsymbol{n}_j$ 会以指向$\langle c_j^\dagger \boldsymbol{\sigma} c_j \rangle$方向的单位矢量的形式出现,其中$c_j^\dagger$和$c_j$分别是电子的产生和湮灭算符.然而还要说,本书不是固体物理学.

一阶还是二阶时间项

此处我们学习前几章的 σ 模型精神,来推导铁磁体和反铁磁体的低能有效描述.这里的处理会比一些场论教材里的标准讨论长得多,但也会稍稍更准确一些.

一个比较微妙的问题,在于该给 $-\mathcal{H}$ 加上怎样的动能项以构成拉格朗日量 L.由于对单位矢量 n 有 $n \cdot \mathrm{d}n/\mathrm{d}t = \mathrm{d}(n \cdot n)/\mathrm{d}t = 0$,一阶的时间导数项是不靠谱的.若求导两次,可以有 $(\mathrm{d}n/\mathrm{d}t) \cdot (\mathrm{d}n/\mathrm{d}t)$ 这样的项,所以说

$$L_{\text{wrong}} = \frac{1}{2g^2} \sum_j \frac{\partial n_j}{\partial t} \cdot \frac{\partial n_j}{\partial t} - J \sum_{\langle ij \rangle} n_i \cdot n_j \tag{6.58}$$

典型的场论教材接着就会考虑连续极限,然后给出拉格朗日量密度:

$$\mathcal{L} = \frac{1}{2g^2} \left(\frac{\partial n}{\partial t} \cdot \frac{\partial n}{\partial t} - c_s^2 \sum_l \frac{\partial n}{\partial x^l} \cdot \frac{\partial n}{\partial x^l} \right) \tag{6.59}$$

再加上约束条件 $[n(x,t)]^2 = 1$.这是非线性 σ 模型的一个例子.就像在 6.4 节中讨论的非线性 σ 模型一样,拉格朗日量看着像自由拉格朗日量,但约束条件带来了非平庸的动力学.常数 c_s(由微观变量 J 确定)是自旋波波速,这从运动方程 $(\partial^2/\partial t^2)n - c_s^2 \nabla^2 n = 0$ 就能看出来.

然而,你可能也感觉到了,有些东西不太对劲.在量子力学课程里你已经学过,自旋变量 S 的动力学对时间是一阶的.考虑这个最基本的例子,单个自旋置于恒定磁场中,有 $H = \mu S \cdot B$.因此 $\mathrm{d}S/\mathrm{d}t = \mathrm{i}[H, S] = \mu B \times S$.与此同时,你可能也记得,固体物理学中学过,铁磁体中自旋波的色散关系有非相对论性形式 $\omega \propto k^2$,不是式(6.59)隐含的相对论形式 $\omega^2 \propto k^2$.

想解决这个佯谬,就得用泡利-霍普夫恒等式:给定单位矢量 n 总可以设 $n = z^\dagger \sigma z$,其中 $z = \begin{pmatrix} z_1 \\ z_2 \end{pmatrix}$ 由两个满足 $z^\dagger z \equiv z_1^\dagger z_1 + z_2^\dagger z_2 = 1$ 的复数组成.自己验证一下吧!(顺便说点数学知识:将 z_1 和 z_2 用实数写出,这一映射即定义了霍普夫映射 $S^3 \to S^2$.)尽管没法构造一个对时间导数为线性的 n 的二次项,写出对时间导数线性的复数双重态 z 的二次项还是可以的.不看下一行,你能写出来吗?

式(6.58)的正确形式为

$$L_{\text{corred}} = \mathrm{i} \sum_j z_j^\dagger \frac{\partial z_j}{\partial t} + \frac{1}{2g^2} \sum_j \frac{\partial n_j}{\partial t} \cdot \frac{\partial n_j}{\partial t} - J \sum_{\langle ij \rangle} n_i \cdot n_j \tag{6.60}$$

上面加入的一项被称为贝里相位项,它有着深刻的拓扑意义.为导出运动方程需要用到下面的等式:

$$\int \mathrm{d}t \delta \left(z_j^\dagger \frac{\partial z_j}{\partial t} \right) = \frac{1}{2} \mathrm{i} \int \mathrm{d}t \delta n_j \cdot \left(n_j \times \frac{\partial n_j}{\partial t} \right) \tag{6.61}$$

重要的是,尽管 $z_j^\dagger(\partial z_j/\partial t)$ 无法被写为 $\boldsymbol{n}_j$ 的简单表达式,其变分却可以.

铁磁体与反铁磁体中的低能模

在铁磁体的基态中,磁矩全部指向相同方向,不妨选为 z 方向.在基态附近,以小涨落 $\boldsymbol{n}_j = \hat{e}_z + \delta \boldsymbol{n}_j$ 展开运动方程(其中 $\hat{e}_z$ 显然代表相应的单位矢量)并做傅里叶变换,我们有

$$\begin{pmatrix} -\dfrac{\omega^2}{g^2} + h(k) & -\dfrac{1}{2}\mathrm{i}\omega \\ \dfrac{1}{2}\mathrm{i}\omega & -\dfrac{\omega^2}{x^2} + h(k) \end{pmatrix} \begin{pmatrix} \delta n_x(k) \\ \delta n_y(k) \end{pmatrix} = 0 \tag{6.62}$$

它联系了 $\delta \boldsymbol{n}(k)$ 的两个分量 $\delta n_x(k)$ 与 $\delta n_y(k)$.约束条件 $\boldsymbol{n}_j \cdot \boldsymbol{n}_j = 1$ 给出 $\delta n_z(k) = 0$.此处 a 为晶格常数,对小 k 有 $h(k) \equiv 4J[2 - \cos(k_x a) - \cos(k_y a)] \simeq 2Ja^2 k^2$.(此处分量 k_x 和 k_y 隐含假设了二维空间.)

在低频下,贝里项 $\mathrm{i}\omega$ 的作用远大于 ω^2/g^2,后者便可以扔掉了.将矩阵的行列式设为零,可以看出正确的二阶色散关系 $\omega \propto k^2$.

对反铁磁的处理,颇有别趣.这一所谓的尼尔态[①]由 $\boldsymbol{n}_j = (-1)^j \hat{e}_z$ 表述.假设 $\boldsymbol{n}_j = (-1)^j \hat{e}_z + \delta \boldsymbol{n}_j$,有

$$\begin{pmatrix} -\dfrac{\omega^2}{g^2} + f(k) - \dfrac{1}{2}\mathrm{i}\omega \\ \dfrac{1}{2}\mathrm{i}\omega - \dfrac{\omega^2}{g^2} + f(k) \end{pmatrix} \begin{pmatrix} \delta n_x(k) \\ \delta n_y(k + Q) \end{pmatrix} = 0 \tag{6.63}$$

它联系了不同动量下的 δn_x 和 δn_y.此处 $f(k) = 4J[2 + \cos(k_x a) + \cos(k_y a)]$ 且 $Q = [\pi/a, \pi/a]$.Q 的出现,是由于 $(-1)^j = \mathrm{e}^{\mathrm{i}Qj}$.(自己思考一下这个简化得比较过分的写法吧.)反铁磁因子 $(-1)^j$ 明确破缺了平移不变性,只要出现就会导致大小为 Q 的动量改变.类似的方程联系了 $\delta n_y(k)$ 和 $\delta n_x(k + Q)$.求解这些方程,就能发现存在一个我们不感兴趣的高频分支和一个线性色散 $\omega \propto k$ 的低频分支.

---

① 注意到,尽管尼尔态描述了经典反铁磁体的最低能位形,它却并非是量子反铁磁的基态.哈密顿量 $J\sum\limits_{\langle ij \rangle} \boldsymbol{S}_i \cdot \boldsymbol{S}_j$ 中的 $S_i^+ S_j^- + S_i^- S_j^+$ 一项反转自旋的上下指向.

于是,反铁磁的低频动力学可以由非线性 σ 模型式(6.59)描述,在自旋波速归一化至 1 后可以写为

$$\mathcal{L} = \frac{1}{2g^2} \partial_\mu \boldsymbol{n} \cdot \partial^\mu \boldsymbol{n} \tag{6.64}$$

习题

6.5.1 求解铁磁情形下自旋波的两个分支,特别注意其极化方向.

6.5.2 验证反铁磁情形下贝里相位项仅改变自旋波速,不改变能谱的定性特征,这一点与铁磁情形不同.

6.6 表面生长与场论

在本节中,我们会讨论一个对场论教材来说不太常见的主题,它本身来源于非平衡态统计力学,后者是近年来理论物理中最为火热成长的领域之一.本节的目的是给你介绍另一个应用了场论概念的领域.

假设你把原子随机放置在某个表面上.这确实是一些新颖物质的生长方法.表面在生长时的高度 $h(x, t)$ 由卡尔达-帕里西-张方程控制:

$$\frac{\partial h}{\partial t} = \nu \nabla^2 h + \frac{\lambda}{2} (\nabla h)^2 + \eta(\boldsymbol{x}, t) \tag{6.65}$$

这一方程描述了一个看似非常简单而且应用范围也非常广泛的非平衡态动力学的原型.

为理解方程(6.65),考虑右手边的这几项. $\nu \nabla^2 h$ 一项($\nu > 0$)很好理解:在 h 的谷值处取正,峰值处取负,这一项趋于让表面光滑.如果只有这一项,这个问题就是线性的,也就是平庸的.非线性项$(\lambda/2)(\nabla h)^2$ 把问题变得高度非平庸,也就有趣起来了.我给你留个习题:理解这一项的几何起源.第三项描述了原子的随机到达,其中通常假设随机变量 $\eta(\boldsymbol{x}, t)$ 为高斯分布,期望为 0[①],且关联为

---

① 由于 η 中的常数项能被平移 $h \to h + ct$ 吸收,因此这一假定不失一般性.

$$\langle \eta(\boldsymbol{x}, t) \eta(\boldsymbol{x}', t') \rangle = 2\sigma^2 \delta^D(\boldsymbol{x} - \boldsymbol{x}') \delta(t - t') \tag{6.66}$$

换句话说,特定 $\eta(\boldsymbol{x}, t)$ 的概率分布由下式给出:

$$P(\eta) \propto e^{-\frac{1}{2\sigma^2} \int d^D x \, dt \, \eta(\boldsymbol{x}, y)^2}$$

此处 $\boldsymbol{x}$ 代表 D 维空间中的坐标.实验上 $D = 2$,但理论上我们可以研究任意的 D.

通常,凝聚态物理学家喜欢计算表面上不同位置在不同时间的高度的关联函数:

$$\langle [h(\boldsymbol{x}, t) - h(\boldsymbol{x}', t')]^2 \rangle = |\boldsymbol{x} - \boldsymbol{x}'|^{2\chi} f\left(\frac{|\boldsymbol{x} - \boldsymbol{x}'|^z}{|t - t'|}\right) \tag{6.67}$$

这里的 $\langle \cdots \rangle$ 与式(6.66)中的大括号代表对随机变量 $\eta(\boldsymbol{x}, t)$ 不同实现的平均.式(6.67)右手边写成了动力学标度的形式,这在凝聚态物理中是一种典型的假设,其中 χ 与 z 被称为粗糙度和动力学指数.接下来的挑战,自然是证明标度形式的正确性,并计算 χ 和 z. 注意动力学指数 z(一般不是整数)大致告诉我们,空间的几次幂对应了时间的一次幂. ($\lambda = 0$ 时为简单扩散,有 $z = 2$.)此处 f 表示未知函数.

本书不会讨论太多技术细节.这里我们主要的兴趣点,在于这个甚至与量子力学无关的问题是怎么变成量子场论的.首先有

$$Z \equiv \int \mathcal{D}h \int \mathcal{D}\eta \, e^{-\frac{1}{2\sigma^2} \int d^D x \, dt \, \eta(\boldsymbol{x}, t)^2} \delta\left[\frac{\partial h}{\partial t} - v\nabla^2 h - \frac{\lambda}{2}(\nabla h)^2 - \eta(\boldsymbol{x}, t)\right] \tag{6.68}$$

对 η 积分,有 $Z = \int \mathcal{D}h \, e^{-S(h)}$,其中作用量为

$$S(h) = \frac{1}{2\sigma^2} \int d^D x \, dt \left[\frac{\partial h}{\partial t} - v\nabla^2 h - \frac{\lambda}{2}(\nabla h)^2\right]^2 \tag{6.69}$$

发现了吧,上式描述的正是标量场 $h(\boldsymbol{x}, t)$ 的非相互作用场论.我们感兴趣的物理量可以这样计算:

$$\langle [h(\boldsymbol{x}, t) - h(\boldsymbol{x}', t')]^2 \rangle = \frac{1}{Z} \int \mathcal{D}h \, e^{-S(h)} [h(\boldsymbol{x}, t) - h(\boldsymbol{x}', t')]^2 \tag{6.70}$$

于是,统计力学中计算粗糙度和动力学指数的问题,等价于求解标量场 h 的传播子:

$$D(\boldsymbol{x}, t) \equiv \frac{1}{Z} \int \mathcal{D}h \, e^{-S(h)} h(\boldsymbol{x}, t) h(0, 0)$$

巧的是,通过标度变换 $t \to t/v$ 与 $h \to \sqrt{\sigma^2/v}\, h$ 可以把作用量改写为

$$S(h) = \frac{1}{2} \int \mathrm{d}^D x \, \mathrm{d}t \left[\left(\frac{\partial}{\partial t} - \nabla^2 \right) h - \frac{g}{2} (\nabla h)^2 \right]^2 \tag{6.71}$$

其中,$g^2 \equiv \lambda^2 \sigma^2 / v^3$. 将作用量展开为 h 的幂级数:

$$S(h) = \frac{1}{2} \int \mathrm{d}^D x \, \mathrm{d}t \left\{ \left[\left(\frac{\partial}{\partial t} - \nabla^2 \right) h \right]^2 - g (\nabla h)^2 \left(\frac{\partial}{\partial t} - \nabla^2 \right) h + \frac{g^2}{4} (\nabla h)^4 \right\} \tag{6.72}$$

我们能够认出,二次项给出了标量场 h 的有点奇怪的传播子 $1/(\omega^2 + k^4)$,三次与四次项描述了相互作用. 像往常一样,我们通过计算泛函或"路径"积分来计算想要的物理量:

$$Z = \int \mathcal{D} h \, \mathrm{e}^{-S(h) + \int \mathrm{d}^D x \, \mathrm{d}t J(x,t) h(x,t)}$$

并对 J 重复泛函微分.

我在这不打算教你非平衡态统计力学,而是想让你看看,量子场论可以从许多不同的物理情境下衍生出来,甚至包括纯粹的经典物理. 注意,这里的"量子涨落"源于随机驱动项. 显然,随机动力学和量子物理之间存在紧密的方法论联系.

习题

6.6.1 基础几何练习:画一条相对水平线以角度 θ 倾斜的直线. 这条线代表了 t 时刻表面的一小段. 现在在这条线的上方画一些直径为 d 的圆圈,并让它们与这条线相切. 接着画另一条同样与水平线成 θ 角的直线,从圆圈的上方与圆圈相切. 这条新线代表了这一部分表面在一定时间之后的状态(图6.3). 注意到 $\delta h = d/\cos\theta \simeq d\left(1 + \frac{1}{2}\theta^2\right)$. 证明这一过程产生了 KPZ 方程(6.65)中的非线性项 $\frac{\lambda}{2}(\nabla h)^2$. 对 KPZ 方程的应用,可以参考 T. Halpin-Healy and Y. C. Zhang, Phys. Rep., 1995, 254: 215; A. L. Barabasi and H. E. Stanley, *Fractal Concepts in Surface Growth*.

6.6.2 证明标量场 h 的传播子为 $1/(\omega^2 + k^4)$.

6.6.3 通过变量替换,往往可以把场论变换为看起来很不同的形式. 证明通过定义 $U = \mathrm{e}^{\frac{1}{2}gh}$,可将作用量式(6.71)变换为

$$S = \frac{2}{g^2} \int \mathrm{d}^D x \, \mathrm{d}t \left(U^{-1} \frac{\partial}{\partial t} U - U^{-1} \nabla^2 U \right)^2 \tag{6.73}$$

这也是一种非线性 σ 模型.

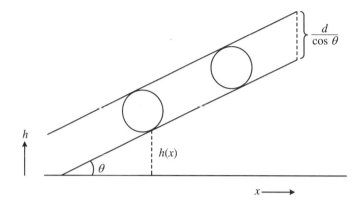

图 6.3

6.7 无序:副本与格拉斯曼对称性

杂质与随机势

对无序系统的研究是凝聚态物理学的重要领域之一,在近几十年更是成为了大量理论工作的关注点.真实材料中杂质无法避免,电子与其发生散射如同在随机势能中运动.基于本书的基本精神,我会简单地介绍一下这个引人入胜的主题,主要展示这个问题是如何被映射成一个量子场论的.

这个问题的原型,是考虑一个遵从薛定谔方程 $H\psi = \left[-\nabla^2 + V(x) \right]\psi = E\psi$ 的量子粒子,其中 $V(x)$ 为满足高斯白噪声概率分布 $P(V) = \mathcal{N} e^{-\int \mathrm{d}^D x [1/(2g^2)] V(x)^2}$ 的随机势(代表杂质),而归一化因子 $\mathcal{N}$ 由条件 $\int DV P(V) = 1$ 确定.参数 g 表征杂质的强度:g 越大,系统就越无序.这一模型当然包含了理想化假设,比如忽略了电子相互作用和其他一系列物理效应.

果壳中的量子场论
Quantum Field Theory in a Nutshell

就像统计力学里一样,考虑全同系统组成的系综,其中系统的掺杂情况由满足分布 $P(V)$ 的一个特定函数 $V(x)$ 刻画.我们着重研究系统的平均性质和典型性质.我们可能特别想了解平均态密度 $\rho(E) = \langle \mathrm{tr}\,\delta(E - H) \rangle = \left\langle \sum_i \delta(E - E_i) \right\rangle$,其中求和遍及能量为 E_i 的第 i 个能量本征态.对于 $V(x)$ 的任意泛函 $O(V)$,其平均值记为 $\langle O(V) \rangle \equiv \int DV P(V) O(V)$.显然 $\int_{E^*}^{E^*+\delta E} \mathrm{d}E\,\rho(E)$ 代表了能量区间 E^* 到 $E^* + \delta E$ 的量子态数量,譬如在隧穿实验中,这就是一个重要的物理量.

安德森局域化

特定能量 E 的波函数是扩展到整个系统还是局域在特征尺度 $\xi(E)$ 内,是另一个重要的物理问题.它决定了材料是导体还是绝缘体.第一眼看上去,你可能会觉得要研究:

$$S(x, y; E) = \left\langle \sum_i \delta(E - E_i) \psi_i^*(x) \psi_i(y) \right\rangle$$

它体现了 x 点的波函数如何关联于另一点 y 处的波函数,然而 S 其实不太合适,因为 $\psi_i^*(x)\psi_i(y)$ 的相位取决于 V.因此对无序结构求平均后,S 就相消为 0.正确的量应该是下面这个:

$$K(x - y; E) \equiv \left\langle \sum \delta(E - E_i) \psi_i^*(x) \psi_i(y) \psi_i^*(y) \psi_i(x) \right\rangle$$

因为 $\psi_i^*(x)\psi_i(y)\psi_i^*(y)\psi_i(x)$ 一定是正数.注意到对所有可能的 $V(x)$ 求平均,可以恢复系统的平移不变性,换句话说,K 并不单独依赖于 x 和 y,它只由 $|x - y|$ 决定.当 $|x - y| \to \infty$ 时,如果 $K(x - y; E) \sim \mathrm{e}^{-|x-y|/\xi(E)}$ 指数衰减,则能量约为 E 的波函数在所谓局域化长度 $\xi(E)$ 的范围内发生局域化.反过来说,如果 $K(x - y; E)$ 随 $|x - y|$ 按幂律衰减,则波函数被称为是扩展的.

安德森与合作者发现了一个令人震惊的事实:局域化的性质依赖于空间维度 D,但与 $P(V)$ 的具体形式无关(普适性的一个例子).对于 $D = 1$ 或 2,无论杂质势多么微弱,所有波函数都是局域化的.这是一个高度非平庸的命题,因为事先你以及许多当时的顶尖物理学家,可能会觉得波函数是否局域化取决于势的强度.与此相反,在 $D = 3$ 时,当波函数的能量 E 在范围 $(-E_c, E_c)$ 之内时,它是扩展的.当 E 从上方接近能量 E_c(称为"迁移率边"）时，局域化长度 $\xi(E)$ 随 $\xi(E)\sim 1/(E-E_c)^\mu$ 发散，其中 μ 为临界指数[①].安德森凭着这项工作以及另一些对凝聚态物理学的贡献而荣膺诺贝尔奖.

物理上说，局域化源自量子波函数对随机势散射时的干涉相消.

对 $D=2$ 的电子气施加垂直于平面的磁场时，事情会出现巨大的变化：$E=0$ 处会出现扩展波函数.对于非零 E，所有波函数继续保持局域化，但局域长度按 $\xi(E)\sim 1/|E|^\nu$ 发散.这就解释了量子霍尔效应中最令人惊奇的特性之一（见 6.2 节）：霍尔电导在费米能增加时保持不变，但当费米能跨越 $E=0$ 时，会由于扩展态的贡献突然发生跳跃而产生一个离散大小的改变.对凝聚态理论家来说，定量理解这一行为是一个巨大的挑战.说真的，不少人觉得解析计算临界指数 ν 堪称凝聚态理论界的一座"圣杯".

格林函数方法

以上便是对局域化理论的惊鸿一瞥.局域化相变令人神往，但这与量子场论又有什么关系呢？本书可是一本场论教材呀.继续讨论之前，我们需要介绍一些形式化工具.考虑定义在复数 z 平面上的所谓格林函数 $G(z)\equiv\langle\mathrm{tr}\,[1/(z-H)]\rangle$.由于 $\mathrm{tr}\,[1/(z-H)]=\sum_i 1/(z-E_i)$，这一函数是一系列极点的和，极点位置由本征值 E_i 给出.取平均后，极点并入割线.根据等式（1.14）有 $\lim_{\varepsilon\to 0}\mathrm{Im}[1/(x+\mathrm{i}\varepsilon)]=-\pi\delta(x)$，可见

$$\rho(E)=-\frac{1}{\pi}\lim_{\varepsilon\to 0}\mathrm{Im}\,G(E+\mathrm{i}\varepsilon) \tag{6.74}$$

因此知道 $G(z)$ 就知道了态密度.

声名狼藉的分母

现在可以解释场论如何处理这个问题了.对于附录 A 的式（A.15）取对数，则有

$$J^\dagger\cdot K^{-1}\cdot J=\ln\left(\int\mathrm{D}\varphi^\dagger\mathrm{D}\varphi\,\mathrm{e}^{-\varphi^\dagger\cdot K\cdot\varphi+J^\dagger\cdot\varphi+\varphi^\dagger\cdot J}\right)$$

（其中无关项已照常忽略）.对 $J^\dagger$ 和 J 微分并将其设为零，可得如下厄米矩阵逆的积分

---

① 这是量子相变的一个例子.所有讨论都基于零温.与 5.3 节中讨论的相变不同，此处改变的不是温度而是能量 E.

表示:

$$(K^{-1})_{ij} = \frac{\int \mathrm{D}\varphi^\dagger \mathrm{D}\varphi \, \mathrm{e}^{-\varphi^\dagger \cdot K \cdot \varphi} \varphi_i \varphi_j^\dagger}{\int \mathrm{D}\varphi^\dagger \mathrm{D}\varphi \, \mathrm{e}^{-\varphi^\dagger \cdot K \cdot \varphi}} \tag{6.75}$$

(巧合的是,你可能看出来了,这与标量场传播子式(1.100)密切相关.)现在我们知道如何表示 $1/(z-H)$,须取其迹,亦即在式(6.75)中令 $i=j$ 并求和.在我们的问题里,$H = -\nabla^2 + V(x)$ 且指标 i 对应连续变量 x,求和则相当于对空间积分.用 $\mathrm{i}(z-H)$ 代替 K(并处理好相应的 δ 函数)有

$$\operatorname{tr} \frac{-\mathrm{i}}{z-H} = \int \mathrm{D}^D y \left\{ \frac{\int \mathrm{D}\varphi^\dagger \mathrm{D}\varphi \, \mathrm{e}^{\mathrm{i}\int \mathrm{d}^D x \{\partial \varphi^\dagger \partial \varphi + [V(x)-z]\varphi^\dagger \varphi\}} \varphi(y)\varphi^\dagger(y)}{\int \mathrm{D}\varphi^\dagger \mathrm{D}\varphi \, \mathrm{e}^{\mathrm{i}\int \mathrm{d}^D x \{\partial \varphi^\dagger \partial \varphi + [V(x)-z]\varphi^\dagger \varphi\}}} \right\} \tag{6.76}$$

这有点像 D 维欧几里得空间里的标量场论,其作用量为 $S = \int \mathrm{d}^D x \{\partial \varphi^\dagger \partial \varphi + [V(x) - z]\varphi^\dagger \varphi\}$.(注意要让式(6.76)有良好的定义,$z$ 必须处在下半平面上.)

然而现在我们需要对 $V(x)$ 求平均,也就是说,在概率分布 $P(V)$ 下对 V 积分.这就导致了一个困扰物理学家良久的难题.式(6.76)中的分母冷酷地打断了我们的事业:如果没有这个分母,对 $V(x)$ 的泛函积分就是个高斯积分,这个你早就会了.能不能打个比方,把这个分母移到分子上去呢?聪明的头脑想出了两个技巧,那就是副本方法和超对称方法.如果你能想出第三种方法,声名与财富将接踵而来.

副本方法

副本技巧基于众所周知的恒等式 $1/x = \lim_{n\to 0} x^{n-1}$,用它可以把遭人嫌弃的分母写成

$$\lim_{n\to 0} \left(\int \mathrm{D}\varphi^\dagger \mathrm{D}\varphi \, \mathrm{e}^{\mathrm{i}\int \mathrm{d}^D x \{\partial \varphi^\dagger \partial \varphi + [V(x)-z]\varphi^\dagger \varphi\}} \right)^{n-1}$$

$$= \lim_{n\to 0} \int \prod_{a=2}^{n} \mathrm{D}\varphi_a^\dagger \mathrm{D}\varphi_a \, \mathrm{e}^{\mathrm{i}\int \mathrm{d}^D x \sum_{a=2}^{n} \{\partial \varphi_a^\dagger \partial \varphi_a + [V(x)-z]\varphi_a^\dagger \varphi_a\}}$$

于是式(6.76)化为

$$\operatorname{tr} \frac{1}{z-H} = \lim_{n\to 0} \mathrm{i} \int \mathrm{d}^D y \int \left(\prod_{a=1}^{n} \mathrm{D}\varphi_a^\dagger \mathrm{D}\varphi_a \right) \mathrm{e}^{\mathrm{i}\int \mathrm{d}^D x \sum_{a=1}^{n} \{\partial \varphi_a^\dagger \partial \varphi_a + [V(x)-z]\varphi_a^\dagger \varphi_a\}} \varphi_1(y)\varphi_1^\dagger(y) \tag{6.77}$$

注意到这里对 n 个复变量场 φ_a 泛函积分.场 φ 被复制了.对于正整数,式(6.77)中的积分定义良好.我们希望极限 $n \to 0$ 不会糊我们一脸.

对散射势取平均可以恢复平移不变性;于是积分 $\int \mathrm{d}^D y$ 的被积函数不依赖于 y,而这一积分仅导致一个等于系统体积的因子 $\mathcal{V}$.用附录 A 的式(A.13)可得

$$\left\langle \mathrm{tr}\, \frac{1}{z-H} \right\rangle = \mathrm{i}\,\mathcal{V} \lim_{n\to 0} \int \left(\prod_{a=1}^{n} \mathrm{D}\varphi_a^\dagger \mathrm{D}\varphi_a \right) \mathrm{e}^{\mathrm{i}\int \mathrm{d}^D x \mathcal{L}} \varphi_1(0)\varphi_1^\dagger(0) \tag{6.78}$$

其中

$$\mathcal{L}(\varphi) \equiv \sum_{a=1}^{n} (\partial \varphi_a^\dagger \partial \varphi_a - z\varphi_a^\dagger \varphi_a) + \frac{\mathrm{i}g^2}{2}\left(\sum_{a=1}^{n} \varphi_a^\dagger \varphi_a \right)^2 \tag{6.79}$$

这就得到了 n 个标量场组成的场论(外加一个奇怪因子 i),其中 φ^4 相互作用项在 $O(n)$ 群作用下不变(这被称作副本对称性.)注意将 K 替换为 $\mathrm{i}(z-H)$ 的智慧;如果不包含因子 i,泛函积分将在大 φ 处发散,这一点很容易验证.对于上半平面的 z,需要将 K 替换为 $-\mathrm{i}(z-H)$.从标量场的传播子可得平均态密度,这是我们想要的.巧合的是,可以将式(6.78)中的 $\varphi_1(0)\varphi_1^\dagger(0)$ 替换为更加对称的表达式 $\frac{1}{n}\sum_{b=1}^{n}\varphi_b^\dagger \varphi_b$.

由于我们关心单位体积的态密度,因此可以将 $\mathcal{V}$ 忽略,于是有

$$G(z) = \mathrm{i} \lim_{n\to 0} \int \left(\prod_{a=1}^{n} \mathrm{D}\varphi_a^\dagger \mathrm{D}\varphi_a \right) \mathrm{e}^{\mathrm{i}S(\varphi)} \left(\frac{1}{n}\sum_{b=1}^{n} \varphi_b^\dagger(0)\varphi_b(0) \right) \tag{6.80}$$

对于正整数 n,这一场论定义得很完美,相对微妙的一步是取 $n \to 0$ 的极限.这一极限有许多引人入胜的文献探讨.(寻找一本讲解自旋玻璃的书吧.)

一些粒子物理学家曾经把凝聚态物理学贬低为脏态物理学,而杂质和无序对物质的影响,还真就是现代凝聚态物理学致力研究的核心问题之一.然而,从这个例子看来,对随机性做平均和对量子涨落做平均,在很多方面并没有数学上的差别.我们最后得到了一个 φ^4 场论,这也是当年让许多粒子物理理论家呕心沥血的研究课题.而安德森的惊人结论,即 $D=2$ 时任意强度的无序都足以让所有量子态局域化,这也意味着我们必须以一种高度非平庸的方式理解式(6.79)定义的场论.无序的强度由耦合常数 g^2 给出,所以再怎么对 g^2 做微扰论都是理解不了局域化的.安德森局域化本质上就是一个非微扰效应.

格拉斯曼方法

前面提到过,人们想出过不止一种而是两种处理恼人分母的技巧.第二个技巧基于 2.5 节中的格拉斯曼变量积分:令 $\eta(x)$ 和 $\bar{\eta}(x)$ 为格拉斯曼场,于是

$$\int D\eta D\bar{\eta}\, e^{-\int d^4x\bar{\eta}K\eta} = C \det K = \widetilde{C}\left(\int D\varphi D\varphi^\dagger e^{-\int d^4x\varphi^\dagger K\varphi}\right)^{-1}$$

其中,C 和 $\widetilde{C}$ 是两个不重要的常数,可以被吸收进 $D\eta D\bar{\eta}$ 的定义里.用这个恒等式,可以把式(6.76)重写为

$$\mathrm{tr}\,\frac{1}{z-H}$$
$$= i\int d^D y \int D\varphi^\dagger D\varphi D\eta D\bar{\eta}\, e^{i\int d^D x\{\{\partial\varphi^\dagger\partial\varphi+[V(x)-z]\varphi^\dagger\varphi\}+\{\partial\bar{\eta}\partial\eta+[V(x)-z]\bar{\eta}\eta\}\}}\,\varphi(y)\varphi^\dagger(y) \quad (6.81)$$

这样就可以简单地对无序取平均(单位体积):

$$\left\langle \mathrm{tr}\,\frac{1}{z-H}\right\rangle = i\int D\varphi^\dagger D\varphi D\eta D\bar{\eta}\, e^{i\int d^D x \mathcal{L}(\bar{\eta},\eta,\varphi^\dagger,\varphi)}\,\varphi(0)\varphi^\dagger(0) \quad (6.82)$$

其中

$$\mathcal{L}(\bar{\eta},\eta,\varphi^\dagger,\varphi) = \partial\varphi^\dagger\partial\varphi + \partial\bar{\eta}\partial\eta - z(\varphi^\dagger\varphi + \bar{\eta}\eta) + \frac{ig^2}{2}(\varphi^\dagger\varphi + \bar{\eta}\eta)^2 \quad (6.83)$$

这样一来,我们得到了一个既包含玻色(对易)场 $\varphi^\dagger$ 和 φ,同时又包含费米(反对易)场 $\bar{\eta}$ 和 η 的场论,它们之间的相互作用强度由无序性的大小决定.作用量 S 显然包含将玻色场转动成费米场的对称性,反之亦然,故而这一方法在凝聚态物理学领域常被称为超对称方法.(也许需要强调一下,$\bar{\eta}$ 和 η 场不是旋量场,所以没有写成 $\bar{\varphi}$ 和 φ.这里的超对称性也许说成格拉斯曼对称性更合适,与粒子物理学中的超对称很不一样,后者将在 7.4 节中加以讨论.)

副本方法和超对称方法都有其困难之处,如果你可以发明一种没有其中一些困难的新方法,凝聚态物理学家将为之兴奋不已,这并不是在开玩笑.

探测局域化

上面介绍了怎么计算平均态密度 $\rho(E)$,那么要怎么研究局域化呢? 这个问题留作练习. 从前面的讨论可以看出,合适的研究对象应从式(6.76)得到,还要将 $\varphi(y)\varphi^\dagger(y)$ 替换为 $\varphi(x)\varphi^\dagger(y)\varphi(y)\varphi^\dagger(x)$. 如果我们用粒子物理学的语言把副本场论描述为标量介子的相互作用,那么令人高兴的是,态密度应由介子传播子给出,而局域化由介了和介子的散射决定.

习题

6.7.1 求解上面得出的场论以研究安德森局域化. $\Big($ 提示:考虑对象 $\Big\langle\Big(\dfrac{1}{z-H}\Big)(x,y)\cdot$

$\Big(\dfrac{1}{w-H}\Big)(y,x)\Big\rangle$,其中 z 和 w 是两个复数. 需要引入两组副本场,一般记为 φ_a^+ 与 φ_a^-.

符号说明:$[1/(z-H)](x,y)$ 表示矩阵算符 $1/(z-H)$ 的 xy 元素.$\Big)$

6.7.2 下述问题是文献中另一个关于无序的例子. 将 N 个点随机置于体积为 V 的 D 维欧几里得空间中. 将每一点的位置记为 $\boldsymbol{x}_i (i=1,\cdots,N)$,令

$$f(\boldsymbol{x}) = (-)\int \frac{\mathrm{d}^D k}{(2\pi)^D} \frac{\mathrm{e}^{ik\cdot x}}{k^2 + m^2}$$

考虑 $N\times N$ 矩阵 $H_{ij} = f(\boldsymbol{x}_i - \boldsymbol{x}_j)$. 对于矩阵的系综,在固定密度 $\rho \equiv N/V$(切勿与 $\rho(E)$ 混淆)的极限 $N\to\infty$,$V\to\infty$ 下计算 H 的本征值密度 $\rho(E)$. (提示:运用副本方法,求得场论

$$S(\varphi) = \int \mathrm{d}^D x \Big[\sum_{a=1}^n (|\nabla\varphi_a|^2 + m^2 |\varphi_a|^2) - \rho\mathrm{e}^{-(1/z)\sum_{a=1}^n |\varphi_a|^2}\Big]$$

这个问题不算特别简单;如需帮助,可以参考 M. Mézard et al., Nucl. Phys. B, 2000, 559:689, cond-mat/9906135.)

6.8 高能物理学和凝聚态物理学中的一个自然概念：重正化群流

> 因此，基于重正化群论证方法得到的结论……很危险，必须小心看待．局域相对论性场论所得出的所有结论，也都有着相同的危险性，需要谨慎对待．
>
> ——比约肯与德莱尔(1965 年)

并不危险

重正化群是近三四十年来量子场论最重要的概念进展．它的基本想法是由高能和凝聚态物理学同行们同步发展起来的，而在一些研究领域中，重正化群流甚至成为了工作语言的一部分．

容易想象，这是一个极为丰富而多面的课题，可以从很多不同的角度来讨论，完全的解析需要一整本书来完成．不幸的是，还没有哪本书把这个课题讲得既准确又完备．一些老教科书里的讲法完全就是错误的，比如我当年使用的那本，里面就有上面那段引用的话．鉴于本书有限的篇幅，我会在避免引入过多技术细节的前提下，尽量让你体会这个课题．首先，本书会从高能物理学角度讨论，然后是凝聚态物理学．我会如往常一样强调概念，淡化计算．你也会看到，不同于我选择的顺序，从凝聚态角度理解重正化群其实更容易．

本书在 3.1 节中就给重正化群打了基础——计划周密吧！现在，咱们跟一起聊过 $\lambda\varphi^4$ 理论的实验家朋友再聊聊．假装世界还是由 $\lambda\varphi^4$ 理论描述的，且近似取到 λ^2 阶就够了．

实验家的执着

我们的实验家朋友，对写在纸上的耦合常数 λ 提不起任何兴趣．对他来说，那就是一个希腊字符罢了．他坚定地认为，只有他和他的实验家同事们能够确切测量的物理量才有意义可言,至少在原则上要能够测量.与他讨论之后,我们对耦合常数有了更深刻的理解,也学会了物理耦合常数的定义(见式(3.4)):

$$\lambda_P(\mu) = \lambda - 3C\lambda^2 \ln\left(\frac{\Lambda^2}{\mu^2}\right) + O(\lambda^3) \tag{6.84}$$

由于他的坚持,我们学会了用 $\lambda_P(\mu)$,而不是理论构造 λ 来书写物理振幅的结果.特别地,介子-介子散射振幅要写成

$$\mathcal{M} = -i\lambda_P(\mu) + iC\lambda_P(\mu)^2\left[\ln\left(\frac{\mu^2}{s}\right) + \ln\left(\frac{\mu^2}{t}\right) + \ln\left(\frac{\mu^2}{u}\right)\right] + O\left[\lambda_P(\mu)^3\right] \tag{6.85}$$

那么,$\lambda_P(\mu)$ 的物理意义是什么呢? 具体来说,它度量了式(6.85)中介子相互作用的强度.然而 μ 要怎么定呢? 显然,从式(6.85)可知,当运动学变量 s, t, u 都和 μ^2 数量级接近时,研究其中的物理也最方便.散射振幅是 $-i\lambda_P(\mu)$ 加上较小的对数修正.(回忆 3.3 节中的一个脚注,其中提到重正化点 $s_0 = t_0 = u_0 = \mu^2$ 的选取完全是因为理论上的方便,在实验上是实现不了的.这一点不影响这里关注的概念理解.)简单来说,$\lambda_P(\mu)$ 正是能标 μ 附近最方便的耦合常数.

反过来说,如果我们傻到在 s, t, u 接近数量级 μ^2 还非要用 $\lambda_P(\mu')$,其中 μ 和 μ' 差别很大,那么就会得到如下散射振幅:

$$\mathcal{M} = -i\lambda_P(\mu') + iC\lambda_P(\mu')^2\left[\ln\left(\frac{\mu'^2}{s}\right) + \ln\left(\frac{\mu'^2}{t}\right) + \ln\left(\frac{\mu'^2}{u}\right)\right] + O\left[\lambda_P(\mu')^3\right] \tag{6.86}$$

其中,第二项(约为 $\ln(\mu'^2/\mu^2)$ 的大小)也许能达到第一项的量级,甚至还可能更大.这时 $\lambda_P(\mu')$ 就不是太好的选择了.可见对于每一个能标 μ,存在一个"合适"的耦合常数 $\lambda_P(\mu)$.

将式(6.86)减去式(6.85),容易得到 $\lambda_P(\mu)$ 和 $\lambda_P(\mu')$ 在 $\mu \sim \mu'$ 时的如下关系:

$$\lambda_P(\mu') = \lambda_P(\mu) + 3C\lambda_P(\mu)^2 \ln\left(\frac{\mu'^2}{\mu^2}\right) + O\left[\lambda_P(\mu)^3\right] \tag{6.87}$$

这可以表达为一个微分"流方程":

$$\mu\frac{\mathrm{d}}{\mathrm{d}\mu}\lambda_P(\mu) = 6C\lambda_P(\mu)^2 + O(\lambda_P^3) \tag{6.88}$$

你已经不是第一次看到充斥在量子场论中的、充满误导性的历史遗留术语了. $\lambda_P(\mu)$ 随 μ 改变的现象被称为重正化群. 然而群的概念仅仅体现在变换 $\mu \to \mu + \delta\mu$ 的加群结构上.

从 3.1 节和这里的概念讨论可以知道, 我们不用知道常数 C 有多大. 如果 C 是负的, 那么耦合常数 $\lambda_P(\mu)$ 会随着能标 μ 的增长而下降, 如果 C 是正的则趋势相反. (其实符号是正的, 因此随着能标的上涨, λ_P 从原点越流越远.)

电磁耦合常数的流

λ 的行为对四维量子场论的耦合常数来说是比较典型的. 比如在量子电动力学中, 耦合 e 或等价的 $\alpha = e^2/(4\pi)$ 度量了电磁相互作用的强度. 整个故事和 $\lambda\varphi^4$ 理论一样: 咱们的实验家朋友根本不关心拉丁字符 e, 但他想知道相应的动量平方与 μ^2 数量级接近时, 实际的相互作用有多大. 令人欣喜的是, 我们已经做过这个计算了: 从式 (3.93) 中可以读出当传递的动量平方在 $q^2 = \mu^2$ 时的有效耦合常数:

$$e_P(\mu)^2 = e^2 \frac{1}{1 + e^2 \Pi(\mu^2)} \simeq e^2 \left[1 - e^2 \Pi(\mu^2) + O(e^4) \right]$$

令 μ 远大于电子质量 m, 同时远小于截断质量 M. 于是由式 (3.92) 有

$$\mu \frac{\mathrm{d}}{\mathrm{d}\mu} e_P(\mu) = -\frac{1}{2} e^3 \mu \frac{\mathrm{d}}{\mathrm{d}\mu} \Pi(\mu^2) + O(e^5) = +\frac{1}{12\pi^2} e_P^3 + O(e_P^5) \tag{6.89}$$

可见, 电磁耦合常数随能标增加而增大. 在高能即短距离下, 电磁相互作用变得更强了.

从物理上说, 这一现象的根源和电介质的物理学密切相关. 考虑一个光子与电子相互作用, 为避免混淆, 这一电子在下面被称为测试电子. 由于 1.1 节里描述过的量子涨落, 时空中满是不断生灭的电子-正电子对. 在测试电子附近, 虚粒子对中的电子遭到测试电子排斥而趋于远离测试电子, 而正电子则趋于靠近测试电子. 因此在长距离下测试电子电荷被正电子云部分地屏蔽了, 这就使得耦合常数偏小. 量子真空像真实物质一样, 也是电介质.

你可能注意到了, "耦合常数"是一个非常恶劣的误导性术语, 它的存在仅仅是因为历史上的大量物理学实验都有着相似的能标, 那就是"能量几乎为零". 特别地, 人们常说精细结构"常数" $\alpha = 1/137$, 还有一些人不断用数值计算和更时髦的方法来"推导出"137 这个数. 然而 α 其实只是电磁相互作用在极低能量下的耦合"常数". 实验上的 α, 严格上

写为 $\alpha_P(\mu) \equiv e_P^2(\mu)/(4\pi)$，随着科学探索的能标 μ 而改变. 但是，我们大概是摆脱不了"耦合常数"这个名儿了.

重正化群流

一般来说，对于耦合常数为 g 的量子场论，有重正化群流方程：

$$\mu \frac{\mathrm{d}g}{\mathrm{d}\mu} = \beta(g) \tag{6.90}$$

有时也写为 $\mathrm{d}g/\mathrm{d}t = \beta(g)$，其中 $t \equiv \ln(\mu/\mu_0)$. 下面忽略物理耦合常数的下标 P. 如果理论中存在多个耦合常数 $g_i (i = 1, \cdots, N)$，则有

$$\frac{\mathrm{d}g_i}{\mathrm{d}t} = \beta_i(g_1, \cdots, g_N) \tag{6.91}$$

其中，$(g_1, \cdots, g_N)$ 可被视为一个假想粒子在 N 维空间中的坐标，t 看作时间，则 $\beta_i(g_1, \cdots, g_N)$ 是随位置变化的速度场. 当 μ 也就是 t 增大时，我们研究粒子如何运动或者说如何流动. 我们将 $(g_1, \cdots, g_N)$ 整体记为 g 以简化代数符号. 显然可知，$\beta_i(g^*)$（对于所有 i）为零时的耦合常数特别有趣：这时的 g^* 被称为一个不动点. 如果不动点 g^* 附近的速度场使粒子流向不动了（到了就不动了，因为不动点处速度为零），则称为吸引不动点或稳定不动点. 因此，为研究量子场论在高能下的渐近行为，我们"只需"找到重正化群流的所有吸引不动点. 给定一个理论，我们一般会发现一些耦合常数流向更大的值，而另一些则流向更小的值.

不幸的是，这一美妙的理论图像在实践中很难实现，因为我们基本上，是计算不出 $\beta_i(g)$ 的. 特别地，g^* 可能非常大，对应了所谓强耦合不动点，在那微扰论和费曼图都失效了. 实话实说，我们基本就没搞清过几个理论的不动点结构.

令人振奋的是，我们知道一类特别简单的不动点，即 $g^* = 0$，在它们附近微扰论有效. 这时，总可以用微扰方法计算式(6.91)：$\mathrm{d}g_i/\mathrm{d}t = c_i^{jk} g_j g_k + d_i^{jkl} g_j g_k g_l + \cdots$.（在一部分理论中，级数从二次项开始，另一些甚至从三次项开始. 有时级数还包括一次项.）因此，如我们在许多例子中所见，理论的渐近或高能行为取决于式(6.91)中 β_i 的符号.

现在我们一起加入正在播放的"物理学史"大片. 20 世纪 60 年代末，实验家们在研究所谓深度非弹性电子-中子散射时，发现实验数据显示，在被高能电子碰撞后，质子中的一个夸克会进入自由运动的状态，而不与其他夸克发生强烈相互作用. 当然，通常来说，

质子中的三个夸克会被强有力地束缚在一起以形成质子.一部分理论家最后意识到这一奇特状况可以被解释为,强相互作用理论的耦合常数流向 $g^* = 0$ 的不动点.要真是这样,夸克间的强相互作用将随能标升高而不断减弱.

事后来看这件事,当然很"显然",但是亲爱的读者们,你们要知道啊,当年人们可是认为年轻人不该学场论了,而连场论教材都觉着重正化群特"危险"!

当时强相互作用的理论还没有发现,但如果我们大胆接受危险的重正化群思想,那么只要检索渐近自由理论,即 g^* 处存在吸引不动点的理论,就可能发现描述强相互作用的正确理论.

渐近自由理论当然很美妙.它们在高能下的行为可以用微扰论加以研究.而沿着这个思路,强相互作用的基本理论最终被人们发现,现在被称为量子色动力学.

凝望不同尺度的物理学

在凝聚态物理学中,对重正化群的需求显而易见.不说一般情况,我们先来考虑一个特别明确的例子,也就是表面生长.知道为什么在6.6节里介绍卡尔达-帕里西-张(Kardar-Parisi-Zhang)方程了吧.我们已经知道,为研究表面生长只需计算泛函积分(即路径积分):

$$Z(\Lambda) = \int_\Lambda \mathcal{D}h \, e^{-S(h)} \tag{6.92}$$

回忆其中作用量为

$$S(h) = \frac{1}{2} \int \mathrm{d}^D x \mathrm{d}t \left[\frac{\partial h}{\partial t} - \nabla^2 h - \frac{g}{2} (\nabla h)^2 \right]^2 \tag{6.93}$$

这就定义了一个场论.我说过,与其他所有场论一样,这里必须引入一个截断 Λ.现在单独积掉一部分场构型 $h(\boldsymbol{x}, t)$,后者的全部傅里叶分量满足 k, ω 不大于 Λ.(原则上说,由于这是一个非相对论性理论,k 和 ω 必须分别做截断,这里为了简化表述,把它们统一称作 Λ.)截断的出现很物理,也很必要.至少,在接近于分子尺寸的尺度下,基于场 $h(\boldsymbol{x}, t)$ 的连续理论早已就不成立了.

物理上说,由于随机驱动项 $\eta(\boldsymbol{x}, t)$ 是白噪声,即 $\boldsymbol{x}$ 和 $\boldsymbol{x}'$ 处(不同时间也类似)的 η 全无关联,微观尺度下表面应当非常不平整,如图 6.4(a)所示.然而假设我们对微观结构不感兴趣,只想研究大尺度下的表面性质.也就是说,我们打算带上一个模糊的眼镜,让表面看起来像图 6.4(b)那样.在研究物理系统时这是一套很自然的方法,这套方法我们从学物理的第一天起就熟知了.我们有时只想研究尺度 L 上的物理,而对远小于 L 的尺度不感兴趣.

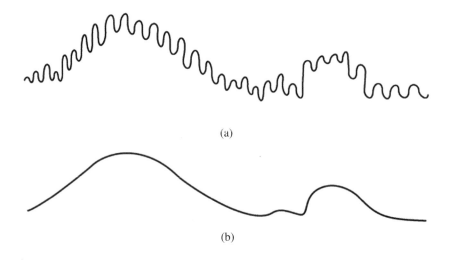

(a)

(b)

图 6.4

重正化群正是这样一套联系不同尺度,亦即不同能标下物理学的形式方法.在凝聚态物理中,人们倾向于考虑尺度;而在高能物理中则是能标.重正化群的现代方法起源于卡达诺夫、费舍尔、威尔逊等人对临界现象的研究,这在 5.3 节中就提到了.举个例子,考虑伊辛模型,其中每一格点上存在一个只能取上、下两种值的自旋,相邻自旋间存在铁磁相互作用.高温下,自旋指向随机.随着温度靠近铁磁相变点,岛屿状的上自旋块开始形成(这里我们单说上自旋,但对下自旋也是一样的).这些岛屿会变得越来越大,直到抵达临界温度 T_c,此时整个系统中的所有自旋都指向上.这一物理现象在特定温度下的特征尺度由岛屿的典型尺寸给出.卡达诺夫等人从这一物理事实出发,建立了块自旋方法,这一方法将一整块上自旋看作一个单一的有效上自旋,下自旋同理.用合适的有效哈密顿量描述相应尺度下的有效自旋,重正化群的概念便自然而然地出现了.

为实现这一物理思想,可以在泛函积分式(6.92)中改变长度尺度.具体方法可以说比较明显了,那就是对满足 k,ω 小于 Λ 的 $h(k,\omega)$ 积分.我们先实现一个小目标,积掉 k,ω 大于 $\Lambda-\delta\Lambda$ 且小于 Λ 的 $h(h,\omega)$.这就是说,我们不关心 $h(x,t)$ 在远小于$(\Lambda-\delta\Lambda)^{-1}$ 的长度和时间尺度下的涨落.

带上模糊镜

为简单起见,我们从表面生长问题回到最喜欢的 $\lambda\varphi^4$ 理论.前面讲到,欧几里得 $\lambda\varphi^4$ 理论在现代凝聚态物理学有重要应用.现在考虑欧几里得空间中的 $\lambda\varphi^4$ 理论,盯着下面这个积分:

$$Z(\Lambda) = \int_\Lambda \mathcal{D}\varphi\, e^{-\int d^d x \mathcal{L}(\varphi)} \tag{6.94}$$

其中,符号 $\int_\Lambda$ 表示只对场构型 $\varphi(x) = \int [d^d k/(2\pi)^d] e^{ikx}\varphi(k)$ 积分,其中对 $|k| \equiv (\sum_{i=1}^d k_i^2)^{\frac{1}{2}}$ 大于 Λ 有 $\varphi(k) = 0$.前面解释过,这就相当于戴上了模糊的眼镜,其分辨率为 $L = 1/\Lambda$.对尺度 L 以下的涨落,不看,不听,也不说.

$O(d)$ 不变性是洛伦兹不变性在欧式空间中的类比,靠它可以有效简化这个问题.相反,表面生长问题需要特别的模糊镜来分别处理时间和空间尺度.[①]

现在万事俱备,令 $\Lambda \to \Lambda - \delta\Lambda$(有 $\delta\Lambda > 0$)以使眼镜模糊化.记 $\varphi = \varphi_s + \varphi_w$(s 表示"光滑平缓",w 表示"歪歪扭扭"),其中傅里叶分量 $\varphi_s(k)$ 和 $\varphi_w(k)$ 分别仅对应在 $|k| \leq q(\Lambda - \delta\Lambda)$ 和 $(\Lambda - \delta\Lambda) \leq q|k| \leq q\Lambda$ 时不为零.代入式(6.94),可得

$$Z(\Lambda) = \int_{\Lambda-\delta\Lambda} \mathcal{D}\varphi_s\, e^{-\int d^d x \mathcal{L}(\varphi_s)} \int \mathcal{D}\varphi_w\, e^{-\int d^d x \mathcal{L}_1(\varphi_s, \varphi_w)} \tag{6.95}$$

其中,$\mathcal{L}_1(\varphi_s, \varphi_w)$ 中所有项都依赖于 φ_w.(这里的做法与 4.3 节中类似.)想象一下对 φ_w 积分,结果是

$$e^{-\int d^d x \delta\mathcal{L}(\varphi_s)} \equiv \int \mathcal{D}\varphi_w\, e^{-\int d^d x \mathcal{L}_1(\varphi_s, \varphi_w)}$$

于是可得

$$Z(\Lambda) = \int_{\Lambda-\delta\Lambda} \mathcal{D}\varphi_s\, e^{-\int d^d x [\mathcal{L}(\varphi_s) + \delta\mathcal{L}(\varphi_s)]} \tag{6.96}$$

这就搞定了!理论现在全由"光滑"场 φ_s 表述.

---

① 在凝聚态物理学中,所谓动力学指数 z 度量了两者的差异.精确地讲,在表面生长问题中,关联函数(见 6.6 节)满足动力学标度律式(6.67).简单推算下动力学指数 $z = 2$.(简短综述可见 M. Kardar and A. Zee,Nucl. Phys. B464[FS]:449,1996,cond-mat/9507112.)

当然,只能说形式上是这样的,实际上对 φ_w 的积分只能通过微扰论来完成,得假设相关的耦合常数都很小.要是可以精确做出 φ_w 的积分,那就也能直接对 φ 积分,也就不需要重正化群了.

出于教学目的,考虑一般 $\mathcal{L} = \frac{1}{2}(\partial\varphi)^2 + \sum_n \lambda_n \varphi^n + \cdots \Big($ 其中,λ_2 就是之前的 $\frac{1}{2}m^2$,而 λ_4 即 λ.$\Big)\partial\varphi_s\partial\varphi_w$ 之类的项积分为零,于是有

$$\int \mathrm{d}^d x \mathcal{L}_1(\varphi_s, \varphi_w) - \int \mathrm{d}^d x \left(\frac{1}{2}(\partial\varphi_w)^2 + \frac{1}{2}m^2\varphi_w^2 + \cdots \right)$$

其中,φ_s 藏在 $(\cdots)$ 里.这一理论描述 φ_w 场与自身以及背景场 $\varphi_s(x)$ 相互作用.从对称性出发可知 $\delta\mathcal{L}(\varphi_s)$ 与 $\mathcal{L}(\varphi_s)$ 形式相同,只有系数不同.将 $\delta\mathcal{L}(\varphi_s)$ 与 $\mathcal{L}(\varphi_s)$ 相加[1]改变耦合常数 $\lambda_n \Big($ 及 $\frac{1}{2}(\partial\varphi_s)^2$ 的系数$\Big)$,这些改变导致了之前描述的耦合函数空间中的流.

我们尽可以把式(6.96)当作最终结果.然而,要是我们想比对式(6.96)和式(6.94),该怎么办呢?要把式(6.96)中的 $\int_{\Lambda-\delta\Lambda}$ 换成 $\int_{\Lambda}$.方便一点的做法是引入实数 $b < 1$ 使 $\Lambda - \delta\Lambda = b\Lambda$.在 $\int_{\Lambda-\delta\Lambda}$ 里,应对满足 $|k| \leqslant b\Lambda$ 的场积分.因而只需做简单的变量替换:取 $k = bk'$,其中 $|k'| \leqslant \Lambda$.但与此同时,我们还要取 $x = x'/b$ 以保证 $\mathrm{e}^{ikx} = \mathrm{e}^{ik'x'}$.代入这些变换,有

$$\int \mathrm{d}^d x \mathcal{L}(\varphi_s) = \int \mathrm{d}^d x' b^{-d}\left[\frac{1}{2}b^2(\partial'\varphi_s)^2 + \sum_n \lambda_n\varphi_s^n + \cdots \right] \tag{6.97}$$

其中,$\partial' = \partial/\partial x' = (1/b)\partial/\partial x$.定义 φ' 为 $b^{2-d}(\partial\varphi_s)^2 = (\partial'\varphi')^2$,亦即 $\varphi' = b^{\frac{1}{2}(2-d)}\varphi_s$.于是式(6.97)变为

$$\int \mathrm{d}^d x'\left[\frac{1}{2}(\partial'\varphi')^2 + \sum_n \lambda_n b^{-d+(n/2)(d-2)}\varphi'^n + \cdots \right]$$

因此,φ'^n 的系数 λ'_n 写为

$$\lambda'_n = b^{(n/2)(d-2)-d}\lambda_n \tag{6.98}$$

这是重正化群论的一个重要结论.

---

[1] 形如 $(\partial\varphi)^4$ 一类的项也可能出现,因此 $\mathcal{L}$ 里带着一个省略号 $(\cdots)$,这一类项都含在里面.可以验证,在大多数实际场景里,这类项都在重正化群意义上不相关,这里"不相关"的概念在后文中会严格定义.

相关、无关和边缘情况

来看看这些词都是什么意思.(为简单起见,不妨先忽略 $\delta\mathcal{L}(\varphi_s)$.)带上模糊镜,或者说只考虑越来越大距离上的物理学时,我们可以将式(6.94)中的 $Z(\Lambda)$ 写成相同的形式,唯一的区别是耦合常数 λ_n 变为 λ'_n.由于 $b<1$,从式(6.98)出发可知,当 $(n/2)(d-2)-d>0$ 时 λ_n 越来越小,最终可忽略.这就有了这个"行业黑话":这里的算符 φ^n(处于历史原因,我们从泛函语言改回算符语言)被称为"无关"的.它们败北了.反过来说,满足 $(n/2)(d-2)-d<0$ 的优胜者 φ^n 被称为"相关"的,满足 $(n/2)(d-2)-d=0$ 的算符则是"边缘"的.

譬如,取 $n=2$:$m'^2=b^{-2}m^2$,于是质量项总是相关的.然而对于 $n=4$,可见 $\lambda'=b^{d-4}\lambda$ 与 φ^4 在 $d<4$ 时相关,在 $d>4$ 时则无关,而在 $d=4$ 时为边缘.类似地,$\lambda'_6=b^{2d-6}\lambda$,于是 φ^6 在 $d=3$ 时为边缘,而在 $d>3$ 时无关.

由此又可见 $d=2$ 较为特别,所以 φ^n 都是相关的.

如果你前面虔诚地做完了练习题,这时候应该就会有点想法了.在习题3.2.1中证明过耦合常数 λ_n 的质量量纲为 $[\lambda_n]=(n/2)(2-d)+d$.因此,$(n/2)(d-2)-d$ 正是 λ_n 的长度量纲.比如对于 $d=4$,λ_6 有质量量纲 -2,因此根据3.2节中的解释,φ^6 相互作用不可重整,其高能性质非常令人头疼.但凝聚态物理学家对长距离极限感兴趣,粒子物理学家对相反的极限感兴趣.这样一来,φ^6 在长距离下反而变得不相关了.

再来一句"黑话":给定标量场论,最相关的相互作用变为边缘的维度,在凝聚态物理学中被称为临界维度.比如 φ^6 理论的临界维度是3.现在来看,只需一点"高中代数"就可以把式(6.98)翻译成微分形式.记 $\lambda'_n=\lambda+\delta\lambda_n$,根据 $b=1-(\delta\Lambda/\Lambda)$ 有

$$\delta\lambda_n=-\left[\frac{n}{2}(d-2)-d\right]\lambda_n(\delta\Lambda/\Lambda).$$

现在我们要特别注意符号.前面强调过,由式(6.98)可见 $(n/2)(d-2)-d>0$ 时 λ_n(为讨论方便假设是正数)越变越小.然而,现在我们是把 Λ 减小到 $\Lambda-\delta\Lambda$,这时 $\delta\Lambda$ 为正,相当于把模糊镜的分辨率从 $L=\Lambda^{-1}$ 变为 $L+L(\delta\Lambda/\Lambda)$.于是可得

$$L\frac{\mathrm{d}\lambda_n}{\mathrm{d}L}=-\left[\frac{n}{2}(d-2)-d\right]\lambda_n \tag{6.99}$$

因此$(n/2)(d-2)-d>0$时λ_n随L增加而减小.[①]

特别地对于$n=4$,有$L(\mathrm{d}\lambda/\mathrm{d}L)=(4-d)\lambda$. 在大多数凝聚态物理学的应用中,$d\leqslant3$导致$\lambda$随研究中距离尺度的增加而增加. φ^4耦合如前所述就是相关的.

我们故意忽略的$\delta\mathcal{L}(\varphi_s)$,会对式(6.99)右边产生一份额外的贡献,这里我们称之为动力学贡献,与几何贡献或者说"平庸"形成对比. 因此,一般来说$L(\mathrm{d}\lambda_n/\mathrm{d}L)=-[(n/2)(d-2)-d]\lambda_n+K(d,n,\cdots,\lambda_j,\cdots)$,其中动力学项$K$不仅依赖$d$和$n$,也由所有其他耦合常数决定.(举例来说,由于时空是四维的,式(6.88)中"平庸项"为零;只有动力学贡献存在.)

从这里的讨论中你可以发现,重正化群本该起个更有意义的名字,比如"一次积一点积分法".

利用对称性

为确定表面生长问题中耦合常数g的重正化群流,可以重复前两个例子中关于耦合常数λ和e流的计算. 用粒子物理学的语言,也就是计算单圈的$h-h$散射振幅. 然而,我们这里采用卡达诺夫等人的物理图像. 在$Z(\Lambda)=\int\mathcal{D}h\,e^{-S(h)}$中,积掉满足$k$和$\omega$大于$\Lambda-\delta\Lambda$并小于$\Lambda$的$h(k,\omega)$.

现在,来演示一下怎么利用对称性来偷懒. 重点不是研究表面生长的动力学,而是学习在其他情况下大有用处的这套方法. 本书故意选取了这个特别"困难"的、对称性也不明显的非相对论性问题,这样一来,你只要搞懂这个问题里怎么做重正化群的,别的问题就都不难了.

假设通过部分积分,已经得到结果$\int\mathcal{D}h\,e^{-\tilde{S}(h)}$. 现在去看看练习题,求出这一问题中的对称性. 在练习题,你会论证$\tilde{S}(h)$只能取如下形式

$$\tilde{S}(h)=\frac{1}{2}\int\mathrm{d}^Dx\,\mathrm{d}t\left[\left(\alpha\frac{\partial}{\partial t}-\beta\nabla^2\right)h-\alpha\frac{g}{2}(\nabla h)^2\right]^2+\cdots \qquad (6.100)$$

其中有参数α和β.($\cdots$)代表h及其导数的高次项. 注意到$\partial h/\partial t$和$(g/2)(\nabla h)^2$都包含同一个系数α. 一旦知道α和β,通过适当的尺度放缩即可将$\tilde{S}(h)$变换回与$S(h)$相同的形式,这样就能求出g的变化. 因此,只要考虑作用量中的$(\partial h/\partial t)^2$和$(\nabla^2 h)^2$两项,亦即

---

① 注意等式右边有负的λ_n量纲,而不是简单猜想下的$(n/2)(d-2)-d$.

果壳中的量子场论
Quantum Field Theory in a Nutshell

传播子就足够解决这个问题了.这就大大简化了计算.佩尔斯曾经对青年时期的汉斯·贝特(Hans Bethe)说道[①]:"Erst kommt das Denken,dann das Integral."(大致翻译,"先思考,再积分.")这里我们不做计算.通过中学生水平的量纲分析,注意到 g 的量纲为(长度)$^{\frac{1}{2}(D-2)}$ 就足够了(见习题 6.8.5).于是,根据上述讨论有

$$L\frac{\mathrm{d}g}{\mathrm{d}L} = \frac{1}{2}(2-D)g + c_D g^3 + \cdots \tag{6.101}$$

确定系数 c_D 需要具体计算,由于费曼积分依赖于空间维度 D,因此系数取值显然也依赖于 D.这一方程解释了 g 作为表面生长现象中非线性的度量,如何随长度尺度 L 改变而变化.顺便一提,$c_D = [S(D)/4(2\pi)^D](2D-3)/D$,其中 $S(D)$ 是 D 维立体角.$2D-3$ 因子显然很有趣,它在 $D=1$ 和 2 时符号相反.[②]

局域化

前面提到过,重正化群流已经成为了凝聚态和高能物理学中的工作语言.这里再看一个足以体现重正化群流强大力量的例子.重新考虑安德森局域化(见 6.7 节),这个震惊了物理界的发现.人们惊叹于局域化性质如此剧烈地受到空间维度 D 的影响,特别是 $D=2$ 时,无论无序度多么微弱,所有量子态都是局域化的.按照平时的物理直觉,似乎应该存在一个临界无序度.我们会看到,运用重正化群流的语言可以自然地解释这两个性质.从式(6.101)已经可以看出,D 对结果有着本质性的影响.

现在给出一个颇具启发性又(在我看来)不乏美妙的论证,它最早由亚伯拉罕、安德森、利恰尔代洛和罗摩克里希那提出,四位也被凝聚态物理学界并称为"四人帮".首先,你要理解电导率 σ 和电导 G 在固体物理学中的区别.电导率[③]由 $J = \sigma E$ 定义,其中 J 度量单位时间内通过单位面积的电子数量.电导 G 则是电阻的倒数(挺好记,这两词几乎押韵).电阻 R 是一块材料的性质,由高中物理 $V=IR$ 定义,其中电流 I 度量单位时间内通过的电子数.为联系 σ 和 G,可以考虑一块正方体材料,边长为 L,并在材料上施加电压 V.

---

① 约翰·惠勒(John Wheeler)曾在我还是学生的时候给过我类似的建议:"在知道答案之前别急着算."

② 巧得很,这一理论在 $D=1$ 是精确可解的(具体方法本书不讨论).

③ 这些年我问过不少高能物理学家,如果电子散射杂质的微观物理遵守时间反演对称性,怎么可能得到明显违反时间反演不变性的等式 $J=\sigma E$ 呢?少有人知道答案.问题其实出在极限顺序上!凝聚态物理学家先计算了依赖频率和波矢的电导 $\sigma(\omega,k)$,再取极限 $\omega,k\to 0$ 和 $k^2/\omega\to 0$.取极限前,时间反演对称性确实是成立的.然而,粒子需要 $1/(Dk^2)$ 量级的时间才可能发现自己身处尺度为 $1/k$ 的盒子里(D 为扩散常数).物理上说,这一时间应该远大于观测时间 $\sim 1/\omega$.

这时 $I = JL^2 = \sigma E L^2 = \sigma(V/L)L^2 = \sigma LV$,由此[①] $G(L) = 1/R = I/V = \sigma L$.接下来考虑二维.考虑薄层材料长与宽均为 L,厚度 $a \ll L$.(真的是高中物理,不是老练场论家脑子里的二维空间!)再次沿边 L 施加电压 V: $I = J(aL) = \sigma EaL = \sigma(V/L)aL = \sigma Va$,因而 $G(L) = 1/R = I/V = \sigma a$.你可以继续考虑一维,即长为 L、宽和厚度均为 a 的线.由此可知 $G(L) \propto L^{D-2}$.凝聚态物理学家恰巧又定义了无量纲电导 $g(L) \equiv \hbar G(L)/e^2$.

我们也知道 $g(L)$ 很小时的性质,或者说,当材料绝缘时,应当有 $g(L) \sim c\mathrm{e}^{-L/\xi}$,其中,$\xi$ 是材料的特征长度,由微观物理决定.于是,对于小 $g(L)$,$L(\mathrm{d}g/\mathrm{d}L) = -(L/\xi) \cdot g(L) = g(L)[\ln g(L) - \ln c]$,其中常数 $\ln c$ 在这里可以忽略.

总结一下,则有

$$\beta(g) \equiv \frac{L}{g}\frac{\mathrm{d}g}{\mathrm{d}L} = \begin{cases} D - 2 + \cdots & \text{对于较大 } g \\ \ln g + \cdots & \text{对于较小 } g \end{cases} \tag{6.102}$$

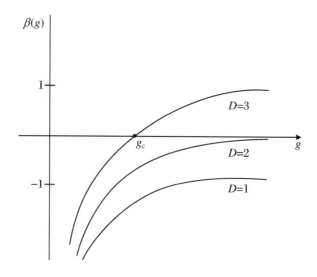

图 6.5

先讲一件小事:在不同学科里,大家对 $\beta(g)$ 的定义也不太一样(物理学中当然是一样的).在局域化理论中,$\beta(g)$ 一般定义为 $\mathrm{d}\ln g/(\mathrm{d}\ln L)$,就像上面这样.从式(6.102)可以画出 $\beta(g)$ 的"大致"图像,如图 6.5 所示.可见无论从哪里出发,在 $D = 2$(和 $D = 1$)时电导 $g(L)$ 总是在长距离下流向 0(对应了宏观材料中的宏观测量).相反,在 $D = 3$ 时,如果初始耦合常数 g_0 大于临界值 g_c,则 $g(L)$ 流向无穷大(应该会被某些此处未考虑的

---

① 山姆·特莱曼(Sam Treiman)跟我说过,他在美国参军做无线电操作员时,教官教了三种不同的欧姆定律:$V = IR$、$I = V/R$ 和 $R = V/I$.在第二个等号处我们用到了第四种形式.

物理所截断),因而材料成为金属,而在 $g_0 < g_c$ 时材料为绝缘体.凝聚态理论家常常讨论临界维度 D_c,这是系统长距离性质发生剧烈变化的维度;在这个例子中 $D_c = 2$.

有效描述

在某种意义上说,重正化群可以归结为一个基本的物理学概念:在不同尺度下,有效描述可以也应该发生变化.比如在流体动力学中,我们不会跟踪水分子的细致相互作用.类似地,在对强相互作用应用重正化群流时,从高能变化到低能时,有效描述也从夸克和胶子理论变化为核子与介子的理论.在这一更加广义的视角下,耦合常数空间中的流让位于"哈密顿量空间"中的流,这是一些凝聚态物理学家喜欢的说法.

习题

6.8.1 证明 $dg/dt = -bg^3 + \cdots$ 的解是

$$\frac{1}{\alpha(t)} = \frac{1}{\alpha(0)} + 8\pi bt + \cdots \tag{6.103}$$

其中,$\alpha(t) = g(t)^2/(4\pi)$.

6.8.2 在讨论 $\lambda\varphi^4$ 或量子电动力学的重正化群流时,为简单起见,我们假设粒子质量 m 远小于 μ,并设 $m = 0$.然而,重正化群的想法并没有告诉我们其质量标度不可以流到低于 m 的地方.事实上,在粒子物理学中顶夸克质量 m_t 比上夸克质量 m_u 大了好几个数量级.我们可能想要研究强相互作用耦合常数如何从远大于 m_t 的质量尺度流动到小于 m_t 而大于 m_u 的尺度 μ.在一种粗略的近似下,可以认为所有低于 μ 的 m 为 0,而所有高于 μ 的 m 为无穷大(亦即不对重正化群流产生贡献).在现实中,当 μ 从上方靠近 m 时粒子对重正化群流的贡献越来越小,直到 μ 远小于 m 时,不再产生贡献.考虑 $\lambda\varphi^4$ 或量子电动力学理论,研究这个所谓的阈值效应.

6.8.3 证明式(6.93)在伽利略变换下不变:

$$h(\boldsymbol{x}, t) \rightarrow h'(\boldsymbol{x}, t) = h(\boldsymbol{x} + g\boldsymbol{u}t, t) + \boldsymbol{u} \cdot \boldsymbol{x} + \frac{g}{2}u^2 t \tag{6.104}$$

证明由于这一对称性的限制,式(6.100)中只能出现两个参数 α 和 β.

6.8.4 $\tilde{S}(h)$ 中只能出现场 h 的导数,场本身不能出现.(变换 $h(\boldsymbol{x},t)\to h(\boldsymbol{x},t)+c$,其中 c 为常数,对应于改变表面高度测量起点的平庸平移,因而无法改变任何物理.)h 的一次项都是全导数,因此也不能出现.故而 $\tilde{S}(h)$ 只能从 h 的二次项开始.验证式(6.100)给出的 $\tilde{S}(h)$ 即为最一般形式.对称性其实也允许正比于 $(\nabla h)^2$ 的项出现,但这一项可以被坐标变换 $h\to h+ct$ 消去.

6.8.5 证明 g 有高中知识水平的(长度)$^{\frac{1}{2}(D-2)}$ 量纲.(提示:$S(h)$ 的形式蕴含 t 有长度平方量纲,因而 h 有(长度)$^{\frac{1}{2}(D-2)}$ 的量纲.)比较 $\nabla^2 h$ 和 $g(\nabla h)^2$ 可得 g 的量纲.

6.8.6 计算 h 的单圈传播子.基于传播子逆的低频和低波数展开,求 ω^2 与 k^4 两项的系数,并确定 α 和 β.

6.8.7 在 $D=1,2,3$ 时,研究 g 的重正化群流.

第 7 章

大统一

7.1 杨-米尔斯理论的量子化与格点规范理论

杨-米尔斯理论没有被物理学家们立即接受的一个原因是,他们当时不知道如何用它来计算.至少,我们要能写下费曼规则来做微扰计算.费曼本人接受了这个挑战.当仔细审视了不同的图之后,他得出结论:为了让理论自洽,我们必须要引入具有鬼魅般性质的额外场.如今我们能更系统地得到这个结论.

在故事的开头,费曼想量子化引力场,而盖尔曼则建议他先把杨-米尔斯理论量子化来练练手.

考虑一个纯粹的杨-米尔斯理论——等会儿再加物质场不会太难.跟着我们之前学

过的思路走.同往常一样,将拉格朗日量 $\mathcal{L} = \mathcal{L}_0 + \mathcal{L}_1$ 拆分为两块(同时取标度 $A \to gA$):

$$\mathcal{L}_0 = -\frac{1}{4}(\partial_\mu A_\nu^a - \partial_\nu A_\mu^a)^2 \tag{7.1}$$

以及

$$\mathcal{L}_1 = -\frac{1}{2}g(\partial_\mu A_\nu^a - \partial_\nu A_\mu^a)f^{abc}A^{b\mu}A^{c\nu} - \frac{1}{4}g^2 f^{abc}f^{ade}A_\mu^b A_\nu^c A^{d\mu}A^{e\nu} \tag{7.2}$$

然后对二次项式(7.1)中的微分算符求逆以得到传播子.除了多了个指标 a 以外,这部分看起来和之前量子电动力学中的对应步骤一样.如同电动力学中的情形,这个逆其实也不存在,从而我们需要固定一个规范.

之前本书引入了精巧的法捷耶夫–波波夫方法用以量子化量子电动力学.正如我所提到的,这种方法在那儿有点大材小用了.但现在回报的时间到了,让我们兴奋起来[1].3.4 节中说到,法捷耶夫–波波夫方法将给出:

$$\mathcal{Z} = \int DA e^{iS(A)}\Delta(A)\delta[f(A)] \tag{7.3}$$

其中,$\Delta(A) = \left\{\int Dg\delta[f(A_g)]\right\}^{-1}$,而 $S(A) = \int d^4x\mathcal{L}$ 是杨–米尔斯作用量.(同 3.4 节中一样,$A_g \equiv gA^{-1}g - i(\partial g)g^{-1}$ 代表 A 的规范变换.其中 $g \equiv g(x)$ 是定义了 x 处规范变换的群元素,不要将其与耦合常数 g 混同起来.)

由于式(7.3)中的 $\Delta(A)$ 乘上了 $\delta[f(A)]$,那么在恰当地选取 $f(A)$ 后,对于 g 的积分可以局域在其值为无穷小附近.我们取 $f(A) = \partial A - \sigma$.在无穷小变换 $A_\mu^a \to A_\mu^a - f^{abc}\theta^b A_\mu^c + \partial_\mu\theta^a$ 下,有

$$\Delta(A) = \left\{\int D\theta\delta[\partial A^a - \sigma^a - \partial^\mu(f^{abc}\theta^b A_\mu^c - \partial_\mu\theta^a)]\right\}^{-1}$$

$$\text{"="}\left\{\int D\theta\delta[\partial^\mu(f^{abc}\theta^b A_\mu^c - \partial_\mu\theta^a)]\right\}^{-1} \tag{7.4}$$

其中,"有效等号"将在 $\Delta(A)$ 乘以 $\delta[f(A)]$ 的意义下成立.

让我们形式化地写出

$$\partial^\mu(f^{abc}\theta^b A_\mu^c - \partial_\mu\theta^a) = \int d^4y K^{ab}(x, y)\theta^b(y) \tag{7.5}$$

从而定义了算符 $K^{ab}(x, y) = \partial^\mu(f^{abc}A_\mu^c - \partial_\mu\delta^{ab})\delta^{(4)}(x - y)$.相比电磁场的情形,这儿 K

---

① 原文:We can now turn the crank.

是依赖于规范势的.考虑对于实数 θ 和 K 的等式 $\int \mathrm{d}\theta \delta(K\theta) = 1/K$,其可以推广到实矢量 θ 和非奇异矩阵 K,即 $\int \mathrm{d}\theta \delta(K\theta) = 1/\det K$.将 $K^{ab}(x,y)$ 看作是一个矩阵,我们有 $\Delta(A) = \det K$.而在 2.5 节中我们已经学会了如何将行列式表示为对格拉斯曼变量的泛函积分:写下 $\Delta(A) = \int \mathrm{D}c \mathrm{D}c^{\dagger} \mathrm{e}^{\mathrm{i}S_{\mathrm{ghost}}(c^{\dagger},c)}$,其中

$$
\begin{aligned}
S_{\mathrm{ghost}}(c^{\dagger},c) &= \int \mathrm{d}^4 x \mathrm{d}^4 y c_a^{\dagger}(x) K^{ab}(x,y) c_b(y) \\
&= \int \mathrm{d}^4 x \left[\partial c_a^{\dagger}(x) \partial c_a(x) - \partial^{\mu} c_a^{\dagger}(x) f^{abc} A_{\mu}^{\ c}(x) c_b(x) \right] \\
&= \int \mathrm{d}^4 x \partial c_a^{\dagger}(x) D c_a(x)
\end{aligned}
\tag{7.6}
$$

而 D 是场 c_a 与 $c_a^{\dagger}$ 所属的伴随表示(就像 A_{μ}^a 一样)的协变导数.c_a 和 $c_a^{\dagger}$ 就是我们所谓的鬼场,它们破坏了通常的自旋统计规则:尽管是标量,但是交换反对称的.这种"破坏"是可以容忍的,因为它们仅仅是为了方便表示 $\Delta(A)$ 而被引入的,并不对应什么实物粒子.

前面处理了式(7.3)中的因子 $\Delta(A)$.对于因子 $\delta[f(a)]$,我们可以采用与 3.4 节中相同的技巧:将 $\mathcal{Z}$ 乘上高斯权重 $\mathrm{e}^{-[\mathrm{i}/(2\xi)]\int \mathrm{d}^4 x \sigma^a(x)^2}$ 并对 $\sigma^a(x)$ 积分,这样 $\delta[f(A)]$ 就被替换成了 $\mathrm{e}^{-[\mathrm{i}/(2\xi)]\int \mathrm{d}^4 x (\partial A^a)^2}$.

将全部结果汇总到一起,则有

$$
\mathcal{Z} = \int \mathrm{D}A \mathrm{D}c \mathrm{D}c^{\dagger} \mathrm{e}^{\mathrm{i}S(A) - [\mathrm{i}/(2\xi)]\int \mathrm{d}^4 x (\partial A)^2 + \mathrm{i}S_{\mathrm{ghost}}(c^{\dagger},c)}
\tag{7.7}
$$

其中,ξ 为规范参数.将其与 3.4 节中的阿贝尔规范理论对应的表达式作对比,我们注意到,在非阿贝尔规范理论中,杨-米尔斯作用量上加了一个额外的鬼作用量 S_{ghost}.从而,$\mathcal{L}_0$ 和 $\mathcal{L}_1$ 改写成

$$
\mathcal{L}_0 = -\frac{1}{4}(\partial_{\mu} A_{\nu}^a - \partial_{\nu} A_{\mu}^a)^2 - \frac{1}{2\xi}(\partial^{\mu} A_{\mu}^a)^2 + \partial c_a^{\dagger} \partial c_a
\tag{7.8}
$$

以及

$$
\mathcal{L}_1 = -\frac{1}{2}g(\partial_{\mu} A_{\nu}^a - \partial_{\nu} A_{\mu}^a) f^{abc} A^{b\mu} A^{c\nu} - \frac{1}{4}g^2 f^{abc} f^{ade} A_{\mu}^b A_{\nu}^c A^{d\mu} A^{e\nu} - \partial^{\mu} c_a^{\dagger} g f^{abc} A_{\mu}^c c_b(x)
$$

$$
\tag{7.9}
$$

从式(7.8)中可以直接读出规范玻色子和鬼场的传播子.特别地,除去群指标 a 外,规范势中的二次项同电磁规范势式(3.38)中的一模一样.从而,规范玻色子的传播子是

$$\frac{(-\mathrm{i})}{k^2}\left[g_{\nu\lambda} - (1 - \xi)\frac{k_\nu k_\lambda}{k^2}\right]\delta_{ab} \tag{7.10}$$

请读者与式(3.39)相对比.从式(7.8)中的 $\partial c_a^\dagger \partial c_a$ 项我们可以得知鬼传播子为 $(\mathrm{i}/k^2)\delta_{ab}$.

在 $\mathcal{L}_1$ 里能看到规范玻色子之间的三次和四次相互作用,以及一个规范玻色子和鬼场之间的相互作用,如图7.1所示.容易读出三次与四次耦合项分别为

$$g f^{abc}\left[g_{\mu\nu}(k_1 - k_2)_\lambda + g_{\nu\lambda}(k_2 - k_3)_\mu + g_{\lambda\mu}(k_3 - k_1)_\nu\right] \tag{7.11}$$

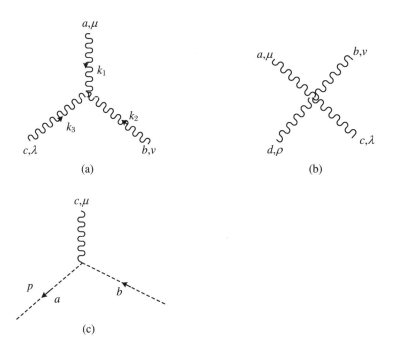

图7.1

以及

$$-\mathrm{i}g^2\big[f^{abe}f^{cde}(g_{\mu\lambda}g_{\nu\rho} - g_{\mu\rho}g_{\nu\lambda}) + f^{ade}f^{cbe}(g_{\mu\lambda}g_{\nu\rho} - g_{\mu\nu}g_{\rho\lambda})$$
$$+ f^{ace}f^{bde}(g_{\mu\nu}g_{\lambda\rho} - g_{\mu\rho}g_{\nu\lambda})\big] \tag{7.12}$$

鬼场的耦合项为

$$g f^{abc} p^\mu \tag{7.13}$$

自然,写这些东西的时候可以利用各种轮换对称性.例如,式(7.12)中第二项可以由第一项通过交换 $\{c,\lambda\} \leftrightarrow \{d,\rho\}$ 得到,而第三项和第四项可以由前两项通过交换 $\{a,\mu\} \leftrightarrow \{c,\lambda\}$ 给出.

不自然的操作

由于微扰法包含了将 $\mathcal{L}$ 暴力拆成二次项和其余部分的操作,它在诸如杨-米尔斯理论这类高度对称的理论中显然是不自然的.考虑一个精确可解的单粒子量子力学问题,例如 $V(x) = 1 - (1/\cosh x)^2$ 的薛定谔方程.假设你写下 $V(x) = \frac{1}{2} x^2 + W(x)$,将 $W(x)$ 处理成对简谐振子的微扰.那么要得到一个精确的能谱,需要费一番力气.但我们在用微扰来暴力对待杨-米尔斯理论时就是这样干的:我们将"整体"$\mathrm{tr}\, F_{\mu\nu} F^{\mu\nu}$ 分割成"谐振子"$\mathrm{tr}\,(\partial_\mu A_\nu - \partial_\nu A_\mu)^2$ 和"微扰".

如果某一天杨-米尔斯理论被证实是严格可解的,那么破坏了规范不变性的微扰理论显然就不是处理它的合适选择.

格点规范理论

威尔逊指出了另一条道路:破坏洛伦兹不变性而保留规范不变性.让我们考虑在四维欧几里得时空的超立方格点上构造杨-米尔斯理论.当格点间距 $a \to 0$ 时,我们希望能够复现四维转动不变性与(由威克转动得到的)洛伦兹不变性.威尔逊被称为格点规范理论的构造非常容易理解,但由于没有转动不变性,记号就有点麻烦.用矢量 x_i 标记格点位置.对于所有从 x_i 到其最近邻格点 x_j 的链接,我们引入一个 $N \times N$ 的幺正矩阵 U_{ij}.考虑一个由四个角 x_i, x_j, x_k 和 x_l(它们都是各自的最近邻)包围起来的方块,称作嵌板(plaquette).如图 7.2 所示.对于每一个嵌板 P,我们引入 $S(P) = \mathrm{Re}\, \mathrm{tr}\, U_{ij} U_{jk} U_{kl} U_{li}$,这个构造使其在局域规范变换

$$U_{ij} \to V_i^\dagger U_{ij} V_j \tag{7.14}$$

下不变.注意,由于对每一个格点 x_i 都可以定义一个独立的 V_i,从而这个对称性是局域的.

威尔逊通过

$$\mathcal{Z} = \int \Pi dU e^{[1/(2f^2)]\sum_P S(P)} \qquad (7.15)$$

定义了杨-米尔斯理论.其中求和取遍网格中的全部嵌板.耦合强度 f 控制了幺正矩阵 U_{ij} 涨落的剧烈程度.小的 f 会导致大的 $S(P)$,从而 U_{ij} 都会近似等于一个单位矩阵(至多差一个不重要的全局变换).

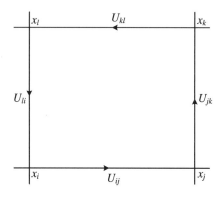

图 7.2

无须做任何计算,从对称性就能得知在连续极限 $a \to 0$ 下,我们所知的杨-米尔斯理论就会冒出来:这个作用量显然是在局域 $SU(N)$ 变换下不变的.为了清晰地看到这一点,在格点所处的四维欧几里得时空中定义场 $A_\mu(x)$,其中 $\mu = 1,2,3,4$,取

$$U_{ij} = V_i^\dagger e^{iaA_\mu(x)} V_j \qquad (7.16)$$

这里,$x = \dfrac{1}{2}(x_i + x_j)$(即 U_{ij} 所处链接的中点),μ 为 x_i 到 x_j 的指向(即 $\hat{\mu} \equiv (x_j - x_i)/a$ 为 μ 方向的单位矢量).那么 V 便反映了式(7.14)的规范自由度,并且由嵌板作用量 $S(P)$ 的构造显然可知,这些自由度不会出现在其中.稍后会留一道练习题来证明

$$\text{tr } U_{ij} U_{jk} U_{kl} U_{li} = \text{tr } e^{ia^2 F_{\mu\nu} + O(a^3)} \qquad (7.17)$$

其中,$F_{\mu\nu}$ 为嵌板中心的杨-米尔斯场强.事实上,我们可以通过这种方式来得到杨-米尔斯场强.希望你能开始注意到 $F_{\mu\nu}$ 深刻的几何含义.继续这个练习,你将得到每个嵌板的

作用量为

$$S(P) = \mathrm{Re}\,\mathrm{tr}\,e^{ia^2 F_{\mu\nu} + O(a^3)}$$

$$= \mathrm{Re}\,\mathrm{tr}\left[1 + ia^2 F_{\mu\nu} - \frac{1}{2}a^4 F_{\mu\nu}F_{\mu\nu} + O(a^5)\right] = \mathrm{tr}\,1 - \frac{1}{2}a^4\,\mathrm{tr}\,F_{\mu\nu}F_{\mu\nu} + \cdots \quad (7.18)$$

从而,除去一个无关紧要的可加常数,我们由式(7.15)在连续极限下重新得到了杨-米尔斯作用量.值得强调的是,式(7.18)中的 a^4 项(至多差一个整体因子)也可以仅由量纲分析和规范不变性得到.[①]

威尔逊的理论美在它完全不需要去手动固定规范、折腾法捷耶夫-波波夫行列式、鬼场或者其他乱七八糟的东西,就能够明确地给出式(7.15).回忆一下 5.3 节,你会发现式(7.15)给出了一个类似于统计力学问题的定义.只是这里我们没有去对什么自旋变量做积分,而是将 $SU(N)$ 群对所有链接做积分.最重要的是,格点规范理论提供了数值求解一些高度非平凡的量子场论问题的可能性.格点规范理论目前是一个兴盛的研究领域.这里给读者一个小挑战,试试在格点规范理论中加入费米子:费米子和旋量场天然地关联着 $SO(4)$,而后者在格点上的表现并不好,所以这还是一个正在研究中的难题.

威尔逊圈

场论学家们通常都会处理局域可观测量,即定义在单个时空点 x 上的可观测量,诸如 $J^\mu(x)$ 或 $\mathrm{tr}\,F_{\mu\nu}(x)F^{\mu\nu}(x)$. 当然,我们也可以处理非局域可观测量,如电磁学中的 $e^{i\oint_C dx^\mu A_\mu}$,其中线积分沿闭合曲线 C 进行.指数上的规范不变量等于由 C 围成的曲面上通过的电磁流(见 4.4 节).

威尔逊指出,格点规范理论包含一个自然的非局域规范不变量 $W(C) \equiv \mathrm{tr}\,U_{ij}U_{jk}\cdots\cdot U_{nm}U_{mi}$,其中从 x_i 到 x_j 再到 x_k 等等,最后从 x_m 回到 x_k 用以连接的链接构成了一条闭环,称为 C. 从式(7.16)中可以看出,这个被称为威尔逊圈的 $W(C)$ 等于一系列因子 e^{iaA_μ} 乘积的迹.那么,在 $a \to 0$ 的连续极限下,我们有

$$W(C) = \mathrm{tr}\,P e^{i\oint_C dx^\mu A_\mu} \quad (7.19)$$

---

① 与阿贝尔情形相比较,很容易就能定出符号.

其中，C 现在是欧几里得时空中的任意一条曲线.符号 P 代表路径排序，这是必须的，因为 C 不同区间段上的矩阵 A^μ 互相之间并不对易.（P 事实上由 $W(C)$ 的格点定义来约定.）

为了理解威尔逊圈的物理意义，请回忆 1.4 节和 1.5 节中的内容.为了得到两个异号带电块之间的势能 E，我们需要计算：

$$\lim_{T\to\infty} \frac{1}{\mathcal{Z}} \int \mathrm{D}A\, \mathrm{e}^{\mathrm{i}S_{\text{Maxwell}}(A)+\mathrm{i}\int \mathrm{d}^4 x A_\mu J^\mu} = \mathrm{e}^{-\mathrm{i}ET} \tag{7.20}$$

对于间距固定为 R 的这两块，代入

$$J^\mu(x) = \eta^{\mu 0}\{\delta^{(3)}(\boldsymbol{x}) - \delta^{(3)}[\boldsymbol{x}-(R,0,0)]\} \tag{7.21}$$

随后可以看到我们实际计算的是，在一个有涨落的电磁场中的期望 $\left\langle \mathrm{e}^{\mathrm{i}\left(\int_{C_1}\mathrm{d}x^\mu A_\mu \int_{C_2}\mathrm{d}x^\mu A_\mu\right)} \right\rangle$，其中，$C_1$ 和 C_2 分别代表两条与等时面截于 $\boldsymbol{x}=(0,0,0)$ 和 $\boldsymbol{x}=(R,0,0)$ 处的直线.可以假设在充分远的未来（对于充分远的过去也一样）把这两块放在一起.那么这样我们面对的显然就是一个规范不变量 $\left\langle \mathrm{e}^{\mathrm{i}\oint_C \mathrm{d}x^\mu A_\mu} \right\rangle$，其中 C 是图 7.3 中所示的长方形.注意，对于充分大的 T，有 $\ln\left\langle \mathrm{e}^{\mathrm{i}\oint_C \mathrm{d}x^\mu A_\mu} \right\rangle \sim -\mathrm{i}E(R)T$，直接正比于长方形 C 的周长.

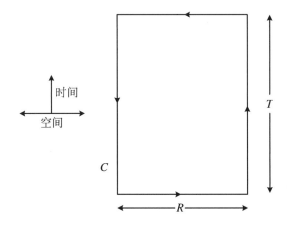

图 7.3

正如我们将在 7.3 节中所要讨论的，也是你肯定听说过的，目前被接受的强相互作用理论包含了与非阿贝尔杨-米尔斯规范势 A_μ 相耦合的夸克.那么，为了确定一对相隔固定距离 R 的夸克和反夸克之间的相互作用势 $E(R)$，我们"只要"计算威尔逊圈的期望

果壳中的量子场论
Quantum Field Theory in a Nutshell

值就够了:

$$\langle W(C) \rangle = \frac{1}{Z} \int \Pi \mathrm{d}U \mathrm{e}^{-[1/(2f^2)] \sum_P S(P)} W(C) \tag{7.22}$$

在格点规范理论下,我们可以对如图 7.3 所示的大长方形 C 数值计算 $\ln\langle W(C)\rangle$,从而得到 $E(R)$.(对于这个讨论,由于我们生活在欧几里得时空下,故这里忽略了 i.)

夸克禁闭

你一定听过这个:由于从来没有一个自由夸克被观察到过,因此人们一般认为它们永远都是禁闭的.具体而言,人们相信夸克和反夸克之间的相互作用势依距离线性增长 $E(R) \sim \sigma R$.这可以想象成两个夸克之间连着一条张力为 σ 的弦.如果这个猜测是正确的,那么就应当有 $\ln\langle W(C)\rangle \sim \sigma RT$,正比于由 C 包围的面积 RT.与诸如电磁学等常见理论中的周长律不同,威尔逊将其称为面积律.证明杨-米尔斯理论中的面积律是目前理论物理中最突出的挑战之一.

习题

7.1.1 文中的规范选取保证了洛伦兹协变性.有时取一个破坏洛伦兹协变性的规范也挺有用的,例如 $f(A) = n^\mu A_\mu(x)$,其中 n 是某个给定的 4-矢量.这类被称为轴规范的规范选取包含了不少流行的规范,每个分别对应着不同的 n.例如,在光锥规范中,$n = (1,0,0,1)$;在空锥规范中,$n = (0,1,i,0)$.证明:对于任意给定的 $A(x)$,我们总可以找到一个规范变换使得 $n \cdot A'(x) = 0$.

7.1.2 导出式(7.17),并在连续形式的杨-米尔斯理论中得到 f 和耦合常数 g 的关系.(提示:使用贝克-坎贝尔-豪斯多夫公式:$\mathrm{e}^A \mathrm{e}^B = \mathrm{e}^{A+B+\frac{1}{2}[A,B]+\frac{1}{12}([A,[A,B]]+[B,[B,A]])+\cdots}$).

7.1.3 考虑 $(D+1)$ 维时空上的格点规范理论,其中在 D 维上格点间距是 a,而剩下一维上间距是 b.在 $a \to 0$ 且 b 保持不动的极限下得到 D 维连续场论.

7.1.4 在上一习题[①]中,考虑 $b \to 0$ 而 a 保持常数的极限.这样将得到在空间格点上有连续时间的场论.

---

① 译注:原文指代错误.

7.1.5 证明:对格点规范理论而言,威尔逊面积率在强耦合的极限下成立.(提示:将式(7.22)按照 f^{-2} 展开.)

7.2 电弱统一

自旋为 1 的无质量粒子的灾难

事后看来,我们现在知道大自然偏好杨-米尔斯理论.在 19 世纪 60 年代晚期和 70 年代早期,电磁相互作用同弱相互作用被统一成了电弱相互作用,由基于 $SU(2)\otimes U(1)$ 群的非阿贝尔规范理论描述.在 70 年代早期略晚的时候,人们又意识到强相互作用可以由基于 $SU(3)$ 群的非阿贝尔规范理论描述.可以说大自然是由相互作用的杨-米尔斯场组成的网络构成的.

但在 1954 年最初被提出时,其当时的诠释看起来和实验观测完全不相符.正如杨振宁和米尔斯他们自己于其文章中所指出的,这个理论包含了实验中未曾观测到的自旋为 1 的无质量粒子.从而,除去少许几个被其优美的数学结构吸引并认为非阿贝尔规范理论一定和弱相互作用相关的理论家们(施温格、格拉肖、布德曼等人)感兴趣以外,这个理论逐渐被多数研究者遗忘,也不属于 19 世纪 60 年代粒子物理研究生标准教材的内容.

继续作事后诸葛亮,对于实验上除去光子外没有观察到任何自旋为 1 的无质量粒子这件事,逻辑上仅存在两种解决方案:① 通过某种机制,杨-米尔斯粒子获得了质量;② 杨-米尔斯粒子确实是无质量粒子,只是由于某种原因没能在实验上被观察到.现在你当然知道,对于电弱相互作用是第一种可能,第二种对应强相互作用.

构造电弱理论

现在让我们来讨论电弱统一.或许先讲讲我们想要构造这样一个理论的动机会对教学更有帮助.正如我前面提到过的,这并不是一本粒子物理教材,所以我将尽可能少地讨论粒子物理的内容.在 4.2 节中,我简单介绍了弱相互作用的结构.而在 2.1 节中提到了另外一件重要的事:弱相互作用破坏了宇称.具体而言,通过宇称相互转换的左手电子场

e_L 和右手电子场 e_R,有着相当不同的弱相互作用属性.

让我们从缪子的弱衰变 $\mu^- \to e^- + \bar{\nu} + \nu'$ 谈起,其中,ν 和 ν' 分别代表电子中微子和缪子中微子.在拉格朗日量中,其对应 $\bar{\nu}_L \gamma^\mu e_L \bar{e}_L \gamma_\mu \nu'_L$,式中有左手电子场 e_L、电子中微子场(同样是左手)ν_L 等其他场.(这样我们可以控制住"词场".[①])你或许已经知道,物质的基本单元构成了三代,第一代包含 ν,e 以及上夸克 u 和下夸克 d;第二代是 ν',μ 以及粲夸克 c 和奇夸克 s,等等.这儿讨论第一代就能够得到我们想要的了.所以我们从 $\bar{\nu}_L \gamma^\mu e_L \bar{e}_L \gamma_\mu \nu_L$ 谈起.

如在 3.2 节中所注记过的,此类费米相互作用可以通过交换一个中间矢量玻色子 W^+ 生成,相应的耦合项写为 $W_\mu^+ \bar{\nu}_L \gamma^\mu e_L + W_\mu^- \bar{e}_L \gamma_\mu \nu_L$.

随后的思路便是考虑一个 $SU(2)$ 规范理论,其中有规范玻色子三重态 W_μ^a,其中 $a = 1,2,3$.将 ν_L 和 e_L 放进双重态里表示,并让右手电子场 e_R 作为单态表示,即

$$\psi_L \equiv \begin{pmatrix} \nu \\ e \end{pmatrix}_L, e_R \tag{7.23}$$

(约定 ψ_L 的上分量是 ν_L,下分量是 e_L.)

ν_L 和 e_L 这两个场听规范玻色子 W_μ^a 的话,而 e_R 就比较叛逆.事实上,根据式(4.79),拉格朗日量包含了

$$W_\mu^a \bar{\psi}_L \tau^a \gamma^\mu \psi_L = \left(W_\mu^{1-i2} \bar{\psi}_L \frac{1}{2} \tau^{1+i2} \gamma^\mu \psi_L + \text{h.c.} \right) + W_\mu^3 \bar{\psi}_L \tau^3 \gamma^\mu \psi_L$$

其中,$W_\mu^{1-i2} \equiv W_\mu^1 - iW_\mu^2$,诸如此类.我们记 $\tau^{1+i2} \equiv \tau^1 + i\tau^2$ 为升算符,那么前两项 $(W_\mu^{1-i2} \bar{\nu}_L \gamma^\mu e_L + \text{h.c.})$ 刚好就是我们想要的.通过这样的设计,$W_\mu^\pm$ 的交换就能生成所需的 $\bar{\nu}_L \gamma^\mu e_L \bar{e}_L \gamma_\mu \nu_L$.

我们需要更多的空间

我们希望前面手动加进去的玻色子 W^3 变成光子,那么电磁学就被包含在理论中了.但是,W^3 耦合在流 $\bar{\psi}_L \tau^3 \gamma^\mu \psi_L = (\bar{\nu}_L \gamma^\mu \nu_L - \bar{e}_L \gamma_\mu e_L)$ 中,而不是电磁流 $-(\bar{e}_L \gamma_\mu e_L + \bar{e}_R \gamma_\mu e_R)$.噫吁嚱!

还有另一个问题潜伏着呢.为了得到电子的质量项,我们需要一个双重态的希格斯

---

① 译注:原文"suppress the word field"一方面表示节约空间,另一方面"word field"与忽略的其余量子场相映成趣.

场 $\varphi \equiv \begin{pmatrix} \varphi^+ \\ \varphi^0 \end{pmatrix}$ 来构造拉格朗日量中的 $SU(2)$ 不变量 $f\bar{\psi}_L\varphi e_R$,这样当 φ 的真空期望值为 $\begin{pmatrix} 0 \\ \nu \end{pmatrix}$ 时,可以得到

$$f\bar{\psi}_L\varphi e_R \rightarrow f(\bar{\nu},\bar{e})_L \begin{pmatrix} 0 \\ \nu \end{pmatrix} e_R = f\nu \bar{e}_L e_R \qquad (7.24)$$

但任何一个 $SU(2)$ 变换都可以改变 $\begin{pmatrix} 0 \\ \nu \end{pmatrix}$:$\varphi$ 的真空期望自发破缺了整个 $SU(2)$ 对称性,这会使得全部三个 W 玻色子都带有质量.这个失败的理论没能给光子留下空间.唉!

我们需要更多的空间.值得注意的是,只要把规范对称性拓展到 $SU(2) \otimes U(1)$,我们就可以既不用"噫吁嚱"也不用"唉".记 $U(1)$ 的生成元为 $\frac{1}{2}Y$(称为超荷)并令相应的规范势为 B_μ(对于 $SU(2)$,相应的是 T^a 和 W^a_μ),我们可以写下协变导数 $D_\mu = \partial_\mu - igW^a_\mu T^a - ig'B_\mu\frac{Y}{2}$.有了四个规范玻色子,我们就有胆子想想其中一个能不能变成光子了.

规范势由相应的动能项 $\mathcal{L} = -\frac{1}{4}(B_{\mu\nu})^2 - \frac{1}{4}(W^a_{\mu\nu})^2 + \cdots$ 归一,其中阿贝尔场 $B_{\mu\nu} = \partial_\mu B_\nu - \partial_\nu B_\mu$ 以及非阿贝尔场 $W^a_{\mu\nu} = \partial_\mu W^a_\nu - \partial_\nu W^a_\mu + \varepsilon^{abc}W^b_\mu W^c_\nu$.生成元 T^a 自然按照 $SU(2)$ 所定义的对易关系来归一.与之相反,在阿贝尔代数 $U(1)$ 下不存在用来归一化生成元 $\frac{1}{2}Y$ 的对易关系.由于这个没有固定,$U(1)$ 规范的耦合常数 g' 的归一化也无法固定.

怎样固定生成元 $\frac{1}{2}Y$ 的归一化?我们希望通过构造一个自发对称性破缺使得 T_3 和 $\frac{1}{2}Y$ 的某个线性组合不变,从而可以被看作是与无质量光子场耦合的生成元,即电荷算子 Q.从而,我们可以写下

$$Q = T_3 + \frac{1}{2}Y \qquad (7.25)$$

对于任意场,一旦我们知道了它的 T_3 和 $\frac{1}{2}Y$,其电荷便可通过这个式子求出.例如,$Q(\nu_L) = \frac{1}{2} + \frac{1}{2}Y(\nu_L)$ 以及 $Q(e_L) = -\frac{1}{2} + \frac{1}{2}Y(e_L)$.特别地,注意到 ν_L 和 e_L 之间的

果壳中的量子场论
Quantum Field Theory in a Nutshell

电荷相差 1，所以我们可以断定式 (7.25) 中 T_3 前的系数一定是 1. 关系式 (7.25) 确定了 $\frac{1}{2}Y$ 的归一化因子.

确定超荷

下一步是确定理论中各种乘子前的超荷，其决定了 B_μ 是如何与这些乘子耦合的. 首先来看 ψ_L. e_L 的电荷是 -1，那么双重态 ψ_L 一定是 $\frac{1}{2}Y = -\frac{1}{2}$. 与之相比，对于 e_R 场，由于 e_R 的 $T_3 = 0$，其 $\frac{1}{2}Y = -1$.

给出 ψ_L 和 e_R 的超荷后，可以注意到 $f\bar{\psi}_L \varphi e_R$ 在 $SU(2) \otimes U(1)$ 下的不变性要求希格斯场 φ 的 $\frac{1}{2}Y = +\frac{1}{2}$. 从而，根据式 (7.25)，$\varphi$ 的上分量的电荷为 $Q = +\frac{1}{2} + \frac{1}{2} = +1$，下分量为 $Q = -\frac{1}{2} + \frac{1}{2} = 0$. 那么可将其记为 $\varphi = \begin{pmatrix} \varphi^+ \\ \varphi^0 \end{pmatrix}$. 事实上，$\varphi$ 的真空期望值为 $\begin{pmatrix} 0 \\ v \end{pmatrix}$，电中性场 φ^0 会获得非零的真空期望值而电荷场 φ^+ 不会这一事实，提供了一个自洽性检验.

由自身完善的理论

规范玻色子与各种场，尤其是希格斯场之间的耦合被确定下来了. 那么现在我们就能轻松得到规范玻色子的质量谱. 提醒一句，你已经完成了习题 4.6.3！

通过自发对称破缺 $\varphi \rightarrow \frac{1}{\sqrt{2}} \begin{pmatrix} 0 \\ v \end{pmatrix}$（取通常约定的前因子），我们有

$$\mathcal{L} = (\mathrm{D}_\mu \varphi)^\dagger (\mathrm{D}^\mu \varphi) \rightarrow \frac{g^2 v^2}{4} W_\mu^+ W^{-\mu} + \frac{v^2}{8}(g W_\mu^3 - g' B_\mu)^2 \tag{7.26}$$

我相信你能计算出这个！从而，线性组合 $gW_\mu^3 - g'B_\mu$ 将会获得质量，而与其正交的组合依旧是无质量的，可以被认同为光子. 为方便起见，定义角度 $\theta = \arctan(g'/g)$. 从而，有

$$Z_\mu = W_\mu^3 \cos\theta - B_\mu \sin\theta \tag{7.27}$$

描述了我们所知有非零质量的 Z 玻色子,而电磁势由 $A_\mu = W_\mu^3 \sin\theta + B_\mu \cos\theta$ 给出. 联立式(7.26)与式(7.27),容易验证 Z 玻色子的质量为 $M_Z^2 = v^2(g^2 + g'^2)/4$,进而由基本的三角函数有关系式:

$$M_W = M_Z \cos\theta \tag{7.28}$$

交换 W 玻色子,可得到费米弱相互作用为

$$\mathcal{L} = -\frac{g^2}{2M_W^2} \bar{\nu}_L \gamma^\mu e_L \bar{e}_L \gamma_\mu \nu_L = -\frac{4G}{\sqrt{2}} \bar{\nu}_L \gamma^\mu e_L \bar{e}_L \gamma_\mu \nu_L$$

其中,第二个等号只是为了给出历史上用过的费米耦合 G,即

$$\frac{G}{\sqrt{2}} = \frac{g^2}{8M_W^2} \tag{7.29}$$

下一步,我们将协变导数中的相关项用物理可观测的场 Z 和 A 写出

$$gW_\mu^3 T^3 + g'B_\mu \frac{Y}{2} = g(Z_\mu \cos\theta + A_\mu \sin\theta)T^3 + g'(-Z_\mu \sin\theta + A_\mu \cos\theta)\frac{Y}{2}$$

A_μ 的系数可以简化成 $gT^3 \sin\theta + g'\frac{Y}{2}\cos\theta = g\sin\theta\left(T^3 + \frac{Y}{2}\right)$:线性组合 $Q = T^3 + \frac{Y}{2}$ 的出现再一次检验了理论的正确性. 进一步,我们有

$$e = g\sin\theta \tag{7.30}$$

同时,为了方便,我们将协变导数中 Z_μ 的系数 $gT^3 \cos\theta - g'\frac{Y}{2}\sin\theta$ 用物理上熟悉的电荷 Q 写出,而不是理论上使用的超荷 Y:

$$gT^3 \cos\theta - g'\sin\theta(Q - T^3) = \frac{g}{\cos\theta}(T^3 - Q\sin^2\theta)$$

换句话说,我们从理论上确定了 Z 玻色子与任意费米场 Ψ 的耦合项:

$$\mathcal{L} = \frac{g}{\cos\theta} Z_\mu \overline{\Psi} \gamma^\mu (T^3 - Q\sin^2\theta)\Psi \tag{7.31}$$

作为例证,从式(7.31)中我们立马可以写下 Z 与轻子之间的耦合为

$$\mathcal{L} = \frac{g}{\cos\theta} Z_\mu \left[\frac{1}{2}(\bar{\nu}_L \gamma^\mu \nu_L - \bar{e}_L \gamma^\mu e_L) + \sin^2\theta \, \bar{e}\gamma^\mu e \right] \tag{7.32}$$

加入夸克

现在,如何加入强子应当是显而易见的了.由于只有左手场参与弱相互作用,我们以如下方式将第一代夸克放进 $SU(2)\otimes U(1)$ 乘子中:

$$q_L^\alpha \equiv \begin{pmatrix} u^\alpha \\ d^\alpha \end{pmatrix}_L, \quad u_R^\alpha, \quad d_R^\alpha \tag{7.33}$$

其中,$\alpha = 1,2,3$ 代表色指标,我们将在下一节中讨论它们.右手夸克 u_R 和 d_R 会被放进单态,从而不会同玻色子 W 打交道.还记得上夸克 u 和下夸克 d 的电荷分别为 $\frac{2}{3}$ 和 $-\frac{1}{3}$,从式(7.25)中能得到对于 q_L^α, u_R^α 和 d_R^α 分别有 $\frac{1}{2} Y = \frac{1}{6}, \frac{2}{3}$ 和 $-\frac{1}{3}$.从式(7.31)中可以立即读出夸克同 Z 玻色子的耦合项:

$$\mathcal{L} = \frac{g}{\cos\theta} Z_\mu \left[\frac{1}{2} (\bar{u}_L \gamma^\mu u_L - \bar{d}_L \gamma^\mu d_L) - J_{cm}^\mu \sin^2\theta \right] \tag{7.34}$$

在最后,请验证如下事实:φ 四个自由度(考虑到 φ^+ 和 φ^0 都是复的)中的三个会被 W 玻色子和 Z 玻色子吃掉,剩下一个物理自由度 H,对应着在本书撰写时仍未被实验者们找到的希格斯粒子.

中性流

由于其优雅而精致的规范群结构,格拉肖、萨拉姆和温伯格的 $SU(2)\otimes U(1)$ 电弱理论迎来了近来理论粒子物理最伟大的预言时代.将式(7.32)和式(7.34)写作

$$\mathcal{L} = \frac{g}{\cos\theta} Z_\mu (J_{leptohs}^\mu + J_{quarks}^\mu)$$

我们可知轻子与夸克之间通过交换 Z 玻色子,可以产生一个之前从没见过的中性流相互作用项:

$$\mathcal{L}_{\text{neutral current}} = -\frac{g^2}{2M_W^2}(J_{\text{leptohs}} + J_{\text{quarks}})^\mu (J_{\text{leptohs}} + J_{\text{quarks}})_\mu$$

前因子由式(7.28)确定.通过研究由 $\mathcal{L}_{\text{neutral current}}$ 描述的各种过程,我们可以确定弱相互作用角 θ.一旦 θ 被确定下来,式(7.30)就能预言 g;一旦 g 被确定下来,式(7.29)就能预言 M_W;一旦 M_W 被确定下来,式(7.28)就能预言 M_Z.

结语

正如我所提到的,大自然中有三代轻子和夸克,分别包含(v_e, e, u, d),(v_μ, μ, c, s) 和 (v_τ, τ, t, b).$SU(2) \otimes U(1)$ 并没有涉及为何会出现这种重复的代结构,而这正是当今粒子物理学最大的疑难之一.只要在这三代之间配上合适的旋转角度,就可以通过重复我们上面书写的步骤把它们一起放进理论中.

比这里给出的相对更合理的一种尝试是从耦合有携带着某些超荷的双重态希格斯场的 $SU(2) \otimes U(1)$ 理论出发,然后说:"看呐,就算是自发对称破缺了,对应着一个无质量规范场的生成元的某个线性组合依旧没有破缺."我认为我们这儿近似从历史出发的处理相对更清晰.

我曾多次提到过,弱相互作用的费米理论是不可重正化的.1999 年,霍夫特和韦尔特曼获诺贝尔奖,表彰其证明了 $SU(2) \otimes U(1)$ 电弱理论的可重整性,进而为成功利用非阿贝尔规范理论描述强、电磁与弱相互作用铺平了道路.本书将不会深入证明的细节,但我想让你知道的是,证明的关键在于从幺正规范(回忆 4.6 节)的非阿贝尔类似物出发并使用 R_ξ 规范.在大动量附近,有质量玻色子传播子在幺正规范下行为为$\sim (k_\mu k_\nu / k^2)$,而在 R_ξ 规范下则为$\sim (1/k^2)$.从而理论的可重整性就由量纲分析所保证.

习题

7.2.1 不幸的是,飘忽不定的希格斯粒子 H 的质量依赖于自发对称破缺的那个双阱势 $V = -\mu^2 \varphi^\dagger \varphi + \lambda (\varphi^\dagger \varphi)^2$.假定 H 的质量足够大从而能衰变成 $W^+ + W^-$ 和 $Z + Z$,计算这些通道的衰变率.

7.2.2 证明在 $SU(2)$ 规范群的框架下是有可能将 W^3 看作光子 A 的,但代价就是引入一些实验上未曾观察到过的轻子场.这个理论并不描述我们的世界;更重要的是,它

果壳中的量子场论
Quantum Field Theory in a Nutshell

根本不可能和夸克放在一起. 证明它!（提示：我们需要将轻子放进 $SU(2)$ 的三态表示中，而不是双重态.）

7.3 量子色动力学

夸克

夸克分为六味，分别记作 u, d, s, c, b 和 t, 读作上、下、奇、粲、底和顶. 例如，质子由两个上夸克和一个下夸克组成 $\sim$(uud), 而中性 π 介子对应于 $\sim(u\bar{u} - d\bar{d})/\sqrt{2}$. 读者可以查看任意一本粒子物理教材以获知更多细节.

在 19 世纪 60 年代晚期，夸克的记号已被广泛接受，但有两项独立的证据暗示着仍有一个关键元素缺失. 在研究强子是如何由夸克构成时，人们意识到核子内的夸克波函数并不遵循泡利不相容原理：不能保证在交换任何一对夸克后反对称. 几乎在同时，如我们在 4.7 节中所提到的，人们注意到在我们用以导出戈德伯格-特赖曼关系并带有无质量 π 介子的理想世界里，通道 $\pi^0 \rightarrow \gamma + \gamma$ 的衰变率是能够计算的. 奇怪的是，这个计算结果比观测值小了 $9 = 3^2$ 倍.

这两个困惑都可以给夸克通过引入一个迄今未知的额外内禀自由度来解决，它被盖尔曼称为色. 对于任何给定的味，一个夸克可以有三种不同的颜色. 那么上夸克可以是红色、蓝色或者黄色. 在核子内，夸克波函数除了轨道运动、自旋等部分之外，还有一个用以指示色的因子. 我们只要让波函数的色因子是反对称的就可以了. 事实上，可以简单令其为 $\varepsilon^{\alpha\beta\gamma}$, 其中 α, β 和 γ 分别代表三个夸克携带的颜色. 有了三色的夸克，我们就得给 π^0 的衰变振幅乘上一个因子 3，从而干净利落地解决了理论和实验之间的微妙差异.

渐近自由

如在 6.6 节中所提到的，真正重要的线索来自对电子与核子深度非弹性散射的研究. 实验学家们惊讶地发现，在受到强烈的撞击时，核子中的夸克表现得如同它们之间没有相互作用一般,换言之,如同它们都自由了.另一方面,由于夸克从未以独立实体的形式被观察到,因此它们应当是在核子中紧紧地互相束缚着.我之前阐释过,倘若强相互作用耦合系数在高动量(紫外)极限下流向零,而在低动量(红外)极限下流向无穷大抑或是某个较大的值,夸克这显而易见令人困惑的矛盾行为就能得到理解.不少理论学家曾致力于寻求耦合系数在紫外极限下流向零的理论,也就是现在所知的渐近自由理论.最终,格罗斯、维尔切克和波利策证明了杨-米尔斯理论是渐近自由的.

这和前面意识到夸克携带颜色正好对上了.非阿贝尔规范变换会将某个颜色的夸克转换成另一个颜色.从而,我们可以直接用练习4.5.6的结果来写出强相互作用理论:

$$\mathcal{L} = -\frac{1}{4g^2}F_{\mu\nu}^a F^{a\mu\nu} + \bar{q}(i\gamma^\mu D_\mu - m)q \tag{7.35}$$

其中,协变导数 $D_\mu = \partial_\mu - iA_\mu$.规范群为 $SU(3)$ 而夸克场 q 是基础表示的一部分.换言之,规范场 $A_\mu = A_\mu^a T^a$,其中,$T^a(a = 1,\cdots,8)$ 是三阶无迹厄米矩阵.可显式地写为 $(A_\mu q)^\alpha = A_\mu^a (T^a)_\beta^\alpha q^\beta$,其中,$\alpha,\beta = 1,2,3$.这就是量子色动力学,简记为 QCD(Quantum ChromoDynamics),其中的非阿贝尔规范玻色子即为胶子.为了把味也放入理论,将式(7.35)中的第二项直接改写成 $\sum_{j=1}^{f} \bar{q}_j(i\gamma^\mu D_\mu - m_j)q_j$,其中,指标 j 遍及所有 f 味.注意不同味的夸克有着不同的质量.

红外奴役

渐近自由的反面是红外奴役.我们不能一直跟着重正化群流跑到强子内夸克的低动量特征标度上,这是因为耦合系数 g 会变得非常强,而我们对 $\beta(g)$ 的微扰计算将不再适用.不过,尽管未曾证明,但人们还是相信 g 会跑向无穷大,从而胶子将夸克及其自身永恒地禁闭起来.7.1节中的威尔逊圈给出了禁闭的序参量.

在基础物理中,相互作用物体之间的力随着距离的增大而减小,永恒禁闭就成了一个相对离奇的概念.有没有别的永恒禁闭的例子呢?

考虑超导体中的一个磁单极子.我们要把4.4节和5.4节(甚至还有6.2节)中的内容一起用起来!磁单极会有量子化磁流,而根据迈斯纳效应,超导体会排开磁流.那么,一个磁单极子不能呆在超导体中.

现在考虑在距离 R 的位置有一反磁单极子(图7.4).磁流从磁单极流向反磁单极,形成了一根连接磁单极和反磁单极的管,迫使超导体在流管的区域中失去超导.用5.4

节的话来讲,从能量上看场或者序参量 φ 不再倾向于处处为常数,它在流管内会为零.这种构型的能量损失显然依 R 增长(与威尔逊面积律相符).

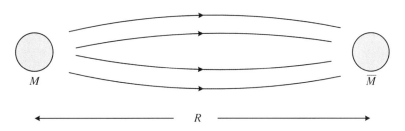

图 7.4

换句话讲,生活在超导体中的实验学家会发现将磁单极和反磁单极拉开时会消耗越来越多的能量.超导体中磁单极的禁闭常被用作尚未证明的夸克禁闭的模型.利用电磁场的对偶性我们可以想象,与通常的电超导体不同,在磁超导体中,电荷会是永恒禁闭的.我们的宇宙大概能比作有着夸克(类似于电荷)禁闭的色磁超导体.

当夸克和反夸克之间的距离尺度大于连接它们色流管的半径时,管可以被看作是弦.历史上,这就是弦理论的起源.挑战来了,去证明式(7.35)的基态或者说真空,就是一个色磁超导体吧.

强相互作用的对称性

既然有了强相互作用的理论,那么我们就能来理解强相互作用对称性的起源了,具体来说即海森伯的同位旋对称性以及可以通过自发破缺产生作为南部-戈德斯通玻色子的 π 介子的手征对称性(4.2 节和 6.4 节中讨论过这个问题).

考察一个只有两种味道的世界,这对于 π 介子的讨论已经够用了.引入记号 $u \equiv q_1$, $d \equiv q_2$ 和 $q = \begin{pmatrix} u \\ d \end{pmatrix}$,我们可以写下拉格朗日量:

$$\mathcal{L} = -\frac{1}{4g^2} F_{\mu\nu}^a F^{a\mu\nu} + \bar{q}\,(\mathrm{i}\gamma^\mu D_\mu - m)\,q$$

其中

$$m = \begin{pmatrix} m_{\mathrm{u}} & 0 \\ 0 & m_{\mathrm{d}} \end{pmatrix}$$

m_u 和 m_d 分别是上夸克和下夸克的质量. 如果 $m_u = m_d$, 拉格朗日量将在变换 $q \rightarrow e^{i\theta \cdot \tau} q$ 下不变, 对应于同位旋对称性.

在 m_u 与 m_d 趋于零的极限下, 拉格朗日量在变换 $q \rightarrow e^{i\varphi \cdot \tau \gamma_5} q$ 下不变, 这被称为手征 $SU(2)$ 对称性. 手征用在这里是因为右手夸克 q_R 与左手夸克 q_L 按不同的方式变换. 当进入能标远高于 m_u 和 m_d 的强相互作用区域时, 手征 $SU(2)$ 是一类近似对称性.

π 介子是手征 $SU(2)$ 自发对称破缺所对应的南部-戈德斯通玻色子. 由于此处并没有什么基本的标量场获得了真空期望值, 这其实是一个动力学对称破缺的例子. 相反, 复合标量场 $\bar{u}u$ 和 $\bar{d}d$ 因强相互作用动力学在"真空中凝聚", 从而 $\langle 0|\bar{u}u|0 \rangle = \langle 0|\bar{d}d|0 \rangle$ 非零. 真空期望值之间的等号保证了海森伯的同位旋不会自发破缺, 对应于实验上并未观察到相应的南部-戈德斯通玻色子. 用双重态场 q 的语言来说, QCD 的真空对应于 $\langle 0|\bar{q}q|0 \rangle \neq 0$ 而 $\langle 0|\bar{q}\tau q|0 \rangle = 0$.

重正化群流

QCD 耦合系数的重正化群流由下式决定:

$$\frac{\mathrm{d}g}{\mathrm{d}t} = \beta(g) = -\frac{11}{3} T_2(G) \frac{g^3}{16\pi^2} \tag{7.36}$$

带着至关重要的负号. 其中

$$T_2(G)\delta^{ab} = f^{acd} f^{bcd} \tag{7.37}$$

这里不再讨论 $\beta(g)$ 的计算, 但在掌握了 6.8 节和 7.1 节的内容后你应当会觉得如果想计算的话还是能计算的.[①] 至少在画出相关的费曼图之后, 你应当理解因子 g^3 和 $T_2(G)$ 是怎么来的.

在加入费米子后,

$$\frac{\mathrm{d}g}{\mathrm{d}t} = \beta(g) = \left[-\frac{11}{3} T_2(G) + \frac{4}{3} T_2(F) \right] \frac{g^3}{16\pi^2} \tag{7.38}$$

其中

$$T_2(F)\delta^{ab} = \mathrm{tr}\left[T^a(F) T^b(F) \right] \tag{7.39}$$

---

① 关于详细的计算, 可参见 S. Weinberg, *The Quantum Theory of Fields*, Vol.2, sec.18.7.

希望你能从式(7.36)得到式(7.38).对于 $SU(N)$ 基础表示的每个费米子,有 $T_2(F) = \frac{1}{2}$.注意,如果费米子数目太多,渐近自由就会消失了.

在习题 6.8.1 中,早就求解过类似于式(7.38)的式子了.同量子电动力学类似,让我们定义 $\alpha_S(\mu) \equiv g(\mu)^2/(4\pi)$ 为动量尺度 μ 处的强耦合系数.从式(7.38)中,我们有[①]

$$\alpha_S(Q) = \frac{\alpha_S(\mu)}{1 + \frac{1}{4\pi}\left(11 - \frac{2}{3}n_f\right)\alpha_S(\mu)\ln\left(Q^2/\mu^2\right)} \tag{7.40}$$

明确地显示出当 $Q \to \infty$ 时 $\alpha_S(Q)$ 依对数趋于 0.

正负电子湮灭

还有一些空间来讲述一个物理上的应用.实验学家们测量了正负电子湮灭为强子的截面 σ 作为质心能量 E 的函数.相应的振幅如图 7.5 所示.为了得到用振幅表达的截面,我们需要讨论某些人口中的"无聊的运动学",比如将所有东西正确的归一化,除以两个束流的流强等(见 2.6 节的附录).为了你的灵魂着想,你应该起码进行一次这类的计算.相信我,我已经不记得计算过多少次了.但我会告诉你一个开心的消息,这里我们可以绕开这堆糟心的苦力活.首先,考虑比值:

$$R(E) \equiv \frac{\sigma(e^+e^- \to 强子)}{\sigma(e^+e^- \to u^+u^-)}$$

运动学项抵消了.图 7.5 中包含正负电子线以及光子线的那一半同样出现在 $e^+e^- \to u^+u^-$ 的费曼图(图 7.6)中,所以在 $R(E)$ 中也会抵消掉.图 7.5 中藏有全部强相互作用的复杂性的区域,可以由 $\langle 0 | J^\mu(0) | h \rangle$ 给出,其中 J^μ 是电磁流,而态 $| h \rangle$ 可以包含任意数量的强子.为了得到截面,我们需要计算其模方,乘以动量守恒的 δ 函数,并对所有 $| h \rangle$ 求和,这样则有

$$\sum_h (2\pi)^4 \delta^4(p_h - p_{e^+} - p_{e^-})\langle 0 | J^\mu(0) | h \rangle\langle h | J^\nu(0) | 0 \rangle \tag{7.41}$$

[①] 有关 $\alpha_S(Q)$ 现有的实验证据,可参见 figure 14.3 in F. Wilczek, in V. Fitch, et al., eds., *Critical Problems in Physics*, p. 281.

（其中，$q \equiv p_{e^+} + p_{e^-} = (E, \mathbf{0})$）. 这个量可以写成

$$\int d^4 x e^{iqx} \langle 0 \mid J^\mu(x) J^\nu(0) \mid 0 \rangle = \int d^4 x e^{iqx} \langle 0 \mid [J^\mu(x), J^\nu(0)] \mid 0 \rangle$$

$$= 2\mathrm{Im} \left(i \int d^4 x e^{iqx} \langle 0 \mid T J^\mu(x) J^\nu(0) \mid 0 \rangle \right)$$

（第一个等号是因为 $E > 0$，第二个符号在 3.8 节中已经解释过）. 为了确定这个量，我们需要计算无穷多个带着一堆夸克和胶子的费曼图. 图 7.7 给出了一个例子. 看到这张图，一只咸鱼又失去了梦想.

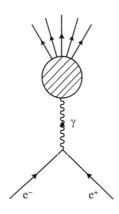

图 7.5

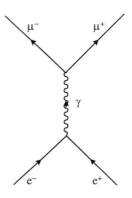

图 7.6

渐近自由拯救世界的时候到了！我们从 6.7 节学到了对于能量 E 处的粒子反应，可以用 $g(E)$ 作为近似的耦合强度.但随着我们增大 E,$g(E)$ 变得越来越小.因此诸如图 7.7 这种包含了 $g(E)$ 的若干次幂的图都不复存在,剩下那些只有 $g(E)$ 的零次幂（图 7.8(a)）和二次幂的图（图 7.8(b)、(c) 和 (d)）.由于图 7.8(a) 和 $e^+ e^- \rightarrow u^+ u^-$ 过程出现的那个图一样,因此甚至不需要做任何计算我们就能知道 $R(E)$ 的领头项:只要把 u 子传播子换成夸克传播子就可以了（夸克和 u 子的质量相对 E 都可以忽略）,因为图 7.8(a) 中的费曼图与 $e^+ e^- \rightarrow u^+ u^-$ 的中间过程是完全类似的.在高能端,夸克是自由的,$R(E)$ 就是在这个能量处起贡献的那些夸克电荷 Q_a 的平方和.我们预期:

$$R(E) \xrightarrow[E \to \infty]{} 3\sum_a Q_a^2 \tag{7.42}$$

因子 3 来自颜色.

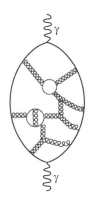

图 7.7

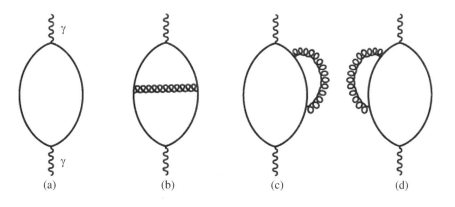

    (a)   (b)   (c)   (d)

图 7.8

QCD 在高能端不仅把自己关掉了,它还告诉我们关得有多快,即我们可以确定趋于极限式(7.42)的速度:

$$R(E) = \left(3\sum_a Q_a^2\right)\left[1 + C\,\frac{2}{\left(11 - \dfrac{2}{3}n_f\right)\ln(E/\mu)} + \cdots\right] \tag{7.43}$$

C 的计算留给读者.

严格可解之梦

量子色动力学的严格解类似于场论学家们的"圣杯"(带着一百万美元大奖的圣杯,见 www.ams.org/claymath/[①].许多场论学家都曾梦想过,起码"纯"QCD,即不包含夸克的 QCD,或许是严格可解的.毕竟,如果存在任何严格可解的四维量子场论,最可能的也只能是有着种种优雅对称性的纯杨-米尔斯理论了.(或许,可能性更大的可解性候选者是超对称杨-米尔斯理论.我们会在 8.4 节中接触超对称.)

下面来具体说说什么叫解 QCD.考虑一个只有上夸克和下夸克的世界,m_u 和 m_d 都取作零,即由

$$\mathcal{L} = -\frac{1}{4g^2}F^a_{\mu\nu}F_{a\mu\nu} + \bar{q}\,\mathrm{i}\gamma^\mu D_\mu q \tag{7.44}$$

所描述的世界.现在目标是计算诸如 ρ 介子质量 m_ρ 与质子质量 m_p 之比.

为了计算这个,理论物理学家们通常需要一个小参量用来做展开,但当尝试求解式(7.44)时,我们马上面临的困难就是这里并没有那样一个参量.你或许会认为 g 可以作为这样一个参量,但这不可行.重正化群分析告诉我们 $g(\mu)$ 是测量所处能标 μ 的函数.从而,我们找不到什么特定的无量纲数用来表征 QCD 的强度.相反,我们最多就是能指出 $g(\mu)^2/(4\pi)$ 为 1 的量级时的 μ 值.这个能量被称为 Λ_{QCD},为我们从高能端下来后强相互作用变得足够强的能标(图 7.9).但 Λ_{QCD} 仅仅设定了其他物理量测量的能量尺度.换句话说,如果你打算计算 m_p,那么它最好会正比于 Λ_{QCD},因为这里只有 Λ_{QCD} 这一个有质量纲的量.m_p 亦然.更准确地讲,如果你发表文章,完全用 2 和 π 这样的数字给出了 m_ρ/m_p 的公式,场论学界将会视你为 QCD 严格解的征服者,高呼万岁.

――――――――――――――

① 译注:原链接已失效.可参见 http://www.claymath.org/millennium-problems/yang-mills-and-mass-gap.

用无量纲耦合系数 g 来替换带量纲的质量尺度 Λ_{QCD} 这件事被称为维度嬗变,下一节中我们会看到另一个例子.

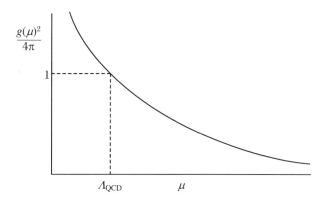

图 7.9

习题

7.3.1 计算式(7.43)中的 C 值.(提示:如果你需要帮助,参考 T. Appelquist and H. Georgi,Phys. Rev. D,1973,8:4000 A. Zee,Phys. Rev. D,1973,8:4038.)

7.3.2 计算式(7.36).

7.4 大 N 展开

发明展开参数

量子色动力学是无参量理论,因此很难给出一个哪怕是所谓的近似解.绝望之中,场论学家们发明了用以展开 QCD 的参数.把颜色的数目 3 看作是参数 N.霍夫特[1]注意到

---

① G. 't Hooft. Under the Spell of the Gauge Principl[M]. New York:World Scientific Rub. Co. Inc.,1994.

当 $N \to \infty$ 时会有极大的简化. 其思想在于, 若我们能够在大 N 极限下计算 m_ρ/m_p, 其结果可能会很接近实际值. 人们常开玩笑说, 粒子物理学家会认为 3 就是一个很大的数了. 但事实是, 典型的大 N 展开修正项是 $1/N^2$ 的量级, 在现实世界中就是 10%. 对于粒子物理学家来说, 没有比以这样的精度计算出重子质量更开心的事情了.

同自发对称性破缺以及其他重要的概念一样, 大 N 展开随后被凝聚态物理所接受, 而如今在几乎所有的语境下都常被用到. 例如, 人们会尝试用大 N 展开解决高温超导以及 RNA 折叠等问题[1].

QCD 耦合标度化

那么, 令色群为 $U(N)$ 并写下

$$\mathcal{L} = -\frac{N^a}{2g^2} \text{tr} F_{\mu\nu} F^{\mu\nu} + \bar{\psi} \left[i(\partial\!\!\!/ - iA\!\!\!/) - m \right] \psi \tag{7.45}$$

注意我们把 g^2 换成了 g^2/N^a. 对于有限大小的 N, 这个替换并没什么实际意义. 其关键在于通过恰当的选取 a, 可以在 $N \to \infty$ 且 g^2 固定时实现某种有趣的简化. 胶子的三阶和四阶相互作用顶点正比于 N^a. 另一方面, 由于胶子传播子反比于 $\mathcal{L}$ 中的二次项, 即正比于 $1/N^a$, 亦即胶子与夸克之间的耦合与 N 无关.

这里通过考察上一节讨论过的有关 $\sigma(\text{e}^+\text{e}^- \to \text{重子})$ 的计算来确定 a. 假定我们希望得到低能下的截面. 考虑图 7.10(a)、(b) 中所示的双胶子交换图. 这两幅图正比于 g^4, 我们需要把它们都计算出来. 注意图 7.10(b) 是非平面的: 由于两个胶子相互交叉, 如果坚持直线之间不能有交点, 我们就无法在平面上画出这幅图.

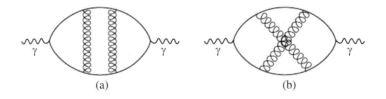

(a) (b)

图 7.10

现在轮到 4.5 节中介绍的双线形式闪耀光芒了. 在该形式中图 7.10(a)、(b) 可改

---

① Bon M, Vernizzi G, Orland H, Zee A. Topological Classification of RNA Structures[J]. J. Mol. Biol., 2008, 379: 900-911.

画为图 7.11(a)、(b)中的两个胶子传播子为两幅图都提供了一个相同的 $1/N^{2a}$ 因子. 现在重点来了. 在图 7.11(a)中对三个独立的色指标求和,得到一个 N^3 的因子. 拿出你的蜡笔给图 7.11(a)中的每一条线都涂上不同的颜色:你会发现需要三支蜡笔. 与之相比,对图 7.11(b)中仅有一个的独立色指标求和,得到的因子是 N. 换言之,图 7.11(a)比图 7.11(b)多一个 N^2 因子. 在大 N 极限下,我们可以把图 7.11(b)丢掉.

现在就清楚了,规律就是每一个圈带一个因子 N. 那么图 7.11(c)所示最低阶的图里面有 N 种颜色在跑圈,依 N 增长;而图 7.11(a)依 N^3/N^{2a} 增长. 我们希望图 7.11(a)与图(c)是同阶的,那么就需要取 $a = 1$.

通过画更多的图(例如,图 7.11(d)依 $N(1/N^4)N^4$ 增长,三个因子分别来自四点耦合、传播子以及色求和),你应当能够说服你自己在大 N 极限下,全部平面图都占主导地位且依 N 增长. 作为一个挑战,试试证明它. 显然,这非常拓扑.

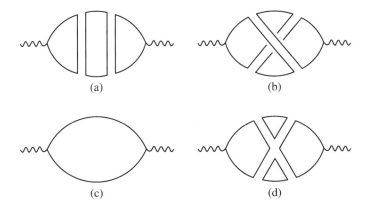

图 7.11

约化到仅有平面图,自然是一个极大的成功,但现在依旧有无穷多的图. 以如今对场论的掌握,我们依旧无法求解大 N QCD.(当我开始写这本书时,从弦论中发展出的思想和技术展现出了一些撩人的迹象,暗示着大 N QCD 的解可能就在眼前. 但当我完成最终修订时,这个希望破灭了.)

双线形式有着一个自然的诠释. 从群论上讲,矩阵规范势 A^i_j 依 $\bar{q}^i q_j$ 的规则作变换(我并不是在说胶子是一个夸克和反夸克的束缚态),那两条线便可以认为分别描述了一个夸克和反夸克传播子,其箭头表示色流的方向.

随机矩阵理论

其实还存在着一个在结构上比大 N QCD 更简单的理论,并且真的是可解的.我叫它随机矩阵理论.

夸张一点讲,所谓量子力学,就是写下一个叫作哈密顿量的矩阵,然后去寻找它的本征值和本征矢量.在 19 世纪 50 年代早期,当面临对复杂的原子核研究的问题时,尤金·维格纳提议,与其用一些不知所谓的近似方法求解真实哈密顿量,不如去随机生成一大堆矩阵,然后研究它们本征值的分布——某种统计量子力学.随机矩阵理论随后成为了一门有着大量文献的兴盛学科,被应用于理论物理的各个领域,甚至受到纯数学(例如算符代数和数论)[①]的关注.其在无序凝聚态系统中得到应用并不奇怪,而用于随机曲面就稍微有点出乎意料了,这也使得它甚至被用到了弦论中.这里我会谈谈霍夫特关于平面图的观察在随机矩阵理论的语境下是怎么回事.

依如下概率分布随机生成一个 $N \times N$ 的厄米矩阵 φ:

$$P(\varphi) = \frac{1}{Z} e^{-N \operatorname{tr} V(\varphi)} \tag{7.46}$$

其中,$V(\varphi)$ 是 φ 的多项式.例如,可以取 $V(\varphi) = \frac{1}{2} m^2 \varphi^2 + g\varphi^4$.通过归一化条件 $\int d\varphi P(\varphi) = 1$ 来固定

$$Z = \int d\varphi e^{-N \operatorname{tr} V(\varphi)} \tag{7.47}$$

我们始终在 $N \to \infty$ 的极限下讨论.

如 6.7 节中一样,我们对 φ 本征值的密度 $\rho(E)$ 感兴趣.为了保证你能够理解其含义,让我们来具体说说如何从数值上计算 $\rho(E)$.取某个大整数 N,我们会让计算机依概率分布 $P(\varphi)$ 生成厄米矩阵 φ,并求解本征值方程 $\varphi v = Ev$.如此重复多次,用计算机绘出本征值的分布柱状图就会趋向于一条光滑的曲线,它就是本征值密度 $\rho(E)$.

我们早已有了一套计算 $\rho(E)$ 的方案式(6.74):计算实解析函数 $G(z) \equiv \langle (1/N) \cdot \operatorname{tr}[1/(z-\varphi)] \rangle$ 和 $\rho(E) = -(1/\pi) \lim_{\varepsilon \to 0} \operatorname{Im} G(E + i\varepsilon)$.平均值 $\langle \cdots \rangle$ 在概率分布 $P(\varphi)$ 下计算得到

---

① 若想大概了解数学上的内容,可参见 D. Voichulescu, ed., *Free Probability Theory*.

$$\langle O(\varphi) \rangle = \frac{1}{Z} \int D\varphi e^{-N \operatorname{tr} V(\varphi)} O(\varphi)$$

你看到了,这里我使用的记号非常像在挑衅,矩阵是 φ,多项式则是用 $V(\varphi) = \frac{1}{2} m^2 \varphi^2 + g \varphi^4$ 做例子. Z 的计算看起来像是路径积分,但作用量 $S(\varphi) = N \operatorname{tr} V(\varphi)$ 里却没有 $\int d^d x$. 随机矩阵理论可以看成是 $(0+0)$ 维时空的量子场论!

诸如费曼图等多种场论技术可以用于随机矩阵理论.但在 $(0+0)$ 维时空中,人生是美好的:没有空间,没有时间,没有能量,没有动量,计算费曼图时也没有积分.

维格纳半圆律

先来看看简单情形 $V(\varphi) = \frac{1}{2} m^2 \varphi^2$($m$ 可以被吃到 φ 里,但我们不会这么做).相比于 $G(z)$,计算下面这个会稍微简单一点:

$$G^i_j = \left\langle \left(\frac{1}{z - \varphi} \right)^i_j \right\rangle = \delta^i_j G(z)$$

最后一个等号源自于幺正变换下的不变性:

$$P(\varphi) = P(U^\dagger \varphi U) \tag{7.48}$$

展开可得

$$G^i_j(z) = \sum_{n=0}^{\infty} \frac{1}{z^{2n+1}} \langle (\varphi^{2n})^i_j \rangle \tag{7.49}$$

做高斯积分

$$\frac{1}{Z} \int d\varphi e^{-N \operatorname{tr} \frac{1}{2} m^2 \varphi^2} \varphi^i_k \varphi^l_j = \frac{1}{Z} \int d\varphi e^{-N \frac{1}{2} m^2 \sum_{p,q} \varphi^p_q \varphi^q_p} \varphi^i_k \varphi^l_j = \delta^i_j \delta^l_k \frac{1}{Nm^2} \tag{7.50}$$

取 $k = l$ 并求和,可知式(7.49)中 $n = 1$ 时为 $(1/z^3) \delta^i_j (1/m^2)$.

同通常的场论一样,我们可以为式(7.49)中的每一项关联一个费曼图.对于 $n = 1$ 的项,如图 7.12 所示. φ 的矩阵特性自然使其表示为霍夫特双线形式,从而我们可以自在地在这里讨论夸克和胶子.费曼规则于图 7.13 给出.我们将 φ 看作是胶子场,式(7.49)

作为胶子传播子.事实上,我们可以将问题按如下表述:给定裸夸克传播 $1/z$,计算考虑全部相互作用后真实的夸克传播子 $G(z)$.

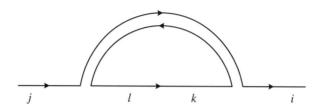

图 7.12

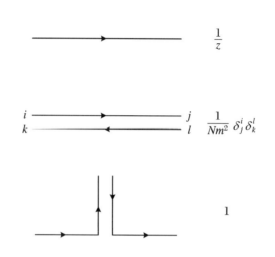

图 7.13

来看看式(7.49)中 $n=2$ 的项,即 $(1/z^5)\langle\varphi_h^i\varphi_k^h\varphi_l^k\varphi_j^l\rangle$,在图 7.14(a)中画出.稍微转一转小脑瓜,你应该能看出指标 i 可以分别与 k,l 或 j 缩并,从而有图 7.14(b)、(c)和(d).对色指标求和后,同 QCD 中一样,可以注意到图 7.14(b)、(d)这两幅平面图相比图 7.14(c)多出一个 N^2 因子.我们又得到霍夫特关于平面图占主导的观察结论.

顺便提一句,在这个例子中,你可以看到之所以能够忽略非平面图,大 N 条件有多么关键.毕竟,如果我让你去计算例如 $N=7$ 的本征值密度,你肯定会反对说根本不存在一个七阶多项式的求根公式.

图 7.14 中的简单例子指明了如何构造所有可能的图.在图 7.14(b)中相同"单元"是重复的,而在图 7.14(d)中同样的"单元"被嵌套在另一个更基础的图中.一个更复杂的例

子如图 7.14(e)所示. 那么,你自然会相信在 $N = \infty$ 的极限下所有对 G 有贡献的图,都可以通过或将已有的图"嵌套"进一个拱形胶子传播子里,或反复"重复"已有的结构来得到. 把前面的句子翻译成两个公式,"重复"(图 7.15(a)):

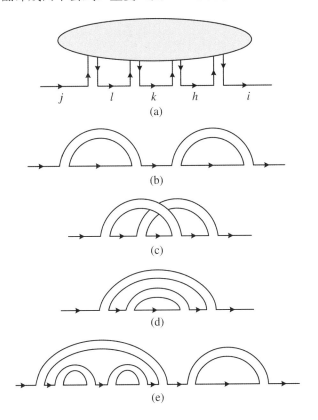

图 7.14

$$G(z) = \frac{1}{z} + \frac{1}{z}\sum(z)\frac{1}{z} + \frac{1}{z}\sum(z)\frac{1}{z}\sum(z)\frac{1}{z} + \cdots$$
$$= \frac{1}{z - \sum(z)} \tag{7.51}$$

与"嵌套":

$$\sum(z) = \frac{1}{m^2}G(z) \tag{7.52}$$

联立两式,可得一个关于 $G(z)$ 的二次方程,可以立刻得解为

$$G(z) = \frac{m^2}{2}\left(z - \sqrt{z^2 - \frac{4}{m^2}}\right) \tag{7.53}$$

（从 $G(z)$ 的定义可知在大 z 极限下 $G(z) \to 1/z$，从而我们取负根.）马上就能导出

$$\rho(E) = \frac{2}{\pi a^2}\sqrt{a^2 - E^2} \tag{7.54}$$

其中，$a^2 = 4/m^2$. 这个著名的结果被称为维格纳半圆律.

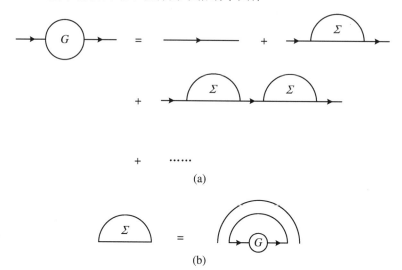

图 7.15

戴森气体

我希望你被大 N 平面图方案的优雅之处触动了. 但你或许也注意到，这里的胶子之间没有相互作用. 这看起来像是当要求解量子色动力学时，我们做的却是量子电动力学. 当面对 $V(\varphi) = \frac{1}{2}m^2\varphi^2 + g\varphi^4$ 的时候会发生什么呢？$g\varphi^4$ 项会使胶子之间相互作用，产生诸如图 7.16 之类的"怪物". 显然，费曼图自我增殖，据我所知还没有人能够通过费曼图技术来计算 $G(z)$.

但依旧有让人开心的事情：$G(z)$ 可以通过另一种被称为戴森气体的的方法来计算. 关键在于写下

$$\varphi = U^\dagger \Lambda U \tag{7.55}$$

其中，Λ 表示 $N \times N$ 的对角矩阵，对角元为 $\lambda_i (i = 1, \cdots, N)$. 将式(7.47)中的积分变量 φ 换成 U 和 Λ：

$$Z = \int \mathrm{d}U \int \left(\prod_i \mathrm{d}\lambda_i \right) J \mathrm{e}^{-N \sum\limits_k V(\lambda_k)} \tag{7.56}$$

其中，J 为雅可比行列式. 由于被积函数不依赖于 U，我们可以将对 U 的积分扔掉. 这只会差一个 $SU(N)$ 群的体积. 你想起 7.1 节了吗？事实上，式(7.55)中 U 对应着非物理的规范自由度——有关的自由度是本征值 λ_i. 作为一个练习，读者可以尝试使用法捷耶夫-波波夫方法来计算 J.

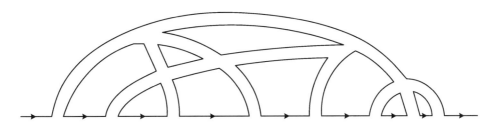

图 7.16

相反，我们将通过一般性的论证，用更优雅的方式来确定 J. 当某两个 λ_i 相等时，式(7.55) 中的积分变量变换是奇异的，此时 J 一定为 0.（请回忆笛卡儿坐标系与球坐标系之间的变换，其在南北两极是奇异的，而雅可比行列式 $\sin \theta \mathrm{d}\theta \mathrm{d}\varphi$ 确实在 $\theta = 0$ 和 $\theta = \pi$ 处为零.）由于诸 λ_i 生而平等，交换对称性暗示了 $J = \left[\prod\limits_{m>n} (\lambda_m - \lambda_n) \right]^\beta$. 其中，指数 β 可以通过量纲分析来给定. 有着 N^2 个矩阵元的 $\mathrm{d}\varphi$ 显然与 λ^{N^2} 是同量纲的，而 $(\prod\limits_i \mathrm{d}\lambda_i) J$ 的量纲为 $\lambda^N \lambda^{\beta N(N-1)/2}$；从而 $\beta = 2$.

确定了 J 之后，将式(7.56)改写为

$$Z = \int \left(\prod_i \mathrm{d}\lambda_i \right) \left[\prod_{m>n} (\lambda_m - \lambda_n) \right]^2 \mathrm{e}^{-N \sum\limits_k V(\lambda_k)}$$

$$= \int \left(\prod_i \mathrm{d}\lambda_i \right) \mathrm{e}^{-N \sum\limits_k V(\lambda_k) + \frac{1}{2} \sum\limits_{m \neq n} \ln (\lambda_m - \lambda_n)^2} \tag{7.57}$$

戴森指出 $Z = \int (\prod\limits_i \mathrm{d}\lambda_i) \mathrm{e}^{-NE(\lambda_1, \cdots, \lambda_N)}$ 这种形式实际上是经典一维气体的配分函数（请回顾 5.2 节）. 将实数 λ_i 看作是第 i 个分子的位置. 某个位形的能量为

$$E(\lambda_1, \cdots, \lambda_N) = \sum_k V(\lambda_k) - \frac{1}{2N} \sum_{m \neq n} \ln (\lambda_m - \lambda_n)^2 \qquad (7.58)$$

包含了具有明确物理意义的两项. 气体被约束在势阱 $V(x)$ 中, 分子之间依二体作用势 $-(1/N)\ln(x-y)^2$ 相互排斥[①]. 注意在考虑求和给出一个 N 因子后, E 中的两项关于 N 都是同量级的. 在大 N 极限下(可以将 N 看作是温度的倒数), 我们可以通过最速下降法计算 Z, 极小化 E, 从而得到

$$V'(\lambda_k) = \frac{2}{N} \sum_{n \neq k} \frac{1}{\lambda_k - \lambda_n} \qquad (7.59)$$

在连续极限下, 式(7.59)中的极点连成一条割线, 从而有 $V'(\lambda) = 2\mathcal{P}\int d\mu [\rho(\mu)/(\lambda - \mu)]$, 其中 $\rho(\mu)$ 为我们求解的未知函数, 而 $\mathcal{P}$ 代表取主值.

同之前一样定义 $G(z) = \int d\mu [\rho(\mu)/(z - \mu)]$, 我们看到关于 $\rho(\mu)$ 的方程可以写成 $\text{Re } G(\lambda + i\varepsilon) = \frac{1}{2} V'(\lambda)$. 换言之, $G(z)$ 是某个割线在实轴上的实解析函数. 我们给出了 $G(z)$ 在割线上的实部, 而需要求其虚部. 布鲁金(Brézin)、伊齐克森(Itzykson)、帕里西(Parisi)和朱伯(Zuber)优雅地解决了这个问题. 简单起见, 假定 $V(z)$ 是一个偶次多项式, 只有一条割线(见习题 7.4.7). 把对称性以及我们所知的东西放在一起, 预设如下形式:

$$G(z) = \frac{1}{2} \left[V'(z) - P(z) \sqrt{z^2 - a^2} \right]$$

其中, $P(z)$ 是某个未知的偶次多项式. 值得注意的是, 要求大 z 极限下 $G(z) \to 1/z$ 就可以完全确定 $P(z)$. 出于教学上的清晰考虑, 我们可以选定一个例子, 如 $V(z) = \frac{1}{2} m^2 z^2 + gz^4$. 由于 $V'(z)$ 是 z 的三次多项式, 因此 $P(z)$ 需是 z 的二次(偶次)多项式. 在 $z \to \infty$ 的极限下, 要求 $G(z)$ 中 z^3 和 z 的系数为零, 而 $1/z$ 系数为 1 一共可以给出三个等式用以求解三个未知量(即 a 以及 $P(z)$ 中的两个未知量), 进而可以得到本征值密度 $\rho(E) = (1/\pi) \cdot P(E) \sqrt{a^2 - E^2}$.

我认为从这里可以得到的教训是, 费曼图在量子电动力学历史发展中的重要性以及其对于我们理解物理图像上的用处, 被过分夸大了. 显然, 没有人会认为 QCD, 即便

---

① 注意这对应着量子力学中的能级排斥.

是大 N QCD,某一天可以通过对费曼图求和来得解.需要的是对大 N QCD 诸如戴森气体之类的处理方式.反过来说,如果某位读者计划通过对全部平面图求和来计算 $G(z)$ (不论如何,答案是已知的!),其从中获得的见解可以想见对处理大 N QCD 中的平面图是有用的.

大 N 极限下的场论

一大堆场论同样可以在大 N 展开下求解.这里给出一个例子,Gross-Neveu 模型,选择它的部分原因是它带一点 QCD 的味道.这个模型定义为

$$S(\psi) = \int d^2 x \left[\sum_{a=1}^{N} \bar{\psi}_a i\partial\!\!\!/ \psi_a + \frac{g^2}{2N} \left(\sum_{a=1}^{N} \bar{\psi}_a \psi_a \right)^2 \right] \tag{7.60}$$

回顾 3.3 节中的知识可知,这个理论在 $(1+1)$ 维时空下应当是可重正化的.对于某个有限的 N,例如 $N=3$,这个理论显然不会比其他任何完整的相互作用场论更容易求解.但随后我们将看到,当 $N \to \infty$ 时,我们可以得到一堆有趣的物理.

利用恒等式(A.14),我们可以将理论改写为

$$S(\psi, \sigma) = \int d^2 x \left[\sum_{a=1}^{N} \bar{\psi}_a (i\partial\!\!\!/ - \sigma) \psi_a - \frac{N}{2g^2} \sigma^2 \right] \tag{7.61}$$

通过引入标量场 $\sigma(x)$,我们"撤销"了四费米子作用.(我们在 3.5 节中用过类似的技巧.)你将意识到其中包含的物理同引入弱玻色子来生成费米相互作用是类似的.利用 2.5 节和 4.3 节中学过的知识,我们马上可以将费米子场积掉,得到一个纯粹只包含 σ 场的作用量:

$$S(\sigma) = -\int d^2 x \frac{N}{2g^2} \sigma^2 - iN \text{tr} \ln (i\partial\!\!\!/ - \sigma) \tag{7.62}$$

注意 tr ln 前的因子 N 来自对 N 个费米子场的积分.我们,或者说是格罗斯与内沃,怀揣着狡黠的小心机,在写下式(7.60)时就已经在耦合强度前显式地引入了一个 $1/N$ 的因子了,从而(7.62)中的两项都有着 N 的量级.那么,路径积分 $\mathcal{Z} = \int D\sigma e^{iS(\sigma)}$ 便可以在大 N 极限下通过最速下降或者稳相法来计算.我们只需求 $S(\sigma)$ 的极值即可.

碰巧,我们能看到同样的论证对大 N QCD 中取 $a=1$ 也成立.对式(7.45)中的夸克积分后得到

$$S = -\int \mathrm{d}^4 x \, \frac{N}{2g^2} \mathrm{tr} \, F_{\mu\nu} F^{\mu\nu} + N \mathrm{tr} \ln \left[\mathrm{i}(\partial\!\!\!/ - \mathrm{i}a\!\!\!/) - m \right]$$

从而两项的量级都为 N, 可以相互平衡. 自由度的增长被耦合的减弱抵消了.

为了研究该理论的基态行为, 我们将注意力局限在场位形 $\sigma(x)$ 不依赖于 x 的情形. (即我们不希望平移对称性自发破缺.) 借助在习题 4.3.3 中得到的结果, 我们可以立刻写下有效势:

$$\frac{1}{N} V(\sigma) = \frac{1}{2g(\mu)^2} \sigma^2 + \frac{1}{4\pi} \sigma^2 \left(\ln \frac{\sigma^2}{\mu^2} - 3 \right) \tag{7.63}$$

我们引入了条件 $(1/N)[\mathrm{d}^2 V(\sigma)/\mathrm{d}\sigma^2]|_{\sigma=\mu} = 1/g(\mu)^2$, 作为依赖于质量标度的耦合常数 $g(\mu)$ 的定义 (与式 (4.35) 相比较). $V(\sigma)$ 不依赖于 μ 的断言可以立刻给出:

$$\frac{1}{g(\mu)^2} - \frac{1}{g(\mu')^2} = \frac{1}{\pi} \ln \frac{\mu}{\mu'} \tag{7.64}$$

当 $\mu \to \infty$ 时, $g(\mu) \to 0$. 值得注意的是, 这个理论同 QCD 一样也是渐近自由的. 如果你想的话, 我们可以回头去找流方程:

$$\mu \frac{\mathrm{d}}{\mathrm{d}\mu} g(\mu) = -\frac{1}{2\pi} g(\mu)^3 + \cdots \tag{7.65}$$

这个理论的化身, 式 (7.60)、式 (7.61) 和式 (7.62), 在变换 $\psi_a \to \gamma^5 \psi_a$, $\sigma \to -\sigma$ 下具有离散 Z_2 对称性. 同 4.3 节中一样, 这个对称性会因量子涨落而产生动力学破缺. $V(\sigma)$ 的极小值出现在 $\sigma_{\min} = \mu \mathrm{e}^{1-\pi/g(\mu)^2}$, 从而根据式 (7.61) 费米子获得质量

$$m_F = \sigma_{\min} = \mu \mathrm{e}^{1-\pi/g(\mu)^2} \tag{7.66}$$

注意这是一个非常不平凡的结果, 几乎不可能从式 (7.60) 中直接看出, 我们也没有办法对于有限的 N 值去证明它. 但在大 N 方法的思想下, 我们预期费米子的质量由 $m_F = \mu \mathrm{e}^{1-\pi/g(\mu)^2} + O(1/N^2)$ 给出, 从而式 (7.66) 即便是对于 $N=3$ 也算是一个很好的近似了. 由于 m_F 是物理上可测量的, 它最好不依赖于 μ. 你可以检验一下.

这个理论同时展示了上一节中描述过的维度嬗变. 我们从一个只有无量纲耦合因子 g 的理论出发, 得到了一个带量纲的费米子质量 m_F. 实际上, 任何其他带质量量纲的量都等于 m_F 乘上一个纯数.

动态生成的扭折

在 5.6 节中,我们讨论了扭折和孤子的存在性.你已经从对称性和拓扑的一般讨论中清楚地理解了它们的存在,但并没有从具体动力学的角度.这里既然有一个带离散 Z_2 对称性的 $(1+1)$ 维理论,我们自然会希望有扭折的存在,即一个与时间无关的位形 $\sigma(x)$ (这里 x 不再标记一般性的时空点,而仅仅代表空间坐标)满足 $\sigma(-\infty) = -\sigma_{\min}$ 与 $\sigma(+\infty) = \sigma_{\min}$.(显然,也存在满足 $\sigma(-\infty) = \sigma_{\min}$ 与 $\sigma(+\infty) = -\sigma_{\min}$ 的反扭折.)

乍一看,好像完全无法得到扭折的准确形状.原则上讲,我们需要对任意一个满足 $\sigma(+\infty) = -\sigma(-\infty)$ 的函数 $\sigma(x)$ 计算 $\operatorname{tr}\ln[\mathrm{i}\slashed{\partial} - \sigma(x)]$(如在 4.3 节中所述,这包括找到算符 $\mathrm{i}\slashed{\partial} - \sigma(x)$ 的全部本征值,并对本征值的对数求和),然后调整 $\sigma(x)$ 的泛函来找到扭折的最优形状.

有趣的是,通过一个巧妙的观察[1]我们就可以确定这个形状.类似于推导式(4.41)的过程,我们注意到

$$\operatorname{tr}\ln[\mathrm{i}\slashed{\partial} - \sigma(x)] = \operatorname{tr}\ln\gamma^5[\mathrm{i}\slashed{\partial} - \sigma(x)]\gamma^5 = \operatorname{tr}\ln(-1)[\mathrm{i}\slashed{\partial} + \sigma(x)]$$

从而,在忽略无关的可加常数后有

$$\begin{aligned}
\operatorname{tr}\ln[\mathrm{i}\slashed{\partial} - \sigma(x)] &= \frac{1}{2}\operatorname{tr}\ln[\mathrm{i}\slashed{\partial} - \sigma(x)][\mathrm{i}\slashed{\partial} + \sigma(x)] \\
&= \frac{1}{2}\operatorname{tr}\ln\{-\partial^2 + \mathrm{i}\gamma^1\sigma'(x) - [\sigma(x)]^2\}
\end{aligned} \tag{7.67}$$

由于 γ^1 具有本征值 $\pm\mathrm{i}$,其等于

$$\frac{1}{2}\{\operatorname{tr}\ln\{-\partial^2 + \sigma'(x) - [\sigma(x)]^2\} + \operatorname{tr}\ln\{-\partial^2 - \sigma'(x) - [\sigma(x)]^2\}\}$$

这两项因宇称(空间反演)而相等,从而有

$$\operatorname{tr}\ln[\mathrm{i}\slashed{\partial} - \sigma(x)] = \operatorname{tr}\ln\{-\partial^2 - \sigma'(x) - [\sigma(x)]^2\}$$

从式(7.62)中可以看到,$S(\sigma)$ 为 $\sigma(x)$ 的二次项与仅依赖于 $\sigma'(x) + [\sigma(x)]^2$ 这两项之

---

[1] C. Callen,S. Coleman,D. Gross,A. Zee(未发表). 可参见 D. J. Gross,"*Applications of the Renormalization Group to High-Energy Physics*" in:R. Balian and J. Zinn-Justin,eds. ,*Methods in Field Theory*,p. 247. 顺便,向场论的学生推荐这本书.

和. 但我们知道 σ_{min} 使 $S(\sigma)$ 取极小值, 从而孤子由如下常微分方程的解给出

$$\sigma'(x) + \left[\sigma(x)\right]^2 = \sigma_{min}^2 \tag{7.68}$$

即 $\sigma(x) = \sigma_{min}\tanh\sigma_{min}x$. 这个孤子看起来是一个大小为 $1/\sigma_{min} = 1/m_F$ 的东西. 而其质量的大小留给读者来证明:

$$m_S = \frac{N}{\pi}m_F \tag{7.69}$$

完全同上一节所推理的一样, 比值 m_S/m_F 正如其所必须的, 是一个纯数 N/π.

尽管已经没地方可以写了, 但我还是得说达申 (Dashen)、哈斯拉赫尔 (Hasslacher) 和内沃 (Neveu) 有一套更聪明的方案可以用来研究 σ 的含时位形并确定其质量谱.

习题

7.4.1 由于 $U(N)$ 理论与 $SU(N)$ 理论之间胶子数只差一个, 常有人争辩说去研究哪个理论都差不多. 试讨论 $U(N)$ 理论中的胶子传播子与 $SU(N)$ 理论中的有何不同, 并判断哪一个更容易处理.

7.4.2 作为一个挑战, 请尝试在 $(1+1)$ 维时空中求解大 N QCD. (提示: 关键在于通过恰当选取规范, 我们可以在 $(1+1)$ 维时空中积掉规范势 A_μ.) 如果需要寻求帮助, 参见 *Under the Spell of the Gauge Principle*, p. 443.

7.4.3 证明: 若选择计算 $G(z) = \langle(1/N)\mathrm{tr}\,(1/z-\varphi)\rangle$, 我们将会连接夸克传播子两个开端. 从而图 7.14(b) 和图 7.14(d) 代表同样的费曼图. 以这种方式完成 $G(z)$ 的计算.

7.4.4 假定随机矩阵 φ 是实对称而不是厄米的. 证明此时费曼规则将更加复杂. 计算本征值密度. (提示: 双线图可以扭转.)

7.4.5 对于随机厄米矩阵 φ, 取 $V(\varphi) = \frac{1}{2}m^2\varphi^2$, 通过费曼图计算:

$$G_c(z,w) \equiv \left\langle \frac{1}{N}\mathrm{tr}\,\frac{1}{z-\varphi}\frac{1}{N}\mathrm{tr}\,\frac{1}{w-\varphi}\right\rangle - \left\langle \frac{1}{N}\mathrm{tr}\,\frac{1}{z-\varphi}\right\rangle\left\langle \frac{1}{N}\mathrm{tr}\,\frac{1}{w-\varphi}\right\rangle$$

(注意, 这相对于我们用以学习局域化的例子 (见习题 6.6.1) 简单得多.) 证明: 通过选取合适的虚部, 我们可以得到本征值密度与自身的关联函数. 若需帮助, 请参见 E. Brézin and A. Zee, Phys. Rev. E, 1995, 51: 5442.

7.4.6 在戴森气体方案中用法捷耶夫-波波夫方法计算.

7.4.7 对于 $V(\varphi) = \frac{1}{2} m^2 \varphi^2 + g\varphi^4$,确定 $\rho(E)$.对于负值充分大的 m^2(又是双势阱),我们预期本征值密度将会分成两块.这从戴森气体图像中来看是很显然的.求解临界值 m_c^2.对于 $m^2 < m_c^2$,我们在正文中所使用的 $G(z)$ 只有一条割线的假定将失效.请说明如何在这个区域中计算 $\rho(E)$.

7.4.8 计算孤子的质量式(7.69).

7.5 大统一

渴求统一

一个规范理论是由规范群以及物质场所服从的表示确定的.现在让我们回到 7.2 节,为 $SU(3) \otimes SU(2) \otimes U(1)$ 理论中的粒子编纂一份名单.比如,左手旋的上、下夸克都可以被放在具有超荷 $\frac{1}{2} Y = \frac{1}{6}$ 的双重态 $\begin{pmatrix} u^\alpha \\ d^\alpha \end{pmatrix}_L$ 之中.我们将它记为 $\left(3, 2, \frac{1}{6}\right)_L$,其中的三个数字标记了这些场在 $SU(3) \otimes SU(2) \otimes U(1)$ 下的变换行为.类似地,右手旋上夸克记为 $\left(3, 1, \frac{2}{3}\right)_R$,而轻子记为 $\left(1, 2, -\frac{1}{2}\right)_L$ 和 $(1, 1, -1)_R$,括号中第一项的"1"表示这些场不参与强相互作用.我们将所有表示都写下,即

$$\left(3, 2, \frac{1}{6}\right)_L, \quad \left(3, 1, \frac{2}{3}\right)_R, \quad \left(3, 1, -\frac{1}{3}\right)_R, \quad \left(1, 2, -\frac{1}{2}\right)_L, \quad (1, 1, -1)_R \quad (7.70)$$

可以看到每一代夸克与轻子都可以被容纳进这些表示中.

而在考虑更深刻的统一时,这一系列混杂的表示几乎要让物理学家们悲号起来.谁会用一个看起来如此奇特的"表示清单"来构造宇宙呢?

我们想做的是找到一个包含 $SU(3) \otimes SU(2) \otimes U(1)$ 的更大的规范群 G,以使得"表示清单"(最好)可以被统一到单个更大的表示中.G 中的规范玻色子(不过当然不在 $SU(3) \otimes SU(2) \otimes U(1)$ 群中)会使式(7.70)中的表示互相耦合.

在我们开始找寻 G 之前,注意到由于规范变换与洛伦兹群对易,这要求这些规范变

换是不能使左手旋场变换为右手旋场的.所以我们先把式(7.70)中的所有场变为左手旋场.还记得我们在习题2.1.9中曾提到,电荷共轭会使左手旋场改变为右手旋场,反之亦然.从而我们可以将式(7.70)改写为

$$\left(3,2,\frac{1}{6}\right), \quad \left(3^*,1,-\frac{2}{3}\right), \quad \left(3^*,1,\frac{1}{3}\right), \quad \left(1,2,-\frac{1}{2}\right), \quad (1,1,1) \quad (7.71)$$

我们这里忽略了下标 L 与 R:所有场都是左手旋的.

完美契合

能够容纳 $SU(3)\otimes SU(2)\otimes U(1)$ 的最小群便是 $SU(5)$.(如果你被群论吓得发抖了,现在就去学习附录 B 吧.)还记得吗? $SU(5)$ 有 $5^2-1=24$ 个生成元.显然这些生成元是由 5×5 厄米无迹矩阵作用在五个场上表示出来的,这五个对象记为 $\psi^\mu(\mu=1,2,\cdots,5)$.(这五个对象构成了 $SU(5)$ 的基础表示或定义表示.)

现在怎样将 $SU(3)$ 及 $SU(2)$ 容纳进 $SU(5)$ 就是很显然的了.生成 $SU(5)$ 的 24 个矩阵中,8 个具有 $\begin{pmatrix} A & 0 \\ 0 & 0 \end{pmatrix}$ 的形式,而 3 个具有 $\begin{pmatrix} 0 & 0 \\ 0 & B \end{pmatrix}$ 形式,其中 A 表示 3×3 厄米无迹矩阵(有 $3^2-1=8$ 个,也就是所谓的盖尔曼矩阵), B 表示 2×2 厄米无迹矩阵(有 $2^2-1=3$ 个,即泡利矩阵).显然前者生成了 $SU(3)$ 群,后者生成了 $SU(2)$ 群.另外,5×5 厄米无迹矩阵

$$\frac{1}{2}Y = \begin{pmatrix} -\frac{1}{3} & 0 & 0 & 0 & 0 \\ 0 & -\frac{1}{3} & 0 & 0 & 0 \\ 0 & 0 & -\frac{1}{3} & 0 & 0 \\ 0 & 0 & 0 & \frac{1}{2} & 0 \\ 0 & 0 & 0 & 0 & \frac{1}{2} \end{pmatrix} \quad (7.72)$$

生成了 $U(1)$ 群.到这一步也就无须再遮遮掩掩的了,这个矩阵就是我们所说过的超荷矩阵 $\frac{1}{2}Y$.

换句话说,如果将指标 $\mu=\{\alpha,i\}$ 分离为 $\alpha=1,2,3$ 以及 $i=4,5$,那么 $SU(3)$ 就作用于指标 α,而 $SU(2)$ 会作用于指标 i.所以,三分量场 ψ^a 是当作 $SU(3)$ 中三维表示进行变换的,从而其表示既可以为 3 也可以为 3^*.我们选择 3 表示作为 ψ^a 的变换方式,很快我们便会看到,对于式(7.72)给定的 $Y/2$,这正是再恰当不过的选择.三分量场 ψ^a 不会遵循 $SU(2)$ 群的变换,从而其中每一个分量都属于单态 1 表示.此外,看到式(7.72)后不难发现,它们带有超荷 $-\dfrac{1}{3}$.综上所述,ψ^a 以 $\left(3,1,-\dfrac{1}{3}\right)$ 表示在 $SU(3)\otimes SU(2)\otimes U(1)$ 中产生变换.另一方面,二分量场 ψ^i 在 $SU(3)$ 中以 1 表示产生变换,而在 $SU(2)$ 中则以 2 表示进行变换,并带有超荷 $\dfrac{1}{2}$.所以它们以 $\left(1,2,\dfrac{1}{2}\right)$ 表示产生变换.从另一个层面看,通过确定 $SU(5)$ 的定义表示如何分解为 $SU(3)\otimes SU(2)\otimes U(1)$ 的表示,可以将 $SU(3)\otimes SU(2)\otimes U(1)$ 嵌入 $SU(5)$ 中,即

$$5\rightarrow\left(3,1,-\frac{1}{3}\right)\oplus\left(1,2,\frac{1}{2}\right) \tag{7.73}$$

取其共轭,得到

$$5^*\rightarrow\left(3^*,1,\frac{1}{3}\right)\oplus\left(1,2,-\frac{1}{2}\right) \tag{7.74}$$

再回到式(7.71)进行查验,可以看到 $\left(3^*,1,\dfrac{1}{3}\right)$ 与 $\left(1,2,-\dfrac{1}{2}\right)$ 也出现在表示清单中.我们走对路了! 这两种表示中的场与 5^* 恰好相契合.

这里只考虑了式(7.71)中包含的其中 5 个场;还有 10 个场

$$\left(3,2,\frac{1}{6}\right),\quad\left(3^*,1,-\frac{2}{3}\right),\quad(1,1,1) \tag{7.75}$$

根据 $SU(5)$ 的维数,可以考虑它的下一个表示即反对称张量表示.只要仍然保持 $SU(3)\otimes SU(2)\otimes U(1)$ 对称下的量子数起作用,那么 $SU(5)$ 的维数就为 $(5\times4)/2=10$,这正是我们所希望的!

因为知道 $5\rightarrow\left(3,1,-\dfrac{1}{3}\right)\oplus\left(1,2,\dfrac{1}{2}\right)$,所以我们只需要(再提醒一次,去看附录 B!)构造 $\left(3,1,-\dfrac{1}{3}\right)\oplus\left(1,2,\dfrac{1}{2}\right)$ 与其自身的反对称积即可,即

$$\left(3,1,-\frac{1}{3}\right)\otimes_{A}\left(3,1,-\frac{1}{3}\right)=\left(3^*,1,-\frac{2}{3}\right) \tag{7.76}$$

$$\left(3,1,-\frac{1}{3}\right)\otimes_A\left(1,2,\frac{1}{2}\right)=\left(3,2,-\frac{1}{3}+\frac{1}{2}\right)=\left(3,2,\frac{1}{6}\right) \tag{7.77}$$

及

$$\left(1,2,\frac{1}{2}\right)\otimes_A\left(1,2,\frac{1}{2}\right)=(1,1,1) \tag{7.78}$$

的直和(这里 $\otimes_A$ 表示反对称积). (由式(7.76)我能告诉你的是:$SU(3)$ 群中 $3\otimes_A3=3^*$ (还记得附录 B 里的 ϵ_{ijk} 吗?),$SU(2)$ 群中 $1\otimes_A1=1$,而 $U(1)$ 中超荷就是直接相加得到: $-\frac{1}{3}-\frac{1}{3}=-\frac{2}{3}$.)

看好了,这些 $SU(3)\otimes SU(2)\otimes U(1)$ 表示正好构成了式(7.75)中表示的集合.换句话说,

$$10\rightarrow\left(3,2,\frac{1}{6}\right)\oplus\left(3^*,1,-\frac{2}{3}\right)\oplus(1,1,1) \tag{7.79}$$

已知的任一同代夸克与轻子场与 $SU(5)$ 的 5^* 以及 10 表示达成了完美的契合!

刚才所描述的便是格奥尔基与格拉肖的 $SU(5)$ 大统一理论.尽管还没有直接的实验检验,但群表示论上的契合实在是太完美了,包括我在内的许多物理学家都坚信 $SU(5)$ 起码在结构上不会错.

沿用历史上为各类场设想的名称,就能很方便地写出 5^* 与 10 表示的具体分量.将 5^* 写为列矢量而 10 写为反对称矩阵,则有

$$\psi_\mu=\begin{pmatrix}\psi_\alpha\\\psi_i\end{pmatrix}=\begin{pmatrix}\bar{d}_\alpha\\v\\e\end{pmatrix} \tag{7.80}$$

$$\psi^{\mu\nu}=\{\psi^{\alpha\beta},\psi^{\alpha i},\psi^{ij}\}=\begin{pmatrix}0&\bar{u}&-\bar{u}&d&u\\-\bar{u}&0&\bar{u}&d&u\\\bar{u}&-\bar{u}&0&d&u\\-d&-d&-d&0&\bar{e}\\-u&-u&-u&-\bar{e}&0\end{pmatrix} \tag{7.81}$$

(为了不让色指标混淆"三界",这里我已压制住它的"洪荒之力"了.)

深化物理理解

除了其审美上的吸引力以外,大统一也极大地加深了我们对于物理的理解.

(1) 曾好奇过电荷为何是量子化的吗? 为什么我们没见过携带 $\sqrt{\pi}$ 倍元电荷的带电粒子呢? 在量子电动力学中,你完全可以写下

$$\mathcal{L} = \bar{\psi}\left[\mathrm{i}(\partial\!\!\!/ - \mathrm{i}A\!\!\!/) - m\right]\psi + \bar{\psi}'\left[\mathrm{i}(\partial\!\!\!/ - \mathrm{i}\sqrt{\pi}A\!\!\!/) - m'\right]\psi' + \cdots \tag{7.82}$$

与之相反,在大统一理论中 A_μ 与大统一规范群的一个生成元相耦合,并且你也知道诸如 $SU(N)$(不能由 $U(1)$ 与其他群的直积得到)的任意群生成元都是由非平凡对易关系 $[T_a, T_b] = \mathrm{i}f_{abc}T_c$ 约束以获得量子化的值的. 比方,$SU(2)$ 中 T_3 的本征值必须是 $\frac{1}{2}$ 的倍数,该本征值当然是与表示有关的. 在 $SU(3)\otimes SU(2)\otimes U(1)$ 中[①],我们无法理解荷量子化:因为 $U(1)$ 的生成元就不是量子化的. 而一旦将标准模型容纳进 $SU(5)$(或者更一般地说,任意不包含 $U(1)$ 因子的群)大统一中,电荷就是量子化的了.

这里的结果与狄拉克所说的如果存在磁单极子则电荷就是量子化的言论(见 4.4 节)是具有深刻联系的. 我们从 5.7 节知道,诸如 $SU(5)$ 理论的自发破缺非阿贝尔规范场论是包含磁单极子的.

(2) 曾好奇过质子电荷同电子电荷为何等大异号吗? 正如我们所知道的,这个重要的事实容许我们去构造一个宇宙. 为了使标准宇宙学正常运转,原子必须在一些令人发指的精确度下保证其电中性;否则宏观物质之间的静电力就会将宇宙撕裂得支零破碎.

$SU(5)$ 则很好地包含了这个不寻常的事实. 理解电中性如何实现是一件很有意思的事. 5^* 中有 $\mathrm{tr}\,Q = 0$,这意味着 $3Q_\mathrm{d} = -Q_{\mathrm{e}^-}$. 这里我利用了强相互作用与电磁相互作用对易的条件,从而具有不同色的夸克带有相同守恒荷. 现在让我们计算质子守恒荷 Q_p:

$$Q_\mathrm{p} = 2Q_\mathrm{u} + Q_\mathrm{d} = 2(Q_\mathrm{d} + 1) + Q_\mathrm{d} = 3Q_\mathrm{d} + 2 = Q_{\mathrm{e}^-} + 2 \tag{7.83}$$

如果 $Q_{\mathrm{e}^-} = -1$,那么 $Q_\mathrm{p} = -Q_{\mathrm{e}^-}$,正如事实所料!

(3) 还记得在电弱理论中我们定义了 $\tan\theta = g_1/g_2$,相应的规范玻色子的耦合可表示为 $g_2 A_\mu^a T_a + g_1 B_\mu(Y/2)$. 由于 A_μ^a 与 B_μ 的归一化是由它们各自的动能项给定的,g_2 与 g_1 的相对强度就会由与 T_3 相关的 $Y/2$ 的归一化决定. 我们现在在定义表示 5 中考虑

---

① 译注:这里原文使用"×"号,今改为"$\otimes$"号.

tr T_3^2 以及 tr $\left(\dfrac{Y}{2}\right)^2$ 的值：tr $T_3^2 = \left(\dfrac{1}{2}\right)^2 + \left(\dfrac{1}{2}\right)^2 = \dfrac{1}{2}$，而 tr $\left(\dfrac{Y}{2}\right)^2 = \left(\dfrac{1}{3}\right)^2 3 + \left(\dfrac{1}{2}\right)^2 2 = \dfrac{5}{6}$.

所以 T_3 与 $\sqrt{\dfrac{3}{5}} \cdot \dfrac{Y}{2}$ 具有相同的归一化条件. 从而大统一下正确的规范玻色子耦合应为 $A_\mu^a T_a + B_\mu \sqrt{\dfrac{3}{5}} \cdot \dfrac{Y}{2}$，故在大统一尺度应有 $\tan \theta = g_1/g_2 = \sqrt{\dfrac{3}{5}}$ 或

$$\sin^2 \theta = \frac{3}{8} \tag{7.84}$$

为了将其与 $\sin^2 \theta$ 的实验值相对比，我们必须要研究在重正化群中耦合常数 g_2 与 g_1 是怎样流向低能有效理论的. 但这个问题暂且搁置，下一节中我们将会详细讨论.

反常生自由

回顾一下 7.2 节中的内容，证明非阿贝尔规范理论可重整性的关键在于幺正规范与 R_ξ 规范间自由传递的能力. 其关键因素便是规范不变性以及其得到的沃德-高桥恒等式（见 2.7 节）.

突然你开始担心起来. 那么手征反常会怎样呢？反常的存在意味着某些沃德-高桥恒等式不再成立. 为了使我们的理论尽量合理，它们最好是没有任何反常的. 本书在 4.7 节中提到过在历史上"反常"一词是有种表示理论有些病态的意味的. 确实，在某种意义上它也没错.

我们本来应该验证 $SU(3) \otimes SU(2) \otimes U(1)$ 理论中的反常，但我们并没有那么做. 我想让你们把它当作一个练习. 这里会证明 $SU(5)$ 理论是"无病一身轻"的. 如果 $SU(5)$ 理论是无反常的，那么 $SU(3) \otimes SU(2) \otimes U(1)$ 理论就更不用说了.

在 4.7 节中我们计算了阿贝尔理论中的反常，但正如当时明确指出的，如果想要推广到非阿贝尔理论，只需要将规范群的某个生成元 T_a 嵌入图 4.9 中三角图的每个顶点上即可. 对各圈每个费米子进行求和，我们发现反常是与 $A_{abc}(R) \equiv$ tr $(T_a \{T_b, T_c\})$ 成正比的，其中 R 表示费米子对应的表示. 我们必须将 $A_{abc}(R)$ 对理论中所有表示进行求和，要记得左手旋费米子场以及右手旋费米子场的贡献是相反的.（时刻提醒自己看看 4.7 节"反常的后果"中的(3)以及习题 4.7.6，你会发现它们很有帮助.）

现在为 $SU(5)$ 理论做体检的准备已经就绪. 首先，式(7.71)中所有费米子场都是左手旋的. 其次，让你自己相信（想象对所有可能的 abc 计算 A_{abc}）我们只需要令 T_a，T_b 与 T_c 都等于

$$T \equiv \begin{bmatrix} 2 & 0 & 0 & 0 & 0 \\ 0 & 2 & 0 & 0 & 0 \\ 0 & 0 & 2 & 0 & 0 \\ 0 & 0 & 0 & -3 & 0 \\ 0 & 0 & 0 & 0 & -3 \end{bmatrix}$$

这样一个超荷矩阵的倍数即可. 现在计算 $\operatorname{tr} T^3$ 在 5^* 表示中的值, 为

$$\operatorname{tr} T^3 \big|_{5^*} = 3(-2)^3 + 2(+3)^3 = 30 \tag{7.85}$$

而在 10 表示中的值为

$$\operatorname{tr} T^3 \big|_{10} = 3(+4)^3 + 6(-1)^3 + (-6)^3 = -30 \tag{7.86}$$

天赐神迹! 所有反常全部抵消了.

这诡异的数字名单的立方之间令人舒爽的抵消强烈地暗示着, 至少 $SU(5)$ 还远不是故事的结局. 除此之外, 如果 5^* 与 10 能统一到一个单独的表示, 那就是更令人感到愉悦的事了.

习题

7.5.1 写出作用于 5 表示的荷算符 Q, 以及定义表示 ψ^μ. 列出 $10 = \psi^{\mu\nu}$ 的所有荷分量并确定其中包含的各类场.

7.5.2 证明对于任意大统一理论, 只要该理论是基于某单群构造的, 我们总有统一标度:

$$\sin^2\theta = \frac{\sum T_3^2}{\sum Q^2} \tag{7.87}$$

其中求和遍及所有费米子.

7.5.3 验证 $SU(3) \otimes SU(2) \otimes U(1)$ 理论是无反常的. (提示: 由于存在更多的独立生成元, 这里的计算是比 $SU(5)$ 中的要更复杂的. 首先证明只需得到 $\operatorname{tr} Y\{T_a, T_b\}$ 与 $\operatorname{tr} Y^3$ 的值即可, 其中 T_a 与 Y 分别为 $SU(2)$ 及 $U(1)$ 的生成元.)

7.5.4 构造基于 $SU(6), SU(7), SU(8), \cdots$ 的大统一理论, 直到你玩腻了这个游戏. 经常有人这么做来混教职. (提示: 你必须要发明一些至今为止从未在实验中发现过的费米子.)

7.6 质子不再永恒

质子衰变

电荷守恒保证了电子的稳定性,但质子的稳定性又如何呢? 电荷守恒是允许反应 $p \to \pi^0 + e^+$ 存在的,没有任何基本原理保证质子能够永远保持稳定,但质子一向以其悠长的寿命而被熟知:它自从宇宙诞生之始便是最基本的存在.

质子的稳定性必须由权威人士来决定:尤金·维格纳首先提出了重子数守恒律.事情是这样的,当维格纳被问到他怎么知道质子永远存在时,他打趣道:"这话就刻在我骨头里."这里引入这句话是想说明,仅仅是我们不会在黑暗中发光这件事,就足以为质子寿命设置一个足够高的下限了.

而一旦考虑大统一,我们最好还是担心一下质子寿命的问题.通常,当我们对模型做大统一时,我们会把夸克与轻子放入某些规范群的同一类表示中(见式(7.80)与式(7.81)).这样的混合显然意味着存在使得夸克与轻子相互变换的规范玻色子.从而质子——也就是一个装着三个夸克的包包——就能通过交换这些规范玻色子变为轻子.换句话说,作为构成我们所在世界基石的质子,不再是永恒存在的了! 所以大统一出现了立即被证伪的风险.

令 M_X 表示使得夸克与轻子相互变换的规范玻色子质量,那么质子衰变振幅就是 g^2/M_X^2 量级的,其中 g 为大统一规范群的耦合常数;而质子衰变率 γ 由 $(g^2/M_X^2)^2$ 乘以一个相空间因子给出,由于 π 介子与正电子质量与质子质量相比几乎可以忽略不计,该因子基本上完全由质子质量 m_p 决定.由量纲分析,衰变率应为 $\gamma \sim (g^2/M_X^2)^2 m_p^5$.众所周知,质子能存在很久(大概至少 10^{31} 年),所以 M_X 最好会比我们现在实验上能达到的能标大得多得多.

M_X 与大统一理论自发破缺至 $SU(3) \otimes SU(2) \otimes U(1)$ 的质量标度 M_{GUT} 是同量级的.正如我们在4.6节中讨论过的一样,在 $SU(5)$ 理论中,伴随表示24变换的希格斯场 H^μ_ν 就能起到这个作用,其真空期望值 $\langle H^\mu_\nu \rangle$ 等于由对角元素构成的矩阵 $\left(-\frac{1}{3}, -\frac{1}{3}, -\frac{1}{3}, \frac{1}{2}, \frac{1}{2}\right)$ 乘以某些 v. $SU(3) \otimes SU(2) \otimes U(1)$ 中的规范玻色子仍然是无

质量的,但其余规范玻色子会获得 gv 量级的质量 M_X.

为了确定 M_{GUT},我们分别考虑 g_3,g_2 与 g_1——也就是 $SU(3),SU(2)$ 和 $U(1)$ 的耦合常数——的重正化群流.基本想法是当质量或能标 μ 增大时,渐近自由的两个耦合常数 $g_3(\mu)$ 与 $g_2(\mu)$ 会减小,而 $g_1(\mu)$ 会随之增大,从而在某一质量标度 M_{GUT} 处它们会交于一点,那一点便是 $SU(3)\otimes SU(2)\otimes U(1)$ 统一为 $SU(5)$ 的标度,如图 7.17 所示.由于耦合常数的对数跑动是极其缓慢的(其实更应该叫走动甚至爬行,不过因为历史原因我们还是坚持跑动的说法),因此可以预想到大统一质量标度 M_{GUT} 会比在大统一之前我们在粒子物理学中习惯了的任意标度都要大得多.实际上,M_{GUT} 确实是一个很大的数,大约在 $10^{14\sim15}$ GeV 量级,从而大统一的思想跨过了它的第一个障碍.

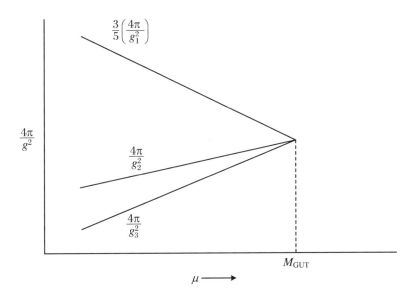

图 7.17

世界的稳定意味着弱的电磁相互作用

利用习题 6.8.1 的结果,有(这里 $\alpha_s \equiv g_3^2/(4\pi)$ 与 $\alpha_{GUT} \equiv g^2/(4\pi)$ 分别表示强相互作用与大统一中的精细结构常数 α,F 为代的数目)

$$\frac{4\pi}{[g_3(\mu)]^2} \equiv \frac{1}{\alpha_s(\mu)} = \frac{1}{\alpha_{GUT}} + \frac{1}{6\pi}(4F - 33)\ln\frac{M_{GUT}}{\mu} \tag{7.88}$$

$$\frac{4\pi}{\left[g_2(\mu)\right]^2} \equiv \frac{\sin^2\theta(\mu)}{\alpha(\mu)} = \frac{1}{\alpha_{GUT}} + \frac{1}{6\pi}(4F-22)\ln\frac{M_{GUT}}{\mu} \tag{7.89}$$

$$\frac{3}{5}\frac{4\pi}{\left[g_1(\mu)\right]^2} \equiv \frac{3}{5}\frac{\cos^2\theta(\mu)}{\alpha(\mu)} = \frac{1}{\alpha_{GUT}} + \frac{1}{6\pi}4F\ln\frac{M_{GUT}}{\mu} \tag{7.90}$$

其中,$\theta(\mu)$表示标度为μ时θ的值. 在$\mu=M_{GUT}$处,三个耦合常数通过$SU(5)$相联系.

代入α_s与α的测量值,我们可以对实验能达到的μ值分析这些方程. 利用这三个方程,不仅可以确定统一标度M_{GUT}与耦合常数α_{GUT},也可以预测θ. 换句话说,如果g_1与g_2的比值不是刚刚好的话,图7.17中三条直线就不会交于一点.

注意到费米子代数F对式(7.88)、式(7.89)及式(7.90)都有贡献. 这也是应该的,因为费米子在此计算中实际上是无质量的,它们也不"知道"统一群已经破缺为$SU(3)\otimes SU(2)\otimes U(1)$. 这些方程是在假定所有费米子质量相比于$\mu$而言都很小的基础上进行推导的.

整理上述方程,得到

$$\sin^2\theta = \frac{1}{6} + \frac{5\alpha(\mu)}{9\alpha_s(\mu)} \tag{7.91}$$

$$\frac{\sin^2\theta}{\alpha(\mu)} = \frac{1}{\alpha_s(\mu)} + \frac{1}{6\pi}11\ln\frac{M_{GUT}}{\mu} \tag{7.92}$$

$$\frac{1}{\alpha(\mu)} = \frac{8}{3}\frac{1}{\alpha_{GUT}} + \frac{1}{6\pi}\left(\frac{32}{3}F-22\right)\ln\frac{M_{GUT}}{\mu} \tag{7.93}$$

由式(7.91)可以发现$\sin^2\theta(\mu)$与M_{GUT}以及代数无关.

注意到式(7.92)给出下界:

$$\frac{1}{\alpha(\mu)} \leqslant \frac{1}{6\pi}11\ln\frac{M_{GUT}}{\mu} \tag{7.94}$$

从而质子寿命(与M_{GUT}正相关)下界转化为精细结构常数的上限. 我们发现一件有趣的事情,世界的稳定意味着非常弱的电磁相互作用.

前文提到过,代入α_s的测量值后就会得到一个很大的M_{GUT}. 本书把这看作是大统一的巨大成功:M_{GUT}本可以为一个更低的标度,从而导致理论与观测到的质子稳定性产生矛盾,但这却并没有发生. 从另一种视角来看,如果以某种方式给定了M_{GUT}与α_{GUT},大统一就能确定所有三种非引力相互作用的耦合!关键并不在于这种对大统一的简单尝试与实验不符:它完全可以奏效本身就是个奇迹.

对式(7.91)、式(7.92)与式(7.93)同实验比对的详细讨论并不是本书讨论的范畴. 要分析其严格的唯象学,还必须考虑阈值效应(见习题7.6.1)、高阶修正等. 长话短说,大统一理论的问世激起了人们对质子衰变的可能性研究的极大兴趣.不过,质子寿命的实验下限已经升到比预言结果更高的标度了.当然这并不意味着大统一的概念应就此消亡.实际上前文提到过,粒子表示的完美契合足以使大多数粒子物理学家们相信该想法基本是正确的.这些年来人们提出过在理论中添加各种猜想粒子使得质子寿命能不断提高.这种想法认为这些猜想粒子会对重正化群流及相应的 M_{GUT} 产生影响,所以质子寿命实际上不是最关键的问题.伴随着对 α_S 与 θ 更精确的测量,人们也发现三种耦合并不会刚好相交于一点.对那些低能超对称的信徒来说,他们的部分信仰确实就基于引入超对称粒子后三种耦合常数将汇于一点的事实[①].但怀疑者们当然会考虑一些其他的自由度.

分支比

你可能已经意识到了式(7.88)、式(7.89)与式(7.90)并不只对 $SU(5)$ 成立:只要 $SU(3)\otimes SU(2)\otimes U(1)$ 能统一进相同单群(单群保证了只有一个规范耦合常数 g),这些方程就总是对的.

现在针对 $SU(5)$ 进行讨论,之前我们将 $SU(5)$ 中可赋 5 个值的指标 μ 划分为两类.亦即 μ 可分为 $\{\alpha,i\}$,其中 α 带 3 个值而 i 具有两个值.$SU(5)$ 中规范玻色子对应无迹厄米场 $A_\nu^\mu(\mu,\nu=1,2,\cdots,5)$ 的 24 个独立分量,A_ν^μ 以伴随表示进行变换.着眼于 $SU(5)$ 规范理论的讨论,我们暂且忽略洛伦兹指标、旋量指标等.显然,$SU(3)$ 中的 8 个规范玻色子会将一个 α 类指标变换为一个 α 类指标,而 $SU(2)$ 中 3 个规范玻色子会将一个 i 类指标变换为一个 i 类指标.那么就存在 $U(1)$ 规范玻色子与超荷 $\frac{1}{2}Y$ 相耦合.(你肯定也知道这里略微模糊的表述是想表达什么,$SU(3)$ 规范玻色子其实是将一个带色指标的场变换为另一个带色指标的场.)

好玩的事情出现在 A_i^α 与 A_α^i 身上,它们会使指标 α 变换为 i 或是使指标 i 变换为指标 α.由于 α 有 3 个值而 i 有 2 个值,那么就有 $6+6=12$ 个规范玻色子,也就对应了 $SU(5)$ 中的全部规范玻色子.换句话说,$24\rightarrow(8,1)+(1,3)+(1,1)+(3,2)+(3^*,2)$.我们将很清楚地看到夸克与轻子通过交换这些玻色子实现了质子衰变的过程.

仅需写出拉格朗日量中包含玻色子 A_i^α 和 A_α^i 与费米子耦合的项,并画出相宜的费曼图.这里会完成一部分群论分析,剩余的部分都交给读者去完成.缩并指标后不难发

---

① 可参考瓦尔·菲奇(Val Fitch)等人所著《物理学中的关键问题》(*Critical Problems in Physics*)中第 207 页弗兰克·维尔切克(Frank Wilczek)所述部分.

现,玻色子 A_ν^μ 作用于 ψ_μ 使其变为 ψ_ν,作用于 $\psi^{\nu\rho}$ 则使其变为 $\psi^{\mu\rho}$.现在看看 A_α^5 做了什么,利用习题 7.5.1 的结果,有

$$\psi_5 = e^- \rightarrow \psi_\alpha = \bar{d} \tag{7.95}$$

$$\psi^{\alpha\beta} = \bar{u} \rightarrow \psi^{5\beta} = u \tag{7.96}$$

而

$$\psi^{\alpha4} = d \rightarrow \psi^{54} = e^+ \tag{7.97}$$

所以 A_α^5 的交换将产生反应 $u + d \rightarrow \bar{u} + e^+$(图 7.18),从而导致质子衰变 $p(uud) \rightarrow \pi^0(u\bar{u}) + e^+$.注意虽然衰变 $p \rightarrow \pi^0 + e^+$ 会同时破坏重子数 B 与轻子数 L,但它仍然保持其差 B-L 不变.

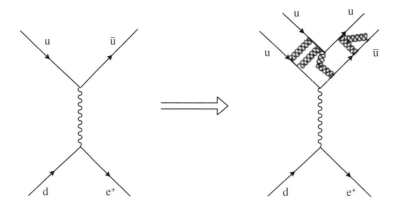

图 7.18

在习题 7.6.2 中,你将会处理各种衰变模式的分支比.很可惜实验学家们目前还没有测量出它们.

费米子质量

我们希望能通过大统一获得一些对于夸克与轻子质量的新理解.遗憾的是,$SU(5)$ 中费米子质量的情况是十分混乱的,时至今日,仍没有人知晓夸克与轻子的质量起源.

引入以 5 表示进行变换(如其指标记号所示)的希格斯场 ψ^μ,可以写出耦合项(φ_ν 对应共轭 5^* 表示)

$$\psi_{\mu} C \psi^{\mu\nu} \varphi_{\nu} \tag{7.98}$$

与

$$\psi^{\mu\nu} C \psi^{\lambda\rho} \varphi^{\sigma} \varepsilon_{\mu\nu\lambda\rho\sigma} \tag{7.99}$$

这反映了群论中的结论(见附录 C):$5^{*} \otimes 10$ 包含了 5 表示而 $10 \otimes 10$ 包含了 5^{*} 表示.

由 $5 \to \left(3, 1, -\dfrac{1}{3}\right) \oplus \left(1, 2, \dfrac{1}{2}\right)$ 不难发现,这个希格斯场就是 $SU(2) \otimes U(1)$ 希格斯双重态 $\left(1, 2, \dfrac{1}{2}\right)$ 的自然扩张.由于不想破缺电磁相互作用,我们仅允许 φ 电中性的第四分量来获得真空期望值.令 $\langle \varphi^{4} \rangle = v$,有(差一个不重要的整体常数)

$$\psi_{a} C \psi^{a4} + \psi_{5} C \psi^{54} \to m_{d} = m_{e} \tag{7.100}$$

及

$$\psi^{\alpha\beta} C \psi^{\gamma5} \varepsilon_{\alpha\beta\gamma} \to m_{u} \neq 0 \tag{7.101}$$

更大的对称群会在大统一标度给出质量关系式 $m_{d} = m_{e}$;我们又需要使用重正化群流来进行分析了.值得注意的是,质量关系式 $m_{d} = m_{e}$ 的出现是由于在仅考虑费米子的情况下,$SU(5)$ 只能通过 φ 破缺至 $SU(4)$.麻烦在于对三代粒子中的每一代,我们得到的关系式基本都是相同的,这是因为主要的跑动只在顶夸克质量与大统一标度 M_{GUT} 之间产生,从而阈值效应仅给出非常小的修正.

代入具体值后,得到

$$\frac{m_{b}}{m_{\tau}} \sim \frac{m_{s}}{m_{\mu}} \sim \frac{m_{d}}{m_{e}} \sim 3 \tag{7.102}$$

现在可以通过上式利用轻子质量预测下夸克族的夸克质量.$m_{b} \sim 3m_{\tau}$ 与实验符合得还不错,并且提供了仅存在三代粒子的间接证据,因为重正化群流是与 F 相关的.$m_{s} \sim 3m_{\mu}$ 则与实验多少有些出入,这取决于 m_{s} 的"实验"值具体是多少.而 m_{d} 的那条关系式则是尴尬了,人们完全不明白第一代夸克为什么会如此之轻,这也意味着诸如单圈修正的其他效应可能是非常重要的.人们也尝试过引入更多的(比如 45 个)希格斯场以赋予费米子质量的方案,但这样的代价便是理论变得相当丑陋不堪.

在某些方面,服从 $SU(5)$ 的粒子场并不像在 $SU(2) \otimes U(1)$ 中那么"经济",后者用一个希格斯场就可以同时为规范玻色子以及费米子赋予质量.

宇宙不是一无所有,宇宙几乎一无所有

大统一的另一成功之处在于,它有能力解释宇宙中物质的起源.关于宇宙有两件事情是物理学家们早就应该理解的:① 宇宙不是一无所有;② 宇宙几乎一无所有.对物理学家而言,①表明宇宙中物质与反物质并不是对称的,也就是说,净重子数 N_B 非零;而②可以定量表述为重子数与光子数之比的观测值 N_B/N_γ 是一个令人难以相信的极端小的量,大约为 $\sim 10^{-10}$ 的量级.

假设宇宙最初具有等量的物质与反物质.要使其演化至今天观测到的物质占绝大多数的宇宙,要满足下列三个条件:① 对物质与反物质而言,宇宙中的物理定律必须是非对称的.② 相关物理过程必须处于非平衡态,从而能够产生时间箭头.③ 重子数必须破缺.

我们知道前两个条件①和②在宇宙中确是事实:弱相互作用中存在 CP 破坏,且早期宇宙是快速膨胀的.对于条件③,大统一能够自然地破缺重子数.此外,虽然质子衰变(振幅由因子 $1/M_{GUT}^2$ 抑制)是以极其缓慢的速度进行的(对那些质子衰变实验的研究者们而言!),但在早期宇宙中,当 X 与 Y 玻色子大量产生时,它们的快速衰变便能很轻松地引起重子数破缺.抑制因子 q/M_{GUT}^2 这时不会出现.我毫不怀疑测量"宇宙中尘土量"的数值 10^{-10} 会由某个大统一理论计算出来.

级列

我和你们保证过,魏斯科普夫现象一定还会阴魂不散地再次萦绕在我们身旁.大统一质量标度 M_{GUT} 会自然地有一个很大的数值算是一个成功之处,但它也导致了所谓的级列问题.级列指的是 M_{GUT} 这庞大的比例,其中 M_{EW} 表示电弱统一标度,大概是 10^2 GeV.这里将简单概括一下这个相当模糊的问题.考虑破缺电弱理论的希格斯场 φ,我们不知道其具体的重正化质量或物理质量,但知道这些质量一定与 M_{EW} 是同量级的.假设从 φ 的某些裸质量 μ_0 出发计算某个大统一理论中的裸微扰级数——这里不讨论精确理论.那么魏斯科普夫现象就表明量子修正使 μ_0^2 改变了一个很大的二次截断相关量 $\delta\mu_0^2 \sim f^2 \Lambda^2 \sim f^2 M_{GUT}^2$,这里我们用 Λ 附近唯一的自然质量标度,即 M_{GUT} 替代了 Λ,而 f 表示某个无量纲耦合常数.为了使物理质量的平方 $\mu^2 = \mu_0^2 + \delta\mu_0^2$ 与 M_{EW}^2 同量级,我们需要在 μ_0^2 与 $\delta\mu_0^2$ 之间进行极其明显的微调并引入非常不自然的相消,因为 M_{EW}^2 大约比

M_{GUT}^2 小了大概 28 个量级. 如何让这个过程"自然"地发生, 给理论物理学家们提出了严峻的挑战.

自然性

级列问题与理论物理学界所关注的自然度概念息息相关. 人们很自然地希望理论中参数的无量纲比值都是具有单位量级的, 这里的"单位量级"没有绝对标准, 你可以在你的朋友圈里轻松地讨论决定, 比如从 10^{-2} 或 10^{-3} 到 10^2 或 10^3 范围内的任意量级. 根据霍夫特所说, 可以为自然度规定一个技术化定义: 只有在极限 $\eta \to 0$ 处出现对称性时, 一个数值微小的无量纲参数 η 才会被认为是自然的. 所以费米子质量可以是自然地小的, 因为手征对称会在费米子质量为零时涌现, 可以回想一下 2.1 节的内容. 与之相反, 没有任何特定对称性会在我们使标量场的裸质量或重正化质量设为零时出现. 这就是级列问题的本质.

习题

7.6.1 假设有新的 F' 代的夸克与轻子, 它们具有 M' 级别的质量. 利用习题 6.8.2 中描述的粗略近似, 忽略标度 μ 低于 M' 的粒子, 而对于 μ 高于 M' 的粒子则认为 M' 是可以忽略不计的. 分析重正化群流并讨论各种物理预言 (例如质子寿命) 将如何改变.

7.6.2 写出详细的质子衰变过程. 推导下列衰变率之间的关系式: $\Gamma(\mathrm{p} \to \pi^0 \mathrm{e}^+)$, $\Gamma(\mathrm{p} \to \pi^+ \bar{\nu})$, $\Gamma(\mathrm{n} \to \pi^- \mathrm{e}^+)$ 以及 $\Gamma(\mathrm{n} \to \pi^0 \bar{\nu})$.

7.6.3 证明 $SU(5)$ 中 B－L 是守恒的. 作为挑战, 试着发明一个会破缺 B－L 的大统一理论.

7.7 $SO(10)$大统一

一代一表示

在 7.5 节的末尾,我们有了充足的理由相信 $SU(5)$ 还远不是乐曲的终章. 现在让我们想想是否有可能将 5 与 10^* 容纳进一个包含 $SU(5)$ 的更大的群 G 的单独表示中.

人们发现将 $SU(5)$ 自然嵌入至正交群 $SO(10)$ 就是一种可能性[①],不过要先介绍一点群论来解释这个事实.这个理论的出发点也许会有些令人惊讶:回到 2.3 节,那里我们学到过洛伦兹群 $SO(3,1)$ 或者是它在欧几里得家族的"表弟"$SO(4)$,都有旋量表示.这里我们将旋量的概念推广至 d 维欧几里得空间.本书会给出 d 为偶数的结果,为奇数的情形则留给读者做练习.此时你可能也想马上去复习一下附录 B.

克利福德代数与旋量表示

我们以一个结论为出发点.对于任意整数 n,我们断言总能找到 $2n$ 个厄米矩阵 $\gamma_i (i = 1, 2, \cdots, 2n)$ 满足克利福德代数:

$$\{\gamma_i, \gamma_j\} = 2\delta_{ij} \tag{7.103}$$

换句话说,要证明我们的论断,我们必须得到 $2n$ 个互相反对易且平方为单位矩阵的厄米矩阵 γ_i. 后面将采用 γ_i 作为 $SO(2n)$ 中 γ 矩阵的记号.

$n = 1$ 就是吹口气的事情:$\gamma_1 = \tau_1, \gamma = \tau_2$. 显然没错.

利用张量积开始迭代,给定 $SO(2n)$ 中的 $2n$ 个 γ 矩阵,我们可以构造得到 $SO(2n + 2)$ 中的 $(2n + 2)$ 个 γ 矩阵如下:

$$\gamma_j^{(n+1)} = \gamma_j^{(n)} \otimes \tau_3 = \begin{pmatrix} \gamma_j^{(n)} & 0 \\ 0 & -\gamma_j^{(n)} \end{pmatrix} \quad (j = 1, 2, \cdots, 2n) \tag{7.104}$$

[①] 霍华德·格奥尔基(Howard Georgi)告诉我其实他发现 $SU(5)$ 统一前就已经发现了 $SO(10)$ 统一.

$$\gamma_{2n+1}^{(n+1)} = 1 \otimes \tau_1 = \begin{pmatrix} 0 & 1 \\ 1 & 0 \end{pmatrix} \tag{7.105}$$

$$\gamma_{2n+2}^{(n+1)} = 1 \otimes \tau_2 = \begin{pmatrix} 0 & -i \\ i & 0 \end{pmatrix} \tag{7.106}$$

(在本书中 1 表示与乘法对象相应维数的单位矩阵.)在括号里的上标是为了清楚地显示出我们在讨论哪一组 γ 矩阵.如果能证明 $\gamma^{(n)}$ 满足克利福德代数,那么 $\gamma^{(n+1)}$ 也是满足的.比如,

$$\{\gamma_j^{(n+1)}, \gamma_{2n+1}^{(n+1)}\} = (\gamma_j^{(n)} \otimes \tau_3) \cdot (2 \otimes \tau_1) \cdot (\gamma_j^{(n)} \otimes \tau_3)$$
$$= \gamma_j^{(n)} \otimes \{\tau_3, \tau_1\} = 0$$

该重复构造最后得到 $SO(2n)$ 中的 γ 矩阵:

$$\gamma_{2k-1} = 1 \otimes 1 \otimes \cdots \otimes 1 \otimes \tau_1 \otimes \tau_3 \otimes \tau_3 \otimes \cdots \otimes \tau_3 \tag{7.107}$$

及

$$\gamma_{2k} = 1 \otimes 1 \otimes \cdots \otimes 1 \otimes \tau_2 \otimes \tau_3 \otimes \tau_3 \otimes \cdots \otimes \tau_3 \tag{7.108}$$

其中,1 出现 $k-1$ 次,而 τ_3 出现 $n-k$ 次.这些 γ 矩阵显然是 $2^n \times 2^n$ 阶的.如果你对这部分讨论中的任何一点感到困惑,不妨试试亲手计算一下 $SO(4)$、$SO(6)$ 等简单情形.

类比洛伦兹群,可以定义 $2n(2n-1)/2 = n(2n-1)$ 个厄米矩阵:

$$\sigma_{ij} = \frac{i}{2}[\gamma_i, \gamma_j] \tag{7.109}$$

注意 σ_{ij} 在 $i \neq j$ 时等于 $i\gamma_i\gamma_j$,否则为零.σ 之间的互相对易很容易计算,比方,

$$[\sigma_{12}, \sigma_{23}] = -[\gamma_1\gamma_2, \gamma_2\gamma_3] = -\gamma_1\gamma_2\gamma_2\gamma_3 + \gamma_2\gamma_3\gamma_1\gamma_2 = -[\gamma_1, \gamma_3] = 2i\sigma_{13}$$

不严格地说,σ_{12} 与 σ_{23} 中的 γ_2 将互相抵消.从而不难发现 $\frac{1}{2}\sigma_{ij}$ 满足与 $SO(2n)$ 生成元 J^{ij} 相同的对易关系(后者见附录 B).$\frac{1}{2}\sigma_{ij}$ 就表示了 J^{ij}.

作为 $2^n \times 2^n$ 阶矩阵,σ 将与具有 2^n 个分量的矢量 ψ 相作用,我们称其为旋量 ψ.考虑幺正变换 $\psi \to e^{i\omega_{ij}\sigma_{ij}}\psi$,其中 $\omega_{ij} = -\omega_{ji}$ 为一系列实数的集合,对无穷小 ω_{ij} 有

$$\psi^\dagger \gamma_k \psi \to \psi^\dagger e^{-i\omega_{ij}\sigma_{ij}} \gamma_k e^{i\omega_{ij}\sigma_{ij}} \psi = \psi^\dagger \gamma_k \psi - i\omega_{ij}\psi^\dagger[\sigma_{ij}, \gamma_k]\psi + \cdots$$

利用克利福德代数,容易得到对易子为 $[\sigma_{ij}, \gamma_k] = -2\mathrm{i}(\delta_{ik}\gamma_j - \delta_{jk}\gamma_i)$(若 k 不同于 i 或 j,那么 γ_k 显然与 σ_{ij} 对易,若 k 与 i 或 j 中任意一个相同,则 $\gamma_k^2 = 1$).注意到旋量构造 $v_k \equiv \psi^\dagger \gamma_k \psi \, (k = 1, \cdots, 2n)$ 是以 $2n$ 维空间中矢量的方式进行变换的,其中 $4\omega_{ij}$ 为 ij 平面中的无穷小旋转角:

$$v_k \to v_k - 2(\omega_{kj}v_j - \omega_{ik}v_i) = v_k - 4\omega_{kj}v_j \tag{7.110}$$

(这与洛伦兹群中以矢量方式变换的旋量构造 $\bar{\psi}\gamma^\mu\psi$ 是完全类似的.)这也在另一方面证明了 $\frac{1}{2}\sigma_{ij}$ 表示了 $SO(2n)$ 的生成元.

定义矩阵 $\gamma^{\mathrm{FIVE}} = (-\mathrm{i})^n \gamma_1\gamma_2\cdots\gamma_{2n}$,在这里使用的基底下可表示为

$$\gamma^{\mathrm{FIVE}} = \tau_3 \otimes \tau_3 \otimes \cdots \otimes \tau_3 \tag{7.111}$$

其中,τ_3 共出现 n 次.通过与洛伦兹群的类比,可以定义"左手性"旋量 $\psi_{\mathrm{L}} \equiv \frac{1}{2}(1 - \gamma^{\mathrm{FIVE}})\psi$ 以及"右手性"旋量 $\psi_{\mathrm{R}} \equiv \frac{1}{2}(1 + \gamma^{\mathrm{FIVE}})\psi$ 使得 $\gamma^{\mathrm{FIVE}}\psi_{\mathrm{L}} = -\psi_{\mathrm{L}}$ 而 $\gamma^{\mathrm{FIVE}}\psi_{\mathrm{R}} = \psi_{\mathrm{R}}$.由于 γ^{FIVE} 与 σ_{ij} 是对易的,在变换 $\psi \to \mathrm{e}^{\mathrm{i}\omega_{ij}\sigma_{ij}}\psi$ 下,有 $\psi_{\mathrm{L}} \to \mathrm{e}^{\mathrm{i}\omega_{ij}\sigma_{ij}}\psi_{\mathrm{L}}$ 及 $\psi_{\mathrm{R}} \to \mathrm{e}^{\mathrm{i}\omega_{ij}\sigma_{ij}}\psi_{\mathrm{R}}$.一般旋量到左手与右手旋量的投影操作,会将分量数减为原来的一半,从而我们得到一个重要结论:$SO(2n)$ 的两个不可约旋量表示是 2^{n-1} 维的.(说服你自己这些表示无法再进一步约化了.)特别地,$SO(10)$ 的旋量表示是 $2^{10/2-1} = 2^4 = 16$ 维的.待会儿便能看到 $SU(5)$ 的 5^* 与 10 表示能被统一到 $SO(10)$ 的 16 表示中.

嵌幺正于正交

幺正群 $SU(5)$ 能被自然地嵌入正交群 $SO(10)$ 中.这里会证明将 $SU(n)$ 嵌入 $SO(2n)$ 就如同扩充复数域 $z = x + \mathrm{i}y$ 一般简单.

考虑 $2n$ 维实矢量 $\boldsymbol{x} = (x_1, \cdots, x_n, y_1, \cdots, y_n)$ 与 $\boldsymbol{x}' = (x_1', \cdots, x_n', y_1', \cdots, y_n')$.由定义知道,$SO(2n)$ 是由这两个实矢量上的线性变换组成的,该变换保持二矢量标积 $\boldsymbol{x} \cdot \boldsymbol{x}' = \sum_{j=1}^{n}(x_j'x_j + y_j'y_j)$ 不变.

现在抛开实矢量的陈旧视角,构造两个 n 维复矢量 $z = (x_1 + \mathrm{i}y_1, \cdots, x_n + \mathrm{i}y_n)$ 与 $z' = (x_1' + \mathrm{i}y_1', \cdots, x_n' + \mathrm{i}y_n')$.群 $U(n)$ 则由两个 n 维复矢量 z, z' 上的变换构成,该变换保持 z 与 z' 标积不变:

$$(z')^* z = \sum_{j=1}^{n} (x'_j + \mathrm{i}y'_j)^* (x_j + \mathrm{i}y_j)$$

$$= \sum_{j=1}^{n} (x'_j x_j + y'_j y_j) + \mathrm{i} \sum_{j=1}^{n} (x'_j y_j - y'_j x_j)$$

换句话说，$SO(2n)$ 的变换保持 $\sum_{j=1}^{n} (x'_j x_j + y'_j y_j)$ 不变，而由 $SO(2n)$ 中变换的子集构成的 $U(n)$ 变换则不仅保持 $\sum_{j=1}^{n} (x'_j x_j + y'_j y_j)$ 不变，同时也保持 $\sum_{j=1}^{n} (x'_j y_j - y'_j x_j)$ 不变.

现在我们了解了 $U(n)$ 到 $SO(2n)$ 的自然嵌入，不难发现在约束到 $U(n)$ 时，$SO(2n)$ 的定义或矢量表示(我们将简称其为 $2n$)会分解为 $U(n)$ 的两个定义表示 n 与 n^*，从而

$$2n \rightarrow n + \bigoplus n^* \tag{7.112}$$

也就是说，$(x_1, \cdots, x_n, y_1, \cdots, y_n)$ 也可以写作 $(x_1 + \mathrm{i}y_1, \cdots, x_n + \mathrm{i}y_n)$ 以及 $(x_1 - \mathrm{i}y_1, \cdots, x_n - \mathrm{i}y_n)$. 这其实就是式(7.73)将 $SU(5)$ 的定义表示分解为 $SU(3) \otimes SU(2) \otimes U(1)$ 表示的类比：

$$5 \rightarrow \left(3^*, 1, \frac{1}{3}\right) \oplus \left(1, 2, -\frac{1}{2}\right) \tag{7.113}$$

由分解定律式(7.112)，我们现在可以确定 $SO(2n)$ 的其他表示在约束到自然子群 $U(n)$ 时是如何分解的. $SO(2n)$ 的张量表示很简单，因为就是由矢量表示构造得到的.(这正是我们在式(7.73)到式(7.76)~式(7.78)中做过的.) 比方，$SO(2n)$ 的伴随表示具有 $2n(2n-1)/2 = n(2n-1)$ 维，并以一个反对称二指标张量 $2n \otimes_A 2n$ 的方式变换，根据式(7.112)知道，它可以分解为

$$2n \otimes_A 2n \rightarrow (n + \bigoplus n^*) \otimes_A (n \bigoplus n^*) \tag{7.114}$$

右侧的反对称积 $\otimes_A$ 当然是由 $U(n)$ 给出的. 比如 $n \otimes_A n$ 就是 $U(n)$ 的 $n(n-1)/2$ 表示. 用这种方法我们发现：

$$n(2n-1) \rightarrow n^2 - 1 (\text{伴随})$$
$$\bigoplus 1 (\text{单态})$$
$$\bigoplus [n(n-1)]/2$$
$$\bigoplus [n(n-1)/2]^*$$

作为验证,右侧 $U(n)$ 表示总维数,总计为 $(n^2-1)+1+2n(n-1)/2=n(2n-1)$.特别地,对 $SO(10)\supset SU(5)$ 有 $45\rightarrow24\oplus1\oplus10\oplus10^*$,显然,$24+1+10+10=45$.

旋量分解

　　理解 $SO(2n)$ 的旋量表示在约束到 $U(n)$ 时如何分解要稍难一些.这里给出一个能令大多数物理学家满意,但数学家们通常都不太能接受的启发性的论证.本书只讨论 $SO(10)\supset SU(5)$ 的例子,一般情形则留给读者自行思考.问题在于 16 表示是如何变得四分五裂的.仅从命理学以及 $SU(5)$ 较小表示的维数 $(1,5,10,15)$,我们便能发现实现前述分解只有非常有限的可能性,其中一部分还是不太可能实现的,例如将 16 表示分解为 16 个 1 表示.

　　将 $SO(10)$ 的旋量表示 16 分解为 $SU(5)$ 的一系列表示.由定义知,$SO(10)$ 的 45 个生成元会将这些表示全部拼凑到一起.我们需要知道的便是 45 个生成元的不同部分,也就是 $24\oplus1\oplus10\oplus10^*$ 是如何对这些表示产生作用的.

　　显然,生成元 24 对 $SU(5)$ 中的每个表示都是单位变换,这是因为它们正对应 $SU(5)$ 的 24 个生成元,变换方式也与原本的生成元的作用相同.生成元 1 会为每个表示赋予一个实数乘子.(或者说,其相应群元会为每个表示乘上一个相因子.)

　　而 10 生成元是如何对这些表示产生作用的呢?回想 7.5 节的内容,我们知道 10 是由具有两个上指标的反对称张量表示的,可以写作[2]表示.假设 S 破缺得到的一系列表示包含 $SU(5)$ 单态[0]=1,那么 10=[2]作用在[0]上则给出[2]=10.(这实在是再显然不过了!一个带有二指标的反对称张量与一个无指标张量结合必然是一个二指标反对称张量.)那么 10=[2]作用到[2]上时又如何呢?所得结果自然是具有四个上指标的张量.这个张量当然是包含[4]表示的,其等价于[1]* = 5*.注意 $1\oplus10\oplus5^*$ 已经加到了 16,所以我们已经考虑了所有可能的表示组合,不会再有其余的可能性了.从而可以推断

$$S^+\rightarrow[0]\oplus[2]\oplus[4]=1\oplus10\oplus5^* \tag{7.115}$$

$SU(5)$ 的 5* 表示及 10 表示恰好容纳进了 $SO(10)$ 的 16+ 表示!

　　我们待会将学到 $SO(10)$ 的两个旋量表示是互相共轭的.其实你可能已经注意到我悄悄地在 S 上放了一个上标+.其共轭旋量 S^- 会分解为式(7.115)中表示的共轭表示:

$$S^-\rightarrow[1]\oplus[3]\oplus[5]=5\oplus10^*\oplus1^* \tag{7.116}$$

失落已久的反中微子

如果再引入一个以 1 表示变换的场,也就是 $SU(5)$ 单态(当然一定也是 $SU(3)\otimes SU(2)\otimes U(1)$ 中的单态),我们就能再次实现表示的完美契合.换言之,该场不参与强、弱抑或电磁相互作用,用小学生能听懂的中文来说就是:它描述了一个无电荷且不参与已知的弱相互作用的轻子.所以这个场就可以被认为是那"失落已久"的反中微子场 ν_L^c. 这家伙是从不听任何已知的规范玻色子的命令的.

还记得我们之前约定了所有费米子场都是左手旋的,所以在那里已经给出了 ν_L^c. 由之前提到的共轭变换可以得到,该场等价于右手旋中微子场 ν_R.

由于 ν_R 是一个 $SU(5)$ 单态,可以为其赋予一个不破缺 $SU(5)$ 的马约拉纳质量 M. 因此 M 需要比同量级的 $SU(5)$ 破缺质量标度更大,而我们在 7.5 节中已经知道后者比实验可探测的质量标度要大得多,这解释了为什么 ν_R 直至今日也未曾被观测到.

另一方面,存在 ν_R 的话会有相应的狄拉克质量项 $m(\bar{\nu}_L \nu_R + \text{h.c.})$. 与我们知道的夸克及轻子质量项一样,由于这一项会破缺 $SU(2)\otimes U(1)$ 对称,所以我们希望 m 是与已知的夸克及轻子质量是同量级[①]的(后二者由于未知原因,质量相差极大).

因此在由 (ν, ν^c) 张成的空间中,我们有(马约拉纳)质量矩阵:

$$\mathcal{M} = \begin{pmatrix} 0 & m \\ m & M \end{pmatrix} \tag{7.117}$$

其中,$M \ll m$. 由于 $\mathcal{M}$ 的迹与行列式分别为 M 与 $-m^2$,$\mathcal{M}$ 会有一个较大的特征值 $\sim M$ 与一个较小的特征值 $\sim m^2/M$. 较小的质量本征值 $\sim m^2/M$ 便是由(已观测到的)左手旋中微子自然产生的,相对于一般的夸克与轻子质量,该质量是被因子 m/M 所压低的.这种颇具吸引力的机制因其性质得名为跷跷板机制,闵可夫斯基、格拉肖、稍晚一些的柳田,以及盖尔曼、拉蒙与斯兰斯基分别独立地发现了该机制.

从 $SU(5)$ 的 5^* 与 10 表示到 $SO(10)$ 的 16^+ 表示,又一次紧凑而完美的契合,使许多物理学家确信了大统一的想法一定是正确的.

---

① 准确地说,在存在 ν_R 的情况下,我们可以在 7.2 节的 $SU(2)\otimes U(1)$ 理论中添加 $f'\bar{\varphi}\nu_R\psi_L$ 项,该项中 $\bar{\varphi} \equiv \bar{\tau}^2\varphi^\dagger$. 由于目前没有任何冲突的迹象,因此我们可以假定 f' 是与给出电子质量的耦合 f 是同量级的.

世界的二进制代码

给定如式(7.107)与式(7.108)中张量积形式的 γ 矩阵以及相应的 σ_{ij},可以得到旋量表示的态如下:

$$| \epsilon_1 \epsilon_2 \cdots \epsilon_n \rangle \tag{7.118}$$

其中每个 ϵ 的取值都为 ± 1. 举个例子,对于 $n = 1$, $\tau_1 | + \rangle = | - \rangle$ 且 $\tau_1 | - \rangle = | + \rangle$,而 $\tau_2 | + \rangle = \mathrm{i} | - \rangle$, $\tau_2 | - \rangle = -\mathrm{i} | + \rangle$. 由式(7.110)不难发现

$$\gamma^{\mathrm{FIVE}} | \epsilon_1 \epsilon_2 \cdots \epsilon_n \rangle = \left(\prod_{j=1}^{n} \epsilon_j \right) | \epsilon_1 \epsilon_2 \cdots \epsilon_n \rangle \tag{7.119}$$

右手旋量 S^+ 由满足 $\left(\prod_{j=1}^{n} \epsilon_j \right) = +1$ 的 $| \epsilon_1 \epsilon_2 \cdots \epsilon_n \rangle$ 态组成,而左手旋量 S^- 则由满足 $\left(\prod_{j=1}^{n} \epsilon_j \right) = -1$ 的相应态组成. 实际上,这里的旋量表示正是 2^{n-1} 维的.

所以在 $SO(10)$ 大统一中基本夸克与轻子可以被五比特的二进制码所表示,分别具有如 $| + + - - + \rangle$ 及 $| - + - - - \rangle$ 的态. 个人而言,我想这相当漂亮地描绘了我们眼前的世界.

现在让我们具体地处理这些态,这也能让我有机会确认你们真的理解了本章中出现的群论. 首先从较简单的 $SO(4)$ 开始考虑,旋量 S^+ 由 $| + + \rangle$ 与 $| - - \rangle$ 构成而 S^- 由 $| + - \rangle$ 及 $| - + \rangle$ 构成. 在 2.3 节中曾讨论过, $SO(4)$ 包含了两个独立的 $SU(2)$ 子群. 从 2.3 节的讨论中去掉一些与 i 有关的因子可以发现 $SU(2)$ 的第三个生成元——也就是 σ_3 ——可以表示为 $\sigma_{12} - \sigma_{34}$ 或 $\sigma_{12} + \sigma_{34}$. 两种选择分别对应了两个不同的 $SU(2)$ 子群. (任意地)选取 $\sigma_3 = \frac{1}{2}(\sigma_{12} - \sigma_{34})$. 由式(7.107)与式(7.108)有 $\sigma_{12} = \mathrm{i} \gamma_1 \gamma_2 = \mathrm{i}(\tau_1 \otimes \tau_3) \cdot (\tau_2 \otimes \tau_3) = -\tau_3 \otimes 1$ 以及 $\sigma_{34} = -1 \otimes \tau_3$,从而 $\sigma_3 = \frac{1}{2}(-\tau_3 \otimes 1 + 1 \otimes \tau_3)$. 要知道 4 个态 $| + + \rangle$, $| - - \rangle$, $| + - \rangle$ 与 $| - + \rangle$ 在我们选取的 $SU(2)$ 中如何变换,可以令 σ_3 作用于各个态观察其变化. 例如,

$$\sigma_3 | ++ \rangle = \frac{1}{2}(-\tau_3 \otimes 1 + 1 \otimes \tau_3) | ++ \rangle = \frac{1}{2}(-1 + 1) | ++ \rangle = 0$$

而

$$\sigma_3 \,|-+\rangle = \frac{1}{2}(-\tau_3 \otimes 1 + 1 \otimes \tau_3) \,|-+\rangle = \frac{1}{2}(1+1) \,|-+\rangle = |-+\rangle$$

可以发现,在 $SU(2)$ 中 $|++\rangle$ 与 $|--\rangle$ 就是两个单态,而 $|+-\rangle$ 与 $|-+\rangle$ 则共同构成双重态.

这与式(7.115)和式(7.116)的推广版本是自洽的,就是说只要约束 $SO(2n)$ 到 $U(n)$,旋量就会分解为

$$S^+ \to [0] \oplus [2] \oplus \cdots \tag{7.120}$$

与

$$S^- \to [1] \oplus [3] \oplus \cdots \tag{7.121}$$

这里没有写明两个分解序列会持续到哪里为止,因为动量反射表明这取决于 n 是奇还是偶. 在我们讨论的例子中,对于 $n=2$,$2^+ \to [0] \oplus [2] = 1 \oplus 1$,$2^- \to [1] = 2$. 类似地,对于 $n=3$,将 $SO(6)$ 约束至 $U(3)$ 后,$4^+ \to [0] \oplus [2] = 1 \oplus 3^*$,$4^- \to [1] \oplus [3] = 3 \oplus 1$.(对于 $U(3)$ 的三重表示,哪一个定为 3 以及哪一个定为 3^*,是以与习惯用法保持一致为基准决定的,稍后我们便会看到.)

现在可以准备计算 $SO(10)$ 统一中诸如 $|++-+\rangle$ 的 16 个态的相关等式了. 首先式(7.119)表明在 $SO(10)$ 的子群 $SO(4) \otimes SO(6)$ 中旋量 16^+ 分解如下$\Big($因为 $\prod\limits_{j=1}^{5} \epsilon_j = +$

1 意味着 $\epsilon_1 \epsilon_2 = \epsilon_3 \epsilon_4 \epsilon_5$$\Big)$:

$$16^+ \to (2^+, 4^+) \oplus (2^-, 4^-) \tag{7.122}$$

我们认为 $SO(4)$ 的自然子群 $SU(2)$ 就是电弱相互作用的 $SU(2)$ 群,而 $SO(6)$ 的自然子群 $SU(3)$ 则正是强相互作用的带色 $SU(3)$ 群. 从而由之前的讨论知道,$(2^+, 4^+)$ 就是标准模型 $U(1) \otimes SU(2) \otimes SU(3)$ 的 $SU(2)$ 单态,而 $(2^-, 4^-)$ 则为其 $SU(2)$ 双重态. 具体表示如下(所有场均为左手旋的):

$SU(2)$ 双重态:

$\nu = |-+---\rangle$

$e^- = |+----\rangle$

$u = |-+++-\rangle$,$|-++-+\rangle$ 及 $|-+-++\rangle$

$d = |+-++-\rangle$,$|+-+-+\rangle$ 及 $|+--++\rangle$

$SU(2)$单态：

$$v^c = |+++++\rangle$$

$$e^+ = |--+++\rangle$$

$$u^c = |+++--\rangle,\ |++-+-\rangle\ \text{及}\ |++--+\rangle$$

$$d^c = |--+--\rangle,\ |---+-\rangle\ \text{及}\ |----+\rangle$$

我向你保证计算这些态是非常有意思的事情,并且建议你不看上面的结果,试着自己重新构造出它们.如果需要帮助的话这里有些小提示,在对 $SU(2)$ 的讨论中,你知道了 $v = |-+\epsilon_3\epsilon_4\epsilon_5\rangle$,但怎么得到 $\epsilon_3 = \epsilon_4\epsilon_5 = 1$ 呢? 首先你知道 $\epsilon_3\epsilon_4\epsilon_5 = -1$,也知道在约束 $SO(6)$ 得到带色 $SU(3)$ 群时 $4^- \to 3\oplus 1$. 很好,那么在 $|---\rangle$, $|++-\rangle$, $|+-+\rangle$ 以及 $|-++\rangle$ 四个态中,让"最与众不同者出列"就显然会得到 $|---\rangle$. 利用同样的启发性论证,在 16 个可能的态中"最与众不同者"就应该是 $|+++++\rangle$,也就对应了 v^c.

检验自洽性的方法有很多.比如,只要给出 $v = |-+---\rangle$, $e^- = |+----\rangle$ 以及 $v^c = |+++++\rangle$,就能计算电荷 Q,由于电荷在带色 $SU(3)$ 群中以单态方式变换,在作用到态 $|\epsilon_1\epsilon_2\epsilon_3\epsilon_4\epsilon_5\rangle$ 时,其值必然为 $Q = a\epsilon_1 + b\epsilon_2 + c(\epsilon_3 + \epsilon_4 + \epsilon_5)$. 常数 a,b 与 c 可以由三个方程 $Q(v) = -a + b - 3c = 0$, $Q(e) = -1$,以及 $Q(v^c) = 0$ 来确定,从而得到

$$Q = -\frac{1}{2}\epsilon_1 + \frac{1}{6}(\epsilon_3 + \epsilon_4 + \epsilon_5).$$

生活在计算机时代的我,时常觉得物质的基本组分竟然有 5 个比特之多是一件非常有趣的事情.你可以和你的凝聚态同事们说他们所钟爱的电子其实是由 2 个字符串 $+----$ 和 $--+++$ 所组成的.这种有趣的可能性暗示着[1],夸克与轻子本身也许是由五个不同的基本的费米子型的物质成分构成的.多个比特在一起构成了复合态,+ 表示该成分存在,而 - 则表示该成分不存在.举个例子,在之前提到的 Q 的表达式中,我们发现成分 1 带电荷 $-\frac{1}{2}$,成分 2 是电中性的,而成分 3,4 与 5 均带电荷 $\frac{1}{6}$.我们甚至可以想象一个将这些基本费米子型物质都绑定到一个磁单极子上的具体模型.

最后强调一句,以 16^- 表示变换的粒子,比如 $|+-+++\rangle$,迄今为止还从未被实验观测到.

对代起源的推测

粒子物理的一大未解之谜便是代际问题.为什么夸克与轻子会来自 $\{v_e, e, u, d\}$,

---

① 更详细的内容可参见：Wilczek F, Zee A. Families from Spinors[J]. Phys. Rev. D,1982,25:533-565.(Section Ⅳ).

$\{v_\mu, u, c, s\}$ 以及 $\{v_\tau, \tau, t, b\}$ 三代呢？将此实验事实纳入我们今天的粒子理论中的方式可以说是令人悲哀的：我们只是重复地写下了三部的费米子拉格朗日量,除此之外的物理都是一无所知. 三代粒子在一起生活引发了令人困扰的代际问题.

从二进制代码的视角出发,我们可以得到一个可能解决代际问题的近乎疯狂的猜想(也许不应该在一本教科书中提到这件事情？因为猜测的成分太多了)：多添加一些比特码. 在我看来,比较合理的可能性是将 $SO(10)$ "超统一" 进一个 $SO(18)$ 理论,将所有的费米子统一进一个单独的旋量表示 $S^+ = 256^+$,一旦 $SO(18)$ 破缺至 $SO(10) \otimes SO(8)$,该表示将分解如下：

$$256^+ \rightarrow (16^+, 8^+) \bigoplus (16^-, 8^-) \tag{7.123}$$

我们有许许多多的 16^+ 表示. 但令人不高兴的是,群论表明(亦可见式(7.122))在产生 16^+ 表示的同时,也会出现一堆我们不希望出现的 16^- 表示. 一个猜测是自然可能重复了它对带色 $SU(3)$ 曾做过的操作,即在 $SU(3)$ 中强相互作用会使非色单态的场禁闭(见 7.3 节). 有趣的是,人们发现 $SO(8)$ 有一个令人啧啧称奇的性质,这也是一部分研究者认为它是所有群中最漂亮的一个的原因. 特别地,两个旋量表示 $8^\pm$ 与矢量表示 8^v (方程 $2^{n-1} = 2n$ 有唯一解 $n = 4$)具有相同维数. 三个表示 $8^+, 8^-$ 与 8^v 可以通过循环的旋转变换互相转化(用术语来说, $SO(8)$ 群容许一个外自同构),从而存在 $SO(8)$ 的一个子群 $SO(5)$ 使得在破缺 $SO(8)$ 至 $SO(5)$ 时, 8^+ 会以类似 8^v 的方式变换而 8^- 以旋量方式变换,即

$$8^+ \rightarrow 5 \bigoplus 1 \bigoplus 1 \bigoplus 1 \quad 及 \quad 8^- \rightarrow 4 \bigoplus 4^* \tag{7.124}$$

如果把该子群[1]称作 $SO(5)$ 超色,同时假定与之相对应的强相互作用会将所有非超色单态的场禁闭起来,那么就只剩下三个 16^+ 表示了！但不幸的是,由于与之相关的物理发生在比大统一能区还要高一些的地方,而我们对于那里的对称破缺动力学还知之甚少,所以无法做出进一步的陈述.

电荷共轭

这里使用的 $\otimes$ 乘积允许我们显式地构造出共轭矩阵 C. 由定义知, $C^{-1}\sigma_{ij}^* C = -\sigma_{ij}$ (所以 C 由 $e^{i\theta_{ij}\sigma_{ij}}$ 变换为其复共轭.) 由式(7.104)、式(7.105)及式(7.106)可以构造：

---

① 精通群论的读者会意识到 $SO(5)$ 是与辛群 $Sp(4)$ 同构的,同时 $SO(8)$ 的邓肯图是所有图中对称性最高的.

$$C^{n+} = \begin{cases} C^n \otimes \tau_1, & n \text{ 为奇数} \\ C^n \otimes \tau_2, & n \text{ 为偶数} \end{cases} \tag{7.125}$$

可以验证上述构造能够给出 $C^{-1}\gamma_j^* C = (-1)^n \gamma_j$ 以及电荷共轭矩阵应当满足的其他结果.

显然,C 就是由 τ_1 与 τ_2 序列的直积构成的,从而我们可以推导出一条重要性质.令 C 作用于 $|\epsilon_1\epsilon_2\cdots\epsilon_n\rangle$,它将使所有 ϵ 的符号都改变.所以 C 会在 n 为奇数时改变 $\prod_{j=1}^{n} \epsilon_j$ 的符号,而 n 为偶数时则不影响.n 为奇数时,两个旋量表示 S^+ 与 S^- 互为共轭,而当 n 为偶数时,它们都与其自身共轭.换句话说,它们都是实的.这也可以由 $C^{-1}\gamma^{\text{FIVE}}C = (-1)^n\gamma^{\text{FIVE}}$ 直接得到.你可以对所有我们已经遇到过的具体例子验证上述结论,比如 $SO(2)$,$SO(4)$,$SO(6)$,$SO(8)$,$SO(10)$ 与 $SO(18)$.也可以去完成习题 7.7.3.

反常

在 $SO(2n)$ 中,反常会如何呢? 根据之前在 7.5 节中的讨论,我们必须对所有费米子表示计算 $A^{ijklmn}\equiv\text{tr}\,(J^{ij}\{J^{kl},J^{mn}\})$ 的值.

利用 $SO(2n)$ 变换 $J^{ij} \rightarrow O^T J^{ij} O$ 可以发现 A^{ijklmn} 是一个不变张量.那么能否在 $SO(2n)$ 中构造一个具有合适对称性质(比如 $A^{ijklmn} = -A^{jiklmn}$)的不变 6-指标张量呢? 答案是除了在有 ϵ^{ijklmn} 的 $SO(6)$ 中,我们都无法实现上述构造.所以除了在 $SO(6)$ 中 A^{ijklmn} 与 ϵ^{ijklmn} 成比例以外,它都是为零的.我们用一行论述优雅地证明了基于 $SO(2n)$ $(n \neq 3)$ 的任意大统一理论都是无反常的!

现在看来,7.5 节末证明的 5^* 与 10 表示下反常相消也并不是奇迹一般的事情了.在我们增进了对某项事物的理解后,那些所谓的奇迹往往会被智慧的曜斑所掩藏.

好玩的是我们明明在讨论一个物理问题——一个规范理论是否可重整,但却涉及了一些纯数学的内容.是什么使得 $SO(6)$ 如此特殊呢? 去看看习题 7.7.5 吧.

习题

7.7.1 写出 d 维空间(d 为奇数)中的克利福德代数.

7.7.2 写出 d 维闵可夫斯基空间中的克利福德代数.

7.7.3 证明 $d=4k$ 与 $d=4k+2$ 的克利福德代数有一些不同的性质.(如果你对这个问题以及之后的两个练习需要一些提示,可以看看弗兰克·维尔切克与徐一鸿所撰的 Phys.Rev.D25:553,1982.)

7.7.4 讨论 $SO(10)$ 的希格斯部分的物理含义.你需要什么来赋予夸克与轻子质量?

7.7.5 $SO(6)$ 群有 $6(6-1)/2=15$ 个生成元.注意 $SU(4)$ 群也具有 $4^2-1=15$ 个生成元.你大概会怀疑 $SO(6)$ 与 $SU(4)$ 是同构的,证实你的猜测并确定一些低维表示.

7.7.6 证明我们在 $SO(18)$ 中得到的代数与被当作超色的 $SO(8)$ 子群的选取是有关的(这是一件悲伤的事情).

7.7.7 如果想成为一个弦理论学家,你应该对各种维度下的狄拉克方程都非常熟悉,尤其是 10 维的.首先来热热身,试着研究一下二维时空的狄拉克方程.接着继续研究 10 维时空中的狄拉克方程.

第 8 章

引力和超越引力

8.1　引力场论与卡卢扎-克莱因图像

引入引力

上一代人写的场论书一般不提引力.引力相互作用,相比其他三种相互作用太弱,所以经常被粒子物理学家忽略.今天我们迎来了引力的"复仇":当今高能物理理论的主要动力就是把引力和其他三种相互作用统一起来.而弦论是统一理论的一个主要候选.

在广义相对论的课堂上,你会学到用爱因斯坦-希尔伯特作用量描述的引力:

$$S = \frac{1}{16\pi G}\int \mathrm{d}^4 x \sqrt{-g}\,R \equiv \int \mathrm{d}^4 x \sqrt{-g}\,M_{\mathrm{P}}^2 R \tag{8.1}$$

这里 $g = \det g_{\mu\nu}$ 是弯曲时空的度规 $g_{\mu\nu}$ 的行列式,R 是曲率标量,G 是牛顿常数.提醒一下,黎曼曲率张量为

$$R^{\lambda}_{\mu\nu\kappa} = \partial_{\nu}\Gamma^{\lambda}_{\mu\kappa} - \partial_{\kappa}\Gamma^{\lambda}_{\mu\nu} + \Gamma^{\sigma}_{\mu\kappa}\Gamma^{\lambda}_{\nu\sigma} - \Gamma^{\sigma}_{\mu\nu}\Gamma^{\lambda}_{\kappa\sigma} \tag{8.2}$$

是从黎曼-克里斯托费尔符号构造而来的:(回忆一下 1.11 节)

$$\Gamma^{\lambda}_{\mu\nu} = \frac{1}{2}g^{\lambda\rho}(\partial_{\nu}g_{\rho\mu} + \partial_{\mu}g_{\rho\nu} - \partial_{\rho}g_{\mu\nu}) \tag{8.3}$$

里奇张量的定义是 $R_{\mu\kappa} = R^{\nu}_{\mu\nu\kappa}$,曲率标量是 $R = g^{\mu\nu}R_{\mu\nu}$.通过对 S 做变分[1]可以得到爱因斯坦场方程:

$$R_{\mu\nu} - \frac{1}{2}g_{\mu\nu}R = -8\pi G T_{\mu\nu} \tag{8.4}$$

如果想要作用量对坐标变换不变,且包含对时空导数的二次项,则可以唯一确定爱因斯坦-希尔伯特作用量.正如式(8.2)和式(8.3)中所见,曲率标量 R 包含导数的二次项和无量纲的 $g_{\mu\nu}$,因此它的质量量纲是 2.于是 G^{-1} 的量纲也必须是 2.式(8.1)的第二个形式强调了这一点,在现代引力理论中也更为人们所青睐.(修正的普朗克质量 $M_{\mathrm{P}} = 1/\sqrt{16\pi G}$ 和普通的普朗克质量相差了一个无关紧要的常数因子,正如 h 和 $\hbar$ 的区别.)

广义相对论来自爱因斯坦对时空曲率的深刻思想,其理论构造也明确建立在几何概念之上.在许多教科书中,爱因斯坦的理论(无比正确地)由纯粹的几何项所表达.

但另一方面,正如我在 1.6 节中暗示的那样,引力也可以和其他相互作用类似处理.毕竟引力子也可能被看作一种基本粒子,就像光子那样.但是作用量(见式(8.1))看起来一点儿也不像我们之前学过的场论.之后会让你看到,实际上这是同一种结构.

引力的场论表述

我们先写下 $g_{\mu\nu} = \eta_{\mu\nu} + h_{\mu\nu}$,这里 $\eta_{\mu\nu}$ 是平直的闵可夫斯基时空度规,而 $h_{\mu\nu}$ 是与平直度规的偏离.把作用量以 $h_{\mu\nu}$ 展开.为了不陷入洛伦兹指标的汪洋大海,让我们先省略这些指标.仅仅从曲率标量 R 的定义中有两个导数 ∂,我们就可以看到拉格朗日量的展

---

[1] 参见 S. Weinberg, *Gravitation and Cosmology*, p.364.

443

开在扔掉所有全散度项后必须有这样的简写形式：

$$S = \int d^4 x \, \frac{1}{16\pi G} (\partial h \partial h + h \partial h \partial h + h^2 \partial h \partial h + \cdots) \tag{8.5}$$

正如在 1.11 节中标注的那样，$h_{\mu\nu}$ 描述了平坦时空中的引力子，它将被和其他场一样处理．第一项 $\partial h \partial h$ 主导了引力子怎样传播，和标量场的第一项 $\partial\psi\partial\psi$ 或光子场的 $\partial A\partial A$ 在概念上没有什么区别．h 的立方及高阶项则决定了引力子的自相互作用．

爱因斯坦-希尔伯特作用量在弱场下的展开在结构上使人想起杨-米尔斯作用量，其简写形式为 $S = \int d^4 x (1/g^2)(\partial A\partial A + A^2\partial A + A^4)$．本书在 4.5 节中解释过，我们很物理地理解了杨-米尔斯玻色子的自相互作用：玻色子自己携带了可以相互耦合的荷．我们可以类似地理解引力子的自相互作用：引力子可以和任何携带能量与动量的东西耦合，它们自己当然也携带了能量与动量．与之相反的是光子并不与自己耦合．

我们说杨-米尔斯理论与爱因斯坦的理论是非线性的，而麦克斯韦的理论则是线性的．前者难一些，后者则简单一些．但是当杨-米尔斯作用量终止于某一项，爱因斯坦-希尔伯特作用量却因为 $\sqrt{-g}$ 以及 $g_{\mu\nu}$ 的逆的存在，成为引力场 $h_{\mu\nu}$ 的无穷级数．

另一个主要的区别是杨-米尔斯理论是可重整的，引力理论则因不可重整而臭名昭著，像我们在 3.2 节中做量纲分析时讨论的那样．我们现在马上就要直接明了地看到这一点了．考虑图 8.1(a) 所示的引力子传播子的自能修正，我们可以看到式(8.5)的第二项中三引力子的耦合也有两个动量项．因此费曼积分是 $\int d^4 k \, (kkkk/k^2 k^2)$，分子上有从两个顶点而来的 k 的四次项，分母也有从传播子而来的四次项．拿掉两个动量来得到 $\partial h \partial h$ 的系数，我们可以看到 $1/G$ 的修正是二次发散的．因为耦合中直接的动量幂次，这个发散会随着我们展开到更高阶而越来越差．把图 8.1(b) 与图 8.1(a) 比较，我们多了三个传播子，相当于 $\sim 1/k^6$，多了一个圈积分 $\int d^4 k$，但多了两个顶点 $\sim k^4$．于是发散程度升了两个．当然，我们已经在量纲分析时就认识到这一点了．

(a)　　　　　　　　　　(b)

图 8.1

像 1.11 节提到的那样，基本定义

$$T^{\mu\nu}(x) = -\frac{2}{\sqrt{-g}}\frac{\delta S_M}{\delta g_{\mu\nu}(x)}$$

告诉了我们引力与物质的耦合（在弱场近似下）可以通过引入

$$-\int \mathrm{d}^4 x \, \frac{1}{2} h_{\mu\nu} T^{\mu\nu} \tag{8.6}$$

被包含进作用量，这里 $T_{\mu\nu}$ 是世界上所有物质场（在平直时空中）的能量动量张量，任何一个非引力场的场都可以是物质场．因此，加入物质后式(8.5)被修正后简写为[①]

$$S = \int \mathrm{d}^4 x \left[\frac{1}{16\pi G}(\partial h \partial h + h \partial h \partial h + h^2 \partial h \partial h + \cdots) + (hT + \cdots)\right] \tag{8.7}$$

在 4.5 节中提到，我们可以通过一个平凡的重新标度 $A \to gA$，来把杨-米尔斯理论换成麦克斯韦理论中常用的符号约定．类似地，我们也可以通过重新标度 $h_{\mu\nu} \to \sqrt{G} h_{\mu\nu}$ 来把爱因斯坦理论换成相同的符号约定，这样作用量就变成（简单起见我们把 16π 吸收进 G 里）

$$S = \int \mathrm{d}^4 x (\partial h \partial h + \sqrt{G} h \partial h \partial h + G h^2 \partial h \partial h + \cdots + \sqrt{G} hT)$$

我们直接看到 $\sqrt{16\pi G} = 1/M_{\mathrm{P}}$ 衡量了引力子与自身及其他场的耦合强度．再重复一次，M_{P} 是如此之大（比如跟强相互作用的尺度比起来），以至于引力是这样弱．

这里我们在平直度规下展开 $g_{\mu\nu}$，但也可以在 $\bar{g}_{\mu\nu}$，一个弯曲度规下展开 $g_{\mu\nu} = \bar{g}_{\mu\nu} + h_{\mu\nu}$，例如一个黑洞（见 5.7 节）．

确定弱场作用量

结束了省略指标的分析，我们已经准备好处理指标了．我们想要确定式(8.7)中的第一项 $\partial h \partial h$，以便得到引力子的传播子．因此，要把作用量 $S \equiv M_{\mathrm{P}}^2 \int \mathrm{d}^4 x \sqrt{-g}\, g^{\mu\nu} R_{\mu\nu}$ 展开到 h^2 项．从式(8.2)和式(8.3)中，我们看到里奇张量 $R_{\mu\nu}$ 从 $O(h)$ 开始非零，所以对

---

① 如果这是为了表达 S 对 h 的展开，那么严格来说，若我们写下了爱因斯坦-希尔伯特作用量的立方项和四次方项，我们也应该写出 $T^{\mu\nu}(x) = -(2/\sqrt{-g})\delta S_{\mathrm{M}}/\delta g_{\mu\nu}(x)$ 中所含的 h 的更高阶项．

$\sqrt{-g}\,g^{\mu\nu}$ 只需要估计到 $O(h)$ 就足够了. 那很简单: 像在 1.11 节中已经见过的那样, $g = -[1 + \eta^{\mu\nu}h_{\mu\nu} + O(h^2)]$ 和 $g^{\mu\nu} = \eta^{\mu\nu} - h^{\mu\nu} + O(h^2)$, 所以 $\sqrt{-g}\,g^{\mu\nu} = \eta^{\mu\nu} - h^{\mu\nu} + \frac{1}{2}\eta^{\mu\nu}h + O(h^2)$, 这里我们定义 $h \equiv \eta^{\mu\nu}h_{\mu\nu}$. 我们现在必须从式(8.2)与式(8.3)出发计算 $R_{\mu\nu}$ 到 $O(h^2)$, 一个直接但乏味的任务.

为了和整本书的精神保持一致, 即尽量避免无聊的计算, 现在教你怎么绕开这个问题. 那就是向对称性求助!

在一般的坐标变换 $x^\mu \to x'^\mu = x^\mu - \varepsilon^\mu(x)$ 下, 度规变成 $g'^{\mu\nu} = (\partial x'^\mu/\partial x^\sigma)(\partial x'^\nu/\partial x^\tau)g^{\sigma\tau}$. 代入 $g^{\mu\nu} = \eta^{\mu\nu} - h^{\mu\nu} + \cdots$, 降低指标(对这一阶缩并 $\eta_{\mu\nu}$), 并利用 $(\partial x'^\mu/\partial x^\sigma) = \delta^\mu_\sigma - \partial_\sigma \varepsilon^\mu$, 把 $\partial_\mu \varepsilon_\nu$ 当作 $h^{\mu\nu}$ 的同阶小量, 我们可以发现

$$h'_{\mu\nu} = h_{\mu\nu} + \partial_\mu \varepsilon_\nu + \partial_\nu \varepsilon_\mu \tag{8.8}$$

注意, 这与电磁学中的规范变换 $A'_\mu = A_\mu - \partial_\mu \Lambda$ 有着结构上的相似性. 非常棒! 我们之后将在这个层面上更细节地探讨作为一种规范理论的引力理论.

我们现在来看作用量中 h 与 ∂ 的 2 次项. 洛伦兹不变量告诉我们共有 4 种可能(想看到这点, 先写下指标在两个 ∂ 上的项, 再写下一个指标在 ∂ 上, 一个在 h 上的项, 以此类推):

$$S = \int d^4 x \left(a \partial_\lambda h^{\mu\nu} \partial^\lambda h_{\mu\nu} + b \partial_\lambda h^\mu_\mu \partial^\lambda h^\nu_\nu + c \partial_\lambda h^{\lambda\nu} \partial^\mu h_{\mu\nu} + d h^\lambda_\lambda \partial^\mu \partial^\nu h_{\mu\nu} \right)$$

这里有 4 个未知常数: a, b, c 和 d. 现在用 $\delta h_{\mu\nu} = \partial_\mu \varepsilon_\nu + \partial_\nu \varepsilon_\mu$ 对 S 做变分, 然后尽情地分部积分. 例如:

$$\delta(\partial_\lambda h^{\mu\nu} \partial^\lambda h_{\mu\nu}) = 2[\partial_\lambda(2\partial^\mu \varepsilon^\nu)](\partial^\lambda h_{\mu\nu}) \text{``=''} 4\varepsilon^\nu \partial^2 \partial^\mu h_{\mu\nu}$$

由于共有三种对 h 线性、对 ε 线性并且只含 ∂ 立方的组合(除了上面我们已经展示的, 还有 $\varepsilon^\nu \partial^2 \partial_\nu h$ 和 $\varepsilon^\nu \partial_\nu \partial^\lambda \partial^\mu h_{\lambda\mu}$), 因此 $\delta S = 0$ 这个条件给出了 3 个等式, 它们恰好能够确定作用量到只差一个整体常数(对应于牛顿常数). 洛伦兹不变的组合结果是

$$\mathscr{I} \equiv \frac{1}{2}\partial_\lambda h^{\mu\nu} \partial^\lambda h_{\mu\nu} - \frac{1}{2}\partial_\lambda h^\mu_\mu \partial^\lambda h^\nu_\nu - \partial_\lambda h^{\lambda\nu} \partial^\mu h_{\mu\nu} + \partial^\nu h^\lambda_\lambda \partial^\mu h_{\mu\nu} \tag{8.9}$$

这样, 即使我们从没听说过爱因斯坦-希尔伯特作用量, 仍然可以在弱场近似下, 通过要求作用量在式(8.8)的变化下不变来确定引力的作用量. 这并不那么让人惊讶, 因为坐标变换的不变性决定了爱因斯坦-希尔伯特作用量. 当然, 能"从头开始"构造引力是很好的.

回到式(8.6)，我们现在可以把 S 的弱场展开写成

$$S_{\text{wfg}} = \int d^4 x \left(\frac{1}{32\pi G} \mathscr{I} - \frac{1}{2} h_{\mu\nu} T^{\mu\nu} \right)$$

而不用展开 R 到 $O(h^2)$. $\mathscr{I}$ 的系数是在我们重复普通的牛顿引力时被确定的(见后文).

引力子的传播子

正如我们在式(8.5)中预料的那样，作用量 S_{wfg} 确实有着和我们所学过的其他所有场论一样的二次项结构，按理来说引力子的传播子就只是微分算符的逆.但就像麦克斯韦和杨-米尔斯理论一样，爱因斯坦-希尔伯特中相关的微分算符并没有逆，因为式(8.8)中的"规范不变性".

没关系，我们已经发展了法捷耶夫-波波夫方法来处理这个困难.事实上，由于本书仅仅想讨论引力子在平直时空上的传播子，因此甚至不需要有鬼场的完整的法捷耶夫-波波夫形式.[①]说真的，回忆一下3.4节中的费曼规范($\xi = 1$)，我们只是在不变量里简单的加入了 $(\partial A)^2$：

$$\frac{1}{2} F^{\mu\nu} F_{\mu\nu} = \partial^\mu A^\nu (\partial_\mu A_\nu - \partial_\nu A_\mu)" = " - A^\mu \eta_{\mu\nu} \partial^2 A^\nu - (\partial A)^2$$

就能把最后一项消掉.求微分算符 $-\eta_{\mu\nu}\partial^2$ 的逆，我们就得到了费曼规范下的光子传播子 $-i\eta_{\mu\nu}/k^2$.我们对引力进行同样的"把戏".

从这里

$$\mathscr{I} = \frac{1}{2} \partial_\lambda h^{\mu\nu} \partial^\lambda h_{\mu\nu} - \frac{1}{2} \partial_\lambda h^\mu_{\ \mu} \partial^\lambda h^\nu_{\ \nu} - \partial_\lambda h^{\lambda\nu} \partial^\mu h_{\mu\nu} + \partial^\nu h^\lambda_{\ \lambda} \partial^\mu h_{\mu\nu}$$

出发一阵子之后，注意到通过加入 $\left(\partial^\mu h_{\mu\nu} - \frac{1}{2} \partial_\nu h^\lambda_{\ \lambda} \right)^2$，我们可以消掉 $\mathscr{I}$ 的最后两项，这样 S_{wfg} 就实际上变成了：

$$S_{\text{wfg}} = \int d^4 x \frac{1}{2} \left[\frac{1}{32\pi G} \left(\partial_\lambda h^{\mu\nu} \partial^\lambda h_{\mu\nu} - \frac{1}{2} \partial_\lambda h \partial^\lambda h \right) - h_{\mu\nu} T^{\mu\nu} \right] \tag{8.10}$$

---

① 这是因为式(8.8)中不含场 $h_{\mu\nu}$，就像麦克斯韦理论中那样，但是和杨-米尔斯理论不同.由于我们不打算计算量子引力中的圈图，因此我们不需要法捷耶夫-波波夫方法的全部力量.

换句话说,式(8.8)中选取 $h_{\mu\nu}$ 的自由度允许我们添加一个所谓的谐和规范条件:

$$\partial_\mu h^\mu_{\ \nu} = \frac{1}{2}\partial_\nu h^\lambda_{\ \lambda} \tag{8.11}$$

($\partial_\mu (\sqrt{-g}\,g^{\mu\nu}) = 0$ 的线性版本.)

把式(8.10)写成如下形式:

$$S = \frac{1}{32\pi G}\int \mathrm{d}^4 x \left[h^{\mu\nu} K_{\mu\nu;\lambda\sigma}(-\partial^2) h^{\lambda\sigma} + O(h^3) \right]$$

可以看到我们必须求以下矩阵的逆:

$$K_{\mu\nu;\lambda\sigma} \equiv \frac{1}{2}(\eta_{\mu\lambda}\eta_{\nu\sigma} + \eta_{\mu\sigma}\eta_{\nu\lambda} - \eta_{\mu\nu}\eta_{\lambda\sigma})$$

把 $\mu\nu$ 和 $\lambda\sigma$ 当作两个指标.注意到我们必须维持 $h_{\mu\nu}$ 的对称性.换句话说,我们在处理一个作用在对称的二阶张量生成的线性空间的矩阵.因此,单位矩阵实际上是

$$I_{\mu\nu;\lambda\sigma} \equiv \frac{1}{2}(\eta_{\mu\lambda}\eta_{\nu\sigma} + \eta_{\mu\sigma}\eta_{\nu\lambda})$$

你可以检查 $K_{\mu\nu;\lambda\sigma}K_{\lambda\sigma;\rho\omega} = I_{\mu\nu;\rho\omega}$,所以 $K^{-1} = K$.因此,在谐和规范下,引力子的传播子在平直时空中是(正比于一个牛顿常数)

$$D_{\mu\nu,\lambda\sigma}(k) = \frac{1}{2}\frac{\eta_{\mu\lambda}\eta_{\nu\sigma} + \eta_{\mu\sigma}\eta_{\nu\lambda} - \eta_{\mu\nu}\eta_{\lambda\sigma}}{k^2 + \mathrm{i}\varepsilon} \tag{8.12}$$

从爱因斯坦到牛顿

在式(8.10)中对 $h_{\mu\nu}$ 变分,可以得到欧拉-拉格朗日运动方程[①]

$$\frac{1}{32\pi G}(-2\partial^2 h_{\mu\nu} + \eta_{\mu\nu}\partial^2 h) - T_{\mu\nu} = 0$$

求迹,可以发现 $\partial^2 h = 16\pi G T$(这里 $T \equiv \eta_{\mu\nu}T^{\mu\nu}$),这样我们得到[②]

[①] 注意在平直时空中,能量动量张量守恒,$\partial^\mu T_{\mu\nu} = 0$,以及运动方程暗示了 $\partial^2\left(\partial^\mu h_{\mu\nu} - \frac{1}{2}\partial_\nu h\right) = 0$.

[②] 因此,真空中的爱因斯坦方程 $R_{\mu\nu} = 0$ 退化成 $\partial^2 h_{\mu\nu} = 0$;这是"harmonic"这个名字的由来.

$$\partial^2 h_{\mu\nu} = -16\pi G \left(T_{\mu\nu} - \frac{1}{2} \eta_{\mu\nu} T \right) \tag{8.13}$$

在静态极限下，T_{00} 是能量动量张量的主要组成部分[①]．式(8.13)退化成 $\nabla^2 \varphi = 4\pi G T_{00}$，回忆 1.5 节中的牛顿引力势 $\varphi \equiv \frac{1}{2} h_{00}$．我们刚刚导出了 φ 的泊松方程．

顺便一提，上面的计算也给出了另一种避免展开爱因斯坦-希尔伯特作用量（或者说 R）到 $O(h^2)$ 烦琐工作的方法，只要你愿意接受式(8.4)给出的爱因斯坦场方程．需要展开 $R_{\mu\nu}$ 到 $O(h)$ 来从式(8.4)中得到式(8.13)，从式(8.13)又可以重构出 $O(h^2)$ 的作用量．实际上，从式(8.2)和式(8.3)可以很容易得到

$$R_{\mu\nu} = \frac{1}{2}\left(-\partial^2 h_{\mu\nu} + \partial_\mu \partial_\lambda h_\nu^\lambda + \partial_\nu \partial_\lambda h_\mu^\lambda - \partial_\mu \partial_\nu h_\lambda^\lambda \right) + O(h^2) \rightarrow -\frac{1}{2}\partial^2 h_{\mu\nu} + O(h^2)$$

在谐和规范下有了更多的简化．但这不是很直接，因为需要大量技术[②]（例如 Palatini 恒等式及其他）才能从式(8.4)推导出式(8.1)．

爱因斯坦理论与光线偏折

考虑两个分别有能量动量张量 $T_{(1)}^{\mu\nu}$ 和 $T_{(2)}^{\mu\nu}$ 的粒子通过交换引力子相互作用．它们的散射振幅（相差某些对我们现在的目的不重要的整体常数）是

$$G T_{(1)}^{\mu\nu} D_{\mu\nu,\lambda\sigma}(k) T_{(2)}^{\lambda\sigma} = \frac{G}{2k^2}\left[2 T_{(1)}^{\mu\nu} T_{(2)\mu\nu} - T_{(1)} T_{(2)} \right]$$

对于非相对论性的物质，T^{00} 要比其他分量 T^{0j} 和 T^{ij} 大得多（就像刚刚谈到的那样），所以两块非相对论物质（比如地球和你）的散射振幅正比于

$$\frac{G}{2k^2}(2 T_{(1)}^{00} T_{(2)}^{00} - T_{(1)}^{00} T_{(2)}^{00}) = \frac{G}{2k^2} T_{(1)}^{00} T_{(2)}^{00}$$

正如早在 1.4 节和 1.5 节中解释过的那样，相互作用势是散射振幅的傅里叶变换给出的，即

[①] 注意，与 T_{00} 不同，h_{00} 并不主导 $h_{\mu\nu}$ 的其他部分．

[②] 参见 S. Weinberg, *Gravitation and Cosmology*, pp. 290 and 364.

$$G \iint d^3x d^3x' T^{(1)00}(x) T^{(2)00}(x') \int d^3k e^{ik \cdot (x-x')} \frac{1}{k^2}$$

因此对两个分隔足够远的物体,我们回到了牛顿势 $GM_{(1)}M_{(2)}/r$.

现在可以解决 1.5 节结束时提到的问题了.假设一个粒子理论学家,尹力博士,想要提出一个引力理论来与爱因斯坦理论竞争.尹博士声称引力是由于自旋为 2 的带极小质量 m_G 的粒子与能量动量张量 $T^{\mu\nu}$ 的交换.在 1.5 节中我们得到了带质量的自旋为 2 粒子的传播子,那就是

$$D^{\text{spin2}}_{\mu\nu,\lambda\sigma}(k) = \frac{1}{2}\left(G_{\mu\lambda}G_{\nu\sigma} + G_{\mu\sigma}G_{\nu\lambda} - \frac{2}{3}G_{\mu\nu}G_{\lambda\sigma}\right) \bigg/ (k^2 - m_G^2 + i\varepsilon)$$

这里 $G_{\mu\nu} = \eta_{\mu\nu} - k_\mu k_\nu / m_G^2$(调整了一些不重要的标记).因为粒子与一个守恒的源 $k_\mu T^{\mu\nu} = 0$ 耦合,所以可以用 $\eta_{\mu\nu}$ 来替换 $G_{\mu\nu}$.因此,在 $m_G \to 0$ 的极限下,我们有传播子

$$D^{\text{spin2}}_{\mu\nu,\lambda\sigma}(k) = \frac{1}{2} \frac{\eta_{\mu\lambda}\eta_{\nu\sigma} + \eta_{\mu\sigma}\eta_{\nu\lambda} - \frac{2}{3}\eta_{\mu\nu}\eta_{\lambda\sigma}}{k^2 + i\varepsilon} \tag{8.14}$$

跟式(8.12)比较一下.尹博士的传播子和爱因斯坦的不一样:$\frac{2}{3}$ 和 1.非常明显,引力不是由几乎无质量的自旋为 2 的粒子产生的.式(8.12)与式(8.14)之间的"$\frac{2}{3}$ 不连续性"在 1970 年分别由岩崎洋一(Iwasaki Yoichi)、万戴蒙(Van Dam)和韦尔特曼以及扎哈罗夫(Zakharov)发现.

在尹博士的理论里(用他自己的引力耦合常数 G_G),两个粒子之间的相互作用是

$$G_G T^{\mu\nu}_{(1)} D_{\mu\nu,\lambda\sigma}(k) T^{\lambda\sigma}_{(2)} = \frac{G_G}{2k^2}\left(2T^{\mu\nu}_{(1)} T_{(2)\mu\nu} - \frac{2}{3}T_{(1)} T_{(2)}\right)$$

对于两块非相对论物质,就变成了:

$$\frac{G_G}{2k^2}\left(2T^{00}_{(1)} T^{00}_{(2)} - \frac{2}{3}T^{00}_{(1)} T^{00}_{(2)}\right) = \frac{4}{3}\frac{G_G}{2k^2}T^{00}_{(1)} T^{00}_{(2)}$$

尹博士简单地取 $G_G = \frac{3}{4}G$,然后他的理论就通过所有的实验检测了.但是等等! 在 1919 年还有一个著名的关于太阳导致光线偏折的观测,而光子则绝对不是一块非相对论的物质.实际上,回忆 1.11 节(或者从你电磁学的课堂上)里 $T \equiv T^\mu_\mu$ 对所有的光子都为零.因此,让 $T^{\mu\nu}_{(1)}$ 和 $T^{\mu\nu}_{(2)}$ 分别做太阳和光子的能量动量张量,爱因斯坦将会得到散射振幅 $[G/(2k^2)]2T^{\mu\nu}_{(1)} T_{(2)\mu\nu}$,而尹博士则会得到 $[G_G/(2k^2)]2T^{\mu\nu}_{(1)} T_{(2)\mu\nu} = \frac{3}{4}[G/(2k^2)]$

$2T_{(1)}^{\mu\nu}T_{(2)\mu\nu}$. 尹博士会预言一个 $3GM/R$ 的偏折角而非 $4GM/R$（这里 M 和 R 是太阳的质量和半径）. 1919 年在巴西的岛屿索布拉尔上，爱因斯坦战胜了尹博士.

像 1.5 节中解释过的那样，一个带质量的自旋为 2 的粒子有 5 个自由度，而无质量的引力子只有 2 个.（在本节附录 2 里给出了一个单引力子交换的螺旋度为 ±2 的结构的分析.）5 个自由度可以被理解成包含了螺旋度为 ±2 的自由度，再加上两个螺旋度为 ±1 以及一个螺旋度为 0 的自由度. 螺旋度为 ±1 的耦合因 $k_\mu T^{\mu\nu} = 0$ 而消失了. 因此，实际上，留给我们的是一个多余的与能量动量张量的迹 $T \equiv \eta_{\mu\nu}T^{\mu\nu}$ 相耦合的标量. 我们可以清楚地看到，差异确实发生在式 (8.12) 与式 (8.14) 的最后一项.

你应该觉得奇怪，一个星光偏折的观测能够显示出一个物理量，引力子的质量 m_G，在数学上严格为零，而不是小于哪个很小的值. 这个显然的矛盾被魏因施泰因在 1972 年解决.[①] 他发现尹博士的理论包含了一个距离尺度

$$r_V = \left(\frac{GM}{m_G^4}\right)^{\frac{1}{5}}$$

在一个质量为 M 的物体周围的引力场中. 螺旋度为 0 的自由度只有在距离尺度 $r \gg r_V$ 时才有效. 在魏因施泰因半径 r_V 以内，引力场和爱因斯坦理论是一样的，实验不能够区分爱因斯坦和尹博士的理论. 在现有的天文限制 $m_G \ll (10^{24}\ \text{cm})^{-1}$ 和太阳质量 M 下，r_V 要比太阳系的尺寸大得多. 换句话说，这个显然的矛盾是由于一个极限的交换产生的：我们可以先让观测的特征距离 r_{obs}（星光偏折中太阳的半径）取无穷极限，或者让魏因施泰因半径 r_V 先到无穷.

所以一切都很好：尹博士的理论与现有观测都相符，如果他把 m_G 取得足够小. 他只是不被允许做单引力子交换的近似. 作为替代，他应该在一个大质量天体（比如太阳）周围求解爱因斯坦场方程式 (8.4) 的有质量版本，就像魏因施泰因（Vainshtein）做的那样. 这等价于对引力场 h 展开到所有阶再求和：在费曼图的语言里，我们有无穷多的图对应着太阳发射了 $1,2,3\cdots,\infty$ 个引力子. 在注意到高阶项在 $m_G \to 0$ 时越来越奇异后，这个矛盾在形式上被解决了.

光的引力

这时候，你已经准备好做量子引力的微扰论了：你有了引力子的传播子式 (8.12)，而

---

① 参见 A. I. Vainshtein, Phys. Lett. B, 1972, 39: 393；也可参见 C. Deffayet, G. Dvali, G. Gabadadze, and A. I. Vainshtein, Phys. Rev. D, 2002, 65: 044026.

且也可以从式(8.7)的详细版本中读出引力子的相互作用,从 $-\frac{1}{2}h_{\mu\nu}T^{\mu\nu}$ 读出引力子和其他场的相互作用.现在只有一个麻烦,那就是你可能会"陷入指标的汪洋大海",就像我警告过你的那样.

指标可以被轻松地解决的问题,我知道一个,它也是理论物理中我最喜欢的计算之一.这是一个有趣的问题:爱因斯坦说过光线会被重物偏折,那么光线会被光的引力效应偏折吗? 托尔曼、埃伦费斯特和波多次斯基发现在弱场近似下,两束运动方向相同的光线并不通过引力相互作用,但是两束运动方向相反的光线却有.很震惊吧?

图8.2所示的费曼图给出了两个光子 $k_1 + k_2 \rightarrow p_1 + p_2$ 通过交换一个引力子的散射,其中交换动量 $q \equiv p_1 - k_1$,还要考虑另外一个把 p_1 和 p_2 交换的费曼图.从中,我们可以读出一个引力子与两个光子耦合的费曼规则:

$$h^{\mu\nu}T_{\mu\nu} = - h^{\mu\nu}\left(F_{\mu\lambda}F_\nu{}^\lambda - \frac{1}{4}\eta_{\mu\nu}F_{\rho\lambda}F^{\rho\lambda}\right)$$

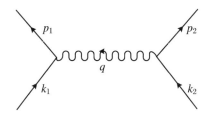

图8.2

但我们所需的只是那些包含了磁矢势 A_μ 的时空导数 ∂ 的二阶项的相互作用,因此引力子-光子-光子顶点涉及动量的二次幂,每个光子给一个.因此散射振幅(省略了所有的洛伦兹指标)有一个简要形式 $\sim (k_1 p_1)D(k_2 p_2)$.引力子的传播子 D 中的 η 们联系起了 $(k_1 p_1)$ 和 $(k_2 p_2)$ 的指标.(我们省略了光子的偏振矢量,想象它们在振幅平方里被取平均了.)参考式(8.12),我们看到振幅是三项之和,$\sim (k_1 \cdot p_1)(k_2 \cdot p_2)/q^2$,$\sim (k_1 \cdot k_2)$ $\cdot (p_1 \cdot p_2)/q^2$ 和 $\sim (k_1 \cdot p_2)(k_2 \cdot p_1)/q^2$.因为傅里叶告诉我们,相互作用势中的长程部分是散射振幅中的小 q 行为给出的,所以我们只需要关注 $q \rightarrow 0$ 极限下的这些项.我们几乎能把所有东西扔掉了! 例如:

$$k_1 \cdot p_1 \rightarrow k_1 \cdot k_1 = 0, \quad k_1 \cdot p_2 = k_1 \cdot (k_1 + k_2 - p_1) \rightarrow k_1 \cdot k_2$$

仅仅是在脑海中想象着把所有的指标都缩并,就已经足够美妙了:我们得到了振幅 $\sim (k_1 \cdot k_2)(p_1 \cdot p_2)/q^2$.

如果 k_1 和 k_2 指向同一个方向，$k_1 \cdot k_2 \propto k_1 \cdot k_1 = 0$. 两个移动方向相同的光子没有引力相互作用.

当然，这个结果并没有任何的实际意义，因为电磁场的影响更重要，但这可不是一本工程学的教科书. 在本节附录 1 中，给这个有趣的结果做了另一种推导.

卡卢扎-克莱因紧致化

你可能听说过爱因斯坦在知道卡卢扎（Kaluza）和克莱因准备把时空维数拓展到 5 维来统一电磁学和引力时有多激动. 第 5 维应当被紧致化成一个半径为 a 的任何实验家都看不见的小圆圈. 换句话说，x^5 是一个角变量，满足 $x^5 = x^5 + 2\pi a$. 你一定听说过弦理论. 至少在某个版本里，弦论是基于卡卢扎和克莱因的想法的. 弦生活在 10 维的时空，其中 6 个维度被紧致化了.

现在可以向你展示卡卢扎和克莱因机制是怎样工作的. 从 5 维的作用量

$$S = \frac{1}{16\pi G_5} \int \mathrm{d}^5 x \sqrt{-g_5}\, R_5 \tag{8.15}$$

开始. 下标 5 代表着 5 维的量. 我们把 5 维度规叫 g_{AB}，这里 A, B 可以是 $0,1,2,3,5$.

假设 g_{AB} 不依赖 x^5. 代入 S，对 x^5 积分，然后计算 4 维有效作用量. 因为 R_5 和 4 维曲率标量 R 都有 ∂ 的二次项，且 g_{AB} 包含 $g_{\mu\nu}$，于是一定有（见习题 8.1.5）$R_5 = R + \cdots$. 因此，式（8.15）包括了爱因斯坦-希尔伯特作用量，其中牛顿引力常数 $G \sim G_5/a$.

还能得到什么？我们甚至不需要把所有算术算完. 我们可以用对称性来分析. 在 5 维坐标变换 $x^A \to x'^A = x^A + \varepsilon^A$ 中，我们有（见式（8.8））$h'_{AB} = h_{AB} - \partial_A \varepsilon_B - \partial_B \varepsilon_A$. 让 $\varepsilon_\mu = 0$ 且 $\varepsilon_5(x)$ 不依赖于 x_5：我们四处走动，并把时空中每一点上的小圈都旋转一点点. 很好，我们有 $h'_{\mu\nu} = h_{\mu\nu}$ 以及 $h'_{55} = h_{55}$，但是 $h'_{\mu 5} = h_{\mu 5} - \partial_\mu \varepsilon_5$. 如果我们给洛伦兹 4 矢量 $h_{\mu 5}$ 和标量 ε_5 一个新名字，管它们叫 A_μ 和 Λ，这就是在说 $A'_\mu = A_\mu - \partial_\mu \Lambda$，寻常的电磁学规范变换！

因为我们知道了 5 维作用量式（8.15）在变换 $x^A \to x'^A = x^A + \varepsilon^A(x)$ 下不变，作为结果的 4 维作用量也必须在 $A_\mu \to A'_\mu = A_\mu - \partial_\mu \Lambda$ 下保持不变，因此必定包含麦克斯韦作用量. 再一次注意对称性的力量吧，这就不用再做烦琐的计算了.

电磁学从引力里跑出来了！

黎曼流形的微分几何

前文提示过一般的坐标变换与规范变换之间的深刻联系. 为了具体讲这部分内容,让我们先来看看微分几何与引力. 在这个概述里,我们将考虑局部的欧氏(而不是闵氏)空间.

黎曼流形的微分几何可以用微分形式的语言优雅地概括. 考虑一个有着度规 $g_{\mu\nu}(x)$ 黎曼流形(比如一个球面). 根据定义,流形在局部是欧氏的,这意味着:

$$g_{\mu\nu}(x) = e_\mu^a(x)\delta_{ab}e_\nu^b(x) \tag{8.16}$$

这里矩阵 $e(x)$ 可以被看成一个相似变换,它把 $g_{\mu\nu}$ 对角化并且标度成单位矩阵. 因此对于一个 D 维的流形,显然存在 D 个"世界矢量"$e_\mu^a(x)$,它依赖于 x 而且携带指标 $a = 1$,$2,\cdots,D$. 函数 $e_\mu^a(x)$ 作为标架(vielbeins,在德语里的意思是"很多条腿",对 $D = 4$ 有四维标架(vierbeins) = 四条腿,对 $D = 3$ 有三维标架(dreibeins) = 三条腿,以此类推)而广为人知. 在某种程度上,标架可以被看作度规的"平方根".

让我们用一个简单的例子来讲清楚. 我们熟悉的 2-球面(单位半径)有线元[①] $ds^2 = d\theta^2 + \sin^2\theta d\varphi^2$. 从度规($g_{\theta\theta} = 1, g_{\varphi\varphi} = \sin^2\theta$)中,我们可以读出 $e_\theta^1 = 1$ 和 $e_\varphi^2 = \sin\theta$(其他的分量都是零). 这样一来,我们就可以定义 D 个 1-形式 $e^a = e_\mu^a dx^\mu$.(在我们的例子里,$e^1 = d\theta$,$e^2 = \sin\theta d\varphi$.)

在一个弯曲的流形上,当我们平行移动一个矢量时,矢量在局部欧氏坐标系中的分量会发生变化.(这就是大家都熟悉的一个命题:在一个弯曲的流形上,比如地球表面,指向正北的矢量是一个局部的概念. 当我们移开一段无穷小的距离,并保持我们的"北矢量"指向相同的方向时,最终它会相对我们所移动到的位置上的"北矢量"有一个无穷小的转动.)这无穷小的标架的旋转可以被描述为

$$de^a = -\omega^{ab}e^b \tag{8.17}$$

注意,因为 ω 生成了无限小旋转,所以它是个反对称矩阵:$\omega^{ab} = -\omega^{ba}$. 因为 de^a 是一个 2-形式,ω 是一个 1-形式,它被称为联络(connection):它"联系"(connects)起了相邻点的局部欧氏坐标系.(因为指标 $a,b\cdots$ 被欧氏度规 δ_{ab} 联系起来,所以我们不必区分上指标与下指

---

① 注意这代表着一个无限小距离元的平方,而不是一个面积元,而且像 $d\theta^2$ 这样的量字面意义上就是 $d\theta$ 的平方,而不是 $d\theta d\theta$ 的楔积(见 4.4 节),这是清一色的零.

标.当我们确实写了上指标或下指标 $a, b \cdots$ 时,是为了排版方便.)在这个简单的球面例子里,$\mathrm{d}e^1 = 0$ 和 $\mathrm{d}e^2 = \cos\theta\mathrm{d}\theta\mathrm{d}\varphi$,所以联络只有一个非零值 $\omega^{12} = -\omega^{21} = -\cos\theta\mathrm{d}\varphi$.

在任何一点上,我们都有旋转四维标架的自由:如果你用了四维标架 e_μ^a,我总是有权用另一套四维标架 $e_\mu'^a$ 来代替,只要我的通过一个旋转 $e_\mu^a = O_b^a(x)e_\mu'^b(x)$ 可以和你的联系在一起.(你可以得到 $g_{\mu\nu}(x) = e_\mu^a(x)\delta_{ab}e_\nu^b(x) = e_\mu'^a(x)\delta_{ab}e_\nu'^b(x)$,如果 $O^{\mathrm{T}}O = 1$.)联络 ω' 被定义成 $\mathrm{d}e'^a = -\omega'^{ab}e'^b$.你可以容易地计算出(省略指标):

$$\omega = O\omega'O^{\mathrm{T}} - (\mathrm{d}O)O^{\mathrm{T}} \tag{8.18}$$

流形的局部曲率是一种对联络从一点到另一点变化的衡量.我们想要曲率在局部旋转 O 下保持不变(或至少像一个张量那样变化,这样我们通过把它和矢量缩并就能得到标量).想要的东西是一个 2-形式 $R^{ab} = \mathrm{d}\omega^{ab} + \omega^{ac}\omega^{cb}$.你可以检查 $R = OR'O^{\mathrm{T}}$.(对球面来说,$R^{12} = \mathrm{d}\omega^{12} + \omega^{1c}\omega^{c2} = \sin\theta\mathrm{d}\theta\mathrm{d}\varphi$.)把每个分量都写出来,$R^{ab} = R^{ab}_{\mu\nu}\mathrm{d}x^\mu\mathrm{d}x^\nu$.把下面的内容留给读者来证实:$R^{ab}_{\mu\nu}e_a^\lambda e_b^\sigma$ 是通常的黎曼曲率张量 $R^{\lambda\sigma}_{\mu\nu}$,其中 e_a^λ 是矩阵 e_λ^a 的逆.特别地,$R^{ab}_{\mu\nu}e_a^\mu e_b^\nu$ 是标量曲率,在我们的框架里,对球面来说是 $+1$.

因此,黎曼几何可以被优雅地概括为两点(再一次压缩指标):

$$\mathrm{d}e + \omega e = 0 \tag{8.19}$$

和

$$R = \mathrm{d}\omega + \omega^2 \tag{8.20}$$

看起来熟悉吧?你应该被式(8.20)与非阿贝尔规范理论里的场强 $F = \mathrm{d}A + A^2$ 的表述的相似性惊到.现在 ω 与规范势 A 有着一模一样的变化(见式(8.18)).但有一个令人不安的区别,就是规范理论里没有 e 的类比,在很长时间里一直困扰着某些理论物理学家(但被绝大部分人当作无关紧要的小事一笑置了).同样地,注意到爱因斯坦理论在 R 上是线性的,而杨-米尔斯理论在 F 上是二次方的.

引力与杨-米尔斯

我们可以通过考虑矢量场的微分而看到引力与杨-米尔斯理论之间更直接的关系.杨-米尔斯理论脱胎于对场 φ 与它的导数 $\partial_\mu\varphi$ 在时空依赖的内部对称性变换下保持一致的要求(见式(4.59)).在爱因斯坦引力里,一个矢量场 $W^\mu(x)$ 做这样的变换 $W'^\mu(x') = S_\nu^\mu(x)W^\nu(x)$,这里 $S_\nu^\mu(x) = \partial x'^\mu/\partial x^\nu$.因为矩阵 S 依赖于时空坐标 x,所以可以看到,

$\partial_\lambda W^\mu$ 不可能如我们最开始天真地依靠看指标所猜测的那样,和带有一个上指标和一个下指标的张量一样变换.我们必须引入协变导数.一点也不惊讶,这与 4.5 节中的讨论紧密重合了.历史上来说,杨振宁与米尔斯受到了爱因斯坦引力的启发.

利用链式规则与乘积规则,可以得到:

$$\partial'_\lambda W'(x') = \frac{\partial W'^\mu(x')}{\partial x'^\lambda} = \frac{\partial x^\rho}{\partial x'^\lambda} \frac{\partial}{\partial x^\rho}[S^\mu_\nu(x) W^\nu(x)]$$

$$= (S^{-1})^\rho_\lambda S^\mu_\nu \partial_\rho W^\nu + [(S^{-1})^\rho_\lambda \partial_\rho S^\mu_\nu] W^\nu \tag{8.21}$$

如果式(8.21)中的第二项不在那(这一项来自对 S 的微分),那么天真的猜测 $\partial_\lambda W^\mu$ 像一个张量那样变换就成立了.但现实是 S 的变换每点都不同,这让我们天真的猜测失效了.

发生了什么是相当清楚的:当矢量 $\boldsymbol{W}$ 从给定一点变到邻近的另一点时,定义 $\boldsymbol{W}$ 分量的坐标轴也跟着变化了.这暗示着我们可以定义一个更合适的导数,叫它协变导数,并写作 $D_\lambda W^\mu$,来把这个影响计算在内,从而使得 $D_\lambda W^\mu$ 可以确实像一个张量那样变换.恰巧和杨-米尔斯理论式(4.59)一样,我们必须添加额外的项来敲掉式(8.21)中的第二项.

仅仅来看指标放在一块的样子就暗示了正确的构造.在式(8.21)那个让人不想要的项的系数 $(S^{-1})^\rho_\lambda \partial_\rho S^\mu_\nu$ 中,有一个上指标和两个下指标,所以我们需要一个有着同样指标结构的东西.看啊,式(8.3)中的黎曼-克里斯托费尔符号 $\Gamma^\mu_{\lambda\nu}$(在 1.11 节已经介绍过)在这里太合适了.这里给读者留一道趣味盎然的练习,证明下述协变导数

$$D_\lambda W^\mu \equiv \partial_\lambda W^\mu + \Gamma^\mu_{\lambda\nu} W^\nu \tag{8.22}$$

确实像一个张量那样变换(注意 Γ 在这里被正确地归一化了).

最后讨论一个关于引力与自旋为 $\frac{1}{2}$ 的场耦合的技术性问题.首先,我们当然需要做威克转动使得四维标架 e^a_μ 架起一个局部的闵氏空间,而不是一个欧氏坐标系.指标 a, b 等现在在被闵氏度规 η_{ab} 来收缩.有一个小小的问题是,狄拉克伽马矩阵 γ^a 也被四维标架的洛伦兹旋转 $e^a_\mu(x') = O^a_b(x) e'^b_\mu(x')$ 联系了起来,因此携带着洛伦兹指标 a 而不是"世界"指标 μ.类似地,狄拉克旋量 $\psi(x)$ 也被定义成与被四维标架指定的局部洛伦兹坐标系紧密相连,因此它的协变导数也必须被定义为对 ω 而非 Γ.因此在平直空间中,狄拉克作用量 $\int d^4x\, \bar\psi(i\gamma^\mu\partial_\mu - m)\psi$ 必须被推广成 $\int d^4x\, \sqrt{-g}\, \bar\psi(i\gamma^a\eta_{ab}e^{b\mu}\mathcal{D}_\mu - m)\psi$,其中协变导数 $\mathcal{D}_\mu\psi = \partial_\mu\psi - \frac{i}{4}\omega_{\mu ab}\sigma^{ab}\psi$ 表达了当我们从一点 x 移到邻近点时局部洛伦兹坐标系的旋转.与弯曲时空中整数自旋场(见 1.11 节)不同的是,弯曲时空中的狄拉克作用量直接明确地涉及了四维标架.

附录 1

一束沿 x 方向运动的光束的能量动量张量 $T^{\mu\nu}$ 有 4 个非零分量:当然有能量密度 T^{00};然后是 $T^{0x} = T^{00}$,因为光子携带了相同的能量和动量.再接下来是由对称性得知的 $T^{x0} = T^{0x}$,最后是 $T^{xx} = T^{00}$,因为电磁场的能量动量张量是无迹的(见 1.11 节).不需要明确地解出爱因斯坦方程在弱场下的近似,我们就能立刻知道 $h^{00} = h^{0x} = h^{x0} = h^{xx} \equiv h$. 光束旁的度规是 $g_{00} = 1 + h$, $g_{0x} = g_{x0} = -h$ 和 $g_{xx} = -1 + h$(当然,$g_{yy} = g_{zz} = -1$ 再加上一系列消失的项).考虑一个光子平行运动于光束.它的世界线是这样确定的(回忆 1.11 节):

$$\frac{\mathrm{d}^2 x^\rho}{\mathrm{d}\zeta^2} = -\Gamma^\rho_{\mu\nu} \frac{\mathrm{d}x^\mu}{\mathrm{d}\zeta} \frac{\mathrm{d}x^\nu}{\mathrm{d}\zeta}$$

根据 $\mathrm{d}y/\mathrm{d}\zeta, \mathrm{d}z/\mathrm{d}\zeta \ll \mathrm{d}t/\mathrm{d}\zeta, \mathrm{d}x/\mathrm{d}\zeta$ 来计算 $\mathrm{d}^2 y/\mathrm{d}\zeta^2$ 和 $\mathrm{d}^2 z/\mathrm{d}\zeta^2$.利用式(8.3)可以发现(把 μ, ν 限制为 $0, x$):

$$\frac{\mathrm{d}^2 y}{\mathrm{d}\zeta^2} = \frac{1}{2}(\partial_\nu g_{y\mu} + \partial_\mu g_{y\nu} - \partial_y g_{\mu\nu}) \frac{\mathrm{d}x^\mu}{\mathrm{d}\zeta} \frac{\mathrm{d}x^\nu}{\mathrm{d}\zeta}$$

$$= -\frac{1}{2}(\partial_y h) \left[\left(\frac{\mathrm{d}t}{\mathrm{d}\zeta} \right)^2 + \left(\frac{\mathrm{d}x}{\mathrm{d}\zeta} \right)^2 - 2 \frac{\mathrm{d}t}{\mathrm{d}\zeta} \frac{\mathrm{d}x}{\mathrm{d}\zeta} \right] = -\frac{1}{2}(\partial_y h) \left(\frac{\mathrm{d}t}{\mathrm{d}\zeta} - \frac{\mathrm{d}x}{\mathrm{d}\zeta} \right)^2$$

对一个与光束运动方向相同的光子来说,$\mathrm{d}t = \mathrm{d}x$ 以及 $\mathrm{d}^2 y/\mathrm{d}\zeta^2 = \mathrm{d}^2 z/\mathrm{d}\zeta^2 = 0$.我们又一次推导出了托尔曼-埃伦费斯特-波多尔斯基效应.注意,我们永远也不需要求解 h.

如果你不确定 $\mathrm{d}t = \mathrm{d}x$,对一束沿 x 方向运动的光束,用条件 $\mathrm{d}s = 0$ 计算起来就是 $(1 + h)\mathrm{d}t^2 - 2h\mathrm{d}t\mathrm{d}x - (1 - h)\mathrm{d}x^2 = 0$.同时除以 $\mathrm{d}t^2$,可以得到 $-(1 + h) + 2hv + (1 - h)v^2 = 0$,这里 $v \equiv \mathrm{d}x/\mathrm{d}t$.二次方程有两个根,即 $v = \mp(1 \pm h)/(1 - h)$.负根给出了 $v = 1$,也因此对一个与一束光以相同方向运动的光子来说,$\mathrm{d}x/\mathrm{d}t = 1$.相反地,正根 $v = -(1 + h)/(1 - h)$ 描述了以相反方向运动的光子.

附录 2　引力的旋度结构

为了得到爱因斯坦与尹博士的理论之间更深刻的不同,让我们来看看这两种情形下相互作用的螺旋度的结构.先来热个身,考虑由交换动量为 k、质量为 m、自旋为 1 的粒子而产生的两束守恒流之间的相互作用：$J_{(1)}^{\mu}J_{(2)\mu}=J_{(1)}^{0}J_{(2)}^{0}-J_{(1)}^{i}J_{(2)}^{i}$. 利用流守恒 $k_{\mu}J^{\mu}=0$ 消掉 $J^{0}=k^{i}J^{i}/\omega$（这里 $\omega\equiv k^{0}$），我们得到了 $(k^{i}k^{j}/\omega^{2}-\delta^{ij})J_{(1)}^{i}J_{(2)}^{j}$. 让 k 指向第三个方向，并利用 $k^{2}=\omega^{2}-m^{2}$，这就写成了 $-[(m^{2}/\omega^{2})J_{(1)}^{3}J_{(2)}^{3}+J_{(1)}^{1}J_{(2)}^{1}+J_{(1)}^{2}J_{(2)}^{2}]$. 我们能看到当 $m\rightarrow0$ 时，流的纵向分量 J^{3} 确实像 2.7 节中解释的那样解耦了，于是得到了 $-\frac{1}{2}(J_{(1)}^{1+i2}J_{(2)}^{1-i2}+J_{(1)}^{1-i2}J_{(2)}^{1+i2})$，直接明确地展示了光子有 ±1 的螺旋度.（很显然的标注：$J^{1+i2}\equiv J^{1}+\mathrm{i}J^{2}$.）

继续回到引力. 考虑相互作用：$T_{(1)}^{\mu\nu}T_{(2)\mu\nu}-\xi T_{(1)}T_{(2)}$，其中爱因斯坦的 $\xi=\frac{1}{2}$，尹博士的是 $\frac{1}{3}$. 简单起见，我们现在删掉下角标 (1) 和 (2). 守恒关系 $k_{\mu}T^{\mu\nu}=0$ 允许我们删掉 $T^{0i}=k^{j}T^{ji}/\omega$ 和 $T^{00}=k^{j}k^{l}T^{jl}/\omega^{2}$. 再一次让 k 指向第三个方向，我们得到了下面这个公式：

$$\left(\frac{m}{\omega}\right)^{4}T^{33}T^{33}+2\left(\frac{m}{\omega}\right)^{2}(T^{13}T^{13}+T^{23}T^{23})+T^{11}T^{11}+T^{22}T^{22}+2T^{12}T^{12}$$
$$-\xi\left[\left(\frac{m}{\omega}\right)^{2}T^{33}+T^{11}+T^{22}\right]\left[\left(\frac{m}{\omega}\right)^{2}T^{33}+T^{11}+T^{22}\right]$$

取极限 $m\rightarrow0$，简化得到

$$T^{11}T^{11}+T^{22}T^{22}+2T^{12}T^{12}-\xi(T^{11}+T^{22})(T^{11}+T^{22})$$

在爱因斯坦理论里，$\xi=\frac{1}{2}$，上式变为

$$\frac{1}{2}(T^{11}-T^{22})(T^{11}-T^{22})+2T^{12}T^{12}$$

看这个呢，就等于 $\frac{1}{2}(T^{1+i2,1+i2}T^{1-i2,1-i2}+T^{1-i2,1-i2}T^{1+i2,1+i2})$，显示了引力子确实有着 ±2 的螺旋度. 在尹博士的理论里，这不成立.

习题

8.1.1 计算标量场的 $T^{\mu\nu}$. 画出两个标量介子交换单引力子散射的费曼图. 计算其散射振幅，并提取出两个静止介子的相互作用能，来计算引力的牛顿定律.

8.1.2 计算杨-米尔斯场的 $T^{\mu\nu}$.

8.1.3 证明如果 $h_{\mu\nu}$ 不满足谐和规范,我们总是可以做一个规范变换 $\partial^2 \varepsilon_\nu = \partial_\mu h^\mu_\nu - \frac{1}{2}\partial_\nu h^\lambda_\lambda$ 使其满足.这些应该让你感到和在电磁学中学到的概念似曾相识.

8.1.4 数引力子极化的自由度个数.(提示:考虑一个平面波 $h_{\mu\nu}(x) = h_{\mu\nu}(k) e^{ikx}$, 只是因为这让动量空间的计算简单一点.一个对称张量有 10 个独立分量,谐和规范 $k_\mu h^\mu_\nu = \frac{1}{2} k_\nu h^\lambda_\lambda$ 增加了 4 个条件.哦!我们只剩 6 个自由度了.之后会发生什么呢?你可以进一步在谐和规范里再做一个规范变换.引力子应该只有两个极化自由度.)

8.1.5 我们之前用对称性考虑得出的卡卢扎-克莱因结果当然也可以被直接推导出来.下面简要地计算给你看.考虑度规:

$$ds^2 = g_{\mu\nu} dx^\mu dx^\nu - a^2 \left[d\theta + A_\mu(x) dx^\mu \right]^2 \tag{8.23}$$

其中 θ 代表了角变量 $0 \leqslant \theta < 2\pi$.当 $A_\mu = 0$,这就仅仅只是一个弯曲时空的度规,有一个半径为 a 的小圈附在每个点上.在做变换 $\theta \to \theta + \Lambda(x)$ 时,如果我们同时变换 $A_\mu(x) \to A_\mu(x) - \partial_\mu \Lambda(x)$,$ds$ 将保持不变.计算 5 维标量曲率 R_5,并且证明 $R_5 = R_4 - \frac{1}{4}a^2 F_{\mu\nu}F^{\mu\nu}$.除了很准确的系数 $\frac{1}{4}$,这个结果完全遵循了对称性的考虑,以及 R_5 设计了 5 维度规两个导数的事实,就像我们在正文中解释的那样.在一些合适的缩放后,这就是普通的引力作用量再加上电磁学.注意 5 维度规有明确的形式:

$$g^5_{AB} = \begin{pmatrix} g_{\mu\nu} - a^2 A_\mu A_\nu & -a^2 A_\mu \\ -a^2 A_\nu & -a^2 \end{pmatrix} \tag{8.24}$$

8.1.6 通过用更高维曲面代替圆圈来推广卡卢扎-克莱因构造.证明杨-米尔斯场的出现.

8.1.7 从联络 1-形式 $\omega^{12} = -\cos\theta \, d\varphi$ 出发,证明标量曲率是一个不依赖于 θ 和 φ 的常数.

8.1.8 对一个有闵氏度规的时空来说,四维标架被定义为 $g_{\mu\nu}(x) = e^a_\mu(x) \eta_{ab} e^b_\nu(x)$, 其中,闵氏度规 η_{ab} 代替了欧式度规 δ_{ab}.指标 a 和 b 用 η_{ab} 来收缩.例如,$R^{ab} = d\omega^{ab} + \omega^{ac}\eta_{cd}\omega^{db}$.证明所有事都像我们期待的那样行得通.

8.2 宇宙学常数疑难与宇宙巧合问题

这个力他知道得太多了

"悖论"这个词已经被物理学滥用而饱受贬低了.一个真正的悖论应该涉及一个重要而清楚的理论期待与实验测量之间的区别.举个例子,紫外灾难是一个悖论,而这一悖论在20世纪的黎明的解决带来了量子物理.我现在要来介绍当今物理界最臭名昭著的悖论了.

电磁力只知道带电粒子,而强相互作用力只知道带色粒子.那么引力呢? 它全都知道! 更准确来说,任何携带了能量与动量的东西它都知道.

脑海中有了粒子物理的框架,实际上也是我们探索物理的基础结构时仅有的框架,我们就能像处理其他粒子一样处理引力子.实际上,给定了一个无质量的自旋为2的粒子与能量动量张量耦合,我们可以重新构造出爱因斯坦理论.

尽管如此,这整个图像总弥漫着一股令人不安的气息.引力和时空曲率有关,后者是其他场与粒子表演的舞台.引力子可不只是另一种粒子而已.

这实际上是宇宙学常数悖论的根源.[①]引力子不仅仅只是另一种粒子——它知道得太多了!

宇宙学常数

在没有引力的地方,在拉格朗日量里添一个常数 Λ,$\mathcal{L} \to \mathcal{L} - \Lambda$ 没有任何影响.在经典物理里,欧拉-拉格朗日运动方程仅仅依赖于拉格朗日量的变分.在量子场论里,我们必须计算泛函积分 $Z = \int D\varphi e^{i\int d^4x \mathcal{L}(x)}$,加上 Λ 仅仅多了一个系数.像我们之前反复看过的那样,一个 Z 前面的系数并不进入格林函数及散射振幅的计算.

---

① 更多内容可参见 A. Zee hep-th/0805.2183 in *Proceedings of the Conference in Honor of C. N. Yang's 85th Birthday*,World Scientific,Singapore,2008:131.

但是，引力知道 Λ．物理上来说，引入 Λ 对应着哈密顿量的偏移 $H \to H + \int d^3 x \Lambda$．因此，"宇宙学常数" Λ 描述了均匀分布在宇宙中的能量或者质量，引力当然知道它．

更技术性地讲，作用量中的这一项 $- \int d^4 x \Lambda$ 在坐标变换 $x \to x'(x)$ 中并非保持不变．在引力存在的情况下，广义坐标不变性要求作用量中的项 $- \int d^4 x \Lambda$ 修正为 $- \int d^4 x \sqrt{g} \Lambda$，像我们在 1.11 节中解释过的那样．因此，引力场 $g_{\mu\nu}$ 知道 Λ，这个由爱因斯坦引入，同时被他自己哀叹成他最大失误的"臭名昭著"的宇宙学常数．这一老生常谈的哀叹本身就是个错误．引入宇宙学常数不是一个错误：它本就应该在那儿．

对称性的破缺产生真空能

在我们对自发对称性破缺的讨论中，我们反复地忽视了 $\mathcal{L}$ 中加上的项 $\mu^4/(4\lambda)$．

粒子物理学是建立在一系列自发对称性破缺上的．当宇宙冷却时，大统一对称性自发地破缺了，紧跟着的是电弱对称性破缺，然后是手征对称性破缺，这里只提几个我们讨论过的．在每一步中，像 $\mu^4/(4\lambda)$ 这样的项都会出现在拉格朗日量中，而引力都会适当地注意它．

我们会期待宇宙学常数 Λ 是个多大的数呢？我们马上会看到，对我们的目的而言，一个粗略的量级估计就够了．让我们取 λ 的量级为 1．对于 μ，刚刚提到的三种对称性破缺，μ 的量级分别是 10^{17} GeV，10^{12} GeV 和 1 GeV．我们因此期待宇宙学常数 Λ 大约会是 $\mu^4 = \mu/(\mu^{-1})^3$，后一种 μ^4 的形式提醒了我们 Λ 是一个质量或者能量密度：一个量级是 μ 的能量被放进尺度为 μ^{-1} 的方块里．但这是不讲道理的，即便我们给 μ 一个最小的值：我们知道宇宙中并不是每一个大小是 1 GeV 的立方体都充满了 1 GeV 量级的质量密度．

我们不需要放一个实际的数字来看这个理论预期和观测现实之间的巨大差异．如果你真想要一个数，那么现在对宇宙学常数的观测限制是 $\lesssim (10^{-3} \text{ eV})^4$．和大统一能量尺度相比，我们差了 $(17 + 9 + 3) \times 4 = 116$ 这么多量级．这是一切差异之母！

对于普朗克质量 $M_P \sim 10^{19}$ GeV 做引力的自然尺度，我们会期待 $\Lambda \sim M_P^4$，只要后者源于引力，这样我们就会相差 124 个量级了．我们可不是在讨论什么可怜的理论家做的与实验曲线差了两倍的糟糕计算．

我们可以想象宇宙从一个负的宇宙学常数开始，这一负值被精细调校以抵消不同时期内自发对称破缺所产生的宇宙学常数，否则这一定有什么动力学机制把宇宙学常数调整成零．

注意到我说零，是因为宇宙学常数问题基本上是粒子物理的自然单位和宇宙学的自然单位之间庞大的差异.用单位 GeV^4 测量的话,宇宙学常数是这么这么小,以至于粒子物理学家习惯假设它必须是零,然后自负地用一个貌似合理的机制把它变成零.弦论令人失望的其中一点就是不能解决宇宙学常数问题.当在千禧年写这一章节时,膜的图景(见 1.6 节)其实产生了一些希望的曙光,给大家带来了激动.粗略地来说,这个主意就是我们宇宙可能镶嵌的更大空间里的引力动力学可能消掉了宇宙学常数的影响.

宇宙巧合

大自然对我们来说就是一个巨大的惊喜.当理论家想破脑袋来给 $\Lambda = 0$ 一个有说服力的论据时,观测宇宙学家一步步精炼着他们的观测并发现了暗能量.目前为止,对暗能量最"干净"的解释是它代表了宇宙学常数.假设这就是真的(但谁知道呢?),宇宙学常数的上限就被改成这个大约的量:

$$\Lambda \sim (10^{-3} \text{ eV})^4 !!! \tag{8.25}$$

宇宙学常数悖论加深了.理论上来说,解释一个量是数学意义上的 0 可比解释,在对此问题而言自然(?)的单位制下,它恰好是 10^{-124} 容易多了.

让整件事更糟糕的是,$(10^{-3} \text{ eV})^4$ 恰巧和现在宇宙的物质密度 ρ_M 是同一个量级的.更准确地来说,暗能量大约占了宇宙物质成分的 74%,暗物质 $\sim 22\%$,正常物质 $\sim 4\%$.首先,我们熟悉且喜爱的正常物质退化成了宇宙中几乎可以被忽略的小小成分.第二,为什么 ρ_M 和 Λ 只相差一个因子 3? 这有时候被介绍成宇宙学巧合问题.

在我们目前的理解里,宇宙学常数 Λ 是一个拉格朗日量的参数.另一方面来说,考虑到绝大多数宇宙的质量密度在静止质量里,当宇宙膨胀时,$\rho_M(t)$ 以 $[1/R(t)]^3$ 减少,这里 $R(t)$ 是宇宙的标度尺度.[1]在遥远的过去,ρ_M 要比 Λ 大得多,而在遥远的未来,它就会小得多.它只是这么巧地存在于你与我的这个宇宙的特定时期里,$\rho_M \sim \Lambda$.或者说的不那么以人为宇宙中心,$\rho_M \sim \Lambda$ 的时期恰巧发生在星系形成基本完成时.

这也太古怪了!

在深切的绝望之中,有一些理论家甚至提出了"人择原理".[2]

---

① 想要一个简单的关于宇宙学的介绍可参见 A. Zee, *Unity of Forces in the Universe*, vol. II, chap. 10.

② 想要一个最近的评论可参见 A. Vilenkin, hep-th/0106083.

8.3 理解自然的有效场论方法

低能的表现形式

量子场论的先驱们,例如狄拉克,试图把场论看作是描述自然的基本方式,并且是完备的.像之前多次提过的那样,在 20 世纪 50 年代量子电动力学的成功之后,许多领头的粒子物理学家因为量子场论对强/弱相互作用束手无策(更不用说引力了)而拒绝它.此后在 70 年代初,场论迎来了巨大的成功.但当粒子物理学家从理论物理的"垃圾桶"里翻出来场论时,他们意识到他们研究的场论可能"只是"某个更深层结构的低能表现形式,一个最开始被认为是大统一理论,而后来则是弦论的结构.尽管狄拉克金口玉言在先,一种名为有效场论方法的观念还是发展起来了.

这一理论的大意是,我们可以利用场论去讨论一些低能(或者说是长程的)物理.尽管我们对终极理论一无所知,不知道它究竟是基于弦的理论还是基于某个未知结构的理论.这个范式变化的一个重要结果是不可重整的场论变得可以接受了.我会用几个具体的例子来阐明这些论述.

这套主要由威尔逊提出的有效场论哲学的出现,是标志着凝聚态物理与粒子物理相互影响的另一个实例.到了 60 年代晚期,威尔逊与其他几位一同发展出一套强大的有效场论方法来理解临界现象,以前者荣膺诺贝尔奖而至高潮.凝聚态物理的情况在很多方面都是粒子物理的反面,至少是 20 世纪 60 年代末人们理解的粒子物理的反面.凝聚态物理学家知道短程的物理,也就是电子和离子的量子力学.但在大多数情况下,写下电子和离子的薛定谔方程当然毫无用处.相反,我们想要的是一个告诉我们系统在频率低且波矢小时如何对探测作出响应的有效描述.一个引人注目的例子就是量子霍尔流体的有效理论,在 6.2 节被描述过:有意义的自由度是一个规范场,当然和组成系统的底层——电子截然不同.像对量子色动力学的 σ 模型的描述(见 6.4 节)那样,这样说是不无道理的:没有实验指导,理论家将会非常难决定哪些可能会是有意义的低能长程自由度.你将会在凝聚态物理里看到很多其他的例子,从朗道-金兹堡超导理论到佩尔斯失稳.

无知的阈限

在我们讨论重正化的时候,我信奉"量子场论应该提供一个对特定指标 Λ 下的物理的有效描述",这是一个无知的阈限,越过它,理论之外的物理就参与进来了.在一个不可重整的理论里,我们想计算的很多不同的物理量都可能依赖于 Λ,这暗示了尺度 Λ 附近或超出 Λ 的物理对理解我们感兴趣的低能物理来说是至关重要的.不可重正化的理论遭受着无法完全预测的困扰,但尽管如此它们也可能很有用.毕竟,关于弱相互作用的费米理论描述了实验,甚至预言了自己的灭亡.

在一个可重正化的理论下,许多物理量是不依赖于 Λ 的,前提是计算结果是被物理的耦合常数与质量表达的,而不是没有什么特别意义的裸耦合常数与质量.低能物理对高能发生了什么并不非常敏感,我们也能够用几个物理常数来参数化我们对高能物理的无知.

在 60 年代晚期到 70 年代,一个基础物理的主要目标是分类并研究可重整理论.像我们所熟知的那样,这一计划是"出乎意料的大成功".它让我们能够把强、弱和电磁相互作用确定下来.

重正化群流与量纲分析

有效场论的哲学本质上是与重正化群流紧密相连的.在一个给定的场论里,在我们流向低能时,一些耦合可能会趋向零,而其他的并不是(而如果它们像 QCD 一样趋向无穷,我们就不能在没有实验结果的时候找出有效理论了).因此,第一步是计算重正化群流.一个简单的例子是习题 8.3.1.

在许多例子里,我们可以简单地使用量纲分析法.像之前在对重正化理论中讨论的那样,有着负质量量纲的耦合在低能下是不重要的.更准确地来说,假设我们在 $\lambda\varphi^4$ 理论里添加了一个 $g\varphi^6$ 项.耦合系数 g 有质量平方的逆的量纲.让我们定义 $M^2\equiv 1/g$.在低能下,$g\varphi^6$ 项的效果被 $(E/M)^2$ 压低了.

那么我们怎么理解施温格在有效场论哲学下对电子反常磁短的惊人计算?

让我先来讲讲故事的传统(也就是威尔逊之前的)版本.一个学生可能会问:"施温格教授,为什么你不在拉格朗日量里加上 $(1/M)\bar{\psi}\sigma^{\mu\nu}\psi F_{\mu\nu}$ 这一项呢?"

答案是我们最好不要.不然,我们会失去对反常磁矩的预言;它将会依赖 M.回忆一下 $[\psi]=\dfrac{3}{2}$ 以及 $[A_\mu]=1$,因此 $\bar{\psi}\sigma^{\mu\nu}\psi F_{\mu\nu}$ 一项有质量量纲 $\dfrac{3}{2}+\dfrac{3}{2}+1+1=5>4$.由于可重整的要求,拉格朗日量只能包含量纲为 4 或更低的算符,因此给出了一个排除这项的基本原因.

实际上,我的故事里"真正"巧妙之处是施温格压根就不会回答这个问题.当我上施温格的场论课时,学生们是不被允许问问题的.施温格就是简单地忽视了所有举起来的手.也没有课后问问题的任何机会:当他说完准备好的一成不变的精美演讲的最后一句话时,他会雄赳赳地离开房间.狄拉克对待问题的方式完全不同.我是太年轻而无法亲证了,但据说有一个学生问:"狄拉克教授,我不明白……".狄拉克回复到:"那是一句断言,不是一个问题."

磁矩故事的现代重述则完全反了过来.我们现在把量子电动力学的拉格朗日量当作一个应该包括更高量纲项的无穷级数的有效拉格朗日量,它的系数参数化了我们无知的阈限.电子与光子的物理现在被描述为

$$\mathcal{L}=\bar{\psi}\left[i\gamma^\mu(\partial_\mu-ieA_\mu)-m\right]\psi-\frac{1}{4}F_{\mu\nu}F^{\mu\nu}+\frac{1}{M}\bar{\psi}\sigma^{\mu\nu}\psi F_{\mu\nu}+\cdots \qquad (8.26)$$

是的,这里有 $\dfrac{1}{M}\bar{\psi}\sigma^{\mu\nu}\psi F_{\mu\nu}$ 项,带有一个质量量纲的系数 M.施温格的结果:量子涨落生成了一项 $(\alpha/\pi)(1/m_e)\bar{\psi}\sigma^{\mu\nu}\psi F_{\mu\nu}$,应该被解释成电子反常磁短的预测是 $[\alpha/(2\pi)](1/m_e)+1/M$.实验测出的反常磁矩 $[\alpha/(2\pi)](1/m_e)$ 的精确吻合,反过来给出了一个 $M\gg(4\pi/\alpha)m_e$ 的下限.

等效地,如果我们有独立的证据证明 M 比 $\{[\alpha/(2\pi)]1/(2m_e)\}^{-1}$ 大得多的话,施温格的结果就预言了电子的反常磁矩.我想要强调所有这些都有物理上的意义.举个例子,如果你猜测电子有一个有限的尺度 a,那么就会期待 $M\sim1/a$.反常磁矩的计算给了 a 一个上限,这就告诉我们电子直到某个小尺度下一定是像点粒子那样.或者说,我们能找到独立的证据(比如电子散射实验)支持 a 必须小于某个特定长度,从而给出 M 的下限.

为了强调这一点,想象在 1948 年我们遵循着施温格的足迹,很快计算出了质子的反常磁矩.我们字面意义上可以在 3 秒内计算完成,因为所有要做的只是在拉格朗日量里用 m_p 替换 m_e,因此得到了 $[\alpha/(2\pi)]1/(2m_p)\bar{\psi}\sigma^{\mu\nu}\psi F_{\mu\nu}$,而这当然与实验大相径庭.这个分歧告诉我们还有相关的物理没有包含在内,那就是质子参与强相互作用,且不像点粒子.确实是这样,我们现在知道质子的反常磁矩包括了质子内部夸克的反常磁矩和它们轨道运动的贡献.

质子衰变的有效理论

看起来有效场论途径似乎会让我们失去一些预言的能力.但是有效场论也可以有令人惊讶的预言性.让我们举一个具体的例子.假设我们从来没有听说过大一统理论,只知道 $SU(3)\otimes SU(2)\otimes U(1)$ 理论.一个实验家告诉我们他打算看看质子会不会衰变.

即使对是什么引起了质子衰变连最模糊的概念都没有,我们仍然可以写下描述质子衰减的场论.拉格朗日量 $\mathcal{L}$ 应该由夸克 q 场和轻子 l 场构造出来,并且必须满足我们所知道的对称性.3 个夸克消失了,因此我们示意性地写成 qqq,但是 3 个旋量并不能组成洛伦兹标量.我们必须包括一个轻子场,写成 $qqql$.

因为涉及四个费米场,项 $qqql$ 的质量量纲是 6,因此在 $\mathcal{L}$ 里它要与某个质量 M 一同以 $(1/M^2)qqql$ 的形式出现,对应着质子衰变的物理的质量尺度.质子寿命的实验下限设定了 M 的下限.

将这段分析和一个(假想的)夸克概念出现很久之前(比如 1950 年左右)的质子衰变理论进行对比是富有启发性的.我们会用存在的场构造出一个有效拉格朗日量,也就是质子场 p、电子场 e 以及介子场 π,然后写下量纲为 4 的算符 $fpe^+\pi^0$,这里 f 是无量纲常数.为了估计 f,我们就天真地把这个算符与有效拉格朗日量中描述介子-核子耦合的(见 4.2 节) $g\bar{p}n\pi^+$ 相比较,因为 $fpe^+\pi^0$ 破坏了同位旋守恒,还可以我们可能会期待 $f\sim\alpha g$,也就是与 g 相同的量级乘以一个关于自旋破坏的观测,比如精细结构常数.但这赋予了质子一个不能接受的短寿命.我们必须把 f 设成一个小得不可思议的数,而这看起来极其不自然.因此,至少我们可以事后说,质子极长的寿命指向了夸克的存在.如我们所见,关键是在有效拉格朗日量中把负责质子衰变的那部分的质量量纲从 4 提升到 6.(宇宙学常数疑难是不是也可以用相同的方式解决呢?)

用另一种方式来说,$SU(3)\otimes SU(2)\otimes U(1)$ 加上可重整性预言了宇宙一个最惊人的事实,也就是质子的稳定性.反之,旧的介子-核子理论显然无法解释这个实验事实.

按照我们的理念,$\mathcal{L}$ 必须在 $SU(3)\otimes SU(2)\otimes U(1)$ 下不变,而夸克和轻子的变换是相当特殊的,像我们在 7.5 节中看到的那样.为了构造 $\mathcal{L}$,我们要坐下来列出所有 $qqql$ 的 $SU(3)\otimes SU(2)\otimes U(1)$ 下的洛伦兹不变量.

坐下来,我们会发现,如果简单起见,假设夸克和轻子只有一个家族,我们只能为中子衰变写下四项,在这里把它们全部列出来:$(\bar{l}_L C q_L)(u_R C d_R)$,$(e_R C u_R)(\tilde{q}_L C q_L)$,$(\bar{l}_L C q_L)(\tilde{q}_L C q_L)$ 以及 $(e_R C u_R)(u_R C d_R)$,这里 $l_L=\begin{pmatrix}v\\e\end{pmatrix}_L$,$q_L=\begin{pmatrix}\mu\\d\end{pmatrix}_L$ 表示 $SU(2)\otimes$

$U(1)$ 的轻子和夸克的双重态,转动被定义为 $\tilde{l}^j = l_i \varepsilon^{ij}$,$i,j = 1,2$ 为 $SU(2)$ 指标(见附录 B),而 C 标记着电荷共轭矩阵. 夸克的色指标以唯一可能的方式缩并. 有效拉格朗日量因此是这四项的加和,有 4 个未知的系数.

有效场论告诉我们所有可能的破坏重子数守恒的衰变过程都可以被 4 个未知数描述. 我们期待着这些预言可以保持精度到 $(M_W/M)^2$ 这一阶.(如果 M_W 是零,$SU(3) \otimes SU(2) \otimes U(1)$ 将会是精确的.)

当然了,我们可以通过做更多假设来增强我们的可预言性. 例如,如果我们认为质子衰变是通过一个矢量粒子来传播的,就像在一般的大统一理论里那样,就只有前两项是被允许的. 在一个具体的大统一理论里,比如 $SU(5)$ 理论,两个未知系数是被大统一耦合和 X 玻色子的质量所决定的.

要了解有效场论方法的预测能力,请检查一下四个可能算符的列表. 我们可以立刻预言尽管质子衰变破坏了重子数 B 和轻子数 L 的守恒,但组合 B−L 仍然是守恒的. 强调一下,在做分析前,这并不是非常显然的. 你能告诉一个实验家 n→e⁺π⁻ 和 n→e⁻π⁺ 哪个应该被期待吗? 先验的,完全可能是 B+L 守恒.

注意,现在弱相互作用的费米理论也可以被称为一个有效场论. 当然,与质子衰变不同,β 衰变是实际观测到的,通过这类对称性分析的预言,也就是中微子的存在,是被成功证实了的.

同样,我们可以构建一个关于中微子质量的有效场论. 当然,过去几年里粒子物理最激动人心的实验发现之一就是中微子不是无质量的. 让我们构造一个 $SU(2) \otimes U(1)$ 不变的有效理论. 因为 ν_L 位于 l_L 内部,不用任何细节分析我们就能看到一个量纲为 5 的算符是必须的:示意性地,$l_L l_L$ 包含了所需的中微子双线性,但它携带着超荷 $Y/2 = -1$;另一方面,希格斯双重态 φ 携带着超荷 $+\dfrac{1}{2}$,因此我们能组成的量纲最低的算符的形式是 $ll\varphi\varphi$,有着量纲 $\dfrac{3}{2} + \dfrac{3}{2} + 1 + 1 = 5$. 因此,有效的 $\mathcal{L}$ 必须包含一项 $(1/M)ll\varphi\varphi$,这里 M 是负责解释中微子质量的出现的新物理能标. 因此,通过量纲分析可以估测 $m_\nu \sim m_l^2/M$,这里 m_l 是一个典型的带电轻子的质量. 如果取 m_l 为 μ 子的质量 $\sim 10^2$ MeV,取 $m_\nu \sim 10^{-1}$ eV,我们发现 $M \sim (10^2 \text{ MeV})^2/10^{-1}(10^{-6} \text{ MeV}) = 10^8$ GeV.

认为有效场论在某个特定能标以下成立的哲学看起来是这样的显然,以致于我们很难想象曾经有很多杰出的物理学家对量子场论有着更多的要求:想要它在任意高能标下都是基础理论.

实话说,我们现在把所有的量子场论都看作有效场论. 我们所知的时空在短距离内确实包含一套格点,因此杨-米尔斯作用量只是威尔逊格点作用量的展开的领头项. 更不

必说不可重整的爱因斯坦-希尔伯特拉格朗日量,"仅仅"只是有效场论

$$\mathcal{L} = \sqrt{-g} \left[M_\Lambda^4 + M_P^2 R + c_1 R^2 + c_2 R_{\mu\nu} R^{\mu\nu} + c_3 R_{\mu\nu\rho} R^{\mu\nu\rho} + \frac{1}{M^2}(d_1 R^3 + \cdots) + \cdots \right]$$

的领头项.这里 $c_{1,2,3}$ 和 d_1 都是无量纲的大约是 1 的数字.三个曲率平方项涉及四阶导数项,而非爱因斯坦-希尔伯特项中的二阶导数项,因此它们的作用与首项相比被 $(E/M_P)^2$ 压低了,其中 E 是研究对象的特征能量尺度.因此,这个所谓的外尔-爱丁顿项可以在任何能想到的实验中被安全地忽略.(一个技术性的旁白:高斯-博内定理暗示了组合 $R^2 - 4R_{\mu\nu} R^{\mu\nu} + R_{\mu\nu\rho} R^{\mu\nu\rho}$ 是一个全导数,因此 c_3 可以被等效地设成 0,但这不是这里的重点.)在许多量纲为 6 的项中我们只写出了一个代表性的项 R^3,用高中学过的量纲分析就能知道,它的系数被某个质量为 M 的两次幂压低.

我们期待质量标度 M 表示什么呢?假设我们生活在一个只有引力的宇宙里(当然实际上我们不在那里),那么又一次地,我们将冒险取 M 为引力本身的质量标度,也就是普朗克质量 M_P,但我们还没从之前假设 $M_\Lambda \sim M_P$ 的三级烧伤中恢复呢.如果我们能够暂时忽略宇宙学常数问题,那么标准(但相当错误!)的一致意见是在一个只有纯引力的宇宙中,我们的引力理论是 $(E/M_P)^2$ 的有效展开.

另一种选择是,我们可以在积掉所有物质自由度后把 $\mathcal{L}$ 看成是引力的有效理论.在那个情况下,M 将会是 m_e 的量级(假设引力子与一个电子圈耦合;请看练习 8.3.5),或者甚至可能是 m_ν(通过一个中微子圈生成).

蓝天的有效场论

另一个有效场论哲学的应用是,考虑电磁波在自旋为 0 的电中性标量粒子 Φ 中的散射.因为 Φ 是中性的,所以拉格朗日量 $\mathcal{L} = \partial \Phi^\dagger \partial \Phi + m^2 \Phi^\dagger \Phi + \cdots$ 中能添加的最低阶的规范不变项是 $(1/M^2) \Phi^\dagger \Phi F_{\mu\nu} F^{\mu\nu}$.在量纲为 $1+1+2+2=6$ 的算符中,必须包括系数 $1/M^2$ 来使其降到 4 维,这里 M 是某个质量尺度,$F_{\mu\nu} F^{\mu\nu}$ 中导数的平方立刻告诉我们光子在这个中性粒子中的散射振幅满足 $\mathcal{M} \propto \omega^2$,这里 ω 是电磁波的频率.因此我们的结论是散射振幅的变化满足 $\sigma(\omega) \propto \omega^4$.

我们已经导出了瑞利关于天空颜色的著名解释.在通过大气层时红光在空气分子上的散射比蓝光的要少,于是天空是蓝色的.

应用到无自旋的原子或分子时,我们可以取非相对论极限,就像 3.5 节讨论的那样,令 $\Phi = (1/\sqrt{2m}) e^{-imt} \varphi$,因此,有效拉格朗日量现在是

$$\mathcal{L} = \varphi^\dagger i \partial_0 \varphi - \frac{1}{2m} \partial_i \varphi^\dagger \partial_i \varphi + \frac{1}{mM^2} \varphi^\dagger \varphi (c_1 \boldsymbol{E}^2 - c_2 \boldsymbol{B}^2) + \cdots$$

在这个情况下,因为我们了解支配着原子和分子的微观物理,所以我们非常清楚质量尺度 M 代表着什么.一个光子与一个像原子或分子那样的电中性系统的耦合必须像系统的特征尺度 d 那样消失,因为当 $d \to 0$ 时,正负电荷将重叠在一起,赋予了光子一个消失的净耦合.旋转不变性暗示了耦合 $\sim \boldsymbol{k} \cdot \boldsymbol{d}$.因此散射振幅就像 $\mathcal{M} \propto (\omega d)^2$,因为耦合至少要作用两次,一次是入射光子,一次是出射光子.(注意因为旋转不变性,算符 $\boldsymbol{d}$ 的期望值消失了,但又因为我们在做二阶微扰理论,所以要计算 $\boldsymbol{d}$ 的二次方的期望值.)[①]取 $\mathcal{M}$ 平方,并调用一些基础的量子力学与量纲分析,我们得到了散射截面 $\sigma(\omega) \sim d^6 \omega^4$.

附录 有效场论中的乱序项

有效场论的拉格朗日量由质量量纲递增的项组成的无穷序列,仅受理论假设的对称性约束.实际上,有些项可以被等效地排除.为了解释这一点,我们专注于这个简单例子:

$$\mathcal{L} = \frac{1}{2} (\partial \varphi)^2 - \lambda \varphi^4 + \frac{1}{M^2} [a\varphi^6 + b\varphi^3 \partial^2 \varphi + c(\partial^2 \varphi)^2] + O\left(\frac{1}{M^4}\right) \tag{8.27}$$

我们实际上暗地里处理的是作用量,所以可以自由地分部积分.为了计算简便,我们没有包含质量项,因此在 $1/M$ 的首项,运动方程简单地读出 $\partial^2 \varphi = 0$.三种可能的质量量纲为 6 已经被直接写出来了(我们分部积分来消除 $\varphi^2 (\partial \varphi)^2$).

我们可以用运动方程来消掉两个正比于 $\partial^2 \varphi$ 的量纲 6 的项吗?

我们知道我们可以做一个场的重定义而不必改变在壳振幅,所以重定义 $\varphi \to \varphi + \frac{1}{M^2} F$.然后 $\frac{1}{2} (\partial \varphi)^2 \to \frac{1}{2} (\partial \varphi)^2 - \frac{1}{M^2} F \partial^2 \varphi + O\left(\frac{1}{M^4}\right)$ 以及 $\lambda \varphi^4 \to \lambda \left[\varphi^4 + \frac{1}{M^2} \varphi^3 F + O\left(\frac{1}{M^4}\right)\right]$.令 $F = p\varphi^3 + q\partial^2 \varphi$,可以看到当选择合适的 p 与 q 时,我们能够消除 b 与 c.注意与此同时,我们也把 a 变成了其他的值.

问题的答案是可以,但严格来说关于运动方程 $\partial^2 \varphi = 0$ 鼓舞我们在有效场论的后续项中简单设 $\partial^2 \varphi$ 为零这样天真的论述,是不对的,至少是令人误解的.可以看到我们实

[①] 想要更多细节,可参见 Sakurai J J. Advanced Quantum Mechanics[M]. New York: Addison-Wesley, 1967: 47.

际上生成了 $O\left(\frac{1}{M^4}\right)$ 项并且改变了 φ^6 项. 因此, 更准确地来说, 场的重定义允许我们打乱顺序, 并把一些项放到更高阶去. 而净作用和相信那个天真的论述, 并把 $\partial^2\varphi$ 在非领头项中设成零, 所得到的结果是相同的.

这个程序对费米子来说也适用. 作为一个例子, 考虑有效拉格朗日量 $\mathcal{L} = \bar{\psi}(i\gamma^\mu\partial_\mu - m)\psi + \frac{1}{M^3}\bar{\psi}(i\gamma^\mu\partial_\mu - m)\psi(\bar{\psi}\psi) + \cdots$. 然后场的重定义 $\psi \rightarrow \psi - \frac{1}{2}M^3\psi(\bar{\psi}\psi)$ 使我们摆脱了量纲为 7 的项.

假如我们不由分说把宇宙常数设为零, 那么我们也可以把刚刚学到的应用到引力的有效理论中去. 同时, 利用高斯-博内定理来摆脱 $R_{\mu\nu\alpha\rho}R^{\mu\nu\alpha\rho}$, 那么我们有

$$\mathcal{L} = \sqrt{-g}\left[M_P^2 R + c_1 R^2 + c_2 R_{\mu\nu}R^{\mu\nu} + \frac{1}{M^2}(d_1 R^3 + \cdots) + \cdots\right] \tag{8.28}$$

做一个场的重定义 $g_{\mu\nu} \rightarrow g_{\mu\nu} + \delta g_{\mu\nu}$ 并利用

$$\delta\int d^4x\sqrt{-g}R = -\int d^4x\sqrt{-g}\left(R^{\mu\nu} - \frac{1}{2}g^{\mu\nu}R\right)\delta g_{\mu\nu}$$

设 $\delta g_{\mu\nu} = pR^{\mu\nu} + qg^{\mu\nu}R$. 然后通过合理选择 p 和 q 可以消掉 c_1 与 c_2. 再次强调, 这里只有当我们把宇宙学常数设成零且没有什么麻烦时才成立.

习题

8.3.1 考虑

$$\mathcal{L} = \frac{1}{2}\left[(\partial\varphi_1)^2 + (\partial\varphi_2)^2\right] - \lambda(\varphi_1^4 + \varphi_2^4) - g\varphi_1^2\varphi_2^2 \tag{8.29}$$

我们取了 1.10 节中的 $O(2)$ 理论, 并直接破坏了对称性. 请在 λ-g 平面上计算重正化群流, 并画出你自己的结论.

8.3.2 假设右手中微子 ν_R 不存在(例如, 假设标准模型由最小的粒子组成)写出所有破坏了轻子数 $L2$ 的 $SU(2)\otimes U(1)$ 不变量, 从中构造一个中微子质量的有效拉格朗日量. 当然, 通过构造一个具体的理论, 你可以更有预言性. 从 $l_L l_L$ 中我们可以构成一个洛伦兹标量, 它在 $SU(2)$ 下既像单态那样变换, 也像三重态那样. 取单态的粒子, 然后构造一个理论. (提示: 想要一些帮助, 参见 A. Zee, Phys. Lett. B, 1980, 93: 389.)

果壳中的量子场论
Quantum Field Theory in a Nutshell

8.3.3 让 A,B,C,D 标记四个自旋为 $\frac{1}{2}$ 的粒子,并用下角标 $h=\pm1$ 标记它们的手征:$\gamma^5 A_h = h A_h$.这样,A_+ 是右手的,A_- 是左手的,其余的也类似.请证明:

$$(A_h B_h)(C_{-h} D_{-h}) = -\frac{1}{2}(A_h \gamma^\mu D_{-h})(C_{-h} \gamma_\mu B_h) \tag{8.30}$$

这是称为菲尔兹等式的广泛等式的一个例子(其他的一些需要在讨论超对称时用到).论证如果中子衰变发生在交换矢量粒子的最低阶,那么拉格朗日量中唯一被允许的项是 $(\tilde{l}_L C q_L)(u_R C d_R)$ 和 $(e_R C u_R)(\tilde{q}_L C q_L)$.

8.3.4 已知上述习题的结论,证明过程 $p \to \pi^+ + \bar{\nu}, p \to \pi^0 + e^+, n \to \pi^0 + \bar{\nu}$ 及 $n \to \pi^- + e^+$ 的衰变率相互成正比,且比率系数由一个未知常数确定($(\tilde{l}_L C q_L)(u_R C d_R)$ 和 $(e_R C u_R) \cdot (\tilde{q}_L C q_L)$ 的系数之比).

8.3.2~8.3.4 三题若需帮助,请参见 S. Weinberg, Phys. Rev. Lett., 1979,43: 1566;F. Wilczek and A. Zee, ibid. p. 1571; H. A. Weldon and A. Zee, Nucl. Phys. B, 1980,173: 269.

8.3.5 想象一个神秘的(估计是不可能存在的)种族,由只能理解能标比电子质量 m_e 还要低的物理的物理学家组成.他们设法写下了一个他们知道的粒子的有效场论,光子,

$$\mathcal{L} = -\frac{1}{4} F_{\mu\nu} F^{\mu\nu} + \frac{1}{m_e^4}\left[a(F_{\mu\nu} F^{\mu\nu})^2 + b(F_{\mu\nu}\tilde{F}^{\mu\nu})^2\right] + \cdots \tag{8.31}$$

其中,$\tilde{F}^{\mu\nu} = \frac{1}{2}\varepsilon^{\mu\nu\rho\sigma} F_{\rho\sigma}$ 是往常一样的对偶场强,a 与 b 是两个无量纲的约为 1 的常数.

(1) 证明 $\mathcal{L}$ 有电荷共轭(在这里 $A \to -A$)、宇称及时间反演不变性(当然还有规范不变性.)

(2) 画出上述两个量纲为 8 的项的费曼图.系数 a 与 b 被欧拉和科克尔在 1935 年以及海森伯和欧拉在 1936 年被计算出来,这实在是一个壮举,因为他们一点也不知道费曼图或者什么现代的量子场论.

(3) 解释在 $\mathcal{L}$ 为什么没有量纲为 6 的项.(提示:一个可以能的项是 $\partial_\lambda F_{\mu\nu} \partial^\lambda F^{\mu\nu}$.)

(4) 我们虚构的物理学家不知道电子,但他们可能会相当激动.他们准备开始用一个叫 LPC 的机器来做光子-光子散射实验,这个机器能产生比 m_e 能量还高的光子.讨论他们会看到什么.应用幺正性及库特科斯基规则.

8.3.6 利用有效场论方法证明光在电中性自旋为 $\frac{1}{2}$ 的粒子(比如中子)中的散射截

面在首项上像 $\sigma \propto \omega^2$,而不是 ω^4. 进一步论证比例系数是一个可以被磁矩 μ 确定的常数.(该结果最早是由 F. Low(Phys. Rev. 96:1428),M. Gell-Mann 和 Murph L. Goldberger(Phys. Rev. 96:1433)于 1954 年使用更为详尽的论点得出的.)

8.4 超对称:极简介绍

统一玻色子与费米子

先讲一讲超对称的一些动机:① 所有实验已知的对称性都是玻色子与玻色子之间,或费米子与费米子之间的. 我们会想要一个对称性,也就是超对称,来联系玻色子与费米子.② 对费米子来说,无质量是更自然的(回忆 7.6 节),但是对玻色子却不是这样. 可能通过费米子场来和希格斯场配对能使我们解决 7.6 节提到的级列问题.③ 回忆 2.5 节中提到的费米子对真空能的贡献为负,你可能会觉得,如果费米子的贡献与玻色子的贡献相抵消,宇宙学常数问题就能被解决.

令人失望的是,超对称概念的提出已经超过 30 年了[①](戈尔芬德(Golfand)和利希特曼(Likhtman)在 1971 年构造了第一个超对称场论),但仍然缺少直接的实验证据. 所有现存的超对称理论都把已知的玻色子与未知的费米子配对,把已知的费米子与未知的玻色子配对. 超对称必须在某个质量尺度 M 破缺,而这个尺度超过了已经探索到的实验尺度,但之后(像我们在 8.2 节中解释过的那样)我们可能会期待一个约为 M^4 的宇宙学常数.

尽管如此,超对称有许多不错的性质(很难让人惊讶因为相关的对称群更大了). 超对称也因此吸引了众多投身者. 这里给超对称一个我能写出的最简要的介绍. 本着初次接触的精神,本书将避免提及任何细微之处和警告,希望这篇简短的介绍对学生搞定超对称的那些大部头有所帮助.

---

① 想要了解超对称早期历史的有趣描述,可参见 G. Kane and M. Shifman, eds. , *The Supersymmetric World*: *The Beginning of the Theory*.

创造超对称

假设有一天,你一觉醒来,想要去创造一个场论,这个场论拥有一个联系玻色子与费米子的对称性.你需要做的第一件事是拥有一样数量的玻色自由度与费米自由度.最简单的费米场是有两个分量的外尔旋量 ψ.现在有了一个复自由度[①],所以你需要放一个复标量场 φ.你可以反复实验来继续:写下一个包含所有量纲不大于 4 的项的拉格朗日量,然后调整不同的参数直到想要的对称性出现.例如,你可以在质量项 $\mu^2\varphi^\dagger\varphi + m(\psi\psi + \bar{\psi}\bar{\psi})$ 中调整 μ,直到理论变得更对称,玻色子与费米子有了相同的质量.

如果你试图用狄拉克旋量 Ψ 及一个复标量场 φ 来进行这个实验,开始就注定会失败,因为费米自由度是玻色自由度的两倍.我相信超对称的发展一定很大程度上被拖延了,因为直到 1970 年代早期,许多只知道狄拉克旋量的场论家都还对外尔旋量所知甚少.提示一下:现在是时候去彻底熟悉附录 E 中带点和不带点的符号了.想要理解本节,你需要对那套符号非常熟悉.

超对称代数

经过反复实验构造这种被称为魏斯-组米诺模型的超对称场论是完全可行的,但是这里将给你展示一个萨拉姆和斯特拉斯迪发明的优雅但更抽象的方法,被称为超空间和超场的形式.我们必须开发相当多的形式工具.所有的东西在这都是超的.

将从 φ 变到 ψ_α 的超对称生成元写为 Q_α(也就是超荷).Q_α 像一个外尔旋量那样变换意味着 $[J^{\mu\nu}, Q_\alpha] = -\mathrm{i}(\sigma^{\mu\nu})_\alpha{}^\beta Q_\beta$,其中 $J^{\mu\nu}$ 是洛伦兹群的生成元.当然,因为 Q_α 是不依赖于时空坐标的,$[P^\mu, Q_\alpha] = 0$.从附录 E 中我们用 $\bar{Q}_{\dot{\alpha}}$ 来标记 Q_α 的共轭,这样 $[J^{\mu\nu}, \bar{Q}^{\dot{\alpha}}] = -\mathrm{i}(\bar{\sigma}^{\mu\nu})^{\dot{\alpha}}{}_{\dot{\beta}}\bar{Q}^{\dot{\beta}}$.

写下格拉斯曼量 Q_α 和 $\bar{Q}_{\dot{\beta}}$ 的反对易关系,在附录 E 中的工作终于有所回报了.超对称代数由如下关系给出:

$$\{Q_\alpha, \bar{Q}_{\dot{\beta}}\} = 2(\sigma^\mu)_{\alpha\dot{\beta}} P_\mu \tag{8.32}$$

[①] 一个复自由度在壳上,两个复自由度不在壳上.请见后续超场的形式.

我们用"它还能怎样"的方法来论证.右边必须携带指标 α 与 $\dot{\beta}$,我们知道唯一携带这些指标的量是 σ^μ.洛伦兹指标 μ 也必须被缩并,周围只有 P_μ 这个矢量.系数 2 修正了 Q 的归一化.

利用相同的论证方式,我们必须有 $\{Q_\alpha, Q^\beta\} = c_1(\sigma^{\mu\nu})_\alpha{}^\beta J_{\mu\nu} + c_2 \delta_\alpha^\beta$.与 P^λ 的对易性让我们看到常数 c_1 必须为零.回忆 $Q_\gamma = \varepsilon_{\gamma\beta} Q^\beta$,所以我们有 $\{Q_\alpha, Q_\gamma\} = c_2 \varepsilon_{\gamma\alpha}$;但又因为左边指标 α 与 γ 对称,所以得出 $c_2 = 0$.因此,$\{Q_\alpha, Q_\beta\} = 0$ 且 $\{\bar{Q}_{\dot{\alpha}}, \bar{Q}_{\dot{\beta}}\} = 0$(见习题 8.4.2).

一个基本定理

一个重要的物理事实可以立刻从式(8.32)中得出.用 $(\bar{\sigma}^\nu)^{\dot{\beta}\alpha}$ 缩并,可以得到

$$4P^\nu = (\bar{\sigma}^\nu)^{\dot{\beta}\alpha} \{Q_\alpha, \bar{Q}_{\dot{\beta}}\} \tag{8.33}$$

特别地,时间分量告诉了我们哈密顿量:

$$4H = \sum_\alpha \{Q_\alpha, \bar{Q}_{\dot{\alpha}}\} = \sum_\alpha \{Q_\alpha, Q_\alpha^\dagger\} = \sum_\alpha (Q_\alpha Q_\alpha^\dagger + Q_\alpha^\dagger Q_\alpha) \tag{8.34}$$

我们得到了一个重要定理,那就是在一个超对称场论中,任何物理态 $|S\rangle$ 都必须有非负能量:

$$\langle S | H | S \rangle = \frac{1}{2} \sum_\alpha \sum_{S'} |\langle S'| Q_\alpha |S\rangle|^2 \geqslant 0 \tag{8.35}$$

超空间

现在我们已经构造了超对称几何,但我们的目标是构造超对称场论.为了做这个,我们需要分类搞清楚场在这个超对称几何下如何变换.我们必须采取很多形式化的表述,而它的必要性会在适当的时候体现出来.

想象你在试图创造超空间形式.仔细观察基本关系式(8.32) $\{Q_\alpha, \bar{Q}_{\dot{\beta}}\} = 2(\sigma^\mu)_{\alpha\dot{\beta}} P_\mu$ 能给我们一点儿启发.一个超对称变换 Q 同它的共轭量 $\bar{Q}_{\dot{\beta}}$ 生成了平移 P_μ.让我们来看看,$P_\mu \equiv \mathrm{i}(\partial/\partial x^\mu)$ 生成了 x^μ 的平移,那么 Q_α 作为一个格拉斯曼量,可能也会生成某个

抽象的格拉斯曼坐标 θ^α 的平移?(类似地,$\bar{Q}_{\dot\beta}$ 则会生成 $\bar{\theta}^{\dot\beta}$ 的平移.)

萨拉姆和斯特拉斯迪利用玻色坐标与费米坐标 $\{x^\mu,\theta^\alpha,\bar{\theta}^{\dot\beta}\}$,以及用这个空间中的平移表示的超对称代数创造了超空间的符号系统.

让我们来试试把 Q_α 和 $\bar{Q}_{\dot\beta}$ 分别看成 $\partial/\partial\theta^\alpha$ 和 $\partial/\partial\bar{\theta}^{\dot\beta}$.但这样的话,$\{Q_\alpha,\bar{Q}_{\dot\beta}\}=0$,我们得不到式(8.32)了,所以必须修改 Q_α 和 $\bar{Q}_{\dot\beta}$.你可能已经看到我们需要什么了.如果我们加一个类似 $\theta\sigma^\mu\partial_\mu$ 的项在 $\bar{Q}_{\dot\beta}$ 上,那么当 Q_α 中的 $\partial/\partial\theta^\alpha$ 作用到 $\theta\sigma^\mu\partial_\mu$ 上时,会产生一些像式(8.32)右侧的东西.类似地,我们也想要在 Q_α 上添加像 $\bar{\theta}\sigma^\mu\partial_\mu$ 的项.(再一次,我们努力开发的加点与不加点的符号限定了我们能够写下来的项,也就是 $(\sigma^\mu)_{\alpha\dot\alpha}\bar{\theta}^{\dot\alpha}\partial_\mu$,这样指标能够匹配,也遵循了"西南到东北"的规则.)因此,我们把超荷表示为

$$Q_\alpha = \frac{\partial}{\partial\theta^\alpha} - \mathrm{i}(\sigma^\mu)_{\alpha\dot\alpha}\bar{\theta}^{\dot\alpha}\partial_\mu \tag{8.36}$$

和

$$\bar{Q}_{\dot\beta} = -\frac{\partial}{\partial\bar{\theta}^{\dot\beta}} + \mathrm{i}\theta^\beta(\sigma^\mu)_{\beta\dot\beta}\partial_\mu \tag{8.37}$$

你可以看到现在式(8.32)又成立了.有趣的是,当我们在费米方向平移的时候,我们要在玻色方向也平移一点.

超场

顾名思义,一个超场 $\Phi(x^\mu,\theta^\alpha,\bar{\theta}^{\dot\beta})$ 便是一个住在超空间的场.一个无限小的超对称变换把 Φ 变为

$$\Phi \rightarrow \Phi' = (1 + \mathrm{i}\xi^\alpha Q_\alpha + \mathrm{i}\bar{\xi}_{\dot\alpha}\bar{Q}^{\dot\alpha})\Phi \tag{8.38}$$

其中,ξ 和 $\bar{\xi}$ 是两个格拉斯曼参数.

实际上,我们可以赋予 Φ 一些条件来给这个相对广泛的定义一些限制.在仔细观察式(8.36)与式(8.37)一段时间后,你可能会意识到这里有两个其他的量,

$$D_\alpha = \frac{\partial}{\partial\theta^\alpha} + \mathrm{i}(\sigma^\mu)_{\alpha\dot\alpha}\bar{\theta}^{\dot\alpha}\partial_\mu$$

和

$$\overline{D}_{\dot{\beta}} = -\left[\frac{\partial}{\partial\bar{\theta}^{\dot{\beta}}} + i\theta^{\beta}(\sigma^{\mu})_{\beta\dot{\beta}}\partial_{\mu}\right]$$

是我们可以定义的,它们是某种与 Q_{α} 和 $\overline{Q}_{\dot{\beta}}$ 正交的组合.显然,D_{α} 和 $\overline{D}_{\dot{\beta}}$ 与 Q_{α} 和 $\overline{Q}_{\dot{\beta}}$ 是反对易的.这个事实的重要性在于,如果我们对超场 Φ 要求 $\overline{D}_{\dot{\beta}}\Phi = 0$,那么根据式(8.38),变换后的 Φ' 也满足这个条件.

一个满足条件 $\overline{D}_{\dot{\beta}}\Phi = 0$ 的超场 Φ 是所谓的手征超场.这个条件实际上挺容易实现的[①]:观察到如果我们定义 $y^{\mu} \equiv (x^{\mu} + i\theta^{\alpha}(\sigma^{\mu})_{\alpha\dot{\alpha}}\bar{\theta}^{\dot{\alpha}})$(注意这里我们把两个玻色量相加),那么

$$\overline{D}_{\dot{\beta}}y^{\mu} = -\left[\frac{\partial}{\partial\bar{\theta}^{\dot{\beta}}} + i\theta^{\beta}(\sigma^{\nu})_{\beta\dot{\beta}}\partial_{\nu}\right]y^{\mu} = -\left[-i\theta^{\alpha}(\sigma^{\mu})_{\alpha\dot{\beta}} + i\theta^{\beta}(\sigma^{\mu})_{\beta\dot{\beta}}\right] = 0$$

因此,一个只依赖于 y 和 θ 的超场 $\Phi(y,\theta)$ 是一个手征超场.

让我们在令 y 保持不变的情况下,按照 θ 的幂次对 Φ 做展开.记住 θ 有两个分量 (θ^1, θ^2).因此,我们可以构造出的量关于 θ 至多是二阶的,即 $\theta\theta$,这是你在习题 E.3 中计算过的.因此,像往常一样,格拉斯曼变量的幂级数终止了,因此我们有

$$\Phi(y,\theta) = \varphi(y) + \sqrt{2}\,\theta\psi(y) + \theta\theta F(y)$$

其中 $\varphi(y)$,$\psi(y)$ 与 $F(y)$ 目前只是级数中的系数.我们可以再对 x 附近做泰勒展开:

$$\begin{aligned}
\Phi(y,\theta) &= \varphi(x) + \sqrt{2}\,\theta\psi(x) + \theta\theta F(x) \\
&\quad + i\theta\sigma^{\mu}\bar{\theta}\partial_{\mu}\varphi(x) - \frac{1}{2}\theta\sigma^{\mu}\bar{\theta}\theta\sigma^{\nu}\bar{\theta}\partial_{\mu}\partial_{\nu}\varphi(x) + \sqrt{2}\,\theta i\theta\sigma^{\mu}\bar{\theta}\partial_{\mu}\psi(x) \quad (8.39)
\end{aligned}$$

我们可以看到一个手征超场 Φ 包含了一个外尔费米场 ψ,以及两个复标量场 φ 与 F.

寻找完全散度项

现在我们来做一点量纲分析,找点乐子的同时顺便算点什么.已知 P_{μ} 有着质量量

[①] 这是对如下问题的类比:构造一个方程 $f(x,y)$ 满足 $Lf = 0$,其中 $L \equiv [x(\partial/\partial y) - y(\partial/\partial x)]$.我们定义 $r \equiv (x^2 + y^2)^{\frac{1}{2}}$ 并观察到 $Lr = 0$.然后只依赖于 r 的任意 f 都满足所需的条件.

纲,用 3.2 节的符号则写为 $[P_\mu]=1$,那么式(8.32)、式(8.36)与式(8.37)告诉了我们 $[Q]=[\bar{Q}]=\frac{1}{2}$,$[\theta]=[\bar{\theta}]=-\frac{1}{2}$.给定 $[\varphi]=1$,式(8.39)告诉我们 $[\psi]=\frac{3}{2}$,当然这是我们早就知道的,以及我们先前不知道的 $[F]=2$.事实上,我们还从来没有遇到过一个质量量纲为 2 的洛伦兹标量呢.这让我们怎么在 $\mathcal{L}$ 里给 F 写一个质量量纲为 4 的动能项呢? 我们不能.项 $F^\dagger F$ 的量纲已经为 4 了,任何的导数都会让这个量纲更高.另外,难道我们没说过用 φ 和 ψ 就已经能平衡玻色自由度与费米自由度了吗?

场 $F(x)$ 绝对有什么奇怪之处.它在我们的理论里到底起了什么作用?

在一个无限小超对称变换下,超场变化了($\delta\Phi = i(\xi Q + \bar{\xi}\bar{Q})\Phi$).根据式(8.39)、式(8.36)与式(8.37),你可以计算出不同成分 φ,ψ 和 F 是怎样变换的(见习题 8.4.5).但是我们可以绕个弯子来向对称性与量纲分析求助.例如,δF 关于 ξ 或 $\bar{\xi}$ 线性,那么根据量纲分析,它必须乘以一个量纲是 $\left[\frac{5}{2}\right]$ 的东西,因为 $[F]=2$ 且 $[\xi]=[\bar{\xi}]=-\frac{1}{2}$.周围唯一有着 $\left[\frac{5}{2}\right]$ 量纲的是 $\partial_\mu\psi$,它携带着不带点的指标.注意不可能是 $\partial_\mu\bar{\psi}$,因为 Φ 不包括 $\bar{\psi}$.根据洛伦兹不变性,我们必须找到一个携带着指标 μ 的东西,而那只可能是 $(\sigma^\mu)_{\alpha\dot{\alpha}}$.其中,带点的指标只能与 $\bar{\xi}$ 缩并,所以除了一个整体系数外,一切都固定了:

$$\delta F \sim \partial_\mu \psi^\alpha (\sigma^\mu)_{\alpha\dot{\alpha}}\bar{\xi}^{\dot{\alpha}} \tag{8.40}$$

用相同的方法论证,可以轻易地证明 $\delta\varphi \sim \xi\psi$ 及 $\delta\psi \sim \xi F + \partial_\mu\varphi\sigma^\mu\bar{\xi}$.

重要的不是式(8.40)中的常数,而是 δF 是一个完全散度项.

给定任一超场 Φ,标记 $[\Phi]_F$ 为 Φ 的展开式中项 $\theta\theta$ 前的系数(像式(8.39)中那样).我们已经知道的是在一个超对称变换中,$\delta([\Phi]_F)$ 是一个完全散度项,因此 $\int \mathrm{d}^4 x [\Phi]_F$ 在超对称下不变.

我们看出的下一个性质是,如果 $\bar{D}_{\dot{\beta}}\Phi = 0$,那么 $\bar{D}_{\dot{\beta}}\Phi^2 = 0$.换句话说,如果 Φ 是手征超场,那么 Φ^2 也是(同时拓展可得,Φ^3, Φ^4 等也是).

超对称作用量

我们究竟想得到什么? 我们想要构造一个在超对称下不变的作用量.

最终,在所有的形式体系都被建立后,我们已经准备好写出作用量了.实际上,它简直已经在深情凝视着我们了:凭借着上两段的论述,$\int d^4x\left[\frac{1}{2}m\Phi^2 + \frac{1}{3}g\Phi^3 + \cdots\right]_F$ 在超对称下是不变的.对式(8.39)取平方,并提取出 $\theta\theta$ 的系数,可以得到 $[\Phi^2]_F = (2F\varphi - \psi\psi)$. 类似地,$[\Phi^3]_F = 3(F\varphi^2 - \varphi\psi\psi)$.现在请完成习题8.4.6.

看起来我们像是给外尔旋量 ψ 和它与标量场 φ 的耦合生成了一个质量项,但那些动能项,比如 $\bar{\psi}_{\dot{\alpha}}(\bar{\sigma}^{\mu})^{\dot{\alpha}\alpha}\partial_{\mu}\psi_{\alpha}$,都去哪儿了呢?

矢量超场

动能项里有 $\bar{\psi}_{\dot{\alpha}}$,而它不在 Φ 中.为了得到共轭场 $\bar{\psi}_{\dot{\alpha}}$,我们显然要用 $\Phi^{\dagger}$,所以需要考虑 $\Phi^{\dagger}\Phi$.这有更多的形式!如果 $V = V^{\dagger}$,我们称 $V(x,\theta,\bar{\theta})$ 为矢量超场.例如,$\Phi^{\dagger}\Phi$ 是一个矢量超场.

想象用 θ 和 $\bar{\theta}$ 展开 $\Phi^{\dagger}\Phi = \varphi^{\dagger}\varphi + \cdots$ 或任意矢量超场 V.最高阶项只能是 $\bar{\theta}\bar{\theta}\theta\theta$,因为根据格拉斯曼变量的性质,我们只能构造出 $\bar{\theta}^{\dot{1}}\bar{\theta}^{\dot{2}}\theta_1\theta_2$.任何对 θ 或 $\bar{\theta}$ 平方的项,比如 $(\theta\sigma^{\mu}\bar{\theta})(\theta\sigma_{\mu}\bar{\theta})$,在利用了在附录E的习题中发现的性质后,都被打回原形,变成了 $\bar{\theta}\bar{\theta}\theta\theta$. 令 $[V]_D$ 标记 $\bar{\theta}\bar{\theta}\theta\theta$ 在 V 展开中的系数.

再一次地,量纲分析颇为有用.如果 V 有质量量纲 n,考虑到 θ 和 $\bar{\theta}$ 都有质量量纲 $-\frac{1}{2}$,那么 $[V]_D$ 有质量量纲 $n+2$.下面我们来研究 $[V]_D$ 是如何在无限小的超对称变换 $\delta V = \mathrm{i}(\xi Q + \bar{\xi}\bar{Q})V$ 下变换的.利用和之前相同的论证:$\delta([V]_D)$ 关于 ξ 和 $\bar{\xi}$ 是线性的,且 $[\xi] = [\bar{\xi}] = -\frac{1}{2}$,由量纲分析可知,$\xi$(或 $\bar{\xi}$)必须乘以一个量纲为 $n+\frac{5}{2}$ 的东西,这只能是某个量纲为 $n+\frac{3}{2}$ 的东西的导数,也就是 $\bar{\theta}\theta\theta$ 或 $\bar{\theta}\bar{\theta}\theta$ 在 V 的展开中的系数.我们总结出 $\delta([V]_D)$ 必须形如 $\partial_{\mu}(\cdots)$,也就是说 $\delta([V]_D)$ 是一个完全散度项.这是让我们总结出 $\delta([\Phi]_F)$ 是完全散度项的相同类型的证明.

那么,作用量 $\int d^4x[\Phi^{\dagger}\Phi]_D$ 在超对称下不变.

从式(8.39)开始,在这里再重复一遍吧.

$$\Phi(y,\theta) = \varphi(x) + \sqrt{2}\,\theta\psi(x) + \theta\theta F(x)$$
$$+ \mathrm{i}\theta\sigma^{\mu}\bar{\theta}\,\partial_{\mu}\varphi(x) - \frac{1}{2}\theta\sigma^{\mu}\bar{\theta}\theta\sigma^{\nu}\bar{\theta}\,\partial_{\mu}\partial_{\nu}\varphi(x) + \sqrt{2}\,\theta\mathrm{i}\theta\sigma^{\mu}\bar{\theta}\,\partial_{\mu}\psi(x) \quad (8.41)$$

可以看到 $\int \mathrm{d}^4 x [\Phi^\dagger \Phi]_D$ 包括了 $\int \mathrm{d}^4 x \varphi^\dagger \partial^2 \varphi$（$\Phi^\dagger$ 的第一项与 Φ 的第五项相乘）、$\int \mathrm{d}^4 x \partial \varphi^\dagger \partial \varphi$（$\Phi^\dagger$ 的第四项与 Φ 的第四项相乘）、$\int \mathrm{d}^4 x \bar{\psi} \bar{\sigma}^\mu \partial_\mu \psi$（$\Phi^\dagger$ 的第二项与 Φ 的第六项相乘）、以及 $\int \mathrm{d}^4 x F^\dagger F$（$\Phi^\dagger$ 的第三项与 Φ 的第三项相乘）. 场的导数在超对称理论中如何产生是相当有趣的：注意作用量 $\int \mathrm{d}^4 x [\Phi^\dagger \Phi]_D$ 并不包含导数项.

总结一下，给定一个手征超场 Φ，我们已经构造了超对称作用量：

$$S = \int \mathrm{d}^4 x \left\{ [\Phi^\dagger \Phi]_D - ([W(\Phi)]_F + \mathrm{h.c.}) \right\} \tag{8.42}$$

显然地，当选择 $W(\Phi) = \dfrac{1}{2} m \Phi^2 + \dfrac{1}{3} g \Phi^3$ 时，我们有

$$S = \int \mathrm{d}^4 x \left[\partial \varphi^\dagger \partial \varphi + \mathrm{i} \bar{\psi} \bar{\sigma}^\mu \partial_\mu \psi + F^\dagger F - \left(m F \varphi - \frac{1}{2} m \psi \psi + g F \varphi^2 - g \varphi \psi \psi + \mathrm{h.c.} \right) \right]$$

一个辅助场

最开始，场 F 就看着有些奇怪. 因为 $[F] = 2$，我们预料它不能有质量量纲为 4 的动能项，而它的确也没有. 我们看到它不是一个能传播的动态的场 —— 它是个辅助场（就像 3.5 节中的 σ 和 6.3 节中的 ξ_μ），且在路径积分 $\int DF^\dagger DF \mathrm{e}^{\mathrm{i}S}$ 中可以被积掉. 实际上，集中 S 中依赖 F 的项，也就是

$$F^\dagger F - F(m\varphi + g\varphi^2) - F^\dagger(m\varphi^\dagger + g\varphi^{\dagger 2}) = |F - (m\varphi + g\varphi^2)^\dagger|^2 - |m\varphi + g\varphi^2|^2$$

那么，积掉 F 和 $F^\dagger$，得到

$$S = \int \mathrm{d}^4 x \left[\partial \varphi^\dagger \partial \varphi + \mathrm{i} \bar{\psi} \bar{\sigma}^\mu \partial_\mu \psi - |m\varphi + g\varphi^2|^2 + \left(\frac{1}{2} m \psi \psi - g \varphi \psi \psi + \mathrm{h.c.} \right) \right] \tag{8.43}$$

注意，标量势 $V(\varphi^\dagger, \varphi) = |m\varphi + g\varphi^2|^2 \geqslant 0$ 与式（8.35）一致，并且在最低处为零，同时也给出了零宇宙学常数. 另外，我们现在没有像在非超对称场论 $V(\varphi^\dagger, \varphi)$ 中随便添加常数的权利了.

如我们所料，超对称场论比普通的场论严格得多，并且，更对称. 这里所描述的形式

可以被延伸去构造超对称杨-米尔斯理论.

另一个更重要的推广是引入 $\mathcal{N}$ 个超荷 Q_α^I 而不是一个超荷 Q_α,这里 $I=1,\cdots,\mathcal{N}$(见习题 8.4.2).因为每个荷 Q_α^I 都像一个自旋为 $\frac{1}{2}$ 的算符的 $S_z=\frac{1}{2}$ 分量那样变换,它把一个超多重态中有着 $S_z=m$ 的态变换为 $S_z=m+\frac{1}{2}$ 的态.因此整数 $\mathcal{N}$ 被限制了.对于超对称杨-米尔斯理论,超对称生成元最多是 $\mathcal{N}=4$,如果我们不想引入自旋 $\geqslant 1$ 的场的话.类似地,超对称超引力理论中我们最多可以构造出 $\mathcal{N}=8$(见习题 8.4.3).

像在 7.3 节中提到的那样,如果真有一个非平凡的 4 维量子场论是严格可解的,那么超对称 $\mathcal{N}=4$ 的杨-米尔斯理论可能是我们最好的选择了.在所有可能性中,在 7.4 节的平面大 N 近似下,第一个能严格解的相对论性量子场论就是 $\mathcal{N}=4$ 的杨-米尔斯理论.

希望这个简要介绍能给你一点超对称的感觉,希望它可以让你能够继续阅读更专业的论文.

习题

8.4.1 反复实验构造魏斯-组米诺拉格朗日量.

8.4.2 总的来说,一共可能有 $\mathcal{N}$ 个超荷 Q_α^I,其中 $I=1,\cdots,\mathcal{N}$.证明我们可以有 $\{Q_\alpha^I,Q_\beta^J\}=\varepsilon_{\alpha\beta}Z^{IJ}$,其中 Z^{IJ} 代表被称作中心荷的 c 数.

8.4.3 根据我们不知道怎么自洽地写下自旋超过 2 的场的量子场论这一事实,证明上一道习题中的 $\mathcal{N}$ 不能超过 8.有 $\mathcal{N}=8$ 的超对称性的理论被称作最大化超对称的.证明如果我们不想包含引力,$\mathcal{N}$ 不能超过 4.超对称 $\mathcal{N}=4$ 的杨-米尔斯理论有许多非凡的性质.

8.4.4 证明 $\partial\theta_\alpha/(\partial\theta^\beta)=\varepsilon_{\alpha\beta}$.

8.4.5 通过计算 $\delta\Phi=\mathrm{i}(\xi^\alpha Q_\alpha+\bar{\xi}_{\dot{\alpha}}\bar{Q}^{\dot{\alpha}})\Phi$ 精确计算出 $\delta\varphi,\delta\psi$ 及 δF.

8.4.6 对于任意多项式 $W(\Phi)$,证明 $[W(\Phi)]_F=F[\mathrm{d}W(\varphi)/\mathrm{d}\varphi]+$ 那些不包括 F 的项.证明对于式(8.42)给出的理论来说,势能是 $V(\varphi^\dagger,\varphi)=|\partial W(\varphi)/\partial\varphi|^2$.

8.4.7 构造一个超对称自发破缺的场论.(提示:至少需要三个手征超场.)

8.4.8 如果能构造超对称量子场论,那么我们当然也可以构造超对称量子力学.确实,考虑到 $Q_1\equiv\frac{1}{2}[\sigma_1 P+\sigma_2 W(x)]$ 和 $Q_2\equiv\frac{1}{2}[\sigma_2 P-\sigma_1 W(x)]$,其中动量算符 $P=-\mathrm{i}(\mathrm{d}/\mathrm{d}X)$ 和往常一样.定义 $Q\equiv Q_1+\mathrm{i}Q_2$.通过定义哈密顿量 $\{Q,Q^\dagger\}=2H$,学习 H 的性质.

8.5 弦论一瞥：作为二维场论

玻色弦的几何作用量

本节将试图对弦论管中窥豹. 不必多说, 你在这里只能品到这个学科的一点点味道, 但优秀的教科书确实存在, 而且我相信本书能让你做好准备. 我的主要目的是向你展示一个令人惊讶的事实: 弦论的基础表述用二维场论的语言表达是相当自然的.

在 1.11 节中, 描述了一个在 D 维时空中沿着由 $X^\mu(\tau)$ 给出的世界线运动的点粒子. 回忆下作用量是由世界线的长度几何化地给出的

$$S = -m \int d\tau \sqrt{\frac{dX^\mu}{d\tau}\frac{dX_\mu}{d\tau}} \tag{8.44}$$

而且在重参数化 $\tau \to \tau'(\tau)$ 下保持不变. 同时, 回忆传统上 S 等价于

$$S_{\text{imp}} = -\frac{1}{2}\int d\tau \left(\frac{1}{\gamma}\frac{dX^\mu}{d\tau}\frac{dX_\mu}{d\tau} + \gamma m^2\right) \tag{8.45}$$

现在考虑一根弦在 D 维时空扫出一个世界面 $X^\mu(\tau, \sigma)$, 我们已经在 4.4 节中看到了它的微分形式. 与式 (8.44) 做类比, 南部 (Nambu) 和后藤 (Goto) 提出了用世界面的面积几何上给出的作用量:

$$S_{\text{NG}} = T \int d\tau d\sigma \sqrt{\det(\partial_a X^\mu \partial_b X_\mu)} \tag{8.46}$$

其中, $\partial_1 X^\mu \equiv \partial X^\mu / \partial \tau$, $\partial_2 X^\mu \equiv \partial X^\mu / \partial \sigma$, 以及 $(\partial_a X^\mu \partial_b X_\mu)$ 标记着一个 2×2 矩阵的 ab 元素. 这里, 就像式 (8.44) 那样, μ 取 D 个值: $0, 1, \cdots, D-1$. 常数 $T(\equiv 1/(2\pi\alpha'))$, 这里 α' 是粒子唯象学中的雷杰轨迹的斜率) 对应着弦的张力, 因为拉伸弦来增加世界面所要求的额外的作用量正比于 T.

和讨论点粒子完全相同, 我们倾向于避免开根号, 于是用作用量

$$S = \frac{1}{2}T \int d\tau d\sigma \gamma^{\frac{1}{2}} \gamma^{ab}(\partial_a X^\mu \partial_b X_\mu) \tag{8.47}$$

来代替,路径积分中的 $\gamma = \det \gamma_{ab}$ 是用来量子化弦的. 现在展示 S 在经典层面上与 S_{NG} 是等价的.

类似(8.45)中的操作,对 S 中的辅助变量 γ_{ab} 做变分,然后将其消除. 对于一个矩阵 M, $\delta M^{-1} = -M^{-1}(\delta M)M^{-1}$, $\delta \det M = \delta e^{\text{tr} \ln M} = e^{\text{tr} \ln M} \text{tr} M^{-1} \delta M = (\det M) \text{tr} M^{-1} \delta M$. 因此, $\delta \gamma^{ab} = -\gamma^{ac} \delta \gamma_{cd} \gamma^{db}$ 且 $\delta \gamma = \gamma \gamma^{ba} \delta \gamma_{ab}$. 简单起见,定义 $h_{ab} \equiv \partial_a X^\mu \partial_b X_\mu$. 于是式(8.47)积分中的变分给出

$$\delta \left[\gamma^{\frac{1}{2}} \gamma^{ab} h_{ab} \right] = \gamma^{\frac{1}{2}} \left[\frac{1}{2} \gamma^{dc} \delta \gamma_{cd} (\gamma^{ab} h_{ab}) - \gamma^{ac} \delta \gamma_{cd} \gamma^{db} h_{ab} \right]$$

把 $\delta \gamma_{cd}$ 的系数设成零,可以得到

$$h_{cd} = \frac{1}{2} \gamma_{cd} (\gamma^{ab} h_{ab}) \tag{8.48}$$

其中, h 的指标是由度规 γ 来升降的. 用 h^{dc} 乘以式(8.48)(并且对重复指标求和),我们发现 $\gamma^{ab} h_{ab} = 2$,于是 $\gamma_{cd} = h_{cd}$. 作用量式(8.47),最早由布林克(Brink)、蒂韦基亚(Di Vecchia)和豪(Howe)以及德赛尔(Deser)和朱米诺(Zumino)发现,被称作波利亚科夫(Polyakov)作用量.

注意到式(8.48)可以决定 γ_{ab},但还差一个任意的局域的重新标度,也就是外尔变换

$$\gamma_{ab}(\tau, \sigma) \rightarrow e^{2\omega(\tau, \sigma)} \gamma_{ab}(\tau, \sigma) \tag{8.49}$$

因此,式(8.47)必须在外尔变换下保持不变.

仔细观察弦的作用量式(8.47),你将会认出这只是 D 个无质量标量场 $X^\mu(\tau, \sigma)$ 在二维时空坐标(τ, σ)的量子场论作用量,除了一些不寻常的符号. 指标 μ 扮演着内部指标的角色,而原来 D 维时空中的庞加莱不变性现在以内部对称性出现. 的确,大量弦论研究的成果都有助于二维时空的量子场论的研究! 量子场论设法留在舞台上的方式真是有趣.

对于这种玻色弦论,我们可以增添费米变量来让作用量超对称. 你绝对听过这个结果,那就是超弦理论,不少人认为这就是万物理论.[1]

这一点点弦论的介绍是本书所有能给你的了,但愿本书能够让你做好准备来学习弦论不同的方向.[2]

---

[1] 想仅凭微观法则来理解物质的宏观性质就是不切实际的. 尽管微观法则,在严格意义上来说,掌管着更大尺度发生的事情,它们也不是理解宏观性质的正确方式. 而这就是为什么"万物理论"这个词听起来很庸俗——施瓦茨(J. Schwarz),弦论的奠基人之一.

[2] 想要一个简要但可靠的介绍,可参见 E. Witten, *Reflections on the Fate of Spacetime*, Physics Today, 1996; 24.

第9章

量子场论的最新进展

虽说量子场论的理论本身是在 20 世纪被发现并得到发展的,不过接下来,在本书第 2 版增加的这一部分中,我将会讲一些在 21 世纪得到解决的量子场论问题. 由于这些课题发展得非常迅速,我在这里讲这些可能很傻. 然而,之所以值得冒这样的风险,是因为我认为与其在 20 世纪继续拓展,还是让读者领略一下新世纪的场论风范更好一些. 很可能,当第 2 版面世的时候,这些材料会出现更好的处理方法[①]——因此,将这里的内容当作进入这个文献井喷的领域的钥匙,才是读者阅读本章的正确态度.

---

① 实际上,在修改编辑手稿的时候(2009 年 4 月),人们发现从 9.2 节到 9.4 节中讨论的振幅可以通过使用扭量和对偶扭量形式更简单地写出来. 参见 499 页和 N. Arkani-Hamed,P. Cachazo,C. Cheung,and J. Kaplan,arXiv：09032110.

9.1 引力波和有效场论

未竟的交响曲

爱因斯坦引力的一个惊人的预言是纵横交错于时空结构中的涟漪的存在,而这被一位作家称为爱因斯坦未竟的交响曲.[1][2]人们像《好奇猴乔治》(*Curius George*)一样努力,并且已经建造了大量的探测器去倾听宇宙之歌,而且未来还将建造更多的探测器.

考虑一个大小是 $r_S = 2Gm$ 的黑洞(见 1.10 节),这就是它的史瓦西半径,其中 m 是它的质量.它到另一个黑洞的距离是 r_0,并且以速度 v 运动.两个黑洞在螺旋着互相靠近时辐射出引力波,其特征波长由轨道周期 $\lambda = 2\pi r_0/v$ 所决定.因此这个物理过程中就包含了三个距离尺度: r_S, r_0 和 λ.我们将考虑简单的满足 $r_S \ll r_0 \ll \lambda$ 的后牛顿体系.最后随着 $r_0 \simeq r_S$ 和 $v \simeq 1$,令人讨厌的相对论效应将会逐渐抬起头,而我们将会谨慎地避开.

在本书第 1 版的结束语中,我提到了在过去的几十年里一个有趣的发展就是用有效场论来描述涉及多个能量尺度的情况(或者与之等价的长度或时间的尺度),从而高能标 M 上的物理就由低能有效拉格朗日量中量纲更高的项所表示,这一项按照 M 的幂次压低,但受到我们已知的对称性的约束.本书中有很多例子,从量子霍尔效应到表面生长再到质子衰变等.后者提供了一个经典的例子:尽管我们承认对质子衰变的物理原理一无所知,但如 8.3 节所示,我们仍可以通过添加在低能规范群 $SU(3) \otimes SU(2) \otimes U(1)$ 下不变的 4-费米子相互作用来给出有用的预言.

最近的一个有趣的进展是利用有效场论来优雅地描述旋近中的黑洞辐射引力波的过程.在这里与质子衰变相反的是,我们实际上知道所涉及的短距离上的物理学.不过,有效场论还是为组织和区分不同距离尺度上的物理提供了一种有效而合理的方法.我们将仅涉及这种方法的一个方面.

---

[1] Bartusiak M. Einstein's Unfinished Symphony[M]. Washington D. C.: Joseph Henry Press, 2000.

[2] 译注:引力波已经被发现.

广义相对论中有限大的物体

由于 $r_S \ll r_O$，领头近似将会把黑洞当作点粒子，而其作用量符合式(1.169)，也就是 $S_{pp} = -m\int \mathrm{d}\tau = -m\int \sqrt{g_{\mu\nu}\mathrm{d}X^\mu \mathrm{d}X^\nu} = -m\int \mathrm{d}\tau \sqrt{g_{\mu\nu}\dot{X}^\mu \dot{X}^\nu}$，其中 $\dot{X}^\mu = \mathrm{d}X^\mu/\mathrm{d}\tau$. 接下来，我们介绍由于黑洞有限的大小所引入的修正. 如同你将会看到的，接下来的讨论实际上不仅仅适用于黑洞，也适用于任何有限大小的物体，就连你也一样.

依据有效场论的精神，我们利用点粒子的自由度 $\dot{X}^\mu$ 和粒子运动的环境 $g_{\mu\nu}$ 构造出 S_{pp} 中的量纲高次项. 当然，我们在这里要考虑局域坐标不变性. 在利用 $g_{\mu\nu}$ 构造出的不变张量中，处于领头阶的是标量曲率 R、里奇曲率 $R_{\mu\nu}$ 以及黎曼曲率张量 $R_{\mu\lambda\nu\rho}$. 你可能会从标量曲率和里奇曲率开始，并在 S_{pp} 中增加项 $S_{drop} = \int \mathrm{d}\tau (c_S R(X) + c_R R_{\mu\nu}(X)\dot{X}^\mu \dot{X}^\nu)$. 当然，曲率 $R(X)$ 和 $R_{\mu\nu}(X)$ 是在粒子的世界线 $X^\mu(\tau)$ 上取值的.

爱因斯坦的运动方程 $R^{\mu\nu} - \frac{1}{2}g^{\mu\nu}R = 0$ 表明 $R_{\mu\nu}(X) = 0$，因此也就有 $R(X) = 0$. 接着从8.3节中的讨论我们现在发现，就像我们可能直觉上已经感觉到的，舍弃 S_{drop} 是允许的. 对于我们的问题，可以得到完整的作用量 $S = S_{EH} + S_{pp} + S_{drop}$，其中爱因斯坦-希尔伯特作用量见(式(8.1))是 $S_{EH} = \int \mathrm{d}^4 x \sqrt{-g}M_P^2 R$. 在对场进行重定义 $g_{\mu\nu} \to g_{\mu\nu} + \delta g_{\mu\nu}$ 时，

$$\delta S_{EH} = \int \mathrm{d}^4 x \sqrt{-g}M_P^2 \left(R^{\mu\nu} - \frac{1}{2}g^{\mu\nu}R\right)\delta g_{\mu\nu} \tag{9.1}$$

注意我们就是这样通过对 $g_{\mu\nu}$ 进行变分来推导引力的运动方程的. 这里不是在做一个任意的变分，我们的目标是选择一个特定的 $\delta g_{\mu\nu}$ 使得得到的 δS_{EH} 可以消掉 S_{drop}. 由于 S_{drop} 是由一个在粒子的世界线上的积分构成的，而 δS_{EH} 是由在整个时空上的积分给出的，所以我们需要 $\delta g_{\mu\nu}$ 中有一个 δ 函数，来把一种积分变成另一种. 我们选择

$$\delta g_{\mu\nu} = \frac{1}{\sqrt{-g(x)}M_P^2}\int \mathrm{d}\tau \delta^4 [x - X(\tau)][ag_{\mu\nu}(X) + b\dot{X}^\mu \dot{X}^\nu] \tag{9.2}$$

可以给出

$$\delta S = \int \mathrm{d}\tau \left\{-aR(X) + b\left[R_{\mu\nu}(X) - \frac{1}{2}g_{\mu\nu}R(X)\right]\dot{X}^\mu \dot{X}^\nu\right\} \tag{9.3}$$

所以选取某些恰当的 a 和 b 的值,我们确实可以消除掉[①]S_drop,从而证明了我们的直觉是对的:粒子并不会感受到里奇曲率和标量曲率,而这显然是因为它们都是 0.

那么我们用黎曼曲率张量 $R_{\mu\lambda\nu\rho}$ 可以构造出的项会怎样呢?为了方便,这里列出它的对称性质[②]:$R_{\tau\rho\mu\nu} = -R_{\tau\rho\nu\mu} = -R_{\rho\tau\mu\nu}$,$R_{\tau\rho\mu\nu} = R_{\mu\nu\tau\rho}$,以及 $R_{\tau\rho\mu\nu} + R_{\tau\mu\nu\rho} + R_{\tau\nu\rho\mu} = 0$.但是由于反对称的性质,不能将 $R_{\mu\lambda\nu\rho}$ 的四个指标都与 $\dot{X}^\mu$ 的指标缩并.我们最多可以缩并两个指标,来构成 $E_{\mu\nu}(X) \equiv R_{\mu\lambda\nu\rho}(X)\dot{X}^\lambda\dot{X}^\rho$ 和 $B_{\mu\nu}(X) \equiv \widetilde{R}_{\mu\lambda\nu\rho}(X)\dot{X}^\lambda\dot{X}^\rho$,其中

$$\widetilde{R}_{\mu\lambda\nu\rho}(x) \equiv \frac{1}{2\sqrt{-g}}\varepsilon_{\mu\lambda\sigma\eta}R^{\sigma\eta}{}_{\nu\rho}(x)$$

表示曲率张量的对偶.这些是具有两个指标的张量并且我们需要将它们平方来构成标量以放进作用量中.因此,粒子作用量到下一阶就变成了

$$S_\text{p} = \int\mathrm{d}\tau(-m + c_E E_{\mu\nu}E^{\mu\nu} + c_B B_{\mu\nu}B^{\mu\nu} + \cdots) \tag{9.4}$$

注意,未知常数 c_E 和 c_B 是具有质量三次方的倒数的量纲.

在探索这个有效作用量的物理内容之前,让我们回顾更加熟悉的点粒子在电磁场 $F_{\mu\nu}$(平直空间)中的运动来理解 E 和 B 的意义.在形式 $E_\mu \equiv F_{\mu\nu}\dot{X}^\nu$ 和 $B_\mu \equiv \widetilde{F}_{\mu\nu}\dot{X}^\nu$ 中,$\widetilde{F}_{\mu\nu}(x) \equiv \frac{1}{2}\varepsilon_{\mu\nu\sigma\eta}F^{\sigma\eta}$.在粒子静止系中,$\dot{X}^0 = 1$ 和 $\dot{X}^i = 0$,我们可以看到如同记号所表示的,这就是我们熟悉地将电磁分解为电和磁.类似地,$E_{\mu\nu}$ 和 $B_{\mu\nu}$ 表示曲率所分解成的"电"和"磁"的部分.

在 1.11 节中,我们对式(9.4)中的第一项做变分,得到了标准的测地线方程,这也是爱因斯坦理论的核心.在这里,我们得到

$$\frac{\mathrm{d}^2 X^\rho}{\mathrm{d}\tau^2} + \Gamma^\rho_{\mu\nu}(X(\tau))\frac{\mathrm{d}X^\mu}{\mathrm{d}\tau}\frac{\mathrm{d}X^\nu}{\mathrm{d}\tau} = f^\rho(X(\tau)) \tag{9.5}$$

其中,$f^\mu(X(\tau))$ 来自对式(9.5)中 E 和 B 项的变分.一个有限尺寸的物体会受到潮汐力 f^μ,其原因是作用在它上的引力会变化.因此它就不再沿着测地线运动了.

我们要对曲率的电和磁的成分做平方来构造有效作用量式(9.4)这件事,意味着这些修正项的效应被大幅压低了.由于黎曼曲率包含两阶导数,因此修正项包含有四阶导

---

① 一点技术上的事情:场的重定义还包含了两个有质量物体间形式为 $\int\mathrm{d}\tau(1/\sqrt{-g})\delta^4(X_1(\tau) - X_2(\tau))$ 的接触项.从场论走到点粒子描述反映了概念上向后退了一步,所以我们应该预期在两个点粒子的位置会有一个 δ 函数的作用.

② 参见 S. Weinberg,*Gravitation and Cosmology*,p. 141.

数.为了估计 c_E 和 c_B 的大小,我们采用了如下所述的非常精明的论证.

一方面,考虑这个点粒子(要记得在我们研究的问题中这是一个黑洞)对一个引力子的散射,这个散射过程是由式(9.4)中的耦合所产生的:$\mathrm{i}\mathcal{M} \sim \cdots + \mathrm{i}c_{E,B}\omega^4/M_P^2 + \cdots$.其中 ω 表示引力子的能量.ω 的幂次来自刚刚提到的四阶导数.(如果不理解 M_P 的幂次,就需要去再读一下 8.1 节了.)这里,$c_{E,B}$ 一般性地代表两个未知的耦合 $c_E \sim c_B$.想象计算一个引力子与黑洞的总散射截面.将振幅 $\mathcal{M}$ 等进行平方,我们会最终得到 $\sigma(\omega) \sim \cdots + c_{E,B}^2\omega^8/M_P^4 + \cdots$.

将黑洞看成点粒子当然只对 $\omega r_S \ll 1$ 成立.在 $\mathrm{i}\mathcal{M}$ 中($\cdots$)表示我们还没有包含的图,例如来自式(9.4)中的第一项的图(也就是使我们呆在地球上的一项!).我将要给出的论证的很好的一点就是我们甚至都不需要知道($\cdots$)中的项是哪些.

另一方面,我们通过量纲分析可以论证散射截面必须具有 $\sigma(\omega) = r_S^2 f(\omega r_S)$ 的形式,因为史瓦西度规中唯一的长度标度就是 r_S.将未知函数(ωr_S)按照变量的幂次展开,则有 $\sigma(\omega) = \cdots + \alpha\omega^8 r_S^{10} + \cdots$,其中 α 是常数.(一个被搁置的技术上的问题:无质量的引力子可以产生类似于 $\ln \omega r_S$ 的红外因子,而我们出于一些目的将之忽略.)

要求这两个表达式一致,可以得到 $c_{E,B} \sim M_P^2 r_S^5$.实际上就像预期的那样,耦合常数在 $r_S \to 0$ 时被大幅压低.

习题

9.1.1 采用与本书中相似的考虑,展示出一个频率为 ω 的光子与一个原子或者分子的散射截面随着 $\omega \to 0$ 按照 ω^4 趋于 0.这个结果如同在 8.3 节中所提到的,构成了广为人知的对于为什么天是蓝色的解释的基础.

9.2 纯杨-米尔斯理论中的胶子散射

又沸又漫的费曼图

你可能会认为都已经经过大约 50 年了,在计算费曼振幅时不可能有任何新颖的东西.但是你错了.在过去的十几年里,大致上是从本书第 1 版出版的时候起,一群勇敢的探索者发现了一些处理费曼图的强大方法.正如在 8.4 节和 8.5 节开始时所说的那样,这里只能对这个主题做一个简介,告诉你刚好足以探索这个快速发展的领域的知识.

为了更好地领会这一最新发展,你应该在继续阅读之前做一点计算.考虑目前我们所知的公认最好的场论,也就是纯杨-米尔斯理论,它写起来很简单并且带有对称性.其中甚至没有会把事情搞砸的费米子.为方便起见,我们把规范玻色子叫作胶子.现在,如图 9.1 所示,在树图阶计算 5-胶子散射.没有圈图,只有树图.费曼规则在 7.1 节和附录 C 中给出.

图 9.1

在继续往下阅读之前,你真的必须计算一下.我会等你的.你会想,这很容易,只是一堆树图而已.实际上,为了简化操作,可以让所有外部胶子在壳上,也就是令 $p_i^2 = 0 (i = 1, 2, \cdots, 5)$.

这种计算并不只是一种无意义的行为,实际上这在唯象学上很重要.在像即将投入运行①的大型强子对撞机这样的加速器中,两个质子在高能下被撞在一起.两个胶子(每个质子一个)对撞并产生三个胶子,然后物质化为强子构成的三喷注.由于渐近自由,高能下的有效耦合 g 会变得小到足以使微扰场论变得有效,而你正忙于计算的树图振幅是用于研究实验测量结果的唯象模型的关键要素.

时间到! 答案的一小部分显示在图 9.2 中,本图取自于兹维·伯恩的一次演讲②.你真的应该看一看本节中将要解释的形式,以便欣赏它甚至感激它.你知道的是振幅关于五个极化矢量 ϵ_i 中的每一个都是线性的.3-胶子顶点式(7.11)关于动量呈线性,而一个典型的图中会有三个这种顶点.因此如图所示,费曼振幅的分子中的一个典型项将会形如 $k_1 \cdot k_4 \epsilon_2 \cdot k_1 \epsilon_1 \cdot \epsilon_3 \epsilon_4 \cdot \epsilon_5$.粗略的估计表明,大约有 10000 个这样的项.因此,尽管我已经劝告过了,但你还是没有在继续阅读之前完成计算.顺便提一下,你可以看到即使对于

---

① 译注:大型强子对撞机已经投入运行.

② Bern Z. Magic Tricks for Scattering Amplitudes[J]. http://online. itp. ucsb. edu/online/colloq/bern1/pdf/Bern1. pdf.

4-胶子散射的树图,虽然可以手动完成,但也相当复杂了.

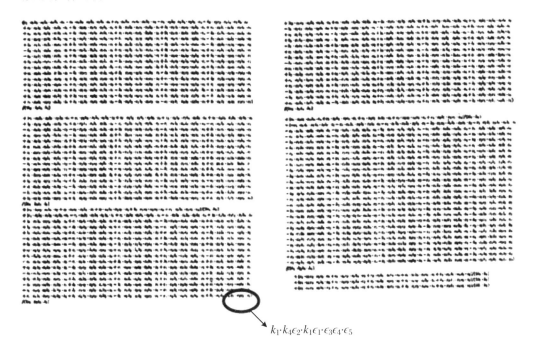

$$k_1 \cdot k_4 \epsilon_2 \cdot k_1 \epsilon_1 \cdot \epsilon_3 \epsilon_4 \cdot \epsilon_5$$

图9.2 暴力计算的结果(实际上只是其中的一小部分)

费曼图的新技术

实际上,研究喷注产生的唯象学家已经开发了基于数值递归的复杂的计算机代码,并且这些代码被证明非常有效.但是在这段介绍性文字中,我们追求的不是数值效率,而是对多胶子振幅的结构的更深入的理解.我早已把你安排得明明白白,经过计算 5-胶子振幅的失败尝试,显然你现在应该充分意识到了需要新的方法来处理费曼图.现在,将解释人们在过去 15 年左右的时间里发明的一些新方法.

相对简单的第一步是在振幅中消除颜色.显然,使用式(4.74)的矩阵记号比式(4.75)的指标符号更好.我们有取代式(7.11)~式(7.13)中的"指标"费曼规则的有色费曼规则(见本节的附录1),其中结构常数 f^{abc} 及其乘积分别被类似于代表三次和四次耦合顶点的像 $\mathrm{tr}(T^a[T^b, T^c])$ 和 $[T^a, T^b][T^c, T^d]$ 这样的对象代替.这里 T^a 表示规范群恰当的归一化生成元的矩阵.用 $T^{a_1}, T^{a_2}, \cdots, T^{a_n}$ 表示外胶子所带的色矩阵(在你

没做出来的例子中 $n=5$).

在树图近似下计算多胶子散射振幅时,你会发现每一项都要乘以一串色矩阵迹的乘积,例如 $\mathrm{tr}\,(T^e A)\mathrm{tr}\,(T^e B)$,其中 A 和 B 表示 T 的乘积.这里的指标 e 由虚胶子携带,因此要被求和.我们现在对规范群 $SU(N)$(回想一下式(4.77))用群论的恒等式:

$$(T^e)^i_j (T^e)^k_l = \frac{1}{2}\left(\delta^i_l \delta^k_j - \frac{1}{N}\delta^i_j \delta^k_l\right) \tag{9.6}$$

(显然这里 $e=1,\cdots,N^2-1$,而 $i,j,k,l=1,\cdots,N$.)第二项是为了满足无迹条件 $\mathrm{tr}\,T^e=0$.不过我们可以将其丢掉,因为如果将规范群扩展为 $U(N)$,那么多余的胶子就不会与其他胶子耦合.因此 $\mathrm{tr}\,(T^e A)\mathrm{tr}\,(T^e B)=\frac{1}{2}\mathrm{tr}\,(AB)$.重复这个过程,我们就把迹乘积约化为 n 个 T^a 以特定顺序乘在一起的迹.

实际上,精明的读者会注意到,如果我们使用图4.8所示的双线形式,那么甚至整个讨论都是没有必要的.正如我们在7.4节中所看到的那样,双线形式确实有很多优点.

另一个简化步骤是指定胶子的螺旋度,而不是把振幅用偏振矢量写出来.回想一下,很久以前,沿着第三个方向 $k=\omega(1,0,0,1)$ 移动的自旋为1的无质量粒子,如果螺旋度 $h=+$,对应的偏振矢量是 $\epsilon=1/\sqrt{2}(0,1,i,0)$;如果螺旋度 $h=-$,对应的偏振矢量是 $\epsilon=1/\sqrt{2}(0,1,-i,0)$.我们指定外胶子的动量、螺旋度和颜色($p_1,h_1,a_1,p_2,h_2,a_2,\cdots,p_n,h_n,a_n$).从而可以将 n-胶子振幅写为

$$\mathcal{M}=\mathrm{i}\sum_{\text{permutations}}\mathrm{tr}\,(T^{a_1}T^{a_2}\cdots T^{a_n})A(1,2,\cdots,n) \tag{9.7}$$

根据文献,我们进一步精简了表示并用 i 标记 $\{p_i,h_i\}$.求和是对 n 个胶子所有可能排列进行的.现在我们可以专注于"消除了颜色"的振幅 $A(1,2,\cdots,n)$.

首先是一件琐事.将胶子全都当作流出(或者如果你愿意的话,当作流入)是很方便的,因此 $\sum_i p_i=0$ 而且某些动量的时间分量可以为负.然后我们就可以通过交叉来获得物理上所期望的振幅.请记住在交叉后 $p\to -p$ 且 $\epsilon\to\epsilon^*$,即螺旋度反转.

旋量螺旋度形式

现在我们已经准备好回到式(9.7)中的表达式.对于这个表达式有个术语叫作"混乱邪恶".事实证明,在习题2.3.1中可以找到解决这一绝望困境的关键方法:洛伦兹矢量

在 $\left(\frac{1}{2},\frac{1}{2}\right)$ 表示中,因此可以构造为两个旋量的积,一个来自 $\left(\frac{1}{2},0\right)$,另一个来自 $\left(0,\frac{1}{2}\right)$. 你做了习题,不是吗?因此,你知道如何将一个矢量——比如动量 p^{μ}——写为两个旋量的积.要继续下去,你还应该读一下附录 B 和附录 E.

现在解释一下为了利用洛伦兹矢量的这一奇特性质而被设计出来的旋量螺旋度形式.或者用更神秘一点的说法,我将向你展示怎样对动量取平方根.

现在你将领会到附录 E 中引入的无点-加点记号的强大功能.无点的指标和 $\left(\frac{1}{2},0\right)$ 相配,而加点的指标和 $\left(0,\frac{1}{2}\right)$ 相配.我们想找一个像 $\left(\frac{1}{2},0\right)\otimes\left(0,\frac{1}{2}\right)$ 一样变换的对象来表示矢量.然后就可以将问题描述为:我们不想将动量写为 p^{μ},而是写为 $p_{\alpha\dot{\alpha}}$,这是一个带有一个无点指标和一个加点指标的表示,粗略地说是一个 2×2 的矩阵.

我们只需要翻阅附录 E 并查找带有所需指标的对象. $(\sigma^{\mu})_{\alpha\dot{\alpha}}$,就是它了.实际上,它的 μ 指标需要与 p^{μ} 收缩.因此,无须更多工作,我们就可以写出(因为 $\sigma^{\mu}=(I,\boldsymbol{\sigma})$).

$$
p_{\alpha\dot{\alpha}} \equiv p_{\mu}(\sigma^{\mu})_{\alpha\dot{\alpha}} = (p^0 I - p^i\sigma^i)_{\alpha\dot{\alpha}} = \begin{pmatrix} (p^0 - p^3) & -(p^1 - \mathrm{i}p^2) \\ -(p^1 + \mathrm{i}p^2) & (p^0 + p^3) \end{pmatrix}_{\alpha\dot{\alpha}} \tag{9.8}
$$

我们已经成功地将动量写为 2×2 矩阵.你可能认出来这只不过是在附录 B 中利用 $SL(2,C)$ 来构造 $SO(3,1)$ 的覆盖的矩阵 X_M(记号上有一些平庸的改变).

考虑两个矢量 $\boldsymbol{p}$ 和 $\boldsymbol{q}$,它们的标量积为

$$
\boldsymbol{p} \cdot \boldsymbol{q} = \varepsilon^{\alpha\beta}\varepsilon^{\dot{\alpha}\dot{\beta}} p_{\alpha\dot{\alpha}} q_{\beta\dot{\beta}} \tag{9.9}
$$

你可以直接检查,把右边写成迹并再一次使用 $\sigma_2\sigma_i^{\mathrm{T}} = -\sigma_i\sigma_2$,就像我们在附录 E 中做的那样.对于 $\boldsymbol{q}=\boldsymbol{p}$,这个等式可以化简为 $\boldsymbol{p} \cdot \boldsymbol{p} = \varepsilon^{\alpha\beta}\varepsilon^{\dot{\alpha}\dot{\beta}} p_{\alpha\dot{\alpha}} p_{\beta\dot{\beta}} = \det \boldsymbol{p}$;这里我们得到了行列式的一种定义.(当然,你也可以计算式(9.8)的行列式来检查,或者回想一下,这个也在附录 B 中使用过.)

显然,这里存在无法避免的符号重复使用:单个字母 $\boldsymbol{p}$ 既表示矢量又表示矩阵,但你应该能够从上下文中得知它具体代表哪个对象.

在这里,我们将把这种形式应用到具有类光动量的无质量胶子上.事情会大大简化:对于类光的 $\boldsymbol{p}$,$\det \boldsymbol{p} = 0$,因此矩阵 $\boldsymbol{p}$ 通常具有一个为 0 的特征值.(说得更花哨一些,矩阵的秩是 1 而不是 2.)回想一下,从基本的线性代数中我们知道,秩为 1 的 2×2 矩阵 m 总是可以用两个 2 分量的矢量 v 和 w 表示:$m_{ij} = v_i w_j$,(这是显然的,因为当矢量正交于 w 时会提供 0 特征矢量.)因此,对于类光矢量,我们可以用两个 2 分量旋量 λ 和 $\bar{\lambda}$ 写出:

$$p_{\alpha\dot{\alpha}} = \lambda_\alpha \tilde{\lambda}_{\dot{\alpha}} \qquad (9.10)$$

对于物理动量,分量 p^μ 当然是实数.不过请验证一下,即使 p^μ 是复数,我们从式(9.8)到式(9.10)所做的所有操作都依然成立.实际上,在接下来的章节中,我们将发现考虑复动量更方便.

初次接触时,这个形式似乎很难懂,但实际就像许多其他形式一样,它很简单或者说是非常平庸的.如果你对下面阐述中的任何部分感到困惑,只要直接解决问题就行了.例如,考虑一个 $p^0 = E > 0$ 的物理动量.不失一般性,你可以令 p 指向第三个方向,这样就有(采用 $p = |p|$ 这一常用的记法)

$$p = \begin{pmatrix} E - p & 0 \\ 0 & E + p \end{pmatrix}$$

对于 p 为类光的情况,变为秩为 1 的矩阵

$$p = 2E \begin{pmatrix} 0 & 0 \\ 0 & 1 \end{pmatrix} = 2E \begin{pmatrix} 0 \\ 1 \end{pmatrix} (0 \quad 1)$$

从而在这个情况下,λ 和 $\tilde{\lambda}$ 在数值上都等于

$$\sqrt{2E} \begin{pmatrix} 0 \\ 1 \end{pmatrix}$$

(为了确认你明白了,在 p 指向其他方向的时候把这个计算出来.)

你可以将泡利旋量 λ 和 $\tilde{\lambda}$ 想成是洛伦兹矢量 p^μ 的"平方根".请注意一下 2.3 节中关于群论的讨论是怎样预测出这种非凡的可能性的.毕竟,在那里我们看到了如何用两个狄拉克旋量 u 和 u' 构造出洛伦兹矢量.

有趣的是,在 2.3 节中讨论铁磁体和反铁磁体时,我们使用了式(9.8)的简易版,即 $n = z^\dagger \boldsymbol{\sigma} z$.

你在学校里学过,一般平方根会有一个符号上的任意性.类似地,在式(9.10)中,p 不能唯一地确定 λ 和 $\tilde{\lambda}$.我们总是可以用任意复数 u 进行放缩,使 $\lambda \to u\lambda$ 且 $\tilde{\lambda} \to \frac{1}{u}\tilde{\lambda}$.(你可能想知道在上面的简单示例中,$\lambda$ 和 $\tilde{\lambda}$ 的整体的常数是怎么定下来的:我是随便选的.)

对于实动量,矩阵 $p_{\alpha\dot{\alpha}} = p_\mu (\sigma^\mu)_{\alpha\dot{\alpha}}$ 是厄米的,也就表示 $\tilde{\lambda} = \lambda^*$ 是 λ 的复共轭.旋量 $\tilde{\lambda}$ 不独立于 λ,因此放缩参数 u 被限制为一个相位因子 $e^{i\gamma}$.(另外,回想一下附录 B 中 X_M 是如何在 $SL(2,C)$ 下进行变换的,你就将看到它们都是的一致.)在这种情况下,p 的秩

为 1 的条件允许两个解：$p_{a\dot{a}} = \pm\lambda_a\tilde{\lambda}_{\dot{a}}$. 其中两个可能的符号对应于 p_0 是否大于零.

顺便说明一下，我们将看到考虑 $SO(2,2)$ 群而不是洛伦兹群 $SO(3,1)$ 是有用的. 因此，正如附录 B 中的讨论所示，你也可以取一个 $SO(2,2)$ 矢量的平方根并写出 $p_{a\dot{a}} = \lambda_a\tilde{\lambda}_{\dot{a}}$，但是 λ 和 $\tilde{\lambda}$ 是两个独立的实旋量，这与 $SO(2,2)$ 和 $SL(2,C)\otimes SL(2,C)$ 之间的局部同构是一致的. 上面提到的放缩现在仅限于 u 为实数.

在这些不同的情况下，计算真实自由度的数目是很有帮助的. 复类光动量依赖于 $4\times 2 - 2 = 6$ 个实数，因为 p^2 的限制现在等于两个实数条件，而 λ 和 $\tilde{\lambda}$ 分别包含 2 个复数，但是通过放缩，我们还剩下 $2\times 2 - 1 = 3$ 个复数，即 6 个实数. 一个实类光动量依赖于 $4 - 1 = 3$ 个实数，但此时 $\tilde{\lambda}$ 与 λ 相关，包含 2 个复数，在按比例因子放缩后就约化为 3 个实数. 对于在 $SO(2,2)$ 下进行变换的（实）类光矢量，我们有 2 个实旋量，在放缩后包含 3 个实数. 因此当然没有任何问题.

这里提到的所有内容是为了将来的使用. 在本节的剩余部分中，哪些论述适用于复动量，而哪些陈述仅适用于实动量，对你来说应该是显而易见的. 到了最后，当我们得出诸如振幅之类的物理量时，我们当然会令其中包含的动量取实数.

对于两个类光矢量 p 和 q，写下 $p_{a\dot{a}} = \lambda_a\tilde{\lambda}_{\dot{a}}$ 和 $q_{a\dot{a}} = \mu_a\tilde{\mu}_{\dot{a}}$，然后我们有

$$p\cdot q = (\varepsilon^{\alpha\beta}\lambda_a\mu_\beta)(\varepsilon^{\dot{\alpha}\dot{\beta}}\tilde{\lambda}_{\dot{a}}\tilde{\mu}_{\dot{\beta}}) \equiv \langle\lambda,\mu\rangle[\tilde{\lambda},\tilde{\mu}] \tag{9.11}$$

这里我们已经定义了两个洛伦兹不变量：

$$\langle\lambda,\mu\rangle \equiv \varepsilon^{\alpha\beta}\lambda_a\mu_\beta = -\langle\mu,\lambda\rangle \tag{9.12}$$

和

$$[\tilde{\lambda},\tilde{\mu}] = \varepsilon^{\dot{\alpha}\dot{\beta}}\tilde{\lambda}_{\dot{a}}\tilde{\mu}_{\dot{\beta}} = [\tilde{\mu},\tilde{\lambda}] \tag{9.13}$$

（把旋量当成经典数 c-数来对待.）顺便提一下，按照我们的惯例，$\lambda_1 = \lambda^2$ 且 $\lambda_2 = -\lambda^1$，因此 $\langle\lambda,\mu\rangle = -\lambda_1\mu_2 + \lambda_2\mu_1 = -\varepsilon_{\alpha\beta}\lambda^\alpha\mu^\beta$.

我们已经在附录 E 的式 (E.13) 中验证了 $\langle\lambda,\mu\rangle$ 是不变的，为了在整体教学上的清晰，让我们再检查一下，这次使用无穷小变换. 将附录 E 的式 (E.4) 更紧凑地写成 $\delta\lambda_a = \sigma_a^\beta\lambda_\beta$，其中 σ 表示泡利矩阵的一些线性组合. 注意 $\langle\lambda,\mu\rangle$ 只不过是 $\lambda\sigma_2\mu$ 乘以某个无关的整体常数，我们实际上有 $\delta(\lambda\sigma_2\mu) = (\lambda\sigma^T\sigma_2\mu + \lambda\sigma_2\sigma\mu) = 0$.

这里有一条注意事项：$[\tilde{\lambda},\tilde{\mu}]$ 中的波浪号是多余的. 方括号仅针对像 $\left(0,\frac{1}{2}\right)$ 类型的旋量定义. 因此，以后我们将写为 $[\lambda,\mu] = \varepsilon^{\dot{\alpha}\dot{\beta}}\tilde{\lambda}_{\dot{a}}\tilde{\mu}_{\dot{\beta}}$.

对于实物理动量，$\tilde{\lambda}=\lambda^*$，所以 $\langle\lambda,\mu\rangle=[\lambda,\mu]^*$. 于是 $p\cdot q=\langle\lambda,\mu\rangle[\lambda,\mu]$ 意味着 $\langle\lambda,\mu\rangle=\sqrt{p\cdot q}\,\mathrm{e}^{\mathrm{i}\phi}$，$[\lambda,\mu]=\sqrt{p\cdot q}\,\mathrm{e}^{-\mathrm{i}\phi}$，其中带有相位因子 $\mathrm{e}^{\mathrm{i}\phi}$. 我们从而可以得出结论：两个旋量的积可以被当作洛伦兹点乘 $p\cdot q$ 的（两次）平方根相差一个相位因子.

你现在可以提出一个有趣的问题：我们怎样写出一个无质量胶子的偏振矢量 $\epsilon(p)$？

根据式(9.9)，通过设定 $\epsilon_{a\dot{a}}=d^{-1}\lambda_a\tilde{\mu}_{\dot{a}}$ 可以使 $\epsilon(p)\cdot p=0$ 这个要求得到满足，其中 $\tilde{\mu}_{\dot{a}}$ 是任意的，而因子 d 可以用下面的方法定出来. 我们要求对于任意的复数 w，放缩 $\tilde{\mu}\to w\tilde{\mu}$ 不改变 ϵ（因为毕竟 $\tilde{\mu}$ 是任意的）. 因此 d 关于 $\tilde{\mu}$ 必须是线性的. 更进一步地要求 d 是洛伦兹不变量意味着，就像我们刚学到的，$d=[x,\mu]$，其中 $\tilde{x}$ 是某个 $\left(0,\frac{1}{2}\right)$ 旋量. 唯一可供选择的旋量是 $\tilde{\lambda}$，因此可以得到

$$\epsilon_{a\dot{a}}^-=\frac{\lambda_a\tilde{\mu}_{\dot{a}}}{[\lambda,\mu]} \tag{9.14}$$

根据惯例，我们会把这种偏振称为负螺旋度.

$\tilde{\mu}_{\dot{a}}$ 的选择的任意性代表着规范理论内在的自由度. 实际上，我们看到在对应着旋量平移的规范变换 $\tilde{\mu}\to\tilde{\mu}+y\tilde{\lambda}$（$y$ 是一个任意的数）下，$\epsilon_{a\dot{a}}\to\epsilon_{a\dot{a}}+y\lambda_a\tilde{\lambda}_{\dot{a}}$，也就是通常对 ϵ 平移 p 乘以某个数.

正螺旋度偏振由另一种可能的选择给出：

$$\epsilon_{a\dot{a}}^+=\frac{\mu_a\tilde{\lambda}_{\dot{a}}}{\langle\mu,\lambda\rangle} \tag{9.15}$$

检查一下它是否有效. 现在规范变换对应着平移 $\mu\to\mu+y\lambda$. 要注意偏振矢量是归一的，因为 $\epsilon^+\cdot\epsilon^-=\langle\mu\lambda\rangle[\mu\lambda]/(\langle\mu\lambda\rangle[\mu\lambda])=1$.

驯服混乱邪恶

考虑 4 个具有 $n\geqslant q$ 外向无质量胶子的树图阶散射振幅.（在本节和下节中，我们可以将所有动量都设为实数.）消去颜色的振幅就可以用一串螺旋度 $(h_1,\cdots,h_n)$ 来表示. 让我们以 $(++\,+,\cdots,++)$ 的振幅为例. 在做交叉变换后，它描述了 2 个螺旋度为 $-$ 的胶子变成 $n-2$ 个螺旋度为 $+$ 的胶子. 两个内向的胶子螺旋度都会反转，因此这个振幅被认为是最大螺旋度破坏的. 直觉可能会告诉你这个振幅会受到抑制，因为高能的无质量粒子往往会保持其螺旋度. 如果尝试用传统的费曼图来验证这一点，你将再次遇到很大的麻烦.

旋量螺旋度形式拯救了我们. 考虑振幅 $A(h_1, \cdots, h_n)$. 对于 n 个胶子, 都有 $p_{i\alpha\dot\alpha} = \lambda_{i\alpha}\tilde\lambda_{i\dot\alpha}$, 以及一个我们可以任意选择的旋量(受到某些条件的限制), 取决于对应的螺旋度是 + 还是 −, 相应的旋量就是 $\mu_{i\alpha}$ 或者 $\tilde\mu_{i\dot\alpha}$. 这里有很多的指标, 但幸运的是在计算振幅时, 我们只会遇到洛伦兹不变量, 比如 $\epsilon_i \cdot \epsilon_j = \epsilon^{\alpha\beta}\epsilon^{\dot\alpha\dot\beta}\epsilon_{i\alpha\dot\alpha}\epsilon_{j\beta\dot\beta}$ (一定要分清这里的 ϵ 和 ε!), 从而旋量指标会被缩并且消失. 特别地, 我们有(省略尖括号和方括号内的逗号)

$$\epsilon_i^+ \cdot \epsilon_j^+ = \frac{\langle \mu_i \mu_j \rangle [\lambda_i \lambda_j]}{\langle \mu_i \lambda_i \rangle \langle \mu_j \lambda_j \rangle} \tag{9.16}$$

$$\epsilon_i^- \cdot \epsilon_j^- = \frac{\langle \lambda_i \lambda_j \rangle [\mu_i \mu_j]}{[\lambda_i \mu_i][\lambda_j \mu_j]} \tag{9.17}$$

$$\epsilon_i^- \cdot \epsilon_j^+ = \frac{\langle \lambda_i \mu_j \rangle [\mu_i \lambda_j]}{[\lambda_i \mu_i]\langle \mu_j \lambda_j \rangle} \tag{9.18}$$

为了方便, 我们还列出:

$$\epsilon_i^+ \cdot p_j = \frac{\langle \mu_i \lambda_j \rangle [\lambda_i \lambda_j]}{\langle \mu_i \lambda_i \rangle} \tag{9.19}$$

和

$$\epsilon_i^- \cdot p_j = \frac{\langle \lambda_i \lambda_j \rangle [\mu_i \lambda_j]}{[\lambda_i \mu_i]} \tag{9.20}$$

显然, 在这里反转螺旋度对应着交换 $\langle \cdots \rangle$ 和 $[\cdots]$ 这两种括号.

我们还需要进行一次重要的观察. 显然, 对于 n-胶子散射的树图, 你无法拥有任意数量的 3-胶子顶点. 作为示例来画一下 $n = 4$ 的树图(图 9.3). 3-胶子顶点的数量可以为 0 或 2. 通常 3-胶子顶点的数量最多为 $n - 2$. 请在习题 9.2.2 中进行验证. 如前所述, 虽然 4-胶子顶点不涉及动量, 但 3-胶子顶点关于动量是线性的. 因此, 在费曼振幅分子中, 我们有 n 个偏振矢量 ϵ_i, 但最多只有 $n - 2$ 个动量. 我们将通过把这些洛伦兹矢量进行点乘来构造标量. 显然, 至少有两个极化矢量必须一起共舞. 因此我们得出结论, 树图振幅必须至少包含 $\epsilon_i \cdot \epsilon_j$ 的一次幂. (如我们所见, 在 $n = 5$ 的情况下, 幂次实际上是 2.)

现在我们准备好摇滚了. 对于幅度 $A(+ + \cdots +)$ (消去动量的标记), 我们只需选择表示规范自由度都相等的旋量 μ_i 即可. 那么根据式(9.16)所有偏振矢量之间的点乘 $\epsilon_i^+ \cdot \epsilon_j^+$ 都为 0. 但是我们才论证过树图振幅必须包含 $\epsilon_i \cdot \epsilon_j$ 的至少一次幂. 值得注意的是, 我们已经表明对于任意 n, 最大螺旋度破坏的振幅都是 0! 我们的直觉认为这些振幅被抑制了, 但实际上它们会变成 0.

具有一个负螺旋度的次最大螺旋度的振幅，也就是 $A(-++\cdots++)$ 会怎么样？将具有负螺旋度的胶子标记为 1. 对于 $i=2,\cdots,n$，还是选择 μ_i 全都等于 λ_1. 那么对于 $i,j\neq 1$，有 $\epsilon_i^+ \cdot \epsilon_j^+ \propto \langle\mu_i\mu_j\rangle=0$. 此外，对于 $i,j\neq 1$，$\epsilon_1^- \cdot \epsilon_i^+ \propto \langle\lambda_1\mu_i\rangle=\langle\lambda_1\lambda_1\rangle=0$. 振幅 $A(-++\cdots++)$ 也是 0！

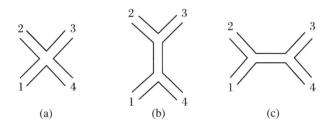

(a)　　　　(b)　　　　(c)

图 9.3

显然，这种利用规范自由度的"廉价"技巧不再适用于具有两个负螺旋的下一阶振幅. 要了解为什么该技巧不再起作用，我们以 $A(--+\cdots++)$ 为例. 对于 $i=3,\cdots,n$，我们可以再次选择 μ_i 全部相等，从而使对于 $i,j\geqslant 3$ 时 $\epsilon_i^+ \cdot \epsilon_j^+=0$，但这样我们就没有足够的自由来使所有其他的偏振点乘为 0. 实际上，在某些时候，我们最好有一些不为 0 的振幅. 在文献中，这些具有两个负螺旋度的振幅被称为最大螺旋度破坏的振幅. 将两个胶子做交叉变换后，它们可以描述两个胶子产生 $n-2$ 个胶子的过程，螺旋度是 $++\rightarrow++\cdots+$，$-+\rightarrow-+\cdots+$ 和 $--\rightarrow--+\cdots+$.

$A(1,2,3,4)$ 的直接计算

$n=4$ 的情况是最简单的. 深呼吸，并试着计算 $A(1^-,2^-,3^+,4^+)$ 和 $A(1^-,2^+,3^-,4^+)$. 对于 4-胶子散射，这是仅有的两个不为 0 的树图振幅，因为根据宇称，带有三个负号的振幅与带有三个正号的振幅（而我们知道它为 0）是相关的，以此类推.

坏消息是计算相当复杂. 好消息是，我们仍然可以毫不留情地利用规范自由度，而最终的答案出奇地简单.

首先来处理 $A(1^-,2^-,3^+,4^+)$. 相关的图展示在图 9.3 中. 让我们尽可能简化记号：$\langle 12\rangle=\langle\lambda_1\lambda_2\rangle$，$[12]=[\lambda_1\lambda_2]$，以此类推.

现在我们需要以本节附录 1 中的形式所给出的带有颜色的费曼规则. 与前面的讨论一致，让我们选择 $\tilde{\mu}_1=\tilde{\mu}_2=\tilde{\lambda}_3$ 和 $\mu_3=\mu_4=\lambda_2$. 于是除一种以外，所有的偏振点乘都为

零.此时 $\epsilon_2^- \cdot \epsilon_3^+ \propto \langle\lambda_2\mu_3\rangle[\mu_2\lambda_3] \propto \langle\lambda_2\lambda_2\rangle = 0$.唯一的非零乘积是 $\epsilon_1^- \cdot \epsilon_4^+ = \langle\lambda_1\mu_4\rangle \cdot [\mu_1\lambda_4]/(\langle\lambda_1\mu_1\rangle\langle\mu_4\lambda_4\rangle) = \langle12\rangle[34]/([13]\langle24\rangle)$,其中第二个等式来自我们的规范选取.这意味着四次图 9.3(a) 为零,因为它包含两个偏振点乘的乘积.

我们注意到,只有两个图(图 9.3(b)、(c)),而不是三个.根据传统的费曼规则,还有一个 1 和 3 在同一个三次顶点上的图.在这里,我们看到消除了颜色的另一个优点.我们正在看的是 $\mathrm{tr}(T^{a_1}T^{a_2}T^{a_3}T^{a_4})$ 的系数.刚刚描述的图在 T^{a_1} 旁边的是 T^{a_3},因此对这一特定的颜色顺序没有贡献.

接下来,图 9.3(b) 中的图也为零.看一下包含了 2,3 和 ν(代表虚胶子)的三次顶点 $\epsilon_2 \cdot \epsilon_3\epsilon_\nu \cdot p_2 + \epsilon_3 \cdot \epsilon_\nu\epsilon_2 \cdot p_3 + \epsilon_\nu \cdot \epsilon_2\epsilon_3 \cdot p_\nu$.其中,$\epsilon_\nu$ 可以理解为一个要与另一个三次顶点的 ϵ_ν^* 缩并的"占位符".第一项为零是因为 $\epsilon_2 \cdot \epsilon_3 = 0$,第二项是因为 $\epsilon_2 \cdot p_3 \propto [\mu_2\lambda_3] = [\lambda_3\lambda_3] = 0$,而第三项是因为 $\epsilon_3 \cdot p_\nu = -\epsilon_3 \cdot (p_2 + p_3) = -\epsilon_3 \cdot p_2 \propto \langle\mu_3\lambda_2\rangle = \langle\lambda_2\lambda_2\rangle = 0$.我们的规范选择实际上非常明智!

只剩下一个图 9.3(c) 需要计算.三次顶点 $(\epsilon_1 \cdot \epsilon_2\epsilon_\nu \cdot p_1 + \epsilon_2 \cdot \epsilon_\nu\epsilon_1 \cdot p_2 + \epsilon_\nu \cdot \epsilon_1\epsilon_2 \cdot p_\nu)$ 需要和另一个三次顶点 $\epsilon_3 \cdot \epsilon_4\epsilon_\nu^* \cdot p_3 + \epsilon_4 \cdot \epsilon_\nu^*\epsilon_3 \cdot p_4 + \epsilon_\nu^* \cdot \epsilon_3\epsilon_4 \cdot (-p_\nu)$ 缩并.在每一个顶点中,第一项都为零,因为唯一非零的偏振乘积是 $\epsilon_1 \cdot \epsilon_4$.为了得到振幅,我们将用于占位的偏振乘积 $\epsilon_\nu^\rho\epsilon_\nu^{\omega*}$ 替换成传播子 $-ig^{\rho\omega}/(p_1 + p_2)^2 = -ig^{\rho\omega}/(2p_1 \cdot p_2)$.

再一次,因为除了一项其他的所有偏振点乘都为零,所以只有一项在与 $g^{\rho\omega}$ 的缩并中存活了下来.我们得到了 $A(1^-, 2^-, 3^+, 4^+) = \epsilon_1 \cdot \epsilon_4\epsilon_2 \cdot p_1\epsilon_3 \cdot p_4/(p_1 \cdot p_2)$.由于对我们来说在本节和之后的两节中,最重要的是对概念的理解,因此我们将忽略整体的因子,以使各种表达式尽可能的简洁.

我们已经计算了 $\epsilon_1 \cdot \epsilon_4$,所以剩下的就是计算 $\epsilon_2 \cdot p_1 = \langle21\rangle[31]/[23]$,$\epsilon_3 \cdot p_4 = \langle24\rangle[34]/\langle23\rangle$,以及 $p_1 \cdot p_2 = \langle12\rangle[12]$.因此 $A = \langle12\rangle[34]^2/([12][23]\langle23\rangle)$.

我们现在可以用各种恒等式来将这个表达式写成更对称的形式.首先,动量守恒给出了 $\sum_i p_{\alpha\dot\alpha}^{(i)} = \sum_i \lambda_\alpha^{(i)}\tilde\lambda_{\dot\alpha}^{(i)} = 0$.将这个乘以 $\epsilon^{\beta\alpha}\epsilon^{\dot\alpha\dot\gamma}\lambda_\beta^{(j)}\tilde\lambda_{\dot\gamma}^{(k)}$,我们得到对于任意 j 和 k,$\sum_i \langle ji\rangle[ik] = 0$.其次,我们有 $\langle34\rangle[34] = p_3 \cdot p_4 = p_1 \cdot p_2 = \langle12\rangle[12]$.最后,旋量可以被当作 2-维矢量,因此任意两个旋量 μ 和 ν 就可以张成一个空间.从而第三个旋量 λ 总可以被展开为另外两个的线性组合,也就是 $\lambda = (\langle\lambda\nu\rangle\mu - \langle\lambda\mu\rangle\nu)/\langle\mu\nu\rangle$,其中的系数可以很容易通过与 μ 和 ν 的收缩来确定.与第四个旋量 η 的收缩就可以得出:

$$\langle\lambda\eta\rangle\langle\mu\nu\rangle = \langle\lambda\nu\rangle\langle\mu\eta\rangle - \langle\lambda\mu\rangle\langle\nu\eta\rangle \tag{9.21}$$

上式被称为斯豪滕恒等式.

利用这些恒等式,就可以把 A 揉成我们想要的形式.将 A 的分子和分母乘以 $\langle 34 \rangle$,可以得到 $\langle 12 \rangle^2[34]/(\langle 23 \rangle \langle 34 \rangle[23])$.接下来,将分子和分母乘以 $\langle 12 \rangle^2$.在分母上可以写出 $\langle 12 \rangle[23] = -\langle 14 \rangle[43]$.最后得到了(如前所述忽略了整体的相因子):

$$A(1^-, 2^-, 3^+, 4^+) = \frac{\langle 12 \rangle^4}{\langle 12 \rangle \langle 23 \rangle \langle 34 \rangle \langle 41 \rangle} = \frac{p_1 \cdot p_2}{p_2 \cdot p_3} \tag{9.22}$$

将上式与式(9.7)对比.你应该对此产生深刻的印象,尽管这里我们做的是 $n = 4$ 而不是 $n = 5$ 的情况.

回想一下我们还有另一个振幅 $A(1^-, 2^+, 3^-, 4^+)$ 需要计算,其中两个负螺旋度的胶子颜色上并不相邻.你应该把它当作一个练习计算出来,但实际上我们可以采用一个技巧.写下类似于式(9.7)的4-胶子散射:

$$\mathcal{M} = i \sum_{\text{permutations}} \text{tr}\,(T^{a_1} T^{a_2} T^{a_3} T^{a_4}) A(1^-, 2^+, 3^-, 4^+) \tag{9.23}$$

我们已经指出,如果将规范群从 $SU(N)$ 扩展为 $U(N)$,则外部的胶了(在文献中被称为"光子",而这可能会引起混淆)不会与其他胶子耦合(因为杨-米尔斯理论中的耦合都包含对易子;参见本节附录1).因此,如果用单位矩阵代替 T^{a_2},则求和会为零.这样求和中的六项会分成两组,每组分别与 $\text{tr}\,(T^{a_1} T^{a_3} T^{a_4})$ 或 $\text{tr}\,(T^{a_1} T^{a_4} T^{a_3})$ 相乘.由于两个迹是独立的,这两组会分别等于零.在 $\text{tr}\,(T^{a_1} T^{a_2} T^{a_3} T^{a_4}) A(1^-, 2^+, 3^-, 4^+)$ + $\text{tr}\,(T^{a_1} T^{a_3} T^{a_2} T^{a_4}) A(1^-, 3^-, 2^+, 4^+)$ + $\text{tr}\,(T^{a_1} T^{a_3} T^{a_4} T^{a_2}) A(1^-, 3^-, 4^+, 2^+)$ 三项中的迹都变成了 $\text{tr}\,(T^{a_1} T^{a_3} T^{a_4})$,从而我们得到了所谓的光子脱耦恒等式 $A(1^-, 2^+, 3^-, 4^+)$ + $A(1^-, 3^-, 2^+, 4^+)$ + $A(1^-, 3^-, 4^+, 2^+) = 0$,将想要计算的振幅与从式(9.22)中已经得到的两个振幅联系起来,从而有

$$A(1^-, 2^+, 3^-, 4^+) = -(A(1^-, 3^-, 2^+, 4^+) + A(1^-, 3^-, 4^+, 2^+))$$
$$= -\langle 13 \rangle^4 \left(\frac{1}{\langle 13 \rangle \langle 32 \rangle \langle 24 \rangle \langle 41 \rangle} + \frac{1}{\langle 13 \rangle \langle 34 \rangle \langle 42 \rangle \langle 21 \rangle} \right)$$
$$= \frac{\langle 13 \rangle^4}{\langle 12 \rangle \langle 23 \rangle \langle 34 \rangle \langle 41 \rangle} \tag{9.24}$$

其中,我们使用了斯豪滕恒等式.

值得注意的是,$A(1^-, 2^-, 3^+, 4^+)$ 和 $A(1^-, 2^+, 3^-, 4^+)$ 这两个振幅具有相同的形式.很吸引人的一个猜测是对于 n-胶子散射,其中两个胶子具有负螺旋度而其余胶子均为正螺旋度的最大螺旋度破坏的振幅,由下面这个优美的表达式给出(对于 $n \geqslant 4$ 的情况):

$$A(1^+, 2^+, \cdots, j^-, \cdots, k^-, \cdots, n^+) = \frac{\langle jk \rangle^4}{\langle 12 \rangle \langle 23 \rangle \langle 34 \rangle \cdots \langle (n-1)n \rangle \langle n1 \rangle} \quad (9.25)$$

这个猜测首先由帕克和泰勒提出,然后由贝伦茨和吉伦证明.(采用离壳递推方法和在壳递推方法的一种前身,将在下节进行解释.)我们将在下节证明它.

同时,我们注意到论证猜想正确性的一种方法是验证所提出的振幅是否满足所有对称性的要求.除了洛伦兹不变性(显然满足),在像纯杨-米尔斯这样的无质量理论中,树图阶的振幅也应满足标度和共形不变性.

一个有趣的检查是对于每个 i,计算 λ_i 的幂次减去 $\tilde{\lambda}_i$ 的幂次.我们将这个量称为 Λ_i.然后由于动量的形式为 $\sim \lambda \tilde{\lambda}$,因此它对 Λ_i 的贡献为 0.反之,对于负螺旋度 $\epsilon_{a\dot{a}}^- = \lambda_a \tilde{\mu}_{\dot{a}} / [\lambda, \mu] \sim \lambda/\tilde{\lambda}$.对于正螺旋,有相反的结果: $\epsilon_{a\dot{a}}^+ = \mu_a \tilde{\lambda}_{\dot{a}} / \langle \mu, \lambda \rangle \sim \tilde{\lambda}/\lambda$.因此我们有 $\Lambda_i = -2h_i$.

我们已经在式(9.25)中检查过,实际上,对于 $i = j, k$ 我们有 $\Lambda_i = 2$,以及 $i \neq j, k$ 时我们有 $\Lambda_i = -2$.在计算过程中关注 Λ_i 的值也为我们提供了一种有用的检查方式.

注意我们本节用于开篇的 $n = 5$ 的散射振幅已完全确定,因为只有两个独立的非零振幅: $A(1^-, 2^-, 3^+, 4^+, 5^+)$ 和 $A(1^-, 2^+, 3^-, 4^+, 5^+)$.

进一步的发展

式(9.25)惊人的简单性引起了人们极大的兴趣并取得了更多的进展.在这里,我很乐意提到其中的一些进展.

一旦计算出树图振幅,就可以通过使用更复杂的幺正性方法和 2.8 节的库特科斯基切割规则来计算圈图振幅.按照这种方式计算,很多作者都逐步发展到了多圈振幅.尽管实际的计算工作量很快就会失控,但其所需的工作量仍然比传统的费曼方法少得多.

那么这个理论中基本三次顶点呢?我们将在本节附录 2 中对其进行计算,并通过一个重要的警告来表明它非常适合式(9.25)中的形式.

像你这样精明的读者肯定会觉得,从混乱的式(9.6)到式(9.25)中优美的表达式,这种令人惊讶的简化肯定有一些深层原因.的确,用几十年前彭罗斯研究的扭量来书写时,规范理论(和引力)中的树图阶振幅会变得更加简单.由于这一激动人心的发展[①]发生在

[①] 有关旋量的文献可以追溯到 483 页提到的那篇文献.

本书即将出版之际,我不得不在使本书尽可能保持最新的愿望和页数限制之间进行平衡.所以在这里只能提供关于文献的超级简洁(因此可能有些含糊)的要点,只能让你对其涉及的内容略有了解.

在这里研究的这种振幅中引入动量守恒的 δ 函数,并定义 $M(\cdots,\lambda_i,\tilde{\lambda}_i,\cdots) \equiv A(\lambda,\tilde{\lambda})\delta^{(4)}\left(\sum_{j=1}^{n}\lambda_j\tilde{\lambda}_j\right)$. 由于空间限制,我将忽略 M 对除粒子 i 以外所有的运动依赖,并简写为 $M(\lambda_i,\tilde{\lambda}_i)$. 让我们用两种可能的方式对 M 做傅里叶变换(并且稍微重复使用一下字母 M):

$$M(W_i) = \int d^2\lambda_i \exp(i\tilde{\mu}_i^a \lambda_{ia}) M(\lambda_i, \tilde{\lambda}_i) \tag{9.26}$$

和

$$M(Z_i) = \int d^2\tilde{\lambda}_i \exp(i\mu_i^{\dot{a}} \tilde{\lambda}_{i\dot{a}}) M(\lambda_i, \tilde{\lambda}_i) \tag{9.27}$$

其中,$W \equiv (\tilde{\mu}, \tilde{\lambda})$ 和 $Z \equiv (\mu, \lambda)$ 表示两个暂时可以被看作是列"矢量"的 4-分量的对象.这里的目的是用式(9.26)或式(9.27)在 $i = 1, 2, \cdots, n$ 时依次对 M 进行变换.在这里考虑 $SO(2,2)$ 而不是 $SO(3,1)$,从而旋量 λ 和 $\tilde{\lambda}$ 是实数,因此我们也可以将 μ 和 $\tilde{\mu}$ 选为实数.从而这些积分变换与你早已熟悉的傅里叶变换完全一样,并且变量 μ 与 $\tilde{\lambda}$ 共轭,就如同在量子力学中 p 与 q 共轭一样.分别被称为扭量和对偶扭量的 W 和 Z 互相共轭,每个都由 4 个实分量组成,自然也是 $SL(4,R)$ 群(即所有行列式为 1 且全部分量是实数的 4×4 矩阵的集合)下的变换,并具有不变量 $W \cdot Z = \tilde{\mu}\lambda + \tilde{\lambda}\mu$. 给定多个 W 和 Z,我们还有洛伦兹不变量 $Z_1 I Z_2 \equiv \langle \lambda_1, \lambda_2 \rangle$ 和 $W_1 I W_2 \equiv [\lambda_1, \lambda_2]$. (这里的 I 作为一种在文献中被滥用的记号,表示左上角或右下角包含 2×2 单位矩阵的其他所有分量都为 0 的 4×4 矩阵,具体在哪里取决于它是作用在 W 上还是 Z 上.)

我们有(在忽略指标 i 的同时显示出粒子 i 的螺旋度 h):

$$M(tW, h) = \int d^2\lambda \exp(it\tilde{\mu}\lambda) M(\lambda, t\tilde{\lambda}, h)$$
$$= t^{-2}\int d^2\lambda' \exp(i\tilde{\mu}\lambda') M(t^{-1}\lambda', t\tilde{\lambda}, h) = t^{2(h-1)} M(W, h)$$

其中用到了之前观察到的 $\Lambda = -2h$,也就是 $M(t^{-1}\lambda, t\tilde{\lambda}) = t^{2h}M(\lambda, \tilde{\lambda})$. 类似地,$M(tZ, h) = t^{-2(h+1)}M(Z, h)$. 你会意识到这个来自小群(见 3.4 节)的缩放结果,表明我们应该对散射振幅使用混合或双扭量的表示,当粒子带有 + 螺旋度时使用 W,当粒子带有 - 螺旋度时使用 Z.

例如,对于螺旋度为$(++-)$的基本杨-米尔斯的三次顶点(参见本节附录2,我们写成 $M(W_1^+,W_2^+,Z_3^-)$. 刚刚推出的缩放关系对这个振幅施加了强大的约束,即 $M(W_1,W_2,Z_3)=M(tW_1,W_2,Z_3)=M(W_1,tW_2,Z_3)=M(W_1,W_2,tZ_3)$,这暗示着在双扭量模型表示中定义的杨-米尔斯理论的顶点,显然和1只相差一个无关紧要的整体常数! 更精确地说,$M(W_1,W_2,Z_3)$取决于三个可能的不变量 $W_1\cdot Z_3$, $W_2\cdot Z_3$, 和 $W_1 I W_2$. 于是,缩放关系(注意 t 可正可负)会使得 M 具有非常简单的形式:

$$M(W_1^+,W_2^+,Z_3^-)=\mathrm{sign}(W_1\cdot Z_3)\mathrm{sign}(W_2\cdot Z_3)\mathrm{sign}(W_1 I W_2)$$

在不同的运动学区域中,基本的杨-米尔斯顶点在数值上等于± 1.

树图振幅很自然地存在于双扭量空间中. 作为另一个例子,我们费力计算出的 4-胶子散射振幅式(9.24)变得很简单:

$$M(W_1^+,Z_2^-,W_3^+,Z_4^-)=\mathrm{sign}(W_1\cdot Z_2)\mathrm{sign}(Z_2\cdot W_3)\mathrm{sign}(W_3\cdot Z_4)\mathrm{sign}(Z_4\cdot W_1)$$

让我们先做一点预测,并在双扭量的表示中写出将要在式(9.52)中给出引力中基本的三次顶点. 实际上,上面推导的缩放关系可以立即被应用于 $h=\pm 2$ 的引力子. 我们得到了 $M(tW,++)=t^2 M(W,++)$ 和 $M(tZ,--)=t^2 M(Z,--)$,从而可以将引力的三次顶点直接固定为

$$M(W_1^{++},W_2^{++},Z_3^{--})=|(W_1\cdot Z_3)(W_2\cdot Z_3)(W_1 I W_2)|$$

从杨-米尔斯推广到爱因斯坦-希尔伯特,我们只需要用绝对值代替符号函数即可!

显然,这里要传达的信息是,量子场论具有隐藏的结构,而传统的费曼图方法可能没有希望揭示出这些结构.

附录1 杨-米尔斯理论的带有颜色的费曼规则

使用4.5节中的双线形式,如图4.8所示,我们可以画出杨-米尔斯理论中的三次顶点和四次顶点. 我们对于 $SU(N)$ 生成元的约定是$[T^a,T^b]=\mathrm{i}f^{abc}T^c$ 和 $\mathrm{tr}(T^a T^b)=\frac{1}{2}\delta^{ab}$. 因此,$f^{abc}=-2\mathrm{i}\,\mathrm{tr}([T^a,T^b]T^c)$. 让我们从7.1节和附录C中给出的四次顶点的费曼规则开始. 首先,$f^{abe}f^{cde}=-4\mathrm{tr}([T^a,T^b][T^c,T^d])$. 接下来,把它与偏振矢量相乘,并得到四次顶点的带颜色的规则:

$$4\mathrm{i}g^2\mathrm{tr}(T^a T^b T^c T^d)(\epsilon_1\cdot\epsilon_2\,\epsilon_3\cdot\epsilon_4-\epsilon_4\cdot\epsilon_1\,\epsilon_2\cdot\epsilon_3) \tag{9.28}$$

另外两项是通过置换得到的.类似地,附录 C 式(C.18)中的三次顶点变为(这里有一个无关紧要的变化 $k \to p$)

$$- 4ig^2 \operatorname{tr}(T^a T^b T^c)(\ \epsilon_1 \cdot \epsilon_2\ \epsilon_3 \cdot p_1\ -\ \epsilon_2 \cdot \epsilon_3\ \epsilon_1 \cdot p_2\ +\ \epsilon_3 \cdot \epsilon_1\ \epsilon_2 \cdot p_3\ ) \quad (9.29)$$

如文中所述,我们现在可以消去颜色因子 $\operatorname{tr}(T^a T^b T^c)$ 和 $\operatorname{tr}(T^a T^b T^c T^d)$.

消去颜色的幅度满足许多有用的恒等式.例如,n-胶子散射的消去颜色的幅度满足反射恒等式 $A(1,2,\cdots,n) = (-1)^n A(n,\cdots,2,1)$.要表明这一点,需要注意消色后的四次顶点 $\epsilon_1 \cdot \epsilon_2 \epsilon_3 \cdot \epsilon_4 - \epsilon_4 \cdot \epsilon_1 \epsilon_2 \cdot \epsilon_3$ 在反射 1234→4321 下不会变号,而消色后的三次顶点会在 123→321 下变号.根据式(9.7),$V_3 + 2V_4 = n - 2$,因此 V_3 的奇偶性会由 n 的奇偶性决定.

附录 2　旋量螺旋度形式中的三次顶点

一个相当自然的问题是,在旋量螺旋度形式中的三次顶点式(9.29)是什么样的.

初步观察的结果是,如果我们令所有动量都在壳,$p_1^2 = p_2^2 = p_3^2 = 0$,那么三次顶点实际上为 0.根据动量守恒,我们有 $p_1^2 = (p_2 + p_3)^2 = p_2 \cdot p_3 = 0$.条件 $p_i \cdot p_j = 0$ 意味着三个类光动量全都指向同一个方向,因此对于 $i = 1,2,3$,有 $p_i = E_i(1,0,0,1)$.但这意味着诸如 $\epsilon_3 \cdot p_1 \propto \epsilon_3 \cdot p_3 = 0$,因此三次顶点式(9.29)为零.

现在你就看到了让动量变为复数的动机.于是,条件 $p_i \cdot p_j = 0$ 就不再迫使三个类光动量指向同一个方向,并且我们可以有一个在壳且非零的三次顶点.如正文中解释的那样,为了复数化动量,我们简单地删除约束 $\tilde{\lambda} = \lambda^*$.顺便说一下,通过把这里的动量复数化,我们预期下节会做一点讨论.

像往常一样,我们可以用更有利的方式自由选择旋量 μ.这里一个不错的选择是 $\mu_1 = \mu_2$ 和 $\mu_3 = \lambda_1$.参照式(9.17)和式(9.18),可以得到 $\epsilon_1^- \cdot \epsilon_2^- \propto [\mu_1 \mu_2] = 0$ 和 $\epsilon_1^- \cdot \epsilon_3^+ \propto \langle \lambda_1 \mu_3 \rangle = 0$.三次顶点约化为

$$A(1^-, 2^-, 3^+) = \epsilon_2^- \cdot \epsilon_3^+\ \epsilon_1^- \cdot p_2 = \left(\frac{\langle \lambda_2 \mu_3 \rangle [\mu_2 \lambda_3]}{[\lambda_2 \mu_2] \langle \mu_3 \lambda_3 \rangle} \right) \left(\frac{\langle \lambda_1 \lambda_2 \rangle [\mu_1 \mu_2]}{[\lambda_1 \mu_1]} \right) = \frac{\langle 12 \rangle^2}{\langle 13 \rangle} \frac{[\mu_1 \lambda_3]}{[\mu_1 \lambda_1]}$$

$$(9.30)$$

和正中一样,我们忽略了所有的整体因子.

为了消掉非物理的 μ_1，我们需要正文中给出的动量守恒等式的一个变体. 将 $\sum_i p_{\alpha\dot\alpha}^{(i)} = \sum_i \lambda_\alpha^{(i)} \tilde\lambda_\alpha^{(i)} = 0$ 乘以 $\varepsilon^{\beta\alpha} \varepsilon^{\dot\beta\dot\alpha} \lambda_\beta^{(j)} \tilde\mu_{\dot\gamma}$，可以得到对于任意 j 都有 $\sum_i [\mu\lambda_i] \langle\lambda_i\lambda_j\rangle = 0$，而在 $j = 2$ 时，这意味着 $[\mu_1\lambda_3] \langle\lambda_3\lambda_2\rangle = -[\mu_1\lambda_1] \langle\lambda_1\lambda_2\rangle$.

将式 (9.30) 乘以 $\langle\lambda_3\lambda_2\rangle/\langle\lambda_3\lambda_2\rangle$ 并应用刚推出的恒等式，我们最终得到了"最大负螺旋度"的三次顶点：

$$A(1^-, 2^-, 3^+) = \frac{\langle 12 \rangle^4}{\langle 12 \rangle \langle 23 \rangle \langle 31 \rangle} \tag{9.31}$$

令人满意的是，我们得到了一个与式 (9.25) 一致的表达式 (我们还没有证明这个式子)，但请记住 (9.31) 只对复动量成立. 我把得到"最大负螺旋度"的三次顶点

$$A(1^+, 2^+, 3^-) = \frac{[12]^4}{[12][23][31]} \tag{9.32}$$

这件事留给读者，而这也可以由正文中关于螺旋度翻转的规则得到.

那么"全正"和"全负"的顶点呢？现在，你应该能够通过一个简单的练习来得出它们了.

习题

9.2.1 对于胶子沿着第三个方向运动的情况，计算出的对于一般的 μ 和 $\tilde\mu$ 两个偏振矢量.

9.2.2 证明树图阶的 n-胶子散射中的三次顶点的数量最多为 $n-2$.

9.2.3 证明式 (9.22) 中的结果满足反射恒等式 $A(1^-, 2^-, 3^+, 4^+) = A(4^+, 3^+, 2^-, 1^-)$.

9.2.4 证明"全正"和"全负"的三次杨-米尔斯顶点 (见本节附录 2) 为零. (提示：明智地选择 μ.)

9.2.5 为什么正文中 $A(-++\cdots++)$ 为零的论述不适用于 $A(-++)$？

9.2.6 将三次顶点的表达式代入式 (9.26) 并推导出 $M(W_1^+, W_2^+, Z_3^-)$.

9.2.7 证明 $M(W_1^+, Z_2^-, W_3^+, Z_4^-)$ 可以复现出式 (9.24).

9.2.8 证明 $SL(4, R)$ 局部同构于共形群. (提示：确定共形群的 $15 = 4^2 - 1$ 个生成元 (3 个转动 J^i、3 个促动 K^i、1 个伸缩 J^i、4 个平移 P^μ 和 4 个共形变换 K^μ) 对应的 15 个 4×4 无迹实矩阵.)

9.3 规范理论的内在联系

沉重的包袱

就像其他所有场论书一样,本书歌颂了规范理论——嘿,大自然喜欢它的时候可不会管物理学家们喜欢什么——但与许多书不同的是本书反复强调的规范对称性严格来说并不是对称性,而是描述上的冗余.引入额外的自由度仅仅是为了将规范固定.在本书的第 1 版中,我在结束语中表达了一个希望,那就是在未来,物理学家会找到一种更为优雅的方式来表述这种局域不变性的概念.或许这个希望将会更早被实现!

在我们当前对规范理论的表述中,对于一个包含 n 个无质量规范玻色子(光子或胶子)的过程,我们要计算其离壳振幅 $\mathcal{M}^{\mu_1\mu_2\cdots\mu_n}$ 是很费力的.

但是实验者并不知道携带洛伦兹指标的振幅! 3.1 节中的 SE 又有话要说了:"我的规范玻色子是用它们的螺旋度 $h_i(i=1,\cdots n)$ 来标记的,而不是洛伦兹指标."

想想看,我们的理论家确实经历了一个奇怪的两步程序,其中包含很多累赘的内容.在辛辛苦苦地求出外动量离壳的 $\mathcal{M}^{\mu_1\mu_2\cdots\mu_n}$ 后,我们再令外动量在壳并与偏振矢量缩并,以确定胶子处于特定的偏振态时的散射振幅 $\mathcal{M}^{\lambda_1\lambda_2\cdots\lambda_n} \equiv \epsilon^{\lambda_1}_{\mu_1} \epsilon^{\lambda_2}_{\mu_2} \cdots \epsilon^{\lambda_n}_{\mu_n} \mathcal{M}^{\mu_1\mu_2\cdots\mu_n}\big|_{\text{onshell}}$.实际上,在第二步,我们将第一步中努力得出的 $\mathcal{M}^{\mu_1\mu_2\cdots\mu_n}$ 中的许多不必要的信息消除掉了.

上节中提到的 5-胶子散射中的抵消(本次从 10000 项约化成只有 1 项),应该已经让你相信了传统的费曼方法可能并不是那么好.在学习物理的过程中,你肯定很高兴看到在计算的最后很多项互相抵消掉,但是 10000 项抵消到只有 1 项,那可以说是所有抵消之母了.

关键是在规范理论中,不同的费曼图之间存在着一种隐秘的内在联系,从而互相抵消是很正常的.比如,规范不变性告诉我们 $p^1_{\mu_1} \epsilon^2_{\mu_2} \cdots \epsilon^{\lambda_n}_{\mu_n} \mathcal{M}^{\mu_1\mu_2\cdots\mu_n}\big|_{\text{onshell}}$ 为 0.因此,进入 $\mathcal{M}^{\mu_1\mu_2\cdots\mu_n}$ 中的很多图必须以某种复杂的方式互相了解.(当我们在 2.7 节中证明规范不变性时,已经对这种方式略知一二了.)

S-矩阵重启

> 尽管面临着巨大的困难,但我感到 S-矩阵理论离被判死刑还远,而且……通过尝试将其形式化,将会创造许多有趣的新数学.
>
> ——雷吉[1]

> 旧日的垃圾经常会变成今日的宝藏(反之亦然).
>
> ——波利亚科夫[2]

如 3.8 节所述,早在 20 世纪 50 年代和 60 年代,色散理论家[3]就通过研究作为其外部洛伦兹不变量的函数的解析性质的振幅来努力推进对物论的研究,这里的洛伦兹不变量就是 2 到 2 散射中的曼德尔斯塔姆变量 s 和 t,以及我们简单的真空极化例子中的 q^2. 但是一旦超越了 2 到 2 的散射,解析结构就会变得很难处理.这个计划失败了,并且被扫进物理学历史的垃圾箱中.(不过你可能知道,经历了一个相当复杂的过程后,这种巨大的努力最终催生了弦理论.)

值得注意的是,这个计划的某些特征正在被恢复.在本节中我们将特别讨论使物理变量变为复数的想法.有趣的是,事实证明,将外部动量复数化(下面将会解释)要比将 s 和 t 这样的不变量复数化更好.还有一点历史因素:朗道似乎在某个情况下建议过考虑取复数值的动量.

考虑具有 n 个动量与螺旋度为 $(p_i, h_i)(i=1,\cdots,n)$ 的无质量粒子的树图阶散射的振幅 $\mathcal{M}(p_i, h_i)$,其中 $p_i^2=0$.(对于规范理论,我们将会在已经消去颜色因子的情况下定义振幅.此外随着我们的继续前进,还会抑制对于耦合常数乘积的依赖性,并扔掉所有这类的整体因子.)

一个新颖的想法是选择两个外部动量 p_r, p_s,并在将其复数化的同时使它们在壳并保持动量守恒.我们规定所有动量都是向内的.在这一阶段,我们可以进行一般性的讨论,甚至不用明确具体的理论,只需规定它仅包含无质量粒子.但是为了把想法定下来,你可以想象一个规范理论.对于某个复数 z,将 p_r 和 p_s 替换为

$$p_r(z) = p_r + zq \quad \text{和} \quad p_s(z) = p_s - zq \tag{9.33}$$

---

[1] Regge T. Publ. RIMS,Kyoto University,12 suppl.,1997:367-375.

[2] Polyakov A. Gauge Fields and Strings[M].Princetion:Princeton University,1987:1.

[3] Barton G. Dispersion Techniques in Field Theory[J].American Journal of Physics,1967,35(2):171-172.

为了保持 $p_r(z)^2 = 0$ 和 $p_r(z)^2 = 0$,我们需要 $q \cdot p_{r,s} = 0$ 和 $q^2 = 0$,而这只有在令 q 为复数的情况下才有可能成立. 准确地说,选择一个 $p_r + p_s$ 只有时间分量的参考系并采用使时间分量等于 2 的单位. 于是有

$$p_r = (1,0,0,1), \quad p_s = (1,0,0,-1), \quad q = (0,1,i,0) \tag{9.34}$$

说一点技术上的事情. 这也是为什么要在附录 B 和上节中提到 $SO(2,2)$:有了 $(+ + - -)$,我们不需要一个复数值的 q 就可以满足在壳的约束. 就像上一节所解释的,这里将坚持使用更物理的 $SO(3,1)$ 并考虑复动量. 另一个边注:就像将要看到的,这个讨论适用于任何时空维度 $d \geqslant 4$ 的情况.

通过这种设置散射,幅度 $\mathcal{M}(z)$ 就成了关于 z 的解析函数. 考虑复动量 zq 与 $p_r(z)$ 一起流入图中,经过一些内线后与 $-p_s(z)$ 一起流出. 让我们打开我们的极点探测器. 在树图阶,极点只能由携带动量 $zq + \cdots$ 的传播子产生. 因此,树图振幅 $\mathcal{M}(z)$ 只有简单极点,它们来自图 9.4 所示的那类图. 将 p_i 分成 L 和 R 两个集合,L 中的那些流入左侧的圈中,R 中的那些则流入右侧的圈中. 这两个圈由动量为 $P_L(z)$ 的单个传播子连接,而由于约定可以任意选择,我们规定其流入圈 L 中. 这两个圈本身都是理论中的树图振幅. 令 n_L 和 n_R 分别为集合 L 和 R 中的外动量数(当然,$n_L + n_R = n$,且 $n_L \geqslant 2, n_R \geqslant 2$). 那么左手边的圈表示 $n_L + 1$ 个粒子的树图阶散射,其中有 n_L 个在壳粒子和一个动量为 $P_L(z)$ 的离壳粒子,其振幅为 $\mathcal{M}_L(z)$. 同样,右手边的圈表示 $n_R + 1$ 个粒子的树图阶散射,其中有 n_R 个在壳粒子和一个动量为 $-P_L(z)$ 的离壳粒子,其振幅为 $\mathcal{M}_R(z)$.

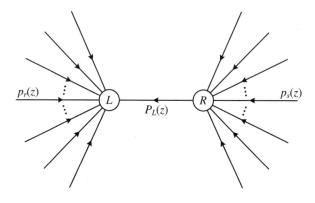

图 9.4

显然,只有在 $p_r(z)$ 和 $p_s(z)$ 不出现在同一个集合中时,$P_L(z)$ 才会依赖于 z. 不失一般性,我们可以令 $p_r(z)$ 属于集合 L 而 $p_s(z)$ 属于集合 R. 于是就有 $P_L(z) = -\left(\sum_{i \in L} p_i + zq\right) = P_L(0) - zq$ 和 $P_L(z)^2 = P_L(0)^2 - 2zq \cdot P_L(0) = -2q \cdot P_L(0) \cdot$

$(z - z_L)$,其中 $z_L = P_L(0)^2/[2q \cdot P_L(0)]$. 从而 $\mathcal{M}$ 就有了一个位于 $z = z_L$ 的极点,由于 q 是复数,因此这个极点一般也是复数.

振幅 $\mathcal{M}$ 在整个 z 的复平面上都有极点,每一个处在 $z = z_L$ 处的极点都可以将外动量分成 $L + R$. 留数的形式为 $\mathcal{R}_L = \mathcal{M}_L(z_L)\mathcal{M}_R(z_L)/[2q \cdot P_L(0)]$,其中 $\mathcal{M}_L(z_L)$ 和 $\mathcal{M}_R(z_L)$ 都是在壳的振幅,因为现在具有动量 $P_L(z_L)$ 的粒子是在壳的. 一如既往地,我们会忽略所有无关紧要的整体因子.

很关键的一点是,如果在 $z \to \infty$ 时 $\mathcal{M}(z) \to 0$,则 $\oint_C (dz/z)\mathcal{M}(z) = 0$,其中围道 C 是一个沿着无穷远的地方绕了一圈的半径无穷大的圆. 然后我们收缩围道,挑出 $z = 0$ 处的极点,对围道积分的贡献是 $\mathcal{M}(0)$;以及一堆 $z = z_L$ 处的极点,贡献是每个极点处的留数乘以 $1/z_L$ 后的和. 从而我们就能定出散射振幅为

$$\mathcal{M}(0) = -\sum_{L,h} \frac{\mathcal{R}_L}{z_L} = -\sum_{L,h} \frac{\mathcal{M}_L(z_L)\mathcal{M}_R(z_L)}{P_L(0)^2} \tag{9.35}$$

注意,求和也要对中间粒子 P_L 携带的螺旋度 h 进行.

这个符号有点简略,但足以让人理解基本的要点,而不用让冗长的表达式搞乱页面. 但是现在让我们把这个符号变得更精确一些. 首先,z_L 当然依赖于通过动量 P_L 所划分出的 L. 为了确保你能跟得上,让我们更精确地描述 $\mathcal{M}_L(z_L)$. 它是一个有 $n_L + 1$ 个粒子流入的在壳振幅,这些粒子携带的动量和螺旋度分别是 $(p_r(z_L), h_r)$,$i \in L, i \neq r$ 时为 (p_i, h_i),以及 $(P_L(z_L), h)$. 在这些动量中的两个是复数,分别是 $p_r(z_L)$ 和 $p_L(z_L)$. 让我们来强调一下,通过构造 $P_L(z_L)^2 = 0$,所有的粒子就都在壳了. 类似地,$\mathcal{M}_R(z_L)$ 是一个有 $n_R + 1$ 个粒子流入的在壳振幅,这些粒子携带的动量和螺旋度分别是 $(p_s(z_L), h_r)$,$i \in L, i \neq s$ 时为 (p_i, h_i),以及 $(-P_L(z_L), -h)$.

关键的一点是,正如布里托(Britto)、卡查索(Cachazo)、冯波(Bo Feng)和威腾(Edward Witten)所发现的那样,我们可以用点数更少的在壳树图振幅来确定 n 点树图振幅 $\mathcal{M}(z)$,具体来说,就是把式(9.35)当成对 $n_L + 1$ 点振幅 $\mathcal{M}_L(z_L)$ 和 $n_R + 1$ 点振幅 $\mathcal{M}_R(z_L)$ 的乘积的和. 注意 $n - 1 \geqslant n_L + 1 \geqslant 3$(对 $n_R + 1$ 也一样),因此通过重复应用这些被称为 BCFW 的递推关系,我们就可以利用不可约的 3 点振幅来计算杨-米尔斯理论,以及引力中任意在壳的树图振幅. 此外,在最简单的 3 点在壳振幅中,由于 $p_i \cdot p_j = \frac{1}{2}(p_i + p_j)^2 = 0$,所有由动量构造的洛伦兹不变量都为零.

为了确定圈图振幅,贝恩(Bern)、迪克逊(Dixon)和科索瓦(Kosower)对本书前文和上节中提到的幺正性方法进行了推广. 利用这些方法,人们可以计算所有的振幅——不管是树图还是圈图——从而完全根据 3 点在壳振幅对螺旋度的依赖定出整个理论.

令人惊讶的是,S-矩阵学派的梦想成真了! 我们不需要用到拉格朗日量就能把微扰理论中的一切都确定下来.

注意,要得到物理振幅我们只需要 $\mathcal{M}(z=0)$,但要递归得出更多点的振幅我们就需要知道 $\mathcal{M}(z\neq0)$.就像我们将会看到的,只要有了 $\mathcal{M}(z=0)$,就可以通过解析延拓得到 $\mathcal{M}(z\neq0)$.

正如上节所强调的,将类光矢量分界为旋量:

$$p_{\alpha\dot\alpha} \equiv p_\mu (\sigma^\mu)_{\alpha\dot\alpha} = \lambda_\alpha \tilde\lambda_{\dot\alpha} \tag{9.36}$$

同样适用于复数值的类光矢量.在这种情况下,如同已经在 9.2 节中所解释的那样,两个旋量 λ 和 $\tilde\lambda$ 是互相独立的.

另一个旁注:这里考虑的变形式(9.33)在上节的旋量螺旋度形式中有一个很好的形式.令 $p_r = \lambda_r \tilde\lambda_r$,$p_s = \lambda_s \tilde\lambda_s$(这里忽略了旋量指标).那么形如 $\tilde\lambda_r \to \tilde\lambda_r + z\tilde\lambda_s$ 和 $\lambda_s \to \lambda_s - z\lambda_r$,($\lambda_r$ 和 $\tilde\lambda_s$ 保持不变)的旋量变形,就可以给出 $q = \lambda_r \tilde\lambda_s$ 的想要的动量变形,我们可以看到 q 是不厄米的,因此对应于一个复数值动量.这与上节中的讨论一致,因为变形显然不会改变需要动量为实数才有的 $\tilde\lambda$ 与 λ^* 相等.

幼稚到想要递归的人

想象你在某个早晨醒来,并且有了使动量复数化的绝妙的点子.然后假设你在拜访了柯西之后,拥有了足够的智慧来发现这些奇妙的递归关系.但在冷静下来之后,你想在某种理论上尝试使用这种递归方法.你很自然地首先选择了标量场理论,例如 φ^3 或 φ^4 理论.

你的热情立刻消失了.在这些理论中,基本的顶点只是一个数字,也就是耦合常数.对于 n 点振幅,总是存在一些费曼图,其中 $p_r(z)$ 和 $p_s(z)$ 在某个基本顶点处相遇,从而整个图甚至都不依赖于 z.在 $z\to\infty$ 时,$\mathcal{M}(z)\to 0$ 这个关键的假设完全不成立.

大多数物理学家可能会在此刻放弃,但是假设你拥有坚韧不拔的性格,并决定再看一下杨-米尔斯理论,因为你考虑到毕竟它似乎比某些愚蠢的标量场理论更基础.但是很快扫了一眼之后你确信情况甚至会更糟糕.考虑对 n-胶子振幅有贡献的图 9.5(a).将 $p_r(z)$ 和 $p_s(z)$ 尽可能"离得很远",以使它们之间的传播子数最大化.总共 $n-3$ 个传播子在 $z\to\infty$ 时对振幅的贡献是一个 $1/z^{n-3}$ 的因子.但是真可惜啊,这被 $n-2$ 个三次顶点的贡献所淹没,其中每个顶点关于动量都是线性的,因此会贡献一个 z^{n-2} 的因子.

还没有考虑偏振矢量,它们在 $z=0$ 时分别是 $\epsilon_r^- = q$,$\sim \epsilon_r^+ = q^*$,以及 $\epsilon_s^- = q^*$,ϵ_s^+

$= q$. (注意由于两个动量指向不同的方向,因此在交换 $r \leftrightarrow s$ 下 $q \leftrightarrow q^*$.) 我们还需要将它们变形以保持它们与对应的动量矢量正交:

$$\epsilon_r^-(z) = q, \qquad \epsilon_r^+(z) = q^* + zp_s \tag{9.37}$$

以及

$$\epsilon_s^-(z) = q^* - zp_r, \qquad \epsilon_r^+(z) = q \tag{9.38}$$

你应该检查一下并确保所有的条件都被满足,比如 $\epsilon_r^+(z) \cdot p_r(z) = (q^* + zp_s)(p_r + zq) = z(q^*q + p_sp_r) = 0$.(在式(9.14)和式(9.15)的记号中,这里的偏振矢量对应于选择 $\mu_r(z) = \mu_r(0) = \lambda_s, \tilde{\mu}_r(z) = \tilde{\mu}_r(0) = \tilde{\lambda}_s, \mu_s(z) = \mu_s(0) = \lambda_r, \tilde{\mu}_s(z) = \tilde{\mu}_s(0) = \tilde{\lambda}_r$. 每个关系中的第一个等号只是为了强调我们选择不对那些 μ 和 $\tilde{\mu}$ 做变形.)

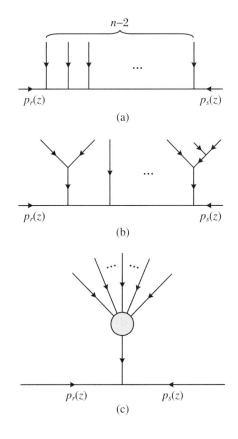

图 9.5

注意,在变形后 r 和 s 的不对称性:特别是两个偏振矢量 ϵ_r^+ 和 ϵ_s^- 与 z 一同增长,从而使得在 z 很大时的性质变坏.把所有这些都考虑进去,并利用式(9.37)和式(9.38),可以得出结论(采用记号 $\mathcal{M}^{h_r h_s}(z)$):

$$\mathcal{M}_{\text{naive}}^{-+}(z) \to \frac{z^{n-2}}{z^{n-3}} = z, \quad \mathcal{M}_{\text{naive}}^{--/++}(z) \to z^2, \quad \mathcal{M}_{\text{naive}}^{+-}(z) \to z^3 \tag{9.39}$$

而这些肯定不会→0.

这里有一条看起来并不重要,但稍后会变得重要的评论:显然,除了 r 和 s 的一些胶子可能会像图 9.5(b)那样先互相作用.这只不过是减少了上面的讨论中关于那些特殊图的有效的 n 的值,而我们可以得到同样朴素的估计.

现实比预期更好

事实证明,现实比我们的朴素预期好得多! 实际上与我们所想的恰好相反,杨-米尔斯理论中的振幅要比标量场理论中的振幅性质更好.

这个事实要么令人惊讶,要么不那么令人惊讶,这取决于你有多疲倦.我必须承认,在上节学习到大约 10000 项抵消到只剩一项后,这件事听起来似乎也并不那么令人惊讶.

我们甚至可以编出一个启发式的物理论证.回到杨-米尔斯理论,并像以前一样把粒子叫作胶子.将交叉变换应用到胶子 s 上,这样我们就得到了一个在大 z 极限时具有很大动量 $p_r(z) \sim zq$ 的入射胶子 r,成为了一个具有很大动量 $-p_s(z) \sim zq$ 的胶子.其他 $n-2$ 个胶子具有固定的动量,因此是软胶子.我们有一个硬胶子从软胶子背景中穿过,这有些类似于高能伽马射线从磁场中穿过,因此预计在 $z \to \infty$ 时不会有散射,而使硬胶子的螺旋度反转的散射就更少了.(这种情况在概念上类似于在 2.6 节中讨论的电子在外部库仑势中进行的散射,只是在这里被散射的场的激发态与背景场类型相同.)

但别太快了! 即使你我已经研究物理多年,我们对复数动量也没有建立太多的直觉.至少我自己是这样.或者我们可以转到 $SO(2,2)$ 群并处理实数动量,但我们对号差为 $(++--)$ 的时空也没有太多的经验.

背景场方法

然而事实证明,一个硬胶子从软胶子背景中穿过的图像有助于引导我们对这个问题做出优雅的表述.我们将杨-米尔斯规范势(这里我们写作$\mathcal{A}$)分成两部分$\mathcal{A}(x) = A(x) + a(x)$,分别是傅里叶变换中没有高动量分量的背景势 A,以及具有高动量成分的涨落势 a.(当研究穿过实验室中磁场的激光束时,你会进行完全相同的拆分.)要发展这种所谓的背景场方法(在除此以外的其他问题中也很有用),就必须使用在 4.5 节中使用的微分形式记号.

我们将变换规则 $\mathcal{A} \to U\mathcal{A}U^{\dagger} + UdU^{\dagger}$ 分成 $A \to UAU^{\dagger} + UdU^{\dagger}$ 和 $a \to UaU^{\dagger}$.换句话说,背景场 A 像杨-米尔斯势一样变换,而涨落 a 像伴随表示中的物质场一样变换.代入场强 $\mathcal{F} = d\mathcal{A} + \mathcal{A}^2 = d(A + a) + (A + a)^2$,我们发现 $\mathcal{F}$ 等于背景场强 $F = dA + A^2$ 与

2-形式 $da + Aa + aA + a^2 = (\partial_\mu a_\nu + [A_\mu, a_\nu] + a_\mu a_\nu)dx^\mu dx^\nu \equiv \frac{1}{2}(D_\mu a_\nu - D_\nu a_\mu + [a_\mu, a_\nu])dx^\mu dx^\nu$ 的和.将数学符号转回物理符号,并定义简化符号 $D_{[\mu}a_{\nu]} \equiv D_\mu a_\nu - D_\nu a_\mu$,则有 $\mathcal{F}_{\mu\nu} = F_{\mu\nu} + D_{[\mu}a_{\nu]} - i[a_\mu, a_\nu]$.这里 $D_\mu a_\nu = \partial_\mu a_\nu - i[A_\mu, a_\nu]$ 是伴随场 a 的协变导数(相对于背景势 A).

由于只有两个硬胶子与软背景相互作用,因此可以将杨-米尔斯拉格朗日量展开到 a 的二阶就足够了:

$$\mathcal{L} = -\frac{1}{2g^2}\operatorname{tr}\mathcal{F}_{\mu\nu}\mathcal{F}^{\mu\nu}$$

$$= -\frac{1}{2g^2}\operatorname{tr}(F_{\mu\nu}F^{\mu\nu} + D_{[\mu}a_{\nu]}D^{[\mu}a^{\nu]} + 2F^{\mu\nu}D_{[\mu}a_{\nu]}D^{[\mu}a^{\nu]} - 2iF^{\mu\nu}[a_\mu, a_\nu]) + O(a^3)$$

$$(9.40)$$

由于在作用量中对 $\mathcal{L}$ 在整个时空上积分,因此我们可以有效地进行分部积分.因此,括号中的第三项 $\operatorname{tr}(F^{\mu\nu}D_\mu a_\nu) = \operatorname{tr}[F^{\mu\nu}(\partial_\mu a_\nu - i[A_\mu, a_\nu])]" = "\operatorname{tr}[(D_\mu F^{\mu\nu})a_\nu]$.由于背景场满足场方程 $D_\mu F^{\mu\nu} = 0$,因此这一项为 0.(你不应该对作用量中关于 a 的线性项在场方程中也是线性的感到惊讶.)

因此,要研究 a 在背景 A 中的传播,我们可以关注拉格朗日量中关于 a 的二次项:$\mathcal{L}_{\text{quad}} = -(1/g^2)\operatorname{tr}[(D_\mu a_\nu - D_\nu a_\mu)D^\mu a^\nu - iF^{\mu\nu}[a_\mu, a_\nu]]$.同往常一样,我们需要固定规范.通过分部积分,我们有

$$\operatorname{tr}D_\nu a_\mu D^\mu a^\nu = \operatorname{tr}(D^\mu a_\mu D_\nu a^\nu + iF^{\mu\nu}[a_\mu, a_\nu]) \tag{9.41}$$

注意,与普通导数不同,当规范导数 D_ν 和 D^μ 互相交换时,它们会产生场强 $F^{\mu\nu}$(原文这里有笔误).(验证这一点!你可能还记得更数学的形式式(4.71).)因此,固定规范的一种简便方法是添加 $\operatorname{tr}(D^\mu a_\mu D_\nu a^\nu)$,这样规范固定的拉格朗日量就成为

$$\mathcal{L}_{\text{quad}} = -\frac{1}{g^2} \text{tr} \left(D_\mu a_\nu D^\mu a^\nu - 2i F^{\mu\nu} [a_\mu, a_\nu] \right) \tag{9.42}$$

（顺便说一下，这与式(3.38)中为了得到 $\xi = 1$ 的费曼规范所做的完全相同.）

现在我们回过头来研究散射振幅 $\mathcal{M}^{\lambda\rho}$ 的大 z 行为这个问题. 回想我们在式(9.39)中得到 $\mathcal{M}^{\lambda\rho} \to z^{n-2}/z^{n-3} = z$.（还要记得其中尚未包括偏振矢量，而它们可以令这个行为乘以 z^0, z^1 或 z^2.）

罪魁祸首是式(9.42)第一项中的三次顶点中的导数 $\sim Aa\partial a$. 与此相反，式(9.42)第一项中 $\sim AaAa$ 的部分和第二项的 $\text{tr} F^{\mu\nu}[a_\mu, a_\nu]$ 插入不随 z 增长的四次顶点.

现在最好通过重命名指标的巧妙方法来讨论我们所面临的情况. 首先，洛伦兹不变性由于背景场 A_μ 的存在而被破坏这件事，要认为是给定的.（这与6.2节相同：背景磁场的存在意味着宇称和时间反转被破坏了.）但是现在假设我们只是简单地重新标记指标并写成

$$\mathcal{L}_{\text{quad}} = -\frac{1}{g^2} \text{tr} \left(\eta^{ab} D_\mu a_a D^\mu a_b - 2i F^{ab} [a_a, a_b] \right) \tag{9.43}$$

其中，η^{ab} 只不过是最常见的闵氏度规.

第一项本身就具有隐藏的"增强洛伦兹"对称性：对指标 a, b 的 $SO(3,1)$ 的变换保持拉格朗日量不变. 现在，我们可以利用这种隐藏的对称性. 由于 $\mathcal{M}^{ab}$ 在大 z 时领头阶的行为来自重复插入式(9.43)的第一项中包含的三次顶点 $\eta^{ab} a_a A^\mu \partial_\mu a_b$，因此我们可以说领头阶的行为必须正比于 η^{ab}.

相反，通过插入一个式(9.43)中第二项的四次顶点，会令 z 的幂次减 1，因为它不包含场 a 的导数. 但是，由于 F^{ab} 是固定的，因此我们还破坏了隐藏的"增强洛伦兹"对称性. 另一方面，还有一条额外的信息：我们知道它关于 (ab) 是反对称的.（注意，插入式(9.43)中第一项中包含的四次顶点 $\eta^{ab} a_a A^\mu A_\mu a_b$ 也会使 z 的幂次减 1，但其贡献与 η^{ab} 成正比.）

因此，隐藏的"增强洛伦兹"对称性告诉我们，按 z 的幂次展开的振幅必须具有以下形式：

$$\mathcal{M}^{ab} = (cz + \cdots) \eta^{ab} + A^{ab} + \frac{1}{z} B^{ab} + \cdots \tag{9.44}$$

其中 c 是某个未知的常数. 我们对矩阵 A^{ab} 唯一的了解是它关于 (ab) 是反对称的.（我所遵循的是文献中的记号. 如果读者把这个矩阵 A 和背景规范势 $A(x)$ 搞混了，那就从头再来吧.）

仍有形如 $p_{ra}(z) \mathcal{M}^{ab}(z) \varepsilon_{sb}(z) = 0$ 和 $\varepsilon_{ra}(z) \mathcal{M}^{ab}(z) p_{sb}(z)$ 的规范不变量，给我们

提供有用的信息. 例如, 由形式 $p_r(z) = p_r + zq$, 可以得到 $q_a \mathcal{M}^{ab}(z) \varepsilon_{sb}(z) = -(1/z) \cdot p_{ra} \mathcal{M}^{ab}(z) \varepsilon_{sb}(z)$, 但根据式(9.37)有 $\epsilon_r^-(z) = q$, 这表示 $\epsilon_{ra}^-(z) \mathcal{M}^{ab}(z) \varepsilon_{sb}(z) = -(1/z) p_{ra} \mathcal{M}^{ab}(z) \varepsilon_{sb}(z)$.

现在让我们看一看在式(9.39)中有着朴素的期望的特定螺旋度组合. 回想我们预期 $\mathcal{M}^{-+}(z) \to z$. 实际上由于 $\epsilon_s^+(z) = q$ 和 $p_r \cdot q = 0$, 我们有

$$\mathcal{M}^{-+}(z) = \epsilon_{ra}^-(z) \mathcal{M}^{ab}(z) \varepsilon_{sb}^+(z) = -\frac{1}{z} p_{ra} \left[(cz + \cdots) \eta^{ab} + A^{ab} + \frac{1}{z} B^{ab} + \cdots \right] q_b$$

$$= -\frac{1}{z} p_{ra} A^{ab} q_b + O\left(\frac{1}{z^2}\right) \to \frac{1}{z} \tag{9.45}$$

这个振幅的行为要比我们朴素的预期好上$(1/z)$的二次方!

接下来, 我们朴素的预期 $\mathcal{M}^{--}(z) \to z^2$, 但实际上

$$\mathcal{M}^{--}(z) = \epsilon_{ra}^-(z) \mathcal{M}^{ab}(z) \varepsilon_{sb}^-(z)$$

$$= -\frac{1}{z} p_{ra} \left[(cz + \cdots) \eta^{ab} + A^{ab} + \frac{1}{z} B^{ab} + \cdots \right] (q_b^* - z p_{rb})$$

$$= -\frac{1}{z} (p_{ra} A^{ab} q_b^* + p_{ra} B^{ab} p_{rb}) + O\left(\frac{1}{z^2}\right) \to \frac{1}{z} \tag{9.46}$$

要比我们朴素的预期好上三次方. 类似地, $\mathcal{M}^{++}(z) \to z^2$. 注意这些结论对任意$n$都成立. 如果你有力气, 可能想通过显式地计算$n$较小时不同的$\mathcal{M}$的值来见证这些抵消.

但并非所有的螺旋度振幅的行为都比朴素的预期要更好. 我们最后来看 $\mathcal{M}^{+-}(z)$, 朴素的预期是$\to z^3$. 看看式(9.37)和式(9.38), 我们已经发现了问题, 因为 $\epsilon_{ra}^+(z)$ 和 $\varepsilon_{sb}^-(z)$ 的增长趋势都是z. 现在我们有

$$\mathcal{M}^{+-}(z) = \epsilon_{ra}^+(z) \mathcal{M}^{ab}(z) \varepsilon_{sb}^-(z)$$

$$= (q_a^* + z p_{sa}) \left[(cz + \cdots) \eta^{ab} + A^{ab} + \frac{1}{z} B^{ab} + \cdots \right] (q_b^* - z p_{rb})$$

$$= -c p_s \cdot p_r z^3 + O(z^3) \to z^3 \tag{9.47}$$

顺便说一句, 注意我们对复动量的直觉有点动摇. 保持螺旋度的振幅(+ → +)(即将 $\mathcal{M}^{+-}(z)$ 进行交叉变换; 回想一下 $\mathcal{M}$ 的定义是所有动量都是流入的)要比(+ → -)的振幅 $\mathcal{M}^{++}(z)$、(- → +)的振幅 $\mathcal{M}^{--}(z)$ 和(- → -)的振幅 $\mathcal{M}^{-+}(z)$ 的行为都更差. 复动量的偏振矢量以非对称的方式继续.

胡涂突然说话了! "你还没有利用背景场的规范不变形." 他说.

我们忘记了他经常和聪明的实验家相伴出现. 事实上, 他是对的. 很好, 胡涂成为助

理教授并不是无缘无故的.

实际上,更仔细地看一下图 9.5(a)中的三次顶点:我们有一个携带动量 $zq + \cdots$ 的硬胶子与一个携带某个小动量 p 的背景胶子散射成动量为 $zq + \cdots$ 的硬胶子.耦合来自拉格朗日量中的 $\mathrm{tr}\partial^\mu a^\nu [A_\mu, a_\nu]$ 项,因此对于 z 的领头阶,顶点与 $zq^\mu \cdot A_\mu(p)$ 成正比.根据习题 7.1.1,我们可以选择一个满足 $q^\mu \cdot A_\mu(p) = A_{2+i3}(p)$,被称为查默斯-西格尔空间的锥规范.

应该检查一下这是否可能,但是为了简化说明让我们只考虑阿贝尔的情况.根据 $A_\mu(x) \rightarrow A_\mu(x) - \partial_\mu \Lambda(x)$,预期的规范选择要求 $q \cdot A(p) = iq \cdot p\Lambda(p)$,从而只要 $q \cdot p \neq 0$ 我们就可以求解出 $\Lambda(p)$.由于根据构造 $q \cdot p_{r,s} = 0$,一般对于 $i \neq r, s$ 没有理由要求 $q \cdot p_i$ 为 0.所以可以得出结论,我们确实可以去掉这个讨厌的三次顶点.

但别这么快! 图 9.5(c) 又是怎么回事呢? 其中所有软胶子彼此相互作用以形成一个带有动量 $\sum_{i \neq r, s} k_i = -(p_r + p_s)$ 的单个软胶子.由于 $q \cdot (p_r + p_s) = 0$,我们无法令 $q \cdot A(p_r + p_s) = 0$,从而会保留下图 9.5(c) 中的图.因此,即使我们设法摆脱了图9.5(a) 和图 9.5(b) 中的三次顶点,先前关于 $\mathcal{M}$ 在大 z 时的行为的结论也仍然成立.

"等等! 颜色因子呢?"胡涂大喊道.看一下我们剥离的颜色结构.从图 4.8(b)中我们可以看到,图 9.5(c)中的三次顶点要求两个硬胶子在颜色上相邻.要解释这个术语最容易的办法是举个例子:红绿色胶子和蓝黄色胶子在颜色上并不相邻,但它们都与红黄色胶子(以及蓝绿色胶子)相邻.注意,耦合 $\mathrm{tr} F^{\mu\nu}[a_\mu, a_\nu]$ 也要求两个硬胶子在颜色上相邻.

因此,如果两个硬胶子在颜色上不相邻,则 $\mathcal{M}$ 在大 z 时的行为会更好一些,因为现在有 $c = 0$ 且 $A^{ab} = O(1/z)$.于是 $\mathcal{M}^{-+} \rightarrow 1/z^2$ 而不是 $1/z$,$\mathcal{M}^{+-} \rightarrow z^2$ 而不是 z^3,而 $\mathcal{M}^{--}$ 和 $\mathcal{M}^{++}$ 并没有得到改善.胡涂的部分胜利值得被赞扬,而且也许最终应该被授予终身职位.

我们的底线是,与朴素的预期相反,规范理论中的振幅行为好到足以让 BCFW 递归方法起作用.我们甚至不介意 $\mathcal{M}^{+-}$ 的行为不好;对于这个方法来说,$\mathcal{M}^{-\pm}$[①] 在大 z 时为零就足够了.特别是在本节附录 1 中,我们将展示如何完成从上节就开始的计算.

如前文所述,一旦我们确定了树图振幅,原则上就可以利用幺正性得到所有的圈图振幅.在 S-矩阵精神的现代复兴中,我们仅处理在壳振幅.这里的信息是,传统的费曼图会包含大量不必要的离壳的累赘.这个看起来无伤大雅的费曼积分提供了一个生动的例子:

---

① 译注:原文公式的上指标为复杂的文字,这里用等价的符号代替.

$$\int \frac{\mathrm{d}^4 l}{(2\pi)^4} \frac{l^\mu l^\nu l^\rho l^\lambda}{l^2(l-k)^2(l-p)^2(l-q)^2} \tag{9.48}$$

可以用维度正规化最方便地进行评估.尝试一下.积分看起来类似于我们在 3.6 节和 3.7 节中所做的积分,但外表是有欺骗性的.如果将答案打印出来,则完全是一团黑色的污迹(参见 http://online.kitp.ucsb.edu/online/colloq/bern2/oh/05.html).毕竟这个积分只是物理振幅的一部分,其本身并不具有任何诸如规范不变性这样的良好性质.

所有可能的洛伦兹不变理论

值得注意的是,BCFW 递归不仅允许我们根据原始的 3 点在壳振幅来确定所有的 n 点在壳振幅,它还对所有可能进行递归的理论作出了限制.下面简述一下这是如何实现的.在此预期,就像我们将在下节中所解释的,除了无质量的自旋为 1 的粒子,递归方法同样适用于自旋为 2 的粒子.考虑 4 点在壳振幅 $\mathcal{M}$.关键是我们可以自由地将不同的粒子对 (r,s) 变形来确定 $\mathcal{M}$.假设我们选择 $(r,s)=(1,4)$.那么 $\mathcal{M}$ 就是两部分的和,其中一部分的极点在 $s=(p_1+p_2)^2=(p_3+p_4)^2$,另一部分的极点在 $t=(p_1+p_3)^2=(p_2+p_4)^2$.但是我们也可以选择 $(1,2)$ 来作为例子.以不同方式构造的物理的 4 点在壳振幅 $\mathcal{M}(z=0)$ 必须一致,而这对原始的 3 点在壳振幅上施加了很强的自洽性条件.

也许并不奇怪的是,对于自旋为 2 的无质量粒子,爱因斯坦引力是唯一可能的理论,而对于自旋为 1 的无质量粒子,唯一可能的理论是杨-米尔斯规范理论.实际上,温伯格很早以前就使用相当普适的论证证明了这一结果.但是,看看从截然不同的形式中如何得到相同的结果仍然会具有启发性.这些自洽条件也允许人们探索和寻找其他可能的理论.

计算复动量的原始的 3 点在壳振幅 $\mathcal{M}_3$ 至关重要,这比通常的实类光动量所允许的自由度更多.(如本节附录 1 所述,杨-米尔斯三次顶点对于实动量为零.)再次提醒你,对于复动量 $p_i=\lambda_i\tilde{\lambda}_i$,两个旋量 λ_i 和 $\tilde{\lambda}_i$ 互相独立.回顾 9.2 节中有 $\langle ij\rangle=\langle\lambda_i\lambda_j\rangle\equiv\varepsilon^{\alpha\beta}\lambda_{i\alpha}\lambda_{j\beta}$ 和 $[ij]=[\lambda_i\lambda_j]=[\tilde{\lambda}_i\tilde{\lambda}_j]\equiv\varepsilon^{\dot{\alpha}\dot{\beta}}\tilde{\lambda}_{i\dot{\alpha}}\tilde{\lambda}_{j\dot{\beta}}$,而且还有,$p_i\cdot p_j=\langle ij\rangle[ij]$.

质量在壳条件 $p_i\cdot p_j=0$ 就变成了 $\langle 12\rangle[12]=0$,$\langle 23\rangle[23]=0$,以及 $\langle 13\rangle[13]=0$.表面看起来有几个可能的解.例如,我们可以让所有三个方括号为 0 而所有三个尖括号非零,或者可以让两个方括号为 0 比如 $[12]=[23]=0$ 的同时 $\langle 31\rangle=0$.但是只有两个独立的 2-分量旋量,所以三个旋量不可能是线性独立的(选择 $\tilde{\lambda}_1\infty(0,1)$ 和 $\tilde{\lambda}_2\infty(1,w)$,那么第三个旋量 $\tilde{\lambda}_3$ 就是另外两个的线性组合).因此 $[12]=0$ 和 $[23]=0$,这就意味着 $\tilde{\lambda}_1\infty$

$\tilde{\lambda}_2$ 和 $\tilde{\lambda}_2 \propto \tilde{\lambda}_3$,相应的就有 $\tilde{\lambda}_3 \propto \tilde{\lambda}_1$ 和 $[31]=0$.当然,这个讨论可以在交换方括号和尖括号后再做一次.从而可以得出

$$\langle 12 \rangle = \langle 23 \rangle = \langle 31 \rangle = 0 \quad 或 \quad [12]=[23]=[31]=0 \quad (9.49)$$

$\Big($例如,如果 $[12]=[23]=[31]=0$,那么 $\tilde{\lambda}_2 = \alpha_2 \tilde{\lambda}_1$ 且 $\tilde{\lambda}_3 = \alpha_3 \tilde{\lambda}_1$,而动量守恒 $\sum_i p_i = \sum_i \lambda_i \tilde{\lambda}_i = 0$ 意味着 $\lambda_1 + \alpha_2 \lambda_2 + \alpha_3 \lambda_3 = 0$.这里的信息在系数中,因为三个 2-分量旋量总是线性相关的.$\Big)$

因此,取决于螺旋度,要么 $\mathcal{M}_3 = \mathcal{M}_H(\langle 12 \rangle, \langle 23 \rangle, \langle 31 \rangle)$,要么 $\mathcal{M}_3 = \mathcal{M}_A([12],[23],[31])$.

回忆上节中 $\Lambda_i = -2h_i$,其中 λ_i 计算的是 λ_i 的幂次减去 $\tilde{\lambda}_i$ 的幂次.但是作用在 $\mathcal{M}_H$ 上,这只计算了 λ_i 的幂次.写下 $\mathcal{M}_H = \langle 12 \rangle^{d_3} \langle 23 \rangle^{d_1} \langle 31 \rangle^{d_2}$,并利用 $\Lambda_1 = d_2 + d_3 = -2h_i$ 等来求解出未知的 d.然后有 $d_1 = h_1 - h_2 - h_3, d_2 = h_2 - h_3 - h_1, d_3 = h_3 - h_1 - h_2$.例如,假设理论包含自旋为 1 的无质量粒子,其不同的变量用指标 a 来标记,而其范围我们无须指定.然后就会有诸如

$$\mathcal{M}_3(1_a^-, 2_b^-, 3_c^+) = f_{abc} \left(\frac{\langle 12 \rangle^3}{\langle 23 \rangle \langle 31 \rangle} \right) \quad (9.50)$$

螺旋度 $h_1 = h_2 = -1$ 和 $h_3 = +1$ 意味着 $d_1 = d_2 = -1$ 和 $d_3 = 3$.这里,f_{abc} 是某个取决于粒子种类的未知系数.根据需要,我们有 λ_1 和 λ_2 的二次幂和 λ_3 的负二次幂.这证实了我们在上节附录 1 中得到的结果.

接下来有几条注意事项:

(1) 根据 $p_i = \lambda_i \tilde{\lambda}_i$,旋量 λ 和 $\tilde{\lambda}$ 具有质量 $\frac{1}{2}$ 次方的量纲.从而 $\mathcal{M}_3$ 像预期那样具有质量 1 次方的量纲(回忆规范理论中三次耦合形式为 $\sim \epsilon \cdot \epsilon \epsilon \cdot p$).

(2) 通过翻转螺旋度得到 3 点振幅:

$$\mathcal{M}_3(1_a^+, 2_b^+, 3_c^-) = f_{abc} \left(\frac{[12]^3}{[23][31]} \right) \quad (9.51)$$

而这就像我们上节所学到的,相当于交换 λ 和 $\tilde{\lambda}$ 所扮演的角色,所以它由方括号而不是尖括号给出.

(3) 注意旋量螺旋度形式中的幂次.我们可以通过直接将 Λ_i 以及 d 放大 s 倍来推广到更高的整数自旋 s.因此,我们只需将 $\mathcal{M}_3(1_a^-, 2_b^-, 3_c^+)$ 中的圆括号外的幂次提升为 s

即可,从而自旋 2 的三次顶点由 $\mathcal{M}_3(1_a^{--},2_b^{--},3_c^{++}) = f_{abc}(\langle 12 \rangle^3/(\langle 23 \rangle \langle 31 \rangle))^2$ 给出.

(4) 交换 1 和 2,我们看到对于 s 为奇数时 $f_{abc} = -f_{bac}$.因此 s 为奇数(比如 $s=1$ 时),我们不可能只有一种粒子的理论.我们不得不引入指标 a(并称之为颜色!).

(5) S 为偶数(比如 $s=2$)时,我们总可以只有一种粒子,将之称为引力子.系数 f_{abc} 可以省略,并且爱因斯坦引力的两个基本的三次顶点之一可以简写为

$$\mathcal{M}_3(1^{--},2^{--},3^{++}) = \left(\frac{\langle 12 \rangle^3}{\langle 23 \rangle \langle 31 \rangle} \right)^2 \tag{9.52}$$

(当然另一个顶点可以通过用方括号替换尖括号来得到.)更多关于 3-引力子顶点的内容参见本节附录 2.

(6) 检查一下上述自洽的论证的力量吧.考虑具有自旋为 1 的无质量粒子的理论中的 4 点振幅 $\mathcal{M}(1_a,2_b,3_c,4_d)$.应用递归来构造的振幅 $\mathcal{M}$ 可以看成两个振幅的和,其中一个具有 s 通道的极点,因此显然正比于 $f_{abe}f_{cde}$,其中隐含着对中间粒子的指标 e 进行求和,令一个具有与 t 通道极点,与 $f_{ace}f_{bde}$ 成正比.要求在递归中选择用不同 (r,s) 构造出的 $\mathcal{M}$ 相同就给出了限制:

$$f_{abe}f_{cde} + f_{ace}f_{bde} + f_{ade}f_{bce} = 0 \tag{9.53}$$

但我们认出这就是对于李代数 $[T^a, T^b] = if_{abc}T^c$ 在伴随表示下写出的生成元所定义的关系式(B.19)!在原始的 3 点在壳振幅中的系数 f_{abc} 是这个代数的结构常数.如果这对你来说太抽象,就用 $SU(2)$ 验证一下它.

用递归方法所得到的爱因斯坦引力和杨-米尔斯理论分别是无质量的自旋为 2 和自旋为 1 粒子的唯一的低能理论,具有足够好的大 z 行为以使递归关系有效.当然,我们也知道在拉格朗日量形式中,局域坐标不变性和局部规范不变性的强大约束完全固定了爱因斯坦引力和杨-米尔斯的作用量.

附录 1

这里就像承诺的那样,我们将用递归来证明前节中猜想的结果,也就是对于 n-胶子散射,最大螺旋度破坏的振幅由下式给出:

$$A(1^+,2^+,\cdots,j^-,\cdots,n^-) = \frac{\langle jn \rangle^4}{\langle 12 \rangle \langle 23 \rangle \langle 34 \rangle \cdots \langle (n-1)n \rangle \langle n1 \rangle} \tag{9.54}$$

517

（利用振幅的循环不变性，我们可以不失一般性地让 n 号胶子带有负螺旋度.）

令 $r=n$ 且 $s=1$，并做变形 $\tilde{\lambda}_n \rightarrow \tilde{\lambda}_n + z\tilde{\lambda}_1$ 和 $\lambda_1 \rightarrow \lambda_1 - z\lambda_n$（保持 λ_n 和 $\tilde{\lambda}_1$ 不变），换句话说，$p_n \rightarrow p_n + zq$ 和 $p_1 \rightarrow p_1 - zq$，其中 $q = \lambda_n\tilde{\lambda}_1$. 将式(9.35)写成（图9.6）

$$A(1^+,2^+,\cdots,j^-,\cdots,n^-) = A_3(\hat{1}^+,2^+,\hat{K}^-)A_{n-1}(-\hat{K}^+,3^+,\cdots,j^-,\cdots,\hat{n}^-)/P_L(0)^2 \tag{9.55}$$

这里为了书写简便，定义 $K(z) = P_L(z)$. 我们用尖帽号来表示对应的动量已经被复数化. 因此 $\hat{1},\hat{n},\hat{K}$ 提醒我们 $p_1(z)$，$p_n(z)$ 和 $K(z) = (p_1(z)+p_2)$（在 $z=z_L$ 处取值）是问题中的三个复数值的动量.

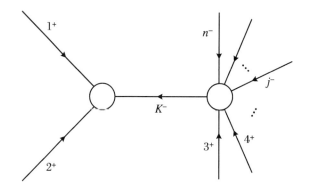

图9.6

根据递归的精神，假设 A_3 和 A_{n1} 由式(9.54)给出（并且将相应的表达式中所有的螺旋度翻转并将尖括号用方括号替代）. 注意式(9.54)并没有提到不带弯的 λ 和带弯的 $\tilde{\lambda}$ 两个旋量的关系，因此对实动量和复动量都成立. 注意，式(9.35)中分别对 L 和 h 的求和可以简化为式(9.55)中的一项. 我们用了 $A(++\cdots+)=0$ 和 $A(+\cdots+)=0$ 这两个结果，和式(9.49)的后半部分来消除类似于图9.6所示的图，但是参与三次顶点的是粒子 $n-1$ 和 n，而不是1和2.

进行递归并利用 $P_L(0)^2 = 2p_1 \cdot p_2 = 2\langle12\rangle[12]$，可以得到（见式(9.51)）：

$$A(1^+,2^+,\cdots,j^-,\cdots,n^-) = \frac{[\hat{1}2]^3}{[2,\hat{K}][\hat{K},1]}\frac{\langle j\hat{n}\rangle^4}{\langle\hat{K}3\rangle\langle34\rangle\cdots\langle(n-1)\hat{n}\rangle\langle\hat{n}\hat{K}\rangle}\frac{1}{\langle12\rangle[12]} \tag{9.56}$$

和前面一样，我们见略了所有的整体常数.

这里的窍门包含把一些尖帽号去掉或者留下来.由于 $\tilde{\lambda}_1$ 不变,当 $\hat{1}$ 出现在方括号内时,可以把它的尖帽号去掉.同样,由于 λ_n 不变,当 $\hat{n}$ 出现在尖括号内时,可以把它的尖帽号去掉.另一方面,我们应该保留 $\hat{K}$ 的尖帽号.相反,利用动量守恒 $-\lambda_K\tilde{\lambda}_K = \lambda_1\tilde{\lambda}_1 + \lambda_2\tilde{\lambda}_2$,又由于 $[11] = 0$,因此 $\langle \hat{K}, 3 \rangle [\hat{K}, 1] = -\langle 3, \hat{K} \rangle [\hat{K}, 1] = \langle 32 \rangle [21]$.(你可能会注意到,这与将 A_4 变形成上节的形式时所需的第一个恒等式的推导操作是相同的.)类似地,$\langle n, \hat{K} \rangle [2, \hat{K}] = -\langle n, \hat{K} \rangle [\hat{K}, 2] = \langle n1 \rangle [12]$.

将所有这些作用到式(9.56),可以得到:

$$
\begin{aligned}
A(1^+, 2^+, \cdots, j^-, \cdots, n^-) &= \frac{[12]^3 \langle jn \rangle^4}{\langle 12 \rangle [12] \langle n1 \rangle [12] \langle 32 \rangle [21] \langle 34 \rangle \cdots \langle (n-1)n \rangle} \\
&= \frac{\langle jn \rangle^4}{\langle 12 \rangle \langle 23 \rangle \langle 32 \rangle \langle 34 \rangle \cdots \langle (n-1)n \rangle \langle n1 \rangle}
\end{aligned}
\tag{9.57}
$$

和猜测的结果完全一致.

注意,递归方法与我们在前 1 节中为得到 $A(1,2,3,4)$ 所做的显式的旋量螺旋度计算相比要强大得多,而显式的旋量螺旋度计算又比传统的费曼图计算强大得多.因此,理论物理学是向前发展的.

你可能对递归方法中不需要杨-米尔斯理论的四次顶点(图 4.7(c))而感到困惑.不参与递归是否意味着我们可以将拉格朗日量中的四次项乘以任意系数(包括 0)?这个明显的悖论的解决方法可以追溯到胶子的(微扰的)物理态是建立在递归关系这一事实上.我们需要四次项来保证规范不变性,从而保证胶子有两个螺旋态.

附录2

通过展示图 9.2 的混乱,我已经给你留下了深刻的印象:传统的费曼图方法在处理胶子时几乎是没有希望的.引力的情况要糟糕得多.考虑 3-引力子顶点.从概念上来说,这很容易理解:我们写下 $g_{\mu\nu} = \eta_{\mu\nu} + h_{\mu\nu}$,并将爱因斯坦-希尔伯特作用量式(8.1)展开到 $O(h^3)$.在忽略指标后,式(8.5)中的三次项就是 $h\partial h\partial h$.当然,这实际上代表了八个指标以各种不同方式缩并的很多项,但你可以很容易地计算出来.接下来,以调和规范为例,推导出 3-引力子的顶点 $G_{\mu\alpha,\nu\beta,\sigma\gamma}(p_1, p_2, p_3)$ 的费曼规则,而它与式(C.18)中的 3-胶子顶点类似. 这三个引力子中的每一个——比如动量为 p_1 的那个, 都可以由 $h\partial h\partial h$ 里三个 h 中的任何一个产生, 因此很多项都可以通过重新排列简单生成. 这两个导数给出了动量的二次方. 因此, 一个典型项的形式是 $p_{1\beta} p_{2\mu} \eta_{\alpha\nu} \eta_{\sigma\gamma}$.

继续工作! $G_{\mu\alpha,\nu\beta,\sigma\gamma}(p_1,p_2,p_3)$ 总共包含了大约 100 项. 现在想象一下计算引力子-引力子散射的一圈贡献. 你懂的.

目前, 你已经完全了解到传统的费曼方法携带了大量不必要的离壳信息. 如果我们把 p_1, p_2 和 p_3 在壳, 然后将 $G_{\mu\alpha,\nu\beta,\sigma\gamma}(p_1,p_2,p_3)$ 与偏振矢量 $\epsilon_1^{\mu\alpha}$, $\epsilon_2^{\nu\beta}$ 和 $\epsilon_3^{\sigma\gamma}$ 缩并, 3-引力子顶点将被极大地简化为

$$G(p_1,p_2,p_3) = \epsilon_1^{\mu\alpha} \epsilon_2^{\nu\beta} \epsilon_3^{\sigma\gamma} (p_{1\sigma}\eta_{\mu\nu} + \text{cyclic})(p_{1\gamma}\eta_{\alpha\beta} + \text{cyclic}) \tag{9.58}$$

非常自然地, 我们可以用自旋为 1 的无质量粒子的偏振矢量写出自旋为 2 的无质量粒子的偏振矢量: $\epsilon^{\mu\alpha}(p) = \epsilon^\mu(p)\epsilon^\alpha(p)$. 这个形式满足所有自旋为 2 的粒子的偏振矢量所需的要求: $\epsilon^{\mu\alpha}(p)p_\mu = 0$, $\epsilon^{\mu\alpha}(p) = \epsilon^{\alpha\mu}(p)$ 以及 $\eta_{\mu\alpha}\epsilon^{\mu\alpha}(p) = 0$. 因此, 3-引力子顶点 $G(p_1,p_2,p_3) = \left[\epsilon_1^\mu \epsilon_2^\nu \epsilon_3^\sigma (p_{1\sigma}\eta_{\mu\nu} + \text{cyclic})\right]^2$ 确实是 3-胶子顶点式 (9.29) 的平方, 也证实了式 (9.52), 而这当然只是用另一种符号做出的同样的表述.

习题

9.3.1 证明李代数的结果式 (9.53) 会自然出现.

9.3.2 在附录 1 中, 我们通过将螺旋度为 + 和 − 的两条外部线的动量复数化来进行递归. 在推导递归关系式 (9.35) 时, 我们可以选择任意两条外线复数化. 通过将外线 1 和 2 复数化来定出在 9.2 节中直接计算的振幅, 也就是 $A(1^-, 2^-, 3^+, 4^+)$. 这是本书所概述的自洽性的一个例子.

粒子物理实验家喜欢说, 昨天的惊人发现到了今天就只是个标准, 而到了明天就成了令人讨厌的背景. 一个典型的例子是一个获得了诺贝尔奖的发现, 即发现 K_L 介子衰变为两个 π 介子这个宇称破缺的过程. 在理论物理学中, 昨天的发现到了今天就成了家庭作业, 而到了明天就成了一些琐事.

9.3.3 利用上节给出的 $A(1^-, 2^-, 3^+, 4^+)$ 和 $A(1^-, 2^+, 3^-, 4^+)$ 的精确形式检验在式 (9.45)~式 (9.47) 中对大 z 行为的估计.

9.3.4 担心一下附录 1 中对因子 2 的草率处理. (提示: 最后的结果是对的, 因为式 (9.37) 和式 (9.38) 中的偏振矢量为了方便按照 $|\epsilon|^2 = 2$ 进行归一化.)

9.4 爱因斯坦引力背地里是杨-米尔斯理论的平方吗?

引力和规范理论

你一定听说过,量子引力一直困扰着一代代的理论物理学家.这个难题的一个方面是它描述了其他基本相互作用的引力和规范理论之间的关系.虽然引力和规范理论都是产生于局域不变性,但爱因斯坦-希尔伯特作用量 $\int d^4 x \sqrt{-g} R$ 和杨-米尔斯作用量 $\int d^4 x \operatorname{tr}(F_{\mu\nu} F^{\mu\nu})$ 看起来完全不同.

如 8.1 节所述,在微扰的意义上,引力受到无穷多个相互作用项的影响,因此与规范理论形成鲜明对比的是,引力不可重正化.另一方面,这两种场论在概念上有许多相似之处.杨-米尔斯理论是自旋 1 无质量场唯一的低能有效理论,就像爱因斯坦引力是自旋 2 无质量场唯一低能有效理论一样.

弦理论统一了引力和规范理论.尽管在场论中这种联系完全是模糊的,但只需这个非凡的事实就已经表明了引力与规范理论之间的深层联系.一个重要的线索是,开弦的振动频谱只包含规范场而不包含引力子,而引力子是出现在闭弦的频谱中的.但是,闭弦谱可以被描述为两份开弦谱,而这使得川合光(Kawai)、卢埃林(Lewellen)和戴自海(Tye)发现了引力子散射与规范玻色子散射之间的关系.[①]在弦能级趋于无穷大的极限下,我们知道弦论会约化为场论,从而这些 KLT 关系的影子应该存在于场论中.(你可能知道,并非所有理论家都相信弦论符合现实.如果弦论最终失败了,那么它的终极价值很可能就是它揭示了量子场论的隐藏结构.)

无论如何,最重要的是弦理论强烈暗示了引力子振幅可以表示为杨-米尔斯振幅的乘积,示意性地说就是 $\mathcal{M}_{\text{gravitons}} \sim \mathcal{M}_{\text{gauge}} \times \mathcal{M}_{\text{gauge}}$.当许多理论物理学家第一次听说这件事时的第一反应就是困惑和怀疑.既然杨-米尔斯包含一个内部对称群,而引力却没有.他们会很合理地问这怎么可能?

既然我们已经学会了忽略颜色,那么振幅之间的联系就不再那么令人难以置信了,

---

① 解释这些结论显然超出了本书的范围.可以参见 J. Polchinski, *String Theory*, p.27.

特别是如果我们只关心实验者可以测量的具有特定偏振态的胶子的在壳散射振幅 $\mathcal{M}^{\lambda_1\lambda_2\cdots\lambda_n}$,而不是理论家使用传统方法计算的带洛伦兹指标的振幅 $\mathcal{M}^{\mu_1\mu_2\cdots\mu_n}$. 正如我们在上节中所看到的,规范玻色子散射的忽略颜色的树图阶在壳螺旋度振幅可以由二分量旋量的乘积$\langle\cdots\rangle$和$[\cdots]$写出. 我们没有对引力子散射的树图阶在壳螺旋度振幅进行类似的计算,但是可以预测结果还是会用乘积$\langle\cdots\rangle$和$[\cdots]$表示. 旋量螺旋度形式是洛伦兹群 $SO(3,1)$ 所固有的,与具体的理论无关. 特别地,爱因斯坦引力中的相互作用顶点还是由动量和偏振矢量的标量积给出. 非常具有暗示性的是,如上节附录1所述,引力的偏振矢量可以写为 $\epsilon^{\mu\nu}=\epsilon^\mu\epsilon^\nu$,这是规范理论偏振矢量的乘积.

实际上,我已经在上节中给出了部分谜题. 我们看到,三个引力子(具有复动量)的基本三次相互作用顶点由三个胶子的相应量的平方给出.

总之,多亏了那些研究弦理论的朋友们,我们现在知道了引力和规范理论之间存在一种秘密的结构联系,而这在拉格朗日量的层面上是完全看不出来的.

变形的引力子偏振

在最后的一节中,我将简要介绍对这种秘密联系的令人兴奋的探索. 下面将以一个具体的计算来进行说明.

回到 BCFW 递归(见9.3节). 如果复数化的散射幅 $\mathcal{M}(z)$ 在 $z\to\infty$ 时为零,它就将适用于引力. 初步看起来似乎引力的情况甚至比规范理论的情况还要糟,因为三次引力子顶点依赖于动量的二次方,因此行为趋于 z^2.(回想标量曲率中的两次导数;请参阅8.1节.)重复上节中关于 n-引力子在壳散射的计算. 回到图9.5,并将那些线解释为引力子. $n-2$ 个三次顶点在大 z 时会贡献一个 $z^{2(n-2)}$ 因子,很容易就压倒 $n-3$ 个传播子的因子 $1/z^{n-3}$. 这种讨厌的行为甚至在我们引入两个硬引力子的偏振之前就会发生.

引力子带有螺旋度 ±2(见8.1节的附录2),从而就有偏振"矢量"$\epsilon^{\mu\nu}$,由对称无迹张量给出. 我们可以自然地用无质量自旋为1的粒子的偏振矢量构造出 $\epsilon^{\mu\nu}=\epsilon^\mu\epsilon^\nu$(就像上节已经解释过的那样). 因此,在变形后,

$$\epsilon_r^{++\mu\nu}(z)=\epsilon_r^{+\mu}\epsilon_r^{+\nu}=(q^*+zp_s)^\mu(q^*+zp_s)^\nu, \quad \epsilon_r^{--\mu\nu}(z)=\epsilon_r^{-\mu}\epsilon_r^{-\nu}=q^\mu q^\nu$$

$$(9.59)$$

和

$$\epsilon_s^{++\mu\nu}(z) = \epsilon_s^{+\mu}\epsilon_s^{+\nu} = q^\mu q^\nu, \qquad \epsilon_s^{--\mu\nu}(z) = \epsilon_s^{-\mu}\epsilon_s^{-\nu} = (q^* - zp_r)^\mu(q^* - zp_r)^\nu$$

(9.60)

注意那些 $\epsilon^{\mu\nu}(z)$ 实际上是无迹的,并且在大 z 时趋于 z^0 或 z^2.

把它放在一起,可以得到朴素的估计:

$$\mathcal{M}_{\text{naive}}^{--,++}(z) \to \frac{z^{2(n-2)}}{z^{n-3}} = z^{n-1}, \qquad \mathcal{M}_{\text{naive}}^{--,-- \text{ or } ++,++}(z) \to z^{n+1}, \qquad \mathcal{M}_{\text{naive}}^{++,--}(z) \to z^{n+3}$$

(9.61)

正如 3.2 节所解释的,随着 n 增加而逐渐升级的行为是不可重整理论的标志.

软时空中的硬引力子

我们再一次希望现实生活比朴素的预期更容易.通过与规范理论相同的推理,我们研究了硬引力子穿过引力场(即软引力子背景).因此,将时空度规写为 $\mathcal{G}_{\mu\nu} = g_{\mu\nu} + h_{\mu\nu}$. 将其代入爱因斯坦-希尔伯特作用量式(8.1),并提出关于 h 的二次项.尽管计算很简单,但确实需要一些繁重的工作.为了避免做苦力,注意利用调和规范,我们在式(8.10)中做了这个计算,但仅针对 $g_{\mu\nu} = h_{\mu\nu}$ 的特殊情况(换句话说,我们是基于平坦的闵氏时空而不是一般的弯曲时空进行了展开),则有

$$\mathcal{L} = \frac{1}{64\pi G}\left(\eta^{\mu\nu}\eta^{\lambda\rho}\eta^{\sigma\tau}\partial_\mu h_{\lambda\sigma}\partial_\nu h_{\rho\tau} - \frac{1}{2}\eta^{\mu\nu}\partial_\mu h\partial_\nu h\right)$$

(9.62)

上式具有规范自由度 $h \equiv \eta^{\mu\nu}h_{\mu\nu}$,因此我们可以令 $64\pi G = 1$.

有了基于对称性的考虑和关于引力的知识(见 8.1 节),我们就可以立即猜出当我们从平坦的 $\eta_{\mu\nu}$ 来到弯曲的 $g_{\mu\nu}$ 背景时,这个二次的拉格朗日量推广为

$$\mathcal{L} = \sqrt{-g}\left(g^{\mu\nu}g^{\lambda\rho}g^{\sigma\tau}D_\mu h_{\lambda\sigma}D_\nu h_{\rho\tau} - \frac{1}{2}g^{\mu\nu}D_\mu h D_\nu h - 2R^{\lambda\rho\sigma\tau}h_{\lambda\sigma}h_{\rho\tau}\right)$$

(9.63)

其中,h 现在定义为 $h \equiv g^{\mu\nu}h_{\mu\nu}$.这里 D 表示 8.1 节中引入的对应于弯曲度规 $g_{\mu\nu}$ 的协变导数,$R^{\lambda\rho\sigma\tau}$ 表示由 $g_{\mu\nu}$ 构造出的黎曼曲率张量.我相信你不会把对应弯曲背景的 D 与上节用到并在下面也会提到的杨-米尔斯理论中的协变导数相混淆.

让我们来看一下式(9.63)的各种特征.$\sqrt{-g}$ 与时空体积成正比,并且正如我们在

式(1.159)中所学的那样,是弯曲时空中任何拉格朗日量都有的.我们还学过通过用 $\eta_{\mu\nu}$ 替换 $g_{\mu\nu}$,并用协变导数替换普通导数(见4.5节)就可以将任意拉格朗日量从平坦时空推广到弯曲时空.如你所见,几乎所有事情都是与规范理论的工作方式平行的.新的性质是涉及黎曼曲率张量 $R^{\lambda\rho\sigma\tau}$ 的术项,而这一项在限制到时空平坦时空时会消失.但是,对于给定式(9.40)中的 $\mathrm{tr}\, F^{\mu\nu}[a_\mu, a_\nu]$,你不会对出现这样的项感到惊讶.实际上,如果不真进行计算,我们唯一无法确定的就是该项的系数(-2).这个特定的数字在接下来的讨论中将不会有什么作用.

而且在上节中,我们根据运动方程 $\mathrm{D}_\mu F^{\mu\nu} = 0$ 丢下了 a_μ 的线性项.这里类似地,根据爱因斯坦运动方程 $R_{\mu\nu} = 0$,我们丢掉了 $h_{\mu\nu}$ 的线性项.这也解释了为什么包含里奇张量 $R_{\mu\nu}$ 和标量曲率 R 的项不会出现在式(9.63)中.

我们想要计算 $\mathcal{M}^{--++}$ 等各种散射幅度的大 z 行为,并与朴素的预期式(9.61)进行比较.我们希望在规范理论中使用的技巧对引力也起作用.现在弦理论暗示,$\mathcal{M}_{\mathrm{gravitons}} \sim \mathcal{M}_{\mathrm{gauge}} \times \mathcal{M}_{\mathrm{gauge}}$ 也就是引力子振幅的因子结构,因此多少会自然地导致大家猜测:$h_{\lambda\sigma}$ 的第一个指标 λ 和第二个指标 σ 在某种程度上分别与两份 $\mathcal{M}_{\mathrm{fauge}}$ 相关.

打破问题的关键是伯恩变换解开了这两个指标的联系.考察式(9.63),我们会看到唯一将 $h_{\lambda\sigma}$ 的两个指标联系起来的项出现在 $g^{\mu\nu}\mathrm{D}_\mu h \mathrm{D}_\nu h$ 中,因为 $h = g^{\mu\nu} h_{\mu\nu}$ 就是这样的.如何摆脱这一项?紧随伯恩和格兰特之后的技巧,是引入标量场 ϕ 并添加 $2g^{\mu\nu}\partial_\mu\phi\,\partial_\nu\phi$.我们可以这样做是因为 ϕ 不会出现在我们正在研究的树图阶散射振幅中.(当然,这个理论是从纯引力转变而来的,而 ϕ 确实会在引力子散射的圈图中循环.有些读者可能还知道,在弦理论中引力子与一个标量 ϕ 一起出现,这是实验上还未观测到的伸缩子.)

为了使教学上更清晰地解释我们下一步将要做的事情,最好先回到平坦背景的情况.来看式(9.62)中的括号部分,现在它被修改为 $\partial_\mu h_{\lambda\sigma}\partial^\mu h^{\lambda\sigma} - \dfrac{1}{2}\partial_\mu h\partial^\mu h + 2\partial_\mu\phi\partial^\mu\phi$.(在这种情况下,对于 φ 的归一化的选择只是为了方便.)因为我们始终可以对场进行重定义(见8.3节的附录),而又不影响在壳散射幅度,所以可以令 $h_{\lambda\sigma} \to h_{\lambda\sigma} + \eta_{\lambda\sigma}\phi$(因此 $h \to h + 4\phi$)且 $\phi \to \phi + \dfrac{1}{2}h$.你可以验证括号中的项会变为 $\partial_\mu h_{\lambda\sigma}\partial^\mu h^{\lambda\sigma} - 2\partial_\mu\varphi\partial^\mu\phi$.由于在这个操作中 $\eta_{\lambda\sigma}$ 的作用只是将 $h_{\lambda\sigma}$ 变成为 h,因此当 $\eta_{\lambda\sigma}$ 升级为 $g_{\lambda\sigma}$ 时,同样的变换也能起作用.

结果是我们可以将式(9.63)有效地重写为

$$\mathcal{L} = \sqrt{-g}\,(g^{\mu\nu}g^{\lambda\rho}g^{\sigma\tau}\mathrm{D}_\mu h_{\lambda\sigma}\mathrm{D}_\nu h_{\rho\tau} - 2R^{\lambda\rho\sigma\tau}h_{\lambda\sigma}h_{\rho\tau}) \tag{9.64}$$

现在 φ 完成了它的使命,我们毫不客气地把它扔了出去,因为它对我们所感兴趣的在壳树图阶振幅毫无贡献.因此就可以扔掉 $g^{\mu\nu}\partial_\mu\phi\partial_\nu\phi$ 这一项.

我们已经取得了相当多的形式发展,也许读者已经看不出我们正在试图做什么了.回想一下,我们想研究穿过时空的硬引力子的振幅.虽然就像引力中经常出现的情况一样出现了许多的指标,但你应该认识到这个拉格朗日量在概念上是简单的:它关于描述硬引力子的量子场 h 是二次的,并且包含一些给定的与背景相关的 c-数张量 $g^{\lambda\sigma}(x)$ 和 $R^{\lambda\rho\sigma\tau}(x)$.

无关联的旋律

关键点是,在式(9.64)的第一项中,由 $h_{\lambda\sigma}$ 携带的两个指标现在互不相关.在8.1节中,我们学习了通过使用标架 $e^a_\lambda(x)$ 来将像 λ 之类的"世界指标"换成局域平坦的洛伦兹指标 a.这里要介绍两组标架,即 e 和 $\tilde{e}$,以及它们对应的联络 ω 和 $\tilde{\omega}$,并写出 $h_{\lambda\sigma}\equiv e^a_\lambda\tilde{e}^{\tilde{a}}_\sigma h_{a\tilde{a}}$.在实际中,当然会有 $e=\tilde{e}$ 和 $\omega=\tilde{\omega}$,但是这种记号与 $h_{\lambda\sigma}$ 携带的两组指标无关这个事实可以跟踪由 h 携带的两组指标是未链接的这一事实有关.注意,在我们的二次的拉格朗日量中将 $h_{\lambda\sigma}$ 视为仅存在于由 $g_{\lambda\sigma}\equiv e^a_\lambda\tilde{e}^{\tilde{a}}_\sigma\eta_{a\tilde{a}}$ 确定的弯曲时空中的某个张量场.

在8.1节中,我们还强调了作用于带有世界指标的矢量和带有局域平坦洛伦兹指标的矢量的协变导数分别具有 $\mathrm{D}_\mu V_\nu=\partial_\mu V_\nu-\Lambda^\lambda_{\mu\nu}V_\lambda$ 和 $\mathcal{D}_\mu V_a=\partial_\mu V_a-\omega^b_{\mu a}V_b$ 的形式.为了教学方便,将使用两个不同的符号 D 和 $\mathcal{D}$ 来表示概念上相同的操作.对于我们的问题,便有 $\mathrm{D}_\lambda h_{\mu\nu}=e^a_\mu\tilde{e}^{\tilde{a}}_\nu\mathcal{D}_\lambda h_{a\tilde{a}}$,且 $\mathcal{D}_\lambda h_{a\tilde{a}}=\partial_\lambda_{a\tilde{a}}-\omega^b_{\lambda a}h_{b\tilde{a}}-\tilde{\omega}^{\tilde{b}}_{\lambda\tilde{a}}h_{a\tilde{b}}$.

使用这个记号,相关的拉格朗日量变成为

$$\mathcal{L}=\sqrt{-g}\,(g^{\mu\nu}\eta^{ab}\tilde{\eta}^{\tilde{a}\tilde{b}}\mathcal{D}_\mu h_{a\tilde{a}}\mathcal{D}_\nu h_{b\tilde{b}}-2R^{ab\tilde{a}\tilde{b}}h_{a\tilde{a}}h_{b\tilde{b}}) \tag{9.65}$$

我们现在准备好研究一个带动量 $zq+\cdots$ 硬引力子穿过弯曲的背景时空 $g_{\mu\nu}$ 的散射振幅的大 z 行为了.

分析过程与上节中讨论的杨-米尔斯的情况非常相似.我们来关注第一项: $\sqrt{-g}\,g^{\mu\nu}\eta^{ab}\tilde{\eta}^{\tilde{a}\tilde{b}}(\partial_\mu h_{a\tilde{a}}-\omega^c_{\mu a}h_{c\tilde{a}}-\tilde{\omega}^{\tilde{c}}_{\mu\tilde{a}}h_{a\tilde{c}})(\partial_\nu h_{b\tilde{b}}-\omega^d_{\nu b}h_{d\tilde{b}}-\tilde{\omega}^{\tilde{d}}_{\nu\tilde{b}}h_{b\tilde{d}})$.领头阶 $O(z^2)$ 的行为来自第一项中包含两次导数的部分,即 $\mathcal{L}_{\text{lead}}\equiv\sqrt{-g}\,g^{\mu\nu}\eta^{ab}\tilde{\eta}^{\tilde{a}\tilde{b}}\partial_\mu h_{a\tilde{a}}\partial_\nu h_{b\tilde{b}}$,因此会在振幅中贡献一个正比于 $\eta^{ab}\tilde{\eta}^{\tilde{a}\tilde{b}}$ 的项.在杨-米尔斯的情况中,拉格朗日量包含一个隐藏的"增强洛伦兹"对称性.这里情况甚至更好:我们有的不是一个,而是两个隐藏的"增强洛伦兹"对称性.显然,这两个独立的 $SO(3,1)$ 洛伦兹变换保持 $\mathcal{L}_{\text{lead}}$ 不变,其中一个变换作

用在指标 a,b 上,另一个作用在 $\tilde{a}$,$\bar{b}$ 上.

次领头阶 $O(z^2)$ 的行为来自第一项中包含一次导数和一个 ω 或 $\bar{\omega}$ 的项,例如 $\sqrt{-g}\,g^{\mu\nu}\eta^{ab}\tilde{\eta}^{\bar{a}\bar{b}}\partial_\mu h_{a\bar{a}}(\omega^d_{vb}h_{d\bar{b}}+\bar{\omega}^{\bar{d}}_{v\bar{b}}h_{b\bar{d}})$.用这种方式,可以发现 $\mathcal{M}^{ab,\bar{a}\bar{b}}\to cz^2\,\eta^{ab}\tilde{\eta}^{\bar{a}\bar{b}}+z(\eta^{ab}\cdot\widetilde{A}^{\bar{a}\bar{b}}+A^{ab}\tilde{\eta}^{\bar{a}\bar{b}})$,其中,$A^{ab}$ 和 $\widetilde{A}^{\bar{a}\bar{b}}$ 是两个指标反对称的矩阵.要看出这一点,可以考虑如包含 ω 的部分(在重新标记指标后):$\sqrt{-g}\,g^{\mu\nu}\eta^{ac}\tilde{\eta}^{\bar{a}\bar{b}}(\partial_\mu h_{a\bar{a}})\omega^b_{vc}h_{b\bar{b}}$.这导致了 $\mathcal{M}^{ab,\bar{a}\bar{b}}$ 中有 $A^{ab}\tilde{\eta}^{\bar{a}\bar{b}}$ 这项.注意,由于矩阵 A^{ab} 取决于背景的自旋联络 ω_v^{ab},对于它我们能说的只有它的两个指标 a,b 是反对称的.回想一下,这与我们在杨-米尔斯的情况中所做的非常相似.

在继续阅读之前,你可以集中精神来得到次领头阶的 $O(z^0)$ 的行为.这来自第一项中包含 ω 和 $\bar{\omega}$ 两次因子的部分,例如(同样,在对指标进行某些重新标记后)$\sqrt{-g}\,g^{\mu\nu}\eta^{cd}\tilde{\eta}^{\bar{a}\bar{b}}\omega^a_{\mu c}h_{a\bar{a}}\omega^b_{vd}h_{b\bar{b}}$.现在我们可以得出的结论是,这对散射振幅贡献了一个形式为 $B^{ab}\tilde{\eta}^{\bar{a}\bar{b}}$ 的项,其中 B^{ab} 是任意矩阵.到这一阶,式(9.65)中的第二项也有贡献,它完全破坏了"增强洛伦兹"对称性.尽管如此,我们仍然可以利用已知的黎曼曲率张量在交换指标时的对称性来说明其对散射振幅的贡献.综合考虑这些因素,可以得出以下结论:

$$\mathcal{M}^{ab,\bar{a}\bar{b}}\to cz^2\,\eta^{ab}\tilde{\eta}^{\bar{a}\bar{b}}+z(\eta^{ab}\widetilde{A}^{\bar{a}\bar{b}}+A^{ab}\tilde{\eta}^{\bar{a}\bar{b}})+A^{ab\bar{a}\bar{b}}+(\eta^{ab}\widetilde{B}^{\bar{a}\bar{b}}+B^{ab}\tilde{\eta}^{\bar{a}\bar{b}})+O\left(\frac{1}{z}\right)$$

$$(9.66)$$

将这个式子与式(9.44)进行比较,该式表明硬胶子在软胶子背景下的散射振幅形如 $\mathcal{M}^{ab}=(cz+\cdots)\eta^{ab}+A^{ab}+\frac{1}{z}B^{ab}+\cdots$.令人惊讶的是,你可以看到,硬引力子在软引力子背景下的散射的大 z 行为,可以通过对硬胶子在软胶子背景下的散射的大 z 行为做"平方"得到! 换句话说,就大 z 行为而言,$\mathcal{M}^{ab,\bar{a}\bar{b}}\sim\mathcal{M}^{ab}\mathcal{M}^{\bar{a}\bar{b}}$.

就像在杨-米尔斯的情况中一样,通过利用诸如 $p_{ra}(z)\mathcal{M}^{ab,\bar{a}\bar{b}}\epsilon_{s\bar{b}b}(z)=0$ 这样的规范恒等式,我们可以确定各种螺旋度振幅的大 z 行为.为了方便起见,提醒你(从上节开始)$p_r(z)=p_r+zq$ 和 $p_s(z)=p_s-zq$.因此,刚刚的规范恒等式就表示为 $q_a\mathcal{M}^{ab,\bar{a}\bar{b}}\epsilon_{s\bar{b}b}(z)=-(1/z)p_{ra}\mathcal{M}^{ab,\bar{a}\bar{b}}$.回顾一下我们看到在计算振幅 $\mathcal{M}^{--,h}(z)$ 时见到的(见式(9.59))$\epsilon_r^{--\mu\nu}(z)=q^\mu q^\nu$,我们可以有效地用 $(1/z^2)p_r^\mu p_r^\nu$ 代替 $\epsilon_r^{--\mu\nu}(z)$.因此,可以立即得出结论,由于对大 z 而言,$\epsilon_s^{++\mu\nu}(z)\sim z^0$(见式(9.60)),因此

$$\mathcal{M}^{--,++}\to\frac{1}{z^2}$$

$$(9.67)$$

这远好于朴素的预期 $\mathcal{M}_{\text{naive}}^{--,++} \to z^{n-1}$. 实际上,随着 n 的增加,可怕的不断升级的行为已经消失. 更引人注目的是,引力子散射幅度的大 z 行为与弦论所引发的概念,即引力是"杨-米尔斯的平方"一致. 回想一下,在规范理论中 $\mathcal{M}^{-+}(z) \to 1/z$. 因此,对于大 z,实际上是 $\mathcal{M}^{--,++}(z) \sim (\mathcal{M}^{-+}(z))^2$.

这里的底线是引力的大 z 行为出人意料的是良性的,并且消失得很快,足以使递归程序起作用.

引力是平方吗?

所以,爱因斯坦引力背地里是杨-米尔斯理论的平方吗?

我们已经在上节中看到,预期递推方法适用时,引力的原始 3 点振幅(对于一种螺旋度的配置)$(\langle 12 \rangle^2 / \langle 23 \rangle \langle 31 \rangle)^2$ 是规范理论的原始 3 点振幅 $\langle 12 \rangle^2 / \langle 23 \rangle \langle 31 \rangle$ 的平方,而这件事就算盯着 $\sqrt{-g}\, R$ 和 $\operatorname{tr} F_{\mu\nu} F^{\mu\nu}$ 看到脸色发青也永远猜不出来.

上节中的计算表明,硬引力子在软引力子的背景上散射的大 z 行为可以通过对硬胶子在软胶子的背景上散射的大 z 行为"取平方"得到,而这肯定也是没有人只通过观察拉格朗日量就能想到的.

对于本节标题的答案为"是"的进一步证据来自伯恩、卡拉斯科(Carrasco)和约翰松(Johansson)最近的计算. 有趣的是,他们并没有从杨-米尔斯理论中去除颜色,而是表明他们可以写出"带色"的树图振幅,形如

$$\mathcal{A}^{\text{tree}}(1,2,\cdots,n) = \sum_a \frac{n_a c_a}{\left(\prod_j p_j^2\right)_a} \tag{9.68}$$

详细解释如何得到这个表达式超出了本书的范围. 我只想说明指标 a 标记了单个的图. 对于每个图,振幅都可以写为动量的运动学函数 n_a 和颜色因子 c_a 的乘积除以内线携带的动量 p_j 的乘积.(这里不解释 n_a 和 c_a 的定义.)然后通过对所有树图求和就给出了树图阶的振幅.

伯恩等人随后猜想,令人惊讶的是在树图阶 n-引力子的散射幅度为

$$\mathcal{M}_{\text{gravity}}^{\text{tree}}(1,2,\cdots,n) = \sum_a \frac{n_a n_a}{\left(\prod_j p_j^2\right)_a} \tag{9.69}$$

通过显式的计算检查得出,他们的猜想实际上直到 $n=8$ 都是成立的.此外,他们还验证了进行了适当推广的猜想也适用于爱因斯坦引力和杨-米尔斯理论的各种超对称推广.

因此有确凿的证据表明,至少在树图阶振幅上,爱因斯坦引力确实背地里是杨-米尔斯理论的平方.但是,在撰写本书时(2009 年 2 月),在场论中尚无定论.关于这个问题还没有最终的结论,甚至通往最终结论的最终路径是什么也还不清楚.当整个学科都在迅速发展的时候,我在教科书中深入讨论这一点真的很愚蠢.本书出版时,爱因斯坦引力是杨-米尔斯理论的平方的猜想可能已经得到证明.如果还没有,那么没有什么比这本教科书的读者可以继续研究下去并证明这一点更令我高兴的了,而且希望最好不仅是在树图阶证明,而且在所有阶都能证明.

最简单的场论是什么?

初学者可能会回答是 φ^4 理论.实际上,场论教科书几乎都是以某种标量场论开头的,甚至我也无法做得更好.但是,像你这样已经读到本书结尾的熟练的读者,会意识到理论越对称越好.对理论物理学家来说,简单实际上暗中意味着对称.顺便说一句,我一直都讨厌标量场论,并且敢于公开地说出来. $\mathcal{L} = \frac{1}{2}(\partial\varphi)^2 - \lambda\varphi^4$ 这个作用量色薄味寡[①],不讨人喜欢.粒子物理学所面临的一些主要问题,例如层级问题,最终可能会发现是因为我们对标量场理论的掌握不足.

当然,表面上看标量场论是最简单的,因为研究它所需要知道的方法是最少的.就像在 1.12 节中所说的那样,一旦人们熟悉标量场理论,其余的工作就"仅仅"是用描述时空或内部对称性的各种指标来修饰场.但是对称性和由此产生的结构为我们提供了可抓住的把手.杨-米尔斯理论和爱因斯坦引力都具有标量场理论中非常缺乏的内部逻辑.正如在 7.3 节和 8.4 节中所提到的一点共识是,第一个严格可解的场论几乎可以肯定是 $\mathcal{N}=4$ 的超对称杨-米尔斯理论,即纯杨-米尔斯理论的一个超对称推广.前三节中描述的近期的主要发展只是增强了这一观点.几乎令人难以置信的是,甚至引力也可能比我们长期以来想象的简单.对于较大的复数化动量,具有某些螺旋度结构的引力子散射实际上比胶子散射表现得更好.越来越多的证据表明,爱因斯坦引力在某种意义上可能是杨-米尔斯理论的平方.因此,现在我们有了一个有趣的想法,即最简单的场论很可能会是引

---

① 译注:这里的色(color)和味(flavor)同时也双关了基本粒子的色与味,表示这个作用量并不包含色与味.

力或具有最大超对称的 $\mathcal{N}=8$ 超引力.（在这一点上,我的一个研究 $\mathcal{N}=8$ 超引力的朋友说:"如果你是一个做计算的人,那它看起来肯定不简单!"从 3.2 节中简单的量纲分析可以清楚地看出,随着阶数的提高,费曼被积函数的分子很快就变得非常复杂.)

只有时间会告诉我们谁将赢得最简单的场论这个竞赛,但是我们确实有两个令人信服的候选者.

结束语

　　正如我在序言中所承认的那样,起初我打算写一本关于量子场论的简明介绍,但是本书却越写越长.因为这个主题的内容实在太丰富了.正如我所提到的,在几乎被遗弃了一段时期之后,量子场论又卷土重来了.用我的论文导师西德尼·科尔曼的话来说,量子场论的胜利确实是一场"胜利大游行",使"观众敬畏地喘着气,开心地笑着".

　　弦论是美丽而奇妙的,但是直到它被证实之前,量子场论都是真正的万物理论.现在可以说所有物理学都可以从场论中得出.最初的量子力学可以被当作$(0+1)$维场论从而被量子场论所囊括;而最终的(也许)弦论可以表述为$(1+1)$维场论.

　　量子场论可以说是人类思想的巅峰.(嘘,你听到数学家、英语教授、哲学家,甚至还有一些固执的音乐理论家在远处嚎叫吗?)这是从物理学诞生以来的各种基本概念的精华:牛顿对于能量是动量的平方的认识对应到场论中就是空间导数的二次幂.但是——鉴于场论被当作巅峰之作之类的事情,所以你知道这即将发生,不是吗?——但是,在我看来,场论目前的形式仍然不完备,而且肯定有一些聪明的年轻人能看出怎样进一步发展它.

　　一方面,正如我在第1章中预示的那样,场论在超越谐振子范式方面还没有取得太大进展.孤子和瞬时子的发现打开了一个新的视野,毋庸置疑地表明,与某些领域理论家的想法相反,费曼图并不是一切.对偶提供了一种将弱耦合的微扰理论与强耦合联系起来的方法,但是到目前为止我们对强耦合机制还是一无所知.当谈到重正化群时,我们勇敢地谈论流向一个强耦合的不动点,但是我们只有一张船票而已:我们对目的地的样子一无所知.也许在不久的将来,格点场论学家可以得到占据主导的场位形.

另一个局限性是二次导数,这个限制可以追溯到上面提到过的牛顿.在场论对远远超出粒子物理的问题的现代应用中,根本没有理由施加这种限制.例如,在研究视觉感知时,会遇到比我们在本书中学习的要复杂得多的场论(后面的附录中有一个简短的介绍).这些场论在任何情况下都是欧氏的,并且对应得到具有更高阶导数的泛函积分当然是有意义的:只有在闵氏理论中,我们不知道如何处理更高阶的导数.这又跟牛顿有关——经济学家除了加速度当然还考虑了加速度的变化率.另一个创新的应用是将非平衡态统计力学中的一类问题表述为场论.[①]通常,各种物体会四处游荡并在遇到时互相反应.这类问题出现在从化学反应到种群生物学的各个领域.

我们可以超越拉格朗日量中导数次数的限制.谁说我们只能有"时空积分的指数"形式的被积函数?你所能想到的大多数改动可能会直接违反某些基本原理$\Big($例如,$\int D\varphi e^{-\int d^4 x \mathcal{L}(\varphi)} - \Big[\int d^4 x \tilde{L}(\varphi)\Big]^2$破坏了局域性$\Big)$,但显然会有其他不违反基本原理的修改.我喜欢介绍的另一种思辨思维遵循以下思路:经典物理和量子物理分别由微分方程和泛函积分表示.但是积分中是如何包含微分方程的呢? 答案是,积分$\int D\varphi e^{-(1/\hbar)\int d^4 x \mathcal{L}(\varphi)}$包含一个参数$\hbar$,因此在$\hbar$为零的极限的情况下,积分的计算等于求解偏微分方程.我们能否通过找到一个某个参数k为零的极限情况$\int D\varphi e^{-(1/\hbar)\int d^4 x \mathcal{L}(\varphi)}$的数学计算来超越量子场论呢?

局域场论的适用范围一直被局限于d个实数x^μ的集合.最近非对易场论领域的活跃发展有望使我们超越这一点.(我也想过要讨论非对易场论,但那样的话果壳真的会破裂的.)

但是,也许场论最令人不满的特性是当前对规范理论的表述.规范"对称"不涉及两个不同的物理状态,而是对于同一物理状态的两种描述.我们所拥有的这种奇怪的语言,充满了我们赖以生存的冗余.我们之后会从通过规范固定而扔掉包袱开始.我们甚至知道如何从一开始就避免这种冗余,但代价是要让时空离散化.这种描述上的冗余在凝聚

---

① 由多伊(M. Doi)、佩利蒂(L. Peliti)、卡尔迪(J. C. Cordy)和其他人所发展.可参见卡尔迪的《反应扩散问题的重正化群方法》(*Renormalisation Group Approach to Reaction-Diffusion Problems*),或者朱伯(J. B. Zuber)的《物理学中的数学之美》(*Mathmatical Beauty of Physics*)第 113 页.

态物理学中现在流行的人造规范理论中表现得尤为明显,在这种理论中规范对称性并非一开始就存在.此外,我们通过将杨-米尔斯作用量剪成碎片并粗暴地处理规范不变性来计算非阿贝尔规范理论的方式,肯定会在一百年后受到嘲笑.如果本书的聪明的读者为我们现在所说的规范理论找到了更为优雅的表述,我是不会感到惊讶的.

看一看最初的场论,也就是麦克斯韦的电磁学理论的发展吧.到 19 世纪末,它已经被深入研究过,并且压倒性的共识是,至少它的数学结构已经完全被理解了.然而 20 世纪初的一个大新闻就是,这个理论令人惊讶地包含两个隐藏的对称性:洛伦兹不变性和规范不变性.众所周知,这两个对称性实际上是掌握宇宙秘密的关键.当今的理论是否可能还包含一些未知的隐藏对称性,而这些对称性甚至比洛伦兹和规范不变性还要可爱呢? 我认为大多数物理学家都会说,19 世纪的伟人们错过了这两个至关重要的对称性,是因为他们糟糕的符号[①]以及倾向于使用运动方程式而不是作用量.这些人中的一些人会怀疑我们是否可以显著地改进符号和形式,但是加点-不加点的记法在我看来显得笨拙,我不安地感到[②],有一天一种更强大的形式将会取代路径积分形式.

由于好的教学方法的目的是使事情看起来简单,因此学生有时并不能完全地理解对称性不会自动跳到你的面前.如果有人在 20 世纪 50 年代中期写了一种超对称的杨-米尔斯理论,那肯定要经过很长时间人们才能意识到它所包含的隐藏的对称性.因此,富有洞察力的读者完全有可能找到隐藏在我们精心研究过的场论中迄今未知的对称性.

19 世纪的伟人们错过了两个重要的对称性,并不仅仅是因为符号和形式不够清晰,也是因为他们没有对称的思想.基本物理中的旧范式"实验→作用量→对称性"必须由新范式"对称性→作用量→实验"所代替[③],新范式先是以大统一理论而后是以弦论为代表.当然,一些未来的物理学家会大胆地评论说,21 世纪初的我们思维方式不正确.

在物理学教科书中,许多科目都让人有一种全都完成了的感觉,但量子场论却没有.有人对我说,关于场论还有什么要说的? 我想提醒那些人,本书的大部分内容在 30 年前都是未知的.当然,尽管我认为有可能进一步发展,但我并不知道该怎么做——否则就会把它发表出来——所以我并不能告诉你要怎么做.但是,让我提一下我感到极为有趣的两个最新发展:① 一些场论可能与弦论对偶.② 在维度解构中,d 维场论在某个能量尺度范围内可能看起来是 $(d+1)$ 维的:场论的确能够生成空间维度.这些发展表明,量子场论包含着相当多有待发现的隐藏结构.也许量子场论还会有另一个黄金时代.

---

① 据说爱因斯坦的伟大贡献之一是重复指标求和约定,我也同意这一点.试着阅读麦克斯韦的论文,你就会意识到好的记号的重要性.

② 我曾经问过费曼,他将如何用路径积分求解有限深方势阱.

③ 可参见 A. Zee, *Fearful Symmetry*, chap. 6.

所以男孩和女孩们,游行结束了,现在轮到你们来发动另一场游行了.①

附录

一幅呈现给视觉系统的图像可以描述为一个二维欧氏场 $\varphi_0(x)$,其中 φ_0 表示从黑色($\varphi_0 = -\infty$)到白色($\varphi_0 = +\infty$)的灰度.(你可以看到,通过改成在某个内部 $SO(2)$ 群下变换的场 φ 就能包含颜色.)实际感知到的图像 $\varphi(x)$,是实际图像 $\varphi_0(x)$ 变形成的 $\varphi_0[y(x)]$ 加上一些噪声 $\eta(x)$.变形由二维欧氏平面的映射 $x \to y(x)$ 所描述.你的大脑的任务是确定实际的图像是 $\varphi_0(x)$ 还是另一个 $\varphi_1(x)$.你区分不同图像的能力取决于泛函积分:

$$
\begin{aligned}
Z &= \int Dy(x) \int D\eta(x) e^{-W[y(x)]-[1/(2C)]\int d^2 x \eta(x)^2} \delta\{\varphi_0[y(x)] + \eta(x) - \varphi(x)\} \\
&= \int Dy(x) e^{-W[y(x)]-[1/(2C)]\int d^2 x\{\varphi(x)-\varphi_0[y(x)]\}^2}
\end{aligned}
$$

为了简单起见,这里将由参数 C 测量的噪声设为高斯白噪声.权函数 $W[y(x)]$ 大概是进化产生的我们视觉系统的本能,这告诉我们某些变形(平移、旋转和伸缩)比其他变形更有可能.写下 $y(x) = x + A(x)$ 时,我们注意到 Z 定义了一个关于 2-分量场 $A_i(x)$ 的场论,它总是可以被写成 $A_i = \partial_i \eta + \varepsilon_{ij} \partial_j \xi$.要注意场 $A_i(x)$ 出现在一个"外部场"φ_0 的"内部".从对称性方面考虑,我们可能会提出:

$$
W = -\int d^2 x \left(\frac{1}{g^2} \eta \partial^6 \eta + \frac{1}{f^2} \xi \partial^6 \xi \right)
$$

其中具有两个耦合常数 f 和 g.在这里,只给出大致图像的一个简介,并请感兴趣的读者参阅文献②.显然,人们可以想到其他的例子.这个特定的例子仅用于说明场论比标准教科书中所描述的要多得多.

---

① 就像甲壳虫乐队说的,量子场论永存!(译注:甲壳虫乐队的一首歌名为《永远的草莓地》(*Strawberry Fields Forever*)).

② Bialek W,Zee A. Statistical Mechanics and Invariant Perception[J]. Phys. Rev. Lett.,1987,58:741. Bialek W,Zee A. Understanding the Effciency of Human Perception[J]. Phys. Rev. Lett,1988,61:1512.

更多的结束语

在本书第 1 版的结束语中我写到,杨-米尔斯理论几乎是在乞求一种更好的记号,来揭示该理论更深层次的结构.唉,我们不得不背上沉重的包袱,写下一万项而不是一项.在某些方面,9.2～9.4 节中所解释的旋量螺旋度形式和递归程序为这一虔诚的愿望提供了部分答案.

想象一下,在 1865 年之后,一个理论家无聊地好奇道,是否存在更好的记号来描述麦克斯韦写下的 20 个方程里面的那 6 个场 E_x，E_y，E_z，B_x，B_y，B_z（因为他没有使用矢量记号）？ 我们甚至可以幻想通过玩弄数字占卜("看,4·3/2＝6!"),这个"怪人"提出了一个反对称的 4×4 矩阵并称其为 F.将麦克斯韦方程组硬塞进真空(他们中的一些人指出,E 和 B 随时间的变化与 E 和 B 随空间的变化有关)并用这种奇怪的记号表示,这个家伙甚至可能偶然发现时间与空间之间的秘密联系.

旋量螺旋度形式和递归程序虽然优雅,但仍然基于 20 世纪 40 年代的微扰展开.它们可以被推广到非微扰的情形吗？ 人们已经朝这个方向进行尝试了.

在以前的所有物理学革命中,都会有一些以前人们所珍视的概念不得不被抛弃.如果我们已经准备好另一场观念上的转变,那么可能还有其他东西要被丢下.也许是洛伦兹不变性？更可能的是,我们可能不得不放弃严格的局域性.同样地,在结束语中,我介绍了一些关于修改路径积分形式的事情(从最陡下降到积分成什么?).递归程序和复苏的 S 矩阵方法可能是朝这个方向迈出的一步:在避免提及局域拉格朗日量的同时构造场论.但是我们需要解析性,而且显然据我们所知解析性当然来源于局域性和因果性.我们也知道,即使是局域场论也可能产生非局域结构,最著名的就是黑洞的视界.但是那里的动力学把时空的因果结构扭曲得完全不成样子了.不具有严格局域性的理论还没有成为物理定律的一部分.

当然,我们也知道如何从一开始就使物理学具有非局域性.我们有威尔逊的规范理论的格点表述,以及更近的文小刚(Wen)的引力理论的格点表述.

当我向聪明的实验家朋友展示最后三节时,她沉思了一下,说道:"现在我看出来理论家们在不确定的情况下总能做哪些事情了:增加对称性并使它局域化、复数化并向柯西致敬,并且在可能的时候取平方根!"

我点点头,"这是理论战士的三种方式,我称它们为爱因斯坦方式、海森伯方式和狄拉克方式.它们在过去取得了巨大的成功,并且或许它们在将来也会有用."

在本书的这一版中,我无疑可以指望一批新的读者对场论提出新的见解.正如这几个新章节所暗示的那样,仍然可能有许多隐秘结构有待发现.因此,场论会继续向前推进.

最后,透露一下第 2 版序言开头的引用的出处.费曼在还是一个孩子时遇到了一本微积分书[①],书中宣称"一个傻瓜能做的,另一个也能做".因此,他受到激励,掌握了微积分.现在你已经掌握了量子场论,你可以从序言中的"理解"切换为这个结束语中的"做"了.

[①] Silvanus P. Tompson(1852—1916),*Calculus Made Easy*,1910. 1998 年由马丁·伽德纳(Martin Gardner)修订,圣马汀出版社(St. Martin Press)出版.我正在尝试为量子场论做汤普森为微积分所做的 2 倍.

附录

附录 A　高斯积分和量子场论中的核心恒等式

基本的高斯积分:

$$\int_{-\infty}^{+\infty} \mathrm{d}x\, \mathrm{e}^{-\frac{1}{2}x^2} = \sqrt{2\pi} \tag{A.1}$$

缩放的高斯积分:

$$\int_{-\infty}^{+\infty} \mathrm{d}x\, \mathrm{e}^{-\frac{1}{2}ax^2} = \left(\frac{2\pi}{a}\right)^{\frac{1}{2}} \tag{A.2}$$

矩:

$$\int_{-\infty}^{+\infty} \mathrm{d}x \, \mathrm{e}^{-\frac{1}{2}ax^2} x^{2n} = \left(\frac{2\pi}{a}\right)^{\frac{1}{2}} \frac{1}{a^n} (2n-1)(2n-3) \cdot 5 \cdot 3 \cdot 1 \quad (n \geqslant 1) \qquad (\text{A.3})$$

带源的高斯积分：

$$\int_{-\infty}^{+\infty} \mathrm{d}x \, \mathrm{e}^{-\frac{1}{2}ax^2 + Jx} = \left(\frac{2\pi}{a}\right)^{\frac{1}{2}} \mathrm{e}^{J^2/(2a)} \qquad (\text{A.4})$$

$$\int_{-\infty}^{+\infty} \mathrm{d}x \, \mathrm{e}^{-\frac{1}{2}ax^2 + iJx} = \left(\frac{2\pi}{a}\right)^{\frac{1}{2}} \mathrm{e}^{-J^2/(2a)} \qquad (\text{A.5})$$

$$\int_{-\infty}^{+\infty} \mathrm{d}x \, \mathrm{e}^{\frac{1}{2}iax^2 + iJx} = \left(\frac{2\pi i}{a}\right)^{\frac{1}{2}} \mathrm{e}^{-iJ^2/(2a)} \qquad (\text{A.6})$$

$$\int_{-\infty}^{+\infty}\int_{-\infty}^{+\infty}\cdots\int_{-\infty}^{+\infty} \mathrm{d}x_1 \mathrm{d}x_2 \cdots \mathrm{d}x_N \, \mathrm{e}^{\frac{i}{2}x \cdot A \cdot x + iJ \cdot x} = \left(\frac{(2\pi i)^N}{\det[A]}\right)^{\frac{1}{2}} \mathrm{e}^{-\frac{i}{2}J \cdot A^{-1} \cdot J} \qquad (\text{A.7})$$

$$\int_{-\infty}^{+\infty}\int_{-\infty}^{+\infty}\cdots\int_{-\infty}^{+\infty} \mathrm{d}x_1 \mathrm{d}x_2 \cdots \mathrm{d}x_N \, \mathrm{e}^{-\frac{1}{2}x \cdot A \cdot x + J \cdot x} = \left(\frac{(2\pi)^N}{\det[A]}\right)^{\frac{1}{2}} \mathrm{e}^{-\frac{1}{2}J \cdot A^{-1} \cdot J} \qquad (\text{A.8})$$

在后续的公式中，前面的系数将被忽略.

量子场论中的核心恒等式：

$$\int \mathrm{D}\varphi \, \mathrm{e}^{-\frac{1}{2}\varphi \cdot K \cdot \varphi - V(\varphi) + J \cdot \varphi} = \mathrm{e}^{-V(\delta/\delta J)} \, \mathrm{e}^{-\frac{1}{2}J \cdot K^{-1} \cdot J} \qquad (\text{A.9})$$

一个平庸的变体：

$$\int \mathrm{D}\varphi \, \mathrm{e}^{-\frac{1}{2}\varphi \cdot K \cdot \varphi + J \cdot \varphi} = \mathrm{e}^{-\frac{1}{2}J \cdot K^{-1} \cdot J} \qquad (\text{A.10})$$

更多变体：

$$\int \mathrm{D}\varphi \, \mathrm{e}^{-\frac{1}{2}\varphi \cdot K \cdot \varphi + J \cdot \varphi} = \mathrm{e}^{-\frac{1}{2}J \cdot K^{-1} \cdot J} \qquad (\text{A.11})$$

$$\int \mathrm{D}\varphi \, \mathrm{e}^{i\int \mathrm{d}^d x \left[\frac{1}{2}\varphi(x) K \varphi(x) + J(x)\varphi(x)\right]} = \mathrm{e}^{i\int \mathrm{d}^d x \left[-\frac{1}{2}J(x) K^{-1} J(x)\right]} \qquad (\text{A.12})$$

$$\int \mathrm{D}\varphi \, \mathrm{e}^{-\int \mathrm{d}^d x \left[\frac{1}{2}\varphi(x) K \varphi(x) + J(x)\varphi(x)\right]} = \mathrm{e}^{\int \mathrm{d}^d x \left[\frac{1}{2}J(x) K^{-1} J(x)\right]} \qquad (\text{A.13})$$

（其中 K 或 K^{-1} 都可能是非局域的.）

一个特例：

$$\int \mathrm{D}\varphi \, \mathrm{e}^{i\int \mathrm{d}^d x \left[(\lambda/2)\varphi^2 + \varphi\psi\psi\right]} = \mathrm{e}^{i\int \mathrm{d}^d x \left[-(1/2\lambda)(\psi\psi)^2\right]} \qquad (\text{A.14})$$

对于 K 是厄米的且 φ 为复数的情况：

$$\int D\varphi^\dagger D\varphi\, e^{-\varphi^\dagger \cdot K \cdot \varphi + J^\dagger \cdot \varphi + \varphi^\dagger \cdot J} = e^{J^\dagger \cdot K^{-1} \cdot J} \tag{A.15}$$

如前所述，很多数值因子被扫进了积分测度里面. 在应用这些公式时，请确保这些因子与你的目的无关.

附录 B　群论简要回顾

在此我会对本书中需要用到的群论进行简要的回顾. 我假定你已经接触过了一些群论，否则这个简短的回顾可能很难理解. 大多数概念都通过例子进行了说明，毋庸赘述的是你应该计算出所有例子，并去验证没有给出证明的结论.

$SO(N)$

特殊正交群 $SO(N)$ 是由所有正交

$$O^\mathsf{T}O = 1 \tag{B.1}$$

且行列式为 1

$$\det O = 1 \tag{B.2}$$

的 $N \times N$ 实数矩阵 O 组成的. 我们将第 i 行、第 j 列的元素记为 O^{ij}. $SO(N)$ 群是由 N 维欧氏空间中的转动组成的，而它的定义表示或者叫基本表示由 N 分量矢量 $v = \{v^j, j = 1, \cdots, N\}$ 给出，这些矢量在群元 O 的作用下的变换方式为（与往常一样，所有的重复指标都要被求和）

$$v^i \to v'^i = O^{ij}v^j \tag{B.3}$$

我们将张量定义为像矢量的乘积那样变换的对象. 例如，张量 T^{ijk} 的变换方式是

$$T^{ijk} \to T'^{ijk} = O^{il}O^{jm}O^{kn}T^{lmn} \tag{B.4}$$

就像它等于 $v^i v^j v^k$ 这个乘积一样.重点在于"就像"这个词:T^{ijk} 不能被想成等于 $v^i v^j v^k$.

建立一些关于群和它们的表示的"感觉"或直觉是很重要的.有些人会觉得将群作用在特定数量的对象上并将之转化为彼此的线性组合这个图像会很有帮助.因此,就把 T^{ijk} 描绘为 N^3 个对象被放在一起好了.

张量提供了群的表示.在我们的这个例子中,每个群元由作用于 N^3 个对象的 T^{ijk} 上的 $N^3 \times N^3$ 矩阵来表示.张量中的对象的数量被称为表示的维度.

即使在全体群元的作用下,表示中的任意给定对象也很可能不会变换为需要所有其他对象的线性组合,而只是它们的子集中对象的线性组合.让我来举例说明.考虑 $T^{ij} \rightarrow T'^{ij} = O^{il} O^{jm} T^{lm}$,构造出对称的组合 $S^{ij} \equiv \frac{1}{2}(T^{ij} + T^{ji})$ 和反对称的组 $A^{ij} \equiv \frac{1}{2}(T^{ij} - T^{ji})$.对称组合 S^{ij} 的变换 $O^{il} O^{jm} S^{lm}$ 显然是对称的.同样地,A^{ij} 的变换 $O^{il} O^{jm} A^{lm}$ 显然是反对称的.换句话说,T^{ij} 中包含的 N^2 个对象可以分为两个集合:包含在 S^{ij} 中的 $\frac{1}{2} N(N+1)$ 个对象和包含在 A^{ij} 中的 $\frac{1}{2} N(N-1)$ 个对象.S^{ij} 和 A^{ij} 都分别是在自己所在的集合中互相变换.

因此我们说 T^{ij} 张成的表示是可约的:它可以分解为两个表示.显然,不可分解的表示称为不可约的.

我们刚刚利用到一个显而易见的事实,即张量的指标置换对称性不会在群变换的作用下而改变,即张量的指标如式(B.4)所示独立地进行变换.各种可能的对称性可以用杨表进行分类,这在群论的一般处理中很有用.幸运的是,在场论的文献中,很少有人会遇见哪个张量具有复杂到需要查杨表才能学明白的对称性.

换句话说,我们可以将注意力集中于在指标置换下具有特定对称特性的那些张量,在我们的这个例子中,总是可以使 T^{ij} 在交换 i 和 j 时为对称或反对称.

我们还没有用到性质式(B.1)和式(B.2).给定一个对称张量 T^{ij},考虑它的迹 $T \equiv \delta^{ij} T^{ij}$.有 $T \rightarrow \delta^{ij} T'^{ij} = \delta^{ij} O^{il} O^{jm} T^{lm} = (O^T)^{li} \delta^{ij} O^{jm} T^{lm} = \delta^{lm} T^{lm} = T$,其中我们用到了式(B.1).换句话说,$T$ 变换为它自身.我们可以从 T^{ij} 中减去迹来构造一个无迹张量 $Q^{ij} \equiv T^{ij} - (1/N) \delta^{ij} T$.这 $\frac{1}{2} N(N+1) - 1$ 个对象会在它们自己之间变换.

总的来说,给定两个矢量 v 和 u,我们可以构造一个张量,并把这个张量分成一个对称的无迹张量、一个迹和一个反对称张量的组合.这个过程可以被写为

$$N \otimes N = \left[\frac{1}{2} N(N+1) - 1 \right] \oplus 1 \oplus \frac{1}{2} N(N-1) \tag{B.5}$$

特别地,对于 $SO(3)$,有 $3 \otimes 3 = 5 \oplus 1 \oplus 3$,这个关系你应该在力学和电磁学的课堂中非常熟悉了.

给表示命名有两种约定.我们可以简单地给出表示的维数(这有时会引起混淆:两种不同的表示可能碰巧具有相同的维度),或者可以用张成表示的张量的对称性来区分.例如,具有 n 个指标的全反对称张量张成的表示通常记为 $[n]$,而具有 n 个指标的无迹全对称张量张成的表示通常记为 $\{n\}$.显然,$[1] = \{1\}$.在这个记号下,式(B.5)的分解可以写成 $\{1\} \otimes \{1\} = \{2\} \oplus \{0\} \oplus [2]$.对 $SO(3)$ 群来说,由于它在物理学中历史悠久,所以其名字的混乱程度甚至比俄罗斯小说还要严重:例如,$\{1\}$ 又被称为 p,而 $\{2\}$ 又被称为 d.

我们还没有利用式(B.2).利用反对称符号 $\varepsilon^{123\cdots N}$,我们将式(B.2)写成

$$\varepsilon^{i_1 i_2 \cdots i_N} O^{i_1 1} O^{i_2 2} \cdots O^{i_N N} = 1 \tag{B.6}$$

或者等价的

$$\varepsilon^{i_1 i_2 \cdots i_N} O^{i_1 j_1} O^{i_2 j_2} \cdots O^{i_N j_N} = \varepsilon^{j_1 j_2 \cdots j_N} \tag{B.7}$$

通过将式(B.7)反复乘以 O^{T},显然可以生成更多的恒等式.与其淹没在指标的汪洋大海中,还是让我来以 $N = 3$ 为例来解释一下这一点吧.因此,将式(B.7)乘以 $(O^{\mathrm{T}})^{j_N k_N}$,可以得到

$$\varepsilon^{i_1 i_2 i_3} O^{i_1 j_1} O^{i_2 j_2} = \varepsilon^{j_1 j_2 j_3} (O^{\mathrm{T}})^{j_3 i_3}$$

粗略地说,我们可以考虑将一些式(B.7)左边的 O 移动到右边,然后就变成了 O^{T}.

使用这些恒等式,你可以轻松地证明 $[n]$ 等价于 $[N-n]$,即这两种表示以相同的方式进行变换.例如,众所周知,在 $SO(3)$ 中,反对称的 2 阶张量等价于矢量.(两个矢量的叉乘是一个矢量.)

任何正交矩阵都可以写成 $O = \mathrm{e}^A$.式(B.1)和式(B.2)这两个条件意味着 A 是实矩阵并且是反对称的,因此 A 可以表示为 $N(N-1)/2$ 个写成 $\mathrm{i}J^{ij}$ 的反对称矩阵的线性组合:$O = \mathrm{e}^{\mathrm{i}\theta^{ij} J^{ij}}$(重复指标求和).我们将 J^{ij} 定义为反对称虚矩阵,从而是厄米的.由于对易子 $[J^{ij}, J^{kl}]$ 是反厄米的,因此可以写成 $\mathrm{i}J$ 们的线性组合.

讽刺的是,一些学生会对这一点感到困惑,因为他们过于熟悉 $SO(3)$,而它的某些特殊性质无法推广到 $SO(N)$.

在谈论三维空间中的转动时,我们可以将指定转动是绕着比如第三个轴的,其对应的生成元是 J^3,或者说是在(1-2)平面内旋转,对应的生成元是 $J^{12} = -J^{21}$.在更高维(例如 10 维空间)中,我们可以说是在(6-7)平面内旋转,而相应的生成元是 $J^{67} = -J^{76}$,

但是绕着第五个轴转动则是没有意义的.因此,为了将其推广到更高维,我们应该将 $SO(3)$ 的标准的对易关系 $[J^1,J^2]=\mathrm{i}J^3$ 写成 $[J^{23},J^{31}]=\mathrm{i}J^{12}$,而这可以直接被推广为

$$[J^{ij},J^{kl}]=\mathrm{i}(\delta^{ik}J^{jl}-\delta^{jk}J^{il}+\delta^{jl}J^{ik}-\delta^{il}J^{jk}) \tag{B.8}$$

等式右边反映了 $J^{ij}=-J^{ji}$ 的反对称特征.一些学生可能会对这种记号感到困惑:J^{ij} 表示生成了 i-j 平面上转动的矩阵,其第 k 行、第 l 列元素为 $(J^{ij})^{kl}$.指标 i,j,k,l 都是从 1 到 N,但是在 $(J^{ij})^{kl}$ 中应从概念上区分集合 $\{ij\}$ 和集合 $\{kl\}$:前者标记出生成元,后者则标记出将生成元当作矩阵时的矩阵指标.作为练习,请显式地写出 $(J^{ij})^{kl}$ 并通过直接计算得到式(B.8).

正如我已经指出的那样,在研究群论时,容易令人困惑的一个原因是:那些我们在研究中首先会遇到的较小的群,会带有无法推广的特殊性质.我们刚刚注意到的 $SO(3)$ 的特殊性质是由于反对称符号 ε^{ijk} 有三个指标,因此 J^{ij} 可以写成 $J^k\equiv\frac{1}{2}\varepsilon^{ijk}J^{ij}$.对于 $SO(4)$,反对称符号 ε^{ijkl} 有四个指标,因此可以构造组合 $\frac{1}{2}\left(J^{ij}\pm\frac{1}{2}\varepsilon^{ijkl}\right)J^{kl}$.定义 $J^1_\pm\equiv\frac{1}{2}(J^{23}\pm J^{14})$,$J^2_\pm\equiv\frac{1}{2}(J^{31}\pm J^{24})$ 和 $J^3_\pm\equiv\frac{1}{2}(J^{12}\pm J^{34})$.通过显式计算,得出 $[J^i_+,J^j_+]=\mathrm{i}\varepsilon^{ijk}J^k_+$,$[J^i_-,J^j_-]=\mathrm{i}\varepsilon^{ijk}J^k_-$ 和 $[J^i_+,J^j_-]=0$.这证明了众所周知的定理,即 $SO(4)$ 与 $SO(3)\otimes SO(3)$ 是局部同构的.

假设你知道 $SO(3)$ 与 $SU(2)$ 是局部同构的.如果你不知道,下面会做一个简短的回顾.

在这儿和那儿添加 i,这两个结果就能用来证明洛伦兹群 $SO(3,1)$ 与 $SU(2)\otimes SU(2)$ 局部同构,我们在 2.3 节中对此进行了证明.洛伦兹群可以看作是旋转群 $SO(4)$ "解析延拓".更精确的相关说明,可以参见下文.

群论中一个不太显然的结论是 $SO(N)$ 包含矢量和张量以外的表示.我在 7.7 节中发展了有关群论的旋量表示.

$SU(N)$

接下来,我们来讨论特殊幺正群 $SU(N)$,其由 $N\times N$ 幺正矩阵 U 组成

$$U^\dagger U=1 \tag{B.9}$$

并且行列式为1:

$$\det U = 1 \tag{B.10}$$

$SU(N)$ 的故事情节同 $SO(N)$ 的相差无几,最大的差异在于幺正群的张量可以同时有上指标和下指标.我们记 i 行、j 列的元素为 U_j^i;这种记号的明智之处随后就能体现.

$SU(N)$ 的定义或基本表示包含 N 个对象 $\varphi^j (j=1,\cdots,N)$,它们在群元 U 的作用下按照如下方式变换:

$$\varphi^i \rightarrow \varphi'^{\,i} = U_j^i \varphi^j \tag{B.11}$$

对于式(B.11)做复共轭,我们有

$$\varphi^{*\,i} \rightarrow (U_j^i)^* \, \varphi^{*\,j} = (U^\dagger)_i^j \varphi^{*\,j} \tag{B.12}$$

我们自己定义一个写作 φ_i 的对象,其与 $\varphi^{*\,i}$ 按照同样的方式变换;因此有

$$\varphi_i \rightarrow \varphi'_i = (U^\dagger)_i^j \varphi_j \tag{B.13}$$

注意这里我们并没有说 φ_i 等于与 $\varphi^{*\,i}$,只是说 φ_i 与 $\varphi^{*\,i}$ 的变换方式相同.

和之前一样,我们可以有张量.例如,张量 φ_k^{ij} 就像乘积 $\varphi^i \varphi^j \varphi_k$ 一样变换:

$$\varphi_k^{ij} \rightarrow \varphi'^{\,ij}_k = U_l^i U_m^j (U^\dagger)_k^n \varphi_n^{lm} \tag{B.14}$$

要再次强调,我们并没有说 φ_k^{ij} 等于 $\varphi^i \varphi^j \varphi_k$.(在某些书中,$\varphi^i$ 被称为协变矢量,φ_i 被称为逆变矢量.具有 m 个上指标和 n 个下指标的张量 $\varphi^{\cdots}_{\cdots}$ 被定义就好像 m 个协变矢量和 n 个逆变矢量的乘积一样变换.)

$SU(N)$ 中有复共轭的可能性会自然地导致指标有"上"和"下".注意,式(B.9)可以明确地写成 $(U^\dagger)_i^k U_k^j = \delta_i^j$,因此 $SU(N)$ 中的克罗内克符号带一个上指标和一个下指标.在取迹时,令一个上指标等于一个下指标,并对它们求和是很重要的:例如,我们可以考虑 $\delta_j^k \varphi_k^{ij} \equiv \varphi_j^{ij}$,其变换方式为

$$\varphi_j^{ij} \rightarrow U_l^i U_m^j (U^\dagger)_j^n \varphi_n^{lm} = U_l^i \varphi_m^{lm} \tag{B.15}$$

其中使用了式(B.9).换句话说,φ_k^{ij} 的迹 φ_j^{ij} 表示 N 个按照与 φ^i 相同的方式变换成彼此的线性组合的对象.因此给定一个张量,我们总是可以消去它的迹.

就像对 $SO(N)$ 所讨论的,张量张成了群的表示.讨论的结果和之前一样.张量的指标置换的对称性在群变换的作用下不会改变.

另一种说法是,给定一个张量,我们总是可以让它在上指标或下指标的置换中具有确定的对称性.在具体的例子中,可以选择 φ_k^{ij} 在交换 i 和 j 时是对称或反对称的并且是

无迹的.因此,对称无迹的张量 φ_k^{ij} 张成了一个维度是 $\dfrac{1}{2} N^2 (N+1) - N$ 的表示,而反对

称无迹的张量 φ_k^{ij} 张成了一个维度是 $\dfrac{1}{2} N^2 (N-1) - N$ 的表示.

因此,总而言之,$SU(N)$ 的不可约表示是通过在指标置换下具有确定的对称特性的无迹张量来实现的.例如,在 $SU(5)$ 中,一些常见的表示是 φ^i、φ^{ij}(反对称)、φ^{ij}(对称)、φ_j^i 和 φ_k^{ij}(上指标反对称且无迹),维度分别是 $5, 10, 15, 24$ 和 45.请读者自行确认,对于 $SU(N)$ 用这些张量定义的表示维数分别是 $N, N(N-1)/2, N(N+1)/2,$

$N^2 - 1$ 和 $\dfrac{1}{2} N^2 (N-1) - N$.

由无迹张量 φ_j^i 定义的表示被称为伴随表示.根据定义,它按照 $\varphi_j^i \to \varphi_j'^i = U_l^i (U^\dagger)_j^n \cdot$

$\varphi_n^l = U_l^i \varphi_n^l (U^\dagger)_j^n$ 进行变换.因此可以将 φ_j^i 当作按照如下方式变换的矩阵:

$$\varphi \to \varphi' = U\varphi U^\dagger \tag{B.16}$$

注意如果 φ 是厄米的,那它也会保持厄米性,从而我们可以选择 φ 是一个厄米无迹矩阵.(如果 φ 是反厄米的,总可以将它乘以 i.)另一种说法是,给定一个厄米无迹矩阵 X,如果 U 属于 $SU(N)$,那么 $UXU^\dagger$ 也是厄米的.

和 $SO(N)$ 中的情况一样,$SU(N)$ 的表示有很多名字.例如我们可以将一个由带 m 个上指标和 n 个下指标的张量张成的表示记为 (m, n).或者也可以用它们的维度来指代它们,用星号来区分具有最多下指标和最多上指标的表示.例如,$(1,0)$ 也被称为 N,而 $(0,1)$ 也被称为 N^*.方括号表示指标是反对称的,而花括号表示指标是对称的.从而 $SU(5)$ 的表示 10 也被称为 $[2,0] = [2]$,其中 0(没有下指标)如前所述被略去了.类似地,10^* 也被称为 $[0,2] = [2]^*$.

条件式(B.10)就可以写成

$$\varepsilon_{i_1 i_2 \cdots i_N} U_1^{i_1} U_2^{i_2} \cdots U_N^{i_N} = 1 \tag{B.17}$$

或

$$\varphi_j^{ij} \to U_l^i U_m^j \varepsilon^{i_1 i_2 \cdots i_N} U_{i_1}^1 U_{i_2}^2 \cdots U_{i_N}^N = 1 \tag{B.18}$$

从而有两个反对称符号 $\varepsilon_{i_1 i_2 \cdots i_N}$ 和 $\varepsilon^{i_1 i_2 \cdots i_N}$ 可以被用来升降指标.再一次,我们可以直接将式(B.17)推广为

$$\varepsilon_{i_1 i_2 \cdots i_N} U_{j_1}^{i_1} U_{j_2}^{i_2} \cdots U_{j_N}^{i_N} = \varepsilon_{j_1 j_2 \cdots j_N}$$

将上面的恒等式乘以 $(U^\dagger)_{p_N}^{j_N}$ 并对 j_N 求和,可以得到:

$$\varepsilon_{i_1 i_2 \cdots p_N} U^{i_1}_{j_1} U^{i_2}_{j_2} \cdots U^{i_{N-1}}_{j_{N-1}} = \varepsilon_{j_1 j_2 \cdots j_N} (U^\dagger)^{j_N}_{p_N}$$

显然,通过重复这个过程我们可以消去左边的 U,并把它们挪到右边成为 $U^\dagger$. 我们可以对式(B.18)做相同的操作.

为了避免陷入指标的汪洋大海,下面用特殊而非普适的例子展示一下如何升降指标. 考虑 $SU(4)$ 中的张量 φ^{ij}_k. 我们预期张量 $\varphi_{kpq} \equiv \varphi^{ij}_k \varepsilon_{ijpq}$ 会像一个有三个下指标的张量一样变换. 实际上,

$$\varphi_{kpq} \equiv \varphi^{ij}_k \varepsilon_{ijpq} \to \varepsilon_{ijpq} U^i_l U^j_m (U^\dagger)^n_k \varphi^{lm}_n$$

$$= \varepsilon_{lmst} (U^\dagger)^s_p (U^\dagger)^t_q (U^\dagger)^n_k \varphi^{lm}_n = (U^\dagger)^n_k (U^\dagger)^s_p (U^\dagger)^t_q \varphi_{nst}$$

就像在 $SO(N)$ 中一样,我们可以看一看 $SU(N)$ 的生成元,注意任何么正矩阵都可以写成 $U = e^{iH}$,其中 H 是像式(B.9)和式(B.10)所要求的那样厄米且无迹. 存在 $N^2 - 1$ 个线性独立的 $N \times N$ 厄米无迹矩阵 $T^a (a = 1, 2, \cdots, N^2 - 1)$. 任何 $N \times N$ 的厄米无迹矩阵都可以写成 T^a 的线性组合,因此我们可以写下 $U = e^{i\theta^a T^a}$,其中 θ^a 是实数,并且指标 a 要被求和.

由于对易子 $[T^a, T^b]$ 是反厄米且无迹的,因此它也可以被写成 T^a 的线性组合:

$$[T^a, T^b] = if^{abc} T^c \tag{B.19}$$

(其中指标 c 被求和.)对易关系式(B.19)定义了 $SU(N)$ 的李代数,而 f^{abc} 就是所谓的结构常数. $SU(2)$ 的结构常数 f^{abc} 非常简单地由反对称符号 ε^{abc} 给出.

有时学生会被生成元是如何作用的搞糊涂. 考虑一个无穷小变换 $U \simeq 1 + i\theta^a T^a$. 在定义表示下,$\varphi^i \to U^i_j \varphi^j \simeq \varphi^i + i\theta^a (T^a)^i_j \varphi^j$. 从而第 a 个生成元作用在定义表示上会给出 $T^a \varphi$. 现在考虑伴随表示式(B.16):

$$\varphi \to \varphi' \simeq (1 + i\theta^a T^a) \varphi (1 + i\theta^a T^a)^\dagger \simeq \varphi + i\theta^a T^a \varphi - \varphi i\theta^a T^a = \varphi + i\theta^a [T^a, \varphi] \tag{B.20}$$

换句话说,第 a 个生成元作用在伴随表示上会给出 $[T^a, \varphi]$. 或许有些同学被 φ 被用作一个表示不同对象的符号这件事给搞糊涂了.

由于伴随表示 φ 是厄米且无迹的,它也可以写成生成元的线性组合,因此 $\varphi = \varphi^b T^b$. 所以,利用式(B.19)也可以将式(B.20)写成 $\varphi^c \to \varphi'^c \simeq \varphi^c - f^{abc}\theta^a \varphi b$. 特别是对于 $SU(2)$,三个对象 φ^a 像一个 3-矢量一样变换.(注意记号 φ^a 不应与 φ^i 相混淆:在 $SU(2)$ 中,指标 $a = 1, 2, 3$ 而 $i = 1, 2$.)

上段最后一句话本质上相当于证明了 $SU(2)$ 与 $SO(3)$ 是局部同构的. 现在将给出一个更加正式的证明. 任意 2×2 的厄米无迹矩阵 X 可以写为三个泡利矩阵的线性组合

$X = \boldsymbol{x} \cdot \boldsymbol{\sigma}$,其中三个实系数 (x_1, x_2, x_3) 可以被视为一个 3-矢量 $\boldsymbol{x}$ 的分量.对于 $SU(2)$ 的任意元素 U,$X' \equiv U^\dagger X U$ 是厄米且无迹的,因此可以写成 $X' = \boldsymbol{x}' \cdot \boldsymbol{\sigma}$.注意我们已暗中用了 $SU(2)$ 矩阵第一个定义上的性质式(B.9).通过显式计算,发现 $\det X = -\boldsymbol{x}^2$.利用 $SU(2)$ 矩阵第二个定义上的性质式(B.10),我们得到了 $\det X' = \det X$,因此 $\boldsymbol{x}'^2 = \boldsymbol{x}^2$.3-矢量 $\boldsymbol{x}$ 会转动成 3-矢量 $\boldsymbol{x}'$.因此,我们可以将转动与任何给定的 U 联系在一起.由于 U 和 $-U$ 对应着相同的转动,因此 $SU(2)$ 给出了 $SO(3)$ 的双覆盖.物理学家会说,当自旋 $\frac{1}{2}$ 的粒子转动 2π 时,其波函数会变号.这个映射清晰地保留了群乘法:如果 $SU(2)$ 的两个元素 U_1 和 U_2 分别映射到转动 R_1 和 R_2,则元素 $U_1 U_2$ 映射到旋转 $R_1 R_2$.我们也能通过观察 $\operatorname{tr} X^2 = \boldsymbol{x}^2$ 以及 $\operatorname{tr} X'^2 = \boldsymbol{x}'^2$,得到相同的结论.

我们再次发现,大多数学生最先学习的两个特殊幺正群,即 $SU(2)$ 和 $SU(3)$,具有不能推广到 $SU(N)$ 的特殊性质,就像 $SO(3)$ 具有不能推广到 $SO(N)$ 的特殊性质一样,而这可能会让人困惑.

对于 $SU(2)$,由于反对称符号 ε^{ij} 和 ε_{ij} 带有两个指标,因此只考虑具有完全对称的上指标的张量就足够了:我们可以通过反复与 ε^{ij} 缩并来提升任意张量的所有下指标.这样做完后,就可以通过与 ε_{ij} 缩并来消掉张量中任意一对反对称指标.

特别地,$\varphi^i = \varepsilon^{ij} \varphi_j$,这可以用泡利矩阵的一个特殊性质来等价地描述:

$$\sigma_2 \sigma_a^* \sigma_2 = -\sigma_a \tag{B.21}$$

所以有

$$\sigma_2 (\mathrm{e}^{\mathrm{i}\boldsymbol{\theta} \cdot \boldsymbol{\sigma}})^* \sigma_2 = \mathrm{e}^{\mathrm{i}\boldsymbol{\theta} \cdot \boldsymbol{\sigma}} \tag{B.22}$$

对于 $SU(2)$,式(B.11)就变成了:

$$\varphi^i \rightarrow \varphi'^{\,i} = (\mathrm{e}^{\mathrm{i}\boldsymbol{\theta} \cdot \boldsymbol{\sigma}})^i_{\,j} \varphi^j$$

做复共轭,可以得到

$$\varphi^{*\,i} \rightarrow \left[(\mathrm{e}^{\mathrm{i}\boldsymbol{\theta} \cdot \boldsymbol{\sigma}})^i_{\,j} \right]^* \varphi^{*\,j} = \left[(-\mathrm{i}\sigma_2) \mathrm{e}^{\mathrm{i}\boldsymbol{\theta} \cdot \boldsymbol{\sigma}} (\mathrm{i}\sigma_2) \right] \varphi^{*\,j}$$

我们得到了 $\mathrm{i}\sigma_2 \varphi^*$ 变换方式与 φ 相同.回想一下,我们定义 φ_i 与 $\varphi^{*\,i}$ 以相同的方式进行变换.因此,$\varepsilon^{ij} \varphi_j$ 与 φ^i 以相同的方式进行变换.用术语来说,$SU(2)$ 只有实数和伪实数表示,而没有复数表示.伪实数表示与它自己的复共轭以相似变换的方式等价.回想一下,式(B.21)进入到我们在 2.1 节中对电荷共轭的讨论,以及在 7.2 节中对希格斯双重态的讨论.

对于 $SU(3)$,只考虑所有上指标都对称且所有下指标也都对称的张量就足够了.因此,$SU(3)$ 的表示由两个整数 (m, n) 唯一地标记,其中 m 和 n 表示上、下指标的数量. 原因是反对称符号 ε^{ijk} 和 ε_{ijk} 带有三个指标. 我们总可以将一对反对称的下指标换成一个上指标, 而对于上指标也是类似的.

你可以轻松地看出, 这些特殊性质不会推广到 $SU(2)$ 和 $SU(3)$ 之外的群.

将表示乘起来

在量子力学的课程中你学到了如何组合角动量. 我们已经在式 (B.5) 中遇到过这个概念, 在专门研究 $SO(3)$ 时, 它告诉我们 $3 \otimes 3 = 5 \otimes 1 \otimes 3$. 有时这也被说成将两个角动量 $L = 1$ 的态组合在一起时会得到 $L = 0, 1, 2$. 当这个过程也被称为角动量相加时, 学生们会感到困惑.

给定 $SU(N)$ 的两个张量 φ 和 η, 分别具有 m 个上指标和 n 个下指标, 以及 m' 个上指标和 n' 个下指标, 我们可以考虑一个有 $m + m'$ 个上指标和 $n + n'$ 个下指标的张量 T 按照与乘积 $\varphi\eta$ 相同方式的变换. 然后, 我们可以通过上述各种操作来约化 T. 将两个表示相乘的这种操作在物理学中当然具有基本的重要性. 例如在量子场论中, 我们将多个场相乘以构造拉格朗日量.

例如, 在 $SU(5)$ 中将 5^* 与 10 相乘. 为了约化 $T_k^{ij} = \varphi_k \eta^{ij}$, 我们分离出迹 $\varphi_k \eta^{kj}$ (按照 5 来变换) 之后就不能再做什么了. 从而,

$$5^* \otimes 10 = 5 \otimes 45 \tag{B.23}$$

再举一个例子, 考虑 $10 \otimes 10 : \varphi^{ij}\eta^{kl}$. 将 η^{kl} 等价地写成具有三个下标 $\varepsilon_{mnhkl}\eta^{kl}$ 的张量是最容易的. 然后乘积 $10 \otimes 10$ 带有两个较高的指标和三个较低的指标, 我们将其写为 T_{mnh}^{ij}. 取痕迹, 我们将识别为 5^* 的 T_{mij}^{ij} 和识别为 45^* 的 T_{mnj}^{ij} 的无迹部分分离出来, 从而得

$$10 \otimes 10 = 5^* \otimes 45^* \otimes 50^* \tag{B.24}$$

作为练习, 可以计算:

$$5 \otimes 5 = 10 \otimes 15 \tag{B.25}$$

和

$$5 \otimes 5^* = 1 \otimes 24 \tag{B.26}$$

你应该认出来 24 是伴随表示.

在物理学中,我们经常将一个张量乘以它自己.这时统计就会发挥作用.例如,$SU(5)$ 大统一包含一个按照 5 变换的标量场 φ^5.根据玻色统计,乘积 $\varphi^i \varphi^j$ 只包含 15.

对子群的限制

为了解释下一个群论概念,现在举一个物理的例子.盖尔曼和尼曼的 $SU(3)$ 将三种夸克 u,d,s 变换为彼此的线性组合.它包含的一个子群是海森伯的同位旋群 $SU(2)$,这个群会将 u,d 进行变换,但对 s 不起作用.换句话说,受限于子群 $SU(2)$,$SU(3)$ 的不可约表示 3 分解为

$$3 \rightarrow 2 \otimes 1 \tag{B.27}$$

考虑某个群 G 的维数为 d 的不可约表示.当我们将注意力限制在子群 H 上时,d 个对象的集合通常会分解为 n 个子集,分别包含 $d_1, d_2, \cdots, d_n$ 个对象,这样每个子集中的对象在 H 的作用下只会变换到相应的子集中.这是显而易见的,因为 H 中的变换比 G 少.

对于基本表示或定义表示的分解说明了子群 H 是如何嵌入 G 中的.由于所有的表示都可以由基本表示的乘积构造出来,因此只要我们知道了基本表示怎么分解,就知道了所有的表示怎么分解.例如,在 $SU(3)$ 中

$$3 \otimes 3^* = 8 \otimes 1 \tag{B.28}$$

而在 $SU(2)$ 中

$$(2 \otimes 1) \otimes (2 \otimes 1) = (3 \otimes 1) \otimes 2 \otimes 2 \otimes 1 \tag{B.29}$$

比较式(B.28)和式(B.29),可以得到

$$8 \rightarrow 3 \otimes 1 \otimes 2 \otimes 2 \tag{B.30}$$

或者,我们可以简单地去看涉及的张量.考虑 $SU(3)$ 的 φ^i,其中指标 i 取值为 1,2,3.令指标 μ 取值为 1,2.显然 $\varphi^i = \{\varphi^\mu, \varphi^3\}$ 对应于一个明确的显示式(B.27).然后有 $\varphi^i_j = \{\bar{\varphi}^\mu_\nu, \varphi^3_\mu, \varphi^3_\mu, \varphi^3_3\}$,$\bar{\varphi}^\mu_\nu$ 上的横线提醒我们它是无迹的.这正好与式(B.30)相对应.

实际上,$SU(3)$ 还包含更大的子群 $SU(2) \otimes U(1)$,其中 $U(1)$ 由于是无迹厄米矩阵

生成：

$$\begin{pmatrix} -1 & 0 & 0 \\ 0 & -1 & 0 \\ 0 & 0 & 2 \end{pmatrix}$$

因此可以把式（B.27）写成 $3 \rightarrow (2, -1) \otimes (1, 2)$，其中的记号几乎是不言自明的. 因此，$(2, 1)$ 表示 $SU(2)$ 下的 2 表示，且带有 $U(1)$ 下的"荷" -1.

在本书中，我们将分解 $SU(5)$ 和 $SU(10)$ 的各种表示. 我们在那里所做的每一件事都是在这里所做的事情的更精细的版本.

更多关于 $SO(4)$，$SO(3,1)$ 和 $SO(2,2)$ 的事情

在 2.3 节中，我们已经学到了在旋量表示 $\left(\dfrac{1}{2}, 0\right)$ 中的两个对象 $\psi_\alpha \sim (\alpha = 1, 2)$ 上，转动和推动的生成元可以分别表示为 $J_i = \dfrac{1}{2} \sigma_i$ 和 $\mathrm{i} K_i = \dfrac{1}{2} \sigma_i$. 注意等号表示的是"表示为". 对大多数目的（例如对量子场进行分类）和本书的严格程度来说，只需考虑通过交换 J_i 和 K_i 生成的李代数即可. 但是，偶尔用群元 $\mathrm{e}^{\mathrm{i}\theta \cdot J}$ 和 $\mathrm{e}^{\mathrm{i}\theta \cdot K}$ 来构想实际的群是有用的.

在旋量表示 $\left(\dfrac{1}{2}, 0\right)$ 中，群元素由 $\mathrm{e}^{\mathrm{i}\theta \cdot \frac{\sigma}{2}}$ 和 $\mathrm{e}^{\varphi \cdot \frac{\sigma}{2}}$ 表示. $\mathrm{e}^{\mathrm{i}\theta \cdot \frac{\sigma}{2}}$ 是特殊幺正的，而少了 i 的 2×2 矩阵 $\mathrm{e}^{\varphi \cdot \frac{\sigma}{2}}$ 只是特殊的而非幺正的.（顺便说一句，为了验证这些和后续的陈述，由于你对转动的理解比较透彻，因此可以在不失一般性的情况下选择 φ 沿着第三个轴的方向. 在这种情况下 $\mathrm{e}^{\varphi \cdot \frac{\sigma}{2}}$ 是对角的，且对角元为 $\mathrm{e}^{\frac{\varphi}{2}}$ 和 $\mathrm{e}^{-\frac{\varphi}{2}}$. 因此，虽然矩阵不是幺正的，但是其行列式明显等于 1.）这个矩阵的集合定义了乘法群 $SL(2, C)$，这个群由所有行列式为 1 的 2×2 复数矩阵组成.

让我们来计算该群的生成元的个数. 关于行列式的两个条件（实部 = 1，虚部 = 0）将包含八个实数的四个复数项削减为六个数，这就是洛伦兹群 $SO(3,1)$ 的六个生成元.

为了明确地表现出映射，我们扩展了先前的讨论，表明 $SU(2)$ 覆盖了 $SO(3)$. 现在考虑最一般的 2×2 厄米矩阵：

$$X_M = x^0 I - x \cdot \sigma = \begin{pmatrix} x^0 - x^3 & x^1 - \mathrm{i}x^2 \\ x^1 + \mathrm{i}x^2 & x^0 + x^3 \end{pmatrix} \tag{B.31}$$

通过显式计算, $\det X_M = (x^0)^2 - \boldsymbol{x}^2$. (要很快看出这一点, 选择 $\boldsymbol{x}$ 沿着第三个轴的方向并利用转动不变性.) 现在考虑 $X'_M = L^\dagger X_M L$, 其中 L 是 $SL(2,c)$ 中的元素. 显然, $\det X'_M = \det X_M$, 因此变换保持 $(x^0)^2 - \boldsymbol{x}^2$ 不变, 且对应于洛伦兹变换. 由于 L 和 $-L$ 给出相同的变换 $x \to x'$, 我们看到 $SL(2,C)$ 双覆盖了 $SO(3,1)$. 数学家会说 $SO(3,1) = SL(2,C)/Z_2$. 如果 L 也是幺正的, 则 $x^{0\prime} = x^0$ 且变换为一个转动. $SL(2,C)$ 的子群 $SU(2)$ 双覆盖了洛伦兹群 $SO(3,1)$ 的子群 $SO(3)$, 即 $SO(3) = SU(2)/Z_2$.

顺便说一句, 如果我们在关键位置引入 i 并定义 2×2 矩阵 $X_E = x^4 I + \mathrm{i}\boldsymbol{x} \cdot \boldsymbol{\sigma}$, 其中 $(\boldsymbol{x}, x^4)$ 是一个四维矢量, 我们有 $\det X_E = (x^4)^2 + \boldsymbol{x}^2$, 即 4-矢量的欧氏长度的平方. (这次还是选择 $\boldsymbol{x}$ 指向第三个轴, 使得 X_E 是对角元为 $x^4 \pm \mathrm{i}x^3$ 的对角矩阵.) 由于 $\mathrm{e}^{\mathrm{i}\boldsymbol{\theta} \cdot \frac{\boldsymbol{\sigma}}{2}} = \cos\frac{\theta}{2} + \mathrm{i}\sin\frac{\theta}{2}(\hat{\theta} \cdot \alpha)$, 其中 $\hat{\theta}$ 是 θ 方向上的单位矢量. (要看出这一点, 可以再次选择 $\boldsymbol{\theta}$ 指向第三个轴.) 我们可以看到 $X_E/[(x^4)^2 + \boldsymbol{x}^2]^{\frac{1}{2}}$ 是 $SU(2)$ 的元素. (我们将在下一节中回顾这个观察.) 因此, 对于 $SU(2)$ 的任意两个元素 U 和 V, 矩阵 $X'_E = V^\dagger X_E U$ 也可以分解为 $X'_E = x'^4 I + \mathrm{i}\boldsymbol{x}' \cdot \boldsymbol{\sigma}$ 的形式. 显然, $\det X'_E = \det X_E$. 因此, 变换会保持 $(x^4)^2 + \boldsymbol{x}^2$ 不变, 并且描述了 $SO(4)$ 的一个群元. 这清楚地表明 $SO(4)$ 与 $SU(2) \otimes SU(2)$ 是局部同构的. 如果 $V = U$, 我们就有一个转动; 如果 $V^\dagger = U$, 我们就有一个推动的欧氏类比.

注意, 尽管旋转群 $SO(3)$ 是紧致的, 但洛伦兹群 $SO(3,1)$ 却不是, 因为推动参数 φ 是无界的. 相反, 群 $SO(4)$ 是紧致的, 因此可以被一个紧致群覆盖, 也就是 $SU(2) \otimes SU(2)$, 但非紧致群 $SO(3,1)$ 则不行.

此刻, 在处理完 $SO(4)$ 和 $SO(3,1)$ 后, 不妨 (对抱怨本书不够广博的"疯子"眨了眨眼) 讲讲在第 9 章中用到的 $SO(2,2)$ 群. 让我们消去泡利矩阵 σ^2 (它可以说是一个"麻烦制造者", 或者至少是特立独行的) 的 i 并定义 (仅针对本段):

$$\sigma^2 \equiv \begin{pmatrix} 0 & -1 \\ 1 & 0 \end{pmatrix}$$

任意 2×2 实矩阵 X_H 都能分解为 $X_H = x^4 I + \boldsymbol{x} \cdot \boldsymbol{\sigma}$. 现在 $\det X_H = (x^4)^2 + (x^2)^2 - (x^3)^2 - (x^1)^2$, 它是具有两个时间坐标和两个空间坐标的时空中的二次型. (x^1, x^2, x^3, x^4) 上所有保持这个二次型不变的线性变换 (行列式为 1) 的集合定义了群 $SO(2,2)$.

引入由所有 2×2 的行列式为 1 的实矩阵组成的乘法群 $SL(2,R)$. 对于该群中的任何两个元素 L_l 和 L_r, 考虑变换 $X'_H = L_l X_H L_r$. 显然, $\det X'_H = \det X_H$. 这清楚地表明, $SO(2,2)$ 群与 $SL(2,R) \otimes SL(2,R)$ 是局部同构的. 尽管由两个时间的理论注定会遇到麻烦,但我们可以用 $SO(2,2)$ 来形式化地计算散射振幅,就像我们在 9.3 中看到的那样.

螺旋度的拓扑量子化

正如之前承诺的,让我们回到前面所观察到的线性,即矩阵 $X_E/[(x^4)^2 + \boldsymbol{x}^2]^{\frac{1}{2}}$ 是 $SU(2)$ 的元素.对于 $A = 1,2,3,4$,定义 $w^A \equiv x^A/[(x^4)^2 + \boldsymbol{x}^2]^{\frac{1}{2}}$.任意 $SU(2)$ 中元素都可以写成 $U = w^4 I + \mathrm{i}\boldsymbol{w} \cdot \boldsymbol{\sigma}$,其中 $\det U = 1 = (w^4)^2 + \boldsymbol{w}^2$.四维单位矢量 $w = (w^4, \boldsymbol{w})$ 描绘了 3-球面 S^3 也就是四维欧氏空间中的 4-球 B^4 的表面.因此,$SU(2)$ 的群流形为 S^3.

接下来,回想一下 $SU(2)$ 双覆盖了转动组 $SO(3)$,或者简单地说,$SU(2)$ 的两个元素 U 和 $-U$ 对应于同一个转动.因此,$SO(3)$ 的群流形为 S^3/Z_2,即做了对径点等同的 3-球面.

考虑 $SO(3)$ 中的闭合路径.从 S^3 上的某个点 P 开始走一点,然后再返回 P.你所经过的路径显然可以连续收缩到一个点.但是,假设你走到世界的另一端,到达了 $-P$,即 P 的对径点.你也走过了 $SO(3)$ 中的一条闭合路径,因为 P 和 $-P$ 对应于 $SO(3)$ 中的相同元素,但显然这条闭合路径无法收缩到一个点.另一方面,如果在到达 $-P$ 后继续前进并最终返回 P,则可以将走过的整个路径连续收缩到一个点.使用 5.7 节介绍的同伦群的语言,我们说 $\Pi_1[SO(3)] = Z_2$:三维转动群中有两个拓扑上不等价的路径的类.

现在我们可以回去解决 3.4 节中的一个问题了.在学校中你学到了李代数 $[J_i, J_j] = \mathrm{i}\epsilon_{ijk}J_k$ 的非线性代数结构导致了角动量的量子化.但是,无质量粒子的小群只不过是 $O(2)$.在用"有钱人的方法"来得到规范不变性时,如何量子化光子和引力子的螺旋度?

答案是我们采用拓扑量子化,而不是代数量子化.在无质量粒子的螺旋度为 h 的态下,转动 4π 由 $\mathrm{e}^{\mathrm{i}4\pi h}$ 表示,但是这个转动所历经的路径可以连续收缩到一个点.因此,我们必须有 $\mathrm{e}^{\mathrm{i}4\pi h} = 1$ 且 $h = 0, \pm\dfrac{1}{2}, \pm 1, \cdots$.

附录 C 费曼规则

这里我们收集了各章中的费曼规则.

绘制所有可能的图,为每条线标记上动量.如果合适,还要为每条描述矢量场的线标上一个入射和出射的洛伦兹指标,为每条描述在内部对称性下变换的场的线标上入射或出射的内部指标,以及诸如此类的事情.在每个顶点处均有动量守恒.内线的动量将用测度 $\int [\mathrm{d}^4 p/(2\pi)^4]$ 积分.对于每个闭合的费米子圈,都有一个相应的 -1 因子.外线将被截肢.对于入射的费米子线,写下 $u(p,s)$,而对于出射的费米子线,则写下 $\bar{u}(p',s')$.对于入射的反费米子,写下 $\bar{v}(p,s)$,而对于出射的费米子线,则写下 $v(p',s')$.如果存在使图保持不变的对称变换,那我们就必须担心臭名昭著的对称因子.由于我不信任各种教科书中的汇编,因此本书会从头计算出对称因子,而这就是我建议你去做的.

标量场与狄拉克场相互作用

$$\mathcal{L} = \bar{\psi}(\mathrm{i}\gamma^\mu \partial_\mu - m)\psi + \frac{1}{2}\left[(\partial\varphi)^2 - \mu^2\varphi^2\right] - \frac{\lambda}{4!}\varphi^4 + f\varphi\bar{\psi}\psi \qquad (\text{C.1})$$

标量传播子:

$$\frac{\mathrm{i}}{k^2 - \mu^2 + \mathrm{i}\epsilon} \qquad (\text{C.2})$$

标量顶点:

$$-\mathrm{i}\lambda \qquad (\text{C.3})$$

费米子传播子:

$$\frac{\mathrm{i}}{\not{p} - m + \mathrm{i}\epsilon} = \mathrm{i}\frac{\not{p} + m}{p^2 - m^2 + \mathrm{i}\epsilon} \qquad (\text{C.4})$$

标量-费米子顶点:

$$\mathrm{i}f \qquad (\text{C.5})$$

初始外线费米子:

$$u(p,s) \qquad (\text{C.6})$$

终止外线费米子：

$$\bar{u}(p,s) \tag{C.7}$$

初始外线反费米子：

$$\bar{v}(p,s) \tag{C.8}$$

终止外线反费米子：

$$v(p,s) \tag{C.9}$$

矢量场与狄拉克场相互作用

$$\mathcal{L} = \bar{\psi}(\mathrm{i}\gamma^{\mu}(\partial_{\mu} - \mathrm{i}c\Lambda_{\mu}) - m)\psi - \frac{1}{4}F_{\mu\nu}F^{\mu\nu} - \frac{1}{2}\mu^{2}A_{\mu}A^{\mu} \tag{C.10}$$

矢量玻色子传播子：

$$\frac{\mathrm{i}}{k^{2} - \mu^{2}}\left(\frac{k_{\mu}k_{\nu}}{\mu^{2}} - g_{\mu\nu}\right) \tag{C.11}$$

光子传播子（其中 ξ 是任意规范参数）：

$$\frac{\mathrm{i}}{k^{2}}\left[(1 - \xi)\frac{k_{\mu}k_{\nu}}{\mu^{2}} - g_{\mu\nu}\right] \tag{C.12}$$

矢量玻色子-费米子顶点：

$$\mathrm{i}e\gamma^{\mu} \tag{C.13}$$

初始外线矢量玻色子：

$$\varepsilon_{\mu}(k) \tag{C.14}$$

终止外线矢量玻色子：

$$\varepsilon_{\mu}(k)^{*} \tag{C.15}$$

非阿贝尔规范理论

规范玻色子传播子：

$$\frac{i}{k^2}\left[(1-\xi)\frac{k_\mu k_\nu}{\mu^2} - g_{\mu\nu}\right]\delta_{ab} \tag{C.16}$$

鬼场传播子：

$$\frac{i}{k^2}\delta_{ab} \tag{C.17}$$

规范玻色子间三次相互作用：

$$gf^{abc}\left[g_{\mu\nu}(k_1-k_2)_\lambda + g_{\nu\lambda}(k_2-k_3)_\mu + g_{\lambda\mu}(k_3-k_1)_\nu\right] \tag{C.18}$$

规范玻色子间四次相互作用：

$$-ig^2\left[f^{abe}f^{cde}(g_{\mu\lambda}g_{\nu\rho}-g_{\mu\rho}g_{\nu\lambda}) + f^{ade}f^{cbe}(g_{\mu\lambda}g_{\nu\rho}-g_{\mu\nu}g_{\rho\lambda}) + f^{ace}f^{bde}(g_{\mu\nu}g_{\lambda\rho}-g_{\mu\rho}g_{\nu\lambda})\right] \tag{C.19}$$

规范玻色子与鬼场耦合：

$$gf^{abc}p^\mu \tag{C.20}$$

散射截面和衰变率

给出过程 $p_1 + p_2 \rightarrow k_1 + k_2 + \cdots + k_n$ 的费曼振幅 $\mathcal{M}$，其微分散射截面为

$$d\sigma = \frac{1}{|v_1-v_2|\,\mathcal{E}(p_1)\mathcal{E}(p_2)}\frac{d^3k_1}{(2\pi)^3\mathcal{E}(k_1)}\cdot\cdots\cdot\frac{d^3k_n}{(2\pi)^3\mathcal{E}(k_n)}$$

$$\cdot(2\pi)^4\delta^{(4)}\left(p_1+p_2-\sum_{i=1}^n k_i\right)|\mathcal{M}|^2 \tag{C.21}$$

这里，v_1 和 v_2 表示入射粒子的速度. 玻色子的能量因子 $\mathcal{E}(p)=2\sqrt{\boldsymbol{p}^2+m^2}$ 和费米子的能量因子 $\mathcal{E}(p)=\sqrt{\boldsymbol{p}^2+m^2}/m$ 来自 1.8 节和 2.2 节中产生湮灭算符的不同的归一化.

对质量为 M 的粒子的衰变,其在自身静止参照系下微分衰变率为

$$d\Gamma = \frac{1}{2M} \frac{d^3 k_1}{(2\pi)^3 \mathcal{E}(k_1)} \cdots \frac{d^3 k_n}{(2\pi)^3 \mathcal{E}(k_n)} (2\pi)^4 \delta^{(4)}\left(P - \sum_{i=1}^{n} k_i\right) \mid \mathcal{M} \mid^2 \quad (C.22)$$

附录 D　各种恒等式和费曼积分

伽马矩阵

偶数个伽马矩阵相乘的迹的恒等式为

$$\operatorname{tr} \gamma^\mu \gamma^\nu = 4\eta^{\mu\nu} \tag{D.1}$$

$$\operatorname{tr} \gamma^\mu \gamma^\nu \gamma^\lambda \gamma^\alpha = 4(\eta^{\mu\nu}\eta^{\lambda\alpha} - \eta^{\mu\lambda}\eta^{\nu\alpha} + \eta^{\mu\alpha}\eta^{\nu\lambda}) \tag{D.2}$$

我们定义全反对称符号 $\varepsilon^{\mu\nu\lambda\alpha}$,其中 $\varepsilon^{0123} = +1$(注意 $\varepsilon_{0123} = -1$).然后根据我们的定义 $\gamma^5 \equiv i\gamma^0\gamma^1\gamma^2\gamma^3$,则有

$$\operatorname{tr} \gamma^5 \gamma^\mu \gamma^\nu \gamma^\lambda \gamma^\alpha = -4i\varepsilon^{\mu\nu\lambda\alpha} \tag{D.3}$$

从基本的克利福德恒等式衍生出来的恒等式为

$$\gamma^\mu \not{p} \gamma_\mu = -2\not{p} \tag{D.4}$$

$$\gamma^\mu \not{p} \not{q} \gamma_\mu = 4p \cdot q \tag{D.5}$$

$$\gamma^\mu \not{p} \not{q} \not{r} \gamma_\mu = -2\not{r}\not{q}\not{p} \tag{D.6}$$

这里留给读者来推导这些恒等式.例如,要得到式(D.4)就持续把 γ^μ 向表达式右边移动 $\gamma^\mu \not{p} \gamma_\mu = (2p^\mu - \not{p}\gamma^\mu)\gamma_\mu = 2\not{p} - 4\not{p} = -2\not{p}$.

算出费曼图

多年以来,人们发展了许多技巧和恒等式来计算与费曼图相关的积分.

让我们来计算：

$$I = \int \frac{\mathrm{d}^4 k}{(2\pi)^4} \frac{1}{(k^2 - m^2 + \mathrm{i}\varepsilon)^3} = \int \frac{\mathrm{d}^3 k}{(2\pi)^3} \int \frac{\mathrm{d} k_0}{2\pi} \frac{1}{\left[k_0{}^2 - (\boldsymbol{k}^2 + m^2) + \mathrm{i}\varepsilon \right]^3}$$

集中处理对 k_0 的积分. 在 k_0 的复平面上画出极点的位置, 将会看到积分回路可以逆时针旋转, 于是有(我们用 $f(k_0)$ 表示被积函数)

$$\int_{-\infty}^{+\infty} \mathrm{d} k_0 f(k_0) = \int_{-\mathrm{i}\infty}^{+\mathrm{i}\infty} \mathrm{d} k_0 f(k_0) = \mathrm{i} \int_{-\infty}^{+\infty} \mathrm{d} k_4 f(\mathrm{i} k_4) \tag{D.7}$$

其中, 最后一步我们定义了 $k_0 = \mathrm{i} k_4$ (对应着 1.2 节和 5.2 节中提到的威克转动). 因此

$$I = \mathrm{i}(-1)^3 \int \frac{\mathrm{d}_{\mathrm{E}}^4 k}{(2\pi)^4} \frac{1}{(k_{\mathrm{E}}^2 + m^2)^3}$$

其中, $\mathrm{d}_{\mathrm{E}}^4 k$ 是四维欧氏空间中的积分元, 而 $k_{\mathrm{E}}^2 \equiv k_4^2 + \boldsymbol{k}^2$ 是欧氏 4-矢量的平方. 无穷小量 ε 现在可以设为零. 因为被积函数不依赖于三个角, 所以我们可以马上对它们积分. 你可以在书中查找欧氏空间中的角积分元, 但我们将使用一个简洁的技巧来代替.

我将会计算更一般的 d 维积分 $H = \int \mathrm{d}^d k F(k^2)$, 其中 $k^2 = k_1^2 + k_2^2 + \cdots + k_d^2$, 而 F 是可以使积分收敛的任意函数. (我现在忽略了用于表明我们在欧氏空间计算的下标 E.) 我们当然可以在最后令 d 等于 4. 对于任意 d 的结果会对我们做维度正规化(见 3.1 节)非常有用.

我们想象对 $d-1$ 个角度变量积分以得到 $H = C(d) \int_0^\infty \mathrm{d} k k^{d-1} F(k^2)$. 我们将用两种不同的方式计算积分 $J = \int \mathrm{d}^d k \mathrm{e}^{-\frac{1}{2} k^2}$ 来确定 $C(d)$. 利用式(1.9) 有 $J = (\sqrt{2\pi})^d$. 或者,

$$J = C(d) \int_0^\infty \mathrm{d} k k^{d-1} \mathrm{e}^{-\frac{1}{2} k^2} = C(d) 2^{\frac{d}{2}-1} \int_0^\infty \mathrm{d} x x^{\frac{d}{2}-1} \mathrm{e}^{-x} = C(d) 2^{\frac{d}{2}-1} \Gamma\left(\frac{d}{2}\right)$$

其中改变了积分变量, 并利用了伽马函数的积分表示 $\Gamma(z+1) = \int_0^\infty \mathrm{d} x x^z \mathrm{e}^{-x}$. (回想一下, 利用分部积分我们得到了 $\Gamma(z+1) = z\Gamma(z)$, 因此当 n 是整数时, $\Gamma(n) = (n-1)!$.) 从而 $C(d) = 2\pi^{d/2} / [\Gamma(d/2)]$ 且

$$\int \mathrm{d}^d k F(k^2) = \frac{2\pi^{d/2}}{\Gamma(d/2)} \int_0^\infty \mathrm{d} k k^{d-1} F(k^2) \tag{D.8}$$

令式(D.8)中的 $d=1$, 我们可以定出 $\Gamma\left(\frac{1}{2}\right) = \pi^{\frac{1}{2}}$, 而令 $F(k^2) = \delta(k-1)$ 我们会看到

$(d-1)$维球面的面积等于$C(d)$,而且可以重复出你在学校里学过的关于圆和球面的结果:$C(2)=2\pi$ 和 $C(3)=4\pi$.

作为一个刚刚崭露头角的场论家,你所需要的关于 $d=4$ 的新结果是

$$\int \mathrm{d}^4 k F(k^2) = \pi^2 \int_0^\infty \mathrm{d}k^2 \, k^2 F(k^2) \tag{D.9}$$

所以最终有

$$I = \frac{-\mathrm{i}}{16\pi^2} \int_0^\infty \mathrm{d}k^2 \, k^2 \frac{1}{(k^2+m^2)^3} = \frac{-\mathrm{i}}{16\pi^2} \frac{1}{2m^2} \tag{D.10}$$

我们已经推导出进行费曼积分的基本公式:

$$\int \frac{\mathrm{d}^4 k}{(2\pi)^4} \frac{1}{(k^2-m^2+\mathrm{i}\varepsilon)^3} = \frac{-\mathrm{i}}{32\pi^2 m^2} \tag{D.11}$$

(根据 $\mathrm{i}\varepsilon$,我们显然已经回到了闵氏空间.)作为一个练习,你可以遵循相同的步骤并发现

$$\int^\Lambda \frac{\mathrm{d}^4 k}{(2\pi)^4} \frac{1}{(k^2-m^2+\mathrm{i}\varepsilon)^2} = \frac{\mathrm{i}}{16\pi^2} \left[\ln\left(\frac{\Lambda^2}{m^2}\right) - 1 + \cdots \right] \tag{D.12}$$

这里需要一个截断,我们通过类似于式(D.10)中对 k^2 的积分设定一个上限 Λ^2 来引入这个截断.作为检查,将式(D.12)对 m^2 求导可以重复出式(D.11).而另一个练习表明:

$$\int^\Lambda \frac{\mathrm{d}^4 k}{(2\pi)^4} \frac{1}{(k^2-m^2+\mathrm{i}\varepsilon)^2} = \frac{-\mathrm{i}}{16\pi^2} \left[\Lambda^2 - 2m^2 \ln\left(\frac{\Lambda^2}{m^2}\right) + m^2 + \cdots \right] \tag{D.13}$$

在式(D.12)和(D.13)中,($\cdots$)代表在 $\Lambda^2 \gg m^2$ 时为 0 的项.在某些教材中,式(D.12)中的 -1 被吸收进了 Λ^2 中而被扔掉.但如果这样我们就要根据它是否出现在同一个计算中来调整式(D.13).

在组合分母时一个有用的恒等式是

$$\frac{1}{x_1 x_2 \cdots x_n} = (n-1)! \int_0^1 \int_0^1 \cdots \int_0^1 \mathrm{d}\alpha_1 \mathrm{d}\alpha_2 \cdots \mathrm{d}\alpha_n$$

$$\cdot \, \delta\left(1 - \sum_j^n \alpha_j\right) \frac{1}{(\alpha_1 x_1 + \alpha_2 x_2 + \cdots + \alpha_n x_n)^n} \tag{D.14}$$

对于 $n=2$,

$$\frac{1}{xy} = \int_0^1 \mathrm{d}\alpha \frac{1}{[\alpha x + (1-\alpha)y]^2} \tag{D.15}$$

以及对于 $n = 3$，

$$\frac{1}{xyz} = 2 \int_0^1 \int_0^1 \int_0^1 \mathrm{d}\alpha \mathrm{d}\beta \mathrm{d}\gamma \delta(\alpha + \beta + \gamma - 1) \frac{1}{(\alpha x + \beta y + \gamma z)^3}$$

$$= 2 \iint_{\text{triangle}} \mathrm{d}\alpha \mathrm{d}\beta \frac{1}{[z + \alpha(x - z) + \beta(y - z)]^3} \tag{D.16}$$

其中积分区域是 α-β 平面上由边界 $0 \leqslant \beta \leqslant 1 - \alpha$ 和 $0 \leqslant \alpha \leqslant 1$ 围出的三角形.

附录 E 带点和无点的指标与马约拉纳旋量

为了在 8.4 节和第 9 章中讨论超对称，我们发展了 2.3 节中引入的带点和无点符号. 从本质上说，无点和带点指标的出现可以追溯到如下事实：具有生成元 $\boldsymbol{J} + \mathrm{i}\boldsymbol{K}$ 和 $\boldsymbol{J} - \mathrm{i}\boldsymbol{K}$ 的洛伦兹群 $SO(3,1)$ 可以分成两部分，每个部分都与 $SU(2)$ 的代数同构. 点的存在与否使我们能够关注正在讨论的 $SU(2)$.

在这里，将大量地使用 2.3 节和练习题中的结果（去把它们做了！），而不会费心地再写一遍.

在 2.1 节的外尔基下，

$$\gamma^\mu = \begin{pmatrix} 0 & \sigma^\mu \\ \bar{\sigma}^\mu & 0 \end{pmatrix} \tag{E.1}$$

其中，$\sigma^\mu = (\boldsymbol{I}, \boldsymbol{\sigma})$，而 $\bar{\sigma}^\mu = (\boldsymbol{I}, -\boldsymbol{\sigma})$. 已知 γ^μ 作用在

$$\Psi = \begin{pmatrix} \psi_\alpha \\ \bar{\chi}^{\dot{\alpha}} \end{pmatrix}$$

我们看到 σ^μ 和 $\bar{\sigma}^\mu$ 带有如下指标：

$$(\sigma^\mu)_{\alpha\dot{\alpha}}, \quad (\bar{\sigma}^\mu)^{\dot{\alpha}\alpha} \tag{E.2}$$

这与你所知道的是一致的：洛伦兹矢量按照 $\left(\dfrac{1}{2}, \dfrac{1}{2}\right)$ 变换，因此会分跨两个 $SU(2)$. 矩阵 σ^μ 和 $\bar{\sigma}^\mu$ 会混合带点与无点的指标. 我们之后会很好地利用观察到的这一点.

让我们来检查一下狄拉克旋量 Ψ 的洛伦兹变换的性质与 2.1 节中讨论的相符. 在那里我们学到了 $\Psi \to e^{-\frac{i}{4}\omega_{\mu\nu}\Sigma^{\mu\nu}}\Psi$,其中 $\Sigma^{\mu\nu} \equiv \frac{i}{2}[\gamma^\mu,\gamma^\nu]$.(我们想用记号 $\sigma^{\mu\nu}$ 代表某个其他量,所以在这里改变了记号.)利用式(E.1),可以得到

$$\Sigma^\mu = 2i \begin{pmatrix} 0 & \alpha^{\mu\nu} \\ \bar{\sigma}^{\mu\nu} & 0 \end{pmatrix}$$

其中,$\sigma^{\mu\nu} \equiv \frac{1}{4}(\sigma^\mu\bar{\sigma}^\nu - \sigma^\nu\bar{\sigma}^\mu)$,而 $\bar{\sigma}^{\mu\nu} \equiv \frac{1}{4}(\bar{\sigma}^\mu\sigma^\nu - \bar{\sigma}^\nu\sigma^\mu)$. 根据式(E.1),可以看出这两个矩阵带有如下指标:

$$(\sigma^{\mu\nu})_\alpha^{\ \beta}, \quad (\bar{\sigma}^{\mu\nu})^{\dot{\alpha}}_{\ \dot{\beta}} \tag{E.3}$$

这再一次反映了反对称张量(比如电磁场 $F_{\mu\nu}$)像 $(1,0)+(0,1)$ 一样变换的事实.

矩阵 $\sigma^{\mu\nu}$ 和 $\bar{\sigma}^{\mu\nu}$ 可能看起来很奇怪,但是回想一下它们是用泡利矩阵构造的,所以它们就是泡利矩阵(否则还能是什么呢?)而已. 特别地,

$$\sigma^{0i} = -\bar{\sigma}^{0i} = -\frac{1}{2}\sigma^i, \quad \sigma^{ij} = \bar{\sigma}^{ij} = -\frac{i}{2}\varepsilon^{ijk}\sigma^k$$

注意这些关系与 $(\sigma^{\mu\nu})^\dagger = -(\bar{\sigma}^{\mu\nu})$ 一致,而这反过来由 $(\Sigma^{\mu\nu})^\dagger = \gamma^0\Sigma^{\mu\nu}\gamma^0$ 给出.

大自然对学习量子场论的学生很友善. 相对论旋量 Ψ 分解成由泡利矩阵作用的两个 2-分量旋量. 在非相对论量子力学中学到的东西在这里仍然是有关的.

因此在一个无穷小洛伦兹变换

$$\psi_\alpha \to \left(I + \frac{1}{2}\omega_{\mu\nu}\sigma^{\mu\nu}\right)_\alpha^{\ \beta}\psi_\beta \tag{E.4}$$

和

$$\bar{\chi}_{\dot{\alpha}} \to \left(I + \frac{1}{2}\omega_{\mu\nu}\bar{\sigma}^{\mu\nu}\right)^{\dot{\alpha}}_{\ \dot{\beta}}\bar{\chi}^{\dot{\beta}} \tag{E.5}$$

你应该检查一下一切都按照计划进行. 所有事情都与我们在 2.3 节中所学的相一致,特别是推动作用在 $\left(\frac{1}{2},0\right)$ 和 $\left(0,\frac{1}{2}\right)$ 上是相反的,但是转动作用在它们上面是相同的.

目前为止,在旋量场 ψ_α 和 $\bar{\chi}_{\dot{\alpha}}$ 上,带点指标总是在上面而无点指标总是在下面. 什么能让它们交换一下呢? 电荷共轭.

回想一下在 2.1 节中电荷共轭的场是由 $\Psi^C \equiv C\bar{\Psi}^T$ 定义的.(其中 T 代表转置,$\bar{\Psi}$

表示 $\Psi^{\dagger}\gamma^{0}$,而 $C^{-1}\gamma^{\mu}C = -(\gamma^{\mu})^{\mathrm{T}}$.)在外尔基下,我们可以选择:

$$C = \zeta\gamma^{0}\gamma^{2} = \zeta\begin{pmatrix} -\sigma_{2} & 0 \\ 0 & \sigma_{2} \end{pmatrix} \tag{E.6}$$

条件 $(\Psi^{C})^{C} = \Psi$ 意味着 $|\zeta| = 1$.我们选择 $\zeta = -\mathrm{i}$.很明显有

$$\Psi^{C} = \begin{pmatrix} \mathrm{i}\sigma_{2}\bar{\chi}^{*} \\ -\mathrm{i}\sigma_{2}\psi^{*} \end{pmatrix}$$

现在引入一些记号,很快我们就能明白其中的道理.给定 ψ_{α} 和 $\bar{\chi}^{\dot{\alpha}}$,定义

$$\bar{\psi}_{\dot{\alpha}} \equiv (\psi_{\alpha})^{*}, \quad \chi^{\alpha} \equiv (\bar{\chi}^{\dot{\alpha}})^{*} \tag{E.7}$$

很奇怪,复共轭会增加一个点和一个横线.

按照下面的规则升降无点指标:$\psi_{\alpha} = \varepsilon_{\alpha\beta}\psi^{\beta}$ 以及 $\psi^{\beta} = \varepsilon^{\beta\gamma}\psi_{\gamma}$,而这要求 $\varepsilon_{\alpha\beta}\varepsilon^{\beta\gamma} = \delta_{\alpha}^{\gamma}$.因此,如果选择

$$\varepsilon_{\alpha\beta} = \begin{pmatrix} 0 & 1 \\ -1 & 0 \end{pmatrix} = (\mathrm{i}\sigma_{2})_{\alpha\beta}$$

那么

$$\varepsilon^{\beta\gamma} = \begin{pmatrix} 0 & -1 \\ 1 & 0 \end{pmatrix} = (-\mathrm{i}\sigma_{2})^{\beta\gamma}$$

我们必须将 $\varepsilon_{12} = +1$ 和 $\varepsilon^{12} = -1$ 定义为具有相反的符号,这是一个需要记住的事实.

你现在应该意识到我们所做的事情可以追溯到泡利矩阵的特殊性质(见附录 B):

$$(\mathrm{i}\sigma_{2})\sigma_{i}^{*}(-\mathrm{i}\sigma_{2}) = -\sigma_{i} \tag{E.8}$$

或者等价地

$$\sigma_{2}\sigma_{i}^{\mathrm{T}}\sigma_{2} = -\sigma_{i} \tag{E.9}$$

是量子力学中以多种形式所为人熟知的恒等式.我们已经在附录 B 以及本书中反复使用过它(例如,与马约拉纳质量和希格斯场有关系).根据式(E.8),我们有 $(\mathrm{i}\sigma_{2})\sigma^{\mu*}(-\mathrm{i}\sigma_{2}) = \bar{\sigma}^{\mu}$,从而

$$(\mathrm{i}\sigma_{2})(\sigma^{\mu\nu})^{*}(-\mathrm{i}\sigma_{2}) = \bar{\sigma}^{\mu\nu} \tag{E.10}$$

类似地,按照下面的规则升降带点指标:$\bar{\psi}_{\dot{\alpha}} = \varepsilon_{\dot{\alpha}\dot{\beta}} \bar{\psi}^{\dot{\beta}}$ 以及 $\bar{\psi}^{\dot{\beta}} = \varepsilon^{\dot{\beta}\dot{\gamma}} \bar{\psi}_{\dot{\gamma}}$. 参照式(E.7),我们可以看出 $\varepsilon_{\dot{\alpha}\dot{\beta}}$ 在数值上和 $\varepsilon_{\alpha\beta}$ 相同,而 $\varepsilon^{\dot{\beta}\dot{\gamma}}$ 在数值上和 $\varepsilon^{\beta\gamma}$ 相同.

你现在应该能看出这些看似任意的选择的合理之处了:你现在可以写出

$$\Psi^C = \begin{pmatrix} \chi_\alpha \\ \bar{\psi}^{\dot{\alpha}} \end{pmatrix} \tag{E.11}$$

参照

$$\Psi = \begin{pmatrix} \psi_\alpha \\ \bar{\chi}^{\dot{\alpha}} \end{pmatrix} \tag{E.12}$$

看到这个记号的关键是 ψ_α 和 χ_α 按照相同的方式变换并且是同一类东西.(对于 $\bar{\chi}^{\dot{\alpha}}$ 和 $\bar{\psi}^{\dot{\alpha}}$ 也类似.)

现在我们来谈谈马约拉纳旋量这个非常重要的概念.埃托雷·马约拉纳,一位天才物理学家,在他的职业生涯早期神秘消失了.据说费米对马约拉纳的描述是"一个没有常识的高大巨人".[①]给定一个狄拉克旋量 Ψ,如果 $\Psi = \Psi^C$,那么就说 Ψ 是一个马约拉纳旋量.

对比式(E.12)和式(E.11),我们看到马约拉纳旋量具有如下形式:

$$\Psi_M = \begin{pmatrix} \psi_\alpha \\ \bar{\psi}^{\dot{\alpha}} \end{pmatrix} \tag{E.13}$$

一个显而易见但方便记忆的说法是:给定一个外尔旋量 ψ_α,可以构造一个马约拉纳旋量;给定两个外尔旋量,可以构造一个狄拉克旋量,即一个外尔等于一个马约拉纳,两个外尔等于一个狄拉克.

顺便提一句,可以看出复共轭让指标带点的另一种方式是(见2.3节)复共轭会互换 $J + iK$ 和 $J - iK$.

要记住的要点很简单,就是给定一个旋量 λ_α,然后 $\lambda_{\dot{\alpha}}$ 和 $(\lambda_\alpha)^*$ 的变换方式一样.你应该验证这一点,请牢记式(E.10).

在狭义和广义相对论中,这个记号的用法与协变和逆变(或上和下)指标类似.我们

---

① 默里·盖尔曼,来自私人讨论.顺便说一下,埃托雷这个名字和英语里的赫克托尔是一样的.

总是将一个上指标与一个下指标缩并. 这里, 还有一条附加规则, 即无点的上指标只能与无点的下指标缩并, 而不能与带点的下指标收缩. (显然, 这是因为它们属于不同的代数.) 要验证这些规则很容易. 例如, 让我们来证明 $\eta^a \psi_a$ 是不变量. 利用式 (E.4) 来进行一下认真仔细的教学:

$$\eta^a \rightarrow \eta'^a = \varepsilon^{\alpha\beta}\eta'_\beta = \varepsilon^{\alpha\beta}(e^{\frac{1}{2}\omega\sigma})_\beta^{\ \gamma}\eta_\gamma = \varepsilon^{\alpha\beta}(e^{\frac{1}{2}\omega\sigma})_\beta^{\ \gamma}\varepsilon_{\gamma\rho}\eta^\rho = (e^{-\frac{1}{2}\omega\sigma^\mathrm{T}})^a_{\ \rho}\eta^\rho \tag{E.14}$$

其中又一次用到了恒等式 (E.9). 于是 $\eta^a\eta_a \rightarrow \eta(e^{-\frac{1}{2}\omega\sigma^\mathrm{T}})^\mathrm{T}(e^{\frac{1}{2}\omega\sigma})\psi = \eta\psi$, 实际上它是一个不变量.

在狭义和广义相对论中, 我们用度规来升降指标, 而度规当然是对称的. 这里用反对称的 ε 符号来升降指标, 因此到处都会出现符号. 例如, $\eta^a\psi_a = \varepsilon^{\alpha\beta}\eta_\beta\psi_a = \eta_\beta(-\varepsilon^{\beta\alpha})\psi_a = -\eta_\beta\psi^\beta$. 将其与两个矢量的标量积 $v^\mu\omega_\mu = v_\mu\omega^\mu$ 进行对比. 如果我们想要忽略指标并写成 $\eta\psi$, 必须一劳永逸地决定它表示什么. 标准的惯例是定义

$$\eta\psi \equiv \eta^a\psi_a \tag{E.15}$$

而不是 $\eta_\beta\psi^\beta$. 这个规则有时是这样表述的: 在缩并无点的指标时, 我们总是从西北到东南, 从不从东南到西北. 正如我们在 2.5 节中所学到的, 旋量场在路径积分下被视为反对易的格拉斯曼变量, 因此 $-\eta_\beta\psi^\beta = \psi^\beta\eta_\beta$. 我们最后得到了一个 $\eta\psi = \psi\eta$ 的好规则.

类似地, 定义

$$\bar{\chi}\bar{\xi} = \bar{\chi}_{\dot{\alpha}}\bar{\xi}^{\dot{\alpha}} = \bar{\xi}\bar{\chi} \tag{E.16}$$

在缩并带点指标时, 我们总是从西南到东北. 当然, 如果指标明确地写了出来, 则不再需要任何 "从圣芭芭拉到剑桥" 公约.

就像在狭义和广义相对论中一样, 上、下指标在告诉我们写下的表达式是否有意义方面非常有用, 无点和带点的上、下指标使我们可以直接看出 $\eta\psi$ 和 $\eta\sigma^\mu\bar{\psi}$ 是有意义的, 但是 $\eta\sigma^\mu\psi$ 没有意义. (看看式 (E.2) 和式 (E.3), 并注意出现的指标类型.) 当然, 这个记号只是以一种方便的方式表述了群论中的一个基本事实 $(\frac{1}{2}, 0) \otimes (0, \frac{1}{2}) = (0, 0) \otimes (1, 0)$, 即利用两个外尔旋量, 我们可以构造出一个标量和一个张量, 但无法构造出一个矢量.

与往常一样, 记号应该由物理和计算的便利性 (而这与优雅密切相关) 所驱动.

为了熟悉带点和无点的 2-分量记号, 你应该计算出练习中的一些恒等式. 在研究超对称场论时, 这些恒等式很有用.

习题

F.E.1 证明 $\eta\sigma^{\mu\nu}\psi = -\psi\sigma^{\mu\nu}\eta$ 和 $\bar{\chi}\bar{\sigma}^{\mu}\psi = -\psi\sigma^{\mu}\bar{\chi}$.

F.E.2 证明 $(\theta\varphi)(\bar{\chi}\bar{\xi}) = -\dfrac{1}{2}(\theta\sigma^{\mu}\bar{\xi})(\bar{\chi}\bar{\sigma}_{\mu}\varphi)$.

F.E.3 证明 $\theta^{\alpha}\theta_{\beta} = \dfrac{1}{2}(\theta\theta)\delta^{\alpha}_{\beta}$.(提示:在所有情况下分别简单地计算等式两边.)

习题选解

第 1 章

1.3.1 根据原文我们有，对于 $x^0 = 0$：

$$
\begin{aligned}
D(x) &= -\mathrm{i} \int \frac{\mathrm{d}^3 k}{(2\pi)^3 2\sqrt{\boldsymbol{k}^2 + m^2}} \mathrm{e}^{-\mathrm{i}k \cdot x} \\
&= -\frac{\mathrm{i}}{2(2\pi)^2} \int_0^\infty \frac{\mathrm{d}k k^2}{\sqrt{\boldsymbol{k}^2 + m^2}} \int_{-1}^{+1} \mathrm{d}(\cos\theta) \mathrm{e}^{\mathrm{i}kr\cos\theta} \\
&= -\frac{1}{2(2\pi)^2} \frac{1}{r} \int_0^\infty \frac{\mathrm{d}k k}{\sqrt{\boldsymbol{k}^2 + m^2}} (\mathrm{e}^{\mathrm{i}kr} - \mathrm{e}^{-\mathrm{i}kr}) \\
&= -\frac{1}{8\pi^2 r} \int_{-\infty}^\infty \frac{\mathrm{d}k k}{\sqrt{\boldsymbol{k}^2 + m^2}} \mathrm{e}^{\mathrm{i}kr} \\
&= \frac{\mathrm{i}}{8\pi^2 r} \frac{\partial}{\partial r} \int_{-\infty}^\infty \frac{\mathrm{d}k}{\sqrt{\boldsymbol{k}^2 + m^2}} \mathrm{e}^{\mathrm{i}kr}
\end{aligned}
$$

因为 $I \equiv \int_{-\infty}^{\infty} (\mathrm{d}k / \sqrt{k^2 + m^2}) \mathrm{e}^{ikr}$ 中的被积函数沿虚轴有一条从 im 到 $i\infty$ 的割线(以及另一条我们并不关心的割线),所以我们将围道沿着割线折叠并将变量改为 $k = i(m + y)$:

$$I = 2\int_0^{\infty} \mathrm{d}y \mathrm{e}^{-(y+m)r} \frac{1}{\sqrt{(y+m)^2 - m^2}}$$

$$= 2\int_1^{\infty} \mathrm{d}u \mathrm{e}^{-mru} \frac{1}{\sqrt{u^2 - 1}}$$

$$= 2\int_0^{\infty} \mathrm{d}t \mathrm{e}^{-mr\cosh t}$$

此时你可以查表并发现这是某种贝塞尔函数,然后读出其在大 r 时的行为. 但更潇洒的做法是向前推进并快速下降:利用 1.2 节附录中的高斯积分,我们可以得到

$$D(x) = -\frac{im}{4\pi^2 r} \int_0^{\infty} \mathrm{d}t (\cosh t) \mathrm{e}^{-mr\cosh t}$$

$$= -\frac{im}{4\pi^2 r} \int_0^{\infty} \mathrm{d}(\sinh t) \mathrm{e}^{-mr\cosh t}$$

$$= -\frac{im}{4\pi^2 r} \int_0^{\infty} \mathrm{d}s \mathrm{e}^{-mr\sqrt{s^2+1}} \simeq -\frac{im}{4\pi^2 r} \int_0^{\infty} \mathrm{d}s \mathrm{e}^{-mr\left(1+\frac{1}{2}s^2\right)}$$

$$= -\frac{im^2}{4\pi^2} \left[\frac{\pi}{2(mr)^3}\right]^{\frac{1}{2}} \mathrm{e}^{-mr}$$

1.3.2 按照原文中的围道我们来计算

$$D(x) = \int \frac{\mathrm{d}^2 k}{(2\pi)^2} \frac{\mathrm{e}^{ikx}}{k^2 - m^2 + i\epsilon}$$

并得到

$$D(x) = -i \int \frac{\mathrm{d}^2 k}{(2\pi) 2\omega_k} \left[\mathrm{e}^{-i(\omega_k t - kx)} \theta(x^0) + \mathrm{e}^{i(\omega_k t - kx)} \theta(-x^0) \right]$$

对于 $x^0 = 0$,我们会发现积分

$$D(x) = -i \int_{-\infty}^{+\infty} \frac{\mathrm{d}k}{(2\pi) 2\sqrt{k^2 + m^2}} \mathrm{e}^{-ikx}$$

就是习题 1.3.1 中的贝塞尔函数:

$$D(x) = \frac{-i}{2\pi} K_0(m \mid x \mid) \rightarrow \frac{-i}{2\pi} \sqrt{\frac{\pi}{2m \mid x \mid}} \mathrm{e}^{-m|x|}$$

并且符合预期地在大 x 时按照指数衰减.

1.7.2 进行展开并且只保留想要的项

$$Z(J) \to \mathcal{C}\left\{1 + \frac{1}{2!}\left(-\frac{i}{4!}\lambda\right)^4 \iint d^4 w_1 d^4 w_2 \left[\frac{\delta}{i\delta J(w_1)}\right]^4 \left[\frac{\delta}{i\delta J(w_2)}\right]^4 \right.$$
$$\left. \cdot \frac{1}{6!}\left[-\frac{i}{2}\iint d^4 x d^4 y J(x) D(x-y) J(y)\right]^6\right\}$$

只要继续求导就行了.

1.7.4 写下 $k_1 = (\sqrt{k^2+m^2}, 0, 0, k)$ 和 $k_2 = (\sqrt{k^2+m^2}, 0, 0, -k)$,然后就有 $E = 2\sqrt{k^2+m^2} \geq 2m$. 物理上,当 $E \geq 2m$ 时,一对介子就可以被产生出来了.

1.8.1 在式(1.124)的左手边对 k^0 进行积分:$\int dk^0 \delta((k^0)^2 - \omega_k^2)\theta(k^0)f(k^0, \mathbf{k})$, 其中 $\omega_k \equiv +\sqrt{\mathbf{k}^2 + m^2}$ [①]. 利用式(1.13)并选取正根(因为有一个阶跃函数),我们会得到 $\int_0^\infty dk^0 [\delta(k^0 - \omega_k)/(2k^0)]f(k^0, \mathbf{k}) = f(\omega_k, \mathbf{k})/(2\omega_k)$.

为了显式验证不变形,在 x 方向做推动并扔掉 ω_k 的下标,就会有:$k^x \to \sinh\phi\omega + \cosh\phi k^x$ 以及 $\omega \to \cosh\phi\omega + \sinh h\phi k^x$. 然后,利用 $\omega^2 = (k^x)^2 + \cdots$ 和由此得出的 $\omega d\omega = k^x dk^x$,我们有 $dk^x \to [\sinh\phi(k^x/\omega) + \cosh\phi]dk^x$. 所以 $dk^x/\omega \to dk^x/\omega$.

1.8.2 显然,只有 H 中的 $aa^\dagger$ 和 $a^\dagger a$ 项对 $\langle \mathbf{k}'|H|\mathbf{k}\rangle$ 有贡献. 在

$$\int d^D x \varphi(x)^2$$

$$= \int d^D x \iint \frac{d^D q}{\sqrt{(2\pi)^D 2\omega_q}} \frac{d^D q'}{\sqrt{(2\pi)^D 2\omega_{q'}}} \left[a(\mathbf{q})a^\dagger(\mathbf{q}')e^{-i(\omega_q t - \mathbf{q}\cdot\mathbf{x})}e^{i(\omega_{q'}t - \mathbf{q}'\cdot\mathbf{x})} + \text{h.c.}\right]$$

$$= \int \frac{d^D q}{2\omega_q}\left[a(\mathbf{q})a^\dagger(\mathbf{q}) + a^\dagger(\mathbf{q})a(\mathbf{q})\right]$$

中提取出这两类的项,从而基于我们的目的,H 可以有效地等于 $\int d^D q \frac{\omega_q}{2}[a(\mathbf{q})a^\dagger(\mathbf{q}) + a^\dagger(\mathbf{q})a(\mathbf{q})]$,在利用对易关系之后等于 $\int d^D q \frac{\omega_q}{2}[\delta^{(D)}(\mathbf{0}) + 2a^\dagger(\mathbf{q})a(\mathbf{q})]$. 我们可以认出来第一项就是正文中计算的真空. 要注意对 δ 函数的定义 $(2\pi)^D \delta^{(D)}(\mathbf{k}) = \int d^D x e^{i\mathbf{k}\cdot\mathbf{x}}$ 可

---

① 译注:此处原文为 k,疑似缺少平方.

以导出 $\delta^{(D)}(\mathbf{0}) = [1/(2\pi)^D]\int \mathrm{d}^D x = V/(2\pi)^D$. 因此, 减去真空能我们就有 H 有效地等于 $\int \mathrm{d}^D q\,\omega_q a^\dagger(\boldsymbol{q})a(\boldsymbol{q})$, 这其实就是在说动量为 $\boldsymbol{q}$ 的模式具有的能量是 ω_q. 特别地, 两次利用对易关系我们会有 $\langle \boldsymbol{k'}\,|\,H\,|\,\boldsymbol{k}\rangle = \delta^{(D)}(\boldsymbol{k'}-\boldsymbol{k})\omega_k$. 动量为 $\boldsymbol{k}$ 的粒子相对于真空的能量是 ω_k.

1.8.4 $Q = \int \mathrm{d}^D x J_0(x) = \int \mathrm{d}^D x [\varphi^\dagger \mathrm{i}\partial_0 \varphi - \mathrm{i}(\partial_0 \varphi^\dagger)\varphi]$. 聚焦于第一项:

$$\int \mathrm{d}^D x \iint \frac{\mathrm{d}^D k'}{\sqrt{(2\pi)^D 2\omega_{k'}}} \frac{\mathrm{d}^D k}{\sqrt{(2\pi)^D 2\omega_k}}$$

$$\cdot \left[a^\dagger(\boldsymbol{k'})\mathrm{e}^{\mathrm{i}(\omega_{k'}-k'\cdot x)} + b(\boldsymbol{k'})\mathrm{e}^{-\mathrm{i}(\omega_{k'}-k'\cdot x)}\right]\omega_k\left[a(\boldsymbol{k})\mathrm{e}^{-\mathrm{i}(\omega_k - k\cdot x)} + b^\dagger(\boldsymbol{k})\mathrm{e}^{\mathrm{i}(\omega_k - k\cdot x)}\right]$$

要注意 $\mathrm{i}\partial_0$ 会拉下来一个 ω_k 的因子, 并使 a 和 $b^\dagger$ 之间的符号产生差别. 正如习题 1.8.2 中那样, 对 x 的积分会产生一个 δ 函数, 使得两个对 k 的积分并为一个, 给出

$$\int \mathrm{d}^D k\, \frac{1}{2}\left[a^\dagger(\boldsymbol{k})a(\boldsymbol{k}) - b(\boldsymbol{k})b^\dagger(\boldsymbol{k}) - a^\dagger(-\boldsymbol{k})b^\dagger(\boldsymbol{k})\mathrm{e}^{2\mathrm{i}\omega_k t} + b(-\boldsymbol{k})a(\boldsymbol{k})\mathrm{e}^{-2\mathrm{i}\omega_k t}\right]$$

$J_0(x)$ 中的 $-\mathrm{i}(\partial_0\varphi^\dagger)\varphi$ 只不过是第一项 $\varphi^\dagger \mathrm{i}\partial_0 \varphi$ 的厄米共轭. 从而在刚刚得到的式子中加上厄米共轭, 我们发现

$$Q = \int \mathrm{d}^D k \left[a^\dagger(\boldsymbol{k})a(\boldsymbol{k}) - b(\boldsymbol{k})b^\dagger(\boldsymbol{k})\right]$$

$$= \int \mathrm{d}^D k \left[a^\dagger(\boldsymbol{k})a(\boldsymbol{k}) - b^\dagger(\boldsymbol{k})b(\boldsymbol{k})\right] + \delta^{(D)}(\boldsymbol{0})\int \mathrm{d}^D k$$

无穷大的积分常数要像真空能那样被减去. 在某些教科书中, 会用一对冒号表示正规编序操作, 其定义如下: 如果你看到 :(⋯): , 就要把表达式 (⋯) 中所有的产生算符移动到湮灭算符的左边. 换句话说, 就是令 :$b(\boldsymbol{k})b^\dagger(\boldsymbol{k})$: $\equiv b^\dagger(\boldsymbol{k})b(\boldsymbol{k})$. 于是流就可以被定义为 $J_\mu(x) \equiv\ :(\varphi^\dagger \mathrm{i}\partial_\mu \varphi - \mathrm{i}(\partial_\mu \varphi^\dagger)\varphi):$. 由于正规编序的流与简单定义的流只差一个经典数, 流最重要的性质, 也就是流守恒 $\partial_\mu J^\mu = 0$ 并不会受到影响. 当然, 这只是用一种形式化的方式来说明真空态的荷的取值需要被减去. 无论如何, 结果 $Q = \int \mathrm{d}^D k [a^\dagger(\boldsymbol{k})a(\boldsymbol{k}) - b^\dagger(\boldsymbol{k})b(\boldsymbol{k})]$ 都表明 a 和 b 会分别湮灭正负电荷.

1.10.2   我们有 (重复的指标要被求和)

$$R_{aa'}R_{bb'}\mathrm{i}D_{a'b'}(x) = \int D\varphi\, R_{aa'}\varphi_{a'}(x)R_{bb'}\varphi_{b'}(0)\mathrm{e}^{\mathrm{i}S}$$

但是我们可以将积分变量从 φ 变成 $R\varphi$. 由于总用量 S 和测度 $D\varphi$ 在 $SO(N)$ 的转换下都是不变的, 这就等于 $\int D\varphi\varphi_a(x)\varphi_b(0)\mathrm{e}^{\mathrm{i}S}=\mathrm{i}D_{ab}(x)$. 从而, 我们得到了 $D_{ab}=R_{aa'}R_{bb'}D_{a'b'}$. 转动群的性质使得这个方程的唯一解就是与 δ_{ab} 成正比的 D_{ab}.

1.10.3 场 φ 会在 $SO(3)$ 下按照一个对称无迹张量 (见附录 B) 一样变换, 也就是, 带上所有显示出的指标, $\varphi_{ab}\to R_{aa'}R_{bb'}\varphi_{a'b'}=R_{aa'}\varphi_{a'b'}R^{\mathrm{T}}_{b'b}=(R\varphi R^{\mathrm{T}})_{ab}$. 如同在提示中所建议的, 将 φ 写为一个 3×3 的对称无迹矩阵, 我们有 $\varphi\to R\varphi R^{\mathrm{T}}$, 从而不变量是 (直到 φ 的四次方阶) $\mathrm{tr}\,(\partial_\mu\varphi)^2$, $\mathrm{tr}\,\varphi^2$, $\mathrm{tr}\,\varphi^4$, 和 $(\mathrm{tr}\,\varphi^2)^2$. 值得注意的是, 你可以通过对角化

$$\varphi=\begin{pmatrix} \alpha & 0 & 0 \\ 0 & \beta & 0 \\ 0 & 0 & -(\alpha+\beta) \end{pmatrix}$$

证明 $\mathrm{tr}\,\varphi^4$ 和 $(\mathrm{tr}\,\varphi^2)^2$ 实际只是同一个不变量. 你可以看到, 根据计算 $\mathrm{tr}\,\varphi^4$ 和 $(\mathrm{tr}\,\varphi^2)^2$ 都正比于 $[\alpha^2+\beta^2+(\alpha+\beta)^2]^2$. 因此如果我们限制到四次项, 拉格朗日量 $\mathcal{L}=\dfrac{1}{2}\mathrm{tr}\,(\partial_\mu\varphi)^2-\dfrac{1}{2}m^2\mathrm{tr}\,\varphi^2-\lambda(\mathrm{tr}\,\varphi^2)^2$ 实际上具有 $SO(5)$ 对称性 (因为 φ 有 5 个分量.) 这就是所谓的 "偶然对称" 的一个例子. 请说服自己对 φ 的四次项成立.

1.11.2 对 $g^{\mu\rho}g_{\rho\lambda}=\delta^\mu_\lambda$ 变分, 我们有 $(\delta g^{\mu\rho})g_{\rho\lambda}=-g^{\mu\rho}(\delta g_{\rho\lambda})$, 在乘以 $g^{\rho\nu}$ 后上式变为 $\delta g^{\mu\nu}=-g^{\mu\rho}(\delta g_{\rho\lambda})g^{\lambda\nu}$. 你可能会意识到这就是在说对于一个矩阵 M, $\delta M^{-1}=-M^{-1}(\delta M)M^{-1}$. 要计算 δg, 我们需要用到 $\det M=\mathrm{e}^{\mathrm{Tr}\ln M}$ 这个重要的恒等式, 这个等式你可以通过利用相似变换把 M 对角化来轻易地证明出来. 左手边等于 M 的本征值的乘积, 而右手边等于本征值的对数求和后的指数. (你可以通过按照 $(M-I)$ 的幂次展开 $\ln[I+(M-I)]$ 来定义矩阵的对数.)

因此, 我们有 $\delta\det M=(\det M)\mathrm{tr}\,M^{-1}\delta M$ 以及相应的 $\delta g=gg^{\nu\mu}\delta g_{\mu\nu}$. 现在我们就准备好对

$$S=\int\mathrm{d}^4x\sqrt{-g}\,\frac{1}{2}(g^{\mu\nu}\partial_\mu\varphi\partial_\nu\varphi-m^2\varphi^2)\equiv\int\mathrm{d}^4x\sqrt{-g}\,\mathcal{L}$$

做变分了. 代入, 我们有

$$\delta S=\int\mathrm{d}^4x\sqrt{-g}\left[\frac{1}{2}(g^{\nu\mu}\delta g_{\mu\nu}\mathcal{L}-g^{\mu\rho}(\delta g_{\rho\lambda})g^{\lambda\nu}\frac{1}{2}\partial_\mu\varphi\partial_\nu\varphi\right]$$

从而就有

$$T^{\mu\nu} = -\frac{2}{\sqrt{-g}}\frac{\delta S}{\delta g_{\mu\nu}} = g^{\mu\rho}g^{\nu\lambda}\partial_\rho\varphi\partial_\lambda\varphi - g^{\mu\nu}\mathcal{L}$$

在平直时空极限下

$$T^{00} = (\partial_0\varphi)^2 - \mathcal{L} = \frac{1}{2}\left[(\partial_0\varphi)^2 + (\nabla\varphi)^2 + m^2\varphi^2\right]$$

正是所说的能量密度.

1.11.3 利用前一道习题中 $T^{\mu\nu}$ 的表达式,则我们有

$$P^i = \int \mathrm{d}^3 x\, T^{0i} = -\int \mathrm{d}^3 x\, \partial_0\varphi\partial_i\varphi$$

以及

$$\left[P^i, \varphi(x)\right] = \int \mathrm{d}^3 y\left[\partial_0\varphi(y), \varphi(x)\right]\partial_i\varphi = \mathrm{i}\partial_i\varphi(x)$$

因此,结合 $P^0 = H$ 这个事实,我们有 $[P^\mu, \varphi(x)] = \mathrm{i}\partial_\mu\varphi(x)$,而这只是反应了 P^μ 和 x^μ 是共轭变量的事实.

1.11.4 计算 $T_{\mu\nu} = -F_{\mu\lambda}F^\lambda_\nu - \eta_{\mu\nu}\mathcal{L}$,我们有

$$T_{ij} = -F_{i\lambda}F^\lambda_j + \frac{1}{2}\delta_{ij}(\boldsymbol{E}^2 - \boldsymbol{B}^2) = -E_iE_j + F_{ik}F_{jk} + \frac{1}{2}\delta_{ij}(\boldsymbol{E}^2 - \boldsymbol{B}^2)$$

由于 $F_{ik}F_{jk} = \varepsilon_{ikm}\varepsilon_{jkn}B_mB_n = \delta_{ij}\boldsymbol{B}^2 - B_iB_j$,我们就得到了题目中的结果.要注意 $\delta_{ij}T_{ij} = \frac{1}{2}(\boldsymbol{E}^2 - \boldsymbol{B}^2) = T_{00}$,从而就有 $T = 0$.

第 2 章

2.1.1 根据提示的方法,我们有

$$\delta(\bar\psi\gamma^\mu\gamma^5\psi) = \bar\psi\frac{\mathrm{i}}{4}\omega_{\lambda\rho}[\sigma^{\lambda\rho}, \gamma^\mu\gamma^5]\psi = \bar\psi\frac{\mathrm{i}}{4}\omega_{\lambda\rho}[\sigma^{\lambda\rho}, \gamma^\mu]\gamma^5\psi$$

这是由于 γ^5 与伽马矩阵反对易,且与两个伽马矩阵的乘积对易.像正文中所给出的那样插入 $[\sigma^{\lambda\rho}, \gamma^\mu]$,我们有 $\delta(\bar\psi\gamma^\mu\gamma^5\psi) = \omega^\mu_{\ \lambda}\bar\psi\gamma^\lambda\gamma^5\psi$,而矢量正是像这样进行变换的.在宇称变换 $\bar\psi\gamma^\mu\gamma^5\psi \to \bar\psi\gamma^0\gamma^\mu\gamma^5\gamma^0\psi$ 下,对于 $\mu = 0$,$\bar\psi\gamma^5\gamma^0\psi = -\bar\psi\gamma^0\gamma^5\psi$,而对于 $\mu = i$,则是 $\bar\psi\gamma^0\gamma^i\gamma^5\gamma^0\psi = \bar\psi\gamma^i\gamma^5\psi$.时间分量的符号反转而空间分量则不变.也就是说,它在宇称变换下的行为与通常的矢量相反:$\bar\psi\gamma^\mu\gamma^5\psi$ 是一个轴矢量.其他情况也是如此.

2.1.2 根据 $\psi_L = \dfrac{1}{2}(1 - \gamma^5)\psi$ 和 $\psi_R = \dfrac{1}{2}(1 + \gamma^5)\psi$,我们发现 $\bar\psi_L = \psi_L^\dagger\gamma^0 = \psi^\dagger\dfrac{1}{2}(1 - \gamma^5)\gamma^0 = \bar\psi\dfrac{1}{2}(1 + \gamma^5)$ 以及 $\bar\psi_R = \bar\psi\dfrac{1}{2}(1 - \gamma^5)$.然后我们重复利用 P_L 和 P_R 的性质.例如,$\bar\psi_L\psi_R = \bar\psi\dfrac{1}{2}(1 + \gamma^5)\psi$ 以及 $\bar\psi_R\psi_L = \bar\psi\dfrac{1}{2}(1 - \gamma^5)\psi$,或者等价的 $\bar\psi\psi = \bar\psi_L\psi_R + \bar\psi_R\psi_L$ 与 $\bar\psi\gamma^5\psi = \bar\psi_L\psi_R - \bar\psi_R\psi_L$.另一个例子是,$\bar\psi_L\gamma^\mu\psi_L = \bar\psi\dfrac{1}{2}(1 + \gamma^5)\gamma^\mu\dfrac{1}{2}(1 - \gamma^5)\psi = \bar\psi\gamma^\mu\dfrac{1}{2}(1 - \gamma^5)\psi$ 以及 $\bar\psi_R\gamma^\mu\psi_R = \bar\psi\gamma^\mu\dfrac{1}{2}(1 + \gamma^5)\psi$.要注意很多的组合为零,比如 $\bar\psi_L\psi_L = 0$,$\bar\psi_L\gamma^\mu\psi_R = 0$,等等.请把习题做完.

2.1.3~2.1.4 在恰当的基下,狄拉克方程变为

$$\begin{pmatrix} E - m & p\sigma_3 \\ -p\sigma_3 & -E - m \end{pmatrix}\begin{pmatrix} \phi \\ \chi \end{pmatrix} = 0$$

也就是 $(E - m)\phi + p\sigma_3\chi = 0$ 以及 $-p\sigma_3\phi - (E + m)\chi = 0$.第二个方程告诉我们 $\chi = -[p/(E + m)]\sigma_3\phi$.对于一个慢速的电子,$\chi \simeq -[p/(2m)]\sigma_3\phi$,所以 χ 要比 ϕ 小一个 $p/(2m)$ 的因子.然后第一个方程就可以约化为 $[E - m - p^2/(2m)]\phi = 0$,而这只不过是在提醒我们非相对论极限下能量和动量的关系.

2.1.5 在外尔基下,沿着 3-轴运动的相对论性电子的狄拉克方程 $E(\gamma^0 - \gamma^3)\psi = 0$ 变为

$$\begin{pmatrix} 0 & I - \sigma_3 \\ I + \sigma_3 & 0 \end{pmatrix}\begin{pmatrix} \psi_L \\ \psi_R \end{pmatrix} = 0$$

由于在绕着 3-轴的转动下

$$\sigma^{12} \equiv \dfrac{\mathrm{i}}{2}[\gamma^1, \gamma^2] = -\dfrac{\mathrm{i}}{2}[\sigma^1, \sigma^2] \otimes I = \sigma^2 \otimes I = \begin{pmatrix} \sigma_3 & 0 \\ 0 & \sigma_3 \end{pmatrix}$$

故有 $\psi_L \to e^{-(i/4)\omega\sigma^3}\psi_L = e^{+(i/4)\omega}\psi_L$，和 $\psi_R \to e^{-(i/4)\omega\sigma^3}\psi_R = e^{-(i/4)\omega}\psi_L$．实际上，左手场和右手场按照相反的方向转动．

2.1.6 在外尔基下，狄拉克方程 $\gamma \cdot pu = 0$ 变为 $\sigma^\mu p_\mu \eta = 0$，以及 $\bar{\sigma}^\mu p_\mu \chi = 0$，其中

$$u = \begin{pmatrix} \chi \\ \eta \end{pmatrix}$$

对于两种可能的自由度，它的解分别是

$$\eta = \begin{pmatrix} p^1 - ip^2 \\ p^0 - p^3 \end{pmatrix} \quad \text{和} \quad \eta = \begin{pmatrix} p^0 + p^3 \\ p^1 + ip^2 \end{pmatrix}$$

对应的 χ 的解可以通过 $\boldsymbol{p} \to -\boldsymbol{p}$ 得到．我们有 $\bar{u}u = p \cdot p = 0$．对于沿着 3-轴正方向运动的粒子，$\eta = 0$ 且

$$\chi = 2E \begin{pmatrix} 0 \\ 1 \end{pmatrix}$$

和

$$\eta = 2E \begin{pmatrix} 1 \\ 0 \end{pmatrix}$$

且 $\chi = 0$．洛伦兹矢量 $\bar{u}\gamma^\mu u = (2E)^2(1,0,0,1)$．（它还能指向别的什么方向呢？）对于一个沿着 3-轴负方向运动的粒子，η 和 χ 会交换角色．这个习题精确地表明了对于无质量粒子我们可以采用 2-分量旋量．（如果宇称破缺了会怎么样？）

2.1.8 在狄拉克基或者外尔基下，$(\psi_C)_C = \gamma^2(\gamma^2\psi^*)^* = \psi$．

2.1.9 在狄拉克基或外尔基下解决是最简单的．令 ψ 为左手的，也就是 $(1 + \gamma^5)\psi = 0$．然后由于 γ^5 是实的，因此有 $(1 - \gamma^5)\psi_C = (1 - \gamma^5)\gamma^2\psi^* = \gamma^2(1 + \gamma^5)\psi^* = 0$．

2.1.10 因为 $(\sigma^{\lambda\rho})^T C = -C\sigma^{\lambda\rho}$，所以 $\psi C\psi \to \psi e^{-\frac{i}{4}\omega_{\lambda\rho}(\sigma^{\lambda\rho})^T} C e^{-\frac{i}{4}\omega_{\mu\nu}\sigma^{\mu\nu}}\psi$．

2.1.12 在宇称变换或镜面反射下，$x^1 \to x^1$ 且 $x^2 \to -x^2$．我们选择 $\gamma^0 = \sigma^3$，$\gamma^0\gamma^1 = \sigma^1$，以及 $\gamma^0\gamma^2 = \sigma^2$．将狄拉克方程 $(i\gamma^\mu\partial_\mu - m)\psi = 0$ 乘以 γ^0，并写出 $[i(\partial_0 + \gamma^0\gamma^i\partial_i) - \gamma^0 m]\psi = 0$，然后乘以 σ^1 会改变 ∂_2 项的符号，但也会改变质量项的符号．我把关于时间反演的讨论留给读者．

2.2.1 对变换

$$\psi \to e^{i\theta}\psi = (1 + i\theta)\psi$$

使用诺特定理,则有

$$\frac{\delta \mathcal{L}}{\delta(\partial_{\mu}\psi)}\delta\psi + \frac{\delta \mathcal{L}}{\delta(\partial_{\mu}\bar{\psi})}\delta\bar{\psi} = \bar{\psi}\mathrm{i}\gamma^{\mu}(\mathrm{i}\theta\psi)$$

要注意形式上 $\mathcal{L}$ 并不依赖于 $\partial_{\mu}\bar{\psi}$. 因此,在相差一个整体因子的情况下,我们可以选择 $J^{\mu} = \bar{\psi}\gamma^{\mu}\psi$,我们把式(2.44)

$$\psi(x) = \int \frac{\mathrm{d}^3 p}{(2\pi)^{3/2}(E_p/m)^{1/2}} \sum_s \left[b(p,s)u(p,s)\mathrm{e}^{-\mathrm{i}px} + d^{\dagger}(p,s)v(p,s)\mathrm{e}^{\mathrm{i}px} \right]$$

代入其对应的荷 $Q = \int \mathrm{d}^3 x\, \bar{\psi}\gamma^0\psi$ 中. 在这一点上,计算和你在习题 1.8.4 中所做的非常相似. 在空间上的积分 $\int \mathrm{d}^3 x$ 会给出一个 δ 函数,从而使 ψ 和 $\bar{\psi}$ 中的动量变量相等. 这里的新特征是我们会遇到类似 $\bar{u}\gamma^0 u$ 这样的对象. 利用洛伦兹不变性以及 u 和 v 在静止参考系下的形式,我们有 $\bar{u}(p,s)\gamma^{\mu}u(p,s') = \delta_{ss'}p^{\mu}/m$, $\bar{u}(p,s)\gamma^{\mu}v(p,s') = 0$,等等. 于是我们会得到

$$Q = \int \frac{\mathrm{d}^3 p}{(2\pi)^3(E_p/m)} \sum_s \left[b^{\dagger}(p,s)b(p,s) + d(p,s)d^{\dagger}(p,s) \right]$$

如同习题 1.8.4 中我们必须把产生算符 $d^{\dagger}$ 移动到湮灭算符 d 的左边并消去无穷大的常数. 因此,最终我们有

$$Q = \int \frac{\mathrm{d}^3 p}{(2\pi)^3(E_p/m)} \sum_s \left[b^{\dagger}(p,s)b(p,s) - d^{\dagger}(p,s)d(p,s) \right]$$

上式清楚地表明了 b 会湮灭负电荷而 d 会湮灭正电荷.

为了计算 $[Q,\psi(0)] = \int \mathrm{d}^3 x[\bar{\psi}(x)\gamma^0\psi(x),\psi(0)]$,我们要利用恒等式 $[AB,C] = A\{B,C\} - \{A,C\}B$ 以及正则反对易关系式(2.38). 我们发现 $[Q,\psi(0)] = -\psi(0)$,从而表明 b 和 $d^{\dagger}$ 必须带有同种电荷.

2.3.4 想要的方程是 $\gamma^{\mu}\Psi_{\alpha\mu} = 0$(这个方程会扣除 4 个分量,因为 α 可以取 4 个不同的值)以及 $(\not{p} - m)^{\beta}_{\alpha}\Psi_{\beta\mu} = 0$(对于每个 μ 这个方程会扣除 2 个分量,所以总共是 $4 \times 2 = 8$ 个分量). 因此如同所需的,有 $16 - 4 - 8 = 4$ 个分量. 另一种陈述这一点的方法是 $\gamma^{\mu}\Psi_{\alpha\mu}$ 是一个狄拉克旋量,因此是矢量-旋量 $\Psi_{\alpha\mu}$ 的自旋 $\frac{1}{2}$ 的部分.

2.6.4 在计算中做到尽可能地对称是一个好习惯. 所以定义 $p_3 \equiv -P_1$ 和 $p_4 \equiv -P_2$ 并增加 6 种(不是三种)出现在 s, t 和 u 的定义中的组合, 从而得到

$$2(s + t + u)$$

$$= (p_1 + p_2)^2 + (p_3 + p_4)^2 + (p_3 + p_1)^2 + (p_4 + p_2)^2 + (p_4 + p_1)^2 + (p_3 + p_2)^2$$

$$= 3 \sum_{i=1}^{4} m_i^2 + 2(p_1 \cdot p_2 + p_3 \cdot p_4 + p_1 \cdot p_3 + p_2 \cdot p_4 + p_1 \cdot p_4 + p_2 \cdot p_3)$$

其中, 右手边的第二组项可以合成为 $\left(\sum_{i=1}^{4} p_i\right)^2 - \sum_{i=1}^{4} m_i^2$. (当然, 我们为了方便稍微改变一下记号, 令 $m_3 = M^1$ 且 $m_4 = M_2$.)

2.6.5 参考式(C.11), 我们可以看到在 $d\sigma$ 中, 因子

$$\frac{1}{|v_1 - v_2|} \frac{1}{\mathcal{E}(p_1)\mathcal{E}(p_2)} \frac{1}{(2\pi)^3 \mathcal{E}(k_1)} \cdots \frac{1}{(2\pi)^3 \mathcal{E}(k_n)} (2\pi)^4$$

约化为 $\frac{1}{2}(m/E)^4 [1/(2\pi)^2]$. 对因子 $d^3 P_1 d^3 P_2 \delta^{(4)}(p_1 + p_2 - P_1 - P_2)$ 在 P_2 上积分, 我们消去了 δ 函数中的 3 个, 只剩下 $d\Omega dP_1 P_1^2 \delta(2E - E_1)$, 所以对 P_1 的积分给出了 $d\Omega \frac{1}{2} E^2$. 最后, 包含"真实物理"的因子是 $\frac{1}{2} \sum_s \sum_S |\mathcal{M}|^2 = [e^4/(4m^4)] f(\theta)$. 将 3 个因子乘在一起, 并除以 $d\Omega$, 我们就得到了正文中所给出的 $d\sigma/d\Omega = \left(\frac{1}{2}\right)^5 [e^4/(2\pi)^2](1/E^2) f(\theta)$. 要注意 m 像预期的那样被消掉了. 我们应该能够取 $m \to 0$ 的极限来与散射截面既不发散也不为零的能量比较.

2.6.7

$$\Gamma = \frac{|\mathcal{M}|^2}{2M} \int \frac{d^3 k}{(2\pi)^3 2\omega} \frac{d^3 k'}{(2\pi)^3 2\omega'} (2\pi)^4 \delta^4(k + k' - q)$$

消掉对 k' 的积分并积出 k 的角向部分能, 得到

$$\Gamma = \frac{|\mathcal{M}|^2}{8\pi M} \int \frac{dk k^2}{\omega\omega'} \delta(\sqrt{k^2 + m^2} + \sqrt{k'^2 + m^2} - M)$$

利用式(1.13), 我们计算出积分为 $[k^2/(\omega\omega')]\left[1/\left(\frac{k}{\omega} + \frac{k}{\omega'}\right)\right] = k/M$. 求解出满足 $\sqrt{k^2 + m^2} + \sqrt{k'^2 + m^2} = M$ 的 k, 我们就得到了所述的结果.

第 3 章

3.1.2 当被积函数的两个分母

$$(k^2 + m^2 + i\epsilon)\big[(K-k)^2 - m^2 + i\epsilon\big]$$

都为零,也就是说当 $k^2 = m^2$ 且 $(K-k)^2 = m^2$ 时,振幅应该是非解析的.但是我们发现了习题 1.7.4 中的条件,也就是 $K^2 \geqslant 4m^2$.关于方程(3.14)

$$\mathcal{M} = \frac{i\lambda^2}{32\pi^2} \int_0^1 d\alpha \ln\left[\frac{\Lambda^2}{\alpha(1-\alpha)K^2 - m^2 + i\epsilon}\right]$$

我们看到对数项有一个从 $K^2 = m^2/[\alpha(1-\alpha)]$ 出发的支割线.由于 α 的范围是从 0 到 1,$m^2/[\alpha(1-\alpha)]$ 的最小值位于 $\alpha = \dfrac{1}{2}$.所以实际上支割线出发于 $K^2 = 4m^2$.

3.1.3 在所要求的的变换下,$\ln\lambda \to \ln e^\epsilon \Lambda = \ln\Lambda + \epsilon$,并有 $\delta\mathcal{M} = -i\delta\lambda + iC\lambda^2 3(2\epsilon) + O(\lambda^3)$.所以 $\delta\mathcal{M} = 0$ 意味着 $\delta\lambda = 6C\lambda^2\epsilon + O(\lambda^3) = 6C\lambda^2\delta\ln\lambda + O(\lambda^3)$ 给出了所述的关于 $\Lambda(d\lambda/d\lambda)$ 的结果.

3.2.1 要让 $\int d^d x(\partial\varphi)^2$ 是无量纲的,我们需要 $[\varphi] = (d-2)/2$.从而 $[\varphi^n] = n(d-2)/2$,所以要让 $\int d^d x\lambda_n\varphi^n$ 是无量纲的,我们必须有 $[\lambda_n] = n(2-d)/2 + d$.

3.3.3 当我们令 $m = 0$ 时,被积函数明显就是 γ 矩阵的线性组合.被积函数不能给出 B 那样的与 γ 矩阵无关的项.对于电动力学,积分变为

$$(ie)^2 i^2 \int \frac{d^4 k}{(2\pi)^4} \frac{1}{k^2}\left[(1-\xi)\frac{k_\mu k_\nu}{k^2} - g_{\mu\nu}\right]\gamma^\mu \frac{\not p + \not k + m}{(p+k)^2 - m^2}\gamma^\nu$$

$$\equiv A(p^2)\not p + B(p^2)$$

当 $m = 0$ 时,被积函数是三个 γ 矩阵乘积的线性组合,只能约化为一个 γ 矩阵,不能变成没有.顺便说一下,另一种看待这里所述结果的方法是回顾 2.1 节,在 $m = 0$ 时拉格朗日量在手征变换 $\psi \to e^{i\theta\gamma^5}\psi$ 下不变.

3.3.4 这本质上源自 $D = 4 - B_E - \dfrac{3}{2}F_E$,其中 $B_E = 0$ 且 $F_E = 2$.于是 $D = 1$,但是根据正文中的对称性论证,线性发散会约化为对数发散.

3.5.2 基本上,你已经在习题 2.1.3 和习题 2.1.4 中计算了这个问题.所以只需要

将 E 和 $\boldsymbol{p}$ 换为 $\partial/\partial t$ 和 ∇(也可以参见 3.6 节).

3.5.3   在非相对论量子力学中,波恩近似下的散射振幅由 i 乘以势的傅里叶变换给出:$\mathrm{i}\int \mathrm{d}^3 x\, \mathrm{e}^{\mathrm{i}k\cdot x}U(\boldsymbol{x})$.来自质量为 m 的介子交换的散射振幅是 $\mathrm{i}/(k^2 - m^2) \simeq -\mathrm{i}/(\boldsymbol{k}^2 + m^2)$.从而,我们只需要重复 1.4 节中的计算,并得到

$$U(\boldsymbol{x}) = -\int \frac{\mathrm{d}^3 k}{(2\pi)^3} \frac{\mathrm{e}^{\mathrm{i}k\cdot x}}{\boldsymbol{k}^2 + m^2} = -\frac{1}{4\pi r}\mathrm{e}^{-mr}$$

3.6.1   根据运动方程有 $\bar{u}(p')(p'\gamma^\mu + \gamma^\mu p)u(p) = 2m\bar{u}(p')\gamma^\mu u(p)$,但利用 $\gamma^\mu \gamma^\nu = \frac{1}{2}\{\gamma^\mu, \gamma^\nu\} + \frac{1}{2}[\gamma^\mu, \gamma^\nu] = \eta^{\mu\nu} - \mathrm{i}\sigma^{\mu\nu}$,我们也可以写出 $(p'\gamma^\mu + \gamma^\mu p) = (p' + p)^\mu + \mathrm{i}\sigma^{\mu\nu}(p' - p)_\nu$.从而我们就得到了戈登分解.

3.6.2   我们计算

$$q_\mu \bar{u}(p')\left[\gamma^\mu F_1(q^2) + \frac{\mathrm{i}\sigma^{\mu\nu}q_\nu}{2m}F_1(q^2)\right]u(p)$$
$$= \bar{u}(p')q\!\!\!/\,u(p)F_1(q^2)$$
$$= \bar{u}(p')(p'\!\!\!/ - p\!\!\!/)u(p)F_1(q^2)$$
$$= \bar{u}(p')(m - m)u(p)F_1(q^2) = 0$$

其中第一个和第三个等式分别来自 σ 的反对称性和运动方程.

3.7.1   按照正文所述去做,但是在 d- 维时空中,我们会得到 $\mathrm{i}\Pi_{\mu\nu}(q) = -\mathrm{i}\int \frac{\mathrm{d}^d l}{(2\pi)^d} N_{\mu\nu}D$,其中 $\frac{1}{D} = \int_0^1 \mathrm{d}\alpha\, \frac{1}{\mathcal{D}}$,而和之前一样 $\mathcal{D} = [l^2 + \alpha(1-\alpha)q^2 - m^2 + \mathrm{i}\varepsilon]^2$,但现在 $N_{\mu\nu}$ 有效地等于 $-d\left[\left(1 - \frac{2}{d}\right)g_{\mu\nu}l^2 + \alpha(1-\alpha)(2q_\mu q_\nu - g_{\mu\nu}q^2) - m^2 g_{\mu\nu}\right]$.转到欧氏空间,我们会看到需要(在 $c^2 \equiv m^2 - \alpha(1-\alpha)q^2$ 的情况下)做积分 $\int \frac{\mathrm{d}_E^d l}{(2\pi)^d} \frac{1}{(l^2 + c^2)^2}$ 和 $\int \frac{\mathrm{d}_E^d l}{(2\pi)^d} \frac{l^2}{(l^2 + c^2)^2} = \int \frac{\mathrm{d}_E^d l}{(2\pi)^d} \frac{1}{(l^2 + c^2)} - c^2 \int \frac{\mathrm{d}_E^d l}{(2\pi)^d} \frac{1}{(l^2 + c^2)^2}$.在 3.1 节的附录 2 中已经做出了这些积分中的第一个.稍微推广一下,我们有 $\int_0^\infty \mathrm{d}l\, l^{d-1} \frac{1}{(l^2 + c^2)^a} = \frac{1}{2}c^{d-2a}\int_0^1 \mathrm{d}x(1-x)^{\frac{d}{2}-1}x^{a-1-\frac{d}{2}}$.我会让你从这里继续.

第 4 章

4.1.1 写下 $\boldsymbol{\varphi} = (\varphi_1, \varphi_2, \cdots, v + \varphi'_N)$. 我们计算 $\dfrac{1}{2}\mu^2\boldsymbol{\varphi}^2 - (\lambda/4)(\boldsymbol{\varphi}^2)^2$ 并发现(去掉 "′"以后)

$$\frac{1}{2}\mu^2(v^2 + 2v\varphi_N + \boldsymbol{\varphi}^2) - \frac{\lambda}{4}(v^4 + 4v^2\varphi_N^2 + 4v^3\varphi_N + 2v^2\boldsymbol{\varphi}^2)$$

φ_N 中没有线性项的条件会给出 $v^2 = \mu^2\lambda$,所以 $\boldsymbol{\varphi}^2$ 的系数等于 $\dfrac{1}{2}\mu^2 - \lambda/4(2v^2) = 0$. $N-1$ 个场 $\varphi_1, \varphi_2, \cdots, \varphi_{N-1}$ 是无质量的.

4.3.1 我们有 $\displaystyle\int_0^\infty \mathrm{d}k\ln\left[(k^2 + a^2)/k^2\right] = \pi a$,所以 $V_{\mathrm{eff}}(\varphi) = V(\varphi) + \hbar\sqrt{V''(\varphi)}/2$ $+ O(\hbar^2)$. 对于 $\mathcal{L} = \dfrac{1}{2}(\partial\varphi)^2 - \dfrac{1}{2}\omega^2\varphi^2$,也就是把 φ 当成位置的量子谐振子,我们有 $V_{\mathrm{eff}}(\varphi) = \dfrac{1}{2}\hbar\omega$.

4.3.3 我们有

$$V_{\mathrm{F}}(\varphi) = 2\mathrm{i}\int \frac{\mathrm{d}^2 p}{(2\pi)^2}\ln\frac{p^2 - m(\varphi)^2}{p^2}$$

其中,$m(\varphi) = f\varphi$. 在威克转动后变成

$$-2\int \frac{\mathrm{d}^2 p_{\mathrm{E}}}{(2\pi)^2}\ln\frac{p_{\mathrm{E}}^2 - m(\varphi)^2}{p_{\mathrm{E}}^2} = -\frac{1}{2\pi}\int_0^\infty \mathrm{d}x\ln\frac{x + m(\varphi)^2}{x}$$

在 Λ^2 处,将积分截断后并增加抵消项 $B\varphi^2$,我们得到

$$V_{\mathrm{F}}(\varphi) = \frac{1}{2\pi}(f\varphi)^2\ln\frac{\varphi^2}{M^2}$$

4.3.4 $V_{\mathrm{eff}} = \mathrm{i}\sum_{n=1}^\infty \int \mathrm{d}^4 k/(2\pi)^4(1/2n)\left[V''(\varphi)/k^2\right]^n$. 对于 $V''(\varphi) = \dfrac{1}{2}\lambda\varphi^2$,对应的费曼图包含一个有 n 个 V 与圆周连接的圆,其中 $2n$ 就是在 1.7 节中尝试避免讨论臭名昭著的对称因子.

4.4.1 由于 H 是一个任意的 p-形式,

$$\mathrm{dd}H = \frac{1}{(p+1)!}\frac{1}{p!}\partial_\lambda\partial_\nu H_{\mu_1\mu_2\cdots\mu_p}\mathrm{d}x^\lambda\mathrm{d}x^\nu\mathrm{d}x^{\mu_1}\mathrm{d}x^{\mu_2}\cdots\mathrm{d}x^{\mu_p}$$

$$= \frac{1}{2}\frac{1}{(p+1)!}\frac{1}{p!}[\partial_\lambda,\partial_\nu]H_{\mu_1\mu_2\cdots\mu_p}\mathrm{d}x^\lambda\mathrm{d}x^\nu\mathrm{d}x^{\mu_1}\mathrm{d}x^{\mu_2}\cdots\mathrm{d}x^{\mu_p} = 0$$

4.5.1 如果你已经做了目前为止的所有习题(参见习题1.10.3),那你基本已经熟悉了按照 $\varphi^{ab}\to R^{ac}R^{bd}\varphi^{cd}=R^{ac}\varphi^{cd}(R^T)^{db}=(R\varphi R^T)^{ab}$ 变换的 $I=2$ 的标量场,从而可以写出一个 3×3 的无迹对称矩阵 $\varphi\to R\varphi R^T$. 现在你只需要明确地写出协变导数 $D_\mu\varphi$(见4.4节).(提示:生成元在 φ 上的作用类似于在式(B.20)所展示的那样.)

4.5.2 根据 $\mathrm{d}F=\mathrm{d}(\mathrm{d}A+A^2)=\mathrm{d}A A-A\mathrm{d}A$ 和 $[A,F]=A\mathrm{d}A-\mathrm{d}A A$,所以有 $\mathrm{d}F+[A,F]=0$. 把指标都清楚地写出来,就是 $\varepsilon^{\mu\nu\lambda\sigma}(\partial_\nu F_{\lambda\sigma}+[A_\nu,F_{\lambda\sigma}])=0$. 在阿贝尔的情况下,我们有对于 $\mu=0$,$\varepsilon^{ijk}\partial_i F_{jk}=\nabla\cdot\boldsymbol{B}=0$(回想一下4.4节),对于 $\mu=i$,$\varepsilon^{ijk}(-\partial_0 F_{jk}+\partial_j F_{0k}-\partial_j F_{k0})=-\partial_0 B_i+(\nabla\times\boldsymbol{E})_i=0$.

4.5.4 从问题中提到的一般论证中,我们知道 $\mathrm{tr}\,F^2$ 必须是"某个东西的外微分". 现在有 $\mathrm{d}\,\mathrm{tr}\,A\mathrm{d}A=\mathrm{tr}\,\mathrm{d}A\mathrm{d}A$ 以及 $\mathrm{d}\,\mathrm{tr}\,\frac{2}{3}A^3=\frac{2}{3}\mathrm{tr}(\mathrm{d}A A^2-A\mathrm{d}A A+A^2\mathrm{d}A)=2\mathrm{tr}\,\mathrm{d}A A^2$,但另一方面由于 $\mathrm{tr}\,A^4=\mathrm{tr}\,A^3 A=-\mathrm{tr}\,A A^3=-\mathrm{tr}\,A^4=0$,所以有 $\mathrm{tr}\,F^2=\mathrm{tr}(\mathrm{d}A+A^2)(\mathrm{d}A+A^2)=\mathrm{tr}(\mathrm{d}A\mathrm{d}A+2\mathrm{d}A A^2)$. 在电磁学中,$\mathrm{tr}\,A^3=0$ 以及 $\mathrm{d}\,\mathrm{tr}\,A\mathrm{d}A$ 用基本的记号写出来就是 $\partial_\mu(\varepsilon^{\mu\nu\lambda\sigma}A_\nu\partial_\lambda A_\sigma)=\frac{1}{4}\varepsilon^{\mu\nu\lambda\sigma}F_{\mu\nu}F_{\lambda\sigma}$.

4.5.6 我们简单地代入正文中的一般表达式并得到

$$\mathcal{L}=-\frac{1}{4g^2}F^a_{\mu\nu}F^{a\mu\nu}+\bar{q}(\mathrm{i}\gamma^\mu D_\mu-m)q$$

而协变导数是 $D_\mu=\partial_\mu-\mathrm{i}A_\mu=\partial_\mu-\mathrm{i}^a_\mu T^a$,其中 $T^a(a=1,\cdots,8)$ 是 3×3 的无迹厄米矩阵.具体而言,$(A_\mu q)^\alpha=A^a_\mu(T^a)^\alpha_\beta q^\beta$,其中 $\alpha,\beta=1,2,3$(见7.3节).

4.6.3 观察

$$A^a_\mu\tau^a=\begin{pmatrix} A^3_\mu & A^{1-\mathrm{i}2}_\mu \\ A^{1+\mathrm{i}2}_\mu & -A^3_\mu \end{pmatrix}$$

其中的记号是 $A^{1\pm\mathrm{i}2}_\mu\equiv A^1_\mu\pm\mathrm{i}A^2_\mu$. 令 $\langle\varphi\rangle=\begin{pmatrix}0\\v\end{pmatrix}$,则有

$$D_\mu\varphi=\partial_\mu\varphi-\mathrm{i}\left(gA^a_\mu\frac{\tau^a}{2}+g'B_\mu\frac{1}{2}\right)\varphi\to-\frac{\mathrm{i}}{2}v=\begin{pmatrix} gA^{1-\mathrm{i}2}_\mu \\ -gA^3_\mu+g'B_\mu \end{pmatrix}$$

因此，$|D_\mu \varphi|^2$ 包含 $v^2 [g^2 A_\mu^{1+i2} A_\mu^{1-i2} + (-g A_\mu^3 + g' B_\mu)^2]$. 在 $g A_\mu^3 + g' B_\mu$ 保持无质量时，A_μ^{1+i2}，A_μ^{1-i2} 和 $(-g A_\mu^3 + g' B_\mu)$ 的组合会获得质量.

4.7.4 我们有

$$\Delta^{\mu\nu}(k_1, k_2) = i\int \frac{\mathrm{d}^4 p}{(2\pi)^4} \frac{N^{\mu\nu}}{D} + \{\mu, k_1 \leftrightarrow \nu, k_2\}$$

其中

$$N^{\mu\nu} \equiv \mathrm{tr}\, \gamma^5 (\not{p} - \not{q} + M) \gamma^\nu (\not{p} - \not{k_1} + M) \gamma^\mu (\not{p} + M)$$

$N^{\mu\nu}$ 中只有 M 的线性项不为零，给出 $N^{\mu\nu} = 4iM \varepsilon^{\mu\nu\sigma\tau} k_{1\sigma} k_{2\tau}$. 由于我们只关心 $O(k_1 k_2)$ 阶的项，所以可以令 $D \to (p^2 - M^2)^3$，则有

$$\Delta^{\mu\nu}(k_1, k_2) = -8M \varepsilon^{\mu\nu\sigma\tau} k_{1\sigma} k_{2\tau} \int \frac{\mathrm{d}^4 p}{(2\pi)^4} \frac{1}{(p^2 - M^2)^3} = \frac{i}{4\pi^2 M} \varepsilon^{\mu\nu\sigma\tau} k_{1\sigma} k_{2\tau}$$

如同问题中所述那样依赖于 M. 正规子的效应，就像某些令人讨厌的熟人那样，即使我们把它送到无穷远处也依然存在.

4.7.5 我们将简略地给出解答. 详情可以在 1970 年布兰迪斯暑期学校 S. Adler 的讲座中找到. 重点是想象一个保留了各种相关的对称性，即洛伦兹不变性、矢量流守恒和玻色统计的正规化方案. 正如你将看到的，我们实际上不需要确定具体的正规化. 根据洛伦兹不变性，我们有

$$\begin{aligned}
\Delta^{\lambda\mu\nu}(k_1, k_2) = {}& \varepsilon^{\lambda\mu\nu\sigma} k_{1\sigma} A_1 + \varepsilon^{\lambda\mu\nu\sigma} k_{2\sigma} A_2 + \varepsilon^{\lambda\mu\sigma\tau} k_{1\sigma} k_{2\tau} k_1^\nu A_3 \\
& + \varepsilon^{\lambda\mu\sigma\tau} k_{1\sigma} k_{2\tau} k_2^\nu A_4 + \varepsilon^{\lambda\nu\sigma\tau} k_{1\sigma} k_{2\tau} k_1^\mu A_5 \\
& + \varepsilon^{\lambda\nu\sigma\tau} k_{1\sigma} k_{2\tau} k_2^\mu A_6 + \varepsilon^{\mu\nu\sigma\tau} k_{1\sigma} k_{2\tau} k_1^\lambda A_7 \\
& + \varepsilon^{\mu\nu\sigma\tau} k_{1\sigma} k_{2\tau} k_2^\lambda A_8
\end{aligned}$$

由于表示 $\Delta^{\lambda\mu\nu}$ 的费曼积分表面上是线性发散的，所以我们看到 $A_3, \cdots, A_8$ 都是收敛的，因为我们必须通过提出动量的三次方项来提取它们. 相反的是，A_1 和 A_2 是对数发散的，但是我们可以通过矢量流守恒把它们和 $A_3, \cdots, A_8$ 联系起来，因为 $0 = k_{1\mu} \Delta^{\lambda\mu\nu} = \varepsilon^{\lambda\nu\sigma\tau} k_{1\sigma} k_{2\tau} (-A_2 + k_1^2 A_5 + k_1 \cdot k_2 A_6)$，从而有 $A_2 = k_1^2 A_5 + k_1 \cdot k_2 A_6$. 对于 A_1 也有类似的结果. 对费曼被积函数进行有理化并计算分子上的迹，我们可以系统地忽略只对 A_1 和 A_2 有贡献的项. 更进一步，玻色统计会为我们给出类似 $A_3(k_1^2, k_2^2, q^2) = -A_6(k_2^2, k_1^2, q^2)$ 这样的关系.

第 5 章

5.1.1 我们丢掉 $h^2 \partial_0 \theta$ 项但保留 $4g^2 \bar{\rho} h^2$ 项. 这要求 $\partial_0 \theta \ll g^2 \bar{\rho}$, 也就是 $\omega \ll g^2 \bar{\rho}$, 但由于在我们的解中 $\omega \sim g\sqrt{\bar{\rho}/m}k$, 所以这需要 $k \ll \sqrt{m\bar{\rho}}$, 与我们对 k 的要求一致. 再关注一下 $\mathcal{L}$ 中的 $-2\sqrt{\bar{\rho}} h \partial_0 \theta - 4g^2 \bar{\rho} h^2$ 项, 我们看到 $h \sim \partial_0 \theta/(g^2\sqrt{\bar{\rho}}) \ll \sqrt{\bar{\rho}}$, 而这也是一致的.

5.5.1 由于 $\gamma^5 = \sigma_3, \frac{1}{2}(I \pm \gamma^5)$ 明显会分别投影出 $\psi = \begin{pmatrix} \psi_L \\ \psi_R \end{pmatrix}$ 的上、下两个分量. 在形式上都和 2.1 节中的相同, 但我们也可以用这里给出的特定的表示来明确地计算出来. 因此, $\bar{\psi}\psi = \psi^\dagger \sigma_2 \psi = i(\psi_R^\dagger \psi_L - \psi_L^\dagger \psi_R)$ 且 $\bar{\psi}\gamma^5 \psi = \psi^\dagger \sigma_2 \sigma_3 \psi = i(\psi_R^\dagger \psi_L + \psi_L^\dagger \psi_R)$. 在变换 $\psi \to e^{i\theta\gamma^5}\psi$ 下, $\psi_L \to e^{i\theta}\psi_L$ 且 $\psi_R \to e^{-i\theta}\psi_R$, 而无质量的狄拉克拉格朗日量

$$\mathcal{L} = i\psi_R^\dagger \left(\frac{\partial}{\partial t} + v_F \frac{\partial}{\partial x} \right) \psi_R + i\psi_L^\dagger \left(\frac{\partial}{\partial t} - v_F \frac{\partial}{\partial x} \right) \psi_L$$

显然不会改变.

5.6.1 这显然只是根据洛伦兹不变性得到的. 我们有

$$\partial_t \varphi \left(\frac{x - vt}{\sqrt{1 - v^2}} \right) = \frac{-v}{\sqrt{1 - v^2}} \varphi' \left(\frac{x - vt}{\sqrt{1 - v^2}} \right)$$

以及

$$\partial_x \varphi \left(\frac{x - vt}{\sqrt{1 - v^2}} \right) = \frac{1}{\sqrt{1 - v^2}} \varphi' \left(\frac{x - vt}{\sqrt{1 - v^2}} \right)$$

从而方程

$$(\partial_t^2 - \partial_x^2) \varphi \left(\frac{x - vt}{\sqrt{1 - v^2}} \right) + V' \left[\varphi \left(\frac{x - vt}{\sqrt{1 - v^2}} \right) \right] = 0$$

就变成了

$$\varphi'' \left(\frac{x - vt}{\sqrt{1 - v^2}} \right) - V' \left[\varphi \left(\frac{x - vt}{\sqrt{1 - v^2}} \right) \right] = 0$$

要注意这并不取决于 V 的形式. 对于任何相对论性理论, 孤子都像一个相对论性粒子一样运动(显然!).

5.6.2 正弦-戈登理论在 $\varphi = (2n+1)\pi/\beta$ 处有无穷多个真空. 因此存在一个完整的孤子谱, 使得 $\varphi(\pm\infty) = (2n_\pm + 1)\pi/\beta$. 拓扑流是 $J^\mu = [\beta/(2\pi)]\varepsilon^{\mu\nu}\partial_\nu\varphi$, 其对应的荷是 $Q = (n_+ - n_-)$. $Q = 2$ 的孤子会衰变成两个 $Q = 1$ 的孤子.

5.7.4

$$[i/(2\pi)]\int_{S^1} g\,dg^\dagger = [i/(2\pi)]\int_{S^1} e^{i\nu\theta}de^{-i\nu\theta} = [i/(2\pi)]\int_{S^1}(-i\nu d\theta) = [\nu/(2\pi)]\int_0^{2\pi} d\theta = \nu$$

这实际上是计算了 $e^{i\nu\theta}$ 环绕圆周的次数. 数学家所说的圈数, 实际上就是物理学家所说的磁通量.

5.7.5 考虑一个足够小的区域, 以便我们可以将 $\varphi^a = v\delta^{a3}$ 当作常数, 利用 $(D_\mu\varphi)^b = \partial_\mu\varphi^b + e\varepsilon^{bcd}A_\mu^c\varphi^d$ 我们有 $(D_\mu\varphi)^1 = evA_\mu^2$ 和 $(D_\mu\varphi)^2 = -evA_\mu^1$, 于是有

$$\mathcal{F}_{\mu\nu} \equiv \frac{F_{\mu\nu}^a\varphi^a}{|\varphi|} - \frac{(1/e)\varepsilon^{abc}\varphi^a(D_\mu\varphi)^b(D_\nu\varphi)^c}{|\varphi|^3}$$

$$\rightarrow F_{\mu\nu}^3 + e(A_\mu^2 A_\nu^1 - A_\nu^2 A_\mu^1) = \partial_\mu A_\nu^3 - \partial_\nu A_\mu^3$$

这就是电磁场的强度, 因为 A_μ^3 是杨-米尔斯场的无质量分量. 让我们计算远离磁单极子的 $B_k = \varepsilon_{ijk}\mathcal{F}_{ij}$. 要计算磁荷的话, 我们只对 $\boldsymbol{B}$ 中 $1/r^2$ 阶的项有兴趣. 因为根据构造 $D_\mu\varphi \rightarrow O(1/r^2)$, 我们可以丢掉 $\mathcal{F}_{ij}$ 中的第二项. 所以, 我们只需要计算 $F_{ij}^a \equiv \partial_i A_j^a - \partial_j A_i^a + e\varepsilon^{abc}A_i^b A_j^c$. 由于 F_{ij}^a 最终将会和单位矢量 $\varphi^a/|\varphi| = x^a/r$ 缩并, 所以我们可以有效地丢掉 F_{ij}^a 中的一些项来简化计算. 于是有

$$\partial_i A_j^a = \partial_i\left(\frac{1}{e}\varepsilon^{ajl}\frac{x^l}{r^2}\right) \,"="\, \frac{1}{e}\varepsilon^{aji}\frac{1}{r^2}$$

以及

$$e\varepsilon^{abc}A_i^b A_j^c = \frac{(1/e)\varepsilon^{abc}\varepsilon^{bim}\varepsilon^{cjn}x^m x^n}{r^4}$$

$$= \frac{(1/e)(\delta^{ci}\delta^{am} - \delta^{cm}\delta^{ai})\varepsilon^{cjn}x^m x^n}{r^4} = \frac{1}{er^4}\varepsilon^{ijn}x^a x^n$$

所以有

$$\frac{F_{ij}^a\varphi^a}{|\varphi|} = \frac{F_{ij}^a x^a}{r} = \frac{1}{er^3}(-2+1)\varepsilon^{aij}x^a = -\frac{1}{er^3}\varepsilon^{aij}x^a$$

并因此有 $B_k = -[1/(er^2)]\hat{x}^k$,磁荷为 $g = -4\pi/e$.

我们的结果与狄拉克的量子化条件式(4.56)看上去差了一个因子2.这个表面上的悖论的解决方法是有启发意义的.实际上,我们总可以在这个理论中引入一个场 Ψ(可以是玻色场或费米场)在 $I = \frac{1}{2}$ 的表示下变换,并且对应的协变导数是 $\mathrm{D}_\mu\Psi = \partial_\mu\Psi - \mathrm{ie}\left(\frac{1}{2}\tau^a\right)A_\mu^a\Psi$.场 Ψ 带有电荷 $\frac{1}{2}e$.因此,电荷的基本单位实际上是 $\frac{1}{2}e$ 而不是 e,而我们的结果 $g = -4\pi/e = -2\pi/(e/2)$ 实际上就是狄拉克的量子化条件.(符号是平庸的:只不过是我们称哪一个叫单极子哪一个叫反单极子的问题而已.)

5.7.7 假设 $\varphi^a = [H(r)/(er)](x^a/r)$ 和 $A_i{}^b = [1 - K(r)]\varepsilon^{bij}[x^j/(er^2)]$(所以根据渐近行为式(5.47)和式(5.48),就有 $H(r) \to evr$ 且 $K(r) \to 0$,代入 $M = \int \mathrm{d}^3x\left\{\frac{1}{4}(F_{ij})^2 + \frac{1}{2}(D_i\boldsymbol{\varphi})^2 + V(\boldsymbol{\varphi})\right\}$,我们可以得到作为 H 和 K 的函数的 M.令 M 取最小值,给出(其中 $H' = \mathrm{d}H/\mathrm{d}r$,等等)方程 $r^2H'' = 2HK^2 + (\lambda/e^2)[H^3 - (ev)^2r^2H]$ 和 $r^2K'' = K(K^2 - 1) + KH^2$.要寻求帮助的话,可阅读 M.K. Prasad and C.M. Sommerfeld,Phys. Rev. Lett.,1975,35:760.

5.7.8 BPS 解对应着习题 5.7.7 两个方程中的 $\lambda = 0$,从而使得方程可解,而其解为 $H(r) = evr(\coth evr) - 1$ 和 $K(r) = evr/(\sinh evr)$.问一下你自己,为什么 $H(r)$ 和 $K(r)$ 以指数的方式趋于它们的渐近值.是什么决定了长度的尺度?

5.7.9 要寻求帮助的话,可阅读 B. Julia and A. Zee,Phys. Rev. D,1975,11:2227.

5.7.11 我们推导出过磁单极质量的下限是 $4\pi v|g| \sim 4\pi(ev)/e^2 \sim M_W/\alpha$.

5.7.12 在单位元附近 $g = \mathrm{e}^{\mathrm{i}\boldsymbol{\theta}\cdot\boldsymbol{\sigma}} \simeq \mathrm{i}\boldsymbol{\theta}\cdot\boldsymbol{\sigma}$,从而 $g\mathrm{d}g^\dagger \simeq -\mathrm{i}\mathrm{d}\boldsymbol{\theta}\cdot\boldsymbol{\sigma}$.在单位元的一个小的临域内,群流形局域上是欧氏的,所以

$$\mathrm{tr}\,(g\mathrm{d}g^\dagger)^3 = \mathrm{i}\mathrm{tr}\,(\sigma^i\sigma^j\sigma^k)\mathrm{d}\theta^i\mathrm{d}\theta^j\mathrm{d}\theta^k = -12\mathrm{d}\theta^1\mathrm{d}\theta^2\mathrm{d}\theta^3$$

显然与 S^3 上的体积元成正比.对于 $g = \mathrm{e}^{\mathrm{i}(\theta_1\sigma_1 + \theta_2\sigma_2 + \theta_3\sigma_3)}$,$\mathrm{tr}\,(g\mathrm{d}g^\dagger)^3 = -12m\mathrm{d}\theta^1\mathrm{d}\theta^2\mathrm{d}\theta^3$.

5.7.13

$$\int \mathrm{d}^4x\,(\partial_\mu J_5^\mu) = \int \mathrm{d}^3x J_5^0\Big|_{t=+\infty} - \int \mathrm{d}^3x J_5^0\Big|_{t=-\infty}$$

回忆一下 $J_5^0 = \psi_R^\dagger\psi_R - \psi_L^\dagger\psi_L$,我们看到两个空间积分只是分别在 $t = \pm\infty$ 处计算右行费米子量子数减去左行费米子量子数.所以 $\int \mathrm{d}^4x\,(\partial_\mu J_5^\mu)$ 是一个整数.另一方面,正文中我们证明

果壳中的量子场论
Quantum Field Theory in a Nutshell

了 $\int \mathrm{tr}\, F^2$ 是一个拓扑不变量. 换句话说, 采用恰当的归一化, 也就是很明显地 $1/(4\pi)^2$, 积分 $\left[1/(4\pi)^2\right]\int \mathrm{d}^4 x \varepsilon^{\mu\nu\lambda\sigma}\,\mathrm{tr}\, F_{\mu\nu} F_{\lambda\sigma}$ 是一个整数. 因此, 系数 $1/(4\pi)^2$ 在量子涨落下一点儿都不变.

第 6 章

6.4.2 $\mathcal{L}$ 中的二阶相互作用项 $[1/(2f^2)](\boldsymbol{\pi} \cdot \partial \boldsymbol{\pi})^2$ 给出了 4-π 介子相互作用顶点的振幅 $\mathrm{i}\left[1/(2f^2)\right]\mathrm{i}^2 \delta^{ab}\delta^{cd}(k_1 k_3 + k_1 k_4 + k_2 k_3 + k_2 k_4) + \mathrm{permutations} = \left[\mathrm{i}/(2f^2)\right]\delta^{ab}\delta^{cd}(k_1 + k_2)^2 + \mathrm{permutations}$(其中为了方便, 我们把所有的动量都记为向外发出的, 所以 $k_1 + k_2 + k_3 + k_4 = 0$).

6.4.3 在写下 $\sigma = v + \sigma'$ 后我们发现, 就像在 4.1 节中那样, $\mathcal{L} = -\frac{1}{2}(2\mu)^2 \sigma'^2 - \lambda v \sigma' \boldsymbol{\pi}^2 - \frac{1}{4}\lambda(\boldsymbol{\pi}^2)^2 + \cdots$, 其中我们只展示出和我们的目的相关的项. 对 4-π 介子相互作用的图有两种, 是包含了 $\lambda(\boldsymbol{\pi}^2)^2$ 项的和包含了 σ' 交换的. 前者给出的振幅是 $\left(-\frac{\mathrm{i}}{4}\lambda\right)2 \cdot 2(\delta^{ab}\delta^{cd} + \delta^{ac}\delta^{bd} + \delta^{ad}\delta^{bc})$, 而后者给出的是 $(-\mathrm{i}\lambda v)^2 \{2\mathrm{i}/[(k_1 + k_2)^2 - m_{\sigma'}^2]\}\delta^{ab}\delta^{cd}$. 因此, 展开到动量平方的一阶, 我们发现 $\delta^{ab}\delta^{cd}$ 的系数是

$$-\mathrm{i}\lambda - 2\mathrm{i}\lambda^2 v^2 \left[-\frac{1}{m_{\sigma'}^2}\right]\left[1 + \frac{(k_1 + k_2)^2}{m_{\sigma'}^2}\right] = -\mathrm{i}\lambda + \frac{2\mathrm{i}\lambda^2 v^2}{2\mu^2}\left[1 + \frac{(k_1 + k_2)^2}{2\mu^2}\right]$$

$$= \frac{\mathrm{i}\lambda}{2\mu^2}(k_1 + k_2)^2$$

要与习题 6.4.2 比较的话, 我们要记得有 $f^2 = v^2 = \mu^2/\lambda$, 所以这里的振幅也如同我们在正文中所预期的那样等于 $[\mathrm{i}/(2f^2)]\delta^{ab}\delta^{cd}(k_1 + k_2)^2 + $ 轮换.

6.4.4 我们将会仔细地追踪因子 2, 但不会太关注因子 i 和 -1. 让我们回到手征变换 $\psi \to \left[1 + \mathrm{i}\boldsymbol{\theta} \cdot (\boldsymbol{\tau}/2)\gamma^5\right]\psi$ 和 $\bar{\psi} \to \bar{\psi}\left[1 + \mathrm{i}\boldsymbol{\theta} \cdot (\boldsymbol{\tau}/2)\gamma^5\right]$. 从而, $\delta\bar{\psi}\psi = \theta^a \bar{\psi}\mathrm{i}\gamma^5 \tau^a \psi$ 且 $\delta(\bar{\psi}\mathrm{i}\gamma^5 \tau^a \psi) = -\theta^a \bar{\psi}\psi$. 因此, 要让 $\mathcal{L} = \bar{\psi}\{\mathrm{i}\gamma\partial + g(\sigma + \mathrm{i}\boldsymbol{\tau} \cdot \boldsymbol{\pi}\gamma_5)\}\psi + \mathcal{L}(\sigma, \boldsymbol{\pi})$ 不变, 我们必须有 $\delta\sigma = \theta^a \pi^a$ 和 $\delta\pi^a = -\theta^a \sigma$. 利用诺特定理 $J_\mu = (\delta\mathcal{L}/\delta\partial_\mu\varphi)\delta\varphi$, 我们得到了正文中写的流 $J_{\mu 5}^a = \bar{\psi}\mathrm{i}\gamma_\mu\gamma_5(\tau^a/2)\psi + \pi^a\partial_\mu\sigma - \sigma\partial_\mu\pi^a$. 比较 $J_{\mu 5}^{1+\mathrm{i}2} \equiv J_{\mu 5}^1 + \mathrm{i}J_{\mu 5}^2$ 和在 4.2 节中定义的流 $J_{5\mu}$, 我们看到 $J_{5\mu} = J_{\mu 5}^{1+\mathrm{i}2}$. 归一化的态 $|\pi^-\rangle = (1/\sqrt{2})(|\pi^1\rangle - \mathrm{i}|\pi^2\rangle)$, 所以 $\langle 0|\pi^{1+\mathrm{i}2}|\pi^-\rangle = 2/\sqrt{2}$. 流 $J_{\mu 5}^{1+\mathrm{i}2}$ 包含了 $-v\partial_\mu\pi^{1+\mathrm{i}2}$, 所以 $f = \sqrt{2}\, v$. 接下来, 我们需要计算

出 4.2 节中定义的 π 介子-核子的耦合 $g_{\pi NN}$. 这里 $\mathcal{L}$ 包含了 $g\bar{\psi}i\boldsymbol{\tau}\cdot\boldsymbol{\pi}\gamma_5\psi$, 而因为 $\pi^{1-i2} = \sqrt{2}\pi^-$, 所以其中包含了 $\sqrt{2}\,g\bar{p}i\gamma_5 n\pi^-$. 所以, $g_{\pi NN} = \sqrt{2}\,g$. 把它合起来, 我们可以看到与 4.2 节相符合的是 $M = gv$ 会变换成 $2M = fg_{\pi NN}$.

6.6.1 参见图 6.3. 根据 $\Delta h = (d/\cos\theta) \simeq d\left(1+\dfrac{1}{2}\theta^2\right)$ 和 $(\partial h/\partial x) = \tan\theta \simeq \theta$, 我们有 $(\partial h/\partial t) \propto \theta^2 \propto (\partial h/\partial x)^2$, 从而得到 $(\lambda/2)(\nabla h)^2$ 这项. 这一切都要追溯到毕达哥拉斯先生.

6.6.2 我们对 $S(h)$ 中的 $\dfrac{1}{2}\displaystyle\int \mathrm{d}^D x\,\mathrm{d}t\,\{[(\partial/\partial t) - \nabla^2]h\}^2$ 项分部积分, 可以得到 $-\dfrac{1}{2}\displaystyle\int \mathrm{d}^D x\,\mathrm{d}t\,\{h[(\partial/\partial t) + \nabla^2]h\}$. 因此传播子是算符 $(\partial/\partial t + \nabla^2)(\partial/\partial t - \nabla^2) = \partial^2/\partial t^2 + (\nabla^2)^2$, 其傅里叶变换是 $-(\omega^2 + k^4)$.

6.8.3 根据 $h'(\boldsymbol{x}, t) = h(\boldsymbol{x} + g\boldsymbol{u}t, t) + \boldsymbol{u}\cdot\boldsymbol{x} + \dfrac{g}{2}u^2 t$, 我们有 $\partial h'/\partial t = \partial h/\partial t + g\boldsymbol{u}\cdot\nabla h + (g/2)u^2$ 以及 $\nabla h' = \nabla h + \boldsymbol{u}$. 因此组合 $(\partial h/\partial t) - \dfrac{g}{2}(\nabla h)^2$ 是不变的, (显然) $\nabla^2 h$ 也是不变的. 换句话说, $\tilde{S}(h)$ 必须是由这两个不变量组合构成的.

6.8.5 看一下作用量 $S(h) = \dfrac{1}{2}\displaystyle\int \mathrm{d}^D x\,\mathrm{d}t\,[\partial h/\partial t - \nabla^2 h - g(\nabla h)^2/2]^2$. 比较 $\partial h/\partial t - \nabla^2 h$, 我们能看出时间有长度平方的量纲: $T \sim L^2$. 根据 $\displaystyle\int \mathrm{d}^D x\,\mathrm{d}t\,(\partial h/\partial t)^2$ 这项和 S 无量纲的事实, 我们有 $[h]^2 \sim T^2/(L^D T) \sim 1/L^{D-2}$, 所以 h 的量纲是 $(1/L^{D-2})^{\frac{1}{2}}$. 比较 $\nabla^2 h$ 和 $(\nabla h)^2$, 我们可以看出 g 具有 $1/h$ 的量纲, 也就是 $L^{(D-2)/2}$.

6.8.7 我们被告知 $L(\mathrm{d}g/\mathrm{d}L) = (2-D)g/2 + (2D-3)f_D g^3 + \cdots$. 假设那些 $(\cdots)$ 项可以被忽略. 因此 (下面的 a^2 和 b^2 是两个一般的正数) 对于 $D = 1$, $L(\mathrm{d}g/\mathrm{d}L) = a^2 g - b^2 g^3$, 并且 g 流向不动点 $g^* = a/b$. (顺便说一下, KPZ 方程在 $D = 1$ 时是可解的, 不过用到的方法在本书中并没有解释过; 而且 z 和 χ 都是被精确知道的.) 对于 $D = 2$, $L(\mathrm{d}g/\mathrm{d}L) = b^2 g^3$, 并且 g 流向某个未知的 (可推测为) 强耦合不动点. 对于 $D = 3$, $L(\mathrm{d}g/\mathrm{d}L) = -a^2 g + b^2 g^3$. 不动点 $g^* = a/b$ 是不稳定的. 对于 $g < g^*$, g 会流向平庸的 (比如自由的或者高斯的) 不动点. 由于在不动点的理论是自由的, 所以我们精确地知道临界指数: $z = 2$ 且 $\chi = (2-D)/2$. 对于 $g > g^*$, g 流向某个未知的 (可推测为) 强耦合不动点.

第 7 章

7.1.1 设 $n^\mu A'_\mu(x) = 0$，其中 $A'_\mu(x) = U^\dagger A_\mu U + \mathrm{i} U^\dagger \partial_\mu U$，所以 $n \cdot \partial U(x) = \mathrm{i} n \cdot A(x) U(x)$. 对于任意的 4-矢量，$r$ 定义为 $\lambda(x) = r \cdot x / (r \cdot n)$ 并写下 $x = \lambda(x) n + x_\perp$，所以 $r \cdot x_\perp = 0$. 于是有

$$U(x) = \mathcal{P} \mathrm{e}^{\mathrm{i} \int_0^{\lambda(x)} \mathrm{d}\sigma n \cdot A(\sigma n + x_\perp)}$$

（在路径排序后）是微分方程的解，因为根据构造 $n \cdot \partial \lambda = 1$.

7.1.2 利用给出的 BHC 公式，我们有（这些 V' 显然是不相干的）

$$U_{ij} U_{jk} = \mathrm{e}^{\mathrm{i} a A_\mu} \mathrm{e}^{\mathrm{i} a A_\nu} = \mathrm{e}^{\mathrm{i} a (A_\mu + A_\nu) - \frac{1}{2} a^2 [A_\mu, A_\nu] + a^3 C + a^4 D + O(a^5)}$$

类似地，

$$U_{kl} U_{li} = \mathrm{e}^{-\mathrm{i} a A'_\mu} \mathrm{e}^{-\mathrm{i} a A'_\nu} = \mathrm{e}^{-\mathrm{i} a (A'_\mu + A'_\nu) - \frac{1}{2} a^2 [A_\mu, A_\nu] + a^3 E + a^4 F + O(a^5)}$$

这里的上撇是提醒我们这个表达式中的 A_μ 和 A_ν 分别要在图 7.2 中方框的"北边"和"西边"上取值，与 $U_{ij} U_{jk}$ 中的 A_μ 和 A_ν 分别要在"南边"和"东边"上取值是不同的. 式中的 C, D, E, F 表示各种各样的对易子，我们带着它们只是为了表明在我们所感兴趣的地方，它们最终会退出.（要注意不同的项是如何如上所示与 a 的不同幂次相关联的. 还要注意，在某些地方，我们去掉了 A 上的撇，并把这样做导致的"错误"吸收到 a 的更高阶项中.）从而得到

$$U_{kl} U_{li} = \mathrm{e}^{-\mathrm{i} a (A_\mu + A_\nu) - \mathrm{i} a^2 (\partial_\nu A_\mu - \partial_\mu A_\nu - \frac{1}{2} \mathrm{i} [A_\mu, A_\nu]) + a^3 G + a^4 H + O(a^5)}$$

其中，G 和 H 表示对易子和诸如 $\partial_\nu \partial_\nu A_\mu$ 和 $\partial_\nu \partial_\nu \partial_\nu A_\mu$ 这种项的求和. 再次将 BHC 公式用到所示的阶，则我们有

$$U_{ij} U_{jk} U_{kl} U_{li} = \mathrm{e}^{\mathrm{i} a^2 (\partial_\mu A_\nu - \partial_\nu A_\mu) - a^2 [A_\mu, A_\nu] + O(a^4)} = \mathrm{e}^{\mathrm{i} a^2 F_{\mu\nu} + a^3 I + a^4 J + O(a^5)}$$

其中，$F_{\mu\nu} = \partial_\mu A_\nu - \partial_\nu A_\mu + \mathrm{i} [A_\mu, A_\nu]$. 关于 G 和 H 的记号同样适用于 I 和 J. 如同我们所预期的那样，杨-米尔斯场强会自然地出现. 由于对易子和 A 的迹为零，所以当我们取迹时所有的垃圾项都会退出掉到 $O(a^5)$ 中，并且我们有

$$S(P) = \mathrm{Re} \, \mathrm{tr} \left[1 - \frac{1}{2} a^4 F_{\mu\nu} F_{\mu\nu} + O(a^5) \right]$$

根据规范不变性，修正项必须是 a 的偶数阶，不过鉴于我们的目的，我们并不会关心这一点. 显然，f 和 g 是被一些和 a 有关的无趣的因子联系起来的.

第 8 章

8.1.7 $R^{12} = \mathrm{d}\omega^{12} = \mathrm{d}(-\cos\theta\mathrm{d}\varphi) = \sin\theta\mathrm{d}\theta\mathrm{d}\varphi = 2R^{12}_{\theta\varphi}\mathrm{d}\theta\mathrm{d}\varphi \rightarrow R^{12}_{\theta\varphi} = \dfrac{1}{2}\sin\theta$. 由于 $e^\theta_1 = 1, e^\varphi_2 = 1/\sin\theta$，因此我们得到 $R \equiv R^{ab}_{\mu\nu}e^\mu_a e^\nu_b = R^{12}_{\theta\varphi}e^\theta_1 e^\varphi_2 = 1$，像预期的那样与 θ 和 φ 无关.

第 9 章

9.1.1 电中性系统的有效作用量是在点粒子极限下给出的，形式为 $S = \displaystyle\int\mathrm{d}\tau(-m + b_E E_\mu E^\mu + b_B B_\mu B^\mu + \cdots)$，其中 E_μ 和 B_μ 已经在正文中定义过. 相互作用项包含二次导数，在散射振幅中就变成了 ω 的二次项，从而在散射截面中就是 ω 的四次项.（注意，像 $\displaystyle\int\mathrm{d}\tau F_{\mu\nu}F^{\mu\nu}$ 这样的项可以被吸收进已经写出的两项中.）

9.3.2 就像在方程(3.23)中那样，我们有 $3V_3 + 4V_4 = 2I + n$，其中 I 代表内线数. 在树图中圈数（见式(3.22)）$L = I - (V_3 + V_4 - 1)$ 是零，所以 $V_3 = n - 2 - 2V_4 \leqslant n - 2$.

延伸阅读

关于场论的书

这是一个我所知道的场论教科书的清单. 我并不需要推荐全部这些书,书籍就像食物一样,每个人都有其独特的口味.

Banks T. Modern Quantum Field Theory. Cambridge University Press,New York,2008.

Bjorken J D,Drell S D. Relativistic Quantum Mechanics. McGraw-Hill,New York,1964. Relativistic Quantum Fields. McGraw-Hill,New York,1965.

Brown L S. Quantum Field Theory. Cambridge University Press,New York,1992.

Chang S J. Introduction to Quantum Field Theory. World Scientific,Singapore,1990.

Cheng T P，Li L F. Gauge Theory of Elementary Particle Physics. Clarendon Press，Oxford，1984.

Dyson F，Derbes D. Advanced Quantum Mechanics. World Scientific，Singapore，2007.

Feynman R P . Quantum Electrodynamics. W. A. Benjamin，New York，1962.

Huang K. Quantum Field Theory. John Wiley & Sons，New York，1998.

Itzykson C，Zuber J B. Quantum Field Theory. McGraw-Hill，New York，1980.

Lee T D. Particle Physics and Introduction to Field Theory. Taylor & Francis，New York，1981.

Nair V P. Quantum Field Theory. Springer，New York，2005.

Peskin M E，Schroeder D V. An Introduction to Quantum Field Theory. Perseus，Reading MA，1995.

Ryder L H. Quantum Field Theory，2nd Ed.. Cambridge University Press，New York，1996.

Stednicki M. Quantum Field Theory. Cambridge University Press，New York，2007.

Sterman G. An Introduction to Quantum Field Theory. Cambridge University Press，New York，1993.

Weinberg S. Quantum Theory of Fields，Vols. 1 & 2. Cambridge University Press，New York，1996.

Wen X G. Quantum Field Theory of Many-Body Systems. Oxford University Press，New York，2007.

最后，当然还有

Mandl F. Introduction to Quantum Field Theory. Interscience，New York，1959.

与本书提到的各种话题有关的书

Abrikosov A A，Gorkov L，Dzyaloshinski A. Methods of Quantum Field Theory in Statistical Physics. Prentice Hall，Englewood Cliffs，NJ，1963.

Adler S L. Perturbation Theory Anomalies // Lectures on Elementary Particles and Quantum Field Theory，1970，Brandeis University Summer Institute in

Theoretical Physics, S. Deser et al, ed., MIT Press, Cambridge, 1970.

Anderson P. Basic Notions of Condensed Matter Physics. Benjamin-Cummings, MenloPark,CA1984.

Bailin D, Love A. Supersymmetric Gauge Field Theory and String Theory. IOP Publishing, Bristol and Philadelphia, 1994.

Balian R, Zinn-Justin J. Methods in Field Theory. North Holland Publishing, Amsterdam, and World Scientific, Singapore, 1981.

Barabasi A L, Stanley H E. Fractal Concepts in Surface Growth. Cambridge University Press, Cambridge, 1995.

Budker D, Freedman S J, Bucksbaum P H. Art and Symmetry in Experimental Physics: Festschrift for Eugene D. Commins, American Institute of Physics, New York, 2001.

Cardy J. Scaling, Renormalization in Statistical Physics. Cambridge University Press, New York, 1996.

Coleman S. Aspects of Symmetry. Cambridge University Press, Cambridge, 1985.

Collins J. Renormalization. Cambridge University Press, Cambridge, 1985.

Commins E D. Weak Interactions. McGraw-Hill, New York, 1973.

Commins E D, Bucksbaum P H. Weak Interactions of Leptons and Quarks. Cambridge University Press, Cambridge, 2000.

Creutz M. Quarks, Gluons and Lattices. Cambridge University Press, Cambridge, 1983.

Dirac P A M. The Principles of Quantum Mechanics. Oxford University Press, Oxford, 1935.(在 253 页他解释了为什么他希望电子的运动方程关于时间的导数是一阶的.)

Dobado A, et al. Effective Lagrangians for the Standard Model. Springer-Verlag, Berlin, 1997.

Eboli O J P, et al. Particle Physics. World Scientific, Singapore, 1992.

Feynman R P. Statistical Mechanics. Perseus Publishing, Reading, MA, 1998.

Feynman R P, Hibbs A R. Quantum Mechanics and Path Integrals. McGraw-Hill, New York, 1965.

Figueroa-O' Farrill J M. Electromagnetic Duality for Children. On the World Wide Web,1998.

Fitch V, et al. Critical Problems in Physics. Princeton University Press, Princeton, 1997.

Gell-Mann M, Ne'eman Y. The Eightfold Way. W. A. Benjamin, New York, 1964.

Geyer H B. Field Theory. Topology and Condensed Matter Physics, Springer, 1995 (A. Zee, Quantum Hall Fluids.).

Goldberger M L, Watson K M. Collision Theory. Dover, New York, 2004.

Goldenfeld N. Lectures on Phase Transitions and the Renormalization Group. Addison-Wesley, Reading, MA, 1992.

Guerra F, Robotti N. Ettore Majorana: Aspects of His Scientific and Academic Activity. Springer, New York, 2008.

Itzykson C, Drouffe J M. Statistical Field Theory. Cambridge University Press, Cambridge, 1989.

Iyanaga S, Kawada Y. Encyclopedic Dictionary of Mathematics. MIT Press, Cambridge, 1980.

Kadanoff L. Statistical Physics. World Scientific, Singapore, 2000.

Kane G, Shifman M. The Supersymmetric World: The Beginning of the Theory, World Scientific, Singapore, 2000.

Kapusta J I. Finite-Temperature Field Theory. Cambridge University Press, Cambridge, 1989.

Landau L D, Lifschitz E M. Statistical Physics. Addison-Wesley, Reading, MA, 1974.

Ma S K. Modern Theory of Critical Phenomena. Benjamin/Cummings, Reading, MA, 1976.

Müller-Kirsten H J W, Wiedemann A. Supersymmetry. World Scientific, Singapore 1987.

Muta T. Foundations of Quantum Chromodynamics. World Scientific, Singapore, 1998.

Olive D I, West P C. Duality and Supersymmetric Theories. Cambridge University Press, Cambridge, 1999.

Polchinski J. String Theory. Cambridge University Press, Cambridge, 1998.

Sakurai J J. Invariance Principles and Elementary Particles. Princeton University Press, Princeton, 1964.

Schulman L. Techniques and Applications of Path Integrals. John Wiley & Sons,

New York，1981.

Streater R F，Wightman A S. PCT，Spin Statistics，and All That，W. B. Benjamin，New York，1968.

Hooft G.'t. Under the Spell of the Gauge Principle. Word Scientific，Singapore，1994.

Hooft G.'t. Recent Developments in Gauge Theories. Plenum，New York，1980.

Voiculescu D. Free Probability Theory. American Mathematical Society，Providence，R.I.，1997.

Weinberg S. Gravitation and Cosmology. John Wiley & Sons，New York，1972.

Yang C N. Selected Papers 1945 - 1980 with Commentary. W. H. Freeman，San Francisco，1983.

Zee A. Unity of Forces in the Universe. World Scientific，Singapore，1982.

Zuber J B. Mathematical Beauty of Physics. World Scientific，Singapore，1997.

一些科普书和关于量子场论历史的书

Bartusiak M. Einstein's Unfinished Symphony. Joseph Henry Press，Washington，D.C.，2000.

Duck I，Sudarshan E C G. Pauli and the Spin-Statistics Theorem. World Scientific，Singapore，1997.

Feynman R P. QED：The Strange Theory of Light and Matter. Princeton University Press，Princeton，2006.

Kaiser D. Drawing Theories Apart. University of Chicago Press，Chicago，2005.

Miller A I. Early Quantum Electrodynamics. Cambridge University Press，Cambridge，1994.

O'Raifeartaigh L. The Dawning of Gauge Theory. Princeton University Press，Princeton，1997.

Schweber S S. QED and the Men Who Made it：Dyson，Feynman，Schwinger，and Tomonaga. Princeton University Press，Princeton，1994.

Zee A. Fearful Symmetry. Princeton University Press，Princeton，1999. Einstein's Universe，Oxford University Press，New York，2001. Swallowing Clouds，University of Washington Press，Seattle，2002.

第 9 章的延伸阅读

在编写教科书时，作者可以有幸不用准备详细的学术参考书目（除非他或她选择以温伯格为榜样，在我看来，他在这方面是最令人钦佩的）．更奢侈的是给予科普书作者的自由，他们在大多数情况下会给毫无戒心且容易上当的读者一种印象，即整个时代的物理学是由两三个伟大的、值得他们自己的个人崇拜的人完成的．鉴于最近的事态发展仍在变化之中，我面临着是否正确地评述每个人贡献的两难境地．在学术出版物中，谨慎的引用在道德上当然是强制的，但这是一本教科书．幸运的是，在这个搜索引擎无所不知的时代，读者可以很容易编制出一份详尽的书目，甚至比过去一个戴眼镜的老学究皓首穷经所能收集到的还要详尽．我也可以做同样的事情，但是对你们来说，仅仅列出那些发展了新方法——比如用旋量螺旋度形式来计算振幅——的人的名字[①]是没有什么帮助的．

相反，我可以通过列出几篇论文和综述文章来最好地服务于典型的读者，你可以根据自己的学术性从这些文章中追踪到需要的文献．对于那些认为自己应该被提及的人，我很抱歉，请你们参考前言中提到的格拉肖对挂毯的描述．

Goldberger W，Rothstein I Z．arXiv：hep-th/0409156v2．

Bern Z，Dixon L J，Dunbar D C，Kosower D A．arXiv：hep-ph/9602280．

Arkani-Hamed，N J Kaplan．arXiv：hep-th/0801.2385．

Witten E．arXiv：hep-th/0312171．

[①] F. A. Berends, Z. Bern, L. Chang, P. De Causmaecker, L. J. Dixon, D. C. Dunbar, R. Gastmans, W. Giele, J. F. Gunion, R. Kleiss, D. A. Kosower, Z. Kunszt, M. Mangano, A. G. Morgan, S. J. Parke, W. J. Stirling, T. R. Taylor, W. Troost, T. T. Wu, Z. Xu, D. H. Zhang, 以及其他很多人. 我也知道怎样复制粘贴！如果我在这个列表中把你漏掉了，请原谅我.

译后记

非常感谢能翻到这一页的读者,译后记是常常被读者略掉的一部分.那么就请允许我们在此进行一下自我介绍.

读者想必在封面上已经看到,本书的译者署名是超理汉化组,这一名字来自于超理论坛(https://chaoli.club/),这是一个数理化生爱好者团体成立的小型学术交流论坛.2016 年 1 月 13 日,网友暮光之昕在论坛中发起了提议:既然国外的影视、综艺、动漫、小说都有各种各样的汉化组进行翻译,那么为什么不成立一个汉化组来翻译国外优秀的数理类教科书呢? 此后,众多网友响应加入,正式成立了超理汉化组.我们主要通过超理论坛、QQ 群与 GitHub 进行讨论与合作.2016 年 8 月 22 日,我们完成了汉化组的第一部作品 *Physics from Symmetry* 的翻译,并且取得作者的同意后在网络上公开了 PDF 版本.之后的几年里,汉化组陆续完成了几部教材或学术文章的翻译,并且在征得作者同意(或者是著作已经进入了公版领域)后发布在网络上.

徐一鸿(A. Zee)老师的 *Quantum Field Theory in a Nutshell*(Second Edition)一书是超理汉化组第一部正式出版的翻译作品.对很多的汉化组成员来说,这本书也称得上量子场论的启蒙读物之一了.能够翻译徐老师的这部作品,我们都非常激动.徐老师的教材很有个人特点,非常注重物理图像,对问题的讲解简明扼要,同时在语言上也非常风趣活泼,大不同于常见的科学文献.我们在最初学习本书时,收获都很大.

本次翻译和校对的主要成员包括(按姓名拼音字母排序):蔡家麒、贺一珺、李佳骏、李泽阳、梁昊、梁秋月、刘凯、刘圣沿、王郅臻、魏弋翔、杨明炀、姚海峰、张晗、张建东.此外,以下成员参与了校对、排版和统稿工作:蔡逸凡、海龙、李秦埙、李宜珊、Runge.同时,还要感谢戴岳、冯廷龙、张驰等网友所提供的非常有帮助的意见和建议.最后要特别感谢徐一鸿老师和王家纬老师帮助我们敲定了一些翻译上的细节;感谢中国科学技术大学出版社为本书出版付出的努力,并且为了满足我们在排版上比较烦琐的要求,还做了大量额外的工作.

汉化组的几位译者虽然或多或少都有过一些科技文献的翻译经验,然而面对本书时仍常感力有不逮.群体翻译的书必然存在不同译者之间的风格差异,尤其是本书行文中作者个人特色明显,不同译者选用的表达方式可能差异较大.我们尽量在专业用语上保持了一致,并通过交叉校对的方式来降低风格差异,但是这一问题必然会有所留存.我们尽量避免翻译腔,但是许多地方确实缺乏比较好的翻译方案,只能用比较生硬的译法.而且作者喜欢使用各种俗语和双关笑话.例如原版书标题的"in a nutshell"是表示"简洁"的英语俗语,本无必要按字面翻译成"果壳中",但是正文中又多用"果壳"之义开双关玩笑,因此权衡后还是将本书标题取为《果壳中的量子场论》,期望这可以从标题上体现本书有趣的特点.这类俗语和双关俯拾皆是,我们尽量让译文也体现出一些双关特点,不过英汉两门语言之间不可能连双关都完美对应,很多时候只好使用译注标出.一些笑点隐藏得非常崎岖(例如本书有关勒让德变换的一节题为"女婿的智慧",令人摸不着头脑,多方查询后才意识到"勒让德(Legendre)"这一法语姓氏来自法语女婿之意),而译者的英语俗语储备有限,很多时候起初觉得句子含义不通,经过查询讨论才意识到句中存在俗语.自然这里可能有错译或者遗漏,凡此种种遗憾受译者现在的经验和水平所限,无法短时间弥补,还请读者海涵.

我们希望日后有机会通过再版弥补,因此我们欢迎读者反馈本译本的各种可能的错误、疏漏和不通顺之处.读者可直接在超理论坛发帖或者邮箱联系本书译者之一张建东(zhangjd9@mail.sysu.edu.cn).另外,也欢迎各位读者来超理论坛与我们一起讨论.如果读者有兴趣加入我们汉化组一起完成一些教材汉化的工作,也欢迎通过以上方式与我们联系.